Gesamtverzeichnis des deutschsprachigen Schrifttums (GV) 1700 – 1910

Bearbeitet unter der Leitung von
Hilmar Schmuck und Willi Gorzny
Bibliographische und redaktionelle Beratung:
Hans Popst und Rainer Schöller

72

Kal - Kars

K · G · Saur München · New York · London · Paris 1983

CIP-Kurztitelaufnahme der Deutschen Bibliothek

Gesamtverzeichnis des deutschsprachigen Schrifttums :
(GV). – München, New York, London, Paris : Saur.
Bd. 1 – 6 bearb. unter d. Leitung von Peter Geils
u. Willi Gorzny.
ISBN 3-598-30000-X

1700 – 1910 / bearb. unter d. Leitung von Hilmar
Schmuck u. Willi Gorzny. Bibliograph. u. red.
Beratung: Hans Popst u. Rainer Schöller

NE: Schmuck, Hilmar [Bearb.]

72. Kal - Kars. - 1983.

Techn. Realisierung und Druck: Norbert Gärtner, Mainz-Kastel
Binden: Karl Schaumann, Darmstadt
Printed in the Federal Republic of Germany
ISBN 3-598-30000-X (Gesamtwerk)

Kal, I. G., disquisitio de linguae hebraicae natalib. II pts. 8. Brem. Rump. 753.

Kalabin, Joh., über Aetiologie u. Behandlung der postpuerperalen Erkrankungen. gr. 8. (81 S.) Leipzig 902. B. Konegen. n. 1. —
Sonderabdruck aus: „Der Frauenarzt".

Beiträge zur Frage über die Behandlung der entzündlichen Erkrankungen der Gebärmutter-Adnexe mit dem galvanischen und dem faradischen Strome. Von Dr med. Johann Kalabin. Mit 3 Abb. im Text. *Jena: G. Fischer 1901.* (X, 230 S.) 8°

Kalabrier, der. Mit Kpf. 8. Braunschw. 804. Schröder. 18 g/.

Kalaff. Oper in 3 A. 8. Wien. Wallishäuser.

Kalähne, Alfr., die neueren Forschungen auf dem Gebiet der Elektrizität u. ihre Anwendungen. Gemeinverständlich dargestellt. (VIII, 284 S. m. Fig.) gr. 8. Leipzig 908. Quelle & Meyer. 4.40; geb. in Leinw. 4.80

— Grundzüge der mathematisch-physikalischen Akustik, s.a. Schriften, mathematisch-physikalische, f. Ingenieure u. Studierende.

Grundzüge der mathematisch-physikalischen Akustik von Dr. Alfred Kalähne, Prof. T. 1. Leipzig & Berlin: Teubner 1910. 8° (Mathemat.-physikal. Schriften f. Ingenieure u. Studierende. 11, 1)

Kalähne, Alfred, Dr. phil. Schallgeschwindigkeit und Verhältnis der spezifischen Wärmen der Luft bei hoher Temperatur. *Leipzig: J. A. Barth 1902.* (34 S.) 8°
Heidelberg, Naturw.-math. Hab.-Schr. v 1902

Kalähne, Alfred: Über die Spectra einiger Elemente bei der stetigen Glimmentladung in Geisslerschen Röhren und die Abhängigkeit der Lichtstrahlung von Stromstärke und Druck. *Berlin (1898): M. Driesner.* (37 S. mit Taf.) 8°
Berlin, Phil. Diss. v. 12. März 1898

Kalähne, Waldemar: Beitrag zum Querulantenwahnsinn. *Berlin (1898): M. Driesner.* (26 S.) 8°
Berlin, Med. Diss. v 15. Juli 1898

(**Kalakuckij.**) Monstre-Geschütze der Vorzeit. Aus d. Russ. von R. Pfister. Cassel 1870. 8° (Orig. 1870.)

Kalambo-Mündung [Schlagwort]

Kalambo-Mündung, s.: Kolonialkarten.

Kaland, Der, ein Gedicht in zwei Gesängen. Friedrichsstadt 1805. V: *Lempelius, Gerh. Wilh. Amandus.* (GGr)

Kalantarianz, N. Über den Einfluss der Nahrung auf die Säureausscheidung im Harn und über den absoluten Betrag der letzteren unter physiologischen Verhältnissen. M. Tab. In-8°. 30 S. Bern. These. 1894.

Kalantaroff, Michael: Die moderne Staatsverfassung des Russischen Reiches. Heidelberg 1908: Hörning. XII, 105 S. 8°
Heidelberg, Jur. Diss. v. 3. Dez. 1908, Ref. Jellinek
[Geb. 12. März 83 Tiflis; Wohnort: Petersburg; Staatsangeh.: Rußland; Vorbildung: Gymn. Tiflis Reife M. 03; Studium: Petersburg, Paris, Berlin, Heidelberg, zus. 10 S.; Rig. 31. Juli 08.] [U 09. 1822

Kalanthariantz, Anuschawan: Ueber die Spaltung von Polysacchariden durch verschiedene Hefenenzyme. *Berlin (1898): E. Ebering.* (31 S.) 8°
Berlin, Phil. Diss. v. 29. Juni 1898

Kalaschnikow, J., die Tochter d. Kaufmanns Sholobow. Histor. Roman. A. d. Russ. übers. 4 Thle. gr. 8. (33 B.) St. Petersburg 832, Brieff. (Leipzig, Weygand.)

Kalau [Schlagwort]

Kalau, s.: Oalau.

Kalau, s.: Wanderkarten.

Kalau [Verfasser]

[J.] Eine Partie Skat. Burleske in 1 Akt v. Paul Kalau .. *Berlin: M. Böhm [1893].* (13 S.) 1 Bd 8.

Kalau v. d. Hofe, das südliche Algierien. — Die neuesten Südpolar-Expeditionen, s. Unterhaltungen, königsberger.

Kalau v[om] Hofe, Benno, Referendar a. Angerburg: Die Ansprüche des Dritteigentümers nach beendigter Zwangsvollstreckung in fremde bewegliche Sachen nach deutschem bürgerlichen Recht. Borna-Leipzig 1907: R. Noske. (VIII, 47 S.) 8°
Jena, Jur. Fak., Ref. Danz, Diss. v. 6. Jan. 1908
[Geb. 13. Aug. 84 Trakehnen, Kr. Stallupönen; Wohnort: Angerburg (Ostpr.); Staatsangeh.: Preußen; Vorbildung: Gymn. Insterburg Reife M. 03; Studium: Berlin 3, München 1, Königsberg 2 S.; Rig. 3. Dez. 07.]

Kalau vom Hofe, C. Geschichte u. Genealogie der Familien Kalaw, Kalau, Calow, Calov u. Calo u. d. Familie Kalau v. Hofe. Nach officiellen Urkunden u. Familiennachrichten. gr. 8. (VII, 219; VII, 436 S. m. 2 kolor. Wappentaf. u. 2 Portr. in Photolithogr.) Berl. 890, (Stargardt). * 15 —
Als Manuscript gedruckt.

Kalau vom Hofe, Johann

Kalau de Hofe, (Adalbert.) Joan. (Fabianus) (geb. Katteuau in Ostpr. 31 1 1829) De haemorrhoidibus. Berolini (1853). (31 S.) 8°
Berlin, Med. Diss. v. 10. Aug. 1853

Kalau v. Hofe, J., die Jesuiten u. die Gegenreformation in Deutschland, s. Wartburghefte. 25. Heft.

Die Jesuiten und die Gegenreformation in Deutschland. Von J[ohann] Kalau vom Hofe. (Leipzig: C. Braun in Komm. 1904.) (31 S.) 8° [Kopft. J.]
— Wartburghefte. 25.

— ultramontanes Staatsbürgertum, s. Flugschriften des Evangelischen Bundes. 234.

Ultramontanes Staatsbürgertum. Von J[ohann] Kalau vom Hofe, Leipzig. Leipzig: C. Braun in Komm. 1905. (17 S.) 8° [J.]
= Flugschriften d. Evangelischen Bundes. 234.

Der Vorsitz im Schwurgericht. F. d. prakt. Gebrauch auf Grund d. Gesetzes u. d. Reichsgerichts-Entscheidungen zsgest. von [Konrad] Kalau v[om] Hofe, Landger. Dir. *Berlin: F. Vahlen 1901.* (VIII, 156 S.) 8° [J.]

Kalau vom Hofe, W., Vorsicht! Ein Wort an Alle, die bei e. Privatversicherungsgesellschaft (Feuer-, Vieh-, Hagel-, Lebens-, Unfallversicherungsgesellschaft) versichert sind od. bei e. solchen Gesellschaft Versicherung zu nehmen beabsichtigen. gr. 8. (23 S.) Leipzig 892. (E. Heitmann.) n. — 50

Kalau von Hofe, W[ilh.] (geb. Kraupischken in Ostpr. 8. 10. 1845): Ueber das Stottern. Berlin (1869). (32 S.) 8°
Berlin, Med. Diss. v. 31. Juli 1869

Kalau v. Hofe, W., über das Stottern. Inaugural-Dissertation. 8. (32 S.) Berlin 870. (Preuss. Stargardt, Kienitz.) *

Kalauer, 50 illustrirte. qu. 4. (50 Holzschntaf.) Berlin 872, Hausfreundexpedition. *

—— noch 50 illustrirte. qu. 4. (50 Holzschntaf.) Ebendas. 872. *

Kaluuer, geographische, s.: Schalk-Bibliothek.

Kalauer, 100 illustrirte, von K. Klič, K. Barth u. A. 1 und 2 Serie. 8. (à 100 S. mit eingedr. Illustr.) Leipzig 879, Glaser und Garte. à Serie * ℳ. 1 *

Kalauer, illustrirte. 30 humorist. Bilder m. Text v. K. Klic, K. Barth u. A. 1. u. 2. Bdchn. 12. (à 32 S.) Hamburg 883. Kramer. à — 30

Kalauer, s.: Musiklexikon, kleines.

Kalb, das goldene, s.a. Philander.

Kalb, das goldene, s.a.v. Benzel-Sternau.

Kalb, Das goldene, eine Biographie. Gotha 1802—3. 2. Aufl. Gotha 1804. V: *Benzel-Sternau, Carl Chn Ernst Graf von.* (MGT) (EE) (BrMm)

Kalb, das goldene; eine Biographie (v. Ch. C. Grafen v. Benzel-Sternau). 4 Bde. 8. Gotha, Becker. 802.

Kalb, das goldene, v. V. J. H. (20 S.) kl. 8. Wien (IX, Alserstr. 26) (907). Buchdruckerei „Industrie" — 50

Kalb, Mosis güldenes. Glückstadt 17?? V: *Alardus, Lambert.* (schr)

Kalb, Das silberne, eine Zugabe zum goldnen. Erfurt u. Gotha 1803—4. V: *Teubner, Gustav.* (GGr) *Teubner, Georg.* (MGT) (Ky)

— das silberne, eine Zugabe zum goldenen, (aber nicht von demf. Verf.), (sondern v. Geo. Teubner). 4 Bde. 8. Erfurt u. Gotha 804. Hennings. 3 ß

Kalb, Alb., die Schnupftabakfabrikanten od. Folgen e. Katzenjammers, s.a. Theater, kleines.

Die Schnupftabakfabrikanten oder Folgen eines Katzenjammers. Lustspiel in 1 Akt von Albert Kalb. *Paderborn: B. Kleine [1901].* (23 S.) 8° [F.]
— Theater, Kleines H. 314. [03. 3052]

Kalb, Alfons, Dr., Gymnasialassist.: De duodeseptuagesimo carmine Catulli. *Ansbach 1900: C. Brügel & Sohn.* (63 S.) 8° ¶ [— Phil. Diss. München 1900.]
Ansbach, k. humanist. G, P 1900*

Kalb Alfons Aus dem Tagebuch einer ägyptischen Reise (1903). 58 S 8 **Progr** K Theresien-Gymn. *München* 1905.
Alexandria. Kairo. In der Nekropolis von Theben. Assuan. Abydos. Abusir-Sakkara.

Kalb, Alfons, Dr.: **Aus dem Tagebuch einer ägyptischen** Reise ⟨1903⟩. München 1905: C. Wolf. (58 S.) 8°
München k. Theresien-G P 1905*

Kalb, Bernhard Heinrich

— s.a. Anleitung, d. Anlage u. Bau d. Weinberge zu veredeln. Der vollständ. Titel lautet: Leichte u. grundl. Anleit., d. Weine durch sorgfältige Anlage u. Bau d. Weinberge, wie auch durch gute Pflege u. Wartung in d. Kelter u. Keller zu veredlen rc., (v. B. H. Kalb).

Kalb B[ernhard] H[einrich] Le[ichte] und gründliche durch E[rfa]hrungen erpro[bte] Anleitung die Weine durch sorgfältige Anlage und Bau der Weinberge wie auch durch gute Pflege und Wartung in der Kelter und dem Keller zu veredlen und auch in schlechten Weinjahren aus einem geringen und sauern einen guten trinkbaren und der Gesundheit dienlichen Wein zu bereiten (Verf [B]ernhard H[ein]rich Kalb Stuttgart Erhard 1804 X 116 S [illegible] 17 21* 25 [illegible]
BJ Kalb B H und unter Kolbe J H [illegible] Kolbe Johann Heinrich [illegible] Anleitung [illegible] Weine [illegible] Anlage [illegible] veredeln Stuttgart Erhard 8 4 [illegible] Kolbe J H [illegible] durch Erfahrung erprobte Anleitung [illegible] Anlage [illegible] gute Pflege in der Kelter und dem Keller zu veredeln Stuttgart Erhard [illegible]

Kalb, Bernh. Heinr., leichte u. gründl., durch Erfahr. erprobte Anleit. d. Weine durch sorgfältige Anlage u. Bau d. Weinberge, wie auch durch gute Pflege u. Wartung in d. Keller z. veredlen, u. auch in schlechten Weinjahren aus e. geringen u. sauern e. guten trinkbaren etc. Wein z. bereiten. 8. Stuttgart, 1804. (Leipzig, Friedlein.) — 10

Kalb, Bhrd. Hnr., d. Weinbau nach theoret. u. prakt. Kenntnissen. 8. Stuttg. 810. (Hofmann). 20 ℊ

– dass., s a Kalb, Ludwig Heinrich

Kalb, Charlotte v., Briefe an Jean Paul u. seine Gattin Hrsg. von Paul Nerrlich. Mit 2 Fcsms. gr. 8. (X, 189 S.) Berlin 882. Weidmann. n. 4. —

— Gedenkblätter, s.a. Palleske, E., Charlotte.

Kalb, Charlotte von: **Gedenkblätter von Charlotte von Kalb. Hrsg. von Emil Palleske. Mit dem Porträt der Verfasserin. Stuttgart: Krabbe 1879. XX, 259 S. 8°.**
Kommt wiederholt auf freimaurerische Verhältnisse zu sprechen.

Kalb, Eduard, appr Arzt a. Nürnberg: Ueber einen Fall von idiopathischer Herzhypertrophie bei einem 6 Monate alten Kinde. München 1906: C. Wolf (23 S.) 8°
München, Med. Fak., Ref. v. Bollinger, Diss. v. 4. April 1906
[Geb. 9. Juni 72 Nürnberg, Wohnort München; Staatsangeh.: Bayern; Vorbildung: Maximilians-Gymn. München Reife Aug. 89; Studium. München 10 S.; Coll. 4 April 06, Approb. 5. Febr 06.]

Kalb, Ernst, Gemeinschaftspflege u. Evangelisation in geschichtlicher Beleuchtung, s.a. Zeitfragen des christlichen Volkslebens. 194. Hft.

Gemeinschaftspflege und Evangelisation in geschichtlicher Beleuchtung Von Ernst Kalb. *Stuttgart: Ch. Belser 1901* (63 S.) 8° [F.]
= Zeitfragen d. christlichen Volkslebens Bd 26, H. 2 [01. 5508]

Kalb, Ernst, s.: Immergrün-Kalender.

— s.: Jungfrauen-Kalender, evangelischer.

Kalb, Ernst. Kirchen und Sekten der Gegenwart. Unter Mitarbeit verschiedener evangelischer Theologen hrg. von Pfarrer E' K'. XII + 576 S. 8. Stuttgart, Buchh. der Evang. Gesellschaft, 1905. [geb. M. 5. —]
Darin S. 75 f. 87/114. 154. 195. 198 f 210 f. 216 f. 228/5. 241 ff. 252 f. 261 f. 266. 333/6. 341/3. 349 f. 357. 366. 386 f. 445. 489 f. 526. 554 etc. die Schweiz *betr.*

Kalb, Ernst. Kirchen und Sekten der Gegenwart. Unter Mitarbeit verschiedener evangelischer Theologen hrg. von Pfarrer E' K'. 2. erweiterte und verbesserte Aufl. XVI + 655 S. 8. Stuttgart, Buchh. der Evang. Gesellschaft, 1907. [M. 5. —, geb. 6. —]

Darin S. 86. 104. 121/48. 229ff. 246f 256. 259f 275/85. 295. 393ff. 404f 417. 425. 457/9. 484. 527 552. 561. 563. 586. 596/8. 601f. 604. 609f. 626/8 etc. die Schweiz *betr.*

— die Märtyrer der alten Kirche, s.: Familienbibliothek, Calwer. 68.

Kalb, Friedr. Was die Irvingianer bieten. An die Adresse d. Hrn. Jul. Wolf, Evangelisten der apostolisch-kathol. Gemeinde zu Augsburg. gr. 8. (16 S.) Memmingen 889, (Nürnb., Raw.) * — 15

Kalb, Friedr. Wilh. Ludw., Christen! erbarmt euch der Heiden! Predigt üb. Evangel. Lucä 10, 23—37. 8. (1½ B.) Bayreuth 841. (Buchner'sche Buchh.)

Kalb, F. W. L., Entstehung der Mythen, Sprachen und Völker. gr. 8. (37 S.) Nürnberg 870, (Löhe's Buchh.) *

Kalb, Georg Wilhelm [aus Niederbrombach]: Ueber die chemische Zusammensetzung und Constitution des Turmalins. . . . Göttingen, Druck d. Dieterich'schen Univ.-Buchdr. W. Fr. Kästner, 1890; 46 S. + 1 Bl. 8°

Göttingen, Phil. Fak., Inaug.-Diss. v. 11. März 1889

Kalb, Geo. Wilh. Über die chemische Zusammensetzung u. Constitution d. Turmalins. Diss. gr. 8. (46 S.) Gött. 890, (Vandenhoeck u. Ruprecht). * 1 —

Kalb, Gustav

Kalb, Gust., Arbeiter-, Bauern- und Bürgerstand und ihre Bildungsanstalten im 19. Jahrh. besonders in der Gegenwart. Pädagogischer Vortrag auf der ersten Reußischen Lehrerversammlung zu Schleiz am 4. Octbr. 1872 gehalten. gr. 8. (16 S.) Gera 873, Ißleib und Rietzschel. *

Kalb, Gust., Beschäftigungspläne f. Knaben u. Mädchen in Kinderhorten u. geschlossenen Erziehungs-Anstalten. (16 S. m. 1 Tab.) gr. 8. Markranstädt 903. Leipzig (Lothringerstr. 69). R. Kalb. n. — 30

Kalb, Gust., Geschichte d. Landeslehrervereins u. d. Lehrerversammlgn. in Reuß j. L. währ. d. ersten 25 Jahre ihres Bestehens. Im Auftr. d. Ausschusses zusammengest. [Aus: „Lehrerzeitg. f. Thür u. Mitteldeutschl."] gr. 8. (19 S.) Leipzig 897 H. Haacke. n. — 60

— u. H. Schrader, Gesellschaftskunde f. die Schulen im Fürstent. Reuß j. L., sowie f. Jedermann im Volke. gr. 8. (IV, 60 S.) Gera 901. Ebd. Kart. n. — 80

— u. H. Schrader, Gesellschaftskunde f. die Schulen im Fürstent. Reuß j. L. sowie f. Jedermann im Volke. 2., verm. u. verb. Aufl. (VII, 68 S.) 8. Lobenstein 910. F. Krüger. Geb. — 50

Kalb, G. Gesunder Körper durch gesunden Geist, s. Schuhr's Sammlg. volksthüml. Vorträge auf dem Gebiete d. Gesundheitspflege x.

Kalb, G., der Handwerker nach den Forderungen der Gegenwart, mit besond. Berücksicht. der Erziehung und Bildung desselben. 8. (59 S.) Berlin 878, Deutscher Arbeiterkongreß-Schriftenverlag. *

Kalb, Gust., Heimatskunde von Thüringen. gr. 8. (16 S. mit 2 Karten von Thüringen.) Gera 888, Th. Hofmann. * — 20

Kalb, Gust., Heimatkunde v. Thüringen. Mit 2 (farb.) Karten v. Thüringen. 3. Aufl. (16 S.) 8. Leipzig (908). B. G. Teubner. — 20

—— die Kunst im Handwerk, s. Sammlung gemeinnütziger Vorträge.

—— die Nahrungs- und Genußmittel und ihr Einfluß auf die körperliche und geistige Entwickelung des Menschen. Zur Belehrung für das Volk geschrieben. 1. und 2. Aufl. gr. 8. (27 S. mit 1 lithogr. Taf. in Buntdr. zur Veranschaulichung des Nährstoffgehaltes der wichtigsten Nahrungs- und Genußmittel.) Gera 886, [Burow.] Bauch. * — 30

— s.: Normallehrgang f. die Vorstufe des Knabenhandarbeits-Unterrichts.

Spuren der Eiszeit in und bei Berlin. Von Gustav Kalb, Rektor. Leipzig: Quelle & Meyer 1910. 45 S. 8°
(Berliner Heimatbücher 1.) [11 1882]

— der erste Unterricht in der Knabenhandarbeit. Für Schule u. Haus bearb. 8. (120 S. m. 336 Abbildgn.) Gera 893. Th. Hofmann. n. 1. 25; geb. n.n. 1. 60

— d. erste Unterricht in d. Knabenhandarbeit. Für Schule u. Haus bearb. 2., verm. Aufl. 8. (136 S. m. 410 Abb.) Gera 895. Th. Hofmann. n. 1. 25; geb. n.n. 1. 60

—— Der Unterricht f. erziehliche Knabenhandarbeit, s. Hertel, Frz.

— aus dem Volke. Erzählungen. 1. Bd. (II, 74 S.) 8. Ebd. 903. n. — 35

—— Die Volksschullehrerbildung nach den Forderungen d. Gegenwart. Vortrag, geh. am 6. Mai 1891 in e. Versammlung d. Geraer u. Altenburger Lehrervereins. 12. (41 S.) Gotha 891, Gläser. * — 40

Ⓑ — Volksschullehrer-Bildung 891. (KBV 27.) Jetzt Weinheim, F. Ackermann.

— u. O. Steinhäuser, Volksschulrecht f. d. Fürstent. Reuß j. L. Sammlg. der d. Volksschule u. Lehrer betreff. wichtigsten gesetzl. Bestimmgn. u. Verordngn. Im Auftr. d. Vorstandes d. Landeslehrervereins zusammengest. u. m. Sachreg. vers. 8. (140 S.) Ebd. 898. Kart. n. 1. 60

[F.] Volksschulrecht für das Furstentum Reuss j. L. . . Im Auftr d. Vorstandes des Landeslehrerver. zsgest. u. m. Sachreg. vers. v. G. Kalb, Lehrer in Gera, u. O. Steinhäuser, Rektor in Hirschberg a. S. *Gera: Th. Hofmann 1898.* (140 S.) 1 Bd 8. [98. 343]

— Vortrag, s.: Götze, W., aus der Lehrerbildungsanstalt d. deutschen Vereins f. Knabenhandarbeit.

Kalb, Gust., wie wir uns nähren. Leichtfaßliche Darstellg. üb. den Vorgang der Ernährg. u. üb. die Nahrungsmittel, besonders f. Deutschlands Frauen u. Töchter geschrieben. Mit 1 Nahrungsmitteltaf. in Buntdr. gr. 8. (IV, 22 S.) Markranstädt 902. R. Kalb. n. — 60

Kalb, J. Festschrift zur Erinnerung an das 25jähr. Jubiläum des „Bayer. Veteranen-, Krieger- u. Kampfgenossen-Bundes". München 1899. 102 S. 4°

Kalb, J., Lesebuch f. d. unterste Klasse d. Volksschulen, nach d. „Elementarschule für's Leben" bearb. 8. (20½ B. u. 3 lith. Bl.) Bayreuth 828, (Grau.)

Kalb, (J. A.,) Biographie des Churfürstl. baier. Staatskanzlers x. Al. Wig. Frhrn. v. Kreitmayer. 8. München 825, (Landsh., Weber.)

Kalb, J. A., Biographie des kurfürstl. baier. Staats-Kanzlers rc. Al. Wig. Frhrn. v. Kreitmayer. 8. Münch. 825. (Weber). 4 fl (Finsterlin). 6 fl

– s. Spinoza, theolog.-polit. Abhandl.

Kalb, Leonh., s.a. K a l b , Phil. Leonh.

Die königliche Kunst der Freimaurer. Ein Logenvortrag, gehalten in der □ zur Harmonie in Chemnitz. Von Br. Leonh. Kalb. [Altenburg: Pierer 1841.] 22 S. 8°
Aus: Neueste ZfFr. 1841 S. 172—193.

Kalb, Leonh., Predigten, gehalten in Frankfurt a. M. gr. 12. (10¼ B.) Frankfurt a. M. 838. [Leipzig, Kersten.]

Kalb, Leonhard, Predigten, gehalten in Frankfurt a. M. gr. 12. Frankfurt 838. Schmerber. 5/8 ß

Kalb, Leonh., Predigten zur Förderung evangel. kirchl. Lebens. gr. 8. (14¼ B.) Grimma 843, Gebhardt. *

—— vier Predigten, I. Antritts-Predigt. II. Constitutionsfest-Predigt. III. Erndtefest-Predigt. IV. Predigt z. dritten Säcularfeste d. Reformation in Wechselburg, geh. am 12. Mai, 1. Sept., 8. Sept., 31. Oct. 1839. gr. 8. (3½ B.) Grimma 840, (Gebhardt.) *

—— Rede z. Confirmation d. Gräfin Olga u. des Grafen Karl v. Schönburg. Geh. am 11. Septbr. 1846. gr. 8. (1 B.) Glauchau 846, Cramer.

Kalb, Leonh. Biblisches Spruchbuch f. den evangelischen Religionsunterricht in Kirche u. Schule. 4. Aufl. 8. (VI, 119 S.) Frankf. a. M. 890, Auffarth. geb. ** — 50

Kalb, Leonh., Spruchbuch für evangelisch-protestantische Schulen. 8. (IV und 144 S.) Frankfurt a. M. 858, Völcker. *

Kalb, Leonh., Spruchbuch für evangelisch-protestantische Schulen. 3. Aufl. 8. (IV, 183 S.) Frankfurt a. M. 875, Auffarth. geb. *

—— die Unentschiedenheit, ein Hauptgebrechen unseres Volks in dieser Zeit. Predigt, gehalten in der Weißfrauenkirche über Luc. 7, 18—35, am 26. Juni 1859. 8. (19 S.) Frankfurt a. M. 859, Brönner.

—— Vorlagen zur Schule des Taktschreibens. 1. und 2. Heft. 4. (à 8 Stnt.) Ebendas. 870. à Heft ** 25 Pf. **

Kalb, Ludwig, a. München: Über Diphenochinon und Derivate des Diphenochinondiimins. München 1905: V. Höfling. (85 S.) 8°
München, Phil. Fak., Ref. v. Baeyer, Diss. v. 27. Juli 1905
[Geb. 17. Dez. 79 München; Wohnort: München; Staatsangeh.: Bayern; Vorbildung: Ludwigs-Gymn. München Reife Juli 98; Studium: München 4, Berlin 2, München 8 S.; Rig. 27. Juli 05.]

Kalb, Ludwig Heinrich

Kalb, L. H., Ansichten des Herbstes 1808. rc. 8. Stuttg. Erhard. 810.

Kalb. Ludwig Heinrich Der Weinbau nach theoretischen und praktischen Kenntnissen. Stuttgart Erhard 1810. 264 S. -- 1.21*.24. Frei 100*
Bibliotheca oeconomica Kalb Bernh. Heinr -- Dochnahl: Kalb, Bernh. Heinr -- Kayser Kalb Bhrd. Hnr -- Thienemann Kalb Bernh. H. - Weber Kalb, B. H

– dass., s.a. K a l b , Bernhard Heinrich

Kalb, Max, aus Nürnberg: Über Pseudo-Ammoniumbasen. *Würzburg 1899: Becker.* (65 S.) 8°
Würzburg, Phil. Diss. v. 1899

Kalb, Otto, aus Thalmässing: Ueber einen Fall von halbseitiger Sklerodermie mit hochgradiger Atrophie, zugleich ein Beitrag zur Lehre der Metamerie. Erlangen 1904: E. Th. Jacob. (60 S.) 8°
Erlangen, Med. Fak., Ref. Penzoldt, Diss. v. 15. Juli 1904
[Geb. 1. Nov 80 Thalmässing; Staatsangeh.: Bayern; Vorbildung: St. Anna Gymn. Augsburg Reife 99; Studium: Erlangen 4, München 1, Kiel 1, Erlangen 4 S.; Approb. 6. Juni 04.]

Kalb, Otto: Über Die Nitrosierung von Acetyl-para-amidophenol und Diacetyldiamidophenol 1·2·4. 1907. 50 S. 8°
München, Dr.-Ing.-Diss. v. 6. 8. 1906

Kalb, P. C., die Brillengläser, s. Brillengläser, die.

Kalb, Phil. Leonh., s.a. K a l b , Leonh.

Kalb, Phil. Leonh., Antrittspredigt; gehalt. am 4. Jan. 1852, dem Sonnt. nach Neujahr. gr. 8. (13 S.) Frankfurt a. M. 852, Zimmer'sche Sort.-B. [Th. Völcker.] 3 ngr

—— die fünf Hauptstücke des kleinen Katechismus Dr. Martin Luther's, mit Worterklärungen, und Abriß der wichtigsten evangelisch-protestant. und römisch-kathol. Unterscheidungslehren. Anhang zum bibl. Leitfaden. 8. (24 S.) Büdingen 855. Frankfurt a. M, (Völcker.) **

—— unsere Hoffnung auf den Sieg des Protestantismus über die Gefahren, die ihm in der Gegenwart drohen. Predigt gehalten am 13. Juni 1852. gr. 8. (15 S.) Frankfurt a. M. 852, [Völcker.]

—— biblischer Leitfaden zum Unterricht in der evangelisch-christlichen Heilslehre. 8. (VI und 121 S.) Franfurt a. M. 855, [Völcker.] *

Kalb, Phil. Leonh., Predigt bei der 350jähr. Feier der Reformation am 19. Sonntage nach Trinit., 27. Octbr. 1867 in der Weißfrauenkirche zu Frankfurt a. M. gehalten. gr. 8. (15 S.) Frankfurt a. M. 867, Auffarth. *

—— Predigt zur 3. Jubel-Feier der im passauer Vertrage vom 2. Aug. 1552 errungenen staatsrechtl. Anerkennung der protestant. Kirche in Deutschland, gehalten am 1. Aug. 1852, dem 8. Sonnt. nach Trin. 8. (16 S.) Frankfurt a. M. 852, Brönner.

—— So hatte nun die Gemeinde Frieden! Predigt bei der 3. Säkularfeier des augsburger Religionsfriedens am 23. Septbr. 1855 gehalten. 8. (16 S.) Frankfurt a. M. 855, Brönner.

— Spruchbuch für evangelisch-protestantische Schulen. Frankfurt a. M. 858. Völcker. 8. (IV, 144 S.) n. 8 ngr

—— Spruchbuch für evangelisch-protestantische Schulen. 2. Aufl. 8. (IV und 142 S.) Frankfurt a. M. 866, Auffarth. geb. *

— römische Taktik oder Herr Caplan Nicolay, Herausgeber des Frankfurter kathol. Kirchenblatts, auf dem Richterstuhle seiner Vernunft u. Geschichte, das neueste Zeichen der Zeit. Letzte Entgegnung. Frankfurt a. M. 853. Brönner. 8. (14 S.) 3 ngr

— Zeichen der Zeiten oder das Frankfurter kathol. Kirchenblatt vor dem Richterstuhle der Wahrheit und der Gerechtigkeit. Nebst einem Auszug aus den Schmalkald. Artikeln über päpstl. u. bischöfl. Autorität. Frankfurt a. M. 853. Brönner. 8. (24 S.) 3 ngr

Kalb, W., Jahresber. üb. die latein. schreibenden Juristen, Feldmesser u. (späteren) Landwirtschaftsschriftsteller für 1891—1895. S. A. 1896. 108 S. 1.—

Kalb, Wilh. (II.). Die alte Burschenschaft u. ihre Entwickelung in Erlangen m. besond. Berücksicht. der alten Germania. gr. 8. (VII, 160 S. m. Abbildgn.) Erlangen 892, Mencke. * 3 90

Kalb, Wilh., die alte Burschenschaft, 2. Thl., s.: Geschichte der Burschenschaft Germania zu Erlangen.

Kalb, Wilhelm [Dr., des. Prof.]: Die Jagd nach Interpolationen in den Digesten. Sprachl. Beiträge z. Digestenkritik. Nürnberg, gedr. bei U. E. Sebald, *1897;* 11—42 S. 8.
Nürnberg, k. Altes G, Festschr. 1897*

Kalb, Wilh. (I.). Roms Juristen, nach ihrer Sprache dargestellt. gr. 8. (VIII, 154 S.) Lpz. 890, Teubner. * 4 —

Kalb, Wilhelm Das Juristenlatein. Versuch einer Charakteristik auf Grundlage der Digesten. 8 (48 S.).
Progr. Studienanst. *Nürnberg* 1886.
2. erweit. Auflage. 8 (89 S.) Nürnberg 1888, Ballhorn. ℳ 3, —.

Kalb, Wilhelm: Das Juristenlatein. Versuch einer Charakteristik auf Grundlage der Digesten .... Nürnberg, Druck d. Schärtel'schen Officin (Theodor Hässlein), 1886; 48 S. 8°.
Erlangen, Phil. Fak., Inaug.-Diss. v. 1886.

Kalb, Wilhelm, das Juristenlatein. Versuch einer Charakteristik auf Grundlage der Digesten. Diss. Erlangen 1886, Th. Blaesing. 8°. 48 S.

Kalb, Wilh, das Juristenlatein. Versuch einer Charakteristik auf Grundlage der Digesten. 2. erweit. Aufl. gr. 8. (89 S.) Nürnberg 888, Ballhorn. * 3 —

Spezialgrammatik zur selbständigen Erlernung der römischen Sprache für lateinlose Jünger des Rechts. Mit Übers. Beisp. aus d. Gebiete d. röm. Rechts. Von Wilhelm Kalb, Prof. in Nürnberg. Leipzig: Nemnich 1910. XII, 310 S. 8°

Kalb, Wilhelm August, Sekr. am Amtsgerichte Forchheim: Beiträge zum Steuerrecht in den ev. Landeskirchen Deutschlands. Forchheim 1908: Streit. Getr. Pag. 8°
Erlangen, Jur. Diss. v. 22. Febr. 1909. Ref. Sehling
[Geb. 27. Sept. 70 Großelfingen; Wohnort: Forchheim; Staatsangeh.: Bayern; Vorbildung: Gymn. Ansbach Reife 98; Studium: Erlangen 5, München 2 S.; Rig. 10. März 08.]

Kalbacher, Michael. Lehrbuch der landwirtschaftlichen Thierheilkunde. Klgft., v. Kleinmayr, 1893. 64 S. 1. Heft. (Nicht mehr ersch.)

Kalbacher, Mich., Lehrbuch d. landwirthschaftlichen Thierheilkunde f. Ackerbauschulen u. verw. Lehranst., sow. zum Selbstunterr. f. Landwirthe. II. Thl. D. Geburtshilfe. gr. 8. (64 S. m. Fig.) Wien 897. M. Perles. n. 1. 60
D. 1. Thl. erschien bei F. v. Kleinmayr in Klagenfurt, wurde jedoch auf Wunsch des Autors aus d. Handel gezogen u. vernichtet.

Kalbacher, Mich., landwirtschaftl. Tierheilkunde, s.: Walther, E.

Kalbe [Schlagwort]

Kalbe, s.: Calbe.

Kalbe a. d. M., s.: **Preussen,** Messtischblätter.

Kalbe a. d. Saale. s.: **Preussen.** Messtischblätter.

Kalbe [Verfasser]

Kalbe, Georg, aus Neumünster: **Die Deutsche Reichsbank und die Bank von Frankreich.** *Berlin 1902: B. Paul.* (100 S.) 8°
Berlin, Phil. Diss. v. 23. Juli 1902

Kalbe, H., das neue Prozeßverfahren v. dem Amtsgericht nach d. Nachtragsges. v. 1. IV. 1910. (24 S. m. 1 Formular.) kl. 8. Themar 910. F. Adler. — 30

Kalbe, H., das Vereinswesen nach dem bürgerl. Gesetzbuch u. der meining. Landesgesetzgebung. (VIII, 103 S.) 8. Salzungen 904. L. Scheermesser. n. 1. —

Kalbe, Hugo, d. Hausgarten als Ziergarten. Anleitg. z. Anlage, Ausschmückg. u. Unterhaltg. v. Hausgärten. gr. 8. (VI, 188 S, m. 36 Taf.) Erfurt 898. Leipzig, Amthor. Kart. n. 4. —

Der Hausgarten als Ziergarten. Anleitg z. Anlage, Ausschmückg u. Unterhaltg v. Hausgärten, m. bes. Berücks. d. Vorgärten u. des dazu gehör. Pflanzenmaterials. M. 36 Taf., enth. Entwürfe f. kleinere u. grössere Gärten, Teppichbeete etc. v. Hugo Kalbe. *Erfurt: J. Frohberger 1898.* (2 Bl., 133 S., 36 Taf.) 1 Bd 8. (98. 8373 Ha

Kalbe, Johann Daniel (Sorau/Laus.), De successione feudorum non secundum jus repraesentationis sed linearum praerogativam ordinanda. Exercit. jur. clientel. Präs. Christian Gottlob Biener. Lpz. (Jacobaeer) 12. II. 1782. 64 S. (6.50) 17391
Gew.: Carl Wilhelm Müller, Adolph Christi. Wendler. — Widm. v. Präs.

Kalbe, Karl, neues Schweizer Konditorei-Rezeptbuch f. Konditoren, Bäcker, Hotels, Pensionen, Anstalten u. Private. Ein unentbehrl. Hilfs- u. Nachschlagebuch. 2., verm. u. rev. Ausg. des neuen schweizer. Rezeptbuch f. Bäcker u. Konditoren. (209 S.) 8. Zürich 906. A. Bopp. n. 5. —

Kalbe, Otto, neuer Führer durch Hannover und Umgebung. 8. (56 S. mit 1 chromolithogr. Plane der Stadt.) Hannover 887, Schulze's Buchh. 1 50

Kalbe, Otto. Der goldene Schnitt in Zeichnung u. Schrift, insbesondere als goldenes Grundgesetz schöner Schriftformen. Mit 16 Taf. in Autogr. gr. 8. (28 S.) Hannov. 889, [Cruse]. Ost. * 1 —

Kalbe, Otto, Schule des Taktschreibens. gr. 8. (56 S. mit 4 Stnt. in 4.) Hannover 870, Cruse's Buchh. *

—— Schule des deutschen Unterrichts. 1. Stufe. [Drei Schuljahre.] 8. (43 S.) Hannover 878, Cruse's Buchh. [Hahn'sche Buchh.] *

[Toast.] Den Geliebten Schwestern! Zur Erinnerung an die Schwestern-Festloge der Loge Friedrich zum weissen Pferde [in Hannover] am 9. Jan. 1875 gewidmet vom Br Otto Kalbe. [Hannover 1875: Schrader.] 2 Bl. 8° [Umschlagtit.]
Abgedr. in: Bh. 18 (1875) S. 294—295; Wanner d. Aelt., H.: Johannisgrüsse. 1878 S. 186 bis 192.
Tt. 2083. In Versen.

Kalbe, Otto, Selbstunterricht im Schönschreiben. In 12 Lektionen. Schreibschule f. jedermann, insbesondere zum Selbstunterricht. Unfehlbare Methode zur Aneigng. e. schönen, deutl. Handschrift. 2. Aufl. gr. 4. (8 S. m. 12 Taf. u. 1 Linienbl.) Hannover 894. L. Ost. n. 1. —

Kalbe, Otto, Selbstunterricht im Schönschreiben. In 12 Lektionen. Schreibschule f. jedermann, insbes. zum Selbstunterr. Unfehlbare Methode z. Aneigng. e. schönen, deutl. Handschrift. 4. Aufl. gr 4. (8 S. u 12 Bl. m. Vorschriften u. 1 Linienbl.) Hannover 898. L. Ost. n. 1. —

Kalbe, Otto, Selbstunterricht im Schönschreiben. In 12 Lektionen. Schreibschule f. jedermann, insbesondere zum Selbstunterricht. Unfehlbare Methode zur Aneigng. e. schönen, deutl. Handschrift. 7. Aufl. gr. 4. (8 S. u. 12 Bl. m. Vorschriften u. 1 Linienbl.) Hannover 903. Hahn. n. 1. —

Kalbe, Otto, Selbstunterricht in Schönschreiben. In 12 Lektionen. Schreibschule f. jedermann, insbesondere zum Selbstunterricht. Unfehlbare Methode zur Aneigng. e. schönen, deutl. Handschrift. 10. Aufl. (8 S. u. 12 Bl. m. 1 Linienbl.) Lex. 8. Hannover 908. Hahn. 1. —

—— Vorlagen zum Schönschreiben. 2 Hefte. 4. (à Heft 8 lithogr. S.) Hannover, Cruse's Buchh. [1. Heft. 7. Aufl. 888; 2. Heft. 7. umgearb. und 8. Aufl. 886,88.] à Heft ** 30 Pf. ** — 60

Die frühern Aufl. erschienen u. d. T.: Vorlagen zur Schule des Taktschreibens.

— **Vorlagen zur Schule d. Taktschreibens.** 1. u. 2. Hft. (à 8 Steintaf.) Ebend. 870. à n.n. — 25

Kalbe, Otto, Vorlagen zur Schule des Taktschreibens. 2 Hefte. 4. Hannover, Cruse's Buchh. [1. Heft. 2.—5. Aufl. (8 lithogr. S.) 873—79; 2. Heft. 2.—4. Aufl. (8 lithogr. S.) 873—78. à Heft ** 25 Pf.] **

Kalbe, Otto, Vorlagen zur Schule des Taktschreibens. 5. Aufl. 2. Heft. 4. (8 lithogr. S.) Hannover 880, Cruse's Buchh. **

1. Heft. Ebendas. 1879. ** 25 Pf.

Kalbe, Wilhelm, aus Braunschweig: **Beiträge zur brandenburgisch-preußischen Geschichte beim Regierungsantritte des Großen Kurfürsten.** *Göttingen 1902: W. F. Kaestner.* (IV, 99 S.) 8°
Göttingen, Phil. Diss. v. [3. Sept.] 1902

Kalbe, Wilh., Beiträge zur brandenburgisch-preuss. Geschichte beim Regierungsantritte des Grossen Kurfürsten. Diss. (IV, 99 S.) gr. 8. Göttingen 902. (Vandenhoeck & Ruprecht.) n. 2. —

Kalbeck, Max

—— Bastien u. Bastienne. Singspiel in 1 Acte. Mit neuem Text u. Dialog. Musik v. W. A. Mozart. 8. (16 S.) Wien 892, Künast. * — 40

Kalbeck, Max, neue Beiträge zur Biographie des Dichters Johann Christian Günther, nebst einem Anh., welcher die wichtigsten handschriftlichen Inedita der Breslauer Stadtbibliothek enthält. 8. (X, 90 S.) Leipzig 879. Breitkopf & Härtel. n. 2. —

Kalbeck, Max, **Johannes Brahms.** 1. Bd. 1833—1862. (VIII; 512 S. m. 1 Bildnis u. Fksm.-Beilagen.) gr. 8. Wien 904. [Wiener Verlag.] Berlin, Deutsche Brahms-Gesellschaft. 10. —; geb. in Halbfrz. 12. —

Max Kalbeck Johannes **Brahms.** Wien u. Leipzig. (1912 ff.) Berlin. 8°
Bd. 1 1833—1862 1904
2, 1. Halbbd. 1862—1868. 2 Halbbd. 1869—1873 2. rev u. verm. Aufl 1908. 1910
3, 1 Halbbd 1874—1881 2. Halbbd 1881—1885. 2. durchges. Aufl. 1912. 1913.
4, 1. Halbbd 1886—1891 2 Halbbd. 1891—1897 2 verb. Aufl. 1915.

Kalbeck, Max, Johannes Brahms. 2. durchgeseh. Aufl. I. u. II. Bd. à 2 Halbbde. u. III. Bd. 1. Halbbd. gr. 8. Berlin, Deutsche Brahms-Gesellsch. à Halbbd. 5.—; geb. n 6.50
I, 1. 1833—1856. 2. durchges. Aufl. (XVI, 258 S. m. 2 Bildnissen u. 3 Fksms.) 908.
2. 1856—1862. 2. durchges. Aufl. (S. 259—492.) 908.
II, 1 1862—1868. 2. durchges. Aufl. (XII, 283 S. m. 1 Fksm.) 908.
2. 1869—1873. (VII u. S. 289—498 m. 2 Fksms.) 909.
III, 1 1874—1881. (XIII, 266 S. m. 2 Vollbildern u. 1 Fksm.) 910.

— s.: Brahms, Johs., im Briefwechsel m. Heinrich u. Elisabet v. Herzogenberg.

— s.: Brahms-Bilderbuch, e.

Kalbeck, Max, die verkaufte Braut, s.: **Smetana, Frdr.**

—— das Bühnenfestspiel zu Bayreuth. Eine krit. Studie. gr. 8. (104 S.) Breslau 877, Schletter'sche Buchh. *

— **Capriccio.** Skizzen u. Bilder. (191 S.) kl. 8. Wien 905. Wiener Verlag. n. 2.—; geb. n.n. 3. —

— Charakteristik v. Daniel Spitzer's Leben u. Werken, s.: Spitzer, Dan., letzte Wiener Spaziergänge.

— Chatterton, s.: Leoncavallo, Ruggero.

Kalbeck, Max, zur Dämmerzeit. Gedichte. 12. (VIII, 106 S.) Leipzig 881, Breitkopf und Härtel. * geb. *

Kalbeck, M., ein deutsches Dichterbuch. 16. Stuttgart 873. Hamburg, Rudolphi. geb.

Kalbeck, Max, ein deutsches Dichterbuch. Aus Originalbeiträgen deutscher Dichter gesammelt und hrsg. 16. (XVI, 398 S.) Stuttgart 873, Simon. geb. mit Goldschn. *

—— neue Dichtungen. 16. (III, 154 S.) Breslau 872, Gosohorsky's Buchh. *M 3.; geb. *

— Freund Fritz, s.: Mascagni, Pietro.

— die Gärtnerin. [„La finta giardiniera."] Komische Oper in 2 Acten. Mit neuem Text u. Dialog. Musik v. W. A. Mozart. 8. (56 S.) Wien 891. A. W. Künast. — 60

—— s. Gereimtes und Ungereimtes.

— Humoresken u. Phantasien, s. a. Publikationen d. „Literarischen Gesellschaft".

Kalbeck, Max, Humoresken und Phantasien. 8. (285 S.) Wien: Literar. Gesellschaft 1896. 1.88

— das Mädchen v. Navarra, s.: Massenet, J.

Kalbeck, Max [† Jeremias Deutlich], die Maienkönigin. Schäferspiel mit Tanz in 1 Aufzuge. Frei nach dem Französ. des Favart. Musik von Gluck, in der Bearbeitung von J. N. Fuchs. (Textbuch.) 8. (26 S.) Wien 888, Künast. — 60

— **Die Maienkönigin.** Schäferspiel in 1 Aufzuge. Nach d. Franz. d. Favart. Musik v. Gluck. — Fuchs, Geo., das Tanzlegendchen. Ein Tanzspiel in 3 Auftritten. Nach der auch Gottfried Kellers Erzählg. zugrunde lieg. Legende entworfen. Musik v. Herm. Bischoff. (Textbuch. Ausstellg. München 1908.) (21 S.) 8. München (908). G. Müller. — 30

Kalbeck, Max, die Märtyrerin, s.: Samara, S.

Kalbeck, Max (Bearb.), s. M o z a r t ' s Don Juan.

Kalbeck, Max (Bearb.), s. M o z a r t , Wolfgang Amadeus: Die Gärtnerin

— **Nächte.** Lyrische Dichtungen. gr. 16. (XI, 201 S.) Hirschberg 878. Actien-Gesellschaft „Bote aus dem Riesengebirge". n. 4. —; geb. n. 5. —

—— **Nächte.** Lyrische Dichtungen. 2. Aufl. 12. (XI, 201 S.) Berlin 880, Freund und Jeckel. *

—— **aus Natur und Leben.** Gedichte. 1. Aufl. 1871, und 2. Aufl. 8. (VIII, 160 S.) Ebendas. 872. *ℳ 2,50.; geb. *

—— Rich. **Wagner's Nibelungen.** Erste Aufführung vom 13. bis 17. Aug. 1876 in Bayreuth, besprochen. 3. mit einem Vorworte verm. Aufl. gr. 8. (VI, 104 S.) Breslau 883, Schletter'sche Buchh.
1. und 2. Aufl. erschienen 1877 u. d. T.: Das Bühnenfestspiel zu Bayreuth.

— **Opern-Abende.** Beitrag z. Geschichte u. Kritik der Oper. — Deutsche u. ausländ. Opern. 2 Bde. gr. 8. (VII, 236 u. 188 S. m. 16 Bildn.) Berlin 898, Harmonie. n. 6. — ; geb. n. 8. —

[F.] Opern-Abende. Beiträge z. Gesch. u. Kritik d. Oper v **Max Kalbeck.** M. 16 Vollbild. in Autotypie. Bd 1 2 *Berlin Harmonie 1898* 2 Bde 8
1 Deutsche Opern M 9 Portr (4 Bl 236 S 9 Portr)
2 Ausland Opern M 7 Portr (2 Bl 188 S 7 Portr) 98. 12439

—— Wiener Opernabende, s. **Bibliothek** für Ost und West.

—— Rich. **Wagner's Parsifal.** Erste Aufführung am 26. Juli 1882 zu Bayreuth, besprochen. gr. 8. (III, 76 S.) Ebendas. 883. *

— die Rantzau, s.: **Mascagni,** Pietro.

Kalbeck, Max (Bearb.), s. S m e t a n a , Friedrich: Dalibor

Kalbeck, Max (Bearb.), s S m e t a n a , Friedrich: Das Geheimnis.

— Werther, s.: **Massenet,** J.

—— **Wintergrün.** Eine Blumensprache in Versen. 16. (VIII, 97 Blatt.) Ebendas. 872. geb. mit Goldschn. *

Kalbeck, Max. **Aus alter u. neuer Zeit.** Gesammelte Gedichte. 8. (VIII, 195 S.) Berl. 890, Freund u. Jeckel. * 2 —

Kalben, Maria v., gesammelte **Gedichte** u. e. Novelle. (106 S.) 8. Hamburg 909 [Hamburger Verlag]. Verlagsanstalt. u. Druckerei-Ges. 2.50; geb. 3.50

— Der **Königstiger.** [Aus: „Gedichte u. e. Novelle".] (24 S.) 8. Ebd. 909. — 80; geb. n 1.50

Kalben, Maria v., **Frau Saga.** Eine Dichtg. in 9 Gesängen. (III, 90 S.) gr. 8. Hamburg (904). [Verlagsanstalt u. Druckerei.] Berlin, K. W. Mecklenburg. n. 2. —; geb. n. 3. —

Kälber, Ernst, Justizreferendär: Ueber Zugehörigkeit zur evangelischen Landeskirche Württembergs. Lorch 1905: K. Rohm. (40 S.) 8° [F.]
Tübingen, Jur. Fak., Ref. Rietschel, Diss. v. 11. Mai 1905
[Geb. 9. Nov. 69 Esslingen; Wohnort: Cannstatt; Staatsangeh.: Württemberg; Vorbildung: Ev. theol. Sem. Schönthal-Urach Reife M. 88; Studium: Tübingen 11 theol., München 2, Tübingen 4 S. jur.; Anrechnung der Justizdienstprüfung.]

Kälber, G., s.: **Zeitschrift** f. Arbeiterversicherung.

Kälber, Gustav und Eugen M ö r i k e Die Württembergische Bauordnung vom 28. Juli 1910 nebst den Vollzugsbestimmungen. Teil 1 Kommentar Stuttgart Hess [1910 —] 1912.

Kälberer, s.: **Realienbuch** f. Mittelschulen Württembergs.

K a l b e r g , Johann Wert der lateinischen und griechischen Sprache als Lehrgegenstände am Gymnasium. 8 (S 3—15).
Progr. Staats-Oberg *Mitterburg* 1888

Kalberlah, Alfred: Der Bau von Tetrastigma scariosum Pl., ein Beitrag zur Kenntniss der Lianenstructur. *Halle a. d. S. 1898: E. Karras.* (45 S.) 8° ¶(Erscheint vollständig in: Zeitschrift für Naturwissenschaften, Bd 71.)
Halle, Phil. Diss. v. 25. Juli 1898

Kalberlah, Alfr., der **Bau** v. Tetrastigma scariosum Pl. Ein Beitrag zur Kenntniss der Lianenstructur. gr. 8. (58 S. m. 8 Fig.) Leipzig 898, Stuttgart, E. Schweizerbart. n. 1. —
Sonderabdruck aus: „Zeitschr. f. Naturwissenschaft."

— einfachste Lebensformen des Tier- u. Pflanzenreiches, s.: **Eyferth,** B.

Kalberlah, Fritz, approb. Arzt. Über das Rückenmark der Plagiostomen. Ein Beitrag zur vergleichenden Anatomie d. Centralnervensystems. *Leipzig 1900: [E. Karras in Halle a. S.].* (40 S.) 8° ¶[Aus: Zeitschrift f. Naturwissenschaften.]
Leipzig, Med. Diss. v [28.] (Apr) 1900

Kalberlah, Fritz, über das **Rückenmark** der Plagiostomen. Ein Beitrag zur vergleich. Anatomie des Centralnervensystems. gr. 8. (40 S. m. 1 Abbildg. u. 1 Taf.) Stuttgart 900. E. Schweizerbart. n. — 80
Sonderabdruck aus: „Zeitschr. f. Naturwissenschaft".

Kaelberlah, Ludovicus: Curarum in Commodiani Instructiones specimen. Halis Saxonum 1877: (Freyhoff in Schwedt). 30 S. 8°
Halle-Wittenberg, Phil. Diss. v [29. Sept.] 1877
Geb. Quedlinburg 24. 11. 1844. V.

Kalbermatten, Leo. Frhr. v. **Sumpfleben** u. Jagden. Von Wien bis Batum in Klein-Asien. Mit 38 Abbildgn. u. 1 Karte. gr. 8. (IV, 180 S.) Wien 891, Hartleben. * 5 40; geb. in Leinw. ** 7 20

Kalbersch, Joseph

Kalbersch, J., **Gebrauch** und Mißbrauch geistiger Getränke, oder Wein u. Branntwein im Mittelalter u. in unserer Zeit. Nach Urkunden bearb. 1. Thl. Der Wein. — 2. Thl. Der Branntwein. Diekirch 854. (Luxemburg, Bück.) 12. (731 S.) n. 1 ℛ 18 ngr.

Kalbersch, Joseph: Gebrauch und Missbrauch geistiger Getränke, oder Wein und Branntwein im Mittelalter und in unserer Zeit. Nach Urkunden bearbeitet. Diekirch: Jos. Ant Schröll 1854 2 Bde. 8°
I. Theil. Der Wein. 239, 1 S.
II. Theil. Der Branntwein. 491 S.

Kälberzucht, die praktische, oder naturgemäße Behandlung der Saugkälber und der Kühe. Hrsg. von einem in der Jungviehzucht vielfach erfahrenen Schweizerbauern. 8. (159 S.) Glarus 880. (Bern, Huber und Comp.) *

Kalbfleisch, Georg, aus Friedrichsthal (Kr. Saarbrücken): Symmetrische Cykliden. *Straßburg i. E. 1902: C. & J. Goeller.* (47 S.) 8°
Straßburg, Math.-naturw. Diss. v. 1902

Kalbfleisch, Julia, geb. Benas, s.a. La Marche, Olivier de, le triumphe des dames.

Kalbfleisch, Julia geb. Benas: Le triumphe des dames von Olivier de la Marche. Ausgabe nach den Handschriften. Rostock 1901. XXVIII. u. 119 S. 8°.
Bern. Phil. Diss. 1901/1902.

Kalbfleisch, Karl: Über Galens Einleitung in die Logik ... (Aus: Jahrb. f. class. Philol., Suppl.-Bd XXIII.) Leipzig, Druck v. B. G. Teubner, 1897; 30 S. 8.
Freiburg i. B., Phil. Fak., Hab.-Schr. v. 1897

Kalbfleisch, K., s.: Galenus, de causis continentibus libellus.

Kalbfleisch, Carolus: Galleni de causis continentibus libellus a Nicolao Regino in sermonem Latinum translatus. Primum edidit. Marburg 1904: J. A. Koch. (24 S.) 4°
Marburg, Progr. zur Einführung d. Rektors 1904

Kalbfleisch, Carolvs [Gelnhvsanvs]: In Galeni de placitis Hippocratis et Platonis libros observationes criticae ... Berolini, R. Heinrich, 1892; 2 Bl., 48 S., 1 Bl. 8.
Berlin, Phil. Fak., Inaug.-Diss. v. 16. Aug. 1892

Kalbfleisch, Karl. In Galeni de placitis Hippocratis et Platonis libros observationes criticae. gr. 8. (48 S.) Berl. 892, Heinrich. * 2 —

Kalbfleisch, Carolus: Papyri Argentoratenses Graecae editae. *(Rostochii 1901): Adler.* (12 S.) 4°
Rostock, Einladungsprogr. zu d. Vorl. im SS 1901

Kalbfleisch, Carol., Papyri Argentoratenses graecae, editae a K. Progr. gr. 4. (12 S. m. 4 Lichtdr.-Taf.) Rostock (901). (H. Warkentien.) n. 2. —

— s.: **Papyri, griechische, medizin. u. naturwiss. Inhalts.**

— s. a. **Papyri graecae musei Britannici et musei Berolinensis.**

Kalbfleisch, Carolus: Papyri Graecae musei Britannici et musei Berolinensis editae. *(Rostochii 1902): Adler.* (14 S.) 4°
Rostock, Einladungsprogr. zu d. Vorl. im SS 1902

— die neuplatonische, fälschlich dem Galen zugeschrieb. Schrift Πρὸς Γαῦρον περὶ τοῦ πῶς ἐμψυχοῦται τὰ ἔμβρυα, aus d. Pariser Handschrift zum ersten Male hrsg. v. K. [Aus: „Abhandlgn. d. k. preuss. Akad. d. Wiss. zu Berlin."] gr. 4. (80 S. m. 2 Lichtdr.-Taf.) Berlin 895. (G. Reimer.) Kart. n. 6. 50

Kalbfleisch, Carol., s.: Simplicius, in Aristotelis categorias commentarium.

Kalbfleisch, Wilh. [aus Ober-Moos]: Die Realien in dem altfranzösischen Epos „Raoul de Cambrai" ... Giessen, grossh. Hof- u. Univ.-Dr. C. v. Münchow, 1897; 70 S., 1 Bl. 8.
Giessen, Phil. Fak., Inaug.-Diss. v. 1897

Kalbfleisch, *Wilhelm* [Lehramtsassessor]: Die Realien in dem altfranzösischen Epos „Raoul de Cambrai". [= Inaug.-Diss. v. Giessen 1897.] Giessen, gross. [!] Hof- u. Univ.-Dr. C. v. Münchow, 1897; 70 S., 1 Bl. 8.
Giessen, grossh. RG u. R, OP 1897 (669)

Kalbfus, Heinr., zwei Jahre unter den Kannibalen der Salomo-Inseln, s.: Ribbe, Carl.

Kalbfuß, Hermann: Kloster Schiffenberg bis zu seiner Einverleibung in den deutschen Orden 1323. Giessen 1909: v. Münchow. 72 S. 8° ¶ (Aus: Mitteilungen d. Oberhess. Geschichts-Ver. N. F. Bd 17. T. 2 ersch. ebd. später.)
Gießen, Phil. Diss. v. 5. Jan. 1910, Ref. Haller
[Geb. 19. Febr. 87 Darmstadt; Wohnort: Gießen; Staatsangeh.: Hessen; Vorbildung: Ludwig-Georgs-Gymn. Darmstadt Reife O. 05; Studium: Heidelberg 3, Straßburg 1, Gießen 4 S.; Rig. 10. Juni 09.] [U 10. 1286

Kalbhenn, Fest-Schrift zur Einweihungs-Feier des neuen Schiesshauses der priv. Schützen-Gesellschaft zu Darmstadt. Am 28. VI. 1903. (23 S. m. Abbildgn., 1 Bildnis u. 1 Plan.) gr. 8. Darmstadt (903). (E. Zernin.) n. 1. 40

Kalbitz, K., erster Unterricht in d. Geographie. Für Bürger- u. Landschulen. I. Deutschland. 2. Aufl. II. Europa. gr. 8. (2¼ B. u. 2 lith. u. illum. Karten.) Jena 840, Mauke. Thlr.

Kalbitz, K., erster Unterricht in der Geographie für Bürger- und Landschulen. I. und 2. Heft. gr. 8. (20 und 34 S. mit 2 lithogr. und ill. Karten.) Jena 848. (Leipzig, Hofmeister.) à Heft 2½ Ngr.

Kalbitz, Karl, Archiv für kirchliche Musik. 3r Jahrg. in 3 Hftn. 4. Eisleben, jetzt Hermes in Berlin. (à Heft ⅙ ℔) ½ ℔

Kalbitz, Karl, kleine Fibel f. d. ersten Anfänger im Lesen, sowohl nach d. Lautmethode als auch d. Buchstabiermethode. 2. Aufl. 8. (1¼ B.) Jena 833, Frommann. Thlr.

—— und Fr., neueste prakt. Pianoforte-Schule, nach d. besten Meistern bearb. 2 Hfte. qu. gr. 4. (à 2 B.) Jena 832, 33, Gröker. à 6 Gr.

Kälble, Johannes, appr. Arzt u. Thierarzt, ehemals prakt. Arzt in Friesenheim, Baden: **Untersuchungen über den Keimgehalt normaler Bronchiallymphdrüsen.** *München: J. F. Lehmann 1899.* (14 S.) 8° [Umschlagt.] ¶ [Aus: Münchener Medicin. Wochenschrift, 1899.]
München, Med. Diss. v. 1899

Kaelble, Carl, die Heirat des Herrn Cornelius. Schwank in 3 Akten (teilweise nach e. älteren französ. Stoffe). 8. (III, 82 S.) Dresden 902. E. Pierson. n. 1. 50

Kalbo, Josua Josef: Sēfer Binjan Ariel.
Wien 1883.

KÆLBRANDT, FRIEDRICH. Ueber die Oxydation der Isobutyl-Itakonsäure, -Citrakonsäure und -Mesakonsäure mit Kaliumpermanganate. Strassburg, 1897.

[F.] Medicinische Lieder v. Dr. **Kalchas.** *Elberfeld: F. Müller Söhne 1897.* (50 S., 1 Bl.) 1 Bd 8. [96. 0419 Bo

Kalchas, medicinische Lieder. gr. 8. (51 S.) Elberfeld 897. (Godesberg, G. Schlosser.) n. 1. —

Kalchberg, v., das Recht der Gutsherren auf die bis 7. Septbr. 1848 rückständ. Grundzinsen. Mit besond. Rücksicht auf das Unterthänigkeits-Verhältniß im österreich. Schlesien. gr. 8. (20 S.) Wien 848, Beck'sche Universitäts-Buchh.

Kalchberg, F. W. v., die Lösung der Welträtsel durch d. erweiterte Gravitationsgesetz. (48 S.) 8. Graz 910. Leykam. 2. —

Kalchberg, Joh. von, s. K a l c h b e r g , Joh. Nepomuk von

Kalchberg, Joh. v., s. K a l c h b e r g , Jos. v.

Kalchberg, Joh. Nepomuk von

— s. A g n e s , Gräfin v. Habsburg.

v. Kalchberg, Jh., Attila; dramat. Gedicht. 8. Grätz 809. Ferstl. 19 K

— Franz dem Zweiten. 4. Wien 798. Kaulfuß. 2 K

— lyrische Gedichte. 8. Grätz 788.

v. Kalchberg, Jh. Nep., der Graf v. Cilli. 2 Thle. Cilli u. Grätz 827. Miller. 1 ʄ 16 K

KALCHBERG, Joh. Nep. v. (1765—1827), D i e G r a f e n v o n C i l l i , eine Begebenheit der Vorzeit. (Dramatisirter Ritter-Roman.) 2 Thle. Mit TKpf. Cilli, F. J. Jenko, 1792—93. 8°.
Zum Theil frech u. üppig sind darin die Liebschaften der B a r b a r a , zweiten Gemahlin Kaiser Sigismunds, einer berüchtigten Messaline. — Ed. I. ibid. 1791. (Ohne Theilesangabe im Warmbrunner Cat.) (6 Kr. Gilhofer & Ranschburg, 1908.)

BARBARA (Gemahlin Kaiser Siegmund's, † 1451). — K a l c h b e r g , J. von (Joh. Nepom. v. K., geb. 1765, † 1827), D i e G r a f e n v o n C i l l i , eine Begebenheit der Vorzeit. 2 Thle. Mit Titelkpf. Grätz, Miller, 1792—93. 8°.
Histor. Ritter-Roman, dramatisirt. Theilweise frech u. üppig, besonders die Figur der wollüstigen B a r b a r a , Gemahlin Kaiser Siegmunds. — Selten!
Eine Hauptschrift über diese b e r ü c h t i g t e M e s s a l i n e ist folgende Dissertation: M a r t i n i , Joh. Gothelf (!), Lipsiens., auct. & resp. (praes. Joh. Glo. B o e h m e) d e B a r b a r a C e l e i e n s e (aus Cilli), S i g i s m u n d i I m p. a l t e r a c o n j u g e. (Ornament-Kpf.-Vign., zugleich Drucker-Signet.) Lipsiae, ex officina Breitkopfia (1759). 4°. maj. 32 pp. (incl. Tit.), 1 unbez. Bl.

— — Dasselbe. 2 Thle. Cilli u. Grätz, Miller, 1827. 8°.

— — Dasselbe in Bd. 8 von: K a l c h b e r g , Joh. (Nep.) Ritter v., S ä m m t l i c h e W e r k e. 9 Thle. Mit 9 Titelkpfrn. (incl. Portr. d. Vf., von J. B l a s c h k e , J. G. M a n s f e l d , H. L i p s etc.). Wien, Carl Gerold, 1816—17. 8°. (Kr. 40—.) (12 Kr. Rudolf Heger, Wien, 1902.)

v. Kalchberg, Ritter Jh. Nep., († d. 8. Febr. 1827.) Kantate auf d. Schlacht bei Mainz. 4. Wien 795. Rehm. 6 K

— Maria Theresia, dramatisches Gedicht. 8. Hamburg. (Simon, Frft.) 793.

— Dass. 8. Hamb. 793. Schmidt. 16 K

* K a l c h b e r g , der deutsche Ritter in Accon, ein dramat. Gedicht. 8. Wien, Kaulfuß. (auch Rehm.) 796.

— d. deutschen Ritter in Accon; dramat. Gedicht. gr. 8. Wien 796. (Schaumburg u. C.) 10 K

RITTEREMPÖRUNG, D i e , e i n e w a h r e B e g e b e n h e i t d e r V o r z e i t (von *Joh. Nepomuk v. Kalchberg*, 1765—1827). Mit Titelkpfr. Grätz und Leipzig 1792. 8°. 237 S. (In Warmbrunn.) (4 Mk. H. Streisand, Berlin, 1908.)

— — D i e R i t t e r e m p ö r u n g , eine wahre Begebenheit der Vorzeit. Gräz, Simon, 1792. 8°.

— — Dasselbe. Neue Auflage. Mit 1 Kpfr. Ebd. 1825. 8°.

— die Ritterempörung. 8. Leipz. 792. N. A. 825. Reinicke in Halle; (a. Miller in Grätz). 16 K

K a l c h b e r g ' s , Joh. Ritter v., gesammelte Schriften. Ausgewählt, nach den Handschriften und besten Quellen revid., mit literarisch-histor. Einleitungen, Anmerkungen und der Biographie Kalchberg's hrsg. von Ant. Schlossar. 1. und 2. Bd. [Poetische Schriften. 1. und 2. Bd.] 8. Wien 878, Braumüller.
à Bd. * M 4. *

Inhalt:
Bd. 1. Einleitung. — Gedichte. — Bertram v. Dietrichstein. — Die Tempelherren. (LXXI, 354 S.)
2. Die Grafen v. Cilli. — Friedrich Graf v. Cilli. — Ulrich Graf v. Cilli. — Andreas Baumkircher. (353 S.)

Kalchberg's, Joh. Ritter v., gesammelte Schriften. Ausgewählt, nach den Handschriften und besten Quellen revid., mit literarisch-histor. Einleitungen, Anmerkungen und der Biographie Kalchberg's hrsg. von Ant. Schlossar. 3. und 4. (Schluß-)Bd. [Prosaische Schriften. 2 Bde.] 8. (XII, 282; V, 354 S. mit rad. Portr. und Facs.) Wien 880, Braumüller. *
1. und 2. Bd. Ebendas. 1878. à * M 4.

— hist. Skizzen. 2 Thle. 8. Wien, Schaumburg. 800.
Holl. Pap.

— die Tempelherren; dramat. Gedicht in 5 Handll. 8. o. O. 788. (Grätz, Ferstl). 12 K (Müller das.) 8 K

Die Tempelherren. Ein dramatisches Gedicht in fůnf Aufzůgen. [Von Joh. v. **Kalchberg.** Graetz]: 1788. 224 S. 1 Titelkpfr. 8°
Kl. 4035.

[N. Ausg. u. d. Tit.:]
Die Tempelherrn. Ein Trauerspiel in fůnf Aufzůgen. Nach einem dramatischen Gedichte fůrs Theater bearb. [von Joh. v. Kalchberg]. Mannheim: Neuer Kunstverlag 1796. 136 S. 1 Titelkpfr. 8°

— gesammelte Werke. 2 Bde, mit Kpf. 8. Grätz 793, 94. 2e A. 802. Ferstl. 20 K (1r Bd. A. u. d. T.: Gedichte.)

— gesamml. Werke. 2 Bde. m. K. 8. Grätz, Ferstl. 802.

K a l c h b e r g , J. v., sämmtliche Werke. 9 Thle. m. Kupferu. gr. 12. Wien, Gerold. 817.

— Wülfing v. Stubenberg. Schspl. gr. 8. Wien 797. Wallishausser. 8 K

v. K a l c h b e r g , (J.,) Steyermärk. Zeitschrift, s. Z e i t s c h r i f t.

Kalchberg, Jos. Frhr. v., die Aufgabe des niederösterreichischen Gewerbe-Vereines gegenüber den volkswirthschaftlichen Tagesfragen. Zwei Vorträge gehalten in den Wochenversammlungen des Vereins I. am 27. April, II. am 4. Mai l. J. gr. 8. (X und 84 S.) Wien 866, Braumüller. *

Kalchberg, Jos. Frhr. v., mein politisches Glaubensbekenntniß in Gedenkblättern aus einer achtzigjährigen Pilgerfahrt. gr. 8. (VIII, 553 S.) Leipzig 881. Grieben. n. 9. —

Kalchberg, Vict. Frhr. v., die Darstellung des Welthandels auf der Wiener Weltausstellung 1873. Bericht der Experten f. die additionelle Ausstellg. „Darstellg. d. Welthandels" an die Jury. gr. 8. (38 S.) Wien 873. Gerold's Sohn. n. 1. 20

—— der Suez-Canal und die Zukunft des directen oesterreichisch-ostindischen Handels. gr. 8. (42 S.) Ebendas. 870. *

Kalchberg, Wilhelm Freiherr von —. Der Grazer Schloßberg und seine Umgebung. Von — —. Gratz, 1856. Druck und Papier von A. Leykams Erben. (212 S. 8.)

Kalchbrenner, C., Icones selectae hymenomycetum Hungariae, s. Schulzer, St.

Kalcher, A., Führer durch die Stadt Landshut und in die Umgegend, mit geschichtl. Rückblick. Mit 7 Ansichten (in eingedr. Holzschn. und Holzschntaf.), Plan der Stadt und Karte der Umgegend (auf 1 Stnt. in qu. gr. Fol.). 8. (VII, 148 S.) Landshut 875, Attenkofer. cart. ℳ 2.; geb.

(A. KALCHER), Führer durch die Stadt Landshut und in die Umgegend mit geschichtlichem Rückblick. Den Theilnehmern der Versammlung des Gesammtvereins der deutschen Geschichts- und Alterthumsvereine in Landshut (14. bis 18. September 1879) gewidmet von dem historischen Vereine von und für Niederbayern. (Mit Tafeln.) Landshut. s. a. F. P. Attenkofer's Buchhandlung. 8°.

Kalcher, A., Führer durch die Stadt Landshut und in die Umgegend, nebst geschichtl. Rückblick. 2. verm. Aufl. 8. (VII, 150 S. mit 1 Ansicht in Lichtdr. und 1 Plan.) Landshut 887, Attenkofer. geb. * 1 50

DIE WITTELSBACHER FÜRSTEN-URKUNDEN des Stadt-Archives Landshut bis zum Erlöschen der Landshuter Regenten-Linie. Mitgetheilt von A. KALCHER. (Jubel-Gabe des Historischen Vereines von und für Niederbayern an Seine Majestät König Ludwig II. von Bayern zur Feier des siebenhundertjährigen Regierungs-Jubiläums des erhabenen Hauses Wittelsbach.) s. l. & a. (Landshut 1880.) 4°.

A. K.(ALCHER), Zum Landshuter Stadt-Jubiläum. Aus einem im historischen Verein von Niederbayern gehaltenen Vortrag. Landshut, 1880. Druck der Jos. Thomann'schen Buchdruckerei. 8°.

Kalcher, K., die Behandlung der bibl. Geschichte in christl. Volksschulen. Ein Wegweiser f. Lehrer u. Alle, denen die christl.-religiöse Erziehung unserer Jugend am Herzen liegt. 8. (7½ B.) Berlin 844, Herm. Schultze. —

Kalcher, K., das Bibellesen in der Volksschule im Sinne der preußischen Regulative, nebst einem Lehrplane für Combination des Bibellesens mit dem Katechismusunterrichte u. ausgeführten Beispielen für die Behandlung. 1. Aufl. (104 S.) 867. u. 2. u. 3. verm. u. verb. Aufl. Wittenberg 868, 70. Herrosé. gr. 8. (VII, 115 S.) n. 14 ngr.

Kalcher, K., das Bibellesen in der Volksschule, nebst einem Lehrplane für Combination des Bibellesens mit dem Katechismus-Unterrichte und ausgeführten Beispielen für die Behandlung. 3. Aufl. gr. 8. (III, 115 S.) [Wittenberg 877, Herrosé's Verlag.] Berlin, Th. Hofmann. *

—— der Geist u. Gebrauch des Katechismus Luthers. Ein theoret.-prakt. Handbuch f. d. Schul- u. Confirmanden-Unterricht. 8. (6 B.) Berlin 843, Herm. Schultze.

Kalcher, K., die bibl. Geschichten d. alten u. neuen Testaments, f. den häusl. u. Schul-Gebr. neu bearb. Mit 2 histor. Anhängen. 8. (10 B.) Leipzig 838, Hahn'sche Vrlsb.

—— das Kirchenlied nach seiner naturgemäßen Behandlung theoretisch und praktisch dargestellt. gr. 8. (III, 116 S.) Ebendas. 869. *

Kalcher, K., Mittheilungen aus dem Gebiete der Pädagogik, für Schulbehörden, Geistliche, Lehrer rc. gr. 8. (VII und 109 S.) Darmstadt 848, Leske.

Kalcher, K., die neue Volksschule. Eine Beurtheilung der preußischen Unterrichts-Regulative im Gegensatz zur Diesterweg'schen Würdigung derselben. Berlin 855. Hertz. gr. 8. (103 S.) n. 12 ngr.

Kalcher, Max, Oberveterinär a. D.: Aus d. chir. Klinik d. Tierärztl. Hochsch. zu Dresden. Die Resektion des Hufknorpels. Ältere Geschichte, neuere Fortschritte. Dresden-N. 1908: Ulrich. 51 S. 8°

Leipzig, Veterinär-Med. Diss. v. 30. Nov. 1908, Ref. Röder

[Geb. 25. Sept. 74 Staukeiten; Wohnort: Lasdehnen; Staatsangeh.: Preußen; Vorbildung: Realgymn. Tilsit Reife O. 92; Studium: Berlin Tierärztl. Hochsch. 7 S.; Coll. 18. Dez. 08; Approb. 26. Juli 99.] [U 09. 2797

Kalchgruber, Anton

Kalchgruber, Ant., Untersuchungen über landwirthschaftliche speziell bäuerliche Verhältnisse in Altbaiern. gr. 8. (148 S.) München 885, Franz' Verlag. * 3 —

Kalchreuter, Abschieds-Predigt über Evangel. Johs. 10, 11—18, am Sonntag Misericordias Domini 24. April 1887 gehalten in der Hauptkirche zu Reutlingen. gr. 8. (8 S.) Reutlingen 887, Kocher. — 15

Leichenrede | fur Rosine Finckh, ' ledige Tochter des Sixt Jakob Finckh, Kaufmanns, gehalten den 10 Januar 1868 | von Herrn Stadtpfarrer Kalchreuter : Reutlingen, : Druck von Fleischhauer & Spohn.

8 S, 8°.

StB Ulm 21527

Kalchreuter, Predigt gehalten am Reformationsfest den 26. Juni 1859 in der evangelischen Hauptkirche zu Reutlingen. Beigegeben sind die wichtigsten Artikel des Augsburgischen Glaubensbekenntnisses. Reutlingen, (Palm.) 8. (24 S. u. 1 Lithogr.) n. 3 ngr.

Kalchreuter, K. Ludw., die Kirchengeschichte in ihren Grundzügen übersichtlich dargestellt mit besond. Berücksicht. der geistl. Liederdichtung. Ein Leitfaden für Lehr- und Bildungsanstalten, sowie zum Selbstunterricht. 8. (XVI, 207 S.) Reutlingen 873, Fleischhauer und Spohn. *

Kalchreuter, K. Ludw., die Kirchengeschichte in ihren Grundzügen übersichtlich dargestellt, mit besonderer Berücksichtigung der geistlichen Liederdichtung. Ein Leitfaden für Lehr- u. Bildungsanstalten, sowie zum Selbstunterricht. 2., aufs neue durchgearb. Aufl. gr. 8. (XVI, 199 S.) Reutlingen 879. Fleischhauer & Spohn. n. 2. —

Kalchreuter, K. Ludw. Die Kirchengeschichte, in ihren Grundzügen übersichtlich dargestellt m. besond. Berücksicht. der geistlichen Liederdichtung. Ein Leitfaden f. Lehr- u. Bildungsanstalten sowie zum Selbstunterricht. 3. Aufl., umgearb. v. Gundert. 8. (XIV, 171 S.) Reutl. 892, Fleischhauer u. Spohn. * 2 —; geb. in Leinw. * 2 40

Kalchschmidt, K. Th., Martin Luther in seiner Bedeutung für das deutsche Volk. gr. 8. (54 S.) Karlsruhe 883, Reiff. *

Kalchschmidt, Karl Thdr., Geschichte d. Klosters, d. Stadt u. d. Kirchspiels St. Georgen auf d. bad. Schwarzwald. gr. 8. (VIII, 174 S. m. 7 Abb. u. 7 Lichtdr.-Taf.) Heidelberg 895. C. Winter. n. 5. —; geb. in Leinw. n. 6. —

Kalchschmidt, Kurt: Die Entwickelung der Personentarife auf den Grossh. Bad. Staatsbahnen. Heidelberg 1909: Pfeffer. 79 S. 8°

Heidelberg, Phil. Diss. v. 28. April 1909, Ref. Gothein

[Geb. 2. Juni 84 Mückenloch; Wohnort: Heidelberg; Staatsangeh.: Baden; Vorbildung: Gymn. Bruchsal Reife M. 03; Studium: Heidelberg 10 S.; Rig. 4. Juli 08.] [U 09. 2000

Kalchschmidt, M., Krankenbüchel, od. Trostzettel für Betrübte, Kranke u. Sterbende. 12. Insbr. 779. Wagner. 2 K

Johann Heinrich Kalck

Monstri acephali humani Expositio anatomica. Berolini (1825:) Petsch. 18 S. 8°

Berlin, Med. Diss. v. 28. März 1825

Kalck, (J. H.,) Monstri acephali humani expositio anatomica. Specimen inaug. medicum. Acced. II. tab. aeneae. 4maj. Berolini 825. Logier.

Kalckar

— s. auch **Kalkar.**

Kalckar, Nathan Simon, Nitej Schaaschuim. Eine Sammlung hebräischer Gedichte. gr. 8. Kopenhagen 834. (Philipsen.) (Leipzig, Hinrichs.) 2/3 rß

Kalckbrenner, Chr., († d. 10. Aug. 1806.) kurzer Abriß d. Geschichte d. Tonkunst. 8. Berl. 792. Maurers B. 9 gr

— histoire de la musique. II Vols., avec planch. gr. 8. Strassb. 803. König. 1 rß

— Theorie d. Tonkunst, mit 13 Tabellen. 1r Thl. gr. 4. Berl. 789. Hummel. 1 rß 12 gr

Kalckbrenner, Otto, Rechtsprakt.: Im Personenverkehr der Eisenbahnen vorkommende Papiere u. die ihrer Ausgabe zu Grunde liegenden Rechtsgeschäfte. Nürnberg 1909: Hilz. VII, 104 S. 8°

Erlangen, Jur. Diss. v. 24. Juli 1909, Ref. Sehling

[Geb. 7. Juli 86 Kronach; Wohnort: Nürnberg; Staatsangeh.: Bayern; Vorbildung: Neues Gymn. Nürnberg Reife Juli 04; Studium: Erlangen 8 S.; Rig. 22. Juni 09.] [U 10. 711

Kalckhoff, F., s.: Handbuch, grosses, der Philatelie.

— illustriertes Verzeichnis aller bekannten Neudrucke staatlicher Postwertzeichen, nebst Angabe ihrer Unterscheidungsmerkmale. Mit e. Einleitg. v. Lindenberg. Unter Mitwirkg. hervorrag. Sammler u. Händler hrsg. 8. (95 S.) Leipzig 892. E. Heitmann. n. 1. —

Kalckhoff. Franz A(ndr. Anton) (geb. Berlin 30. 11. 1860): Ueber Harnstoffderivate und Anhydroverbindungen der Amidophenole. Berlin 1883. (35 S.) 8°

Berlin, Phil. Diss. v. 29. Dez. 1883

Kalckmann, Herrm., Gegenstände d. ältesten Geschichte, e. engl. Lesebuch, aus den besten engl. Schriftstellern zusammengetragen u. mit e. deutschen Wortregister versehen. 8. Hannov. 804. Hahn. 6 gr

Kalckmann, H.: „Allgemeine Handels-Geographie für Kaufleute, Versicherer und Seefahrer . . . . .", in alphabetischer Ordnung, 5 Teile, Hamburg (1807—1810). — Vorh.: Com. Bibl. Hamburg.

— allgemeine Handelsgeographie für Kaufleute, Versicherer u. Seefahrer rc. 5 Thle. gr. 8. Hamb. (807—11.) (Herold jun.) 25 rß 12 gr

— Tabellen zur Berechnung d. Wechselarbitragen, mit e. kurzen Verzeichniß der in den vornehmsten europ. Handelsstädten gangbaren Wechselmünzen rc. gr. 8. Hamb. 804. Nestler. 1 rß 8 gr

Kalckreuth, Leopold Graf v. Mit e. Geleitwort v. Alex. Troll. Hrsg. v. d. freien Lehrervereinigg. f. Kunstpflege. (36 S. m. Abb.) Lex. 8. Mainz 910. J. Scholz. 1. —

Kalckreuth, Graf v. Die Belagerung von Danzig im Jahre 1807. Posen 1809. 8°.

Kalckreuth, v., Familienkalender der Grafen und Herren von Kalckreuth. 1867, 1877, 1883, 1888.

— Stammbäume der Linien Klempzig und Pommerzig des von Kalckreuthschen Geschlechts. Sämmtliche Werke nicht im Handel, sondern nur vom Verfasser direct zu erhalten.

Historisch-Genealogische Beiträge zur Geschichte der Herren, Freiherren und Grafen von Kalckreuth nach Urkunden zsgest. durch Albert Philipp Wilhelm v. **Kalckreuth**, Major a. D. Potsdam 1885. (Vorr.: Karl Friedrich v. Kalckreuth, Hans v. Kalckreuth, Elisabeth v. Kalckreuth.) Potsdam: E. Stein in Komm. 1904. (VII, IV, 319 S.) 4° [07. 477

Kalckreuth, Alb. Philipp Wilh. v., hist.-geneal. Beitr. z. Geschichte d. Herren, Freiherren u. Grafen v. Kalckreuth, nach Urkunden zusammengestellt. Potsdam 1885. — **Urkunden u. Regesten zur Geschichte der Herren, Freiherren u. Grafen v. Kalckreuth. Potsdam 1886. 2 Bde. (IX, IV, 819 u. IV, 484 S. m. 9 farb. Taf. u. Stammtafeln.)** Lex.-8. Potsdam 904. (E. Stein.) n. 50. —

v. Kalckreuth, (Fr. Graf,) dram. Dichtungen. 2 Bde. — 1r Bd. Camillus. — Isidor. — 2r Bd. Gastliche Treue. — Die Gothen-Krone. — Der Prinz von Toskana. Lexiconformat. Leipz. 825. Brockhaus.

Kalckreuth, Richard von, Kammergerichtsref. in Berlin: Die besonderen Vorschriften über die Haftung der Miterben nach dem mittelalterlichen deutschen Recht und dem Recht des Bürgerlichen Gesetzbuchs. *Borna-Leipzig 1903: R. Noske.* (VII, 71 S.) 8°

Leipzig, Jur. Diss. v. 1903

Kalckreuth, Wolf Graf v., Gedichte. (106 S.) 8. Leipzig 908. Insel-Verlag. 4.—; geb. in Halbperg. 6. —

Kalckstein, v., Geschichte d. Infanterie-Regiments v. Courbière, s.: **Arnold.**

Kalckstein, v. Zur Verfassungsgeschichte Nordamerikas. gr. 8. (53 S.) Berl. 890. Bibliograph. Bureau. * 1 —

Kalckstein, Hermann (Breslau), **Curationis per inediam historiam. Diss. med. Bln. (Aug. Wilh. Schade) 7. IX. 1826. 31 S. mit Biogr. (M.: Leffmann.) (6.50) 17392**
Oppon.: H. Freund, F. Guttmann, A. Weber.

Kalckstein, Karl v. Nationale u. humanistische Erziehg., s. Schriften, deutsche, f. nationales Leben.

Kalckstein, Karl v., Minna Cauer u. Albert Eulenburg: Nationale und humanistische Erziehung! — Kiel & Leipzig: Lipsius & Tischer 1891. 48 S. 8° (Deutsche Schriften f. nationales Leben. R. 1, H. 1.)

Kalckstein, Carl v., Geschichte des französischen Königthums unter den ersten Capetingern. 1. Bd.: Der Kampf der Robertiner u. Karolinger. gr. 8. (XVII, 524 S.) Leipzig 877. T. O. Weigel. n. 10. —

Kalckstein, Karl v., Robert der Tapfere, Markgraf von Anjou. Der Stammvater des kapetingischen Hauses. gr. 8. (X, 165 S.) Berlin 871, Loewenstein. [Staude.] *

Kalckstein, Mor. v., Erinnerungen an England und Schottland. Ein Beitrag zur Reiseliteratur über jene Länder und zum prakt. Gebrauch für Besucher derselben. Berlin 854. F. Schneider. 8. (VIII, 282 S.) n. 1 ℛ.

—— Grundlinien einer phyſiſchen Erdbeſchreibung zum Selbſtſtudium und zum Gebrauch für höhere Lehranſtalten insbeſondere Militairſchulen. gr. 8. (VI und 58 S.) Berlin 852, [Schneider.] *
Die 2. Aufl. erſchien unter dem Titel:

—— Grundlinien einer phyſikaliſchen Erdbeſchreibung zum Selbſtſtudium und zum Gebrauch für höhere Lehranſtalten insbeſondere Militärſchulen. 2., verm. Aufl. gr. 8. (VII und 71 S.) [Berlin 856, Schneider.] *

Kalckſtein, Mor. v., Lehrbuch der Geographie für höh. Lehr-Anſtalten insbeſondere Militairſchulen wie zur Selbſtbelehrung denkender Freunde der Erdkunde. gr. 8. (XV und 370 S.) Berlin 850, C. Heymann. *

Kalckſtein, Mor. v., Lehrbuch der Geographie für höhere Lehranſtalten, insbeſond. Militairſchulen, wie zur Selbſtbelehrung denkender Freunde der Erdkunde. 2., verb. und erweit. Aufl. gr. 8. (XVI und 378 S.) Berlin 862, C. Heymann. *

—— Leitfaden für den Unterricht in der Geographie. Oro- und Hydrographie und polit. Geographie. Speciell für die Portepeefähnrichs-Prüfung in der königl. preuß. Armee und die höhern Klaſſen von Realſchulen bearb. gr. 8. (XX und 262 S.) Berlin 862, C. Heymann.

—— daſſ. — (II.) Mathematiſche und phyſikaliſche Geographie. Speciell für die Portepee-Fähnrichsprüfung bearb. gr. 8. (XII und 86 S. mit 1 Stnt. in qu. gr. 4.) Ebendaſ. 863.

Kalckstein, Dr., Moritz v., Hauptm. a. D. Leitfaden für den Unterricht in der Geographie. I. Th. Oro- und Hydrographie und politische Geographie. Speciell für die Portepeefähnrichs-Prüfung in der deutschen Armee und die höheren Klassen von Realschulen. 2. mit Berücksichtigung der 1871 eingetretenen Territorial-Veränderungen verbess. und erweiterte Auflage. II. Th. Mathematische und physikalische Geographie. Speciell für die Portepeefähnrichs-Prüfung. 2. theilweise umgearb. und mit Berücksichtigung der neuen Forschungen verm. Auflage. Mit 1 Steindruck Taf. (2 Bde.)
8. Berlin 1871—1875.

Kalckſtein, Mor. v., Leitfaden für den Unterricht in der Geographie. 2 Thle. gr. 8. Berlin, Imme's Verlag. *
Inhalt:
Thl. 1. Oro- und Hydrographie und politiſche Geographie. Speciell für die Portepeefähnrichs-Prüfung in der deutſchen Armee und die höheren Klaſſen von Realſchulen. 2. mit Berückſicht. der 1871 eingetretenen Territorial-Veränderungen verb. und erweiterte Aufl. (XX, 388 S.) 871. *ℳ 4.
2. Mathematiſche und phyſikaliſche Geographie. Speciell für die Portepeefähnrichs-Prüfung bearb. 2. theilweiſe umgearb. und mit Berückſicht. der neuen Forſchungen verm. Aufl. (XII, 92 S. mit 1 Stnt.) 875. *ℳ 1,50.

Kalckſtein, Mor. v., Rom und die Campagna. Eine Skizze. 8. (IV und 189 S.) Berlin 860, F. Schneider. *

Kalckſtein, Moritz von. Verſuch einer Darſtellung des Weſens der Privat-Militair-Bildungs-Anſtalten und ihrer Stellung zu den Gymnaſien vom Standpunkte freimüthiger Beleuchtung. Berlin, literar. Anſtitut 1848. 34 S. 8.

Kalckstein, Walter von

Kalckstein, W. v., Arbeitergärten (Schrebergärten), s.a. Kultur u. Fortschritt. 262.

Kalckstein W v, Arbeitergärten (Schrebergärten). (14 S) (Kultur und Fortschritt 262) Gautzsch 1909

— Der Arbeitsnachweis, s.a Kultur u. Fortschritt.

Kalckstein, W. v., Der Arbeitsnachweis. 8⁰. Gautzsch bei Leipzig, Fel. Dietrich, 1909. (Kultur und Fortschritt, 249/250.)

— Oeffentliche u. gemeinnützige Arbeitsnachweise im Ausland, s.a. Kultur u. Fortschritt.

— Oeffentliche u. gemeinnützige Arbeitsnachweise im Auslande. 8⁰. Gautzsch bei Leipzig, F. Dietrich, 1910. (Kultur u. Fortschritt, 294/296.)

— Kommunale Bodenpolitik, s.a. Kultur u. Fortschritt.

Kalckstein, W. v., Kommunale Bodenpolitik. 8⁰. Gautzsch bei Leipzig, Fel. Dietrich, 1908. (Kultur u. Fortschritt, Nr. 187.)

— Das Einlogiererwesen, s.a. Kultur u. Fortschritt

Kalckstein W v, d. Einlogiererwesen. (16 S) (Kult. u Fortschr. 169) Gautzsch 1908

Kalckſtein, W. v., das Einlogierweſen in Hamburg, ſ.: Beiträge zur Wohnungsfrage in Hamburg. 2. Hft.

— Das Erbbaurecht, s.a Kultur u. Fortschritt.

Kalckstein, W. v., Das Erbbaurecht. 8⁰. Gautzsch bei Leipzig, Fel. Dietrich, 1909. (Kultur u. Fortschritt, 223.)

— Ledigenheime, s.a. Kultur u. Fortschritt.

— Ledigenheime. 8⁰. Gautzsch b. Leipzig, F. Dietrich, 1908. (Kultur u. Fortschritt, Heft 178.)

— Unentgeltliche Rechtsauskunftsstellen f. Unbemittelte, s.a. Kultur u. Fortschritt.

Kalckstein W v, unentgeltliche Rechtsauskunftsstellen für Unbemittelte. (18 S) (Kultur und Fortschritt 241) Gautzsch 1909

Die im deutschen Reiche erlassenen Vorschriften über Benutzung und über Beschaffenheit von Wohnungen. Auf Grund d. Sammlungen d. Bremer Soz. Museums bearb. u. hrsg. von W[alter] v. **Kalckstein,** Hauptm. a. D. Bremen: G. Winter 1907. (36 S.) 4⁰ [Umschlagt.] 07. 3443

— Die Wohnungsaufsicht, s.a. Kultur u. Fortschritt.

— Die Wohnungsaufsicht. 8⁰. Gautzsch bei Leipzig, F. Dietrich, 1908. (Kultur u. Fortschritt, Heft 141.)

— Der gemeinnützige Wohnungsbau, s.a. Kultur u. Fortschritt.

— Der gemeinnützige Wohnungsbau. 8⁰. Gautzsch b. Leipzig, Fel. Dietrich, 1908. (Kultur u. Fortschritt, Heft 200.)

— Der öffentliche Wohnungsnachweis, s.a. Kultur u. Fortschritt.

— Der öffentliche Wohnungsnachweis. 8⁰. Gautzsch b. Leipzig, Fel. Dietrich, 1908. (Kultur u. Fortschritt, Heft 149—150.)

— der öffentliche Wohnungsnachweis. I. II. (Kultur und Fortschritt 149/150. 272/274.) Gautzsch 1908. 09

— Deutsche Wohnungsordngn., s.a. Kultur u. Fortschritt.

— Deutsche Wohnungsordnungen. 8⁰. Leipzig, Fel. Dietrich, 1907. (Kultur u. Fortschritt, Heft 122.)

František N. KALDA Heinrich Leuthold als epischer Dichter
Phil. Diss., Prag 1907/08

Kalde, Iac., dispensator. vide Dispensatorium.

Kaldenberg, Ernst [aus Wülfrath]: Aus d. med. Poliklinik zu Bonn. Zur Casuistik des Empyema necessitatis ... Bonn, Druck v. E. Heydorn, *1893;* 38 S., 1 Bl. 8.
Bonn, Med. Fak., Inaug.-Diss. v. [28.] Juni 1893

Kaldenberg, Ernst von: Die rechtliche Stellung des Versicherungs-Agenten. *Straßburg 1903: 'Elsässer'.* (71 S.) 8°
Heidelberg, Jur. Diss. v. 1903

Kaldenkirchen [Schlagwort]

Kaldenkirchen, s.: Deutschland. Karte. (Abt. Preussen.)

Kaldewey, Gregor [aus Graudenz]: Ueber das Verhalten der Schleimhaut des Uteruskörpers bei Carcinom der Cervix. ... Würzburg, Köhl & Hecker'sche Buchdr., 1889; 22 S., 1 Bl. 8⁰
Würzburg, Med. Fak., Inaug.-Diss. v. 1889

Kaldewey, Paula: Was muß das junge Mädchen beim Eintritt in die Welt wissen? — Berlin: Steinitz (1900). 104 S. 8⁰

Kaldewey, Paula, wie eigne ich mir gewandtes Benehmen u. gute Lebensart an? gr. 8. (94 S.) Berlin (900). H. Steinitz. n. 1.—

Kaldewey, Paula, wie eigne ich mir gewandtes Benehmen u. gute Lebensart an? 4. Aufl. (96 S.) 8. Berlin (908). H. Steinitz. 1.—

Kaldy, (Ad.,) unsre Sonnen-System, nach mathematisch-physischen u. chemischen Grundsätzen bearbeitet. Mit 2 grossen Steintaf. gr. 8. Wien 820. (Tendler u. v. M.)

Kale B, Henrik Ibsen, Björnstjerne Björnson und ihre Zeitgenossen. (140 S 4 T) (Aus Natur und Geisteswelt 193) Leipzig 1908

Kalecsinsky, Alexander von

Kalecsinsky, Alex. v., über die ungarischen warmen u. heissen Kochsalzseen als natürliche Wärme-Accumulatoren, sowie üb. die Herstellung v. warmen Salzseen u. Wärme-Accumulatoren. Lex.-8. (25 S.) Budapest 901. (F. Kilián's Nachf.) n. 1.—
Sonderabdruck aus: „Földtani Közlöny".

Die Mineralkohlen der Länder der ungarischen Krone mit besond. Rücks. auf ihre chemische Zusammensetzung u. prakt. Wichtigkeit Preisgekr. von d. ungar kgl. Naturwiss Ges. Von Alexander v. Kalecsinszky, Chef Chemiker Mit 1 Übersichtskarte Rev Übertr aus dem 1901 erschien ungar Orig *Budapest 1903 Franklin Ver* (323 S.) 4"(8⁰)
(Publikationen d. Kgl Ungarischen geol. Anstalt) 04 1 915 9

Kalecsinszky, Alex. v., die Mineralkohlen der Länder der ungarischen Krone m. besond. Rücksicht auf ihre chem. Zusammensetzung u. prakt. Wichtigkeit. Preisgekrönt v. der ungar. kgl. naturwiss. Gesellschaft. Mit 1 Uebersichtskarte. Rev. Uebertragg. aus dem im Decbr. 1901 erschien. ungar. Original. (Publicationen der kgl. ungar. geolog. Anstalt.) (324 S.) Lex.-8. Budapest 903. (F. Kilián's Nachf.) n. 14.—

Kalecsinszky, Alex. v., üb. d. untersuchten ungarischen Thone, sow. üb. d. bei d. Thonindustrie verwendbaren sonst. Materialien. [Aus: „Jahresber. d. k. ung. geolog. Anstalt".] gr. 8. (32 S. m. 1 Karte.) Budapest 894. (F. Kilián Nachf.) n. —50

Kaled vpelas plo yel 1888 fa Gross Karl. 8. (32 S.) München 888, Lindauer'sche Buchh. * — 60

Kalefeld, Franz, a. Sobernheim ⟨Rhld.⟩: Ueber die Metreuryse in der Geburtshülfe ⟨an der Hand von 77 Fällen der Kaiserl. Universitäts-Frauenklinik zu Straßburg i. Els.⟩. Straßburg i. E. 1906: C. Müh. (78 S.) 8°
Straßburg, Med. Fak., Ref. Fehling, Diss. v. 17. Jan. 1906
[Geb. 15. Juli 81 Saargemünd, Lothringen; Wohnort: Sobernheim; Staatsangeb.: Preußen; Vorbildung: Gymn. Bensheim a. d. Bergstr. Reife O. 01; Studium: Bonn 1. Straßburg 8 S.; Coll. 7. März 06; Approb. 17. Jan. 06.]

Kaleff, Raphael: Ueber Lues und Aneurysma der Aorta. (Berlin 1910: Blanke.) 38 S., 1 Taf. 8°
Berlin, Med. Diss. v. 28. Nov. 1910, Ref. Kraus
[Geb. 2. Febr. 84 Philippopel; Wohnort: Charlottenburg; Staatsangeh.: Bulgarien; Vorbildung: Gymn. Rustschuk Reife M. 05; Studium: Neuchâtel 1, Genf 1. Göttingen 2. Berlin 6 S.; Rig. 26. Nov. 10.] [U 11. 78

Kaleidoscop, Das. Frankfurt a. M. 1819. V: *Döring, Georg Chn Wilhelm Asmus.* (MGT) (Ky)

Kaleidoskop, od. unerschöpfl. Mannichfaltigkeit der Ehestands-Farben. Von einem sonderbaren u. seltenen Autor in Hirthemd u. Holzschuhen, aus dem Kanton Schwytz. 8. Leipz. 825 Centr.-Compt.

Kaleidoskop. Bilder aus allen Zeiten, Zonen u. Sphären gesammelt v. Emil Leo. 1. Mappe. 2. Taus. 8. (VII, 142 S.) Lpz.-R.-C. 891, R. Greiner. [* 1 60; cart. 1 80] * — 80; cart. * 1 —
Separat-Abdrücke. 8. à — 30:
Stimmen in einem alten Park. Ein Nachtbild. (40 S.)
Der Urkraft Quell. Ein Bild. (28 S.)
Adelgunde. Ein Bild aus dem großen Bauernkriege. (24 S.)
Wirksame Rettung. Ein Osterbild. (12 S.)

Kaleidoscop für hellsehende Augen oder Fragmente aus der Geschichte und Literatur unserer Zeit ... Pappenheim 1821. V: *Lewer, Steph. von.* (Ky)

— für hellsehende Augen, oder Fragmente aus d. Geschichte u. Literatur unserer Zeit. Aus französ. Blättern frei übersetzt vom Verfass. d. Nachtpflanzen, (St. v. Lever). 1s Bdchen, 1s Heft. 8. Pappenheim 821. (Eichst., Beyer. Barth in Leipz.) 6 gr

Kaleidoscop, militairisches, v. Justemi, Leutenant. 8. (69 S. m. 16 Bl Illustr.) Köln 883. Warnitz & Co n. 2. 25

Kaleidoscop, Neues, von Dresden. 2. Aufl. Dresden 1843. V: *Sillig, Paul Herm.* (Kat. d. stat. Bureaus. Dresden 1910.)

Kaleidoscop, neues, von Dresden. 2., verm. Aufl. 8. (2¼ B.) Dresden 843, Sillig. *

Kaleidoskop, humoristisch politisches. (Gedichte.) 1. Heft: Der deutsche Michel. — Märzerrungenschaften. — Vergeblich. — Schafkopf. — Wir. — Einer für Alle und Alle für Einen. — Genice..mmunismus. Mit 14 Federzeichnungen. gr. 8. (40 S. und 7 Stnt.) Gera 850, [Kanitz.] *

Kälem, Kasp, Hans Erlading. Roman. (120 S) 8 Leipzig 910 Modernes Verlagsbureau. 3 —

Die schwarze Krankheit. Märchen in 3 Aufz. von Kaspar **Kälem** Berlin-Leipzig. Wigand 1910. 70 S. 8° [11 4301

Kalemkiar, Gregoris, Catalog der armenischen Handschriften in der k. Hof- u. Staatsbibliothek zu München, s. a. Haupt-Catalog der armenischen Handschriften, hrsg. v. der Wiener Mechitharisten-Congregation.

Kalemkiar, Gregoris, Catalog der armenischen Handschriften in der K Hof und Staatsbibliothek zu München Wien 1892 4•

— s.: Precatio pro universa ecclesia ex sacra liturgia S. J. Chrysostomi quinquaginta linguis exarata.

Kalemkiar, P. Gregoris Dr., Eine Skizze der literarisch-typographischen Thätigkeit der Mechitaristen Congregation in Wien aus Anlass des 50jährigen Regierungs-Jubiläums Sr. k. u. k. Apostol. Majestät Kaiser Franz Josef I. Mit 2 Licht- und 9 Zinkdruck-Bildern. 8. (99 S.) In Comm. 1.80
Wien· H Kirsch 1898

Eine Skizze der literarisch-typographischen Thätigkeit der Mechitharisten-Congregation in Wien aus Anl. d 50j. Reg-Jubil. Kaiser Franz Joseph I. v P Gregoris Dr **Kalemkiar,** Dir d. Mechith.-Congreg-Buchdr M 2 Licht- u. 9 Zinkdruckbild. *Wien Verl. d. Mechith. Congreg Buchdr 1898* (2 Bl., 99 S., 2 Portr) 1 Bd 8. [98. 8004

Kalemkiar, Grigoris, Die siebente Vision Daniels. Armenischer Text mit deutscher Übersetzung. Wien, Mechitaristen-Druckerei, 1892, gr 8°, 42 S., 3 Mk.

Die vorliegende Edition, ein Separatabdruck aus der „Wiener Zeitschr f. d Kunde des Morgenlandes", Jahrg. 1892, behandelt ein bis jetzt noch unediertes Stück aus der ungewöhnlich reichen altarmenischen Apokryphenlitteratur. Dem Herausgeber lagen 3 armen. Handschriften vor Eine Londoner u zwei Wiener Handschriften. Das Apokryphon selber ist aus einem griech. Original übertragen, welches aus dem 7 Jahrhundert zu stammen scheint. Vgl. P. Vetter, Litterar Rundsch. 1894, S. 6–7

Kalenbach- Schröter (Hrsg), s Stunden am Arbeitstische

Kalenbach-Schröter, G[ustav]. **Bilder aus der alten Stadt Rheinfelden gezeichnet und verfasst von G. Kalenbach-Schröter.** [21 Blätter Ansichten *etc.* — Mit Porträt-Tafel.] 96 S. 8. Einsiedeln, Benziger & Co. A. G., 1903. [geb. fr. 2 —]

Kalenbach-Schröter, G., Bilder aus der alten Stadt Rheinfelden, gezeichnet u. verf. (96 S. m. Abbildgn. u. Bildnis.) gr. 8. Einsiedeln 903. (Aarau, Sauerländer's Sort.) Kart. n.n. 2. —

Kalenberg, Ewald v., des Adler's Aufflug. Zeitgeschichtlicher Roman. 4 Bde. in 16 Lfgn. 8. (1130 S) Leipzig 867, Kummer à Lfg. 10 Ngr.

Kalendář pro čas a wečnost Mixtura proti smrtelné uzkosti pro obecný lid, a mimo to také pro duchownj i swetské wassnostpany. Ozdobený, podiwnými obrazky dle staré a gesste trwagjcj mody, gegž w mateřský gazyk uwedl Frant P Polenský 12 (128 S.) Brünn 847. Winiker — 1 ročnjk Zčesstěnj od. Františka P. Poimona. 2 wydánj. 12 (128 S m. eingedr Holzschn.) Ebd 847 — 2. ročnjk 12 (129 S. m eingedr Holzschn) Ebd 848 à n ⅙ ℛ — 3 Ročnjk Pul otě cnásse neobraussenými citáty posázeného. Dle Albana Stolz-e swobodně wzdělal Frant P Poimon. 12. (113 S) Ebd. n 4 ℛ

—— pro čas a wečnost. 1. ročnjk. Zčesstěnj od. Františka P. Poimona. 1. ročnjk. 1. und 2. wydány und 2. und 3. ročnjk. 12. (à 128 und 129 S. mit eingedr. Holzschn.) Brünn 847 —49, Winiker. à *

Kalandár dêlnietva ceskoslovanského na rok 1883. Wien (confisciert).

Tabolskový Kalendár, Fromme's 3 Jahrgang. 1884 Wien, Carl Fromme 16 kr 3329

Tobolkový Kalendář. 9. Jahrg. 1890 Ebd — .16

Tobolkový Kalendař, Frommégo. (Polnischer Blatt-Kalender.) 15. Jahrg. 1896 Ebd —.16

Kalendář, humoristický, na rok 1859. Péčí a nákladem Jos. Vilůnka. Prag 858. (Dominicus.) gr. 8. (IV, 128 S. m. Holzschn.) n. 20 ngr.

Kalendář, Kapesní, na rok 1890. Ročník III (Kolibri Kalender für das Jahr 1890) —.20
Wien Perles 1889

Kapesní kalendář na rok 1891. IX. Jahrg. (Böhmischer Portemonnaie-Kalender.) Ebd

A. 1. Eleg. in Umschlag brochirt mit zwei Photographien —.20
B. In englischem Einband —.30
C. 1. Eeleg. geb. in fein ausgeführtem Metalldeckel —.36
2. Eleg. geb. in Email —.40
D. 1. Eleg. geb. in fein ausgeführtem Platinadeckel —.36
2. Eleg. geb. in Email —.40
E. 1. Eleg. geb. in Juchten (mit Pressung 1891 Tarokkarten-, Bicycle-, Billard-, Kegel-Emblemen etc. etc.) —.40
2. Eleg. geb. elfenbeinähnl., i. Seide etc. —.40
F. 1. Eleg. in Leder mit Pressung „Anno 1891" in Metall —.50
2. Eleg. geb. in Leder mit Medaillonbild —.50
3. Eleg. geb. in Elfenbein oder Schildkrot mit Nickelbeschlag —.50
4. Eleg. geb. in Schweinsleder-Imitation —.50
5. Eleg. geb. in Atlas mit Blumen —.50
6. Eleg geb. in diverse moderne Einbände (mehr als 20 verschiedene Muster) —.50
G. 1. Eleg. geb. in feinem Kalbleder mit Pressung: „Nazdar!" —.65

2. Eleg. geb. in Plüsch mit Defregger-Bildern und Genrebildchen in Celluloidpressung en relief etc. —.65
H. Eleg. geb. in Leder mit feingeschliffenem Spiegel —.75
I. 1. Eleg. geb. in feinem schwarzen Kalbleder mit Spiegel, Brieftasche darstellend 1.—
2. Eleg. geb. in Plüsch mit Defregger-Bildern, colorirt 1.

Kapesní Kalendář na rok 1894. (Böhmischer Portemonnaie-Kalender.) Ebd.
A. Elegant, in Umschlag broch. mit zwei Photographien —.20
B. In englischem Einband — 30
C. 1. Eleg. geb. in fein ausgeführtem Metalldeckel —.36
2. Eleg. geb. in Email — 40
D. 1. Eleg. geb. in fein ausgeführtem Platinadeckel —.36
2. Eleg. in Email —.40
E. 1. Eleg. geb. in Juchten (mit Pressung 1894, Tarokkarten-, Bicycle-, Billard-, Kegel-, Schützen-Emblemen) —.40
2. Eleg. geb. elfenbeinähnlich —.40

Kapesní Kalendář na rok 1894. (Böhmischer Portemonnaie-Kalender.) Ebd
F. **1. Eleg. geb. Kaiser-Ausgabe in schwarzgelber Seide mit Adler —.50**
2. Eleg. geb. in Kalbleder mit Anker und Bicycle —.50
3. Eleg. geb. in Elfenbein oder Schildkrot mit Nickelbeschlag —.50
4. Eleg. geb. in Schweinsleder-Imitation —.50
5. Eleg. geb. in Leder mit Blumen —.50
6. Eleg. geb. in Aluminium mit Goldverzierungen —.50
7. Eleg. geb. in diverse moderne Einbände (mehr als 20 verschied. Muster) —.50
G. **1. Eleg. geb. in feinem Kalbleder mit Pressung „Boldog uj evet" —.65**
2. Eleg. geb. in feinem Kalbleder mit Medaillonbild altrömischer Münze, altegyptischen Figuren etc. —.65
H. **1. Eleg. geb. in Leder mit feingeschliffenem Spiegel —.75**
I. **1. Eleg. geb. in feinem schwarzen Kalbleder, mit Spiegel, Brieftasche darstellend (2 Ausgaben) 1.—**
2. Eleg. geb. in Plüsch mit Defregger-Bildern etc. colorirt 1.—

Kapesni Kalendář. (Böhmischer Portemonnaie-Kalender pro 1896): Ebd.
A. Elegant in Umschlag broschirt mit zwei Photographien —.20
B. Eleg. in englischem Einband —.30
C. 1. Eleg. geb. in fein ausgeführtem Metalldeckel —.36
2. Eleg. gebunden in Email —.40

Kapesni Kalendář. (Böhmischer Portemonnaie-Kalender pro 1896): Ebd.
D. 1. Eleg. geb. in fein ausgeführtem Platinadeckel —.36
2. Eleg. geb. in Email —.40
E. 1. Eleg. geb. in Juchten (mit Pressung 1896, Tarockkarten-, Bicycle-, Billard-, Kegel- und Schützen-Emblemen etc.) —.40
2 Eleg. geb. Elfenbeinähnlich —.40
F. 1. Eleg. geb. Kaiser-Ausgabe in schw.-g. Seide m. Adler —.50
2. Eleg. gebunden in gepresstem Leder mit Bronce-Auflagen —.50
3. Eleg. geb. in Elfenbein oder Schildkrot mit Nickelbeschlag —.50
4. Eleg. geb. mit Scytogen und Bildern sortirt —.50
5. Eleg. geb. in Leder mit Blumen und Malerei —.50
6. Eleg. geb. in lichtem Leder mit Bronce-Auflagen —.50
7. Eleg. geb. in Leder-Einbänden (in mehr als 20 versch. Ausg.) —.50
G. 1. Eleg. gebunden in feinem Kalbleder mit Pressung „Na zdar!" „Glück auf!" „Prosit Neujahr!" „Viel Glück!" —.65
2. Eleg. geb. in Plüsch mit diversen Auflagen —.65
H. 1. Eleg. geb. in Leder mit feingeschliffenem Spiegel —.75
2. Eleg. geb. in Chagrin-Täschchen mit Juchten-Kalender — 75
I. Eleg. geb. in feinem schwarz. Kalbleder mit Spiegel, Brieftasche darst. (2 Ausgaben) 1.-

Kapesni Kalendář n. r. 1898. Roč. XVI. —.20
Ebd.

— konstitučnj Pražsky, pro město i pro wenkow na rok 1851. 1852 Spolu i kniha pro zábawu a poučenj pro weškeré občany gakéhokoli powolánj ꝛc. Hwězdářská částka sepsaná od Karla Kreila. Dle ná rodnj potřeby sestawen od. Jos. Zimmermanna. 4.5. Ročnjk. 4. (192 u. . . . S. m. Holzschn.) Prag, Haase Söhne. à baar n. 1/3 ℛ

— nowy hospodářsky, na rok 1849 u. 1850, wydany od cjs. král. wlastenské hospodářské společnosti w králowstwj Českém. Hwězdář ské články wzdělal a sestawil pan Karel Kreil. 4. — na Rok obyčegny 1851. Přeložen od Jos. Zimmermanna. — na rok 1853, pan Karel Jelinek. Překlad obstaral Jos. Šestak. 4. (à 112 S. mit Holzschn.) Prag, Haase Söhne. à baar 1/4 ℛ

Kalendář, nowý, hospodářský na rok 1849—51. wydaný od cjs. král. wlastenské hospodářské společnosti w králówstwj Českém. 4. (à Jahrg. 112 S. mit Holzschn.) Prag, Haase Söhne Verlags-Expedition. à Jahrg. Thlr. **

—— nowý, hospodářský na rok 1853—57, wydaný od cjs. král. wlastenské hospodářské společnosti w králowstwj Českém. Hwězdářské články wzdělal a sestawil pan Jos. G. Böhm und Jos. Šesták. Mit eingedr. Holzschn. 4. Prag, Haase Söhne. [Jahrg. 1853—56. à Jahrg. * 7½ Ngr., Jahrg. 1857. * 4 Ngr.] *

Kalendář, nowý, hospodářský na rok 1855—1856, wydaný od cís. král. wlastenské hospodářské společnosti w králowstwj Českém. (Překlad obstaral Jos. Šesták.) Mit eingedr. Holzschn. 8. Prag, Haase Söhne. à Jahrg. *

— nowý Pražský, pro každého na rok 1848 — 1850. Spolu i kniha pro zábawu a poučenj etc. Sestawen od Jozefa Pečírky hwězdářská částka sepsána od Karla Kreila. 1—3. Ročnjk. 4. (à 192 S. mit Holzschn.) Prag, Haase Söhne à baar n. 1/3 ₰

—— nowý Pražský, pro každého na rok 1849—51. Spolu i kniha pro zábawu a poučenj ꝛc. Sestawen od Jozefa Pečírky, hwězdářská částka sepsána od Karla Kreila, dir. cís. král. hwězdárny. 2—4. Ročnjk. 4. (à Jahrg. 192 S. mit Holzschn.) Prag, Haase Söhne Verlags-Expedition. à Jahrg. **

—— nowý Pražský pro město i pro wenkow na rok 1853—57. Spolu i kniha pro zábawu a poučenj pro wšecky občany jakéhokoli powolánj. Hwězdářská částka sepsaná od. Jos. G. Böhma. Překlad obstaral Jos. Šesták. 4. (à Jahrg. 168 S. mit eingedr. Holzschn.) Prag, Haase Söhne. à Jahrg. *

— a hospodářské zápisky „Rolnika nového věku." 1864. Vydali J. B. Lambl a K. Lambl. Prag 863. Kober. 8. (2 Bl., 258 S.) n. 19 ngr.

Календар србско-народни, за просту годину 1861 од Д. Поповича. (Serbischer nationaler Kalender für das gemeine Jahr 1861, von D. Popovits.) 8. (75 S. mit eingedr. Holzschn. und 1 Holzschnt. in 4.) Wien 861, Wenedikt.

Kalendarien. – Die ä l t e s t e n Kalendarien aus Monte Cassino, s. L o e w , E. A.

Kalendářik Paleček. Fromme'ho. 1. Jahrg. I. Broschirte Ausgabe mit 1 Photographie 20 kr. Wien. Fromme 1881
— II. Leinwand-Ausgabe mit 1 Photographie Englischer Leinwand-Einband 30 kr.
— III. Bronce-Ausgabe mit 1 Photographie. Bronce-Einband mit böhmischem Wappen 36 kr.
— IV Leder-Ausgabe mit 1 Photographie. Eleganter Juchten-Einband 40 kr.
— V Elfenbein-Ausgabe mit 1 Photographie Eleg. Ivoirit-Einband 50 kr.

Kalendářik Paleček für 1883. 2. Jahrgang (Portemonnaie-Kalender (böhmisch). Ebd.
Broschirte Ausgabe mit 1 Photographie 20 kr.
Leinwand-Ausgabe mit 1 Photographie. Englischer Leinwand-Einband 30 kr.
Bronce-Ausgabe mit 1 Photographie. Bronce-Einband mit böhmischem Wappen 36 kr.
Leder-Ausgabe mit 1 Photographie, eleganter Juchten-Einband 40 kr.
Elfenbein-Ausgabe mit 1 Photographie. Eleg. Ivoirit-Einband 50 kr.

Kalendářik Paleček, Fromme'ho. 6. Jahrg 1887 Wien, Fromme. Broschirte Ausgabe fl. —.20, Leinwand-Ausgabe mit Goldschnitt fl. —.30, Bronze-Ausgabe, Bronze-Einband mit böhm. Wappen fl. —.36, Leder-Ausgabe, eleg. Leder in Juchten oder schwarz fl. —.40, Elfenbein-Ausgabe, eleg. Ivoirit-Einband fl. —.50, Beschlags-Ausgabe, altdeutsch, Gold-, Cuivre poli- und Oxyd-Beschlag mit Atlas unterlegt fl. — 50, dieselbe mit Seiden-Sammt fl. —.60.

Kalendářik Paleček, Fromme-ho. 7. Jahrg. 1888. Wien, Fromme. Broschirte Ausgabe fl. —.20, Leinwand-Ausgabe mit Goldschn. fl. —.30, Bronce-Ausgabe. Bronce-Einband mit böhm. Wappen. fl. —.36, Leder-Ausgabe. Eleg. verschiedenfarb. Leder. fl. —.40.

Kalendářik Paleček. (Böhmischer Portemonnaie-Kalender.) 9. Jahrg. 1890. Brosch. Ausg. .20
Leinwand-Ausgabe mit Goldschnitt —.30
Bronze Ausgabe. Bronze Einband mit böhmischem Wappen —.36
Leder-Ausg. Eleg. verschiedenfarbiges Leder —.40
Japan-Ausgabe. Imitirter Japan Lackeinband mit Blumen .50
Ebd.

Kalendářik Paleček. (Böhmische Portemonnaie-Kalender.) 10. Jahrgang. 1891: Ebd.
Broschirte Ausgabe —.20
Leinwand-Ausgabe mit Goldschnitt —.30
Bronze-Ausgabe. Bronze Einband mit böhmischem Wappen —.36
Leder-Ausgabe. Elegantes verschiedenfarbiges Leder. —.40

Kalendářik Paleček, Frommého. (Böhmischer Portemonnaie-Kalender.) 11. Jahrg. 1892.
Broschirte Ausgabe Ebd. — 20

Kalendářik Paleček. (Böhmischer Portemonnaie-Kalender.) 12. Jahrg. 1893: Ebd.
Broschirte Ausgabe —.20
Leinwand-Ausgabe mit Goldschnitt —.30
Bronze-Ausgabe. Bronze-Einband m. böhmischem Wappen —.36
Leder-Ausgabe. Elegantes verschiedenfarbiges Leder —.40

Kalendářik Paleček. (Böhmischer Portemonnaie-Kalender) für 1895. 14. Jahrgang:
Broschirte Ausgabe Ebd. **—.20**
Leinwand-Ausgabe mit Goldschnitt —.30
Bronze-Ausgabe. Bronze-Einband mit böhmischem Wappen —.36
Leder-Ausgabe. Eleg. verschiedenf. Led. —.40

Kalendářik Paleček, Frommého. (Böhmischer Portemonnaie-Kalender.) 15. Jahrg. 1896.
Broschirte Ausgabe Ebd. .20
Leinwand-Ausgabe mit Goldschnitt —.30
Bronze-Ausgabe. Bronze-Einband mit böhmischem Wappen —.36
Leder-Ausgabe. Elegantes, verschiedenfarbiges Leder —.40

Kalendářik Paleček, Fromme-ho. (Böhmischer Portemonnaie-Kalender.) 16. Jahrg. 1897.
Broschirte Ausgabe Ebd. —.20
Leinwand-Ausgabe mit Goldschnitt —.30
Bronze-Ausgabe. Bronze Einband mit böhmischem Wappen * .36
Leder-Ausgabe. Elegantes, verschiedenfarbiges Leder * —.40

Kalendářik Paleček, Fromme-ho. (Böhmischer Portemonnaie-Kalender.) 17. Jahrg. 1898.
Broschirte Ausgabe Ebd. —.20
Leinwand-Ausgabe mit Goldschnit —.30
Bronze-Ausgabe. Bronze-Einband mit böhmischem Wappen * —.36
Leder-Ausgabe. Elegantes, verschiedenfarbiges Leder * —.40

Kalendářík Paleček. Fromme's Böhmischer Portemonnaie-Kalender. 18. Jahrgang. 1899.
Broschirte Ausgabe Ebd. — 20
Leinwand-Ausgabe mit Goldschnitt — 30
Bronze-Ausgabe. Bronze-Einband mit böhmischem Wappen — 36
Leder - Ausgabe. Elegantes, verschiedenfarbiges Leder —.40

Kalendario manuel Americano ecclesiastico y literario para el Anno de 1827. Dispuesto con arreglo al meridiano de la Ciudad de Meyico por Dn. M. R. F. de la B. Hamb., Hoffmann u. Campe. 10 ℳ

Kalandarium, ecclesiae germaniae coloniensis saeculi noni. *Παράλληλον* ad menologium saeculi deciminaper a Viro cl. J. M. A. Scholz editum. E. MS. codice membran. monasterii olim Assidiensis eruit, ac ad illustr. histor. Ss. Ursulae et sociarum virginum singulari commentat., nec non praefat. historico instruxit A. J. Binterim. 4. Cöln 824, Dü - Mont - Schauburg.

Kalendarium und Jahrbuch der Unterrichtsanstalten. VII. Jahrg. 1875. 2. Abthl.: Oesterreich's Mittelschulen im Schuljahre 1874—1875. Bearb. von Ph. Bruner. gr. 16. (IV, 112 S.) Wien 875, Perles. *
Nicht weiter erschienen.

— musarum seu florilegium latinum, anni aere christ. 8. Leipz. 768. Ed. G. M. Fischer. 8. ibid. 786. (W. Vogel). 16 ℳ

Kalendarium musarium Afranarum in anno 1810 (a Fr. Tr. Friedemann et C. W. Münnich). 8. Meissen. (Hartknoch in Leipz.) 10 ℳ

Kalendarium Vallentunense Faks. (Hrsg Otto Janse) Stockholm 1907 J Cederquist. (14 S., 3 Bl. Faks.) 2° [illegible]

Kalendarz

— na rok pański 1848 u. 1849. Rok III. IV. 16. (162 S.) Ebd. à n. 1/6 ℳ

Kalendarz katolicki dla Ludu Górno-Szlaskiego na Rok Panski. 1846. kl. 8. (4½ B.) W. Gliwicach, Kluczborku i Bytomiu 845. Landsbergera.

Kalendarz katolicki dla ludu górnoszląskiego na 1847. 16. (160 S.) Gleiwitz, Landsberger. *

Kalendarz Kiesz (Polnische Portmonnaie-Kalender) 1887. XI. Jahrgang. Wien, Perles. *A.* Elegant in Umschlag broschirt mit zwei Photographien. fl. —.20.
— — *B.* In englischem Einband fl. —.30.
— — *C.* 1. Elegant geb. in fein ausgeführtem Metalldeckel fl. —36. 2. Eleg. geb. in Email fl. — 40.
— — *D.* Eleg. geb. in fein ausgeführtem Platinadeckel fl. — 36.
— — *E* 1. Eleg. geb. in Juchten fl. —.40. 2. Eleg. geb. in Seide fl. —.40. 3. Eleg. geb. in Gelatine fl. —.40. 4. Eleg. geb. in Liebhaberband fl. — 40.
— — *F.* 1. Eleg. geb. in diverse moderne Einbände fl. —.50. 2. Eleg. geb. in Elfenbein mit Nickelbeschlag fl —.50. 3. Eleg. geb. in Schweinsleder Imitation fl. —.50. 4. Eleg geb. in Atlas mit Blumen oder Malerei fl. — 50.
— — *G.* 1. Eleg. geb. in feinem Kalbleder mit Pressung „Glück auf!", „Viel Glück!", „Prosit Neujahr!" fl. —.65. 2. Elegant gebunden in feines Kalbleder mit Goldpressung fl. —.65.
— — *H.* 1. Elegant gebunden in Leder mit feingeschliffenem Spiegel fl. — 75. 2. Elegant gebunden in Plüsch mit Nickelbeschlag fl. —.75. 3. Elegant gebunden in feinem Kalbleder mit Schliessen fl. — 75.
— — I. 1. Elegant gebunden in feinem Kalbleder mit Ecken und Schliessen fl. 1.— 2. Elegant gebunden in feinem Kalbleder, Brieftasche darstellend, fl. 1.—.

Kalendarcz Kiesz. (Polnischer Portemonnaie-Kalender.) Für 1895. In denselben Ausgaben wie Almanaco per Portamonete.
Wien: Perles 1894.

Kalendarz Kieszonkowy na rok 1888. VII. Jahrg. (Polnischer Portemonnaie-Kalender): Wien: Perles 1882.
Ausg. A. Eleg. in ganz neuartigem Umschlage brosch. mit Photographien 20 kr.
„ B. In englischem Einbande 30 kr.
„ C. 1. Eleg. geb. in fein ausgeführtem Metalldeckel 36 kr.
„ 2. Eleg. geb. mit Email 40 kr.
„ D. 1. In fein ausgeführtem Platinadeckel 36 kr.
„ 2. Eleg. geb. mit Email 30 kr.
„ E. In Juchten oder Chagrin-Leder 40 kr.
„ F. In feinem Kalbleder mit äußerst originellem Einbande 65 kr.
„ G. In Seide- oder Jockey-Einband, eleg. geb. 40 kr.
„ H. In Holzeinband 40 kr
„ I. 1. In Kork oder Leinwand mit Malerei 40 kr.
2. Feine Ausgabe 60 kr.
„ K. Elfenbeinähnlich 40 kr.
„ L. In Celloid 45 kr.

Kalendarz narodowy na rok 1865. Rok 2. 4. (VIII und 52 S. mit eingedr. Holzschn.) Dresden 864, L. Wolf's Buchh. **

Kalendarz polski na rok pański 1858 podług kalendarza wieczystego ułożony. (Polnischer Kalender auf das Jahr 1858, nach dem 100jährigen Kalender berechnet.) 12. (72 S. mit eingedr. Holzschn.) Teschen 858, Prochaska *

—— dass. — 1859—61. 12. (à Jahrg. 72 S. mit eingedr. Holzschn.) Ebendas. 859—61. à Jahrg. *

— polski na rok pański 1870. Thorn, Rakowicz. 16. (168 S. mit eingedr. Holzschn.) n.n. 5 ngr.

Kalendarz powszechny na rok 1854 und 1855 dla wielkiego księstwa Poznańskiego i Szląska, ułożony przez ks. U. Rok 4. und 5. 8. Lissa, Günther. [1854. (78 S. mit lithogr. Ttl.) * 6 Ngr., 1855. (95 S. mit lithogr. Ttl.) * 7½ Ngr.] *—

Kalendarz, sjerp-polaczka, katolicko-polski z drzeworytami na rok zwyczajny 1869—1871. Thorn, Lambeck. 16. Jeder Jahrg. (216 S. mit eingedr. Holzschn.) n. 5 ngr.

Kalendarzyk Motylek, Fromme'go. 2. Jahrg 1887 Wien. Fromme Broschirte Ausgabe fl. —.20, Leinwand-Ausgabe mit Goldschnitt fl. —.30, Bronze-Ausgabe, Bronze-Einband fl. —.40, Leder-Ausgabe, eleg. Leder in Juchten oder schwarz fl. —.40, Beschlag-Ausgabe, altdeutsch, Gold-, Cuivre poli- und Oxid-Beschlag mit Atlas unterlegt fl —.50, dieselbe m. Seiden-Sammt unterlegt fl. — 60.

Kalendarzyk Motylek, Frommego. 3. Jahrg. 1888. Ebd. Broschirte Ausgabe fl. —.20, Leinwand-Ausgabe mit Goldschnitt fl. —.30, Bronce-Ausgabe. Bronce-Einband. fl. — 40, Leder-Ausgabe. Elegant verschiedenfarbiges Leder. fl. —.40.

Kalendarzyk, Fromme'go Motylek. 6. Jahrgang. 1891. Wien: Fromme
Broschirte Ausgabe —.20
Leinwand-Ausg. m. Goldschnitt. Nur fest —.30
Bronze-Ausgabe. Bronze-Einbd. Nur fest —.40
Leder-Ausgabe. Eleg. verschiedenfarb. Leder. Nur fest —.40

Kalendarzyk Motylek, Frommégo. (Polnischer Portemonnaie-Kalender.) 7. Jahrgang. 1892.
Broschirte Ausgabe Ebd. —.20

Kalendarzyk Motylek. (Polnischer Portemonnaie-Kalender.) 8. Jahrg. 1893: Ebd.
Broschirte Ausgabe —.20
Leinwand-Ausgabe mit Goldschnitt —.30
Bronze-Ausgabe. Bronze-Einband —.40
Leder - Ausgabe. Elegantes verschiedenfarbiges Leder —.40

Kalendarzyk Motylek, Frommégo. (Polnischer Portemonnaie-Kalender.) 1896. 11. Jahrgang.
Broschirte Ausgabe .20
Leinwand-Ausgabe mit Goldschnitt —.30
Bronze-Ausgabe. Bronze-Einband —.40
Leder-Ausgabe. Elegantes, verschiedenfarbiges Leder —.40
Ebd.

Kalendarzyk Motylek, Frommégo. (Polnischer Portemonnaie-Kalender.) 1897. 12. Jahrgang.
Broschirte Ausgabe —.20
Leinwand-Ausgabe mit Goldschnitt —.30
Bronze-Ausgabe. Bronze-Einband * —.40
Leder-Ausgabe. Elegantes, verschiedenfarbiges Leder * —.40
Ebd.

Kalendarzyk Motylek, Frommégo (Polnischer PortemonnaieKalender.) 1898. 13. Jahrgang.
Broschirte Ausgabe —.20
Leinwand-Ausgabe mit Goldschnitt —.30
Bronze-Ausgabe. Bronze-Einband * —.40
Leder-Ausgabe. Elegantes, verschiedenfarbiges Leder * —.40
Ebd.

Kalendarzyk Motylek. Fromme's Polnischer Portemonnaie-Kalender. 14. Jahrgang. 1899.
Broschirte Ausgabe —.20
Leinwand-Ausgabe mit Goldschnitt —.30
Bronze-Ausgabe. Bronze-Einband —.40
Leder-Ausgabe. Elegantes, verschiedenfarbiges Leder —.40
Ebd.

Kalendarzyk, Kieszonkowy na rok 1891. (Z fotografia.) Polnischer Portemonnaie-Kalender mit einer Photographie für 1891.) Wien: Perles
A. 1. Eleg. in Umschlag brochirt mit zwei Photographien —.20
2. Eleg. in Buchdruck-Umschlag mit einer Photographie —.20
B. In englischem Einband —.30
C. 1. Eleg. geb. in fein ausgeführtem Metalldeckel —.36
2. Eleg. geb. in Email —.40
D. 1. Eleg. geb. in fein ausgeführtem Platinadeckel —.36
2. Eleg. geb. in Email —.40
E. 1. Eleg. geb. in Juchten (mit Pressung 1891. Tarokkarten-, Bicycle-, Billard-, Kegel-Emblemen etc. etc.) —.40
2. Eleg. geb. elfenbeinähnl., i. Seide etc. —.40
F. 1. Eleg. geb. in Leder mit Pressung „Anno 1891" in Metall —.50
2. Eleg. geb. in Leder mit Medaillonbild —.50
3. Eleg. geb. in Elfenbein oder Schildkrot mit Nickelbeschlag —.50
4. Eleg. geb. in Schweinsleder-Imitation —.50
5. Eleg. geb. in Atlas mit Blumen —.50
6. Eleg geb. in diverse moderne Einbände (mehr als 20 verschiedene Muster) —.50
G. 1. Eleg. geb. in feinem Kalbleder mit diverser Pressung —.65
2. Eleg. geb. in Plüsch mit Defregger-Bildern und Genrebildchen in Celluloidpressung en relief etc. —.65
H. Eleg. geb. in Leder mit feingeschliffenem Spiegel —.75
I. 1. Eleg. geb. in feinem schwarzen Kalbleder mit Spiegel, Brieftasche darstellend 1.—
2. Eleg. geb. in Plüsch mit Defregger-Bildern etc., colorirt 1.—

Kalendarzyk, Kieszonkowy na rok 1893 [Z fotografia.] (Polnischer Portemonnaie-Kalender): Ebd.
A. 1. Elegant in Umschlag brochirt mit zwei Photographien —.20
B. In Englischem Einband —.30
C. 1. Eleg. geb. in fein ausgeführtem Metalldeckel —.36
2. Eleg. geb. in Email —.40
D. 1. Eleg. geb. in fein ausgeführtem Platinadeckel —.36
2 Eleg. geb. in Email .40
E. 1. Eleg. geb. in Juchten (mit Pressung 1893, Tarokkarten, Bicycle,' Billard, Kegel-Emblemen etc. etc.) —.40
2. Eleg. geb. Elfenbeinähnlich —.40
F. 1. Eleg. geb. i. Metall m Lithographie —.50
2. Eleg. geb. in Kalbleder mit Anker und Bicycle —.50
3. Eleg. geb. in Elfenbein oder Schildkrot mit Nickelbeschlag —.50
4. Eleg. geb. i Schweinsleder-Imitation —.50
5. Eleg. geb. in Leder mit Blumen —.50
6. Eleg. geb in Kalbleder mit Wiener Stadtwappen —.50
7. Eleg. geb in diverse moderne Einbände (mehr als 20 verschiedene Muster) .50
G. 1. Eleg. geb. in feinem Kalbleder mit Pressung „Glück auf!" „Prosit Neujahr!" — „Viel Glück!" —.65
2. Eleg. geb. in feinem Kalbleder mit Medaillonbild altrömischer Münze, altägyptischen Figuren etc. —.65
H. Eleg. geb. in Leder mit feingeschliffenem Spiegel —.75
I. 1. Eleg. geb. in feinem, schwarzem Kalbleder, mit Spiegel, Brieftasche darstellend (2 Ausgaben) 1.—
2. Eleg. geb in Plüsch mit Defregger-Bildern etc., colorirt 1.—

Kalendarzyk kieszonkowy na rok 1894. Ebd.
A. 1. Elegant, in Umschlag broch. mit zwei Photographien —.20
2. Eleg. in Buchdruck-Umschlag mit einer Photographie —.20
B. in englischem Einband —.30
C. 1. Eleg. geb. in fein ausgeführtem Metalldeckel —.36
2. Eleg. geb. in Email —.40
D. 1. Eleg. geb. in fein ausgeführtem Platinadeckel —.36
2. Eleg. in Email —.40

E. 1. Eleg. geb. in Juchten (mit Pressung 1891, Tarokkarten-, Bicycle-, Billard-, Kegel-, Schützen-Emblemen) —.40
2. Eleg. geb. elfenbeinähnlich —.40

F. 1. Eleg. geb. Kaiser-Ausgabe in schwarzgelber Seide mit Adler —.50
2. Eleg. geb. in Kalbleder mit Anker und Bicycle —.50
3. Eleg. geb. in Elfenbein oder Schild[illegible] mit Nickelbeschlag [illegible].50
4. Eleg. geb. in Schweinsled[illegible] [illegible]uon .50
5. Eleg. geb. in Led[illegible] [illegible]umen —.50
6. Eleg. geb. in Aluminium mit Goldverzierungen —.50
7. Eleg. geb. in diverse moderne Einbände (mehr als 20 versch. Muster) —.50

G. 1. Eleg. geb. in feinem Kalbleder mit Pressung „Glück auf!“ „Prosit Neujahr!“ „Viel Glück!“ —.65
2. Elegant gebunden in feinem Kalbleder mit Medaillonbild altrömischer Münze, altägyptischen Figuren etc. —.65

H. 1. Eleg. geb. in Leder mit feingeschliffenem Spiegel —.75

I. 1. Eleg. geb. in feinem schwarzen Kalbleder, mit Spiegel, Brieftasche darstellend (2 Ausgaben) 1.—
2. Eleg. geb. in Plüsch mit Defregger-Bildern etc. colorirt 1.—

Kalendarzyk Kieszonkowy. (Polnischer Portemonnaie-Kalender) für 1896 Zu denselben Ausgaben wie Almanacco per portemonete. Ebd.

Kalendarzyk Kieszonkowy. (Polnischer Portemonnaie-Kalender) für 1898: Ebd.

A. 1. Elegant in Umschlag broschirt mit zwei Photographien —.20

B. Eleg in englischem Einband —.30

C. 1. Elegant gebunden in fein ausgeführtem Metalldeckel —.36
2. Eleg. geb. in Email —.40

D. 1. Elegant gebunden in fein ausgeführtem Platinadeckel —.36
2. Eleg. geb. in Email —.40

E. 1. Eleg. geb in Juchten (mit Pressung 1898, Tarokkarten-, Bicycle-, Billard-, Kegel- und Schützen-Emblemen etc.) —.40
2. Eleg. geb. Elfenbeinähnlich —.40

F. 1. Elegant geb. Kaiser-Ausgabe in schwarzgelber Seide mit Adler und in Leder mit Kaiserportrait —.50
2. Elegant geb. in gepresstem Leder mit Bronze-Auflagen —.50
3. Elegant geb. in Elfenbein od. Schildkrot mit Nickelbeschlag —.50
4. Elegant geb. in Leder mit Blumen und Malerei —.50
5. Elegant gebunden in lichtem Leder mit Bronze-Auflagen —.50
6. Elegant gebunden in rothem Satianleder mit deutschen Sprüchen —.50
7. Eleg. geb. in Leder-Einbänden (in mehr als 20 verschiedenen Ausgaben) —.50

G. 1. Elegant geb. in feinem Kalbleder mit Pressung „Boldog uj évet!“ „Glück auf!“ „Prosit Neujahr“ —.65
2. Elegant gebunden in Plüsch mit diversen Auflagen —.65

H. 1. Elegant gebunden in Leder mit feingeschliffenem Spiegel —.75
2. Elegant gebund. in Chagrin-Täschchen mit Juchten-Leder —.75

I. Elegant geb. in feinem, schwarzem Kalbleder mit Spiegel, Brieftasche darstellend. (Zwei Ausgaben) 1.

Kalender

— vergl. Almanach

– s.a. Austria

– s.a. Fromme's Kalender ...

— s. auch Geschäfts-Kalender.

—— s.a. Hauskalender. — Hofkalender.

—— s.a. Lehrer-Kalender.

—— s.a. Novellen-Almanach.

– s.a. Taschenbuch

— s. auch Taschenkalender.

Kalender, s.a. Veterinär-Kalender.

Kalender. Augsburg. Hans Schönsperger 1495
Faksimile-Nachbildung o. J.
68 Bl. Mit 48 kleinen u. 32 grösseren Holzschn. 8°.
Hain 9743 u. 9745.

Kalender. Der K' von 1508. Njbl. Zurich s.a [Vögelin, Anton Salomon].

Calender, Der, von 1508. Zürich [1868]. V: *Vögelin, Anton Salomon.* (Cat. d. Stadtbibl. Zürich. Zürich 1864—97.)

Calender, Der; eine satyrische Schrift. Jena 1753. V: *Rasche, Johann Christoph.* (MGT) (Adel)

— od. Taschenbuch, f. 1793. u. 94. herausg. v. Schreiber. 32. Thl Ehrenbreitst. Gehra. (à 8 gr.)

Kalender auf das Jahr 1802. Die Jungfrau von Orleans. Eine romantische Tragödie von [Friedrich von] Schiller. [Titelkupf. v. Hans Heinrich Meyer, gest. v. Johann Friedrich Bolt.]
Berlin: Joh. Friedr. Unger [1801]. 15 Bl., 260 S., 38 Bl., 1 Titelkupf. 12°

Calender für das Jahr . . .
Offenbach: C. L. Brede [1803—1805]. 9 × 5,5 cm
[Kupfert.]
1805 [u. d. T.] Calender 1805.
Erschien nach Kayser 5,403 als Offenbacher Taschenkalender f. d. J. 1783—1824 (auch u. d. T. Blumchen auf dem Altare der Freundschaft zum Neujahrsangebinde gesammelt).
1803. 13 Bl., 35 S., 1 Bl., 1 Titelkupf., 12 Kupfertaf.
1805. 13 Bl., 37 S., 1 Titelkupf., 12 Kupfertaf.

KALENDER für das Jahr 1806. Mit 13 Kupfern. Augsburg, J. G. Rollwagen. Cart. m. G. (3 Mk. K. W. Hiersemann, 1899.)

— für 1832. 4. Berl. 831. Jonas. 5 gGr. Mit 16 Portr. Fol. 12 gGr. Mit 1 Post- u. Reisekarte von Preußen ꝛc. 13 gGr.

Kalender a. d. J. . . . . Auf Veranlassung u. mit bes. Unterst. Sr. Kgl. Hoh. d. Kronprinzen v. Bayern hg. von F. B. W. Hermann.
1842. 1 Bl., 92 S., 1 Bl. M. 12 Vign. v. Kaulbach, Holzschn. von Cornelius, Pocci u. A. u. 2 Lith. von Neureuther.
1843. 1 Bl., 94 S. M. 1 Rad. u. Vign. v. Kaulbach, 1 gzs. Holzschn. v. Cornelius u. Textholzschn. v. Strähuber.
1844. M. Titelholzschn. v. Cornelius u. 12 Vign. v. Schwind. V 20.-- München. Goed. VIII, 169.

— auf das Jahr 1842 u. 1843. (Mit farbig gedr. Einfass. um jeden Monat.) qu. 1/2 gr. Fol. Mannheim, Hoff. à 1/8 Thlr.

Kalender auf d. J. 1843 u. 1844. Auf Veranlassung u. m. besond. Unterstützung Sr. kgl. Hoh. des Kronprinzen v. Bayern hrsg. v. F. B. W. Hermann. Roy.-4. München, Literar.-artist. Anstalt. [1843 (12 B., 8 Stnt. u. 5 Vign.) 1844. (9 3/4 B. u. 6 Stnt.) à * 20 Ngr.] Thlr. *

— für das Jahr der Welt 5607. (Mit hebr. Lettern gedruckt.) Ein Blatt in gr. Fol. (Berlin 846, Literat.- u. Kunst-Compt.) n. 6 ngr

—— auf das J. 1848. 4. (22 S. und 2 Stnt. in 4. und Fol.) Stuttgart, J. F. Steinkopf. *
Aus: Süddeutscher Volkskalender, besonders abgedruckt.

Kalender für d. J. 1849 — 1853. 4. (49: 34 S. 50: 40 S. 51: 28 S. mit 1 Tab. in gr. Fol. 52: . . S. 53: 28 S.) Oschatz, Oldecop's Erben. à n. 2 ngr

Kalender für die J. 1854—57. 4. (à 36—40 S. mit eingedr. Holzschn.) Oschatz 853—55, Oldecop's Erben. à Jahrg. *
Durchschossen à Jahrg. *

Kalender für die J. 1858—62. 4. (à Jahrg. 40 S.) Oschatz, Oldecop's Erben. à Jahrg. *
Durchschossen à Jahrg. *

Kalender für die J. 1863—68. gr. 4. (à Jahrg. ca. 40 S.) Oschatz, Oldecop's Erben. à Jahrg.
Durchschossen à Jahrg.

Kalender für die J. 1869—1875. 4. (à 28—40 S.) Oschatz, Oldecop's Erben. à Jahrg. *
Mit Tabellen *

Kalender für das Jahr 1853—59. St. Petersburg. (Leipzig, Voß.) gr. 8. Jeder Jahrg. (à ca. 250 S. u. 1 Stahlst.) nn. 25 ngr.

—— für die J. 1854—56. gr. 8. St. Petersburg. (Leipzig, Voß.) [1854 (342 S. mit 1 Stahlst.) 854., 1855. (379 S. mit 1 Stahlst.) 855., 1856. (318 S. mit 1 Stnt.) 856. à Jahrg. ** 25 Ngr.] **

Kalender für die J. 1857—61. gr. 8. St. Petersburg. Leipzig, Voß. [1857. (348 S. mit den Bildn. des Kaisers und der Kaiserin Maria Alexandrowna in Stahlst.) 1858. (350 S. mit den Bildn. des Thronfolgers Cäsarewitsch und des Großfürsten Nikolai Alexandrowitsch in Stahlst.) 1859. (344 S. mit den Bildn. der Großfürsten Alexander Alexandrowitsch und Wladimir Alexandrowitsch in Stahlst.) 1860. (352 S. mit den Bildn. des Großfürsten Alexis Alexandrowitsch und der Großfürstin Marie Alexandrowna in Stahlst.) 1861. (360 S. mit der Ansicht des dem Kaiser Nikolai I. in St. Petersburg errichteten Denkmals in Stahlst.] à Jahrg. Thlr **

—— für die J. 1862—66. gr. 8. [1862. (371 S. mit der Ansicht des in Nowgorod zu errichtenden Denkmals für das 1000-jähr. Bestehen des russ. Reiches in Stahlst.) 1863. (308 S. mit 1 Tab. in qu. gr. Fol. und dem Bildnisse Sr. k. Hoh. des Groß-Fürsten Konstantin Nikolajewitsch in Stahlst.) 1864. (370 S. mit 1 Tab. in qu. gr. Fol. und dem Bildnisse Sr. k. Hoh. des Groß-Fürsten Nikolai Nikolajewitsch des Aelteren in Stahlst.) 1865. (388 S. mit 1 Tab. in qu. gr. Fol. und dem Bildnisse Sr. k. Hoh. des Groß-Fürsten Michail Nikolajewitsch in Stahlst.) 1866. (376 S. mit 1 Tab. in qu. gr. Fol. und dem Bildnisse Sr. k. Hoh. des Thronfolgers Cäsarewitsch und Großfürsten Alexander Alexandrowitsch in Stahlst.)] St. Petersburg. (Leipzig, Voß.) à Jahrg. *

—— für das J. 1867. Hrsg. von der kaiserl. Akademie der Wissenschaften. gr. 8. (383 S. mit 1 Tab. und 1 Holzschntaf. in gr. 8. und qu. gr. Fol. und dem Bildnisse Sr. kaiserl. Hoh., des Großfürsten Wlad. Alexandrowitsch in Stahlst.) Ebendas. *
Erscheint auch in russischer Sprache zu gleichem Preise.
Vgl.: Kalender, St. Petersburger.

—— dass. — auf das J. 1868. Redig. von Hugo H. Hirschmann. gr. 8. (142 S. mit eingedr. Holzschn. und 1 Holzschntaf.) Wien, (Dirnböck's Buchh.) *

Kalender (vom Jahrg. 1868 an St. Petersburger Kalender) für das Jahr 1855—1858, 1863, 1867—1869. 143.—156. Jahrg. 1870—1884, 158.—167. Jahrg. 1886 - 1895. (Mit Bildnissen und Karten.) (35 Bde.) 8. St. Petersburg 1855—1895

Kalender 5614. (1854.) 12. Prag. Verlag des M. J. Landau. 1853.

— auf das Jahr 1854 (Nebst: Verzeichniß der Behörden d. Kantons Schaffhausen.) Schaffhausen, Schalch. 8. (71 S.) n. 8 ngr.

Kalender für das Jahr 1854. 8. Wien. Gedruckt bei J. P. Sollinger's Witwe. Verlag von Pfautsch und Voß.

Kalender für das Jahr 1854. 16. (12 Blätter.) Wien. Verlag von Pfautsch und Voß. Druck von J. P. Sollinger's Witwe.

Kalender auf das gemeine Jahr 1855. 8. Prag. K. K. Hofbuchdruckerei von Gottlieb Haase Söhne.

Kalender fur das Jahr 5616 (1856.) Prag, 1855. Verlag von M. J. Landau. (50 Bl. 64.) (Hebräisch.)

Kalender fur das Schaltjahr 1856. Wien. Verlag von Pfautsch u. Voß. Druck und Papier von Leopold Sommer in Wien. (40 Bl. 8.) Mit 4 Stahlstichen von Karl Mayers K—A in Nbg. Gez. v. Adolf Theer. 1) Elisabeth, Kaiserin von Oesterreich. 2) Czarina. 3) Walpi. 4) Elvire.

Kalender für das Jahr 1857. Wien. (Ohne Angabe des Druckes.) Verlag von Pfautsch und Voß. (40 Bl. 8. Mit 4 Stahlstichen.)

Kalender fur 1858. Gedr. und im Verlage bei Leop. Grund. (1 Bl. Fol.)

Kalender 1858. Dr. von A. Leykam's Erben in Graz. (8 Bl. 12)

Kalender für 1864. 4. (1 Blatt) Wien, Gorischek. 12 kr.
Aufgespannt 16 kr.

—— für das Schaltjahr 1864. Mit Randverzierung. quer Fol.. Wien, F. Klemm.

—— für das Schaltjahr 1864. (1 Blatt) Wien, Pfautsch. 16 kr.

—— für das Jahr 1864. quer Folio. Wien, typ. lit. art. Anstalt. 21 kr.

Kalender für das Jahr 1865. kl. 4. in braunem Rahmen zum Aufsteller. Wien. Lienhart. 80 kr.

— — für das Jahr 1865. 32. (22 S.) Wien, Pfautsch. 24 kr.

— — für das Jahr 1865. qu. Fol. Wien, typ.-lit.-art. Anstalt. 21 kr.

— — auf das Jahr 1865 nach der Geburt Jesu Christi. 1 Blatt qu. Fol. Wien, Ueberreuter. 10 kr.

— — für das Jahr 1866. kl. 4. lackirt in braunem Rahmen zum Aufstellen. Wien, Lienhart. 80 kr.

Kalender auf das Jahr 1866 nach der Geburt Jesu Christi. 1 Bl. in Placat-Form. Wien, Ueberreuter. 10 kr.

Kalender für das Jahr 1869. (Brieftaschen-Schreib-Kalender). 64. Wien, liter.-art. Anstalt v. C. Dittmarsch. Durchschossen 24 kr.

Calender auf das J. 1870. Für den braunschweig. Meridian und Parallel von J. Helmes. 4. (64 S.) Braunschweig 869, J. H. Meyer. *

Kalender für das Jahr 1870 1 Bl 4. Prag. Haase Sohne. 13 kr.

Kalender, f. das Jahr der Welt. 5634. Fol. Berlin 873. A. Cohn's Verlag. n. — 50

„Kalender", dargeboten von der Redaktion des „Friedensboten". Talofka. 3 Ausgaben. Erscheint seit 1873, begr. v. Bonwetsch u. P. Th. Hölz

—— auf die J. 1873—1875. 32. (à ca. 30 S. mit eingedr. Holzschn.) Graz, Verlag Leykam-Josefsthal. à Jahrg. **

—— auf die J. 1876—1880. 32. (à 32 S.) Graz, Verlag Leykam-Josefsthal. à Jahrg. **

Kalender auf das Jahr 1881. 24. (32 S.) Graz, Leykam-Josefsthal. n.n. — 24; m. Kärntner Märkten n.n. — 24

Kalender auf die J. 1881—1885. 16. (à Jahrg. 32 S.) Graz, Verlagsh. „Leykam". à Jahrg. **

Kalender auf das Jahr 1894. 24. (30 S.) —.12
Graz: Leykam

— auf d. J. 1895. 16. (32 S.) Graz, Leykam. n.n. — 24

Kalender auf d. J. 1898. 16. (32 S.) Graz, Leykam. n.n. — 24

Kalender f. d. J. 1907. (32 S.) 16. Graz, Leykam. n.n. — 15

— f. d. J. 1911. (32 S.) 16. Graz, Leykam. nn — 15

Kalender für 1876. 4. (24 S.) Dresden, (Huhle.) *
Nicht weiter erschienen.

—— für das J. 1883. Illustrirt von Kate Greenaway. 32. (23 S. mit Holzschnfarbendr.) München, Ströfer. cart. *
Nicht weiter erschienen.

Kalender für das Jahr: 1884—1890. New York, NY
Published by Hamburg-Amerikanische Packetfahrt Aktien Gesellschaft.

—— für 1888 und 1889. Hrsg. vom Verbande der Tierschutzvereine des Deutschen Reiches. 6. und 7. Jahrg. 16. (à Jahrg. 32 S. mit Illustr.) Würzburg, Etlinger'sche Buchh. à Jahrg. * — 10

—— für 1890—1893. Hrsg. vom Verbande der Tierschutzvereine d. Deutschen Reiches. 8.—11. Jahrg. 16. (à Jahrg. ca. 32 S. m. Bildern.) Würzb., (Etlinger). à Jahrg. * — 10

— 1894. Hrsg. vom Verbande der Tierschutz-Vereine des Deutschen Reiches. XII. Jahrg. gr. 16. (32 S. m. Bildern.) Würzburg, (Etlinger). n. — 10

— 1896. Hrsg. v. Verbande d. Tierschutz-Vereine d. Deutschen Reiches. XIV. Jahrg. gr. 16. (37 S. m. Bild.) Würzburg, H. Stürtz. — 10

Kalender für das Jahr 1890. II. Jahrgang. 16. (191 S.) In Leinwd. geb. 1.50
Wien: Huber & Lahme 1889.

Kalender f. d. J. 1891. 128. (30 S.) München, (Hergl). n. — 10

— auf d. J. 1895. Für den Braunschw. Meridian u. Parallel nach J. Helmes. 4. (71 S. m. Bildern, 1 Farbendr. u. Wandkalender.) Braunschweig, J. H. Meyer. n. — 40; geb. u. durchsch. — 75

Kalender 1895. Hrsg. v. S. de Niederhausern. schmal Fol. (13 farb. S.) Genf. (Leipzig, H. Zieger.) 3. 50

— 1901. Herausg. vom Tierschutzverein Konigsberg i. P. (48 S) Königsberg 1901

Kalender f. d. J. 1903. 32. (32 S.) Graz, Styria. n.n. — 15

Kalender 1904 ([hrg. von der] Buchdruckerei Neukomm & Zimmermann, Bern). [Illustriert.] [IV + 55 S.] 8.

Kalender 1904. ([Illustrierter Reclame-K', Ausg. für die Schweiz, von] O. Fanyau, Apotheker in Lille, Generaldepot der Amerikanischen Tisane der Shakers.) IV + 32 S. 8. (Lille, A. Taffin-Lefort.)

Kalender auf d. J. 1908/09 m. e. Anh. (Dem Orientalisten-Kongress in Kopenhagen gewidmet.) (64 S. m. Abb.) 8. Leipzig, W. Drugulin. Geb. in Leinw. 3. —

— für d. J. 1911. (31 S.) 4,7×3,4 cm. Nürnberg. Th. Stroefer. Mit Goldschn. u. durchsch. — 10

— (Umschlag: Passauer Unterhaltungs-Kalender) f. d. J. 1911. (152 u. 24 S. m. Abb.) gr. 8. Passau, M. Waldbauer. --40

—— Aachener, für das J. 1880. (1. Jahrg.) Hrsg. von Karl Zimmermann. 12. (144 S.) Aachen, Barth. cart. *

—— Aachener, für das J. 1881. Hrsg. von Karl Zimmermann. 2. Jahrg. 8. (III, 130 S. mit 1 lithogr. Stadtplan.) Aachen, Barth. *
Nicht weiter erschienen.

Kalender, Vater Abraham's, s. Vater Abraham's Kalender

—— der österreichischen Abtheilung der Weltausstellung in Sydney 1879. Hrsg. von der österreich. Commission für die Weltausstellung in Sydney. gr. 8. (80 S.) Wien 879, (Gerold und Comp.) *

— f. Acetyleniker f. 1899. Red. u. bearb. v. H. F. B. Schaefer. Hrsg. v. d. Geschäftsstelle d. Zeitschrift f. Calciumcarbid-Fabrikation u Acetylen-Beleuchtg. gr. 16. (VII S., Schreibkal. u. 118 S. m. Fig.) Schöneberg-Berlin, L. Toporski. Geb. in Leinw. n. 2.—

Kalender f. Acetyleniker, Fortsetzg., s.: Acetylen-Kalender.

Kalender für den Adel, s. C. Lang.

— für den deutschen Adel. 12. Frankf. Fleischer. 792.

— d. deutschen Adels-Genossenschaft 1899. Hrsg. im Auftr. d. deutschen Adels-Genossenschaft. gr. 8. (XIV, 256 S. m. 9 Abb.) Berlin (NW. 7, Schadowstr. 8, II), Deutsche Adels-Genossenschaft. n. 2.—

— der deutschen Adels-Genossenschaft. 1902. Hrsg. im Auftrage der deutschen Adels-Genossenschaft. gr. 8. (XX, 266 S.) Berlin (N.W. 6, Luisenplatz 2), Deutsche Adelsgenossenschaft. n.n. 3.—

Kalender der deutschen Adels-Genossenschaft Hrsg. im Auftr. d. Deutschen Adels-Genossenschaft durch d. Schriftführeramt. 1904. 1906—1909. Neudamm o. J. 8°.

Kalender der deutschen Adels-Genossenschaft. 1905. Hrsg. im Auftrage der deutschen Adels-Genossenschaft durch das Schriftführeramt. (XXIV, 387 S. m. Abb. u. 1. Taf.) gr. 8. Neudamm, J. Neumann. 2. —. geb. in Leinw. 3. —

— der deutschen Adels-Genossenschaft 1907. Hrsg. im Auftrage der deutschen Adels-Genossenschaft durch das Schriftführeramt. (XII, 258 S. m. Abbildgn. u. 1 Bildnis.) gr. 8. Neudamm, J. Neumann. n. 2.—; geb. in Leinw. n. 3.—

— der deutschen Adels-Genossenschaft 1911. Hrsg. im Auftrage der deutschen Adels-Genossenschaft durch d. Schriftführeramt. (XI, 372 S. m. Abb. u. 1 Bildnis.) gr. 8. Berlin, C. Heymann. 2.—; geb. 3.

— Gothaischer Addreß-, f. d. J. 1810. Gotha, Ettinger.

— Gothaischer Addreß-, f. die Jahre 1811—16. Gotha, Ettinger. (à 14 gr.)

— Leipziger Addreß-. 21 Jahrg. auf das Jahr 1816. 8. Leipz. Sommer. 816.
Schreibp.

Kalender, Advokaten u. Termini; auf das J. 1816. 8. Leipz. Sommer.
(wird fortgesetzt.)

— akademischer, f. die deutschen Hochschulen Oesterreichs. Jahrg. 1894/95. Jahrbuch f. akadem. Leben u. Leitfaden f. Studierende. Unter Zugrundelegg. amtl. Quellen hrsg. v. Walter Brix. 16. Jahrg. (Neue Folge, 6. Jahrg.) Mit den Bildnissen der Rectoren der Universitäten Wien, Prag, Graz, Innsbruck u. Czernowitz. gr. 16. (V, 150 S. m. 1 Taf. in Lichtdr. u. Schreibkalender.) Wien, M. Perles. Geb. in Leinw. n 2.40

Kalender, Akademischer, für die deutschen Hochschulen Oesterreichs 1895—1896. Jahrgang XVII. Neue Folge. VII. Jahrg. Nach amtlichen Daten bearbeitet von Dr. W. Brix. 16. (160 S., mit Tagebuch.) In Leinwand geb. 1.60, in Leder geb. 2.20
Wien: Perles 1895.

Kalender, Akademischer, für die deutschen Hochschulen Oesterreichs. 1896—1897. Jahrgang XVIII. Neue Folge. VIII. Jahrg. Mit den Bildnissen der Rectoren der Universitäten Wien, Prag, Graz, Innsbruck und Czernowitz. 16. (168 S., mit Tagebuch.) In Leinwand geb. 1.60, in Leder geb. Ebd. 1896. 2.20

Kalender, Akademischer, für die deutschen Hochschulen Oesterreichs. Jahrg. 1897/98. Jahrbuch für akademisches Leben und Leitfaden für Studierende. Herausgegeben von Dr. Walter Brix. XIX. Jahrg. (Neue Folge IX. Jahrg.) Mit den Bildnissen der Rectoren der Universitäten Wien, Prag, Graz, Innsbruck und Czernowitz. 16. (176 S. u. Tagebuch.) In Lnwd. geb. Ebd. 1897. 1.20

— akademischer, f. d. deutschen Hochschulen Oesterreichs. (Einbandtitel: Hochschulen-Kalender.) Jahrg. 1898/99. Jahrbuch f. akadem. Leben u. Leitfaden f. Studirende. Unt. Zugrundelegg. amtl. Quellen hrsg. v. Walt. Brix. 20. Jahrg. (Neue Folge 10. Jahrg.) 12. (IV, 159 S.) Wien, M. Perles. Geb. in Leinw. n. 2.40

Akademischer Kalender für die deutschen Hochschulen Österreichs. Jahrgang 1899/1900. Jahrbuch für akademisches Leben und Leitfaden für Studirende. Unter Zugrundelegung amtlicher Quellen herausgegeben von Dr. Robert Pelzer. Mit den Porträts der Rectoren der Universitäten Wien, Graz, Prag, Innsbruck und Czernowitz. XXI. Jahrgang. Wien. Perles. 16°. 196 S. mit Notizblättern. Geb. fl. 1.20

Akademischer Kalender für die deutschen Hochschulen Oesterreichs. Jahrgang 1900/1901. Jahrbuch für akademisches Leben und Leitfaden für Studierende. Unter Zugrundelegung amtlicher Quellen herausgegeben von Dr. Robert Pelzer. Mit den Porträts und Biographien der Rectoren der Universitäten Wien, Graz, Prag, Innsbruck und Czernowitz. XXII. Jahrgang. Wien. Perles. 8°. 206 S. mit 1 Tafel. Geb. K 2.50

Akademischer Kalender für die deutschen Hochschulen Österreichs. Jahrgang 1901/1902. Jahrbuch für akademisches Leben und Leitfaden für Studierende. Unter Zugrundelegung amtlicher Quellen herausgegeben von Dr. Robert Pelzer. Mit den Porträts und Biographien der Rectoren der Universitäten Wien, Prag, Graz, Innsbruck und Czernowitz. XXIII Jahrgang. Wien. Perles. 16°. 210 S. mit Notizblättern. Geb. K 2.50

— **akademischer,** f. die deutschen Hochschulen Österreichs. (Einband: Hochschulen-Kalender.) Jahrgang 1902/1903. Jahrbuch f. akadem. Leben u. Leitfaden f. Studierende. Unter Zugrundelegg. amtl. Quellen hrsg. v. Rob. Pelzer. 24. Jahrg. 12. (IV, 193 S. u. Tagebuch.) Wien, M. Perles. Geb. in Leinw. n. 2. 50

— **akademischer,** f. d. deutschen Hochschulen Oesterreichs. (Einband: Hochschulen-Kalender.) Jhrg. 1903/1904. Jahrbuch f. akadem. Leben u. Leitfaden f. Studierende. Unter Zugrundelegg. amtl. Quellen. 25. Jhrg. (III, 193 S. u. Tagebuch.) 12. Wien, M. Perles.
Geb. in Leinw. n. 2. 50
Forts. s.: Universitäts-Kalender, österr.

Kalender, **akademischer,** f. die deutsch-österreichischen Hochschulen. Jahrg. 1889/90—1892/93. Jahrbuch f. akadem. Leben u. Leitfaden f. Studienbetrieb. Unter Zugrundelegg. amtl Quellen. 11.—14. Jahrg. (Neue Folge, 1.—4. Jahrg.) gr. 16. (VI, 151; IV, 130 IV, 144; IV, 132 S. m. je 1 Taf. in Lichtdr.) Wien, Perles.
geb. in Leinw. à Jahrg. * 2 —

Kalender, Akademischer, für die deutsch-österreichischen Hochschulen. Jahrgang 1890/91. Jahrbuch für akademisches Leben und Leitfaden für Studienbetrieb. Unter Zugrundelegung amtlicher Quellen, bearbeitet und herausgegeben von L. Hermann. XII. Jahrg. (Neue Folge, II. Jahrg.) Mit den Bildnissen der Rectoren aller deutschen Universitäten Oesterreichs. 16. (144 S.) Elegant gebunden in Leinwand 1.—
Wien Perles 1890

Kalender, Akademischer, für die deutsch-österreichischen Hochschulen. Jahrg. 1891/92. Jahrbuch für akademisches Leben und Leitfaden für Studienbetrieb. Herausgegeben von M. Hermann. XIII. Jahrg. (Neue Folge. III. Jahrg. Mit den Bildnissen der Rectoren aller deutschen Universitäten in Oesterreich. 16. (160 S. mit Tagebuch) In Lwd. geb. 1.
Ebd 1891.

Kalender, Akademischer, für die deutsch-österreichischen Hochschulen. Jahrg. 1892/93. Jahrbuch für akademisches Leben und Leitfaden für Studienbetrieb. Unter Zugrundelegung amtlicher Quellen bearbeitet und herausgegeben von M. Hermann. XIV. Jahrg. (Neue Folge IV. Jahrg) Mit den Bildnissen der Rectoren aller deutscher Universitäten in Oesterreich) 16 (144 S mit Notizblättern.) In Lwd. geb. Ebd 1892. 1.—

Kalender, Akademischer, für die deutsch-österreichischen Hochschulen. Jahrg. 1893/94. Jahrbuch für akademisches Leben und Leitfaden für Studienbetrieb. Herausgegeben von Dr. Walter Brix XV. Jahrg. (Neue Folge.) V. Jahrg. Mit den Bildnissen der Rectoren der Universitäten in Wien, Prag, Graz und Innsbruck und einem Bilde der Wiener Universitätsfahne. 16. (176 S. mit Tagebuch.) In Lnwd. geb. Ebd. 1,20

— **akademischer,** der österreichischen Hochschulen für die Studienj. 1878—1880. Hrsg. von der Redaction der „Alma Mater". 1.—3. Jahrg. 16. (234, 130; IV, 239, 130; 246 S.) Wien, Perles.
Jahrg. 1878 und 1879 geb. in Leinw. à *
geb. in Leder à *
Jahrg. 1880 geb. in Leinw. * M 3,20.; geb. in Leder *

— **akademischer,** der österreichischen Hochschulen für die Studienj. 1881 und 1882. Hrsg. von Max Breitenstein. 4. und 5. Jahrg. 16. (à Jahrg. VIII, 207 S.) Wien, Perles. geb. à Jahrg. *
Nicht weiter erschienen.

Kalender, Akademischer, für die österreichischen Hochschulen. Jahrgang 1889/90. Jahrbuch für akademisches Leben und Leitfaden für Studienbetrieb. Unter Zugrundelegung amtlicher Quellen und Mitwirkung von fachmännischen Kräften dargestellt und herausgegeben von L. Hermann. XI. Jahrg. (Neue Folge I. Jahrgang.) Mit dem Bildnisse Theodor Billroth's. Gr.-16. (VI, 160 S. mit Notizblättern.) In Lnwd. geb. 1.—
Ebd. 1889.

Kalender, Akademischer, für die österr. Hochschulen für das Studienj. 1892/93 XIV. Jahrgang. Neue Folge IV. Jahrg. Nach amtlichen Daten bearbeitet von Max Hermann. 16 (189 S. m. Notizblättern) Eleg geb in Lwd Ebd. 1892 1.—

Kalender, Akademischer, für die österr. Hochschulen für das Studienjahr 1894—1895. XVI. Jahrg. Neue Folge V. Jahrg. Nach amtlichen Daten bearbeitet von Dr. W. Brix. 16. (160 S., mit Tagebuch.) In Leinwand gebunden Ebd. 1894 1.20

— **akademischer,** f. die technischen Hochschulen, sowie die Berg- u. Forstakademien f. d. Studienj. 1890/91—1892/93. 1.—3. Jahrg. 16. (à Jahrg. Schreibkal. u. 100; 127 S.) Lpz.-Reudnitz, M Hoffmann. à Jahrg. * 1 50; geb. in Leinw. * 2 —

— für **Alle** in Stadt u. Land. 1852. Das 13. Schaltjahr des 19. Jahrh. Ein Handbuch f. d. Lebens Bedarf u. Kurzweile. Mit Lith , Vignetten (in Holzschn.) u. e. (lith.) Telegraphen- u. Eisenbahnkärtchen v. Deutschland (in 4.) Hrsg v Freunden des allgem. Besten 8. (I. u. 128 S.) Reutlingen, Fleischhauer & Spohn —1853. Unter Mitwirkg. v Eman Geibel, Kugler, Justin Kerner u. A hrsg. von **Paul Bressel** 2. Jahrg 8. (XLVIII u 112 S. m. eingedr Holzschn. u 1 lith Taf) Ebd a 6 ngr

Der Allerneueste Nord-Americanische Calender no 1–3, 1777–1779
Edited & published by Matthias Bartgis Full title Der Hinckend- und Stolpernd- doch eilfertig fliegend- und laufende Americanische Reichs Bote Das ist der Allerneueste Verbesserte und Zuverlässigste Americanische Reichs Staats Kriegs Siegs und Geschichts-Calender Followed by Bartgis almanac at Frederick Md
Lancaster, PA

Kalender, allerneuester, **hundertjähriger,** enthaltend einen immerwährenden Kalender, eine Erklärung des Kalenderwesens rc. 8. Regensburg, Daisenberger. 819.
Rthlr.

allgemeiner, auf d. J. 1910. (32 S.) 16. Wels, J. Haas. — 10

—— allgemeiner, für den Bürger und Landmann auf die J. 1886—1889. 96.—99. Jahrg. 4. (à Jahrg. 40—50 S.) Kempten, Dannheimer. à Jahrg. *

—— dass. — auf die J. 1886—1889. 31.—34. Jahrg. 4. (à Jahrg. 44 S. mit Illustr.) Sulzbach, v. Seidel'sche Buchh. à Jahrg. *

—— allgemeiner, f. den Bürger u. Landmann auf d. J. 1890—1892. 100.—102. Jahrg. Mit Gratisbeilage: Pfarrer Kneipp's Wasserkur. 4. (à Jahrg. ca. 48 S.) Kempten, Dannheimer. à Jahrg. * — 20
Nicht weiter erschienen.

— allgemeiner, für den Bürger u. Landmann auf d. J. 1904. 103. Jahrg. (74 S. m. Abbildgn.) 4. Kempten, T. Dannheimer. n. — 20

—— allgemeiner, bis zum Ende des Jahrhunderts, 1889 bis 1900, für Geschäft und Haushalt in Stadt und Land, nebst Tagebuch. 4. (31 S. mit 1 Kunsttitelbl. von J. Ulrich.) Straßburg 888, Heitz. — 50

— — Allgemeiner galizischer, für das gemeine Jahr 1870. fl. 4. Lemberg, Winiarz. 40 kr

—— allgem., f. d. kathol. Geistlichkeit auf d. J. 1832—35. Ein Jahrb. f. kirchl. Statistik u. Topographie, Kirchengesch., kirchl. Biographie, Liturgie, Kunst u. Gesetzkunde, Bibelstudium u. bibl. Archäologie, Homiletik, Kirchengesch. d. Akatholiken, Schul- u. Erziehungswesen ꝛc. In Verbind. mit e. Prof d. Theol. hrsg. v. Gust. Frz. Schreiner. (Jeder Jahrg.) mit e. Aufsatze üb. d. Natur d. Weltsystemes v. Jos. (Wladisl.) Fischer. 1—4. Jahrg. gr. 4. (18¼, 19¼, 19¼ u. 14¼ B., nebst 4 Portr. u. 1 Plan.) Grätz, Damian u. Sorge. à

—— allgemeiner, f. d. kathol. Geistlichkeit, auf d. Schalt-Jahr 1836. Ein Jahrb. f. kirchl. Statistik u. Topographie, Kirchengesch., kirchl. Biographie, Liturgie, Kunst u. Gesetzkunde, Bibelstudium u. bibl. Archäologie, Homiletik, Kirchengesch. d. Akatholiken, Schul- u. Erziehungswesen ꝛc. In Verbind. mit e. Prof. d. Theol. hrsg. v. Gust. Frz. Schreiner. 5. Jahrg. gr. 4. (18¼ B. u. Portr. Frz. Xav. Luschin, Erzbischofs v. Görz.) Grätz, Damian u. Sorge.
1—4. Jahrg. Ebendas. 1832—35. à 1 Thlr. 8 Gr.

— allgemeiner, für Handel und Gewerbe auf das J. 1855 Unter Mitwirkung einer Gesellschaft Gelehrter u Kaufleute redig. von G. A. Hoevel. 1. Jahrg. 1 u. 2. Aufl. Berlin, Hoevel. 8. (1 Bl., 117 S., und: Jahrb. für Handel ꝛc. 150 S.) n. 20 ngr.

Calender, Allgemeiner historischer, über jene wichtigen und interessanten Begebenheiten, die sich auf jeden Tag des Jahres von der spätesten bis auf die gegenwärtigen Zeiten beziehen. Prag 1812. H: H: *Schiffner, Jos.* (zibrt 1/4559) (WBL 29/299) (BIBLPORT)

— allgemeiner hygienischer, f. das Haus. 1902. Mit Unterstützung u. Orig.-Beiträgen von v. Bergmann, Ewald, Landois u. a. Hrsg. v. Geo. Flatau. 8. (196 S.) Berlin, Vogel & Kreienbrink. n. 1.—; erm. Pr. — 50
Fortsetzung s.: Hausfreund, hygien.

Kalender, Allgemeiner Kärntner. Villach, Weiler, 1892—94. 3 Jgg.

—— allgemeiner Kärntner, f. d. J. 1892, verbunden m. e. kärnt. Adreßb. Hrsgbr.: Mich. Ottitsch, Adf. Graf, Ant. Gitschthaler. 1. Jahrg. gr. 8. (XVI, 22, 128 u. 79 S. m. Bildern.) Villach. (Klagenfurt, Raunecker.) ** 1 40

— allgemeiner kärntner, f. d. J. 1894. Hrsg.: Ferd. Weiler. 3. Jahrg. gr. 8. (32, 96, 16 u. 22 S. m. Bildern.) Villach. (Klagenfurt, A. Raunecker.) n.n. — 80

—— allgemeiner, für Nassau auf das J. 1868. 8. (48 S.) Wiesbaden, (Schellenberg'sche Hofbuchh.) **

Allgemeiner Ökonomischer Kalender zur Haus- und Landwirthschaft, zur Lust- und Küchengärtnerey, der Jägerey, dem Forstwesen, der Fischerey . Nürnberg 1773. 496 S.

„Allgemeiner ökonomischer Calender zur Haus- und Landwirthschaft, zur Lust- und Küchengärtnerey, Jägerey etc. und allem andern, was in der Oekonomie in jedem Monat zu wissen nöthig ist", Nürnberg 1773 (Bauer & Raspe).

—— allgemeiner württembergischer, für 1854. Mit einem der amtl. Ausgabe entnommenen Marktregister ꝛc. 4. (56 S. mit eingedr. Holzschn.) Reutlingen 853, Fleischhauer und Spohn.
durchschossen *

Allgemeiner | Württembergischer Kalender für | 1856 Ein Schaltjahr von 366 Tagen, | das vierzehnte des neunzehnten Jahrhunderts. | Mit dem der amtlichen Ausgabe entnommenen | Marktregister und der Zeitrechnung, , nebst einem besonderen | Verzeichnuß der Messen und Märkte von | Baiern Baden, der Schweiz etc Reutlingen. Druck und Verlag von Fleischhauer & Spohn. In Commission | bei Chr Helfferich und Chr Rueff in Stuttgart | Preis 6 Kreuzer (Holzschnittrahmen mit sechs verschiedenen Bildchen)
12 Bl n n., 32 S. (21–28 fehlen). 4
StB Reutlingen 21782.

—— dass. — für 1856. Mit dem der amtl. Ausg. entnommenen Marktregister und der Zeitrechnung, nebst einem besond. Verzeichniß der Messen und Märkte von Baiern, Baden, der Schweiz ꝛc. 4. (56 S. mit eingedr. Holzschn.) Ebds. 855.

—— allgemeiner württembergischer, für 1858 und 1859. Mit dem der amtl. Ausg. entnommenen Marktregister und der Zeitrechnung nebst einem besondern Verzeichniß der Messen und Märkte von Baiern, Baden, der Schweiz ꝛc. gr. 4. (à Jahrg. 56 S. mit eingedr. Holzschn.) Reutlingen, Fleischhauer und Spohn. à Jahrg.

—— allgemeiner württembergischer, für 1881—1885. Ausg. mit dem alphabet. und monatl. Marktverzeichniß. 4. (à Jahrg. 24 S.) Reutlingen, Fleischhauer und Spohn. à Jahrg. *

—— allgemeiner württembergischer, für 1886—1889. 4. (à Jahrg. 24 S.) Reutlingen, Fleischhauer und Spohn. à Jahrg. * — 10

—— allgemeiner württembergischer, f. 1890—1893. Ausg. m. dem alphabet. u. monatl. Marktverzeichnis. 4. (à Jahrg. 24 S.) Reutl., Fleischhauer u. Spohn. à Jahrg. ** — 10

— allgemeiner württembergischer, f. 1895. Ausg. m. dem alphabet. u. monatl. Marktverzeichnis. 4. (24 S.) Reutlingen, Fleischhauer & Spohn. n.n. — 10

— allgem. württembergischer, f. 1899. Ausg. m. d. alphabet. u. monatl. Marktverzeichnis. 4. (26 S. m. 1 Karte.) Reutlingen, Fleischhauer & Spohn. n.n. — 10

— allgemeiner württembergischer, f. 1902. Ausg. ohne Text-Anh. 4. (89 S.) Stuttgart, Fleischhauer & Spohn. n. — 10

— allgemeiner württembergischer, f. 1905. Mit Schreibtafel f. jeden Monat u. dem der amtl. Ausg. entnommenen Marktregister u. der Zeitrechng., sowie e. unterhal. Anh. m. vielen Bildern. (86 S.) gr. 8. Stuttgart, Fleischhauer & Spohn. n. — 10

Kalender, allgemeiner, für Zitherspieler. 1886. Hrsg. von R. Wächtler. 12. (39 S.) Leipzig, W. Dietrich. *
Nicht weiter erschienen.

—— des deutschen und österreichischen Alpenvereins für das J. 1888. Hrsg. von Johs. Emmer. 12. (64 S.) München, Lindauer'sche Buchh. geb. ** 1 30

—— d. deutschen u. österreichischen Alpenvereins f. d. J. 1889—1893. Hrsg. v. Johs. Emmer. 2.—6. Jahrg. gr. 8. (108: 112; 116; 116; 125 S.) Münch., Lindauer. geb. à Jahrg. * 1 50

— des deutschen u. österreichischen Alpenvereins f. d. J. 1894. Hrsg. v. Johs. Emmer. 7. Jahrg. 12. (136 u. 16 S. m. 1 Abbildg., eingedr. Karten u. 1 farb. Karte.) München, J. Lindauer. Geb. in Leinw. n. 1. 50

— d. deutschen u. österreich. Alpenvereins f. d. J. 1898. Hrsg. v. Johs. Emmer. 11. Jahrg. 12. (148, 58 u. 40 S. m. 5 Kartenübersichten.) München, J. Lindauer. Geb. in Leinw. n. 1. 50

— des deutschen u. österreichischen Alpenvereins f. d. J. 1902. Hrsg. vom Centralausschuss des d. u. oe. Alpenvereins. 15. Jahrg. 12. (832 u. 40 S. m. Abb., 1 Karte u. 1 Panorama.) München, J. Lindauer. Geb. in Leinw. u. geh. n. 1. 50

— des deutschen u. österreichischen Alpenvereins f. d. J. 1906. Hrsg. vom Zentral-Ausschuss des d. u. ö. Alpenvereins. 19. Jahrg. Mit 3 Beilagen: Notizbuch, Heft 3 der Führertarife u. 1 Panorama vom Gross-Venediger. (254, 36 u. 80 S.) kl. 8. München, J. Lindauer. Geb. in Leinw. u. geh. n. 1. 50

— des deutschen u. österreichischen Alpenvereins f. d. J. 1910. Hrsg. v. Hauptausschuss des d. u. ö. Alpenvereins. 23. Jahrg. Mit e. Notizbuch. (286 u. 46 S. m. eingedr. Kartenskizzen u. 1 Taf.) kl. 8. München, J. Lindauer. Geb. in Leinw. u. geh. 2. —

—— fur Alt und Jung in Dorf und Stadt. 1848 und 1850. (1. und 2. Jahrg.) gr. 16. (285 und 282 S. mit eingedr. Holzschn.) Berlin, Deckersche geheime Ober-Hofbuchdr. à Jahrg. *

— für Alt u. Jung in Dorf u Stadt. 1849 u. 1850 (1 u. 2 Jahrg) gr 16 (1: 285 S. m. eingedr Holzschn. 2: 282 S. m eingedr. Holzschn) Berlin, Decker. à n. 1/3 ₰ Velinp in Engl. Einb. m. Goldschn. 5/6 ₰ (Vergl.: Unterhaltungsbuch.)

Calender, altdeutsch, zur gedechtnus unsers lieben D. Martini Luther auff das kummend jar auffgericht 1884. Das ist ein allzeyt nützlich büchlein mit vilen sprüchen D. Martini, in sein briefen u. tischreden getan üb. sein eygen person, jugent, wircken, christlich hausstandt u. wissenschaft, dann des teutschen Volkes astrologisch glauben u. meynung zu Lutheri zeyten, eygenschafft der vier complexionen u. der sieben planeten wirckung, auch vil gutte haus- u. lebensregeln u. ertzeneyen auff rat der berumbten meyster Hypokras, Avicenna, Almansor, auch wind u. wetterregeln, nach alten kalendern u. ire rechtschreybung getreulich wiedergegeben u. auff kummend jar gericht u. außgegeben. 4. (XXVIII, 114 S. m. eingedr. Phototypien.) Dresden 883. Streit. n. 3. —

Kalender, Altdeutscher, Rohrer's Kalender-Handbuch in altdeutscher Manier pro 1892. III. Jahrg. Allgemeine Ausgabe m. 30 Original-Zeichnungen. Eleg. cart. —.60

Derselbe. Ausgabe für Niederösterreich pro 1892. II. Jahrg Eleg. cart. —.60

Wien: Perles 1891.

– s.a. Kalender-Handbuch, Rohrer's.

—— zur Alters- u. Invaliditäts-Versicherung f. 1891. 1 Bl. 45,8×29,5 cm. Danzig, Bertling. — 15; auf Pappe * — 30

— Altfrankfurter, 1907. Hrsg. v. R. Froning. (20 S. m. Abbi.) 33×17,5 cm. Frankfurt a/M., Kesselring. n. 1. —

— Altfrankfurter, 1909. Hrsg. v. R. Froning. (3. Jahrg.) (20 S. m. Abb.) 32,5×17,5 cm. Frankfurt a/M., Kesselring. 1. —

Der Americanische Calender : no. 1, 1772? Ephrata, PA
Edited & published by Albert Conrad Reben.

Der Americanische Calender 1802? ? Harrisburg, PA
Edited & published by Benjamin Mayer

Amerikanischer Kalender für Deutsche Lutheraner : no. 1– ?, 1870–1955?
Title varies AMERIKANISCH-LUTHERISCHER KALENDER. Organ of Die Deutsche Evangelisch-Lutherische Synode von Missouri, Ohio u. a. Staaten. Editors Johann Christoph Wilhelm Lindemann. Valuable source of information about German language worship and German-American parochial schools. Published by Lutherischer Concordia Verlag, by Concordia Publishing House
St. Louis, MO

— amerikanischer, für deutsche Lutheraner auf die J. 1875—1880 nach der Geburt unseres Herrn Jesu Christi. Hrsg. im Auftrage der deutschen evangelisch-luther. Synode von Missouri, Ohio u. a. Staaten. 4. (45; 47; 55; 47; 46; 47 S.) St. Louis, Mo. (Dresden, H. J. Naumann.) à Jahrg. **

—— amerikanischer, für deutsche Lutheraner auf die J. 1881—1885. 4. (à Jahrg. 48 S.) St. Louis, Mo. (Dresden, H. J. Naumann.) Jahrg. 1881—1884 à * Jahrg. 1885 *

—— amerikanischer, für deutsche Lutheraner auf die J. 1886—1889. 4. (à Jahrg. 48 S.) St. Louis, Mo. (Dresden, H. J. Naumann.) à Jahrg. * — 40

— – amerikanischer, f. deutsche Lutheraner auf d. J. 1890—93. 4. (48; 48; 48; 64 S. m. je 1 Abbild.) St. Louis, Mo. (Dresd., H. J. Naumann.) à Jahrg. * — 40

— amerikanischer, f. deutsche Lutheraner auf d. J. 1893. 4. (64 S. m. 1 Abbildg.) St. Louis, Mo. (Zwickau, Schriftenverein.) n. — 40

— amerikan., f. deutsche Lutheraner auf d. J. 1899. 4. (70 S. m. Abb. u. 1 Farbdr.) St. Louis, Mo. (Zwickau, Schriften-Verein.) n. — 40

— amerikanischer, f. deutsche Lutheraner auf d. J. 1902 4. (72 S. m. Abbildgn. u. 1 Farbdr.) St. Louis, Mo. (Zwickau, Schriften-Verein.) n. — 40

— amerikanischer, f. deutsche Lutheraner auf d. J. 1907. (88 S. m. Abbildgn. u. 1 Farbdr.) gr. 8. St. Louis, Mo. (Zwickau, Schriften-Verein.) n. — 40

— amerikanischer, f. deutsche Lutheraner auf d. J. 1911. (80 S.) gr. 8. St. Louis, Mo. (Zwickau, Schriften-Verein.) — 40

Kalender für österreichische Amts-, Gemeinde- und für praktische Ärzte. III. Jahrg. 1910. 8°. (824 S.) geb. K 3.–
Wien: Šafář 1909.

— f. österreichische Amts-, Gemeinde- u. f. praktische Ärzte. Begründet v. M. Sabl. 4. Jahrg. 1911. Red. v. Rud. Jahn. (V, 418 S. u. Tages-Notizblätter.) kl. 8. Wien, J. Šafář. Geb. in Leinw. 3. —

Kalender für Amts-und Gemeindevorsteher Hrsg. v Germershausen. Berlin 1896.

— für die preußischen Amtsvorsteher f. d. J. 1895. Hrsg v. A. Germershausen. gr 16. (IV S., Schreibkalender u. 152 S.) Neustrelitz, G. Barnewitz' Sort. Geb. in Leinw. n. 2. 50

— f. d. preuß. Amtsvorsteher f. J. 1897. Hrsg v. A. Germershausen. 3. Jahrg. gr. 16. (VIII S., Schreibkal. u. 217 S.) Berlin, K. Hoffmann. Geb. in Leinw. n. 2. —

— f. Amtsvorsteher u. Vorstände größ. Gemeinden f. d. J. 1899, hrsg. v. O. Reimann. 12. (IV, 258 S.) Danzig-Langfuhr, L. Schwalm. Geb. in Leinw. 2. —

— Anecdoten- u. Schreibe-Kalender auf das J. 1816. 32. Ebend.
(wird fortgesetzt.)

— anhaltischer, auf d. J. 1897. 4. (56 S. m. Bild.) Cöthen, P. Schettler's Erben. n.n. — 24; brosch. n.n. — 25

— anhaltischer, auf d. J. 1899. D. Anhalt-Dessauischen Kalenders neue Folge. 134. Jahrg. 4. (40 S.) Dessau, C. Dünnhaupt n. — 20; m. e. genealog. Verzeichnisse d. jetzt leb. hoh. Personen in Europa. (56 S.) n.n. — 30

— anhaltischer, auf d. J. 1903. Des Anhalt-Dessauischen Kalenders neue Folge. 138. Jahrg. (43 S. m. Abbildgn.) 4. Dessau, C. Dünnhaupt. n. — 20; m. e. genealog. Verzeichnisse der jetzt leb. hohen Personen in Europa (59 S.) n.n. — 30

— anhaltischer, auf d. J. 1907. Des Anhalt-Dessauischen Kalenders neue Folge 142. Jahrg. (44 S. m. Abbildgn.) gr. 8. Dessau, C. Dünnhaupt. n. — 20; m. e. genealog. Verzeichnisse der jetzt leb. hohen Personen in Europa. (60 S.) n.n. — 30

— anhaltischer, auf d. J. 1911. Des Anhalt-Dessauischen Kalenders neue Folge. 146. Jahrg. (46 S. m. Abbildgn. u. 1 Taf.) gr. 8. Dessau, Hofbuchdr. C. Dünnhaupt — 25; m. e. genealog. Verzeichnisse der jetzt leb. hohen Personen in Europa. (60 S.) — 35; geb. in Leinw. u. durchsch. 1

— f. Anhänger der Roller'chen Welt-Kurzschrift auf d. J. 1903. Hrsg. vom Hauptverbande Rollerscher Stenographen. gr. 16. (176 S. m. 1 Bildnis.) Berlin. (Leipzig, J. H. Robolsky). Geb. in Leinw. n.n. 1. —

— für Anhänger der Roller'schen Welt-Kurzschrift auf d. J. 1905. Hrsg. vom Hauptverbande Rollerscher Stenografen. (221 u. III S.) 16. Berlin. (Leipzig, J. H. Robolsky.) Geb. in Leinw. 1. —

— Ansbacher, s.: Kalender, neuer, unterhaltender u. belehrender.

— f. die deutschen Ansiedler in Süd-Rußland auf d. J. 1898. 8. (93 S.) Riga. Prischib, G. Schaad. n. — 60

Kalender f. d. dt. Ansiedler an der Wolga. 1891 IfA

—— für Apotheker. Hrsg. von J. v. der Heyde. 1893. gr. 16. (V S., Schreibkal. u. 60 S.) Berl., Fischer's medic. Buchh. geb. in Lw. * * 1 30

Kalender für Apotheker. Hrsg. von J. v. der Heyde. 1894. gr. 16. (V S., Schreibkalender u. 79 S. m Abbildgn.) Berlin, Fischer's medicin. Buchh. Geb. in Leinw. n.n. 1 30

— dasselbe. Hrsg. v. M. Beer. 1895. gr. 16. (V S., Schreibkalender u. 85 S. m. Fig.) Ebd. Geb. in Leinw. n. 1. 50

Kalender für Apotheker. Hrsg v M. Beer. 1897. gr. 16 (V S., Schreibkal. u. 176 S.) Berlin, Fischer's medicin. Buchh. Geb. in Leinw n. 2. —

Appenzeller Kalender, auf d. Jahr 1871. Hsggb. von Joh. Sturzenegger und Joh. Schläpfer. Mit Holzschn. 74 Seiten. 4. Trogen, J. Schläpfer. —. 35

Appenzeller Kalender f. 1872. Hsggb. v. J. Sturzenegger u. J. Schläpfer. 72 Stn. 4 Trogen, J. Schläpfer. —. 35

Appenzeller Kalender f. 1873. 74 Stn. 4. Trogen, J. Schläpfer. —. 35

Appenzeller Kalender f. 1874. 74 Stn. 4 Trogen, J. Schläpfer. —. 10

—— Appenzeller, auf das J. 1875. Gegründet von Johs. Sturzenegger und Johs. Schläpfer. 4. (72 S. mit eingedr Holzschn. und 1 Holzschntaf. in qu. gr. 4.) Trogen, Schläpfer *

—— Appenzeller, auf die J. 1876—1880. Gegründet von Johs. Sturzenegger und Johs. Schläpfer. 4. (78; 70; 74; 72; 70 S. mit eingedr. Holzschn.) Trogen, Schläpfer'sche Verlagsh. 1876 40 Pf.; 1877—1880 à

—— Appenzeller, auf die J. 1881—1885. 160.—164. Jahrg. Gegründet von Johs. Sturzenegger und Johs. Schläpfer. 4. (à Jahrg. ca. 72 S. mit Illustr.) Trogen, Schläpfer'sche Verlagsh. à Jahrg.

—— Appenzeller, auf die J. 1886—1889. 165.—168. Jahrg. Gegründet von Johs. Sturzenegger und Johs. Schläpfer. 4. (à Jahrg. ca. 70 S. mit Illustr. und 1 Wandkalender.) Trogen. (St. Gallen, F. B. Müller.) à Jahrg. * — 40

—— Appenzeller, auf d. J. 1890—1893. 169.—172. Jahrg. Gegründet v. Johs. Sturzenegger u. Johs. Schläpfer. 4. (70; 80; 70; 76 S. m. Abbildgn. u. je 1 Wandkal.) Trogen. (St. Gallen, Müller.) à Jahrg. * — 40; m. Pap. durchsch. * * — 50

Kalender, Appenzeller, pro 1894. Mit 22 Illustr. In-4°. 80 S. Trogen, A. Kübler. — 40

— Appenzeller, auf d. J. 1895 174. Jahrg. Gegründet v. Johs. Sturzenegger u. Johs. Schläpfer. 4. (71 S. m. Abbildgn. u. Wandkalender.) Trogen. (St. Gallen, F. B. Müller.) n. — 40

Kalender, Appenzeller, a. d. Jahr 1896. 175. Jahrg. Gegründet von *J. Sturzenegger* u. *J. Schläpfer*. Mit Abb. u Wandkal. In-4°. 76 S. St. Gallen, F. B. Müller. — 40

Kalender, Appenzeller für 1896. Mit 28 Ill. Trogen, U. Kübler. — 40

— appenzeller, a. d. Jahr 1897. 176. Jahrg. Gegr. von *J. Sturzenegger* u. *J. Schläpfer*. Mit Abbild. In-4°. 78 S. St. Gallen, F. B. Müller. — 40

Kalender, appenzeller, pro 1897. Mit 21 Illustr. In-4°. Trogen, U. Kübler — 40

Kalender, appenzeller, auf d. J. 1898. 178. Jahrg. Gegründet von *J. Sturzenegger* u. *J. Schläpfer*. Mit Abbild. In-4°. 73 S. St. Gallen, F. B. Müller. — 40

— appenzeller, pro 1898. Mit Abbild. In-4°. Trogen, U. Kübler. — 40

— **Appenzeller,** auf d. J. 1899. **178.** Jahrg. Gegr. v. Johs Sturzenegger u. Johs. Schläpfer. 4. (80 S. m. Abb. u. Wandkal.) Trogen (U. Kübler). n. — 35

Kalender, Appenzeller, auf das Jahr 1900. 179. Jahrg. Gegründet von *Johs. Sturzenegger* und *Johs. Schläpfer*. Gratis-Beilage: Taschen- u. Wandkalenderchen auf 1900. 4°. 80 S. mit Abbildgn. Trogen. U. Kübler. — 50

Appenzellerkalender. Appenzeller Kalender auf das Jahr 1901. Jahrg. 180. Gegründet von Joh[anne]s Sturzenegger & Joh[anne]s Schläpfer. [Illustriert.] Gratis-Beilage: Taschen- und Wandkalenderchen auf 1901. [80 S.] 4. Trogen, U. Kübler. [fr. —. 40]

Appenzellerkalender. Appenzeller Kalender auf das Jahr 1902. Jahrg. 181. Gegründet von Joh[anne]s Sturzenegger & Joh[anne]s Schläpfer. [Illustriert.] Gratis-Beilage: Taschen- und Wandkalenderchen auf 1902. [80 S.] 4. Trogen, U. Kübler. [fr. —. 40]

Appenzeller Kalender auf das Jahr 1903. Jahrg. 182. Gegründet von Joh[anne]s Sturzenegger & Joh[anne]s Schläpfer. [Illustriert.] Gratis-Beilage: Taschen- und Wandkalenderchen auf 1903. [84 S.] 4. Trogen, U. Kübler. [fr. —. 40]

Appenzeller Kalender auf das Jahr 1904. Jahrg. 183. Gegründet von Joh[anne]s Sturzenegger & Joh[anne]s Schläpfer. [Illustriert.] Gratis-Beilage: Taschen- und Wandkalenderchen auf 1904. [84 S.] 4. Trogen, U. Kübler. [fr. —. 40]

Appenzeller Kalender auf das Jahr 1905 Jahrg. 184. Gegründet von Joh[anne]s Sturzenegger & Joh[anne]s Schläpfer. [Illustriert.] Gratis-Beilage. Taschen- und Wandkalenderchen auf 1905 Trogen U Kübler 84 S. 4°

Appenzeller Kalender auf das Jahr 1906. Jahrg. 185. Gegründet von Joh[anne]s Sturzenegger & Joh[anne]s Schläpfer. [Illustriert.] Gratis-Beilage: Taschen- und Wandkalenderchen auf 1906. [84 S.] 4. Trogen, U. Kübler. [fr. —. 40]

Appenzellerkalender. A'K' auf das Jahr 1907. Jahrg. 186. Gegründet von Joh[anne]s Sturzenegger & Joh[anne]s Schläpfer. [Illustriert.] Gratis-Beilage: Taschen- und Wandkalenderchen auf 1907. [84 S.] 4. Trogen, U. Kübler. [fr. —. 40]

Appenzeller Kalender auf das Jahr 1908. Jahrg. 187. Gegründet von Joh[anne]s Sturzenegger & Joh[anne]s Schläpfer. [Illustriert.] Gratis-Beilage: Taschen- und Wandkalenderchen auf 1908. [100 S.] 4. Trogen, U. Kübler. fr. —.50

Appenzeller Kalender auf das Jahr 1909. Jahrg. 188. Gegründet von Joh[anne]s Sturzenegger & Joh[anne]s Schläpfer. [Illustriert.] Gratis-Beilage: Taschen- und Wandkalenderchen auf 1909. [100 S.] 4. Trogen, U. Kübler. fr. —.50

Appenzeller Kalender auf das Jahr 1910. Jahrg. 189. Gegründet von Joh[anne]s Sturzenegger & Joh[anne]s Schläpfer. [Illustriert.] Gratis-Beilage Taschen- und Wandkalenderchen auf 1910. [100 S.] 4. Trogen, O. Kübler. fr —. 50

Appenzeller Kalender auf das Jahr 1911. Jahrg. 190. Gegründet von Joh[anne]s Sturzenegger & Joh[anne]s Schläpfer. [Illustriert.] Gratis-Beilage Taschen- und Wandkalenderchen auf 1911. [108 S.] 4 Trogen, O Kübler fr —.50

— für Aquarien- u. Terrarienfreunde, hrsg. v. Kurt Floericke u Rud Mandee, s. Volksbücher, naturwissenschaftliche

— für deutsche Arbeit. 2. Jahrg. 1852. (2. Aufl.) gr. 16. (VIII und 134 S. mit eingedr. Holzschn.) Frankfurt a. M. 851, Auffarth. *
1. Jahrg. s. Jahrbuch für deutsche Arbeit.

[Kalender für die Maurerischen Arbeiten sowohl der vereinigten St. Johannis-Logen als auch der Grossen Loge Royale York zur Freundschaft.] 1. Julius 1799—1. Julius 1800; 1. Juli 1801 bis 30. Juni 1802.

— für den christlichen Arbeiter. Hrsg. unter Mitwirkg. bewährter Arbeiterfreunde f. d. J. 1891—1893. gr. 16. (159; 160; 159 S. m. Abbildgn.) M. Gladbach, Riffarth. à Jahrg. * — 25

— für den christlichen Arbeiter. Hrsg unter Mitwirkg. bewährter Arbeiterfreunde v. Leonz Niderberger. Für d. J. 1895. gr. 16. (160 S. m. Abbildgn.) M.-Gladbach, A. Riffarth. — 25

— des Arbeiterfreund, 1896. Hrsg. v. d. Agentur d. Blauen Kreuzes in Bern. 4. (93 S. m. Abb.) Bern (Leipzig, H. G. Wallmann.) n.n. — 35

Kalender für die kath. Arbeiter- und Handwerkerschaft. 1904 9. Jahrg 8° (ill. 171 S.) K — 40
Linz: Verl. des kath. Pressvereines 1903.

(F) Kalender für die katholischen Arbeiter und Handwerkerschaft 1905. 10. Jahrg. 8°. (174 S.) Ebd. 1904. K —.40

— für die kath. Arbeiter- u. Handwerkerschaft 1906. 11. Jahrg. Hrsg. vom kath.-poln. Arbeiterverein f. Oberösterreich, red. v. Vinz. Langhammer. (299 S. m. Abbildgn.) 8. Linz (Preßverein). n. — 35

— f. d. evang. Arbeiter-Vereine Deutschlands. 1898. Hrsg. v. Herm. Faulhaber. 4. (52 u. 6 S. m. Abb. u. Wandkal.) Schw. Hall. Stuttgart, Buchh. f. Innere Mission. — 20

— für die evangel. Arbeitervereine Deutschlands. 1901. Hrsg. v. Th. Traub. 4. (60 u. 10 S. m. Abbildgn.) Stuttgart, Buchh. f. Innere Mission. — 20
Erscheint nicht mehr.

— für die evangel. Arbeiter-Vereine Deutschlands sowie f. Arbeiter u. Arbeiter-Freunde auf d. J. 1907. Hrsg. v. Weber. (90, 7 u. 8 S. m. Abbildgn. u. Wandkalender.) Lex.-8. Hattingen, C. Hundt sel. Wwe. n. — 80

— für die evangelischen Arbeiter-Vereine Deutschlands sowie f. Arbeiter u. Arbeiter-Freunde auf d. J. 1910. Hrsg. v. Weber. (94 u. 10 S. m. Abbildgn. u. Wandkalender.) gr. 8. Hattingen, C. Hundt sel. Wwe. — 30

— für österreichische Arbeiter-Versicherung. Ein Handbuch f. die Interessenten u. Organe der Unfallversicherg., Krankenversicherg. u. Bergwerksbruderladen. 1895. 1. Jahrg. Hrsg. v. Max Mandl u. Zdenko Anderle. 16. (III, 164 S. u. Schreibkalender.) Wien, M. Perles. Geb. in Leinw. n. 3. —

— d. österreich Arbeiter-Versicherung. E. Handbuch f. d. Interessenten u. Organe d. Unfallversicherg., Krankenversicherg. u. Bergwerksbruderladen. 1896. 2. Jahrg. Hrsg. v. Max Mandl u. Zdenko Anderle. gr. 16. (III, 200 S. u. Schreibkal.) Wien, M. Perles. Geb. in Leinw. n. 3. —

— für Architekten. 1903. Hrsg. v. Alb. H. Hess. 12. (VI, XXX, 194 S. u. Notiz-Kalender m. Abb.) Berlin, W. & S. Loewenthal. Geb. in Leinw. n. 1. 50

— für Architekten 1907. Hrsg. v. Alb. H. Hess. (VI, 268 S. u. Notiz-Kalender m. 200 Abbildgn.) kl. 8. Berlin, W. & S. Loewenthal. Geb. in Leinw. n. 1. 50; in 2 Tln. geb. in Ldr. u. geh. n. 2. —

— für Architekten 1911. Hrsg. v. Alb. Heinr. Hess. (VII, 320 S. u. Notiz-Kalender m. 187 Abbildgn.) kl. 8. Berlin, W. & S. Loewenthal. Geb. in Leinw. 1. 50; in 2 Bde. geb. 2. —

—— für Architekten und Baugewerksmeister, bearb. von dem Herausgeber des Architekten-Wochenblattes in Berlin. 1. Jahrg. 1868. gr. 16. (VIII und 232 S. und Beigabe XXI S.) Berlin, (Beelitz.) geb. * 25 Ngr.; in Leder geb. *. In Leder geb. mit Goldschn. *

— für das Herzogt. Arenberg-Meppen, s. a. Kalender für die Grafschaften Lingen u. Bentheim.

— f. d. Herzogth. Arenberg-Meppen u. d. Grafschaften Lingen u. Bentheim auf d. J. 1899. 16. (76 S.) Lingen, R. van Acken. — 15

— für das Herzogt. Arenberg-Meppen u. die Grafschaften Lingen u. Bentheim auf d. J. 1907. (90 S.) 16. Lingen, R. van Acken. n. — 15

Aeronautischer Kalender. Von J[ohannes] Rieken. Jg. 1. Berlin: R. C. Schmidt & Co. 1908. 8° (08. 1023)

— aeronautischer, 1910/1911, v. J. Riecken. III. Jahrg. (277 S. m. Abb.) kl. 8. Berlin, R. C. Schmidt & Co. Geb. in Leinw. 3. —

— für beamtete u. prakt. Ärzte f. d. J. 1909. 2. Jahrg. d. „Kalender f. österr. Gemeinde-, Distrikts- u. f. prakt. Ärzte". Hrsg. v. M. Sabl. (III, 285 S. u. Schreibkalender.) kl. 8. Wien, J. Šafář. Geb. in Leinw. 2. 50 Jetzt: Kalender f. österr. Amts-, Gemeinde- u. f. prakt. Ärzte.

Astronomischer Kalender, nach dem verbesserten Stylo auf das Jahr... Auf den Berlinischen Meridianum gerichtet... 1732. (Berlin [1731:] Gäbert.) 8°

1732, T. [1.]2: [1731.]

—— astronomischer, für 1882—1885. Nach dem Muster des Karl v. Littrow'schen Kalenders hrsg. von der k. k. Sternwarte. Neue Folge. 1.—4. Jahrg. gr. 8. (144; 151; 151; 148 S. mit 1 lithogr. Sternkarte.) Wien, Gerold's Sohn. à Jahrg. * cart. und durchschossen à Jahrg. *

—— astronomischer, für 1886—1889. Nach dem Muster des Karl v. Littrow'schen Kalenders hrsg. von der k. k. Sternwarte. Neue Folge. 5.—8. Jahrg. 8. (150; 160 S. mit 1 Karte; 150; 145 S.) Wien, Gerold's Sohn. cart. und durchsch. à Jahrg. * 1 60

—— astronomischer, f. 1890—1893. Nach dem Muster d. Karl v. Littrow'schen Kalenders hrsg. v. der k. k. Sternwarte. Neue Folge. 9.—12. Jahrg. 8. (131; III, 137; III, 147; 160 S.) Wien, Gerold's Sohn. cart. 9. u. 10. Jahrg. à * 1 60; 11. u. 12. Jahrg. à * 2 —

— astronomischer, f. 1894. Berechnet f. den Meridian u. die Polhöhe v. Wien. Hrsg v. der k. k. Sternwarte. Neue Folge. 13. Jahrg. 8. (VI, 147 S. u. Schreibkalender.) Wien, C. Gerold's Sohn. Kart. n. 2. —

Kalender, Astronomischer, für 1895. Herausgegeben von der k. k. Sternwarte. Der ganzen Reihe 57. Jahrgang; der neuen Folge 14. Jahrgang. 8. (162 S. mit Tagebuch und Notizblättern.) Cartonnirt Wien: Gerold 1895 1.—

Kalender, Astronomischer, für 1896. Herausgegeben von der k. k. Sternwarte. Der ganzen Reihe 58. Jahrgang; der neuen Folge 15. Jahrgang. 8. (158 S. mit Tagebuch und Notizblättern.) Ebd.

Kalender, Astronomischer, für 1897. Herausgegeben von der k. k. Sternwarte. Der ganzen Reihe 59. Jahrgang; der neuen Folge 16. Jahrgang. 8. (159 S. mit Tagebuch und Notizblättern.) Cartonnirt Ebd. 1.—

— astronomischer, f. 1898. Berechnet f. d. Meridian u. d. Polhöhe v. Wien (16° 20′ 22″ · 3 = 1h 5m 21s · 49 östl. Länge v. Greenwich, 48° 13′ 55″ · 4 nördl. Breite.) Hrsg. v. d. k. k. Sternwarte. D. ganzen Reihe 60. Jahrg.; d. neuen Folge 17. Jahrg. gr. 8. (159 S. m. Tagebuch.) Wien, C. Gerold's Sohn. Kart. n. 2. 40

(F) Astronomischer Kalender für 1899. Berechnet für den Meridian und die Polhöhe von Wien. Herausgegeben von der k. k. Sternwarte. Der ganzen Reihe LXI. Jahrgang, der neuen Folge XVIII. Jahrgang. Wien. Gerold's Sohn. Gr.-8°. 158 S. mit Notizblättern. Cart. fl. 1 20

(F) Astronomischer Kalender für 1900. Berechnet für den Meridian und die Polhöhe von Wien. Herausgegeben von der k. k. Sternwarte. Der ganzen Reihe LXII. Jahrgang, der neuen Folge XIX. Jahrgang. Wien. Gerold's Sohn. Gr.-8°. 171 S. mit Notizblättern. Cart. K 2.40

(F) Astronomischer Kalender für 1901. Berechnet für den Meridian und die Polhöhe von Wien. Herausgegeben von der k. k. Sternwarte. Der ganzen Reihe LXIII. Jahrgang, der neuen Folge XX. Jahrgang. Wien. Gerold's Sohn. Gr.-8°. 150 S. mit Notizblättern. Cart. K 2.40

— astronomischer, f. 1902. Berechnet f. den Meridian u. die Polhöhe v. Wien (16° 20′ 22″ . 3 = 1h 5m 21s . 49 östl. Länge v. Greenwich, 48° 13′ 54″ . 4 nördl. Breite). Hrsg. v. der k. k. Sternwarte. Der ganzen Reihe 64. Jahrg.; der neuen Folge 21. Jahrg. gr. 8. (184 S. u. Tagebuch.) Wien, C. Gerold's Sohn. Kart. n. 2. 40

(F) Astronomischer Kalender für 1903. Gr.-8°. (131 S.) Wien: Gerold K 2.40

(F) Astronomischer Kalender für 1904. 26. Jahrg., der neuen Folge 2: Jahrg. Gr.-8. (141 S.) Ebd. K 2.40

Astronomischer Kalender für 1905. Der ganzen Reihe 67. Jahrg., der neuen Folge 24. Jahrg. Gr.-8°. (138 S.) K 2.40 Ebd.

— astronomischer, f. 1906. Berechnet f. den Meridian u. die Polhöhe v. Wien (16°20'22".3 = 1h 5m 21s. 49 östl. Länge v. Greenwich, 48°13'55". 4 nördl. Breite.) Hrsg. v. der k. k. Sternwarte. Der ganzen Reihe 68. Jahrg.: der neuen Folge 25. Jahrg. (143 S. u. Tagebuch.) 8. Wien, C. Gerold's Sohn. Kart. n. 2.40

Astronomischer Kalender für 1907. 69. Jahrg. Gr.-8°. (151 S.) Ebd. K 2.40

(F) Astronomischer Kalender für 1908. Neue Folge. 27. Jahrg. 8°. (164 S.) Ebd. K 2.40

Astronomischer Kalender für 1909. Neue Folge. 48. Jahrg. Gr.-8°. (158 S.) Ebd. K 2.40

— astronomischer, f. 1910. Berechnet f. den Meridian u. die Polhöhe v. Wien (16°20'22".3=1h 5m 21s. 49 östl. Länge v. Greenwich, 48°13'55".4 nördl. Breite.) Hrsg. v. d. k. k. Sternwarte. Neue Folge. 29. Jahrg. (145 S. u. Tagebuch.) 8. Wien, C. Gerold's Sohn. Kart. 2.40

Kalender, astronomischer u. kirchlicher, von Zürich, (von D. v. Moos). 3 Bde. 8. Zürich 774—77.

Calender, Astronomisch-politisch-historischer und kirchlicher, für Zürich. Zürich 1774—77. H: *Moos, David von.* (KY) (ML)

Calender für Aufseher, Katecheten und Lehrer der Nationalschulen in Böhmen für 1790—1793, 1795—1797. H: *Wilfling, Ign. Rich.* (wrztg 1790, S. 2955; 1796, S. 3150; 1797, S. 3191) (Brünner Zeitung 1789, Beilage 103, S. 904) (KY 6/243) (WBL 56/161) (GGr VI/632, Nr. 7/3) »*Wilflinger, Ign. Rich.*« (biblPort)

— **u. Auftrags-Buch f. Buchhandlungs-Reisende f. d. J. 1910.** (63 S. u. 24 perforiert. Doppel-Bl.) 8. Stuttgart, Häusler & Teilhaber. Geb. 1. —

§ * — —, Der Für alle böse und unartige Weiber Ausgefertigte, Worin jedoch Das Tugendsame Frauenzimmer . . . . gepriesen, Denen unglückseligen Ehe-Männern aber, ... gezeiget wird, an welcher Kranckheit ihre lasterhafften Weiber laboriren, Wogegen sehr probate Recepte, ... Alles mit spaßhafft-poetischer Feder beschrieben, Von Wenn deck wer frägt, sau segge: Du weist et nich . . . . 1738. O. O. 4°. (In Berlin 2 Expll.: Yz 2461; B. Diez. 4°. 2643, no. 2). (5 Mk. Rich. Bertling, Dresden.)
In Versen. — TKpf. u. 35 eng bedruckte Bll. Selten!

Kalender, Automobiltechnischer, und Handbuch der Automobil-Industrie. (Bis 1905 u. d. T.: Automobil-Kalender.) Ausg. 1—6 (1901/02, 1903/04, 1905/06, 1907, 1908). Berlin, 1901—1907.

— **automobiltechnischer, u. Handbuch der Automobil-Industrie f. 1907. 4. Aufl., bearb. v. E. Rumpler.** (XVI S., Schreibkalender u. 652 S. m. Abbildgn.) kl. 8. Berlin, M. Krayn. Geb. in Leinw. n. 3.50

— automobiltechnischer, u. Handbuch der Automobil-Industrie f. 1908. 5. Aufl., bearb. v. E. Rumpler. (XVI S., Schreibkalender u. 681 S. m. Abbildgn.) kl. 8. Berlin. M. Krayn. Geb. in Leinw. 3.50
Fortsetzg., s.: Handbuch, automobiltechnisches.

Kalender, Badener, s.a. Badener-Kalender

Badenerkalender. Badener Kalender oder Richtiger Bote auf das Jahr 1901. Mit vorzüglichstem . . . Markt-Verzeichniss. Jahrg. 249. [Illustriert.] 81 [+19] S. 4. Baden, Jäger. (fr. —.40)

Badenerkalender. Badener Kalender oder Richtiger Bote auf das Jahr 1902. [Darin:] Neuestes . . . Marktverzeichnis. . . . Jubiläums-Ausgabe. Jahrg. 250. [Illustriert.] IV + 120 [+24] S. 4. [Baden, Jäger.] (fr. —.40)

Badenerkalender. Badener Kalender oder Richtiger Bote auf das Jahr 1903. Jahrg. 251. [Darin:] Neuestes . . . Marktverzeichnis. . . . [Illustriert.] IV + 94 [+18] S. 4. Baden, Jäger. (fr. —.40)

Badenerkalender. Badener Kalender oder Richtiger Bote auf das Jahr 1904. Jahrg. 252. [Darin:] Neuestes . . . Marktverzeichnis . . . . [Illustriert.] IV + 101 [+19] S. 4. Baden, Jäger. (fr. —.40)

Badenerkalender. B' K' oder Richtiger Bote auf das Jahr 1905. Jahrg. 253. [Darin:] Neuestes . . . Marktverzeichnis. . . . [Illustriert.] IV + 89 [+19] S. 4. Baden, Jäger. (fr. —.40)

Badenerkalender. B' K' oder Richtiger Bote auf das Jahr 1906. Jahrg. 254. [Darin:] Neuestes . . . Marktverzeichnis. . . . [Illustriert.] IV + 95 [+19] S. 4. Baden, Jäger. (fr. —.40)

Badenerkalender. B' K' oder Richtiger Bote auf das Jahr 1908. Jahrg. 256. [Darin:] Neuestes . . . Marktverzeichnis. . . . [Illustriert.] IV + 96 S. 4. Baden, Jäger. (fr. —.40)

Badenerkalender. B' K' oder Richtiger Bote auf das Jahr 1909. Jahrg. 257. [Darin:] Neuestes . . . Marktverzeichnis. . . . [Illustriert.] IV + 114 S. 4. Baden, Jäger. (fr. —.40)

Badener Kalender oder Richtiger Bote auf das Jahr 1910. Jahrg. 258. [Darin:] Neuestes . . . Marktverzeichnis. . . . [Illustriert.] IV + 120 S. 4. Baden, Jäger. (fr. —.40)

Badener Kalender oder Richtiger Bote auf das Jahr 1911. Jahrg. 259 (*Umschlag:* 258). [Darin:] Neuestes . . . Marktverzeichnis. . . . [Illustriert.] IV + 96 S. + *Anzeigen.* 4. Baden, J. Jaeger, 1910. (fr. —.40)

— **badischer, f. d. J. 1903. Mit 12 Abbildgn. in Autotypie. schmal Lex.-8. (27 S.) Lahr, Gross & Schauenburg.** n. 1. —

— badischer, f. d. J. 1905. (80 S. m. Abbildgn.) schmal Lex.-8. Lahr, Groß & Schauenburg. n. 1. —

— **für den bayerischen Bahnmeister u. Eisenbahnbautechniker 1903. 2. Jahrg. Zusammengestellt u. hrsg. v. Ernst Eschenbach. 2 Tle. 12. (XIV, 248, 56 u. 176 S. m. Fig.) Nürnberg, M. Edelmann.** Geb. in Leinw. u. geh. n. 3.50

— **f. den bayerischen Bahnmeister u. Eisenbahnbautechniker 1905. 4. Jahrg. Zusammengestellt u. hrsg. v. Ernst Eschenbach. 2 Tle. (XXII, 303 u. VII, 369 S. m. Fig. u. 6 Taf.) kl. 8. Nürnberg, M. Edelmann.** Geb. in Leinw. u. geh. n. 3.50
Erscheint nicht mehr.

—— für deutsche Bahnmeister für die J. 1887 und 1888. Unter Redaktion fachmänn., aktiver Kräfte. à Jahrg. 2 Thle. gr. 16. (IV, 263, 108; IV, 244, V, 192 S.) Berlin, Engelmann. geb. und geh. à Jahrg. 3 —
Jahrg. 1889, s. Engelmann's Kalender f. d. B.

— f. Bahnmeister d. Deutschen Reiches, s.: Engelmann.

Baltischer Kalender. Jg 1. 1886 ff. — Riga: Bruhns [1885] ff.

Baltischer Kalender. [1.] 1910. Riga · Bruhns (1909). 8°
25. Jg. d. Baltischen Damenkalenders. (11 1557

— baltischer, 1911. (25 u. 24 S. m. Abbildgn.) 8. Riga, E. Bruhns. 1. —

— baltischer historisch-geograph. 1911. (Abreißkalender.) (52 Bl. m. Abb.) gr. 8. Riga, E. Plates. 3. 50

— Bamberger, s. a. Volkskalender, Bamberger illustr.

— Bamberger. Ein illustr. Volks-Kalender auf die J. 1877 —1880. Mit vielem Wissenswürdigen und Unterhaltenden für Jedermann. 4. (à ca. 52—57 S. mit eingedr. Holzschn. und 1 Holzschntaf.) Bamberg, Schmidt'sche Buchh. à Jahrg. *

Kalender, Basler, 1889. Herausgegeben von der Mittelalterlichen Sammlung. 1 Bl. in Farbendruck, gezeichnet von *Karl Jauslin* Basel, gedruckt bei E. Bossert u. Emil Birkhäuser. 1 —

Kalender, Baseler ꝛc. s. Taschenkalender.

Calender des Bauern und Handwerksmannes: 1845 Philadelphia, PA
Published by Desilver & Muir

— für das Baugewerbe 1893. [1. Jahrg.] Unter Mitwirkg. bewährter Fachmänner hrsg. gr. 16. (IX S., Schreibkal. u. 68 S.) Berl., Harrwitz Nachf. geb. in Leinw. 1 —

— für das Baugewerbe 1895. Unter Mitwirkg. bewährter Fachmänner hrsg. v. Rich. Goecht. gr. 16. (VI S., Schreibkalender u. 86 S.) Berlin, J. Harrwitz Nachf. Geb. in Leinw. 1. —

— f. d. Baugewerbe, 1898. Unt. Mitwirkg. bewährter Fachmänner hrsg. gr. 16. (VI S, Schreibkal. u. 115 S.) Berlin, J. Harrwitz Nachf. Geb. in Leinw. 1. 50

— für das Baugewerbe. 1903, m. Anschlag u. statistischer Berechnung. Hrsg. v. Wilh. Haupt. 11. Jahrg. gr. 16. (IX S., Schreibkalender u. 179 S. m. Fig.) Berlin, J. Harrwitz Nachf. Geb. in Leinw. 1. 50

— für das Baugewerbe 1907, m. Anschlag u. statischer Berechnung. Hrsg. v. Conr. Wachholz. 15. Jahrg. (IX S., Schreibkalender u. 233 S. m. Fig.) kl. 8. Berlin, J. Harrwitz Nachf. Geb. in Leinw. 1. 50

— für das Baugewerbe 1910, m. Anschlag u. statisch. Berechnung. Hrsg. v. Conr. Wachholz. 18. Jahrg. (XII S., Schreibkalender u. 246 S. m. Fig.) kl. 8. Berlin, J. Harrwitz Nachf. Geb. in Leinw. 1. 50

— der Baugewerks-Zeitung für das J. 1878. 1. Jahrg. Bearb. unter Hinzuziehung entsprechender Fachleute von der „Redaction der Baugewerks-Zeitung". 16. (VIII, 80, 79 S.) Berlin, (Expedition der Baugewerks-Zeitung.)

— dass. — für die J. 1879 und 1880. 2. und 3. Jahrg. Bearb. unter Hinzuziehung entsprechender Fachleute von der „Redaction der Baugewerks-Zeitung". gr. 16. (VIII, 104, 85 S. mit 1 chromolithogr. Eisenbahnkarte; VIII, 206 S.) Berlin, (F. Schulze's Verlag.) geb. in Leder à Jahrg.

— der Baugewerks-Zeitung für die J. 1881—1885. 4.—8. Jahrg. Bearb. unter Hinzuziehung entsprechender Fachleute von der „Redaction der Baugewerks-Zeitung". à Jahrg. 2 Thle. 16. (192, 172; VIII, 180, 37 S. mit 1 Taf.; VIII, 196, 52; VIII, 212, 80; VIII, 216, 96 S.) Berlin, Exped. der Baugewerks-Zeitung. geb. und geh. à Jahrg. *
Mit Schloß à Jahrg. *

— der Baugewerks-Zeitung für die J. 1886—1889. 9.—12. Jahrg. Bearb. unter Hinzuziehung entsprechender Fachleute von der „Redaktion der Baugewerks-Zeitung". à Jahrg. 2 Thle. gr. 16. (à Jahrg. ca. 400 S.) Berlin, Expedition der Baugewerks-Zeitung. geb. und geh. à Jahrg. * 2 50

— der Baugewerks-Zeitung f. d. J. 1891—1893. 14.—16. Jahrg. Bearb. unter Hinzuziehg. entsprech. Fachleute v. der Redakt. der „Baugewerks Zeitg." 3 Thle. gr. 16. (VIII S., Schreibkal., 112; 100; 136 S.; VIII S., Schreibkal., 115; 96; 132 S. m. Fig.; VIII S., Schreibkal., 119; 96; 141 S. m. Fig.) Berl., Exped. d. Baugewerks Zeitg. à Jahrg. geb. u. geh. * 2 50; m. Schloß * 3 —
In gelbem Ldr. m. Schloß ** 4 50

— d. Baugewerks-Zeitung f. d. J. 1899. 22. Jahrg. Bearb. unt. Hinzuziehg. entsprech. Fachleute v. d. Red. d. „Baugewerks-Ztg." 3 Thle. 12. (VII S., Schreibkal., 128, 113 u. 163 S. m. Fig., 1 Karte u. 1 Tab.) Berlin, Expedition d. Baugewerks-Ztg. Geb. in Ldr. u. geh. n 2. 50; m. Schloß n. 3. —; in Offenbacher Einbd. m. Schloß n.n. 4. 50

— der Baugewerks-Zeitung f. d. J. 1903. 26. Jahrg. Bearb. unter Hinzuziehg. entsprech. Fachleute v. der Red. der „Baugewerks-Zeitg." 3 Thle. 12. (VI S., Schreibkalender, 133, 211 u. 139 S. m. Fig. u. 1 Karte.) Berlin, Expedition der Baugewerks-Zeitg. Geb. in Ldr. u. geh. n. 2. 50; m. Schloß n. 3. —; in Offenbacher Einbd. m. Schloß n.n. 4. 50

— der Baugewerks-Zeitung f. d. J. 1907. 30. Jhrg. Bearb. unter Hinzuziehg. entsprech. Fachleute v. der Red. der „Baugewerks-Zeitg." 3 Tle. (VI S., Schreibkalender, 147, 185 u. 224 S. m. Fig. u. 1 Karte.) kl. 8. Berlin, Expedition der Baugewerks-Zeitg. Geb. in Ldr. u. geh. n. 2. 50; m. Schloß n. 3. —; in Offenbacher Einbd. m. Schloß n.n. 4. 50

— der Baugewerks-Zeitung f. d. J. 1910. 33. Jahrg. Bearb. unter Hinzuziehg. entsprech. Fachleute v. d. Red. der „Baugewerks-Ztg." 3 Tle. (X S. Schreibkalender, 168, 216 u. 230 S. m. Fig. u. 1 Karte.) kl. 8. Berlin, Exped. d. Baugewerks-Ztg. Geb. in Ldr. u. geh. 2.75; m. Schloß 3.25; in Ldr.-Einbd. m. Schloß n 4. 50

— f. d. süddeutschen Baumeister 1899. Unt. Mitwirkg. v. hervorrag. Fachgenossen bearb. v. d. Red. d. „Süddeutschen Bauztg." II. Jahrg. Mit e. Beilage. 12. (XIX, 140 S., Tagebuch u. 185 S. m. Fig., 2 Karten, 1 Holz-Lineal u. -Winkelmass.) München, Süddeutsche Verlags-Anstalt München. Geb. in Ldr. u. Leinw. n. 2. —

— für den süddeutschen Baumeister 1903. Unter Mitwirkg. hervorrag. Fachmänner neu bearb. v. Frz. Zell. 6. Jahrg. 2 Tle. 12. (XIV, 124 S., Schreibkalender u. 245 S. m. Fig., 1 Karte, Holzlineal u. Winkel.) München. (E. Scherzer.) Geb. in Leinw. n.n. 2.—

— für den süddeutschen Baumeister 1907. Unter Mitwirkg. v. Fachmännern neu umgearb. u. durchgesehen v. Frz. Zell. X. Jahrg. 2 Tle. (XXX, 137 S., Schreibkalender u. 275 S. m. Fig., 1 Karte, Holzlineal u. -Winkel.) kl. 8. München, Süddeutsche Verlags-Anstalt. Geb. in Leinw. n. 2. —

— für den süddeutschen Baumeister 1911. Unt. Mitwirkg. v. Fachmännern neu umgearb. u. durchgesehen v. Frz. Zell. XIV. Jahrg. 2 Tle. (XXVIII, 127 S., Schreibkalender u. 231 S. m. Fig. u. 1 Karte.) kl. 8. München, Süddeutsche Verl.-Anst. Geb. in Leinw. 3. —

— für die Baumwoll-Industrie. 1903. Ein Jahrbuch f. Kaufleute u. Industrielle d. Baumwollbranche. Begründet als „Kalender f. die Textil-Industrie" v. W. H. Uhland. 24. Jahrg. 12. (VII, 276 S. m. Fig. u. Schreibkalender.) Dresden, G. Kühtmann.
Geb. in Leinw. n. 3.—; in Brieftaschenldrbd. n. 5.—
Vergl.: Textil-Kalender.

— für die Baumwoll-Industrie 1906. Ein Jahrbuch f. Kaufleute u. Industrielle der Baumwollbranche. Begründet im J. 1880 als „Kalender f. die Textil-Industrie" v. W. H. Uhland. Seit 1901 umgearb., erweitert u. red. v. e. süddeutschen Fachmann. 27. Jhrg. (VIII, 380 S. m. Fig. u. Schreibkalender.) kl. 8. Leipzig, H. A. L. Degener. Geb. in Leinw. n. 3.—; in Brieftaschenldrbd. n. 5.—
Fortsetzg., s.: Jahrbuch u. Kalender f. die Baumwoll-Industrie.

Kalender f. Bautechniker 1903. Hrsg. v. Alb. H. Hess. 12. (VI, XXX, 194 S. u. Notizkalender m. Abbildgn.) Berlin, W. & S. Loewenthal. Geb. in Leinw. n. 1.50

— für Bautechniker 1907. Hrsg. v. Alb. H. Hess. (VI, 268 S. u. Notizkalender m. 200 Abbildgn.) kl. 8. Berlin, W. & S. Loewenthal. Geb. in Leinw. n. 1.50; in 2 Tln., geb. in Ldr. u. geh. n. 2.—

Calender. Baier.-histor. . . . . Hg.: L. v. Westenrieder. s. u.: Westenrieder, L. v.

Kalender für Beamte und praktische Ärzte für das Jahr 1909. 2. Jahrg. 8°. (285 S.) Wien: Safar 1908. K 3.—

— f. Beamte des Lade- u. Verschiebedienstes der deutschen Eisenbahnen. 1910. (X, 278 S. m. 1 farb. Karte.) kl. 8. Berlin, O. Dreyer.
Geb. in Leinw. — 75

— für Beamte der königl. württembergischen Staats-Eisenbahnen. 1894. 2. Jahrg. Red.: Schall. gr. 16. (IV, 367 S. m. 1 Bildnis.) Berlin, J. Engelmann. Geb. in Leinw. n. 3 —

Kalender f. Beamte d. kgl. württembergischen Staats-Eisenbahnen. 1899. 7. Jahrg. Red.: Schall. 12. (V, 280 u. 112 S. m. 1 Karte.) Berlin, J. Engelmann. Geb. in Leinw. n. 3. —

— für Beamte der königl. württembergischen Staats-Eisenbahnen. 1903. 11. Jahrg. Red: Schall. 16. (III, 376 S.) Berlin, J. Engelmann. Geb. in Leinw. n. 3.—

— für Beamte der königl. württemberg. Staats-Eisenbahnen. (Einband: Engelmann's Kalender.) 1907. 15. Jahrg. Red.: Schall. (VII, 256 u. 103 S.) kl. 8. Berlin, J. Engelmann. Geb. in Leinw. n. 3.—

— f. Beamte d. kgl. württembergisch. Staats-Eisenbahnen. 1910. 18. Jahrg. Red.: Schall. (VII, 248 u. 112 S.) kl. 8. Berlin, J. Engelmann. Geb. in Leinw. 3.—

— f. die Beamten des Bahnhofs-, Abfertigungs- u. Verwaltungsdienstes der dtschn. Eisenbahnen. 1910. (X, 310 S. m. 1 farb. Karte.) kl. 8. Berlin, O. Dreyer.
Geb. in Leinw. — 80

— der Beamten des Herzogt. Gotha, s.: Schreib- u. Termin-Kalender nebst Verzeichnis der Behörden u. Beamten des Herzogt. Gotha.

Berg & Schoch's Illustrierter Kalender für Sattler, Riemer, Täschner, Wagenbauer u. verwandte Berufszweige. Jg. [1.] 1908. Hrsg. von d. Red. d. Deutschen Sattler-Zeitung ⟨Wagenbaukunst.⟩ Berlin: Berg & Schoch (1908). 8° [F.] 108. 3106

Berg & Schoch's Kalender für Seiler und verwandte Berufszweige. Jg. [1.] 1908. Hrsg. von d. Red. d. Deutschen Seiler-Zeitung ⟨Centralanzeiger f. d. gesamte Seilerwaren-Industrie⟩. Berlin: Berg & Schoch (1908). 8° [F.] 108. 3187

Kalender für die Berg- u. Hüttenleute sowie f. Arbeiter u. Arbeiter-Freunde auf d. J. 1907. (96 u. 8 S. m. Abbildgn. u. Wandkalender.) gr. 8. Hattingen, C. Hundt sel. Wwe. n. — 30

— für die Berg- u. Hüttenleute sowie f. Arbeiter u. Arbeiter-Freunde auf d. J. 1908. (88 u. 3 S. m. Abb. u. Wandkalender.) gr. 8. Hattingen, C. Hundt sel. Wwe. — 30

Kalender für den Berg- und Hüttenmann auf das Jahr 1852, 1854, 1855, 1856, 1857. Leipzig. 8. (Anderer Titel: Jahrbuch der Fortschritte im Gebiete des gesammten Hüttenwesens und Vademecum etc.) — Desgleichen Duplikat von Jahrgang 1.

— für den Berg- u. Hüttenmann auf das J. 1852 u. 1853. Jahrbuch der Fortschritte im Gebiete des gesammten Berg- u. Hüttenwesens. Vademecum u. prakt. Hilfs- u. Notizbuch für Berg- u. Hüttenleute u. die, welche es werden wollen, f. Bergwerksbesitzer etc. 1 u. 2. Jahrg. 16. (1: LXXVIII u. 242 S. 2: LXXXII u. 172 S.) Leipzig 852, Spamer. In Engl. Einb. excl. Stempel 1852: n. $1\frac{1}{3}$ ℛ 1853: n. $1\frac{2}{3}$ ℛ

—— für den Berg- und Hüttenmann auf die J. 1854—56. Jahrbuch der Fortschritte im Gebiete des gesammten Berg- und Hüttenwesens. Vademecum und prakt. Hilfs- und Notizbuch für Berg- und Hüttenleute und die, welche es werden wollen, für Bergwerksbesitzer etc. 3—5. Jahrg. 16. Leipzig, Spamer. [3. Jahrg. (LXXXII und 175 S.) 4. (CXXXVI und 184 S.) 5. (X und 303 S.) 6. (VIII und 316 S.) 853—56.] à Jahrg. *
1. und 2. Jahrg. 1852 und 1853. Ebendas. * 3 Thlr. 5 Ngr.

—— für den Berg- und Hüttenmann auf das J. 1858. Jahrbuch der Fortschritte im Gebiete des gesammten Berg- und Hüttenwesens. Vademecum und praktisches Hülfs- und Notizbuch für Berg- und Hüttenleute, und Die, welche es werden wollen etc. 7. Jahrg. 16. (VIII und 325 S.) Leipzig 858, Spamer. geb. excl. Stempel ℛ

—— dass. — auf die J. 1859 und 1860. 8. und 9. Jahrg. 16. Berlin, Springer's Verlag. [1859. (XI und 348 S.) * 1 Thlr. 15 Ngr., 1860. (X und 352 S.) ** 1 Thlr. 20 Ngr.] **
Ist nicht fortgesetzt worden.

Kalender für den oberschlesischen Bergmann auf das Jahr 1844 (Jahrgang 1). Herausgegeben von v. Carnall. Fortsetzung unter dem Titel: Bergmännisches Taschenbuch für alle Freunde der Bergwerks-Industrie, im besonderen derjenigen Oberschlesiens. Jahrgang 2 (1845) in duplo, 3 (1846) 4fach, 4 (1847) in duplo. Herausgeg. von v. Carnall und Krug v. Nidda. Gleiwitz. 8.

Carnall, Rudolph von und Krug von Nidda, Otto: „Kalender für den oberschlesischen Bergmann" auf die Jahre 1845, 1846, 1848, Gleiwitz. — Vorh.: Preuß. Oberbergamt Dortmund — E..g. 47.

Kalender für den Oberschles. Bergmann auf d. Rechnungs-Jahr 1846 vom 21. Dec. 1845, bis 26. Dec. 1846 enthalt. 53 Wochen. 3. Jahrg. Herausgeg. von R. v. Carnall und O. Krug v. Nidda. gr. 8. Mit 1 Kupfertafel. Tarnowitz 846. (Gleiwitz, Landsberger.) n. $1\frac{1}{6}$ ℛ

— Vergl. v. Carnall, R.

Kalender für den sächsischen Berg- und Hüttenmann. Jg. 1827 ff. Freiburg
Seit 1829: Jahrbuch für den Berg- und Hüttenmann.
Seit 1873: Jahrbuch für das Berg- und Hüttenwesen im Königreich Sachsen — seit 1919: in Sachsen.
Beil. zu Jg. 1881: Kohlentransport, Der, auf den ... sächs. Eisenbahnen.
Beil. zu Jg. 1919: Göllnitz, O: Die magnetische Vermessung des sächsischen Staatsgebietes.
Reg. 1841—1890. 1897

Kalender für den Sächsischen Berg- und Hüttenmann. herausgegeben von der Bergakademie zu Freiberg. Freiberg. Jgge. 1827—1829 und 1839.
dgl. Sachregister für die Jgge. 1827—1840. Dresden, 1841.

Kalender für den Sächsischen Berg- und Hüttenmann. Herausgegeben bei der Königlichen Bergacademie zu Freiberg. Auf die Jahre 1827—30, 1849—51. Freiberg. 8. Fortsetzung siehe „Jahrbuch".

Kalender f. d. Sächsischen Berg- u. Hüttenmann auf d. J. 1827. Herausgeg. bei der Bergakadmie zu Freiberg. gr. 8. Freiberg (Craz u. G.) Rthlr.

Kalender f. d. Sächs. Berg- u. Hüttenmann auf d. Jahr 1828 u. 29. Hrsg. bey d. Kgl. Bergacademie zu Freyberg. gr. 8. (10¼ u. 16 B.) Freyberg, (Craz u. Gerlach.) à
Jahrg. 1827. Ebendas. 16 Gr. — Fortsetz., s. Jahrbuch ꝛc.

—— bergmänn., v. Carnall, s. Carnall.

— Bergmännischer, s. Taschenbuch, Bergmännisches.

Bergmännischer Kalender für das Jahr ... v. Alexander Wilhelm Köhler ...
Freyberg, Annaberg: Craz [1789—1790?]. 16°
1791 [Nebent.]: Bergmännisches Taschenbuch.

1790: [1789?] 20 Bl., 290 S., 1 Titelkupf., 12 Kupfertaf. davon 6 kol., 13 Bl. Tab., 1 Notenbl.
1791: [1790?] 32 Bl., 244 S., 1 Titelkupf., 9 Kupfertaf. davon 4 kol., 7 Bl. Tab., 1 Notenbl.

— Bergmännischer f. 1790–91. m. K. 16. Freyb. Craz und Gerlach.

—— berliner, s. Taschenbuch, berliner.

Berliner *Kalender* auf das Jahr . . .
Mit Kupfern.
(Berlin:) Kgl. Preuß. Kalender-Deputation [u. a.]
1827. 1828.
1832 u. d. T.: Berliner Taschenbuch.
1833–1835. 1837 – 20. 1845. 22. 1848. 23. 1849.
Anf. u. d. T.: Genealogischer Kalender.
1778.

Berliner **Kalender** auf das ... Jahr ... Mit Kupf. ([v. Johann] Fr[iedrich] Bolt, W[ilhelm] Jury, George Cooke [u. a.]).
[Berlin:] Kön. Preuß. Kalender-Deputation [1826—1834]. 12°
[Kupfert.]
Anf. s. Historisch-genealogischer Kalender. Berlin.
1827: [1826.] 12 Bl., 342, 104, 53 S., 1 Titelkupf., 12 Kupfertaf.
1828: [1827.] 5 Bl., 336, 104, 55 S., 1 Titelkupf., 11 Kupfertaf.
1835: [1834.] 12 Bl., 380, 96, 87 S., 1 Titelkupf., 10 Kupfertaf.

—— Berliner, auf d. J. 1829—36. Mit Kpfr. 16. Berlin, (Dümmler.) [829. (...), 30. (30 B., 12 Kpfr. u. 1 ill. Karte), 31. (34 B. u. 13 Kpfr.), 32. (...), 33. (35½ B. u. 13 Kpfr.), 34. (32¼ B. u. 13 Kpfr.), 35. (36½ B. u 12 Kpfr.), 36. (26 B. u. 13 Kpfr.)] à
Jahrg. 1821—28. Ebendas. à 1 Thlr. 18 Gr.

Kalender, berliner, auf d. Jahre 1837—42. 16. Berlin, [Danz.] [837. (32 B. u. 13 Kpfr.), 38. (30½ B. u. 12 Kpfr.), 39. (37 B. u. 13 Kpfr.), 40. (33½ B. u. 14 Kpfr.), 41. (33½ B. u. 14 Kpfr.), 42. (36¼ B. u. 14 Kpfr.) à 1⅔ Thlr., hrbgs. Pr. à ½ Thlr.]
Jahrg. 1816—36. Ebendas. à 1 Thlr. 18 Gr., hrbgs. Pr. à 12 Gr.

Kalender, Berliner, auf das Gemein-Jahr 1841—1843. Mit Kupfr. Herausgegeb. von der Königl. Kalender-Deputation. 16. Berlin 841—43. (Plahn'sche u. Enslin'sche Buchh.) geb. à n. 1⅔ ₰

—— dass. 1844—47. (18—21. Jahrg.) 12. Berlin. (Reimarus.) [18. (27½ B., 7 Stahlst. u. 3 Kart.) * 1 Thlr. 20 Ngr., 19. (20 B. u. 7 Stahlst.) 20. (22¼ B. u. 7 Stahlst.) 21. (19⅝ B. u. 7 Stahlst.) à * 2 Thlr.] *
Jahrg. 1—16. 1816—42. [Berlin, Danz.] à J. 15 Ngr.

Kalender, Berliner, f. 1847. 21. Jahrg. Mit 7 Stahlst. 8. (314 S.) Berlin, Reimarus. (Ernst & Korn.) geb. m. Goldschn. n. 2 ₰ (— f. 1848 u. 1849, s.: Taschenbuch, Berliner.)

— ders. für 1850. 24. Jahrg. Mit 7 Stahlst. 8. (XX, 240 u. 74 S.) Berlin, Decker. geb. m. Goldschn. n. 2 ₰

— Berliner, auf 1858. Mit Gedichten u. 1 Stahlst. Berlin, Trowitzsch. 24. (XVI, 32 S.) 15 ngr.

BERLINER KALENDER, herausgegeben vom Verein für die Geschichte Berlins.
1903. 12 Monatsbilder aus Berlin zur Zeit des Grossen Kurfursten von Georg Barlösius. Redaction: GEORG VOSS. Berlin. Verlegt bei Fischer und Franke. 4°.
1904. 12 Monatsbilder aus der Zeit Friedrichs d. Grossen von Franz Stassen. Redaction: GEORG VOSS. ib. Verlag v. Fischer u. Franke.
1905. Im Auftrage des Vereins für die Geschichte Berlins redigiert von GEORG VOSS Bilder aus der Geschichte Berlins und (künstlerische) Ausstattung von Georg Barlösius. Historische Schilderungen von den besten Kennern der Geschichte und der Kunst des alten Berlin. ib Verlag von Martin Oldenbourg.
1906. Redigiert von GEORG VOSS. Bilder und Ausstattung von Georg Barlösius ib. —
1907. Den Erinnerungen an die ehrwürdige Vergangenheit der Stadt Berlin gewidmet. Redigiert von GEORG VOSS. Historische Schilderungen von den besten Kennern der Geschichte und der Kunst des alten Berlin. Bilder und Ausstattung von Georg Barlösius. ib. —
1908. Den Erinnerungen an die ehrwürdige Vergangenheit der Stadt Berlin gewidmet mit Zeichnungen von Georg Barlösius. Redaktion GEORG VOSS ib —
1909. Den Erinnerungen an die ehrwürdige Vergangenheit der Stadt Berlin gewidmet mit Zeichnungen von Georg Barlösius. Redaktion GEORG VOSS. ib —
für das Jahr 1910. Das Berliner Leben in Bildern von Hans Baluschek. Forschungen aus der Geschichte der Stadt Berlin. Redaktion von GEORG VOSS. ib —
1911. Herausgegeben zur Jubelfeier d. Berliner Universitat. Berliner Kalender zum 100jährigen Jubiläum der Berliner Universität. Herausgegeben v. Verein f. d Geschichte Berlins. Die künstlerische Ausstattung von Walter Buhe Redaktion von GEORG VOSS-Berlin. ib. —

Berliner **Kalender**. Hrsg. v. Ver. f. d. Geschichte Berlins ... Red.: Conservator Prof. Dr. Georg Voß. [1.] 1903. *Berlin: Fischer & Franke (1903).* 4° [F.] {04. 1839

— Berliner, hrsg. vom Verein f. die Geschichte Berlins. 1903. 12 Monatsbilder aus Berlin zur Zeit des Großen Kurfürsten v. Geo. Barlösius. Red.: Geo. Voß. Lex.-8. (40 S. m. Abb.) Berlin. Düsseldorf, Fischer & Franke. n. 1. —

— Berliner. 1907. Den Erinnergn. an die ehrwürd. Vergangenheit der Stadt Berlin gewidmet. Hrsg. vom Verein f. die Geschichte Berlins. Red. v. Geo. Voß. Bilder u. Ausstattg. v. Geo. Barlösius. Historische Schildergn. v. den besten Kennern der Geschichte u. der Kunst des alten Berlin. (40 S.) 33,5×17 cm. Berlin, M. Oldenbourg. n. 1. —

— Berliner, f. d. J. 1911. Zum 100jähr. Jubiläum der Universität. Hrsg. vom Verein f. die Geschichte Berlins. Die künstler. Ausstattg. v. Walt. Buhe. Red. v. Geo. Voss. (37 S.) 33,5×17 cm. Berlin, M. Oldenbourg. 1. —

— Berliner, für Damen, für d. J. 1798—1807. Mit Kpf. 16. Berl., Unger. à Jahrg. 1 ₰ 8 gr Von 1821 an bei Dümmler das. à J. 1 ₰ 20 gr

—— berliner, für jüdische Gemeinden auf 5614 — vom 3. Okt. bis 22. Sept. 1854, von J. Heinemann. 16. (40 S.) Berlin 853, Heinemann. *
Schrbp. *
in Placatform *

— Berliner, für Jüdische Gemeinden auf 5614 — 5619 (1854—59) von J. Heinemann. Berlin. (Adolf u. Co.) 16. Jeder Jahrg. (à 40 S.) n. 5 ngr.

Kalender, berliner, für jüdische Gemeinden auf 5615 — vom 23. Sept. 1854 bis 12. Sept. 1855, von J. Heinemann. 16. (16 S.) Berlin 854, Heinemann. Thlr. *
Schrbp. *
in Placatformat *

— Berliner, für jüdische Gemeinden auf 5620—5625 (1860--65). Von J. Heinemann. Herausg. von dessen Erben. Berlin, Adolf & Co. 16. Jeder Jahrg. (à 56 S.)
n. 5 ngr.

—— Berliner, für jüdische Gemeinden auf das J. 5628 vom 30. Septbr. 1867 bis 16. Septbr. 1868 von J. Heinemann. Revidirt von C. Heinemann. 16. (56 S.) Berlin 867, Cohn. *

—— Berliner, für alle jüdischen Gemeinden auf die J. 5629—5635 vom 17. Septbr. 1868 bis 29. Septbr. 1875 von J. Heinemann. Hrsg. aus dessen Nachlaß. 16. (58 S.) Berlin, Adf. Cohn.
à Jahrg. * — 50
Mit Papier durchschossen à Jahrg. * — 75
cf.: Heinemann, J.

—— Berliner, für alle jüdischen Gemeinden. Zum Gebrauch für Haus, Reise und Synagoge auf das J. 5635 n. E. d. W. [vom 12. Septbr. 1874 bis zum 29. Septbr. 1875]. Vermehrt durch eine Jahrzeit-Tabelle und Vergleichung der neuen deutschen Reichsmünzen. Bearb. und hrsg. von B. Baer. 16. (62 S.) Berlin, Benzian. * — 40

—— Berliner, für alle jüdischen Gemeinden auf die J. 5636—5640 oder 1876—1880 von J. Heinemann. Hrsg. aus dessen Nachlaß. 16. (à 54—56 S.) Berlin, Adf. Cohn. à Jahrg. *
Mit Schreibpap. durchschossen à Jahrg. *

—— Berliner, für alle jüdischen Gemeinden auf die J. 5641—5645 oder 1881—1885. 16. (à Jahrg. ca. 60 S.) Berlin, Adf. Cohn.
à Jahrg. *

—— Berliner, für alle jüdischen Gemeinden auf die J. 5646 und 5647 vom Septbr. 1885 bis Septbr. 1887 von J. Heinemann. Hrsg. aus dessen Nachlaß. 16. (60; 57 S.) [Berlin, Adf. Cohn.] Frankfurt a. M., Kauffmann. à Jahrg. * — 50
Mit Pap. durchsch. * — 75
Ohne Märkte (16 S.) — 30

—— berliner genealogischer, auf 1851—53. à Jahrg. mit 6 Stahlst. Die vollständ. Genealogie und übrigen amtl. Artikel nach den Mittheilungen durch die königl. Kalender-Deputation. 1—3. Jahrg. 8. Frankfurt a. d. O., Trowitzsch und Sohn. [1. Jahrg. 1. und 2. Aufl. (XVIII und 260 S.) (XVIII und 260 S.) 2. (XXXIV und 260 S.) 3. (XXXIV und 258 S.) à * 15 Ngr.] *

— Berliner genealogischer, auf 1854—59. 4—9. Jahrg. Mit 6 Stahlst. Berlin, Trowitzsch. 16. Jeder Jahrg. (à ca. 270 S.)
n. 15 ngr.; geb. 1 rthl.

— Berliner genealogischer, auf 1860—65. Mit (je) 6 Stahlst. 10—15. Jahrg. Berlin, Trowitzsch & Sohn. 8. Jeder Jahrg. (à ca. 250 S.)
n. 15 ngr.

— Berliner genealogischer, auf 1866—70. 16—20. Jahrg. à Jahrg. mit 4—6 Stahlst. Berlin, Trowitzsch & Sohn. Jeder Jahrg. (ca. XXXIV, 220—242 S.) n. 15 ngr.
geb. mit Goldschn. 1 rthl.

—— Berliner genealogischer, auf 1869—1875. 19.—25. Jahrg. 8. (à ca. XXX, 220 S., mit je 4 Stahlst. und zahlr. eingedr. Holzschn.) Berlin, Trowitzsch und Sohn. à Jahrg. * 1 50
geb. mit Goldschn. 3 —

—— Berliner genealogischer, auf 1876—1880. Mit Stahlst. und zahlreichen (eingedr.) Holzschn. 26.—30. Jahrg. 8. (XXXII, 240; XLII, 240; 274; 274; 276 S.) Berlin, Trowitzsch und Sohn.
à Jahrg. * ℳ 1,50.; geb.

—— Berliner genealogischer, auf 1881—1885. Mit je (4) Stahlst. und zahlreichen (eingedr.) Holzschn. 31.—35. Jahrg. 8. (32, 244; 278; 280; 294; 292 S.) Berlin, Trowitzsch und Sohn.
à Jahrg. *
geb. à Jahrg. *

Kalender, Berliner genealogischer, auf 1886—1889. 36.—39. Jahrg. 8. (204; 284; 286; 286 S. mit je 4 Stahlst. und zahlreichen eingedr. Holzschn.) Berlin, Trowitzsch und Sohn.
à Jahrg. * ℳ 1.50.; geb. 3 —

-— Berliner genealogischer, f. 1890—1893. 40.—43. Jahrg. 8. (XLIV, 154, 40, 48; 270; 243; 250 S m. Textillustr., je 3 Vollbildern u. je 1 Farbendr.) Berl., Trowitzsch u. Sohn.
à Jahrg. * 1 50; geb. in Leinw. * 3 —

— Berliner genealogischer, f. 1895. 45. Jahrg. 8. (LII, 234 S. m. Illustr. u. 4 Vollbildern.) Berlin, Trowitzsch & Sohn. n. 1. 50; geb. in Leinw. u. Goldschn. 3. —

— Berliner genealogischer, f. 1899. 49. Jahrg. 8. (LII, 259 S. m. Abb. u. 3 Vollbild.) Berlin, Trowitzsch & Sohn. n. 1, 50; geb. in Leinw. m. Goldschn. 3. —

— Berliner genealogischer, f. 1903. Die vollständ. Genealogie der europ. Regentenhäuser u. die Hof-Feiertage des Kaiserhauses enth. 53. Jahrg. 8. (LII, 254 S. m. Abbildgn. u. 3 Vollbildern.) Berlin, Trowitzsch & Sohn. n. 1. 50; geb. in Leinw. n. 3. —

— Berliner genealogischer, f. 1907. Die vollständige Genealogie der europ. Regentenhäuser u. die Hof-Feiertage des Kaiserhauses enth. 57. Jahrg. (LVI, 261 S. m. Abbildgn. u. 4 Vollbildern.) 8. Berlin, Trowitzsch & Sohn. n. 1. 50

Kalender, Berliner genealogischer, für 1911. Die vollständ. Genealogie der europ. Regentenhäuser u. die Hof-Feiertage des Kaiserhauses enth. 61. Jahrg. (LX, 272 S. m. Abbildgn. u. 2 Vollbildern.) 8. Berlin, Trowitzsch & Sohn. 1. 50

Calender, Berliner historischer, auf das Jahr 1798 . . . Berlin 1797. V: *Hofmann, Franz.* (MGT)

— — Berlinischer, s. Taschenkalender.

—— berner, s. Berner-Kalender.

— für 1902, zum Besten der Anstalt f. erwachsene Blinde, gegründet zur Erinnerg. an K. Blessig, u. e. Blindenheims, f. entlassene Blinde in St. Petersburg. (Umschlag: Kalender f. Sehende.) 8. Jahrg. 8. (XXVIII, 81 S. m. Abbildgn.) St. Petersburg. Wiesbaden, G. Noertershaeuser. n. 1. —

— für 1904, zum Besten der Anstalt f. erwachsene Blinde, gegründet zur Erinnerg. an Dr. K. Blessig, u. e. Blindenheims, f. entlassene Blinde in St. Petersburg. (Umschlag: Kalender f. Sehende.) 10. Jahrg. (XXVIII, 99 S. m. Abbildgn.) 8. St. Petersburg. Wiesbaden, G. Noertershaeuser. n. 1. —
Erscheint nicht mehr.

Kalender für Betriebsleitung und praktischen Maschinenbau. Herausgegeben von H Güldner. 2. Jahrgang 1894. (339 S) Halle 1894

— für Betriebsleitung u. praktischen Maschinenbau. 1895. Hand- u. Hilfsbuch f. Besitzer u. Leiter maschineller Anlagen, Betriebsbeamte, Techniker, Monteure u. solche, die es werden wollen. Unter Mitwirkg. erfahrener Betriebsleiter hrsg. v. H. Güldner. 3. Jahrg. 2 Tle. 12. (VIII, 262 S., Schreibkalender u. IV, 200 S. m. 464 Holzschn., 1 Taf. u. 1 Karte.) Dresden, G. Kühtmann. Geb. in Leinw. n. 3. —; in Brieftaschenldrbd. n. 5. —

— f. Betriebsleitung u. prakt. Maschinenbau 1899. Hand- u. Hilfsbuch f. Besitzer u. Leiter maschineller Anlagen, Betriebsbeamte, Techniker, Monteure u. solche, die es werden wollen. Unt. Mitwirkg. erfahr. Betriebsleiter hrsg. v. H. Güldner. 7. Jahrg. 2 Tle. 12. (VII, 272 S., Schreibkal. u. IV, 212 S. m. ca. 500 Fig.) Dresden, G. Kühtmann. Geb. in Leinw. u. geh. n. 3. —; in Brieftaschenldrbd. u. geh. n. 5. —

— f. Betriebsleitung u. praktischen Maschinenbau. 1903. 11. Jahrg. Hand- u. Hilfsbuch f. Besitzer u. Leiter maschineller Anlagen, Betriebsbeamte, Techniker, Monteure u. solche, die es werden wollen. Unter Mitwirkg. erfahrener Betriebsleiter hrsg. v. H. Güldner. 2 Tle. 12. (VIII, 281 S., Schreibkalender u. VI, 392 S. m. üb. 520 Fig. u. 1 zehnfarb. Taf.) Dresden, G. Kühtmann. Geb. in Leinw. u. geh. n. 3. —; in Brieftaschenldrbd. n. 5. —

Kalender für Betriebsleitung und praktischen Maschinenbau. Hand- und Hilfsbuch für Besitzer und Leiter maschineller Anlagen, Betriebsbeamte, Techniker, Monteure und solche, die es werden wollen. Hrsg. von H. Güldner. 2 T. Jg. 14 (1906). Leipzig, 1905.

— für Betriebsleitung u. praktischen Maschinenbau. 1907. 15. Jahrg. Hand- u. Hilfsbuch f. Besitzer u. Leiter maschineller Anlagen, Betriebsbeamte, Techniker, Monteure u. solche, die es werden wollen. Unter Mitwirkg. erfahrener Betriebsleiter hrsg. v. Hugo Güldner. 2 Tle. (VIII, 311 S., Schreibkalender u. VI, 434 S. m. üb. 520 Fig.) kl. 8. Leipzig, H. A. L. Degener. Geb. in Leinw. u. geh. n. 3. —; in Brieftaschenldrbd. n. 5. —

— für Betriebsleitung u. prakt. Maschinenbau. 1911. 19. Jahrg. Hand- u. Hilfsbuch f. Besitzer u. Leiter maschineller Anlagen, Betriebsbeamte, Techniker, Monteure u. solche, die es werden wollen. Unter Mitwirkg. erfahrener Betriebsleiter hrsg. v. Hugo Güldner. 2 Tle. (VIII, 287 S., Schreibkalender u. VIII, 447 S. m. ca. 520 Fig.) kl. 8. Leipzig, H. A. L. Degener. Geb. in Leinw. u. geh. 3. —

— für Bezirke u. Gemeinden f. d. J. 1907. Gemeindeordnung. Gemeindewahlordnung. Bezirksvertretungsgesetz. Gesetz-Register. Auskunftsbuch üb. astronom., geograph., geschichtl. u. jurist. Fragen, Post- u. Telegraphenwesen u. s. w. Hrsg. vom Bunde der deutschen Bezirks- u. Gemeindebeamten in Böhmen. Ortsgruppe Rumburg. (224 S.) 16. Rumburg (H. Pfeifer). Geb. in Leinw. n. 3. —

— f. Bezirke u. Gemeinden f. d. J. 1908. Gemeindeordnung, Gemeindewahlordnung. Bezirksvertretungsgesetz. Gesetz-Register. Hrsg. vom Bunde der deutschen Bezirks- u. Gemeindebeamten in Böhmen. Ortsgruppe Rumburg. (230 S.) 16. Rumburg, H. Pfeifer. Geb. in Leinw. 3. —

Kalender f. Bezirke u. Gemeinden f. d. J. 1909. Gemeindeordnung. Gemeindewahlordnung. Bezirksvertretungsgesetz. Bezirksausschuss- u. Gemeindebeamtengesetz. Gesetz-Register. Bezirks- u. Gemeindeverwaltg. in Deutschböhmen. Verzeichnis der autonomen Beamten in Deutschböhmen. Auskunftsbuch üb. astronom., geograph., geschichtl. u. jurist. Fragen, Postwesen u. s. w. Hrsg. vom Bunde der deutschen Bezirks- u. Gemeindebeamten in Böhmen. Ortsgruppe Rumburg. (255 S.) 16. Rumburg, H. Pfeifer. Geb. 2. 50.

Kalender f. Bezirke u. Gemeinden f. d. J. 1910. Gesetz-Register. Bezirks- u. Gemeindeverwaltg. in Deutschböhmen. Auskunftsbuch üb. astronom., geograph., geschichtl. u. jurist. Fragen, Postwesen usw. Hrsg. vom Bunde der deutschen Bezirks- u. Gemeindebeamten in Böhmen, Ortsgruppe Rumburg. (183 S.) kl. 8. Rumburg, (H. Pfeifer). Geb. in Leinw. 1. 70

—— des deutschen Bienenfreundes für die J. 1888 und 1889. Hrsg. unter gütiger Mitarbeiterschaft hervorragender Imker und Bienenschriftsteller von L. und O. Krancher. kl. 8. (VI, 156; VIII, 208 S. mit Abbild.) Leipzig, Thomas. à Jahrg. *

—— des deutschen Bienenfreundes f. d. J. 1890—1893. 3.—6. Jahrg. Hrsg. v. L. u. O. Krancher. 12. (230; VIII, 230; VIII, 230; VIII, 240 S. m. Abbildgn.) Lpz., Thomas. à Jahrg. geb. * 1 —

— des deutschen Bienenfreundes f. d. J. 1895. 8. Jahrg. Hrsg. unter güt. Mitarbeiterschaft hervorrag. Imker u. Bienenschriftsteller v. Osk. Krancher. 12. (VIII, 240 S. m. Abbildgn.) Leipzig, Frankenstein & Wagner. Kart. n. 1. 20

— d. deutschen Bienenfreundes f. d. J. 1899. 12. Jahrg. Hrsg. unt. güt. Mitarbeiterschaft hervorrag. Imker u. Bienenschriftsteller v. Osk. Krancher. 12. (VIII, 188 S. m. Abb.) Leipzig, Frankenstein & Wagner. Geb. n. 1. —

— für deutsche Bienenfreunde auf d. J. 1903. 16. Jahrg. Hrsg. unter güt. Mitarbeiterschaft hervorrag. Imker u. Bienenschriftsteller v. Osk. Krancher. 12. (VIII, 184 S. m. Abbildgn.) Leipzig, R. C. Schmidt & Co. Geb. in Leinw. n. 1.—

— für deutsche Bienenfreunde auf d. J. 1907. 20. Jhrg. Hrsg. unter güt. Mitarbeiterschaft hervorrag. Imker u. Bienenschriftsteller v. Osk. Krancher. (VI, 192 S. m. Abbildgn.) kl. 8 Leipzig [R. C. Schmidt & Co.]. C. F. W. Fest. Geb. in Leinw. n. 1. —

— f. deutsche Bienenfreunde auf d. J. 1911. 24. Jahrg. Hrsg. unter güt. Mitarbeiterschaft hervorrag. Imker u. Bienenschriftsteller v. Osk. Krancher. (IV, 179 S. m. Abb.) kl. 8. Leipzig, C. F. W. Fest. Geb. in Leinw. n 1. —

— der Leipziger Bienen-Zeitung f. d. J. 1903. Verf. v. F. Loth. 12. (160 S.) Leipzig, Leipziger Bienen-Zeitg. Geb. in Leinw. n. 1. —; Ausg. B., brosch. n.n. — 65

— der Leipziger Bienen-Zeitung f. d. J. 1907. Verf. v. F. Loth, neubearb. v. A. Wellinger. (175 S.) kl. 8. Leipzig, Leipziger Bienen-Zeitg. Geb. in Leinw. n. 1. —
Die brosch. Ausg. B erscheint nicht mehr.

— der Leipziger Bienen-Zeitung f. d. J. 1911. Verf. v. F. Loth, neubearb. v. Gust. Küttner. (205 S.) kl. 8. Leipzig, Leipziger Bienen-Zeitung. Geb. in Leinw. 1. —

—— der humoristischen Blätter für 1876. gr. 8. (52 S.) Wien, Klič und Spitzer.
Nicht weiter erschienen.

—— der „Humoristischen Blätter" für 1886. 8. (96 S. mit Illustr.) Berlin, (Burmester und Stempell.) — 50

— der Blätter f. Volkskultur. 1911. (VI, 210 S.) 8. Berlin-Schöneberg, Buchverl. d. „Hilfe". Geb. in Leinw. 1. 50

Kalender. Des Lahrer Hinkenden Boten neuer historischer Kalender für den Bürger und Landmann auf das Jahr 1903. Jahrg. 103. Erweiterte Ausgabe. [Mit Illustrationen und 1 Tafel.] ... Beilage ... Wandkalender. IV + 128 [+ 12] S. 4. Lahr in Baden, J. H. Geiger. [M. —.50]

Am Schluss: Verzeichnis der schweizerischen Märkte 1903; *s. auch S. 40.*

—— des Boten aus dem Riesengebirge für das Gemein-Jahr 1875. 1. Jahrg. Mit Beiträgen von J. Stein, A. Semran, Wolfg. Eras, Alfr. Ed. Brehm, B. v. Winkler u. A. 16. (240 S. mit Illustr., Holzschntaf.) Hirschberg, Actien-Gesellschaft des Boten aus dem Riesengebirge.

— des „Boten aus dem Riesengebirge" für das Schaltj. 1876. 2. Jahrg. Mit Beiträgen von Jul. Stein, Alex. Meyer, Aug. Semrau ꝛc. 16. (225 S. mit 6 Illustr. in Holzschn.) Hirschberg, Actien-Gesellschaft des „Boten aus dem Riesengebirge". *

— dass. — für die J. 1877—1880. 3.—6. Jahrg. Mit Beiträgen von Jul. Stein, Rob. Rößler, Aug. Semrau u. A. Mit Illustr. (in eingedr. Holzschn. und Holzschntaf.) gr. 16. (176; 112; 188; 246 S.) Ebendas. à Jahrg. *

—— des „Boten aus dem Riesengebirge" für die J. 1881—1885. 7.—11. Jahrg. 16. (à Jahrg. ca. 260 S. mit Illustr.) Hirschberg, Aktien-Gesellschaft „Bote aus dem Riesengebirge". cart. à Jahrg. *

Kalender des „Boten aus dem Riesengebirge" für das J. 1886. 12. Jahrg. gr. 16. (70, 134 S. mit Illustr.) Hirschberg, Actiengesellschaft „Bote aus dem Riesengebirge". *
Nicht weiter erschienen.

— des Boten für das Saalthal, s. a. Boten, des, für das Saalthal ꝛc.

—— des Boten für das Saalthal für 1881. 4. (74 S. mit eingedr. Holzschn. und 1 color. Holzschntaf.) Halle, Hendel. cart.
Nicht weiter erschienen. Ausg. in 12. (234 S.) cart.

— f. Böttcher, Binder, Küfer u. Faßholzhandlungen auf d. J. 1899. gr. 16. (XVI S., Schreibkal. u. 80 S.) Regenwalde, F. Wittke. Geb. in Leinw. 2.—

— für Böttcher, Küfer, Binder u. die gesammte Holz- u. Fassindustrie. Hrsg. v. Otto Voigt. 2. Jahrg. 12. (XIX, VII, 92 S. m. Schreibkalender.) Regenwalde, F. Wittke. Geb. in Leinw. 2.—

— Braunschweiger, auf d. J. 1899. Für d. Braunschweig. Meridian u. Parallel nach J. Helmes. 4. (72 S. m. Bild., 1 Farbdr u. Wandkal.) Braunschweig, J. H. Meyer. n. —40; geb. u. durchsch. —75

— Braunschweiger, auf d. J. 1903. Für den Braunschweig. Meridian u. Parallel nach J. Helmes. 4. (69 S. m. Abbildgn., 1 Farbdr. u. Wandkalender.) Braunschweig, J. H. Meyer. —35; geh. n. —40; geb. u. durchsch. n. —60

— Braunschweiger, auf d. J. 1907. Für den Braunschweig. Meridian u. Parallel nach J. Helmes. (81 S. m. Abbildgn., 1 Taf. u. Wandkalender.) gr. 8. Braunschweig, J. H. Meyer. n. —40; geb. u. durchsch. n. —65

— Braunschweiger, auf d. J. 1911. Für den Braunschweiger Meridian u. Parallel nach J. Helmes. (79 S. m. Abb., 1 Taf. u. Wandkalender.) gr. 8. Braunschweig, J. H. Meyer. —40; kart. u. durchsch. —65

— Bremischer, f. d. J. 1906. 57. Jahrg. Mit Angabe des Hochwassers zu Bremerhaven, Vegesack u. Bremen. (52 S.) 16. Vegesack, J. F. Rohr. —10

— bremischer, f. d. J. 1908. 59. Jahrg. Mit Angabe des Hochwassers zu Bremerhaven, Vegesack u. Bremen. (51 S.) 16. Vegesack, J. F. Rohr. —10

— für den praktischen Brenner in Kartoffel-, Getreide- u. Hefebrennereien. Jahrg. 1902. Bearb. v. der Geschäftsstelle des Vereins freie Vereinigg. v. Interessenten der Spiritus-, Branntwein- u. Preßhefe-Industrie u. deutschen Brennmeister-Bundes. Central-Institut „Alkohol". 8. (XVI S., Schreibkalender u. 111 S.) Berlin. (P. Nitschmann.) Geb. in Leinw. n. 2.—
Erscheint nicht mehr.

— britischer, für Damen, s. Lauenburger.

Kalender der Leipziger Buchbinderei-Aktien-Gesellschaft vormals G Fritzsche. 1899. 1900. kl. schmfol Leipzig 1899. 1900

Kalender der Leipziger Buchbinderei-Aktiengesellschaft 1903. Leipzig 1903

Kalender für Buchdrucker u. s. w., s. Engelmann.

Kalender des Bundes der christl. Dtn in Galizien. Jb. 1—5. 1909—1913. — Lemberg: Verl. des Bundes [1908—1912].
Forts. s. Zeitweiser des Bundes

Kalender (7: Zeitweiser) des Bundes der christl. Deutschen in Galizien. Zsgest. v. Josef Schmidt. Jb. 2—5. 7. Lembg ('10—15).

— des Bundes der christlichen Deutschen in Galizien auf d. J. 1911. Zusammengestellt v. Joh. Schmidt. 3. Jahrbuch. (219 S. m. Abb. u. 1 Taf.) gr. 8. Lemberg, (Zielonagasse 7), Verlag der Bundesleitung. 1.—; geb. 1.50

—— des Evangelischen Bundes. 1890—1893. [1.—4. Jahrg.] Für den Evangel. Bund hrsg. v. H. Faulhaber u. v. 4. Jahrg. ab auch v. K. Reischle. 4. (à Jahrg. ca. 64 S. m. Abbildgn. u. 1 Wandkalender.) Lpz., Buchh. d. Evangel. Bundes. à Jahrg. * —25

— des evangelischen Bundes 1895. Für den Ev. Bund verantw. hrsg. v. F. Faulhaber u. K. Reischle. Mit 4 verschiedenen Marktverzeichnissen: a) Norddeutschland, b) Rheinland, c) Süddeutschland, d) Württemberg. 4. (64 S. m. Abbildgn. u. 1 Wandkalender.) Leipzig, Buchh. des Evang. Bundes v. C. Braun. n. —25

— d. Evang. Bundes. Im Auftr. d. Vorstandes des Evang. Bundes hrsg. v. Carl Fey. 1896. M. vollständ. Marktverzeichnis f. ganz Deutschland in getrennten Ausgaben. 4. (52 u. 12 S. m. Abb. u. 1 Wandkal.) Leipzig, Buchh. d. Evang. Bundes v. C. Braun. n. —25

— dasselbe, Fortsetzg., s: Volksbote, evang.

Bundner Kalender für d. Jahr 1871. Redigirt unter Mitwirkung der bundnerischen gemeinnützigen Gesellschaft. Mit Holzschn. 64 Seiten. 4. Chur, Senti & Casanova. —.35

—— Bündener, für die J. 1876—1880. 4. (à 64 S. mit eingedr. Holzschn.) Chur. (Bern, Jenni's Verlag.) à Jahrg. **

Kalender, Bündner, für das Jahr 1882. In-4°, 64 S. mit Illustrationen. Chur, Chr. Senti & J. Casanova. — 40

— Bündner, für das Jahr 1883. In-4°, mit Illustrationen. Chur, Chr. Senti & J. Cassanova. — 40

— Bündner, für das Schaltjahr 1884. In-4°, mit Illustrat. Chur, Senti & Casanova. — 40

— Bündner, für das Jahr 1887. In-4°, 70 S. Bern, Rud. Jenni's Buchhandl. (H. Köhler). — 40

—— Bündner, für die J. 1887—1889. 4. (à Jahrg. 60—70 S. mit Illustr.) Chur, (Rich.) à Jahrg. *

Kalender, Bündner, für das Schaltjahr 1888. In-4°, 64 S. Chur, Chr. Senk & Jos. Casanova. — 40

— Bündner, für das Jahr 1889. In-4°, 64 S.. mit Illustr. Chur, Chr. Senti & Jos. Casanova. — 40

—— Bündner, f. d. J. 1890—1893. 4. (73; 73; 89; 73 S. m. Bildern u. je 1 Wandkal.) Chur, (Rich). à Jahrg. * — 40

Bündner Kalender für das Jahr 1894. 34 p. In-4°. Chur, Jul. Rich. — 40

— Bündner, f. d. J. 1895. 4. (73 S. m. Bildern u. Wandkalender.) Chur, (J. Rich). n. — 40

— Bündner, für 1896. Mit Bildern und Wandkal. Kl. in-4°. 68 S. Chur, Jul. Rich. — 40

— bündner, für 1897. Mit vielen Bildern. Kl. in-4°. 74 S. Chur, Jul. Rich. — 40

Bündner Kalender 1898. Kl. in-4°. 68 S. Chur, Jul. Rich. — 40

— Bündner, f. d. J. 1899. 4. (89 S. m. Bild. u. 1 Wandkalender) Chur (J. Rich). n. — 40

Kalender, Bündner, für das Jahr 1900. 4°. 97 S. m. Bildern u. 1 Wandkalender. (Chur. Jul. Rich.) — 40

Bündner Kalender für das Jahr 1901 u. 1903. [Illustriert.] [*je* IV + 104 S.] 4. Chur, Jos. Casanova und Sprecher & Valer. [*je* fr. —. 40]
(1903 *mit* Beilage: Wandkalender....) — 1902 *s. Bulletin 1, S. 412*

Bündnerkalender. Bündner Kalender für das Jahr 1902. [Illustriert. — Gratisbeilage: Wandkalender für ... 1902.] [IV + 104 S.] 4. Chur, Jos. Casanova und Sprecher & Valer. [fr. —. 35]

— Bünder, f. d. J. 1903. 4. (72 S. m. Bildern u. Wandkalender.) Chur. (J. Rich.) n. — 40

Bündner Kalender für das Schaltjahr 1904. ([Illustriert.] — Beilage: Wandkalender für ... 1904.) [IV + 112 S.] 4. Chur, Jos. Casanova und Sprecher & Valer. [fr. —. 40]

Bündner Kalender für das Jahr 1905. ([Illustriert.] — Beilage: Wandkalender für ... 1904.) [IV + 104 S.] 4. Chur, Jos. Casanova und Sprecher & Valer. [fr. —. 40]

Bündner Kalender für das Jahr 1906. ([Illustriert.] — Beilage: Wandkalender für ... 1906.) [IV + 104 S.] 4. Chur, Sprecher & Valer und Jos. Casanovas Erben. [fr. —. 40]

— Bündner, für das J. 1907. (80 S. m. Abbildgn. u. Wandkalender.) 8. Chur (J. Rich.) n. — 40

Bündner Kalender für das Jahr 1907. [Illustriert.] (Beilage: Wandkalender für ... 1907.) [IV + 112 S.] 4. Chur, Sprecher & Valer und Jos. Casanovas Erben. [fr. —. 40]

Bündner Kalender für das Schaltjahr 1908. [Illustriert.] [IV + 112 S.] 4. Chur, Sprecher & Valer und Jos. Casanovas Erben. [fr. —. 40]

Bündner Kalender für das Jahr 1909. Jahrg. 67. ([Mit Illustrationen, 1 Melodie und] Wandkalender für ... 1909.) [IV + 112 S.] 4. Chur, Jos. Casanovas Erben und Victor Sprecher. [fr. —. 40]

Bündner Kalender für das Jahr 1910. Jahrg. 68. ([Mit Illustrationen und] Wandkalender für ... 1910.) [IV + 112 S.] 4. Chur, Jos. Casanovas Erben und Victor Sprecher. [fr. —. 40]

— Bündner, f. d. J. 1911. 69. Jahrg. (84 S. m. Abb. u. Wandkalender.) 8. Chur, (J. Rich). — 40

—— für den Bürger und Landmann auf die J. 1856—62. 1—7. Jahrg. 4. (à Jahrg. 82 S.) Sulzbach, v. Seidel'sche Buchh. à Jahrg.

—— für den Bürger und Landmann auf die J. 1863—65. 8.—10. Jahrg. 4. (à Jahrg. 82 S. mit eingedr. Holzschn.) Sulzbach, v. Seidel'sche Buchh. à Jahrg.

—— für den Bürger und Landmann auf die J. 1869—1875. 14.—20. Jahrg. 4. (à Jahrg. 31 S. mit eingedr. Holzschn.) Sulzbach, v. Seidel'sche Buchh. à Jahrg. *

—— für den Bürger und Landmann auf die J. 1876—1880. 21.—25. Jahrg. 4. (à 40 S. mit eingedr. Holzschn.) Sulzbach, v. Seidel'sche Buchh. à Jahrg. *

Kalender für den Bürger und Landmann auf die J. 1881—1885. 26.—30. Jahrg. 4. (à Jahrg. ca. 40 S. mit eingedr. Holzschn.) Sulzbach, v. Seidel'sche Buchh. à Jahrg. *

— für den Bürger u. Landmann auf d. J. 1887. 32. Jahrg. 4. (44 S. m. Illustr.) Sulzbach, v. Seidel. n. — 20

—— für den Bürger u. Landmann auf d. J. 1890—1893. 35.—38. Jahrg. 4. (à Jahrg. 44 S. m. Illustr. u. 1 Karte.) Sulzbach, v. Seidel. à Jahrg. * — 20

— für den Bürger u. Landmann auf d. J. 1895. 40. Jahrg. 4. (44 S. m. Illustr. u. 1 Taf.) Sulzbach, J. E. v. Seidel. n. — 20

— f. d. Bürger u. Landmann auf d. J. 1899. 44. Jahrg. 4. (44 S. m. Abb) Sulzbach, J. E. v. Seidel. n. — 20

— für den Bürger u. Landmann auf d. J. 1903. 48. Jahrg. gr. 8. (44 S. m. Abbildgn.) Sulzbach, J. E. v. Seidel. n. — 20

— f. den Bürger u. Landmann auf d. J. 1907. 52. Jahrg. (44 S. m. Abbildgn.) gr. 8. Sulzbach, J. E. v. Seidel. n. — 20

— für den Bürger u. Landmann auf d. J. 1911. 56. Jahrg. (44 S. m. Abb.) gr. 8. Sulzbach, J. E. v. Seidel. — 20

Calender für den westlichen Bürger und Landmann 1830? '
Cover-title Westlicher Calender Edited by H. Hildship & Sohn Printed by D. & M. Maclean
Pittsburgh, PA

(F) Kalender für Bürgerschüler 1906. 16°. (51 S.) K – 50
Linz: Oberösterreichische Buchdruckerei und Verlagsges. 1905.

— für Bürgerschüler 1907. (64 S.) 16. Linz, O.-ö. Buchdruckerei- u. Verlagsgesellschaft. n.n. — 20

— für deutsche Bürgerschüler. Schulj. 1910—1911. Zusammengestellt v. Frz. Heger. Hrsg. vom deutschen Bürgerschullehrerverein in Böhmen. (III. 89 S.) 16. Brüx, A. Kunz. Geb. — 70

(F) Kalender für Bürgerschülerinnen 1906. 16° (53 S.)
Linz. Oberösterreichische Buchdruckerei und Verl.-Ges. 1905.

— für Bürgerschülerinnen 1907. (64 S.) 16. Ebd. n.n. — 20

— für die Bürsten-, Pinsel- u. Kammbranche auf d. J. 1910. Hrsg. u. bearb. v. Rob. Fuchs. 1. Jahrg. (262 S.) 16. Altenburg, R. Fuchs. Geb. in Leinw. 1. 25

— für Stadt u. Landkreis Celle, Uelzen u. Lüneburg 1903. 8. (76 S.) Celle, Capaun-Karlowa. — 25

— chemischer, für die J. 1879 und 1880 (1. und 2. Jahrg.), hrsg. von Friedr. Carl. gr. 16. (VIII, 171; VIII, 241, 96 S.) Erlangen, Besold.
1879 geb. in Leinw. * ℳ 3.; geb. in Leder *
1880 geb. in Leinw. * ℳ 3.; geb. in Leder *

— — chemischer f 1881 Hrsg v F Carl Gbd

— der Chiromantie, a. 1799. a. d. Engl. m. K. Leipzig, Baumgärtner.

Chiromantischer *Kalender* auf das Jahr 1799. Mit Kupfern
Alexandrien
[Zugl.] Chiromantie oder Wahrsagerkunst aus den Handen Mit Kupfern
Jetzt zum erstenmale von einer alten Handschrift von 1543 abgedruckt Aus dem Engl ubers.
London 1799
[Leipzig Baumgartner]

Der Calender eines Christen 1817? 1831?
Edited by Conrad Zentler and published by Amerikanische Traktat Gesellschaft Pennsylvanischer Zweig
Philadelphia, PA

Kalender für evangelische Christen in Rußland auf das Jahr 1892 und 1897. Hrsg. v. Pastor Wasen in Kiew

Kalender für die evang. Christen i. d. Gouv. Wolhynien und Kiew. Riga 1906 IfA

— für evangelisch-lutherische Christen. 1878—1880. 1.—3. Jahrg. 4. (ca. 100—180 S. mit eingedr. Holzschn.) Straßburg, Bomhoff. à Jahrg. *

— für evangelisch-lutherische Christen. 1881—1885. 4. (à Jahrg. ca. 100 S. mit eingedr. Holzschn.) Straßburg, Bomhoff. à Jahrg. *

— für katholische Christen auf das Jahr 1841—1847. (Mit Vignetten.) gr. 8. Sulzbach, v. Seidel'sche B. à 3/8 ₰

— dasselbe. Inhalts-Verzeichniß auf die J. 1841—1900. 60 Jahrgänge. schmal gr. 8. (36 S.) Ebd. (902). — 50

— für katholische Christen auf d. J. 1848—1852. [8—12. Jahrg.] gr. 8. (à 128 S. mit eingedruckten Holzschn.) Ebd. à 9 ₰

— für katholische Christen auf das J. 1851. (11. Jahrg.) gr. 8. (128 S. mit eingedr. Holzschn.) Sulzbach 850, v. Seidel'sche Buchh. *

— für katholische Christen auf das Jahr 1853—58. (13—18. Jahrg.) Sulzbach, v. Seidel. Lex.-8. Jeder Jahrg. (à ca. 130 S. m. Holzschn. im Text.) n. 10 ngr

— für katholische Christen auf die J. 1858—61. 18—21. Jahrg. gr. 8. (à Jahrg. 144 S. mit eingedr. Holzschn.) Sulzbach, v. Seidel'sche Buchh. à Jahrg.

— für katholische Christen auf die J. 1862—64. (22.—24. Jahrg.) gr. 8. (à Jahrg. ca. 127 S. mit eingedr. Holzschn.) Sulzbach, v. Seidel'sche Buchh. à Jahrg.

— für katholische Christen auf die J. 1869—1875. 29.—35. Jahrg. 4. (à 100—120 S. mit eingedr. Holzschn.) Ebendas. 1869—74 à *
1875 *

— für katholische Christen auf die J. 1876—1880. 36.—40. Jahrg. gr. 8. (à ca. 128 S. mit eingedr. Holzschn.) Sulzbach, v. Seidel'sche Buchh. à Jahrg. *

— dass. — Inhalts-Verzeichniß auf die J. 1841—1877. gr. 8. (24 S.) Ebendas. 877. *

— für katholische Christen auf die J. 1881—1885. 41.—45. Jahrg. gr. 8. (à Jahrg. ca. 124 S. mit eingedr. Holzschn.) Ebendas. à Jahrg.

— für katholische Christen auf die J. 1886—1889. 46.—49. Jahrg. gr. 8. (à Jahrg. ca. 130 S. mit Illustr.) Ebendas. à Jahrg. *

— für katholische Christen auf d. J. 1890—1893. 50.—53. Jahrg. gr. 8. (136; 141; 132; 140 S. m. Illustr.) Sulzbach, v. Seidel. à Jahrg. * — 80

— für katholische Christen auf d. J. 1895. 55. Jahrg. gr. 8. (132 S. m. Illustr.) Ebd. n. — 80

Kalender für kathol. Christen auf d. J. 1899 59 Jahrg. gr. 8. (136 S. m. Abb.) Sulzbach, J. E. v. Seidel n. — 80

— für katholische Christen auf d. J. 1903. 63. Jahrg. gr. 8. (136 S. m. Abbildgn.) Sulzbach, J. E. von Seidel. n. — 80

— für kathol. Christen auf d. J. 1907. 67. Jahrg. (128 S. m. Abbildgn.) gr. 8. Sulzbach, J. E. v. Seidel. n. — 80

— für katholische Christen auf das J. 1911. 70. Jahrg. (128 S. m. Abb.) gr. 8. Sulzbach, J. E. v. Seidel. — 80

Kalender und Christenbegleiter für 1870. gr. 4. (18 S. mit eingedr. Holzschn.) Dresden. (Bautzen, Rühl.) *

— dass. — für 1871. 4. (27 S.) Dresden, am Ende. [Kaufmann.] *

—— für deutsche Christenkinder auf d. J. 1892 u. 1893. Hrsg. v. dem Komitee f. Förderg. der Sonntagsschul-Sache in Deutschland. gr. 16. (à Jahrg. 64 S. m. Abbildgn. u. 1 Farbendr.) Berl., Verlag f. Sonntagsschul-Litteratur. à Jahrg. — 15

— für deutsche Christenkinder auf d. J. 1895. Hrsg. von dem Komitee f. Förderg. der Sonntagsschul-Sache in Deutschland. 12. (64 S. m. Abbildgn. u. 1 Farbendr.) Berlin, Deutsche Sonntagsschul-Buchh. (L. Burmeister). — 15

— f. deutsche Christenkinder auf d. J. 1899. Hrsg i. Auftr d Vereins f Förderg d Sonntagsschul-Sache in Deutschland. 12. (XIV, 50 S m. Abb u. 1 Farbdr.) Berlin, Deutsche Sonntagsschul-Buchh. — 15

— f. deutsche Christenkinder auf d. J. 1905. Im Auftrage des Vereins f. Förderg. der Sonntagsschul-Sache in Deutschland hrsg. v. Ulr. Meyer. (64 S. m. Abbildgn. u. 1 Farbdr.) kl. 8. Berlin, Deutsche Sonntagsschul-Buchh. n. — 15

— für deutsche Christenkinder auf d. J. 1903. Im Auftrage des Vereins f. Förderg. der Sonntagsschul-Sache in Deutschland hrsg. v. Ulr. Meyer. 12. (64 S. m. Abbildgn. u. 1 Farbdr.) Berlin, Deutsche Sonntagsschul-Buchh. n. — 15

— für deutsche Christenkinder auf d. J. 1911. Im Auftrage des Vereins zur Förderg. der Sonntagsschul-Sache in Deutschland hrsg. v. Ulr. Meyer. (64 S. m. Abb. u. 3 [1 farb.] Taf.) kl. 8. Berlin, Deutsche Sonntagsschul-Buchh. — 15

Calender für das fromme und gutgesinnte römisch-katholische Christenvolk. Den Andächtigen zur Erbauung, den Lichtfreunden und Aufgeklärten zum Trotz, männiglich zur Unterhaltung und Belehrung verfaßt . . . Regensburg 1853—57. H: *Stelzig, Ignaz Alphons.* (Russell IX, 567)

—— für das fromme und gutgesinnte römisch-katholische Christenvolk. Den Andächtigen zur Erbauung, den Lichtfreunden und Aufgeklärten zum Trotz, männiglich zur Unterhaltung und Belehrung verfaßt von einem obscuren, römisch-kathol. Geistlichen. 1. Jahrg. 8. (221 S. mit 4 Bildern in Holzschn.) Regensburg 853, Manz.

— für das fromme und gutgesinnte römisch-katholische Christenvolk. Den Andächtigen zur Erbauung, den Lichtfreunden u. Aufgeklärten zum Trotz, männiglich zur Unterhaltung u. Belehrung verfaßt von einem obscuren, römisch-katholischen Geistlichen. 1—3. Jahrg. Mit 4 Bildern (in Holzschn.). Regensburg 854—56. Manz. 8. (1.: 221 S.; 2.: 265 S.; 3.: 212 S.) 1. u. 3.: à 10 *ngr.*; 2.: 12 *ngr.*

—— für das fromme und gutgesinnte römisch-katholische Christenvolk. Den Andächtigen zur Erbauung, den Lichtfreunden und Aufgeklärten zum Trotz, männiglich zur Unterhaltung und Belehrung verf. von einem obscuren römisch-kathol. Geistlichen. 3. Jahrg. 8. (212 S. mit 4 Bildern in Holzschn.) Regensburg 857, Manz.
Ist nicht fortgesetzt worden.

CHRISTKATHOLISCHER Kalender für 1851(-1861). Zum Gebrauche der Katholiken Ungarns. Mit Bildern. 1.(-11.) Jg. Pesth 1850(-1860). Verleger St. Stephans-Verein. Druck v Eisenfels u. Gustav Emich. 215 S. - 210 mm

Kalender, Christkatholischer — für das Gemeinjahr 1854. Zum Gebrauche der Katholiken Ungarns. IV. Jahrgang. Herausgegeben von der Gesellschaft zur Verbreitung guter und wohlfeiler Bücher. 8. (46 S.) Pesth. Buchdruckerei von Gustav Emich.

Kalender, christkatholischer — für das gemeine Jahr 1857. Zum Gebrauche der Katholiken Ungarns. 7. Jahrg. Herausgegeben vom St. Stephans-Verein. Pesth, 1856. Druck von Johann Herz. (49 S. 8 Bl. 8.)

Kalender. Christkinds Kalender 1903 für die Kleinen. Hrg. unter dem Protektorate des Schweiz. Kath. Erziehungsvereins von der Verlagsanstalt Benziger & Co. A. G. Einsiedeln.... [Mit vielen Illustrationen und 5 Tafeln.] IV + 80 S. 8. [fr. —. 35]

Kalender. Christkinds K' 1904 für die Kleinen. [Jahrg. 2. — Mit Noten, Illustrationen und 5 Tafeln.] IV + 80 S. 8. Einsiedeln etc., Benziger & Co. A. G. [fr. —. 35]

Kalender. Christkinds K' 1905 für die Kleinen. [Jahrg. 3. — Mit Noten, Illustrationen und 5 Tafeln.] IV + 72 [+ 24] S. 8. Einsiedeln etc., Benziger & Co. A. G. [fr. —. 35]

Kalender. Christkinds K' 1906 für die Kleinen. [Jahrg. 4. — Mit Noten, Illustrationen und 5 Tafeln.] IV + 72 [+ 16] S. 8. Einsiedeln etc., Benziger & Co. A. G. [fr. —. 35]

Kalender. Christkinds K' 1907 für die Kleinen. [Jahrg. 5. Mit Noten, Illustrationen und 5 Tafeln.] IV + 72 [+ 24] S. 8. Einsiedeln etc., Benziger & Co. A. G. [fr. —. 35]

Kalender. Christkinds K' 1908 für die Kleinen. [Jahrg. 6. Mit Illustrationen und 5 Tafeln.] IV + 74 [+ 22] S. 8. Einsiedeln etc., Benziger & Co. A. G. [fr. —. 35]

Kalender. Christkinds K' 1910 für die Kleinen. [Jahrg. 8. Mit Noten, Illustrationen und 5 Tafeln.] IV + 76 [+ 20] S. 8. Einsiedeln..., Benziger & Co. A. G. [fr. —. 40]

Der Christliche Calender no 1, 1772 Ephrata, PA

CHRISTLICHER Kalender. Pest 1851(-1858) St Stephans-Verein.

Christlicher Kalender 1879 Cleveland, OH
Published by the Evangelische Gemeinschaft

Kalender, christlicher, f. das Volk. 1903. 18. Jahrg. 4. (64 u. 16 S. m. Abbildgn., 1 Farbdr. u. Wandkalender.) Zeitz, H. Barkemeyer & Co. — 30

— christlicher, f. das Volk. 1906. 21. Jahrg. (64 u. 16 S. m. Abbildgn., 1 Farbdr. u. Wandkalender.) gr. 8. Eisenach, Christl. Verlagshaus H. Barkemeyer & Co. n. — 30

—— der christlich-sociale, für die J. 1882 und 1883. 3. und 4. Jahrg. gr. 16. (102; 80 S. mit je 1 Titelbild.) Berlin, Wiegandt und Grieben. à Jahrg. *
Nicht weiter erschienen.
1. und 2. Jahrg. erschienen u. d. T.: Der Arbeiterfreund.

— auf Comtoirs mit den 4 Jahreszeiten. gr. 8. Ulm, Jak. Ebner.

—— cöthenscher, auf die J. 1857—62. 4. (à Jahrg. ca. 44 S.) Cöthen, Schettler. à Jahrg. *

—— Cöthenscher, auf die J. 1885—1889. kl. 4. (à Jahrg. 36 S.) Cöthen, Schettler's Erben. à Jahrg. *

—— dass. — Mit Genealogie der Regenten und der lebenden Glieder ihrer Häuser auf die J. 1885—1889. kl. 4. (à Jahrg. 44 S.) Ebendas. à Jahrg. *

— Cöthenscher, auf d. J. 1899. 4. (54 S. m. Bild.) Cöthen, P. Schettler's Erben. n.n. — 25

— Cöthenscher, auf d. J. 1903. 4. (47 S. m. Abbildgn. u. Titelbild.) Cöthen, P. Schettler's Erben. n. — 25

Kalender, Cöthenscher, auf d. J. 1907. (48 S. m. Abb. u. 1 Taf.) gr. 8. Cöthen, P. Schettler's Erben. n. — 25

— Cöthenscher, auf d. J. 1911. (47 S. m. Abbildgn. u. 1 Taf.) gr. 8. Cöthen, P. Schettler's Erben. — 25

Kalender, Czernowitzer, f. d. J. 1895. 14. Jahrg. gr. 8 (80, XXIV u. 47 S.) Czernowitz, (H. Pardini). n.n. — 80

— Czernowitzer, f. d. J. 1896. 15. Jahrg. gr. 8. (162 S.) Czernowitz (H. Pardini). n. — 80

— Czernowitzer, f. d. J. 1902. 21. Jahrg. Begründet v. Herm. Czopp. gr. 8. (179 S.) Czernowitz, H. Pardini. — 80

— Czernowitzer, f. d. J. 1903. 22. Jahrg. Begründet v. Herm. Czopp. (184 S.) gr. 8. Czernowitz, H. Pardini. n. — 40

— Czernowitzer, f. d. J. 1910. 29. Jahrg. Begründet v. Herm. Czopp. (180 S.) gr. 8. Czernowitz, (H. Pardini). nn — 60

— Tübinger Damen-, s. Taschenbuch f. Damen.

— Wiener Damen-, v. 1786–92. 12. Wien, Wucherer. (à 21 gr.)

—— für Dampf-Betrieb. Ein Hand- und Hülfsbuch für Dampfanlagen-Besitzer, Fabrikleiter, Ingenieure etc. Bearb. und hrsg. von Rich. Mittag. 1. Jahrg. 1888. gr. 16. (XII, 194, 68 S. mit 1 Eisenbahnkarte und vielen Holzschn.) Berlin, R. Tessmer. geb.
2. Jahrg., s. Dampf.

Kalender, demokratischer, für 1849. Hrsg. von A. Freimund. 1. und 2. Aufl. 8. (144 S. mit eingedr. Holzschn.) Mainz 848, Wirth. Thlr. *

— für Destillateure, Liqueurfabrikanten u. verw. Branchen 1910. (326 S.) kl. 8. Leipzig, O. Born. Geb. in Leinw. 1. —

Deutsch Amerikanischer Kalender. 1838? 1917? Cincinnati, OH

Deutsch Amerikanischer Kalender: 1899 ? Topeka, KS
Published by "Kansas Telegraph"

Kalender für Deutsche a. d. J. . . . . .
1795. M. Titelk., 1 Ans., 2 Militärk., u. 12 Monatsk.

1796. M. 1 Portr., 2 Ans., 2 Costümfig. u. 12 Monatsk.
1797. Neue Auflage von 1796.
Eisenach.

— für Deutsche, auf d. J. 1795, 96. Mit ill. u. schwarz. Kpf. 12. Eisenach, Wittekind. 2 ₰ 8 K

Kalender für Deutsche. Auf das Jahr . . .
Eisenach: Aug. Krumbhaar (1794—1796). 12°
1797 [u. d. T.]: Calender für Deutsche . . . — [Nebent.:] Taschenbuch für Deutsche . . .
1795: (1794.) 24 S., 33 Bl., 134 S., 15 Kupfertaf. davon 3 kol.
1797: Neue Aufl. d. Jg. von 1796. (1796.) VIII, 16 S., 78 Bl., 202 S., 17 Kupfertaf. davon 4 kol.

— aller Deutschen f. d. J. 1894, Titel-Ausg. ohne Kalendarium, s.: Geschichtenbuch, deutsch-nationales.

— aller Deutschen auf d. J. 1894. Für den „Allgemeinen deutschen Verband" hrsg. v. Karl Pröll. 8. (XL, 234 S.) Berlin. (Leipzig, Veit & Co.) n. 1. —
Bildet die Fortsetzung des Deutsch-nationalen Jahrbuchs.

Kalender fur die Deutschen in Brasilien. Jahrgang 1, 1881 ?
Annual almanac. Important historical source for German work in Brazil. Almanacs for 1882 1886 given no Jahrgang numbering. Jahrgang 37, 1917, is Jubilaums-Ausgabe, printed in edition of 25,000 copies. Jahrgang 50, 1931 has article, „50 Jahre" signed Hellmut Culmann. Published by Evangelische Buchhandlung, Jahrgang 1 12?, 1882 1892, by W. Rotermund (associated with the Evangelische Buchhandlung), Jahrgang 13 18, 1894 1897, by Druck & Verlag von W. Rotermund (name varies W. Rotermund's Buchhandlung, and as Verlag W. Rotermund & Co.), Jahrgang 19 58, 1899 1939). Place given in Jahrgang 35, 1915 Sao Leopoldo & Cruz Alta
Sao Leopoldo

— für die Deutschen in Brasilien 1902. 22. Jahrg. 8. 248 S. m. Abb.) São Leopoldo, W. Rotermund. n. 1.50

— für die Deutschen in Brasilien 1907. 27. Jahrg. (294 S. m. Abbildgn. u. 2 Bildnistaf.) 8. São Leopoldo, W. Rotermund. n.n. 1. —

— für die Deutschen in Brasilien 1911. 31. Jahrg. (344 S. m. Abbildgn. u. 1 Bildnis.) 8. São Leopoldo, W. Rotermund. nn 1 —

Deutscher Kalender.
Verhandlungen u. Berichte der jährlichen Sitzung der California Deutschen Konferenz der Bischöflichen Methodistenkirche.
San Francisco, CA

Deutscher Calender 1808 ? Cincinnati, OH
Printed in the office of Liberty Hall

Deutscher *Kalender* für das Jahr . .
Hrsg. v. Christian Kapp.
Kempten Dannheimer
1835.

Deutscher Kalender. no 1, 1855 ? Porto Alegre

Deutscher Kalender: no 1, 1863? ?
Annual. Octavo, each 48 61 pages, illustrated. Running title Farmer's und Mechanik's Kalender. Published by H. Scovil.
Chicago, IL

Deutscher Kalender: 1866? - 1926?
Annual. Sub-title Verhandlungen und Berichte der . jährlichen Sitzung der Südlichen Deutschen Konferenz der Bischöflichen Methodistenkirche. Octavo, with varying paging, 100—208 pages, illustrated, including portraits, tables, etc. Published by the Methodist Book Concern, and by its predecessors
Cincinnati, OH

—— deutscher, für 1885. Jahrbuch des Wichtigsten in Wissenschaft, Kunst, Handel und Gewerbe, bearb. unter Mitwirkung von Karl Brämer, Jul. Frühauf, Herm. Grothe &c. 1. Jahrg. gr. 8. (216 S. mit Titelbild in Lichtdr.) Berlin, Haack. geb. *

Calender, Deutscher. Berlin 1886 bis 1891. V: *Döpler, Emil.* (KGBerlin II, 2624)

—— deutscher, 1886. 4. (28 S. in vierfarb. Druck auf Büttenpap. mit 28 Orig.-Zeichnungen von E. Doepler jun.) Berlin, R. Kühn.

— deutscher, 1887. Mit 30 Orig.-Zeichngn. v. E. Doepler d. J. u. m. poet. Beitrag v. Jul. Wolff. 4. (30 S. vierfarbig auf Büttenpap.) Berlin, R. Kühn. n. 1. —

—— dass. — 1888. Von E. Doepler jun., mit Beiträgen von Ernst v. Wildenbruch und Jul. Wolff. 4. (32 S. mit farb. Illustr.) Ebendas. *

—— dass. — 1889. 4. Jahrg. Von C. Doepler jun., mit Beiträgen von Felix Dahn. 4. (34 S. mit farb. Illustr.) Ebendas. *

— deutscher, 1891. Mit 28 Original-Zeichnungen von C. Doepler d. J. 4. (28 S. 6farbig auf Büttenpap.) Berlin, R. Kühn. n. 1. —

— deutscher, 1892. Mit 20 Orig.-Zeichngn v. E. Doepler dem Jüngeren, m. Dichtgn v. Ernst v. Wildenbruch. 4. (20 S. 4farbig auf Büttenpap.) Berlin, R. Kühn. n. 1 —

— deutscher, f. die Bukowina auf d. J. 1903. Hrsg. vom „Verein der christl. Deutschen in der Bukowina". hoch 4. (IV, 123 S. m. Abbildgn. u. 1 Bildnis-Taf.) Czernowitz. (H. Pardini.) n. — 70

Deutscher Kalender für die Bukowina auf das Jahr 1904 Lex.-8°. (173 S.) † K —.80, geb. K 1.—
Czernowitz Pardini 1903.

— deutscher, für die Bukowina, auf d. J. 1905. Hrsg. vom „Verein der christl. Deutschen in der Bukowina". (II, 183 S. m. Abbildgn. u. 2 Bildnissen.) hoch 4. Czernowitz (H. Pardini). n. — 80

— deutscher, gläubig getaufter Christen für das Jahr 1881. 8. (62 S. m. eingedr. Holzschn.) Cleveland, O. (Philadelphia, Schäfer & Koradi.) n. — 50

— deutscher, f. Elektrotechniker. Hrsg. v. F. Uppenborn. 24. Jahrg. 1907. 2 Tle. (VIII, 497 S., Schreibkalender u. VI, 418 S. m. 111 Fig.) kl. 8. München, R. Oldenbourg. Geb. in Ldr. u. geh. n. 5. —

Kalender, Deutscher, für Elektrotechniker Begr von F Uppenborn 2 T Jg 25 1908 München, 1908.

— deutscher, f. Elektrotechniker. Begründet v. F Uppenborn. In neuer Bearbeitg. hrsg. v. G. Dettmar. 28. Jahrg. 1911. 2 Tle. (XI, 564 S., Schreibkalender u. VII, 345 S. m. 389 Fig. u. 1 Taf.) kl. 8. München, R. Oldenbourg. Geb. in Ldr. u. geh. 5.

– Deutscher, für Jedermann aus dem Volke für 1869 Von A Bernstein. (Berlin.) Wien Martin 1868. 239 S.

Deutscher Illustrierter Calender 1850? · Philadelphia, PA
Published by R. Wilson Desilver, Agent

Deutscher Illustrierter Calender 1851? ? Baltimore, MD
Published by J. W. Bond & Co

— deutscher illustrierter, auf d. J. 1891. Geschäfts- u. Familien-Jahrbuch f. alle Länder deutscher Zunge. Red. v. Herm. Thom. hoch 4. (292 Sp.) Leipzig, G. Körner. geb. — 76

Kalender, deutscher, der Juden 5613. (Vom 14. Septbr. 1852 bis 2. Okt. 1853.) Mit dem bürgerl. Kalender und den Messen. Von J. Heinemann. 16. (15 S. mit Pap. durchschossen.) Berlin 852, Heinemann. Thlr. *
undurchschossen mit dem Verzeichnisse von Märkten *

Dt Kalender für Kärnten 1897—1898. Jg 24—25. — Klagenfurt Heyn (1896—1897).
Anf s Kärntner Bote.
Forts s. Südmark-Kalender

— deutscher, f. Kärnten (vorm. Kärntner Bote) f. d. J. 1897, zugleich Adreß- u. Auskunftsbuch. Hrsg. v. S. Rieger. 24. Jahrg. gr. 8. (XXXII, 116 u. 196 S. m. Abb.) Klagenfurt (J. Heyn). Kart. n. 1. —

— deutscher, für Kärnten, Fortsetzg., s.: Südmark-Kalender.

Deutscher Kalender f. die Ev.-Ref. Kirche, auf 1864 Cleve, 1864, also issues for 1875 1877

Deutscher Kalender für die Evangelisch-Reformirte Kirche
No 1 1865
Title varies Kalender der Reformierten Kirche in Amerika Editor & Publisher Rev. J. B. K...
1865 67 ... Bank 1868
Cleveland, OH

—— deutscher, für die evangelisch reformirte Kirche auf das J. 1865. Hrsg. von J. W. Kniest. 4. (40 S. mit eingedr. Holzschn.) Cleveland, O. (Philadelphia, Schäfer und Koradi.) *

—— deutscher, für Krain auf die J. 1888 und 1889. Zugleich Adreß- und Auskunftsbuch. Hrsg. von Wilh. Linhart. 1. und 2. Jahrg. gr 8. (à Jahrg. 182 S. mit eingedr. Illustr.) Laibach, v. Kleinmayr und Bamberg. à Jahrg. ** 1 20

—— deutscher, f. Krain auf d. J. 1890—1898, zugleich Adress- u. Auskunftsbuch. Hrsg. v. Wilh. Linhart. 3.—6. Jahrg. gr. 8. (79, 118, 93, 96; 64, 32; 115; 54, 93 S. m. Abbildgn.) Laibach, v. Kleinmayr u. Bamberg. à Jahrg. * 1 20

Kalender, Deutscher, für Krain, auf das Gemeinjahr 1897, zugleich Adreß- und Auskunftsbuch. Herausgegeben von Professor Wilhelm Linhart. 10. Jahrg. 8. (196 S.) Ebd. - .50.

— deutscher, f. Krain auf d. J. 1898, zugl. Adreß- u. Auskunftsbuch. Begründet v Wilh. Linhart, Fortsetzg. der Herausgabe seit 1893 v Sim. Rieger. 11. Jahrg. gr. 8. (231 S. m. Abb.) Laibach, J. v. Kleinmayr & F. v. Bamberg. Kart. n.n. 1 —

(F) Deutscher Kalender für Krain auf das Jahr 1900, zugleich Adress- und Auskunftsbuch. Begründet vom k. k. Landesschulinspector Wilhelm Linhart. Fortsetzung der Herausgabe seit 1893 von S. Rieger. Der Reinertrag dieses Kalender-Unternehmens ist der Errichtung eines Studentenheims in der Stadt Gottschee gewidmet. XIII. Jahrgang. Laibach. Kleinmayr & Bamberg. Gr.-8°. 241 S. mit 1 Tafel Cart K 1 —

(F) Deutscher Kalender für Krain auf das Jahr 1901. Zugleich Adress- und Auskunftsbuch Begründet vom k. k. Landesschulinspector Wilhelm Linhart. Fortsetzung der Herausgabe seit 1893 von S. Rieger. Der Reinertrag dieses Kalender-Unternehmens ist der Errichtung eines Studentenheims in der Stadt Gottschee gewidmet. XIV. Jahrgang. Laibach. Kleinmayr & Bamberg. Gr.-8° 244 S. mit 1 Tafel. K 1.—

Deutscher Kalender für Krain und das Küstenland auf das Gemeinjahr 1902. 15. Jahrg. Lex. 8°. (ill. 231 S.) Ebd

Kalender, deutscher, für Krain auf d. J. 1903, zugleich Adreß- u. Auskunftsbuch. Begründet v. Wilh. Linhart, Fortsetzg. d. Herausgabe seit 1893 v. S. Rieger. 16. Jahrg. gr. 8. (III, 236 S. m. Abbildgn.) Laibach, J. v. Kleinmayr & F. Bamberg. Kart. n.n. 1. —

(F) Deutscher Kalender für Krain und das Küstenland auf das Jahr 1906. 19. Jahrg. Lex.-8° (286 S.) Ebd. K 1.20

— deutscher, f. Krain u. das Küstenland auf d. J. 1907. zugleich Adreß- u. Auskunftsbuch. Begründet v. Wilh. Linhart, fortgesetzt v. S. Rieger, hrsg. v. Edwin Ambrositsch. 20. Jahrg. (288 S. m. Abb.) gr. 8. Laibach, J. v. Kleinmayr & F. Bamberg. Kart. n.n. 1. 20

(F) Deutscher Kalender für Krain und das Küstenland 1908. 21 Jahrg. Lex.-8° Ebd. K 1.20

(F) Deutscher Kalender für Krain und das Küstenland für 1909. 22. Jahrg. Gr.-8°. (307 S.) Ebd. K 1.30

— deutscher, f. Krain u. d. Küstenland auf d. J. 1911, zugleich Adreß- u. Auskunftsbuch. Hrsg. v. Heinr. Ludwig. 24. (bedeutend verm. u. verb.) Jahrg. (319 S. m. Abbildgn.) gr. 8. Laibach, J. v. Kleinmayr & F. Bamberg. Kart. nn 1. 50

— deutscher, f. Krankenpflegerinnen u. Krankenpfleger auf d. J. 1899. Hrsg. v. George Meyer. Mit Geleitwort von E. v. Leyden. 12. (243 S. m. 2 Temperaturtaf.) Frankfurt a/M., J. Rosenheim. Geb. in Leinw. n. 1. 20

— deutscher, f. Krankenpflegerinnen u. Krankenpfleger auf d. J. 1902. Hrsg. v. George Meyer. Mit Geleitwort von E. v. Leyden. 4. Jahrg. 12. (284 S.) Frankfurt a/M., J. Rosenheim. Geb. in Leinw. n. 1.20; m. Beiheft: Dietrich, die f. das Pflegepersonal wichtigsten Bestimmungen der deutschen Reichs- u. Landesgesetzgebung. (36 S.) n.n. 1. 70
Fortsetzung s.: Krankenpflege-Kalender.

— deutscher militärärztlicher, f. die Sanitätsoffiziere der Armee, der Marine u. der Schutztruppen. (4. Jahrg.), hrsg. v. A. Krocker u. H. Friedheim. 1903. 3 Thle. Mit 4 Quartalshftn. Hamburg, Gebr. Lüdeking. n. 4. 50; 3. Thl. allein n. 1. 50
1. (IV, 123 S.) gr. 16. Geb. in Leinw. — 2. (IV, 382 u. 16 S. m. 3 Taf.) gr. 16. Kart. — 3. Ranglisten. (IV, 152 S.) gr. 8.

— deutscher militärärztlicher, f. die Sanitätsoffiziere der Armee, der Marine u. der Schutztruppen (7. Jahrg.), hrsg. v. A. Krocker u. H. Friedheim. 1906. (Ausg. A.) 3 Tle. Mit Schreibkalender in 4 Heften. Hamburg, Gebr. Lüdeking. n. 4. 50; Ausg. B (ohne Vademecum) n. 3. —; 3. Tl. allein n. 1. —
1. (IV, 140 S.) kl. 8. Geb. in Leinw. — 2. Militärärztliches Vademecum m. 1. u. 2. Nachtrag. (506 S. m. Abbildgn. u. 2 Taf.) schmal 8. — 3. Ranglisten. Unter Mitarbeit v. Gaude. (116 S.) 8.

— deutscher militärärztlicher, Fortsetzg., s.: Krocker, A., u. H. Friedheim.

Deutscher Pittsburgher für die westliche Gegend eingerichteter Calender. 1820? ?
Pittsburgh, PA

—— deutscher, für das Deutsche Reich auf das J. 1883. 1. Jahrg. Bearb. unter gefäll. Mitwirkung von Gelehrten, Dichtern und Künstlern. 8. (235 S. mit Holzschn.-Illustr. und lithogr. Karte.) Düsseldorf, Franz. geb. *
Nicht weiter erschienen.

—— deutscher, für Stadt und Land. 1.—5. Jahrg. 1880—1884. 8. (à Jahrg. ca. 128 S. mit vielen eingedr. Illustr. und 1 Chromolithogr.) Berlin, Bartels. à Jahrg.

Calender, Deutsch-französischer. Augsburg 1798-1800. V: *Neuhofer, Gerhard Adam.* (Ky)

— deutsch-franzöf., für d. J. 1798. A. u. d. T.: Taschenbuch für d. Geschichte d. letzten französ. Krieges in Schwaben. Mit 12 Kpf. 12. Augsb. 798. Rollwagen. Für d. J. 1799. A. u. d. T.: Taschenbuch für d. schwäb. Geschichte. 12. Ebd. 799. Für d. J. 1800. A. u. d. T.: Taschenbuch für Geschichte u. Unterhaltung. (Alle 3 Jahrgg. von G. A. Neuhofer.) 12. Ebd. 800. Für 1801—3, s. Taschenbuch für Geschichte.

Kalender, Deutsch-nationaler, für das Jahr 1890, unter Mitwirkung von Carl Jro, geleitet von Carl W. Gawalowski. IV. Jahrg. 8. (LXIV, 99 u. Inserate LXXIV S.) In Comm. —.50
Wien: Amonesta 1890.

Kalender, Deutsch-nationaler, (Zeitweiser) auf das Jahr 1892. Herausgegeben und geleitet von Carl M. Jro und K. H. Wolf. 8. (LXXXVIII, 96 S.) Wien: Kubasta & Voigt 1891. - .50

—— (Zeitweiser), deutschnationaler, auf d. J. 1893. Hrsg. u. geleitet v. C. M. Jro u. K. H. Wolf. gr. 8. (XCVI, 88 S. m. Abbildgn.) Wien, Lesk [u. Schwidernoch]. 1 —

—— deutsch-nationaler, für Oesterreich auf die J. 1886 und 1887, geleitet von Carl W. Gawalowski. 1. und 2. Jahrg. gr. 8. (LXIV, 96; 64, 114 S. mit Bildern.) Graz, [Goll.] à Jahrg. *
Erscheint nicht mehr.

—— deutsch-republikanischer, auf das J. 1849. Hrsg. von Gust. E. Weißflog, unter Mitwirkung mehrerer freisinnigen Studenten zu Leipzig. 8. (89 S.) Werdau, Schreider. *

—— für die Lavanter Diöcese auf das gemeine Jahr 1862. Eine deutsche Spende aus dem steirischen Wendenlande von Ferd. Raisp. 4. (32 S.) Pettau, Blanke. 35 kr

—— des prager Dombau-Vereines für das gemeine J. 1861 nach Christi Geburt. 1. Jahrg. 8. (104 S.) Prag, (André.)

—— des Prager Dombau-Vereines f. d. Jahr nach Christi Geburt 1862. Der astronomische Theil von Frz. Karlinsky. 2. Jahrg. 8. (XVI. 158 S.) Prag André in Comm. 50 kr.

Calender [Kalender] des hochwürdigen Domcapitels zu Hildesneim f. d. Jahr... 1801. Hildesseim [1800:] Schlegel. 8°
1801: [1800.]

— Dörptscher, auf das Jahr 1845. 12. (Moskau, Severin.) n. 8 ngl

— für Drechsler u. Holzindustrielle 1902. Hrsg. v. Rud. Stübling. 12. (V S., Notiz-Kalender u. 189 S.) Berlin, W. & S. Loewenthal. Geb. in Leinw. n. 1. 50
Vergl.: Drechsler-Kalender, deutscher.

Dresdner *Kalender* zum Gebrauch der Residenz auf das Jahr . . .
Dresden: Dorn
1807. 1814. 1821.

Kalender, Dresdner, zum Gebrauch der Residenz a. d. J. . . . .
1812. M. Titelk.
Dresden.

Dresdner Kalender (1823 ff. Calender) zum Gebrauch der Residenz auf d. Jahr... 1822-33. 1840-41. 1846. Dresden: Dorn (1822 ff. Rassing in Komm. [1821-1845.]) 8°

1822: [1821.]	1831: [1830.]
1823: [1822.]	1832: [1831.]
1824: [1823.]	1833: [1832.]
1825: [1824.]	
1826: [1825.]	1840: [1839.]
1827: [1826.]	1841: [1840.]
1828: [1827.]	
1829: [1828.]	
1830: [1829.]	1846: [1845.]

— der echte Delitzscher, f. Stadt u. Land auf d. J. 1907. (97 S. m. Abbildgn. u. Wandkalender.) gr. 8. Delitzsch, Meyner & Sohn Nachf. n.n. — 30

— der echte Delitzscher, f. Stadt u. Land, Fortsetzg., s.: Garten-, Geschichts- u. Hauskalender, Delitzscher.

Kalender für Einjährig-Freiwillige-Aspiranten für das Jahr 1889/90. Rathgeber für alle Studierende, wie auch für Andere, welche Einjährig-Freiwillige werden wollen. 16. (139 S.) Geb. Wien: Dittmarsch 1889. —.50

—— Einsiedler, s.a.Einsiedler-Kalender.

— einsiedler, für 1857—61. 17—21. Jahrg. Lex.-8. (à Jahrg. 40 S. mit eingedr. Holzschn. und 2 Stnt.) Einsiedeln, Gebr. Benziger. à Jahrg

—— Einsiedler, für 1862—68. 22.—28. Jahrg. Lex.-8. (à Jahrg. 40 S. mit eingedr. Holzschn. und 2 Stnt.) Einsiedeln, Gebr. Benziger. à Jahrg.

—— Einsiedler, für 1869—1875. 29.—35. Jahrg. 4. (à 48 S. mit eingedr. Holzschn.) Einsiedeln, Gebr. Benziger. à Jahrg.

— *Einsiedler*. 39. Jahrgang. In-4°, 80 S. Mit Farbendruckbild und Holzschnittillustrat. Einsiedeln, Benziger. 1879. — 50
— — ohne das Farbendruckbild. — 40

Kalender, Einsiedler, für 1897. Grosse Ausg. I. Mit Chromo: „Die heilige Familie", 8 ganzseit. Einschaltbildern, 82 Text-Illustrat. u. Wandkalender. In-4°. Einsiedeln, Benziger & Co. — 50
— – Kleine Ausgabe II. In-4°. Ebd. — 35

Calender für die katholischen Inwohner Würtembergs auf das Jahr 1809. 1810. 1811. O. O. H: *Werkmeister, Benedict Maria Leonhard von.* (MGT)

— für Eisenbahn-Beamte, s.a.Gehrcke, J.

—— für Eisenbahn-Beamte auf die J. 1875 und 1876. 2. und 3. Jahrg. Bearb. unter Mitwirkung von Fachgenossen von O. Lemcke. gr. 16. (à 256 S. mit 1 lithogr. Eisenbahnkarte in Imp.-Fol.) Leipzig, Minde. geb. à Jahrg. *
Nicht weiter erschienen.

—— für Eisenbahnbeamte auf das J. 1884. 11. Jahrg. Bearb. von einem Fachmann. gr. 16. (374 S.) Leipzig, Werner und Comp. geb. **
—— dass. — auf das J. 1885. 12. Jahrg. gr. 16. (320 S.) Leipzig, Leopold und Bär. geb. **

—— für Eisenbahn-Beamte auf die J. 1886—1889. 13.—16. Jahrg. Bearb. von einem Fachmann. gr. 16. (344; 320; 304; 336 S. mit je 1 Karte.) Leipzig, Leopold und Bär. geb. à Jahrg. **

—— für Eisenbahn-Beamte f. d. J. 1892 u. 1893. 19. u. 20. Jahrg. Bearb. v. Gehrcke. gr. 16. (à Jahrg. 175 S., Schreibkal. m. 1 farb. Eisenbahnk.) Dresd., Kühtmann. à Jahrg. geb. in Leinw. * 2 —

—— für deutsche Eisenbahnbeamte auf das J. 1874. Bearb. unter Mitwirkung von Fachgenossen von O. Lemcke. gr. 16. (280 S.) Leipzig, Minde. geb. *

— für Eisenbahn-Beamte des Deutschen Reiches, s.: Engelmann.

— für Eisenbahn-Betriebs- u. Verkehrsbeamte des Deutschen Reiches, s.: Flistor.

— für Eisenbahn-Fahr-Beamte des Deutschen Reiches f. d. J. 1895. 2. Jahrg. gr. 16. (III, 255 u. 127 S. m. Fig., 1 Taf. u. 1 farb. Karte.) Berlin, J. Engelmann. Geb. in Leinw. n. 2.50

— für Eisenbahn-, Strassen- u. Wasserbau-Ingenieure hrsg. v. A. Reinhard u. W. Schlebach. 1. u. 2. Jahrg. 1874 u. 1875. Nebst e. (chromolith.) Uebersichtskarte v. Deutschland. gr. 16. (VIII, 148 u. 221 S.) Stuttgart, Wittwer. geb. à n. 3. —
cf.: Kalender f. Strassen- u. Wasserbau-Ingenieure.

—— für Eisenbahn-Techniker. Bearb. unter Mitwirkung von Fachgenossen durch E. Heusinger von Waldegg. 1. und 2. Jahrg. 1874 und 1875. 8. Wiesbaden, Kreidel's Verlag. [1874. (VII, 232 S. nebst 1 chromolithogr. Eisenbahnkarte in 2 Blättern, qu. Fol., und 64 eingedr. Holzschn., sowie verschiedenen andern chromolithogr. Beilagen); 1875. (IV, 280 S. nebst 1 chromolithogr. Eisenbahnkarte in 2 Blättern, qu. Fol., und 44 eingedr. Holzschn., sowie verschiedenen andern chromolithogr. Beilagen.)] geb. à Jahrg. *

— für Eisenbahn-Techniker. Bearb. unter Mitwirkg. v. Fachgenossen durch Heusinger v. Waldegg. 4. Jahrg. 1877. Nebst e. Beilage, 1 (chromolith.) Eisenbahnkarte in 2 Blättern (in qu. Fol.) u. 37 (eingedr.) Holzschn. gr. 16. (IV, 393 S.) Wiesbaden, Kreidel. geb. n. 3. 60

—— für Eisenbahn-Techniker. Bearb. unter Mitwirkung von Fachgenossen von E. Heusinger v. Waldegg. 3.—5. Jahrg. 1876—1878. Nebst 1 (chromolithogr.) Eisenbahnkarte in 2 Blättern (in qu. Fol.), sowie verschiedenen anderen (chromolithogr.) Beilagen. 8. (IV, 243 S. mit 52 eingedr. Holzschn.; IV, 393 S. mit 37 eingedr. Holzschn.; IV, 116, 144, 48 S. mit 43 eingedr. Holzschn.) Wiesbaden, Kreidel's Verlag. geb. 1876 *
geb. 1877 und 1878 à *
—— dass. — 6. und 7. Jahrg. 1879 und 1880. Nebst 1 Beilage, 1 (chromolithogr.) Eisenbahn-Uebersichtskarte in 2 Blättern. 8. (IV, 116, 144, 50 S. mit eingedr. Holzschn. und 1 lithogr. Specialkarte; IV, 244, 82 S. mit eingedr. Holzschn.) Wiesbaden, Bergmann. geb. à Jahrg. *
Mit Stahlverschluss à Jahrg. *

—— für Eisenbahn-Techniker. Bearb. unter Mitwirkung von Fachgenossen durch E. Heusinger v. Waldegg. 8. Jahrg. 1881. Nebst 1 Beilage, 1 (chromolithogr.) Eisenbahn-Uebersichtskarte in 2 Bl., 2 (lithogr.) Specialkarten und zahlreichen (eingedr.) Holzschn. 8. (IV, 210, 91 S.) Wiesbaden, Bergmann. geb. *
Ausg. mit Stahlverschluss
—— dass. — 9.—12. Jahrg. 1882—1885. Nebst je 1 Beilage, 1 grösseren (chromolithogr.) Eisenbahn-Uebersichtskarte, (lithogr.) Specialkarten und zahlreichen Abbild. im Text. 8. (IV, 262, 95; VI, 278, 121; VI, 318, 124; VIII, 310, 132 S.) Ebendas. geb. à Jahrg. *
Ausg. mit Stahlverschluss à Jahrg. *

—— für Eisenbahn-Techniker. Bearb. unter Mitwirkung von Fachgenossen durch Edm. Heusinger v. Waldegg. 13. Jahrg. 1886. Nebst einer Beilage. 8. (VIII, 332, 127 S. mit 1 neuen chromolithogr. Eisenbahnkarte und zahlreichen Abbild. im Text.) Wiesbaden, Bergmann.
geb. und geh. *
Ausg. mit Stahlverschluss *

Kalender für Eisenbahn-Techniker. Begründet von Edm. Heusinger v. Waldegg. Neu bearb. unter Mitwirkung von Fachgenossen von A. W. Meyer. 14.—16. Jahrg. 1887—1889. Nebst je einer Beilage. 8. (VI, 256, 159; VI, 186, 327; VI, 186, 402 S. mit je 1 neuen chromolithogr. Eisenbahnkarte und zahlreichen Abbild. im Text.) Wiesbaden, Bergmann. geb. und geh. à Jahrg. *

— für Eisenbahn-Techniker. Begründet von Edm. Heusinger v. Waldegg. Neubearb. unter Mitwirkg. v. Fachgenossen v. A. W. Meyer. 17.—20. Jahrg. 1890—1893. Nebst e. Beilage, e. neuen Eisenbahnkarte in Farbendr. u. zahlreichen Abbildgn. im Text. 12 (118; 80; IV, 392 S., Schreibkal., 90; IV, 407 S.; XVIII S., Schreibkal., 118, IV, 404 S., XVIII S., Schreibkal., 118; IV, 387 S.) Wiesb., Bergmann. à Jahrg. geb. in Ldr. u. geh. * 4 —

— für Eisenbahn-Techniker. Begründet von Edm. Heusinger v. Waldegg. Neubearb. unter Mitwirkg. v. Fachgenossen v. A. W. Meyer. 22. Jahrg. 1895. Nebst e. Beilage, e. neuen Eisenbahnkarte in Farbendr. u. zahlreichen Abbildgn. im Text. 12. (XVIII S., Schreibkalender, 135 u. IV, 388 S.) Wiesbaden, J. F. Bergmann. Geb. in Ldr. u. geh. n. 4. —

— f. Eisenbahn-Techniker. Begr. v. Edm. Heusinger v Waldegg. Neubearb. unt. Mitwirkg. v. Fachgenossen v. A. W. Meyer. 26. Jahrg 1899. Nebst e. Beilage, e neuen Eisenbahnkarte in Farbendr. u. zahlr. Abb. im Text. 12. (XVIII S., Schreibkal. 147 u. IV, 485 S.) Wiesbaden, J. F. Bergmann. Geb. in Ldr. u. geh. n. 4. —

— für Eisenbahn-Techniker. Begründet von Edm. Heusinger v. Waldegg. Neubearb. unter Mitwirkg. v. Fachgenossen v. A. W. Meyer. 30. Jahrg. 1903. Nebst e. Beilage, e. neuen Eisenbahnkarte in Farbendr. u. zahlr. Abbildgn. im Text. 12. (XIX S., Schreibkalender, 160 u. IV, 567 S.) Wiesbaden, J. F. Bergmann. Geb. in Ldr. u. geh. n. 4. —

— für Eisenbahn-Techniker. Begründet von Edm. Heusinger v. Waldegg. Neubearb. unter Mitwirkg. v. Fachgenossen v. A. W. Meyer. 34. Jahrg. 1907. Nebst e. Beilage, e. neuen Eisenbahnkarte in Farbendr. u. zahlr. Abbildgn. im Text. (XIX S., Schreibkalender, 176 u. IV, 601 S.) kl. 8. Wiesbaden, J. F. Bergmann. Geb. in Ldr. u. geh. n. 4. —

— für Eisenbahn-Techniker. Begründet v. Edm. Heusinger v. Waldegg. Neubearb. unter Mitwirkg. v. Fachgenossen v. A W. Meyer. 38. Jahrg. 1911. Nebst e. Beilage, 1 neuen Eisenbahnkarte in Farbendr. u. zahlr. Abb. im Text u. auf Taf. (XII S., Schreibkalender, 156 u. III, 474 S.) kl. 8. Wiesbaden, J. F. Bergmann. Geb. in Ldr. u. geh. 4. 60

Kalender für Eisenbahntechniker. Bearb. von E. Heusinger v. Waldegg. Jg. 1, 13—14 u. 18—39. Wiesbaden 1883, 1886—1887 u. 1891—1912

— für Eisenbahn-Verwaltungs- und Betriebs-Beamte im Deutschen Reich von H. Kosub. Jahrg. 1886. 2 Thle. gr. 16. (VIII, 256; VI, 98 S.) Berlin, M. Schulze. geb. und geh. *

— dass. — Jahrg. 1887. 2 Thle. gr. 16. (350 S.) Berlin, Waldern. geb. und geh. *

— dass. — Jahrg. 1888. 2 Thle. gr. 16. (VIII, 280; IV, 124 S.) Berlin, Mückenberger. geb. und geh. *

— dass. — Jahrg. 1889. 2 Thle. gr. 16. (275; 108 S.) Berlin, Gerstmann's Verlag. geb. und geh. *

— für Eisenbahn-Verwaltungs- u. Betriebs-Beamte im Deutschen Reich von H. Kosub. 1889. 2 Thle. 12. (VIII, 275 u. IV, 108 S.) Berlin, Stuhr'sche Buchhandlg. geb. u. geh. n 3. —

— für Eisenbahn-Verwaltungs-Beamte des Deutschen Reichs für das J. 1884. 2. Jahrg. Hrsg. im Verein mit bewährten Fachmännern von H. Kosub. 2 Thle. in 1 Bd. gr. 16. (VII, 240; IV, 108 S.) Berlin, J. Engelmann. geb. *

Kalender für Eisenbahn-Verwaltungs-Beamte des Deutschen Reichs für das J. 1885. 3. Jahrg. Von fachmänn. Seite bearb. 2 Thle. gr. 16. (IV, 220; 108 S. mit Illustr. und 1 chromolithogr. Karte.) Berlin, J. Engelmann. geb. und geh. *

1. Jahrg. erschien u. d. T.: Kosub, H., Eisenbahn-Almanach für Preussen.

— für Eisenbahn-Verwaltungs-Beamte des Deutschen Reichs für die J. 1887—1889. 5.—7. Jahrg. Unter Redakt. fachmänn., aktiver Kräfte. à Jahrg. 2 Tle. gr. 16. (IV, 252, 108; IV, 244, V, 192; IV, 248, IV, 169 S.) Berlin, Engelmann. geb. und geh. à Jahrg.

Jahrg. 1886 s. Engelmann's Kalender.

— f. Eisenbahn-Verwaltungs-Beamte d. Deut. Reichs. 10. Jahrg. 1892. Berlin.

— für Eisenbahn-Werkstätten-Beamte d. Deutschen Reiches, s.: Engelmann.

— eleganter, f. d. J. 1890—1893. 16. (à Jahrg. ca. 100 S. m. e. Bildnis.) Graz, Leykam. geb. in Leinw. m. G. à Jahrg. 1 40

— eleganter, f. d. J. 1894. 16. (91 S. m. 1 Lichtdr.) Graz, Leykam. Geb. in Leinw. m. Goldschn. 1. 40

KALENDER FÜR ELEKTROCHEMIKER, TECHNISCHE CHEMIKER UND PHYSIKER. Herausgegeben von A. Neuburger 2 vols., 12mo. Berlin, 1896–97 +

Kalender für Elektrochemiker sowie technische Chemiker und Physiker Mit Beilage. Hrsg. von A. Neuburger. Jg. 1—9. 1897—1905. Berlin

— für Elektrochemiker u techn Chemiker u. Physiker f. d. J. 1899 III. Jahrg. Hrsg. A. Neuburger. M. 1 Beilage 12. (XXVI, 464 u. 392 S. m. Fig.) Berlin, Fischer's technolog. Verl. Geb. u. geh. n. 5. —

— für Elektrochemiker, sowie technische Chemiker u. Physiker f. d. J. 1903. VII. Jahrg. Hrsg. v. A. Neuburger. Mit 1 Beilage. 12. (XXXIV, 583 u. 448 S. m. Fig.) Berlin, M. Krayn. Geb. in Ldr. u. geh. n. 4. —

— für Elektrochemiker, sowie technische Chemiker u. Physiker f. d. J. 1905. IX. Jahrg. Hrsg. v. A. Neuburger. Mit 1 Beilage. (XXXII, 484 u. 335 S. m. Fig.) kl. 8. Berlin, M. Krayn. Geb. in Leinw. u. geh. 4. —

— für Elektrotechnik pro 1887—1889. Bearb. von Jos. Krämer. 1.—3. Jahrg. gr. 16. Wien, Perles. [1. Jahrg. (VI, 205 S. mit 50 Fig.); 2. Jahrg. (VI, 194 S. mit 41 Fig.); 3. Jahrg. (VIII, 198 S. mit 51 Fig. und 60 Tab.)] In Leinwbd. à Jahrg. * In Lederbd. à Jahrg. *

Bildet die Fortsetzung von „Jahrbuch für Elektrotechnik".

— f. Elektrotechnik pro 1890—1893. Bearb. v. Jos. Krämer. 4.—7. Jahrg. gr. 16. (VIII, 184 S. m. 52 Fig.; X, 178 S. m. 55 Fig. u. 75 Tab.; X, 168 S. m. Fig. u. Tab.; VI, 168 S. m. Fig.) Wien, Perles. geb. in Leinw. à Jahrg. * 3 —; in Ldr. * 4 40

Kalender für Elektro-Technik. Praktischer Notizkalender und Hilfsbuch für Elektrotechniker, Ingenieure, Mechaniker etc., pro 1892. VI. Jahrg. Bearbeitet von Josef Krämer, Lehrer für Elektrotechnik am Technicum Mittweida. Wesentliche geänderte und vermehrte Auflage mit vielen neuen Figuren und Tabellen. 16. (176 S. mit Notizblättern) Eleg. geb. in Leinwand Ebd. 1.60

— **für Elektrotechnik** pro 1895. Bearb. v. Jos. **Krämer.** (Bedeutend erweit. Ausg.) 9. Jahrg. gr. 16. (VIII, 170 S. m. Fig.) Wien, M. Perles. Geb. in Leinw. n. 3. —; in Ldr. n. 4. 40

Kalender für Elektrotechnik pro 1896. Bearbeitet von Ingenieur Josef Krämer, Docent für Elektrotechnik. Bedeutend erweiterte Ausgabe. Mit 51 Tabellen, 54 Figuren und einer Tafel. X. Jahrg. 16. (178 S., mit Tagebuch.) Eleg. geb. in Lnwd. Ebd. 1.60

Kalender für Elektrotechnik pro 1897. Bearbeitet von Ingenieur Josef Krämer, Docent für Elektrotechnik. Bedeutend erweiterte Ausgabe. Mit 56 Tabellen, 56 Figuren und einer Tafel. XI. Jahrg. 16. (184 S., mit Tagebuch) Eleg. geb. in Lnwd. Ebd. 1.60

Kalender für Elektrotechnik pro 1898. Bearbeitet von Ingenieur Josef Krämer, Docent für Elektrotechnik. Bedeutend erweiterte Ausgabe. Mit 48 Tabellen, 58 Figuren und einer Tafel. XII. Jahrgang. 16. (184 S, mit Tagebuch.) Eleg geb. in Lnwd. Ebd. 1.60

— **f. Elektrotechnik** pro 1899. Bearb. v. Jos. Krämer (Bedeut. erweit. Ausg.) (Mit vielen Tab., Fig. u. e. Taf.) 13. Jahrg. 12. (VIII, 177 S. u. Tagebuch) Wien, M. Perles. Geb. in Leinw. n. 3. —; in Ldr. n. 4. 40

Kalender für Elektrotechnik pro 1900. Bearbeitet von Ober-Ingenieur Josef Krämer. (Vollständig umgearbeitete Ausgabe.) (Mit vielen Tabellen, Figuren und einer Tafel.) XIV. Jahrgang. Wien. Perles. VIII, 178 S. mit Tagebuch. Geb. fl. 1.60, in Leder geb. fl. 2.20

Kalender für Elektrotechnik pro 1901. Bearbeitet von Ober-Ingenieur Josef Krämer. (Vollständig umgearbeitete Ausgabe.) XV. Jahrgang. Wien. Perles. 8°. VIII, 170 S. mit Tagebuch. Geb. K 3 20, in Leder K 4.40

Kalender für Elektrotechnik pro 1902. Bearbeitet von Ober-Ingenieur Josef Krämer. (Vollständig umgearbeitete Ausgabe.) XVI. Jahrgang. Wien. Perles. 8°. VIII, 176 S. mit Tagebuch. Geb. K 3.20, in Leder K 4.40

— **für Elektrotechnik** pro 1903. Begründet v. Jos. Krämer. Bearb. v. Alfr. Krämer. (Wesentlich erweit. Ausg.) (Mit vielen Tab., 78 Textfig. u. 2 Taf.) 17. Jahrg. 12. (VIII, 164 S. u. Tagebuch.) Wien, M. Perles. Geb. in Leinw. n. 3.—; in Ldr. n. 4. 40

Kalender für Elektrotechnik pro 1904. 18. Jahrg 16°. (176 S.) Ebd. geb. K 3.20

Kalender für Elektrotechnik pro 1905. 19. Jahrg. 16°. (VI, 176 S.) Ebd. geb. K 3.20

Kalender für Elektrotechnik pro 1906. 20. Jahrg. 16°. (176 S.) Ebd geb. K 3.20

— **für Elektrotechnik** pro 1907. Begründet v. Jos. Krämer. Bearb. v. Heinr. Weiss. (Wesentlich erweit. Ausg.) (Mit vielen Tab., Textfig. u. 3 Taf.) 21. Jahrg. (VI, 164 S. u. Tagebuch.) kl. 8. Wien, M. Perles. Geb. in Leinw. n. 3. —; in Ldr. n. 4. 40

Kalender für Elektrotechnik pro 1908. XXII. Jahrg. 8°. (160 S.) Ebd. geb. K 3.20

Kalender für Elektrotechnik pro 1909. XXIII. Jahrg. 8°. (144 S.) Ebd geb. K 3.20

Kalender für Elektrotechnik pro 1910. XXIV. Jahrgang. 8°. (178 S.) Ebd. geb. K 3.20, in Leder K 4.40

Kalender für Elektrotechnik pro 1911. Begründet v. Jos. Kramer. Bearb. v. Heinr. Weiss. (Wesentlich erweit. Ausg.) (Mit vielen Tab., Textfig. u. 3 Taf.) 25. Jahrg. (IV, 175 S. u. Tagebuch.) kl. 8. Wien, M. Perles. Geb. in Leinw. 3. —

—— **für Elektrotechniker.** Praktisches Hilfs- und Notizbuch für Elektrotechniker, Ingenieure, Werkmeister, Mechaniker etc. Hrsg. unter Mitwirkung bewährter Fachkräfte von E. Rohrbeck. 1. Jahrg. 1884. gr. 16. (VII, 128, 175 S. mit vielen Holzschn.) Berlin, Polytechn. Buchhandlung. geb. in Leinw. * geb. in Ldr. *
2. Jahrg. u. d. T Vadomecum für Elektrotechniker.

—— **für Elektrotechniker.** Unter Mitwirkung von W. A. Nippoldt und C. Grawinkel hrsg. von F. Uppenborn. 1. Jahrg. 1884. gr. 16. (IV, 195, 110 S. mit 173 Abbild.) München, Oldenbourg. geb. *
—— dass. — Unter Mitwirkung des Hrn. W. A. Nippoldt hrsg. von F. Uppenborn. 2. Jahrg. 1885. 8. (IV, 334 S. mit 130 Abbild.) Ebendas. geb. *

—— **für Electrotechniker.** Hrsg. von W. A. Nippoldt und F. Uppenborn. 3. Jahrg. 1886. gr. 16. (IV, 228, 128 S. mit 121 Abbild.) München, Oldenbourg. geb. *

—— dass. — Hrsg. von F. Uppenborn. 4—6. Jahrg. 1887—1889. gr. 16. Ebendas. [Jahrg. 1887. (IV, 251, 132 S. mit 109 Abbild.); Jahrg. 1888. (IV, 220, 112 S. mit 113 Abbild.); Jahrg. 1889. (IV, 264, 112, 25 S. mit 133 Abbild.)] à Jahrg. *

—— **für Elektrotechniker.** Hrsg. v. F. Uppenborn. 7.—10. Jahrg. 1890—1893. 12. (VI, 284, 26 S. m. 160 Abbildgn.; VIII, 528 S. m. 197 Abbildgn.; VIII, 350 S. m. 212 Abbildgn.; VIII, 368 S. m. 226 Abbildgn., 1 Taf. u. je 1 Notizkalender.) Münch., Oldenbourg. geb. in Ldr. à Jahrg. * 4 —

Kalender für Elektrotecknlker. Praktischer Notizkalender und Hilfsbuch für Elektrotechniker, Ingenieure, Mechaniker, Optiker pro 1894. VIII. Jahrgang. Bearbeitet von Josef Krämer, Ingenieur, Lehrer für Elektrotechnik am Technicum Mittweida. 16. (180 S. mit Notizblättern.) Eleg. geb. 1.60
Derselbe gebunden in Leder 2.20
Wien: Perles

Kalender für Elektrotechniker. Hrsg. von F. Uppenborn. Jg. 8—36. 1891—1919; 38—39. 1921—22 u. 41. 1924ff. München u. Leipzig

— für Elektrotechniker. Hrsg. v. F. Uppenborn 12. Jahrg. 1895. 2 Thle 12. (VII, 330 u. IV, 172 S. m. 258 Abbildgn., 2 Taf., u. Notizkalender.) München, R. Oldenbourg. Geb. in Ldr. u. geh. n. 5. —

— für Elektrotechniker. Hrsg. v. F. Uppenborn. 16. Jahrg. 1899. 2 Thle. 12. (VI, 356 S., Schreibkal. u. V, 204 S m. 301 Fig. u. 2 Taf.) München, R. Oldenbourg. Geb. in Ldr u. geh. n. 5. —

— für Elektrotechniker. Hrsg. v. F. Uppenhorn. 20. Jahrg. 1903. 2 Thle. 12. (VI, 354 S., Schreibkalender u. VI, 302 S. m. 313 Fig. u. 4 Taf.) München, R. Oldenbourg. Geb. in Ldr. u. geh. n. 5. —

—— entomologischer, für Deutschland, Oesterreich und die Schweiz auf die J. 1876 und 1877. 1. und 2. Jahrg. Hrsg. von F. Katter. 8. (à IV, 96 S.) Quedlinburg, (Vieweg's Buchh.) 1876 * ℳ 2,25.; 1877 **
Nicht weiter erschienen.

Kalender, Encyclopädischer, oder Auff. f. d. Haushaltungsk. 4. Nürnb. Endter, jed. Jahrg. Rthlr.

Calender, Encyclopädischer, oder kurze Aufsätze f d. Liebhaber d. Haushalt.-Kunst, d. Wissenschaft u. d. Landlebens a. d. Jahren 1776 bis 1781 Hg : J. Chr Heppe.
(o. J) M. Kpf
Nürnberg.

Calender, Encyclopädischer, oder kurze Aufsätze für die Liebhaber der Haushaltungskunst . . . aufs Jahr 1780. Nürnberg. H: *Heppe, Johann Christoph.* (will)

— erster steiermärkischer, f. Hausbesitzer u. Mietparteien f. d. J. 1907. Zusammengestellt v. Mor. Liebscher. (184 S. m. 1 Taf.) gr. 8. Graz, P. Cieslar. Geb. n. — 75

— erster steiermärkischer, für Hausbesitzer u. Mietparteien f. d. J. 1908. Zusammengestellt v. Mor. Liebscher. (188 S.) gr. 8. Graz, P. Cieslar. Kart. — 90

Erster stempelfreier Oesterreichischer Kalender für das erste Jahr des neuen Jahrhunderts (1900). Einziger Jahrgang. Wien. 1900. Perles. 16°. 16 S. K —.30

— für das Erzgebirge u. das übrige Sachsen. 7. Jahrg. 1911. Hrsg. v. Wold. Müller. (Zeichnungen u. Tonplatten v. Wold. Müller u. Paul Preissler. Red.: Hans Siegert.) (75 S. m. Abb. u. 1 farb. Taf.) gr. 8. Leipzig, A. Strauch. 1. —

Kalender fur das Erzgebirge und Vogtland. Hrsg von Woldemar Muller Dresden. [Jg 1] 1905. Annaberg i. E.: Graser 1905. 8° (10. 305

— für das Erzgebirge u. Vogtland. 1907. Hrsg. v. Wold. Müller. (52 S. m. Abbildgn.) Lex.-8. Leipzig, A. Strauch. n. 1. —

— Berliner großer Etui-, Berl., Unger. Für 1821—33. (Dümmler). à J. 15 K

— Berliner kleine Etui-, Berl., Unger. Für 1821—33. (Dümmler). à J. 4 K

— großer Etui-, für 1821—28. Berl., Dümmler. à N.

— kleiner Etui-, für 1821—28. Berl., Dümmler. à N.

Evangelischer Kalender Hrsgg. v Ferdinand Piper Jahrbuch für 1851–52. Jg. 2–3 Berlin 1851–52. 8°

— evangelischer. Jahrbuch für 1851. Mit Beiträgen von Ahlfeld, Becker, Burk, Galle, Göschel, Jer. Gotthelf rc. Hrsg. von Ferd. Piper. 8. (VI u. 250 S. mit 3 Lith. u. 1 lith. Karte) Berlin, Wiegandt & Grieben. n. ⅓ ℛ; m. Stempel n. 5/12 ℛ — Ohne Kalender u. d. T: Evangelisches Jahrbuch. n. ⅓ ℛ (1. Jahrg. s.: Jahrbuch, evangelisches.)

— ders. Jahrbuch für 1852. Mit Beiträgen von Bindemann, Cordes, Fape rc. Hrsg. v Ferd. Piper. 3. Jahrg. 8. (VI u 222 S. m. 4 Holzschn.) Mit Gratis-Beilage: Bilder-Bibel f. das christl. Volk Das Alte u. Neue Testament in Bildern. Nebst Text hrsg. v. Erdm. Beyer. 1 Lfg. gr. 4. (8 S. u. 3 Holzschnitttaf.) Ebd n. ⅓ ℛ; mit Stempel n. 5/12 ℛ — Ohne Kalender u. d. T.: Evangelisches Jahrbuch. n. ⅓ ℛ

— ders. Jahrbuch f. 1853. Mit Beiträgen v. Auberlen, Barth, v. Cornelius rc. Hrsg. v. Ferd. Piper. 4. Jahrg. 8 (VI u. 226 S. mit 3 Holzschnitttaf.) Ebd. n. ⅓ ℛ; mit Stempel n. 5/12 ℛ — Ohne Kalender u. d. T.: Evangelisches Jahrbuch. n. ⅓ ℛ

— evangelischer. Jahrbuch für 1854—59. Mit Beiträgen von Barth, Cosack, Erdmann rc. Herausg. von Ferd. Piper. 5—10. Jahrg. Berlin, Wiegandt u. Grieben. 8. Jeder Jahrg. (à ca. 230 S. m. Holzschn.) n. 10 ngr.
Ohne astronom. Kalender auch u. d. T.: Evangelisches Jahrbuch rc. zu demselben Preise.

— evangelischer. Jahrbuch für 1860—65. Mit Beiträgen rc. herausg. von Ferd. Piper. 11—16. Jahrg. Berlin, Wiegandt & Grieben. 8. Jeder Jahrg. (à ca. 230 S.) n. 10 ngr.
Ohne astronomischen Kalender a. u. d. T.: Evangelisches Jahrbuch rc. zu demselben Preise.

— evangelischer. Jahrbuch für 1866—70. Mit Beiträgen von Ahlfeld, Arndt, Bouterwek, Carstens, Christoffel, Ehrenfeuchter, Erdmann rc. Hersg. von Piper. 17—21. Jahrg. Berlin, Wiegandt & Grieben. 8. Jeder Jahrg. (VI, 226 S. mit 2 Holzschntaff.) n. 10 ngr.
Ohne Kalender a. u. d. T.: Evangelisches Jahrbuch, zu gleichem Preise.

Evangelischer Kalender 1872? St.Louis, MO
Organ of Deutsche Evangelische Synode von Nord-Amerika.

Kalender, Evangelischer, für Oesterreich-Ungarn 1898. Mit 31 Bildern. Kl.-4. (189, XXVI S.) Cart. Wien Stock 1897. —.75

—— evangelischer, für die Provinz Posen, s. a. Bork.

— evangelischer, für die Provinz Posen auf das Jahr 1863. Herausg. von Bork. 3. Jahrg. Posen 863. Decker & Co. 8. (160 S. mit Holzschn.) n. 10 ngr.

—— evangelischer württembergischer, für 1860 und 1861. Mit dem der amtl. Ausg. entnommenen Marktregister und der Zeitrechnung. 4. (à Jahrg. 56 S. mit eingedr. Holzschn.) Reutlingen, Fleischhauer und Spohn. à Jahrg.

— evangelischer württembergischer, für 1862—1870. Mit dem der amtl. Ausg. entnommenen Marktregister u. der Zeitrechnung. Reutlingen, Fleischhauer u. Spohn. 4. Jeder Jahrg. (ca. 56 S. mit eingedr. Holzschn.) 3 ngr.

—— evangelischer württembergischer, für 1870—1874. Mit dem der amtl. Ausg. entnomm. Marktregister und der Zeitrechnung. 4. (à 56 S. mit eingedr. Holzschn.) Reutlingen, Fleischhauer und Spohn. à Jahrg. — 30

Kalender, evangelischer württembergischer, für 1875. Ein gewöhnl. Jahr von 365 Tagen, das 3. nach dem 18. Schaltjahr des 19. Jahrh. Mit dem der amtl. Ausg. entnommenen Marktregister und der Zeitrechnung. 4. (32 S.) Ebendas. — 20

—— evangelischer württembergischer, für 1876—1880. Mit dem der amtl. Ausg. entnommenen Marktregister und der Zeitrechnung. 4. (à 56 S. mit eingedr. Holzschn.) Reutlingen, Fleischhauer und Spohn. à Jahrg. *

—— evangelischer württembergischer, für 1881—1885. Mit dem der amtl. Ausg. entnommenen Marktregister und der Zeitrechnung. 4. (à Jahrg. ca. 54 S. mit eingedr. Holzschn.) Reutlingen, Fleischhauer und Spohn. à Jahrg. *

—— evangelischer württembergischer, für 1886—1888. 4. (à Jahrg. 56 S. mit eingedr. Holzschn.) Ebendas. à Jahrg. * — 20

—— evangelischer württembergischer, f. 1890—1893. Mit dem der amtl. Ausg. entnomm. Marktregister u. der Zeitrechng. 4. (à Jahrg. 24, 32 S. m. Abbildgn.) Ebd. à Jahrg. * — 20

— evangelischer württembergischer, f. 1895. Mit dem der amtl. Ausg. entnommenen Marktregister u. der Zeitrechng. 4. (24 u. 32 S. m. Abbildgn.) Ebd. n. — 20; durchsch. n. — 35

— evang württembergischer, f. 1899. Mit d. d. amtl. Ausg. entnomm. Marktregister u. d. Zeitrechng. 4. (58 S. m. Abb. u Wandkal.) Ebd. n. — 20; durchsch. — 40

— evangelischer württembergischer, f. 1903. Mit dem der amtl. Ausg. entnommenen Marktregister u. der Zeitrechng. 4. (XV, 32 u. 8 S. m. Abbildg.) Ebd. n. — 20; durchsch. — 25; durchsch. u. kart. — 50

— evangelischer württembergischer, f. 1907. Mit Schreibtafel f. jeden Monat u. dem der amtl. Ausg. entnommenen Marktregister u. der Zeitrechng. sowie e. unterhalt. Anh. m. vielen Bildern. (66 S.) gr. 8. Ebd. — 20; durchsch. — 30

— evang. württembergischer, f. 1911. Mit Schreibtaf. f. jeden Monat u. dem der amtl. Ausg. entnommenen Marktregister u. d. Zeitrechng. sowie e. unterhalt. Anh. m. vielen Bildern. 124. Jahrg. (64 S. m. Abb.) gr. 8. Stuttgart, K. Daser. — 20; durchsch. — 30

—— evangelisch-lutherischer, 1886—1889. Hrsg. von der Evangelisch-luther. Gesellschaft für innere und äußere Mission in Elsaß-Lothringen. 4. (à Jahrg. 80 S. mit Illustr.) Straßburg, (Vomhoff.) à Jahrg. **

—— evangelisch-lutherischer, 1890—1893. Hrsg. v. der evang.-luther. Gesellschaft f. innere u. äußere Mission in Elsaß-Lothringen. 4. (à Jahrg. ca. 80 S. m. Bild.) Straßb. i. E., (Vomhoff). à Jahrg. ** — 25

— evangelisch-lutherischer, 1894. Hrsg. v. der evang.-luth. Gesellschaft f. innere u. äußere Mission in Elsaß-Lothringen. 4. (84 S. m. Bildern.) Straßburg, (C. A. Vomhoff). n.n. — 25

— evangelisch-lutherischer, 1899 Hrsg. v. d. evang.-luther. Gesellschaft für inn. u. äuß. Mission in Elsaß-Lothringen. 4. (83 S. m. Abb. u. 1 Farbdr.) Straßburg (C. A Vomhoff). n.n. — 25

— evangelisch-lutherischer, 1903. Hrsg. von der evang.-luth. Gesellschaft f. innere u. äußere Mission in Elsaß-Lothringen. 4. (92 S. m. Abbildgn. u. 1 Farbdr.) Straßburg. (C. A. Vomhoff.) n.n. — 25

— evangelisch-lutherischer, 1907. Hrsg. v. der evang.-luth. Gesellschaft f. innere u. äußere Mission in Elsaß-Lothringen. (98 S. m. Abbildgn. u. 1 Farbdr.) 8. Straßburg (C. A. Vomhoff). n.n. — 25

— evangelisch-lutherischer, 1910. Hrsg. von der evang.-luth. Gesellschaft f. innere u. äußere Mission in Elsaß-Lothringen. (100 S. m. Abbildgn. u. 1 Farbdr.) 8. Straßburg, (C. A. Vomhoff). nn — 25

Kalender, evangelisch-sozialer, f. d. evang. Arbeiter-Vereine Deutschlands u. f. Arbeiter, sowie Arbeiterfreunde evangel. Bekenntnisses überhaupt. Hrsg. v. Weber. 16. (200 S.) Hattingen 892, Hundt sel. Wwe. * — 35

— evangelisch-sozialer, f. die evangelischen Arbeitervereine Deutschlands u. f. Arbeiter, sowie Arbeiterfreunde evang. Bekenntnisses überhaupt. Hrsg. v. Weber-M.-Gladbach. 16. (192 S.) Hattingen 894 C. Hundt sel. Wwe. n.n. — 30

— evangelisch-sozialer, f. d. evang. Arbeitervereine Deutschlands u. f. Arbeiter, sow. Arbeiter-Freunde evang. Bekenntnisses überhaupt. (Evang.-sozial. Arbeiter-Kalender auf d. J. 1898.) Hrsg. v. Weber. gr. 8. (120 S. m. Bild.) Hattingen, C. Hundt sel. Wwe. n. — 30

KALENDER der heiligen Familie. Györ (Raab) 1898(-1918): Meimer Verlag. Diözesan-Buchdruckerei. - 260 mm

(F) Feller's illustr. Kalender für 1903. 13. Jahrg. Gr.-8° (96, 16, XLVI S.) Karlsbad: Feller 1902.

(F) Feller's Illustrierter Kalender 1908. VIII. Jahrg. Gr.-8°. (96, 16, XXIV S.) Ebd. K —.80

Feller's Illustrirter Kalender für Stadt und Land. 1894. Gr.-8. (96 u. 32 S) —.40
Karlsbad: Feller

(F) Feller's illustrierter Kalender 1904 für Stadt und Land. 14. Jahrg. Gr.-8°. (ill. 16, XXXII S.) Ebd. K —.80

Fellers illustrierter Kalender 1905 für Stadt und Land. 15. Jahrg. Gr.-8°. (ill. 96, 24, XVI S.) Ebd. K —.80

(F) Fellers illustrierter Kalender 1906 für Stadt und Land. XVI. Jahrg. Gr.-8°. (96, 16, XXIV S.) Ebd. K —.80

—— für die bayerischen Feuerwehren auf die J. 1872—1875. 1.—4. Jahrg. 16. (à 80—96 S.) Sulzbach, v. Seidel'sche Buchh. à Jahrg. — 30

—— für die bayerischen Feuerwehren auf die J. 1876—1880. 5.—9. Jahrg. 16. (110; 148; 114 S. mit 1 Portr. und eingedr. Holzschn.; 114 S. mit eingedr. Holzschn.; 118 S. mit eingedr. Holzschn.) Sulzbach, v. Seidel'sche Buchh. à Jahrg. *

—— für die bayerischen Feuerwehren auf die J. 1881—1885. 10.—14. Jahrg. 8. (98; 82; 94; 90; 90 S. mit eingedr. Holzschn.) Sulzbach, v. Seidel'sche Buchh. à Jahrg. *

—— für die bayerischen Feuerwehren auf die J. 1886—1889. 15.—18. Jahrg. 8. (à Jahrg. ca. 90 S. mit Illustr.) Sulzbach, v. Seidel'sche Buchh. à Jahrg. *

—— f. die bayrischen Feuerwehren auf d. J. 1890—1893. 19.—22. Jahrg. 4. (94; 76; 75; 76 S. m. Illustr. u. je 1 Karte.) Sulzbach, v. Seidel. à Jahrg. * — 30

— für die bayerischen Feuerwehren auf d. J. 1896. 24. Jahrg. 4. (80 S. m. Abbildgn.) Sulzbach, J. E. v. Seidel. n. — 30

— f. d. bayer. Feuerwehren auf d. J. 1899. 28. Jahrg. 4. (86 S. m. Abb.) Sulzbach, J. E. v. Seidel. n. — 30

— für die bayerischen Feuerwehren auf d. J. 1903. 32. Jahrg. gr. 8. (85 S. m. Abbildgn.) Sulzbach, J. E. v. Seidel. n. — 30

— für die bayerischen Feuerwehren auf das J. 1907. 36. Jahrg. (85 S. m. Abbildgn.) gr. 8. Sulzbach, J. E. v. Seidel. n. — 30

— für die bayerischen Feuerwehren auf d. J. 1911. 40. Jahrg. (86 S. m. Abbildgn.) gr. 8. Sulzbach, J. E. v. Seidel. — 30

—— f. Feuser's neuer Kalender für die österreich. Landwirthe.

—— für Fleischbeschauer auf das J. 1880. (1. Jahrg.) 12. (VIII, 116 S.) Lüdenscheid, Becker und Comp. geb. *

—— für Fleischbeschauer pro 1881. gr. 16. (192 S.) Arnsberg, Becker und Comp. geb. *
Nicht weiter erschienen.

—— für Fleischer u. Viehhändler für das J. 1892 u. 1893. 1. u. 2. Jahrg. Mit Gratiszugabe: Ein Heftchen m. Nota's. 12. (IV, 133; IV, 152 S.) Dresd., Bloem. geb. in Leinw. à Jahrg. 1 25

— dasselbe, s.a.Fach-Kalender.

Kalender des Deutschen Flotten-Vereins. Im Auftr. d. Deutschen Flotten-Ver. hrsg. von M[ax] Plüddemann, Kontre-Admiral z. D. Für 1901. *Minden i. W. & Leipzig: W. Köhler (1901).* (196 S.) 8° [F.]
Forts. s. u. d. T.: Illustrierter Deutscher Flotten-Kalender. 1902ff. [illegible]

— des deutschen Flotten-Vereins. Jahrg. 1911. Hrsg. vom deutschen Flotten-Verein Berlin. (210 S. m. Abb.) 8. Berlin. (Leipzig, O. Klemm.) Geb. — 50

— des österreichischen Flottenvereines 1910. 1. Jahrg. (XLVIII, 95 S. m. Abbildgn. u. 9 Taf.) gr. 8. Wien, (C. Fromme). — 80

—— für Frankenberg u. Umgegend auf d. J. 1890. 4. (78 S. m. Illustr. u. 2 Taf.) Nebst Zugabe: Die Wettinfeier in Sachsen. 12. (16 S. m. Illustr.) Frankenberg, Stange. * — 50

— — Frankfurter, s.a.Taschenkalender.

Frankfurter Kalender. Ein Jahrbuch. Hrsg. von E[mil] Klotz, Fr. Kurz u. Th. Schäfer. [1.] Für 1908. Frankfurt a. M.: M. Diesterweg 1908. 4° [F.] [illegible]

— Frankfurter. Ein Jahrbuch f. 1908. Hrsg. von E. Klotz, Fr. Kurz u. Th. Schäfer. Umschlag u. Monatsbilder v. Fritz Boehle. (122 S. m. Abbildgn. u. 1 Taf.) Lex. 8. Frankfurt a/M., M. Diesterweg. 2. —

—— französischer, für 1861, in 12 Blättern. Wien 860, Ueberreuter.

— unserer lieben Frau von Lourdes für das Jahr 1887. Herausgegeben als Beilage des „Echo der Annalen von Lourdes". I. Jahrg. 8°. (128 S.) Brünn, Verlag des „Echo". fl. —.35.

— für Frauen- u Kinder-Aerzte v. Eichholz u. Sonnenberger. 3. Jahrg. 1899. 12. (III S, Schreibkal. u. 172 S.) Kreuznach, F. Harrach. Geb. in Ldr. n. 2. 50

— für Frauen- u. Kinder-Arzte v. Eichholz u. Sonnenberger. 7. Jahrg. 1903. 12. (III S., Schreibkalender u. 214 S.) Kreuznach. [F. Harrach.] Berlin, Vogl & Kreienbrink. Geb. in Ldr. n. 2. 50

— (Einbd. Taschenkalender) f. Frauen- u. Kinderärzte v. Eichholz u. Sonnenberger. 11. Jahrg. 1907. 2 Tle. (VII, 108; IV, 154 u. 12 Monatshefte je 32 S.) kl. 8. Berlin, Vogel & Kreienbrink. Geb. in Ldr. u. geh. n. 3. —

— f. Frauen- u. Kinderärzte v. Eichholz u. Sonnenberger. 12. Jahrg. 1908. 2 Tle. (VII, 105; IV, 126 u. 12 Monatshefte je 32 S.) kl. 8. Berlin. Vogel & Kreienbrink. In Ldr.-Brieftasche u. geh. 3. —
Erscheint nicht mehr.

— astronomisch-kurioser Frauenzimmers, 3 Thle. 8. Erf. 759.

— astronomisch-ökonom. Frauenzimmers, 5 Thle. 8.

—— Freiberger, f. Stadt-, Land- und Berg-Kalender.

—— freiberger kleiner. 1858—62. 4. (à Jahrg. 32 S. mit eingedr. Holzschn.) Freiberg, Gerlach'sche Buchdruckerei. à Jahrg. *

— Freiberger kleiner, 1906. (86 S. m. Abbildgn.) Lex.-8. Freiberg, Gerlach'sche Buchdr. — 20

— Freiberger, kleiner, 1911. (64 S. m. Abbildgn.) Lex. 8. Freiberg, Gerlach'sche Buchdr. — 20

— für Freimaurer, s.a.Dalen, C. van.

Kalender für Freimaurer auf das Jahr 1861—1864. Hrsg. von C[arl] v. Dalen. [Jg. 1]—4. Berlin: Sittenfeld 1861—1864. 8°
[Fortges. u. d. Tit.:]
C[arl] v. Dalen's Jahrbuch. [Seit 1875:] Kalender für Freimaurer auf das Jahr 1865—1910. Hrsg. von C[arl] v. Dalen. [Jg. 8—19:] Von Bruderhand fortges., [Jg. 20—21:] von [Herm. Georg Eug.] v. Schweinichen, [Jg. 23—33:] von Karl Paul, [Jg. 34—42:] fortges. von Bruderhand, [Jg. 43—50:] bearb. von Herm. Merker. Jg. 5—50. Berlin: Sittenfeld, [1866—1869:] Leipzig: Förster & Findel, [seit 1870:] Findel 1865—1910. 8°
[1.] II, 175 S. 1861; 2. VIII, 285 S. 1862; 3. VII, 213 S. 1863; 4. VI, 209 S. 1864; 5. 211 S. 1865; 6. 200 S. 1866; 7. 118 S. 1867; 8. 232 S. 1868; 9. VI, 234 S. 1869; 10. IV, 222 S. 1870; 11. 166 S. 1871; 12. 164 S. 1872; 13. 168 S. 1873;

14. 172 S. 1874; 15. 248 S. 1875; 16. 250 S. 1876; 17. 256 S. 1877; 18. XII, 260 S. 1878; 19. XII, 243, VII S. 1879; 20. XX, 249 S. 1880; [21.] X, 288 S. 1881; 22. X, 295 S. 1882; 23. 279 S. 1883; 24. 288 S. 1884; 25. 340 S. 1885; 26. 350 S. 1886; 27. 354 S. 1887; 28. 359 S. 1888; 29. 366 S. 1889; 30. 379 S. 1890; 31. 377 S. 1891; 32. 383 S. 1892; 33. 374 S. 1893; 34. 380 S. 1894; 35. 383 S. 1895; 36. 384 S. 1896; 37. 355 S. 1897; 38. 355 S. 1898; 39. 358 S. 1899; 40. 335 S. 1900; 41. 335 S. 1901; 42. 335 S. 1902; 43. 341 S. 1903; 44. 342 S. 1904; 45. 340 S. 1905; 46. 347 S. 1906; 47. 338 S. 1907; 48. 350 S. 1908; 49. 318 S. 1909; 50. 316 S. 1910.
Tt. 186. Vollst. Exemplare selten.

Calender für Freimaurer auf das Jahr 1861—68 und 1871—85. Berlin 1861—85. H: *Dalen, Carl van.* (Tt)

Kalender (Br. C. van Dalens) für Freimaurer auf das Jahr 1861—1868 u. 1871—1885. 1.—8. u. 11.—25. Jahrg. Berlin, Sittenfeld. 1861—1865. — Leipzig, Förster & Findel. 1866—1868. — Leipzig, Findel. 1871—1885. 23 Bändchen. 16.

—— für Freimaurer auf das J. 1861. 1. Jahrg. Hrsg. von C. van Dalen. 24. (XIV und 177 S.) Berlin 860, Berg. *

—— dass. — auf das J. 1862. Hrsg. von Demselben. 2. Jahrg. 32. (287 S.) Berlin 861, Sittenfeld. geb. *

—— für Freimaurer auf die J. 1863—65. Hrsg. von C. van Dalen. 3.—5. Jahrg. 32. (à Jahrg. VII und 212—215 S.) Berlin, Sittenfeld. geb. à Jahrg. *
Vgl.: Dalen, C. van.

—— freireligiöser, für das J. 1861. Hrsg. von C. A. Hetzer. 2. Jahrg. (XXXV und 29 S.) Gotha, Stollberg'sche Verlagsbuchh. *
1. Jahrg. s. Jahrbuch für die freireligiösen Gemeinden.

—— freireligiöser. Jahresschrift für Freidenker auf die J. 1872—1880. 1.—9. Jahrg. Hrsg. von Aug. Specht. 8. (à ca. 100—104 S.) Gotha, Stollberg'sche Verlagsh. à Jahrg. *

— Freisinger, f. d. J. 1891. 4. (55 S. m. Text-Abbildgn., 1 Farbendr. u. 1 Wandkalender.) Freising, Dr. Datterer. —30

—— für Freunde des Gustav-Adolf-Vereins auf die J. 1859—61. 1—3. Jahrg. 4. (à Jahrg. 44 S. mit eingedr. Holzschn.) Darmstadt, (Würtz.) à Jahrg. *

—— dass. — auf das J. 1862. 4. Jahrg. 4. (44 S. mit eingedr. Holzschn.) Friedberg, Bindernagel und Schimpff.
Ohne Kalendarium. (80 S.)

Kalender für Freunde des Gustav-Adolf-Vereins auf das J. 1862. 5. Jahrg. 4. (46 S. mit eingedr. Holzschn.) Friedberg, Bindernagel und Schimpff.
Ohne Kalendarium

—— Fromme's, f. den k. u. k. Einjährig-Freiwilligen der Infanterie, Jägertruppe u. Cavallerie f. d. Dienstj. 1892/93. Redig. v. E. Barta. 16. (X, 175 S. m. Abbildgn.) Wien, Fromme. geb. * 2 —

Kalender, Fromme's, für den k. u. k. Einjährig-Freiwilligen d. Infanterie, Jägertruppe, Cavallerie, Artillerie und des Trains für das Dienstjahr 1893/94. Redigirt von Dr. Emil Barta. 16. (508 S. und Notizblätter.) In Leinwand gebunden Ebd. 1.—

— Fromme's, f. den k. u. k. Einjährig-Freiwilligen der Infanterie, Jägertruppe, Cavallerie-, Artillerie- u. Traintruppe f. d. Dienstj. 1894/95. Red. v. Emil Barta. 16. (IV, 210 S. m. Abbildgn.) Wien, C. Fromme. Geb. in Leinw. n. 2. —

— Fromme's, f. d. k. u. k. Einjährig-Freiwilligen d. Infanterie, Jägertruppe, Cavallerie, Artillerie- u. Traintruppe für d. Dienstj. 1895/96. Red. v. Emil Barta. 16. (IV, 212 S. m. Abb.) Wien, C. Fromme. Geb. in Leinw. n. 2. —

—— Fromme's, unserer lieben Frauen u. Töchter f. 1890—1893. 4. (à Jahrg. 28 S.) Wien, Fromme. à Jahrg. * 1 60

Kalender, Fromme's, unserer lieben Frauen und Töchter, für 1892. 4. (32 S.) Boudoir-Ausgabe auf Velinpapier in reichster typographischer Ausstattung, zum Aufhängen. 1. Jahrg. Ebd. —.80

Kalender, Fromme's, unserer lieben Frauen und Töchter pro 1893. 2. Jahrg. Boudoir-Ausgabe auf Velinpapier in reichster typographischer Ausstattung, zum Aufhängen 4. (32 S.) Ebd. —.80

— Fromme's, unserer lieben Frauen u. Töchter f. 1894. 4. (31 S. m. Randeinfassgn.) Wien, C. Fromme. n. 1. 60

Kalender unserer lieben Frauen und Töchter, Fromme's, pro 1896. V. Jahrg. Boudoir-Ausgabe auf Velinpapier in reichster typographischer Ausstattung, zum Aufhängen Ebd. —.80

— Fromme's, uns. lieben Frauen u. Töchter f. 1896. 4. (31 S. m. Randeinfassgn.) Wien, C Fromme. n. 1.60

Kalender, Fromme's graphischer, f. 1882 für Buch-, Stein- u. Kupferdrucker, Schriftgiesser und verwandte Kunstgenossen, redig. v. Jos. Heim. 8. II. Jahrg. (120 S. mit Tagebuch) eleg. geb. 1 fl. 50 kr. nur baar. Ebd.

— Fromme's graphischer, 1882, für Buch-, Stein- u. Kupferdrucker, Schriftgiesser u. verwandte Kunstgenossen. Red. v. Jos. Heim. 16. (328 S.) Wien, Fromme. geb. 3. —

— Fromme's, f. Handelsakademiker u. Handelsschüler. Studienj. 1893/94. Red. v. Emil Hitschmann u. Rud. Kraus. 16. (VIII, 127 S. u. Schreibkalender.) Wien, C. Fromme. Geb. in Leinw. n. 2. —

Kalender, Fromme's, für Handels-Akademiker und Handelsschüler. Redigirt von E. Hitschmann und R. Kraus. Für 1895/96. 16. (121 S. mit Notizbuch.) In Lnwd. geb. Ebd. 1.—

— Fromme's, f. Handels-Akademiker u. Handelsschüler f. d. Studienj 1897/98 4 Jahrg. Hrsg. v Verein d Lehrkräfte an öst Handelslehranst. 16. (IV, 107 S. u Notizbuch) Wien. C. Fromme. Kart n. 1 60

— dasselbe, Fortsetzg., s.: Merkur.

Kalender, Fromme's

— für den katholischen Clerus Oesterreich-Ungarns 1879 und 1880. 1. und 2. Jahrg. Redig. von Berth. A. Egger. Mit Benützung amtl. Quellen. gr. 16. (VIII, 256; XVI, 256 S.) Wien, Fromme. geb. à Jahrg. * geb. in Leder mit Goldschn. à Jahrg.

— Fromme's, für den katholischen Clerus Oesterreich-Ungarns. 1881—1885. 3.—7. Jahrg. Redig. von Berthold A. Egger. Mit Benützung amtl. Quellen. gr. 16. (260; 279; XVI, 280; 278; VIII, 282 S.) Wien, Fromme. geb. à Jahrg.

— Fromme's, für den katholischen Clerus Oesterreich-Ungarns 1886. 8. Jahrg. Redig. von Berth. A. Egger. gr. 16. Wien, Fromme. geb. *

— Fromme's, f. den katholischen Clerus Oesterreich-Ungarns 1887. 9. Jahrg. Red. v. Berthold A. Egger. Mit dem Portr. Sr. Heil. Leo XIII. gr. 16. (293 S.) Wien, Fromme. geb. in Leinw. 4. —; Brieftaschen-Ausg. n. 4. 40

— dass. — 1888. 10. Jahrg. Redig. von Berth. A. Egger. gr. 16. (XVI, 294 S.) Ebendas. geb. in Leinw. Brieftaschen-Ausg. *

— dass. — 1889. 11. Jahrg. Redig. von Berth. A. Egger. 2 Thle. gr. 16. (VIII, 264; 172 S.) Ebendas. geb. in Leinw. * Brieftaschen-Ausg. *

— Fromme's, f. den katholischen Clerus Oesterreich-Ungarns 1890—1893. 12.—15. Jahrg. 12.—14. Jahrg. redig. v. A. Egger, 15. Jahrg. redig. v. Roman G. Himmelbauer. Mit Beilage. gr. 16. (IV, 294; VIII, 266, 124; VIII, 228, 124; VIII, 219, 125 S.) Wien, Fromme. à Jahrg. geb. in Leinw. * 3 20; Brieftaschen-Ausg. * 4 40

— Fromme's, f. den katholischen Clerus Oesterreich-Ungarns f. d. J. 1891. 13. Jahrg. Red. v. Berthold A. Egger. Mit Statistik der gesammten katholischen Kirche. XIII. Jahrg. Nach amtl. Quellen unter Mithilfe vieler Freunde bearb. v. Alois Patzak. gr. 16. (VIII, 266 u. Statistik 124 S.) Wien, Fromme. geb. in Leinwd. n. 3. 20; Brieftaschen-Ausg. n. 4. 40

Kalender für den katholischen Clerus Oesterreich-Ungarns, Fromme's, 1894. 16. Jahrg. Redigirt von Roman G. Himmelbauer. Gr.-16. (VI, 281 S.) Geb. in Lnwd. Ebd. 1.60
Derselbe. Brieftaschen-Ausgabe 2.20

— Fromme's f. den katholischen Clerus Oesterreich-Ungarns 1895. 17. Jahrg. Red. v. Roman G. Himmelbauer. Mit Beilage: Vorschriften in Stolatax-Angelegenheiten f. den Seelsorge-Clerus. Gesammelt v. Wenzel Schreiner. gr. 16. (VIII, 288 u. 90 S.) Wien, C. Fromme. Geb. in Leinw. n. 3. 20; Brieftaschen-Ausg. n. 4. 40

Kalender für den katholischen Clerus Oesterreich-Ungarns, Fromme's, 1896. 18. Jahrg. Redigirt von Roman G. Himmelbauer. Gr.-16. (VI, 206 S., mit Notizblättern.) Gebunden in Leinwand Ebd. 1.60
— — Brieftaschen-Ausgabe * 2.20

Kalender für den katholischen Clerus Oesterreich-Ungarns, Fromme's, 1897. 19. Jahrg. Redigirt von Roman G. Himmelbauer. Gr.-16. (IV, 295 S., mit Notizblättern.) Gebunden in Leinwand Ebd. 1.60
— — Brieftaschen-Ausgabe * 2.20

Kalender für den katholischen Clerus Oesterreich-Ungarns, Fromme's, 1898. 20. Jahrg. Redigirt von Roman G. Himmelbauer. Gr.-16. (IV, 271 S., mit Notizblättern.) Gebunden in Leinwand Ebd. 1.60
Brieftaschen-Ausgabe * 2.20

— Fromme's, f. d. kathol. Clerus Oesterreich-Ungarns 1899. 21. Jahrg. Red. v. Roman G. Himmelbauer. M. 1 Beilage. gr. 16. (VI, 268 u. 110 S.) Wien, C. Fromme. Geb. in Leinw. u. geh. n. 3. 20; Brieftaschen-Ausg. n. 4. 40

Fromme's Kalender für den katholischen Clerus Österreich-Ungarns 1900. XXII. Jahrgang. Redigirt von Roman G. Himmelbauer. Wien. Fromme. 8°. VI, 272 u. 110 S Geb. fl. 1.60
Brieftaschen-Ausgabe * fl. 2.20.

— Fromme's, f. den katholischen Clerus Oesterreich-Ungarns 1901. 23. Jahrg. Red. v. Roman G. Himmelbauer. Mit 1 Beilage. 12. (IV, 268 u. 111 S.) Wien, C. Fromme. Geb. in Leinw. u. geh. n. 3. 20; Brieftaschen-Ausg. n. 4. 40
Fortsetzung s.: Fromme.

Fromme's Kalender für den katholischen Clerus Österreich-Ungarns 1902. XXIV. Jahrgang. Redigirt von Roman G. Himmelbauer. Wien. Fromme. 8°. 274 u. 128 S. Mit 1 Karte. Geb. K 3.20
Briefaschen-Ausgabe K 4.40.

Fromme's Kalender für den kathol. Clerus Oesterreich-Ungarns. 1903. 25. Jahrg. 16°. (274, 128 S.) Ebd.

Frommes Kalender für den katholischen Klerus Österreich-Ungarns. 1904. 26. Jahrg. 8°. (276 S.) Ebd. geb. K 3.20, Brieftaschenausgabe K 4.40

Frommes Kalender für den katholischen Klerus Österreich-Ungarns. 27 Jahrg. 1905. 16°. (272, 107 S) Ebd. geb. K 3.20, Brieftaschenausgabe K 4.40

Fromme's Kalender für den katholischen Klerus Österreich Ungarns. 1906. 28. Jahrg. 8°. (279 S.) Ebd. geb. K 5.20

Fromme's Kalender für den katholischen Klerus Österreich-Ungarns. 1907. 29. Jahrg. 8°. (279, 100 S.) geb. K 3.20 Ebd. Brieftaschenausgabe * K 4.40

Kalender für den katholischen Klerus. 1908. 30. Jahrg. 8°. (279, 109 S.) Ebd. geb. K 3.20, Brieftaschenausgabe K 4.40

Fromme's Kalender für den katholischen Klerus Österreich-Ungarns. 1911. 33. Jahrg. 8°. (114 S.) Ebd. geb. K 3.20, Brieftaschenausgabe K 4.40

Kalender, F r o m m e ' s , für den österreichischen Landmann. s. K a l e n d e r für den österreichischen Landmann.

Kalender, F r o m m e ' s

— montanistischer, für Oesterreich-Ungarn 1877—1880. 1.—4. Jahrg. Redig. von Vict. Wolff. gr. 16. (VIII, 167; VIII, 200; VIII, 198; VIII, 191 S.) Wien, Fromme. geb. in Leinw. à Jahrg. * ℳ 3,20.; geb. in Leder à *

Kalender, Fromme's montanistischer, für Oesterreich-Ungarn 1881—1885. 5.—9. Jahrg. Redig. von Vict. Wolff. gr. 16. (VIII, 206; VIII, 208; VIII, 209; VIII, 196; VIII, 202 S.) Wien, Fromme. geb. à Jahrg.

Kalender, Fromme's montanistischer, für Oesterreich-Ungarn 1886. 10. Jahrg. Redig. von Vict. Wolff. gr. 16. (VIII, 207 S.) Wien, Fromme. geb.

—— dass. — 1887—1889. 11.—13. Jahrg. Redig. von Hanns Frh. Jüptner v. Jonstorff. gr. 16. (247; VIII, 221; VI, 242 S.) Ebendas. geb. in Leinw. à Jahrg. In Brieftaschen-Ausg. à Jahrg. *

—— Fromme's montanistischer, f. Oesterreich-Ungarn 1890—1893. 13.—16. Jahrg. Redig. v. Hanns Frhr. Jüptner v. Jonstorff. gr. 16. (VI, 245; VI, 223; VI, 224 S. u. Tageb.; VI, 237 S. u. Tageb.) Wien, Fromme. geb. in Leinw. à Jahrg. * 3 20 Brieftaschen-Ausg. à Jahrg. * 4 40

Kalender, Fromme's montanistischer, f. Oesterreich-Ungarn. 1894. 17. Jahrg. Redigirt von Hans Freih. Jüptner v. Johnstorff. Gr.-16. (VI, 243 S.) Geb. in Leinwd. Ebd. 1.60
Derselbe. Brieftaschen-Ausgabe 2.20

— Fromme's montanistischer, f. Oesterreich-Ungarn 1895. 18. Jahrg. Red. von Hanns Frhr. Jüptner v. Jonstorff. gr. 16. (VI, 187 S. u. Tagebuch.) Wien, C. Fromme. Geb. in Leinw. n. 3. 20; Brieftaschen-Ausg. n. 4. 40

Kalender, Fromme's montanistischer, f. Oesterreich-Ungarn. 1896. 19. Jahrg. Redigirt von Hans Freiherr Jüptner v. Johnstorff. Gr.-16. (VI, 192 S.) Geb. in Leinwd. 1.60, Brieftaschen-Ausgabe Ebd. * 2.20

Kalender, Fromme's montanistischer, f. Oesterreich-Ungarn. 1897. 20. Jahrg. Redigirt von Hans Freiherr Jüptner v. Johnstorff. Gr.-16. (VI, 205 S.) Geb. in Leinwd. 1.60, Brieftaschenausgabe Ebd. * 2.20

Kalender, Fromme's montanistischer, f. Oesterreich-Ungarn. 1898. 21. Jahrg. Redigirt von Hans Freiherr Jüptner v. Johnstorff. Gr.-16. (VI, 222 S. mit Notizblättern.) Gebunden in Lnwd. 1.60, Brieftaschenausgabe Ebd. * 2.20

— Fromme's montanistischer, f. Oesterreich-Ungarn 1899. 22. Jahrg. Red. v. Hanns Frhr. Jüptner v. Jonstorff. 12. (VI, 190 S.) Wien, C. Fromme. Geb. in Leinw. n. 3. 20; Brieftaschen-Ausg. n. 4. 40

Fromme's Montanistischer Kalender für Oesterreich-Ungarn 1900. XXIII. Jahrgang. Redigirt von Hanns Freiherr Jüptner v. Jonstorff. Wien. Fromme. 8°. 202 S. Geb. fl. 1.—

— Fromme's montanistischer, f. Oesterreich-Ungarn 1901. 24. Jahrg. Red. von Hanns Frhr. Jüptner v. Jonstorff. 12. (V, 283 S.) Wien, C. Fromme. Geb. in Leinw. n. 3. 20; Brieftaschenausg. n. 4. 40
Fortsetzung s: Fromme.

Fromme's Montanistischer Kalender für Oesterreich-Ungarn 1902. XXV. Jahrgang. Redigirt von Hans Freiherr Jüptner v. Jonstorff. Wien. Fromme. 8°. 202 S. Geb. K 3.20
Brieftaschen-Ausgabe K 4.40.

Fromme's montanistischer Kalender für Oesterreich-Ungarn 1903. 25. Jahrg. 8°. (208 S.) Ebd.

Frommes montanistischer Kalender für Österreich-Ungarn. 1904. 26. Jahrg. 16°. (212 S.) Ebd. in Leinwand K 3.20, Brieftaschenausgabe K 4 40

Frommes Montanistischer Kalender für Österreich-Ungarn. 1905. 27. Jahrg. 16°. (208 S.) Ebd. geb. K 3.20, Brieftaschenausgabe * K 4.40

Frommes montanistischer Kalender für Österreich-Ungarn 1907. 29. Jahrg. 8°. (224 S) Ebd. geb. K 3.20 Brieftaschenausgabe * K 4.40

Fromme's montanistischer Kalender für Österreich-Ungarn. 1909 31. Jahrg. 8°. (228 S.) Ebd. geb. K 3 20

Fromme's montanistischer Kalender für Österreich-Ungarn 1908. 33. Jahrg. 8°. (236 S.) Ebd. geb. K 3.20

Fromme's Montanistischer Kalender für Österreich-Ungarn. 1911. 43. Jahrg. 8°. (226 S.) Ebd. geb. K 3.20

Kalender für Thierärzte, Fromme's österreichischer, für das Jahr 1894. I. Jahrg. Redigirt von Josef Rudovsky. 16. (VII, 205 S.) In Lwd. geb. Ebd. 1.60

— Fromme's österreichischer, f. Thierärzte f. d. J. 1895. 2. Jahrg. Red. v. Jos. Rudovsky. 16. (VIII, 205 S. u. Tagebuch.) Wien, C. Fromme. Geb. in Leinw. n. 3. 20

Kalender für Thierärzte, Fromme's österr., für das Jahr 1896. III. Jahrg. Redigirt von Josef Rudowsky. 16. (VIII, 223 S. u. Tagebuch.) In Lnwd. geb. * 1.60, in Leder * 2.20 Ebd.

Kalender für Thierärzte, Fromme's österr., für das Jahr 1897. IV. Jahrg. Redigirt von Josef Rudowsky. 16. (VIII, 229 S. u. Tagebuch.) In Lnwd. geb. * 1.60, in Leder * 2.20 Ebd.

Kalender für Thierärzte, Fromme's österreichischer, für das Jahr 1898. V. Jahrg. Redigirt von Josef Rudovsky. 16. (VIII, 223 S. mit Tagebuch.) In Lnwd. geb. 1.60 Ebd.

— Fromme's österreich., f. Thierärzte f. d. J. 1899. 6. Jahrg. Red. von Aug. Postolka. 16. (VIII, 215 S. u. Tagebuch.) Wien, C. Fromme. Geb. in Leinw. n. 3. 20

Fromme's Österreichischer Kalender für Thierärzte für das Jahr 1900. VII. Jahrgang. Redigirt von August Postolka. Wien Fromme. 16°. VIII, 229 S. mit Tagebuch. Geb. * fl. 1.60

Forts. u. d. T. Österreichischer Kalender für Thierärzte.

Kalender, Fromme's

—— pharmaceutischer, für 1873 und 1874. 10. und 11. Jahrg. Redig. von Frz. Klinger. 16. (à 294 S.) Wien, Fromme. à Jahrg. geb. *

—— pharmaceutischer, für 1875—1880. 12.—17. Jahrg. Redig. von Frz. Klinger. 16. (109; 106, 109; 106; IV, 120, 190; IV, 143, 190; IV, 157, 192 S.) Wien, Fromme. geb. à Jahrg. *

—— Fromme's pharmaceutischer, für die J. 1881—1885. 18.—22. Jahrg. Redig. von Frz. Klinger. 16. (IV, 322; IV, 139, 192; IV, 136, 192; IV, 136, 192; IV, 133, 192 S.) Wien, Fromme. geb. à Jahrg.

—— Fromme's pharmaceutischer, für die J. 1886—1889. 23.—26. Jahrg. Redig. von Frz. Klinger. 16. (à Jahrg. ca. 350—380 S.) Wien, Fromme. geb. in Leinw. à Jahrg. 3 20
In Brieftaschen-Ausg. à Jahrg. * 4 40

—— Fromme's pharmaceutischer, f. d. J. 1890—1893. 27.—30. Jahrg. Redig. v. Ant. A. Sicha. 16. (IV, 245; IV, 270, IV, 271, IV, 265 S.) Wien. Fromme. geb. in Leinw. à Jahrg. * 3 20
Brieftaschen-Ausg. à Jahrg. * 4 40

— Fromme's pharmaceutischer, für das Jahr 1894. 31. Jahrg. Redigirt von Anton J Sicha. 16. (270 S. und Tagebuch.) In Leinwand gebunden Ebd. 1.60
Derselbe. Brieftaschen-Ausgabe 2.20

— Fromme's pharmaceutischer, f. d. J. 1895. 32. Jahrg. Red. v. Ant. A. Sicha. 16. (IV, 252 S.) Wien, C. Fromme. Geb. in Leinw. n. 3 20;
Brieftaschen-Ausg. n. 4. 40

Kalender, Fromme's pharmaceutischer, für das Jahr 1896. 33. Jahrg. Redigirt von Anton J. Sicha. 16. (277 S. und Tagebuch.) In Leinwand gebunden Ebd. 1.60

Kalender, Fromme's pharmaceutischer, für das Jahr 1897. 34. Jahrg. Redigirt von Anton Sicha. 16. (259 S.) In Lnwd. geb. 1.60
Brieftaschen-Ausgabe Ebd. * 2.20

Kalender, Fromme's pharmaceutischer, für das Jahr 1898. 35. Jahrg Redigirt von Anton J. Sicha. 16. (277 S. und Tagebuch.) In Leinwand geb. Ebd. 1.60
Derselbe. Brieftaschen-Ausgabe * 2.20

— Fromme's pharmaceutischer, f. d J. 1899 36. Jahrg Hrsg v. allgem österr Apotheker-Vereine Red. v. Ant. J. Sicha. gr 16. (IV, 284 S.) Wien, C. Fromme Geb in Leinw. n. 3. 20;
Brieftaschen-Ausg n. 4 40

Fromme's Pharmaceutischer Kalender für das Jahr 1900. XXXVII. Jahrgang. Herausgegeben vom Allgem. österr. Apotheker-Vereine. Redigirt von Anton J. Sicha Wien. Fromme. 16°. V 299 S. Geb. fl. 1.60
Brieftaschen-Ausgabe * fl. 2.20.

— Fromme's pharmaceutischer, f. d. J. 1901. 38. Jahrg. Hrsg. vom allgem österr. Apotheker-Vereine. Red. v. Ant. J. Sicha. gr. 16. (V, 310 S.) Wien, C. Fromme. Geb. in Leinw. n. 3. 20;
Brieftaschen-Ausg. n. 4. 40
Fortsetzung, s.: Fromme.

Fromme's Pharmaceutischer Kalender für das Jahr 1902. XXXIX. Jahrgang. Herausgegeben vom Allgem. österreich. Apotheker-Vereine. Redigirt von Anton J. Sicha. Wien. Fromme. 16°. 301 S. Geb. K 3.20
Brieftaschen-Ausgabe K 4.40

Fromme's pharmazeutischer Kalender für das Jahr 1904. 41 Jahrg. 16° (320 S.) geb. K 3 20, Brieftaschenausgabe K 4.40 Ebd.

Frommes pharmazeutischer Kalender für das Jahr 1905. 42. Jahrg. 16°. (315 S.) Ebd. K 3 20
Brieftaschenausgabe * K 4.40

Frommes Pharmazeutischer Kalender für das Jahr 1906. 43 Jahrg 8° (341 S.) geb. K 3.20, Brieftaschenausgabe K 4.40 Ebd.

Fromme's pharmazeutischer Kalender für das Jahr 1907 44. Jahrg. 8°. (338 S.) geb. K 3.20, Brieftaschenausgabe * K 4.40 Ebd.

Fromme's pharmazeutischer Kalender für das Jahr 1908. 54. Jahrg. 8°. (344 S.) Ebd. geb. K 3.20

Fromme's Pharmazeutischer Kalender für das Jahr 1909. 46. Jahrg 8°. (361 S.) Ebd. geb. K 3.20

Frommes pharmazeutischer Kalender für das Jahr 1910. 47. Jahrg. 8°. (332 S.) Ebd. geb. K 19.10

Fromme's pharmazeutischer Kalender für das Jahr 1911. 48. Jahrg. 8°. (323 S.) Ebd. geb. K 3.2?

— fünfjähriger, von 1796—800. 8. Nürnb. Schneider und W. 795.

— — derselbe v. 1800-4. 8. Ebend. 799.

— — derselbe v. 1806-810. 8. Ebend. 805.

—— 15 Neukreuzer-, illustrirter, für das J. 1861. 8. Wien, Typographisch-literarisch-artistische Anstalt.

—— constitutioneller österreich. 15 Neukreuzer-, für die J. 1862—68. 7.—13. Jahrg. 8. (à Jahrg. ca. 70 S. mit 1 Holzschn.) Wien, Literarisch-artistische Anstalt von C. Dittmarsch. à Jahrg. *

Kalender, Galizischer illustrirter — für das Jahr 1856, welches ein Schaltjahr von 366 Tagen ist. IV. Jahrgang. Lemberg, 1856. Druck und Verlag von Kornel. Piller. (78 S. 4.)

Kalender, Galizischer illustrirter — für das Jahr 1857, welches ein gemeines Jahr von 365 Tagen ist. 5. Jahrg. Lemberg. Druck und Verlag von Kornel Piller. (74 S. 4.)

— für das Gas- u. Wasserfach, s. Schaar, G. F.

—— für Gas- und Wasserfach-Techniker. Zum Gebrauche für Dirigenten und techn. Beamte der Gas- und Wasserwerke, sowie für Gas- und Wasserinstallateure. Bearb. von G. F. Schaar. 4.—8. Jahrg. 1881—1885. à Jahrg. 2 Thle. 8. (210, 91; IV, 312, 97; IV, 224, 94, 99; IV, 228, 148; V, 234, 32 S.) München, Oldenbourg. geb. und geh. à Jahrg. *
Bildet die Fortsetzung zu: Gas-Kalender.

—— für Gas- und Wasserfachtechniker. Zum Gebrauche für Dirigenten und techn. Beamte der Gas- und Wasserwerke, sowie für Gas- und Wasserinstallateure. Bearb. von G. F. Schaar. 9. Jahrg. 1886. 2 Thle. gr. 16. (V, 228; 35 S.) München, Oldenbourg. geb. und geh. *

— für Gas- u. Wasserfachtechniker. Zum Gebrauche f. Dirigenten u. techn. Beamte der Gas- u. Wasserwerke, sowie f. Gas- u. Wasserinstallateure. Bearb. v. G. F. Schaar. 10. Jahrg. 1887. 2 Thle. gr. 16. (V, 236 S.) München, Oldenbourg. geb. u. geh. n. 4. —; Beilage dazu (164 S.) n. 1. —

—— dass. — 11. und 12. Jahrg. 1888 und 1889. gr. 16. (V, 280; V, 248, 87 S.) Ebendas. geb. à Jahrg. *

—— für Gas- u. Wasserfach-Techniker. Bearb. v. G. F. Schaar. 13.—16. Jahrg. 1890—1893. 12. (V, 240, 37; 8, 140 S., Schreibkal., 2, 38; 6, 142 S., Schreibkal., 4; 6, 150 S., Schreibkal., 40 S. m. Abbildgn.) Münch., Oldenbourg. geb. in Ldr. à Jahrg. * 4 —
Beilage z. 14. Jahrg. (117 S.) u. z. 16. Jahrg. à * 1 —

— für Gas- u. Wasserfach-Techniker. Zum Gebrauche f. Dirigenten u. techn. Beamte der Gas- u. Wasserwerke, sowie f. Gas- u. Wasserinstallateure. Bearb. v. G. F. Schaar. 18. Jahrg. 1895. 12. (VI, 150 S., Schreibkalender u. 40 S. m. Abbildgn.) München, R. Oldenbourg. Geb. in Ldr. n. 4. 50

— für Gas- u. Wasserfach-Techniker. Zum Gebr. f. Dirigenten u. techn. Beamte d. Gas- u. Wasserwerke, sow. f. Gas- u. Wasserinstallateure. Bearb. v. G. F. Schaar. 22. Jahrg. 1899. 12. (VIII, 152 S., Schreibkal. u. 187 S. m. Fig.) München, R. Oldenbourg. Geb. in Ldr. u. geh. n. 5. 50

— für Gas- u. Wasserfach-Techniker. Zum Gebrauche f. Dirigenten u. techn. Beamte d. Gas- u. Wasserwerke, sowie f. Gas- u. Wasser-Installateure. Bearb. v. G. F. Schaar. 25. Jahrg. 1902. 2 Tle. 12. (VI, 164 S., Schreibkalender, 52 u. 193 S. m. Fig.) München, R. Oldenbourg. Geb. in Ldr. u. geh. n. 5. 50
Fortsetzung s.: Schaer, G. F.

Kalender für Gas- und Wasserfach-Techniker. Mit Beilage. (T. 1 u. 2.) Jg. 5. 1882, 7. 1884, 10. 1887 (nur Beilage), 13. 1890, 16. 1893 u. 32. 1909 ff. München und Leipzig
Von Jg. 26. 1903 ab: Kalender, G. F. Schaar's, für das Gas- und Wasserfach. Hrsg. von C. Schilling

— — der Gastwirthe u. Hôteliers für das gemeine Jahr 1886. Officielle Ausgabe der Genossenschaft der Gastwirthe in Wien und dessen Umgebung mit dem Stande ihrer Mitglieder. 8°. (LXXXI, 256 S.) Wien, Perles. cart. fl. 1.20.

M.J. Gaupps Calender [Kalender]... nebst denen alt-und neuen schwedischen Glücks-und Unglücks-Sternen. 1743. Nürnberg: Endter [1742]. 8°
1743: [1742.]

Kalender für Geflügelfreunde, s. a. Oettel.

Kalender f. Geflügelfreunde. Ein Jahrbuch f. Liebhaber etc. Redig. von *Gust. Meyer*. Jahrg. 1882. Mit vielen Illustr. u. Portr. *Rob. Oettel's*. Minden. 8°. Cart. *)
18 Bll., 96 S. u. 25 Bll. Tabellen.

— Ein Jahrbuch für Liebhaber, Händler, Züchter u. Landwirthe etc. 1883. Redig. von *Gust. Meyer*. Mit Portr. von Dr. *Karl Russ*. (Volks- u. Fachschrift.). Minden. Kl. 8°. Cart. *)
18 Bll., 112 S., 17 Bll. Tabellen, Anzeigen etc.

—— für Geflügelfreunde. Ein Jahrbuch für Züchter und Freunde der Geflügel- und Vogelwelt. 1882—1885. Redig. von Gust. Meyer. 1.—4. Jahrg. 8. (174; XXXVI, 138; 172; XXXVI, 144 S. mit Holzschn.) Minden, Köhler. à Jahrg. *

—— für Geflügelfreunde. Ein Jahrbuch für Züchter und Freunde der Geflügel- und Vogelwelt. 1886—1889. Redig. von Gust. Meyer. 5.—8. Jahrg. 8. (à Jahrg. 180—190 S. mit Illustr.) Minden, Köhler. à Jahrg. * 1 —

—— für Geflügelfreunde. Ein Jahrbuch f. Züchter u. Freunde der Geflügel- u. Vogelwelt. 1890—93. 9.—12. Jahrg. 8. (à Jahrg. ca. 200 S. m. Illustr.) Minden, Köhler. geb. à Jahrg. * 1 —

— für Geflügelzucht, s.: Bibliothek, illustr., f. Nutz- u. Sport-Geflügelzucht.

Kalender für Geflügelzüchter auf das J. 1907. Hrsg. unter Mitwirkg. v. Blancke v. Fritz Pfenningstorff. (VI, 311 S. m. Abbildgn.) kl. 8. Berlin, F. Pfenningstorff. Geb. in Leinw. n. — 60

— für Geflügelzüchter auf d. J. 1911. Hrsg. unter Mitwirkg. v. Blancke, v. Fritz Pfenningstorff. (Ausg. A.) (VI, 333 S. m. Abbildgn.) kl. 8. Berlin, F. Pfenningstorff. Geb. in Leinw. — 60

— dasselbe. (Ausg. B). Mit: Hilfstabellen für Geflügelzüchter, 3. Aufl. (VI, 333 S. m. Abbildgn. u. 127 S.) kl. 8. Ebd. Geb. in Leinw. u. geh. 1. —

— f. Geflügelzüchter u. Vogelfreunde 1891. Ein Jahrbuch f. Geflügel- u. Landwirthe, f. Liebhaber, Züchter u. Aussteller. Hrsg. v. Bruno Dürigen. Mit Beiträgen v. Beler u. C. Lauener. 12. (VIII, 208 S. m. Abbildgn.) Leipzig, Exped. der Geflügel-Börse. geb. n. 1. 20

— für Geflügelzüchter u. Vogelfreunde 1892. Ein Jahrbuch f. Geflügel- u. Landwirthe, f. Liebhaber, Züchter u. Aussteller. Hrsg. v. Bruno Dürigen. Mit Beiträgen und Mittheilgn. v. Zürn, Fr. verw. Maj. Kupsch, Aug. Kienitz u. A. 12. (VI, 208 S. m. Abbildgn.) Leipzig, Exped. der Geflügel-Börse. Geb. in Leinw. n. 1. 20

— für Geflügelzüchter u. Vogelliebhaber auf d. J. 1903. Hrsg. unter Mitwirkg. v. B. Blancke u. A. Holpp v. Fritz Pfenningstorff. 12. (VI, 245 S. m. Abbildgn.) Berlin, F. Pfenningstorff. Geb. n. — 60

—— f. die Gegenwart. Ave Maria. 4. (6 B.) Regensburg 846, Manz. *

Calender f. d. evangel. Geistlichen, Schullehrer u. Kirchendiener im Königr. Sachsen, zur leichteren Uebers. ihrer Amtsgeschäfte auf d. J. 1845. 4. (9 B.) Dresden, Ramming.

— geistlicher, oder Sittenspr. 2c. Augsb. Doll. 808.

Kalender für die katholische Geistlichkeit auf das Gemeinjahr 1855. Herausgegeben von Emilian Wewerka. Der astronomische Theil von Dr. A. Kunesch. Erster Jahrgang. 8. (100 S. et XXXII.) Prag. Druck und Verlag von Kath Gerzabek.

—— für die katholische Geistlichkeit Oesterreichs auf das J. 1878/1879. IV. Jahrg. Neue Folge des „Notiz- und Schreibkalenders für die kathol. Geistlichkeit“. 16. (228 S.) Linz, Quirein's Verlag. geb. *

— f d evang. Gemeinde in Köln f d. J. 1899. Hrsg. v. Ludw Schneller 8. (108 S. m. Abb.) Köln (C Roemke & Co). n. — 50

— für die evangelische Gemeinde in Köln f. d. J. 1900. Hrsg. v. Ludw. Schneller. 8. (120 S. m. Abbildgn.) Köln (C. Roemke & Co.). n.n. — 50

Calender f d. Jüdische Gemeinde a. d. J. . . . .
1793. M. Holzschn.
Berlin.

— der jüdischen Gemeinde zu Berlin. Auf 5602 (1841, 1842) von J. Heinemann. — ders. (Vom 25. Sept. 1843 bis 13. Sept. 1844 u. v. 14. Sept. 1844 bis 1. Oct. 1845.) 16. Berlin 843, 44, Leipzig, C. L. Fritzsche. à n. 1/6 ℛ

— d. jüdischen Gemeinde zu Berlin. 5603—7. (1843—47.) (Hrsg. v. J. Heinemann.) 16. Berlin. Leipzig, C. L. Fritzsche. à Jahrg. *

Calender der jüdischen Gemeinde zu Berlin 5607. Berlin 1846. H: *Heinemann, Jeremias.* (Ky)

— der jüd. Gemeinde zu Berlin. (Vom 21. Sept. 1846 bis 10. Sept. 1847.) 5607. (Herausgeg. von J. Heinemann.) 16. Berlin 846, Literatur- u. Kunst-Compt. n. 1/6 ℛ

— der Jüdischen Gemeinde zu Berlin auf d. J. 5608—5611. [5608. — 5609. Vom 28. Sept. 1848 bis 16. Sept. 1849. — 5610. — 5611. Vom 7 Sept. 1850 bis 26. Sept. 1851.] Herausgegeben von J. Heinemann. 16. Berlin 848—50. (Bureau fur Literatur u. Kunst) à n. 1/6 ℛ; fein Papier durchschossen 5609 n. 7 ngℛ; 5611 n. 1/4 ℛ; in Placatformat à n 6 ngℛ

— der jüdischen Gemeinde zu Berlin auf die J. 5609—11. (1—3. Jahrg. Vom 28. Sept. 1848 bis 13. Sept. 1852.) Hrsg. von J. Heinemann. 16. (30, 48 und 40 S.) Berlin 848—51, Heinemann. à Jahrg. *

— ders. — (Ohne Angabe der Märkte.) 1—3. Jahrg. à 1 Bl. in Fol. Ebds. 848—51. à Jahrg. *

— ders. fur das J. 5612. [Vom 24. Sept. 1851 bis 13. Sept. 1852.] 16. (40 S.) Berlin 851, Heinemann. baar n. 1/6 ℛ; in Placatformat baar 6 ngℛ

— f. österreichische Gemeinde-, Distrikts- u. f. praktische Ärzte. II. Jahrg. 1909. Hrsg. von M. Sabl. (III, 285 S. u. Schreibkalender.) kl. 8. Wien, J Šafář. Geb. in Leinw. 2. 50
Jetzt Kalender f österr Amts-, Gemeinde- u. für prakt Ärzte.

Kalender für Deutsche Presbyterische Gemeinden in den Vereinigten Staaten:
Title varies Kalender für Presbyterische Gemeinden in Ost und West Published by Western Publishing Co. Press [1904]—? by A. Wiebusch & Son, St. Louis, Mo.?
Dubuque, IA

Der Gemeinnutzige Amerikanische Calender Nos. 1–6 1801–1806
Cover-title Neuer Readinger Calender Edited & published by Jacob Schneider und Comp. 1801-02 by Schneider & Ritter 1803 by Johann Ritter und Comp 1804 06
Reading, PA

Gemeinnutziger Kalender fur das Jahr Christi (das Schaltjahr)
Eutin o J 8°
1849 - 60 1864 – 65, 1874 – 78 1880- 1906 ff

— gemeinnütziger, für d. J. 1899. 59. Jahrg. 12. (80 u. 128 S. m Abb., 4 Holzschntaf. u. Wandkal.) Neuhaldensleben, C. A. Eyraud. — 50

Gemeinnütziger Badener Kalender f. 1873. 64 Stn. 4. Baden, Jos. Hubwiller. —. 40

— gemeinnütziger Rothenburger, für das J. 1866. Zum Gebrauch für Stadt- und Land-Bewohner besonders eingerichtet. 4. (88 S. mit eingedr. Holzschn.) Rothenburg ob d. T., Beck.

Calender, gemeinnütziger und unterhaltender meißner, für Stadt und Land 1853 und 1854. 4. (34 S.) Meißen 852,53, Klinkicht und Sohn. à *
Mit Anhang: Jahrbuch für Freunde des Nützlichen und Angenehmen. (28 S. mit 2 Stnt.) à *
Mit doppeltem Anhang und 4 Stnt. à *

Calender, Genealogischer, a. d. J. . . . . M. Genehmhaltung d. Kgl. Akademie d. Wiss. zu Berlin herausg.
1766. M. 2 Portr. u. 12 Monatsk.
1767. M. Titelportr u. 12 Monatsk.
1768. M. Titelk. u. 12 Monatsk.
1769. M. Titelk. u. 13 Kpf. (12 Chodowiecki) Engelmann (Schleuen 3/4.)
1770. M. Titelportr (Chodowiecki) 12 Monatsk. u. 1 Ans. Engelmann 51/52.
1771. M. Titelk. u. 12 Kpf. (Chodowiecki) Engelmann 58.
1772. M. 12 Kpf. (Chodowiecki). Engelmann 74.
1773. M. gest. Tit., 2 Portr u. 12 Kpf. (Chodowiecki). Engelmann 69.
1774. M. Titelportr., gest. Titel u. 12 Monatskupfern. (D. Chodowiecki) Engelmann 90.
1775. M. 2 Portr, gest. Titel u. 12 Monatskupfern (D. Chodowiecki) Engelmann 110.
1776. M. 12 Kpf (Chodowiecki) u. 1 Ans. Engelmann 140.
1777. M. 1 Portr., gest. Tit., 12 Monatsk. (Chodowiecki) u. 1 Karte. Engelmann 159.
1778. M. Portr, gest. Titel, 12 Monatsk. (Chodowiecki) u. 1 Ans. Engelmann 182.
1779. M. 1 Portr., gest. Tit., 12 Monatsk. (Chodowiecki) u. 1 Karte. Engelmann 252—257.
1780. M. Titelk., 12 Monatsk. (Chodowiecki) u. 1 Karte. Engelmann 279, 311.
1781 M. Titelk., gest Tit. u. 12 Monatsk (Chodowiecki) u. 1 Karte Engelmann 355 u. 360.
1782. M. Titelk., 12 Monatsk. (Chodowiecki) u. 1 Ans. Engelmann 380.
1783 M Titelk u. 12 Monatsk. (Chodowiecki). Engelmann 438.
1784. M. Titelk., gest. Tit., 12 Monatsk. (Chodowiecki) u. 1 Karte. Engelmann 464.
1785. M. Titelk., 12 Monatsk. (Chodowiecki) u. 1 Tafel. Engelmann 141, 163.
1786. M. Titelk., gest. Tit., 12 Monatsk. (Chodowiecki) u. 1 Tafel. Engelmann 533, 547.
1787. M. Titelk., gest. Tit., 12 Monatsk. (Chodowiecki) u. 1 Tafel. Engelmann 559.
1788. M. Titelk., gest. Titel, 12 Monatsk. (Chodowiecki) u. 1 Karte. Engelmann 582.
1789. M Titelk (Chodow), gest. Titel, 2 Modekpf. u. 12 Monatsk. (Chodowiecki). Engelmann 599 u. 601.
1790—1793.
1794. M. Titelk., 2 Modek. u. 12 Kpf. (Chodowiecki). Engelmann 703.
1795. M. Titelk. u. 12 Monatsk.
1796—1802. je M. Titelk. u. 12 Monatsk.
1802. M. Titelk. u. 12 Monatsk.
1803. M. Titelk. u. 12 Monatsk.
1804—1811 je M. Titelk. u. 12 Monatsk.
1812. M. Titelk. u. 12 Monatsk.
1813 M. Titelk. u. 12 Monatsk.
Berlin.

Genealogischer Calender auf das Jahr 1776 („auf das Schalt Jahr 1776"); 1778 1783. 1785 1798. Mit Genehmhaltung der Königl Academie der Wissenschaften zu Berlin, herausgegeben.
Mit Kupfern nach Chodowiecki. 8°
1 Jg. 1766. 1799 ff Schlesischer genealogischer Calender 1798 ff Berlin bei Johann Friedrich Unger 1806 ff Genealogischer und Post-Kalender Berlin, bei Johann Friedrich Unger 1774 1777 in franz Ausg

Genealogischer *Calender*
Mit Kupfern gezieret u mit Genehmhaltg
d. Kgl Akademie d. Wissenschaften zu
Berlin hrsg.
Berlin Unger
1778.
Forts. u. d. T Historisch-genealogischer
Kalender. 1784 ff.
[Franz Ausg Almanac généalogique pour
l'an . 1774.]

Genealogischer Calender auf das Jahr 1787 mit Kupfern gezieret und mit Genehmhaltung der Konigl. Academie der Wissenschaften zu Berlin herausgegeben. (Berlin. 1787.) 12°

Enthält 12 (11) Kupferstiche v D. Chodowiecki zu Ifflands Jägern, und 1 Plan des Schleswig Holsteinischen Kanals.

Calender, Genealog. Militärischer, a. d. J. . . . . Hg. m. Genehmhaltung d. Kgl. Academie der Wissenschaften. (Forts. s. u.: Calender, Milit. geneal.)
1784. M. Portr (Chodowiecki), gest. Tit., 1 Plan u. 12 Portr. Engelmann (Berger 153).
1785. M. Titelk., gest. Tit., 1 Ans. u. 12 Portr.
1786. M. Titelk., gest. Tit., 1 Ans. u. 12 Portr.
1787 M. Titelk., gest. Tit. u. 12 Kpf. (Chodowiecki). Engelmann 567.
1788.
1789. M. gest. Tit., 8 Portr., 4 Kpf. (Chodowiecki) u. 1 kol. Karte. Engelmann 602.
Berlin.

Genealogischer Militairischer Calender auf das Jahr . . . mit Kupf. ([von] D[aniel Nikolaus] Chodowiecki, Meno Haas, W[ilhelm] Arndt [u. a.]) gezieret und mit Genehmhaltung der Königl. Academie der Wissenschaften zu Berlin Herausgegeben.
Berlin: Unger [1787—1806]. 16°
[Kupfert. bis] 1797.
1791 ff. [u. d. T.]: Militairisch-Genealogischer Calender.
1797 ff. [u. d. T.]: Militärischer Kalender.
1787: 108 Bl., 1 Titelkupf., 13 Kupfertaf.
1789: 120 Bl., 1 Titelkupf., 12 Kupfertaf., 1 kol. Kt.
1791: 12 Bl., 59 S., 72 Bl., 1 Titelkupf., 12 Kupfertaf., 1 kol. Kt.
1792: 12 Bl., 67 S., 73 Bl., 1 Titelkupf., 12 Kupfertaf., 1 kol. Kt.
1793: 12 Bl., 68 S., 74 Bl., 1 Titelkupf., 12 Kupfertaf., 1 kol. Kt.
1796 *nicht erschienen.*
1797: 18 Bl., 116 S., 1 Bl., 96 S., 81 Bl., 1 Titelkupf., 20 Kupfertaf.
1798: 12 Bl., 165 S., 90 Bl., 1 Titelkupf., 11 Kupfertaf., 1 kol. Kt.
1799: 12 Bl., 126 S., 87 Bl., 1 Titelkupf., 11 Kupfertaf.
1800: 36 Bl., 115 S., 89 Bl., 12 S., 1 Titelkupf., 12 Kupfertaf.
1801: 12 Bl., 126 S., 76 Bl., 1 Titelkupf., 12 Kupfertaf.
1802: 12 Bl., 180 S., 78 Bl., 1 Titelkupf., 9 Kupfertaf., 1 Pl.
1803: 12 Bl., 204, 64 S., 78 Bl., 1 Titelkupf., 8 Kupfertaf., 1 Kt. [*Ein weiterer Kupf. fehlt?*]
1804 *nicht erschienen.*
1805: 12 Bl., 170 S., 104 Bl., 1 Titelkupf., 5 Kupfertaf.
1806: 12 Bl., 318 S., 82 Bl., 1 Titelkupf., 8 Kupfertaf.

Genealogischer und Post=Kalender auf das . . . Jahr . . .
Berlin: Joh. Friedr. Unger [1795]. 16°
Abweichende Ausg. v. Genealogisch-historischer Kalender. Berlin.
1796. [1795.] 190 Bl. [*Die Kupf. fehlen.*]

Genealogischer und Post-*Kalender*
auf das Jahr . . . (Mit Genehmhaltg d.
Kgl. Preuß. Akademie d. Wissenschaften.)
Mit Kupfern.
Berlin Unger
1803. 1811
[Abweichende Parallelausg vom
Historisch-Genealog. Kalender". Berlin.]

Genealogischer Calender (zur angenehmen und nützlichen Unterhaltung) auf das Jahr . . . mit Genehmhaltung der Königl. Academie der Wissenschaften zu Berlin, hrsg. (Mit Kupf. v. Daniel [Nikolaus] Chodowiecki [u. a.].)
(Berlin: Joh. Friedr. Unger [1786—1794].) 24° (später 16°)
[Kupfert.]
1787: [1786.] 122 Bl., 1 Titelkupf., 12 Kupfertaf., 1 Kt. [*Kupf. Nr. 1 u. 7 fehlen.*]
1794: [1793.] 88 S., 86 Bl., 1 Titelkupf., 2 Modekupf., 12 Kupfertaf., 1 Kt., 1 Tab. [*Kupf. Nr. 5 fehlt.*]
1795: [1794.] 93 S., 85 Bl., 1 Titelkupf., 12 Kupfertaf., 1 Kt. [*Kupf Nr 11 fehlt.*]

— f. **Geologen**, Palaeontologen u. Mineralogen f. d. J. 1898. Hrsg. v. K. **Keilhack**. 12. (V, 129 S. u. Tagebuch.) Leipzig, M. Weg. Geb. in Leinw. n. 3. —

— für Geologen, Paläontologen u. Mineralogen, hrsg. v. P. Krusch. (Begründet v. K. Keilhack.) 5. Jahrg. 1902. Mit 11 Uebersichtstableaus der geol. Aufnahmen. 12. (IV S., Schreibkalender u. 348 S.) Berlin, Gebr. Borntraeger. Geb. in Leinw. n. 3. 50
Der 4. Jahrg. erschien u. d. T.: Taschenbuch f. Geologen usw.

— für Geologen, Paläontologen u. Mineralogen, hrsg. v. Joh. Böhm. (Begründet v. K. Keilhack.) 6. Jahrg. 1903. Mit 12 Uebersichtstableaus der geol. Landesaufnahmen. (IV, 314 S. u. Schreibkalender.) 12. Berlin, Gebr. Borntraeger. Geb. in Leinw. n. 4. 50
Erscheint nicht mehr.

— für **Geometer** und Culturtechniker. Unter Mitwirkung von Eb. Gieseler und Th. Müller hrsg. von W. Schlebach. Jahrg. 1883—1885. Mit vielen (eingedr.) Holzschn. à Jahrg. 2 Thle. gr. 16. (à Jahrg. ca. XI, 266, 53 S.) Stuttgart, Wittwer. geb. in Leinw. und geh. à Jahrg. *
geb. in Ldr. à Jahrg. *
Erscheint in Anschluss an Kalender für Vermessungskunde.

— für **Geometer** und Culturtechniker, unter Mitwirkung von Eb. Gieseler, Ch. A. Vogler, M. Sapper etc. hrsg. von W. Schlebach. Jahrg. 1886—1888. gr. 16. (IX, 352; V, 444; V, 458 S. mit vielen Holzschn.) Stuttgart, Wittwer's Verlag. geb. in Leinw. à Jahrg. * 3 —
geb. in Leder à Jahrg. * 3 50
— dass. — unter Mitwirkung von Eb. Gieseler, Ch. A. Vogler, W. Jordan etc. hrsg. von W. Schlebach. Jahrg. 1889. gr. 16. (VI, 464 S. mit vielen Holzschn.) Ebendas. geb. in Leinw. * ℳ 3.—; in Leder * 3 50

— für **Geometer** u. Kulturtechniker, unter Mitwirkg. v. Eb. Gieseler, Ch. A. Vogler, W Jordan etc hrsg. v. W. Schlebach. Jahrg. 1890—1893. à Jahrg. 2 Thle. 12. (VI, 211, 112, 54; IX, 206, 112, 74, 64; X, 206, 112, 44, 64: X, 206, 112, 75, 64 S. m. Holzschn.) Stuttg., Wittwer's Verlag. Jahrg. 1890 geb. in Leinw. * 3 —; in Ldr. * 3 50; 1891—93 à Jahrg. geb. in Leinw * 3 50
geb. in Ldr. * 4 —

— f. **Geometer** u. Kulturtechniker, unter Mitwirkg. v. Eb. Gieseler, Ch. A. Vogler, W. Jordan etc. hrsg. v. W. **Schlebach**. Jahrg. 1895. 2 Thle. 12. (X, 212; 112, 78 u. 69 S. m Holzschn.) Stuttgart, K. Wittwer's Verl. Geb. in Leinw. u. geh. n. 3 50;
in Ldr. u. geh. n. 4. —

— für **Geometer** u Kulturtechniker, unt. Mitwirkg. v. Eb Gieseler, Ch A Vogler, E. Hegemann etc. hrsg v W. **Schlebach** XXII Jahrg. 1899 2 Thle. 12. (X, 210. 112, 89 u. 93 S. m. Holzschn.) Stuttgart, K. Wittwer Geb. in Leinw. u. geh. n. 3 50;
in Ldr u. geh n 4. —

— für Geometer u. Kulturtechniker, unter Mitwirkg. v. Eb. Gieseler, Ch. A. Vogler, E. Hegemann u. a. hrsg. von W. v. Schlebach. XXVI. Jahrg. 1903. 2 Thle. 12. (VIII, 228; 112, 91 u. 113 S. m. Holzschn.) Stuttgart, K. Wittwer. Geb. in Leinw. u. geh. n. 3. 50;
in Ldr. u. geh. n. 4. —

— für Geometer u. Kulturtechniker, unter Mitwirkg. v. Eb. Gieseler, Ch. A. Vogler, E. Hegemann u. a. hrsg. v. W. v. Schlebach. XXVII. Jahrg. 1904. 2 Tle. (VIII, 208; 112, 94 u. 136 S. m. Holzschn.) 12. Stuttgart, K. Wittwer.
Geb. in Leinw. u. geh. n. 3. 50; in Ldr. u. geh. n. 4. —
Fortsetzg. s.: Kalender für Vermessungswesen etc.

— geraischer. 1875. 4. (54 S.) Gera, Ißleib und Rietzschel. — 25

— geraischer, 1876—1880. 4. (à ca. 24—42 S. mit eingedr. Holzschn.) Gera, Ißleib und Rietzschel. à Jahrg. *

Kalender, geraischer. 1881—1885. 4. (à Jahrg. ca. 50 S. mit eingedr. Holzschn.) Gera, Ißleib und Rietzschel. à Jahrg. *

— geraischer, für 1886, s. Landes-Kalender, reußischer.

— d. Kaiserl. und Reichs-Cammergerichts. 12. Frankf. Andreä. jeder Jahrg.

Des Kaiserl. und Reichs-Cammer-Gerichts Kalender auf das Jahr 1806 darinnen dessen anjetzo lebende Personen . . . befindlich sind. Frankfurt a. M. (1805).

— für Gerichtsbeamte. 1878 und 1879. Bearb. von Reinicke. Mit Beiträgen verschiedener Gerichtsbeamten. 1. und 2. Jahrg. 8. (VI, 365; 273 S.) Berlin, (Puttkammer und Mühlbrecht.) geb. Jahrg. 1878 * M 3,50.; 1879 *
Nicht weiter erschienen.

— für Gerichtsbeamte. 1882. Hrsg. von J. C. Reinecke. 12. (IV, 484 S.) Berlin, (Leuß Verlag.) geb. *

— für Gerichtsbeamte. 1882. Hrsg. v. J. C. Reinecke. 3. Jahrg. 12. (IV, 484 S.) Berlin, (Puttkammer & Mühlbrecht). geb. n. 3. 50

— für Gerichtsbeamte. 1884. Hrsg v. J. C. Reinecke. gr. 16. (VII, 283 S.) Berlin, (Puttkammer & Mühlbrecht) geb. n. 2. 20

Calender der sächsischen Geschichte für 1792 u. 93. Dresden. H: *Cramer, Carl Gottlob.* (Ky)

— d. sächs. Geschichte für 1792 u. 93, (von K. Glo. Cramer). 16. Dresd. 1 Thlr 14 gr (A. u. d. T.: Cramer, Scenen aus d. Leben Johann Friedrich d. Großmüthigen. 2 Bde, mit 26 Kpf.) 16. Leipz. 793. (W. Rauck). 1 Thlr 10 gr

— d. sächs. Geschichte f. 1792 und 93. 12. Dresd. (Sommer in Lpz.

— d. Trierischen Geschichte, für 1797. Mit Kpf. Neuwied, Gehra. 1 Thlr

— Gestewitz-Lüdemann'scher, f. Post u. Telegraphie auf d. J. 1895. 12. Jahrg. 2 Thle. 12 (270 u. Beamtenverzeichniss 360 S.) Berlin, Rosenbaum & Hart Geb. u. geh. n. 2. —

— Gestewitz-Lüdemann'scher, f. Post u. Telegraphie auf d. J. 1899. 16. Jahrg. 2 Thle. 12. (271 u. Beamtenverzeichnis 368 S.) Berlin, Rosenbaum & Hart.
Geb. in Leinw. u. geh. n. 2. —; Beamtenverzeichnis allein n. 1. 50

— Gestewitz-Lüdemann'scher, f. Post u. Telegraphie auf d. J. 1903. 20. Jahrg. 2 Thle. 12. (258 u. Beamtenverzeichnis 384 S.) Berlin, Rosenbaum & Hart.
Geb. in Leinw. u. geh. n. 2. —; beide Thle. geb. n. 2. 50; Beamtenverzeichnis allein n. 1. 50; geb. n. 2. —

— Gestewitz-Lüdemann'scher, f. Post u. Telegraphie auf d. J. 1907. 24. Jahrg. 2 Tle. (256 u. Beamtenverzeichnis 418 S.) kl. 8. Berlin, Rosenbaum & Hart.
Geb. in Leinw. u. geh. n. 2. —; beide Tle. geb. n. 2.50; Beamtenverzeichnis allein n. 1. 50; geb. n. 2. —

— Gestewitz-Lüdemann'scher, f. Post u. Telegraphie auf d. J. 1911. 28. Jahrg. 2 Tle. (235 u. Beamtenverzeichnis 444 S.) kl. 8. Berlin, Rosenbaum & Hart. Subskr.-Pr. geb. in Leinw. u. geh. 2.—; beide Tle. geb. 2.50; Beamtenverzeichnis allein 1.50; geb. 2.—; nach Erscheinen 2.50; geb. 3.—; Beamtenverzeichnis 2.—; geb. 2. 50

— Gestewitz-Lüdemann'scher, f. Post u. Telegraphie. Jetzt: Wittenberg, A. Ziemsen.

— für Gesundheits-Techniker, Taschenbuch f. d. Anlage v. Lüftungs-, Centralheizungs- u. Badeeinrichtgn. 1899. Hrsg. v. Herm. Recknagel. 12. (XIV, 179 S. u. Schreibkal. m. 57 Abb. u. 57 Tab.) München, R. Oldenbourg. Geb. in Ldr. n. 4. —

— dasselbe, s. a.: Recknagel, H.

Kalender für Gesundheits-Techniker, Taschenbuch für die Anlage von Luftungs-, Centralheizungs- und Badeeinrichtungen. Jg. 6—26. 1902—22 u. 28. 1924 ff. München und Berlin

— f. Gesundheits-Techniker, Taschenbuch f. die Anlage v. Lüftungs-, Centralheizungs-u. Badeeinrichtgn. 1903. Hrsg. v. Herm. Recknagel. 12. (XIV, 208 S. u. Schreibkalender m. 68 Abbildgn. u. 75 Tab.) München, R. Oldenbourg. Geb. in Ldr n. 4. —

— für Gesundheits-Techniker. Taschenbuch f. die Anlage von Lüftungs-, Zentralheizungs- u. Badeeinrichtgn. 1907. Hrsg. v. Herm. Recknagel. (XIV, 286 S. u. Schreibkalender m. 68 Abbildgn. u. 76 Tab.) kl. 8. München, R. Oldenbourg. Geb. in Ldr. n. 4. —

Kalender für Gesundheits-Techniker Taschenbuch für die Anlage von Lüftungs- Zentralheizungs- und Badeeinrichtungen. Hrsg von H. Recknagel. Jg 12 (1908). München, 1907.

— für Gesundheits-Techniker. Taschenbuch f. d. Anlage v. Lüftungs-, Zentralheizungs- u. Badeeinrichtgn. Hrsg. von Herm. Recknagel. 15. Jahrg. 1911. (XVIII, 333 S. u. Schreibkalender m. 82 Abbildgn. u. 96 Tab.) kl. 8. München, R. Oldenbourg.
Geb. in Ldr. 4. —

— f. d. Getreide-, Saaten-, Dünge- u. Futtermittel-Handel 1911. Hrsg.: Thdr. Waage. (XXXIII, 363 S.) kl. 8. Hamburg, (G. W. Seitz Nachf.).
Geb. in Leinw. 2. —

— für die landwirthschaftlichen Gewerbe Brennerei-, Presshefe-, Essig- und Stärkefabrikation für die Campagne 1883—1884. 2. Jahrg. Hrsg. von den Beamten des Vereins der Spiritusfabrikanten in Deutschland. 2 Thle. 16. (X, 321, 48, IV, 172 S.) Frankfurt a. O., Waldmann's Verlag. geb. in Leinw. und geh. *
geb. in Ldr. *

Kalender für die landwirthschaftlichen Gewerbe Brennerei-, Preßhefe-, Essig- und Stärkefabrikation für die Campagne 1884—1885. 3. Jahrg. Hrsg. von den Beamten des Vereins der Spiritusfabrikanten in Deutschland. 2 Thle. 16. (495; IV, 217 S.) Berlin, Parey. geb. in Leinw. und geh. * geb. in Ldr. *

Den 1. Jahrg. bildet: Brennerei-Kalender, deutscher.

—— für die landwirthschaftlichen Gewerbe Brennerei, Preßhefe-, Essig- und Stärkefabrikation für die Campagne 1885—1886. 4. Jahrg. Hrsg. von dem Verein der Spiritusfabrikanten in Deutschland. 2 Thle. 16. (VIII, 303; 221 S.) Berlin, Parey. geb. in Leinw. und geh. * 3 —
geb. in Leder * 4 —

—— dass. — für die J. 1887—1889. 5.—7. Jahrg. Hrsg. von dem Verein der Spiritusfabrikanten in Deutschland. à Jahrg. 2 Thle. 16. (à Jahrg. ca. XVI, 182, 330—340 S.) Ebendas. geb. in Leinw. und geh. à Jahrg. * 3 —
geb. in Leder à Jahrg. * 4 —

Kalender f. d. landwirthschaftlichen Gewerbe. Brennerei, Preßhefe-, Essig- u. Stärkefabrikation. VIII.—XI. Jahrg. 1890—1893. Hrsg. v. dem Verein der Spiritusfabrikanten in Deutschland. à Jahrg. 2 Thle. gr. 16. (XVI, 182; 108, 228; XVI S., Schreibkal. 108, 211 S. m. Fig. u. 1 Karte; XVI S., Schreibkal., 103, 221 S. m. Fig. u. 1 Karte; XIII S., Schreibkal., 102, 225 S. m. Fig. u. 1 Karte.) Berl., Parey. Ausg. m. ½ Seite weiß Pap. pro Tag, geb. in Leinw. u. geh. à Jahrg. * 3 —
Ausg. m. 1 Seite weiß Pap. pro Tag, geb. in Ldr. u. geh. à Jahrg. * 4 —

— für die landwirthschaftlichen Gewerbe. Brennerei, Preßhefe-, Essig- u. Stärkefabrikation. XIII. Jahrg. 1895. Hrsg. v. dem Verein der Spiritusfabrikanten in Deutschland. 2 Thle. gr. 16. (XVI S., Schreibkalender, 102 u. 288 S. m. 1 Karte.) Berlin, P. Parey. Ausg. m. ½ S. weiß Pap. pro Tag, geb. in Leinw. u. geh. n. 3. —; Ausg. m. 1 S. weiß Pap. pro Tag, geb. in Ldr. u. geh. n. 4. —

— f. d. landwirthschaftlichen Gewerbe, Brennerei, Preßhefe-, Essig- u. Stärkefabrikation. 17. Jahrg. 1899. Hrsg. v. d. Verein d. Spiritusfabrikanten in Deutschland. 2 Thle. 12. (XIII S., Schreibkal., 104 u. 270 S.) Berlin, P. Parey. Ausg m. ½ Seite weiß Pap. pro Tag, geb. in Leinw. u. geh. n. 3. —; Ausg. m. 1 Seite weiß Pap. pro Tag, geb. in Ldr. u. geh n. 4. —

— für die landwirthschaftlichen Gewerbe, Brennerei, Preßhefe-, Essig- u. Stärkefabrikation. 21. Jahrg. 1903. Hrsg. v. dem Verein d. Spiritus-Fabrikanten in Deutschland. 2 Thle. 12. (XIII S., Schreibkalender, 128 u. 384 S. m. Fig. u. 1 Karte.) Berlin, P. Parey. Ausg. m. ½ Seite weiß Pap. pro Tag, geb. in Leinw. u. geh. n. 3. —; Ausg. m. 1 Seite weiß Pap. pro Tag, geb. in Ldr. u. geh. n. 4. —

— für die landwirtschaftlichen Gewerbe Brennerei, Preßhefe-, Essig- u. Stärkefabrikation. 25. Jahrg. 1907. Hrsg. v. dem Verein d. Spiritus-Fabrikanten in Deutschland. 2. Tle. (XIII S., Schreibkalender, 129 u. 336 S. m. 1 Karte.) kl. 8. Berlin, P. Parey. Ausg. m. ½ Seite weiß Pap. pro Tag, geb. in Leinw. u. geh. n. 3. —; Ausg. m. 1 Seite weiß Pap. pro Tag, geb. in Ldr. u. geh. n. 4. —

— für die landwirtschaftlichen Gewerbe. Brennerei, Preßhefe-, Essig- u. Stärkefabrikation. 29. Jahrg. 1911. Hrsg. von dem Verein der Spiritus-Fabrikanten in Deutschland. 2 Tle. (IX S., Schreibkalender, 155 u. 312 S. m. Abbildgn. u. 1 Karte.) kl. 8. Berlin, P. Parey. Ausg. m. ½ Seite weiß Pap. pro Tag, geb. in Leinw. u. geh. 3. —; Ausgabe m. 1 Seite weiß Pap. pro Tag, geb. in Ldr. u. geh. 4 —

—— 1891—93 f. deutsche Gewerbe, Handwerker- u. Fortbildungsschüler v. Osk. Pache. 1.—3. Jahrg. 16. (126; 106; 110 S. m. Bildern.) Wittenb., Herrosé. cart. à Jahrg. * — 35

—— für Gewerbeschullehrer 1893. Mit Kalendarium von Oktbr 1892 bis März 1894. Hrsg. v. Jul. Hoch. 1. Jahrg. 12. (IV, 145 S. u. Schreibkal. m. Fig.) Dresd., Kühtmann. geb. in Leinw. * 2 —
In Brieftaschenldrbd. 4 —

— für Gewerbeschullehrer 1895. Mit Kalendarium von Oktbr. 1894 bis März 1896. Unter Mitwirkg. bewährter Fachmänner hrsg. v. Jul. Hoch. 3. Jahrg. 12. (IV, 145 S. u. Schreibkalender m. Fig. u. 1 Karte.) Dresden, G. Kühtmann. Geb. in Leinw. n. 2. —; in Brieftaschenldrbd. n. 4. —

— für Gewerbeschullehrer 1899. M Notizkal. v Oktbr. 1898 - März 1900. Unt. Mitwirkg bewährter Fachmänner hrsg v Jul. Hoch. 7 Jahrg. 12 (IV. 145 S. u. Schreibkal. m Fig.) Dresden, G Kühtmann Geb. in Leinw n 2 —, in Brieftaschenldrbd. n. 4. —

— (gewöhnlicher u. Russischer) für die Jahre 1834—1836. 16. Frankfurt a. M. 833—35. Fr. Wilmans. (à ⅛ ₰) ⅜ ₰

Gothaischer genealogischer *Kalender*
auf das Jahr . [Mit Kupfern.]
Gotha Perthes
Jg 53. 1816 54. 1817 57. 1820–60 1823.
Forts u. d T Gothaischer genealogische Hofkalender 61 1824 ff
Anf u. d T Gothaischer Hofkalender 1774 ff

— — Gothaischer, genealogischer, 54r — 58r Jahrg. für die Jahre 1817—821. 16. Gotha, Perthes. à 1 Rthlr.
(ohne Almanach unter dem Titel: Taschenbuch zu dem nehml. Preise.)

Gothaischer *Kalender* zum Nutzen und Vergnugen [Mit Kupfern.]
Gotha Ettinger
1809–1813
Forts. u d. T Gothaischer genealogischer Kalender 53. 1816 ff.
Anf. u d. T Gothaischer Hofkalender 1774 ff

— gothischer, für 1867 für Gestelle 4 Bl. 32. Wien, Leykam's Wwe. 40 kr

— Derselbe auf Leinwand zum Zusammenlegen. Ebds. 40 kr.

—— gothischer, 1891 u. 1893. schmal Fol. (à Jahrg. 28 S. m. Abbildgn. u. farb. Randeinfassgn.) Münch., Literar. Institut Huttler.
Jahrg. 1890 u. 1892 nicht erschienen. à Jahrg. * 1 —

— graphischer, für 1905. Eine übersichtl., gemeinverständl. Darstellg. üb. die f. das bürgerl. Leben wichtigsten Himmelserscheingn.: Aufgang, Kulmination, Untergang der Sonne u. des Mondes, sowie Tageslänge, Mondscheindauer, Dämmerg. Für das Gebiet der königl. preuss. Eisenbahn-Direktion Königsberg i. Pr. nach mitteleurop. Zeit u. geograph. Breite entworfen u. reduziert v. C. Brinschwitz. (4 farb. Taf.) 28×43,5 cm. Mit Text auf dem Umschlage. Breslau (Münzstr. 5) 904. Ingen. C. Brinschwitz. 1. 25

Graphischer Kalender. Eine übersichtl., gemeinverständl. Darstellung über die f. d. bürgerl. Leben vorherrschend in Betracht kommenden Himmelserscheinungen ... Entworfen u. nach astronom. Ephemeriden reduziert von C. Brinschwitz. Ausg. A. [Jg. 1.] 1905. Leipzig W. Engelmann 1904. quer-4° [05. 3403]

Graphischer **Kalender** Eine übersichtl., gemeinverstaudl. Darstellung uber die f. d. burgerl. Leben vorherrschend in Betracht kommenden Himmelserscheinungen Entworfen u. nach astronom. Ephemeriden reduziert von C Brinschwitz. Ausg B. [Jg 1] 1905 Leipzig. W Engelmann 1904 quer 4° [illegible]

— **Greifswalder, f. 1877. 2. Jahrg. d. Führers durch Greifswald. 8. (114 S.) Greifswald, Lemme. n.n. — 50**

Greifswalder, für das Jahr 1878. 3. Jahrg. 8. (114 S.) Greifswald, Lemme. n.n. — 50

Kalender für das Gremium der bürgl. Bäckermeister in der k. k. Haupt- und Residenzstadt Wien, 1854. 4. (22 S.) Wien. Gedruckt bei Karl Ueberreuter.

Kalender für das Gremium der bürgl. Bäckermeister in der k. k. Haupt- und Residenzstadt Wien. 1855. 4. (22 S.) Wien. Druck von Karl Ueberreuter.

Kalender für das Gremium der bürgerl. Bäckermeister in der k. k. Haupt- und Residenzstadt Wien. 1856. Druck von Karl Ueberreuter. (22 S 4)

Kalender für das Gremium der bürgerl. Bäckermeister in der k. k. Haupt- und Residenzstadt Wien. 1857. Druck von Karl Ueberreuter. (22 S. 4.)

Griechische Kalender Hrsg u. erl. von Franz Boll. 1. Heidelberg Winter 1910 8°
(Sitzungsberichte d Heidelberger Akad d. Wiss Philos.-hist. Kl. Jg. 1910, Abh 16) [illegible]

— Großbritanischer, s. Lauenburger.

Konigl. Grossbrit und Churf Braunschw Luneburgischer **Calender.** 1774 778. Lauenburg. bey Johann Georg Berenberg.
Mit Modekupfern. 8°
Erschien in deutscher u franz Sprache von 1770 an zuerst bei I G Berenberg in Lauenburg, dann bei Berenberg „in Commission bey H C Siedentopf" in Gottingen 1791 ff Verlag von Berenberg u. der Jägerischen Buchhdlg. in Frankfurt a. M 1797 ff im Verlage der Jägerschen Buchhdlg in Frankfurt a. M.
Ab 1780 u. d. Tit Großbr Genealogischer Kalender Von 1790 an erschien die deutsche Ausg. auch u. d. Tit. Taschenbuch zum Nutzen und Vergnugen fur s Jahr
Erschienen bis 1796.

Konigl Großbritannischer und Churf Braunschweigischer Lüneburgischer Genealogischer *Calender*
s.a. Königl Großbritannischer Luneburgischer Genealogischer *Kalender*

Calender, Kgl. Grossbrit. u. Churf. Braunschweig-Lüneburg. Genealog., a. d. J.
1770. M. Titelportr u. 12 Monatsk.
1771 M. Titelportr. u. 12 Monatsk.
1772. M. Titelportr. u. 12 Monatsk.
1773. M. Titelportr. u. 12 Monatsk.
1774. M. Titelportr., 12 Monatsk. u. 1 Karte.
1775. M. Titelportr., gest. Tit., 12 Monatsk. u. 1 Karte.
1776. M. Titelportr., gest. Titel u. 12 Monatsk. (Chodowiecki). Engelmann-B. 38.
1777. M. gest. Tit. u. 12 Monatsk.
1778. M. Titelportr., gest Tit. u. 12 Monatsk. (Chodowiecki). Engelmann 183 u. 187.
1779. M. Titelportr., gest. Tit., 11 Modek., 6 Holzschn. (Haartr.) u. 12 Monatsk. (Chodowiecki). Engelmann 231. 253—256.
1780. M. Titelportr., gest Titel, 13 Modek. (2 Chodowiecki) u. 12 Monatsk. (Chodowiecki). Engelmann 306 u. 310.
1781. M. Titelportr., gest. Tit., 5 Mode- u. 12 Monatsk. (Chodowiecki) u. 12 Modek. Engelmann 357, 361—363.
1782. M. Titelportr, gest Titel, 5 Mode- u. 12 Monatsk. (Chodowiecki) u. 10 Modek. Engelmann 395, 397—399.
1783. M. Titelportr., gest Titel, 5 Mode- u. 12 Monatsk. (Chodowiecki) u. 10 Modek. Engelmann 419, 441—443.
1784. M. Titelportr., gest. Titel, 12 Monatsk. (Chodowiecki) u. 18 Monatsk. Engelmann 481—483
1785. M. Titelportr., gest. Tit. u. 12 Monatsk. (Chodowiecki) u. 16 Modek. Engelmann 515 u. 516.
1786. M. 12 Monatsk. (Chodowiecki) u. 16 Modek. Engelmann 541.
1787. M. Titelk., gest. Tit., 4 Modek., 12 Monatsk. (Chodowiecki) u. 2 Ans. Engelmann 571.
1788. M. Titelk., gest. Titel, 12 Monatsk. u. 14 weiteren Kpf.
1789. M. gest. Tit. u. 12 Monatsk. (Chodowiecki) u. 2 Ans. Engelmann 588 u. 596.
1790. M. Titelk., gest Tit., 2 Kpf. u. 12 Monatsk. (Chodowiecki), 6 Modek. u. 1 Plan. Engelmann 596, 607. 608. 611
1791. M. Titelk., 6 Modek., 12 Monatsk. (Chodowiecki) u. 1 Kpf. Engelmann 631.
1792. M. Titelk. u. 12 Monatsk. (Chodowiecki) u. 6 Modek. Engelmann 662.
1793. M. gest. Tit., 12 Monatsk. (Chodowiecki) u. 10 Modek. Engelmann 689.
1794. M. gest. Tit., 4 Modek. u. 12 Monatsk. (6 Chodowiecki). Engelmann 714.
1795. M. Titelk., 12 Monatsk. (6 Chodowiecki) u. 6 Modek. Engelmann 735.
1796. M. Titelk., 12 Monatsk. (6 Chodowiecki) u. 6 Modek. Engelmann 780.
1797. M. Titelk. u. 7 Kpf.
1798.
1799. M. 13 Kpf. u. 6 Modek.
Lauenburg.

Königl Großbritannischer und Churf Braunschweigischer) Luneburgischer) Genealogischer *Calender* auf das Jahr [Mit vielen Kupfern]
Lauenburg Berenberg
1772–1775 1779 1780 1782–1788

Forts u d T Konigl Großbritannischer Historischer Genealogischer Kalender
1789 ff

Königl[ich] Großbr[itannischer] u[nd] Chur[fürstlich] Braunschw[eig-] Lu[e]neb[urgischer] Genealogischer **Kalender** auf das Jahr. (Mit Kupf. v [Daniel Nikolaus] Chodowiecky [u. a.])
Lauenburg. Ioh. Georg Berenburg (1791—1796. und Frankfurth a/M.: Jäger, 1797 ff nur: Frankfurt a. M.: Jaeger) [1776—1799]. 16°
[Kupfert.]
1786. 1788 [u. d. T] Königl. Großbrit[annischer] Genealogischer Kalender
1789 ff [u. d T]: Königl Großbritannischer Historischer Genealogischer Calender
1789—1798 [Nebent.]: Taschenbuch zum Nutzen und Vergnügen.
1799 [Nebent.]: Historisch-Genealogisches Taschenbuch.
1776. 17 Bl., 91 S., 1 Bl., 191 S., 1 Bl., 1 Titelkupf., 13 Kupfertaf [*Titelkupf fehlt*]
1778: 17 Bl., 91 S., 1 Bl., 189 S., 1 Bl., 1 Titelkupf., 12 Kupfertaf.
1786: 16 Bl., 219 S., 1 Bl., 28 Kupfertaf
1788: 16 Bl., X, 237 S., 1 Bl., 1 Titelkupf., 26 Kupfertaf.
1791: 16 Bl., 96, 158 S., 1 Bl., 19 Kupfertaf davon 7 teilw kol.
1792. 8 S., 16 Bl., 205 S., 1 Bl., 18 Kupfertaf
1794: XVI S., 8 Bl., 222 S., 1 Bl., 16 Kupfertaf.
1795: 16 Bl., 29 S., 1 Bl., 269 S., 1 Bl., 1 Titelkupf., 18 Kupfertaf.
1796. 16 Bl., 32, 247 S., 1 Titelkupf., 18 Kupfertaf.
1797: 16 Bl., 23, 195 S., 1 Bl., 1 Titelkupf., 7 Kupfertaf.
1799: 24 Bl., 41, 181 S., 1 Titelkupf., 18 Kupfertaf.

KALENDER, Königl. Großbrit. Genealogischer, auf das 1781 Jahr. Lauenburg, bey J. G. Berenberg. 16°. (E. R. Geve's Berliner April-Auct. 1911, no. 1795: „Ganz komplett und tadellos erhalten. In einem entzückenden gelben Pergamentbande mit schöner reicher Goldpressung und Mosaik Pracht-Exemplar")

CALENDER, Königl. Grossbr. u. Churf. Braunschw.-Lüneb. genealog., auf d. Jahr 1782. Mit 15 Mode- u. 12 Monats-Kupfern v Chodowiecki. Lauenburg. 16°. (15 Mk., Prgt. m. Goldschn., K. W Hiersemann, Lpz., 1899.)

— — Derselbe, auf das Jahr 1783. Mit 15 col. Mode- u. 12 col. Monats-Kupfern v Chodowiecki (zu „Lanassa, ein Frauenspiel". Lauenburg, bey Berenberg. 16° (30 Mk., Prgt. m. G., der Vorige, 1899.)

— — Derselbe, auf das Jahr 1785 Ebd. 16°. Mit Titkpfr., schön. gestoch. Titel, 16 Modekupfern (Leipz. Studenten-Trachten, habillements de Goettingue, Coeffures de l'année 1785, coeffures berlinoises, françoises), gest. v Riepenhausen u. 12 Monatskupfern, D. Chodowiecki del. (17 Mk., Orig.-Pgt Umschl., Hans Lommer, Gotha, 1911.)
Enth. u. a. Beiträge zur Toilette.

— — Derselbe, auf das Jahr 1789. Mit 8 Modekpfrn., 2 weiteren Kpfrn. u. 12 Monatskpfrn. (3 Mk., defektes Expl. K. W. Hiersemann, 1899.)
Das Titelblatt von Chodowiecki gez. u. gestocn. (Engelmann 596).

— — Derselbe, auf das Jahr 1791. Mit 6 Mode- u. 12 Monats-Kupfern v D. Chodowiecki (zu „die Indianer in England") u. 1 Kupfer („der deutsche Kaiser im Krönungsornat"). 16°. (12 Mk., Pgtb. m. G., der Vorige, 1899.)

Königl. Großbritannischer Genealogischer Kalender. 1786—1788
s. Königlich Großbritannischer und Churfürstlich Braunschweig-Lüneburgischer Genealogischer Kalender.

Königl. Großbritannischer Historischer Genealogischer Calender. 1789—
s.a. Königlich Großbritannischer und Churfürstlich Braunschweig-Lüneburgischer Genealogischer Kalender.

Königl Großbritannischer Historischer Genealogischer *Calender* fur . . .
[Nebst] Taschenbuch zum Nutzen und Vergnugen Mit Kupfern v [Daniel] Chodowiecki
Lauenburg Berenberg Gottingen Siedentopf
1789 1791–1796 1799

KALENDER, Grossbrittannischer histor.-genealogischer, a. d. J 1799. Frankf 16° Mit 13 Kpfrn. u. 6 Modekpfrn Cart m. G (12 Mk. Name auf d Tit. — Karsten Hamb. 1910.)
Fortsetzung des Lauenburg Kalenders.

Calender, Der grosse historische Appenzeller a. d. J. . . . Hg.: M. Sturzenegger
1805. M. Holzschn.
Trogen.

—— großer illustrirter lustiger. 1889. 4. (140 S. mit farb. Bildern.) Wien, (Szelinski.) cart. *

— **für die Gummi-Industrie u. verwandte Betriebe 1907. Ein Hilfsbuch f. Kaufleute, Techniker, Händler u. Reisende der Kautschuk-, Asbest- u. Celluloid-Branche. Hrsg. v. Edg. Herbst. Mit der Beilage: Jahrbuch d. Kautschuk-Industrie. (VII S., Schreibkalender u. 417 S. m. Fig.) kl. 8. Dresden, Steinkopff & Springer.** Geb. n. 4 50

— für die Gummi-Industrie u. verwandte Betriebe 1910. Ein Hilfsbuch f. Kaufleute, Techniker, Händler u. Reisende der Kautschuk-, Asbest- und Celluloidbranche. Unter Mitwirkg. seines Begründers Edg. Herbst hrsg. v. Kurt Gottlob. Mit der Beilage: Jahrbuch der Kautschuk-Industrie. (IV S., Schreibkalender, 292 u. 148 S. m. Fig.) 16. Berlin, Union, Zweigniederlassg. Geb. in Leinw. 4.50; Jahrb. allein 1.25

— für Gustav-Adolf-Vereine auf das J. 1911. In Verbindg. m. Vertretern u. Freunden des Gustav-Adolf-Werkes hrsg. (207 S. m. Abbildgn., 1 Farbdr. u. Wandkalender.) gr. 8. Leipzig, A. Strauch. — 50

—— **für bayerische Gymnasial-Lehrer auf die J. 1882/83 und 1883/84. Bearb.** von **F. J.** Hildenbrand. 1. und 2. **Jahrg. Mit der** Schulordnung, den Disciplinarsatzungen vom J. 1874, dem revid. Schulbücherverzeichnisse und dem Personalstatus. gr 16. (III, 104; IV, 158 S.) Miltenberg, Halbig. geb. a Jahrg. *
Fortsetzung s. Hildenbrand's Kalender für bayerische Gymnasial-Lehrer.

—— für die Gymnasial-Lehrer Bayerns auf die Schulj. 1886/87 und 1887/88. Bearb. von F. J. Hildenbrand. 5. und 6. Jahrg. gr. 16. (VI, 198; III, 198 S.) cart. a Jahrg. * 1 20
Nicht weiter erschienen.

—— für die bayerischen Gymnasialprofessoren, Studienlehrer und Gymnasialassistenten auf das Schulj. 1885/86. Bearb. von F. J. Hildenbrand. 4. Jahrg. 2 Tle. gr. 16. (VI, 196; V, 97 S.) Miltenberg, Halbig. geb. und geh. * 1 20

Hallischer Kalender [1] 1909 Halle a S Moritz (1908) 4° [...]

— hallischer, 1911. Hrsg.: Gust. Moritz. Zeichnungen v. Hans Hering. (40 S. m. Abbildgn.) Lex. 8. Halle, G Moritz. 1.

Hamburger Kalender fur das Buchgewerbe [1] 1904 Hamburg & Munchen (1904) Genzsch & Heyse 8° [F.] [...] 8

—— Hamburger nautischer, für die J. 1888 und 1889. 8. (IV, 116; 120 S.) Hamburg, Eckardt und Messtorff. à Jahrg. **

—— Hamburger nautischer, f. d. J. 1890—1893. 12. (à Jahrg. ca. 150 S.) Hamb., Eckardt u. Messtorff. à Jahrg * — 75

Hamburger nautischer Kalender für das Jahr 1891 – 94
Hamburg 1891—94.

— Hamburger nautischer, f d. J. 1895. 8 Jahrg. 8. (98 S.) Hamburg, Eckardt & Messtorff. n.n. — 75

Hamburger Nautischer Kalender fur das Jahr 1896, 97
Hamburg 1895, 96

— Hamburger nautischer, f. d. J. 1899. 12. Jahrg. 8. (99 S.) Hamburg, Eckardt & Messtorff. n. — 75

Kalender, Hamburger nautischer. für das J. 1903. 16. Jahrg. 8. (III, 408.) Hamburg, Eckardt & Messtorff. n. — 75

— **Hamburger nautischer, f. d. J. 1907. 20. Jahrg. (III, 100 S. m. Fig.) kl. 8. Hamburg, Eckardt & Messtorff.** n. — 75

— Hamburger nautischer, f. d. J. 1911. 24. Jahrg. (III, 104 S. m. Fig.) kl. 8. Hamburg, Eckardt & Messtorff. 1.—

Kalender für Handelsakademiker u. Handelsschulen. Studienjahr 1894/95. Herausg. vom Verein der Lehrkräfte an österreichischen Handels-Lehranstalten. 16. (VIII, 132 S. u. Tagebuch.) In Lnwd. geb. — .80
Wien Perles 1894

Kalender für Handelsakademiker u. Handelsschulen. Studienjahr 1895/96. Herausg. vom Verein der Lehrkärfte an österreichischen Handels-Lehranstalten. 16. (IX, 144 S. und Tagebuch.) In Lnwd. geb. Ebd. —.80

Kalender für Handelsakademiker und Handelsschulen. Studienjahr 1896/97. Herausgegeben vom Vereine der Lehrkräfte an österr. Handels-Lehranstalten. 16. (IX, 140 S. und Tagebuch.) In Lnwd. geb. Ebd. —.80

— für Handelsakademiker u. Handelsschüler. Studienj. 1894/95. Hrsg. vom Verein der Lehrkräfte an österreich. Handelslehranstalten. 16 (VIII, 127 S. u. Schreibkalender.) Wien, M. Perles. Geb. in Leinw. n. 1.60

—— für Handels-Akademiker u. Schüler verwandter Lehranstalten f. d. Studienj. 1892/93. Redig. v Rud. Kraus u Emil Hitschmann. 1. Jahrg. gr. 16. (III, 51 S.) Wien, Perles. geb. in Leinw * 2 —

— für Handelslehranstalten auf das Schulj. 1905/1906. Unter Mitwirkg. des deutschen Verbandes f. das kaufmänn. Unterrichtswesen hrsg. v. H. Messien u. L. Voigt. (199 S.) kl. 8. Dresden, Verlag d. Deutschen Handelsschul-Lehrer-Zeitg. Geb. in Leinw. n. 2.—

— für Handelsschüler auf das Schulj. 1905/1906. Hrsg. v. H. Messien. (118 S.) kl. 8. Ebd. In Leinw. kart. n. —50

—— für den christl. Handwerker f. d. J. 1893. gr. 16. (159 S. m. Abbildgn.) M.-Gladbach, Riffarth. * —25

Calender, Hannov., für 1837—58. H: *Rettig, Friedrich Gottfried.* (GGr)

— für das Harzgebiet insonderheit f. die Grafsch. Wernigerode u. das Fürstent. Halberstadt, verbunden mit Adreßbuch f. die Ortschaften Altenrode (Gemeinde- u. Gutsbezirk), Danstedt, Darlingerode, Derenburg, Drübeck (Gemeinde- u. Gutsbezirk), Hasserode, Heudeber, Ilsenburg, (Gemeinde- u. Gutsbezirk), Langeln, Minsleben, Nöschenrode, Reddeber, Silstedt, Stapelburg (Gemeinde- u. Gutsbezirk), Schloß Wernigerode, Schmatzfeld, Schierke, Veckenstedt u. Wasserleben (Gemeinde- u. Gutsbezirk). Hrsg. v. Karl Frdr. Schulze. 1904. (58 u. 42 S. m. Abbildgn. u. 1 Bildnis.) 4. Osterwieck (A. W. Zickfeldt). n. —50

Kalender für das Harzgebiet, insonderheit f. d. Grafschaft Wernigerode u. d. Fürstentum Halberstadt, verbunden mit Adreßbuch f. d. Ortschaften Altenrode, Danstedt . Hrsg ... von Karl Friedrich Schulze-Osterwieck/H. 1904 [Mehr nicht erschienen.] Osterwieck/H : K. F. Schulze; A. W Zickfeldt in Komm. [1903]. (60, 42 S.) 8° [F.] [04. 4766

— 1911 f. das alt-katholische Haus. Schriftleitung: Otto Steinwachs. (II, XVI, 58 S. m. Abb). Lex. 8. Mit e. Beilage: Alt-kathol. Handbüchlein v. E. K. Zelenka 7. Ausg. (79 S.) kl. 8. Kempten (Allgäu) 910. Reichsverband alt-kathol. Jungmannschaften. nn —50

— für das christliche Haus auf das Jahr Christi 1880, ein Schaltjahr von 366 Tagen. Mit (eingedr. Holzschn.-) Bildern. Ausg. für Bayern. 8. (48 S.) Schwerin. (Nürnberg, Raw.) n.n. —15; prämiirt n.n. —25; durchschossen n.n. —25; prämiirt n.n. — 35

Kalender für das Christliche Haus 1889-1894? Reading, PA
Published by the Pilger Publishing House

— für das christl. Haus f. 1890. 15. Jahrg. 8. (50 S. m. Bildern.) Schwerin, (Verein zur Verbreitg. religiöser Bilder u. Schriften). n.n. — 15; durchsch. n. —20

—— für das christl. Haus f. 1890–1893. 15.—18. Jahrg. 8. (à Jahrg. ca. 50 S. m. Bildern.) Schwerin, (Bahn). à Jahrg. * — 15

— für das christliche Haus auf d. J. 1903. 28. Jahrg. 8. (67 S. m. Abbildgn.) Schwerin, E. Herberger. n.n. —10

— für das christliche Haus auf d. J. 1906. 31. Jahrg. (67 S. m. Abbildgn.) 8. Schwerin, E. Herberger. n. — 10

— für das christliche Haus auf d. J. 1909. 34. Jahrg. (64 S. m. Abbildgn.) kl. 8. Schwerin, E. Herberger. — 10

— fürs deutsche Haus, s.: Kalender des evangelisch-kirchlichen Hülfsvereins.

— hundertjähriger Haus-, vom Jahr 1804–904. 8. Wien Pichler. 804.

Des lutherischen Hausfreundes Kalender 1876 Carlinville, IL

— u. Haustafel f. Liebende, Ehelustige u. Eheleute auf alle Jahre. 8. Brandenb. (Magdeb. v. Schütz.) 811.

— — Und Haustafel für Liebende, Ehelustige und Eheleute. Amathunt 5812 (Magdeburg, v. Schütz, 1812.) Rar!
Weller, fing. Druckorte.

Kalender fur junge Hausmutter auf das Jahr.. 1800. Wolfenbuttel [1799:] Bindseil. 8°
1800: [1799.] [Umschlagt.]

— fürs traute Heim f. d. J. 1911. 11. Jahrg. (32 u. 5 S. m. Abbildgn., 1 Taf. u. Wandkalender.) gr. 8. Leipzig, F. E. Fischer. — 15

Kalender fur Heimatkunde der Kreise Bitterfeld und Delitzsch und deren nächste Umgebung (Heimatkalender). (Jg 1) Auf d J 1903. *Duben a. d Mulde F Jacob [1902]* 8° [F.] [04. 1118

— für Heizungs-, Lüftungs- u. Badetechniker. Hrsg. v. J. H. Klinger. 4. Jahrg. 1899. 12. (X, 286 S. m. Abb. u. Notizkal.) Halle, C. Marhold. Kart. n. 3.20; geb. in Ldr n. 4.—

— für Heizungs-, Lüftungs- u. Badetechniker. Hrsg. v. J. H. Klinger. 8. Jahrg. 1903. 12. (XVI, 292 S. m. Abbildgn. u. Notizkalender.) Halle, C. Marhold. Geb. in Skytogen n. 3.20; in Ldr. n. 4.—

— für Heizungs-, Lüftungs- u. Badetechniker. Hrsg. v. H. J. Klinger. 12. Jahrg. 1907. (XVI, 300 S. m. Abbildgn. u. Notizkalender.) kl. 8. Halle, C. Marhold. Geb. in Skytogen n. 3.20; in Ldr. n. 4.—

— für Heizungs-, Lüftungs- und Badetechniker. Erstes kurzgefasstes Nachschlagebuch für Gesundheitstechniker. Hrsg. v. H. J. Klinger. 16. Jahrg. 1911. (XVI, 358 S. m. Abbildgn. u. Notizkalender.) kl. 8. Halle, C. Marhold. Geb. in Leinw. 3.20; in Ldr. 4.—

Calender, Helvetischer, fürs Jahr 1780. Zürich 1780—180? H: *Gessner, Salomon.* (MS)

Calender, Helvetischer.
1780—1798. M. Kpf.

s. a.: Almanach, Helvetischer
s. a.: Revolutionsalm., — „ —
s. a.: Almanach, Neu — „ —
Zürich. Goed. VIII, 51, 13.

— Helvetischer, für 1780—98. Zürich, Geßner. (à 12 Xr.) 9 fl. 12 Xr. Ders. für 1799, s. L. Meister, helvet. Revolutionsgesch.

Helvetischer *Calender* für das Jahr
[1784–1788 hrsg v. Salomon Geßner]
Zürich Geßner
1780. 1784–1790.
Forts. u. d T Helvetischer Almanach.
1808 ff.

Helvetischer Calender für das Jahr ... ([Mit Kupf. v.] Ioh[ann] Heinrich Meyer.)
Zürich: Geßner [1798]. 16°
[Kupfert.]
1798: 16 Bl., 134, 119 S., 6 Kupf.-Falttaf.
Forts. s. Helvetischer Almanach.

—— zu Ehren der hochheiligsten Herzen Jesu und Maria für das liebe Volk auf die J. 1876—1885. Von Gfr. Hacker. 1.—10. Jahrg. Große Ausg. Mit vielen Bildern und Jahrmarktsverzeichniß. 4. (à Jahrg. ca. 112 S.) Winterberg i. B., Steinbrener's Verlag. à Jahrg. *

—— dass. — Kleine Ausg. Mit Monatsvignetten und vielen Illustr. 4. (à Jahrg. ca. 80 S.) Ebendas. à Jahrg. *

—— zu Ehren der hochheiligsten Herzen Jesu und Maria für das liebe Volk auf die J. 1886—1889. Von Gfr. Hacker. Große Ausg. Mit Jahrmarktsverzeichniß. 4. (à Jahrg. ca. 130 S. mit vielen Bildern.) Winterberg, Steinbrenner. à Jahrg. * — 65
—— dass. — 1886—1889. Kleine Ausg. 4. (à Jahrg. ca. 80 S. mit Monatsvignetten und vielen Illustr.) Ebendas. à Jahrg. * — 50

—— zu Ehren der hochheiligsten Herzen Jesu u. Mariä f. das liebe Volk auf d. J. 1891—1893. Von Gfried. Hacker. Große Ausg. 4. (à Jahrg. ca. 130 S. m. Textabbildgn. u. 2 Farbendr.) Winterberg, Steinbrener. à Jahrg. * — 80
—— dass. — Kleine Ausg. 4. (à Jahrg. ca. 95 S. m. Textabbildgn. u. 2 Chemigraph.) Ebd. à Jahrg. * — 60
Beide Ausg. auch u. d. T.: Marienkalender, großer, u. desgl., kleiner. Frühere Jahrge. u. d. T.: Herz-Jesu u. Maria Kalender.

Kalender zu Ehren der hochheiligsten Herzen Jesu und Maria für das liebe Volk auf das gemeine Jahr 1891 von P. Gottfried Hacker. Große Ausgabe. 4. (96 S. mit Jahrmärkte-Verzeichniß u. vielen Bildern) Ebd. —.40
Kleine Ausgabe. 4. (64 S. mit Jahrmärkte-Verzeichniß und vielen Bildern) Ebd. —.30

Kalender zu Ehren der hochheiligen Herzen Jesu und Maria für das liebe Volk auf das Schaltjahr 1892 von P. Gottfried Hacker. Große Ausgabe 4. (96 S. mit Jahrmärkte-Verzeichniß und vielen Bildern) Ebd. —.40
— — Kleine Ausgabe. 4. (64 S. mit Jahrmärkte-Verzeichniß und vielen Bildern) Ebd. —.30

Kalender zu Ehren der hochheiligen Herzen Jesu und Maria für das liebe Volk auf das Jahr 1899. Von P. Gottfried Hacker. Große Ausgabe. 4. (93 S. mit Jahrmärkte-Verzeichniß und vielen Bildern) Ebd. —40
— — Kleine Ausgabe 4. (64 S. mit Jahrmärkte-Verzeichniß und vielen Bildern) Ebd. —.30

(F) Kalender zu Ehren der hochheiligsten Herzen Jesu und Maria für das liebe Volk auf das Jahr 1900. Kleine Ausgabe. Mit vielen Bildern und Jahrmarktsverzeichnis. Winterberg. Steinbrener. Gr.-8°. 64, XX S. K —.60

Kalender zu Ehren der hochheil. Herzen Jesu u. Maria f. das liebe Volk auf d. J. 1907. Große Ausg. Mit vielen Bildern u. Jahrmarkts-Verzeichnis. (112, XVI u. XVI S. m. 6 Taf.) gr. 8. Winterberg, J. Steinbrener. — 50

— dasselbe. Kleine Ausg. Mit vielen Bildern u. Jahrmarkts-Verzeichnis. (64, XVI u. XVI S. m. 2 Taf.) gr. 8. Ebd. — 40

(F) Kalender zu Ehren der hochheiligsten Herzen Jesu und Maria für das Jahr 1908. Große Ausgabe. Gr 8°. Ebd. K —.80

(F) Kalender zu Ehren der hochheiligsten Herzen Jesu und Maria für das liebe Volk auf das Schaltjahr 1908. 26. Jahrg. Gr.-8°. Ebd. K —.60

(F) Kalender zu Ehren der hochheiligsten Herzen Jesu und Maria für das Jahr 1909. Gr.-8°. Ebd. K —.80

— zu Ehren der hochheil. Herzen Jesu u. Maria f. das liebe Volk auf d. J. 1911. Große Ausg. Mit vielen (z. Tl. farb.) Bildern u. Jahrmarkts-Verzeichnis. 28 Jahrg. (IV, 96, V u. 13 S. m. 3 [1 farb.] Taf.) gr. 8. Winterberg, J. Steinbrener. — 50

— dasselbe. Kleine Ausg. Mit vielen Bildern u. Jahrmarkts-Verzeichnis. 28. Jahrg. (64, XVI u. XVI S. m 1 Taf.) gr. 8. Ebd. — 40

— hessischer, 1907. Mit (6 farb.) Steinzeichngn. von K. Schmoll v. Eisenwerth u. Erläutergn. v. Ed. Anthes. (25 S.) gr. 8. Darmstadt, H. Hohmann. n. 1.—

— hessischer, 1907. Hrsg. v. Hans Meyer. (13 Bl.) 26×43 cm. Cassel, E. Hühn. n. 2.50

— hessischer, 1908. Hrsg. v. Hans Meyer. (13 Bl.) 26×43 cm. Cassel, E. Hühn. 2.50

— hessischer, f. d. J. 1910. Mit 6 farb. Steinzeichnungen v. Herm. Pfeiffer. (24 S.) gr. 8. Darmstadt. H. Hohmann. 1.—

—— Hildburghäusischer verbesserter alter und neuer illustrirter, auf das J. 1868. 4. (32 S.) Hildburghausen, Gadow und Sohn.

— — auf das Jahr 1869. Ebend. 4. (32 S.) 1½ ngr.

— — auf das Jahr 1870. Ebend. 4. (32 S.) n. 1½ ngr.

— des evangelisch-kirchlichen Hülfsvereins. Im Auftrage des engeren Ausschusses hrsg. v. Cremer. 4. Jahrg. 1903. 8. (184 S. m. Abbildgn. u. Wandkalender.) Potsdam, Stiftungsverlag. — 80; Geb. in Leinw. n. 1.—

— des evangelisch-kirchlichen Hülfsvereins. 8. Jahrg. 1907. (XXIII, 24 u. 90 S. m. Abbildgn., 2 Taf. u. Wandkalender.) 8. Potsdam, Stiftungsverlag. n. — 80; geb. in Leinw. n. 1. —
Erscheint auch in Ausg. für Brandenburg, Ostpreußen, Westpreußen u. f. die Rheinlande.

— des evangelisch-kirchlichen Hülfsvereins. 12. Jahrg. 1911 (XXIII, 89 u. 20 S. m. Abbildgn., 3 Taf. u. Wandkalend.) 8. Potsdam, Stiftungsverlag. — 30; geb. in Leinw. 1. —
Erscheint auch in Ausg. für Brandenburg, Ostpreußen, Westpreußen, f. Rheinlande u. f. Westfalen.

— historischer, v. Westenrieder, s.a. Westenrieder..

Calender, Historischer, für 1789. München. H: *Westenrieder, Lorenz.* (Ky 6/215) (BiblPort)

Historischer Calender für . . . v. L[orenz von] Westenrieder.
München: J. Lindauer 1790—1805. 12°
[Kupfert.]
1803/04 [u. d. T.]: Historisches Taschenbuch.
1803—1805 [Nebent.]: Geschichte des dreyßigjährigen Krieges von L. Westenrieder. Bdch. 1. 2.
1790: 12 Bl., 262 S., 12 Kupfertaf. [*Davon fehlen 2 Taf.*]
1791: 14 Bl., 280 S., 12 Kupfertaf.
1792: 15 Bl., 264 S., 12 Kupfertaf. [*Davon fehlt Taf. I.*]
1793: 7 Bl., 296 S., 12 Kupfertaf.
1794: 14 Bl., 295 S., 12 Kupfertaf.
1795: 1 Bl., 288 S., 12 Kupfertaf.
1796: 360 S., 1 Bl., 12 Kupfertaf. [*Davon fehlen Taf. VIII u. IX*]
1797: 348 S., 1 Bl., 12 Kupfertaf.
1798: 358 S., 1 Bl., 12 Kupfertaf [*Davon fehlt Taf. VI.*]
1800: 312 S., 12 Kupfertaf. [*Davon fehlt Taf. V.*]
1801: 318 S., 6 Kupfertaf.
1802: 4 Bl., 290 S., 6 Kupfertaf. [*Davon fehlt Taf. III*]
1803/1804: 1 Bl., XXII, 288 S. [*Fehlend. Titelbl. u. Nebent. durch Fotokopien ergänzt, sämtl. Kupf. fehlen.*]
1805: XII, 276 S., 6 Kupfertaf.

Calender. historischer. f. 1790—1815. (1807—9, 1812 u. 1814 erschien nichts.) Hrsg von *L. Westenrieder* 20 Jahrgg. nebst 1 Bd. Reg. 1 u. 2. (Zus. in 21 Bdn.) Mit vielen gut. gestoch. Kpfrn. von *Joh. Mich. Mettenleiter* (geb. 1765, 1790 Hofkpfst. in München † 1853). München, Lindauer. 16°. Cpltes., reines Expl., wie es selten vorkommt (aus Roming's Bibl.). Ppbde.
Für bayer Geschichte unentbehrliches Werk. Sämmtl. Tit. d. 20 Jahrgg. in Kupfer gestoch — Register 1 u. 2 1790—08; 1709—1815. (Ibid. 1800, 1816.)

Historischer *Calender* fur von
L(orenz) Westenrieder.
Munchen · Lindauer
1791–1802
1803/04 u d T. Historisches Taschenbuch.
1805 17 1810
Anf u. d. T Historischer Almanach
1790

Historischer Calender. 1794. Hrsg. v. Johann Wilhelm von Archenholtz u. Christoph Martin Wieland
s. Historischer Kalender für Damen.

Historischer Kalender. Berlin 1803
s.a. Historisch-genealogischer Kalender.

Kalender, Historischer, auf d. Gemein-Jahr . . .
1803. M. 6 Kpf. v. Chodowiecki u. 9 weit. Kpf. Engelmann 920.

(Berlin, Unger.)

Kalender, historischer, oder Uebersicht d. Wissenswürdigsten aus d. polit., literar. u. Kunstgeschichte. gr. 12. Berl. 832. Rauck. 1 ₰

Historischer Kalender oder der Hinkende Bot, auf d. Jahr 1871. Mit Holzschn. 68 Seiten. 4. Bern, Stämpfli'sche Buchdruckerei. — 35

Kalender, historischer, oder Hinkende Bot f. 1872. 66 Stn. 4. Bern, Stämpfli'sche Buchdr. —. 35

Histor. Kalender oder Hinkende Bot auf d. J. 1873. Mit Holzschn. 68 Stn. 4. Bern, K. Stämpfli. —. 35

Historischer Kalender oder der Hinkende Bot, auf d. J. 1874. 68 Stn. 4. Bern, Stämpfli'sche Buchdr. —. 35

Histor. Kalender oder hinkender Bote auf d. J. 1875. Mit Abbildgn. 8. Bern, Stämpfli. —. 35

—— historischer, oder Hinkende Bot, auf die J. 1876—1880. 4. (à ca. 84 S. mit eingedr. Holzschn.) Bern, (Jenni's Buchh.) à Jahrg. * *

—— historischer, oder der hinkende Bot, auf die J. 1881—1885. 4. (à Jahrg. ca. 87 S. mit eingedr. Holzschn.) Bern, (Jenni's Buchh.) à Jahrg. *

—— historischer, oder der hinkende Bot auf die J. 1886—1889. 159.—162. Jahrg. 4. (à Jahrg. ca. 90 S. mit Illustr.) Bern, Koehler'sche Buchh. à Jahrg. * — 40

— historischer, od. der hinkende Bot auf d. J. 1887. 160. Jahrg. 4. (96 S. m. Illustr.) Bern, Jenni. n. — 40

— historischer, od. der hinkende Bot auf d. J. 1889. 162. Jahrg. 4. (82 u. 60 S. mit Bildern.) Bern, (Jenni). n. — 40

Kalender, historischer, od. d. hinkende Bot auf d. J. 1892. 165. Jahrg. 4. (XXXII, 60 S. m. Bildern.) Bern. (St. Gallen, Müller.) * — 40

Calender, Historischer, oder der hinkende Bot, seine Entstehung und Geschichte; ein Beitrag zur bernischen Buchdrucker- und Kalendergeschichte . . . Bern 1896. V: *Graf, Johann Heinrich.* (Cat. d. Stadtbibl. Zürich. Zürich 1864—97.) (Berl) (Ky)

— historischer, od. der hinkende Bot. S. Entstehg u Geschichte. E Beitrag z. bern. Buchdrucker- u Kalendergeschichte, hrsg. v d. Stämpflischen Buchdruckerei (Von J. H. Graf) (M mehr. Taf. u. vielen Abb. im Text) gr. 4 (V, 103 S) Bern 896 Stämpfli & Co n.n. 5. 25

— dasselbe auf d. J. 1897. 170. Jahrg. 4. (95 S. m. Abb.) Bern (W. Goepper). n. — 40

Kalender. Historischer oder der Hinkende Bote auf das Jahr 1900. 4°. 111 S. Bern, K. Stämpfli. — 40

Kalender. Historischer Kalender oder der Hinkende Bot auf das Jahr 1902. Jahrg. 175. [Mit Illustrationen und 3 Tafeln.] 120 S. 4. Bern, Karl Stämpfli. fr. .40

Kalender. Historischer Kalender oder der Hinkende Bot auf das Jahr 1903. Jahrg. 176. [Mit Illustrationen und 4 Tafeln.] 116 S. 4. Bern, Karl Stämpfli. fr. — 40

Kalender. Historischer Kalender oder der Hinkende Bot auf das Jahr 1904. Jahrg. 177. [Mit Illustrationen und 2 Tafeln.] 120 S. 4. Bern, Karl Stämpfli. fr. —. 40

Kalender. Historischer K' oder der Hinkende Bot auf das Jahr 1905. Jahrg. 178. [Mit Illustrationen und 2 Tafeln.] 124 S. 4. Bern, Karl Stämpfli. fr. —. 40

— historischer, od. der hinkende Bot auf das J. 1907. 180. Jahrg. (104 S. m. Abbildgn. u. 2 Farbdr.) 8. Bern, Stämpfli & Co. n. — 40

Kalender. Historischer K' oder der Hinkende Bot auf das Jahr 1908. Jahrg. 181. [Mit Illustrationen und 2 Tafeln.] 128 S. 4. Bern, Karl Stämpfli. fr. —. 40

Kalender. Historischer K' oder der Hinkende Bot auf das Jahr 1909 Jahrg. 182. [Mit Illustrationen und 2 Tafeln.] 128 S. 8. Bern, Karl Stämpfli. fr. —. 40

— historischer, od. der hinkende Bot auf das J. 1911. 184. Jahrg. (99 S. m. Abbildgn. u. 2 Farbdr.) 8. Bern, Stämpfli & Co. — 40

Kalender, Historischer, 1895, für den Kanton Aargau herausgegeben von der mittelschweiz. Geographisch-Kommerziellen Gesellschaft in Basel. In-fol. Mit 53 Abbildungen. 2 50

Historischer Calender für Damen für das Jahr ... [Hrsg.] v. [Johann Wilhelm von] Archenholtz u. [Christoph Martin] Wieland. ([Mit Kupf. nach] D[aniel Nikolaus] Chod[owiecki, Johann] H[einrich] Ramberg [u. a., gest. v. Christian Gottlieb] Geyser, [Johann] H[einrich] Lips, J[ohann Georg] Penzel [u. a.].)
Leipzig: G. J. Göschen [1789—1791]. 12°
[Kupfert.]
1794 [u. d. T.]: Historischer Calender für ...
Auch u. d. T.: Historisches Taschenbuch für Damen.
1790: [1789.] 16 Bl., 350 S., 1 Bl., 1 Titelkupf., 12 Kupfertaf.
1791: [Enthält den ersten Druck von Schillers „Geschichte des Dreyßigjährigen Kriegs" 1. u. 2. Buch u. Verbesserungen.] — [1790.] 33 Bl., 386 S., 1 Titelkupf., 15 Kupfertaf. [*Davon fehlen Titelkupf. u. 1 Portr.*]
1792: [Enthält Schillers „Geschichte des dreyßigjährigen Krieges" 3. Buch u. „Vorrede von Wieland".] — [1791.] 48 Bl., 32 S., S. 390—472, 22 Bl., LXIV S., 8 Bl., 1 Titelkupf., 16 Kupfertaf.
1793: [Enthält Schillers „Geschichte des dreyßigjährigen Krieges" 4. Buch.] — [1792.] 26 Bl., S. 475—860, 5 Bl., 1 Titelkupf., 15 Kupfertaf. [*Davon fehlen 3 Kupf.*]
1794: Geschichte des achtzehnten Jahrhunderts. [1793.] 24 Bl., 144, XC S., 5 Bl., 1 Titelkupf., 12 Kupfertaf.

Historischer Calender für Damen für das Jahr 1790. 1792. 1793. Leipzig, bey G. J. Göschen.
Mit Kupfern von Chodowiecki u. a. 8°
Mit Beiträgen von Wieland, Schiller (Geschichte des 30jährigen Krieges). Erschienen 1790–1793.
Jg 1792 u. d. T. Historisches Taschenbuch für Damen.
Abb. 200

— historischer f. Damen a. 1790. v. Archenholz u. Wieland. 12. Leipzig. Göschen.

Calender, Historischer, für Damen. („Schiller, Geschichte d. dreyssigjährigen Krieges".)
1791. M. Titelk., 15 Kpf. (Chodowiecki), 35 Bl. u. 388 S.
1792. M. Titelk., 16 Kpf., 24 Bl., 32 S. Vorr., Text. S. 389—472.
1793. M. Titelk., 15 Kpf., Erklär. u. Text. S. 474—860.
Leipzig. Goed. V., 187, 27. Troemel 80, 85, 93.

— historischer f. Damen. a. 1794. m. K. 12. Ebend.

— — historischer, für die Jugend, auf 1821 bearbeitet von Helfer Stierlin, mit 6 Kupf. 12. Bern, Jenni.

Kalender, Historischer, für die Schweizerische Jugend, für 1822. Bern, bey C. A. Jenni. 16°. 4 Bll. (Titel u. Kalender), 142 SS. und 6 Kupfer. Or.-Karton (Rücken ergänzt). Geschichtl. Erzählgn. — Vereinz. kl. Fl. 10.—

Calender, Historischer, der Revolution in Frankreich. Braunschweig 1790—93. V: *Campe, Joach. Heinr. & Fr. Schulz.* (Ky)

— histor., d. Revolution in Frankreich, (v. Campe u. Fr. Schulz). 16. Braunschw. 790—93. Schulbuchh. 3 ₰ (Vergl. Almanach, historischer.)

Calender, Historisch-Genealogischer oder Abriss d. merkwürdigsten neuen Weltbegebenheiten f. . . . .
1784. M. Titelk., 18 Kpf. (12 Chodowiecki) u. 1 kol. Karte. Engelmann 492.
1786. M. gest. Tit., 12 Monatsk. (Chodowiecki), 2 Portr. u. 4 kol. Modek. u. 1 kol. Karte. Engelmann 562.
1787. M. gest. Tit., 12 Kpf., 3 Portr. u. 4 kol. Modek. (Vermehrte Ausg. v. 1786.)
1789. M. Titelk., gest. Tit., 12 Kpf. (Chodowiecki), 4 Uniformk., 5 Porträtk. u. 1 kol. Karte. Engelmann-H., 103, 13 u. 105, 51.
1798. M. Titelk., 1 Portr. u. 4 Kpf.
1799. M. Titelk. u. 7 Kpf. (Chodowiecki), 4 Portr. u. 4 kol. Modek. Engelmann 920 a.
1800. M. 8 Kpf. (Chodowiecki) u. 5 Portr.
Berlin (Haude u. Spener.)

Historisch-Genealogischer Calender oder Jahrbuch der merkwürdigsten neuen Welt-Begebenheiten für . . .
Leipzig zur Messe; Berlin: Haude & Spener 1786—(1800). 16°
[Kupfert.]
1786 [Nebent.]: Allgemeines historisches Taschenbuch oder Abriß der merkwürdigsten neuen Welt-Begebenheiten
[u.] Jahrbuch der merkwürdigsten neuen Weltbegebenheiten.

1784: Enthaltend ... die Geschichte der Revolution von Nord-America von C[hristian] M[atthias] Sprengel. 1 Bl., 74 S., 3 Bl., 182 S., 18 Kupfertaf. davon 3 kol., 1 kol. Kt. [*Die Kt. fehlt.*]
1786: Enthaltend ... die Geschichte der wichtigsten Staats- und Handelsveränderungen von Ostindien von M[atthias] C[hristian] Sprengel. 19 Bl., 64 S., 4 Bl., 272 S., 18 Kupfertaf. davon 4 kol., 1 kol. Kt. [*Fehlende Bl. (2), 2 u. 3 durch Fotokop. ergänzt, Kupf. Nr 1 u. Kt. fehlen.*]
1798: [Enth. Stauntons „Des Grafen Macartney Gesandschaftsreise nach China", Thl 1] 30 Bl., 96, VIII, 376 S., 5 Kupfertaf.
(1800): [Enth. Staunton Thl 3.] 2 Bl., S. 234—514. 20 Kupfertaf. [*Der vordere Tl. d. Bdes mit Calendarium usw. fehlt.*]

Historisch-genealogischer Calender, oder Jahrbuch der merkwurdigsten neuen Welt-Begebenheiten für 1789. Leipzig zur Messe bey Haude und Spener in Berlin.
Mit Kupfern u. Karten. 8°
1 Jg. 1784 (sog. „Amerika-Almanach") m. Kupfern von Chodowiecki. Erschienen bis 1799

Historisch Genealogischer Calender auf das Jahr ... Mit Genehmhaltung der König. Academie der Wissenschaften zu Berlin. (Mit Kupf. [von] D[aniel Nikolaus] Chodowiecki, Meno Haas, [Johann Wilhelm Meil u. a.].)
(Berlin: Joh. Friedr. Unger [u. a. 1789—1822].) 24° (später 16°)
[Teilw. Kupfert.]
[1803 u. d. T.:] Historischer Kalender.
Franz. Ausg. u. d. T.: Almanach historique et généalogique ...
Abweichende Parallelausg. s. Genealogischer und Post-Kalender.

1790: [1789.] 19 Bl., 102 S., 72 Bl., 23 Kupfertaf. davon 3 kol., 1 kol. Kt.
1791: [1790.] 12 Bl., 164 S., 72 Bl., 26 Kupfertaf. davon 3 kol., 1 Tab., 1 kol. Kt. [*Feblend. Kupfertit. durch Fotokopie ergänzt; die kol. Kt. fehlt.*]
1792: [1791.] 12 Bl., 144 S., 72 Bl., 1 kol. Kt. [*Sämtl. Kupfer fehlen.*]

1793: [1792.] 12 Bl., 154 S., 73 Bl., 1 Titelkupf., 17 Kupfertaf., 1 kol. Kt.
1797: Enthält die Geschichte von Polen. (Beschluß.) [1796.] 19 Bl., S. [145]—314, 81 Bl., 1 Titelkupf., 12 Kupfertaf. davon 6 kol.
1798: Katharina II. Ein historischer Versuch. [1797.] 12 Bl., 143 S., 90 Bl., 1 Titelkupf., 23 Kupfertaf.
1799: Die Geschichte der Bartholomäusnacht oder die Bluthochzeit zu Paris [von Georg Friedrich Christoph Sartorius Freiherr von Waltershausen. Tl 1. 1798.] 12 Bl., 143 S., 87 Bl., 1 Titelkupf., 15 Kupfertaf. davon 4 kol.
1801: Abriß einer Geschichte des ersten Kreuzzuges der Christen nach Palästina. [1800.] 12 Bl., 248 [vielm. 348] S., 6 Bl., 1 Titelkupf., 11 Kupfertaf., 1 kol. Kt.
1802: Darstellung des Luxus und Lebensgenusses. [1801.] 12 Bl., 180 S., 87 Bl., 1 Titelkupf., 9 Kupfertaf.
1803: (Albrecht von) Wallenstein von [Karl Ludwig von] Woltmann. [1802.] 8 Bl., 132 S., 90 Bl., 1 Titelkupf., 14 Kupfertaf.
1804: Anna von Östreich und Kardinal Mazarin ([von Paul Ferdinand] Friedrich Buchholz). [1803.] IV S., 12 Bl., 197 S., 88 Bl., 1 Titelkupf., 11 Kupfertaf.
1805: Anna von Östreich und Kardinal Mazarin [von Paul Ferdinand Friedrich Buchholz. 1804.] 14 Bl., 223 S., 88 Bl., 1 Titelkupf., 12 Kupfertaf. [*Sämtl. Kupf. fehlen.*]
1806: Wilhelm Tell und Arnold Winkelried. [1805.] 12 Bl., 204 S., 94 Bl., 1 Titelkupf., 11 Kupfertaf. davon 2 kol., 1 Falt-Taf.
1817: [1816.] 12 Bl., 168, 90, 65 S., 1 Titelkupf., 12 Kupfertaf.
1819: [1818.] 12 Bl., 133, 103, 119 S., 1 Titelkupf., 12 Kupfertaf., 1 Kt. [*Titelkupf. u. Kt. fehlen.*]
1822: [1821.] 12 Bl., 248, 106, 66 S., 1 Tit.-Faltkupf., 12 Kupfertaf.
1823: [1822.] 12 Bl., 264, 108, 66 S., 1 Titelkupf., 12 Kupfertaf., 1 Faks.
Forts. s. Berliner Kalender . . .

Historisch-genealogischer Kalender. Braunschweig 1794—1799 s. Historischer Almanach.

Historisch-Genealogischer *Kalender*.
Deutschland, ein historisches Gemälde.
Braunschweig
Hrsg.: Friedrich Christian Schlenkert.
1795.

Historisch-genealogischer *Kalender*
Mit zahlr. Kupfern (1796–1799 v. Daniel Chodowiecki)
Berlin: Unger [u. a.]
1784. 1786. 1787. 1793. 1795–1797. 1799. 1804. 1808. 1809. 1811. 1813. 1820–1821.
Forts. u. d. T.: Berliner Kalender. 1827 ff.
Anf. u. d. T.: Genealogischer Kalender. 1778.
[*Franz. Ausg.*:
Almanach historique et généalogique . . .
1799.
Abweichende Parallelausg.:
Genealogischer und Post-Kalender . . .
1803. 1811.]

— histor.-genealogischer, für 1796 u. 97. Enthalt. d. Geschichte Polens, nebst 12 histor. Vorstellungen von Chodowiecki u. 16 Kpf., 1 Plan u. 1 Karte. 16. Berl. 795. Unger. Für 1798. Enth. Katharina II., ein histor. Abriß, (von Frz. Hofmann od. H. A. O. Reichard?) 16. Ebd. 797. Für 1799 u. 1800. Enth. d. Geschichte d. Bartholomäusnacht, oder d. Bluthochzeit in Paris, (v. G. F. C. Sartorius). Mit Kpf. 16. Ebd. 798, 99. Unger. Für 1801. Enth. Abriß e. Gesch. des ersten Kreuzzuges d. Christen nach Palästina. Mit 1 Karte u. 12 Kpf. 16. Ebd. 800. Für 1802. Enth. Darstell. d. Luxus u. Lebensgenusses rc. Mit Kpf. 16. Ebd. Für 1803. Enth. Wallenstein, von K. L. v. Woltmann. Mit Kpf. 16. Ebd. Für 1804 u. 5. Enth. Anna v. Oestreich u. Kardinal Mazarin, von Fr. Buchholz rc. Mit Kpf. 16. Ebd. Für 1806. Enth. Wilhelm Tell u. Arnold von Winkelried rc. Mit Kpf. 16. Ebd. Für 1807. Enth. Margaretha v. Anjou, von Fr. Buchholz. Mit Kpf. 16. Ebd. NB. Der Preis dieser sämmtl. Jahrgg. wurde auf 6 gr pr. Stück herabgesetzt. Die folgenden Jahrgg. bis 1832 sind durch Hrn. Dümmler in Berlin zu beziehen, u. erhielten von 1821 an d. Titel: Taschenkalender, Berliner, Preis à J. 1 Rthlr 20 gr Vergl. Taschenkalender.

Calender, Historisch-genealogischer, auf das Jahr 1797; Teutschland, ein historisches Gemählde. Braunschweig 1797. V: *Raabe, August.* (MGT)

CALENDER, Historisch-Genealogischer auf das Gemein-Jahr 1797. Enthält die Geschichte von Polen. Mit 6 illuminierten Vorstellungen polnischer Trachten und 6 historischen Gegenständen von D. Chodowiecki. Berlin, Unger. Origkart. (10 Mk., 1 Portr. fehlt u. die Kpfr. gestemp., R. Hirsekorn, Berlin, 1910.)
Von Chodowiecki sind nur die 6 Bl. zur Geschichte Polens (E. 823). Das Portr. Antonius Madalinskis' und die 6 kolorierten Kostümkupfer sind nicht bezeichnet.

Historisch-Genealogischer Kalender.
Braunschweig
Hrsg.: Friedrich August Raabe.
1798. 1799.

Calender, Historisch-genealogischer, oder Jahrbuch der merkwürdigsten Weltbegebenheiten für 1798—99, Cammergericht unzertrennliche Verknüpfungen . . . O. O. 1705. V: *Krebs, Friedrich Helferich.* (MS)

— historisch-genealogischer, oder Jahrbuch d. merkwürd. Weltbegebenheiten f. 1798–99. enthalt Macartney's Reise nach China. 1r–3r Thl. m. K. 16. Berl. Haude. (1r 798. 1 Rthlr. 12 gr. 2r und 3r 799. 1 14 gr.)
(Desselben frühere Jahrgänge, s. Archenholz Gesch. der siebenjährigen Kriegs; Sprengels Revolution v. Nordamerika und dessen Beschreibung v. Ostindien.)

— — auf d. J. 1799. Die Geschichte d. Bartholomäusnacht oder Die Bluthochzeit zu Paris. Mit 4 illum. Vorstellungen damaliger Trachten, 4 Bildnissen und 8 histor. Gegenständen von Chodowiecki. Ebend. Origkart. in Etui. (10 Mk. der Vorige.)
Engelmann 88[1].

Calender, Historisch-genealogischer, auf das Gemeinjahr 1799 u. 1800. H: *Sartorius, Gg Fr. Chph.* (MGT)

KALENDER, Historisch-genealogischer, auf das Jahr 1802. Darstellung des Luxus und Lebensgenusses. Mit reizendem gestoch. Titel u. 7 interess. Kpfrn. von F. W. Meil. Berlin, bei J. Fr. Unger. 16°. (50 Mk., Prachtexpl. in braunem Ganzlederbd. der Zeit mit Goldverzierung und reizenden alten Kunstpapiervorsätzen, C. G. Boerner, Lpz., c. 1905.)
Kalendarium, 180 S., 8 Bl. „Chronol. Uebers. d. Weltbegebenh. etc." u. 78 Bl. Genealogie, Postcourse etc. — Max Perl's Berliner Octob.-Auct. 1907, no 1013.
Titel von Meil gestochen. Portraits: Maréchal de Richelieu, Ninon de Lenclos, St. Evremond, Mad. Deshoulières, gestochen von Meno Haas. Und Darstellungen von Meil: Der orientalische Tabaksraucher, Punschbowle des Admirals Russel, Opiumesser, Ein ostindischer Harem, Ein morgenländisches Weiberbad, Sicilianisches Gartenbad und Armenisches Gastmahl.
Text: Geschichte des Epikuräismus, Ueber die epicur. Dichtungen, Kochkunst und Gastmähler der Griechen, Ueber die Bäder der Alten, Anekdoten aus der Geschichte des römischen Luxus, Das römische Gastmahl, Aristippus, Magazin für Leckermäuler usw.

Historisch-genealogischer Kalender auf das Jahr 1808. Leipzig.
Mit Kupfern. 8°.
Beide Bdch. ebenfalls Ausg. für 1808, bedingt durch die politischen Verhältnisse.

— historisch-genealogischer. 16. Berl. 811—13. (à 1 Rthlr. 8 gr.)

— — historisch-genealogischer, für die Jahre 1816 — 1821. Mit Kupfern. 12. Berlin, Kalender-Deputation. (Dümmler.) à 1 Rthlr. 20 Gr.

Kalender, historisch-genealogischer, a. d. J. 1822—28. M. Kupf. 16. Berlin (Dümmler.) à Jahrg.

Calender, Historisch-genealogischer, auf das Gemeinjahr 25 herausgegeben von der königl. Preuss. Calender-Deputation. Berlin 1824. H: *Buchholz, Paul Ferd. Friedr.* (MGT)

— historisch-geographischer, auf das Jahr 1856—59 für die Königl. Preuß. Provinzen Brandenburg, Pommern und Sachsen. Mit 1 Stahlst. Berlin, Trowitzsch. 4. Jeder Jahrg. n. 8 ngr.

— historisch-geographischer, auf die Jahre 1860—65 für die Königl. Preuß. Provinzen Brandenburg, Pommern u. Sachsen. Mit 1 Stahlst. Berlin, Trowitzsch & Sohn. 4. Jeder Jahrg. (à 56 S.) n. 8 ngr.

— historisch-geographischer, auf die J. 1866—70, für die Königl. Preuß. Provinzen Brandenburg, Pommern u. Sachsen. Berlin, Trowitzsch & Sohn. 4. Jeder Jahrg. (ca. 56 S. mit 1 Stahlst.) n. 8 ngr.; geh. n. 8½ ngr.

—— historisch-geographischer, auf die J. 1869—1875 für die königl. preuß. Prov. Brandenburg, Pommern und Sachsen. 4. (à 56—58 S. mit 1 Illustr., Holzschntaf.) Berlin, Trowitzsch und Sohn. à Jahrg. ** — 75

—— historisch-geographischer, auf die J. 1876—1880 für königl. preuß. Provinzen Brandenburg, Pommern und Sachsen. Mit Illustr. (Holzschntaf.). 4. (56; 56; 58; 58; 56 S.) Berlin, Trowitzsch und Sohn. à Jahrg. **

—— historisch-geographischer, auf die J. 1881—1885 für die königl. preuß. Provinzen Brandenburg, Pommern und Sachsen. 4. (à Jahrg. 56 S. mit 1 Holzschntaf.) Berlin, Trowitzsch und Sohn. à Jahrg. **

—— historisch-geographischer auf die J. 1886—1889 für die königl. preuß. Provinzen Brandenburg, Pommern und Sachsen. 4. (à Jahrg. 56 S. mit 1 Holzschntaf.) Berlin, Trowitzsch und Sohn. à Jahrg. ** — 75

—— historisch-geographischer, auf d. J. 1890—1893 f. die königl. preußischen Provinzen Brandenburg, Pommern u. Sachsen. 4. (56; 56; 61; 61 S. m. Abbildgn. u. 1 Wandkalender.) Berl., Trowitzsch u. Sohn. à Jahrg. ** — 75

— historisch-geographischer, auf d. J. 1895 f. die königl. preußischen Provinzen Brandenburg, Pommern u. Sachsen. 4. (68 S. m. Abbildgn. u. 1 Wandkalender.) Berlin, Trowitzsch & Sohn. n.n. — 75

— historisch-geographischer, auf d. J. 1899 f. d. kgl. preuß. Provv. Brandenburg, Pommern u. Sachsen. 4. (84 S m. Abb. u. 1 Wandkal.) Berlin, Trowitzsch & Sohn. n.n. — 75

— historisch-geographischer, auf d. J. 1903 f. die königl. preuß. Provv. Brandenburg, Pommern u. Sachsen. 4. (77 S. m. Abbildgn., Titelbild u. Wandkalender.) Berlin, Trowitzsch & Sohn. — 50

— historisch-geographischer, auf d. J. 1905 für die königl. preuß. Provv. Brandenburg, Pommern u. Sachsen. (88 u. VIII S. m. Abbildgn., 1 Farbdr. u. Wandkalender.) Lex.-8. Berlin, Trowitzsch & Sohn. — 50
Fortsetzg. s.: Trowitzsch's Kalender f. Stadt u. Land.

Kalender, Hitschfeld's Illustrierter Sternberger,
s.a. Hitschfeld's Illustr Sternberger Kalender

Kalender, Illustrirter Sternberger, pro 1893. III. Jahrg. mit vollständigem Adressenbuch der politischen Bezirke Sternberg und Römerstadt, nebst einer Totalansicht der Stadt Sternberg. Gr-8. (72 u. 52 S.) Cart. * —.50
Sternberg: Hitschfeld 1892.

— illustr. Sternberger, 1894 u. Adreßbuch der politischen Bezirke Sternberg u. Römerstadt, nebst e. Theiles d. Gerichtsbez. Mährisch-Neustadt. 4. Jahrg. gr. 8. (52, 96, 4, 32 u. 73 S. m 2 Titelbildern.) Sternberg, A. R. Hirschfeld. Kart n. — 80

(F) Hitschfeld's Illustr. Sternberger Kalender 1903 und Adressbuch der politischen Bezirke Sternberg und Römerstadt. 13. Jahrg. Gr.-8°. (122 S. mit 1 Karte) geb. K 1 —
Sternberg: Hitschfeld 1902.

Hitschfelds Illustrierter Sternberger Kalender 1904 und Adressbuch. 14. Jahrg. Gr.-8°. (XVI, 112, 126 S.) Ebd. K 1.—

(F) Hitschfeld's Illustrierter Sternberger Kalender 1907 und Adreßbuch der politischen Bezirke Sternberg und Römerstadt etc. 17 Jahrg. Gr.-8° (134 S.) Ebd. K 1.

Der Hoch-Deutsch Americanische Calender no 1—49, 1739 1833
There are two editions of the issue for 1779 the Saur edition, & the Dunlap edition Published by Christoph Saur 1739- Sept 1758 by Christoph Saur II Sept 1759 1777 by Christopher Saur III & Peter Saur 1778 1779 by Johann Dunlap 1779 1784 by Leibert & Billmeyer 1785 1787 by Michael Billmeyer 1788 1814 by C & D Billmeyer 1815 1819 by Michael Billmeyer 1820- 1833 Place of publication varies Germantown, 1739 1779 Philadelphia, 1780 1784? Germantown, 1785 1814 Philadelphia, 1815- 1819 Germantown, 1820—1833 This almanac has been of tremendous interest to historians, but few notes will be made here The issue for 1739 contains announcement of first appearance of Saur's paper DER HOCH-DEUTSCH PENSYLVANISCHE GESCHICHT-SCHREIBER, and the almanac was distributed with it
Germantown, PA

Der Hochdeutsche Nordamerikanische Calender No 1 1825? ? Easton, PA
Edited & published by Heinrich Held

—— für die polytechnische Hochschule. Jahrg. 1877/78. Hrsg. von Ferd. Ascherson. 16. (132, IV, 73 S.) Berlin, Simion. cart. *
Nicht weiter erschienen.

— für die technischen Hochschulen u. Bergakademien d. deutschen Reiches. 6. Ausg. Wintersem. 1893/94. 2 Tle. in 1 Bde. 1. Tl. Tagebuch m. geschichtl. Angaben. 2. Tl. Die techn. Hochschulen u. Bergakademien. Nach handschriftl. u. gedruckten amtl. Quellen bearb. v. Wilh. Scheffler. 12. (Schreibkalender u. VII, 104 S.) Leipzig, A. Felix. Kart. n. 1. —
Früher u. d. T.: Hochschul-Kalender, deutscher.

Kalender der Technischen Hochschulen Deutschlands, Oesterreichs und der Schweiz. Hrg. mit amtlicher Unterstützung. 1. Ausgabe. Studienjahr 1908/09. VIII + 176 + VIII (+ *Inseraten-Anhänge zus.* 76) S. 8. Leipzig, Johann Ambrosius Barth, 1909. [M. 2.—]

— der technischen Hochschulen Deutschlands, Oesterreichs u. d. Schweiz. Hrsg. m. amtl. Unterstützg. 3. Ausg. Studienj. 1910/11. (IV, 203 S.) kl. 8. Leipzig 910. J. A. Barth. 2.—; geb. in Leinw. 2.60

— Gothaischer Hof= 1r–12r Jahrg. m. K. 16. Gotha, Dietrich. 764–75. (à 16 gr.)

— — derselbe v. 1776–800. 12. Ebend. (à 16 gr.)

— — ders. v. 1801–811. 16. Gotha, Ettinger. (à 1 Rthlr.)

— — Hof=, v. 1812—15. 16. Ebend. (à 1 Rthlr.)

— — derselbe französisch zu gleichen Preisen.

— — — auf 1816. Gotha, Perthes.

—— Gothaischer, genealog. Hof=, s.a. Hof-Kalender.

— Gothaischer, genealogischer, Hof=, Jahrg. 1822—28. Mit Kupf. 16. Gotha, Perthes à J.

—— zum Gebr. d. Oesterr.=Kaiserl. Hofes f. d. J. 1833 2c. (Nebst Genealogie d. regier. Kaiserhauses Oesterreich. — Verzeichn. d. sämmtl. Hofstaats, d. Ordens=Ritter, K. K. wirkl. geh. Räthe, wirkl. Kämmerer, K. K. u. kgl. Ungarische Truchsessen, d. Bischöfl. u. weltl. Würden in Ungarn, Böhmen 2c., der Posten 2c.) 4. (19 B. u. 1 Holzschn.) Wien 833, (Beck.)

Kalender zum Gebrauche des österreichisch=kaiserlichen Hofes für das Jahr 1855, welches ein gemeines Jahr von 365 Tagen ist. Wien. 1855. Druck und Verlag der Edlen v Ghelen'schen Erben. (168 S. u. 1 Abbildg. 4.) steif.

—— zum Gebrauche des österreichisch-kaiserlichen Hofes für die J. 1860—62. Lex.-8. (à Jahrg. ca. 167 S.) Wien, Hof- und Staatsdruckerei. geb. à Jahrg.

—— zum Gebrauche des österreichisch-kaiserlichen Hofes für die J. 1863—65. Lex.-8. (à Jahrg. ca. XXVIII und 182 S.) Wien, Hof- und Staatsdruckerei. geb. à Jahrg. *

—— zum Gebrauche des österreich.-kaiserlichen Hofes für die J. 1868—1870, 1872, 1873 und 1875. 8. Wien, k. k. Hof- und Staatsdruckerei. geb. à Jahrg. * 4 —

— Hof= u. Addreß=, Herzogl. Sachsen=Weimar u. Eisenachischer, auf das Jahr 1811. gr. 8. Jena, Göpfert.

— sächsischer, Hof= u. Staats=. 8. Leipz. Weidmann. (erscheint alle Jahre.)
1811.
1812.
1813.

—— für Holzhändler, Zimmermeister und Bautischler für das J. 1879. Zusammengestellt von W. Jeep. 16. (XII, 97 S. mit 99 erläut. Fig. in eingedr. Holzschn.) Leipzig, Schwartzkopff und Welter. *
Nicht weiter erschienen.

—— homöopathischer, f. d. J. 1891—1893. Hrsg. v. der homöopath. Central-Apotheke Dr. Willmar Schwabe in Leipzig. 1.—3. Jahrg. (XVI, 64; 88; 75 S. m. Abbildgn.) Lpz., Schwabe. à Jahrg. * — 50

— homöopathischer, f. d. J. 1895. Hrsg. v. der homöopath. Central-Apotheke Dr. Willmar Schwabe in Leipzig. 5. Jahrg. 8. (61 S. m. Abbildgn.) Leipzig, Dr. W. Schwabe. n. — 50

— homöopathischer f. d. J. 1899. Hrsg. v. d. homöopath Central=Apotheke Willmar Schwabe in Leipzig. 9. Jahrg. 8. (57 S. m. Abb.) Leipzig, Dr. W. Schwabe. n. — 50

—— humoristischer, für 1851 mit unterhaltenden Nationalgarde-Abenteuern, Honvéd-Anekdoten und Husaren-Schwänken. 8. (XX und 124 S.) Pesth, H. Geibel. *

Humoristischer Kalender: 1860?– 1864? Baltimore, MD
Published by Fisher & Bruder.

Humoristischer Kalender: 1862? -? Philadelphia, PA
Published by Fischer & Bruder.

—— humoristischer, für 1887. Hrsg. von der Redact. der „Humoristischen Blätter". 8. (128 S. mit Illustr.) Berlin, (Tonger und Greven.) 1 —
—— dass. — für 1888 und 1889. Hrsg. von der Redact. der „Humoristischen Blätter". 8. (à Jahrg. 128 S.) Berlin, Neufeld und Henius. à Jahrg. * 1 —
Beide Jahrgänge sind vergriffen.

—— humoristischer, f. 1890—1893. Hrsg. v. der Redact. der „Humorist. Blätter" A. Braun u. Comp. 5.—8. Jahrg. 8. (à Jahrg. ca. 128 S.) Berl., Neufeld u. Henius. à Jahrg. 1 —

— humoristischer, f. 1895. Hrsg. v. der Red. der „Humorist. Blätter" Jul. Becker. 10. Jahrg. 8. (128 S. m. Bildern.) Berlin, Neufeld & Henius. 1. —

— humoristischer, f. 1899. Hrsg. v. d. Red. d. „Humorist. Blätter". 14. Jahrg. 8. (128 S. m. Abb.) Berlin, Neufeld & Henius. 1. —

— humoristischer Berliner. 1907. 27. Jahrg. (XVI, 64 S. m. Abbildgn.) 8. Weißensee, E. Bartels. — 10

— humoristischer Berliner. 1911. 31. Jahrg. (Illustr. Volkskalender.) (16, 16 u. 14 S. m. Abbildgn.) 8. Weißensee, E. Bartels. — 10

—— für Hunde-, Kaninchen-, Geflügel- und Singvögel-Liebhaber und Züchter auf das J. 1888. Redig. und hrsg. von Jean Bungartz. 1. Jahrg. 8. (VI, 200, 69 S. mit eingedr. Illustr. und 1 Chromolithogr.) Augsburg, Gebr. Reichel. cart. * 2 —

— für Hunde-Liebhaber, -Züchter u. -Aussteller auf d. J. 1888, hrsg. von R. v. Schmiedeberg. 8. (144 S.) Leipzig, E. Twietmeyer. n. 1. 50

— d. hundertjährige, nach Hellwigs Art. 8. Leipzig. 781.

Kalender, Der hundertjährige . . . . Gera 1795. s. u.: Steinbeck, C. G., der hundertj. Kalender . . . .

Calender, Der hundertjährige, ohne Schnurrpfeifereyen; ein Volksbuch . . . Gera 1795. V: *Steinbeck, Christoph Gottlieb.* (MGT)

— — derselbe nach Klügel u. a. 8. Halle, Dreyßig, 802.

— — derselbe von 1805–905. gr. 8. Wien, Ant. Doll. (a. Liebeskind in Lpz.) 804.

Der Hundertjährige Calender auf das gegenwärtige Jahrhundert nach Christi Geburt von 1799 bis 1899:
Sub-title: Zweyte Amerikanische Auflage. Published by Johann T. Hanzsche. Predicted weather and fertility of each year.
Baltimore, MD

Der Hundertjährige Calender auf das gegenwärtige Jahrhundert nach Christi Geburt von 1800 bis 1900.
Printed by Samuel Saur. 2. edition
Baltimore, MD

Der Hundertjährige Calender, auf das gegenwärtige Jahrhundert nach Christi Geburt, von 1800—1899
Sabin lists the volume imprinted at Harrisburg, by J. Heilman, 1849, as "Erste verbesserte amerikanische Auflage."
PPHi. "Dritte amerikanische Auflage." Harrisburg, Gedruckt bey Gleim und Wiestling, 1811
Harrisburg, PA

— hundertjähr., d. i. Chronologie oder Zeitrechnung von Anno 1800—1900, auf einem Blatt. Bresl., Buchheister. 6 gr in Futteral 8 gr

Calender, Hundertjähriger. Hg.: J. H. Fritsch. M. angehängten Erläuterungen, das Calenderwesen .... betr.
(1801). M. 3 Kpf.
Quedlinburg.

— hundertjähr., nach Klügel u. And. 5 Bdchen. 8. Halle 802. Dreyssig. 2 ₰

— Ders., (nach Klügel) von 1805 bis 1905. gr. 8. Wien 804. Ant. Doll. 6 gr

— hundertjähr., ein Hülfsbuch u. Rathgeber für den Bürger- u. Bauernstand. 8. Halle 806. Dietlein. 15 gr

— hundertjähr., für 1810—1910. 4. Leipz., Centr.-Compt. 5 gr

— hundertjähriger, approbirt u. empfohlen von den Profess. H. Bode zu Berlin, H. Jungnitz zu Breslau, H. Wünsch zu Frankf. a. d. O. u. H. Hippe zu Hamburg. Fol. Leipz. Klein. 815.

—— hundertjähriger, bis z. J. 1902; darinnen zu finden, wie ein jeder Hausvater die ganze Zeit über nach dem Einflusse d. sieben Planeten beobachten, u. sein Hauswesen nützl. u. glückl. einrichten könne. Nebst Wirthschafts- u. Bauernregeln. (Neue Ausg.) gr. 12. (3⅔ B. u. Ttlkpfr.) Wien 838, Sammer.

— hundertjähriger, b. z. Jahre 1902. 8. Wien, Mösle.

Calender, Hundertjähriger, für das laufende Jahrhundert ... Wien 1806. V: *Zappe, Jos. Rud.* (Ky)

— hundertjähr., f. d. laufende Jahrhundert ꝛc., (v. J. R. Zappe). Wien 806. Bauer u. D. 1 ₰ 4 gr Hdg. Pr. 15 gr

Kalender. Hygienischer K'. Ein Jahrbuch für Gesunde und Kranke auf das Jahr.... [Illustriert.] 8. Bern....
...1904. 88[+8+32] S. Bern, Redaktion und Verlag »Die Gesundheit«. fr —. 75 [geb. 1. 50]
...1905. 116[+28] S. Bern, Wagner. fr. —. 75, geb. 1. 50
Jahrg. 1903 *u. d. T.:* Volkskalender, Hygienischer; *s. Bulletin* 1902, *S.* 489.

Kalender. Hygienischer K'. Ein Jahrbuch für Gesunde und Kranke auf das Jahr 1907. [Illustriert.] 122[+8] S. 8. Bern, Wagner. fr. —. 75, geb. 1. 50

Kalender. Hygienischer K'. Ein Jahrbuch für Gesunde und Kranke auf das Jahr 1908. [Illustriert.] 128[+8] S. 8. Bern, Wagner. fr. —. 75, geb. 1. 50

Kalender und Jahrbuch auf das Jahr 5617—19 für die jüdischen Gemeinden Preußens. Herausg. von Ph. Wertheim. 1—3. Jahrg. 1857—59. Berlin, Veit u. Co. 8. Jeder Jahrg. n. 12½ ngr

—— und Jahrbuch auf die J. 5618 (vom 19. Septbr. 1857 bis 8. Septbr. 1858) und 5619 (vom 9. Septbr. 1858 bis 28. Septbr 1859) für die jüdischen Gemeinden Preußens. Hrsg. von Ph. Wertheim. 2. und 3. Jahrg. 1858 und 1859. 8. (296 S., 265 S. mit 1 Tab. in qu. gr. Fol.) Berlin, [Gerschel.] à Jahrg. *
Ist nicht fortgesetzt worden.

Calender und Jahrbuch für Israeliten. Wien 1842. H: *Busch, Isidor.* (EB)

—— u. Jahrbuch f. Israeliten auf d. J. 5603—7. 1—5. Jahrg. Mit Beiträgen v. J. Auerbach, Ludw. Aug. Frankel, J. M. Jost, J. N. Mannheimer, Ludw. Philippson, M. Sachs, M. E. Stern, Jos. Wertheimer. Hrsg. v. Isidor Busch. gr. 12. Wien, Schmid u. Busch. (Leipzig, Kummer.) [1. (9½ B.) 2. (13½ B.) 3. (14 B.) 4. (12¾ B.) 5. (17½ B.) à * 20 Ngr.]

— u. Jahrbuch f. Israeliten auf d. J. 5604—5608. Hrsg. v. Isid. Busch. 2—6. Jahrg. 12. Wien 843—48. (Leipzig, Kummer.) n. ⅔ ₰

— für Israeliten für das Jahr 5615. (1854—1855.) Mit Beiträgen von: Jul. Barrasch, J. Deutsch, Max Engel, L. A. Frankl, Geiger, Goldenthal ꝛc. Herausg. von Jos. Wertheimer. (Neue Folge. 1. Jahrg.) Wien 854. v. Schmid. (Leipzig, C. L. Fritzsche.) 8. (1 Bl., CXII, 1 Bl., 384 u. XXVIII S., 2 Bl.) n. 21 ngr.

Kalender und Jahrbuch für Israeliten für das Jahr 5615. (1854—1855.) Mit Beiträgen von Dr. Jul. Barrach, J. Deutsch, Dr. Max Engel, L. A. Frankl, Dr. Geiger, Prof Goldenthal A. Kohn, Dr. A. Kulka, Dr. M. Letteris, Rabb. Löw, S. M. Mosenthal, Rabb. Dr. Philippson, G. Wolf u. A. Herausgegeben von Joseph Wertheimer. (Neue Folge. Erster Jahrgang.) 8. (CXII 384 und XXVIII S.) Wien. Druck von Keck und Pierer. Anton Edl. v. Schmid's Buchhandlung

—— und Jahrbuch (für Israeliten) auf das J. 5617 (vom 30. Septbr. 1856 bis 18. Septbr. 1857.) für die jüd. Gemeinden Preußens. Hrsg. von Ph. Wertheim. 1. Jahrg. 8. (IV und 220 S.) Berlin 856(57,) Veit und Comp. *

Kalender u statist. Jahrb. f. d. Kgr. Sachsen a. d. Jahre 1871-1901. Dresden 1870-1900

Kalender und Statistisches Jahrbuch für das Königreich Sachsen (1889 ff.: nebst Marktverzeichnissen f. Sachsen u. d. Nachbarstaaten). Hrsg. v. Statist. Bur. d. Kgl. Sächs. Minist. d. Innern. [1-32.] Auf d. J. 1873–1904. Dresden. C. Heinrich (1872–)1903. 32 Bde 8° [F.]
[In jedem Bande] [Sondert. 1] Kalender u. Markt-Verz. f. d. Königr. Sachsen u. d. Thüring. Staaten J. 1873–1902
[2] Statistisches Jahrbuch (1873 u. Alphabet. Ortsverz.) f. d. Königr. Sachsen (1874/75 unter Red. von Th[eodor] Petermann, 1876–95, von Victor Böhmert 1896–1902, von Arthur Geißler, 1903 Red. von Reg. R. Oskar Sieber). 1873–1904
Forts. s. u. d. T. 1) Kalender f. d. Königr. Sachsen. 2) Statist. Jahrbuch f. d. Königr. Sachsen.
05. 1153

—— und statistisches Jahrbuch für das Königr. Sachsen auf das J. 1873. Zusammengestellt vom statist. Büreau des königl. sächs. Ministeriums des Innern. 8. (164 S.) Dresden, Heinrich. *

—— dass. — nebst Marktverzeichniß für Sachsen und Thüringen auf das J. 1874. Hrsg. vom statist. Büreau des königl. sächs. Ministeriums des Innern. 8. (180 S.) Ebendas. *

—— und statistisches Jahrbuch für das Königr. Sachsen auf die J. 1876—1879. Hrsg. vom statist. Bureau des königl. sächs. Ministerium des Innern. 8. (à ca. 216—235 S.) Dresden, Heinrich. à Jahrg. *

—— —— dass. — nebst Marktverzeichnissen für Sachsen und Thüringen auf das J. 1880. Hrsg. vom statist. Bureau des königl. sächs. Ministeriums des Innern. 8. (III, 95, VII, 135 S.) Ebendas.

—— und statistisches Jahrbuch für das Königr. Sachsen, nebst Marktverzeichnissen für Sachsen und Thüringen auf das J. 1881. Hrsg. vom statist. Bureau des königl. sächs. Ministeriums des Innern. 8. (IV, 95; VIII, 160 S.) Dresden, Heinrich. *

—— —— dass. — Nebst alphabet. Ortsverzeichnisse und Marktverzeichnissen für Sachsen und die Nachbarstaaten auf die J. 1882—1885. Hrsg. vom statist. Bureau des königl. sächs. Ministeriums des Innern. 8. (IV, 98, VIII, 195; IV, 74, VIII, 215; IV, 92, VIII, 179; IV, 92, X, 236 S.) Ebendas. à Jahrg. *

—— und statistisches Jahrbuch für das Königreich Sachsen, nebst Marktverzeichnissen für Sachsen und die Nachbarstaaten auf die J. 1886—1889. Hrsg. vom statist. Bureau des königl. sächs. Ministeriums des Innern. 8. (IV, 93, X, 223; IV, 97, X, 268; IV, 91, XII, 261; IV, 92, XII, 282 S.) Dresden, Heinrich. à Jahrg. *

—— u. statistisches Jahrbuch f. das Königr. Sachsen, nebst Marktverzeichnissen f. Sachsen u. die Nachbarstaaten auf d. J. 1890—1893. Hrsg. v. statist. Bureau d. k. sächs. Ministeriums d. Innern. gr. 8. (IV, 92, XI, 281; IV, 92, XI, 284; IV, 91, VIII, 270; III, 91, XI, 238 S.) Dresd., Heinrich. à Jahrg. * 1 —

— u. statistisches Jahrbuch f. das Königr. Sachsen, nebst Marktverzeichnissen f. Sachsen u. die Nachbarstaaten auf d. J. 1891. Hrsg. vom statist. Bureau d. königl. sächs. Ministeriums d. Innern. 8. (IV, 92 u. XI, 284 S.) Dresden, Heinrich. n. 1. —

— u. statistisches Jahrbuch f. das Königr. Sachsen, nebst Marktverzeichnissen f. Sachsen u. die Nachbarstaaten auf d. J. 1895. Hrsg. vom statist. Bureau des königl. sächs. Ministeriums des Innern. gr. 8. (VI, 92 u. XI, 272 S.) Dresden, C. Heinrich. n. 1. —

— u. statist. Jahrbuch f. d. Königr. Sachsen, nebst Marktverzeichnissen f. Sachsen u. d. Nachbarstaaten auf d. J. 1899. Hrsg. vom statist. Bureau d. kgl. sächs. Ministeriums d. Innern. gr. 8. (IV, 88 u. IX, 240 S.) Dresden, C. Heinrich. n 1. —

— u. **statistisches Jahrbuch** f. d Königr. Sachsen, nebst **Marktverzeichnissen** f. Sachsen u. die Nachbarstaaten auf d. J. 1900. Hrsg. vom statist. Bureau des königl. sächs. Ministeriums des Innern. gr 8. (IV, 88 u. IX, 244 S.) Dresden, C. Heinrich. 1. —

Kalender u Statist. Jahrbuch f. d. Königreich Sachsen. 1902-04. Dresden 1901-04

— u. statistisches Jahrbuch f. das Königr. Sachsen, nebst Marktverzeichnissen f. Sachsen u. die Nachbarstaaten auf d. J. 1903. Hrsg. vom statist. Bureau des königl. sächs. Ministeriums d. Innern. gr. 8. (96, VI, 264 S.) Dresden, C. Heinrich n. 1. —

— u. statistisches Jahrbuch f. das Königr. Sachsen, Fortsetzg., s. Jahrbuch — Kalender f. das Königr. Sachsen.

Kalender und Statistisches Jahrbuch für das Konigreich Sachsen etc.
Fortges. u d. T
Statistisches **Jahrbuch** für das Königreich Sachsen. Hrgg. v. Königlich Sächsischen Statistischen Bureau. Jg. 33, 1905 ff. Dresden (1904 ff.). 8°

— auf 50 Jahre eingerichtet. Fol. Hannov., Hahn. 6 K ill. 8 K

—— für d. Jahre der Welt 5632—6534. Fol. Berlin, Adf. Cohn. à Jahrg. * — 50

Jederman's Calender 1870? ? Philadelphia, PA
Published by Hoffmann & Morwitz

Calender für Jedermann und Familien-Recept-Buch Current in 1859
Published by King & Baird
Philadelphia, PA

Der Illustrierte Kalender 1858? –? Philadelphia, PA
Published by King & Baird.

—— illustrirter, f. 1846 u. 47. (1. u. 2. Jahrg.) Jahrbuch der Ereignisse, Bestrebungen u. Fortschritte im Völkerleben u. im Gebiete der Wissenschaften, Künste u. Gewerbe. 4. Leipzig 846, Weber. [1. 1. Aufl. (33½ B.) 2. Aufl. (34 B. u. 1 Karte.) 2. (26½ B. u. 1 Karte.) à * 20 Ngr.] *

— illustrirter, (mit eingedr. Holzschn.) für 1848 u. 1849. (3 u. 4 Jahrg.) Jahrbuch der Ereignisse, Bestrebungen u. Fortschritte im Völkerleben u. im Gebiete der Wissenschaften, Künste u. Gewerbe. hoch 4. (1848: XLIV u. 172 S. 1849: L u 188 S) Leipzig, Weber. à n. ⅚ ₰; f. Preußen n. 1 ₰ — f. 1849. 2. verb. Aufl. hoch 4. (L u. 188 S) Ebd. n. ⅚ ₰; f Preußen n. 1 ₰; in Engl Einb baar 1½ ₰; f. Preußen baar 1½ ₰ — für 1850 u. 1851. (5 u. 6 Jahrg.) hoch 4. (1850: XXXVIII u. 208 S. 1851: XL u. 244 S.) Ebd. excl. Stempel à n. 1 ₰ — f 1851. 2. verm. u. verb. Aufl hoch 4. (LXXII u. 215 S.) Ebd. excl. Stempel n 1 ₰ — f. 1852 u. 1853 7 u. 8 Jahrg. hoch 4. (1852: XXXII u. 215 S. 1853: XXXVIII u 226 S. m. eingedr Holzschn.) Ebd excl. Stempel à n 1 ₰

—— illustrirter, für 1848—53. (3—8. Jahrg.) Jahrbuch der Ereignisse, Bestrebungen und Fortschritte im Völkerleben und im Gebiete der Wissenschaften, Künste und Gewerbe. Mit Holzschn. hoch 4. Leipzig, Weber. [3. Jahrg. (XLIV und 172 S.) 4. Jahrg. 1. und 2. Aufl. (L und 188 S.) à * 25 Ngr., 5. (XXXVIII und 208 S.) 6. Jahrg. 1. und 2. Aufl. (LXXII und 215 S.) 7. (XXXII und 215 S.) 8. (XXXVIII und 226 S.) à Jahrg. * 1 Thlr.] *
1. und 2. Jahrg. 1846 und 1847 Ebendas. à * 20 Ngr.

—— illustrirter, für 1854—57. Jahrbuch der Ereignisse, Bestrebungen und Fortschritte im Völkerleben und im Gebiete der Wissenschaften, Künste und Gewerbe. 9—11. Jahrg. Mit vielen in den Text gedr. Abbildungen (in Holzschn.) hoch 4. Leipzig, Weber. [9. (XLVIII und 248 S.) 10. (XL und 240 S.) 11. (XL und 244 S.) 12. (XLVIII und 258 S.) à Jahrg. * 1 Thlr.] *
Vgl. II. Bd. 1. Abthl. S. 488.

Kalender Illustrirter — auf das Schaltjahr 1856. Erster Jahrgang. Mit 61 Illustrationen. Prag. Druck und Verlag des artist. typ. Institutes von Karl Bellmann. (196 S. 4.)

—— illustrirter, für 1858—62. Jahrbuch der Ereignisse, Bestrebungen und Fortschritte im Völkerleben und im Gebiete der Wissenschaften, Künste und Gewerbe. 13—17. Jahrg. Mit vielen in den Text gedr. Abbild. (in Holzschn.) hoch 4. Leipzig, Weber. [13. Jahrg. (LII, 136 S. und statist. Jahrbuch 58 S.) 14. (XLVIII, 182 S. und statist. Jahrbuch 74 S.) 15. (XLVIII, 132 S. und statist. Jahrbuch 61 S. mit 1 Holzschnt.) 16. (LXVIII, 152 S. und statist. Jahrbuch 58 S.) 17. (XLVIII, 152 S. und statist. Kalender 64 S.)] à Jahrg. *

—— illustrirter, für 1863—68. Jahrbuch der Ereignisse, Bestrebungen und Fortschritte im Völkerleben und im Gebiete der Wissenschaften, Künste und Gewerbe. 18.—23. Jahrg. Mit vielen in den Text gedr. Abbild. (in Holzschn.) hoch 4. [18. Jahrg. (XLIV, 140 und statist. Kalender 56 S. mit 1 Holzschn.) 19. (XLIV, 140 und statist. Kalender 60 S.) 20. (XLIV, 140 und statist. Kalender 68 S.) 21. (XLIV, 136 und statist. Kalender 68 S.) 22. (L, 194 und statist. Kalender 95 S.) 23. (XLIV, 146 und statist. Kalender 83 S.)] Leipzig, Weber à Jahrg. * 1 Thlr.; geb. * *

—— illustrirter, für 1869—1875. Jahrbuch der Ereignisse, Bestrebungen und Fortschritte im Völkerleben und im Gebiete der Wissenschaften, Künste und Gewerbe. 24.—30. Jahrg. hoch 4. Leipzig, Weber. [1869. (LIV, 166 und statist. Kalender 97 S.); 1870. (XLIV, 240 S. mit 1 lithogr. und color. Karte); 1871. (XLIV, 247 S. mit Karte in Holzschn. und color. qu. Fol.); 1872. (XLIV, 281 S.); 1873. (XLIV, 247 S.); 1874. (XLIV, 256 S.); 1875. (XLIV, 247 S., mit eingedr. Holzschn.)]
1869—1873 à *ℳ 3.; 1874 und 1875 à ** 4 —
geb. 1869—1873 à *ℳ 4.; 1874 und 1875 à ** 5 —

—— illustrirter für 1876—1880. Jahrbuch der Ereignisse, Bestrebungen und Fortschritte im Völkerleben und im Gebiete der Wissenschaften, Künste und Gewerbe. 31.—35. Jahrg. hoch 4. (XLIV, 253; XLIV, 136, 129; XLIV, 120, 125; XLII, 236; XLVI, 228 S. mit eingedr. Holzschn.) Leipzig, Weber. à Jahrg. *ℳ 4.; geb. **

—— illustrirter, für 1881. Jahrbuch der Ereignisse, Bestrebungen und Fortschritte im Völkerleben und im Gebiete der Wissenschaften, Künste und Gewerbe. 36. Jahrg. hoch 4. (XLIV, 222 S. mit eingedr. Holzschn.) [Leipzig, Weber.] Gera, Köhler. *ℳ 4.; geb. **
Nicht weiter erschienen.

(F) Illustrierter Aussiger Kalender mit Adreßbuch für Stadt und Land auf das Jahr 1905. 1. Jahrg. Gr.-8°. (24 S.) Aussig: Grohmann 1904. K 1.—

— illustrierter Aussiger, m. Adreßbuch f. Stadt u. Land auf d. J. 1906. 2. Jahrg. (L, 96, 20, 15 u. 28 S.) gr. 8. Aussig, A. Grohmann. n. 1. —

(F) Illustrierter Aussiger Kalender mit Adreßbuch für Stadt und Land für das Jahr 1907. 3. Jahrg. Gr.-8°. (96, 16, 30 S.) Ebd. K 1.—

(F) Illustrierter Aussiger Kalender mit Adreßbuch für das Jahr 1908. 4. Jahrg. Gr.-8°. (96, 30 S.) Ebd. K 1.—

(F) Illusrierter Aussiger Kalender mit Adreßbuch für Stadt und Land auf das Jahr 1909. 5. Jahrg. Gr.-8°. (96, 29 S.) Ebd. K 1.—

— illustr. Aussiger, m. Adreßbuch f. Stadt u. Land auf d. J. 1910. 6. Jahrg. (L, 16, 96, 10, 17 u. 29 S.) gr. 8. Aussig, A. Grohmann. 1. —

—— illustrirter Dresdener, für 1881—1885. gr. 4. (à Jahrg. ca. 64 S. mit eingedr. Holzschn., Holzschntaf., 1 Chromolithogr. und 1 Wandkalender.) Dresden, A. Köhler. à Jahrg.

—— illustrirter Dresdner, 1890—93. 76.—79. Jahrg. 4. (64; 66; 68; 72 S. m. je 1 Portemonnaie-Kalender u. 1 Wandkal.) Dresd., A. Köhler. à Jahrg. — 50

— illustr. Dresdner, f. d. J. 1895. 4. (66 u. 8 S. m. 1 Farbendr., 1 Wand- u. 1 Portemonnaiekalender.) Dresden, A. Köhler. — 50

— illustr. Dresdner, 1899. 4. (80 S. m. 1 Farbdr., 1 Wand- u. 1 Portemonnaiekalender.) Meißen, H. W. Schlimpert. — 50

— illustrirter, Dresdner, 1903. 4. (72 u. 5 S. m. 2 Taf., 1 Farbdr. u. 1 Wandkalender.) Meißen, H. W. Schlimpert. — 50

— illustrierter Dresdner. 1907. (71 u. 5 S. m. 2 Taf., 1 Farbdr. u. Wandkalender.) gr. 8. Meißen, H. W. Schlimpert. — 50

— illustrierter Dresdner 1911. (80 u. 5 S. m. 3 Taf., 1 Farbdr. u. Wandkal.) gr. 8. Meißen, H. W. Schlimpert. — 50

—— illustrirter, für deutsche Eisenbahnbeamte und Spediteure, für das J. 1884. 4. (64 S. mit eingedr. Fig., 1 Chromolithogr., 1 Wandkalender und Allgemeinen Bestimmungen für den Güter- und Personen-Verkehr.) 16. (80 S.) Leipzig, Bergmann. *
Nicht weiter erschienen.

—— illustrirter, für die deutsche Frauenwelt auf das J. 1848. 1. Jahrg. gr. 8. (144 S. mit Holzschn.) Leipzig 847, Steinacker. *

Kalender, illustrirter — für die gebildete Frauenwelt f. d. J. 1853. Wien, A. Wenedikt. 8.

—— illustrirter, für die gebildete Frauenwelt auf die J. 1854 und 1855. 3. und 4. Jahrg. à Jahrg. mit 1 Stahlst. und eingedr. Holzschn. 8. Wien 853—54, Wenedikt. [3. (VIII und 188 S.) 4. (LII und 200 S.) à Jahrg. 15 Ngr.]

Kalender, illustrirter, für die gebildete Frauenwelt. 3—8. Jahrg. 1854—58. (5—8. Jahrg. Redig. von F. Steinebach.) Wien, Wenedikt. 8. Jeder Jahrg. (à ca. 220 S. m. Holzschn. im Text u. 1 Stahlst.) 15 ngr.

Kalender, illustrirter — für die gebildete Frauenwelt auf das Jahr 1856. Fünfter Jahrgang. Wien. Druck von U. Klopf sen. u. Alex. Eurich. Alb. A. Wenedikt. Mit Holzschnitten und dem Titelkupfer: Flora. Zur Novelle: Die Heimkehr der Gestrandeten. Stich und Druck von Alex. Alboth. (L. 172 S.; 6 Bl. 8.)

Kalender, illustrirter — für die gebildete Frauenwelt. 1858. Mit Beiträgen von B. Aßwald, Ludwig Bowitsch, J. F. Castelli, Eugen, Ludwig Foglar, Fr. Freimuth, H. Hillisch, K. A. Kaltenbrunner, P. A. Labres, Burkh. Jul. Marschall, Joh. G. Mayer, Wilh. v. Metzerich, Alex. Patuzzi, Marie Plazowska, L. Scheyrer, Joh. Gabriel Seidl, Ferd. Sigmund, Fr. Steinebach und Joh. Nep. Vogl. Redigirt von Friedrich Steinebach. 7. Jahrg. Wien, bei Albert A. Wenedikt. Druck von U. Klopf sen. und Alex. Eurich. (L. 168 S. 8.)

—— illustrirter, für die gebildete Frauenwelt. 1858—60. Von Friedr. Steinebach. 7—9. Jahrg. 8. Wien, Wenedikt. [7. Jahrg. (L S. mit Toiletten-Album 168 S. mit eingedr. Holzschn. und 1 Stahlst.) 8. Jahrg. (XXIV S. mit Toiletten-Album 164 S. mit eingedr. Holzschn. und 1 Holzschnt.) 9. Jahrg. (XXIV S. mit Toiletten-Album 144 S. mit eingedr. Holzschn. und 1 Stahlst.)] à Jahrg.

—— illustrirter, für die gebildete Frauenwelt. 1866. Redig. von Friedr. Steinebach. 8. (XXIV und 148 S.) Wien, Wenedikt. geb. mit Goldschn. *

Kalender, Illustrirter Freudenthaler, für Stadt und Land pro 1891. I. Jahrg. Mit einem vollständigen Schematismus der Behörden Schlesiens, sowie einem vollständigen Wohnungsanzeiger. Adreßbuch der Behörden, Aemter, Handels- und Gewerbetreibenden der Stadt Freudenthal. Gr.-8. (96 und 32 S.) Freudenthal: Thiel 1890. —.50

Kalender, Illustrirter Freudenthaler, für Stadt und Land 1892. Mit einem vollständigen Adreßbuch der Behörden, Aemter und Vereine sowie aller Handels- u. Gewerbetreibenden des politischen Bezirkes Freudenthal. (95 S.) Ebd. - .60

illustrirter, für die deutschen Haus- und Landwirthe auf das Jahr 1859. Begründet u. herausg. von William Löbe. 1. Jahrg. Leipzig 858. O. Wigand. 8. (LXXX. 220 S.) n. 15 ngr.

—— dass. — auf das J. 1860. Begründet und hrsg. von Demselben. 2. Jahrg. 8. (CVI und 274 S. mit eingedr. Holzschn.) Leipzig 859, Volckmar. geb. *
In Leder geb. *
Ist auch in drei verschiedenen Ausgaben, für die sächsischen Landwirthe, Ebendas., für die österreichischen Landwirthe (Wien, Tendler und Comp.), für die preußischen Landwirthe (Halle, Schmidt's Verlag), zu gleichen Preisen erschienen.
Die Fortsetzung wurde unter dem Titel: Taschenkalender für Haus- und Landwirthe ausgegeben.

—— illustrirter Hildburghäuser, verbesserter neuer und alter, auf die J. 1869—1875. 4. (à 32 S. mit eingedr. Holzschn.) Hildburghausen, Gadow und Sohn. à Jahrg. — 15

—— illustrirter Hildburghäuser, auf die J. 1876—1880. 4. (à 20 S. mit eingedr. Holzschn.) Hildburghausen, Gadow und Sohn. à Jahrg.

—— illustrirter Hildburghäuser, 1881—1885. 4. (à Jahrg. ca. 56 S. mit eingedr. Holzschn.) Hildburghausen, Gadow und Sohn. à Jahrg.

—— illustrirter Hildburghäuser, 1886—1889. 4. (à Jahrg. ca. 40 S.) Hildburghausen, Gadow und Sohn. à Jahrg. — 15

—— illustrirter Hildburghäuser, 1890—1893. 4. (à Jahrg. ca. 45 S.) Hildburgh., Gadow u. Sohn. à Jahrg. — 15

— illustrirter Hildburghäuser. 1894. 4. (II, 48 S.) Hildburghausen, F. W. Gadow & Sohn. — 15

— illustrirter Hildburghäuser, 1899 4. (II, 56 S.) Hildburghausen, F. W. Gadow & Sohn. — 15

— illustrirter Hildburghäuser, 1903. 4. (II, 58 S.) Hildburghausen, F. W. Gadow & Sohn. — 15

— illustrierter Hildburghäuser, 1906. (II, 64 S.) gr. 8. Hildburghausen, F. W. Gadow & Sohn. — 15

— illustrierter Hildburghäuser, 1911. (55 S.) gr. 8. Hildburghausen, F. W. Gadow & Sohn. — 15

—— humoristisch illustrirter, für das J. 1879. 1. Jahrg. 8. (VIII, 120 S.) Mülheim, Bagel's Verlagsh.
Nicht weiter erschienen.

—— illustrirter, für Hunde-Liebhaber, -Züchter und -Aussteller auf das J. 1885, hrsg. von R. v. Schmiedeberg. (1. Jahrg.) 8. (129 S. mit eingedr. Holzschn.) Leipzig, E. Twietmeyer. *

—— illustrirter, für Hunde-Liebhaber, -Züchter und -Aussteller auf das J. 1886, hrsg. unter Mitwirkung von hervorragenden Kynologen von R. v. Schmiedeberg. 8. (111 S. mit eingedr. Holzschn.) Leipzig, E. Twietmeyer. * 1 35
—— dass. — auf die J. 1887 und 1888, hrsg. von R. v. Schmiedeberg. 8. (123; 144 S.) Ebendas. à Jahrg. * 1 50
Nicht weiter erschienen.

—— illustrirter jüdischer, für die J. 5639 und 5640 oder 1879 und 1880. (1. und 2. Jahrg.) Hrsg. von Jul. Meyer. 16. (112, 74 S. mit 1 Stnt.; 173 S.) Halberstadt, (Fischer.) cart. à Jahrg. *

—— illustrirter jüdischer, für die J. 5641—5645 oder 1881—1885. 3.—7. Jahrg. Hrsg. von Jul. Meyer. 16. (à Jahrg. ca. 180 S.) Halberstadt, Meyer's Buchdruckerei und Verlag. cart. à Jahrg. *

– illustrirter katholischer, für 1859. Herausg. von Ign. Lampert. 1. Jahrg. Mit vielen Abbildgn. (Holzschn.) Freiburg im Br., Expedition. gr. 8. (1 Bl., 233 S.) 15 ngr.

—— illustrirter katholischer, für 1859 und 1860. Hrsg. von Ign. Lampert. 1. und 2. Jahrg. Mit vielen Abbild. (in eingedr. Holzschn. und 1 Holzschnt. in gr. 4.) gr. 8. (233 S., XVI und 232 S.) Freiburg im Br., [Mayer.] à Jahrg.

Kalender, illustrirter katholischer, für 1860. Herausg. von Ign. Lampert. 2. Jahrg. Mit vielen Abbildgn. (in Holzschn. u. 3 Holzschntaf.) Freiburg im Br., Poppen's Verlag. gr. 8. (XVI, 232 S.) 15 ngr.

—— illustrirter, f. die deutsche Kinderwelt auf d. Jahr 1846 u. 47. (1. u. 2. Jahrg. Von Ed. Sparfeld. 8. Leipzig, Friese. [1. (3 B. u. 5 Bild.) 2. (4½ B., 3 Stahlst. u. gestoch. Ttl.) à * 12 Ngr.] *

—— illustrirter Königsberger, für 1877. 4. (76 S. mit eingedr. Holzschn.) Königsberg, Beyer's Buchh. *
Nicht weiter erschienen.

—— illustrirter landwirthschaftlicher, auf die J. 1876—1878. Zur Belehrung und Unterhaltung für den prakt. Landwirth. 4. (à ca. 42—44 S. mit eingedr. Holzschn.) Würzburg, Etlinger'sche Buchh. à Jahrg. *
Nicht weiter erschienen.

— illustrirter landwirthschaftlicher, für das Jahr 1879. 4. (44 S.) Würzburg, Etlingersche Buchh. n. — 30

— — illustr. land-, forst- u. volkswirthschaftlicher; s. a. Haurand.

—— illustrirter land-, forst- und volkswirthschaftlicher, für die J. 1866 und 1867. Hrsg. von C. W. Th. Haurand. gr. 4. (IV und 168 S., 176 S., mit eingedr. Holzschn. und 1 lithogr. Karte in gr. Fol.) Wien, (Beck'sche Universitäts-Buchh.) à Jahrg. *

—— illustrirter, der Liebe und Ehe. Ein scherzhafter Rathgeber und Führer durch die geheimen Irrgänge Amor's und Hymens. Hrsg. von Ferd. Sebarski. 8. (VI und 122 S. mit eingedr. Holzschn.) Breslau 848, Verlags-Comptoir.

— illustrirter märkischer, auf das Schaltj. 1880. (1. Jahrg.) 8. (152 S. mit eingedr. Holzschn.) Zielenzig, Rosenzweig'sche Buchh. * 50 Pf.; cart. und durchschossen *
Kleine Ausg. (78 S.) *
cart. und durchschossen *

—— illustrirter märkischer, auf das J. 1881. 8. (149 S. mit eingedr. Holzschn.) Zielenzig, Rosenzweig'sche Buchh. *
Nicht weiter erschienen.

– Illustrirter, neuer österreichischer, pro 1887 XVIII. Jahrg. Wien: Perles 1886. 46 S. 12⁰

— illustrirter Neunkirchner, nebst Adreßbuch f. Stadt- u. Landleute auf d. J. 1902. (1. Jahrg.) gr. 8. (L, 124, XVI u. XXVII S. m. Abbildgn.) Wr.-Neustadt, A. Folk. n. 1. —

Illustrierter Neunkirchner-Gloggnitzer Kalender nebst Adreßbuch für Stadt- und Landleute auf das Jahr 1904. 8. Jahrg. Gr.-8°. (ill. 128, XVI, XXVIII S.) K 1.—
Neunkirchen: Tirichter 1903.

— illustrierter Neunkirchner-Gloggnitzer, nebst Adreßbuch f. Stadt- u. Landleute auf d. J. 1905. 4. Jahrg. (L, 136, XXIV u. XXVIII S. m. Abbildgn. u. 4 Taf.) gr. 8. Neunkirchen, C. W. Tirichter. 1.—

—— illustrirter, und Novellen-Almanach. 1861 und 1862. Hrsg. von F. Menk-Dittmarsch. 8. Wien, Typographisch-literarisch-artistische Anstalt. [1861. (18 Bog. mit 1 Titelb. und ca. 30 Holzschn. mit einer Prämie in Farbendr.) 1862. (XXXII und 226 S. mit eingedr. Holzschn. und 1 Holzschnt. in Tondr.)] à Jahrg. —

— illustrirter, u. Novellen-Almanach. 1862 u. 63. Mit Orig.-Beiträgen rc. Herausg. von F. Menk-Dittmarsch. Wien, Typogr.-literar.-artistische Anstalt. 8. (à ca. 250 S.) 62.: 12½ ngr; 63.: 15 ngr

— illustrirter, u. Novellen-Almanach für 1864—69. Mit Orig.-Beiträgen von Baronin Gravenreuth, A. Schirmer, Aug. Schrader u. A. Herausg. von F. Menk-Dittmarsch. Wien, Literarisch-artistische Anstalt. 8. Jeder Jahrg. (ca. XVI, 250 S. mit eingedr. Holzschn. u. 1 Holzschntaf.) n. 15 ngr

—— illustrirter, und Novellen-Almanach für 1870. Mit Beiträgen von F. Hackländer, Hoefer und F. Gerstäcker. Hrsg. von F. Menk-Dittmarsch. 8. (XXIV, 288 S. mit eingedr. Holzschn. und 4 Holzschntaf.) Wien, Literar.-artist. Anstalt. 1 25

—— dass. — für 1871. Mit Beiträgen von K. Gutzkow, Horn und Menk-Dittmarsch. Hrsg. von F. Menk-Dittmarsch. 8. (XVI, 254 S. mit eingedr. Holzschn. und 1 Holzschntaf.) Ebendas. 1 50

—— dass. — für 1873. Mit Beiträgen von Adf. Schirmer, Ludw. Scheyrer, Friedr. Steinebach, Leop. Korbesch. Hrsg. von F. Menk-Dittmarsch. 8. (237 S. mit eingedr. Holzschn. und 1 Stnt.) Ebendas. 1 50

—— illustrirter, und Novellen-Almanach für 1874—1880. Mit Beiträgen von F. W. Hackländer, Ludw. Scheyrer, Leop. Korbesch, Emma Franz, F. X. Krones. Hrsg. v. F. Menk-Dittmarsch. gr. 16. (à cu. 234 S. mit Holzschntaf. und eingedr. Holzschn.) Wien, Tipograf.-literarisch-artist. Anstalt. à Jahrg.

—— u. Novellen-Almanach, illustrirter, auf d. J. 1890—1893. Hrsg. v. F. Menk-Dittmarsch. 36.—39. Jahrg. gr. 8. (à Jahrg. L, 150—200 S.) Wien. (Lpz., Literar. Anst., A. Schulze.) à Jahrg. * 1 —

—— illustrirter, für die Schweiz. Ein Hand- und Familienbuch für alle Stände. (1. Jahrg.) 1851. 1. und 2., durchgeseh. Aufl. und 2. und 3. Jahrg. 1852 und 1853. Mit eingedr. Holzschn. Lex.-8. St. Gallen, Scheitlin und Zollikofer. [1. (VI und 166 S.) 2. (168 S.) 3. (176 S.) à Jahrg. * 16 Ngr.] *

—— illustrirter, für die Schweiz. Ein Hand- und Familienbuch für alle Stände. 1854. (4. Jahrg.) gr. 8. (XVI und 128 S. mit eingedr. Holzschn.) St. Gallen 853, Scheitlin und Zollikofer. *
Vgl. 11. Bd. 1. Abthl. S. 488.

Kalender, Illustr. Sternberger,
s. Kalender, Hitschfeld's Illustr. Sternberger

— illustrierter Stuttgarter. 10. Jahrg. 1904. (36 u. 6 S.) 4. Stuttgart, C. Weber & Co. —20

—— illustrirter, für Vogelliebhaber und Geflügelzüchter. 1885. Hrsg. von Friedr. Arnold. (1. Jahrg.) 8. (LVI, 80 S. mit eingedr. Illustr. und 1 autotyp. Portr.) München, Arnold und Kreyssig. *

—— illustrirter, für Vogelliebhaber und Geflügelzüchter. 1886—1888. 2.—4. Jahrg. Hrsg. von F. Arnold. 8. (XXIV, 131; 132; 136 S. mit eingedr. Holzschn.) München, Arnold und Kreyßig. à Jahrg. * 1 —

— illustrierter, der märkischen Volkszeitung in Berlin. Zugleich weltl., kirchl. u. vereinl. Nachschlagebuch f. Berlin, Delegatur u. Mark Brandenburg, Jahrg. 1898. 8. (160 S.) Berlin (S.W. 12, Charlottenstr. 14), Verlag der Märk. Volkszeitg. n. — 50
Erscheint nicht mehr.

—— illustrirter Wr.-Neustädter, nebst Adreßbuch f. Stadt- u. Landleute auf d. J. 1892 u. 1893. 2. u. 3. Jahrg. gr. 8. (XXXIV, 43, 128; 35, 72, 32 S. m. eingedr. Bildern.) Wiener-Neustadt, Folk. à Jahrg. * 1 —

— illustr. Wr.-Neustädter, nebst Adreßbuch f. Stadt- u. Landleute auf d. J. 1895. gr. 8. (48, XVI, 40 u. 96 S.) Wiener-Neustadt, A. Folk. n. 1. —

Wiener-Neustädter Kalender, Illustrirter, nebst Adreßbuch, für Stadt- und Landleute, auf das Jahr 1896. VI. Jahrg. Mit Titelbild. Gr.-8. (48, XVI und 96, Adreßbuch 50 und Inserate 10 S.) Ebd. —.50

— illustrirter Wr.-Neustädter, nebst Adreßbuch f. Stadt- u. Landleute auf d. J. 1899. 9. Jahrg. gr. 8. (50, XVI, 43 u. 96 S.) Wiener-Neustadt, A. Folk. n. 1. —

(F) Illustrirter Wr.-Neustädter Kalender nebst Adressbuch für Stadt- und Landleute auf das Jahr 1900. Wr.-Neustadt. Folk. Gr.-8°. XVI, 96 S. fl. —.50

5.06

(F) Illustrirter Wr.-Neustädter Kalender nebst Adressbuch für Stadt- und Landleute auf das Jahr 1901. Wr.-Neustadt. Folk. Gr.-8°. 52. 96, XV S. mit 1 Tafel. K 1.—

(F) Illustrirter Wr.-Neustädter-Kalender nebst Adressbuch für Stadt- und Landleute auf das Jahr 1902. Wr.-Neustadt. Folk. Gr.-8°. 174, XVI S. K 1.—

— illustr. Wr.-Neustädter, nebst Adreßbuch f. Stadt- u. Landleute auf d. J. 1903. 13. Jahrg. gr. 8. (50, 150 u. XVI S.) Wiener-Neustadt, A. Folk. n. 1. —

Illustr. Wr.-Neustädter Kalender nebst Adreßbuch. 14. Jahrg. 1904. Gr.-8°. (XVI, 174 S.) Ebd. K 1.—

(F) Illustrierter Wiener-Neustädter Kalender nebst Adreßbuch für Stadt- und Landleute auf das Jahr 1905. 15. Jahrg. Gr. 8°. (XVI, 147 S.) Ebd. * K 1.—

— illustr. Wr.-Neustädter, nebst Adreßbuch f. Stadt- u. Landleute auf d. J. 1906. 16. Jahrg. (50, XVI u. 167 S.) gr. 8. Wiener-Neustadt, A. Folk. n. 1. —

(F) Illustrierter Wiener-Neustädter Kalender nebst Adreßbuch für das Jahr 1909. XIX. Jahrg. Gr.-8°. (149 S.) K 1.— Ebd.

— illustr. Wr.-Neustädter, nebst Adreßbuch f. Stadt- u. Landleute auf d. J. 1910. 20. Jahrg. (48, 150 S. u. XVI S.) gr. 8. Wiener-Neustadt, A. Folk. 1. —

Kalender des Schweizer Imkers pro 1898. Hrsg. v. *U. Kramer*. Gr. in-16°. 142 S. m. Fig. Aarau, H. R. Sauerländer & Co. Geb. in Lwd. 1 —

— d. Schweizer Imkers pro 1899, hrsg. v. U. Kramer. 2. Jahrg. 12. (VI, 152 S. m. 1 Abb.) Aarau, H. R. Sauerländer & Co. Geb. in Leinw. n.n. 1. –

Kalender des Schweizer Imkers pro —, hrg. von U[lrich] Kramer-Zürich.... Jahrg. — 8. Aarau, H. R. Sauerländer & Co. *je* [geb.] fr. 1. 20

pro 1901. ... Jahrg. 4. [Mit 1 Karte.] VI + 176 [+ 13] S.
... pro 1902. ... Jahrg. 5. [Mit Illustrationen und 1 Karte.] VI + 184 [+ 13] S.

Kalender des Schweizer Imkers pro 1903 hrg. von U[lrich] Kramer-Zürich.... Jahrg. 6. [Mit Illustrationen und 1 Karte.] VI + 182 [+ 23] S. 8. Aarau, H. R. Sauerländer & Co. [geb.] fr. 1. 20

Kalender des Schweizer Imkers pro 1904 hrg. von U[lrich] Kramer-Zürich.... Jahrg. 7. [Mit Illustrationen und 1 Karte.] VI + 182 [+ 23] S. 8. Aarau, H. R. Sauerländer & Co. [geb.] fr. 1. 20

Kalender des Schweizer Imkers pro 1905 hrg. von U[lrich] Kramer-Zürich.... Jahrg. 8. [Mit Illustrationen und 1 Karte.] VI + 192 [+ 13] S. 8. Aarau, H. R. Sauerländer & Co. [geb.] fr. 1. 20

Kalender des Schweizer Imkers pro 1906 hrg. von U[lrich] Kramer-Zürich.... Jahrg. 9. [Mit Illustrationen und 1 Karte.] VI + 192 [+ 15] S. 8. Aarau, H. R. Sauerländer & Co. [geb.] fr. 1. 20

Kalender des Schweizer Imkers pro 1907 hrg. von U[lrich] Kramer-Zürich.... Jahrg. 10. [Mit Illustrationen und 1 Karte.] VI + 192 [+ 17] S. 8. Aarau, H. R. Sauerländer & Co. [geb.] fr. 1. 20

Kalender des Schweizer Imkers pro 1908, hrg. von U[lrich] Kramer-Zürich.... Jahrg. 11. [Mit Illustrationen und 1 Karte.] VI + 192 [+ 31] S. 8. Aarau, H. R. Sauerländer & Co. [geb.] fr. 1. 20

— des Schweizer Imkers pro 1911, hrsg. v. R. Göldi. 14. Jahrg. (214 S. m. 1 Karte.) kl. 8. Aarau, H. R. Sauerländer & Co. Geb. in Leinw. 1. 20

— immerwährender, mit passenden Verzierungen rc. Bern, Jenni. 10 gr.

— immerwährender. Mit den Wappen der würtiemb. Oberämter. 4° Ludwigsburg

— immerwährender, mit Schreibtafeln, in Form einer Brieftasche. gr. 16. Ulm, Jak. Ebner. 16 gr.

—— immerwaehrender (beweglicher). 16. Berlin 838, Vereins-Buchhandlung. Auf Pappe mit Einfassung *

—— immerwährender, mit Angabe d. Fastnachts-, Ostern- u. Pfingst-Termine v. J. 1840 — 1859. Lithogr. ½ Fol. (Nördlingen 839, Beck'sche Buchh.)

—— immerwährender; alte u. neue Währung des Kurrentgeldes, Interessen-Berechnung, Münzen, Maaße, Gewichte u. zählbare Dinge; Kubik-Fuß, Zoll u. Linien, Größe verschied. Meilen u. Eintheilung der Zeit. Entworfen v. A. H. A. Hatham. Fol. (Arnstadt 845, Meinhardt.)

— immerwährender. (1 Bl.) 25,5×33,5 cm. München (908). G. Franz' Verl. n. 1. —

Calender, Immerwaehrender, für evangelische Christen. Ein Gedenkbüchlein treuer Zeugen der Wahrheit aus allen Zeiten . . . Ulm [1857]. H: *Knapp, L. Albert.* (zu)

—— immerwährender, für evangelische Christen. Ein Gedenkbüchlein treuer Zeugen der Wahrheit aus allen Zeiten der christl. und vorchristl. Vergangenheit. Nach dem verb. evangel. Kalender von F. Piper hrsg. von L. A. K. Lex.-8. (IV und 18 S.) Ulm 857, Wohler'sche Buchh. Durchschossen 4 Ngr.; cart. *

— immerwährender, für evangelische Christen. Ein Gedenkbüchlein treuer Zeugen der Wahrheit aus allen Zeiten der christl. u. vorchristl. Vergangenheit. Nach dem verb. evangel. Kalender des Prof. F. Piper herausg. von L. A. K. Ulm (858.) Wohler. Lex.-8. (2 Bl., 18 S.) 4 ngr.

§ — —, Immerwährender, für Eheleute und Ehelustige. Frankfurt und Leipzig. O. J. (c. 1790). Kl. 12°. (In München: L. eleg. m. 167x b.) (3 Mk., Orig.-Umschl., Gust. Fock, Lpz. 1907.)

— immerwährender f. Eheleute und Ehelustige. 12. Chemnitz, Maucke. 793.

— immerwährender, für Eheleute u. Ehelustige. 12. Chemnitz 793. (Starke). 16 gr.

— — immerwährender, mit den Sternbildern — als Uhrgehäuse zu gebrauchen. Leipzig, Klein. illum. auf Pappe 8 Bogen. 819.

Calender, Immerwährender, der gesunden Vernunft . . . Weissenfels 1792. V: *Hauenschild, Christian August.* (Ky) (MGT)

— immerwährender, d. gesunden Vernunft, oder Handbuch zur Erklärung d. Kalender auf alle Jahre, (von Chr. Aug. Hauenschild). 8. Weißenf. 792. (Lpz., Baumgärtner). 8 gr.

— immerwähr. d. ges. Vernunft, oder Handbuch d. Erkl. d. Kalender. 8. Lpz. Baumgärtner. 793.

Calender, Immerwährender, für Zinsen und jede Art Zeitberechnungen . . . Stuttg. 1837. V: *Kraft, E. L.* (Ky)

— immerwährender, für Zinsen und jede Art Zeitberechnungen, nach der Jahreseintheilung zu 365 Tagen rc. (v. E. L. Kraft). gr. 8. Stuttgart 837. Erhard. ¼ rf.

—— immerwährender, für Zinsenberechnungen rc., s. Kraft, E. L.

— für Ingenieure des Maschinenbaues 1903. Hrsg. v. Rob. Conrad. 3. Jahrg. 12. (VI, 318 S. u. Notiz-Kalender m. 441 Abbildgn.) Berlin, W. & S. Loewenthal. Geb. in Leinw. n. 1. 50

— für Ingenieure des Maschinenbaues 1907. Begründet v. Rob. Conrad. Hrsg. v. Hans Dietzius. 7. Jahrg. (VI, 404 S. u. Notiz-Kalender m. 616 Abbildgn.) kl. 8. Berlin, W. & S. Loewenthal. Geb. in Leinw. 1. 50; in 2 Tln., geb. u. geh. 2. —

— f. Ingenieure des Maschinenbaues 1911. Begründet v. Rob. Conrad. Hrsg. v. Hans Dietzius. 11. Jahrg.

(VIII, 436 S. u. Notiz-Kalender m. 573 Abbildgn.) kl. 8. Berlin, W. & S. Loewenthal. Geb. in Leinw. 1. 50

— für Israeliten, s. Almanach.

— — für Israeliten rc. s. Heinemann

—— israelitischer, auf das J. 5625. Hrsg. vom Vereine zur Unterstützung für hülfsbedürft. israelit. Lehrer, Lehrer-Wittwen und Waisen in Deutschland. 8. (XVI und 12 S.) Leipzig 865, C. L. Fritzsche. * *

— israelitischer, f. d. J. 5667 vom 20. IX. 1906 bis 8. IX. 1907. (12 S.) kl. 8. Berlin, L. Lamm. n. — 15

—— israelitischer, für Ungarn und Siebenbürgen. 1862. Für Belehrung und Unterhaltung; mit einem Verzeichnisse aller Märkte in Ungarn, Croatien und Siebenbürgen und den ausländischen Hauptmärkten. 8. (… S.) Pest, Löwy. 30 kr.

der Juden 5602. (Vom 16. Sept. 1841 bis 4. Sept. 1842.) 16. (Berlin 841, Literat.- u. Kunst-Comptoir.) n. 3 ngl
5607. (Vom 21. September 1846 bis 10. September 1847.) Mit dem bürgerl. Kalender. Herausgeg. von J. Heinemann. n. 6 ngl

— d. Juden. 5607. (Vom 21. Sept. 1846 bis 10. Sept. 1847.) Mit dem bürgerl. Kalender. Hrsg. v. J. Heinemann. 16. (1¼ B. u. 9 weiße Bl.) (Berlin, Literat. u. Kunst-Compt.)*

Kalender, jüdischer, auf die J. 5631—5634. Fol. (1 Bl.) Berlin, Poppelauer. à Jahrg. * — 50

— f. d. Jugend, s. a. Ellerdt.

[Kalender für die] Jugend auf das Jahr 1793 [1794 und 1796/98, zus. [Jahr]gänge in 5 Bändchen]. Augsburg, im Brinhaußerischen Kalender- und [Kupfe]rverlag. Mit zus. 14, teils handkolor., hübschen Kupfern, 4 Stern[karte]n, 1 Landkarte und 2 Notenbeilagen. 16° Reizend verzierte ver[schi]edenfarb. Orig.-Umschläge. 45.—
[Unterhaltender und be]lehrender Kalender, der Aufsätze über Geschichte, Politik, Naturkunde, Kunst etc. [enthält]. Die hübschen Kupfer zeigen Vögel, Käfer, Pflanzen (Kaffeel), den Rheinfall u. v. a.

Kalender für die christliche Jugend. [Jg. 1.] Auf d. J. 1905. Lengerich i. W.: Bischof & Klein (1905). 8° [J.] [illegible]

— für die christliche Jugend auf d. J. 1906. (48 S. m. Abb. u. 1 Farbdr.) 8. Lengerich, Bischof & Klein. — 15

—— f. d. Jugend u. ihre Freunde, auf d. Jahr 1843. Hrsg. v. J. J. Reithard. M. Beiträgen v. Jeremias Gotthelf u. Andern. 8. (10½ B. u. 5 Stnt.) St. Gallen 842, Tribelhorn. *

Calender für die helvetische Jugend a. d. Jahr 1790. *Zürich, bey Obmann Köchli* (1790). 32 Bll. In-32
Frontispice, titre gravé et 12 vignettes gravées par *J. P. Theloll*, d'après *J. Sahler*.

Calender für die Züricherische Jugend. Zürich 1793. H: *Herder, Felix*. (Cat. d. Stadtbibl. Zürich. Zürich 1864—97.)

Kalender, f. d. evang. Jünglings-Vereine u. christl. Vereine junger Männer 1897. Hrsg. v. Herm. Faulhaber. 4. (62 S. m. Abb. u. 1 Wandkal.) Schw. Hall. Stuttgart, Buchh. f. inn. Mission. n. — 20

—— juridischer, für Oesterreich. Auf das Jahr 1861. 1. Jahrg. Herausg. von Ant. Görner. Budweis, Hansen. 16. (229 S.) nn. 27 ngr.

—— für Juristen, Kaufleute, Oeconomen und sonstige Geschäftsmänner auf das J. 1849 nebst dem alt-preuß., rheinländ. und hamburger Wechselrechte. hrsg. von Ferd. Fischer. gr. 8. (159 S. Kalender und 129 S. Text.) Frankfurt a/O. 848, Trowitzsch und Sohn. * —

Kalender f. mittlere Justizbeamte f. 1907. 4. Jahrg. Hrsg. v. C. Slanina (VIII S., Schreibkalender u. 134 S.) kl. 8. Königshütte, K. Vater. Geb. in Leinw. 1. 50

Kalender für mittlere Justizbeamte f. 1909. 6. Jahrg. Hrsg. v. Slanina. (VIII S., Schreibkalender u. 113 S.) kl. 8. Rosdzin, O.-S., (K. Vater). Geb. in Leinw. 1. 50

—— für preußische Justiz-Beamte auf d. J. 1892 u. 1893. Bearb. v. J. Wollenzien. 6. u. 7. Jahrg. gr. 16. (à Jahrg. Schreibkal. u. ca. 200 S.) Braunschw., Gebr. Haering. geb. in Leinw. à Jahrg. * 2 50

Kalender für preußische Justiz-Subaltern-Beamte für 1887—1889. Bearb. von J. Wollenzien. 1.—3. Jahrg. gr. 16. (188, 226; 192, 256; 192, 261 S.) Breslau, Kern's Verlag. geb. à Jahrg. * 2 50

—— für preußische Justiz-Subaltern-Beamte, auf d. J. 1890 u. 1891. Bearb. v. J. Wollenzien. 4. u. 5. Jahrg. gr. 16. (à Jahrg. Schreibkal. u. ca. 200 S. m. 1 Karte.) Bresl., Kern. geb. à Jahrg. * 2 50
Spätere Jahrge u. d. T.:
Kalender für preußische Justiz-Beamte.

—— kabbalistischer. Erzählungen, Belehrungen und Enthüllungen aus dem Gebiete der Geisterkunde, des Magnetismus, des Od u. Chemismus, der Chiromantie rc. für das J. 1854. Mit Illustr. (Holzschn. im Text.) Leipzig, E. H. Mayer. 16. (IV, 80 S.) 5 ngr

— zum Gebrauche des Oesterreich. Kaiser-Hofes für d. J. 1833 u. ff., welches ein Gemeines Jahr ist u. 365 Tage hat. (Nebst Genealogie des regier. Kaiserhauses Oesterreich. — Verzeichniß des sämmtl. Hofstaats, d. Ordens-Ritter, K. K. wirkl. geheimen Räthe, wirkl. Kämmerer, kais. u. königl. Ungarische Truchsessen, der Bischöfl. u. weltl. Würden in Ungarn, Böhmen rc., der Posten rc.) 4. Wien 833. u. ff. (Gerold.) à 5 ngr

—— Kaiserslauterer, für die Rhein-Pfalz auf das J. 1876. 4. (26 S.) Kaiserslautern, Muschi. *
Nicht weiter erschienen.

Kalender für Kälte-Techniker. Jg. 1—7. Hamburg-Altona. 1909—1918/19.
Seit Jg. 7. 1918/19: Jahrbuch für Kältetechniker

— f. Kälte-Techniker 1910. Hrsg. v. Geo. Göttsche. (2. Jahrg.) (VII, 249 S. m. Abbildgn.) kl. 8. Altona (Präsident Krahn-Str. 10), Ingenieur G. Göttsche. Geb. in Leinw. nn 4. —

Calender des Capitalisten — Calendrier du Capitaliste
v. Schweizerische Eisenbahn- und Handels-Zeitung.

—— für Katholiken und Protestanten auf das J. 1851. Lex.-8. (16 S. mit 1 Holzschn.) Sulzbach 850, v. Seidel'sche Buchh. * *

—— katholischer, für Zeit und Ewigkeit. 5.—10. Jahrg. 1880—1885. 4. (à Jahrg. ca. 150 S.) Winterberg i. B., Steinbrener's Verlag. à Jahrg. 90 Pf.; geb. *

—— katholischer, für Zeit und Ewigkeit auf die J. 1886—1889. 4. (à Jahrg. ca. 150 S. mit eingedr. Illustr. und Chromolithogr.) Winterberg, Steinbrenner. à Jahrg. * — 75
cart. à Jahrg. * — 80

Kalender, Katholischer, für Zeit und Ewigkeit auf das gemeine Jahr 1890 von 365 Tagen. 4. (160 S.) —.45, geb. mit steifen Deckeln —.50
Ebd.

— katholischer, f. Zeit u. Ewigkeit auf d. J. 1891. 4. (130 u. 32 S. m. Text-Abbildgn. u. 2 Farbendr.) Winterberg, Steinbrener n. — 90; cart. n. 1. —

Kalender, Katholischer, für Zeit und Ewigkeit auf das Schaltjahr 1892 von 366 Tagen. 4. (128 S. u. Jahrmärkte-Verzeichniß) —.45, cart. —.50
Ebd.

Kalender, Katholischer, für Zeit und Ewigkeit auf das Jahr 1893. 4. (128 S. und Jahrmärkte-Verzeichniß) Ebd. —.45, cart. .50

Kalender, Katholischer, für Zeit und Ewigkeit auf das Jahr 1894. 4. (126 S. und Jahrmärkte-Verzeichniß) —.45, cart. Ebd. —.50

Kalender, Katholischer, für Zeit und Ewigkeit auf das Jahr 1895. 4. (128 S. und Jahrmärkte-Verzeichniß) Ebd. —.45, cart. —.50

Kalender, Katholischer, für Zeit und Ewigkeit auf das Jahr 1896. 4. (126 S. und Jahrmärkte-Verzeichniß) Ebd. —.45, cart. —.50

Kalender, Katholischer, für Zeit und Ewigkeit auf das Jahr 1897. 4. (123 S. und Jahrmärkte Verzeichniß) Ebd. -.45, cart. —.50

Kalender, Katholischer, für Zeit und Ewigkeit auf das Jahr 1898. 4. (123 S. und Jahrmärkte-Verzeichniß) Ebd. —.45. cart. — 50

— kathol., f. Zeit u. Ewigkeit auf d. J. 1899. 4. (128, XX u. XVI S. m. Abb., 2 Chemigraph. u. 2 Farbdr.) Winterberg, J. Steinbreuer. n. — 60

(F) Katholischer Kalender für Zeit und Ewigkeit für das Jahr 1905. Gr.-8°. (137 S.) Ebd. K 1 —

(F) Katholischer Kalender für Zeit und Ewigkeit für das Jahr 1906. Gr.-8° (137 S.) Ebd. K — 90, kart. K 1 -

— katholischer, f. Zeit u. Ewigkeit auf d. J. 1907. (144, XVI u. XVI S. m. Abbildgn. u. 4 Taf.) gr. 8. Winterberg, J. Steinbrener. n. — 60; geb. n. — 80

(F) Katholischer Kalender für Zeit und Ewigkeit für das Jahr 1909. Gr.-8°. Ebd. K —.90

— katholischer, f. Zeit u. Ewigkeit auf d. J. 1911. 36. Jahrg. (128, V u. 13 S. m. z. Tl. farb. Abbildgn., 4 [1 farb.] Taf. und Wandkalender.) gr. 8. Winterberg, J. Steinbrener — 60; geb. — 80

—— kaufmännischer, für das J. 1889. Hrsg. vom Wiener kaufmänn. Verein. Zusammengestellt von W. Stockinger. 1. Jahrg. 16. (208 S.) Wien, Hölder. geb. * 2 40

—— kaufmännischer, f. d. J. 1890. Hrsg. vom Wiener kaufmänn. Verein. Zusammengestellt v. Wilh. Stockinger. 2. Jahrg. 16. (160 S.) Wien, Hölder. geb. * 2 40
Nicht weiter erschienen.

— Kemptener, f. den Bürger u. Landmann auf d. J. 1905. 104. Jahrg. (79 S. m. Abbildgn.) 8. Kempten, T. Dannheimer. n. — 20

— Kemptener, f. d. Bürger u. Landmann a. d. J. 1909. 108. Jahrg. (79 S. m. Abbildgn. u. Wandkalender.) 8. Kempten, T. Dannheimer. — 20

— (für Kinder) 1898. 12. (60 S. m. z. Tl. farb. Abb.) Berlin, Verl. d. christl. Zeitschriftenvereins. — 25

Kalender für evang. Kinder in Rußland. St. Petersburg 1906—1914 IfA

— für unsere Kinder auf d. J. 1902. Hrsg. v. L. Tiesmeyer u. P. Zauleck. 12. (64 S. m. Abbildgn.) Bremen, J. Morgenbesser. n. — 15

— für unsre Kinder auf d. J. 1907. Hrsg. v. P. Zauleck. (64 S. m. Abb) kl. 8. Bremen, J. Morgenbesser. n. — 15

— f. unsre Kinder auf d. J. 1910. Hrsg. v. P. Zauleck. (64 S. m. Abbildgn.) kl. 8. Bremen, J. Morgenbesser. p — 15

Kalender für die Evangelische und Reformierte Kirche 1880? 1917?
A religious almanac published for the members for the Evangelical Church starting probably early as 1880
St. Louis, MO

—— f. die Neue Kirche auf d. J. 1890—1892. (133—135.) 8. (36, 69; 59 S. m. Abbildgn.) Vineland, N. J. (Berl., K. Siegismund.) Jahrg. 1890 * — 40, Jahrg. 1891,92 à * 1
Nicht weiter erschienen.

— für die Neue Kirche auf d. J. 1891 (134). Hrsg. v. A. Roeder. 4. (69 S. m. Abbildgn.) Vineland, N. J. (Berlin, Siegismund.) n. 1. —

Kalender der Reformierten Kirchen in den Vereinigten Staaten
1910 1941?
Published by Central Publishing House
Cleveland, OH

Der Kleine Illustrierte Kalender 1873? ? New York, NY

— kleiner Aachener, auf d. J. 1903. 28. Jahrg. gr. 16. (50 S.) Aachen, J. Schweitzer. — 10

— kleiner Aachener, auf d. J. 1906. 31. Jahrg. (57 S.) kl. 8. Aachen, J. Schweitzer. — 10

— kleiner Aachener, auf d. J. 1911. 36. Jahrg. (47 S.) 16. Aachen, J. Schweitzer. — 10

—— kleiner freiberger, auf die J. 1853—56. 4. Freiberg 852—55, Gerlach'sche Buchdr. à Jahrg. *

—— kleiner Freiberger. 1873—1875. 4. (à 28—34 S.) Freiberg, Gerlach'sche Buchdr. à Jahrg. * 20

—— kleiner Freiberger. 1876—1880. 4. (32; 32; 32; 34; 32 S. mit eingedr. Holzschn.) Freiberg, Gerlach'sche Buchdruckerei. à Jahrg.

—— kleiner Freiberger, 1881—1885. 4. (à Jahrg. ca. 36 S.) Freiberg, Gerlach'sche Buchdruckerei. à Jahrg.

—— kleiner Freiberger, 1886—1889. 4. (à Jahrg. ca. 32 S.) Freiberg, Gerlach'sche Buchdr. à Jahrg.

— kleiner Freiberger, 1899. 4. (32 S. m. Abb.) Freiberg, Gerlach'sche Buchdr. - 20

—— kleiner hundertjähriger, aus welchem man sofort ersehen kann, auf was für einen Wochentag der J. 1801—1900 irgend ein bestimmtes Datum gefallen ist oder fallen wird, woraus man also z. B. sofort entnehmen kann, auf was für einen Wochentag man geboren ist, auf was für einen Wochentag ein histor. Ereigniß des lauf. Jahrhunderts gefallen ist u. s. w. Keine Anleitung zum Berechnen von solchen Wochentagen, sondern ausgerechneter Kalender. Im Anh. eine Oster-Fest-Tabelle des lauf. Jahrh. Ein Handbüchlein für Jedermann, namentl. für Familien. 8. (16 S.) Nordhausen 874, Büchting. [Leipzig, Dr. Schwabe.] * — 50

—— kleiner illustrirter lustiger. 1889. kl. 8. (156 S. mit farb. Bildern.) (Ebendas.) *

— kleiner immerwährender, für vergangene u. künftige Jahre christl. Zeitrechnung, vom Verf. des Toleranzboten. gr. 4. Wien, Rehm. 815.

— kleiner immerwährender, für vergangene u. künftige Jahre christl. Zeitrechnung, vom Verf d. Toleranzboten. gr. 4. Wien 816. (Frankf. a. M., H. Wilmans). 14 gr.

Krakauer Kalender, Kleiner, auf das Jahr 1890. 34. Jahrg. 12. Wien Dittmarsch 1889 —.12

Kalender, Kleiner Krakauer, auf das Schaltjahr 1892. 36. Jahrg. 8. Ebd —.12

—— kleiner Münchener, f. 1890—1893. 16. (à Jahrg. ca. 30 S. m. Abbildgn. Ebd.) à Jahrg. * — 50

— kleiner Münchener, f. d. J. 1895 16 (32 S. m. Abbildgn.) Ebd. n. — 50

— kleiner Münchener, 1898 (In altdeutscher Ausstattg.) schmal 16 (32 S. m. Wappen.) Ebd. n. — 50

— kleiner Münchener, 1903. (In altdeutscher Ausstattg.) schmal 16. (32 S. m. Wappen.) Ebd. n — 50

— kleiner Münchener, 1907. (In altdeutscher Ausstattg.) (32 S. m. Wappen.) schmal 16. Ebd. n — 50

— kleiner Münchener. 1911. (In altdeutscher Ausstattg.) (32 S. m. Wappen.) 11,6×6,3 cm Ebd. — 50

—— kleiner preußischer, auf die J. Christi 1873—1875. 16. (à 65 S.) Königsberg, Hartung'sche Verlagsdruckerei. à Jahrg. geh. 25 Pf.; durchschossen

—— kleiner preußischer, auf die J. Christi 1876—1880 16. (74; 66; 60; 70; 69; 74 S. mit eingedr. Holzschn.) Königsberg, Hartung'sche Verlagsdruckerei. à Jahrg. durchschossen à Jahrg.

kleiner preußischer, auf die J. 1881—1885. 16. (à Jahrg. ca. 81 S.) Königsberg, Hartung'sche Verlagsdruckerei. à Jahrg. 25 Pf.; durchsch.

—— kleiner preußischer, auf das J. 1886. 16. (83 S.) Königsberg, Hartung'sche Verlagsdr. 25 Pf.; durchsch. — 30
Jahrg. 1887 erschien u. d. T.: Volkskalender, kleiner Ost- und Westpreußischer.

—— kleiner, für Schleswig-Holstein, Lauenburg, Lübeck und Hamburg, von Chrn. Jensen. 1886—1889. 16. (à Jahrg. 48 S. mit Holzschn.) Breklum, Christl. Buchhandlung. Jahrg. 1886—1888 à * — 10
Jahrg. 1889 * — 15

—— kleiner, f. Schleswig-Holstein, Lauenburg, Lübeck u. Hamburg v. Chrn. Jensen. 1890—1893. 12. (à Jahrg. ca. 48 S. m. Bildern.) Breklum, (Christl. Buchh.) à Jahrg. * — 10

— kleiner, f. Schleswig-Holstein, Lauenburg, Lübeck u Hamburg v Chrn Jensen (1895) gr 16 (48 S m. Abbildgn.) Breklum, (Christl Buchh.). n. — 10

— kleiner, f. Schleswig-Holstein, Lauenburg, Lübeck u. Hamburg v. Chrn. Jensen. gr. 16. (48 S. m. Abb.) Breklum 898. (Christl. Buchh.) n. — 10

Dr Moritz Knauer's | vollständiger Hundertjähriger Kalender von | 1860–1960 | enthaltend Beschreibung der Sonne und der Planeten, die | muthmaßliche Witterung, die besten Wetter- und | Bauernregeln, eine Anleitung zu den monatlichen | Verrichtungen in Haus und Feld etc | Reutlingen | Verlag von Enßlin und Laiblin. | (Hebsaker.) (= *Reutlinger Volksbücher*, 34).
Kol : Druck von Gustav Köllreutter in Reutlingen.
o. J., 64 S, 162 × 107, mehrere Fig. im Text, U-Fig.: *Weinbauer im Faß*, 43 × 64:
LBS d D oct K 3484.

— für Kohleninteressenten, s. a. Polster's Jahrbuch u. Kalender f. Kohlen-Handel u. -Industrie.

— für Kohlen-Interessenten, zugleich Taschenbuch f. Kalk- u. Cement-Werke. 2. Jahrg. 1902. 12. (VIII, 312 S. m. Fig. u. 1 Karte u. Schreibkalender.) Dresden, G. Kühtmann. Geb. in Leinw. n. 4. —; in Brieftaschenldrbd. n. 6. —
Vergl.: Polster's, Otto, Taschenbuch.

—— Colberger. Der alte Nettelbeck für das J. 1881, für die königl. preuß. Provinzen Brandenburg, Pommern, West-Preußen &c. 12. (148 S. mit 1 Titelbilde in Holzschn. und zahlreichen eingedr. Holzschn.-Illustr.) Colberg, Burmann. *
Nicht weiter erschienen.

—— für den Regierungs-Bezirk und die Stadt Köln auf das J. 1863 24. (196 S.) Köln, Rommerskirchen's Buchh. cart. mit Goldschn. und in Futteral * *

—— für den Kolonial- und Materialwaaren-Händler, Destillateur und Liqueur-Fabrikanten. 1. und 2. Jahrg. 1888 und 1889. Bearb. von R. F. Poppe. kl. 8. (VIII, 292, VII, 235 S.) Leipzig, Jüstel und Göttel. à Jahrg. * 2 25

—— für den Kolonial- u Materialwaaren-Händler, Destillateur u Liqueur-Fabrikanten 1890—1893. III.—VI. Jahrg. Bearb. v Rich F Poppe gr 16. (à Jahrg. Schreibkal. u. ca. 200 S. m. 1 Bildnis.) Lpz., Jüstel u. Göttel. geb. in Leinw. à Jahrg. * 2 25

Kalender für d. Kolonial- u. Materialwaaren-Händler, Destillateur u. Liqueur-Fabrikanten 1895. VII. Jahrg. Bearb. v. Rich. F Poppe gr 16 (VII S, Schreibkalender u 96 S.) Leipzig, Jüstel & Göttel. Geb. in Leinw. n. 1. 50; in Ldr. n. 2. —

— f. d. Kolonial- u Materialwaaren-Händler, Destillateure u. Liqueur-Fabrikanten 1898. 10. Jahrg. Bearb v. Rich. F. Poppe gr. 16. (VII S., Schreibkal. u. 119 S.) Leipzig, Jüstel & Göttel. Geb. in Leinw. n. 1. 50; in Ldr n. 2. —

Konservativer Kalender, hrsg von Ludwig Muller- v Hausen. [1.] Charlottenburg Verl d. Konservat Kalenders [1908]. 8° [S u Ant]
[08. 1 9]

Kalender, konservativer, hrsg. von L. Müller-v. Hausen. (1908.) (252 u. 255 S. m. 1 Bildnis) kl. 8. Charlottenburg, Verlag d. kons. Kalenders. Geb. in Leinw. 1. 50.

— konservativer, 1909. (X, 256 u. 193 S. m. 1 Bildnis.) kl. 8. Berlin, Beyer & Boehme Geb. 1. 50.

— konservativer. Hrsg. v. Hauptverein d. Deutsch-Konservativen. 1910. (IV, 216 u. 192 S. m. 1 Bildnis.) kl. 8. Berlin, Beyer & Boehme. Geb. in Leinw. 1. 50

— für die Konservenindustrie. Ein Notiz- u. Handbuch f. die Fachleute der Konserven-, Präserven- u. Nährmittelindustrie. 1907. Hrsg. v. G. Brandau. (IV S., Schreibkalender u. 151 S. m. 1 Karte.) kl. 8. Braunschweig (Hohetorpromenade 7), Konserven-Zeitung. Geb. in Leinw. n. 2. 50; in Ldr. n. 3. —

— f. d. Konservenindustrie. Ein Notiz- u. Handbuch f. die Fachleute der Konserven-, Präserven- u. Nährmittelindustrie. 1911. Hrsg. unter Mitwirkung der Versuchsstation f. die Konservenindustrie von G. Brandau. (VI S., Schreibkalender u. 101 S. m. 1 Karte.) kl. 8. Braunschweig (Hohetorpromenade 7), Konserven-Zeitung. Geb. in Ldr. nn 3. —

—— constitutioneller, auf das J. 1874. Hrsg. von Ludw. Aigner. gr. 8. (66 S.) Pest, Aigner. *

—— constitutioneller prager, für Stadt und Land auf die J. 1850 und 1851. Zugleich ein Jahrbuch der Unterhaltung und unterhaltenden Belehrung für alle Staatsbürger jeden Berufes ꝛc. Der astronom. Theil von Carl Kreil. Mit Beiträgen ausgezeichneter Männer wissenschaftl. und geschäftl. Bildung. (4. und 5. Jahrg.) 4. (à Jahrg. 192 S. mit Holzschn.) Prag, Haase Sohne, Verlags-Expedition. à Jahrg. **

— Contors, f. jedes Jahr. Leipzig, Leo.

— königl. concess. Meißner unterhaltender, f. Stadt u. Land. 1895. (Mittle Ausg.) 4. (70 S. m. Bildern, 2 Taf. u. Wandkalender.) Ebd. n. — 40

Die kleine Ausg. f. u. d. T.: Erzähler, der.

— königl. concess. Meißner unterhalt., f. Stadt u. Land. 1899. (Mittle Ausg.) 4. (60 S. m. Bild., 4 Taf. u. 1 Wandkalender.) Ebd. — 38

— dasselbe, kleine Ausg., f.: Erzähler, der.

— königl. concess. Meißner unterhaltender, f. Stadt u. Land. 1903. Mittle Ausg. 4. (64 u. 5 S. m. Abbildg., 1 Taf. u. 1 Wandkalender.) Ebd. — 40

Die kleine Ausg. f. u. d. T.: Erzähler, der, u. Zeit, die goldene.

— königl. concessionierter Meißner unterhaltender, f. Stadt u. Land. 1907. Mittle Ausg. (55 u. 5 S. m. Abbildgn., 2 Taf. u. Wandkalender.) gr. 8. Ebd. — 40

Die kleine Ausg. f. u. d. T.: Erzähler, der, u. Zeit, die gold.

— königl. concessionierter Meißner unterhaltender, f. Stadt u. Land. 1911. Mittle Ausg. (64 u. 5 S. m. Abbildgn., 2 Taf. u. Wandkalender.) gr. 8. Ebd. — 38

Die kleine Ausgabe erscheint u. d. T.: Erzähler, der, u. Zeit, die goldene.

— f. Kornbrenner u. Preßhefefabrikanten f. d. J. 1895. 1. Jahrg. Hrsg. im Auftrage des Vereins der Kornbrennereibesitzer u. der Preßhefefabrikanten Deutschlands v. H. Herzfeld. 12. (X S., Schreibkalender u. 111 S.) Berlin, C. Duncker. Geb. n. 3. —

— f. Kornbrenner u. Preßhefefabrikanten f. d. J. 1897. 3. Jahrg. Hrsg. im Auftr. d. Vereins d Kornbrennereibesitzer u. d. Preßhefefabrikanten Deutschlands v. H. Herzfeld. 12. (X S., Schreibkal. u 195 S.) Berlin, C. Duncker. Geb. in Leinw. n. 3. —

— für Kornbrenner u. Preßhefefabrikanten f. d. J. 1903. Hrsg. im Auftrage des Vereins der Kornbrennereibesitzer u. der Preßhefefabrikanten Deutschlands. 9. verb. u. verm. Jahrg., bearb. v. Adf. Cluß. 12. (332 S. m. 4 Vierteljahrsheften.) Berlin, C. Duncker. Geb. in Leinw. n. 3. —

— für Kornbrenner u. Preßhefefabrikanten f. d. J. 1906. Hrsg. im Auftrage des Vereins der Kornbrennereibesitzer u. der Preßhefefabrikanten Deutschlands. 12. verb. u. verm. Jahrg., bearb. v. H. Lange. (IX S., Notiz-Kalender u. 332 S.) kl. 8. Berlin, C. Duncker. Geb. in Leinw. n. 3. —

— für Kornbrenner u. Preßhefefabrikanten f. d. Jahr 1908. Hrsg. im Auftr. des Vereins der Kornbrennereibesitzer u. der Preßhefefabrikanten Deutschlands. 14. verb. u. verm. Jahrg., bearb. v. H. Lange. (IX S., Notiz-Kalender u. 331 S.) kl. 8. Berlin, C. Duncker. Geb. in Leinw. 3 —

—— des Blauen Kreuzes. [Vertritt die Sache des Schweiz. Mäßigkeitsvereins.] 1883 und 1884. 1. und 2. Jahrg. 8. (à Jahrg. 77 S.) Basel, Spittler. à Jahrg. *

— des Blauen Kreuzes [vertritt die Sache d. Schweiz. Mäßigkeitsvereins]. 1885. 3. Jahrg. 12. (86 S. m. 1 Holzschn.) Bern. (Leipzig, Buchh. d. Vereinshauses.) n.n. — 20

—— des Blauen Kreuzes. [Vertritt die Sache des Mäßigkeitsvereins vom Blauen Kreuz.] 1886—1889. 4.—7. Jahrg. 8. (à Jahrg. ca. 100 S.) Bern. (Leipzig, Buchh. des Vereinshauses.) à Jahrg. ** — 20

—— des Blauen Kreuzes. [Jahrbuch d. Mäßigkeitsvereins vom blauen Kreuz.] 1890—1892. 8.—10. Jahrg. 12. (à Jahrg. ca. 125 S.) Bern. (Lpz., Wallmann.) à Jahrg. ** — 20

Kalender, Kronstädter — für das Jahr 1858. Kronstadt. Dr. und Verlag von Johann Gött. (60 Bl. 12.)

—— kronstädter, für das J. 1861. 12. (70 S.) Kronstadt 860, Gött.

Calender, Culmbachischer, vom Ursprung und Fortgang der sogenannten Künste. Culmbach 1733 ff. H: *Keck, Johann Georg.* (Adel)

Kalender bayerischer und schwäbischer Kunst. 1904-07. München 1904-07

— bayerischer u. schwäbischer Kunst. 1907. Hrsg. v. Jos. Schlecht. (20 S. m. Abbildgn.) 4. München, Gesellschaft f. christl. Kunst. 1. —

Kalender bayerischer und schwäbischer Kunst. Herausgegeben von J Schlecht. 1908-13. 4° München 1908-13

— bayerischer u. schwäbischer Kunst, v. Jos. Schlecht. 8. Jahrg. 1911. (18 S. m. Abbildgn. u. Text auf dem Umschlag.) 31×21,5 cm. München, Gesellschaft für christl. Kunst. 1. —

— für Kurhessen auf d. J. 1909. Hrsg. von Bruno Jacob. (84 S. m. Abbildgn. u. 2 Taf.) Lex. 8. Kassel, (G. H. Wigand). — 40

Calender, Curieuser u. immerwährender Astron.-, Metrolog.-, Oeconom.-, Frauenzimmer-, Reise- u. Hand-, 3 Teile. (o. J.) M. Kpf. u. Holzschn. Erfurt.

— kurzgefaßter fünfjähriger, auf die Jahre 1812—16, sowohl zu Hause als auch auf Reisen dienlich. 8. Nürnb. Schneider u. Weigel.

— — kurzgefaßter, fünfjähriger, auf die Jahre 1818, 819, 820, 821 u. 822. 8. Nürnberg, Schneider u. W.

—— kurzweiliger und gemeinnütziger, auf das J. 1847. gr. 8. (136 S. mit 6 Stahlst. und vielen Holzschn.) Leipzig, Naumburg. *

—— Laibacher, für Studirende auf das J. 1866. 1. Jahrg. 16. (48 S.) Laibach, Giontini. cart. *

Kalender für das Bergische Land. Hrsg. von d. Volksbücherei in Vohwinkel. Jg. 1. Elberfeld: Born 1909. 4° (09. 1141) 6

—— des Sächsischen Land-Boten für die J. 1886—1889. 4. (à Jahrg. ca. 80 S. mit eingedr. Illustr. und 1 Chromolithogr.) Chemnitz, Wiede. à Jahrg. * — 40

—— des sächsischen Land-Boten f. d. J. 1891. 4. (80 S. m. Textabbildgn. u. 1 Farbendr. m. Wandkalender auf der Rückseite.) Chemn., Wiede. — 40

— für d. Landmann d. österr. Alpenländer mit Tabellen z. landwirthschaftl. Buchführung f. 1885. Von einem prakt. Landwirthe. I. Jahrg. Hoch-4. (XXXII u. 74 S.) Klagenfurt, Ferd. v. Kleinmayr. Geb. 60 kr.

— — auf das Jahr 1866 für den österr. Landmann. Herausg. von der k. k. Landwirthschafts-Gesellschaft in Wien. Redigirt von A. W. Freih. v. Babo. gr. 8. (107 S.) Wien, Braumüller. cart. 1865. 30 kr.

—— auf das J. 1867 für den österreichischen Landmann, hrsg. von der k. k. Landwirthschafts-Gesellschaft in Wien. Redig. von A. W. Frhr. v. Babo. gr. 8. (128 S. mit eingedr. Holzschn.) Wien, (Braumüller.) *

– auf das Jahr 1868 für den österreichischen Landmann, herausgegeben von der k. k. Landwirthschafts-Gesellschaft in Wien. Redigirt von Hugo H. Hitschmann. Mit vielen Holzschnitten. Wien: Dirnböck's Buchh. (Georg Draudt.) In Comm. 1867. 142 S. 8°

– auf das Jahr 1869 für den österreichischen Landmann, herausgegeben von der k. k. Landwirthschafts-Gesellschaft in Wien. Redigirt von Wilhelm Schleicher. Mit Holzschnitten. Wien: Dirnböck's B. (G. Draudt) in Comm. 1868. 126 S. 8°

– auf das Jahr 1870 für den österreichischen Landmann, herausgegeben von der k. k. Landwirthschafts-Gesellschaft in Wien. Redigirt von Wilhelm Schleicher. Mit Holzschnitten. Wien: Dirnböck's B. (G. Draudt.) 1869. 101 S. 8°

– auf das Jahr 1871 für den österreichischen Landmann. Herausgegeben von der k. k. Landwirthschafts-Gesellschaft in Wien. Redigirt von Wilhelm Schleicher. Mit Holzschnitten. Wien: Dirnböck's B. (Georg Draudt) in Comm. 1870. 100 S. 8°

—— für den österreichischen Landmann auf die J. 1876 und 1877. Hrsg. von der k. k. Landwirthschafts-Gesellschaft in Wien. gr. 8. (à IV, 92 S. mit vielen eingedr. Holzschn.) Wien, Sommer und Comp. à Jahrg. *

Kalender für den österreichischen Landmann auf die J. 1878—1880. 9.—11. Jahrg. gr. 8. (159; 115; 117 S. mit vielen eingedr. Holzschn.) Wien, Fromme. 1878 * 1879 und 1880 à *

—— für den österreichischen Landmann auf die J. 1881—1885. Hrsg. von der k. k. Landwirthschafts-Gesellschaft in Wien. Mit vielen (eingedr.) Holzschn. 12.—16. Jahrg. gr. 8. (114; 117; 112; 113; 115 S.) Wien, Fromme. à Jahrg.

—— für den österreichischen Landmann auf die J. 1886—1889. Hrsg. von der k. k. Landwirthschafts-Gesellschaft in Wien. 17.—20. Jahrg. gr. 8. (118; 116; 123; 116 S. mit vielen Holzschn.) Wien, Fromme. à Jahrg. — 80

—— für den österreichischen Landmann auf d. J. 1890—1893. Hrsg. v. der k. k. Landwirthschafts-Gesellschaft in Wien. 21.—24. Jahrg. Lex.-8. (à Jahrg. ca. 115 S. m. Holzschn.) Wien, Fromme. à Jahrg. — 80

Kalender für den österreichischen Landmann auf das Jahr 1894. Herausgegeben von der k. k. Landwirthschafts-Gesellschaft in Wien. Mit Holzschnitten. 25. Jahrg. 8. (121 S.) Ebd. —.40

— für den österreichischen Landmann auf d. J. 1895. Hrsg. v. der k. k. Landwirthschafts-Gesellschaft in Wien. 26. Jahrg. Lex.-8. (122 S. m. Holzschn.) Wien, C. Fromme. — 80

Kalender für den österreichischen Landmann auf das Jahr 1896. Herausgegeben von der k. k. Landwirthschafts-Gesellschaft in Wien. Mit Holzschnitten. 27. Jahrg. 8. (119 S.) —.40 Ebd.

Kalender für den österreichischen Landmann auf das Jahr 1897. Herausgegeben von der k. k. Landwirthschafts-Gesellschaft in Wien. Mit Holzschnitten. 28. Jahrg. 8. (117 S.) —.40 Ebd.

Kalender für den österreichischen Landmann auf das Jahr 1898. Herausgegeben von der k. k. Landwirthschafts-Gesellschaft in Wien. Mit Holzschnitten. 29. Jahrg. 8. (122 S.) —.40 Ebd.

— f. d. österreich. Landmann auf d. J. 1899. Hrsg. v. d. k. k. Landwirthschafts-Gesellschaft in Wien. 30. Jahrg. gr. 8. (123 S.) Wien, C. Fromme. — 80

(F) Kalender für den österreichischen Landmann auf das Jahr 1900. Herausgegeben von der k. k. Landwirtschafts-Gesellschaft in Wien. XXXI. Jahrgang. Wien. Fromme. Gr.-8°. 115 S. fl. —.40

(F) Kalender für den österreichischen Landmann auf das Jahr 1901. Herausgegeben von der k. k. Landwirthschafts-Gesellschaft in Wien. XXXII. Jahrgang. Wien. Fromme. Gr.-8°. 115 S. K —.70

(F) Kalender für den österreichischen Landmann auf das Jahr 1902. Herausgegeben von der k. k. Landwirtschafts-Gesellschaft in Wien. XXXIII. Jahrgang. Wien. Fromme. Gr.-8°. 110 S. K —.70

— für den österreich. Landmann auf d. J. 1903. Hrsg. v. der k. k. Landwirthschafts-Gesellschaft in Wien. 34. Jahrg. gr. 8. (LXIV, 46 S.) Wien, C. Fromme. n. — 70

Kalender für den österr. Landmann auf das Jahr 1904. 35. Jahrg. Gr.-8°. (LXIV, 47 S.) Ebd. K —.70

(F) Kalender für den österr. Landmann für das Jahr 1906. 37. Jahrg. Gr.-8°. (ill. 47 S.) Ebd. K —.70

— für den österr. Landmann auf d. J. 1907. Hrsg. v. der k. k. Landwirtschafts-Gesellschaft in Wien. 38. Jahrg. (LXIV, 50 S. m. Abb.) gr. 8. Wien, C. Fromme. n. — 70

(F) Kalender für den österreichischen Landmann. 1908. 39. Jahrg. Gr. 8°. (LXIV, 48 S.) Ebd. K —.70

(F) Kalender für den österr. Landmann. 1909. 40. Jahrg. Gr.-8° (112 S.) Ebd. K —.70

(F) Kalender für den österreichischen Landmann. 41. Jahrg. 1910. Gr.-8°. Ebd. K —.70.

— für den österreichischen Landmann f. d. J. 1911. Hrsg. v. der k. k. Landwirtschafts-Gesellschaft in Wien. 42. Jahrg. (LXIV, 48 S. m. Abbildgn.) gr. 8. Wien, C. Fromme. — 70

—— für den Landwirt der österreichischen Alpenländer. Mit Tabellen zur landwirtschaftlichen Buchführung für 1885. Von einem prakt. Landwirte. 1. Jahrg. gr. 4. (XXXII, 74 S.) Ebendas. cart. *

—— für den Landwirt der österreichischen Alpenländer, mit Tabellen zur landwirtschaftlichen Buchführung für 1886. Von der k. k. Landwirtschafts-Gesellschaft für Kärnten 2. Jahrg. gr. 4. (106 S.) Klagenfurt, v. Kleinmayr cart. * 1 20

—— für den buchführenden Landwirt, s. Wegener, A., der buchführende Landwirt.

—— für den buchführenden Landwirth im nordwestlichen Deutschland auf das J. 1880. (1. Jahrg.) Namentlich für die Provinzen Hannover, Schleswig-Holstein, Westfalen, sowie die Großherzogthümer Oldenburg und Mecklenburg. Hrsg. von A. Wegner. 4. (144 S.) Norden, Soltau's Verlag. cart.

—— für den buchführenden Landwirth im nordwestlichen Deutschland auf die J. 1881—1885. Namentlich für die Provinzen Hannover, Schleswig-Holstein, Westfalen, sowie die Großherzogthümer Oldenburg und Mecklenburg. Hrsg. von A. Wegner. gr. 4. (à Jahrg. ca. 144 S.) Norden, Soltau's Verlag. cart. à Jahrg. *

—— des Deutschen Landwirth auf d. J. 1891. gr. 16. (Schreibkalender u. 140 S.) Berl. (Lpz., Diebener.) geb. * 1 25
—— dass. — auf d. J. 1892 u. 1893. à Jahrg. 2 Thle. gr. 16. (Schreibkal., 107, 304 S.; Schreibkal., 156, IV, 198, 48 S.) (Ebd.) Jahrg. 1892 geb. u. geh. * 1 50; Jahrg. 1893 geb. u. geh. * 1 60

— des Deutschen Landwirth auf d. J. 1894. gr. 16. (VIII S., Schreibkalender, 152 u. 56 S.) Berlin-Charlottenburg. (Leipzig, W. Diebener.) Geb. in Leinw. n. 1.25

— d. deutschen Landwirths f. d. J. 1899. IX. Jahrg. 2 Thle. 12. (379 u. 96 S.) Berlin, C. Sagawe. Geb. in Leinw. u. geh. 1.50; in Ldr. u. geh. 2.—

— d. deutschen Landwirths, Fortsetzg., s.: Taschen-Kalender.

—— für den Kärntner Landwirt, mit Tabellen zur landwirtschaftlichen Buchführung für 1880, nebst Angabe der wichtigsten Raum-, Gewichts- und Arbeits-Verhältnisse mit specieller Rücksichtnahme auf die in Kärnten übl. Bewirtschaftungsweise. Von einem prakt. Landwirte. Durchgesehen und begutachtet von Cosmas Schütz. 1. Jahrg. gr. 4. (XX, 89 S.) Klagenfurt, v. Kleinmayr. cart. *

—— für den Kärntner Landwirt. Mit Tabellen zur landwirtschaftlichen Buchführung für 1881 und 1882, nebst Angabe der wichtigsten Raum-, Gewichts- und Arbeits-Verhältnisse mit specieller Rücksichtnahme auf die in Kärnten übl. Bewirtschaftungsweise. Von einem prakt. Landwirte. 2. und 3. Jahrg. gr. 4. (XXVI, 95; XXX, 95 S.) Klagenfurt, v. Kleinmayr. cart. à Jahrg. *
Jahrg. 1883 und 1884 nicht erschienen.

—— für den Rechnung führenden Landwirth im nordwestlichen Deutschland. 1884 und 1885. 4. (à Jahrg. 100 S.) Osnabrück, Meinders. cart. à Jahrg. *
Frühere Jahrg. waren nicht im Handel.

— f. d. prakt. Landwirtin, s.: Neumann, J.

—— landwirthschaftlicher, für 1854 und 1855. 1. und 2. Jahrg. 24. (200 und 108 S.) Köln und Neuß 853—54, Schwann'sche Vrlgsh. à Jahrg. *

Landwirthschaftlicher Kalender. 1857—1859
s. Mentzel und von Lengerke's Verbesserter landwirthschaftlicher Hülfs- und Schreib-Kalender.

—— landwirthschaftlicher, für das J. 1865. Zur Belehrung für Stadt und Land, insbesond. für den Landwirth. 4. (XVI und 37 S. mit eingedr. Holzschn.) Oppenheim a. R. 864, Kern. *

Kalender, landwirthschaftlicher, auf das J. 1867. 8. (271 S.) Hannover. (Celle, Schulze'sche Buchh.) geb. *

—— landwirthschaftlicher, auf das J. 1871. gr. 16. (268 S.) Hannover. (Celle, Schulze'sche Buchh.) geb. * 1 80

—— landwirthschaftlicher. Hrsg. auf Veranlassung des landwirthschaftl. Haupt-Vereins in Münster. 1.—3. Jahrg. 1878—1880. gr. 16. (à ca. 218 S.) Münster, Aschendorff'sche Buchh. Jahrg. 1878 und 1880 geb. in Leinw. * ·
geb. in Leder à * ·
Jahrg. 1879 geb. in Leinw. * ·
geb. in Leder **

—— landwirthschaftlicher. Hrsg. auf Veranlassung des landwirthschaftl. Haupt-Vereins Münster. 4.—8. Jahrg. 1881—1885. gr. 16. (à Jahrg. ca. 230 S.) Münster, Aschendorff'sche Buchh. geb. in Leinw. à Jahrg. *

—— landwirthschaftlicher. Hrsg. auf Veranlassung des landwirthschaftl. Haupt-Vereins Münster. 9. Jahrg. 1886. gr. 16. (237 S.) Münster, Aschendorff'sche Buchh. geb. ** 1 —
—— dass. — 10.—12. Jahrg. 1887—1889. gr. 16. (à Jahrg. ca. 260 S.) Ebendas. geb. à Jahrg. * 1 20

—— landwirthschaftlicher. Hrsg. auf Veranlassg. d. landwirthschaftl. Haupt-Vereins Münster. 13. u. 14. Jahrg. 1890 u. 1891. gr. 16. (à Jahrg. ca. 250 S.) Münster i. W., Aschendorff. geb. à Jahrg. * 1 20
—— dass. — Hrsg. auf Veranlassg. d. landwirthschaftl. Provinzialvereins f. Westfalen u. Lippe. 15. u. 16. Jahrg. 1892 u. 1[illegible] gr. 16. (307; 312 S.) Münster i. W., Theissing. à Jahrg. ** 1 20; geb. in Leinw. * 1 60; in Ldr. ** 2 —

— landwirthschaftlicher. Hrsg. auf Veranlassg. des landwirthschaftl. Provinzialvereins f. Westfalen u. Lippe. 18. Jahrg. 1895. gr. 16. (310 S.) Münster i/W., Theissing. Geb. in Leinw. n. 1.60; in Ldr. n.n. 2.—

— landwirtschaftlicher. Hrsg. auf Veranlassg. d. landwirthschaftlichen Prov.-Vereins f. Westfalen u. Lippe. 22. Jahrg. 1899. 12. (334 S.) Münster, Theissing. Geb. in Leinw. n. 1.60; in Ldr. n.n. 2.—

— landwirtschaftlicher. Hrsg. auf Veranlassung der Landwirtschaftskammer f. die Prov. Westfalen. 26. Jahrg. 1903. 12. (335 S.) Münster, Theissing. Geb. in Leinw. n. 1.60; in Ldr. n.n. 2.—

— landwirtschaftlicher. Hrsg. auf Veranlassg. der Landwirtschaftskammer f. die Prov. Westfalen. 27. Jahrg. 1904. (330 S.) 12. Münster, Theissing.
. Geb. in Leinw. n. 1. 60; in Ldr. n.n. 2.—

— landwirtschaftlicher, f. d. J. 1895. 2. Jahrg. Die Statistik der landwirtschaftl. Vereine, Schulen ꝛc. in der Prov. Hannover ist nach amtl. Material bearb. gr. 16. (351 S.) Hildesheim, F. Borgmeyer. Geb. in Leinw. n. 1. 60

— landwirtschaftlicher, f. d. J. 1899. 6. Jahrg. 12. (332 S.) Hildesheim, F. Borgmeyer. Geb. in Leinw. n. 1. 60

— landwirtschaftlicher, f. d. J. 1901. Hrsg. v. Spalding Feldeisenbahnfabrik. Inh.: M. Krüger. gr. 16. (Schreibkalender u. 87 S. m. Abbildgn.) Berlin, Militär-Verlag R. Felix. Geb. in Leinw. n. 1. 50
Fortsetzung s.: Spalding.

— landwirtschaftlicher, f. d. J. 1903. 10. Jahrg. 12. (332 S.) Hildesheim, F. Borgmeyer. Geb. in Leinw. n. 1. 60

Landwirtschaftlicher Kalender f. das Jahr 1906. »Perfect«. Den deutschen Landwirten gewidmet v. Burmeister & Wain. (Berl. 1905).

— landwirtschaftlicher, f. d. J. 1906. 13. Jahrg. (335 S.) kl. 8. Hildesheim, F. Borgmeyer. Geb. in Leinw. 1. 60
Fortsetzg., s.: Notizkalender, landwirtsch.

—— landwirthschaftlicher, für das südwestliche Deutschland auf das J. 1879. Mit landwirthschaftl. Hilfstabellen, Tagebuch und Schreibkalender. Unter Mitwirkung mehrerer prakt. Landwirthe und Techniker hrsg. und redig. von Eug. Heinr. Vogel. 1. Jahrg. 4. (84 S.) Straßburg, Schneider. *

—— dass. — auf das J. 1880. 2. Jahrg. 4. (77 S.) Straßburg, Schmidt's Universitäts-Buchh.

—— landwirthschaftlicher, für Elsaß-Lothringen auf das J. 1877. Mit landwirthschaftl. Hilfstabellen, Tagebuch und Schreibkalender. Hrsg. von Eug. Heinr. Vogel. 1. Jahrg. 4. (62 S. mit eingedr. Holzschn.) Straßburg, Schneider. *

—— dass. — auf die J. 1878 und 1879. Unter Mitwirkung von Frhr. Zorn v. Bulach, Fecht, Flarland ꝛc. hrsg. und redig. von Eug. Heinr. Vogel. 2. und 3. Jahrg. 4. (71; 84 S. mit eingedr. Holzschn.) Ebendas. Jahrg. 1878 * 60 Pf.; 1879 *

— landwirthschaftlicher, für Elsaß-Lothringen auf das Jahr 1880. Mit landwirthschaftl. Hilfstabellen, Tagebuch u. Schreibkalender. Unter Mitwirkung von Hugo Frhr. Zorn v. Bulach jun., Dan. Hirtz, W. Schüle ꝛc. hrsg. u. red. von Eug. Heinr. Vogel. 4. Jahrg. 4. (77 S.) Straßburg, Schmidt. n. — 60

— landwirthschaftlicher, für Frauen auf das J. 1858 u. 59. 2 Thle. Berlin, Bosselmann. 16. Jeder Jahrg. (m. Holzschn. im Text.) n. 28 ngr.

—— landwirthschaftlicher, für Frauen auf die J. 1858—62. 1—5. Jahrg. à Jahrg. 2 Thle. 16. (à Jahrg. ca. 340—361 S.) Berlin, [Wiegandt und Hempel.] geb. à Jahrg. *

— landwirthschaftlicher, für Frauen auf die Jahre 1860—64. 3—7. Jahrg. Berlin, Wiegandt & Hempel. 16. Jeder Jahrg. n. 28 ngr.

— landwirthschaftlicher, für die Frauen auf die J. 1865—69. 8—12. Jahrg. Berlin, Wiegandt & Hempel. 16. 8. u. 9. Jahrg. (à 190 S. mit 1 Photogr.) geb. mit Goldschn. à Jahrg. n. 28 ngr., 10—12. Jahrg. (à 190 S.) geb. mit Goldschn. jeder Jahrg. n. 25 ngr.
Erscheint a. u. d. T.: Kalender für Frauen zu gleichem Preise.

Calender, Land- und haus-wirthschaftlicher, ... Augsburg 1782.
V: *Baumann, Christian.* (EB)

— landwirtschaftlicher, f. das Großherzogt. Hessen, bearb. v. K. Müller. 4. Jahrg. 1907. 2 Tle. (451 S. m. 1 Bildnis.) kl. 8. Mainz, J. Diemer.
Geb. in Leinw. u. geh. n. 1. 30

— landwirtschaftlicher, f. das Großherzogt. Hessen, bearb. v. Ernst Ludw. Leithiger. Begründ. v. Karl Müller. 8. Jahrg. 1911. 2 Tle. (XII, II u. 550 S. m. Abb. u. 8 Taf.) kl. 8. Mainz, J. Diemer.
Geb. in Leinw. u. geh. nn 1. 30

—— landwirthschaftlicher, für den kleineren Landwirth. 1868. Hrsg. von A. Graf zur Lippe-Weißenfeld-Thum. 4. (112 S. mit eingedr. Holzschn. und 1 Holzschntaf. in qu. 4.) Dresden, Schönfeld's Buchh. *

—— landwirthschaftlicher, für den kleineren Landwirth 3.—6. Jahrg. 1869—1872. Hrsg. von A. Graf zur Lippe-Weißenfeld. 4. (à 104—112 S.) Dresden, Schönfeld's Verlag à Jahrg. * — 50

—— dass. — 7.—9. Jahrg. 1873—1875. 4. (à ca. 100 S. Berlin, Wiegandt, Hempel und Parey. à Jahrg. * — 50

—— landwirthschaftlicher, für den kleineren deutschen Landwirth. 1876. 10. Jahrg. Hrsg. von A. Graf zur Lippe-Weißenfeld. 4. (86 S.) Berlin, Wiegandt, Hempel und Parey. *

—— dass. — für den kleineren Landwirth. 1877 und 1878. 11. und 12. Jahrg. [Neue Folge.] Hrsg. von A. Graf zur Lippe-Weißenfeld. gr. 16. (à ca. 244 S.) Wismar, Hinstorff'sche Hofbuchh. à Jahrg. *
Fortsetzung s. Landwirthschafts-Kalender.

— — Für Süddeutschland bearb. von Adph. Blankenhorn. Carlsruhe 869. Gegguś. 4. (111 S.) 6 ngr.

—— dass. — Für Süddeutschland bearb. von Adph. Blankenhorn 1870. 4. (111 S.) Carlsruhe, Geggus. — 60

—— landwirthschaftlicher, für Liv-, Est- und Kurland auf die J. 1880—1884. 1.—5. Jahrg. Auf Veranlassung der kaiserl. livländ. gemeinnütz. und ökonom. Societät hrsg. gr. 16. (à Jahrg. IV, 158, 176 S.) Dorpat, Karow. geb. à Jahrg.

— landwirthschaftlicher, f. Liv-, Est- u. Kurland auf d. J. 1885 v. J. Baron Manteuffel. 6. Jahrg. gr. 16. (174 u. 196 S.) Riga, Kymmel. geb. n. 3. —

—— landwirtschaftlicher, für Liv-, Est- und Kurland auf die J. 1887 und 1888, hrsg. von W. v. Knieriem. 8. und 9. Jahrg. gr. 16. (176, 191; IV, 171, 197 S.) Riga, Kymmel's Sortiment. geb. à Jahrg. * 3 —

—— landwirthschaftlicher, f. Liv-, Est- u. Kurland auf d J. 1891—93, hrsg. von W. v. Knieriem. 12.—14. Jahrg. gr. 16 (à Jahrg. Schreibkal. u. ca. 100 S.) Riga, Kymmel's Sort.
geb. à Jahrg. * 4 —

— **landwirtschaftlicher, f. Liv-, Est- u. Kurland auf d. J. 1898, hrsg. von W. v. Knieriem. 19. Jahrg. gr. 16. (IV S., Schreibkal. u. 144 S.) Riga, N. Kymmel's Sort.)** Geb. in Leinw. n. 3. 50

— landwirtschaftlicher, f. Liv-, Est- u. Kurland auf d. J. 1903, hrsg. von W. v. Knieriem. 24. Jahrg. 12. (IV S., Schreibkalender u. 174 S.) Riga, N. Kymmel's Sort. Geb. in Leinw. n.n. 3. 50

— landwirtschaftlicher, f. Liv-, Est- u. Kurland auf d. J. 1907, hrsg. von W. v. Knieriem. 28. Jahrg. (IV S., Schreibkalender u. 181 S.) kl. 8. Riga, N. Kymmel's Sort. Geb. in Leinw. n. 3. 50

Kalender, landwirtschaftlicher, f. Liv-, Est- u. Kurland auf d. J. 1910, hrsg. von W. v. Knieriem. 31. Jahrg. (IV S., Schreibkalender u. 199 S.) kl. 8. Riga, N. Kymmel. Geb. in Leinw. 3. 50

— landwirthschaftlicher, für Mittel- u. Süddeutschland auf das Jahr 1862. Herausg. von Phil. Bodmann. 1. Jahrg. Mainz, v. Zabern. 8. (VIII, 351 S.) n. 20 ngr.

—— landwirthschaftlicher, für Mittel- und Süddeutschland auf das J. 1863. Hrsg. von Phil. Bodmann. 2. Jahrg. Nebst einer Gratisgabe: Prof. Birnbaum's Abhandlung über Düngerwesen. 8. (418 S. mit 1 lithogr. Karte in gr. 4.) Mainz, v. Zabern. geb. *
Mit Leinwandtaschen * -

— landwirthschaftlicher, für das Königreich Sachsen. 1878. 12. Jahrg. [Neue Folge.] Hrsg. von A. Graf zur Lippe-Weißenfeld. gr. 16. (258 S.) Wismar. (Döbeln, Schmidt.) geb. n. 1. 50

— landwirthschaftlicher, für die Schweiz auf das Jahr 1861. Herausg. von A. v. Fellenberg-Ziegler u. Fritz Rödiger. 1. Jahrg. Solothurn. (Luzern, Straube.) 16. (LXXV, 116 S. mit Holzschn.) n. 12 ngr.

— f. Landwirthschafts-Beamte u. Berufsgenossen auf d. J. 1897. 3. Jahrg. Hrsg. vom deutschen Inspektoren-Verein, Berlin. gr. 16. (405 S.) Berlin (C. Roese & Co.). Geb. in Leinw. n.n. 1. 60; in Ldr. n.n. 1.75

Kalender f. Landwirthschafts-Beamte u. Berufsgenossen, Fortsetzg., s.: Notiz- u. Buchführungs-Kalender f. Landwirtschaftsbeamte.

§ — —, Lappländischer, vom Jupiter verbessert. Augsburg 1754. 4°. (In München: Bav. 2198 I, 11.)

— Lauenburger, von 1770—98. 16. Frankf., Jäger. (à 16 gl.) 19 ℳ 8 gl. Für 1799 unt. d. T.: Großbritann. genealog.-historischer, mit Kpf. Ebd. 1 ℳ 8 gl. Für 1800 unt. d. T.: brit. Damenkalender, mit Kpf. Ebd. 1 ℳ 8 gl. (Vergl. Taschenkalender, Braunschweig-Lüneburg., genealog.)

—— für katholische Lehramts-Kandidaten auf d. J. 1892 u. 1893, m. Erweiterg. auf die Schulj. 1891/92—1892/93 u. 1892/93—1893/94. Von Matth. Gebele. 16. (à Jahrg. 192 S. m. 1 Bildnis.) Donauwörth, Auer. geb. in Leinw à Jahrg. * 1 —

— für katholische Lehramts-Kandidaten auf d. J. 1895, m. Erweiterg. auf die Schulj. 1894/95 u. 1895/96. Von Matthias Gebele. 4. Jahrg. gr. 16. (192 S. m. 2 Bildnissen.) Donauwörth, L. Auer. Geb. in Leinw. n. 1. —

— für kathol Lehramts-Kandidaten auf d. J. 1899. Von Matthias Gebele. 8. Jahrg gr. 16. (192 S. m. 1 Bildn.) Donauwörth, L. Auer. Geb. in Leinw. n. 1. —

— für katholische Lehramts-Kandidaten auf d. J. 1901. Mit Erweiterg. auf die Schulj. 1900/01 u. 1901/02. Von Matthias Gebele. 10. Jahrg. gr. 16. (192 S. m. 1 Bildnis.) Donauwörth, L. Auer. Geb. in Leinw. n. 1. —

—— für die höheren Lehranstalten in Oesterreich-Ungarn auf die Studienj. 1874/75, 1875/76, 1876/77. Mit 1 (lithogr.) Sternkarte (in qu. gr. 4.) von Adam Stožek. 1.—3. Jahrg. gr. 16. (à ca. 131 S.) Prag, (André'sche Buchh.) à Jahrg. *
Nicht weiter erschienen.

— für Lehrer an Fach- u. Fortbildungsschulen jeder Art auf d. J. 1901. Hrsg. v. Osk. Pache u. Otto Mönch. 12. (218 S.) Wittenberg, R. Herrosé. Geb. in Leinw. n. 1.20
Erscheint nicht weiter.

—— für die Lehrer d. Herzogt. Gotha. 1890 u. 1891. Hrsg. v. M. Berbig, E. Stahl, O. Wagner. gr. 16. (80; 70 S. u. Notizbuch.) Friedrichroda. (Gotha, Glaeser.) geb. à Jahrg. * 1 —
Folgende Jahrge. s. u. d. T.: Notizkalender, Thüringer, f. Lehrer ic.

—— für katholische Lehrer auf d. J. 1890—1893. Von H. Büscher. 1.—4. Jahrg. gr. 16. (IV, 114; IV, 194; IV, 220; IV, 222 S.) Lingen, van Acken. geb. in Leinw. à Jahrg. * 1 —

— f. katholische Lehrer auf d. J. 1895. Von H. Büscher. 6. Jahrg. gr. 16. (IV, 190 S.) Lingen, R. van Acken. Geb. in Leinw. n. 1. —; kleine Ausg. (IV, 158 S.) kart. n. — 70

— für katholische Lehrer u. Lehrerinnen. J. 1900. Hrsg. im Auftrage der litterar. Kommission der Hermann-Hubertus-Stiftg. 3. Jahrg. (Ohne Schematismus.) gr. 16. (126 S.) Arnsberg (J. Stahl). Geb. in Leinw. n. 1. —

— für Lehrer u. Lehrerinnen an deutschen höheren Mädchenschulen. Bearb. v. Schröter. Hrsg. v. dem deutschen Verein f. das höh. Mädchenschulwesen. 5. Jahrg.: Schulj. 1902/03. 12. (195 S. m. 1 Bildnis.) Braunschweig, H. Wollermann. Geb. in Leinw. n. — 80

— für Lehrer u. Lehrerinnen an deutschen höh. Mädchenschulen. Bearb. v. Schröter. Hrsg. v. dem deutschen Verein f. das höh. Mädchenschulwesen. 9. Jahrg.: Schulj. 1906/07. (189 S. m. 1 Bildnis.) kl. 8. Braunschweig, H. Wollermann. Geb. in Leinw. n. — 80

Kalender für Lehrer und Lehrerinnen an deutschen höheren Mädchenschulen. Bearb. von [Reinhold] Schröter Hrsg. von d. Deutschen Ver. f. d. höh. Mädchenschulwesen. Jg 9, 1906/07 12, 1909/10. Braunschweig u. Leipzig 1906. 1909. 8°

— für Lehrer u. Lehrerinnen an deutschen höh. Mädchenschulen. Bearb. v. Schröter. Hrsg. v. d. deutsch. Verein f. das höhere Mädchenschulwesen. 13. Jahrg. Schulj. 1910/11. (216 S. m. 1 Bildnis.) kl. 8. Braunschweig, H. Wollermann. Geb. in Leinw. — 90

— für Lehrer u. Lehrerinnen an Schulen u. Anstalten f. geistig Schwache, hrsg. v. Fr. Frenzel, J. P. Gerhardt u. E. Schulze. 2. Jahrg 1906—07. (144 S. m. Schreibkalender u. 1 Tab.) kl. 8. Leipzig, K. G. Th. Scheffer. Geb. in Leinw. n. 2. —

— f. Lehrer u. Lehrerinnen an Schulen u. Anstalten f. geistig Schwache. Im Auftrage der Konferenz f. das Idioten- u. Hilfsschulwesen hrsg. v. Fr. Frenzel u. J. Schwenk. 4. Jahrg. 1908—09. (120 S. u. Schreibkalender.) kl. 8. Leipzig, Gr.-Lichterfelde, K. G. Th. Scheffer. Geb. in Leinw. 2. —
Fortsetzg., s.: Kalender f. heilpädagogische Schulen.

—— für Lehrer an den technischen Mittelschulen Bayerns auf die Schulj. 1885/86 und 1886/87. Bearb. von F. Fischer. 1. und 2. Jahrg. à Jahrg. 2 Tle. gr. 16. (VI, 167, IV, 60; IV, 186 S.) Miltenberg, Halbig. geb. und geh. à Jahrg. * 1 20

—— dass. — auf das Schulj. 1887/88. Bearb. von G. Mayerhofer 3. Jahrg. 16. (VI, 188 S.) Ebendas. cart. * 1 20

— f. Lehrer an höheren Schulen 1895 m. Kalendarium 1. Oktbr. 1894 bis 31. März 1896. Hrsg. v. Joh. Heinemann. gr. 16. (18, 26 u. 56 S. m. Schreibkalender.) Hamburg, C. Adler. Geb. in Leinw. n. 1. —

— für Lehrer an höh. Schulen 1898 m. Kalendarium 1. X. 1897 bis 31. III. 1899. 4. Jahrg. Hrsg. v. Joh. Heinemann. gr. 16. (14 S., Schreibkal. u. 65 S. m. Schülerlisten u. 1 Bildn.) Hamburg, C. Adler. Geb. in Leinw. n. 1. —

—— für Lehrer und Schulfreunde auf das J. 1862. Von J. B. Heindl. 7. Jahrg. 4. (48 S.) München 861, Fleischmann's Separat-Conto. *
Vgl.: Kalender für Schullehrer.

—— für Lehrer und Schulfreunde auf das J. 1866. Von J. B. Heindl. 11. Jahrg. 4. (48 S.) München, L. Finsterlin. *

—— für Lehrer und Schulfreunde auf die J. 1874 und 1875. Unter Mitwirkung bewährter Schulmänner und Mitglieder des bayer. Volksschullehrer-Vereins hrsg. von J. B. Heindl. 19. und 20. Jahrg. gr. 4. Sulzbach, v. Seidel'sche Buchh. [1874. (48 S. mit 1 Abbild., Holzschntaf., und kurzer Beschreibung der neuen königl. Burg in Hohenschwangau); 1875. (48 S. mit 1 Abbild., Holzschntaf., und kurzer Beschreibung des Rathskellers in München.)] 1874 — 60
1875 — 75

—— für Lehrer und Schulfreunde auf die J. 1876—1880. Unter Mitwirkung bewährter Schulmänner und Mitglieder des bayer. Volksschullehrer-Vereins hrsg. von J. B. Heindl. 21.—25. Jahrg. gr. 4. (78; 82; 78; 78; 78 S. mit Holzschn.-Abbild.) Sulzbach, v. Seidel'sche Buchh. à Jahrg. '

— für Lehrer u. Schulfreunde auf das gemeine J. 1877. Unter Mitwirkg. bewährter Schulmänner u. Mitglieder d. bayer. Volksschullehrer-Vereins hrsg. v. J. B. Heindl. 22. Jahrg. Mit e. (lith.) Eisenbahnkarte v. Süd-West-Deutschland u. benachbarte Länder. gr. 4. (82 S.) Sulzbach, v. Seidel. n. — 60

—— für Lehrer und Schulfreunde auf das J. 1881. Unter Mitwirkung bewährter Schulmänner und Mitglieder des bayer. Volksschullehrer-Vereins hrsg. von J. B. Heindl. 26. Jahrg. 4. (XXX, 48 S. mit 1 Holzschntaf. und 1 lithogr. Karte.) Sulzbach, v. Seidel'sche Buchh. *
Nicht weiter erschienen.

— für preussische Lehrerbildner u. Kreis-Schulinspektoren. Hrsg. v. H. Werner. Für das J. 1899. 7. Jahrg. 12. (271 S.) Breslau, M. Woywod. Geb. in Leinw. n.n. 1. 50
Fortsetzung unter dem Titel:

—— für preußische Lehrerbildungs-Anstalten u. Kreis-Schulinspektoren. Hrsg. v. H. Werner. Für d. J. 1893. 1. Jahrg. gr. 16. (174 S.) Zittau, Pahl. geb. in Leinw. * 2 —

— für preußische Lehrerbildungs-Anstalten u. Kreis-Schulinspektoren. Hrsg. v. H. Werner. Für d. J. 1895. 3. Jahrg. 12. (256 S.) Zittau, Pahl. Geb. in Leinw. n. 1. 50

— f. preuß. Lehrerbildungs-Anstalten u. Kreis-Schulinspektoren. Hrsg. v. H. Werner. F. d. J. 1898. 6. Jahrg. 12. (270 S.) Zittau. Leipzig, Pahl's Verl. Geb. in Leinw. n. 1. 50

— für preussische Lehrer-Bildungsanstalten u. Kreis-Schulinspektoren. Hrsg. v. H. Werner. Für d. J. 1903. 11. Jahrg. Geschlossen am 1. X. 12. (227 S.) Ebd. Geb. in Leinw. n.n. 1. 50

— für preuss. Lehrer-Bildungsanstalten u. Kreis-Schulinspektoren. Hrsg. v. H. Werner. Für d. J. 1907. 15. Jahrg. Geschlossen am 15. X. (262 S.) kl. 8. Breslau, M. Woywod. Geb. in Leinw. n. 1. 50

— für preussische Lehrer-Bildungsanstalten u. Kreisschulinspektoren. Hrsg. v. H. Werner. Für d. J. 1911. 19. Jahrg. Geschlossen am 15. X. Ausg. A. Für Lehrer-Bildungsanstalten. (226 S. u. Notizblätter.) kl. 8. Breslau, F. Goerlich. Geb. in Leinw. 1. 60

— dasselbe. Ausg. B. Für Kreisschulinspektoren. (226 S. u. Notizblätter.) kl. 8. Ebd. Geb. in Leinw. 1. 60

—— für das J. 1885, verbunden mit dem dritten niederösterreichischen Lehrer-Schematismus, umfassend sämmtl. öffentl. Volks- und Bürgerschulen. Aufgenommen nach dem Stande zu Beginn des Schulj. 1884/5 [15. Septbr.]. Hrsg. und redig. von C. Ludw. Mussil. gr. 8. (377 S.) Korneuburg, Kühkopf's Buchh. **

Kalender für die J. 1886 und 1887, verbunden mit dem IV. und V. niederösterreichischen Lehrer-Schematismus, umfassend sämmtl. öffentl. Volks- und Bürgerschulen. Aufgenommen nach dem Stande zu Beginn der Schulj. 1885/86 und 1886/87 [15. Septbr.]. Hrsg. und redig. von C. Ludw. Mussil. gr. 8. (394; 407 S.) Korneuburg, Kühkopf. cart. à Jahrg. ** 3 —

—— dass. — für das J. 1888, verbunden mit dem VI. niederösterreichischen Lehrer-Schematismus, umfassend sämmtl. öffentl. Volks- und Bürgerschulen. Aufgenommen nach dem Stande zu Beginn des Schulj. 1887/88 [16. Septbr.]. Hrsg. und redig. von C. Ludwig Mussil. gr. 8. (415 S.) Ebendas. cart. ** 3 20

—— f. das Schulj. 1889/90—1892/93, verbunden m. dem VII.—X. niederösterreichischen Lehrer-Schematismus, umfassend sämmtl. öffentl. u. Privat-Volks- u. Bürgerschulen. Hrsg. u. redig v. C. Ludw. Mussil. Lex.-8. (443; II, 473; II, 490; 498 S.) Korneuburg, Kühkopf. geb. à Jahrg. * 3 60

Kalender f. d. Schulj. 1893, verbunden m. dem X. niederösterreichischen Lehrer-Schematismus, umfassend sämmtl. öffentl. u. Privat-Volks- u. Bürgerschulen (Lehrer-, Lehrerinnen- u. Kindergärtnerinnen-Bildungsanstalten, n.-ö. Lehrervereine). Aufgenommen nach dem Stande am Schlusse d. J. 1892. Hrsg. u. red. v. C. Ludw. Mussil. Lex.-8. (507 S.) Korneuburg, J. Kühkopf. Geb. in Leinw. n. 3. 60

— für d. J. 1896, verbunden m. d. 13. niederösterreich. Lehrer-Schematismus, umfass. sämmtl. öffentl. u. Privat-Volks- u. Bürgerschulen in 2 Thln. Aufgenommen nach d. Stande zu Beginn d. Schul-J. 1895/96. Hrsg. u. red. v. C. Ludw. Mussil. gr. 8. Korneuburg, J. Kühkopf. Geb. in Leinw. n. 4. 80; in 1 Bd. n. 4. 80
1. Landbezirke. (XXXII, 168 S.) Geb. n. 2. 80
2. Wien. (123 S.) Geb. n. 2. —

— des deutschen Lehrer-Tierschutzvereins u. des Berliner Tierschutz-Vereins (z. Bekämpfg. der Tierquälereien im Deutschen Reich). Berlin, Königgrätzer Straße 108. 1902. 12. (48 S. m. Abbildgn.) Berlin (Berlina-Versand-Buchh.). n. — 10
Fortsetzung s.: Tierschutz-Kalender.

— des Magdeburger Lehrervereins. Schulj. 1910/11. Hrsg. v. Magdeburger Lehrerverein, E. V. (88 S.) kl. 8. Magdeburg, K. Peters. Geb. in Leinw nn — 75

Kalender des Magdeburger Lehrervereins. Hrsg. v. Magd. Lehrerverein. [1.] Schulj. 1910/11. Magdeburg: Selbstverl.; Peters in Komm. [1910]. 8° [11. 6748 3

—— Leipaer, f. d. J. 1891, verbunden m. Bezirks-Adreßbuch. Hrsg. v. Joh. Künstner. Redig. v. F. Hantschel. 1. Jahrg. gr. 8. (XVIII, 96, 16, 32 S. m. Abbildgn.) Leipa, Künstner. * 1 —

—— Leipaer illustr., f. 1892 u. 1893. 1. u. 2. Jahrg. kl. 4. (à Jahrg. 88 S. m. eingedr. Illustr. u. 1 Chromobild.) Ebd. à Jahrg. * — 50

—— dass. — Größere Ausg. f. 1892 u. 1893. 1. u. 2. Jahrg. kl. 4. (à Jahrg. 184 S. m. eingedr. Illustr. u. 1 Chromobild.) Ebd. à Jahrg. * — 80; geb. * 1 —

Leipziger **Kalender**. Ein ill. Jahrbuch. Hrsg. von Georg Merseburger. Jg. [1.] Für 1904. Leipzig: v. Schalscha-Ehrenfeld 1904. 8° [11. 16836

— Leipziger. Illustr. Jahrbuch u. Chronik. Hrsg. v. Geo. Merseburger. 4. Jahrg. (296 S. m. 1 Taf. u. Musikbeilage 2 S. in qu. 8.) 8. Leipzig 907. G. Merseburger. Geb. in Leinw. 2. —

— Leipziger. Illustr. Jahrbuch u. Chronik. Hrsg. v. Geo. Merseburger. 8. Jahrg. (Kalenderleisten u. Monatsbilder v. A. Michaelis, Buchschmuck v. Alb. Andresen.) (310 S. m. 6 [1 farb.] Taf.) 8. Leipzig 911. Fr. Richter.
Geb. in Leinw. 2. —

Calender, Leipziger, für Frauenzimmer auf 1784—1820. Leipzig. H: (1784—1816): *Claudius, Georg Carl.* H: (1817—20): *Rochlitz, Friedrich.* (Ky)

— Leipz. f. Frauenzimmer a. 1784-811. 16. Leipzig, Böhme. (84. 12 gr. 85—93. à 16 gr. 94-801. à 20 gr. 802-809. à 1 Rthlr. 4 gr. 810. 1 Rthlr. 8 gr. 811. 1 Rthlr. 8 gr.)

Kalender, Leipziger, für Frauenzimmer. 1812—15. 8. Leipz. Böhme. (à 1 Rthlr. 8 gr.) Rthlr.

— — Leipziger, für Frauenzimmer, zum Nutzen und Vergnügen, für die Jahre 1817—20. Mit Kupfern. 12. Leipzig, Cnobloch. (817 u. 818 à 1 Rthlr. 8 Gr. 819 u. 820. à 1 Rthlr. 12 Gr.)
(Die Fortsetzung von 1821 an unter folgendem Titel: Mittheilungen, jährliche, in Verbindung mit Böttiger, d. i. Buhrlen, de la Motte Fouqué u. a. Herausgegeb. von Fr. Rochlitz.)

Calender, Leipziger histo-rich-physischer. Leipzig 1770—72. H: *Funck, Christlieb Benedict.* (ML)

Leitmeritzer Kalender für 1853. Leitmeritz und Prag, C. W. Medau. 4.

— für gebildete Leser auf die Jahre 1815 u. 16, Beschreibung d. großen Völkerschlacht bei Leipz. rc. mit K. 4. Leipz. Sommer.

Kalender für Lustige Leute: 1877?—1890? Cincinnati, OH

Kalender der Liebe und Ehe für die J. 1878—1880. 16. (à 28 S.) Hamburg, Kramer. à Jahrg.
Mit Goldschn. à Jahrg.

—— der Liebe und Ehe für die J. 1881 und 1882. 16. (28; 58 S.) Hamburg, Kramer. à Jahrg.
Feine Ausg. à Jahrg.
Nicht weiter erschienen.

—— der Liebe und Ehe für Zeit und Ewigkeit. Hrsg. von Amor, Hymen & Co. 16. (127 S. mit eingedr. Holzschn.) Leipzig 852, Wengler.

— der Liebe und Ehe für Zeit und Ewigkeit. Herausg. von Amor, Hymen u. Co. Leipzig 853. Wengler. 16. (127 S. m. Holzschn. im Text.) 7½ ngr.

— — für 1854. 2. Jahrg. Ebend. 16. (2 Bl., 108 S. mit Holzschn. im Text.) 7½ ngr.

Kalender für die Grafschaften Lingen und Bentheim und das Herzogth. Arenberg-Meppen auf die J. 1885—1890. 16. (à Jahrg. ca. 70 S.) Lingen, van Acken. à Jahrg.

—— für die Grafschaften Lingen u. Bentheim u. das Herzogth. Arenberg-Meppen auf d. J. 1890—1893. 16. (à Jahrg. ca. 60 S. m. 2 Abbildgn.) Lingen, van Acken. à Jahrg. * — 15

— für die Grafschaften Lingen u. Bentheim u. das Herzogtum Arenberg-Meppen auf d. J. 1894. 16. (60 S.) Lingen, R. van Acken. — 15

— f. d. Grafschaften Lingen u. Bentheim u. d. Herzogth. Arenberg-Meppen auf d. J. 1899. gr. 16. (78 S.) Lingen, R. van Acken. — 15

Kalender für die Grafschaften Lingen u. Bentheim u. das Herzogt. Arenberg-Meppen auf d. J. 1903. gr. 16. (71 S. m. Abbildgn.) Lingen, R. van Acken. — 15
A. u. d. T.: Kalender f. das Herzogt. Arenberg-Meppen usw.

— für die Grafschaften Lingen u. Bentheim u. das Herzogt. Arenberg-Meppen auf d. J. 1905. (79 S. m. Abbildgn.) gr. 16. Lingen, R. van Acken. — 15
Auch u. d. T.: Kalender f. Arenberg-Meppen usw.

— für die Grafschaften Lingen u. Bentheim u. das Herzogtum Arenberg-Meppen auf d. J. 1911. (84 S.) 16. Lingen, R. van Acken. — 15
Auch u. d. T.: Kalender f. das Herzogt. Arenberg-Meppen usw.

—— fürstlich Lippischer, auf die J. 1881—1885. 4. (à Jahrg. ca. 59 S.) Detmold, Meyer'sche Hofbuchh. à Jahrg. **

—— fürstlich Lippischer, auf die J. 1886 und 1887. 4. (71; 65 S.) Detmold, Meyer'sche Hofbuchh. à Jahrg.

—— dass. — auf die J. 1888 und 1889. 4. (à Jahrg. 64 S. mit 1 Chromolithogr.) Ebendas. à Jahrg. *

—— fürstlich lippischer, auf d. J. 1890—1893. 4. (à Jahrg. ca. 68 S. m. 1 Farbendr. u. 1 Wandkalender.) Detmold, Meyer. à Jahrg. * — 35

— fürstlich lippischer, auf d. J. 1894. 4. (66 S. m. 1 Farbendr. u. 1 Wandkalender.) Detmold, Meyer. n. — 35; durchsch. u. kart. n. — 60

— fürstl. Lippischer, auf d. J. 1899. 4. (66 S. m. 1 Farbdr. u. 1 Wandkal.) Detmold, Meyer. n. — 35; durchsch. u. kart. n. — 60

— fürstl. Lippischer, auf d. J. 1901. 4. (72 S. m. Abbildgn. u. 1 Wandkalender.) Detmold, Meyer. n. — 35; durchsch. u. kart. n. — 60

— für die Lokomotiv-Beamten der deutsch. Eisenbahnen. 1910. (X, 278 S. m. 1 farb. Karte.) kl. 8. Berlin, O. Dreyer. Geb. in Leinw. — 60

— f. Lokomotivführer, s.: Engelmann.

Londoner Kalender für Fm. Prag u. Wien: Schönfeld 1784.
Enth. einige Fragmente aus dem Konstitutionsbuche.
[Abafi, L.: Gesch. d. Frmrei in Oesterreich-Ungarn. 5 (1899) S. 94.]

Calender der Churfürstl.-Pfälz. Lotterie f. d. J. . . . . .
1773. M. 1 Ans.
Mannheim.

—— Lübeckischer, für das J. 1889. 16. (64 S.) Lübeck, M. Schmidt.

Kalender. Schweizer, der lustige, auf das Jahr 1878. 4. Trogen, Schläpfer. —. 60

—— lustiger, auf das J. 1887. 4. (52 S. mit Silhouetten von H. E. Walther.) München, Knorr und Hirth. *
Nicht weiter erschienen.

Der Lutherische Kalender 1852 ?
Organ of the Lutherische Synode von Pennsylvania und den angrenzenden Staaten, later of Die Vereinigte Lutherische Kirche in Amerika. Place of publication Allentown, Pa. Edited by Samuel Kistler Brobst, by R. Neumann, by Johann Christoph Wilhelm Lindemann, by Reinhold Lappert.
Philadelphia, PA

Der Lutherische Kalender : 1853—1918?

Place of publication varies Allentown 1853—54, 1856—97, Philadelphia 1855. Edited by Samuel Kistler Brobst, by R. Newmann, by Sower & Barnes, and Johann C. W. Lindemann. Organ of Die Vereinigte Lutherische Kirche in Amerika.
Allentown, PA

Der Lutherische Kalender 1853 1918? Columbus, OH

Lutherische Kalender. Der 18v Allentown, 1855-82 --1905 Phila, 1905.

Lutherischer Calender : 1842?— ?

Edited by the Rev. William Alfred Passavant, & published by Lutherische Buchhandlungsgesellschaft. Circulation 1844, 11,000. This first Lutheran almanac had also, an English edition
Baltimore, MD

— **lutherischer,** für die deutsche Jugend Amerika's auf die J. 1879 und 1880 nach der Geburt unseres Herrn Jesu Christi. Hrsg. vom Kinderblattmann. Redig. von P. Brand. (1. und 2. Jahrg.) 8. (120; 91 S. mit eingedr. Holzschn. und 1 Chromolithogr.) Pittsburgh, Pa. (Dresden, H. J. Naumann.) à Jahrg. *

Kalender für den Männer-T. V. zu Dresden auf das Jubeljahr 1887. (Angeb.): Seelöwen-Kalender 1888—1891, Dresden, 32, 40, 40 S., 16°.

Marburger Academischer **Kalender.** Hrsg. von d. N. G. Elwert'schen Univ.-Buchh. [1.] Sommer-Semester 1896. Marburg, N. G. Elwert 1896. 8° [cl. 4285]

— **Marburger akadem.** 5. Ausg. Sommer-Sem. 1898. 12. (IV, 57 S. m. Abb. u. 1 Bildn.) Marburg, N. G. Elwert's Sort. n. — 70

— **dasselbe.** 6. Ausg. Winter-Sem. 1898/99. 12. (IV, 62 S. m. Abb. u. 1 Bildn.) Ebd. n. — 50

— **Marburger akademischer.** 13. Ausg. Sommer-Sem. 1902. 12. (III, 80 S. m. 1 Bildnis.) Marburg, N. G. Elwert's Sort. n. — 50

— **dasselbe.** 14. Ausg. Winter-Sem. 1902/1903. 12. (III, 84 S. m. 1 Bildnis u. 1 Abbildg.) Ebd. n. — 50

— **Marburger akademischer.** 21. Ausg. Sommer-Sem. 1906. (III, 86 S. m. 1 Bildnis.) kl. 8. Marburg, N. G. Elwert's Sort. n. — 50

— **Marburger akademischer.** 29. u. 30. Ausg. Sommer-Sem. 1910 u. Winter-Sem. 1911. (74 S. u. 76 S. m. 1 Bildnis.) kl. 8. Marburg, N. G. Elwert's Verl. à — 50

—— **Mariannhiller,** f. d. J. 1893. 5. Jahrg. Lex.-8. (131, 32 S. m. Abbildgn. u. 1 Wandkalender.) Mariannhill. (Burghausen, L. Russy.) * — 50

Früher u. d. T.: Mariannhiller-Kalender.

— **Mariannhiller,** f. d. J. 1895. gr. 8. (129 u. XXXV S. m. Abbildgn.) Mariannhill, Natal, Südafrika. (Wien, H. Kirsch.) n. — 70

— **Mariannhiller** (Mariannhill-Kalender), f. d. J. 1897. Red. d. Trappisten-Abtei Mariannhill, Natal, Südafrika. IX. Jahrg. Lex.-8. (152 S. m. Abb., 2 Farbendr. u. 1 Wandkal.) Burghausen [Oberbayern], L. Russy. n. — 50

— **Mariannhiller,** f. d. J. 1906. (Umschlag: Mariannhill-Kalender.) Natal, Süd- u. Deutsch-Ostafrika. Red. der Trappisten-Abtei Mariannhill, Natal, Süd-Afrika. (112 u. 24 S. m. Abbildgn., 1 Farbdr. u. Wandkalender.) Lex.-8. Burghausen, W. Trinkl. n. — 50

— **für Maschinenbautechniker 1903.** Hrsg. v. Rob. Conrad. 3. Jahrg. 12. (VI, 318 S. u. Notiz-Kal. m. 441 Abb.) Berlin, W. & S. Loewenthal. Geb. in Leinw. n. 1.50

— **für Maschinenbautechniker 1907.** Begründet v. Rob. Conrad. Hrsg. v. Hans Dietzius. 7. Jahrg. (VI, 404 S. u. Notiz-Kalender m. 616 Abbildgn.) kl. 8. Ebd. Geb. in Leinw. 1.50; in 2 Tln., geb. u. geh. 2. —

— **Mariannhiller,** Fortsetzg., s.: Mariannhill-Trappisten-Missions-Kalender.

— für **Maschinen-Ingenieure.** Unter Mitwirkung bewährter Ingenieure hrsg. von Wilh. Heinr. Uhland. 6. Jahrg. 1880. gr. 16. (IV, 308 S. mit 1 lithogr. Eisenbahnkarte und 422 eingedr. Illustr. in Photozinkogr.) Ebendas. geb. in Leinw. * ℳ 3.; geb. in Leder *

—— für **Maschinen-Ingenieure.** Unter Mitwirkung bewährter Ingenieure hrsg. von Wilh. Heinr. Uhland. 7. Jahrg. 1881. gr. 16. (IV, 308 S. mit 1 chromolithogr. Eisenbahnkarte und 422 eingedr. Illustr. in Photozinkogr.) Leipzig, Baumgärtner's Buchh. geb. in Leinw. * geb. in Ldr. *

—— dass. — 8. Jahrg. 1882. gr. 16. (IV, 316 S. mit 1 chromolithogr. Eisenbahnkarte und 441 eingedr. Illustr. in Photozinkogr.) Ebendas. geb. in Leinw. * geb. in Ldr. *

—— dass. — 9. Jahrg. 1883. gr. 16. (IV, 270, 56 S. mit 1 chromolithogr. Eisenbahnkarte und 470 eingedr. Illustr. in Photozinkogr.) Ebendas. geb. in Leinw. * geb. in Ldr. *

—— dass. — 10. Jahrg. 1884. gr. 16. (IV, 270, 56 S. mit 1 chromolithogr. Eisenbahnkarte und 470 eingedr. Illustr. in Photozinkogr.) Ebendas. geb. in Leinw. * geb. in Ldr. *

—— dass. — 11. Jahrg. 1885. gr. 16. (IV, 280, 56 S. mit 1 chromolithogr. Eisenbahnkarte und 431 eingedr. Illustr. in Photozinkogr.) Ebendas. geb. in Leinw. * geb. in Ldr. *

—— für **Maschinen-Ingenieure.** Unter Mitwirkung bewährter Ingenieure hrsg. von Wilh. Heinr. Uhland. 12. Jahrg. 1886. gr. 16. (IV, 281, 56 S. mit 1 chromolithogr. Eisenbahnkarte und 431 eingedr. Illustr.) [Leipzig, Baumgärtner's Buchh.] Dresden, Kühtmann. geb. in Leinw. * geb. in Leder *

Kalender für **Maschinen-Ingenieure.** Unter Mitwirkg. bewährter Ingenieure hrsg. v. Wilh. Heinr. Uhland. 13. Jahrg. 1887. Mit 1 (chromolith.) Eisenbahnkarte u. 434 (eingedr.) Illustr. gr. 16. (IV, 309 u. 56 S.) Leipzig, Baumgärtner. geb. n. 3. —; in Brieftascheneinbd. n. 5. —

—— dass. — 14. Jahrg. 1888. gr. 16. (IV, 321, 56 S. mit 1 chromolithogr. Eisenbahnkarte und 453 eingedr. Illustr.) Ebendas. geb. * ℳ 3.—.; in Brieftascheneinbd. *

—— dass. — 15. Jahrg. 1889. gr. 16. (IV, 325, 56 S. mit 1 chromolithogr. Eisenbahnkarte und 490 eingedr. Illustr.) Ebendas. geb. * ℳ 3.—.; in Brieftascheneinbd. *

—— für **Maschinen-Ingenieure 1890—1893.** Unter Mitwirkg. bewährter Ingenieure hrsg. v. Wilh. Heinr. Uhland. 16.—19. Jahrg. à Jahrg. 2 Thle. 12. (334, 56 S. m. 663 Illustr.; IV, 152 S., Schreibkal., IV, 227 S. m. 44 Illustr.; IV, 155 S., Schreibkal., IV, 240 S. m. üb. 44 Illustr.; IV, 160 S., Schreibkal., IV, 257 S. m. üb. 644 Illustr. u. je 1 farb. Eisenbahnkarte.) Dresd., Kühtmann. à Jahrg. geb. in Leinw. u. geh. * 3 —; in Ldrbd. * 4 — In Brieftaschenldrbd. * 5 —

— für Maschinen-Ingenieure. 1895. Unter Mitwirkg. bewährter Ingenieure hrsg. v. Wilh. Heinr. Uhland. 21. Jahrg. 2 Thle. Nebst Beigabe (3. Thl.): Die wichtigsten Bestimmungen aller Patentgesetze des In- u. Auslandes in übersichtlicher Zusammenstellung. Nebst den vollständ. neuen deutschen Patent- u. Gebrauchsmuster-Gesetzen, dem deutschen Gesetze zum Schutze der Waarenbezeichng., dem Uebereinkommen zwischen dem Deutschen Reiche u. der Schweiz, dem österr.-ungar. Gesetze v. 27. Decbr. 1893, dem internationalen Vertrage zum Schutze des gewerbl. Eigenthums, dem Vertrage der südamerik. Staaten, dem Klassenverzeichniss des deutschen Patentamtes, sowie e. Verzeichniss der Behörden, Vereine u. s. w., welche die deutschen Patentschriften auslegen. Red. v. Hugo Pataky u. Wilh. Pataky. Abgeschlossen Ende Aug. 1894. 12. (IV, 174 S., Schreibkalender, IV, 292 u. VIII, 268 S. m. üb. 578 Illustr. u. 1 farb. Eisenbahnkarte.) Dresden, G. Kühtmann. Geb. in Leinw. u. geh. n. 4 ; in Ldr n. 5. —; in Brieftaschenldrbd. n. 6. —; Tl. I u. II in 1 Leinw.-Bd. geb. n. 3. —

— f. Maschinen-Ingenieure 1899. Unt. Mitwirkg. bewährter Ingenieure hrsg. v. Wilh. Heinr. Uhland. 25. Jahrg. Jubiläums[illegible] m. d. Bildniss d. Begründers u. Hrsg. 2 Thle. Nebst Beigabe (3. Thl.): D. wichtigsten Bestimmgn aller Patentgesetze d. In- u. Auslandes in übersichtl. Zusammenstellg. Nebst d. deutschen Gesetz, betr. d. Schutz v. Gebrauchsmustern, d. Bestimmgn. üb. d. Anmeldg. v. Gebrauchsmustern, d. deutschen Gesetz z. Schutz d. Waarenbezeichngn., d. Bestimmgn. über d. Anmeldung von Waarenzeichen, d Uebereinkommen m. Oesterreich-Ungarn, Italien, d Schweiz u. d. dazu erlass. Ausführungsbestimmgn., d Bestimmgn. d. k. deutschen Patentamts üb. d. [illegible] v. Stoffproben zu Patentgesuchen, welche sich auf Verfahren z. Darstellg. chem. Stoffe beziehen, u. üb. d. Befügg. v. Modellen zu d. Patentgesuchen, d. Patentklassen-Verzeichniss d. k. deutschen Patentamts, d. Verzeichniss d. Behörden, Vereine u. s. w., bei denen d. deutschen Patentschriften z. [illegible] Einsicht ausgelegt sind, u. d. internat. Vertr. [illegible] Schutze d. gewerbl. Eigenthums. Red. v. [illegible] Pataky u. Wilh. Pataky. 4., verb. Aufl. 12. [illegible], Schreibkal., V, 406 u. VIII, 275 S. m. üb [illegible] Illustr.) Dresden, G. Kühtmann. Geb. in Leinw. u. geh. n. [illegible], in Ldr n. 5. [illegible], in Brieftaschenldrbd. n. 6. —; Tl. I. u II. geb. in Leinw. n. 3. —; in Ldr. n. 4. —; in Brieftaschenldrbd. n 5. —; in 1 Leinw.-Bd. n. 3. —

Kalender für Maschinen-Ingenieure. Hrsg. von W H. Uhland. T 1. Taschenbuch. T 2. Für den Konstruktionstisch. Jg. 28. 1902 ff. Stuttgart, seit 1908: Leipzig
Von Jg. 37. 1911 ab: **Ingenieur-Kalender**, Uhland's.

— für Maschinen-Ingenieure 1903. Unter Mitwirkung bewährter Ingenieure hrsg. v. Wilh. Heinr. Uhland. 29. Jahrg. 2 Thle. 12. (IV, 185 S., Schreibkalender u. IV, 480 S. m. Fig.) Stuttgart, A. Bergsträsser. Geb. in Leinw. u. geh. od. in 1 Leinw.-Bd. n. 3. —; in Ldr. u. geh. n. 4. —; in Brieftaschenldrbd. u. geh. n. 5. —

— für Maschinen-Ingenieure 1907. Unter Mitwirkg. bewährter Ingenieure hrsg. v. Wilh. Heinr. Uhland. 33. Jahrg. 2 Tle. (IV, 185 S., Schreibkalender u. IV, 480 S. m. Fig. u. 1 Karte.) kl. 8. Stuttgart. Leipzig, A. Kröner. Geb. in Leinw. u. geh. od. in 1 Leinw.-Bd. 3. —; in Ldr u. geh. 4. —; in Brieftaschenldrbd. u. geh. 5. —

— für Maschinen-Ingenieure 1908. Unter Mitwirkg. bewährter Ingenieure hrsg. v. Wilh. Heinr. Uhland. 34. Jahrg. 2 Tle. (IV, 187 S., Schreibkaldr u. IV, 480 S. m. Fig. u. 1 Karte.) kl. 8. Leipzig. A. Kröner. Geb. in Leinw. u. geh. od. in 1 Leinw.-Bd. 3. — in Ldr. u. geh. 4. —; in Brieftaschenldrbd. u geh. 5. —
Fortsetzg., s.: Uhland's, Wilh. Heinr., Kalender f. Maschinen-Ingenieure.

—— für den practischen Maschinen-Constructeur. Unter Mitwirkung bewährter Ingenieure hrsg. von Wilh. Heinr. Uhland. 1. Jahrg. 1875. gr. 16. (VI, 249 S. mit 1 chromolithogr. Eisenbahnkarte und gegen 200 eingedr. Illustr. in Holzschn.) Leipzig, Baumgärtner's Buchh. geb. in Lnwd. ⁜ 3 —
geb. in Leder * 3 60

— für den praktischen Maschinen-Constructeur. Unter Mitwirkung bewährter Ingenieure hrsg. von Wilh. Heinr. Uhland. 2.—5. Jahrg. 1876—1879. gr. 16. (VIII, 237; VI, 237; VI, 183, 56; VI, 184, 56 S. mit 1 lithogr. und color. Eisenbahnkarte und eingedr. Illustr. in Holzschn.) Leipzig, Baumgärtner's Buchh.
Jahrg. 1876 und 1878 à * ℳ 3.; geb. à
Jahrg. 1877 * ℳ 2,80.; geb. *
Jahrg. 1879 geb. in Leinw. * ℳ 3.; geb. in Leder *

— maschinen-technischer, der graph. Gewerbe 1911. Prakt. Hilfs- u. Merkbuch f. Angestellte der graph. Gewerbe. Bearb. u. hrsg. unter Mitwirkg. tücht. Fachmänner v. Geo. Seidel. (200 S. m. 26 Fig.) kl. 8. München, K. Beck (L. Haile). Geb. in Leinw. 1.20

Kalender des schweiz. Mässigkeitsvereins. 1. Jahrg. In-16°, 56 S. Bern. (Volksschriften des blauen Kranzes N° 1.) 1883 — 15

—— für die Herzogthümer Mecklenburg auf die J. 1881—1885. gr. 4. (à Jahrg. ca. 54 S.) Wismar, Hinstorff'sche Hofbuchh. geb. à Jahrg. **

—— auf die J. 1886—1888 für die Großherzogthümer Mecklenburg. [Sogenannter Quartkalender.] gr. 4. (56 S.) Wismar, Hinstorff'sche Hofbuchh. à Jahrg. **

—— dass. — auf das J. 1889. gr. 4. (56 S.) Ebendas. **

—— auf d. J. 1890—1893 f. die Großherzogthümer Mecklenburg. 4. (à Jahrg. 56 S.) Wismar, Hinstorff's Verlag.
Jahrg. 1890 * 1 10; Jahrg. 1891—1893 à 1 20

— auf d. J. 1895 f. die Großherzogthümer Mecklenburg. gr. 4. (56 S.) Wismar, Hinstorff's Verl. 1. 20

Kalender auf d. J. 1899 f. d. Großherzogthümer Mecklenburg. hoch 4. (56 S.) Wismar, Hinstorff's Verl. n. 1. —

— auf d. J. 1903 f. die Großherzogthümer Mecklenburg. gr. 4. (56 S.) Wismar, Hinstorff's Verl. 1. 20

— auf d. J. 1907 f. die Großherzogtümer Mecklenburg. (56 S.) 4. Wismar, Hinstorff's Verl. n. 1. 20

— auf d. J. 1911 f. die Großherzogtümer Mecklenburg. (56 S.) 32,5×25 cm. Wismar, Hinstorff's Verl. 1. 60

—— Mecklenburgischer, auf das Gemeinj. 1889. gr. 4. (44 S.) Rostock, Adler's Erben. **

—— großherzoglich mecklenburg-schwerinscher, auf die J. 1857—62. 8. (à Jahrg. ca. 44 S. mit Volksbuch 86 S. und 3 Stnt.) (Schwerin, Bärensprung.) à Jahrg. **

-- Großherzoglich Mecklenburg-Schwerinscher, auf das Jahr 1858. Rostock. (Ludwigslust, Hinstorff) 8. (22 Bl., und: Mecklenburg. Volksbuch. Herausg. von dem Stifte Bethlehem zu Ludwigslust. 1 Bl., 86 S. u. 3 Lithogr.)
n. 8 ngr.

— großherzogl. Mecklenburg-Schwerinscher und Mecklenburg-Strelitzer, auf die J. Christi 1876—1880. 8. (à 47 S. mit Bildern in eingedr. Holzschn.) Wismar, Hinstorff'sche Hofbuchh. à Jahrg.

—— großherzogl. Mecklenburg-Schwerinscher und Mecklenburg-Strelitzer, auf die J. 1881—1885. 8. (à Jahrg. 48 S. mit eingedr. Holzschn.-Bildern.) Ebendas. à Jahrg. **

—— dass. — [Sogenannter Bos- und Haaskalender] auf die J. 1886—1889. 8. (à Jahrg. 48 S. mit Bildern.) Wismar, Hinstorff'sche Hofbuchh. à Jahrg.

—— großherzogl. Mecklenburg-Schwerinscher u. Mecklenburg-Strelitzscher, auf d. J. 1890—1893. 8. (à Jahrg. 48 S. m. Bildern.) Ebd. à Jahrg. — 15

— großherzogl. Mecklenburg-Schwerinscher u. Mecklenburg-Strelitzscher, auf d. Jahr 1895. 8. (48 S. m. Bildern.) Ebd. — 15

— großherzogl. Mecklenburg-Schwerinscher u. Mecklenburg-Strelitzscher, auf d. J. 1899. 8. (48 S. m. Bildn.) Ebd. — 15; kart. n. — 40

— großherzogl. Mecklenburg-Schwerinscher u. Mecklenburg-Strelitzscher, auf d. J. 1902. 8. (48 S. m. Abbildgn.) Ebd. — 15

Kalender, großherzogl. Mecklenburg-Schwerinscher u. Mecklenburg-Strelitzscher, auf d. J. 1907. (48 S. m. Abbildgn.) 8. Wismar, Hinstorff's Verl. — 15

— großherzogl. mecklenburg-schwerinscher u. mecklenburg-strelitzscher, auf d. J. 1911. (48 S. m. Abbild.) 8. Ebd. — 15

—— Mecklenburg-Strelitzischer, auf die J. 1884 und 1885. 16. (à Jahrg. 38 S.) Neustrelitz, (Jacoby.) à Jahrg. *

—— Mecklenburg-Strelitzscher, auf die J. 1886—1889. 16. (à Jahrg. 38 S.) Neustrelitz, (Jacoby.) à Jahrg. *

—— mecklenburg-strelitzischer, auf d. J. 1890—1893. 8. (38; 41; 32; 36 S.) Neustrelitz, (Jacoby). Jahrg. 1891 à — 20
Jahrg. 1890,92,93 à — 15

— mecklenburg-strelitzischer, auf d. J. 1894. 8. (40 S.) Neustrelitz, (R. Jacoby's Verl.). n.n. — 15

— mecklenburg-strelitzischer, auf d. J. 1896. 8. (86 S.) Neustrelitz (R. Jacoby). n.n. — 12

— für Medizinalbeamte. Hrsg. von O. Rapmund. 1. Jahrg. 1902. Nebst Beiheft. 12. (XIV S., Notiz-Kalender, 174 u. IV, 174 S.) Berlin, Fischer's medicin. Buchh. Geb. in Leinw. u. geh. n.n. 2. 75

— für Medizinalbeamte. Hrsg. v. O. Rapmund. 1906. 5. Jahrg. Nebst Beiheft. (Ausg. f. Preussen.) (XIV S., Notiz-Kalender, 286 u. IV, 205 S.) kl. 8. Berlin, Fischer's medizin. Buchh. Geb. in Leinw. u. geh. n. 4. —

— dasselbe. (Ausg. f. das Deutsche Reich.) (XIV S., Notiz-Kalender, 200 u. IV, 186 S.) kl. 8. Ebd. Geb. in Leinw. n. 3. —

— f. Medizinalbeamte. Hrsg. v. O. Rapmund. 1911. 10. Jahrg. (Ausg. f. das Deutsche Reich.) (XVI S., Notiz-Kalender, 179 u. 99 S.) kl. 8. Berlin, Fischer's medicin. Buchh. Geb. in Leinw. 3. —

— dasselbe. (Ausg. f. Preussen.) (XVI S., Notiz-Kaldr., 279 u. 121 S.) kl. 8. Ebd. Geb. in Leinw. 4. —

Kalender für Mediciner. Hrsg. von B. Holz. 1891—1893. [I.—III. Jahrg.] gr. 16. (à Jahrg. 50—60 S. u. 1 Schreibkal.) Berl., Fischer's medicin. Buchh. geb. in Leinw. à Jahrg. ** 1 30

— für Mediciner. Hrsg. v. B. Holz. 1894. gr. 16. (V S., Schreibkalender u. 60 S.) Berlin, Fischer's medicin. Buchh. Geb. in Leinw. n.n. 1. 80
Fortsetzung, s.: Fischer.

—— Meißner gemeinnütziger und unterhaltender, für Stadt und Land 1880—1885. (Große Ausg.) 4. (à Jahrg. ca. 96 S. mit eingedr. Holzschn., 1 Stein- und 1 Lichtdr.-Taf.) Meißen, Schlimpert. à Jahrg.
Mittle Ausg. (à Jahrg. ca. 56 S. mit eingedr. Holzschn. und 1 Stnt.) à Jahrg.
Kleine Ausg. a. u. d. T.: „Der Erzähler". (à Jahrg. ca. 34 S. mit eingedr. Holzschn.) à Jahrg.

Calender, Meißner gemeinnütziger und unterhaltender, für Stadt und Land 1886—1889. (Große Ausg.) 4. (à Jahrg. ca. 96 S. mit eingedr. Holzschn., 1 Stein- und 1 Lichtdr.-Taf.) Meißen, Schlimpert. à Jahrg.
Mittlere Ausg. (à Jahrg. ca. 56 S. mit eingedr. Holzschn. und 1 Stnt.) à Jahrg.
Kleine Ausg. a. u. d. T.: „Der Erzähler". (à Jahrg. ca. 34 S. mit eingedr. Holzschn.) à Jahrg.

Calender, Meißner gemeinnütziger u. unterhaltender, f. Stadt u. Land 1890—93. (Große Ausg.) 4. (à Jahrg. ca. 90 S. m. Illustr. u. Wandkalender.) Meißen, Schlimpert. à Jahrg. — 60
Mittlere Ausg. à Jahrg. — 38. — Kleine Ausg., a. u. d. T.: „Der Erzähler." à Jahrg. — 20.

— Meißner gemeinnütziger u. unterhaltender, f. Stadt u. Land. 1895. (Große Ausg.) 4. (86 S. m. Bildern, 3 Taf., 1 Farbendr. u. Wandkalender.) Meißen, H. W. Schlimpert. n. — 60

— Meißner gemeinnütz. u. unterhalt, f. Stadt u. Land. 1899. (Große Ausg.) 4. (76 u. 4 S. m. Bild., 4 Taf., 1 Farbdr. u. 1 Wandkal.) Meißen, H. W. Schlimpert. — 50

— Meißner gemeinnütziger u. unterhaltender, f. Stadt u. Land. 1907. (Große Ausg.) (71 u. 5 S. m. Abbildgn., 2 Taf., 1 Farbdr. u. Wandkalender.) gr. 8. Meißen, H. W. Schlimpert. — 50

Kalender, Meißner gemeinnütziger u. unterhaltender, f. Stadt u. Land. 1911. (Große Ausg.) (80 u. 5 S. m. Abbild., 3 Taf., 1 Farbdr. u. Wandkalender.) gr. 8. Meißen, H. W. Schlimpert. — 50

—— Meißner unterhaltender, für Stadt und Land 1886—1889. Große Ausg. 4. (à Jahrg. ca. 70 S. mit Illustr., 1 Chromolithogr. und 1 Wandkalender.) Meißen, Schlimpert. à Jahrg. *
Mittle Ausg. (60 S.) à Jahrg.
Kleine Ausg. (42 S.) à Jahrg.

—— merseburger, auf das J. 1853. 8. (66 S.) Merseburg 852, Garcke'sche Buchh. *

—— für Meßdiener 1884 und 1885. Von Engelbert Fischer. 2. und 3. Jahrg. 12. (à Jahrg. ca. 45 S. mit eingedr. Holzschn.) Salzburg, Mittermüller. à Jahrg. *

— für Meßdiener od. Ministranten auf d. J. 1894. 2. Jahrg. gr. 16. (64 S. m. Abbildgn.) Straßburg, F. X. Le Roux & Co. n. — 15

— für Messkunde auf die J. 1878—1880. Hrsg. von M. Clouth. 5.—7. Jahrg. à 2 Thle. gr. 16. (190, 130 S. mit eingedr. Holzschn., 8 Stnt. und 1 lithogr. Eisenbahnkarte; 206, 128 S. mit eingedr. Holzschn. und 8 Stnt.; 112, 126, 50 S. mit Stnt. und 1 lithogr. Eisenbahnkarte.) Trier, (Lintz'sche Buchh.) Jahrg. 1878 * ℳ 3,20.; 1879 *
Jahrg. 1880 *

—— für Messkunde auf die J. 1881—1884. Hrsg. von M. Clouth. 8.—11. Jahrg. Mit je 8 Stnt. und 1 lithogr. Eisenbahnkarte. gr. 16. (272; 203; 334; 290 S.) Trier, (Lintz'sche Buchh.) geb. à Jahrg. *

—— dass. — auf das J. 1885. Hrsg. von M. Clouth. 12. Jahrg. 2 Thle. gr. 16. (222, 67 S. mit 8 Stnt. und 1 Eisenbahnkarte.) (Ebendas.) *
geb. in Leinw. und geh. *
geb. in Ldr. und geh. *

—— für Messkunde auf das J. 1886. Hrsg. von M. Clouth. 13. Jahrg. 2 Thle. gr. 16. (XVI, 222; 79 S.) Trier, Lintz'sche Buchh. *M 2.40.; geb. in Leinw. und geh. *
geb. in Leder und geh. *

—— dass. — auf die J. 1887—1889. Hrsg. von M. Clouth. 14.—16. Jahrg. à Jahrg. 2 Thle. gr. 16. (à Jahrg. ca. XVI, 130; 120 S. mit Stnt.) Ebendas. geb. in Leinw. à Jahrg. *
geb. in Leder à Jahrg. *
2. Thl. apart, à Jahrg. *

—— für Messkunde auf d. J. 1890—1893. Hrsg. v. M. Clouth. 17.—20. Jahrg. à Jahrg. 2 Thle. 12. (à Jahrg. Schreibkal., ca. 125 S. m. Taf. u. ca. 100 S. m. Fig.) Trier, Lintz.
1. Thl.: à Jahrg. geb. in Leinw. * 2 —; in Ldr. * 2 60
2. Thl.: à Jahrg. * 1 —

— für Messkunde auf d. J. 1895. Hrsg. v. M. Clouth. 22. Jahrg. 2 Thle. 12. Trier, F. Lintz.
Geb. in Leinw. u. geh. n. 3. —
1. (XVI, 4 S., Schreibkal., 8, 88 u. 32 S. m. Fig.) Geb. n. 2. —
2. (85 S.) n 1 —

— dasselbe, s. a.: Clouth.

—— meteorologischer, hrsg. von W. Zenker. 1. Jahrg. 1887 gr 16. (228, 116 S.) Berlin, Asher und Comp.
geb. *
Nicht weiter erschienen.

Kalender Meyers Historisch-Geographischer Kalender. Jahrg. 7 1903. Mit 12 Planetentafeln und 353 Landschafts- und Städteansichten, Porträts, kulturhistorischen und kunstgeschichtlichen Darstellungen sowie einer Jahresübersicht... . IV + IV [+ 119] S. + 365 Bl. 8. Leipzig und Wien, Bibliographisches Institut. fr. 2.65

Darin viele Tagesnotizen *die Schweiz betr.; Bl. 45. 52. 80. 88. 102. 110. 149. 175. 179. 255. 314 mit Schweizer Ansichten; 22 Blätter mit Ansichten* nach [Matthæus] Merian; *s. auch die Abbildungen auf Bl. 35. 112. 153. 321.*

— milchwirtschaftlicher, f. d. J. 1910. Für Käsereien u. Molkereien; Milch-, Butter- u. Käsehändler, Genossenschaften u. Landwirte, welche Milch in d. Käsereien, Molkereien u. Städte verkaufen. Hrsg. v. Fr. Jos. Herz. (124 S.) Lex. 8. Kempten, J. Kösel. 2.—

Militärischer Kalender. 1797
s.a. Genealogischer Militairischer Kalender.

Kalender, Militärischer, a. d. J. . . . .
1797. M. 2 Kpf. (Chodowiecki), 12 Portr. u. 7 weiteren Kpf. Engelmann 821/22.
1798. M. 12 Portr. u. 1 Karte.
1799. M. 12 Portr.
1800. M. 13 Portr.
1801. M. 9 Portr. u. 4 Kpf. (Chodowiecki). Engelmann 944.
1802. M. 10 Portr. u. 1 Plan.
1803. M. 10 Portr. u. 1 Karte.
1804. Nicht erschienen.
1805. M. 1 Portr. u. 5 Kpf.
1806. M. 1 Portr. u. 8 Kpf.
Berlin.

— militärischer für d. J. 1797—1803, 5 u. 6. Mit Kpf. 16. Berl. Unger. Hbg. Pr. à 6 gl. Für 1804 u. 7 ist er nicht erschienen.

Calender, Militairischer, auf das Gemeinjahr 1803. 1805. 1806. Berlin 1802—6. H: *Stützer, Aug. Chn.* (MGT)

Militaerischer Kalender auf das Gemein-Jahr 1805. Mit Kpf. u. 1 Krt. Berlin 1805. 170 S.

Kalender, Militärischer — für das Jahr 1854. III. Jahrgang. kl. 8. (160 S.) Troppau. Verlag von A. Traßlers Buchhandlung. Druck der typogr. Anstalt, (A. Traßler, Sohn.)

Calender, Militärisch-genealogischer, a. d. J. . . . . Hg.: m. Genehmhaltung d. Kgl. Academie der Wissenschaften. (Forts. s. u.: Kalender, Militärischer.)
1790. M. Titelk., gest. Tit., 12 Portr. u. 1 Karte.
1791. M. Titelk., gest. Tit., 12 Portr u. 1 kol. Karte.
1792. M. 12 Portr. u. 1 Kte.
1793. M. Titelk., 12 Portr. u. 1 Karte.

Berlin.

Militairisch-Genealogischer Calender auf das Jahr 1790. 1792. 1797 mit Genehmhaltung der Königl. Academie der Wissenschaften zu Berlin hrsg.
Mit Kupfern u. kol. Karten. 8°
Erschienen von 1784—1806. 1784—1790 u. d. Tit. Genealogischer Militairischer Kalender. 1797 ff. Militärischer Kalender. Berlin, bei Johann Friedrich Unger

Kalender, Militairisch- Genealogischer 1791 –,
s. Kalender, Genealogischer Militairischer.

— f. Mineralwasser-Fabrikanten. Hrsg. v. W. Lohmann. gr. 16. (XII S., Schreibkal. u. 91 S.) Lübeck, Ch. Coleman. Geb. in Leinw. n. 2. 50

— für Mineralwasser-Fabrikanten. 1903. Hrsg. v. W. Lohmann. gr. 16. (VII S., Schreibkalender u. 85 S.) Lübeck, Ch. Coleman. Geb. in Leinw. 1. 50

— für Mineralwasser-Fabrikanten. (Einband: Taschen-Kalender.) 1906. Hrsg. v. W. Lohmann. (XI S., Schreibkalender u. 84 S.) 16. Lübeck, Ch. Coleman.
Geb. in Leinw. n. 1. 50

— für Mineralwasser-Fabrikanten. 1909. Hrsg. v. W. Lohmann. (IV S., Schreibkalender u. 88 S.) 16. Lübeck, Ch. Coleman. Geb. in Leinw. 1. 50

— f. d. Mitglieder d. deutschen Vereins f. d. höh. Mädchenschulwesen. Bearb. v. Schröter. Hrsg. v. dem deutschen Verein f. d. höh. Mädchenschulwesen. I. Jahrg. Schulj. 1898/99. 12. (166 S.) Braunschweig, A. Limbach. Geb. in Leinw. n. — 80

— für die Mitglieder des deutschen Vereins f. das höhere Mädchenschulwesen. Bearb. v. Schröter. Hrsg. v. dem deutschen Verein f. das höhere Mädchenschulwesen. (II. Jahrg.: Schulj. 1899/1900.) 12. (177 S. m. 1 Bildn.) Braunschweig [A. Limbach]. H. Wollermann.
Geb. in Leinw. n. — 80
Fortsetzung s.: Kalender f. Lehrer u. Lehrerinnen an d. höh. Mädchenschulen.

—— mitteler freiberger, auf die J. 1854 und 1855. Mit eingedr. Holzschn. und à J. 1 Stnt. in qu. Fol. gr. 4. Freiberg 853—54, Gerlach'sche Buchdr. à Jahrg. *

—— dass. — für 1857. 4. (32 S. mit 1 Holzschnt.) Ebds. 856. *

Calender, Der à la mode, a. d. J. . . . .
1746. M. 1 Titelk. u. 1 Tafel.
1760. M. Titelk.
1788. M. Titelk.
1795. M. Titelk.
Leipzig.

— h. à la mode, od. hist. u. e. Nachr. 12. Lpz. 760-92. (à 4 gr.)

Kalender des Montag-Klubbs in Berlin.
(1828.)
(1849.)
(Berlin.)

—— auf das Jahr des Montag-Klubbs IXXXXXIXXXXXI. (Vom 1. Octbr. 1849 bis 30. Septbr. 1850.) Ausgeg. bei Gelegenheit der Säkularfeier am XXIX. Octbr. MDCCCXLIX. gr. 16. (105 S.) Berlin 850, (Deckersche geheime Ober-Hofbuchdr.) *

—— Moskauer, für das J. 1886. 12. (64 S.) Moskau, Deubner. *
Jahrg. 1887 erschien bei Lang in Moskau; — eine weitere Fortsetzung ist nicht erschienen.

— Münchener. 1885, 86, 87, 92. 95-1901. [VS] München 1885-1901

— Münchener. 1902-07. [VS] München 1902-07

— Münchener. 1908-13. [VS] München 1908-13

—— Münchener. 1.—5. Jahrg. 1885—1889. schmal-Fol. (à Jahrg. 16 S. mit Bildern von O. Hupp.) München, Hergl. à Jahrg. *

—— Münchener, f. d. J. 1890—1893. schmal. Fol. (à Jahrg. ca. 28 S. m. farb. Abbildgn. u. 1 Taf. in altdeutscher Ausstattg.) Münch., (Brantl). à Jahrg. * 1 —

— Münchener, f. d. J. 1891. hoch 4. (28 S. m. farb Abbildgn. u. 1 Taf.) München, Hergl. n. 1. —

Kalender, Münchener, f. 1895. (In altdeutscher Ausstattung.) schmal Fol. (32 S. m. farb. Abbildgn.) München, Nationale Verlagsanstalt. n. 1 —

— Münchener, 1898. (In altdeutscher Ausstattg.) schmal Fol. (32 S. m. farb. Wappen.) München, Nationale Verlagsanstalt. n. 1. —

— Münchener, 1908. (In altdeutscher Ausstattg.) schmal Fol. (36 S. m. farb. Wappen.) München, Verlagsanstalt vorm. G. J. Manz. n. 1. —

— Münchener, f. 1907. (23. Jahrg.) (In altdeutscher Ausstattg.) (36 S. m. farb. Wappen.) schmal. Fol. München. Regensburg, Verlagsanstalt vorm. G. J. Manz. n. 1. —

— Münchener, 1911. (27. Jahrg.) (In altdeutscher Ausstattg.) (36 S. m. farb. Wappen.) 32×16,5 cm. München. Regensburg, Verlagsanstalt vorm. G. J. Manz. 1. —

Calender der Musen und Grazien auf 1796. Berlin 1796. II: *Spener, Carl.* (BrMm) (MGT)

Calender der Musen und Grazien für das Jahr 1796. ([Hrsg. v.] Friedrich Wilhelm August Schmidt. [Mit Kupf. v. Peter Ludwig] Lütke, [gest. v. Philipp] Veith [u. Musik v.] I[ohann] F[riedrich] Reichardt.)
Leipzig; Berlin: Haude & Spener (1795). 36 Bl., 92, IV, 160 S., 13 Kupfertaf., 2 Notenbl. 12°
[Kupfert.]
[Zwischen-Kupfert.:] Gedichte von Friedrich Wilhelm August Schmidt.

—— für Musiker und Musikfreunde. Mit Führer durch die Klavierlitteratur, Tonkünstlerlexikon, Urheberrechtsgesetzen, Litterar. Verträgen und prakt. Tabellen. Hrsg. von Gust. Damm. 1885. (1. Jahrg.) 16. (IV, 256 S.) Hannover, Steingräber's Verlag. geb.

—— für Musiker und Musikfreunde. Mit Katechismus der Musik, Führer durch die Klavierlitteratur, Tonkünstlerlexikon, Urheberrechtsgesetzen, Litterarverträgen und prakt. Unterrichtstabellen. Hrsg. von Gust. Damm [Thdr. Steingräber]. 1886. 16. (IV, 302 S.) [Hannover.] Leipzig, Steingräber. geb.
Hieran anschliessend s. Musik-Taschenbuch.

Musterreiter's neuer historischer Kalender: nos. 1–21, 1885–1918
Annual almanac, of historical interest, each issue about 160 pages. Edited and published by Casar Reinhardt (as, Buchdrucker, Casar Reinhardt), later as Druck & Verlag von Casar Reinhardt. Not published from 1888 to 1900
Porto Alegre

Calender, Napoleons, oder **Nachrichten** aus des Kaisers Napoleons Leben auf jeden Tag im Jahre von D. Heinichen... Leipzig 1822. V: *Bergk, Joh. Adam.* (MGT)

— Deutschlands National-, s. National.

• — Deutschlands National-, s. Taschenbuch des deutschen Reichs.

— für National-Stenographen 1901. 2. Jahrg. 12. (97 S.) Tost O.-S. Liegnitz, Dr. v. Kunowsky. Geb. in Leinw. n. 1. —
Fortsetzung s.: National-Stenographen-Kalender.

Kalender für National-Stenographen. Jg. 2. 1901. *Tost O.-S.: Verl. f. Nationalstenogr. (1901).* (101 S.) 8° [J.]
Auf. s. u. d. T.: Jahrbuch f. National-Stenographen. [illegible]

— der Natur. Von Otto Ule und Karl Müller. Illustrirt von Alb. Grell. 1. Jahrg. Halle 854. G. Schwetschke. 4. (VII, 76 S. m. Holzschn. im Text, 12 Holzschnitttaf. u. Titel in Holzschn.) n. 1 ℳ.

—— der Natur. Mit Beiträgen von Baldamus, Blasius, v. Bibra, Brehm u. A. und zahlreichen Illustr. in (eingedr.) Holzschn. gezeichnet von J. Schnorr. (1. Jahrg. 1858.) 1. Aufl. 1858. 1 Thlr. und neue wohlf. (Titel-)Ausg. Lex.-8. (III und 185 S.) Stuttgart (858)59, Becher's Verlag.

Kalender der Natur. Mit Beitr. v. ([August Karl] Ed[uard]) Baldamus [u. a.] u. zahlr. Ill. in Holzschn. gez. v. J[ulius] Schnorr [von Carolsfeld]. Stuttgart: Ad. Becher 1859. 8°
2: Neue wohlfeile [Titel-]Ausg. 1859. 2 Bl., 186 S.

— nautischer, für die J. 1879 und 1880. (1. und 2. Jahrg.) Taschenbuch für Schiffscapitaine. Enth.: Die Declination und Zeitgleichung der Sonne, Segelanweisung für den Südwall, Verzeichniss über Veränderung der Leuchtfeuer, Semaphor-Stationen, Wetteranzeichen etc. Nach den neuesten meist amtl. Quellen bearb. von W. Döring. 8. (à 121 S.) Papenburg, Rohr. Jahrg. 1879 * ℳ 1.; 1880

—— nautischer, für die J. 1881 und 1882. Taschenbuch für Schiffscapitaine. Stark verm. und vollständig umgearb. von W. Döring. 3. und 4. Jahrg. 8. (III, 116; 128 S.) Papenburg, Rohr. à Jahrg. *

—— dass. — für die J. 1883—1885. Durch viele und sehr wicht. Zusätze verm. von W. Döring. 5.—7. Jahrg. 12. (104; 112; 50 S.) Ebendas. Jahrg. 1883 und 1884 à * Jahrg. 1885 †

— nautischer, f. d. J. 1886. Taschenbuch f. Schiffscapitaine. Durch viele u. sehr wicht. Zusätze verm. v W. Döring. 8. Jahrg. 8. (54 S.) Papenburg, Rohr. n. — 40

—— dass. — für die J 1887—1889. Taschenbuch für Schiffscapitaine. Durch viele und sehr wicht. Zusätze verm. von W. Döring. 9. 11. Jahrg. 8. (54; 52; 58 S.) Ebendas. Jahrg. 1887 und 1888 à * Jahrg. 1889 *

—— nautischer, f. d. J. 1890. Taschenbuch f. Schiffscapitaine. Durch viele u. sehr wicht. Zusätze verm. v W. Döring. 12. Jahrg. 8. (48 S.) Papenburg, Rohr — 60
Nicht weiter erschienen.

Calender, d. neue, ein Blick im neufränk. Verstand. Lustsp. 8. Carlsr. Macklot. (Gebhardt u. K. in Frkft.) 795.

Der Neue Allentauner Calender Nos 1 8 1870 1877
Edited & published by Carl Ludwig Hutter 1820 by Georg Hancke 1821 24 by Carl Ludwig Hutter 1825 27
Allentown, PA

Der Neue Verbessert und Zuverlassige Americanische Calender : no. 1 3, 1783-1785
Cover title Philadelphischer Calender. Edited & published by Joseph Crukschank
Philadelphia, PA

Der Gantz Neue Verbesserte Nord-Americanische Kalender no. 1 14, 1776 1789
Edited by David Rittenhaus [pseud Anthony Sharp, Philom.], 1776 1781? by Isaac Briggs, 1782? 1783 by David Rittenhaus, 1784 1789 Printed by Francis Bailey 1776 89
Lancaster PA

Der Neue Hoch Deutsche Americanische Calender no. 1 ?? 1791 1812
Cover title Samuel Saurs Calender. Later Samuel Saur's Neueingerichteter Calender. Place of publication varies: Chestnut Hill 1791 94 Philadelphia, 1795 Baltimore 1796 1812 Published by Samuel Saur 1791 1807? by Christian Clemm 1808? 1810? by Mayall & Clemm, 1811 12
Baltimore, MD

Der Neue Hochste Orwigsburger Calender 18.. Orwigsburg, PA
[illegible]

Neue Readinger Calender, Der Reading, Pennsylvania, 1800---

—— der Diaconissen-Anstalt Neuendettelsau auf das J. 1865. 16. (83 S.) Ansbach. (Stuttgart, S. G. Liesching.) *

— e. neuer, nebst Morgen-, Abend- u. andern Gebeten. 12. Bamb. 772. Gebhardt. (Wesche in Frkf) 5 ℋ

Neuer Calender für das Jahr . . . Oder Handbuch für den Bürger und Landmann, hrsg. v. Johann Ludwig Ewald.
Hannover: Hahn 1802. 8°
10: 1802. 1 Bl., VIII S., 26 Bl., XXXXIII, 198 S., 1 Titelkupf.

Kalender, neuer — auf das gemeine Jahr 1857. 1ter Jahrg. Leitmeritz. Gedr. und zu haben bei C. Medau. (43 S. 4.)

Kalender, neuer — auf das gemeine Jahr nach der gnadenreichen Geburt unseres Heilandes Jesu Christi 1858. Brixen. Schnellpressendruck von Alois Weger. (20 Bl. 4.)

—— neuer, auf das gemeine Jahr 1862 Mit der Abbildung des Wallfahrtsortes zu Absom kl 4. Brixen, Weger. 21 kr

—— neuer, auf das Gemeinjahr 1862. 6 Jahrg. 4. (52 S) Leitmeritz. Medau. 20 kr.

—— neuer, auf das Gemein-Jahr 1863. 7. Jahrg. 4. (66 S. mit 13 Bildern.) Leitmeritz, Medau. *

Neuer und alter **Kalender** auf das Jahr nach Christ. Geburt 1820, welches ein Schalt-Jahr von 365 Tagen ist. Fur das Herzogtum Schlesien und benachbarte Lander Frankfurth a d O gedruckt und verlegt von Trowitzsch und Sohn.
8°

—— neuer und alter, auf das J. nach Chr. Geb. 1873, welches ein Gemeinj. von 365 Tagen ist. Für die Prov. Schlesien und Posen. Mit illustr. Erzählungen. 8. (88 S. mit eingedr. Holzschn. und 1 Holzschntaf.) Berlin, Trowitzsch und Sohn. *

—— neuer und alter, auf die J. 1886—1889. Für die Provinzen Schlesien und Posen. 8. (à Jahrg. ca. 136 S. mit je 1 Titelbilde und zahlreichen Illustr.) Berlin, Trowitzsch und Sohn. à Jahrg. — 50

—— neuer u. alter, auf d. J. 1890—1893. Für die Provinzen Schlesien u. Posen. Mit e. Titelbilde (in Holzschn.) u. zahlreichen (eingedr. Holzschn.-) Illustr. 8. (à Jahrg. ca. 150 S.) Nebst Beilage: Illustr. Geschichte der jüngsten Vergangenheit. Vom Sommer 1888 bis zum Sommer 1892. gr. 4. (à Beilage 12 S. m. 1 Wandkalender.) Berl., Trowitzsch u. Sohn. à Jahrg. — 50; cart. u. durchsch. — 75
Der Umschlagtitel lautet: Trowitzsch's Hauskal. f. die Prov. Schlesien u. Posen.

— neuer u. alter, auf d. J. 1895 Für die Provinzen Schlesien u. Posen. Mit e. Titelbilde u. 59 Illustr 8 (155 S) Nebst Beilage Illustr Geschichte der jüngsten Vergangenheit Vom Sommer 1893 bis zum Sommer 1894 gr 4. (12 S. m. 1 Wandkalender.) Berlin, Trowitzsch & Sohn. — 50

— neuer u alter, auf d. J 1899. Für d. Provv. Schlesien u. Posen. M. 66 Illustr. 8. (174 S) Nebst Beilage: Illustr. Geschichte d. jüngsten Vergangenheit. V. Sommer 1897 bis z. Sommer 1898. gr 4. (12 S m 1 Wandkal) Berlin, Trowitzsch & Sohn. — 50; kart. — 75

— neuer u. alter, auf d. J. 1903. Für die Provv. Schlesien u. Posen. Mit 1 Wandkalender u. e. Probebogen aus dem 1 Jahrg. 200. Jahrg. 8. (IV, 228 S. m. Abbildgn.) Berlin, Trowitzsch & Sohn. n. — 50; kart. u. durchsch. - 75

— neuer u. alter, auf d. J. 1905. Für die Provv. Schlesien u. Posen. 205. Jahrg. (III, 189 S. m. Abbildgn. u. Wandkalender.) 8. Berlin, Trowitzsch & Sohn. — 50
Forts. s.: Kalender, verbesserter u. alter.

—— neuer und alter ost- und westpreußischer, auf die J. nach Chr Geb. 1873—1875. 12. (à 62—96 S.) Königsberg, Hartung'sche Verlagsdruckerei. à Jahrg. — 40
geh. 45 Pf.; durchschossen — 50

— neuer und alter ost- und westpreußischer, auf die J. nach Christi Geburt 1876—1880. gr. 16. (IV, 94; 92; 94; 101; 102 S.) Königsberg, Hartung'sche Verlagsdruckerei. à Jahrg. 40 Pf.; geb. geh. und durchschossen à

— neuer u. alter ost- u. westpreußischer, auf d. J. nach Christi Geburt 1877, welches e. Gemeinj. v. 365 Tagen ist. gr. 16. (92 S. m. 6 Holzschntaf.) Königsberg, Hartung. — 40; geh. — 45; durchschossen — 50

—— neuer und alter ost- und westpreußischer, auf die J. 1881—1885. 12. (à Jahrg. ca. 107 S.) Königsberg, Hartung'sche Verlagsdruckerei. à Jahrg.
durchsch. à Jahrg.

—— neuer und alter ost- und west-preußischer, auf die J. 1886—1889. 8. (à Jahrg. ca. 148 S. mit je 1 Titelbilde und zahlreichen Illustr.) Berlin, Trowitzsch und Sohn. à Jahrg.

—— dass. — auf das J. 1886. 12. (XXVIII, 83 S.) Königsberg, Hartung'sche Verlagsdr. 45 Pf.; durchsch.
Jahrg. 1887 erschien u. d. T.: Volkskalender, Ost- und Westpreußischer; die folgenden u. d. T.: Ost- und westpreußischer Kalender.

—— neuer u. alter ost- u. westpreußischer, auf d. J. 1890—1893. Mit je e. Titelbilde (in Holzschn.) u. zahlreichen (eingedr. Holzschn.-) Illustr. 8. (à Jahrg. ca. 150 S.) Nebst Beilage: Illustrierte Geschichte der jüngsten Vergangenheit. Vom Sommer 1888 bis zum Sommer 1892. gr. 4. (à Beilage 12 S. m. 1 Wandkalender.) Berl., Trowitzsch u. Sohn. à Jahrg. — 50; cart. u. durchsch. — 75

— neuer u. alter ost- u. westpreußischer, auf d. J. 1895. Mit e. Titelbilde u 59 Illustr. 8. (156 S.) Nebst Beilage: Illustr. Geschichte der jüngsten Vergangenheit. Vom Sommer 1893 bis zum Sommer 1894. gr. 4. (12 S. m. 1 Wandkalender.) Berlin, Trowitzsch & Sohn. — 50

— neuer u. alter ost- u. westpreußischer, auf d. J. 1899. M. 66 Illustr. 8. (174 S.) Nebst Beilage: Illustr. Geschichte d. jüngsten Vergangenheit. V. Sommer 1897 bis z. Sommer 1898. gr. 4. (12 S. m. 1 Wandkal.) Berlin, Trowitzsch & Sohn. — 50; kart. — 75

— neuer u. alter ost- u. westpreußischer, auf d. J. 1903. Mit 1 Wandkalender u. e. Probebogen aus dem 1. Jahrg. 200. Jahrg. 8. (IV, 228 S. m. Abbildgn.) Berlin, Trowitzsch & Sohn. n. — 50; kart. u. durchsch. — 75

— neuer u. alter ost- u. westpreußischer, auf d. J. 1907. 207. Jahrg. (III, 189 S. m. Abbildgn. u. Wandkalender.) 8. Berlin, Trowitzsch & Sohn. n. — 50

— neuer u. alter ost- u. westpreußischer, auf d. J. 1911. 211. Jahrg. (III, 227 S. m. Abbild., Titelbild u. Wandkalender.) 8. Berlin, Trowitzsch & Sohn. — 40; geb. u. durchsch. — 50

Neuer Appenzeller Kalender. 1871. (6. Jahrg.) Mit Holzschnitten. 68 Seiten. 4. Heiden, R. Sonderegger. —. 35

Neuer Appenzeller Kalender f. 1873. 68 Stn. 4. Heiden, R. Sonderegger. —. 35

Neuer Appenzeller Kalender f. 1874. Mit Holzschn. 80 Stn. 4. Heiden, R. Weber. —. 35

— *Neuer Appenzeller*. Heiden, R. Weber. — 35
1879.

Kalender, Neuer Appenzeller, auf das Jahr 1880. Herausgeg. von R. Weber. In-4°, 70 S. m. Bildern. Heiden, R. Weber. — 40

— Neuer appenzeller, auf das Jahr 1882. Herausgegeben von *R. Weber*. In-4°, 78 S. mit Beilage und vielen Illustrationen. Heiden, R. Weber. — 40

— Neuer appenzeller, auf das Jahr 1883. Herausgegeben von R. Weber. In-4°, mit Beilage und vielen Illustr. Trogen, J. Weber. — 40

Kalender, neuer Appenzeller, auf das Jahr 1884, herausgeg. von R. Weber, Buchdrucker, Heiden. In-4°, mit Illustrat. Heiden, R. Weber. — 40

—— neuer Appenzeller, auf das J. 1887. Hrsg. von R. Weber. 4. (69 S. mit Illustr.) Heiden. (Bern, Koehler'sche Buchh.) * — 40

— Neuer Appenzeller, auf das Jahr 1888. Herausgeg. von *R. Weber*. In-4°, 72 S. Heiden, R. Weber. — 40

— neuer Appenzeller, auf das Jahr 1889. Herausgeg. von *R. Weber*. In-4°, 74 S., mit Illustr. Heiden, R. Weber. — 40

—— neuer Appenzeller, auf d. J. 1890—1892. Redig. v. Friedr. Ebersold. Hrsg. v. R. Weber. 4. (70; 76; 70 S. m. Illustr. u. je 1 Wandkal.) Heiden. (St. Gallen, Müller.) à Jahrg. * — 40

— neuer Appenzeller, auf d. J. 1894. Red. v. Frdr. Ebersold. 4. (68 S. m. Illustr. u. 1 Wandkalender) Ebd. n. — 40

Kalender, neuer appenzeller, auf das Jahr 1897. Mit Abbild. In-4°. 80 S. Heiden, R. Weber. — 40

Appenzellerkalender. Neuer Appenzeller Kalender auf das Jahr 1901. Hrg. von R[obert] Weber, Buchdrucker, Heiden. [Illustriert.] (Gratis-Beilage: Ein Wandkalenderchen für 1901.) [84 S.] 4. Heiden, R. Weber. [fr. —. 40]

Appenzellerkalender. Neuer Appenzeller Kalender auf das Jahr 1902. Hrsg. von Robert Weber, Buchdrucker, Heiden. [Illustriert.] Als Beilage: Ein Wandkalenderchen für das Jahr 1902. Heiden: R. Weber. 84 S. 4°

Appenzellerkalender. Neuer Appenzeller Kalender auf das Jahr 1903. Hrg. von R[obert] Weber, Buchdrucker, Heiden. [Mit Illustrationen und 1 Tafel.] Als Beilage: Ein Wandkalenderchen für das Jahr 1903. [92 S.] 4. Heiden, R. Weber. [fr. —. 40]

Appenzellerkalender. Neuer Appenzeller Kalender auf das Schaltjahr 1904. Hrsg. von Robert Weber, Buchdrucker, Heiden. [Illustriert.] Als Beilage: Ein Wandkalenderchen für das Jahr 1904. Heiden: R. Weber. 92 S. 4°

Appenzellerkalender. Neuer A' K' auf das Jahr 1905 *u.* 1906. [Illustriert.] Als Beilage: Ein Wandkalenderchen für das Jahr 1905 *u.* 1906. 4. Heiden, R. Weber. [*je* fr. —. 40]
1905. Hrg. von R[obert] Weber, Buchdrucker, Heiden. [92 S.] — 1906. Jahrg. 40. [92 S.]

Appenzellerkalender. Neuer A' K' auf das Jahr 1907. Jahrg. 41. [Mit] Gratis-Beilage: Wandkalenderchen für 1907. [92 S.] 4. Heiden, R. Weber. [fr. —. 40]

Appenzellerkalender. Neuer A' K' auf das Jahr 1908. Jahrg. 42. ([Illustriert. Mit] Gratis-Beilage: Wandkalenderchen für 1908.) [108 S.] 4. Heiden, R. Weber. fr. —. 50

Appenzellerkalender. Neuer A' K' auf das Jahr 1909 *u.* 1910. Jahrg. 43 *u.* 44. ([*je* Mit Illustrationen und] Gratisbeilage: Wandkalender auf 1909 *u.* 1910.) [*je* 108 S.] 4. Heiden, R. Weber & Sohn. *je* fr. —. 50

Appenzellerkalender. Neuer A' K' auf das Jahr 1911. Jahrg. 45. [Mit Illustrationen und Wandkalender.] [108 S.] 4. Heiden, R. Weber & Sohn. [fr. —.50]

Neuer Calender fur die Bauern und Handwerker: 1833? –1856
Cover title: Des Bauern und Handwerksmannes Calender. Published by Georg W. Mentz und Sohn, 1833–42; by Mentz und Rovoudt, 1843–52; by Wilhelm G. Mentz, 1853–56. Another (edition?) 1854, published by Isaac M. Moss und Bruder
Philadelphia, PA

—— neuer, für practische Baumeister und sämmtl. Baugewerksmeister auf das J. 1851. Mit Vademecum, enth. in alphabet. Ordnung die während der Baupraxis unentbehrl. Notizen und Tabellen, überhaupt die Hülfsmittel zu schneller Anordnung, Veranschlagung und Berechnung, nebst Tagelohn- und Zins-Tabellen. Von Ludw. Hoffmann. gr. 16. (CCLX und 123 S.) Berlin 850, Wiegandt und Grieben. *—

Neuer Kalender für Evangelische Christen Rußlands. Elisabethgrad: Goldenbergs Verlag 1891

—— neuer Dorpater für 1869—1875. 8. (à ca. 110—144 S. mit eingedr. Holzschn.) Dorpat, Gläser's Verlag. [Schnakenburg.]
1869—1871 à
1872—1875 à *

—— neuer Dorpater, für die J. 1876—1880. 8. (182; 146; 136; 143; 108 S. mit lithogr. Plan in qu. 4.) Dorpat, Schnakenburg's Verlag.
1876, 1877, 1879 und 1880 durchschossen à *
1878 * *M* 1.; cart. und durchschossen *

—— neuer Dorpater, für die J. 1881—1885. 8. (à Jahrg. ca. 108 S. mit 1 lithogr. Plan.) Dorpat, Schnakenburg's Verlag. à Jahrg. *

Einsiedler Kalender, neuer, f. 1872. 50 Stn. 4. Eins., Eberle, Kälin & Co. —. 40

Kalender, neuer Einsiedler, für 1878. Mit Holzschnitten. Einsiedeln, Eberle, Kälin & Co. 4. —. 40

— *Neuer Einsiedler*. In-4°. Einsiedeln, Eberle Kälin & Cie. 1879. — 40

— Neuer Einsiedler. 23. Jahrg. 1888. In-4°, 64 S., mit vielen Illustrat. Einsiedeln, Eberle, Kälin & Cie. — 40

Einsiedlerkalender. Neuer Einsiedler Kalender 1901 Jahrg. 36. [Illustriert.] (Gratis-Beilage: ein Wandkalenderchen auf 1901.) [68 + 18 S.] 4. Einsiedeln, Eberle, Kälin & Cie. [fr. —. 40]

KALENDER, Neuer Franzosisch und Deutscher, auf das Jahr 1798. Mit 1 Kpfr Wien 1798 12°

—— neuer Freysinger, auf die J. 1857—62. 3—8. Jahrg. 4. (à Jahrg. 36 S. mit eingedr. Holzschn.) Freysing, Datterer. à Jahrg. **

—— neuer Freysinger, auf die J. 1863—67. 9.—13. Jahrg. gr. 4. (à Jahrg. ca. 36—38 S.) Freysing, Datterer. à Jahrg.

—— neuer Freysinger, auf die J. 1881—1885. 26.—30. Jahrg. 4. (à Jahrg. ca. 60 S. mit Illustr.) Freising, Datterer. à Jahrg. *

—— neuer Freysinger, auf die J. 1886—1889. 31.—34. Jahrg. 4. (à Jahrg. ca. 60 S. mit Illustr.) Freising, Datterer. à Jahrg. *

—— neuer Freysinger, f. d. J. 1890—1893. 35.—38. Jahrg. gr. 4 (à Jahrg. ca. 60 S. m. Abbildgn. u. 1 Wandkalender.) Freising, Datterer. 35., 36. u. 38. Jahrg. à * — 30; 37. Jahrg. * — 40

Kalender, neuer Freisinger, f. d. J. 1896 39. Jahrg 4. (63 S. m. Abb. u. Wandkal.) Freising. München, Dr. F. P. Datterer & Co. — 30

Ganz neuer westlicher, für die Staaten von Ohio, Kentucky and Indiana besonders eingerichteter Calender No 1 1818–?
Edited & published by Johann Herman Followed by der Neue Ohio Calender
Lancaster, OH

Neuer Geistlicher Calender, eingerichtet vor jene vilfaltig-kostbare *Reliquien*, welche jungsthin aus dem Gross-Herzogthum Toscana nacher Munchen in das Löbl. Clarisser(!)-Closter bey St. Jacob auf dem Anger gebracht worden, sambt einem vorgesetzt kurtzen Bericht, wie Selbige hiehero kommen seyen. Hrsg u. gedr mit Erlaubnus der Oberen, zu Munchen, bey Joh. Jac. Votter, Gem: Hochlobl. Landschafft u. Stadt-Buchdruckern 1734. 4° Hubsch gleichzeit. Ppb. m. Buntpap.
Interessant u rar! Die Reliquien gelangten aus dem Besitze der Grossherzogin Violanta Beatrix (geb. Herzogin in Bayern († 30 Mai 1731), testamentarisch an Sor Emanuela Theresia Carolina (geb. Herzogin Maria Anna Carolina in Bayern), seit 1720 Professin o. S. Franc. im Clarissen-Kloster. Vgl. ob. die Nrn 1017—15 u. f. S.

Neuer Gemeinnütziger Pennsylvanischer Calender: no. 1—86, 1833—1916?
Edited & published by Johann Bär's Söhne
Lancaster, PA

Calender, Neuer gemeinnütziger, für Siebenbürgen. Hermannstadt 1828—1837. H: *Hochmeister, Martin.* (PK 2/319) (SZINNYEI 4/928, Nr. 3) (BIBLPORT)

Neuer Kalender (und Hausbuch) für das evangelisch-lutherische Volk v. E. Kähler und Christian Jensen. 1878. Bredstedt. (1877.) 8°

—— neuer Hildesheimer, auf die J. 1858—61. 4. (à Jahrg. ca. 47 S.) Hildesheim, Lax. à Jahrg. **
Jahrg. 1850—57. Ebendas. à Jahrg. ** 2½ Ngr.

—— neuer Hildesheimer, auf die J. 1862—67. Fortsetzung der Geschichte der Bischöfe von Hildesheim. 4. (à Jahrg. ca. 46 S.) Hildesheim, Lax. à Jahrg. **

—— neuer historischer, s. a. Boten, des lahrer rc.

—— neuer historischer, des Lahrer hinkenden Boten, für den Bürger und Landmann, auf die J. 1876—1880. 76.—80. Jahrg. 4. Mit eingedr. Holzschn. Lahr, Geiger.
Ausg. für Norddeutschland (à ca. 80 S.) à Jahrg.
Ausg. für Süddeutschland (à ca. 48—56 S.) à Jahrg. *

— neuer historischer, d. Lahrer hinkenden Boten, f. den Bürger u. Landmann, nun zum 77. Male hrsg. auf d. J. 1877. 77. Jahrg. 4. (88 S. m. eingedr. Holzschn.) Lahr, Schauenburg. n. — 30

Kalender, Neuer Horner — auf das Jahr nach der Geburt Jesu Christi 1854, welches ein gemeines Jahr von 365 Tagen ist. 4. (56 S.) Wien. Gedruckt bei Karl Ueberreuter. Horn, bei Joseph Weinstabl, bürgl. Buchbinder.

—— neuer hundertjähriger, f. gesunde u. kranke Christen; zur Vorbereitung auf einen guten Tod. A. d. Lat. Calendar. nov. nach Nabasi ins Deutsche übers. u. mit histor. Notizen vermehrt. 12. München 836, Giel.

Neuer illustrierter Altmärkischer **Kalender.** [Jg. 1.] 1906. (Magdeburg: Faber 1906.) 8° [Z.] [16. 1470]

— neuer illustrierter altmärkischer. 1907. 2. Jahrg. (92 S. m. 4 [3 farb.] Vollbildern u. Wandkalender.) gr. 8. Magdeburg, Faber'sche Buchdr. — 50

— neuer illustrierter altmärkischer. 1911. 6. Jahrg. (92 S. m. 4 [3 farb.] Vollbildern u. Wandkalender.) gr. 8. Magdeburg, Faber'sche Buchdr. — 50

Neuer illustrierter **Kalender** für die Thüringischen Lande [Jg. 1] 1900. (Magdeburg: Faber 1906.) 8° [F.] [4. 1473

— neuer illustrierter, f. die thüringischen Lande. 1907. 2. Jahrg. (92 S. m. 4 [8 farb.] Vollbildern u. Wandkalender.) gr. 8. Magdeburg, Faber'sche Buchdr. — 50

— neuer illustrierter, f. die thüringischen Lande. 1911. 6. Jahrg. (92 S. m. 5 [4 farb.] Vollbildern u. Wandkalender.) gr. 8. Magdeburg, Faber'sche Buchdr. — 50

Neuer illustrierter Mitteldeutscher **Kalender**. [Jg. 1] 1906. (Magdeburg: Faber 1906.) 8° [F.] [4. 1474

— neuer illustrierter mitteldeutscher. 1907. 2. Jahrg. (92 S. m. 4 [3 farb.] Vollbildern u. Wandkalender.) gr. 8. Magdeburg, Faber'sche Buchdr. — 50

— neuer illustr. mitteldeutscher. 1911. 6. Jahrg. (92 S. m. 4 [3 farb.] Vollbildern u. Wandkalender.) gr. 8. Magdeburg, Faber'sche Buchdr. — 50

— — Neuer illustrirter östrerr., für das Jahr 1893. XXIV Jahrg. 12. (46 S.) —.12
Derselbe cartonnirt Wien: Perles 1892 —.20

Kalender, Neuer Korneuburger — auf das Jahr 1854. 8. Wien. Gedruckt bei Karl Ueberreuter. Korneuburg. Karl Walter, k. k. privil. Buchdrucker.

— — neuer Korneuburger, für das gemeine Jahr nach der Geburt Jesu Christi 1862. 16. (43 S.) Korneuburg, Kühkopf 14 kr

—— neuer Korneuburger, für das gemeine Jahr nach der Geburt Jesu Christi 1867. 44. Jahrg. 16. (45 S.) Korneuburg, Kühkopf. *

—— neuer Korneuburger, für die J. 1881—1885. 58.—62. Jahrg. 12. (à Jahrg. 42 S.) Korneuburg, Kühkopf's Buchh. à Jahrg. *

—— neuer Korneuburger, für das J. 1888. 65. Jahrg. 12. (42 S.) Korneuburg, Kühkopf. * — 25

—— neuer Korneuburger, f. d. J. 1890—93. 67.—70. Jahrg. 16. (à Jahrg. ca. 50 S.) Korneuburg, Kühkopf. à Jahrg. * — 24

— neuer Korneuburger, f. d. J. 1894. 71. Jahrg. 12. (42 S.) Korneuburg, J. Kühkopf n. — 24

— neuer Korneuburger, f. d. J. 1896. 73. Jahrg. 12. (42 S.) Korneuburg, J. Kühkopf. n. — 24

Kalender, Neuer Korneuburger, für das gemeine Jahr nach der Geburt Jesu Christi 1897. 74. Jahrg. 12. (53 S.) —.12, geb. —.23
Ebd.

— neuer Korneuburger, f. d. J. 1906. (55 S.) kl. 8. Korneuburg, J. Kühkopf. n. — 15

— neuer Korneuburger, f. d. J. 1910. 87. Jahrg. (54 S.) 16. Korneuburg, J. Kühkopf. — 15

Krakauer-Kalender, Neuer — auf das Jahr nach der Geburt Jesu Christi 1855. 12. (24 Blatt.) Wien. Gedruckt bei Karl Ueberreuter.

Krakauer Kalender, neuer — für das Schaltjahr nach der Geburt Jesu Christi 1856. Wien (o. A. d. J.). Gedruckt und zu haben bei Karl Ueberreuter. (24 Bl. kl. 8.)

Krakauer-Kalender, neuer — auf das Jahr nach der Geburt Jesu Christi 1857. Wien. Gedr. und zu haben bei Karl Ueberreuter. (22 Bl 8.)

Kalender, Neuer Krakauer — auf das J. nach der Geburt Jesu Christi 1858. Wien. Gedruckt bei Karl Ueberreuter. (24 S. 12.)

—— neuer Krakauer, auf das Jahr nach der Geburt Christi 1862. 16. Wien, Ueberreuter. 12 kr

—— neuer Krakauer, auf die Jahre nach der Geburt Jesu Christi 1863—67. 16. (à Jahrg. ca. 48 S.) Wien, Ueberreuter. à Jahrg. *

— neuer Krakauer, auf d. J. 1895. 12. (55 S.) Wien. (Leipzig, Literar. Anstalt A. Schulze) n. — 24

— neuer Krakauer, auf d. J. 1897. 12. (57 S.) Wien (Leipzig, Literar. Anstalt, A. Schulze). n. — 24

— neuer Krakauer, f. d. J. 1908. (61 S.) 16. Wien. (Korneuburg, J. Kühkopf.) nn — 15

—— neuer, für die österreichischen Landwirthe auf die J. 1871—1874. Hrsg. unter Mitwirkung hervorragender Fachmänner von Peter Nikol. Feuser. 1.—4. Jahrg. Mit Illustr. (in eingedr. Holzschn.). gr. 8. (XVIII, 143; XVI, 152; XVI, 148; XVI, 128 S.) Graz, Verlag Leykam-Josefsthal. 1871 * — 75
1872 * — 80
1873 und 1874 à * 1 —

—— neuer landwirthschaftlicher, für Steiermark und die angrenzenden Provinzen für die J. 1883 und 1884. Redig. von Friedr. Müller. 4. (.....; XVI, 107 S. mit Holzschn.) Graz, Verlagsh. „Leykam". cart. à Jahrg. *
Bildet die Fortsetzung zu: Feuser's neuer Kalender für Landwirthe

— neuer landwirthschaftl., f. Steiermark u. die angrenzenden Provinzen für das Gemeinjahr 1885. Redigirt von Friedr. Müller. 4. (XVI u. 108 S.) Graz, Verlag Leykam. Cart. 60 kr

—— neuer Leipziger, für das J. 1862. 4. (52 S.) Leipzig, Hennings. *
Mit sächs. Stempel *

— neuer Linzer. Ein Rathgeber in geistlichen u. weltlichen Dingen für die Jahre 1861—64. 1—4. Jahrg. Herausg. vom Zentral-Katholikenverein in Linz. Linz, Haslinger in Comm. gr. 8. Jeder Jahrg. (à ca. 100 S.) n. 10 ngr

— — neuer Linzer (St. Maximilians-Kalender), für das Bisthum Linz. 1868. Herausgegeben vom Central Katholiken-Verein in Linz. 8. (94 S.) Linz, Tanner's Verlag. 40 kr

Neuer *Kalender* der französischen Nation mit dem deutschen furs Jahr 1794 verglichen.
Calendrier pour l'an IIe de la Republique française
Leipzig 1794.
Paris Tiger

Neuer Calender fur Nord Amerika 1836 – 1852
Cover-title: Nord Amerikanischer Calender. Published by Georg W. Mentz und Sohn, 1836–42; by Mentz & Rovoudt 1843–1849; by William G. Mentz 1850–52
Philadelphia, PA

— neuer oldenburgischer, für den Bürger und Landmann auf die J. 1876—1878. 8. (à 24 S.) Oldenburg, Stalling. à Jahrg. *

Nicht weiter erschienen.

Kalender, Neuer Oesterreichischer — für das Schaltjahr 1856, von 366 Tagen. Wien. Bei Leopold Sommer. (30 Bl. 16.)

Kalender, Neuer Oesterr. — für das gemeine J. 1858, von 365 Tagen. Wien. Bei Leop. Sommer. (32 Bl. 12.)

— neuer österreichischer, auf die J. 1862—67. 15.—20. Jahrg. 16. (à Jahrg. ca. 32 S.) Wien, Sommer. F. Klemm. à Jahrg. *

— neuer österreichischer, für die J. 1868—1874. 21.—27. Jahrg. 16. (à 30 S.) Wien, (Klemm.) à Jahrg. * — 30

Kalender, neuer österreichischer, für die J. 1877—1880 nach der Geburt Jesu Christi. 16. (à ca. 48 S.) Wien, Perles. à Jahrg. * cart. à Jahrg. *

— neuer österreichischer, für die J. 1881—1885. 12. (à Jahrg. 48 S.) Wien, Perles. à Jahrg. *

— neuer österreichischer, für die J. 1886—1889. 12. (à Jahrg. ca. 48 S.) Wien, Perles. à Jahrg. * cart. à Jahrg. *

— neuer österreichischer, f. d. J. 1890—1893. 16. (à Jahrg. 48 S.) Wien, Perles. à Jahrg. * — 24; cart. * — 40

Kalender, Neuer österreichischer für das gemeine Jahr nach der Geburt Jesu Christi 1894. 12. (46 S.) Ebd. —.12

— neuer österreichischer, f. d. J. 1895 16. (48 S.) Wien, M. Perles. n. — 24; kart. n. — 40

Kalender, Neuer österreichischer, für das Schaltj. 1896. XXVII. Jahrg. 12. (88 S.) Ebd.

Kalender, Neuer österreichischer, pro 1897. XXVIII. Jahrg. 12. (44 S.) Ebd. —.12
Derselbe. Cartonnirt —.20

— neuer österreichischer, f. d. J. 1899. gr. 16 (49 S.) Wien, M. Perles. n. — 24; kart. n. — 40

— neuer österreichischer, f. d. J. 1903. gr. 16. (51 S.) Wien, M. Perles. n. — 16; kart. n. — 30

Neuer österr. Kalender für das Schaltjahr nach der Geburt Jesu Christi 1904. 8°. (46 S.) Ebd. K —.16

(F) Neuer österr. Kalender für das gemeine Jahr nach der Geburt Jesu Christi 1905. 8°. (46 S.) Ebd. K —.16

— neuer österreichischer, f. d. J. 1907. (52 S.) 16. Wien, M. Perles. n. — 16; kart. n. — 30

F) Neuer österreichischer Kalender für das Gemeinjahr 1910. 8° Ebd. K —.16, kart. K —.30

— neuer österreichischer, f. d. J. 1911. (52 S.) 16. Wien, M. Perles. — 16; kart. — 30

Kalender, neuer Prager, für Stadt und Land auf das J. 1853—59. Zugleich ein Jahrbuch der Unterhaltung u. unterhaltenden Belehrung für alle Staatsbürger jeden Berufes rc. Redig. von Frz. Klutschak. Der astronom. Theil von Jos. G. Böhm. Mit 1 Titelbild (Holzschn.) u. vielen in den Text eingedr. Holzschn. 7—13. Jahrg. Prag, Haase Söhne. 4. Jeder Jahrg. n. 10 ngr

Auch in böhmischer Sprache zu demselben Preise. Ebend.

— neuer Prager, für Stadt u. Land auf die Jahre 1860—65. Zugleich ein Jahrbuch der Unterhaltung u. unterhaltenden Belehrung für alle Staatsbürger jeden Berufes, als Geistliche, Beamte, Künstler rc. Red. von Frz. Klutschak. Der astronomische Theil von Jos. G. Böhm. Mit 1 Titelbild (in Holzschn.) u. vielen in den Text eingedr. Holzschn. 14—19. Jahrg. Prag, Haase Söhne. 4. Jeder Jahrg. (à ca. 170 S.) nn. 9½ ngr

Auch in böhmischer Sprache zu gleichem Preise.

— neuer Prager, für Stadt und Land auf die J. 1862—68. Zugleich ein Jahrbuch der Unterhaltung und unterhalt. Belehrung für alle Staatsbürger jeden Berufes, als Geistliche, Beamte, Künstler rc. Redig. von Frz. Klutschak. Der astronom. Thl. von Jos. G. Böhm. 16.—22. Jahrg. 4. (à Jahrg. ca. 168 S. mit 1 Titelbild in Holzschn. und vielen in den Text eingedr. Holzschn.) Prag, Haase Söhne. cart. à Jahrg. **

— neuer Prager, für Stadt und Land auf die J. nach Christi Geburt 1869—1875. Zugleich ein Jahrbuch der Unterhaltung und unterhaltenden Belehrung für alle Staatsbürger jeden Berufes, als Geistliche, Beamte, Künstler rc. Redig. von Frz. Klutschak. Der astronom. Thl. von Carl Hornstein. Mit 1 Titelbild (Holzschntaf.) und vielen in den Text eingedr. Holzschn. 23.—29. Jahrg. 4. (à ca. 168—180 S.) Prag, Verlag der Bohemia. cart. à Jahrg. **

— neuer Prager, für Stadt und Land auf die J. nach Christi Geburt 1876—1878. Zugleich ein Jahrbuch der Unterhaltung und unterhalt. Belehrung für alle Staatsbürger jeden Berufs, als: Geistliche, Beamte, Künstler rc. Redig. von Frz. Klutschak. Der astronom. Theil von Carl Hornstein. Mit 1 Titelbild (Holzschntaf.) und vielen in den Text eingedr. Holzschn. 30.—32. Jahrg. 4. (156; 160; 157 S.) Prag, Verlag der Bohemia. cart. à Jahrg. ** Auf Schreibpap. à Jahrg. **

— dass. — auf die J. nach Christi Geburt 1879 und 1880. Redig. von Jos. Willomitzer. Der astronom. Theil von Carl Hornstein. Mit 1 Titelbild (Holzschntaf.) und vielen in den Text eingedr. Holzschn. 33. und 34. Jahrg. 4. (à 160 S.) Prag, [Verlag der Bohemia.] Haase. cart. à Jahrg. ** Auf Schreibpap. à Jahrg. **

— neuer Prager, für Stadt und Land auf die J. 1881—1885. Zugleich ein Jahrbuch der Unterhaltung und unterhaltenden Belehrung für alle Staatsbürger jeden Berufes. Redig. von Jos. Willomitzer, der astronom. Theil von Carl Hornstein. Volksthümlich und allgemein verständlich. 35.—39. Jahrg. 4. (à Jahrg. ca. 160 S. mit 1 chromolithogr. Titelbild und vielen in den Text eingedr. Illustr.) Prag, Haase. cart. à Jahrg. *

— neuer Prager, f. alle Stände auf d. J. 1847—1849. Zugleich ein Jahrbuch der Belehrung u. Unterhaltung rc. Die astronom. Abtheilg. verfaßt von Karl Kreil. 1—3. Jahrg. 4. (192. 196 u. 192 S. mit Holzschn.) Prag, Haase Söhne. à baar n. ⅓ ℛ

— neuer Preußischer, auf das J. 1850. Meridian Berlin. Hrsg. v. der Redaction der Neuen Preuß. Zeitung. 4. (XX u. 74 S. mit 3 Lith.) Berlin, Brandis. n. ⅓ ℛ

— neuer preußischer, auf die J. 1850 und 1851. Meridian Berlin. Hrsg. von der Redaction der neuen preuß. Zeitung. Mit Abbildungen. 4. Berlin, Expedition. à Jahrg. *

— ders. für 1851. Hrsg. von der Redaktion der Neuen Preuß. Zeitung. 8. (XXXVI u. 154 S. mit 5 Holzschnitttaf. u. eingedruckten Holzschn.) Berlin, Expedition. (Carl Schultze's Buchdruckerei.) n. ⅓ ₰

— neuer preußischer, auf d. J. 1886. 16. (83 S.) Königsberg, Hartung. — 25; durchsch. — 30

— neuer Reichenberger, f. Stadt u. Land auf d. J. 1896. 7. Jahrg. 4. (139 S. m. Abb. u. farb. Titelbild.) Reichenberg, Gerzabek & Co. Kart. n. — 67

— neuer Römisch-Katholischer, 1853 für Conservative in Kirche und Staat von Bz. Jansa. Gratz, Dirnböck u. Mühlfeith. 8. (XX, 96 S.) n. 9 ngr.
Ohne astronom. Kalender u. d. T.: Römisch-Katholisches Volksbuch.

Neuer Schleswig-Holsteinischer Kalender für 1851 Mit Beiträgen v K J Clement, H. Zeise etc. hrgg. v Ernst Friedr Hammerich. Altona 1850 8°

—— neuer schleswig-holsteinischer, für 1851. Mit Beiträgen von K. J. Clement, H. Zeise, Magnusson, Adph. v. Bernburg, Alexander u. A. Hrsg. von Ernst Fr. Hammerich. 1. und 2., unveränd. Aufl. 8. (VIII und 88 S. mit 4 Stnt. in Tondr.) Altona 850, (Schlüter.)

—— neuer Schweizer, auf die J. nach Christi Geburt 1877—1880, enth. die rechte eidgenöss. Politik, Weltbegebenheiten und anmuth. und lehrreiche Geschichten. 4. (à 72 S. mit eingedr. Holzschn. und 1 Holzschntaf. in qu. gr. 4.) Basel, Schneider. à Jahrg. *

Neuer Calender für die Vereinigten Staaten 1846? - 1848? Philadelphia, PA
Published by R. Wilson Desilver

— neuer, unterhalt. u. belehrender, f. d. J. 1899. Große Ausg. 4. (60 S. m. Holzschn. u. 1 Bildn.) Ansbach, C. Brügel & Sohn. n. — 24; durchsch. n.n. — 25

— dasselbe. Kleine Ausg. 4. (36 S. m. Holzschn.) Ebd. — 18; durchsch. n. — 20

— neuer unterhaltender u. belehrender, f. d. J. 1908. (Umschlag: Ansbacher Kalender.) Kleine Ausg. 4. (60 S. m. Abbildgn.) Ansbach, C. Brügel & Sohn. Durchsch. — 20; große Ausg. 4. (84 S. m. Abbildgn. u. 1 Farbdr.) Durchsch. — 25

— neuer unterhaltender u. belehrender, f. d. J. 1907. (Umschlag: Ansbacher Kalender.) Kleine Ausg. (40 u. XVIII S. m. Abb. u. 1 Taf.) gr. 8. Ansbach, C. Brügel & Sohn. Durchsch. — 20; große Ausg. (64 u. XVIII S. m. Abbildgn. u. 1 Taf.) Durchsch. — 25

— neuer unterhaltender u. belehrender, f. d. J. 1911. (Umschlag: Ansbacher Kalender.) Kleine Ausg. (38, XVIII u. V S. m. Abb. u. 1 Taf.) gr. 8. Ansbach, C. Brügel & Sohn. — 20; große Ausg. (64, XVIII u. III S. m. Abb. u. 1 Taf.) — 25

— neuer vaterländischer, f. d. J. 1895. Große Ausg. 4. (65 S. m. Bildern, 1 Farbendr. u. 1 Wandkalender.) Ebd. — 50; mittlere Ausg. (49 S. m. Bildern u. 1 Farbendr.) — 40; kleine Ausg. (33 S. m. Bildern.) — 25

— neuer vaterländischer, f. d. J. 1898. Große Ausg. 4. (64 u. 4 S. m. Bild., 1 Farbdr. u. 1 Wandkal.) Ebd. — 50; mittle Ausg. (48 u. 4 S. m. Bild. u. 1 Farbdr.) — 40; kleine Ausg. (32 u. 4 S. m. Bildern) — 25

— neuer vaterländischer, f. d. J. 1902. Mit 2 Gratisbeilagen: 1 Buntdr.-Bild, 1 Marktverzeichnis. 4. (48 u. 8 S. m. Abbildgn.) Dresden-Blasewitz, Gustav-Adolf-Verlag. — 40
Fortsetzung, s.: Kalender, kgl. sächs. konzess. neuer, vaterl.

— neuer, verbesserter, christkatholischer Straubinger, f. d. J. 1903. 306. Jahrg. 4. (41 S. m. Abbildgn. u. 1 Farbdr.) Straubing, C. Attenkofer. n. — 20

— neuer, verbesserter, christkatholischer Straubinger, f. d. J. 1907. 310. Jahrg. (80 S. m. Abbildgn. u. 1 Farbdr.) Lex.-8. Straubing, C. Attenkofer. n. — 20

Kalender, neuer verbesserter, christkatholischer Straubinger, f. d. J. 1911. 314. Jahrg. (60 u. 9 S. m. Abb. u. 1 Farbdr.) gr. 8. Straubing, C. Attenkofer's Verl. — 25

—— neuer, verbess. hundertjähriger, v. 1837 — 1937. 1. Aufl. (12½ B.) 837. u. 2. Aufl. 8. (17½ B.) Linz 839, Huemer. à

—— neuer, für das evangelisch-lutherische Volk von E. Kähler und Chr. Jensen. 1876—1880. 8. (LIV, 82; 164; 152; 152; 160 S.) [Bredstedt.] Breklum, Christl. Buchh. à Jahrg. *

⊙ Neuer Kalender für das evangelisch-lutherische Volk v Ernst Kähler und Christian Jensen 8°
1877, 2 Aufl. 1878 Bredstedt o J 1879—80 Breklum o J

—— neuer, für das evangelisch-lutherische Volk von E. Kähler und Chr. Jensen. 1881—1885. 8. (à Jahrg. ca. 152 S.) Bredlum, Christl. Buchhandlung. à Jahrg. *

—— neuer, für Zeit und Ewigkeit für das J. 1862. Hrsg. von einem kathol. Geistlichen. 1. Jahrg.: Die zwölf Sternbilder des Thierkreises. gr. 8. (75 S. mit eingedr. Holzschn.) Coesfeld, Wittneven Sohn. *

—— neuer, für Zeit und Ewigkeit für das J. 1863. Hrsg. von einem kathol. Geistlichen. 2. Jahrg.: Die acht Seligkeiten. gr. 8. (75 S. mit eingedr. Holzschn.) Coesfeld, Wittneven Sohn. *

—— dass. — für das J. 1864. 3. Jahrg.: Die drei göttlichen Tugenden. gr. 8. (80 S. mit eingedr. Holzschn.) Ebendas. *

Der Neueste, Verbessert- und Zuverlässige Americanische Calender no 1—20 1763—1780?
Cover title PHILADELPHISCHER CALENDER Edited & published by Heinrich Miller
Philadelphia, PA

— neuester hundertjähr., vom J. 1818 an bis 1918. Enthält ein vollständ. Verzeichniß aller Kirchen- u. Namensfeste d. kathol., protestant. u. griech.-russ. Kirche, einen Kalender für alle bewegl. Feste ꝛc. 6e Aufl. gr. 8. Pesth 818. Hartleben. 12 gr

— neufranzösischer 100jähriger, m. d. Gregorianischen verglichen ꝛc. Gotha, Becker.

—— neumärkischer, für die J. 1886—1889. 12. (à Jahrg. ca. 175 S. mit je 1 chromolithogr. Titelbilde und zahlreichen Illustr.) Landsberg a. W., Volger und Klein. à Jahrg.

Kalender, Neusatzer — für das Schaltjahr 1856. Erster Jahrgang. Semlin 1855. Gedruckt bei J. C. Soppron. Neusatz. Verlags-Eigenthum von Ignaz Fuchs, Buchhändler. (64 S. 8.)
Inhalt: Aus dem Leben Kaiser Josefs II.

Calender. Neu verfertigter u. zu gemeinem Besten unbrauchbarer (so!), angefullt mit unterschiedlichen Seltenheiten und Wundersammen Astrologische (so!) Fragen vor die studirende Jugend in Grönland etc. Mit Titelvignette in Kpfst. (Hanswurstfigur, am Kopf der Name *Godefridus Prehauser*, am Fuße die Worte „Inter Vienn. Comicos dictus *Hanns Wurst*"). O. O. (Wien) 1730 (im Chronogramm). 4° 8 Bll

Nidwaldner Kalender f. 1873. 40 Stn. 4. Stans, K. v. Matt. —. 25

Ein niederdeutscher **Kalender** aus Lübeck auf das Jahr 1491 [Unterzeichnet:] C[arl] Curtius. Mit 1 Facs. Lübeck Gebr. Borchers 1906. (2 Bl.) 4° [Kopft. F.]
Festgabe z. 35. Versammlung d. Hansischen Geschichtsvereins zu Lübeck. 1906.
= **Blätter**, Vaterstädtische (Lübeck) No 23, Beil [06. 1910

— niedersächsischer, f. Stadt u. Land. 1890. 4. (64 S. m. Illustr., 1 Farbendr. u. 1 Wandkalender.) Bremen, Meierdierks. n. — 50

— u. Notizbuch f. Alpen-Reisende. 1872. 8. (VIII, 441 S.) Leipzig, Liebeskind. geb. n. 3. —

— u. Notizbuch f. Kaninchen-Züchter auf d. J. 1907. Hrsg. v. Thdr. Weippl. (80 S) kl. 8. Wien, Huber & Lahme Nachf. Geb. in Leinw. n. — 70

Kalender, Offenbacher, m. K. f. Taschenkalender, Offenbacher.

„Oekonomischer Kalender für Landwirthe in Mähren ", 16 Jahrgänge, Brünn 1813—1829 (Gastl).

— — ökonomischer, für Landwirthe überhaupt und insbesondere f. d. Wirthschaftsbeamten in Mähren u. Schlesien auf d. J. 1819. 4. Brünn. (Prag, Calve in C.)

—— oldenburgischer neuer, für den Bürger und Landmann auf das J. 1850. 8. (24 S.) Oldenburg 849, Stalling.

—— oldenburgischer neuer, für den Bürger und Landmann auf die J. 1858—62. 8. (à Jahrg. 24 S.) Oldenburg, Stalling. à Jahrg. **

—— oldenburgischer verbesserter kleiner, auf das J. 1850. 16. (48 S.) Oldenburg 849, Stalling.

—— oldenburgischer verbesserter kleiner, auf die J. 1858—62. 16. (à Jahrg. ca. 48 S.) Oldenburg, Stalling. à Jahrg. **

Kalender, Olmützer — auf das Jahr nach Christi Geburt 1857, welches ein gewöhnliches Jahr von 365 Tagen ist. Olmütz. Gedruckt und zu haben bei F. Slawik (24 Bl. kl. 8.)

Kalender, Olmützer katholischer — auf das Jahr nach Christi Geburt 1858, welches ein gewöhnliches Jahr von 365 Tagen ist. Olmütz. Gedruckt und zu haben bei F. Slawik. (24 Bl. 12.)

—— olmützer, katholischer, auf das J. 1861 nach Christi Geburt. Taschenformat. Olmütz 860, Slavik.

—— für Optiker und Mechaniker 1888 und 1889. Hrsg. von Berthold Pensky. 16. (VI, 128, 200; 136, 200 S.) Naumburg, Schirmer's Verlag. geb. in Leinw. à Jahrg. *
geb. in Leder à Jahrg. *

— für Optiker u. Mechaniker f. d. J. 1892. Hrsg. v. e. bewährten Fachmann 1. Jahrg. gr. 16. (IV, 88 S. m. Illustr.) Dresden, J. Bloem. Geb. in Leinw. n. 1.25
Nicht weiter erschienen.

—— für die drei Orden des heil. Vaters Franziscus Seraphicus für die J. 1880—1885. 16. (à Jahrg. ca. 15 S.) Mainz, Frey. à Jahrg.

—— für die drei Orden des heil. Vaters Franziscus Seraphicus für die J. 1886—1889. 16. (à Jahrg. ca. 15 S.) Mainz, Frey. à Jahrg.

—— für d. Orientalisten-Kongress 1889/90. Den Mitgliedern d. VIII. internat. Orient.-Kongr. gewidmet v. d. Officin W. Drugulin in Leipzig. Nicht im Handel.
20 Streifen, je 39,5 cm. lang, auf d. einen Seite d. Kalendarium m. Angabe d. Sterbetage berühmter Orientalisten, auf der andern Orig.-Beiträge in oriental. Sprachen u. Schriften nebst d. deutschen Uebers., von Georg Ebers, Frz. Prätorius, A. Socin, M. Chamizer, G. v. d. Gabelentz, E. A. Wallis Budge, D. Kaufmann, H. C. Klinkert, Wahrmund, A. Merx, M. Heidenheim, Böhtlingk, E. Nestle, W. Radloff.

Calender, Hochlobl. XIII Orten Neu und alter. 1721. 23. 24. 28. 31. Zürich. H (1721. 23): *Fäsi, Joh. Jac.* H (1724. 28. 31): *Vogel, Joh. Hnr.* (Cat. d. Stadtbibl. Zürich. Zürich 1864—97.)

— für die Ortsgeschichte u. Heimatskunde im Kreise Eckartsberga auf d. J. 1903. 8. Jahrg. 4. (80 S. m. Abbildgn. u. Wandkalender.) Wiehe. (Leipzig, F. Schneider.) n. — 35

— für Ortsgeschichte u. Heimatskunde im Kreise Eckartsberga auf d. J. 1907. 12. Jahrg. (88 S. m. Abbildgn. u. Wandkalender.) gr. 8. Wiehe. (Leipzig, F. Schneider.) n. — 35

— für Ortsgeschichte u. Heimatskunde im Kreise Eckardtsberga auf d. J. 1911. 16. Jahrg. (96 S. m. Abb., 1 Taf. u. Wandkalender.) gr. 8. Wiehe. (Leipzig, F. Schneider.) — 35

— f. Ortsgeschichte u. Heimatskunde v. Halle u. dem Saalkreise f. d. J. 1899. 8. (112 S. m. Wandkal.) Halle, C. A. Kaemmerer & Co. n. — 30

— für Ortsgeschichte u. Heimatskunde v. Halle, Saalkreis u. Umgebung f. d. J. 1903. 8. (96 S. m. Titelbild.) Halle, C. A. Kaemmerer & Co. n. — 30

— für Ortsgeschichte u. Heimatskunde von Halle, Saalkreis u. Umgebung f. d. J. 1906. (32 u. 66 S. m. 1 Taf.) 8. Halle, C. A. Kaemmerer & Co. n. — 30

— für Ortsgeschichte u. Heimatskunde v. Halle, Saalkreis u. Umgebung f. d. J. 1911. (32 u. 56 S. m. Titelbild.) 8. Halle, C. A. Kaemmerer & Co. — 30

— dasselbe im Saalkreise f. d. J. 1898. 8. (112 S.) Ebd. — 30

— dasselbe, Fortsetzg., s.: Kalender f. Ortsgeschichte 2c. v. Halle u. d. Saalkreise.

— ostdeutscher, für Land- u. Forstwirthschaft, Obst-, Wein- u. Gartenbau, Gräser- u. Milchwirtschaft, Pferde-, Vieh-, Bienen-, Fisch- u. Geflügelzucht, landwirthschaftliche Maschinen, Molkereiwesen, Brennerei, wie überhaupt sämmtl. die Landwirthschaft berühr. Kreise Ost- u. Westpreußens, Pommerns, Posens u. Schlesiens pro 1895/96. gr. 8. (78 S. m. Abb.) Königsberg, Haasenstein & Vogler. n. — 50

— Oesterreichischer. Ein Jahrbuch für Gewerbe, Industrie, Handel und Volkswirthschaft auf das Jahr 1855 u. 56. Redig. von Jos. Auspitz. Der astronom.-mathemat. Theil berechnet von Flor. Schindler. 1. u. 2. Jahrg. Brünn, Hauptmann. Lex.-8. (1. Jahrg.: XXXVI, 304 S.; 2. Jahrg.: 1 Bl., 306 S., m. lith. Bildn. u. Holzschn.) Jeder Jahrg. n. 28 ngr.

Kalender, Oesterreichischer —. Ein Jahrbuch für Gewerbe, Industrie, Handel und Volks-Wirthschaft auf das gemeine Jahr 1855 Redigirt von Josef Auspitz. Herausgegeben von Alex. Hauptmann. Der astronomisch-mathemat. Theil berechnet von Dr Florian Schindler, Director der k. k. technischen Lehranstalt in Brünn. — Mit den lithographirten Bildnissen Sr. Excellenz des Grafen v. Thun, k. k. Ministers des Kultus und Unterrichtes, und Sr. Excellenz des Grafen Leopold Lazansky, k. k. Stadthalters von Mähren, mit xylographischen Portraits bekannter Industrieller und mit erläuternden Zeichnungen im Texte. gr. 8. (VII et 304 S.) Brünn. Verlag von Alex. Hauptmann. Gedruckt bei A. Rohrer's Erben.

Kalender, Oesterreichischer —. Ein Jahrbuch für Gewerbe, Industrie, Handel und Volkswirthschaft auf das Schaltjahr 1856. Redigirt von Josef Auspitz. Zweiter Jahrgang. Mit einem lithogr. Bildnisse des k. k. Unterstaats-Sekretärs Josef Alex. Freiherrn von Helfert. Brünn. Druck von R. Rohrer's Erben. Verlag von Alexander Hauptmann. (XII. 306 S. 7 Bl. 4.)

— österreichischer, f. d. J. 1899. Gezeichnet von Heinr. Lepler u. Jos. Urban im Auftr. d. k. k. Ministeriums f. Cultus u. Unterricht f. d. Monatsschrift d. österreich. Museums „Kunst u. Kunsthandwerk". gr. 4. (25 Bl. m. farb. Abb.) Wien, Artaria & Co. n. 7. —

Österreichischer Kalender für Elektrotechniker Hrsg von F Uppenborn, Stadtbaurat. Jg 1, T. 1 München & Berlin R Oldenbourg 1904. 8° Jos. Kley

— österreichischer, f. Elektrotechniker. Unter Mitwirkg. des elektrotechn. Vereines in Wien hrsg. v. F. Uppenborn. 4. Jahrg. 1907. 2 Tle. (IX, 498 S. m. 269 Fig. u. 6 Taf., Schreibkalender u. VI, 397 S. m. 111 Fig.) kl. 8. Ebd. Geb. in Ldr. u. geh. n. 5. —

— österreichischer, f. Elektrotechniker. Begründ. v. F. Uppenborn. In neuer Bearbeitg. hrsg. v. G. Dettmar. In 2 Tln. 8. Jahrg. 1911. (XI, 555 S. u. Schreibkalender m. 245 Fig. u. 1 Taf. u. VII, 344 S. m. 144 Fig.) kl. 8. Ebd. Geb. in Ldr. u. geh. 5. —

Kalender, Österreichischer landwirtschaftlicher, 1861 - 1882, s. Taschenkalender für den Landwirt.

—— österreichischer landwirthschaftlicher, 1882. Begründet im J. 1861 als Suppl. zum „Jahrbuch für österreich. Landwirthe" und hrsg. von A. E. Ritter v. Komers. 22. Jahrg. Redig. von Fel. Zeller. 2 Thle. gr. 16. (VIII, 182; 389 S.) Prag, Calve'sche Universitäts-Buchh. geb. in Lederbrieftasche *

Frühere Jahrg. u. d. T.: Landwirthschaftlicher Geschäftskalender.

Kalender, österreichischer landwirthschaftlicher, begründet u. in den Jahren 1861—1882 hrsg. von A. E. Ritter v. Komers, für 1883 hrsg. von Jos. Ritter v. Bertel. 23. Jahrg. Red. von Fel. Zeller. 2 Thle. gr. 16. (304 u. IV, 261 S.) Prag, Calve. geb. u. geh. n. 4. —

— österreichischer landwirthschaftlicher, begründet u. in den J. 1861—1882 hrsg. v. A. E. Ritter v. Komers, f. 1884 hrsg. von Jos. Ritter v. Bertol. 24. Jahrg. Red. v. Fel. Zoller. gr. 16. (362 S.) Prag, Calve. geb. n. 3. —

Oesterreichischer Kalender für Thierärzte für das Jahr 1901. Herausgegeben vom Vereine der Thierärzte in Wien. VIII. Jahrgang. Redigirt von August Postolka. Wien. Fromme. 8°. VIII, 231 S. mit 1 Karte. Geb. K 3.20

Vorh. u. d. T.. Kalender, Fromme's ..

— österreichischer, f. Thierärzte f. d. J. 1903. Hrsg. vom Vereine der Thierärzte in Oesterreich. 10. Jahrg. Red. v. J. C. Gerstenberger. gr. 16. (VIII, 239 S. u. Tagebuch.) Wien, C. Fromme. Geb. in Leinw. n. 3.20

Österr. Kalender für Tierärzte für das Jahr 1904. 11. Jahrg. 16°. (239 S.) Ebd. geb. K 3.20

Österr. Kalender für Tierärzte für das Jahr 1905. 12. Jahrg. 16°. (VIII, 243 S.) Ebd. geb. K 3.20

Österr. Kalender für Tierärzte für das Jahr 1906. 13. Jahrg. 16°. (235 S.) Ebd. geb. K 3.20

— österreich., f. Tierärzte f. d. J. 1907. Hrsg. vom Verein der Tierärzte in Oesterreich. 14. Jahrg. Red. v. J. C. Gerstenberger. (VIII, 233 S. u. Tagebuch.) kl. 8. Wien, C. Fromme. Geb. in Leinw. n. 3. 20

Österreichischer Kalender für Tierärzte für das Jahr 1909. 16. Jahrg. 8°. (233 S.) Ebd. geb. K 3.20

— österreichischer, f. Tierärzte f. d. J. 1911. Hrsg. v. Verein d. Tierärzte in Österreich. 18. Jahrg. Red. v. J. C. Gerstenberger. (VIII, 227 S. u. Tagebuch.) kl. 8. Wien, C. Fromme. Geb. in Leinw. 3. 20

—— oesterreichischer 12 kr, für das J. nach der Geburt Jesu Christi 1869—1874. 77.—82. Jahrg. gr. 16. (à 36 S.) Wien, Perles. à Jahrg. * — 25

Kalender, Oesterr.-ung., für Steinmetzer u. Steinbruchbesitzer, mit vollständigem Adreßverzeichniß der Firmen in Oesterreich-Ungarn. I. Jahrgang. 1895. Herausgegeben von Wulkan u. Neubrunn. 16. (108 S.) In Lnwd. geb. Ebd 1.60

Kalender, Oesterr.-ungar. für Steinmetzer. Steinbruch- und Ziegeleibesitzer, mit vollständigem Adreßverzeichniß der Firmen in Oesterreich-Ungarn. II. Jahrgang. 1896. Herausgegeben von Leopold Steiner. 16. (240 S.) In Lnwd geb. 1.60 Ebd.

— österreich.-ungarischer, f. Steinmetze, Steinbruch- u. Ziegeleibesitzer, m. vollst. Adressverzeichniss der Firmen in Oesterreich-Ungarn. 5. Jahrg. 1899. 12. (IV, 198 S. m. Abb. u. Tagebuch.) Wien, M. Perles. Geb. in Leinw. n. 3. —

—— ost- und westpreußischer, auf die J. 1888 und 1889. 12. (79; XXIV, 68 S.) Ebendas. à Jahrg. Durchsch. à Jahrg.

—— ost- u. westpreußischer, auf d. J. 1890—1893. 16. (à Jahrg. ca. 30 u. 70 S.) Königsb. i. Pr., Hartung. à Jahrg. roh — 20; geh. — 25; u. durchsch. — 30

— ost- u. westpreußischer, f. d. J. 1895. gr. 16. (26 u. 98 S.) Königsberg, Hartung. roh n. — 20; geh. — 25: durchsch. — 30

— ost- u. westpreußischer, auf d. J. 1899. gr. 16. (26 u. 87 S.) Königsberg, Hartung. — 25; durchsch. — 30

— ost- u. westpreußischer, auf d. J. 1903. gr. 16. (26 u. 105 S.) Königsberg, Hartung. — 25; durchsch. — 30

— ost- u. westpreußischer, auf d. J. 1904. (26 u. 97 S.) gr. 16. Königsberg, Hartung. — 25; durchsch. — 30
Fortsetzg. s.: Volks-Kalender.

—— pädagogischer, auf das Schaltj. 1872. Tage- und Jahrbuch für Schule und Haus. Hrsg. von W. Stähler und Ph. Dönges. 1. Jahrg. 16. (XVI, 89 S.) Bonn, Habicht. * — 75

— pädagogischer, auf d. Schaltj. 1872. Tage- u. Jahrbuch f. Schule u. Haus Hrsg. v. W. Stähler u. Ph. Dönges. 1. Jahrg. 16. (XVI, 89 S.) Bonn. Mainz, Lesimple. n. — 75

—— für Papier-Fabrikanten und Ingenieure der Papierbranche. Von Aug. Erfurt. 1. Jahrg. 1878. gr. 16. (VI, 155, 54 S. mit eingedr. Holzschn. und 1 lithogr. und color. Eisenbahnkarte.) Leipzig, Baumgärtner's Buchh. geb. *

—— für Papier- und Holzstoff-Fabrikanten. Von Aug. Erfurt. 2. und 3. Jahrg. 1879 und 1880. gr. 16. (VI, 182, 54; VI, 221 S. mit eingedr. Holzschn. und 1 lithogr. und color. Eisenbahnkarte.) Ebendas. geb. 1879 *
geb. 1880 *

Calender des Teutschen Parnasses auf das Jahr 1809—11. Leipzig 1809—11. H: *Breitenbauch*, *Georg August von.* (Ky) (MGT)

— des deutschen Parnasses 1811, (von G. A. v. Breitenbauch). 12. Leipz., Feind. 6 gr.

—— der Patronsfeste im Bisth. Straßburg v. e. Priester d. Bisthums. 12. (24 S.) Straßb., (Le Roux u. Comp.). * — 20

Pennsylvanischer Calender . 1796—1798:
Edited & published by Salomon Mäyer, 1796, by Benjamin Mäyer 1797—98
Ephrata, PA

Pennsylvanischer Calender 1799 — : York, PA
Edited & published by Salomon Mäyer

—— des sächsischen Pestalozzivereins 1887 und 1888. Zum Gebrauche für Geistliche und Lehrer im Königreich Sachsen hrsg. 41. und 42. Jahrg. Redact.: Wille. gr. 16. (à Jahrg. ca. 192 S.) Dresden. (Leipzig, Klinkhardt.) geb. à Jahrg. *
Jahrg. 1886, s. Amtskalender für sächsische Geistliche und Lehrer. — Jahrg. 1889, s. Amtskalender für Lehrer im Königreich Sachsen.

— des sächsischen Pestalozzivereins (Pestalozzi-Kalender) auf d. J 1895. Hrsg. zum Gebrauche f. Lehrer im Königr. Sachsen. 49. Jahrg. Red.: Heinr. Wehrmann. 2 Tle. gr. 16. (141 S, Schreibkalender u. 116 S.) Dresden. (Leipzig, J. Klinkhardt.) Geb. in Leinw. n. 1. 50
Bisher u. d. T.: Amtskalender f. Lehrer im Königr. Sachsen.

— d. sächs. Pestalozzivereins (Pestalozzi-Kalender) auf d J. 1899. Hrsg. zum Gebrauche f. Lehrer im Königr. Sachsen. 53 Jahrg. Red.: Heinr. Wehrmann. Nebst Jahrbuch. Sächs. Schulchronik. 52. Jahrg. Zusammengest. v K O. Immisch. 12. (208 S., Schreibkalender u. 188 S. m. 1 Bildn.) Dresden. (Leipzig, J. Klinkhardt.) Geb. in Leinw. u. geh. n. 1. 50

— des sächsischen Pestalozzivereins (Pestalozzi-Kalender) auf d. J. 1903. Hrsg. zum Gebrauche f. Lehrer im Königr. Sachsen. 57. Jahrg. Mit e. Bilde v. Ludw. Richter. Bearb. v. Osk. Ostermai. Nebst Jahrbuch. Sächsische Schulchronik. 56 Jahrg 12. (224 S., Schreibkalender u. 183 S.) Dresden. (Leipzig, J. Klinkhardt.) Geb. in Leinw. u. geh. n. 1. 50

— des sächs. Pestalozzivereins auf d. J. 1907. Hrsg. zum Gebrauche f. Lehrer im Königr. Sachsen. 61. Jahrg. Bearb. v. Osk. Ostermai. Mit Jahrbuch. Mitteilungen aus dem sächs. Volksschulwesen u. aus den Seminaren Sachsens auf die Zeit vom 1. X. 1905 bis 30. IX. 1906. 60. Jahrg. 2 Tle. (Einbd.: Pestalozzi-Kalender.) (192, 32 u. 224 S. m. 1 Bildnis.) kl. 8. Dresden. (Leipzig, J. Klinkhardt.)
Geb. in Leinw. u. geh. n. 1. 50

— des sächs. Pestalozzivereins auf d. J. 1911. Zum Gebrauche f. Lehrer im Königr. Sachsen. 65. Jahrg. Bearb. v. Osk. Ostermai. Mit Jahrbuch. Mitteilungen aus dem sächs. Volksschulwesen u. aus den Seminaren Sachsens auf die Zeit v. 1. X. 1909—30. IX. 1910. 64. Jahrg. 2 Tle. (192, 32 u. 234 S. m. 1 Bildnis-Taf.) kl. 8. Dresden. Leipzig, J. Klinkhardt.
Geb. in Leinw. u. geh. 1. 50

Kalender, Pharmaceutischer,
s.a. Kalender, Fromme's pharmaceutischer.

—— pharmaceutischer, für die J. 1860 und 1861. Mit Genehmigung Sr. Exc. des Hrn. Ministers der geistlichen, Unterrichts- und Medicinal-Angelegenheiten und mit Benutzung der Ministerial-Acten. 1. und 2. Jahrg. 16. (à Jahrg. IV und 282 S.) Berlin, A. Hirschwald. geb. à Jahrg. *

—— pharmaceutischer, 1882—1885. Mit Notizkalender zum tägl. Gebrauch, nebst Hilfsmitteln für die pharmaceut. Praxis. Mit je einer Beilage: Pharmaceutisches Jahrbuch. 11.—14. Jahrg. [22.—25. Jahrg. des Pharmaceut. Kalenders für Norddeutschland.] gr. 16. (à Jahrg. ca. 400 S.) Ebendas.
geb. in Leinw. und geh. à Jahrg. *
geb. in Ldr. à Jahrg. *

—— pharmaceutischer, 1886 und 1887. Mit Notizkalender zum tägl. Gebrauch, nebst Hilfsmitteln für die pharmaceut. Praxis. Hrsg. von Ewald Geissler. 15. und 16. Jahrg. [26. und 27. Jahrg. des Pharmaceut. Kalenders für Norddeutschland.] à Jahrg. 2 Thle. gr. 16. (285, 354; XXII, 559 S.) Berlin, Springer. geb. in Leinw. und geh. à Jahrg. *
geb. in Leder und geh. à Jahrg. *

Kalender, pharmaceutischer, 1888 und 1889. Hrsg. von H. Böttger und B. Fischer. 17. und 18. Jahrg. [28. und 29. Jahrg. des Pharmaceut. Kalenders für Norddeutschland.] à Jahrg. 2 Thle. gr. 16. (546; 564 S.) Berlin, Springer.
geb. in Leinw. und geh. à Jahrg. * 3 —
geb. in Leder und geh. à Jahrg. * 3 50

—— pharmaceutischer, 1890—1893. Mit Notizkalender zum tägl. Gebrauch, nebst Hilfsmitteln f. die pharmaceut. Praxis. Hrsg. v. H. Böttger u. B. Fischer. à Jahrg. 2 Thle. 19.—22. Jahrg. [30.—33. Jahrg. d. Pharm. Kalenders f. Norddeutschland.] gr. 16. (XXIV, 106; 151, 304; XXIV S. Schreibkal., 125, 106, 168 S.; III, 58, 118, CLXX, 208; XXVI S., Schreibkal., 123, 30, CX, 164 S.) Berl., J. Springer. geb. in Leinw. u. geh. à Jahrg. * 3 —
geb. in Ldr. u. geh. à Jahrg. * 3 50

— pharmaceutischer, 1895. Mit Notizkalender zum tägl. Gebrauch, nebst Hilfsmitteln f. die pharmaceut. Praxis. Hrsg. v. H. Böttger u. B. Fischer. 2 Thle. 24. Jahrg. [35. Jahrg. d. Pharm. Kalenders f. Norddeutschland.] gr. 16. (XXVI S., Schreibkalender, 180; 30; CXXX u. 172 S. m. 1 Karte.) Berlin, J. Springer. Geb. in Loinw. u. geh. n. 3. —; in Ldr. u. geh. n. 3. 60

— pharmaceutischer. 1899. M. Notizkal. z. tägl. Gebrauch, nebst Hilfsmitteln f. d. pharmaceut. Praxis. Hrsg. v. B. Fischer u. G. Arends. 2 Tle. 28. Jahrg. (39. Jahrg. d. Pharm. Kalenders f. Norddeutschland.) gr. 16. (XXVI S., Schreibkal., 206; II, 66, CXXIV u. 183 S. m. 1 Karte.) Berlin, J. Springer. Geb. in Leinw. u. geh. n. 3. —; in Ldr. u. geh. n. 3. 50

— pharmaceutischer, 1902. Mit Notizkalender zum tägl. Gebrauch, nebst Hilfsmitteln f. die pharmaceut. Praxis. Hrsg. v. B. Fischer u. G. Arends. 2 Tle. 31. Jahrg. (42. Jahrg. d. Pharm. Kalenders f. Norddeutschland.) 12. (XXV S., Schreibkalender, 243; II, 240 u. 185 S. m. 1 Karte.) Berlin, J. Springer. Geb. in Leinw. u. geh. n. 3. —; in Ldr. u. geh. n. 3.50

— pharmazeutischer, 1907. Hrsg. v. G. Arends. 2 Tle. 36. Jahrg. (47. Jahrg. des Pharm. Kalenders f. Norddeutschland.) (XXVIII S., Schreibkalender, 270, VII, 322 u. 170 S. m. 1 Karte.) kl. 8. Berlin, J. Springer. Geb. in Leinw. u. geh. n. 3. —; in Ldr. u. geh. n. 3. 50

— pharmazeutischer. 1911. Hrsg. v. G. Arends u. E. Urban. 2 Tle. 40. Jahrg. (51. Jahrg. des Pharm. Kalenders f. Norddeutschland.) (XXVIII S., Schreibkalender, 291, VIII, 320 u. 191 S. m. Fig. u. Beilage 11 S., S. 44—54 u. 150—152.) kl. 8. Berlin, J. Springer. Geb. in Leinw. u. geh. 3.—; in Ldr. u. geh. n 3.50

Kalender, pharmaceutischer f. Deutschland 1883 12 Jahrg Gbd 1 80

—— pharmaceutischer, für Norddeutschland auf das J. 1861. Nebst Notiz-Kalender zum täglichen Gebrauch. Mit einer Beilage: Pharmaceutisches Jahrbuch. Regeln und Hilfsmittel für pract. Pharmacie, Nomenclatur der Volksarzneimittel, namentl. Verzeichniss der Apotheker Nord-Deutschlands etc. 1. Jahrg. 2 Thle. 16. (CLII und 178 S.) Berlin 861, Springer's Verlag. geb. *

—— dass. — auf das J. 1862. Mit Notiz-Kalender zum täglichen Gebrauch, nebst Regeln und Hilfsmittel für pract. Pharmacie. Mit einer Beilage: Pharmaceutisches Jahrbuch. Chemische Ausmittelung der Gifte, namentl. Verzeichniss der Apotheker Nord-Deutschlands etc. 2. Jahrg. 2 Thle. 16. (CLXXXI und 126 S.) Ebendas. (861)62. geb. *

—— pharmaceutischer, für Nord-Deutschland auf die J. 1863 und 1864. Nebst Notizkalender zum tägl. Gebrauch. 3. und 4. Jahrg. 16. (CIV und 167 S., CIV und 194 S.) Berlin, Springer's Verlag. à Jahrg. *

— pharmaceutischer, für Nord-Deutschland auf die J. 1865—70. Mit Notizkalender zum tägl. Gebrauch, nebst Hilfsmitteln für die pharmaceut. Praxis. Mit einer Beilage: Pharmaceutisches Jahrbuch. 5—10. Jahrg. Berlin, Springer's Verl. 16. (III, 209 S., IX, 275 S., X, 306 S., X, 326 S., XI, 329 S., XI, 349 S.) geb. Jeder Jahrg. n. 25 ngr.

Kalender, pharmaceutischer, für das deutsche Reich auf die J. 1872—1875. Mit Notizkalender zum tägl. Gebrauch nebst Hilfsmitteln für die pharmaceut. Praxis. Mit einer Beilage: Pharmaceut. Jahrbuch. 1.—4. Jahrg. [12.—15. Jahrg. des pharmaceut. Kalenders für Norddeutschland.] 16. (XCVI, 71, III, 219; XCVI, 57, III, 245; XCVI, 59, III, 248; CXIV, 52, LIV, 150 S.) Ebendas. 1872 * 1873—1875 à *

—— pharmaceutischer, für das deutsche Reich auf die J. 1876—1880. Mit Notizkalender zum tägl. Gebrauch nebst Hilfsmitteln für die pharmaceut. Praxis. Mit einer Beilage: Pharmaceutisches Jahrbuch. 5.—9. Jahrg. [16.—20. Jahrg. des pharmaceut. Kalenders für Norddeutschland.] 16. (CCX, 49, XCVI, 148; CLXXVIII, 45, XCIX, 151; CLXXVIII, 52, LXIV, 163; CLXIV, 47, 251; CLXIV, 59, 55, LX, 160 S.) Berlin, Springer. geb. und geh. à Jahrg. *

—— pharmaceutischer, für das Deutsche Reich auf das J. 1881. Mit Notizkalender zum tägl. Gebrauch, nebst Hilfsmitteln für die pharmaceut. Praxis. Mit einer Beilage: Pharmaceutisches Jahrbuch. gr. 16. (216, LXXV, 162 S.) Berlin, Springer. geb. und geh. *

Kalender, pharmaceutischer, für Scherz und Ernst nebst drastischen und narkot. Prophezeihungen auf das Jahr 1849. 1. Jahrg. gr. 8. (LXIV und 48 S.) Wesel, Klönne. Thlr. *

—— pharmaceutischer, für Süddeutschland auf die J 1863 und 1864. Hrsg. von F. Vorwerk. gr. 16. (à Jahrg IV und 212 S.) Heidelberg, Weiss. geb. à Jahrg. *

Kalender, pharmaceutischer, für Süddeutschland auf die J. 1865 und 1866. Hrsg. von F. Vorwerk. 3. und 4. Jahrg. gr. 16. (IV und 208 S., IV und 215 S.) Heidelberg, Weiss. geb. à Jahrg. *

—— dass. — auf das J. 1867. Hrsg. von F. Vorwerk. 5. Jahrg. gr. 16. (XVI und 205 S.) Speyer, Kleeberger. geb. * –

— für Photographie u. verwandte Fächer. Jahrg. 1895. Jahrbuch f. Fachphotographen u. Amateure, unter Mitwirkg. v. Arth. Baron Hübl, Ludw Schrank, Ch. Scolik u. A., u. m. autoris. theilweiser Benützg. der in der k. k. Lehr- u Versuchsanstalt f. Photographie u. Reproductionsverfahren in Wien in Verwendg. komm. Recepte u. Tab., hrsg. v. C. F Hoffmann. 2. Jahrg. gr 16. (VI, 160 S.) Wien, M Perles. Geb. in Leinw. n. 3. —

Kalender für Photographie und verwandte Fächer. Jahrgang 1896. Jahrbuch für Fachphotographen und Amateure, unter freundlicher Mitwirkung der Herren kaiserl Rath Ludwig Schrank, k. u. k. Hofphotograph Ch. Scolik u. A, und mit autorisirter theilweiser Benützung der in der k. k. Lehr- und Versuchsanstalt für Photographie und Reproductionsverfahren in Wien in Verwendung kommenden Recepte und Tabellen, herausgegeben von C. F. Hoffmann, praktischer Photograph. III. Jahrgang 16. (170 S., mit Tagebuch.) In Lnwd. geb. Ebd. 1.60

Kalender für Photographie und verwandte Fächer. Jahrgang 1897. Jahrbuch für Fachphotographen und Amateure, unter freundlicher Mitwirkung der Herren kaiserl. Rath Ludwig Schrank, k. u. k. Hof-Photograph Ch. Scolik u. A. und mit autorisirter theilweiser Benützung der in der k. k. Lehr- und Versuchsanstalt für Photographie und Reproductionsverfahren in Wien in Verwendung kommenden Recepte und Tabellen, herausgegeben von C. F. Hoffmann, praktischer Photograph. IV. Jahrgang. 16. (168 S., mit Tagebuch.) In Lnwd. geb. Ebd. 1.60

Kalender für Photographie und verwandte Fächer. Herausgegeben unter Mitwirkung der Herren: Kaiserl. Rath Ludwig Schrank und k. u. k. Hofphotogr. Ch. Scolik und A. von C. F. Hoffmann. 1898. V. Jahrgang. 16. (168 S. mit Tagebuch.) Elegant in Leinwand gebunden Ebd. 1.60

— für Photographie u verw. Fächer. Jahrg 1899. Jahrbuch f. Fachphotographen u. Amateure. 6. Jahrg. 12 (V, 158 S. u Tagebuch.) Wien, M. Perles. Geb. in Leinw. n. 3 —

Kalender für Photographie und verwandte Fächer. Jahrgang 1901. Jahrbuch für Fachphotographen und Amateure, VIII. Jahrgang. Wien. Perles. 8°. LIV, 104 S. mit 8 Tafeln. K 3.20

— für Photographie u. verwandte Fächer. Jahrg. 1902. Jahrbuch f. Fachphotographen u. Amateure, 9. Jahrg. 8. (III, 95 S. m. Abb. u. 9 Taf.) Wien, M. Perles. n. 3.—

Kalender für Photographie u. verwandte Fächer. Jahrg. 1903. Jahrbuch f. Fachphotographen u. Amateure. 10. Jahrg. (III, 101 S. m. Abbildgn. u. 9 Taf.) 8. Wien, M. Perles. n. 3.—
Erscheint nicht mehr.

— Pirnaer öconomischer u. Haushaltungs-Kalend. 1911. Große Ausg. (80 u. 5 S. m. Abbild., 3 Taf. u. Wandkalender.) gr. 8. Meißen, H. W. Schlimpert. — 50

—— Pirnaischer ökonomischer, od. Haushaltungs-Kalender auf d. J. 1890—1893. Kleine Ausg. 4. (à Jahrg. ca. 85 S. m. Illustr.) Pirna, Eberlein. à Jahrg. — 20; Mittle Ausg. (ca. 100 S. m. Illustr.) — 38, Große Ausg. (ca. 125 S. mit Illustr., 1 Farbendr. und 1 Wandkal.) — 50

— Pirnaischer ökonomischer u. Haushaltungskalender auf d. J. 1911. Kleine Ausg. (40 u. 5 S. m. Abbildgn.) gr. 8. Ebd. — 20

—— plattdütsche, för't Berg'sche Volk on Lankd op dat Schaltjohr 1888. 1. Jahrg. Herutgegewen van E. Hackland-Rheinländer. Illustr. von C. M. Seyppel. 8. (114 S.) Düsseldorf, F. Bagel. — 60
Nicht weiter erschienen.

Calender, Poetischer, auf das Jahr 1771. Jena 1770. V: *Sixt, Johann Andreas.* (Will)

Calender, Poetischer. 1772. 2. Aufl. 1783. V: *Breitenbauch, Georg August von.* (MGT)

— poetischer, (d. i. Geburts- u. Todestage deutscher Poeten, Annalen d. deutschen Poesie). . . 772. 2e A. 783.

(F) Der politische Kalender für das Jahr 1900. Gliederung des österreichischen Herrenhauses, des Abgeordnetenhauses, des niederösterreichischen Landtages, des Wiener Gemeinderathes, sowie der Wiener Bezirks-Ausschüsse nach Parteien, Gruppen und Wahlkörpern, sammt deren politischen Programmen. Auf Grund authentischer Daten. Herausgeber: Th. Czeike. Wien. Selbstverlag. 8°. 191 S. Geb. K 2.20

(F) Der politische Kalender für das Jahr 1901. Auf Grund authentischer Daten. Herausgeber Th. Czeike. Wien. Czeike. 8°. XII, 191 S. K 2.20

Kalender für preußische Polizei-Beamte auf d. J. 1893. Bearb. von C. v. Stutterheim. 1. Jahrg. 2 Thle. gr. 16. (VIII S., Schreibkal., 78; IV, 270 S. m. 1 Karte.) Braunschw., Gebr. Haering. geb. u. geh. * 3 50

—— Pommerscher, 1888 und 1889. 12. (à Jahrg. 32, 172 S. mit Illustr. und 2 Lichtdr.) Cöslin, Hendeß. à Jahrg. * — 50
Vgl.: Zwanzig-Pfennig-Kalender.

— für Post- u. Telegraphenbeamte. insbesondere f. die Mitglieder d. Verbandes deutscher Post- u. Telegraphen-Assistenten auf d. J. 1895. (1. Jahrg.) 16. (IV, 258 S.) Berlin, (Funcke & Naeter). Geb. in Leinw. n.n. 1. 75

— f. Post- u. Telegraphenbeamte, insbes. f. die Mitglieder d. Verbandes deutscher Post- u. Telegraphen-Assistenten auf d. J. 1899. (5. Jahrg.) Im Auftr. d. Verbandsvorstandes hrsg. v. H. Fischbach. 2 Thle. 12. (IV, 178 u. III, 59 S.) Berlin (R. F. Funcke). Geb. in Leinw u. geh. n. 1.—

— für Post- u. Telegraphenbeamte, Fortsetzung, s.: Post-Almanach.

—— für Post und Telegraphie auf das J. 1889. 6. Jahrg. Mit Anhang: Verzeichniss der deutschen Reichspost- und Telegraphen-Beamten. Bearb. von H. Gestewitz. 16. (304, Anhang 256 S.) Berlin, Rosenbaum und Hart. geb. und geh. * 2 —
Anhang allein * 1 —
1.—5. Jahrg. erschienen im Selbstverlage des Hrsgbrs. in Mülheim a. Rh. und kamen nicht in den Buchhandel.

—— für Post u. Telegraphie auf d. J. 1890—1893 v. H. Gestewitz. 7.—10. Jahrg. à Jahrg. 2 Thle. gr. 16. (302; 240; 287; 270 S.; Beamten-Verzeichnis 273; 291; 354; 352 S.) Berl., Rosenbaum u. Hart. geb. in Leinw. u. geh. à Jahrg. * 2 —
Beamten-Verzeichniss allein, s. Gestewitz, H.

Potsdamer Kalender Hrsg v Stiftungs-Verlag in Potsdam. Jg. 1 Potsdam Stiftungsverlag (1910). 4°(8°) A 12.2755

— Potsdamer. 1911. 1. Jahrg. Zeichnungen u. Monatsvignetten v. Wilh. Thiele. Zum textl. Tl. steuerten bei: Häckel, Frl. M. Heinze, Karl Leop. Mayer, Rademacher. (33 S.) Lex. 8. Potsdam, Stiftungsverl. 1.—

—— Prager, für den Berg- und Hüttenmann. Hrsg. vom Montanverein für Böhmen. 4. Jahrg. 1887. 4. (LVIII, 102 S.) Prag, (Neugebauer.) cart. ** 1 —
1.—3. Jahrg. erschienen im Selbstverlag des Montanvereins.

Calender für Prediger und Schullehrer der königlich-sächsischen Lande... für die Jahre 1807—23. Dresden. V: *Ramming, Chr. Lebr. Fürchteg.* (Ky)

— für Prediger u. Schullehrer d. königl. sächs. Lande, zur leichten Uebersicht ihrer Amtsgeschäfte, für d. J. 1807—23, (von Chr. L. F. Ramming). 8. Dresd., Ramming. (1807 6 gr 1808—23. à 7 gr) 4 rß 22 gr

—— auf das J. 1860 für Preußen und die angrenzenden Länder. 1. und 2. Aufl. 12. (96 S. mit 1 Tab. in Fol.) Stralsund, Schmidt. *

—— preussischer diplomatischer, auf das J. 1868. 1. Jahrg. 16. (399 S. mit 1 Stahlst.) Berlin, Stilke und van Muyden. geb. *

Calender für die Provincialloge von Mecklenburg ... Parchim 1821—26, 30, 31, 33—37. 13 Bde. H: *Nettelbladt, Carl Friedrich Wilhelm von.* (Kl)

Calender für die Provinzial-Loge von Mecklenburg und die zu ihrem Sprengel gehörigen Logen. Jg. 1—19. Rostock 1821 bis 1846. H: *Nettelbladt, Christian Carl Friedrich Wilhelm Freiherr von.* H (17—19): *Busch, Georg Nicolaus Johann.* (Wolfstieg I, 55)

Kalender für die Provinzial-Loge von Mecklenburg und die zu ihrem Sprengel gehörigen Logen. [Hrsg. von Christian Karl Friedr. Wilh. Frhrn. v. Nettelbladt, [Jg. 17—19:] von Georg Nikol. Joh. Busch.] Jg. 1—19. Parchim: Zimmermann, [1841—1844:] Parchim u. Ludwigslust: Hinstorff, [seit 1845:] Rostock: Oeberg 1821—1846. 8⁰ [Umschlagtit.:] Logen-Kalender.

1. 45 S. 1821; 2. 83 S. 1822; 3. 76 S. 1823; 4. 86 S. 1824; 5. 82 S. 1825; 6. 57 S. 1826; 7. VIII, 168 S. 1830; 8. VIII, 192 S. 1831; 9. [Getr. Pag.] 1833; 10. XXIV, 114 S. 1834; 11. XLVIII, 118 S. 1835; 12. XXIV, 131 S. 1836; 13. XXIV, 108 S. 1837; 14. XXIV, 96 S. 1838; 15. XL, 41—140 S. 1841; 16. VIII, 144 S. 1842; 17. LIV, 115 S. 1844; 18. 183 S. 1845; 19. 156 S. 1846.

Kl. 53.

— für die Provinzial-Loge von Mecklenburg und die zu ihrem Sprengel gehörigen Logen. 1841—1846. 15.—19. Jahrg. gr. 12. Parchim u. Ludwigslust, Hinstorff'sche Hofbuchh. 15. 16. à n. 1/2 ℔ 17. n. 7/12 ℔ 18. 19. (Leipzig, Klinkhardt.) à n. 3/4 ℔

—— für den Psalmenbund u. Gebetsverein zur Wiedervereinigung aller Christenheit: „Auf daß Alle Eins seien!" 1890. Hrsg. von Julie v. Massow, geb. v. Behr, unter Mitwirkg. v. Maria Bernardina Dilgskron, Christiane Gmeiner u. A. 16. (XXVII, 194 S.) Augsb., Literar. Institut v. Huttler. * 1 —
Frühere Jahrge. s. Psalmenbund-Kalender.
Folgender Jahrg. u. d. J.:

—— für den Psalmenbund u. Gebetsverein U. O. U. 1891—1893. Hrsg. von Julie v. Massow, geb. v. Behr. 16. (à Jahrg. 32 S. m. Abbildgn.) Ebd. à Jahrg. — 15

— für den Psalmenbund u. Gebetsverein U. O. U.! 1894. Hrsg. von Julie v. Massow, geb. v. Behr. 16. (32 S.) Augsburg, Litterar. Institut v. Dr. M. Huttler. n.n. — 15

— f. d. Psalmenbund u. Gebetsverein U. Ö. U.! 1899. Hrsg. v. Julie v Massow, geb. v. Behr. 16. (36 S. m. 3 Abb.) Augsburg, Literar. Institut von Dr. M. Huttler. n.n. — 15

— für den Psalmenbund u. Gebetsverein U. O. U.! 1903. Nach dem Tode der Stifterin des Psalmenbundes, Frau Julie v. Massow, hrsg. v. d. Red. der „Friedens-Blätter". 16. (36 S. m. Abbildgn.) Augsburg, Literar. Institut v. Dr. M. Huttler. n. — 20

— f. den Psalmenbund u. Gebetsverein U. O. U.! 1905. Nach dem Tode der Stifterin des Psalmenbundes, Frau Julie v. Massow, hrsg. v. der Red. der „Friedens-Blätter". (31 S.) 16. Würzburg, Göbel & Scherer. — 10

— für den Psalmenbund u. Gebetsverein U. O. U. 1911. Nach dem Tode der Stifterin des Psalmenbundes, Frau Julie v. Massow, hrsg. v. der Red. des „Heliand" (35 S.) 16. Paderborn, F. Schöningh. — 15

Puck's Kalender : 1876—1899?
Annual. Sub-title: Auslese aus den Jahrgängen des Puck. Mit Beiträgen der Redakteure und Mitarbeiter des Puck. Mit Illustrationen von Puck's Künstlern und Illustratoren. Cited also as Puck's Volkskalender. Large quarto, each 60—64 pages, listed as "Puck-Format." Richly illustrated, including many cartoons; covers in color. Published by Keppler & Schwarzmann. New York, NY

Kalender für Pumpen- u. Brunnenbau 1910/1911. Hrsg. unter Mitwirkg. bewährter Fachmänner. (93 S. m. Abbildgn. u. Schreibkalender.) kl. 8. Berlin, Laubsch & Everth. Geb. in Leinw. 2.—; in Ldr. 3. —

Kalender für Pumpen- u. Brunnenbau. Hrsg. unter Mitw. bewährter Fachmänner. [1.] 1910/1911. Berlin. Laubach & Everth (1910). 8° [10. 16630

Kalender, Frankf. Rathswappen-, s. Rathswappen-Kalender, Frankf.

Reformirter Kalender : 1878? : Reading, PA
Published by Daniel Miller

Des Heiligen Römischen Reichs vollständiger Genealogisch- und Schematischer **Calender.** 1763—1805
s.a. **Neues Genealogisch-Schematisches Reichs- und Staats-Hand-Buch.**

Des Heil. Röm. Reichs vollständiger Genealogisch- und Schematischer **Kalender.** [Später:] Neues Genealogisch-Schematisches **Reichs- und Staats-Handbuch.** Frankfurt a. M.: (Varrentrapp). 30 Bde
Vor die Jahre 1753. 1754. 1758. 1760. 1763. 1765. 1770. 1775—77. 1780. 1793. 1798—1804.

Kalender für Reichsbankbeamte. Cöln-Lindenthal. 1. Jahrgang 1905.

—— für Reichs-Eisenbahnbeamte auf d. J. 1891 v. J. Kirsch. 1. Jahrg. Mit e. Geschichtskarte. 12. (250 S. m. Taf.) Colmar i. E., (Wettig). geb. * 2 —
—— dass. — a. das J. 1892. Mit Genehmigg. der kaiserl. General-Direction d. Eisenbahnen in Elsass-Lothringen hrsg. v. J. Kirsch. 2. Jahrg. Mit 1 Eisenbahnk. 12. (288 S.) Strassb. i. E., (Heinrich). geb. in Leinw. * 2 —; Karte allein * — 80
Nicht weiter erschienen.

Der Republikanische Calender : no. 1—5, 1779—1783?
Edited & published by Theophilus Cossart und Compagnie. Place of publication varies. Philadelphia, 1783.
Lancaster, PA

— reußischer, auf d. J. 1906. 178. Jahrg. (64 u. IV S. m. Abbildgn.) gr. 8. Greiz, O. Henning. n. — 16

Revalscher Kalender auf das Jahr 1803 ff nebst Adreßverzeichnis der Güter, Pastorate und Landstellen in Estland. — Reval: Verl. der Estländischen Druckerei 1802 ff.

—— Reval'scher. Nebst Adreßbuch für Ehstland für 1885—1889. 16. (à Jahrg. ca. 144—160 S.) Reval, Lindfor's Erben. à Jahrg. * 1 —

—— Revalscher f. d. J. 1892 nebst Adreßbuch f. Ehstland. 16. (176 S.) Reval, Lindfors Erben. ** — 60

Kalender, Revalscher, f. d. J 1894, nebst Adreßbuch f. Estland 12. (151 S.) Reval, Lindfors' Erben. n.n. — 60

— der französischen Revolution 46 Jahr. Altona, Hammerich. (1 Rthlr. jetzt)

— rheinisch-westfälischer, 1907. Mit 6 (farb.) Orig.-Steinzeichngn. v. Ernst Liebermann. Red.: E.Necb. (27 S.) schmal Lex.-8. Darmstadt, H. Hohmann. n. 1. —

— rheinisch-westfälischer, 1910. Mit 6 (farb.) Steinzeichngn. (im Text) v. Herm. Pfeiffer. Erläutergn. v. K. Wehrhan. (28 S.) gr. 8. Darmstadt, H. Hohmann. 1. —

— einzig richtige, for die gebilt'en Mitmenschen und for das J. 1885 aufgesetz un mit vieler Müh' zesammegebrasselt von Herren Antun Meis, gewesenem Tillekatessenhändeler, derzeit aber Gottsedank Renteniren un Gemeinderath auf d'r Villa Meis in Knollendorf. (1. Jahrg.) 8. (XXXII, 88 S.) Köln, Heyn. *

— einzig richtige, for die gebilt'en Mitmenschen und for das J. 1886 aufgesetz un mit vieler Müh' zesammegebrasselt von Herren Antun Meis, gewesenem Tillekatessenhändeler, derzeit aber Gottsedank Renteniren un Gemeinderath auf d'r Villa Meis in Knollendorf. (2. Jahrg.) 8. (XXXII, 88 S.) Köln, Heyn. * — 50
Nicht weiter erschienen.

— Rigaer. 1908. (25 S. m. Abbildgn.) schmal Fol. Riga, (Jonck & Poliewsky). n. 2. —

— romischer, deutscher Nation f. d. J 1895 VI. Jahrg. Eine Weihnachts- u. Neujahrsgabe deutscher Dichter der Gegenwart. Begründet u. zunächst deutschen Romfahrern gewidmet v. Herm Allmers. Fortgeführt v Ant. Breitner schmal Fol. (17 Bl. m. Abbildgn farb. Vignetten u. 4 Taf) Rom (Leipzig. W. Drugulin.) Mit Stab 4. 20; Luxus-Ausg. 6. —

— romontsch, s.: Calender.

Rosenthal's neuer Readinger Deutscher Calender 1868? Reading, PA
Published by Reading Post und Bauer von Berks

Kalender für das Königreich Sachsen. Zugest. vom Statistischen Büreau des Kgl. sächs. Ministeriums des Innern. Jg. 1871—1904. Dresden
Seit 1873: Kalender und statistisches Jahrbuch für das Königreich Sachsen

— für das Königr. Sachsen auf das J. 1871. Zusammengestellt im statist. Bureau des königl. Ministeriums des Innern. 8. (112 S. mit 1 Tab. in Fol.) Dresden, Heinrich. *

— für das Königr. Sachsen nebst Marktverzeichnissen f. Sachsen u. die Nachbargebiete auf d. J. 1905. Hrsg. vom statist. Bureau des königl. sächs. Ministerium des Innern, Anfang März 1904. (100 S.) gr. 8. Dresden (C. Heinrich.) 1. —
Bisher u. d. T.: Kalender u. statistisches Jahrbuch f. das Königreich Sachsen. — Forts., s.: Normalkalender.

Kalender für die Prov. Sachsen auf die J. 1884 und 1885. 8. (à Jahrg. 72 S. mit Holzschn.) Gardelegen, Manger. à Jahrg.

— für die Provinz Sachsen auf die J. 1886—1889. 8. (à Jahrg. 79 S. mit Holzschn.) Gardelegen, Manger. à Jahrg. — 25

— f. d. Prov. Sachsen auf d. J. 1897. 8. (63 S. m. Vignetten.) Gardelegen, J. Manger. — 25

— — Sächsischer 2c. s. Hof- u. Staatskalender.

— sächsischer, 1904. Städtebilder u. Schmuck v. Walt. Tiemann. (81 S.) Lex.-8. Leipzig, C. E. Poeschel. n. 1. 20
Erscheint nicht mehr.

— königl. sächs. concessionirter, 1902. 56. Jahrg. Große Ausg. Mit 4 Gratisbeilagen: 1 Buntdr.-Bild, 1 Wand- u. 1 Portemonnaie-Kalender, 1 Markt-Verzeichn. 4. (64 S. m. Abb.) Dresden-Blasewitz, Gustav-Adolf-Verlag. — 50
Fortsetzung, s.: Franke.

— königl. sächsischer konzessionierter neuer vaterländischer, f. d. J. 1903. 57. Jahrg. Mit 3 Gratisbeilagen: 1 Wandkalender, 1 Taschenkalender, 1 Marktverzeichnis. 4. (48 u. 2 S. m. Abbildgn.) Ebd. — 40

— königl. sächsischer konzession. neuer vaterländ. f. d. J. 1907. 61. Jahrg. Mit 3 Gratisbeilagen: 1 Wandkalender, 1 Taschenkalender, 1 Markt-Verzeichnis. (48 S. m. Abbildgn.) gr. 8. Dresden-Blasewitz, Gustav-Adolf-Verlag. — 40

— königl. sächsischer konzession. neuer vaterländischer, 1911. 65. Jahrg. Mit 3 Gratisbeilag.: 1 Wandkalender, 1 Taschenkalender, 1 Markt-Verzeichnis. (81 u. 16 S. m. Abb.) gr. 8. Dresden-Blasewitz, E. Leonhardi. — 40

— königl. sächsischer concessionirter vaterländischer, für 1889. 43. Jahrg. Große Ausg. Mit Almanach-Gratisprämie. 4. (72 S. mit Illustr.) Dresden, (Weiske.) * — 50
Mittle Ausg. (60 S.) * — 38
Kleine Ausg. (36 S.) * — 20

— königl. sächs. conceſſ. vaterländischer, 1895. Große Ausg. 4. (65 S. m. Bildern, 1 Farbendr. u. 1 Wandkalender.) Dresden, Gustav Adolf-Verlag. — 50; mittlere Ausg. (49 S. m. Bildern u. 1 Farbendr.) — 40; kleine Ausg. (33 S. m. Bildern.) — 25

— kgl. sächs. concession. vaterländischer, 1899. Große Ausg. 4. (64 u. 2. S. m. Bild., 1 Farbdr., 1 Wand- u. 1 Portemonnaie-Kal.) Dresden-Blasewitz, Gustav Adolf-Verlag. — 50; mittle Ausg. (48 u. 2 S. m. Bildern u. 1. Farbdr.) — 40; kleine Ausg. (32 u. 2 S. m Bild.) — 25

— St. Galler, für die J. 1884—1888. 1.—5. Jahrg. 4. (à Jahrg. 80 S. mit Illustr. und 1 Wandkalender.) St. Gallen, (F. B. Müller.) à Jahrg. * — 40

— St. Galler, f. d. J. 1890—1893. 7.—10. Jahrg. 4. (80; 81, 84; 96 S. m. Abbildgn. u. Wandkalender.) St. Gallen, (Müller). à Jahrg. * — 40

— Sankt Galler, f. das Jahr 1894. 11. Jahrg. mit Abbild. u. Wandkal. In-4°. 76 S. St. Gallen, F. B. Müller. — 10

— St. Galler, f. d. J. 1896. 13. Jahrg. 4. (80 S. m. Abb. u. Wandkal.) St. Gallen, Buchdr. Wirth A.-G. n. — 35

Kalender, St. Galler, für das Jahr 1899. 16. Jahrg. 4°. 96 S. St. Gallen, Verlag der Buchdruckerei Merkur. — 40

Kalender, Sankt Galler f. d. J. 1903. 20. Jahrg. 4. (82 S. m. Abbildgn. u. Wandkalender.) St. Gallen, Wiser & Frey. n. — 35

— Sankt Galler f. d. J. 1906. 23. Jahrg. (80 S. m. Abbildgn. u. Wandkalender.) 8. St. Gallen (Rosenbergstr. 4), Buchdruckerei u. Verlagsanstalt Merkur. — 35

St. Petersburger Kalender (früher St. Petersburger Taschen-Kalender). Jg [1]—169. [1729]—1897. — St. Petersburg: Schmitzdorff (früher Kaiserl. Akademie der Wissenschaften; Eggers in Komm.) [1728]—1896. [genau nicht zu ermitt.]

St.-Petersburger *Kalender*
auf das Jahr [Hrsg. Friedrich Theodor von Schubert u a]
St. Petersburg Kaiserl. Akad d Wissenschaften
1751. 1837. 1841. 1843–1850.
1853. 1855. 1857–1860.

St. Petersburgischer (1811: Petersburger) Calender [Kalender] auf das Jahr nach Christi Geburth... 1777. 1811, 1830. St.Petersburg: Academie der Wissenschaften [1776–1829.] 8

1777: [1776.]

1811: [1810.]

1830: [1829.]

Calender, St. Petersburgischer. St. Petersburg 1788—1825. H: *Schubert, Friedrich Theodor von.* (R-N)

St. Petersburger Calender auf das Jahr nach Christi Geburt . . . , gerichtet auf die vornehmsten Oerter des Russischen Reichs. [Hrsg.: Friedrich Theodor von Schubert.]
St. Petersburg: Kaiserl. Akad. d. Wiss. [1808]. 8°
1809: 1808. 127 S.

— St. Petersburger, f d J 1850 – 1852 gr. 8. (1850: 224 S. m 1 Tab in gr Fol Mit d. Bildnisse J. Kais Hob der Großfürstin Alexandra Josephowna in Stahlst. 1851: 300 S. 1852: 288 S. Mit d. Bildnisse Sr Kais Hoh. des Thronfolgers Cäsarewitsch Groß-Fürsten Alexander Nikolajewitsch, in Stahlst) St. Petersburg. (Leipzig, Voß) 1850 u 1851 à n. n. 24 ngr 1852 n n. 5/6 ß

—— (, St. petersburger,) für das J. 1853. gr. 8. (322 S. mit dem Bildnisse J. Maj., der Königin der Niederlande, Anna Pawlowna in Stahlst.) St. Petersburg. (Leipzig, Voß.) **

—— St. Petersburger, für das J. 1868. gr. 8. (317 S. mit 1 Tab.) St. Petersburg, Röttger. * 28 Ngr.; cart. *

—— St. Petersburger, für die J. 1869—1875. Mit Stahlst. und 1 (lithogr.) Uebersichtskarte der russ. Eisenbahnen (in gr. Fol.). 142.—148. Jahrg. gr. 8. (à 350—440 S.) St. Petersburg, Röttger. à Jahrg. * 2 80
cart. à Jahrg. * 3 —

—— St. Petersburger, für die J. 1876—1880. Mit je 1 Stahlst. und 1 Eisenbahnkarte. 148.—152. Jahrg. gr. 8. (IV, 248, 178; IV, 264, 115; V, 280, 122; IV, 286, 123; IV, 304, 118 S.) St. Petersburg, Röttger. cart. à Jahrg. *

—— St. Petersburger, für die J. 1881—1885. Mit je 1 Stahlst. und 1 Eisenbahnkarte. 153.—157. Jahrg. 8. (à Jahrg. ca. 420 S.) St. Petersburg, Schmitzdorff. cart. à Jahrg. *

—— St. Petersburger, für die J. 1886—1889. 158.—161. Jahrg. 8. (à Jahrg. ca. 400 S.) St. Petersburg, Schmitzdorff. cart. à Jahrg. *

—— St. Petersburger, f. d. J. 1890—1893. 162.–165. Jahrg. Mit je e. Eisenbahnkarte d. russischen Reiches. gr. 8. (410; VI, 427 S. m. 5 Plänen; VI, 414; 416 S.) St. Petersb., Schmitzdorff. cart. à Jahrg. * 4 —

— St. Petersburger, f. d. J. 1894. 166. Jahrg Mit e. Eisenbahnkarte d. russ Reiches u. 1 Wandkalender gr. 8. (VI, 407 S.) St. Petersburg, H. Schmitzdorff Kart. n. 4. —

Kalender, St. Petersburger, für das Jahr (Fortsetzung) 1896. 1897. 168. und 169. Jahrgang. (Mit Bildnissen und Karten.) (2 Bde.) 8. St. Petersburg 1896—1897

Kalender, St. Petersburger, f. d. J. 1897. 169. Jahrg. M. d. Bildn. Ihr. kaiserl. Majestäten u. Ihr. kaiserl. Hoh. d. Großfürstin Olga Nikolajewna, 1 Wandkal. u. 1 russ. Taschenkal. gr. 8. (XIV, 451 S.) St. Petersburg, H. Schmitzdorff. Kart. n. 4. —

Calender, Satirisch-theologischer, auf das Jahr 1801. Leipzig 1800. V: *Grohmann, Joh. Gtfr.* (GGr)

— satyrisch-theologischer, auf d. 18te Jahrhundert. 8. Leipz. 800. Leupold. 18 1/2

Schäffer und Maund's Calender 1818 / Baltimore, MD
Edited & published by Schäffer & Maund.

Kalender, Schaumburg-Lippischer, nach d. allgem. Reichs-Zeit-Rechnung a. d. . . . . Jahr.
1794.
Bückeburg.

— Schaumburg-Lippischer, auf d. J. 1873 n. Christi Geburt. 8. (62 S.) Bückeburg, (Frommhold.) n.n. — 25

—— Schaumburg-Lippischer, auf die J. 1874—1880 nach Christi Gebut. 8. (à 62 S.) Bückeburg, (Frommhold.) à Jahrg. **

—— Schaumburg-Lippischer, auf die J. 1881—1885 nach Christi Geburt. 8. (à Jahrg. 62 S.) Bückeburg, (Frommhold.) à Jahrg. *

—— Schaumburg-Lippischer, auf die J. 1886—1889 nach Christi Geburt. 8. (à Jahrg. 80 S.) Bückeburg, (Frommhold.) à Jahrg. * — 50

—— und Schema der österr.-ungar. Militär-Veteranen-, Krieger-Vereine und Corps für die J. 1879—1884. 1.—6. Jahrg. 8. (à Jahrg. ca. 70 S.) Wien, Perles. à Jahrg. *
cart. à Jahrg. *

—— —— dass. — 7. Jahrg. 1885. Redact.: Arnold R. Steinbach. 8. (XXXII, 74 S.) Ebendas. * 80 Pf.; cart. *

—— und Schema der österreichisch-ungarischen Militär-Veteranen-, Krieger-Vereine und Corps für die J. 1886—1889. 8.—11. Jahrg. 8. (à Jahrg. ca. 230 S. mit Illustr.) Wien, Perles. à Jahrg. *

Kalender, Schlesischer — für d. J. 1853. Jägerndorf, A. Wache. 8.

Kalender, Schlesischer — auf das Jahr nach Christi Geburt 1854, welches ein gewöhnliches Jahr von 365 Tagen ist. 8. (32 pag) Jägerndorf. Druck und Verlag von A. Wache.

Schlesischer **Kalender**. Zeichn. von Prof. Richard Knötel. [Jg. 1.] 1908. Kattowitz: G. Siwinna (1908). 4° (08. 3330

— schlesischer, 1911. (28 S. m. z. Tl. farb. Abbildgn.) 28,5×18 cm. Kattowitz, Phönix-Verlag. 1. —

Schleswig-Holstein. Calender, s. Staatskalender für die Herzogthümer Schleswig-Holstein und Lauenburg.

Großfürstlich schleswig-holsteinischer **Calender** auf das ... Jahr Christi, ... Kiel. 8° 1770—1773.

Grossfürstlich Schleswig-Holsteinischer **Calender**, für das Jahr Christi ..., wobey sich nebst den gesammten Russisch-Kayserlichen Ritter-Orden und dem Russisch-Kayserlichen Etat, auch der Grossfürstlich-Schleswig-Holsteinische Sankt Annen-Orden und Civil-Etat, imgleichen die neue Rang-Ordnung etc. beygefügt befinden, mit allergnädigst ertheilter Concession. 1772, als das 443ste Schalt-Jahr. Kiel (1772.) 8°

(F) **Kalender** für Schule und Haus. 1906. Gr.-8°. (154 S.) Linz: Oberösterreichische Buchdr.-u. Verl.-Ges. 1905.

— für Schule u. Haus 1907. 2. Jahrg. (IV, 159 S. m. Abbildgn.) gr. 8. Linz, O.-ö. Buchdruckerei u. Verlagsgesellschaft. n. 1. —

— f. Schule u. Haus 1908. 3. Jahrg. (143 S. m. Abbildgn.) gr. 8. Linz, O.-ö. Buchdruckerei- u. Verlagsgesellschaft. 1. —
Fortsetzg., s.: Jahrbuchblätter.

(F) **Kalender** für Schule und Haus. 1909. IV. Jahrg. Gr.-8°. (192 S.) Ebd. K 1.—

(F) **Kalender** für Schule und Haus. 1910. 5. Jahrg. [Jahrbuchblätter. Nr. 1.] Gr.-8°. (ill. 184 S.) Ebd. K 1.—

— f. heilpädagog. Schulen u. Anstalten in Deutschland u. Oesterreich-Ungarn (Hilfsschulkalender). Im Auftrage des Vereins f. Erziehg., Unterricht u. Pflege Geistesschwacher hrsg. v. Fr. Frenzel u. J. Schwenk. 6. Jahrg. 1910—11. (IV, 134 S. u. Schreibkalender.) kl. 8. Leipzig. Gr.-Lichterfelde, K. G. Th. Scheffer. Geb. in Leinw. nn 1. —

Kalender f. heilpädagogische Schulen u. Anstalten. Von Jahrg. VIII an: Halle, C. Marhold.

Kalender für Schüler an gewerblichen Lehranstalten (Kunst- und Staatsgewerbeschulen, Fachschulen für einzelne gewerbliche Zweige, Handwerkerschulen, Fortbildungsschulen etc). Bearbeitet von Josef Ludwig. Schuljahr 1899—1900. II. Jahrgang. Wien. Perles. 16°. VII, 80 S. Geb. fl. —.60

— für Schüler an gewerblichen Lehranstalten (Kunst- u. Staatsgewerbeschulen, Fachschulen f. einzelne gewerbliche Zweige, Handwerkerschulen, Fortbildungsschulen etc.) Bearb. von Jos. Ludwig. Schulj. 1900—1901. 3. Jahrg. gr. 16. (VIII, 88 S.) Wien, M. Perles. Geb. in Leinw. n. 1. 20
Erscheint nicht mehr.

— für Schulinspektoren, Direktoren, Rektoren, Schulvorsteher, Hauptlehrer u. Oberlehrer auf d. J. 1907. Im Auftrage des preuss. Rektorenvereins hrsg. v. K. Hentze u. A. Loewentraut. 4. Jahrg. (223 S.) kl. 8. Leipzig, B. G. Teubner. Geb. in Leinw. 1. 20
Vergl.: Handbuch d. preuss. Rektorenvereins.

— für Schulinspektoren, Direktoren, Schulvorsteher, Hauptlehrer u. Oberlehrer auf d. J. 1911. Im Auftrage d. preuss. Rektorenvereins hrsg. v. K. Hentze u. A. Ulbricht. 7. Jahrg. (159 S.) kl. 8. Berlin, R. Düringshofen. Geb. in Leinw. — 75

— dasselbe, s. a. Taschen-Kalender.

Kalender für Schullehrer und Schulfreunde auf die J. 1856 und 1857. Mit Abhandlungen und Miszellen pädagog. Inhalts, Schulnachrichten, Nekrologen und einem kleinen Büchermarkte versehen und hrsg. von Mart. Heißler. 1. und 2. Jahrg. gr. 4. (72 und 52 S.) München 855 — 56, Fleischmann. à Jahrg. Thlr. *

Kalender für Schullehrer und Schulfreunde auf die J. 1858—60. Mit Abhandlungen und Miszellen pädagogischen Inhalts, Nekrologen, Schulnachrichten und einem kleinen Büchermarkte versehen und hrsg. von Mart. Heißler. 3—5. Jahrg. gr. 4. (50 S.; 42 S.; 54 S.) München, Fleischmann's Separat-Conto. [3. Jahrg. * 7½ Ngr., 4. und 5. Jahrg. à * 5 Ngr.] Thlr. * -
Vgl.: Kalender für Lehrer.

— für Schullehrer und Schulfreunde auf das Jahr 1859. Mit Abhandlungen u. Miszellen pädagog. Inhalts, Nekrologen, Schulnachrichten u. einem kleinen Büchermarkte versehen u. herausg. von Mart. Heißler. 1—4. Jahrg. München, Fleischmann. 4. 1. u. 2. Jahrg.: à n. 8 ngr.; 3.: 7½ ngr.; 4.: n. 5 ngr.

— für Schullehrer u. Schulfreunde auf das Jahr 1860. Mit Abhandlungen u. Miszellen pädagogischen Inhalts, Nekrologen, Schulnachrichten u. einem kleinen Büchermarkte versehen u. herausg. von Mart. Heißler. Mit e. Beilage. 5. u. 6. Jahrg. München, Fleischmann. gr. 4. Jeder Jahrg. n. 5 ngr.

— des Schulvereines f. Deutsche auf d. J. 1889, unter Mitwirkg. v. F. Krautmann geleitet v. C. W. Gawalowski. 2. Jahrg. gr. 8. (XLIV, 104 S.) Wien, Amonesta. n.n. 1. —

Kalender des Dt. Schulvereins für das Jahr 1887—1920. Jg 1—34. (Hrsg. vom Dt. Schulverein.) — Wien: Pichler (1886—1919).

—— des deutschen Schulvereins auf das J. 1887. Redig. von Adam Müller-Guttenbrunn. 1.—8. Tausend. gr. 8. (XVI, 137 S.) Wien, Fromme. *ℳ 1.—.; geb. in Leinw. ** 1 30
—— dass. — auf die J. 1888 und 1889. 2. und 3. Jahrg. Redig. von Adam Müller-Guttenbrunn. gr. 8. (156; 147 S. mit Illustr.) Ebendas. à Jahrg. *ℳ 1.—.; geb. ** 1 30

—— des deutschen Schulvereins auf d. J. 1890 u. 1891. 4. u. 5. Jahrg. Redig. v. Adam Müller-Guttenbrunn. gr. 8. (XXVII, 141; XXVIII, IV, 152 S. m. Abbildgn.) Wien, Pichler's Wwe. u. Sohn. à Jahrg. * 1 —; geb. * 1 30

Kalender des deutschen Schulvereines auf das Schaltjahr 1892. Redigirt von Adam Müller-Guttenbrunn. 6. Jahrg. Gr.-8. (IV, 164 S.) —.50 Ebd. in Lwd. geb. —.65

— d. deutschen Schulvereins auf d. J. 1895. 9. Jahrg. Red. v. Hans Grasberger. gr. 8. (XXVI, IV, 173 S. m. Abbildgn. u. 1 Bildnis.) Wien, A. Pichler's Wwe. & Sohn. n. 1. —; geb. in Leinw. n. 1. 30

Kalender des deutschen Schulvereines auf das Jahr 1897. Redigirt von Hans Grasberger. XI. Jahrg. Gr.-8. (IV, 191 S.) Ebd. —.50

Kalender des deutschen Schulvereins auf das Jahr 1898. Redigirt von Hans Grasberger. XII. Jahrgang. Gr.-8. (IV, 224 S.) —.50 Geb. Ebd. —.65

(F) Kalender des deutschen Schulvereins auf das Jahr 1899. XIII. Jahrgang. Redigirt von Hans Grasberger. Wien. Pichler's W. & S. Gr.-8°. 192 S. mit 1 Tafel. fl. —.50, geb. fl. —.65

(F) Kalender des Deutschen Schulvereins auf das Jahr 1900. XIV. Jahrgang. Redigiert von Hermann Hango. Wien. Pichler's Witwe & Sohn. 8°. IV, 207 S. mit 1 Tafel. fl. —.50

(F) Kalender des Deutschen Schulvereins auf das Jahr 1902. XVI. Jahrgang. Redigirt von Hermann Hango. Wien. Pichler's Witwe & Sohn. 8°. VI, 187 S. mit 1 Tafel. K 1.—

— des deutschen Schulvereins auf d. J. 1903. 17. Jahrg. Red. v. Herm. Hango. gr. 8. (XXVIII, VII, 216 S. m. Abbildgn. u. 1 Taf.) Wien, A. Pichler's Wwe. & Sohn. n. 1.—

— des deutschen Schulvereins auf d. J. 1906. 20. Jahrg. Red. v. Herm. Hango. (XXVIII, VII, 229 S. m. Abb. u. 1 Taf.) gr. 8. Wien, A. Pichler's Wwe. & Sohn. n. 1.—

(F) Kalender des deutschen Schulvereines auf das Schuljahr 1908. 22. Jahrg. Gr.-8°. (ill. VII, 251 S.) Ebd. geb. K 1.30

(F) Kalender des deutschen Schulvereines auf das Jahr 1909. 23. Jahrg. Gr.-8°. (233 S.) Ebd. geb. K 1.30

(F) Kalender des deutschen Schulvereines für das Jahr 1910. 24. Jahrg. Gr.-8°. (209 S.) Ebd. geb. K 1.30

— d. deutsch. Schulvereins f. d. J. 1911. (Hrsg. v. deutsch. Schulvereine.) 25. Jahrg. Geleit. v. Herm. Hango. (XXVIII, XI, 224 u. 30 S. m. Abb.) gr. 8. Wien, A. Pichler's Wc. & Sohn. Geb. in Leinw. 1.30

Kalender für das höhere Schulwesen Preußens (und einiger anderer deutscher Staaten). Hrgg. (begründet) v. Karl Kunze (u. fortgef. v. Emil Toeplitz). Jg. [1] ff., Schuljahr 1894/95 ff., T. 2. Breslau. 1894 ff. 8°
[Umschlagt.:] Kunzes Kalender für das höhere Schulwesen Preußens.

— für das höhere Schulwesen Preußens. Schulj. 1894/95. Im Auftrage der Delegirten-Versammlg. der Provinzial-Vereine der Lehrer der höheren Anstalten Preußens hrsg. v. Karl Kunze. 2 Tle. gr. 16. (173 u. VIII, 545 S.) Breslau, Preuß & Jünger. Geb. in Leinw. u. geh. Subskr.-Pr. n. 2.—; Ladenpr. n. 3.—

— f. d. höh. Schulwesen Preussens. Schulj. 1898/99. Im Auftr. d. Delegierten-Versammlg. d. Prov.-Vereine d. Lehrer d. höh. Anstalten Preussens begr. v. Karl Kunze. V. Jahrg. (2 Tle.) 1. Tl. 12. (168 S.) Breslau, Preuss & Jünger. Beide Tle. geb. in Leinw. u. geh. n.n. 4.50; beide Tle. geb. n.n. 5.—

— dasselbe. V. Jahrg., unt. Mitwirkg. v. Schwarzer hrsg. v. Toeplitz u. Malberg. 2. Tl. (Dienstaltersliste.) 8. (LXVIII, 411 S.) Ebd. Einzelpr. n. 4.—; geb. n.n. 4.50

— für das höhere Schulwesen Preussens. Schuljahr 1901. Im Auftrage der Delegierten-Versammlg. der Prov.-Vereine d. Lehrer der höh. Anstalten Preussens begründet v. Karl Kunze. VIII. Jahrg. Mit Benutzg. amtl. Materials hrsg. v. Toeplitz u. Malberg. 2 Tle. 12. (168 u. XVI, 468 S.) Breslau, Preuss & Jünger. Geb. in Leinw. u. geh. n.n. 4.50; beide Tle. geb. n.n. 5.—; 2. Tl. (Dienstaltersliste.) (XVI, 468 S.) allein n. 4.—; geb. in Leinw. n.n. 4.50

— dasselbe. Schulj. 1902. IX. Jahrg. 2 Tle. 12. (1. Tl. 168 S.) Ebd. Geb. in Leinw. u. geh. f. vollständig n.n. 5.—; beide Tle. geb. n.n. 5.50

— für das höhere Schulwesen Preussens. Schulj. 1906. Im Auftrage der Delegierten-Versammlg. der Prov.-Vereine der Lehrer an den höheren Unterrichtsanstalten Preussens begründet v. Karl Kunze. XIII. Jahrg. Mit Benutzg. amtl. Materials hrsg. v. Toeplitz u. Malberg. 2 Tle. (1. Tl. 176 S.) kl. 8. Breslau, Trewendt & Granier. Geb. in Leinw. u. geh. n. 5.—; beide Tle. geb. n. 5.50; 2. Tl. allein n. 4.50; geb. n. 5.—

— für d. höhere Schulwesen Preussens. Im Auftr. d. Delegierten-Versammlg. d. Prov.-Vereine d. Lehrer an d. höh. Unterrichtsanstalten Preussens begründet v. Karl Kunze. XVI. Jahrg. Schulj. 1909. Mit Benutzg. amtl. Materials hrsg. v. Toeplitz u. Malberg. 2 Tle. (1. Tl. 176 S.) kl. 8. Breslau, Trewendt & Granier. Geb in Leinw. u. geh. nn 5.—; beide Tle. geb. nn 5.50; 2. Tl. allein nn 4.50; geb. nn 5.—

— Schweizer. 1892. gr. 8. (24 S. m. farb. Cantons- u. Städtewappen.) Neuchâtel, Gebr. Attinger. n. 1.—

Schweizer Kalender für Elektrotechniker unter Mitw. von Ingen. S[iegfried] Herzog, Zürich, hrsg. von F. Uppenborn, Stadtbaurat in München. Jg. 1, T. 1. München & Berlin: R. Oldenbourg 1904. 8°

— schweizer, f. Elektrotechniker, unter Mitwirkg. v. S. Herzog u. dem schweizer. elektrotechn. Verein. Hrsg. v. F. Uppenborn. 4. Jahrg. 1907. 2. Tle. (IX, 491 S. m. 269 Fig. u. 6 Taf., Schreibkalender u. VI, 388 S. m. 104 Fig.) kl. 8. Ebd. Geb. in Ldr. u. geh. n. 5.—

— schweizer, f. Elektrotechniker. Begründet v. F. Uppenborn. Unter Mitwirk. des Generalsekretariats u. d. schweizer. elektrotechn. Vereins hrsg. v. G. Dettmar. In 2 Tln. 8. Jahrg. 1911. Mit 246 Fig. im Text, 1 Taf. u. e. Übersicht üb. die Kraftwerke der Schweiz. (XI, 582 S., Schreibkalender u. VII, 345 S.) kl. 8. Ebd. Geb. in Ldr. u. geh. 5.—

— des Schweizerboten f. d. J. 1825—42, mit vielen lustigen u. anmuthigen Geschichten. Mit vielen Holzschn. u. Lithographien. 4. Aarau, Christen. à *

Kalender, schweizer. akademischer, für d. Studienjahr 1887/88. St. Gallen, Moritz Kreutzmann. In Lwd. geb. 2 —

— schweizerischer historischer für 1896. — Calendrier historique suisse. Mit farb. Titelbild u. 366 Abbildg. nach Schweizer-Chroniken (Ansichten, Trachten etc.). Pot. in-4°. Aarau, Christen's Sort. 3 —

Kalender, schweizer. historischer, für 1897. — Calendrier historique suisse. Zusammengest. u. redig. von *K. Bührer*. Mit farb. Titelbild u. 365 Abbild. (Ansichten, Trachten etc.). Kl. in-4°. Aarau, Emil Wirz. 2 75

Kalender für Seemaschinisten. Von E. Ludwig und E. Lindor. München und Berlin 1904 u. 1905

— für Seemaschinisten 1906. Von E. Ludwig u. E. Linder. Mit e. Anh. üb. Seewesen v. P. Vogel. Hrsg. v. G. Bauer. Mit 273 Fig. im Text, 2 (farb.) Landkarten u. e. (farb.) Flaggentaf. (XVI, 264 S. u. Schreibkalender.) kl. 8. München, R. Oldenbourg.
Geb. in Leinw. n. 4. 50

— f. Seemaschinisten, Fortsetzg., s.: Ludwig, E., u. E. Lindner, Taschenbuch f. Seemaschinisten.

— für Sehende zum Besten der Blinden, s.: Kalender zum Besten der Anstalt f. erwachsene Blinde.

— f. deutsche Seminaristen. Michaelis 1902 bis Sylvester 1903. Hrsg. v. Fr. Koch. 23. Jahrg. gr. 16. (VIII, 224 u. 59 S. m. eingedr. u. 1 Stahlst.-Bildnis.) Leipzig, E. Volkening. Geb. in Leinw. n. 1. —

— dasselbe f. d. J. 1903. 23. Jahrg. gr. 16. (VII, Schreibkalender u. 80 S. m. eingedr. u. 1 Stahlst.-Bildnis.) Ebd. Geb. in Leinw. n. 1. —

— für deutsche Seminaristen u. Präparanden. 26. Jhrg. f. d. J. 1906 (Kalendarium bis Ostern 1907). Begründet v. Fr. Koch. (VIII, 224 u. 61 S. m. eingedr. u. 1 Stahlst.-Bildnis.) 16. Leipzig, E. Volkening. Geb. in Leinw. n. 1.—

Kalender für deutsche Seminaristen u. Präparanden. 26. Jahrg. f. d. J. Ostern 1906/07. (VIII, 224 u. 61 S. m. eingedr. u. 1 Stahlst.-Bildnis.) 16. Leipzig, E. Volkening. Geb. in Leinw. n. 1. —

— dasselbe. 27. Jahrg. f. d. J. Michaelis 1906/07 (Kalendarium bis Sylvester 1907.) (VIII, 224 u. 77 S. m. eingedr. u. 1 Stahlst.-Bildnis.) 16. Ebd.
Geb. in Leinw. n. 1. —

— für deutsche Seminaristen u. Präparanden. 29. Jahrg. f. Michaelis 1908/09. Begründet v. Fr. Koch. (VIII, 224 u. 77 S. m. Abb., eingedr. u. 1 Stahlst.-Bildnis.) 16. Leipzig, E. Volkening. Geb. in Leinw. 1. —

— dasselbe. 29. Jahrg. auf d. J. 1909 (Kalendarium bis Ostern 1910). Begr. v. Fr. Koch. (Ostern 1909—10.) (VIII, 224 u. 64 S. m. eingedr. u. 1 Stahlst.-Bildnis.) 16. Ebd.
Geb. in Leinw. 1. —

—— für Deutschlands Seminaristen. 1881—1883. Hrsg. von F. Koch. Mit dem (Stahlst.-)Portr. Pestalozzi's. 16. (à Jahrg. 275 S.) Leipzig, Siegismund und Volkening.
cart. à Jahrg.

—— dass. — auf das J. 1884. Hrsg. von F. Koch. Mit dem (Stahlst.-)Portr. von Comenius. 16. (IV, 313 S.) Ebendas.
geb. *

—— dass. — auf das J. 1885. Hrsg. von F. Koch. Mit dem (Stahlst.-)Portr. von Pestalozzi. 16. (275 S.) Ebendas.
geb. *

—— für Deutschlands Seminaristen von Ostern 1885 bis Ostern 1889. Hrsg. von F. Koch. 16. (VI, 313; 312; 320; 320 S. mit je 1 Stahlst.-Portr.) Leipzig, Siegismund und Volkening. geb. à Jahrg. * 1 —

—— dass. — auf die J. 1886—1889. Hrsg. von F. Koch. 16. (IV, 312; 313; 316; X, 320 S.) Ebendas.
geb. à Jahrg. * 1 —

—— für Deutschlands Seminaristen. Von Ostern 1889 bis Ostern 1893. Hrsg. v. F. Koch. 16. (275; 320; XVI, 320; 275 S. m. je 1 Bild.) Lpz., Volkening u. Comp. à Jahrg. * 1 —

—— dass. — auf d. J. 1890—1893. Hrsg. v. F. Koch. 16. (X, 312; VIII, 320; VIII, 320; VIII, 320 S. m. eingedr. u. 1 Stahlst.-Portr.) Ebd. geb. in Leinw. à Jahrg. * 1 —

— für Deutschlands Seminaristen auf das Jahr 1891. Hrsg. v. F. Koch. 11. Jahrg. gr. 16. (VIII, 320 S. m. 1 Portr. in Stahlst.) Leipzig, Siegismund & Volkening. geb. n. 1. —

— für Deutschlands Seminaristen auf d. J. 1896. Hrsg. v. Fr. Koch. 16. Jahrg. (Ausg. m. Wochentagen.) 16. (11 u. 316 S. m. Bildnissen u. 1 Stahlst.) Leipzig, Volkening & Co. Geb. in Leinw. n. 1. —

— für Deutschlands Seminaristen f. Michaelis 1897 bis dahin 1898. Hrsg. von Fr. Koch. 18. Jahrg. 16. (VIII, 320 S. m. eingedr. u. 1 Stahlst.-Bildn.) Leipzig, E. Volkening. Geb. in Leinw. n. 1. —

— dasselbe f. Ostern 1898 bis dahin 1899. Hrsg. v. Fr. Koch. 19. Jahrg. 16. (X, 310 S. m. eingedr. u. 1 Stahlst.-Bildn.) Ebd. Geb. in Leinw. n. 1. —

Kalender für Deutsche Seminaristinnen. Hrsg. von A. Steinhauff, Sem.Oberl. in Burgsteinfurt. Jg. 1. Für d. Schulj. 1904/5. *Breslau: M. Woywod (1903).* 8°
[illegible] 2

— für deutsche Seminaristinnen. Hrsg. v. A. Steinhauff. Für das Schulj. 1905/6. 2. Jahrg. (221 S.) 16. Breslau, M. Woywod. Geb. in Leinw. n. 1. —

Kalender, 70 jähriger.
(1818.) 1 Bl. fol. in Lith.
o. O.

Calender, Solothurner. Herausgegeben von mehreren Freunden. Solothurn 1857—62. H: *Amiet, Joseph Ignaz.* (Bibliogr. d. Schweiz. Landeskunde. Bern 1892 ff. V, 10 e.)

Somerseter Calender: Nos. 1–8, 1815?–1822? Schellsburg, PA
Edited & published by Friedrich Goeb

Kalender des (schleswig-holsteinischen) Sonntagsboten. (Volksbuch für Schleswig-Holstein) für das Jahr 1896 ff. Im Auftrag des Landesvereins für Innere Mission hrgg. v. Joh. Claußen u. Joh. Biernatzki (1901—1923 v. A. Weinreich, 1924 ff. v. Georg Christiansen). Jg. [1] ff. Neumünster i. H. o. J. 8°

—— für deutsche Sonntagsschulkinder 1877—1880. 32. (à 64 S. mit eingedr. Holzschn. und 1 Holzschntaf.) Berlin, Prochnow jun. à Jahrg. *

—— für deutsche Sonntagsschulkinder 1881—1885. 32. (à Jahrg. 64 S. mit eingedr. Holzschn. und 1 Holzschntaf.) Berlin, Prochnow jun. à Jahrg. *

—— Sorauer, auf die J. 1881—1885. 4. (à Jahrg. ca. 33 S.) Sorau, (Zeidler.) à Jahrg.

—— Sorauer, auf die J. 1886—1888. 68.—70. Jahrg. 4. (à Jahrg. ca. 33 S.) Sorau, (Zeidler.) à Jahrg. * — 25

—— Sorauer, auf d. J. 1889—1893. 71.—75. Jahrg. 4. (à Jahrg. ca. 35 S.) Sorau N.-L., (Zeidler). à Jahrg. * — 25

— Sorauer, auf d. J. 1895 77. Jahrg. 4. (37 S.) Sorau, (E. Zeidler). — 25

— Sorauer, auf d. J. 1899. 81. Jahrg. 4. (38 S.) Sorau, Rauert & Pittius. — 25

— Sorauer, auf d. J. 1901. 83. Jahrg. 4. (37 S.) Sorau, Rauert & Pittius. — 25

—— Speyerer, für das katholische Volk. 1. Jahrg. 1869. 4. (32 S. mit eingedr. Holzschn.) Speyer, Kleeberger. *

— für Spinnerei u. Weberei 1910, bearb. v. J. Schams. (IV S., Schreibkalender u. 128 S. m. Abb.) kl. 8. Leipzig, Schulze & Co. Geb. in Leinw. 1. 50

(Kalender.) Allgemeiner deutscher Sprachverein. Gegründet 1885. Kalender auf das Schaltjahr 1892. ... O. O. o. J. 8. . . . . (D.)

— für den sächsischen Staatsbeamten 1902. Hrsg. v. Chr. Klötzer, Herm. Wolf, Hugo Puff 2c. 8. (II, 170 S. m. 1 Abb. u. 5 Bildn.) Dresden, W. Baensch. n. — 75

Kalender f. d. sächsischen Staatsbeamten auf d. J. 1904. Hrsg. v. Klötzer u. a. (170 S.) 8. Dresden, Baensch. —. 75.

— f. d. sächsischen Staatsbeamten auf d. J. 1905. Hrsg. v. Klötzer u. a. (138 S. m. 3 Bildnist.) kl. 8. Dresden, Baensch. —. 75.

— für den sächsischen Staatsbeamten auf d. J. 1906. Hrsg. v. Chr. Klötzer, Hugo Puff, Adf. Greß, Wold. Kaestner, Geo. Paulus, Br. Schulze. (138 S. m. 3 Bildnistaf.) kl. 8. Dresden, W. Baensch. n. — 75

Kalender f. d. sächsischen Staatsbeamten auf d. J. 1907. Hrsg. v. Klötzer u. a. (159 S. m. 2 Bildnist. u. 1 farb. Taf.) kl. 8. Dresden, Baensch. —. 75.

Kalender f. d. sächsischen Staatsbeamten auf d. J. 1908. Hrsg. v. Klötzer u. a. (159 S. m. 2 Bildnist. u. 1 farb. Taf.) kl. 8. Dresden, Baensch. —. 75.

Kalender f. d. sächsischen Staatsbeamten auf d. J. 1909. Hrsg. v. C. Klötzer u. a. (180 S. m. 3 Bildnistaf.) kl. 8. Dresden, W. Baensch. —. 75.
— — auf d. J. 1910. (10 Jahrg.) (196 S. m. 3 Bildnistaf.) Ebenda. —. 75.

— f. den sächs. Staatsbeamten auf d. J. 1910. (10. Jahrg.) Hrsg. v. Christian Klötzer, Adf. Greß, Hugo Puff, sowie v. Bruno Schulze, Geo. Paulus, Wold. Kaestner. (196 S. m. 3 Bildnistaf.) kl. 8. Dresden, W. Baensch. — 75

— f. alle Stände, s. a. v. Littrow, C. L.

Kalender für alle Stände, herausg. von Littrow. Wien 1828, 31–78. Neue Folge u. d. Tit. Astron. Kalender, herausg. v. d. k. k. Sternwarte. 1882–96.

—— für alle Stände. 1848. Hrsg. von C. L. v. Littrow. 8. (VIII und 158 S. mit 7 Kpfrt.) Wien 847, Gerold, Verlag. *

—— für alle Stände. 1854—57. Hrsg. von Carl v. Littrow. gr. 8. Wien 853—55, (Gerold's Sohn.) [1854. (VIII und 133 S.) 1855. (VIII und 141 S. mit 1 Zinkt. in qu. 4.) 1856. (X und 135 S.) 1857. (X und 135 S. mit 1 lithogr. Sternkarte in gr. 4.)] à Jahrg.

— für alle Stände. 1857—65. Herausg. von Karl v. Littrow. Mit 1 (lith.) Sternkarte (in 4.). Wien, Gerold. gr. 8. Jeder Jahrg. (à ca. 160 S.) n. 12 ngr.

—— für alle Stände 1862—68. Hrsg. von Karl v. Littrow. gr. 8. (à Jahrg. X und ca. 144—156 S. mit 1 lithogr. Sternkarte in gr. 4.) Wien, Gerold's Sohn. à Jahrg. *
cart. und durchschossen à Jahrg. *

—— für alle Stände. 1869—1875. Hrsg. von Karl v. Littrow. 39.—45. Jahrg. Mit lithogr. Karten und eingedr. Holzschn. gr. 8. (à LXXXVI, 58—60 S.) Wien, Gerold's Sohn. à Jahrg. *
cart. und durchschossen *

Kalender für alle Stände. 1876—1878. Hrsg. von Karl v. Littrow. 46.—48. Jahrg. Mit 1 (lithogr.) Sternkarte (in qu. 4.) und 1 (eingedr.) Holzschn. gr. 8. (LXXXVI, 60; LXXXVI, 65; LXXXVI, 70 S.) Wien, Gerold's Sohn. à Jahrg. * M. 1,20.; cart. à
Nicht weiter erschienen.

Kalender für Stationsschaffner, Schaffner und Zugführer der deutschen Eisenbahnen. [1.] 1910. Berlin: Dreyer (1910). 8°
Forts. von: Kalender f. Zugführer. [10. 17631

— f. Stationsschaffner, Schaffner u. Zugführer d. deutsch. Eisenbahnen. 1910. (X, 277 S. m. 1 farb. Karte.) kl. 8. Berlin, O. Dreyer. Geb. in Leinw. — 60
Erschien f. 1909 u. d. T.: Kalender f. Zugführer usw.

Kalender für Steinmetze, Steinbruch- und Ziegelei-Besitzer, mit vollständigem Adress-Verzeichnisse. 1897. III. Jahrg. Unter Mitwirkung von Fachgenossen bearbeitet von Leop. Steiner. 16. (250 S., mit Tagebuch.) Eleg. in Lnwd. geb. 1.60
Wien: Perles 1896.

Kalender für Steinmetze, Steinbruch- und Ziegelei-Besitzer, mit vollständigem Adress-Verzeichnisse der Firmen in Oesterreich-Ungarn. 1898. IV. Jahrg. Unter Mitwirkung von Fachgenossen bearbeitet von Leopold Steiner. 16. (218 S., mit Tagebuch.) Eleg. in Lnwd. geb. Wien: Perles 1897. 1.60

—— für Arends'sche Stenografen auf die J. 1880—1885. Hrsg. von Spahr und König. gr. 16. (à Jahrg. ca. 110 S.) Leipzig, (Robolsky.) à Jahrg. **

—— für Arends'sche Stenographen. 9.—11. Jahrg. 1886—1888. Hrsg. von Fritz Spahr. 16. (XVI, 112; ....; XVI, 142 S.) Leipzig, Robolsky. à Jahrg. ** 90 Pf.; geb. 1 20
geb. mit Notizbuch à Jahrg. ** 1 30

— für Arends'sche Stenographen auf d. J. 1894. 17. Jahrg. Im Auftrage d. Hauptverbandes Arends'scher Stenographen unter Bearbeitg. v. Paul Hirsch hrsg. v. Carl Hause. gr. 16. (111 S.) Berlin, C. Hause. n.n. — 90; geb. in Leinw. n.n. 1. 10

— für Arends'sche Stenographen auf das J. 1898. 21. Jahrg. Bearb. u. hrsg. v. Carl Hause. Mit d. Bildnis u. Lebensabriß v. Frau Arends. gr. 16. (IV, 110 S.) Berlin, C. Hause. n. 1. —; geb. in Leinw. n. 1. 25

— d. Dresdner Gabelsberger-Stenographen-Vereins, gegründet am 10. Apr. 1873. Mai 1893—1894. Bearb. v. Mor. Weber unter Mitwirkg. v. Wilh. Reuter. 12. (28 u. 19 S.) Dresden, (W. Reuter). n.n. — 75

— dasselbe. Juni 1894—1895. Bearb. v. Rich. Streidt. gr. 16. (28 u. 13 S.) Ebd. n.n. — 75

— d. Dresdner Gabelsberger Stenographen-Vereins, gegründet am 10 Apr. 1873. Juni 1896—1897. Bearb. v. Rich. Streidt. gr. 16. (31 u. 16 S.) Dresden (W. Reuter). n.n — 75

— d. Dresdner Gabelsberger Stenographen-Vereins, gegr. am 10. IV. 1873. Juni 1899—1900. Bearb. v. Rich. Gämlich. 12. (31 u. 16 S.) Dresden (W. Reuter). n.n. — 75

— des Dresdner Gabelsberger Stenographen-Verein für die Zeit vom Juni 1903—Mai 1904. Bearb. v. Rich. Gämlich. (32 u. 23 S.) 8. Dresden (W. Reuter). n.n. — 75

Erscheint nicht mehr.

—— stenographischer für 1865—67. 8. (à Jahrg. ca. 38 S.) Innsbruck, Wagner'sche Universitäts-Buchh. à Jahrg. *

– Stenographischer, für 1868. Innsbruck. Wagner'sche Univ-Buchh. 29 S. 8°

— für Stenotachygraphen f. d. J. 1895. Hrsg v. Hugo Reisse. 4. Jahrg. 12. (63 S.) Schweidnitz (G. Brieger). n. — 60

—- Sternberger, 1891 u. 1893, m. Adreßbuch u. Wohnungs-Anzeiger f. die Bezirke Sternberg u. Römerstadt. gr. 8. (XX, 97, 32, 38; XX, 97, 72, 52 S. m. Abbildgn.) Sternberg 890,92, Hitschfeld. geb. à Jahrg. ** 1 —

—— für Strassen- und Wasserbau-Ingenieure. Hrsg. von A. Rheinhard. 3.—5. Jahrg. 1876—1878. 8. (LXVIII, 137 S. mit 41 eingedr. Holzschn. und 1 lithogr. Mass-Verzeichnisstaf.; VI, 264 S. mit 31 eingedr. Holzschn.; IV, 116 S. mit 149 eingedr. Holzschn.) Wiesbaden, Kreidel's Verlag. 1876 * ℳ 3.: 1877 und 1878 à *

—— dass. — Hrsg. von A. Rheinhard. 6. und 7. Jahrg. 1879 und 1880. Mit zahlreichen (eingedr.) Holzschn. 8. (IV, 116, 180; IV, 303 S.) Wiesbaden, Bergmann. geb. à Jahrg. *

Erschien früher u. d. T.: Kalender für Eisenbahn-, Strassen- und Wasserbau-Ingenieure.

—— für Strassen- und Wasserbau-Ingenieure. Hrsg. von A. Rheinhard. 8. Jahrg. 1881. 8. (IV, 112, 190 S. mit zahlreichen eingedr. Holzschn.) Wiesbaden, Bergmann. geb. *

—— dass. — Hrsg. von A. Rheinhard. 9.—12. Jahrg. 1882—1885. Mit je 1 Beilage, 1 Eisenbahnkarte in Farbendr. und zahlreichen Abbild. im Text. 8. (IV, 299, 35; VI, 328, 49; VI, 366, 75; VIII, 366, 87 S.) Ebendas. geb. à Jahrg. *

Kalender für Straßen- und Wasserbau- und Cultur-Ingenieure. Mit Beilage. Jg. 12. 1885. Wiesbaden

—- für Strassen- und Wasserbau-, und Cultur-Ingenieure. Hrsg. von A. Rheinhard. 13.—16. Jahrg. 1886—1889. Mit je 1 Beilage. 8. (VIII, 380, 105; VI, 348, 112; VI, 314, 220; VI, 314, 313 S. mit je 1 Eisenbahnkarte in Farbendr. und zahlreichen Abbild. im Text.) Wiesbaden, Bergmann. geb. und geh. à Jahrg. * 4 —

—- für Strassen- u. Wasserbau- u. Cultur-Ingenieure. 17.—20. Jahrg. 1890—1892. Begründet u. bis zum 18. Jahrg. bearb. v. A. Rheinhard. Vom 19. Jahrg. ab neu bearb. unter Mitwirkg. v. Fachgenossen v. R. Scheck. Nebst Beilagen, e. neuen Eisenbahnkarte in Farbendr. u. zahlreichen Abbildgn. im Text. 12. (118, 208, IV, 336 S.; Schreibkal., 224, 247 S.; XX S., Schreibkal., 78, 118, 120, 146, 88; XVIII S., Schreibkal., 74, 116, 124, 158 S.) Wiesb., Bergmann. geb. in Leinw. u. geh. à Jahrg. * 4 —

— für Strassen- u. Wasserbau- u. Cultur-Ingenieure. Begründet v. A. Rheinhard. Neu bearb. unter Mitwirkg. v. Fachgenossen v. R. Scheck. 22. Jahrg. 1895. Nebst 3 Beilagen, e. neuen Eisenbahnkarte in Farbendr. u. zahlreichen Abbildgn. im Text. 12. (XX S., Schreibkalender, 75 119, 120 u. 168 S.) Wiesbaden, J. F. Bergmann. Geb. in Leinw. u. geh. n. 4. —

— für Strassen- u. Wasserbau- u. Cultur-Ingenieure. Begr. v. A. Rheinhard. Neu bearb. unt. Mitwirkg. v. Fachgenossen v. R. Scheck. 26. Jahrg. 1899. Nebst 3 Beilagen, e. neuen Eisenbahnkarte in Farbendr. u. zahlr. Abb. im Text. 12. (XVIII S., Schreibkal., 75, 120, 149 u. 138 S.) Wiesbaden, J. F. Bergmann. Geb. in Leinw. u. geh. n. 4. —

— für Strassen- u. Wasserbau- u. Cultur-Ingenieure. Begründet v. A. Rheinhard. Neu bearb. unter Mitwirkg. v. Fachgenossen v. R. Scheck. 30. Jahrg. 1903. Mit e. Uebersichtsplan der wichtigsten Wasserstrassen Norddeutschlands u. e. Darstellg. der Coefficienten-Werthe f. die Ganguillet-Kutter'sche Geschwindigkeitsformel. Nebst 3 Beilagen, 1 neuen Eisenbahnkarte in Farbendr. u. zahlr. Abbildgn. im Text. 12. (XIX S., Schreibkalender, 64, 117, 169 u. II, 152 S.) Wiesbaden, J. F. Bergmann. Geb. in Leinw. u. geh. n. 4. —

— für Strassen- & Wasserbau- u. Cultur-Ingenieure. Begründet v. A. Rheinhard. Neu bearb. unter Mitwirkg. v. Fachgenossen v. R. Scheck. 34. Jahrg. 1907. Mit e. Uebersichtsplan der wichtigsten Wasserstrassen Norddeutschlands u. e. Darstellg. der Koëffizienten-Werte f. die Ganguillett-Kutter'sche Geschwindigkeitsformel. Nebst 3 Beilagen, 1 neuen Eisenbahnkarte in Farbendr. u. zahlr. Abbildgn. im Text. (XIX S., Schreibkalender, 64, 124, 186 u. II, 177 S.) kl. 8. Wiesbaden, J. F. Bergmann. Geb. in Leinw. u. geh. n. 4. —

— f. Strassen- & Wasserbau- u. Cultur-Ingenieure. Begründet v. A. Rheinhard. Neu bearb. unter Mitwirkg. v. Fachgenossen v. R. Scheck. 35. Jahrg. 1908. Mit e. Uebersichtsplan d. wichtigsten Wasserstrassen Norddeutschlands u. e. Darstellg. d. Koëffizienten-Werte f. d. Ganguillett-Kutter'sche Geschwindigkeitsformel. Nebst 3 Beilagen, 1 neuen Eisenbahnkarte in Farbendr. u. zahlr. Abb. im Text. (XIX S., Schreibkalender, 64. 112, 186 u. II, 177 S.) kl. 8. Wiesbaden, J. F. Bergmann. Geb. in Leinw. u. geh. 4. 60

Fortsetzg., s.: Kalender f. Wasser- & Strassenbau- u. Kultur-Ingenieure.

—— und Tagebuch für das J. 1856. 12. (216 S.) Leipzig 855, G. Wigand. Mit sächs. Stempel * Mit preuß. Stempel *

— Frankf. Taschen-, s. Taschenkalender.

Kalender, Göttingischer Taschen-, s. Taschen-Kalender

— u. Taschenbuch f. Zeichenlehrer 1907. Mit Notizkalender von Oktbr. 1906 bis März 1908, bearb. v. Th. Wunderlich. 15. Jahrg. 2 Tle. (IV, 106 S. m. 88 Fig., Schreibkalender u. 111 S.) kl. 8. Leipzig, H. A. L. Degener. Geb. in Leinw. u. geh. 2. —; in Brieftaschenldrbd. n. 4. —

Bisher u. d. T.: Kalender f. Zeichenlehrer.

— u. Taschenbuch f. Zeichenlehrer u. Zeichenlehrerinn. 1911. Mit Notizkalender v. Oktbr. 1910 bis März 1912, bearb. v. Th. Wunderlich. 19. Jahrg. 3 Tle. in 1 Bde. (IV, 106 S., Schreibkalender, 32 u. IV, 127 S.) kl. 8. Leipzig, H. A. L. Degener. Geb. in Leinw. 2. —

Kalender f. d. Taubstummenlehrer Deutschlands u. d. deutschredenden Nachbarländer. Für die J. 1890—1892. [4.—6. Jahrg.] Hrsg. v. F. W. Reuschert. gr. 16. (VI, 306; VI, 316; VI, 314 S. m. je 1 Karte.) Langensalza, Beyer u. Söhne. geb. à Jahrg. * 1 80
Nicht weiter erschienen.
Frühere Jahrge. erschienen u. d. T Taubstummenlehrer-Kalender.

TECHNISCH-CHEMISCHER KALENDER FÜR OESTERREICH-UNGARN. Jahrbuch und Notizbuch für den theoretischen und praktischen Chemiker, Fabrikanten, Bierbrauer, Branntweinbrenner, Zuckerfabrikanten. Herausgegeben von Paul Bennewitz. 2 vols., 16mo. Wien, 1875, '76 ‖

—— technisch-chemischer, für Oesterreich-Ungarn. Jahrbuch und Notizbuch für den theoret. und prakt. Chemiker, Fabrikanten, Bierbrauer, Branntweinbrenner, Zuckerfabrikanten hrsg. von Paul Bennewitz. 2. Jahrg. 1876. 3. Aufl. gr. 16. (VIII, 95 S.) Wien, (Perles.) geb. *
Nicht weiter erschienen.

— technischer, für Maschinen- und Hütten-Ingenieure, bearb. von H. Fehland. 1878. (1. Jahrg.) Eine Sammlung der wichtigsten Formeln, Tabellen und Resultate aus den Hauptgebieten der Technik. 8. (VIII, 200, 57 S. mit 284 eingedr. Holzschn.-Fig.) Braunschweig, Westermann. geb. *

— dass. — 1879. 2. Jahrg. 8. (VIII, 202, 57 S. mit ca. 300 eingedr. Holzschn.-Fig.) Ebendas. geb. *
Mit Klappe *
Nicht weiter erschienen.

Teplitzer Kalender 1894 und Adreßbuch. VII. Jahrgang. Gr.-8. (LXVIII, 110 S.) 1.—
Teplitz Becker

Kalender, Teplitzer, 1895 u. Adreß-Buch. 8. Jahrg. gr. 8. (LXVIII, 123 S. m. Abbildgn.) Teplitz, (A. Becker). n.n. 1. —

Teplitz-Schönauer Kalender für 1896. Adreßbuch. IX. Jahrgang. Gr.-8. (LXVIII, 118 S.)
Teplitz Becker

Teplitz-Schönauer Kalender für 1897. Adreßbuch. X. Jahrg. Gr.-8. (LXVIII, 128 S.) —.60
Ebd

— Teplitz-Schönauer, 1898 u. Adreß-Buch. 11. Jahrg. gr. 8. (LXX, 64 u. 104 S. m. Abb. u. Titelbild.) Teplitz (A. Becker). n.n. 1 —

— Teplitz-Schönauer, 1899 u. Adreß-Buch. 12. Jahrg. gr. 8. (LII, 94 u. 104 S. m. Abbildgn. u. Titelbild.) Teplitz-Schönau. (A. Becker.) n. 1.40

— **Termin u. Vormerkbuch** 1899. Nussbaum's Wohnungs-Anzeiger, Schematismus, Verzeichnis d. protokoll. Firmen, sow. Handels- u. Gewerbe-Adressen. gr. 8. (287 S. m. 1 Bildn.) Czernowitz (H. Pardini). n. 2. —

1900 Kalender, Termin- und Vormerkbuch. Dr Nussbaum's Wohnungs-Anzeiger, Schematismus, Verzeichnis der protokollirten Firmen, sowie Handels- und Gewerbe-Adressen Czernowitz. 1899. Pardini. Gr.-8°. 259 S. fl. 1.—

1901 Kalender, Termin- und Vormerkbuch Dr. Nussbaum's Wohnungs-Anzeiger von Czernowitz sammt Vorstädten und dem Verzeichnisse der Hauseigenthümer von Radautz, Sereth und Suczawa, Ortschafts-Verzeichnis, Schematismus, Verzeichnis der protokollirten Firmen, sowie Handels- und Gewerbe-Adressen Czernowitz. 1900. Pardini. Lex.-8°. IV, 291 S. K 2.—

— **Termin- u. Vormerkbuch** 1902. Nussbaum's Wohnungs-Anzeiger v. Czernowitz sammt Vorstädten, ferner v. Radautz u. Suczawa. Ortschafts-Verzeichnis, Schematismus, Verzeichnis der protokollirten Firmen, sowie Handels- u. Gewerbe-Adressen. Lex.-8. (VIII, 307 S.) Czernowitz (H Pardini). n.n. 1. 80

Kalender, Termin- und Vormerkbuch. Dr Nußbaum's Wohnungs-Anzeiger von Czernowitz. 1903. Gr.-8°. (304 S.) * K 2
Ebd.

Kalender, Termin- und Vormerkbuch. Dr. Nußbaum's Wohnungsanzeiger von Czernowitz samt Vorstädten, ferner Radautz und Suczawa. 1904. Lex.-8° (304 S.) Ebd * K 2.—

Kalender-, Termin- und Vormerkbuch. Wohnungsanzeiger von Czernowitz etc. 1905. Gr.-8° (XV. 328 S.) Ebd. K 2.—

— **Termin- u. Vormerkbuch** 1906. Dr. Nussbaum's Wohnungs-Anzeiger v. Czernowitz samt Vorstädten, ferner v. Radautz u. Suczawa. Ortschafts-Verzeichnis, Schematismus, Verzeichnis der protokollierten Firmen, sowie Handels- u. Gewerbe-Adressen. (XXII, 353 S.) Lex.-8. Czernowitz (H. Pardini). n. 2. —

— **Termin- u. Vormerkbuch** 1907. Dr. Nussbaum's Wohnungs-Anzeiger v. Czernowitz samt Vorstädten, ferner v. Radautz u. Suczawa. Ortschafts-Verzeichnis, Schematismus, Verzeichnis d. protokollierten Firmen, sowie Handels- u. Gewerbe-Adressen. (XVI, 356 S.) Lex. 8. Czernowitz (H. Pardini). Kart. 2. —
Vgl. Adressbuch v. Czernowitz.

Der Kalender des Texas Demokrat : 1865? - 1868?
Southern in sympathy. Printed in two sections, German and English, in an edition of 500 in the Almanac for 1865. Edited by Oskar Dietzel. Advertised in Der Texas Demokrat of Houston, Dec. 31, 1864
Houston, TX

—— für Textil-Industrie. Eine Sammlung der wichtigsten Regeln, Notizen und Resultate aus der Praxis der Spinnerei, Weberei, Appretur, Bleiche und Färberei. Unter Mitwirkung von Fachmännern hrsg. von W. H. Uhland. 1. Jahrg. 1880. 12. (IV, 163, 56 S. mit 1 lithogr. und color. Eisenbahnkarte, mehreren Fabrikplänen und gegen 200 Illustr. im Text.) Leipzig, Baumgärtner's Buchh. geb. in Leinw.
geb. in Leder

—— für Textil-Industrie. Eine Sammlung der wichtigsten Regeln, Notizen und Resultate aus der Praxis der Spinnerei, Weberei, Appretur, Bleiche und Färberei. Unter Mitwirkung von Fachmännern hrsg. von W. H. Uhland. 2.—6. Jahrg. 1881—1885. Mit je 1 (chromolithogr.) Eisenbahnkarte, mehreren Fabrikplänen und Illustr. im Text. gr. 16. (à Jahrg ca. 280 S.) Leipzig, Baumgärtner's Buchh.
geb. in Leinw. à Jahrg. *
geb. in Ldr. à Jahrg.

—— für Textil-Industrie. Eine Sammlung der wichtigsten Regeln, Notizen und Resultate aus der Praxis der Spinnerei, Weberei, Appretur, Bleiche und Färberei. Unter Mitwirkung von Fachmännern hrsg. von W. H. Uhland. 7.—10. Jahrg. 1886—1889. gr. 16. (IV, 231, 56; IV, 232, 56, IV, 257, 56; IV, 256, 56 S. mit je 1 chromolithogr. Eisenbahnkarte, mehreren Fabrikplänen und 200—300 Illustr. im Text.) [Leipzig, Baumgärtner's Buchh.] Dresden, Kühtmann. geb. in Leinw. à Jahrg. * 3 —
In Brieftaschen-Einbd. à Jahrg. * 5 —

—— für die Textil-Industrie 1890—1893. Eine Sammlg. der wichtigsten Regeln, Notizen u. Resultate aus der Praxis der Spinnerei, Weberei, Appretur, Bleiche u. Färberei. Begründet v. W. H. Uhland. 11.—14. Jahrg. Mit mehreren Fabrikplänen u. Illustr. im Text. gr. 16. (IV, 282, 56; IV, 281 S. u. Schreibkal.; IV, 281 S. u. Schreibkal.; IV, 207 S. u. Schreibkal.) Dresd., Kühtmann. 11.—13. Jahrg. geb. à * 3 —; in Brieftascheneinbd. à * 5 —
14. Jahrg. geb. in Leinw. * 2 —; in Brieftaschenldrbd. * 4 —

— für die Textil-Industrie 1895. Eine Sammlg. der wichtigsten Regeln, Notizen u. Resultate aus der Praxis der Spinnerei, Weberei, Appretur, Bleiche u. Färberei. Begründet v. W. H. Uhland. 16. Jahrg. Red. v. Emil Pfyffer. Mit mehreren Fabrikplänen u. vielen Illustr. im Text. 12. (IV, 245 S. u. Schreibkalender.) Dresden, G. Kühtmann. Geb. in Leinw. n. 2. —; in Brieftaschenldrbd. n. 4. —

— f. d. Textil-Industrie 1899. Eine Sammlg. der wichtigsten Regeln, Notizen u. Resultate aus der Praxis der Spinnerei, Weberei, Appretur, Bleiche u. Färberei. Begr. v. W. H. Uhland. 20. Jahrg. Red. v. Emil Pfyffer. M. mehr. Fabrikplänen u. vielen Illustr. im Text. 12. (223 S. u. Schreibkal.) Dresden, G. Kühtmann. Geb. in Leinw. n. 3. —; in Brieftaschenldrbd. n. 5. —

— für die Textil-Industrie 1901. Eine Sammlung der wichtigsten Regeln, Notizen u. Resultate aus der Praxis der Spinnerei, Weberei Appretur, Bleiche u. Färberei. Begründet v. W. H. Uhland. 22. Jahrg. Red. v. Emil Pfyffer. Mit mehr. Fabrikplänen u. vielen Illustr. im Text. 12. (IV, 230 S. u. Schreibkalender.) Dresden, G. Kühtmann. Geb. in Leinw. n. 3. —; in Brieftaschenldrbd. n. 5. —

Fortsetzung, s.: Textil-Kalender

—— theologischer, oder Erinnerungen an wichtige Thatsachen und einflußreiche Persönlichkeiten aus der Geschichte des Reiches Gottes auf alle Tage des Jahres, mit besond. Rücksicht auf Würtemberg. Ein Gedenkblatt für Geistliche, Lehrer und alle christliche Geschichtsfreunde überhaupt. 16. (130 S.) Stuttgart 856, Belsersche Buchh.

Thurgauer Kalender f. 1872. Des Kriegs-, Friedens- u. Historienkalenders 23. Jahrg. 64 Stn. 8. Diessenhofen, L. Stephan. —. 30

Der Thurgauer Kalender f. 1873. 64 Stn. 4. Diessenhofen, L. Stephan. —. 30

Der Thurgauer Kalender f. 1874. 64 Stn. 4. Diessenhofen, L. Stephan. —. 30

— Thurgauer, für das Jahr 1899. 4°. 96 S. St. Gallen, Verlag der Buchdruckerei Merkur. — 40

Kalender, Thurgauer, f. d. J. 1903. 10. Jahrg. 4. (82 S. m. Abbildgn. u. Wandkalender.) Kreuzlingen. (St. Gallen, Wiser & Frey). n. — 35

— Thurgauer, f. d. J. 1905. 12. Jahrg. (82 S. m. Abbildgn. u. Wandkalender.) 8. Kreuzlingen. (St. Gallen) [Rosenbergstr. 4], Buchdruckerei u. Verlagsanstalt Merkur.) n. — 35

Thüringer Kalender. Hrsg. v. Thüring. Museum in Eisenach. [1.] 1902. Red.: Prof. Dr. Georg Voß. *Berlin: Fischer & Franke (1902).* 4° [J.]

— Thüringer. Hrsg. v. thüring. Museum in Eisenach. 1903. Mit Zeichngn. v. Ernst Liebermann. Red.: Geo. Voss. Lex.-8. (40 S.) Berlin. Düsseldorf, Fischer & Franke. n. 1. —

— Thüringer. 1907. Hrsg.: Thüringer Museum in Eisenach. Zeichnungen v. Ernst Liebermann. Red.: Geo. Voß. (40 S.) Lex.-8. Berlin, Fischer & Franke. n. 1. —

— Thüringer. Herausgegeben vom Thüringer Museum in Eisenach. Mit Zeichnungen von E Liebermann u a. 1908-13. Berlin 1908-13

— Thüringer, 1911. Hrsg. vom Thüringer Museum. Eisenach. Mit Steinzeichngn. v. Fritz Geyer. Red.: Geo. Voß. (28 S. m. Abb. u. 6 farb. Taf.) Lex.8. Eisenach, H. Brunner. 1. —

Kalender für Tiefbohr-Ingenieure, -Techniker, Unternehmer und Bohrmeister Jg. 1—2. 1905—06 u. 4—10. 1908—14 Frankfurt a. M.

— f. Tiefbohr-Ingenieure, -Techniker, Unternehmer u. Bohrmeister. 1907. Handbuch f. Berg- u. Bau-Ingenieure, Geologen, Balneologen etc. Unter Mitwirkg. bewährter Fachmänner hrsg. v. Osk. Ursinus. (VIII, 276 u. 56 S. m. Abb. u. 1 farb. Karte.) kl. 8. Frankfurt a/M., Verlag des „Vulkan". Geb. in Leinw. n. 7. 50

— für Tiefbohr-Ingenieure, -Techniker, Unternehmer u. Bohrmeister. Handbuch f. Petroleumfachleute, Berg- u. Bau-Ingenieure, Geologen, Balneologen etc. Unter Mitwirkg. bewährter Fachmänner hrsg. v. Osk. Ursinus. 6. Jahrg. 1910. (VIII, 236, 96 u. 55 S. m. Fig. u. 1 farb. Karte.) kl. 8. Frankfurt a/M., Verlag d. „Vulkan". Geb. in Leinw. 7. 50

— 1894. Hrsg. vom Berliner Tierschutz-Verein (zur Bekämpfung der Massentierquälereien im Deutschen Reich). 12. (48 S.) Berlin, (J. Bohne). n. — 10

— d. Berliner Tierschutz-Vereins (zur Bekämpfg. der Tierquälereien im Deutschen Reich). Berlin, Königgrätzer Straße 108. 1899. 12. (48 S. m. Bildn.) Berlin (J. Bohne). n. — 10

— des Berliner Tierschutz-Vereins (zur Bekämpfung der Tierquälereien im Deutschen Reich) u. des deutschen Lehrer-Tierschutzvereins. Berlin, Königgrätzer Straße 108. 1900. 12. (48 S. m. Abb.) Berlin (J. Bohne). n. — 10

— 1899 d. Deutschen Tierschutz-Vereins zu Berlin. 4. Jahrg. schmal 8. (48 S. m. Bild.) Berlin (SW., Lindenstr. 74, I), Deutscher Tierschutz-Verein. — 25

— 1901 des Deutschen Tierschutz-Vereins zu Berlin. 6. Jahrg. schmal 8. (48 S. m. Abbildgn.) Berlin (SW., Lindenstr. 74, I), Deutscher Tierschutz-Verein. — 25

Tiroler Kalender für das gemeine Jahr nach der gnadenreichen Geburt unseres Herrn Jesu Christi 1883. Enthaltend: Das Kalendarium nebst Märkteverzeichnisse und viele schöne Original-Erzählungen mit Illustrationen. V. Jahrg. gr. 8. (119 S.) geh. 28 kr. Innsbruck. Rauch 1882.

Kalender, Tiroler landwirthschaftlicher, für das Jahr 1894. XI. Jahrg. 4. (168 S.) In Comm. Bozen Auer —.25

— Tiroler landwirthschaftlicher, f. d. J. 1895. Hrsg. v. der landwirthschaftl. Landes-Lehranstalt u. Versuchsstation in S. Michele a/E. unter Mitwirkg. der landwirthschaftl. Landes-Anstalt in Rothholz. XII. Jahrg. 4. (151 S. m. Bildern.) Bozen, (A. Auer & Co.). n. — 70

Kalender, Tiroler landwirthschaftlicher, für das Jahr 1896. Herausgegeben von der landwirthschaftlichen Landeslehranstalt und Versuchsstation in St. Michele a/E. unter Mitwirkung der landwirthschaftlichen Anstalt in Rothholz. XIII. Jahrgang. Gr. 8. (176 S.) In Comm. * —.25
Ebd.

Kalender, Tiroler landwirthschaftlicher, für das Jahr 1897. Herausgegeben von der landwirthschaftlichen Landeslehranstalt und Versuchsstation in St. Michele a/E. unter Mitwirkung der landwirthschaftlichen Anstalt in Rothholz. XIV. Jahrgang. Gr.-8. (155 S.) In Comm. Ebd. — 30

Kalender, Tiroler landwirthschaftlicher, für das Jahr 1898. XV. Jahrgang. Kl.-4. (190 S.) In Comm. Ebd. * — 26 netto

— tiroler landwirtschaftlicher, f. d. J. 1899. Hrsg. v. der landwirthschaftl. Landes-Lehranst. u. Versuchsstation in S. Michele a/E. unter Mitwirkg. d. landwirthschaftl. Landes-Anstalt in Rothholz. 16. Jahrg. 4. (168 S. m. Abb.) Bozen (A. Auer & Co.) n.n. — 60

(F) Tiroler Landwirtschaftlicher Kalender für das gemeine Jahr 1900. Herausgegeben von der landwirtschaftl. Landes-Lehranstalt und Versuchsstation in S. Michele a./E. unter Mitwirkung der landwirtschaftl. Landes-Anstalt in Rotholz. XVII. Jahrgang. Bozen. Verlag des Landeskulturrathes. [Section Innsbruck. In Comm. Auer & Co.] 4°. 216 S * fl. —.26

(F) Tiroler Landwirtschaftlicher Kalender für das gemeine Jahr 1901. Herausgegeben von der landwirtschaftl. Landes-Lehranstalt und Versuchsstation in S. Michele a./E. unter Mitwirkung der landwirtschaftl. Landes-Anstalt in Rotholz. XVIII Jahrgang Bozen. Verlag des Landeskulturrathes [Section Innsbruck In Comm. Auer & Co.] Gr.-8°. 217 S. K —.52

(F) Tiroler landwirtschaftlicher Kalender für das gemeine Jahr 1902. Herausgegeben von der landwirtschaftl. Landeslehranstalt und Versuchsstation in S. Micheli a./E. unter Mitwirkung der landwirtschaftlichen Landesanstalt in Rotholz. XIX. Jahrgang. Bozen. Auer & Co. 240 S. K —.60

— Tiroler landwirtschaftlicher, f. d. J. 1903. Hrsg. v. der landwirtschaftl. Landeslehranstalt u. Versuchsstation in S. Michele a/E. unter Mitwirkg. der landwirtschaftl. Landes-Anstalt in Rotholz. 20. Jahrg. 4. (208 S. m. Abbildgn.) Bozen (A. Auer & Co.). n.n. — 60

Tiroler landwirtschaftlicher Kalender für das Jahr 1904. 21. Jahrg. Lex.-8°. (248 S.) † Ebd. K — .60

(F) Tiroler Landwirtschaftlicher Kalender für das Jahr 1905. 22. Jahrg Lex.-8°. (236 S.) Ebd. * K —.60

(F) Tiroler landwirtschaftlicher Kalender für das Jahr 1906. 43. Jahrg. Gr.-8°. (228 S.) Ebd. K —.60

— Tiroler landwirtschaftlicher, f. d. J. 1907. Hrsg. v. der landwirtschaftl. Landeslehranstalt u. Versuchsstation in S. Michele a. E. unter Mitwirkg. der landwirtschaftl. Landesanstalt in Rotholz. 24. Jahrg. (190 S. m. Abbildgn.) gr. 8. Bozen. (A. Auer & Co.). n.n. — 60

(F) Tiroler landwirtschaftlicher Kalender für das Schaltjahr 1908. 25. Jahrg. Ebd. K —.60

— Tiroler landwirtschaftlicher, f. d. J. 1909. Hrsg. v. der landwirtschaftl. Landeslehranstalt u. Versuchsstation in S. Michele a. E. unter Mitwirkung der landwirtschaftl. Landesanstalt in Rotholz. 26. Jahrg. (208 S. m. Abb.) gr. 8. Bozen (A. Auer & Co.). — 80
Nicht mehr im Buchhandel.

— Tölzer, hrsg. v. histor. Verein Tölz f. das bayerische Oberland auf d. J. 1910. 1. Jahrg. (75 S. m. Abb.) 8. Bad Tölz, J. Dewitz. — 80

Kalender, Troppauer — auf das Jahr nach Christi Geburt 1854. 17. Jahrgang. Herausgegeben von Adolph Traßler. 4. (56 S.) Troppau. Gedruckt bei Adolph Traßler.

— f. d. deutschen Turner auf d. J. 1896. 16. (96 S. m. Abb.) Leipzig, Sellmann & Henne. n. — 30

Kalender auf das Jahr 1890 für den Allgemeinen T. V. zu Leipzig-Neuschönefeld, Leipzig, 48 S., 16°.

— der, f. Ungarn, v. Land- und Hauswirthschaft. 8. Pest, Eggenberger. 796.

— der, für Ungarn, von Land- u. Hauswirthschaft. 8. Pesth 796. Eggenberger. 16 K

— f. Unterassistenten (Weichensteller I. Kl.), Stellwerkweichensteller, Weichensteller, Rottenführer u. Bahnwärter d. deutsch. Eisenbahnen 1910. (X, 277 S. m. 1 farb. Karte.) kl. 8. Berlin, O. Dreyer. Geb. in Leinw. — 75
Erschien f. 1909 u. d. T.: Kalender f. Weichensteller usw.

Kalender zur sittlichen und angenehmen Unterhaltung auf das Schalt-Jahr 796 Berlin. Joh. Friedr. Unger
Mit Kupfern von Chodowiecki. 8°

— zur sittlichen u. angenehmen Unterhaltung, für 1796. Mit 12 Kpf. 12. Berl., Unger. 1 ₰ 8 K

—— Urner, für die J. 1879—1884. 1.—6. Jahrg. 4. (à Jahrg. 50 S. mit eingedr. Holzschn.) Altdorf. (Luzern, Prell.) à Jahrg. *

Calender, Vaterländischer, oder Steyermärker. 1800. Graz. H: *Kindermann, Jos. Carl.* (wrztg 1799 S. 3857) *Gilhofer* 112/387) (Steierm. Landesbibl. 202) (GGR VI/637; VII/37, Nr. 27/5) (BiblPort)

—— verbesserter und alter, auf die J. 1847 und 1849 für die Prov. Brandenburg, Pommern und Sachsen. 8. (84 und 98 S.) Stettin, Müller und Comp. à Jahrg. *

—— verbesserter und alter, auf das J. 1856, für die königl. preuß. Provinzen Brandenburg, Pommern und Sachsen. 12. (91 S. mit 1 Illustr. in Holzschn.) Berlin 855, Trowitzsch und Sohn.

—— verbesserter und alter, auf die J. 1858—61 für die königl. preuß. Provinzen Brandenburg, Pommern und Sachsen. 12. (à Jahrg. VIII und 83 S. mit 1 Holzschn.) Berlin, Trowitzsch und Sohn. à Jahrg. * 5 Ngr.; geh. à Jahrg. *

—— Verbesserter und Alter, auf die J. 1862—67 für die Königl. Preuß. Provinzen Brandenburg, Pommern und Sachsen. 12. (à Jahrg. ca. 96 S. mit 1 Holzschn.) Berlin, Trowitzsch und Sohn. à Jahrg. * 5 Ngr.; geh. à Jahrg. *

—— verbesserter und alter, auf die J. 1868—1875, für die königl. preuß. Provinzen Brandenburg, Pommern und Sachsen. 12. (à 94—116 S. mit Illustr. in eingedr. Holzschn.) Berlin, Trowitzsch und Sohn. à *
geb. und durchschossen à *

—— verbesserter und alter auf die J. 1874—1880 für die königl. preuß. Provinzen Brandenburg, Pommern und Sachsen. Mit 1 Titelbild und zahlreichen (eingedr.) Illustr. (in Holzschn.). gr. 16. (ca. 128—152 S.) Berlin, Trowitzsch und Sohn. à Jahrg.
geb. und durchschossen à Jahrg.

—— verbesserter und alter, auf die J. 1881—1885 für die königl. preußischen Provinzen Brandenburg, Pommern und Sachsen. Mit je 1 Titelbilde (in Holzschn.) und zahlreichen (eingedr. Holzschn.-)Illustr. 8. (à Jahrg. 158 S.) Berlin, Trowitzsch und Sohn. à Jahrg.
geb. und durchsch. à Jahrg.

—— verbesserter, und alter, auf die J. 1886—1889 für die königl. preußischen Provinzen Brandenburg, Pommern und Sachsen. 8. (à Jahrg. 160 S. mit je 1 Titelbilde in Holzschn. und zahlreichen eingedr. Holzschn.-Illustr.) Berlin, Trowitzsch und Sohn. à Jahrg. 50 Pf.; geb. und durchsch. — 75

—— verbesserter u. alter, auf d. J. 1890—1893 f. die königl. preuß. Provinzen Brandenburg, Pommern u. Sachsen. Mit je 1 Titelbilde (in Holzschn.) u. zahlreichen (eingedr. Holzschn.-)Illustr. 8. (120; 166; 166; 173 S.) Nebst Beilage: Illustrierte Geschichte der jüngsten Vergangenheit. gr. 4. (à 12 S. m. 1 Wandkalender.) Berl., Trowitzsch u. Sohn. à Jahrg. — 50; cart. u. durchsch. — 75

— verbesserter u. alter, auf d. J. 1895, f. die königl. preußischen Provinzen Brandenburg, Pommern u. Sachsen. Mit e. Titelbilde u. 60 Illustr. 192. Jahrg. 8. (169 S.) Nebst Beilage: Illustr. Geschichte der jüngsten Vergangenheit. Vom Sommer 1893 bis zum Sommer 1894. gr. 4. (12 S. m. 1 Wandkalender.) Berlin, Trowitzsch & Sohn. — 50

— verbesserter u. alter, auf d. J. 1899, f. d. kgl. preuß. Provv. Brandenburg, Pommern u. Sachsen. Mit 66 Illustr. 196. Jahrg. 8. (186 S.) Nebst Beilage: Illustr. Geschichte d. jüngsten Vergangenheit. V. Sommer 1897 bis zum Sommer 1898. gr. 4. (12 S. m. 1 Wandkal.) Berlin, Trowitzsch & Sohn. — 50; kart. — 75

— verbesserter u. alter, auf d. J. 1903, f. die königl. preußischen Provv. Brandenburg, Pommern u. Sachsen. Begründet von Gottfr. Wilh. v. Leibniz. 200. Jahrg. Mit e. Probebogen des 1. Jahrg. u. 1 Wandkalender in 2 Farben. 8. (IV, 239 S. m. Abbildgn.) Berlin, Trowitzsch & Sohn. n. — 50; kart. u. durchsch. — 75

— verbesserter u. alter, auf d. J. 1907, f. die königl. preußischen Provv. Brandenburg, Pommern u. Sachsen. Begründet von Gottfr. Wilh. v. Leibniz. 207. Jahrg. (III, 209 S. m. Abbildgn. u. Wandkalender.) 8. Berlin, Trowitzsch & Sohn. n. — 50

— dasselbe auf d. J. 1907. Für die Provv. Schlesien u. Posen. 207. Jahrg. (III, 189 S. m. Abbildgn. u. Wandkalender.) 8. Ebd. — 50
Bisher u. d. T.: Kalender, neuer u. alter.

— verbesserter u. alter, auf d. J. 1911, f. die königl. preuß. Provv. Brandenburg, Pommern u. Sachsen. Begründet v. Gottfr. Wilh. v. Leibniz. 211. Jahrg. (III, 227 S. m. Abb., Titelbild u. Wandkalender.) 8. Berlin, Trowitzsch & Sohn. — 40; geb. u. durchsch. — 50

— dasselbe auf d. J. 1911. Für d. Provv. Schlesien u. Posen. 211. Jahrg. (III, 227 S. m. Abb., Titelbild u. Wandkalender.) 8. Ebd. — 40; geb. u. durchsch. — 50

—— verbesserter altmärkisch-priegnitz'scher auf das J. 1868. 3. Jahrg. 8. (74 S.) Stendal 867, Franzen und Grosse. *

—— verbesserter altmärkisch-priegnitz'scher auf die J. 1869—1875. 4.—10. Jahrg. 8. (à ca. 80 S.) Stendal, Franzen und Grosse. à Jahrg. *

Kalender, verbesserter altmärkisch-priegnitz'scher auf die J. 1876—1880. 11.—15. Jahrg. 8. (à ca. 93 S. mit eingedr. Holzschn.) Stendal, Franzen und Grosse. à Jahrg. *

—— verbesserter Altmärkisch-Priegnitzscher, auf die J. 1881—1885. 16.—20. Jahrg. 8. (à Jahrg. 80 S. mit Illustr.) Stendal, Franzen und Grosse. à Jahrg.

—— verbesserter Altmärkisch-Priegnitzscher, auf die J. 1886—1889. 21.—24. Jahrg. 8. (à Jahrg. 80 S. mit Illustr.) Stendal, Franzen und Große's Verlag. à Jahrg. — 30

— verbesserter Altmärkisch-Priegnitzscher, auf d. J. 1895. 30. Jahrg. 8. (48 u. 32 S. m. Abbildgn.) Stendal, Franzen & Grosse's Verl. n. — 30

— verb. Altmärkisch-Priegnitzscher, auf d. J. 1899. 34. Jahrg. 8. (48 u. 32 S. m. Abb.) Stendal, Franzen & Grosse's Verl. n. — 30

— verbesserter Altmärkisch-Priegnitzscher, auf d. J. 1903. 38. Jahrg. 8. (79 S. m. Abbildgn.) Stendal, Franzen & Grosse's Verl. n. — 30

— verbesserter Altmärkisch-Priegnitzscher, auf d. J. 1906. 41. Jahrg. (79 S. m. Abbildgn.) 8. Stendal, Franzen & Grosse's Verl. (Nur direkt.) n. — 30

Calender, Verbesserter, zum Gebrauch der Landleute in den kursächsischen Landen. Wittenberg 1793. V: *Ebert, Joh. Jacob.* (MGT)

Verbesserter und neuer Kalender a. d. J. 1728. Nürnberg. Joh. Dan. Endter. Mit einer Ansicht der Stadt Nürnberg und mit 34 Wappen der Consules und Scabini in Holzschnitt. Ein Blatt, rot und schwarz gedruckt. Imp.-Fol. (85,5:31,5 cm). Beschnitten, aufgezogen. 15.—

Verbesserter Kalender auf das Jahr... für das Königreich Sachsen und für andre Länder. 1818. Leipzig: Sommer [1817]. 8°
1818: [1817.]

—— des algemeinen fereins für fereinfachte deutsche rechtschreibung auf das j. 1882. 4. järg. 16. (VIII, 106 S.) Bremen, [Kühtmann und Comp.] Heinsius. *
Früher u. d. T.: Hauskalender, algemeiner, des fereins für fereinfachte deutsche rechtschreibung.
Fortsetzung im Selbstverlag des Vereins.

KALENDER des algemeinen fereins für fereinfachte deutsche rechtschreibung auf das jär 1882. Järg. 4. ib. —
auf das jär 1883 — auf das gemeinjär 1885. Järg. 5—7. ib. Herausgegeben fom bremer zweigferein. Schriftfürer lerer Freudenstein. Bröksstr. 16. (Druk: Didr. Soltau in Norden.)

Kalender des deutschen Vereins für die Rheinprovinz auf das J. 1877. 4. (78 S. mit eingedr. Holzschn.) Bonn, Neusser. *
Nicht weiter erschienen.

Kalender des landwirtschaftlichen Vereins in Württemberg. Hrsg. v. der kgl. Zentralstelle f. die Landwirtschaft. 1907. (88 S. m. Abb.) gr. 8. Stuttgart, E. Ulmer. n. — 25

— des landwirtschaftlichen Vereins in Württemberg f. 1911. Hrsg. v. d. kgl. Zentralstelle f. die Landwirtschaft. (92 S. m. Abb.) gr. 8. Stuttgart, E. Ulmer. — 25

Kalender der dt. Vereine in Liv-, Est- und Kurland. Jg [1]—8 1907—1914. — Riga: Jonck & Poliewsky (1907—1914).

— der deutschen Vereine in Liv-, Est- u. Kurland auf d. J. 1911. 5. Jahrg. (136 S. m. Abb. u. 1 farb. Taf.) 8. Riga, Jonck & Poliewsky. 1.—

— vergleichender, für 1853. Aus dem Königl. Preuss. Staats-Kalender besonders abgedr. Berlin, Decker. gr. 8. (155 S.) nn. 17½ ngr.

Kalender für Vermessungsbeamte. Beilage: Status der k. k. Vermessungsbeamten Österreichs. 1905. 8°. (226 S.) geb. K 4.—
Wien: Möbius

— f. Vermessungsbeamte. Hrsg. vom Verein der k. k. Vermessungsbeamten Oesterreichs. Beilage: Status der k. k. Vermessungsbeamten Oesterreichs. Nach amtl. Daten zusammengestellt. 1906. (230 u. 58 S.) kl. 8. Wien (O. Möbius). Geb. in Leinw. u. geh. n.n. 3.50

Kalender für Vermessungsbeamte. Beilage Status der k. k. Vermessungsbeamten Österreichs. 1907. 8°. (217 S.) Ebd. geb. K 3.—

— f. Vermessungsbeamte. 1908. Hrsg. v. Verein d. k. k. Vermessungsbeamten Österreichs. Beilage: Personalstand d. Beamten z. Evidenzhaltg. d. Grundsteuerkatasters. Stand v. 31. X. 1907. Nach amtl. Daten zusammengest. (235 u. 58 S.) kl. 8. Wien (O. Möbius). Geb. in Leinw. u. geh. nn 3.—

—— für Vermessungskunde mit astronomischen Ephemeriden für das J. 1876. 3. Jahrg. Hrsg. von W. Jordan. 8. (208 S.) Stuttgart, Wittwer. * M 3.; geb.

—— dass. — [Geometer-Kalender] mit astronomischen Ephemeriden für die J. 1877 und 1878. 4. und 5. Jahrg. Hrsg. von W. Jordan. gr. 16. (à 264 S. mit eingedr Holzschn.) Ebendas. geb. à Jahrg. *
Erschien früher u. d. T.: Deutscher Geometer-Kalender; Fortsetzung s. Jordan, W., mathemat. und geodät. Hülfstafeln.

— f. das Vermessungswesen in Bayern. Hrsg. v. Karl Dittmar. (105 S. m. Schreibkalender.) 8. München 908. C. A. Seyfried & Co. Geb. in Leinw. 3.50
Fortsetzg., s.: Taschenbuch m. Kalendarium f. d. Vermessungswesen in Bayern.

— für Vermessungswesen & Kulturtechnik, unter Mitwirkg. v. A. Emelius, W. Ferber, P. Gerhardt u. a. hrsg. von W. v. Schlebach. 1907. 30. Jahrg. des v. Schlebachschen Kalenders f. Geometer u. Kulturtechniker. 4 Tle. m. vielen Textfig. u. e. Anh. (24, 120, 114, 194, 56 u. 100 S.) kl. 8. Stuttgart, K. Wittwer. Geb. in Leinw. u. geh. n. 3.50
Erschien früher u. d. T.: Kalender f. Geometer etc.

— f. Vermessungswesen & Kulturtechnik, unter Mitwirkg. v. E. Canz, A. Emilius, W. Ferber u. a. hrsg. v. W. v. Schlebach. 1911. 34. Jahrg. d. v. Schlebachschen Kalenders f. Geometer u. Kulturtechniker. 4 Tle. m. vielen Textfig. u. 2 Anh. (32, 112, 120; II, 202, 84, 18 u. 98 S.) kl. 8. Stuttgart, K. Wittwer. Geb. in Leinw. u. geh. 4.—

Calender f die Versammlung d Menn Gmde in Canada f d Jahr unsers Herrn 1856. Zum 120. mal hrsg. Berlin, Canada, 1855

Calender fuer die Versammlungen der Mennoniten Gemeinden in (Ontario?) *Berlin, Ober Canada: H. Peterson 1836. pp. . . .*
Since 1836 annually ff., first in German, since 1890 in English; current issue 1930—1931: Calender of appointments of the Mennonite Church of Ontario for the year, July 1st, 1930 to June 30th. 1931. = *96th issue, 41st English- and reports of the Annual Conference and Rural Mission Board. [s. l. 1930.] pp. (26).*

—— f. Verwaltungsbeamte, s. a. Beamten-Kalender, allgem.

— für Verwaltungsbeamte, s. a. Taschen-Kalender.

—— für Verwaltungs-Beamte für die J. 1886—1890. Hrsg. von R. Schmitt. 16. (à Jahrg. ca. 240 S.) Hamm, Grote'sche Buchh. geb. à Jahrg. * 2 50

—— zum Gebrauche für preußische Verwaltungs-Beamte, Kreis- und Gemeindevertreter, für das J. 1875. 1. Jahrg. Hrsg. von R. Fehres. gr. 16. (287 S.) Saarlouis, (Stein.) *

—— zum Gebrauche für preußische Verwaltungs-Beamte für die J. 1876—1880. 2.—6. Jahrg. Hrsg. von R. Fehres. 12. (à ca. 200 S.) Saarlouis, (Stein.) geb. in Leinw. à Jahrg. * M 2.; geb. in Leder *

—— zum Gebrauche für preußische Verwaltungs-Beamte für die J. 1881—1884. 7.—10. Jahrg. Hrsg. von R. Fehres. gr. 16. (à Jahrg. ca. 200 S.) Saarlouis, (Stein.) geb. in Leinw. à Jahrg. * M 2.; in Ldr. *

— f. die württ. Verwaltungs-Beamten u. Verwaltungs-Kandidaten f. d. J. 1907. 3. Jahrg. Hrsg. v. Blum. (169 S.) kl. 8. Stuttgart, F. Stahl. Geb. in Leinw. —90

— f. d. Volk, s. a. Fröbing.

Calender fürs Volk. Hannover 1783—90. V: *Fröbing, Joh. Chph.* (MGT)

Für Kaiser und Reich. Ein Kalender für das deutsche Volk Jg 1 2 1907 1908 Schleswig o. J 8°
Fortges. u. d T
Illustrierter Kreis-Kalender für den Kreis Schleswig Jg 3 ff, 1909 ff ebd o J

Hornyánsky, Viktor — Kalender für das evangelische Volk auf das Schaltjahr 1856. Erster Jahrgang. Redigirt von — —. Pesth, 1856. Gedruckt bei Landerer und Heckenast. In Kommission bei Karl Edelmann. (96 S. kl. 8.)

— für das evangelische Volk auf das J. 1856—58. Redig. von Vict. Hornyánsky. 1—3. Jahrg. Pest. (Heckenast.) 8. Jeder Jahrg. (à ca. 100 S. m. Holzschn. im Text.) nn. 5 ngr.

— d. evang. Volkes. 1899. Hrsg. v. H. Faulhaber u. K. Reischle. 4. (53 u. 5 S. m. Abb. u. 1 Wandkal.) Schw. Hall, Stuttgart, Buchh. f. Innere Mission. — 20

— des evangelischen Volkes f. d. J. 1903. 4. (64 u. 16 S. m. Abbildgn. u. Wandkalender.) Stuttgart, Buchh. f. Innere Mission. — 20

— des evangel. Volkes f. d. J. 1907. (68 S. m. Abbildgn. u. Wandkalender.) gr. 8. Stuttgart, C. Weber & Co. — 20

— des evangel. Volkes f. d. J. 1911. (64 S. m. Abbildgn.) gr 8. Stuttgart, K. Daser. — 20

— für das katholische Volk. Hrsg. von Ad. Kolping. Jahrg. 1854. Mit Illustr. von Braun und Schneider in München. 8. (LX und 151 S. mit 6 Holzschnt. und eingedr. Holzschn.) Köln 854, Du Mont-Schauberg'sche Buchh. * ohne astronom. Kalender *

— dass. — Hrsg. von Demf. Jahrg. 1855—57. à Jahrg. mit 6 Stahlst. 8. Ebds. [Jahrg. 1855. (XXIV und 192 S.) 1856. (XXIV und 187 S.) 1857. (LX und 153 S.) 854—56.] à Jahrg. * Ohne astronom. Kalender à Jahrg. *

— für das katholische Volk. Hrsg. von Ad. Kolping. Jahrg. 1858—62. à Jahrg. mit 6 Stahlst. 8. (à Jahrg. ca. LXVI und 126 S.) Köln, Du Mont-Schauberg'sche Buchh. à Jahrg. * Ohne chronolog. Kalender à Jahrg. *

— für das katholische Volk. Hrsg. von Ad. Kolping. Jahrg. 1863—66. à Jahrg. mit 6 Stahlst. 8. (à Jahrg. ca. XXIV und 160 S.) Köln, DuMont-Schauberg'sche Buchh. à Jahrg. * Ohne Kalendarium à Jahrg. *

— dass. — Gegründet von Ad. Kolping, hrsg. von S. Schäffer. Jahrg. 1867 und 1868. à Jahrg. mit 6 Stahlst. 8. (à Jahrg. ca. 184 S.) Ebendas. à Jahrg. * Ohne Kalendarium à Jahrg. *

— für das katholische Volk. Gegründet von Adolph Kolping. Hrsg. von S. Schäffer. Jahrg. 1868—1875. Mit je 6 Stahlst. 8. Köln, DuMont-Schauberg'sche Buchh. Mit Calendarium * 1 — Ohne Calendarium * — 80

— für das katholische Volk für 1876—1878. Gegründet von Ad. Kolping, hrsg. von S. Schäffer. Mit Stahlst. (Ausg. mit Kalendarium.) 8. (LXIV, 120; LXIV, 120; XXIV, 156 S.) Köln, DuMont-Schauberg'sche Buchh. à Jahrg. * Ausg. ohne Kalendarium à Jahrg. *
Nicht weiter erschienen.

— des deutschen Volksblattes f. d. J. 1895. gr. 8. (196 S.) Wien, (H. Kirsch). n. 1. —

Kalender, des „Deutschen Volksblattes" für das Jahr 1896. VII. Jahrgang. Mit Illustrationen. 8. (176 S.) Ebd. —.50

Kalender d. „Deutschen Volksblattes" f. d. J. 1898. 9. Jahrg. gr. 8. (IV, 173 S. m. 1 farb. Bildn.) Wien (H. Kirsch.) n. 1. —

— des Volksboten schweizer, s. Volksboten, des, schweizer Kalender.

Des Volksboten Schweizer Kalender. 1872. 30. Jahrg. 80 Stn. 4. Basel, F. Schneider. —. 30

— des Siebenbürger Volksfreundes für 1870—1873. 16. (96; 88; XXIV, 56; 63 S.) Hermannstadt, Michaelis. 1870, 1871 und 1873 à * 1872 *

— des Siebenbürger Volksfreundes für 1876—1880. gr. 16. (à 100 S.) Hermannstadt, Michaelis. à Jahrg. *

— des Siebenbürger Volksfreundes für 1881—1885. 12.—16. Jahrg. 12. (à Jahrg. ca. 112 S.) Hermannstadt, Michaelis. à Jahrg. *

— des Siebenbürger Volksfreundes für die J. 1886—1889. 17.—20. Jahrg. 12. (à Jahrg. ca. 112 S.) Hermannstadt, Michaelis. à Jahrg. ** — 40

— des Siebenbürger Volksfreundes f. d. J. 1890—1893. 21.—24. Jahrg. gr. 16. (32, 48; XXXII, 58; 144; 76 S.) Hermannstadt, Michaelis [u. Seraphin]. à Jahrg. * — 40

— d Siebenbürger Volksfreund f. d J. 1895. 26. Jahrg. 12. (74 S.) Hermannstadt, L. Michaelis. n. — 40

Kalender, des „Siebenbürger Volksfreundes" für das Schaltjahr 1896. XXVII. Jahrgang. (Neue Folge I.) Redigirt von Dr. A. Schullerus und Dr. Fr. Teutsch Mit zahlreichen Illustrationen. Gr. 8. (200 S.) Ebd. —.30

Kalender des „Siebenbürger Volksfreundes" für daß Jahr 1897. XXVIII. Jahrgang. (Neue Folge. II.) Redigirt von Dr. A. Schullerus und Dr. Fr. Teutsch. Mit zahlreichen Illustrationen. Gr. 8. (228 S.) Ebd. —.30

— des Siebenbürger Volksfreundes f. das J. 1898. 29. Jahrg. (Neue Folge. III.) Red. v. A. Schullerus u. Fr. Teutsch. gr. 8. (176 S. m. Abb. u. 1 Bildn.) Hermannstadt (L. Michaelis). n.n. — 60

(F) Kalender des Siebenbürger Volksfreundes für das gemeine Jahr 1901 XXXII. Jahrgang. (Neue Folge VI) Redigiert von Dr. A. Schullerus und Dr. Fr. Teutsch. Hermannstadt. In Comm Michaelis. Gr.-8° 168, LII. S. mit 1 Tafel. K —.50

(F) Kalender des Siebenbürger Volksfreundes für das gemeine Jahr 1902. 33. Jahrg. Gr.-8° (Ill. LVI, 159 S.) † K Ebd.

(F) Kalender des Siebenbürger Volksfreundes für das Jahr 1903. 34. Jahrg (Neue Folge 8.) Gr. 8°. (176, LXXX S.) † Ebd

Kalender des Siebenbürger Volksfreundes für das Schaltjahr 1908. XXXIX Jahrg. Gr.-8°. (180, LXXXVIII S.) K —.80 Ebd.

Kalender des siebenbürger Volksfreundes für das Jahr 1910. XLI. Jahrg. Gr. 8°. (ill. 200, CIV S.) Ebd. K —.80

— d. Siebenbürger Volksfreundes f. d. J. 1911. 42. Jahrg. (Neue Folge. XVI.) Red. v. O. Wittstock. (152 S. m. Abb. u. 14 Taf.) gr. 8. Hermannstadt, F. Michaelis. — 80

— des Volksschriften-Vereins auf das J. 1857. Nebst Anhang mit der lithogr. Abbildung des Kreiskrankenstiftes zu Zwickau, und mehreren (eingedr.) Holzschn. 4. (68 S.) Zwickau 856, Verlagsbuchhandlung des Volksschriften-Vereins. **

— des Volksschriften-Vereins nebst Anh. auf das J. 1871. 4. (60 S.) Zwickau, (Döhner.) *

Kalendor für deutsche Volksschullehrer Jhg 1—22. 1874—95. Herausg. vom deutschen Lehrerverein. 2 Thle. Berlin. 16.
II. Theil u. d. T.: Jahrbuch des deutschen Lehrervereins

— für deutsche Volksschullehrer. 1876. Hrsg. im Auftrage d. deutschen Lehrer-Vereins vom geschäftsleit. Ausschusse. 2 Thle. gr. 16. (112 u. 200 S. m. lith. Portr. v. Aug. Petsch.) Berlin, Kastner. geb. u. geh. n. 1. 20; 2. Thl. „Jahrbuch d. deutschen Lehrervereins" apart n. — 80

— dasselbe. 1877. 16. (144 S.) Berlin. (Wittenberg, Herrosé's Verl.) geb. n. — 90

—— dass. — 1877—1880. à 2 Thle. gr. 16. (à Jahrg. ca. 300 S. mit lithogr. Portr.) Wittenberg, Herrosé's Verlag. geb. und geh. à Jahrg. *

—— für deutsche Volksschullehrer. 7.—10. Jahrg. 1881—1884. Hrsg. vom deutschen Lehrerverein. à Jahrg. 2 Tle. 16. Berlin, Rixdorf, Hecht'sche Hofbuchdruckerei. [1. Tl. (ca. 100 S.); 2. Tl. u. d. T.: Jahrbuch des deutschen Lehrervereins. (ca. 190 S.)] à Tl. * 75 Pf.; à Jahrg. *

Kalender für deutsche Volksschullehrer. 11. Jahrg. 1885. 2 Tle. 16. Leipzig, Klinkhardt. [1. Tl. (112 S.); 2. Tl.: Jahrbuch des deutschen Lehrervereins. (198 S.)] geb. *

—— für deutsche Volksschullehrer. Hrsg. vom Deutschen Lehrer-Verein. 1886—1889. à Jahrg. 2 Tle. 12.—15. Jahrg. 16. (1. Tl. 104; 96; 128; 128 S. mit je 1 Holzschn.-Bildniß; 2. Tl. 184; 208; 195; 242 S.) Leipzig, Klinkhardt. geb. à Jahrg. * 1 20

—— f. deutsche Volksschullehrer, hrsg. vom deutschen Lehrer-Verein. 16.—19. Jahrg. 1890—1893. à Jahrg. 2 Tle. gr. 16. (1. Tl. 128; 94, 95, 97 S. u. je 1 Schreibkal. u. 1 Bild.; 2. Tl. 196, 208, 262, 224 S.) Lpz., Klinkhardt. geb. in Leinw. u. geh. à Jahrg. * 1 20
2. Tl. auch u. d. T.: Jahrbuch d. deutschen Lehrervereins.

— für deutsche Volksschullehrer, hrsg. vom deutschen Lehrer-Verein. Jahrg. 1895. 2 Tle. gr. 16. (97 S., Schreibkalender u. 304 S.) Leipzig, J. Klinkhardt. Geb. in Leinw. u. geh. n. 1. 20

— f. deutsche Volksschullehrer, hrsg. vom deutschen Lehrer-Verein Jahrg. 1899. 2 Tle. gr. 16. (108 S. Schreibkal. u. 284 S. m. 1 Bildniß.) Leipzig, J. Klinkhardt. Geb. in Leinw. u. geh. n. 1. 20

— f. deutsche Volksschullehrer 1903. Hrsg. vom deutschen Lehrer-Verein. 29. Jahrg. 2 Tle. gr. 16. 113 S., Schreibkalender u. 324 S. m. 1 Bildnis.) Leipzig, J. Klinkhardt. Geb. in Leinw. u. geh. n. 1. 40; einzelne Tle. n. — 80

Kalender für Deutsche Volksschullehrer. Jg 32, 1906. 35, 1909. Hrsg. vom Deutschen Lehrer-Verein. Tl 1. [Nur je Tl 1.] Berlin u. Leipzig 1906. 1909. 8°.

— für deutsche Volksschullehrer 1907. Hrsg. vom deutschen Lehrer-Verein. 33. Jahrg. 2 Tle. (143 u. 406 S.) 16. Leipzig, J. Klinkhardt. Geb. in Leinw. u. geh. n. 1. 40; 1. Tl. allein n. — 80; 2. Tl. allein n. 1. —

— f. deutsche Volksschullehrer. Hrsg. v. deutsch. Lehrerverein. 37. Jahrg. 1911. (159 S.) 16. Leipzig, J. Klinkhardt. Geb. in Leinw. — 80

— des preußischen Volks-Vereins für 1863. Herausg. vom Bureau des Vereins. Mit vielen Holzschn. Berlin, Hickethier in Comm. 8. (144 S.) n. 7½ ngr; große Ausg. (332 S. mit Holzschn., 3 Holzschntaf. u. 1 Tab. in Fol.) n. 12½ ngr

—— dass. — für 1864 und 1865. 2. und 3. Jahrg. Hrsg. vom Bureau des Vereins. Mit vielen Holzschn. 8. (à Jahrg. ca. 320 S. mit eingedr. Holzschn. und 4 Holzschntaf.) (Ebendas.) à Jahrg. *
Durchschossen à Jahrg. * —

Kalender des Preussischen Volks-Vereins für 1866 Hrsg v H Goedsche Jg 4 Mit vielen Holzschnitten 5 Aufl. Berlin (1865) 8°

— des preußischen Volks-Vereins für 1866 u. 1867. Hersg. von H. Goedsche. 4. u. 5. Jahrg. Mit vielen Holzschn. Berlin, Hickethier. 8. (351 S. mit eingedr. Holzschn., 8 Holzschntaf. u. 1 Karte in Holzschn. in Fol.; 344 S. mit vielen eingedr. Holzschn. u. 1 chromolithogr. Karte.) Jeder Jahrg. n. 10 ngr; durchschossen n. 12½ ngr

– für den preuss Volks Verein 1868—1870 Herausgegeben von H und O Goedsche 6., 7 und 8. Jahrg. Mit vielen Holzschnitten nach Zeichnungen Berliner Künstler etc 3 Aufl (3 Bde kl. 8. Berlin 1868—1870

—— dass. — für 1868. Hrsg. von H. und O. Goedsche. 6. Jahrg. Mit vielen (eingedr.) Holzschn. 8. (318 S. mit 1 Holzschntaf. und 1 Chromolithogr.) Berlin, Expedition. * — cart. und durchschossen *

—— für den preußischen Volks-Verein 1869—1874. Hrsg. von H. und Otto Goedsche. 7.—12. Jahrg. Mit vielen (eingedr.) Holzschn. nach Zeichnungen Berliner Künstler. 8. (à 332—343 S. mit 1 Holzschntaf. in gr. Fol.) Berlin, Expedition des Kalenders für den preuß. Volksverein. à Jahrg. * cart. und durchschossen *

— — für 1871. Hersg. von Otto Goedsche. 9. Jahrg. Mit vielen Holzschn. nach Zeichngn. von Berlinern Künstlern (eingedr. u. auf 3 Taff., wovon 1 in Imp.-Fol.). Berlin, Goedsche. 8. (332 S.) n. 12½ ngr; cart. u. durchschossen n. 15 ngr

—— dass. — 1875. Hrsg. von der Redaction des Reichsboten. 13. Jahrg. Mit vielen eingedr. Holzschn. nach Zeichnungen Berliner Künstler. 8. (343 S.) Ebendas. * cart. und durchschossen *

—— für den preußischen Volks-Verein 1876—1880. Hrsg. von der Redaction des Reichsboten. 14.—18. Jahrg. Mit vielen Holzschn. nach Zeichnungen Berliner Künstler. 8. (336; 300; 284; 268; 241 S.) Berlin, Expedition. à Jahrg. * cart. und durchschossen à Jahrg. *

—— für den preußischen Volks-Verein 1881. Hrsg. von der Redact. der neuen westfäl. Volkszeitung zu Bielefeld. 19. Jahrg. Mit vielen Holzschn. nach Zeichnungen Berliner Künstler. 8. (243 S.) Berlin, Expedition. * cart. und durchsch. *
Nicht weiter erschienen.

Calender, Vollständigster hundertjähriger, für Stadt- und Landleute von 1901 bis 2000. Wien 1901. V: *Falk, Robert.* (FB)

—— für preußische Vormünder, Pfleger, Gegenvormünder u. Mitglieder d. Familienraths auf d. J. 1893. Hrsg. v. J. Wollenzien 1. Jahrg. gr. 16. (190 S.) Braunschw., Gebr. Haering. geb. * 1 50

— f. die Wahl und Krönung Franz II. und s. Vorfahr. m. K. 12. Mannh. Schwan. 793.

Kalender f. Wasser- & Strassenbahn- u. Kultur-Ingenieure. Begr. v. A. Rheinhard. Neu bearb. unter Mitwirkg. v. Fachgenossen v. R. Scheck. 38. Jahrg. 1911. Mit 1 Uebersichtsplan d. wicht. Wasserstrassen Nord-Deutschlands u. e. Darstellg. d. Koëffizienten-Werte f. d. Ganguillett-Kutter'sche Geschwindigkeitsformel. Nebst e. Beilage, 1 neuen Eisenbahnkarte in Farbendr. u. zahlr. Abb. im Text u. auf Taf. (XII S., Schreibkalender, 26 u. IV, 384 S.) kl. 8. Wiesbaden, J. F. Bergmann. Geb. in Leinw. u. geh. 4. 60

Weber's Illustrirter Kalender 1856? –? New York, NY

— u. Wegweiser f. Acetylen-Techniker u. Installateure f. d. J. 1908. Hrsg. v. Desider. Bernát u. Karl Scheel. 12. (V S., Schreibkalender u. 231 S. m. Abbildgn.) Halle, C. Marhold. Geb. n. 3. —

Kalender des Praktischen Wegweisers. [1.] 1908. Berlin: A. Scherl 1907. 8° [F.] [07. 15895

— des Praktischen Wegweisers 1911. (284 S. m. Abb.) 8. Berlin, A. Scherl. Kart. — 75

KALENDER, Der für alle böse und unartige Weiber ausgefertigte, worin ... den unglückseligen Ehe-Männern ... gezeiget wird, an welcher Krankheit ihre lasterhaften Weiber laboriren. Mit TKpfr. O. O. u. J. (XVIII Jh.) 4° Ungemein rar!
R. Zinke's Dresdener Novbr.-Auct. 1905, no. 1340.

— f. Weichensteller, Rottenführer u. Bahnwärter d. deutsch. Eisenbahnen 1909. (IV, 128, 128 u. 35 S. m. Fig.) kl. 8. Berlin, O. Dreyer. Geb. in Leinw. — 60
Fortsetzg., s.: Kalender f. Unterassistenten usw. der deutschen Eisenbahnen

— Weidmannscher, f. die höheren Lehranstalten Preussens — Schulj. 1889/90—1892/93 —, hrsg. v. F. Jonas u. E. Reiter. à Jahrg. 2 Tle. 16. (138, 79; IV, Schreibkal., 96; IV, Schreibkal., 107, XXVII, Schreibkal., 112 S. m. je 1 Portr.) Berl., Weidmann. geb. u. geh. à Jahrg. * 1 60

— Weidmann'scher, für die höheren Lehranstalten Preussens — Schulj. 1890/91 —, hrsg. v. F. Jonas u. E. Reiter. 16. (IV, Schreibkalender u. 96 S. m. Portr.) Berlin, Weidmann. geb. n. 1. 60

— Weidmannscher, f. die höheren Lehranstalten Preussens — Schulj. 1894/95 —, hrsg. v. F. Jonas u. E. Reiter. 2 Tle. 16. (XXVII S., Schreibkalender u. 130 S. m. 1 Bildnis.) Berlin, Weidmann. Geb. in Leinw. u. geh. n. 1. 60

— Weidmannscher, f. d. höh. Lehranstalten Preussens — Schulj. 1895/96 —, hrsg. v. F. Jonas u. E. Reiter. 2. Tle. 16. (XXVII S., Schreibkal. u. 128 S. m. 1 Bildn.) Berlin, Weidmann. Geb. in Leinw. u. geh. n. 1.60

— für Weinbau u. Kellerwirthschaft f. d. J. 1895. 11. Jahrg. (Mit 1 Eisenbahnkarte.) Hrsg. u. red. v. Jos. Bersch. gr. 16. (IV, 224 S. u. Tagebuch.) Wien, M. Perles. Geb. in Leinw. n. 3. —; in Ldr. n. 4. 40

Calender des Weltboten 1866 – ?
Title varies: Des Weltboten Calender (in 1883). Edited & published by Leisenring, Trexler & Co., Trexler & Hartzell, Welt-Bote Publishing Co.
Allentown, PA

Calender des „Welt-Boten" für die J. unseres Herrn 1875—1880. 4. (à 48 S.) Allentown, Pa. (Philadelphia, Schäfer und Koradi.) à Jahrg. *

— f. den Kreis Westhavelland 1910. Auf Veranlassg. d. Kreisausschusses hrsg. v. Walth. Specht. 2. Jahrg. (164 S. m. Abb., 1 Bildnis u. Wandkalender.) 8. Rathenow, M. Babenzien. — 40

Der Westliche Calender: no. 1—2, 1819—1820. Baltimore, MD
Published by Schäffer und Maund.

Kalender, Wiener, [12 Kreuzer-Kalender] für die J. 1876—1880. 8. (à ca. 30 S.) Wien, (Steckler und Erben.) à Jahrg. *

—— Wiener, [12 Kreuzer-Kalender] für die J. 1881—1884. 11.—14. Jahrg. Hrsgbr.: Alois Fiala. 8. (à Jahrg. 32 S.) Wien, (Steckler.) à Jahrg. *

—— dass. — für das J. 1885. 15. Jahrg. Hrsgbr.: Alois Fiala. 8. (32 S.) Wien, (C. Schmid.) *

— Wiener, f. Stadt u. Land f. d. J. 1895. Hrsg. von A. G. v. Suttner. gr. 8. (IV, 232 S. m. Abbildgn. u. 1 Taf.) Wien. (Leipzig, Literar. Anstalt A. Schulze.) n. — 80

Wiener-Neustädter Kalender nebst Adreßbuch für Stadt- und Landleute auf das Jahr 1894. Gr.-8. (96 S.) Wiener-Neustadt. Folk —.50

Wolgadeutscher Kalender 1873. Red. Bonwetsch und Hölz

Wörishofener Kalender für Kneipp'sches Heilverfahren 1901 – 1912

— Wörishofer, für Kneipp'sches Heilverfahren 1903. Hrsg. v. A. Baumgarten. 3. Jahrg. gr. 8. (105 S. m. Abbildgn.) Wörishofen, Buchdr. u. Verlagsanst. n. — 50

— Wörishofer, f. Kneipp'sches Heilverfahren f. d. J. 1907. Hrsg. v. A. Baumgarten. 7. Jahrg. (96 S. m. Abbildgn.) Lex.-8. Wörishofen, Buchdruckerei & Verlagsanstalt. n. — 50

— Wörishofer, f. Kneipp'sches Heilverfahren f. d. J. 1911. Hrsg. v. A. Baumgarten. (11. Jahrg.) (108 S. m. Abb.) Lex. 8. Wörishofen, Buchdruckerei & Verlagsanst. Wörishofen. — 50

Calender, Hannss Wursts lächerlich-curieuser und ohnfehlbarer. Wien 1713. V: *Stranitzky, Joseph Anton.* (ADB)

Königlich | Württembergischer | Kalender | für das Jahr christlicher Zeitrechnung | 1836, | welches das neunte Schaltjahr des neun- | zehnten Jahrhunderts ist, und | 366 Tage hat. | Mit Königlichem Privilegium. | Reutlingen, | gedruckt und verlegt durch die Buchdrucker | Gottlob Kurtz, Justus Fleischhauer | und G. A. Heerbrandt. | In Commission bei Christian Helfferich und C. Rueff | in Stuttgart. 20 Bl. n. n., 4°, Holzschnittrahmen mit vier Bildchen, unten: *Reutlingen und die Achalm.*
StB Reutlingen 17215.

— Würzburger 1911. 12. Jahrg. (80 S. m. Abb.) Lex. 8. Würzburg, Memminger. — 30

Calender [Kalender] der churfurstl. Mainzischen Zahlen-Lotterie auf das Jahr... 1774. Mainz [1773:] Zahlen-Lotterie-Buchdr. 8°

1774: [1773.]

Zahnärztlicher Kalender für das Deutsche Reich. Hrsg von Dr G[eorg] Kirchner, Wiesbaden Jg 1. Berlin Springer 1910. 8° (09.18308)

— **zahnärztlicher**, f. d. Deutsche Reich. 1911. Begründet v. G. Kirchner. Hrsg. v. Willy Kirchner. 2. Jahrg. (VI, 165 u. 111 S. m. Fig. u. Schreibkalender in 4 Vierteljahrsheften.) kl. 8. Berlin, J. Springer. Geb. in Ldr. 5. —

— für Zeichenlehrer, 1903. Mit Notizkalender von Oktbr. 1902—März 1904. Bearb. v. Th. Wunderlich. 11. Jahrg. 12. (VIII, 137 S. u. Schreibkalender m. 127 Textfig.) Dresden, G. Kühtmann. Geb. in Leinw. n. 2.—; in Brieftaschenldrbd. n. 4. —

— f. Zeichenlehrer 1906. Mit Notizkalender von Oktbr. 1905—März 1907, bearb. v. Th. Wunderlich. 14. Jahrg. (VIII, 200 S. u. Schreibkalender m. 88 Fig.) kl. 8. Leipzig, H. A. L. Degener. Geb. in Leinw. n. 2.—; in Brieftaschenldrbd. n. 4. —

Forts., s.: Kalender u. Taschenbuch.

— für Zeichenlehrer u. Zeichenlehrerinnen 1904/5. Mit e. Verzeichnis der höheren Schulen u. der an denselben unterricht. Zeichenlehrer u. Zeichenlehrerinnen Preußens u. e. Notizkalender vom 1. IV. 1904 bis 31. III. 1905. 1. Jahrg. (166 S.) kl. 8. Berlin, M. Rockenstein. Geb. in Leinw. 2. —

Erscheint nicht mehr.

—— für Zeichenlehrer u. Zeichner 1893. Mit Kalendarium von Oktbr. 1892 bis März 1894. Bearb. v. Th. Wunderlich. 1. Jahrg. 12. (IV, 95 S., Schreibkal. m. 59 Textfig. u. 235 Fig. auf 20 lith. Taf.) Dresd. 892, Kühtmann. geb. * 2 —; in Brieftaschenldrbd. * 4 —

— für Zeichenlehrer u. Zeichner, 1895. Mit Kalendarium von Oktbr. 1894 bis März 1896 Bearb. v. Th Wunderlich. 3. Jahrg. gr. 16. (IV, 148 S. u. Schreibkalender m. 127 Textfig u. 277 Fig. auf 24 lith. Taf.) Dresden, G. Kühtmann. Geb. in Leinw. n. 2. —; in Brieftaschenldrbd. n. 4. —

— f. Zeichenlehrer u. Zeichner, 1899. Mit Notizkalender v Oktbr. 1898 bis März 1900 7 Jahrg 12. (III, 132 S. u Schreibkal. m. 127 Textfig. u 277 Fig. auf 24 lith. Taf) Dresden, G. Kühtmann. Geb in Leinw n 2. —; in Brieftaschenldrbd n. 4. —

—— f. Zeit u. Ewigkeit. Ein Zuspruch unter zwei Augen; dem Christenvolk zur Erbauung; dem aufgeklärten Pöbel aber zum Aergerniß. 1. Jahrg. 1843. Abführmittel gegen Todesangst. 2. Aufl. geschlachter u. mit viel. Zusaz, v. Verf. der 1. 4. (6½ B.) Villingen 843, Förderer.

—— dass. 2. Jahrg. 1844. Das Menschengewächs ein Schattenspiel in 12 Aufzügen; vom Verf. des 1. Jahrg. 1. Aufl. (5½ B.) 5 Ngr. u. 2. u. 3. Aufl., mit Zu- u. Weglassungen, etwas linder für schwache Mägen. 4. (6 B.) Villingen 845, 46, Förderer.

—— dass. (u. d. verändert. Ttl.) Mixtur gegen Todesangst, f. das gemeine Volk, u. nebenher f. geistliche u. weltliche Herrenleute. 3. Aufl., geschlachter u. m. curiösen altfränkischen Bildnissen tapeziert. gr. 8. (6¼ B.) Freiburg im B. 845, Herder'sche Vrlgsh. *.

—— dass. 3. Jahrg. 1845. Ein halbes Vaterunser mit ungeschliffenen Zierrathen besetzt. 4. (7 B.) Freiburg, Herder'sche Vrlgsbuchh. *.

—— dass. 4. Jahrg. 1846. Hrsg. v. Alban Stolz. 4. (4¼ B.) Ebds. *.

— für Zeit u. Ewigkeit. Ein Zuspruch unter 2 Augen; dem Christenvolk zur Erbauung, d. aufgeklärten Pöbel zum Aergerniß. Von Alban Stolz. 1847. 5. Jahrg. Essig u. Oel. 4. (46 S.) Freiburg, Herder. — 6 Jahrg. 1848 Mit Beiträgen von J. B. v. Hirscher, Alban Stolz u. A. hrsg. von Albert Werfer. 4. (42 S.) Ebd. — 1849—1851 7—9. Jahrg. von M Zugschwerdt. 4 (à 48 S. mit Holzschn.) Ebd — 1852. 10. Jahrg. 4 (XX u 48 S. mit 3 eingedr Holzschn) Ebd. — für Zeit u. Ewigkeit. Von M. Zugschwerdt. 1853. 11 Jahrg. 4 (XX u 48 S mit eingedr Holzschn) Ebd. 1847—1851 à n. ⅛ ₰ 1852 u. 1853 à 3 ngr

—— für Zeit und Ewigkeit. Von M. Zugschwerdt. 1853—57. 11—15. Jahrg. 4. (à Jahrg. XX und 48 S. mit eingedr. Holzschn.) Freiburg im Br., Herder'sche Vrlgsh. à Jahrg.

—— für Zeit und Ewigkeit. Ein Zuspruch unter zwei Augen; dem Christenvolk zur Erbauung, dem aufgeklärten Pöbel zum Aergerniß. Von Alban Stolz. 1858. 6. Jahrg. Der unendliche Gruß. (Der ganzen Reihe 16. Jahrg.) 4. (46 S.) Freiburg im Br., Herder'sche Verlagsh. *

—— dass. — Hrsg. von Demselben. 1859. 7. Jahrg. (Der ganzen Reihe 17. Jahrg.) 4. (48 S.) Ebendas. *

Die Fortsetzung erschien unter dem Titel: Sonntagskalender, vgl. diesen.

—— für Zeit und Ewigkeit. Von Alban Stolz. 1873. 9. Jahrg. Kohlschwarz. 1.—3. Aufl. 4. (XXVI, 40 S. mit eingedr. Holzschn.) Freiburg i. Br., Herder'sche Verlagsh. *

— dasselbe. Jahrg. 1874. Armuth u. Geldsachen. Mit Initialen aus Holbein's Todtentanz u. anderen Illustr. (in eingedr. Holzschn.) 16. (XXXII, 117 S.) Ebend. n. — 40

—— für Zeit und Ewigkeit von Alban Stolz. Jahrg. 1875—1878. 4. (à ca. 40—48 S. mit eingedr. Holzschn.) Freiburg i. Br, Herder'sche Verlagsh. à Jahrg.

— dasselbe. Jahrg. 1876. Die heil. Elisabeth. 4. (72 S. m. eingedr. Holzschn.) Ebend. n. — 30

— dasselbe. Jahrg. 1877. Wetterleuchten. 4. (56 S.) Ebend. n. — 30

—— dass. — Jahrg. 1879 und 1880. 4. (68; 63 S. mit eingedr. Holzschn.) Ebendas. à Jahrg. *

—— für Zeit und Ewigkeit von Alban Stolz. 1881. 4. (86 S. mit eingedr. Holzschn.) Freiburg i. Br., Herder'sche Verlagsh. *

—— dass. — Zugleich Sendboten-Kalender zu Ehren des Herzens Jesu auf die J. 1882 und 1883. Hrsg. von Frz. Hattler. 4. (à Jahrg. 60 S. mit je 1 Titelbild und vielen Holzschn.) Ebendas. Jahrg. 1882 * Jahrg. 1883 *

—— dass. — Von Alban Stolz. 1884. 4. (71 S. mit eingedr. Holzschn.) Ebendas. *

—— dass. — 1885. Von Frz. Hattler. 4. (65 S. mit Illustr.) Ebendas. *

—— für Zeit und Ewigkeit auf die J. 1886—1888. Von Alban Stolz. Nach dem Tode des Verf. hrsg. von Frz. Hattler. 4. (à Jahrg. ca. 50 S.) Freiburg i. Br., Herder'sche Verlagsh. à Jahrg. * — 35

Von Jahrg. 1889 ab mit dem Sonntagskalender vereinigt.

— d. Illustrirten Zeitung f. d. J. 1898. Fol. (24 S. m. Abb.) Leipzig, J. J. Weber. 1. —

Kalender des Central-Vereines deutscher Aerzte in Böhmen für das Jahr 1895. Herausgegeben im Auftrage des Vorstandes von Doc. Dr. J. Herrnheiser. 16. (184 S. mit Notizblättern.)
Prag: Dominicus

Kalender des Central-Vereines deutscher Aerzte in Böhmen für das Jahr 1896. II. Jahrgang. Herausgegeben vom Docenten Dr. J. Herrnheiser. Mit 2 Beilagen. 16. (220 S. mit Notizblättern.) In Lnwd. geb. 1.50
Prag. Dominicus

Kalender des Central-Vereines deutscher Aerzte in Böhmen für das Jahr 1897. III. Jahrgang. Herausgegeben vom Docenten Dr. J. Herrnheiser. Mit 3 Beilagen. 16. (207 S. mit Notizblättern.) In Lnwd. geb 1.50

Prag. Dominicus

— d. Centralvereins deutscher Arzte in Böhmen f. d. J. 1898. IV. Jahrg. Hrsg. im Auftr. d. Vorstandes v. J. Herrnheiser. Nebst 3 Beilagen: I. Abreiss-Block f. Wochen-Vormerkblätter. II. III. Schreibkal. I. u. II. Halbj. 1898. gr. 16. (130 S.) Prag (H. Dominicus). Geb. in Leinw. u. geh. n. 3.—

Kalender des Centralvereines deutscher Ärzte in Böhmen für das Jahr 1900. VI. Jahrgang. Herausgegeben im Auftrage des Vorstandes von Doc. Dr. J Herrnheiser Centralverein deutscher Ärzte in Böhmen. [In Comm. Neugebauer.] 16°. 110 S. Mit 4 Beiheften. Geb. K 3.20

Kalender des Centralvereines deutscher Ärzte in Böhmen für das Jahr 1901. VII. Jahrgang. Herausgegeben im Auftrage des Vorstandes von Doc. Dr J. Herrnheiser. Prag. Centralverein deutscher Ärzte in Böhmen. [In Comm. Neugebauer.] 16°. 130 S. Mit 4 Beiheften. Je ein Vierteljahrskalendarium enthaltend. Geb K 3.—

— des Centralvereines deutscher Arzte in Böhmen f. d. J. 1902. VIII. Jahrg. Hrsg. im Auftrage des Vorstandes v. J. Herrnheisser. gr. 16. (136 S. m. Schreibkalender in 4 Vierteljahrshftn.) Prag. (G. Neugebauer.) Geb. in Leinw. u. geh. n. 3.—

Kalender des Zentralvereines deutscher Ärzte in Böhmen für das Jahr 1905. 11. Jahrg. 16°. (190 S. mit 4 Beiheften) Ebd. geb. K 4 —

— des Zentralvereines deutscher Aerzte in Böhmen f. d. J. 1906. XII. Jahrg. Hrsg. im Auftrage des Vorstandes v. J. Langer. Nebst Beiheft: Wilh. Wiesohowski, die gebräuchl., neueren u. in der Pharmakopoea Austriaca Ed. VII. enth. Arzneimittel, ihre Anwendg. u. Dosierg. (134 S. m. Schreibkalender in 4 Vierteljahrsheften u. Beiheft 183 S.) 16. Prag (G. Neugebauer). Geb. in Leinw. u. geh. n.n. 4.—

— des Zentralvereins deutscher Arzte in Böhmen f. d. J. 1910. 16. Jahrg. Hrsg. im Auftrage d. Vorstandes v. Carl Springer. Nebst Beiheft. (228 S. m. Schreibkalender in 4 Vierteljahrsheften u. Beiheft 224 S.) 16. Prag. (G. Neugebauer). Geb. in Leinw. u. geh. nn 4.—

—— für Zoll- und Steuer-Beamte des deutschen Zollvereins, auf die J. 1880—1885. 7.—12. Jahrg. Hrsg. von Karl Ulr. Treu. gr. 16. (à Jahrg. ca. IV, 288 S.) Rostock, (Stiller'sche Hofbuchh.) à Jahrg. **

—— für Zoll- und Steuer-Beamte des deutschen Zollvereins auf die J. 1886—1889. 13.—16. Jahrg. Hrsg. von Karl Ulr. Treu. gr. 16. (à Jahrg. ca. 280 S.) Rostock, Stiller'sche Hof- und Universitäts-Buchh. geb. à Jahrg. **

—— für Zoll- u. Steuer Beamte d. deutschen Zollvereins auf d. J. 1890—92. 17.—19. Jahrg. Hrsg. v. Karl Ulr. Treu. gr. 16. (à Jahrg. ca. 170 S. u. Schreibkalender.) Rostock, Stiller. geb. à Jahrg. ** 1 50

— für Zoll- u. Steuerbeamte d. sämmtl. Bundesstaaten d. deutschen Reiches sow. d. Großherzogth. Luxemburg auf d. J. 1898. 25. Jahrg. Hrsg. v. Karl Ulr. Treu. 12. (VIII, 159 S. u. Schreibkal.) Güstrow, Opitz & Co. Geb. in Leinw. n.n. 1.—

Kalender für Zoll- u. Steuer-Beamte der sämmtlichen Bundesstaaten des deutschen Reiches sowie des Grossherzogt. Luxemburg auf d. J. 1900. 27. Jahrg. Hrsg. v. K. U Treu. 12. (VIII, 181 S. u. Schreibkalender.) Güstrow, Opitz & Co. Geb. in Leinw. 1. 50.

Kalender für Zoll- u. Steuer-Beamte der sämmtlichen Bundesstaaten des deutschen Reiches sowie des Grossherzogt. Luxemburg auf d. J. 1900. 28. Jahrg. Hrsg. v. K. U. Treu. 12. (VIII, 186 S. u. Schreibkalender.) Neubrandenburg, Brünslow Geb. in Leinw. 1. 30.

Kalender f. Zoll- u. Steuer-Beamte der sämmtlichen Bundesstaaten des deutschen Reiches sowie des Grossherzogth. Luxemburg auf d. J 1901. 28. Jahrg. Hrsg. v K. U. Treu. (XIV, 186 S. u. Schreibkalender.) Neubrandenburg, C. Brünslow Geb. in Leinw. 1. 30.

— für Zoll- u. Steuer-Beamte der sämmtl. Bundesstaaten des deutschen Reiches, sowie des Großherzogth. Luxemburg auf d. J. 1903. 30. Jahrg. Hrsg. v. Karl Ulr. Treu. 12. (V, 174 S. u. Schreibkalender.) Neubrandenburg, C. Brünslow. Geb. in Leinw. n. 1.—

Kalender f. Zoll- u. Steuer-Beamte der sämtlichen Bundesstaaten des deutschen Reichs sowie des Grossherzogt. Luxemburg auf d. J. 1904. 31. Jahrg. Hrsg v. K U Treu. (III, 236 S. u. Schreibkalender.) 12. Neubrandenburg, C. Brünslow Geb. in Leinw. 1 25.

Kalender für Zoll- u. Steuer-Beamte der sämtlichen Bundesstaaten des Deutschen Reiches sowie des Grossherzogt. Luxemburg auf d. J 1905. 32. Jahrg. Hrsg. v. K. U. Treu. (IV. 238 S. u. Schreibkalender.) kl. 8. Neubrandenburg, C Brünslow. 1. —; geb. in Leinw. 1. 25.

— für Zoll- u. Steuer-Beamte der sämtlichen Bundesstaaten des Deutschen Reiches sowie des Großherzogt. Luxemburg auf d. J. 1906. 33. Jahrg. Hrsg. v. Karl Ulr. Treu. (III, 260 S. u. Schreibkalender.) kl. 8. Neubrandenburg, C. Brünslow. Geb. in Leinw. n. 1 25

— für Zoll- u. Steuer-Beamte der sämtlichen Bundesstaaten des Deutschen Reiches sowie des Grossherzogt. Luxemburg auf d. J. 1907. 34. Jahrg. Hrsg. v. K. U. Treu. (III, 280 S. u. Schreibkalender.) kl. 8. Neubrandenburg. C. Brünslow. Geb. in Leinw. 1. 25.

— f. Zoll- u. Steuer-Beamte d. sämtlichen Bundesstaaten d. Deutsch. Reiches sowie d. Großherzogt. Luxemburg auf d. J. 1908. 35. Jahrg. Hrsg. v. Karl Ulr. Treu. (II, 153 S. u. Schreibkalender.) kl. 8. Neubrandenburg, C. Brünslow. Geb. in Leinw. 1. 25

Zuger Kalender für d. Jahr 1871. 16. Jahrg. Mit Holzschn. 36 Seiten. 4. Zug, J. B. Elsener, Buchdr. —. 25

Zuger Kalender f. 1873. 18. Jahrgang. 36 Stn. 4. Zug, Elsener. —. 25

Zuger Kalender f. d. J. 1874. 19. Jahrgang. 36 Stn. 4. Zug, J. B. Elsener. —. 25
NB. Die hier nicht aufgeführten schweizer.

— *Zuger*. 24. Jahrg. In-4°. Zug, Elsener. — 20
1879

Zuger Kalender für das Schaltjahr 1880, 25. Jahrgang. In-4°, 38 S. mit Holzschnitten. Zug, Buchdruckerei Elsener. — 25

— **Zuger**, für das Jahr 1882. 27. Jahrg. In-4°, 36 S. mit Illustr. Zug, Buchdruckerei Elsener. — 25

— Zuger, für das Jahr 1883. 28. Jahrg. In-4°. Zug, Druck u. Verlag der Buchdruckerei Elsener. — 25

Kalender, Zuger, für das Schaltjahr 1884. 29. Jahrgang. In-4°. Mit Illustr. Zug, Elsener. — 25

Kalender, Zuger, für das Jahr 1889. 34. Jahrg. In-4°, 36 S., mit Illustr. Zug, Buchdruckerei Elsener.

Kalender, Zuger, für das J. 1891. 36. Jahrg. Mit Illustr. In-4°. 38 S. Zug, Buchdr. Hess. — 25

— für Zugführer, Schaffner, Bahnsteigschaffner u. Portiers d. deutsch. Eisenbahnen. 1909. (IV, 128, 112 u.35 S.m.Fig.)kl.8.Berlin,O.Dreyer.Geb.in Leinw.—60

Kalender, Züricher (Bürklikalender) auf 1803–96. Zürich. 4° Von 1817 an vollständig.

Zürcher Kalender auf d. Jahr 1871. Mit Holzschn. 24 Seiten. 4. Zürich, D.Bürkli. —. 20

Züricher Kalender auf d. J. 1872. 24 Stn. 4. Zürich, D. Bürkli. —. 20

Zürcher Kalender auf d. J. 1873. 24 Stn 4. Zürich, D. Bürkli. —. 20

Zürcher Kalender auf d. J. 1874. 24 Stn. 4. Zürich, D. Bürkli. —. 20

Züricher Kalender auf d. J. 1875. Mit Abbildgn. 4. Zürich, Bürkli. —. 25

—— Züricher, nebst Monatskalenderchen und Münz- und Maßvergleichungen auf die J. 1877—1880. (1.—4. Jahrg.) 4. (à ca. XII, 26 S. mit eingedr. Holzschn.) Bern, (Jenni's Verlag.) à Jahrg. **

— *Zürcher*, nebst Monatskalenderchen u. Münz- u. Massvergleich. In-4°, 24 S. Mit Illustrat. Zürich, Bürkli. 1879 — 25

Züricher Kalender nebst Monatskalenderchen und Münz- und Maasvergleichungen auf das Schaltjahr 1880. In-4°, 37 S. Mit Holzschnitten. Zürich, D. Bürkli. — 25

— Züricher, nebst Monatskalenderchen u. Münz- u. Massvergleichungen auf das Jahr 1881. In-4°, 21 S. Zürich, David Bürkli. — 30

— **Züricher**, für 1887. In-4°, 24 S. Bern, Rud. Jenni's Buchhandlung (H. Köhler). — 35

—— Züricher, nebst Monatskalender und Münz- und Maßvergleichungen auf das J. 1888. 4. (XII, 25 S. mit Illustr.) Zürich. (Bern, Koehler'sche Buchh.) **

— Züricher, auf d. J. 1889. 4. (XII, 30 S. m. Illustr.) Zürich, (Meyer & Zeller). n.n. — 30

— Zürcher, nebst Monatskalenderchen und Münz- u. Massvergleichungen auf das J. 1891. Mit Illustr. In-4°. 29 S. Zürich, D. Bürkli. — 30

— Zwickauer, f. Freunde der Geselligkeit auf d. J. 1903. 213. Jahrg. 4. (42 S. m. Abb.) Zwickau, R. Zückler. n.n. — 18

— Zwickauer, f. Freunde der Geselligkeit auf d. J. 1906. 216. Jahrg. (43 S. m. 1 Abbildg.) gr. 8. Zwickau, R. Zückler. n.n. — 18

— Zwickauer, f. Freunde d. Geselligkeit auf d. J. 1910. 220. Jahrg. (42 S. m. Abb.) gr. 8. Zwickau, Zwickauer Zeitg. nn — 18

Kalender, Emil, Anleitung zum Schnitt der Obstbäume und Weinrebe am Spalier. Im Auftrage von M. Scheydecker verfaßt und mit einem Anh. über die schädl. Obstinsecten versehen. 2. nach den neuesten Erfahrungen umgearb. Aufl. gr. 8. (53 S. mit 19 Lithogr. auf 6 Taf.) Cöln 874, Hassel. *

Kalender, Emil, der Blumengarten. Ein Handbuch für Pflanzen- u. Garten-Liebhaber. 8. (XII, 162 S.) Köln 881. Bachem. 1. 50

Kalender, E., der Blumengarten. Ein Handbuch für Pflanzen- u. Garten-Liebhaber. 2., verm. Aufl. 8. (XII, 176 S. m. eingedr. Abbildgn.) Köln 890. Bachem. cart. 1. 80

Kalender, Emil, der Blumengarten. Ein Handbuch f. Pflanzen- u. Garten-Liebhaber. 3. Aufl. 8. (XII, 176 S. m. Abbildgn.) Köln 892. J. P. Bachem. Kart. 1. 80

Kalender, Emil, der Blumengarten. Ein Handbuch f. Pflanzen- u. Gartenliebhaber. Auf Grund langjähr. Erfahrgn. u. Beobachtgn. aus dem Versuchsgarten der Köln. Volkszeitg. bearb. u. hrsg. von Gust. Biesenbach. 5., wesentlich umgearb. u. verb. Aufl. (XII, 239 S. m. Abbildgn.) 8. Köln (901). J. P. Bachem. Kart. n. 1. 80

Kalender, Emil, der Blumengarten. Ein Handbuch f. Pflanzen- u. Gartenliebhaber. Begr. v. K. Auf Grund langjähr. Erfahrgn. u. Beobachtgn. aus d. Versuchsgarten d. Köln. Volkszeitg. neu bearb. u. hrsg. v. Biesenbach. 6., wesentlich umgearb. u. verb. Aufl. (XI, 275 S. m. 53 Abb.) 8. Köln (908). J. P. Bachem. Kart. 2. 40

— der rationelle Gemüsebau. Ein Handbuch für Gartenbesitzer u. Landwirthe. 8. (X, 128 S.) Ebend. 881. 1. 20

Kalender, Emil, der rationelle Gemüsebau. Ein Handbuch für Gartenbesitzer und Landwirthe. 2. wesentlich verm. und verb. Aufl. 8. (XII, 112 S.) Köln 885, Bachem. cart.

— **Der rationelle Gemüsebau. Kurzgefaßter Leitfaden f. d. prakt. Gartenbesitzer u. Landwirt. Begründet v. K. Neu hrsg. v. Gust. Biesenbach. 9.—11. Aufl. (11.—13. Taus.)** (VIII, 163 S. m. Abb.) 8. Ebd. (910). Geb. 2. 40

Kalender's, Emil, rationeller Gemüsebau. Kurzgefaßter Leitfaden f. d. prakt. Gartenbesitzer u. Landwirt. 5., wesentlich verb. Aufl. Auf Grund mehrjähr. Erfahrgn. aus dem Versuchsgarten der Köln. Volkszeitg. bearb. u. hrsg. v. G. Biesenbach. 8. (VIII, 130 S. m. Abbildgn.) Köln (901). J. P. Bachem. Kart. n. 1.20

— rationeller Gemüsebau. Kurzgefaßter Leitfaden f. den prakt. Gartenbesitzer u. Landwirt. 6. Aufl. Auf Grund mehrjähr. Erfahrgn. aus dem Versuchsgarten der Köln. Volkszeitg. bearb. u. hrsg. von G. Biesenbach. (VIII, 130 S. m. Abbildgn.) 8. Ebd. (901). Kart. n. 1.25

— die Cultur der Zimmerpflanzen. Ein Leitfaden für Pflanzenfreunde. 8. (VIII, 110 S.) Ebend. 881. cart. 1.25

Kalender, Emil, die Cultur der Zimmerpflanzen. Ein Leitfaden f. Pflanzenfreunde. 2. Aufl. 8. (VIII, 111 S.) Köln 883. Bachem. geb. 1.25

— die Cultur der Zimmerpflanzen. Ein Leitfaden für Pflanzenfreunde. 4., verb. u. verm. Aufl. 8. (VI, 111 S. m. e. Abbildg.) Ebd. 890. cart. 1.25

Kalender, Emil, d. Cultur d. Zimmerpflanzen. Ein Leitfaden f. Pflanzenfreunde. 5., durchgeseh. Aufl. 8. (VI, 111 S.) Köln 896. J. P. Bachem. Kart. 1.25

— der Obstbau im ländlichen Hausgarten. Eine Anleitung zum rationellen Betriebe des Obstbaues im Hausgarten für den rheinischen Landwirth. gr. 8. (IV, 156 S. mit 6 Steintaf.) Köln 879. Du Mont-Schauberg. n. 2.40

— der rationelle Obstbau auf dem Lande u. im Garten Ein Handbuch f. Landwirthe u. Gartenbesitzer. 8. (VI, 220 S.) Ebend. 883. geb. n. 2 —

— der rationelle Obstbau auf dem Lande u. im Garten. Ein Handbuch f. Landwirthe u. Gartenbesitzer. 2., umgearb., verm. u. verb. Aufl. 8. (III, 224 S.) Ebd. 893. Kart. n. 2.—

Kalender, Emil, rationeller Obstbau auf dem Lande u. im Garten. Kurzgefaßter Leitfaden f. Landwirte u. Gartenbesitzer. 5., vielfach überarb. u. verm. Aufl. Hrsg. v. Gust. Biesenbach. (V, 288 S.) 8. Köln (901). J. P. Bachem. Kart. n. 2.—

Kalender, Emil, der rationelle Obstbau auf dem Lande u. im Garten. Kurzgefaßter Leitfaden f. Landwirte u. Gartenbesitzer. Begründet v. K. Neu hrsg. v. Gust. Biesenbach. 6. u. 7. Aufl. (326 S.) 8. Köln (907). J. P. Bachem. Kart. 2.40

— der ländliche Schulgarten. Kurzgefaßter Leitfaden f. Land-Schullehrer zur rationellen Garten-Ausnutzg. 8. (VII, 68 S.) Ebend. 885. cart. — 80

Kalenderblatt für 1862 in gr. 4., worauf die 12 Monate in Verzierungen abgetheilt, somit auch zum Ausschneiden und für Gestelle geeignet. Wien, M. Leykum's Witwe. blau gedruckt 40 kr., in Goldschn. 50 kr.

Kalenderbuch. Zur Belehrung und Unterhaltung für Jedermann. qu. 4. (40 S.) Oschatz 848, Oldecop's Erben.

Kalender-Erzählungen, illustrirte. Als Suppl. zum Regensburger Marienkalender, sowie zu jedem Kalender überhaupt, gesammelt und hrsg. von Frz. v. Seeburg. 1. Jahrg. 4. (144 Sp. mit eingedr. Holzschn.) Regensburg 880, Pustet. * Nicht weiter erschienen.

Kalendergeschichten zur anmuthigen Unterhaltung u. nützlichen Belehrung des Bürgers u. Landmannes nebst Allerlei zur Lust, Nutzen u. Frommen für Jedermann. Mit vielen Bildern (Holzschn. im Text). Neue (Titel-)Ausg. St Gallen 853 Scheitlin u. Zollikofer. Lex.-8. (2 Bl., 236 S.) n. 10 ngr.

Kalender-Geschichten für das deutsche Volk. Abdruck des Textes vom Vereins-Kalender für 1849. 1. Aufl. 1849. 2⅓ Ngr. und neue Aufl. gr. 8. (54 S.) Hamburg 851, Agentur des Rauhen Hauses.

Kalender-Geschichten für das deutsche Volk. 3. Aufl. br. 8. (64 S. mit eingedr. Holzschn.) Hamburg 869, Agentur des Rauhen Hauses. *

Kalendergrillen, e. Satyre auf d. vielen Almanachs. 8. Hannover 777. Hahn. 4 K

Kalender-Handbuch, Rohrer's, s.a. Kalender, Altdeutscher.

Rohrer's Kalender-Handbuch 1893. IV. Jahrgang. *a)* Ausgabe für Oestrreich-Ungarn; *b)* Ausg. f. Böhmen; *c)* Ausg f. Mähren u. Schlesien; *d)* Ausg. f. Nieder-Oesterreich. (113 S.) In fünf Farben, Schmal-Folio. Cart. Brünn: Rohrer 1892. —.60

Kalender-Handbuch, Rohrer's, pro 1894. Altdeutscher Kalender. In 4 Ausgaben: a) Oesterreich-Ungarn, b) Mähren und Schlesien, c) Böhmen, d) Nieder-Oesterreich. Folio. (116 S.) Cart. —.60 Ebd.

(F) Rohrer's Kalender-Handbuch für das Jahr 1903 14. Jahrg. Ausgabe für Oesterreich-Ungarn. Lex.-8°. (155 S.) Ausgabe für Nieder-Oesterreich. Lex.-8°. (155 S.) Ausgabe für Böhmen. Lex.-8°. (155 S.) Ausgabe für Mähren und Schlesien. Lex.-8° (155 S.) Ebd. à K 1.20

Rohrers Kalenderhandbuch 1906. Ausgabe für Böhmen. 4°. Ebd.

Rohrers Kalenderhandbuch 1906. Ausgabe für Mähren und Schlesien. 4°. Ebd. K 1.20

Rohrers Kalenderhandbuch 1906 Ausgabe für Niederösterreich. 4° Ebd. K 1.20

Rohrers Kalenderhandbuch 1906. Ausgabe für Österreich-Ungarn. 4° Ebd. K 1.20

Rohrers Kalenderhandbuch 1908. Ausgabe für Böhmen. Lex.-8°. Ebd. K 1.20

Rohrers Kalenderhandbuch 1908. Ausgabe für Mähren und Schlesien. Lex.-8°. Ebd. K 1.20

Rohrers Kalenderhandbuch 1908. Ausgabe für Niederösterreich. Lex.-8°. Ebd. K 1.20

Rohrers Kalenderhandbuch 1908. Ausgabe für Osterreich-Ungarn. Lex.-8°. Ebd. K 1.20

Rohrer's Kalenderhandbuch. 1909. Ausgabe für Böhmen. Lex. 8°. (176 S.) Ebd. K 1.20

Rohrer's Kalenderhandbuch. 1909. Ausgabe für Mähren und Schlesien. Lex.-8° (176 S.) Ebd. K 1.20

Rohrer's Kalenderhandbuch. 1909. Ausgabe für Niederösterreich. Lex.-8°. (176 S.) Ebd. K 1.20

Rohrer's Kalenderhandbuch. 1909 Ausgabe für Österreich-Ungarn. Lex.-8°. (176 S.) Ebd. K 1.20

Rohrers Kalenderhandbuch 1910. Ausgabe für Böhmen. Lex.-8°. (178 S.) Ebd. kart K 1.20

Rohrers Kalenderhandbuch 1910. Ausgabe für Mähren und Schlesien. Lex.-8°. (178 S.) Ebd. kart. K 1.20

Rohrers Kalenderhandbuch 1910. Ausgabe für Niederösterreich. Lex.-8° (178 S.) Ebd. kart. K 1.20

Rohrers Kalenderhandbuch 1910. Ausgabe für Österreich-Ungarn. Lex.-8°. (178 S.) Ebd. kart. K 1.20

Rohrer's Kalenderhandbuch. Ausgabe für Böhmen. 1911 Ebd. K 1.20

Rohrer's Kalenderhandbuch. Ausgabe für Mähren und Schlesien. 1911 Ebd. K 1.20

Rohrer's Kalenderhandbuch. Ausgabe für Niederösterreich. 1911 Ebd. K 1.20

Rohrer's Kalenderhandbuch. Ausgabe für Österreich-Ungarn. 1911 Ebd. K 1.20

Kalender-Katalog der christlichen Verlagsbuchhandlung J. L. Sakuth, Szillen Ostpr. [1] (1905.) (Szillen Ostpr J. L. Sakuth 1904.) 8° [J. u. Ant.] [es] 10

Kalenderkunde, s.: Miniatur-Bibliothek.

Calendermann, Der, vom Veitsberg. Eine Erzählung für das Volk ... Frankfurt a. M. 1845. V: ***Glaubrecht, O.*** **(Ky)**

Kalendermann, der, vom Veitsberg. Eine Erzähl. f. das Volk v. Verf. der Anna, der Schreckensjahre von Lindheim rc. (Glaubrecht.) 8. (15 B.) Frankfurt a. M. 845, Zimmer Thlr. * -

Kalendermann, der wohlerfahrene, nebst einer neuen populären Astronomie, oder Anleitung zum Verstehen und Verfertigen eines Kalenders, verbunden mit einer Witterungskunde, einer Belehrung zum Verfertigen meteorolog. Instrumente, einer Chronologie und einer Erklärung der Taufnamen. gr. 12. (VIII und 275 S. mit vielen Bildern in Holzschn.) Ulm 849, Fr. Ebner.

Kalender-Mappe. Kalender für alle Jahre. Fol. (60 S.) Lahr 882. Schauenburg. geb. 1. 50

Kalender-Mappe. Kalender f. alle Jahre. Fol. (78 S.) Lahr 887. Schauenburg. geb. 1. 50

Kalender-Notizbuch 1882—1885. 1.—4. Jahrg. 24. (à Jahrg. ca. 270—280 S.) München, J. A. Finsterlin. à Jahrg. * 70 Pf.; geb. von *M 1. bis *

Kalender-Notiz-Buch 1886—1889. 5.—8. Jahrg. 16. (à Jahrg. 381 S.) München, J. A. Finsterlin. à Jahrg. * geb. à Jahrg. von *M 1.—. bis **

Kalender-Notiz-Buch 1890—1893. 9.—12. Jahrg. 16. (Je 1 Schreibkal. u. 16 S.) Münch., J. A. Finsterlin. à Jahrg. * — 70 geb. à Jahrg. * 1 —; * 2 —; * 2 40 u. ** 4 —

Kalender-Notiz-Buch 1895. 14. Jahrg. 16. (Schreibkalender u. 16 S.) Fischhausen-Schliersee, A. Finsterlin. n. — 70; geb. n. 1. —; n. 2. - u. n. 3. -

Kalender-Notiz-Buch 1899. 18. Jahrg. 16. (Schreibkal.) Schliersee, A. Finsterlin. n. — 70; geb. n. 1. —; n. 2. — u. n. 3. —

Calender-Proba [Kalenderprobe] auff das Jahr... 1718. Budißin: D.Richter [1717]. 8°

1718, Piece 1: [1717.]

Kalenderstreit, der, in Riga. Histor. Erzähl. aus d. letzten Hälfte d. 16. Jahrh. Nebst einigen and. Erzähln. u. Gedichten. Hrsg. von W. v. Oertel u. A. Gliebow. gr. 12. (19¾ B.) Leipzig 835, Brockhaus.

Kalender-Tabellen, neue, leichtester Handhabung für Vergangenheit und Zukunft. qu. 8. (8 S.) Aachen 888, Barth. *

Kalender- u. Haustafel für Liebende, Eheluſtige u. Eheleute auf alle Jahre. 8. Leipz. 811. Lauffer. 4 gr

Kalendertafel f. d. J. 1899 z. Kenntlichmachg. derjenigen 20 Tage im Jahre, an denen d. Arbeitgeber nach Punkt I. Ziffer 3 b d. Bekanntmachg. v 4 III. 1897 im Bäckerei- u. Konditoreibetriebe Überstunden festsetzen darf. qu Fol. Leipzig, Scrig Auf Pappe — 60

Kalendertafel f. d. J. 1903 z. Kenntlichmachung derjenigen 20 Tage im Jahre, an denen d. Arbeitgeber n. Punkt I, Ziffer 3b der Bekanntmachung vom 4. III. 1896 im Bäckerei- u. Konditoreibetriebe Ueberstunden festsetzen darf. 30×46 cm. Leipzig, Roßberg'sche Verlagsbuchh. Auf Pappe — 30

Kalendertafel f. d. J. 1907 zur Kenntlichmachung derjenigen 20 Tage im Jahre, an denen der Arbeitgeber nach Punkt I, Ziff. 3b der Bekanntmachg. v. 4. III. 1896 im Bäckerei- u. Konditoreibetriebe Ueberstunden festsetzen darf. 31,5×40,5 cm. Leipzig, Roßberg'sche Buchh. — 20; auf Pappe — 30

Kalendertafel f. d. J. 1911 zur Kenntlichmachung derjenigen 20 Tage im Jahre, an denen der Arbeitgeber nach Punkt I. Ziffer 3b der Bekanntmachung vom 4. III. 1896 im Bäckerei- u. Konditoreibetriebe Überstunden festsetzen darf. 29,5×40 cm. Leipzig, Roßberg'sche Buchh. —20; auf Pappe — 30

Frommes forstliche Kalendertasche für das Jahr - Wien. Jg. 1-5 (15-19) 1887-1891
Früher s. a. Fromme's Österr Forst-Kalender
Forts. s. a. Frommes Forstkalender f. d. Alpen- u. Alpenvorland

Kalender-Tasche, Fromme's forstliche, für die J. 1887—1889. 1.—3. Jahrg., der ganzen Folge 15.—17. Jahrg. Redig. von Emil Böhmerle. gr 16. (à Jahrg. ca. 340 S. mit Fig.) Wien, Fromme. geb. in Leinw. à Jahrg. Brieftaschen-Ausg. à Jahrg. *
Frühere Jahrg., s. Forstkalender, Fromme's österreichischer

Kalendertasche, Fromme's forstliche, f. d. J. 1890—1893. 4.—7. Jahrg., der ganzen Folge 18.—21. Jahrg. Redig. v. Emil Böhmerle. gr. 16. (à Jahrg. ca. 340 S. m. Fig.) Wien, Fromme. geb in Leinw à Jahrg. * 3 20: Brieftaschen-Ausg. à Jahrg. * 4 40

Kalender-Tasche, Fromme's forstliche, für das Jahr 1894. 8 Jahrgang (der ganzen Folge 22. Jahrgang). Redigirt vom k. k. Forst- und Domänenverwalter Emil Böhmerle. Gr.-16 (VIII, 215 und 112 S. mit 47 Fig.) Geb. in Leinwand Ebd 1.60
Derselbe. Brieftaschen-Ausgabe 2.20

Kalender-Tasche, Fromme's forstliche, f. d. J. 1895. 9., der ganzen Folge 23. Jahrg. Red. v Emil Böhmerle. gr. 16. (VIII, 206 S. m. 47 Fig. u. Tages-Notizbuch.) Wien, C. Fromme. Geb. in Leinw. n. 3. 20; Brieftaschen-Ausg. n. 4. 40

Kalender-Tasche, Fromme's Forstliche, für das Jahr 1896. Fünfter (der ganzen Folge 21.) Jahrgang. Redigirt von Emil Böhmerle. Mit 48 Figuren. 16. (VIII, 206 S., Wirthschafts-Tabellen und Tages-Notizbuch.) In Lnwd. geb. 1.60, Brieftaschen-Ausgabe * 2.20 In Lnwd. geb. Ebd. * 2.20

Kalender-Tasche, Fromme's Forstliche, für das Jahr 1897. Eilfter (der ganzen Folge 25.) Jahrgang. Zugleich Kalender des Vereines für Güterbeamte in Wien. Redigirt von Emil Böhmerle. Mit 65 Figuren. 16. (VIII, 220 S., Wirthschafts-Tabellen und Tages-Notizbuch) In Lnwd geb. 1.60, Brieftaschen-Ausgabe * 2.20, in Lnwd. geb. * 2.20 Ebd.

Kalender-Tasche, Fromme's Forstliche, für das Jahr 1898. Zwölfter (der ganzen Folge 26.) Jahrgang. Zugleich Kalender des Vereines für Güterbeamte in Wien. Redigirt von Emil Böhmerle. Mit 47 Figuren. 16. (VIII, 212 S., Wirthschafts-Tabellen und Tages-Notizbuch.) In Lnwd. geb. 1.60, Brieftaschen-Ausgabe Ebd. * 2.20

Kalender-Tasche, Fromme's forstliche, 1899. 13., d ganzen Folge 27. Jahrg. Zugl. Kalender d. „Verein f. Güterbeamte" in Wien. Red. v. Emil Böhmerle. gr. 16. (VIII, 211 S. m. 47 Fig. u. Tages-Notizbuch.) Wien, C. Fromme. Geb. in Leinw. n. 3. 20; Brieftaschen-Ausg. n. 4. 40

Fromme's Forstliche Kalender-Tasche 1900. XIV. der ganzen Folge XXVIII. Jahrgang. Zugleich Kalender des „Verein für Güterbeamte" in Wien. Redigirt von Emil Böhmerle. Mit 50 Figuren. Wien. [1899.] Fromme. 16°. 211 S. mit Tages-Notizbuch. Geb. fl. 1.60
Brieftaschen-Ausgabe * fl. 2.20.

Kalender-Tasche, Fromme's forstliche, 1901. 15., der ganzen Folge. 29. Jahrg. Zugleich Kalender d. „Verein f. Güterbeamte" in Wien. Red. v. Emil Böhmerle. 12. (VIII, 212 S. m. 47 Fig. u. Tages-Notizbuch.) Wien, C. Fromme. Geb. in Leinw. n. 3. 20; Brieftaschen-Ausg. n. 4. 40
Fortsetzung, s.: Fromme.

Frommme's Forstliche Kalender-Tasche 1902. XVI., der ganzen Folge XXX. Jahrgang. Zugleich Kalender des „Verein für Güterbeamte" in Wien. Redigirt von Emil Böhmerle. Mit 47 Figuren. Wien. Fromme. 16°. 209 S. mit Tages-Notizbuch. Geb. K. 3.20
Brieftaschenausgabe K * 4.40.

Forstliche Kalender-Tasche 1903. 17., der ganzen Folge. 31. Jahrg. 16°. (ill. 215 S.) Ebd.

Fromme's Forstliche Kalender-Tasche 1904. 18., der ganzen Folge 32. Jahrg. 8°. (ill. 219 S.) Ebd. geb. K 3.20, Brieftaschen-Ausgabe K 4.40

Frommes forstliche Kalendertasche 1905. 19., der ganzen Folge 33. Jahrg. 8°. (221 S.) Ebd. geb. K 3 20 Brieftaschenausgabe * K 4.40

Frommes forstliche Kalendertasche 1906. 20. der ganzen Folge. 34 Jahrg. 8° (225 S.) Ebd geb. * K 3.20

Fromme's forstliche Kalendertasche 1907 8°. (234 S.) Ebd geb. K 3.20, Brieftaschenausgabe * K 4.40

Fromme's forstliche Kalendertasche. 1908 XXXVI. Jahrg 16°. (ill. 233 S.) Ebd. geb. K 3.20, Brieftaschenausgabe K 4.40

Fromme's forstliche Kalendertasche. 1909. XXXVII. Jahrg. 16°. (ill. 252 S.) Ebd. geb. K 3.20, Brieftaschenausgabe K 4.40

Fromme's forstliche Kalendertasche 1910. 8°. (252 S.) Ebd geb. K 3.20, Brieftaschenausgabe K 4 40

Fromme's forstliche Kalendertasche 1911. 8° (VIII, 282 S.) Ebd. geb. K 3 20, Brieftaschenausgabe * K 4.40

Kalender-Verzeichniß, gratis.
Wien. Fromme 1879.

Kalender-Zeitung, landwirthschaftliche. Red. von A. Brunn. 1. Jahrg. 1879. 12 Nrn. (B.) gr. 8. Wiesbaden. Leipzig, H. Voigt in Comm. n. 2. —

Kalender-Zugabe, gemeinnütz., f. Stadt u. Land auf alle Jahre; enthält d. Erklärung d. auf jeden Tag fallenden Taufnamen, d. sichersten Anzeigen bevorsteh. Witterung am Himmel u. auf Erden; nebst e. Kalender auf 100 Jahre (gr. 4.) 16. (2½ B) Berlin 832, Hayn.

Ukininko **kalendorius**. Met. 1. 1904. Tilžėje. Saunus 1903. 8° [Bauernkalender Jg. 1] (10. 1907) 10

Kaleniczensko, Jean, description d'un nouv. genre de Limaces de la Russie mérid., s.: Bulletin de la société Imp. des naturalistes de Moscou, tome XXIV, 1. partie.

— descriptions des Limaces qui se trouvent dans l'Ukraine, s.: Bulletin de la société Imp. des naturalistes de Moscou, tome XXIV, 2 partie.

— quelques mots sur les Daphnes Russes, s.: Bulletin de la société Imp. des naturalistes de Moscou, tome XXII, 1. partie.

Kalenkiewicz, Wladyslaw, das Oedem der Milzpulpa. Ein Beitrag zur Frage nach dem intermediären Kreislauf in der Milz. Diss. gr. 8. (22 S.) Jurjow (Dorpat) 892. (E. J. Karow.) n. 1. —

Kalens, Mathias, die Quadratur des Kreises. Ihre vollständ. Auflösung. in 8 Fig. Neu bearb. (12 S. m. 1 Taf.) 8. Saarbrücken 909. (P. Conrath Nachf.) 1. —

Kalenscher, Isidor: Aus d. anatom. Institut zu Königsberg i. Pr. Über den sogenannten dritten Gelenkhöcker und die accessorischen Höcker des Hinterhauptbeins. '(Condylus tertius et processus accessorii ossis occipitis)' . '(M. e. Taf.)' Königsberg i. Pr., Druck v. M. Liedtke, 1893; 2 Bl., 28 S., 2 Bl., 1 Taf. 8.
Königsberg, Med. Fak., Inaug.-Diss. v. 20. Juli 1893

Kalenscher, Isid., üb. den sogenannten 3. Gelenkhöcker u. die accessorischen Höcker des Hinterhauptbeins. (Condylus tertius et processus accessorii ossis occipitis.) Diss. gr. 8. (29 S. m. 1 Taf.) Königsberg 893. (W. Koch.) n. 1. —

Kalenski, Johann. Steierischer Lieder-Marsch für die Zither arrangiert von E. Zdaril. Klgft., v. Kleinmayr, (lith. Röder in Leipzig), (ca. 1890.) Folio. 3 S.

Kalepky, Felix

Kalepky, F. Bearbeitung eines altprovenzalischen Gedichtes über den Heiligen Geist (Romania VIII, 214—218). Kiel, OR., 1887. 18 S. 4. Progr.

Kalepky, F[elix], Prof. Dr.: Ludwig **Fulda** als Übersetzer Molières und Rostands. *Kiel 1903: A. F. Jensen.* (10 S.) 4°
Kiel, st. HM, P 1903**

Kalepky, Felix (geb. Neusorge in Ostpr. 27. 2. 1860). In welchem Umfange wollte Malherbe in der poetischen Technik (Versbau und Reimkunst), welche er vorfand, Änderungen herbeiführen. (Th. 1.) Berlin 1882. (30 S.) 8° [F.] * Fortsetzung bis 1899 nicht erschienen.
Berlin, Phil. Diss. v. 4. Febr. 1882

Trois Sonnets du temps de Louis XIV retrouvés et publiés par X. Y. [d. i. Felix **Kalepky**]. Als Manuscript gedruckt. [Kiel. 1898.] 2 Bl. 8°

Kalepky, Felix [Dr.]: Warum und auf welche Weise werden in der höheren Mädchenschule fremde Sprachen gelehrt? Rede . . am 27. Januar 1890. Kiel, Druck v. A. F. Jensen, 1890, S. 3–12. 4°
Kiel, st. HM, P 1890

Kalepky, F., was uns bindet. Eine Erklärg. in Sachen d. Schmid-Speyerschen Lesebuches f. höh. Mädchenschulen. gr. 8. (13 S.) Kiel 897. Lipsius & Tischer. n. — 30

Kalepky, Theodor, Dr. Lexikographische Lesefrüchte. T. 1. Berichtigungen u. Ergänzungen zu allen französischen, bezw. französisch-deutschen Wörterbüchern, insbes. zu Sachs-Villatte, nebst Supplement, Hatzfeld-Darmsteter-Thomas u. Littré. *Berlin: R. Gaertner 1900.* (26 S.) 4°
Berlin, Falk-RG, OP 1900 (99)

Kalepky, Thdr., lexikographische Lesefrüchte. 1. Tl. Berichtigungen u. Ergänzungen zu allen französ., bezw. französisch-deutschen Wörterbüchern, insbes. z. Sachs-Villatte, nebst Suppl., Hatzfeld-Darmsteter-Thomas u. Littré. Progr. 4. (26 S.) Berlin 900. [R. Gaertner.] Weidmann. n. 1. —

Kalepky, Theodor: Lexikographische Lesefrüchte. T. 2. Wörter und Wortzusammensetzungen, die in den vorhandenen französischen, bezw. französisch-deutschen Wörterbüchern noch nicht verzeichnet sind. Berlin: Weidmann 1909. 31 S. 4° ¶ [Forts. d. P-Beil. 1900.]
Berlin, Falk-RG OP 1909 (112) [S 09. 237

Kalepky, Theodor [aus Neusorge in Ostpr.]: Von der Negation im Provenzalischen. . . . (= Progr. d. VI. Hoh. Burgersch. zu Berlin v. 1891.) Berlin, Druck v. W. Pormetter, 1891, 26 S., 1 Bl. 4°
Berlin, Phil. Fak., Inaug.-Diss. v. 11. März 1891

Kalepky, Theodor [Dr.]: Von der Negation im Provenzalischen. (Th. I.) (= Inaug.-Diss. Berlin 1891.) Berlin, R. Gaertner, 1891, 26 S. 4°
Berlin, VI. st. HB, OP 1891 (113)

Kalepky, Theodor, Dr.: Der Unterschied zwischen Imparfait und Passé défini und seine schulmäßige Behandlung. Berlin: Weidmann 1904. (37 S.) 4°
Berlin, Falk-RG OP 1904 (106)

Kaler, s.: Ihr Väter, liebet eure Kinder auf!

Kaler, Emil, die Ethik des Utilitarismus. Inaugural-Dissertation. gr. 8. (III, 78 S.) Hamburg 885, Voss. *

Kaler, Emil. Die Moral der Zukunft. Eine populäre Grundlegg. derselben. gr. 8. (48 S.) Wien 889, (Pichler's Wwe. u. Sohn). * 1 —
Aus: Deutsche Worte, besonders abgedruckt.

Kaler, Emil, Wilhelm Weitling. Seine Agitation u. Lehre, in geschichtl. Zusammenhange dargest. gr. 8. (104 S.) Hottingen-Zürich 887. Berlin, Buchh. des Vorwärts. n. — 40

Kaler Gabr. v. Anfangsgründe des konstruktiven Zeichnens . . . Ried, Druck und Lithogr. d. Mathias Kränzl 1852. gr. 4.

Kaler: Über die Notwendigkeit einer gründlichen und wissenschaftlichen Ausbildung für Handel und Gewerbetreibende in Tirol. 9 S. – Innsbruck OR 1855

Kaler, G. v., Sammlung der in Deutschland üblichsten Schriftarten zum Gebrauche an Mittelschulen und für Kunsthandwerker geschrieben. qu. 4. (18 Stnt., wovon 2 in Buntdr.) Innsbruck 867, (Wagner'sche Universitäts-Buchh.) *

Kaler, G. v., Wandkarte von Tirol und Vorarlberg für Volks- und Mittelschulen. 1 : 200,000. Fol. (6 Bl.) Innsbruck 873, Wagner'sche Universitäts-Buchh. *

Kaler, Josef von

Kaler, J. Fr. von „Auszug aus sämmtlichen K. K. Oesterreichischen allerhöchsten Patenten und Vorschriften in Stempelsachen", Innsbruck 1818.

Kaler, J. v., Sammlung der gemeinnütz. Tariffe u. Verzeichnisse z. möglichst schnellen Berechnung aller Rechnungsvorfälle im gemeinen Leben. Ein nothw. Hausbuch f. alle Stände. 4. Innsbruck, Fischer. 816.

Kaler, Josef v., *pens. k. k. Landeshauptkassa-Offiz.* Gemeinnützige Währungs-Reductions-Tabellen, sammt einem Münz-Tarif in neuösterreichischer Währung. Druck u. Verl. der *Wagner'schen* Buchhandlung in Innsbruck. 1 Bl. Fol.

Kaler, Jos. Frz. Xaver, was ist als Heute geschehen? Oder: Wann war das? Tägliche Unterhalt. in Erinnerungen an merkwürd. Tagsbegebenheiten u. Naturereignisse vergang. Jahre, vorzügl. seit d. Ausbruch d. französ. Revolution im J. 1789 bis z. J. 1834, begleitet mit Biographien denkwürd. Personen, Beschreibn. v. Schlachten u. a. außerordentl. Welt- u. Naturereignissen. 8. (55 B.) Innsbruck 834, (Wagner'sche Buchh.) *

Kaler, Jos. Frz. Xav., was ist als Heute geschehen! Oder wann war das? Tägliche Unterhaltung in Erinnerungen an merkwürd. Tagesbegebenheiten u. Naturereignisse vergangener Jahre, vorzügl. seit dem Ausbruch der franz. Revolution im Jahre 1789 bis zum Jahre 1834, begleitet mit Biographien denkwürd. Personen, Beschreibungen von Schlachten u. andern außerordentl. Welt- u. Naturereignissen. (I u. II. Semester.) Jänner bis Decbr. 8. Innsbruck 834. (Wagner'sche Buchh.) 2 2/3 ₰ — Ist mit dem „Buch der Vergangenheit ɪc.," 4 Hefte, gleichen Inhalts, s. Buch der Vergangenheit.

Kales, die Reise. Lstspl. 8. Fürth 797. Geyer. 8 ₰

Kalessa, Franz Ed.

— s. Füger's adeliges Richteramt.

Kalessa, Frz. Ed., Handbuch des gesammten gerichtlichen Verfahrens außer Streitsachen und aller damit im Zusammenhange stehenden Gesetze und Verordnungen. 2 Bde. gr. 8. Wien 859, Seidel und Sohn. [1. Bd. (414 S.) 2. Bd. (254 S.)] *

Kalessa, Frz. Ed., Handbuch d. österreich. Wechselrechts, mit Berücksichtigung d. Codice di Commercio, der Botzner Marktstatuten u. der in Salzburg geltenden Wechselgesetze. Zum Gebr. f. Richter, Advocaten, Studierende u. Geschäftsleute. gr. 8. (12 B.) Wien 841, Braumüller u. Seidel.

Kalessa, Frz. Ed., Handbuch des österreich. Wechselrechts, mit Berücksichtig. des Codice di Commercio, der Botzner Marktstatuten u. der in Salzburg geltenden Wechselgesetze. 2., verb. u., besond. durch Rücksichtnahme auf die neuen ungarischen Creditsgesetze, verm. Aufl. gr. 8. (13 B.) Wien 844, Braumüller u. Seidel. *

Kalessa, Frz. Ed., Handbuch des österreichischen und gesammten deutschen Wechselrechtes. Zum Gebrauche für Richter, Advokaten, Studirende und Geschäftsleute. 3. Aufl. (IV und 208 S.) 1850. und 4., umgearb. Aufl. gr. 8. (III und 250 S.) Wien 851(52,) Braumüller. *

—— Handbuch des österreichischen und gesammten deutschen Wechselrechtes. Zum Gebrauche für Richter, Advocaten, Studierende und Geschäftsleute. 5., gänzlich umgearb. Aufl. gr. 8. (III und 298 S.) Wien 859, Braumüller's Verlags-Conto. *

Kalessa, Frz. Ed., Lehrbuch des Oesterreichischen u. gesammten Deutschen Wechselrechtes. Zum Gebrauche für Richter, Advokaten, Studierende u. Geschäftsleute. 3. gänzlich umgearb. Aufl. Lex. 8. (IV u. 208 S.) Wien 850, Braumüller. —— 4. gänzlich umgearb. Aufl. gr. 8. (IV u. 250 S.) Ebd. 852. n. 1 ℳ

EUGEN KALESSE, Führer durch die Sammlungen des Museums schlesischer Altertümer in Breslau. Mit 23 Abbildungen in Holzschnitt und Zinkotypie. Breslau 1883. Druck von Robert Nischkowsky. 8°.

Kalesse, Eug., Führer durch die Sammlungen des Museums schlesischer Altertümer in Breslau. Mit 23 (eingedr.) Abbild. in Holzschn. und Zinkotypie. gr. 8. (64 S.) Breslau 883, (Trewendt.) *

—— Geschichte der Seidenwebekunst vom Mittelalter bis zum Rokoko, s. Sammlung kunstgewerblicher und kunsthistorischer Vorträge.

Kalesse E. Geschichte der Seidewebekunst vom Mittelalter bis zum Rokoko. (Sammlung kunstgewerblicher und kunsthistorischer Vorträge 8) Leipzig 1883

Keleti, Dr Karl, Ungarn im Weltverkehr. Zur Statistik d. Hypothekar-Schulden in Ungarn. 2 Studien. gr. 8. (55 S.) Budapest, Friedr. Kilian. 60 kr.

Kalevala

· Öfversatt af M. A. Cartren. 2 Delar. 8. Helsingfors 841. (Leipzig, Brockhaus.) n. 2 ℳ

Kalevala, Toinen painos. 2. Upplagan. 4. Helsingfors 849. (Leipzig, Brockhaus.) n. $1^2/_3$ ℳ

Kalevala, das Volksepos der Finnen. Übers. von Hermann Paul. 2 Thle. 8. (XIV, 428; XI, 394 S.) Helsingfors 885,86, (Edlund's Buchh.) à Thl. * ℳ 5.—. *

Kalewala, der, s. Comparetti, Domenico.

Kalewala, das National-Epos der Finnen, nach der 2. Ausg. ins Deutsche übertr. von Ant. Schiefner. hoch 4. (XVI und 301 S.) Helsingfors 852, Frenckell und Sohn. (Leipzig, Brockhaus.) *

Kalewala, das National-Epos der Finnen, nach der zweiten Ausg. ins Deutsche übertragen von Ant. Schiefner. Helsingfors 852. Frenckell u. Sohn. (Leipzig, Brockhaus.) Lex.-8. (XVI, 301 S.) n. 2 ℳ.

Kalewipoeg, eine estnische Sage, verdeutscht von Carl Reinthal. 6 Lfgn. gr. 8. (XVI und 586 S.) Dorpat 857—61, (Hoppe.) *

Kalewipoeg, eine Estnische Sage, verdeutscht v. Carl Reinthal. Lief. 1. Dorpat. 1857. Verhandlungen der gelehrten Estnischen Gesellschaft. Bd. 4, Heft 1. 8°.

Kalewipoeg. Aus d. Estnischen übertr. von F(erd.) Löwe. Mit e. Einl. u. mit Anm. hrsg. von W[ilhelm] Reiman. *Reval: F. Kluge 1900.* (XXXII, 343 S.) 8° [F.] [00. 6111]

Kalfas, Ant., method. Anleitg. z. Erlerng. d. kunstgerechten Billardspiels m. 45 Abb. 16. (46 S.) Freiburg i/B. 895. Lorenz & Waetzel. n. 1.—

Kalfas, Ant., methodische Anleitg. z. Erlernung des kunstgerechten Billardspiels. 2. Aufl. 16. (47 S. m. 45 Abb.) Köln (902). (Freiburg i/B., F. P. Lorenz). n. 1.—

Kalfas, Ant., methodische Anleitg. zur Erlerng. des kunstgerechten Billardspiels. 3. Aufl. (80 S. m. 45 Abbildgn.) 16. Freiburg i/B. (905). Karlsruhe, F. Gutsch. n. 1.—

Kalff, Jos. Das Arbeiterschutzgesetz v. J. 1891, s. Keil's Rechts-Bibliothek.

Kalff, Jos., die Arbeiterschutz-Gesetzgebung. 2. Aufl. von Walth. Hering. s. a. Keil's Rechts-Bibliothek. 4. Hft.

Die Arbeiterschutz-Gesetzgebung. Gemeinverständl. erl. von Dr. jur. Joseph Kalff. 2. Aufl. nach d. neuesten Stande d. Gesetzgebung bearb. von Walther Hering. *Trier: Paulinus-Dr. 1903.* (159 S.) 8° [F.]
= Rechts-Bibliothek, Keil's. H. 4. [04. 7761]

Kalgan [Schlagwort]

Kalgan. s.: Tschili.

Kalgen, s.: Schrey v. Kalgen.

Kalhana's Rājataranginī or chronicle of the Kings of Kashmir. Ed. by M. A. Stein. Vol. I. Sanskrit text with crit. notes. Published under the patronage of the Kashmir State council. Fol. (XX, 296 S. m. 1 Schrifttaf.) Bombay 892. Leipzig, O. Harrassowitz. n.n. 30.—

Kalhard, Adam (Nürnberg), De natura ac limitibus potestatis legislatoriae caute designandis. Specim. jur. Altdorf (Johann Paul Meyer) 29. 1. 1787. 22 S. (6.20) 1739.

Kali. Zeitschrift f. Gewinnung, Verarbeitung u. Verwertung d. Kalisalze. Hrsg. v. Verein d. deutschen Kaliinteressenten. Geleitet von Bergass. Dr. [Leo] Loewe, Magdeburg. Jg. 1. Halle a. S.: W. Knapp 1907. 4° [07. 6173]

Kali. Zeitschrift f. Gewinng., Verarbeitg. u. Verwertg. der Kalisalze. Hrsg. vom Verein der deutschen Kaliinteressenten zu Magdeburg. Schriftleitung: Karau. 1.—4. Jahrg. 1907—1910. à 24 Hefte. (à ca. 20 S. m. Abb.) Lex. 8. Halle, W. Knapp. à Jahrg. 16.—

— Erz u. Kohle. Centralorgan des gesamten Berg-, Hütten- u. Maschinenwesens u. tiefbohrtechn. Rundschau. 4.—7. Jahrg. 1907—1910. à 36 Nrn. (1492, 1400, 1376 u. 1322 S.) 32×24 cm. Halle, C. O. Lehmann. à Jahrg. 12.—

[Kalibergbau.] Deutschlands Kalibergbau. Festschrift zum 10. Allgemeinen Deutschen Bergmannstage 1907 in Eisenach. Hrsg. von der Kgl. Geologischen Landesanstalt in Berlin. 4 T. in 1 Bd. Berlin, 1907. 685 S. mit 40 Abb., 15 Taf. u. 6 Karten bezw. Taf. als Anlagen. [Gd 38

T. 1. Everding, H., Zur Geologie der deutschen Zechsteinsalze. 183 S. mit 11 Taf. u. 5 Karten bezw. Taf. als Anlagen.
T. 2. Erdmann, E., Die Chemie und Industrie der Kalisalze. 123 S. mit 9 Abb.
T. 3. Loewe, L., Die bergmännische Gewinnung der Kalisalze. 145 S. mit 31 Abb. u. 4 Taf.
T. 4. Paxmann, E. H., Wirtschaftliche, rechtliche und statistische Verhältnisse der Kaliindustrie. Nebst einer Übersichtskarte der deutschen Kaliunternehmungen bis Mitte des Jahres 1907. 1:500000. 230 S.

Deutschlands Kalibergbau. Festschrift z. 10. Allgem. Bergmannstage in Eisenach. Berlin: Kgl. Geol. Landesanst. 1907. (Getr. Pag.) 4°(8°)
[Sondert. 1.] Everding, H.: Zur Geologie d. deutschen Zechsteinsalze.
[2.] Erdmann, E.: Die Chemie u. Industrie d. Kalisalze.
[3.] Loewe, L.: Die bergmänn. Gewinnung d. Kalisalze.
[4.] Paxmann, H.: Wirtschaftl., rechtl. & statist. Verhältnisse d. Kaliindustrie.
= [Abhandlungen d. Kgl. Preuss. Geol. Landesanstalt. N. F. H. 52, T. 1–4.] [08. 181 3

Kalibl au, haltbares schönstes, oder Bleu de France auf Wolle und Seide. qu. 16. Nürnberg 849, Leuchs und Comp. *

Kalibrirung, die, der Eisenwalzen, s. Verhandlungen des Vereins zur Beförderung des Gewerbfleisses.

Kalibrierung, die, d. Eisenbahnen. 3 Preisschriften. (140 S 33 T) 4° Berlin 1869

Kalic, Demeter, Handbuch zum Schnellunterricht in der serbischen Umgangssprache. 8° (62 S) Neusatz, Luka Jovic & Co. fl — 40.
1867

Kalich, Carol., Cantii, Schellingii, Fichtii, de filio divino sententiam exposuit necnon dijudicavit. gr. 8. (31 S.) Leipzig 870, Fues's Verlag.

Kalich, Karl, die Reformation in der Lausitz. Festvortrag gehalten bei der 150jähr. Jubelfeier der Lausitzer Prediger-gesellschaft zu Leipzig am 22. Juli 1867. Nebst der Praesenzliste der Festtheilnehmer. gr. 8. (44 S.) Bautzen 867, (Schmaler und Pech.) *

— theologische Studien. gr. 8. (IV, 93 S.) Bautzen 874, Rühl. *

Kalichmann, Hersch, a. Larga (Rußland): Der Einfluss von Traumen auf die Schwangerschaft. München 1908: Kastner & Callwey. (27 S.) 8°
München, Med. Fak., Ref. Döderlein, Diss. v. 10. März 1908
[Geb. 15. Aug. 77 Larga (Gouv. Bessarabien, Rußland); Wohnort: Lipkany (Gouv. Bessarabien); Staatsangeh.: Rußland; Vorbildung: Gymn. Kischinjow (Rußland) Reife Juli 01; Studium: Techn. Hochsch. München 1, Univ. Wien 9, München 2 S.; Rig. 10. März 08.]

Kalickij, K., das Naphtagebiet v. Groznyj. (Russisch u. Deutsch.) Mit 3 Karten auf 6 Blättern u. 3 Taf. (III. 40 S.) 34×25,5 cm. St.-Pétersbourg 906. (Leipzig. M. Weg.) nn 8. 20
Sonderabdruck aus: „Mémoires du comité géol."

Kalicun, Basilius

Be... zu d... Eigenflachen V. Ordnung 1 Mitteilung S 120 IIa 126 . 80
— — 2 Mitteilung S 121 IIa 254 . 40
Separatabdruck

Kalicun, B., über die Eigenschaften der ebenen Kurven: a) Vter Ordnung m. e. 4 fachen Punkte, als e. Erzeugnisses zweier 1—4 deutiger Strahlenbüschel; b) Vter Klasse m. e. 4fachen Tangente, als e. Erzeugnisses zweier 1—4 deutiger Punktreihen; c) wie auch üb. die Konstruktion der ersteren v. diesen Kurven. (29 S.) gr. 8. Wien 910. A. Hölder. — 90
Sonderabdruck aus: „Sitzungsber. d. k. Akad. d. Wiss."

Kalicun, Basilius: Über die Erzeugnisse der ein-vierdeutigen Gebilde
1. Über die Eigenschaften der ebenen Kurven Vter Ordnung etc. – 1910. 29 S., 3 Taf. Aus: Sitzungsber. d. kaiserl. Akad. d. Wiss. in Wien. Math.-nat. Kl., Bd CXIC. Abt. IIa. Juli 1910.
2. Beiträge zu den Regelflächen Vter Ordnung. – 1910. 29 S.
Diss. Wien, TH

— Über die Erzeugnisse krummer projektiver Gebilde ... unikursale Plankurven ... 1 Mitteilung S 122 IIa 60
— 2 Mitteilung S 123 IIa 313 . 40
Separatabdruck

Kâlidâsa

Calidasi, Urvasia.

— Kumara Sambhava Kalidasae carmen Sanskrit et Latine ... Stenzler ... Berlin. London 1838

— Malavika et Agnimitra drama indicum Kalidasae adscriptum. Textum ... in Latinam convertit varietatem scripturae et annotationes adiecit Otto Tullberg. Bonnae ad Rhenum 1840

— dasselbe. s. a. Universal-Bibliothek.

Kâlidâsa, Mâlavikâ und Agnimitra. Ein Drama in 5 Acten. Zum ersten Male aus dem Sanskrit übers. von Albr. Weber. 8. (XLVIII und 107 S.) Berlin 856, Dümmler's Verlag. *

— **Malavika u. Agnimitra.** Ein Drama in 5 Akten. Mit krit. u. erklär. Anmerkungen hrsg. von Frdr. Bollensen. Gedr. auf Kosten der Deutschen Morgenländ. Gesellschaft. gr. 8. (XV, 261 S.) Leipzig 879. Brockhaus' Sort. in Comm. n. 12. —

— Malavikagnimitram das ist Malavika und Agnimitra ein Drama Kalidasa's in 5 Akten. Mit kritischen und erklarenden Anmerkungen herausgegeben von Fr. ... Bollensen. Leipzig 1879

Kalidâsa, Meghadûta oder der Wolkenbote, s. a. Meghadûta.

— Meghaduta, s. Krischnamisra.

— **Meghaduta et Çringaratilaka** ex rec. J. Gildemeisteri. Additum est Glossarium. 8maj. (9 B.) Bonnae 841, 40, König. *

— Meghaduta. Übersetzt von Bernhard Hirzel. Zurich 1846.

— Meghaduta oder der Wolkenbote, eine altindische Elegie dem Kalidasa ... nachgedichtet und mit Anmerkungen begleitet von Max Muller. Konigsberg 1847

— **Meghadûta der Wolkenbote.** Gedicht m. krit. Anmerkgn. u. Wörterbuch hrsg. v. Adf. Friedr. Stenzler. gr. 8. (VI, 74 S.) Breslau 874. Gera, Reisewitz. n. 4. 50

Kâlidâsa Meghadûta der Wolkenbote. Gedicht mit krit. Anmerkungen und Wörterbuch hrsg. von Adf. Friedr. Stenzler. gr. 8. (VI, 74 S.) Breslau 874, Mälzer. *

— **Meghaduta das ist der Wolkenbote.** Ein Gedicht. Aus dem Sanskrit metrisch übers. von Ludw. Fritze. gr. 16. (56 S.) Chemnitz 879. Schmeitzner. n. 1. 50; geb. n. 2. —

Die tibetische Übersetzung von **Kâlidâsa**'s Meghadûta. Nach d. roten u. schwarzen Tanjur hrsg. u. ins Deutsche übertr. von Hermann Beckh. Berlin Akad. d. Wiss. 1907 (85 S.) 4°
Aus Abhandlungen d. kgl. Preuss. Akad. d. Wiss. 1906, Anh. 07 1206

Kalidasa. Raghuvansa, s. Schack, A. F. Graf v. Orient u. Occident

— Ritusanhara id est Tempestatum cyclus, Carmen sanskritum Kalidasae adscriptum, edidit, latina interpretatione germanica versione metrica atque annotationibus criticis instruxit P. a Bohlen. Lipsiae 1840

Sakontala oder der verhängnisvolle Ring

— Dasselbe; aus d. Engl. übersetzt, mit Erläuterr. von J. G. Adm. Forster. 8. Mainz 790. 2e, von J. G. v. Herder besorgte Ausg. 8. (Heidelb.) 802. 2r Abdruck 820. Mohr. 1 Rthlr 16 gr

— Sakontala oder der entscheidende Ring. Ein Indisches Schauspiel von Kalidas. Aus den Ursprachen Sanskrit und Prakrit ins Englische und aus diesem ins Deutsche übersetzt mit Erläuterungen von Georg Forster. Zweite rechtmassige von J. G. v. Herder besorgte Ausgabe. Frankfurt am Main 1803.

Kalidas, Sakontala, oder d. verhängnißvolle Ring. Indisches Drama in 6 Aufz. Metrisch für d. Bühne bearb. von Wlh. Gerhard. 8. Leipz. 820. Brockhaus. 1 Rthlr 8 gr

Sakuntala

— — s. a. Bibliothek ausländ. Klassiker.

— Sakontala, s. a. Bücher-Schätze.

—— s. Burkhard, Car., Flexiones prâcriticae.

Kalidasa, Çakuntala, s.a. Çakuntala.

— Sakuntala, s.a. Dichtungen, die klassischen, der Inder, 2 Thl.

— s. Pischel, Ric.

— s. Sakantola.

— dasselbe, s.: Schroeder, Leop. v.

—— dass. — s. Universal-Bibliothek Nr. 1209.
Vgl.: Donsdorf, A.

— — s. Wolzogen, A. v.

Kalidasa, Sakuntala od. d. Erkennungsring. Ein Indisches Drama. A. d. Sanskrit u. Prakrit übers. v. Bernh. Hirzel. (Nach d. Vorr. ist eingeschaltet: Göthe an Chézy üb. d. Sakuntala.) gr. 8. (11½ B.) Zürich 833, Orell, Füßli u. Comp.

Çakuntala, annulo recognita, drama indic. Kalidasae adscript. Text. codd. mss. collatis recens., interpretat. lat., varietat. scripturae et annotationes crit. adjecit Otto Boethlingk. Fasc. I. Text. sanskrit. et prakrit. tenens. Lex.-8. (7¼ B.) Bonnae 841, Koenig. *

अभिज्ञानशकुन्तलम् Kâlidâsa's Ring-Çakuntala. Hrsg., übersetzt u. m. Anmerkungen versehen v. Otto Boehtlingk. gr. Lex.-8. (26¾ B.) Bonn 842, Koenig. *

— — dass. Hrsg. u. m. Anmerkgn. versehen v. Otto Boethlingk. (Ausg. ohne Uebersetzung.) 4. (31 B.) Ebds. 846. *

—— Sakuntala oder der Erkennungsring. Ein indisches Drama. Aus dem Sanskrit und Prakrit übers. von Bernh. Hirzel. 2. Ausg. gr. 8. (XXIV und 155 S.) Zürich 849, Orell, Füßli und Comp.

— Sakuntala. Ein indisches Schauspiel von Kalidasa. Aus dem Sanskrit und Prakrit übersetzt und erläutert von Ernst Meier [= Die klassischen Dichtungen der Inder. Zweiter Theil.] Stuttgart 1852

—— Sakuntala. Nach dem Indischen von Edmund Lobedanz. 16. (VIII und 164 S.) Leipzig 854, Brockhaus. *

Kalidasa, Sakuntala. Indisches Schauspiel. Deutsch metrisch bearb. von Edm. Lobedanz. 2. Aufl. 16. (VI und 164 S.) Leipzig 861, Brockhaus. * 24 Ngr.; geb. *

Kalidasa, Sakuntala. Indisches Schauspiel. Deutsch metrisch bearb. von Edm. Lobedanz. 3., durchgeseh. Aufl. 16. (VI und 164 S.) Leipzig 867, Brockhaus. * 24 Ngr.; geb. *

— Sacuntala annulo recognita fabula scenica Câlidâsi. In usum scholarum academicarum textum recensionis devanagaricae recognovit atque glossario sanscritico et pracritico instruxit Carolus Burkhard. Pars I. II. Vratislaviae 1872.

Câlidâsi Sacuntala annulo recognita fabula scenica. In usum scholarum academicarum textum recensionis Devanagaricae recognovit atque glossario sanscritico et pracritico instruxit Carol. Burkhard. 2 partes. Text und Glossar. gr. 8. (XI, 208; 227 S.) Breslau 873, Kern's Verlag. *

—— Sakuntala. Indisches Schauspiel. Deutsch metrisch bearb. von Edm. Lobedanz. 4. Aufl. 1872, und 5. neudurchgeseh. Aufl. 16. (XVI, 166 S.) Leipzig 874, Brockhaus. *
geb. mit Goldschn. *

—— dass. — Schauspiel. Aus dem Sanskrit übers. von Friedr. Rückert. gr. 16. (147 S.) Leipzig 876, Hirzel.
geb. mit Goldschn. *

—— Çakuntalâ. The Bengâlî Recension. With critical notes edited by Rich. Pischel. gr. 8. (XI, 418 S.) Kiel 877, Schwers'sche Buchh. geb. *

—— Sakuntala. Metrisch übers. von Ludw. Fritze. gr. 16. (VIII, 200 S.) Schloß-Chemnitz 877, Schmeitzner. *
geb. *

—— dass. — Indisches Schauspiel. Deutsch metrisch bearb. von Edm. Lobedanz. 6. Aufl. 16. (XVI, 166 S.) Leipzig 878, Brockhaus. *M 2,40.; geb. *

—— Sakuntala. Indisches Schauspiel. Deutsch metrisch bearb. von Edm. Lobedanz. 7. Aufl. 16. (XVI, 166 S.) Leipzig 884, Brockhaus. *M 2,40.; geb. mit Goldschn. *

—— Sakuntala. Schauspiel. Aus dem Sanskrit übers. von Friedr. Rückert. 2. Aufl. 12. (147 S.) Leipzig 885, Hirzel. *M 2.25.; geb. *

Kâlidâsa's Çakuntalâ, the Bengâli recension, with critical notes edited by Rich. Pischel. New edit. gr. 8. (XI, 210 S.) Kiel 886, C. F. Haeseler. *

Kalidasa, Sakuntala. Indisches Schauspiel. Deutsch metrisch bearb. v. Edm. Lobedanz. 8. Aufl. 16. (XVI, 166 S.) Leipzig 892. F. A. Brockhaus. n. 2. 40; geb. m. Goldschn. n. 3. —

Kalidasa, Sakuntala. Indisches Schauspiel. Frei bearb. v. Gust. Schmilinsky. 8. (106 S.) Dresden 900. E. Pierson. n. 1. 80

Sakuntala [Abhijñānaśakuntala]. Ein indisches Spiel d. Königs **Kalidasa**. In deutscher Bühnenfassung von Marx Möller. *(Berlin: O. Elsner) [1902].* (117 S.) 8° [03. 13309

Kālidāsa's Sakuntalā. (Kürzere Textform.) Mit krit. u. erklär. Anmerkgn. hrsg. v. Carl Cappeller. (XX, 160 S.) gr. 8. Leipzig 909. H. Haessel Verl. 5. —

—— Urvasi. Indisches Schauspiel. Metrisch übers. von Ludw. Fritze, s. Universal-Bibliothek Nr. 1465.

— Urvasia fabula Calidasi. Textum Sanscritum edidit, interpretationem Latinam et notas illustrantes adiecit Robertus Lenz. Berolini 1833. 4°

—— Urvasi. Indisches Schauspiel. Deutsch metrisch bearb. von Edm. Lobedanz. 16. (XIV und 115 S.) Leipzig 861, Brockhaus. * 20 Ngr.; geb. *

—— Urvasi. Indisches Schauspiel. Deutsch metrisch bearb. von Edm. Lobedanz. 2. durchgeseh. Aufl. 16. (XX, 124 S.) Leipzig 878, Brockhaus. *M 2,40.; geb. *

—— dass. — Deutsch metrisch bearb. von Edm. Lobedanz. 3. Aufl. 16. (XX, 124 S.) Ebendas. 884. *
geb. mit Goldschn. *

Kalidasa, Urwasi u. der Held. Indisches Melodram. A. d. Sanskrit u. Prakrit, metr. übers. v. Bernh. Hirzel. 8. (12⅛ B.) Frauenfeld [u. Zürich,] 838, Beyel. Thlr.

—— Urwasi der Preis d. Tapferkeit. Ein indisches Schausp. A. d. Sanskrit u. Prakrit übers. v. Karl Gust. Alb. Hoefer. gr. 8. (6¾ B.) Berlin 837, Ende. ⅚ Thlr., Prachtausg.

—— Urwasi, der Preis der Tapferkeit. Ein Drama in 5 Akten. Hrsg., übers. u. erläut. v. Friedr. Bollensen. Lex.-8. (44⅝ B.) St. Petersburg 846, Gräff's Erben. (Leipzig, Voss.) **

— Vikramorvaçi das ist Urvasi, der Preis der Tapferkeit ein Drama Kalidasa's in fünf Akten. Herausgegeben, übersetzt und erläutert von Friedrich B[ollensen]. St. Petersburg 1846.

Kalidâsa, विक्रमोर्वशी — Vikramorvasi. A Drama. Edited by M. Williams. 8. Hertford 849. (Leipzig, Brockhaus.) n. 2 1/3 ℛ︎

— **Wolkenbote** übers. u. erläutert von C. Schütz. Nebst H. H. Wilson's englischer Übersetzung. Bielefeld 859. Velhagen & Klasing. gr. 8. (VI, 112 S.) n. 1 ℛ︎ 10 ngr.

Kalide, Georg [aus Neumarkt in Schl.]: Beitrag zur Kenntnis der Muskulatur der Heteropoden und Pteropoden. Zugleich ein Beitrag zur Morphologie des Molluskenfusses.. Mit drei Holzschnitten. (Aus. Zeitschr f. wissensch. Zoologie. XLVI. Bd.). Leipzig, Wilhelm Engelmann, 1888; 2 Bl. + 41 + 1 S. 8°

Leipzig, Phil. Fak., Inaug.-Diss. v. 16. Febr. 1888

Die *Kalidüngung* in der Rheinprovinz. (Köln a. Rh.) U A. 20 S Fig P

Die **Kalidüngung** in der Rheinprovinz. (Köln a. Rh [1907]. M. Du Mont Schauberg.) (20 S.) 8° 07. 17813

Kaliebe, Hugo: Ueber acute spontane Osteomyelitis des Unterkiefers. Erfurt 1881: Stenger. 30 S. 8°

Halle-Wittenberg, Med Diss. v 18. Febr. 1881

Geb. Langenhagen (Pommern) 5. 5. 1855. V

Kaliebe, Johannes, appr. Arzt: Über doppelseitige Quadricepsruptur. Berlin 1910: G. Schade. 30 S. 8°

Berlin, Med. Diss. v. 10. Juni 1910, Ref. Hildebrand

[Geb. 24. Dez. 84 Treptow a. R.; Wohnort: Berlin; Staatsangeh.: Preußen; Vorbildung: Gymn. Treptow Reife O. 04; Studium: Berlin K. W. A. 10 S.; Coll. 9. Juni 10; Approb. 9. Juni 10.] [U 10. 51

Kaliebe, Frl. Luise, s.: Düsterbrock, M.

Kaliewitsch, Serafima, aus Kiew (Russland) Ueber die Behandlung des Klumpfusses im Speziellen mittelst Keilexcision. [Mit vier Abbildungen im Text.] Bern 1909. 72 S. 8° [28. V. 09.]

Bern Med Diss 1908/09

Kaliewitsch, Serafima. Ueber die Behandlung des Klumpfusses, im Speziellen mittelst Keilexcision. Diss. Med. Bern. [Mit Abbildungen.] 72 S. 8. Bern, Gustav Grunau, 1909.

Kalifornien, s. a. Californien

Kalifornien, das Goldland. Seine Lage, seine Größe, sein Klima, sein jetziger Zustand. hoch 4. (16 S. mit 11 eingedr. Abbildungen, 2 Karten und 1 Portr. in Holzschn.) Leipzig 849, Expedition der illustrirten Zeitung. **

Kalifornien, das Goldland. Mit Berücksicht. der Auswanderung dorthin. Nach den offiziellen Berichten des nordamerikan. Obersten Mason, und den Privatmittheilungen der HH. Sutter, Marschall, Brannan u. A. Von L. B. 16. (30 S.) Rorschach 849, Koch. Thlr.

— **das Goldland.** Seine Lage, seine Größe, sein Klima, sein jetziger Zustand. Mit 11 eingedruckten Abbildgn., 2 Karten u. 1 Portr. (in Holzschn.) hoch 4. (16 S.) Leipzig 849, Weber. baar 1/3 ℛ︎

Kalifornien, das jetzige. Allgemeine Schilderung der dortigen Verhältnisse, mit besonderer Rücksichtnahme auf das Interesse Derjenigen, die eine Uebersiedelung dahin oder die Anlegung von Kapitalien in diesem Lande beabsichtigen. Nach Originalbriefen von Dr. K. und mit dem neuesten Berichte des schweizer. Konsulats in San Francisco herausg. durch C. A. Scheurer. Bern 854. Dalp. 8. (IV, 75 S.) n 8 ngr.

Kaliforniens Gold- und Quecksilber-District. Nach: the California Herald von Fr. Gerstäcker. 1—3. Aufl. gr. 8. (31 S. und 1 lithogr. Karte.) Leipzig 849, Jurany.

Deutschlands **Kali Industrie** Geologisch technisch wirtschaftlich-historisch. Mit 360 Ill *Berlin Industrie* **1902** (III, 411 S.) 2° ...

[**Kaliindustrie.**] Deutschlands Kaliindustrie Geologisch — technisch — wirtschaftlich — historisch. Hrsg. von der „Industrie", Tageszeitung für Kohlen-, Kali- und Erz-Bergbau. [2. Aufl.] Berlin, 1902. 411 S. mit 360 Abb.

Dasselbe. [3. Aufl.] Ebd., 1906—1908 u ff. S. 1—194 ff.

Kali-Industrie, Deutschlands. Gratis-Beil. d. „Industrie." Berlin. 2° Jg. 1906—1909. [2 Expl.]

Kali-Kuxen-Handbuch. Jahrbuch zur Information üb. die technische u. financielle Lage sämmtl. Kaliwerke Deutschlands, nebst Angabe der Namen u. Adressen der Verwaltungsmitglieder dieser Werke. Jahrg. 1899. Hrsg. v. H. Arends & Curt Mossner. 12. (V, 80 u. XXV S.) Berlin, Finanz-Verlag. Geb. in Leinw. n. 4.—

Kalila wa Dimna

— — Calila und Dimna oder die Fabeln Bidpai's. Aus dem Arabischen von Philipp Wolff. Bändchen I. II [= Morgenländische Erzählungen. Verdeutscht vom Philipp Wolff. I. II.] Stuttgart 1837

— — Die Erzählung vom Mausekönig und seinen Ministern. Ein Abschnitt der Pehlewi-Bearbeitung des altindischen Fürstenspiegels. Von Th. Nöldeke Aus dem 25. Bande der AKGWG Göttingen 1879.

Kalilag und Damnag. Alte syrische Uebersetzung des indischen Fürstenspiegels. Text und deutsche Uebersetzung von Gust. Bickell. Mit einer Einleitung von Thdr. Benfey. Lex.-8. (CXLVII, 127, 132 S.) Leipzig 876, Brockhaus.

Kalile, Wadimne Pilpay, s. Pilpay.

Kalima, Jalo: Die russischen Lehnwörter im Syrjänischen Von — Helsingfors: Finn. Litteraturges. 1910(1911). 187 S 8° (Suomalais-ugrilaisen Seuran Toimituksia. 29)

Kälin, Carl s Kälin, Karl

Kälin, E., der Schweizer-Rekrut. Leitfaden für Fortbildungsschulen u. zur Vorbereitung für die Rekrutenprüfung. 8. (64 S.) Zürich 883. Orell, Füßli & Co. n. — 50

Kälin, E., der Schweizer-Rekrut. Zum Gebrauch f. Fortbildungsschulen u. zur Vorbereitg. f. die Rekrutenprüfg. 2. Aufl. 8. (74 S.) Zürich 885. Orell Füßli & Co. Verl. n. — 60; m. lith. u. color. Karte n. 1. 20

Kälin, E. Der Schweizer-Rekrut. Zum Gebrauch für Fortbildungsschulen und zur Vorbereitung für die Rekrutenprüfung. 3. Aufl. Ausg. ohne Karte. In-8°. 71 S. Zürich, Orell Füssli & Co. 1890 — 60

Kälin, E. Der Schweizer-Rekrut. Zum Gebrauch für Fortbild.-Schulen u. zur Vorbereitung für die Rekrutenprüfung. 4. Aufl. Mit 1 Abb. In-8°. 71 S. Zürich, Art. Inst. Orell Füssli. — 60
— Dass. Mit Karte der Schweiz. 1 20
1895

Kälin, E[duard]. Der Schweizer-Rekrut. Zum Gebrauch (*Umschlag:* Leitfaden) für Fortbildungsschulen und zur Vorbereitung für die Rekrutenprüfung. 6., verbesserte und vermehrte Aufl. [Illustriert.] 76 S. 8. Zürich, Art. Institut Orell Füssli, (1901).

[Ausgabe A:] 76 S. [fr. — 60]
[Ausgabe B:] (Mit einer Karte der Schweiz.) 76 S. [fr. 1. 20]

Kälin, E[duard]. Der Schweizer-Rekrut. Zum Gebrauch (*Umschlag:* Leitfaden) für Fortbildungsschulen und zur Vorbereitung für die Rekrutenprüfung. 7., verbesserte und vermehrte Aufl. [Illustriert.] 8. Zürich, Orell Füssli, [1904].
Ausg. A: 83 S. [fr — 60]
Ausg. B: (Mit einer Karte der Schweiz.) 83 S. [fr. 1. 20]

Kälin, E[duard]. Der Schweizer-Rekrut. Zum Gebrauch (*Umschlag:* Leitfaden) für Fortbildungsschulen und zur Vorbereitung für die Rekrutenprüfung. 8., verbesserte und vermehrte Aufl. [Illustriert.] 8. Zürich, Orell Füssli, [1907].
Ausg. A: 91 S. [fr —. 60]
Ausg. B: (Mit einer Karte der Schweiz.) 91 S. [fr. 1 20]

Kälin, J. B., die Höckerin von Boston, s. Familien-Bibliothek.

Kaelin, J Matthias, med pract von Einsiedeln [Kt Schwyz] Beiträge zur Statistik der Ohren-Krankheiten. Mit 2 Tafeln. Einsied. Benziger u. Cie Dr 1892 32 S. 8°
Zürich, Med Diss. [v 20. Dec 1892]

Kälin, Johann: Franz Guillimann ein Freiburger Historiker von der Wende des 16. Jahrhunderts Freiburg 1904. 224 S. 8°.
Freiburg i Schw. Phil. Diss. 1904/1905.

Kälin, Johann. Franz Guillimann, ein Freiburger Historiker von der Wende des XVI. Jahrhunderts. Diss. Phil. Freiburg in der Schweiz. (Separat-Abdruck aus den Freiburger Geschichtsblättern [Jahrg. 11].) XIV + 224 S. 8. Freiburg, Gebrüder Fragnière, 1904.

Kälin Johann Baptist s Sammlung Amtliche S der altern Eidgenossischen Abschiede Lucern ...

Kälin, Karl

Kälin, Carl med pract von Einsiedeln Kt Schwyz Der Nachweis metallischer Fremdkörper im menschlichen Körper mittelst des Galvanometer und der astatischen Nadel Mit 1 Holzschnitt S A aus Deutsche Zeitschrift f klinische Chirurgie Bd 25, S. 82—98 Leipz J B. Hirschfeld Dr 1886. 19 S 8°
Zurich Med Diss [v 1 Dec 1886].

Kaelin, Karl, S. J., en las tiendas del Mahdi, s.: Desde lejanas tierras. XVIII.

Kälin, Karl, S. J., in den Zelten des Mahdi, s. a. Aus fernen Landen.

Kälin, Carl. In den Zelten des Mahdi. Eine Erzählung aus dem Sudan. Von K'K' S. J. Mit vier Bildern [Tafeln, und illustriertem Umschlag]. VI + 104 S. 8. Freiburg im Breisgau, Herder, 1904. [M. —. 80, geb. 1. —]
Aus fernen Landen ... gesammelt von Joseph Spillmann S. J. Bändchen 20....

Kälin, M., 12 Ansichten d. neuen St. Gotthards-Strasse. Mit e. Einleit. u. erklär. Beschreibungen v. (Karl Frz.) Lusser, u. 1 (ill.) Karte d. Kantons Ury. gr. 4. (9½ B.) Zürich 830. (Leipzig, Weidmann.)

—— und J. Suter, 15 Ansichten d. neuen St. Gotthards-Strasse v. St. Gotthard-Hospiz bis Lugano. Nach d. Natur gez. u. geäzt. Nebst e. Beschreibung v. (Karl Frz.) Lusser. qu. Fol. (16 Taf. u. 9½ B. Text.) Zürich 833. (Leipzig, Weidmann.) 5 Thlr. 8 Gr., Tondruck 6 Thlr. 12 Gr., col.

Ueber Würde und Werth der Anthropologie, besonders für hoher gebildete Stände. Von P Meinrad Kälin, Subprior, P. der Anthropol. u. Aesth. am L. u. Lehrer d. frz. Spr. — 1837. Ebd. — S. III—XVI.
Progr. Augsburg

Kälin, M., Würde und Wert der Anthropologie. Augsburg, 1837, 4°, 14 S., Programm (St. Stephan).

Kälin, P. B.
—Engeln gleiche Heiligkeit u. Seligkeit Gott geweihter Jungfrauen, durch feierl. Ablegung d. heil. Ordensgelübde angefangen. Eine Professionsrede. 8. Mainz 821. Müller. 3 K

Kälin, P. B., d. kathol. Priesterthum, die fortwirkende Erlösungsanstalt, oder Würde u. Bürde d. Priesterthums im Geiste Jesu dargestellt. Eine Primizrede. 8. Mainz 821. Müller. 3 K

Kälin Robert. Anrede an die hohen katholischen Gesandten der Eidgenossenschaft vor Eröffnung der ordentlichen Tagsatzung in Zürich. 8. Zürich 1845.

Kälin, Rob., der eidgenössische Bettag, des Schweizers Festtag, seines Glaubens, seiner Hoffnung, seiner Liebe. Eine Pred. gr. 8. Zürich 835, Orell, Füßli u. Comp.

Kälin, Rob., Christus das Vorbild hülfreicher Liebe. Predigt nach Mark. 8. 1—10. gehalt. Sonnt. den 21. März 1852 bei Anlaß der National-Subscription für die Sonderbunds-Kriegsschuld. gr. 8. (24 S.) Zürich 852, Kiesling's Verlag.

Kälin, Rob., der eidgenössische Dank-, Buß- und Bettag. Predigt, gehalten in der kathol. Kirche in Zürich den 17. Septbr. 1848. gr. 8. (27 S.) Zürich 848, Orell, Füßli und Comp. *

Kalin, Robert. Die Erwartungen des Vaterlandes. Anrede, gehalten [zu Zürich] an die Ehrengesandtschaften katholischer Konfession vor Eroffnung der eidgenossischen Tagsatzung, den 7 Heumonat 1834 8 [Zürich]

—— Glaube, Liebe, Hoffnung, die Schutzengel unsers Vaterlandes. Predigt gehalten in Zürich den 15. Herbstmonat 1850. gr. 8. (28 S.) Zürich 850, Orell, Füßli und Comp.

Kälin, Rob., vgl.: **Herzog**, Ed.

—— Predigt üb. das was d. Vaterlande Noth thut. Geh. am eidgenöss. Bettage d. 18. Sept. 1836 in d. Fraumünsterkirche. gr. 8. (2¾ B.) Zürich 837, Orell, Füßli u. Comp.

—— Predigt über die Gleichnißrede vom reichen Manne und vom armen Lazarus. Luk. 16, 19—31. Gehalten in Zürich den 12. März 1854. gr. 8. (30 S.) Zürich 854, Orell, Füßli und Comp. *

—— Predigten über das Gebet des Herrn. 1. Aufl. 1851. und 2., unveränd. Aufl. gr. 8. (IX und 284 S.) Zürich 852, Kiesling.

— Predigten über das Gebet des Herrn. gr. 8. (X u. 284 S.) Zürich 852, Kiesling — 2. unveränd. Aufl. gr. 8. Ebd. 852. 1 ₰ 6 ngr

[Kalin Robert] Das Rundschreiben Pius IX Mit besonderer Berücksichtigung der Schrift Die Erwartungen der Katholischen Christenheit im neunzehnten Jahrhundert von dem heiligen Stuhle zu Rom. 8 Zürich 1847

Kaelin-Bonziger, siehe: ***Paracelsus.***

Kalina: Die Erziehung zur Freiheit. 16 S. 8°. – Zombor R., Progr. 1866.

Kalina: Über Zucht . – Zombor R., Progr. 1864.

Kalina, Antonius: De fontibus apud veteres scriptores, qui ad Sauromatarum res pertinent. Halis Saxonum (1872): Ploetz. 68 S. 8°
Halle-Wittenberg, Phil. Diss. v. 6. Mai 1872
Geb. Krempa (Posen) 23. 5. 1846. V.

Kalina, B. L., Leipzig u. seine Denkwürdigkeiten. Illustrirter Führer f. Polen. Quellenmässige Schilderg. poln. Leute u. Denkwürdigkeiten, zugleich m. e. Ratgeber für solche, welche dort Musik u. wissenschaftl. Studien treiben wollen, vervollständigt m. vielen Aufklärgn. allgemeiner Natur. — Historische Erinnerungn. u. Denkwürdigkeiten. Geschichte der Vereiniggn. Der poln. Buchhandel u. bibliograph. Ausweise. Ratschläge betr. öffentl. u. private Musik- u. Gesangschulen. Porträts u. Lebensgeschichte bekannterer Polen. Polnische Studenten an der Leipziger Universität im Jubiläumsjahre. Adressen v. in Leipzig wohn. Polen. Ausführliches Verzeichnis v. Exportfirmen, die f. die Ausfuhr nach Polen in Betracht kommen usw. Im Anh.: Kurze Mitteilg. üb. Polen in Halle a. Saale (Universität) u. Cöthen (Technische Hochschule). (In poln. Sprache.) (144 S. m. Abbildgn. u. 2 Taf.) 8. Posen (910). J. Leitgeber & Co. 2. —

[F.] Fundament und Einheit in Friedrich Nietzsche's Philosophie v Paul Ewald Kalina *Leipzig: W. Friedrich [1898].* (VI S., 1 Bl., 124 S.) 1 Bd 8. (98. 980)

Kalina v. Jätenstein, Matth., Biographie des Ritter Joseph von Rader. gr. 8. Prag 818. (Haase S.) 4 gr.

— der weiße Maulbeerbaum u. die auf ihn gegründ. Seidenzucht; für die meisten Gegenden Böhmens als eine reichliche Rente für den Grundbesitzer, als ein neuer ausgieb. Erwerbszweig für d. unbefelderten Landmann u. Städter betrachtet. gr. 8. Prag 830. Calve, jetzt Ehrlich. 1/4 rthl.

Kalina v. Jäthenstein, Mathias, der weiße Maulbeerbaum u. die auf ihn begründ. Seidenzucht; für d. meisten Gegenden Böhmens als eine reichl. Rente f. d. Grundbesitzer, als e. neuer ausgieb. Erwerbszweig f. d. unbefelderten Landmann u. Städter betrachtet. gr. 8. (2 B.) Prag 830. Calve'sche Bh.

Kalina von Jäthenstein, Mathias, Michael Seidl's, Wirthschaftsrathes, ordentl. Mitgliedes der k. böhm. Gesellschaft der Wissenschaften, etc. Leben u. wissenschaftl. Wirken, besond. im Gebiete der Mathematik, dann der theoret. u. prakt. Landwirthschaft. gr. 8. (2 B.) Prag 842. (Calve'sche Buchh.) *
Aus: Abhandlungen der k. böhm. Gesellsch. der Wissenschaften besond. abgedruckt.

— Nachrichten über böhmische Schriftsteller u. Gelehrte etc. 3 Hfte. gr. 8. Prag 819—20. Krauß, (a. Haase S.) 1 rthl 4 gr.

Kalina v. Jäthenstein, Matth., die Nothhülfe bei Mangel an Futterstroh durch eine theilweise Fütterung mit Holzmehl, auf Erfahrung begründet. Nebst einer chemischen Untersuchung der Bestandtheile des Birkenholzmehls u. Vergleichung derselben mit den bekanntern Strohgattungen, von Ad. Mart. Pleischl. (Aus den Oekonom. Neuigkeiten 1835 abgedr.) gr. 8. Prag 835. Calve. 1/6 rthl.

—— Böhmens heidn. Opferplätze, Gräber u. Alterthümer. gr. 8. (16 3/4 B. u. 35 Stnt.) Prag 836. (Calve'sche Buchh.) *
Aus den: Abhandlungen d. k. böhm. Gesellsch. d. Wissensch., besond. abgedruckt.

Kalina's Post-Tarife, s. Post-Tarife, Kalina's

Kalinczuk, Jonél, die Glocken v. Boruti. Dichtung. (132 S.) 8. Wien 908. C. Fromme. 2.50; geb. in Leinw. m. Goldschn. 3.30

Kalinka, Ernst, Bericht üb. 2 Reisen im südwestl. Kleinasien, s.: **Heberdey, Rud.**

(Kalindero, Jean): De la compétence des tribunaux et particulièrement des tribunaux prussiens dans toute contestation rel. aux biens mobiliers qu'un État étranger peut posséder en Prusse. Berlin (1882).

Kalinka, Ernst

und Heberdey Rudolf Dr Bericht über zwei Reisen im südw[...] Kleinasien ausgeführt im Auftr[...] der Kaiserlichen Akademie der Wissenschaften (Widmung Seiner Durchlaucht des regierenden Fürsten Johann von und zu Liechtenstein) (mit 3 Taf. [...])
Separatabdruck

Kalinka, Ernst, s.a. Commentationes Aenipontanae

Kalinka, E. und Zingerle, A., Commentationes Aenipontanae. I. De Clausulis Minucianis scripsit A. Ausserer. Gr.-8°. (96 S.) K 2.—
Innsbruck Wagner 1907

Kalinka, Ernst, antike Denkmäler in Bulgarien, s.a. Schriften der Balkankommission. IV.

Antike Denkmäler in Bulgarien, unter Mitw. ... bearb. von Ernst **Kalinka**. Mit 1 Karte u. 162 Abb. Wien A Hölder 1906. (440 Sp.) 4°
— Schriften d. Balkankommission. Antiquar. Abt. 4. (06. 6016)

Kalinka, Ernst, das römische Kriegswesen in Cäsars gall. Kämpfen, s. a. Caesaris, C. Iulii, commentarii de bello gallico, hrsg. v. Prammer.

— das römische Kriegswesen in Cäsars gallischen Kämpfen. (Anh. zur Ausg. des Bellum gallicum von J. Prammer.) (51 S. m. 39 Abbildgn.) 8. Wien 906. F. Tempsky. — Leipzig, G. Freytag. n — 60

Kalinka, Ernst: Über eine archäologisch-epigraphische Orientierungsreise, s. Bormann, Eugen

Kalinka, E., Prolegomena z. Pseudoxenophontischen Ἀθηναίων πολιτεία. S. A. O. J. 59 S. 1.20

— s.: Tituli Asiae minoris.

Kalinka Ernst Zur historischen Topographie Lykiens. in Festschrift für Heinrich Kiepert S 161—178 Berlin 1898 18 S. 4°

Kalinka, E., Zur historischen Topographie Lykiens. S. A. 1900 15 S. m. Abb. 4°. 1.—

Kalinka Ernst: De usu coniunctionum causalium et condicionalium apud Atticos.
D: Diss. phil. Vindobonensis, II. Bd., 1890.
1888 PN 522 Diss. Wien Univ.

Der vierjährige Polnische Reichstag 1788 bis 1791. Von Valerian Kalinka. Aus d. Poln. übs. deutsche Originalausg. (Übs. v Marie Dohrn, geb. v. Baranowska.) Bd 1. 2. *Berlin: E. S. Mittler & Sohn 1896—98.* 2 Bde 8.
1. Die Ereign. d. J. 1787 bis 1789 umfassend. 1896. (XXXIII, 184 S.)
2. Die Ereign. d. J. 1790 u. 1791 umfassend. 1898. (XII, 701 S.) (98. 3843)

Kalinoff, Dimitri, David Ricardo u. die Grenzwerttheorie. s. a. Zeitschrift f. die gesamte Staatswissenschaft. 22. Erg.-Heft.

Kalinoff, Dimitri, a. Leskowetz in Bulgarien: David Ricardo und die Grenzwerttheorie. Ein Beitrag zum Streite zwischen Nutzen- und Kostenwerttheorie. (Berlin 1906: G. Schade.) (41 S.) 8° ¶(Enthält Einleitung u. Kap. 1 der ganzen Arbeit die später erscheinen soll.)
Berlin Phil. Fak., Ref Wagner, Diss. v. 14 Juli 1900
[illegible] Sophia; Staatsangeh.: Bulgarien; Vorb[illegible] Juli 01; Studium: München 2, Ber[illegible] Juni 0[illegible]

David Ricardo und die Grenzwerttheorie. Von Dr. Dimitri Kalinoff [Dmitrij Kalinov]. Tübingen Laupp 1907. (140 S.) 8°
= Zeitschrift f. d. gesamte Staatswissenschaft. Erg H. 22 [07. 1839

v. Kalinowsky II., das Büreau des Landwehr-Bataillons. Ein Hülfsbuch für Adjutanten, Compagnieführer u. Bezirks-Feldwebel der Landwehr. Berlin 855. Mittler's Sorthdlg. 16. (X, 269 S.) n. 25 ngr.

v. Kalinowsky. Die Expedition des Herzogs Ferdinand v. Braunschweig gegen die französische Armee am Niederrhein i. J. 1758 u. die Schlacht von Crefeld, 23. Juni 1758. (32.) 8. Crefeld 1858. 0,30.

— die Expeditionen des Herzogs Ferdinand von Braunschweig gegen die französische Armee am Niederrheine im J. 1758 u. die Schlacht von Crefeld am 23. Juni 1758. Zusammengestellt zu der bevorstehenden — von den Landwehrvereinen ins Leben gerufenen — Säkularfeier der Schlacht von Crefeld rc. Unter Benutzung der vorhandenen Berichte der Offiziere des großen Generalstabes, v. Tempelhof u. m. a. Crefeld 858. Schüller. gr. 8. (32 S.) n. 3 ngr.

Kalinowsky, Jacob v., Dr. med.: • Technologisch-chemische Untersuchung über die Darstellung, Eigenschaften und Verbindungen des Stärkemehls. [Nebst:] Ueber die Stärkefabrikation. 47 Bl., 1 Taf. 4°
Halle-Wittenberg, Phil. Diss. v 2. Apr. 1845
Geb. [Jekaterinoslaw (Russland) 1814]
Vom Verf. ersch.: Ueber die Einwirkung der concentrirten Schwefelsäure auf das Stärkemehl. In Journal f. prakt. Chemie. Bd 35. Leipzig 1845. S. 193—201 und Ueber die Einwirkung des Gerbstoffes auf die Stärke, ebda S. 201—203.

Kalinowski, Jos., Erklärung katholischer Kirchenlieder, Responsorien u. Psalmen f. den Schulgebrauch, in Anlehng. an Kaffler's „Einstimm. kath. Kirchenlieder" hrsg. gr. 8. (IV, 99 S.) Deutsch-Krone 894. P. Garms. n. 1. —

Erklärung katholischer Kirchenlieder, Responsorien und Psalmen für den Schulgebrauch hrsg. von Joseph Kalinowski, Lehrer. 2. verm. u. verb. Aufl. *Krojanke: Selbstverl. 1903* (XII, 131 S.) 8° [F.] [03. 3064 10

Kalinowsky, Nicolaus (Odessa/Rußland), Ueber den Gallertkrebs der Brustdrüse. Diss. med.-chir. Bln. (Gustav Schade [Otto Francke]) 12. XI. 1887. 40 S. mit Literatur u. Biogr. (5.20) 17396
Oppon.: R. Ledermann, R. Müllerheim, Danelius. — Krankengeschichten v.: Charlotte Aschke (Liebenwalde), Elvira Franzmann (Freienwalde a. O.), Marie Waldhubel (Mecklenburg), Amalie Kulemann.

Das Bekleidungswesen unserer Armee und die Anforderungen an eine kriegsbrauchbare Fußbekleidung. Von [Walther Erdmann] v. Kalinowski, Oberst. Berlin · Liebel 1906. (36 S.) 8° [F.] [07. 1476

Kalinowski, Walt. Erdm. v., der Krieg zwischen Rußland u. Japan. Auf Grund zuverläss. Quellen bearb. Mit Karten u. Skizzen. 6 Hefte. gr. 8. Ebd. n. 10. 20; in 1 Leinw.-Bd. n. 12. —
1. Ursachen des Krieges. Kampfmittel. Ausbruch des Krieges. Die Neutralität der Mächte. Stimmungen u. Maßnahmen. Betrachtungen. Völkerrechtliche Fragen. Politische Gruppierungen. 3 Anlagen, 1 Karte, 2 Skizzen. (IV, 60 u. 8 S.) 904. 1. 20
2. Bündnis m. Korea. Seetransporte u. Landungen. Militärgeogr. Beschreibg. des Kriegsschauplatzes. Kämpfe vor Port Arthur. Kriegsbegeisterung in Japan u. Rußland. Mobilmachg. u. Aufmarsch. Zusammenstöße zu Lande. Zusammenwirken v. Heer u. Flotte. Bedeutung der Mandschurei für Rußland. Chinas Lage. Machtentwickelung der neutralen Staaten in den asiatischen Gewässern. 2 Anlagen, 1 Karte, 4 Skizzen. (VIII u. S. 61—140 u. 8 S.) 904. 1. 50
3. Kämpfe am Yalu. Gefechte bei Kiulentscheng u. Potetynja. Betrachtungen militär. u. polit. Inhalts. Die Tätigkeit Kuropatkins. Ereignisse bei Port Arthur u. auf Kwantung. Die Schlacht bei Kinitschou. Gefechte u. Schlacht bei Wafangou. Taktische Lage der I. Armee nach dem Yalu-Uebergang. Skizzierung des Kriegstheaters. Begebenheiten an den rückwärt. Verbindgn. zu Wasser u. zu Lande. Zusammenwirken der drei japan. Armeen. Beurteilung der Lage der Russen u. Japaner Ende Juni. 6 Skizzen. (III u. S. 141—236.) 904. 1. 50
4. Neue russische Kreuzerfahrten. Völkerrechtliche Verwickelgn. Die Belagerg. v. Port Arthur. Durchbruchsversuch der russ. Flotte. Seeschlacht bei Round Island. Gefecht in der Korea-Straße. Verstärkungen u. Neugliederg. der russ. u. japan. Armee. Einfluß des Krieges auf die Volksstimmg. Finanzielle Fragen. Der Feldzug in der Mandschurei. Gefechte bei Kaiping, Daschitsao, Haitschöng. Kämpfe am Siakaolin-, Juschulin- u. Janselin-Paß. Schlacht bei Liaujang. Betrachtungen. 1 Anlage, 5 Skizzen. (III u. S. 237—354 u. 6 S.) 904. 1. 75
5. Der Feldzug in der Mandschurei (Fortsetzung.). Die große russ. Offensive. Die Schlachten am Tumönlin-Paß, bei Janta u. am Schili-ho, die Schlacht am Scha-ho. Betrachtungen. Fortsetzg. der Mobilmachg. Bildung neuer Armeen. Wirkg. der Niederlagen auf das russ. Volk. Die Ausreise des balt. Geschwaders. Abenteuer an der Doggerbank. Der Fall Port Arthurs. Betrachtungen üb. die Belagerung Port Arthurs, seine Bedeutung f. die kriegführ. Staaten. Beurteilung der durch den Fall eingetretenen Kriegslage. 8 Skizzen. (III u. S. 355—458.) 905. 1. 75
6. Ein kurzer Blick rückwärts. Der Feldzug 1905 in der Mandschurei (Fortsetzg.). Mitschenkos Ritt. Die Schlacht bei Sandepu. Die Schlacht bei Mukden. Rückblick auf die maritime Lage. Noch einmal das Ereignis an der Doggerbank laut amtl. Darstellg. Die Seeschlacht bei Tsuschima. Der Friede in Sicht. Zeittafel der wichtigsten Ereignisse des Krieges. Abschiedsworte. 6 Skizzen. (III u. S. 459—565.) 905. 2. 50
Ladenpreis aufgehoben.

Kalinsky, J. G., sacra Christianorum vett. in castris. Lips. 1715. 4

Kalinsky, I. Gl., vaticinia Habacuci et Nachumi etc. observ. hist. philol. ex hist. Diod. Siculi circa res Sardanapali illustr. 4. Bresl. W. G. Korn. 748.

Kalinsky, M. J., Diss. epistolica ex 2 Petr. 1, 12—21. 4. Bresl. 763. W. G. Korn. 6 gr.

Kalisch [Schlagwort]

Kalisch, s.: Europa, Liebenow.

Kalisch [Verfasser]

Kalisch, Albrecht: Zur Entwicklung der Arbeitslehre in der Volkswirtschaftstheorie. *Strassburg i. E. 1902: C. & J. Goeller.* (103 S.) 8°
Freiburg i. B., Rechts- u. staatswiss. Diss. v 1902

Kalisch, Dr (E.), der treue Führer auf Reisen. Ein nützl. Handbuch für Wanderer, insbesond. für junge Handwerker u. technische Künstler. Nebst 1 Meilenzeiger v. allen europäischen Haupt- und Teutschlands größern Städten. 12. Nordhausen 836. Müller. 1/2 rtl. Leipzig, Fort. 7 1/2 gl.

Kalisch, neuestes Reise-Handbuch. Ein unentbehrl. Rathgeber und Führer für Wanderer und Reisende besonders aus dem Künstler- und Handwerksstande, nebst einer (lithogr.) Reisekarte von Deutschland (in Fol.) 2., umgearb. Aufl. 12. (VI und 179 S.) Nordhausen 852, (Büchting.) —

—— der wohlunterrichtete Samen- u. Handelsgärtner. 16. (4 1/2 B.) Nordhausen 837, Fürst.

— d. wohlunterrichtete Samen- u. Handelsgärtner. Eine Anweis., d. in Deutschland vorkomm. Küchen- u. Gartengewächse so z. behandeln, dass man guten Samen bekommt, so wie ihn z. erkennen, z. erhalten u. seine Güte z. prüfen. 16. Nordhausen, 1837. Ebend. — 10

—— die Sibylle von Vincennes. Letzte Bekenntnisse e. berühmten Kartenschlägerin, enth. die Kunst: aus d. Karten d. Zukunft vorherzusagen, nebst Auseinandersetzung d. Gründe, weshalb dergleichen Wahrsagungen in d. meisten Fällen eintreffen müssen. Zur Erheiterung in müßigen Stunden u. gesell. Kreisen. M. 1 Kartentab. gr. 16. (4 B.) Nordhausen 836, Fürst.

— die Sibylle von Vincennes. Letzte Bekenntnisse einer berühmten Kartenschlägerin. Neue Ausgabe. Mit 1 Kartentabelle. 8. (59 S.) Nordhausen 847, Fürst. (Leipzig, Hentze.) 1/3 rtl

—— Vermächtniß eines alten Gärtners an seine Kunstgenossen, od.: Die Kunst, alles Ungeziefer von d. Blumen in Töpfen u. Gärten abzuhalten, Geheimnisse u. neueste Entdeckungen in d. Cultur d. beliebt. Blumen u. Topfgewächse, u. Anweis., auf d. leichteste Art schöne Champignons zu erzeugen. Als Anh.: Belehrung üb. e. sehr zweckmäß. Verfahren beim Einpacken zarter Gewächse, die weit verschickt werden sollen. 8. (6 B.) Nordhausen 836, Fürst.

Kalisch, C., Vermächtniss e. alten Gärtners an seine Kunstgenossen, od. d. Kunst, alles Ungeziefer v. d. Blumen in Töpfen u. Gärten abzuhalten, Geheimnisse u. neueste Entdeck. in d. Cultur d. beliebt. Blumen u. Topfgewächse etc. Als Anh.: Belehr. üb. e. sehr zweckmäss. Verfahren beim Einpacken zarter Gewächse, d. weit verschickt werden sollen. 8. Nordhausen, 1836. (Dresden, Wolf.) (— 10) — 3

Kalisch, C. G. Th., Erinnerungen an d. Schlacht bei Zorndorf, u. an König Friedrich d. Zweiten; nebst e. Bericht üb. d. Errichtung e. Denkmals auf d. Friedrichsberge bei Zorndorf. gr. 8. (6½ B. u. 1 Ansicht d. Denksteins.) Berlin 828, Oehmigke.

Kalisch, David

Kalisch, D., Anton steck' den Degen ein! oder: Der weibliche Narey. Fastnachts-Burleske. (Den Bühnen gegenüber als Mscr. gedr.) gr. 16. (24 S.) Berlin 859, [Behrend.] *

Kalisch, D., Anton steck' den Degen ein! oder: Der weibliche Narey. Fastnachts-Burleske. Berlin 859. Falckenberg. 16. (24 S.) n. 5 ngr.

Kalisch, D., Berlin bei Nacht. Posse mit Gesang in 3 Aufzügen. gr. 16. (77 S.) Berlin 850, Hofmann und Comp. *

Kalisch, Dav., Berlin, wie es weint u. lacht, s.: Berg, O. F.

Kalisch, D., Herr Caroline! Posse mit Gesang in 1 Aufzug. — Er verlangt sein Alibi! Komische Scene mit Gesang. — Ein Abenteuer mit Jenny Lind. Komische Scene mit Gesang. gr. 16. (62 S. mit 1 Holzschn.) Berlin 852, Hofmann und Comp. Thlr. *

— Einer v. unsere Leut', s.: Universal-Bibliothek.

Kalisch, Dav., ein gebildeter Hausknecht. Haussegen. Doktor Peschke, s.: Meyer's Volksbücher.

Kalisch, D., e. gebildeter Hausknecht, s.: Universal-Bibliothek.

Kalisch, D., Hermann und Dorothea, s. Theater-Mappe.

Kalisch, David: Vom Juristentage oder Ein Berliner in Wien, s. Langer, Anton.

Kalisch, D., Berliner Leierkasten. Couplets. Berlin 858. G. Behrend. 16. (IV, 105 S.) 10 ngr.

—— berliner Leierkasten. Couplets. 1—5. Aufl. gr. 16. (IV und 180 S.) Berlin 857—61, Hofmann und Comp. *

— Berliner Leierkasten. Couplets. 2 Bdchn. Ebend. 859. 16. (III, 76 S.) n. 10 ngr.

— — (2 Bdchn.) 2. stark verm. Aufl. Ebend. 859. 16. (IV, 180 S.) n. 15 ngr.

— — 3. u. 4. Aufl. 860. — 5. Aufl. Berlin 861. Hofmann & Co. 16. (IV, 180 S.) n. 15 ngr.

Kalisch, D., Berliner Leierkasten. Couplets. Mit beigedr. Melodien in Notensatz.) Neue Folge. gr. 16. (III und 72 S. Berlin 863, Hofmann und Comp.

Kalisch, D., Berliner Leierkasten. Couplets. Mit beigedr. Melodien in Notensatz. Neue Folge. (Den Bühnen gegenüber als Mscr. gedr.) 3. Bd. Berlin 866. Hofmann u. Co. gr. 16. (III, 127 S.) n. 10 ngr.

—— und G. Pohl, Namenlos. Posse mit Gesang und Tanz in 3 Abthlgn. nach einem Kaiser'schen Stoffe. Musik von A. Conradi. Sämmtliche Couplets mit Pianoforte-Begleitung. 2 Hefte. hoch 4. (15 S.) Berlin 864, Hofmann und Comp. à Abthl. *

— Doktor Peschke, s. Universal-Bibliothek.

— Doctor Peschke, neu bearb. v. Rich. Weiß, s.a.Liebhaber-Bühne, neue, Nr. 77.

Doctor Peschke. Posse mit Gesang in 1 Aufz. von D[avid] Kalisch Neu f. d. Bühne bearb. von Richard Weiß. *Landsberg a. W.: Volger & Klein [1903].* (24 S.) 8° [F.]
— Liebhaber-Bühne, Neue. No 77 [c. 1189]

—— Schultze und Müller in Paris. — Humoristische Reisebilder. Mit 26 Illustr. (in eingedr. Holzschn.) von W. Scholz. 1. und 2. Aufl. 8. (III und 108 S.) Berlin 855, Hofmann und Comp. *
Die 1. Aufl. erschien ohne Angabe des Verf.

—— und G. v. Moser, Sonntagsjäger, oder: Verplefft! Posse mit Gesang in 1 Akt. Musik von A. Conradi. 8. (46 S.) Berlin 876, Lassar's Buchh. *

—— —— dass. — s.a.Bloch's, E., Theater-Correspondenz.

— Tannhäuser oder der Sängerkrieg auf der Wartburg. Komisches Intermezzo. Berlin (858.) Hofmann u. Co. Fol. (11 S.) n. 10 ngr.

— 100000 Taler, s.a.Universal-Bibliothek.

—— hunderttausend Thaler. Posse in 3 Acten. gr. 8. (108 S.) Berlin 849, (Hofmann und Comp.)

—— dass. — gr. 16. (100 S. und 1 Holzschn.) Ebds. 850. *

—— humoristisch-satirischer Volks-Kalender, s. Volkskalender.

Kalisch, D., lustige Werke. Illustrirt von W. Scholz. 3 Hefte. Lex.-8. (63; 61; 65 S., mit Holzschn.) Berlin 870, Hofmann und Comp. à Heft * M. 1. *

—— Junger Zunder — Alter Plunder. Posse mit Gesang in 3 Acten. gr. 16. (88 S. und 1 Holzschn.) Berlin 851, Hofmann und Comp. *

Kalisch, Ernst Wilhelm

Kalisch, E. W. Dem Andenken Spilleckes des Schulmanns. 18 S.
Berlin, K. R. Sch., Progr. 1842

Kalisch, Ernst Wilh., über die geschichtliche Bedeutung der Realschule. Rede zur Feier des ersten Säcularfestes der kgl. Realschule in Berlin am 7. Mai 1847. gr. 8. (14 S.) Berlin 847, Grobe. *

Kalisch, Ernst Wilh., deutsche Gedichte f. Schulen. 3 Abthln. 8. (22¼ B.) Berlin 840, Alex. Duncker à * ¼ Thlr. *
M. 6 Bildern *

ERNST WILHELM KALISCH, Ueber die Fortbildungsanstalten und deren Stellung zum Schulorganismus. Rede zur Eröffnung der von dem Centralverein für das Wohl der arbeitenden Klasse veranstalteten öffentlichen Vorträge am 27. November 1850. Belin 1850. (Druck von F W. Baade.) 8°.

Kalisch, E. W., über das Latein in der Realschule. Progr. der Kgl. Realschule Berlin 1840. 4°. 27 S.

Kalisch, E. W., Ueber das Lateinische in der Realschule. Pr. 1840. 27 S. 4°.

—— deutsches Lesebuch. 1. Abthl. 1. Aufl. 836., u. 2. A. 8. (à 20½ B.) Berlin 838, Duncker u. Humblot. à *
fein Pap. à *

—— dass. — 2. Abthl. 8. (26 B.) Ebds. 838. *

Kalisch, Ernst Wilh., deutsches Lesebuch. 1. Abthl. 3., verb. Aufl. 8. (20½ B.) Berlin 845, Duncker u. Humblot. *

Kalisch, Ernst Wilh., deutsches Lesebuch. 1. Thl. 4. verm. Aufl. — 2. Thl. 2. verm. Aufl. Berlin 857, 58. Duncker u. Humblot. 8. (VI, 354; XVI, 259 S.) 1.: n. 15 ngr; 2.: n. 20 ngr

Kalisch, E. W: Zur Pädagogik. Berlin 1845. 101 S.

—— und Diesterweg. Rechenschaftsbericht, s. Pestalozzi-Stiftung.

—— Rede zur 100jähr. Gedächtnißfeier d. Thronbesteigung Friedrich's d. Gr., am 1. Juni 1840 vor den obern Classen d. k. Realschule gehalten. gr. 8. (1 B.) Berlin, Alex. Duncker. *

Kalisch, Ernst Wilhelm, Die Turnschule, Berlin 1845, 33 S., 8°.

Kalisch: Über die Versetzung der Schüler, ob jährlich, oder halbjährlich? 20 S.– Berlin, Elis. Progr. 1853.

Kalisch, H. Die Equitable und ihre Neider. Berlin 1885.

Kalisch, Hans Conrad, Kammergerichtsref. aus Berlin: **Über das Verhältnis des Geleitsregals zum Zollregal.** *Berlin 1901: H. S. Hermann.* (32 S.) 8° ¶ (Ist Kap. 2 einer demnächst erscheinenden gröss. Abhandl.: Das Geleit. Eine Untersuchung zur Verfassungs- u. Rechtsgeschichte d. Mittelalters.) Berlin, Jur. Diss. v. 2. Dez. 1901

Kalisch, Jos., „12 goldene Briefe". Enth. für Jedermann nützliche u. höchst interessante Mittheilungen über Handels- u. Geschäftsbetrieb, über die Geschicklichkeit Geld zu verdienen, zu erwerben, zu erhalten, über Geschäftskniffe u. Finten, über Juden u. Christen, über Reichgewordene aus eigener Kraft u. über praktische Grundsätze. gr. 8. (VII, 117 S.) Wien 876. (Steckler.) cart. n. 3. —

Kalisch, Isidor Töne des Morgenlandes Detroit, 1865

Kalisch, L (Hrsg.), s. Actionär, Der.

Kalisch, L., Barbiton, od. Stunden d. Muse. (Gedichte.) gr. 12. (2⅓ B.) Heidelberg 836. [Mannheim, Bensheimer.]

Kalisch, L., Barbiton, od. Stunden d. Muse. (Gedichte.) gr. 12. Heidelberg 836. Oßwald. ½ ℛ

Kalisch, L. Die Börse u. das Börsengeschäft. Prakt. Rathschläge u. Belehrg. üb. Einrichtg. u. Bedeutg. der Börse, sowie üb. alle an derselben vorkomm. Geschäfte ꝛc. 1.—7. Aufl. 8. (XII, 99 S.) Berl. 889—92, Bruer. * 1 —

Kalisch, L., die Börse u. das Börsengeschäft. Praktische Rathschläge u. Belehrg. üb. Einrichtg. u. Bedeutg. der Börse, sowie üb. alle an derselben vorkommenden Geschäfte. Kapital-Anlage u. Spekulation. An- u. Verkauf v. Werthpapieren — Staatspapiere — Renten — Industrie-Papiere — der Kurszettel — Gründungen — Aktien u. Aktiengesellschaften — Emissionen. Rechtsverhältniß zwischen Bankier u. Geschäftskunden ꝛc. 6. Aufl. 8. (XII, 99 S.) Berlin 889. 890. Bruer. cart. n. 1. —

Kalisch, L., die Börse u. d. Börsen-Geschäft nebst Anh.: D. neue Börsengesetz nach d. Beschlüssen d. 3. Lesg. v. 6. Juni 1896. Prakt. Rathschläge u. Belehrg. üb. Einrichtg. u. Bedeutg. d. Börse, sow. üb. alle an derselben vorkomm. Geschäfte. Kapital-Anlage u. Spekulation. An- u. Verkauf v. Werthpapieren, Staats-Papiere — Renten — Industrie-Papiere — Der Kurszettel — Gründgn. — Aktien u. Aktien-Gesellschaften — Emissionen. Rechtsverhältnisse zwischen Bankier u. Geschäftskunden ꝛc. 8. Aufl. 8. Taus. 8. (XIV, 115 S.) Berlin 896. W. T. Bruer. n. 1. —

Kalisch, L. Vide: Demokrat (Der).

Kalisch, Ludw., Bilder aus meiner Knabenzeit. 8. (IV, 223 S.) Leipzig 872, Keil.

Kalisch, Ludw., das Buch der Narrheit. Mit Holzschnitten. gr. 8. (20½ B. u. Ttlbld.) Mainz 845, Wirth.

—— poetische Erzählungen. 8. (20½ B.) Siegen 845, Friedrich'sche Vrlgsbuchh.

Kalisch, Ludw., poetische Erzählungen. 2. (Titel-)Ausg. Wiesbaden (845.) 854. Friedrich. 8. (2 Bl., 323 S.) 24 ngr

—— die Feier des 100sten Geburtstages Pestalozzi's, s. Diesterweg, A. F. W.

— Gebunden u. Ungebunden. 8. (IV, 342 S.) München 876. Braun & Schneider. n. 4. 50

Kalisch, Ludw., lose Hefte. 2 Hefte. (à 64 S. mit eingedr. Holzschn.) 8. Leipzig, [Schlicke.] à Heft * 10 Ngr. *
Wurde a. u. d. T.: Lustiges in Wort und Bild ausgegeben.

KALISCH, Ludw., Lose Hefte (2 an der Zahl). Mit vielen Text-Illustr. in Holzschn. von Wilh. Scholz. Leipzig 1847. Georg Wigand's Verlag. Breit-12°.
I: 64 S. U. a.: Fridolin od. der Gang nach dem Eisenhammer Romantisches Stück mit eingestreuten Zeittendenzen in 7 Akten, ohne Vorspiel. Aus dem Balladenhaften in's Dramatische kunstgerecht verarbeitet. (S. 29 bis 54.) — Fanny Errito (berühmte Tänzerin) in Leipzig (15. Dez. 1846). (S. 55—60.) II U a Ein grosses Weib (die Riesin Frln. Helene Schmidt aus Itzehoe, welche damals die Messen u. Märkte Deutschlands besuchte. (S. 14—30.) — Vergriffen!

Kalisch, Ludwig (Hrsg.), s.a. Heulerbibliothek, Allgemeine.

—— allgemeine Heulerbibliothek. Im Verein mit mehr. berühmten Heulern hrsg. I. Heulerbrevier. gr. 8. (32 S.) Frankfurt a. M. 849, Literarische Anstalt.

—— dass. — II. Heulerische Muster-Beredsamkeit. gr. 8. (31 S.) Frankfurt a. M. 849, Schmerber. *

Kalisch, Ludw., Pariser Leben. Bilder und Skizzen. 1. und 2. (Titel-)Aufl. 8. (VII, 342 S.) Manz 880,82, v. Zabern.

— — Pariser Leben. Bilder und Skizzen. Mainz 1880. 8°. Heberle's Jan.-Auct. 1890. no. 2151.

— s. Narrhalla. — Taunus und Rheinland.

—— Paris und London. 2 Bde. 8. (VI und 265 S.) Frankfurt a. M. 851, Literarische Anstalt.
Bd. 1. Paris. (VI und 265 S.) 1 Thlr. 12 Ngr.
2. London. (V und 266 S.) 1 Thlr. 7½ Ngr.

—— Schlagschatten. gr. 8. (20⅓ B.) Mainz 845, Wirth.

— Schlagschatten. Humoristische Aufsätze. 2. verm. Aufl. 6 Hfte. 16. (IV u. 322 S.) Mainz 849, Wirth Sohn. (à 6 ngr) 1 ℛ 24 ngr — Neue (Titel-)Ausg. mit dem (lith.) Bildniß des Verf. 8. (IV u. 322 S.) Ebd 851. In Engl. Einb. 1 ℛ 24 ngr

—— Schlagschatten. Humoristische Aufsätze. Neue (Titel-) Ausg. 8. (IV und 322 S. mit des Verf. Bildn. in Stndr.) Mainz 851, Wirth Sohn.

—— Shrapnels. 8. (IV und 339 S.) Frankfurt a. M. 849, Literarische Anstalt.

Kalisch, M[arcus]: •Maimonidis XIII articuli fidei ex Eduardi Pocockii „Porta Mosis" transscripti, versi, atque ad fontem Veteris Testamenti reducti. 98 S. 8° (4°)
Halle-Wittenberg, Phil. Diss. v. 15. März 1847
Geb. Treptow a. d. Rega (Pomm.) 16. 3. 1825 V.

Kalisch, M. M., Leben und Kunst. Gedicht in 5 Abtheilungen. gr. 8. (XVI und 262 S.) Leipzig 868, Fritsch. *

Kalisch, Moritz (Hrsg.), s. Abhandlungen, Auserlesene medizinische, des Auslandes.

Kalisch. M., rechtliche Beurtheilung des Commerzienrath J. Fraenckel'schen Testaments in Beziehung auf die materielle Gültigkeit der in demselben verordneten Stiftungen u. der den ernannten Testaments-Erekutoren u. Curatoren eingeräumten Machtvollkommenheit. Mit besonderer Rücksicht auf den Städelschen Erbschaftsprozeß. Berlin 857. Mittler u. Sohn. gr. 8. (3 Bl., 104, 59 S.) n. 24 ngr.

— s. Copland, J., encyclop. Wörterbuch der Medicin.

Kalisch, M(oritz) (Übers.):

s.: Dupuytren, (Guillaume): Theoretisch-praktische Vorlesungen über die Verletzungen durch Kriegeswaffen. (Traité théorique et pratique des blessures par armes de guerre... Dt.) Unter Mitwirkung von...K(arl) F(erdinand) von Graefe aus dem Französischen bearb. Abth.1 - 2. Berlin: 1836

JB 3.606

Kalisch, M., medicinisch-gerichtliche Gutachten der königl. preuss. wissenschaftlichen Deputation für das Medicinalwesen aus den Jahren 1840 bis 1850. Leipzig 859. Veit & Co. gr. 8. (LVI, 463 S.) n. 2 ℛ 24 ngr.

Kalisch, M., Jahrbücher f. deutsche Heilquellen, s. Jahrbücher.

Kalisch, M., die berliner Judenältesten vor dem jüngsten Gericht. Kritische Beleuchtung einer richterl. Entscheidung über die Corporations-Rechte der Judengemeinden in Preußen. gr. 8. (IV und 43 S.) Berlin 853, Th. Grieben. *

—— die Judenfrage in ihrer wahren Bedeutung für Preußen. gr. 8. (XV und 410 S.) Leipzig 860, Veit und Comp. *

—— die Kunstfehler der Aerzte. gr. 8. (XXXII und 815 S.) Leipzig 860, Veit und Comp. *

Kalisch, M., Lebenskunst für geistig beschäftigte Menschen, s. a. Reveillé-Parise.

—— Lebenskunst f. geistig beschäftigte Menschen, od. Untersuchungen üb. d. gesunden u. kranken Zustand, so wie üb. die in beiden zweckmässigste Lebens- u. Behandlungsweise d. Gelehrten, Künstler, Staatsmänner u. Aller, die geistig wirken. N. d. Franz. d. Reveillé-Parise bearb. gr. 8. (23½ B.) Berlin 835, A. Hirchwald.

Kalisch, Moritz (Breslau), Primae lineae philosophiae medicae pars prior, sistens: Specimen systematis scientiarum naturalium in studium medicum introducentium. Diss. med.-theoret. Bln. (August Petsch) 6. II. 1829. 36 S. mit Biogr. (M.: Fraenkel.) (6.30) 17398
Oppon.: S. Joel, S. Simson, S. Liebinger. — Gew.: Car. Asm. Rudolphi.

Kalisch, M., zur Lösung d. Ansteckungs- u. Heilbarkeitsfrage d. Cholera. Der Beruhigung d. Publikums u. dem Fond f. d. durch diese Seuche Verwaisten gewidmet. gr. 8. (2 B.) Berlin 831, Hirschwald.

Kalisch, M., Materialien zur neuen Medicinal-Verfassung Preussens, s. a. Materialien.

Kalisch, M. Materialien zur neuen Medizin.-Verfass. Preußens. Berlin 1849.

— s. Mediziner, Der, Berliner Wochenblatt.

— s. Paillard, chirurg. Bericht.

— Berlins jüdische Reformatoren nach der Thronbesteigung Friedrich Wilhelms III. u. IV. Eine religionsgeschichtliche Betrachtung. 1. u. 2. Liefg. gr. 8. Berlin 845, 46, Nieß. à n. ½ ℛ

— Herr J. J. Sachs vor den Richterstuhl der öffentl. Meinung gefordert. gr. 8. (3⅝ B.) Berlin 843, Oehmigke's Buchh.

—— das Verhältniß der jüdischen Gemeinde zu den Reform-Genossenschaften nach den Kultusbestimmungen des Gesetzes vom 23. Juli 1847. Ein offenes Sendschreiben. gr. 8. (93 S.) Berlin 848, Adolf und Comp. *

—— allgem. Zeitung d. Brunnen- u. Badewesens, s. Zeitung.

—— medizin. Zeitung des Auslandes, s. Zeitung etc.

Kalisch, P., s. Briefe gegen d. Hegelsche Encyklopädie.

Kalisch, Paul, s.: Radfahrer-Pantomimen.

Kalischer, A. Die Verbreitung v. Diphtherie u. Kroup in Preussen in den J. 1875—1887. Vortrag, geh. in der deutschen Gesellschaft f. öffentl. Gesundheitspflege zu Berlin am 28. April 1890. gr. 8. (32 S. m. 1 Tab.) Berl. 890, Grosser. * — 40
Aus Deutsche Medizinal-Ztg., besonders abgedruckt.

Kalischer, Adolph (geb. Thorn 4. 4. 1834) De ieteri natura. Berolini (1857) (31 S.) 8°
Berlin, Med. Diss. v. 12. Aug. 1857

Kalischer, Alfr., Observationes in poesim romanensem provincialibus in primis respectis. Lex.-8. (114 S.) Berlin 866, Dümmler's Verlag. *

Kalischer, Alfred s. Schramke.

Beethoven und Berlin. Von Dr. Alfr. Chr[istlieb] Kalischer. Berlin & Leipzig: Schuster & Loeffler [1908]. 385 S. 8°
(Kalischer: Beethoven u. seine Zeitgenossen. Bd. 1.)

— s.: Beethoven's, Ludw. van, sämtliche Briefe.

Beethoven und Wien. Von Dr. Alfr. Chr[istlieb] Kalischer. Aus d. Nachlaß hrsg. u. erg. von Dr. Leopold Hirschberg. Berlin & Leipzig: Schuster & Loeffler [1910]. 289 S. 8°
(Kalischer: Beethoven u. s. Zeitgenossen. Bd. 4.)

Kalischer, Alfr. Chr., Beethoven u. seine Zeitgenossen. Beiträge zur Geschichte des Künstlers u. Menschen in 4 Bdn. 8. Berlin, Schuster & Loeffler. à 5.—; geb. à 6.—
1. Beethoven u. Berlin. (385 S. m. 1 Bildnis.) (908.)
2. Beethovens Frauenkreis. 1. Tl. (V, 321 S. m. 1 Bildnistaf.) (909.)
3. Dasselbe. 2. Tl. Aus dem Nachlaß hrsg. u. ergänzt v. Leop. Hirschberg. (XI, 248 S. m. 2 Bildnissen.)
4. Beethoven u. Wien. Aus dem Nachlaß hrsg. u. ergänzt v. Leop. Hirschberg. (VII, 289 S. m. 1 Bildnis.)

Kalischer, Alfr. Christlieb, s. a. Beethovenbriefe, neue.

— Neue Beethovenbriefe. Berlin und Leipzig 1902.

— Beethovens sämtliche Briefe. Kritische Ausgabe mit Erläuterungen. Bd. 1—5. Berlin und Leipzig 1906—1908.

Kalischer, Alfr Chr Ungedruckte Briefe Beethovens. – Neue Folge. („Deutsche Revue", XXIII. Jahrgang.) Stuttgart 1898.

Beethovens Frauenkreis. Von Dr Alfr Chr[istlieb] Kalischer. T. 1. 2. Berlin & Leipzig Schuster & Loeffler [1909–10]. 8°
1 [1909.]
2. Aus d. Nachlaß hrsg. u. erg. von Dr. Leopold Hirschberg. [1910.]
(Kalischer Beethoven u. s. Zeitgenossen. Bd 2 3.) [10. 1369

Kalischer, Alfr. Christlieb, die „Unsterbliche Geliebte" Beethovens, Giulietta Guicciardi od. Therese Brunswick? 12. (IV, 68 S.) Dresden 891. R. Bertling. n. 1. –

— Grillparzer und Beethoven. (Nord und Süd, Band 56. Heft 166).

Kalischer, Alfred Christlieb. Gotthold Ephraim Lessing als Musik-Aesthetiker. Dresden 1889.

—— Gotthold Ephraim Lessing als Musik-Aesthetiker. gr. 8. (42 S.) Ebd. 889. * — 90

Die Macht Beethovens. Eine Erzählung aus d. Musikleben unserer Zeit von Dr. Alfred Christlieb Kalischer. *Berlin: Selbstverl. 1903.* (272 S.) 8° [F.] [03. 10174

— Musik u. Moral, s. a. Zeit- u. Streit-Fragen, deutsche.

Kalischer A C. Musik und Moral. (Zeit- u. Streitfr N F 39. 51) Hamburg 1887

— Biographische Notizen üb. Ludwig van Beethoven, s.: Wegeler u. Ries.

— Spartacus. Eine soziale Tragödie in 5 Aufzügen. gr. 8. (233 S.) Berlin (W. 35, Körnerstr. 23 II) 899. Selbstverlag. 2. 50

Kalischer, A. Ch., Benedikt v. Spinoza's Stellung zum Judentum und Christenthum, s. a. Zeit- und Streit-Fragen, deutsche.

Kalischer A Ch, B v Spinoza's Stellung zum Judentum und Christentum. (Zeit- und Streitfragen, deutsche 193-194) Berlin 1884

Immanuel Kants Staatsphilosophie von Dr Alfred Christlieb Kalischer *Berlin: Selbstverl., Leipzig O. Weber [in Komm.] 1904* (IV, 102 S.) 8° [F.] [04. 8125

— der Untergang d. Achilleus. Eine Tragödie in 5 Aufzügen. gr. 8. (201 S.) Berlin 893. (Stern & Ollendorff.) n. 4. –

Kalischer, Alfr. Chrlieb. Heinrich Heine's Verhältnis zur Religion. gr. 8. (72 S.) Dresd. 890, Oehlmann's Verlag. * 1 60

Wagneriana. 2 Dialoge u. 2 Abhandlungen über Richard Wagners Schriften u. Dichtungen. Von Dr. Alfred Christlieb Kalischer. *Berlin: Selbstverl. 1901.* (166 S.) 8° [F.] [04. 16197

Kalischer, Arnold. Bemerkungen üb. die Ausbildung der Gerichts-Referendare in Preußen nach dem Regulativ vom 1. Mai 1883, nebst Vorschlägen zur Ergänzg. bezw. Veränderg. d. § 23 desselben. gr. 8. (47 S.) Berl. 889, Puttkammer u. Mühlbrecht. * 1 —

Kalischer, Arnold, der Ewige mein Panier! u. die Sendung Israels, Gedanken üb. die Stellg. der Juden in der religiösen Bewegg. der Gegenwart. (IV, 90 S.) kl. 8. Breslau 907. Koebner. 2. —

Kalischer, Bruno, aus Berlin Zur **Kenntnis** der **Halogenide** des höherwertigen Wolframs und Molybdäns. *Berlin 1902: A. W. Schade.* (54 S.) 8°
Berlin, Phil. Diss. v. 13. Okt. 1902

Kalischer, Edith [aus Berlin]: Analyse der ästhetischen Contemplation (Malerei und Plastik). [S.-A. aus Zeitschrift für Psychologie her. von Ebbinghaus Bd. 28. H. 3 u. 4.] Leipzig 1902. 59 S. 8°.
Zürich. Phil. Diss. 1. S. 1901/1902.

Kalischer. Edith. Analyse der ästhetischen Contemplation (Malerei und Plastik). Diss. Phil I. Univ Zürich. [Separatabdruck aus: Zeitschrift für Psychologie und Physiologie der Sinnesorgane. Band 28, Heft 3/4.] 60 S. 8. Leipzig, Johann Ambrosius Barth, 1902.

Kalischer, Edith Landmann-
s. **Landmann**-Kalischer [11 14757

Aphorismen von E[lias] **Kalischer.** Bonn: C. Georgi 1907. (72 S.) 8° [F.] [07. 12907 B

Festworte zur fünfundzwanzigjährigen Jubelfeier der Bonner Synagoge (30. Jan 1904) von Dr. E[lias] **Kalischer,** Rabb. in Bonn. Veröff. durch d. Vorstand d. Synagogengemeinde. *Bonn: M. Herschel Nachf. 1904.* (12 S.) 8° [F.] [04. 3085 B

[Ant. u. Hebr.] Der Identitäts-Beweis für Personen und Sachen durch Zeichen u. allgem. Erkennen nach d. Talmud Von Dr. Elias **Kalischer,** Rabbiner in Kopenhagen. *Berlin: A. Katz 1897.* (34 S.) 1 Bd 8. [98. 1818

Kalischer, Elias: Parabel und Fabel bei den alten Hebräern. . . . Berlin, Druck v. R. Mosse, *1891*; 40 S., 1 Bl. 8°
Erlangen, Phil. Fak., Inaug.-Diss. v. 1891

Kalischer, Elias, Parabel u. Fabel bei den alten Hebräern. gr. 8. (40 S.) Berlin 899. (Leipzig, M. W. Kaufsmann.) n. 1. —

[F.] Predigten. Von Dr E[lias] **Kalischer,** Rabbiner in Kopenhagen. *Berlin: A Katz 1898* (3 Bl., 122 S.) 1 Bd 8. [98. 1819

Kalischer, Aemil. (geb. Elberfeld 11 8 1834) De spasmo clonico musculorum colli. Berolini (1856). (26 S. 8)
Berlin. Med. Diss. v. 6 Aug. 1856

Kalischer, Emil, die Syphilisation. Berlin 860. Mitscher & Rostell. 8. (76 S.). n. 12 ngr.

Kalischer, Erwin, Conrad Ferdinand Meyer in seinem Verhältnis zur italienischen Renaissance, s. a. Palaestra.

Kalischer, Erwin, a. Berlin: Conrad Ferdinand Meyer in seinem Verhältnis zur italienischen Renaissance. T. 1, Kap. 1—3. (Berlin: Mayer & Müller 1907.) (72 S.) 8° ¶ (Erscheint vollst. als Palaestra 64.)
Berlin, Phil. Fak., Ref. Erich Schmidt, Diss. v. 15. Juni 1907
[Geb. 22. Febr. 83 Berlin; Wohnort: Berlin; Staatsangeh.: Preußen; Vorbildung: Joachimsthalsches Gymn. Berlin Reife O. 00; Studium: Berlin 3, Freiburg i. B. 1, Berlin 7 S.; Rig. 29. Nov. 06.]

Kalischer, Erwin. Conrad Ferdinand Meyer in seinem Verhältnis zur italienischen Renaissance. II + 211 S. 8. Berlin, Mayer & Müller, 1907. (M. 6. —)
Palaestra [Band] 64. Untersuchungen und Texte aus der deutschen und englischen Philologie, hrg. von Alois Brandl, Gustav Roethe und Erich Schmidt.
Teilweise ersch. als Diss. Phil. Berlin.

— Wohlstand beim kleinen Mann. Praktisch erprobte u. durchführbare Wege, wie man auch als kleiner Mann zu Wohlstand gelangen kann. (Umschlag: Ein Schlüssel u. prakt. Hausbuch f. den Mittelstand, Angehörige des kleinen Standes, Beamte, Gewerbetreibende, Angestellte u. Arbeiter.) (47 S.) gr. 8. Leipzig (909). W. Kaiser. — 80

Kalischer, Fritz, a. Charlottenburg: Der Erbverzicht nach dem Bürgerlichen Gesetzbuch für das Deutsche Reich mit Rücksicht auf seine Entstehungsgeschichte. Borna-Leipzig 1906: R. Noske. (XII, 74 S.) 8° [J.]
Heidelberg, Jur. Fak., Ref. Schroeder, Diss. v. 25. Aug. 1906
[Geb. 14. Dez. 81 Berlin; Wohnort: Charlottenburg; Staatsangeh.: Preußen; Vorbildung: Friedrichs-Gymn. Berlin Reife M. 00; Studium: Berlin 7 S.; Rig. 27. Juli 06.]

Kalischer, Georg [aus Berlin]: [I.] Zur Kenntnis der Isonitrosoketone. [II.] Eine Darstellungsweise des Diamidoacetons ... Berlin, A. W. Schade's Buchdr., 1895; 32 S., 1 Bl. 8.
Berlin, Phil. Fak., Inaug.-Diss. v. 6. März 1895

Kalischer, Gust. (geb. Rawitsch 4. 1. 1847) Ueber die Transfusion und ihre Anwendung auf die Cholera. Berlin (1873). (30 S.) 8°
Berlin, Med. Diss. v. 14. Okt. 1873

Kalischer, Hirsch, Drischath Zion, od. Zions Herstellung, in hebr. Sprache v. K. Uebers. ins Deutsche v. Poper. 2. Aufl. (Anastat. Neudr.) (100 S.) gr. 8. Berlin 905. L. Lamm. n. 2. 50

Kalischer, Ludwig, appr. Arzt a. Breslau: Aus d. gynäkol. Abteilung d. Israelit. Krankenhauses zu Breslau ⟨Leit. Arzt: Sanitätsrat Dr. Rosenstein⟩. Zur Kasuistik der soliden Embryome des Eierstocks. Mit 2 Abb. Breslau 1907: Th. Schatzky. (35 S.) 8°
Breslau, Med. Fak., Ref. Küstner, Diss. v. 3. Dez. 1907
[Geb. 20. Dez. 79 Breslau; Wohnort: Breslau; Staatsangeh.: Preußen; Vorbildung: Maria-Magdalena-Gymn. Breslau Reife O. 00; Studium: Breslau 9, Heidelberg 1 S.; Coll. 22. Juli 07; Approb. 26. März 07.]

Kalischer, Otto, zur Funktion des Schläfenlappens des Grosshirns. Eine neue Hörprüfungsmethode bei Hunden; zugleich e. Beitrag zur Dressur als physiolog. Untersuchungsmethode. (13 S.) Lex. 8. Berlin 907. G. Reimer. — 50
Sonderabdruck a.: „Sitzungsber. d. preuss. Akad. d. Wiss."

Das Großhirn der Papageien in anatomischer und physiologischer Beziehung. Von Dr. Otto **Kalischer** in Berlin. Mit 6 Taf. Berlin: Akad. d. Wiss. 1905. (105 S.) 4°
Aus: Abhandlungen d. Kgl. Preuß. Akad. d. Wiss. 1905, Anh. [05. 10000

Kalischer, Otto, das Grosshirn der Papageien in anatomischer u. physiologischer Beziehung. (105 S. m. Abbildgn. u. 6 Taf.) Lex.-8. Berlin 905. (G. Reimer.) Kart. n. 7. —
Sonderabdr. a.: „Abhandlgn. d. preuss. Akad. d. Wiss., Anh."

Kalischer, Otto, über Grosshirnexstirpationen b. Papageien. gr. 8. (58.) Berlin 900. (G. Reimer.) n. — 50

Kalischer, Otto [app. Arzt aus Berlin]: Über die Nierenveränderungen bei Scharlach ... Freiburg i. B., Buchdr. H. Epstein, 1891; 77 S. 8.
Freiburg i. B., Med. Fak., Inaug.-Diss. v. 1891

Aus d. Anat. Inst. d. Univ. Berlin. Die Urogenitalmuskulatur des Dammes mit bes. Berücks. d. Harnblasenverschlusses. Von Dr Otto **Kalischer** in Berlin. (Vorr. [Wilhelm] Waldeyer.) Mit 30 Abb. im Text u. 33 Tafeln. *Berlin: S. Karger 1900.* (XIII, 184 S.) 8° [00. 668,

Kalischer, S., die Farbenblindheit. Eine allgemein verständliche Darstellung ihrer Bedeutung, der Theorien, ihres Vorkommens u. der Prüfungsmethoden. 8. (72 S.) Berlin 879. Hempel. n. 1. 20

Kalischer, S., Goethe als Naturforscher u. Herr Du Bois-Reymond als sein Kritiker. Eine Antikritik. gr. 8. (90 S.) Berlin 883. Dümmler's Verl. n. 1. 60

Kalischer, S., Goethe als Naturforscher und Herr Du Bois-Reymond als sein Kritiker. Eine Antikritik. gr. 8. (90 S.) Berlin 883, Hempel. *

— weitere Mittheilungen zur Grosshirnlocalisation bei den Vögeln. gr. 8. (12 S.) Ebd. 901. n. — 50
Sonderabdruck a.: „Sitzungsber. d. preuss. Akad. d. Wiss."

— Teleologie u. Darwinismus. gr. 8. (71 S.) Ebend. 877. n. 1. 60

— Teleologie und Darwinismus. gr. 8. (71 S.) Ebendas. 878. *

— Goethe's Verhältniß zur Naturwissenschaft u. seine Bedeutung in derselben. Nebst einigen bisher ungedruckten Fragmenten von Goethe. [Aus: „Goethe's Werke, neue Ausg.", hrsg. von v. Biedermann, Düntzer, Kalischer, v. Loeper u. Strehlke.] 8. (168 S.) Ebend. 877. n. 1. 60

Kalischer, S. Wunder der Urwelt, s.: Zimmermann, W. F. A.

Kalischer: Salomon: De Aristotelis rhetoricis et ethicis Nicomacheis et in quo et cur inter se quum congruant tum differant. Halae (1868): Floetz. 80 S. 8°
Halle-Wittenberg, Phil. Diss. v. [7. überklebt:] 9. Dez. 1868
Geb. Thorn 8. 10. 1845. V.
Im Buchhandel Halle: Waisenhaus 1869. IV, 82 S. 8°
Verf. erlebte die Diplomerneuerung 1918 als Professor an der Technischen Hochschule in Berlin, vgl. Anh. Nr. 670.

Kalischer, Salom., de Aristotelis rhetoricis et ethicis Nicomacheis et in quo et cur inter se quum congruant tum differant. gr. 8. (IV, 82 S.) Halle 869, (Buchh. des Waisenhauses.) *

Kalischer, Siegfr. (geb. Thorn 7. 5. 1862) Zur Frage über den Einfluss der erblichen Belastung auf Entwickelung, Verlauf und Prognose bei Geistesstörungen. Berlin (1885). (90 S.) 8°
Berlin, Med. Diss. v. 4. Juli 1885

[J.] Was können wir für den Unterricht und die Erziehung unserer schwachbegabten und schwachsinnigen Kinder thun? Von Dr. S[iegfried] **Kalischer**, Arzt f. Nervenkrankhtn. *Berlin: L. Oehmigke 1897.* (30 S) 1 Bd 8. [97. 389

Kalischer, Siegmund, a. Berlin: Begriff, juristische Natur und rechtliche Behandlung der Verzeihung im Rechte der Schenkung, der Ehescheidung, des Pflichtteils und der Erbunwürdigkeit. ⟨Nach den Bestimmungen des bürgerlichen Gesetzbuchs.⟩ Berlin 1907: E. Ebering. (98 S.) 8°
Heidelberg, Jur. Fak., Ref. Endemann, Diss. v. 12. Juli 1907
[Geb. 29. Juni 80 Berlin; Wohnort: Berlin; Staatsangeh.: Preußen; Vorbildung: Friedrichs-Gymn. Berlin Reife M. 98; Studium: Berlin 9 S.; Rig. 15. Juni 06.]

Zur Kenntnis der Echinodermenfauna des sibirischen Eismeeres. Von M. Kalischewskij [**Kališevskij**]. Mit 3 Taf. u. 3 Fig. St.-Pétersbourg: Acad. Imp. d. Sciences 1907. (67 S.) 4°
— Rezul'taty, Naučnye, Russkoj Poljarnoj Ekspedicii 1900–1903. E 1, 1, Vyp. 4.
— **Mémoires** de l'Académie Imp. d. sciences de St.-Pétersbourg. Sér. 8, Cl. phys.-math. Vol. 18, No 4. [08. 776

Kalischewskij, M., zur Kenntnis der Echinodermenfauna des sibirischen Eismeeres. (67 S. m. 3 Abbildgn., 3 Taf. u. 3 Bl. Erklärgn.) 33,5×25 cm. St.-Pétersbourg 907. (Leipzig, Voss' Sort.) 4. —
Sonderabdruck aus: „Mémoires de l'acad. imp. des sciences de St.-Pétersbourg".

Die wichtigsten Grundzüge der qualitativen und quantitativen Harnanalyse. Ein Rathgeber f. d. ärztl. Praxis u. z. Gebr. f. Studirende. Von Dr. med. F[abian] **Kaliski**, Arzt in Breslau. Mit 31 Abb. u. 1 Taf. *Breslau: Preuss & Jünger 1903.* (VII, 54 S.) 8° [03. 4061

— erste Hilfeleistung bei Unglücksfällen, s. a. Volksbücherei, medizinische, 15. Heft.

Erste Hilfeleistung bei Unglücksfällen. Ein Ratgeber f. Alle, die Samariterdienste üben wollen. Mit 10 Bild. Von Dr. F[abian] Kaliski, Arzt. Halle a. S. C. Marhold 1905. (19 S.) 8° [F. u. Ant.]
— Volksbücherei, Medizinische. H. 15.

Kaliski, F., therapeut. Vademecum f. pract. Aerzte u. insbes. f. Bahn- u. Kassenärzte. 700 austaxirte Recepte, nebst e. Anleitg. z. Berechnen v. Recepten. 12. (141 S.) Berlin 895. S. Karger.
Geb. u. m. Schreibpap. durchsch. n. 3. —

Kaliski, Felix *[geb. Powidz in Pos. 20 11 1811]* Theses Theologicae pro Licentiati in theologia honoribus rite capessendis. Vratislaviae (1836). (2 Bl.) 8° *[Das Diplom wurde erst am 19 Juli ausgestellt]*
Breslau, Kath.-theol. Liz. Thesen v. 19. März 1836

Kaliski, Josef, aus Ostrowo: Ueber den sogenannten Rose-schen Kopftetanus. *Breslau: M. Kornicker 1898.* (22 S.) 8°
Erlangen, Med. Diss. v. 1898

Kalisky, Käthe: Die Hausindustrie in Königsberg i. Pr. mit besonderer Berücksichtigung der Lage der Arbeiter und Arbeiterinnen. (Altenburg) 1907: (Pierer). (18 S.) 8° [F.] ¶(Erschien vollst. b. Duncker u. Humblot in Leipzig.)
Königsberg, Phil. Fak., Ref. Diehl, Diss. v. 17. April 1907
[Geb. 3. Febr. 75 Königsberg i. Pr.; Wohnort: Königsberg; Staatsangeh.: Preußen; Vorbildung: Städt. höh. Töchtersch., Wilhelms-Gymn. Königsberg Reife 01; Studium: Königsberg 6 S.; Rig. 20. Dez. 06.]

Kalisky, Käthe: Die Hausindustrie in Königsberg i. Pr. mit bes. Berücks. der Lage der Arbeiter u. Arbeiterinnen. — Leipzig: Duncker & Humblot 1907. 57 S. 8°

Kalista, die büßende Schöne. Trspl. 8. Prag 783. (André in Leipz.) 6 gr.

Kalitowski Dr. E.: Sind Sch. historische Schriften, vornehmlich seine Geschichte des 30-jährigen Krieges für den Schulunterricht zu empfehlen? 34. Lemberg. Ak. 85. Progr.

Kalitsch, Hugo Frhr. v., Bezirks-Handbuch f. den Verwaltungsbezirk der königl. Amtshauptmannschaft Chemnitz. 8. (VII, 144 S.) Chemnitz 876. Focke. n. 2. —

Kalitsch, Hugo Frhr. v., Bezirks-Handbuch für den Verwaltungsbezirk der königl. Amtshauptmannschaft Chemnitz. 2., mit Rücksicht auf die neueste Gesetzgebung abgeänd. u. vervollständ. Aufl. 8. (VIII, 186 S.) Chemnitz 878. Focke. n. 3. —

Kali-Untersuchungen [Schlagwort]

Kali-Untersuchungen, s.: Bergbau.

Kalivoda, Frz., Handbuch der Zinsenberechnungen in tabellarischer Darstellung auf Grundlage der neuen Geldwährung. Enth. folg. Zinsfuss: 1 1½, 2 2½, 3 3½, 4 4½, 5 5½, 6 6½, 7 7½, 8 8½, 9 9½, 10% von 1—29 Tage, von 1—11 Monate, sowie auf e. ganzes Jahr, von 1, 2, 3 u. s. w. Kronen aufwärts bis zu 60,000 Kronen. (In ungar. u. deutscher Sprache.) gr. 16. (XI, 800 S.) Budapest 893. (Wien, G. Szelinski.) Geb. in Leinw. n. 8. —

Kalk [Sachliches OW]

„Kalk u. Sand“ (früher Kalksandstein-Industrie-Zeitung). Fach- u. Anzeigenblatt f. die Kalksand-, Kalk- u. Kunststein-Industrie. Illustriert. Monatsblatt f. Techniker u. Laien. 3. Jahrg. 1906. 1. Halbj. 10 Nrn. (à ca. 8 S.) 4. Leipzig, C. A. Fischer. n. 2. —
Fortsetzung u. d. T.:

— — u. Zement. Fach- u. Anzeigenblatt f. die Kalksand-, Kalk-, Kunststein- u. Zement-Industrie. Illustriertes Halbmonatsblatt f. Techniker u. Laien. Hrsg. unter Mitwirkg. hervorrag. Fachleute. Mit 2 Beilagen: „Der Kunststeinfabrikant“ u. „Der Betonbau“. Red.: W. Ritter. 3. Jahrg. 1906. 2. Halbj. 12 Hefte. (à ca. 4 u. 4 S.) 4. Ebd. n. 2. 60

Kalk, Sand u. Zement. Halbmonatlich erschein. Fach- u. Anzeigenblatt f. die Kalksand-, Kalk-, Kunststein- u. Zement-Industrie. Damit verschmolzene Beilagen: Der Kunststeinfabrikant — Der Betonbau. Geleitet unter Mitwirkg. hervorrag. Fachleute. 4. Jahrg. 1907. 24 Nrn. (à ca. 8 S.) 31×23 cm. Leipzig, C. A. Fischer. 5. 20

Kalk [Schlagwort]

Kalk, s.: Mülheim a. Rh.

Kalk [Verfasser]

Gold und Blut oder: Unter den Goldgräbern Californiens. Eine Erzählung f. d. Jugend von Ernst Kalk. *Berlin: A. Weichert [1899].* (32 S.) 8° [F.]
— Indianer- u. Volksbibliothek. 350.

Kalk, Ernst, s.: Indianer- u. Volksbibliothek.

Der Schatz des Goldgräbers. Eine Erzählung f. d. Jugend von Ernst Kalk. *Berlin: A. Weichert [1899].* (32 S.) 8° [F.]
— Indianer- u. Volksbibliothek. 357.

Die Strandräuber. Eine Erzählung f. d. Jugend von Ernst Kalk. *Berlin: A. Weichert [1899].* (31 S.) 8° [F.]
— Indianer- u. Volksbibliothek. 353.

Kalk, J. H., monstri acephali humani expositio anatomica. Specim. inaug. medicum. Acced. II tabb. aen. 4maj. Berl. 825. Logier. 8 gr.

Kalk, Rich., die Sicherung der Forstgrenzen. Ein Beitrag zur Forst-Verwaltungskunde. 8. (VIII, 44 S.) Eberswalde 878. Rust. n. 1. 20

Kalk, Rich. Der Zuwachs an Baumquerfläche, Baummasse u. Bestandsmasse. Eine krit. Betrachtg. der Näherungsmethoden f. die Zuwachsuntersuchg. gr. 8. (IV, 66 S.) Berl. 889. Springer. * 2 —

Kalkalpen [Schlagwort]

Kalkalpen, s.: Alpen. Artaria.

Kalkar

— s. auch Kalckar.

Kalkar, Chrst. H., de cantico Deborae Jud. V. 8 maj. (6¼ B.) Othiniae 833. (Altonae, Aue.)

— Efterretninger om Odense Byes Bibliothekar. 8. Odense 836. (Kiel, Universitäts-Buchh.) n. ¾ Thlr.

Kalkar, Chr. H., die bibl. Geschichte in Vorträgen f. Gebildete. 2 Thle. gr. 8. Kiel 839, Universitäts-Buchh. Thlr.
Thl. 1. Von Erschaffung d. Welt bis zum babylon. Exil. (20½ B.) 1 Thlr. 16 Gr.
" 2. Vom babylon. Exil bis zur Himmelfahrt Christi. (25½ B.) 2 Thlr.

Kalkar, Chr. H., Geschichte der christlichen Mission unter den Heiden. 2 Thle. Autoris. deutsche Ausg. von A. Michelsen. gr. 8. Gütersloh 879. 80. Bertelsmann. n. 11. —
1. Katholische u. evangelische Mission in America, Ostindien, Hinterindien u. den indochines. Ländern. (XII, 408 S.) n. 6. —
2. Katholische u. evangel. Mission in Asien, Africa, Australien, u. Europa. (X, 320 S.) n. 5. —

Kalkar, Ch. H., Geschichte der römisch-katholischen Mission. Deutsche Ausg. unter Mitwirkung des Verf. bearb. von A. Michelsen. gr. 8. (VIII und 328 S.) Erlangen 867, Deichert. *

— exegetisk Haandbog til det gamle Testamente. Til Brug for Präster og theologiske Studerende. 1ste Bind, som indeholder Forklaring over Genesis, Exodus og Leviticus. stor 8. Kjøbenhavn 836. (Kiel, Univers.-Buchh.) n. 4⅔ Thlr.

Kalkar, Chr. H., Israel und die Kirche. Geschichtlicher Ueberblick der Bekehrungen der Juden zum Christenthume in allen Jahrh. Uebersetzt von A. Michelsen. Einzige vom Verf. autoris. Ausg. gr. 8. (IV, 195 S.) Hamburg 869, Agentur des Rauhen Hauses. *

—— Lamentationes (איכה) critice et exegetice illustratae c. praemissis disputationibus histor.-crit. tribus. Dissert. 8maj. (13⅛ B.) Hafniae 836, (Reitzel.) *

—— die evangelischen Missionsbestrebungen in unseren Tagen. Eine Rundschau. Aus dem Dän. übers. von A. Michelsen. gr. 8. (73 S.) Erlangen 867, Deichert.

Kalkar, Chr. H., s. Mynster, J. P., Ordinationsreden.

—— Quaestionum biblicarum spec. II. Progr. 8maj. (1½ B.) Odense 835. (Kiel, Universitäts-Buchh.) *

Kalkau, Abraham (Instera [= Insterburg] Borussus), De jure circa foedera principum, vulgo Fürstl. Alliancen. Präs. Johann Albert Stephani. Königsberg (Reusner) 13. V. 1721. 28 Seiten. (6.60) 17400
Gew. (v. Präs.): Carl Heinrich Graf v. Waldburg (Litschen, Schrammen).

Die Rüdersdorfer Kalkberge. [illegible] Berlin 1 Bl 1

Kalkbrenner, August

Kalkbrenner, A., die Organisation der Militärmusikchöre aller Länder. Mittheilungen üb. die dienstl. u. socialen Verhältnisse der Musiker u. der Dirigenten sämmtl. Militärmusikkapellen aus 16 verschiedenen Ländern. gr. 8. (VIII, 199 S.) Hannover 884. L. Oertel. n. 2. —

Musikalische Studien und Skizzen. Gesammelte ausgewählte Aufsätze über militärmusikal. u. allgem. fachwissensch. Themas von August **Kalkbrenner**, Musikdir im Inf.-Reg. No 81. *Berlin: L. Parrhysius (1903).* (201 S.) 8° [F.] [04. 6398]

Kalkbrenner, A., Wilhelm Wieprecht, Director der sämmtlichen Musikchöre des Garde-Corps. Sein Leben u. Wirken, nebst einem Auszug seiner Schriften. Mit Wieprecht's (Lichtdr.-)Portr. u. Facsms. von Liszt, Meyerbeer, Spontini, Ole Bull. 8. (112 S.) Berlin 882. E. Prager. n. 1. —

Kalkbrenner, C., kurzer Abriß d. Geschichte d. Tonkunst. 8. Berl. Maurer. 792.

Kalkbrenner, C., kurzer Abriß der Geschichte der Tonkunst. 8. 792 jetzt Heymann in Berlin. ⅜ Thlr.

Die Feldgerichte in Hessen-Nassau in Beziehung auf allgemeine Taxämter. (Vortrag d Stadtverordneten C. **Kalkbrenner**, Wiesbaden.) (Aus d. Verhandlungen d. 13. ordentl. Landesverbandstages 1910 in Berlin.) Spandau Grassmann in Stettin 1910. 19 S. 8°
(Mitteilungen d Preuß. Landesverbandes d. Haus- u. Grundbesitzer-Vereine H 58.) [10 11316 9]

— histoire de la musique. II Vol. av. planch. gr. 8. Strasb. König. 803.

Kalkbrenner, C. Theorie der Tonkunst. 1. [einziger] Theil. Berlin.

— Theorie d. Tonkunst, mit Tab. 1r Thl. gr. 4. Berlin, Hummel. 789.

Kalkbrenner, E., s.a. Dienstaltersliste der königl. Revierförster u. Förster m. Revier.

KALKBRENNER, E. (Hrsg.): Dienstaltersliste der königlichen Revierförster und Förster mit Revier bei der königlichen Hofkammer der königlichen Familiengüter und der preußischen Staatsforstverwaltung nach dem Stande vom 31. XII. 1908. Zusammengestellt von der Geschäftsstelle der deutschen Forst-Zeitung nach amtlichen Quellen, und Jahrbuch für preußische Forstbeamte und Forstanwärter, enthaltend eine Sammlung von allgemeinen Bestimmungen, Entscheidungen und Gesetzen aus dem Bereiche der Staatsforstverwaltung. - Neudamm 1909. 160 S.

Kalkbrenner, Fr. Harmonielehre zunächst für Pianofortespieler, als Anleitung zum Präludiren und Improvisiren. Op. 190. Leipzig.

Kalkbrenner, Georg: Die Wirkungen der Handelsverträge. *Lübeck 1899: H. G. Rahtgens.* (70 S.) 8° [F.]
Freiburg i. B., Rechts- u. staatswiss. Diss. v. 1899

Kalkbrenner, Paul, pract. Arzt aus Juliusberg (Schles.) Über den Natürlichen Farbstoff der rothen Wurstwaaren. *Würzburg 1899: Stahel.* (18 S.) 8°
Würzburg, Med. Diss. v. 1899

Die Königlich Preussischen Armeemärsche. Von Th. A. Kalkbrenner. *Leipzig: Breitkopf & Härtel 1896.* (82 S.) 1 Bd 8. [96. 2761]

Kalker, Emil, approb. Arzt aus Witzenhausen. Aus d. patholog. Institute zu Kiel. Ein Fall von Aneurysma der Aorta nach chronischer Endarteriitis. *Kiel 1899: P. Peters.* (15 S.) 8°
Kiel, Med. Diss. v. [14. Aug.] 1899

Kalker, Car. Guil. Hubert. (geb. Uerdingen im Rheinl. 22. 10. 1828)
De morbo Brightii. Berolini (1855). (31 S.) 8°
Berlin, Med. Diss. v. 27. Apr. 1855

KALKER, Ludwig (Willich): Die neuesten Modificationen der antiseptischen Wundbehandlung mit besonderer Berücksichtigung der Dauerverbände.- München: Grassl 1883. 26 S.
11.12.1883 - Urk (Titel: De methodis vulnera antiseptice curandi recentioribus imprimis ratione ligamentorum intestini habita.); Chr 1883/84,13
Diss. Ingolst.-Landsh.-Mchn.

Kalker, Ludov. Hub. (geb. Uerdingen im Rheinl. 25. 4. 1835) De conglutinatione orificii uteri externi. Berolini (1866). (36 S.) 8°
Berlin, Med. Diss. v. 31. Mai 1866

Kaelker, F., Quaest. de elocutione Polybiana cum epimetro de hiatu in libis Diodori Siculi. Diss. 1880. 102 S. 1.20

Kaelker, Friedrich. De pronominum in Diodori Siculi libris usu dissertatio. 4 (S. 3—13)
G. Zittaviensi eum diem quo abhinc CCC annos conditum est gratulatur Progr. G. Budissin 1886

Kälker, Geo., kleine Erdkunde f. die sächsische Volksschule. 4 Hefte. gr. 8. Dresden, A. Huhle. n. — 72
1. Das Königr. Sachsen. 2. Aufl. (24 S.) 905. n. — 16
2. Das Deutsche Reich. (28 S.) 903. n. — 20
3. Europa. (24 S.) 903. n. — 16
4. Die fremden Erdteile. (Wiederholung üb. Sachsen.) (32 S.) 903. n. — 20

Kälker, Geo., kleine Erdkunde f. die Volksschule. 4. Die fremden Erdteile. 2. Aufl. (32 S.) 8. Dresden 907. A. Huhle. — 20

— s.: Fortbildungsschule, die ländliche.

— die biblische Geschichte im 3. u. 4. Schulj. (Biblische Sittenlehre.) (136 S.) gr. 8. Ebd. 906. n. 1. 60

Kälker, Geo., der Katechismusstoff f. d. 5. Schuljahr (1. Hauptstück, 1. u. 2. Artikel). gr 8. (68 S.) Dresden 897. A. Huhle.) n. — 80

Kälker, Geo., der Katechismusstoff für das 5. Schulj. (1. Hauptstück, 1. u. 2. Artikel.) 3. Aufl. gr. 8. (68 S.) Dresden 901. A. Huhle. n. — 80

— der Katechismusstoff f. das 5. Schulj. (1. Hauptstück, 1. u. 2. Artikel). 5. Aufl. (68 S.) 8. Ebd. 905. n. — 80

— Der Katechismusstoff f. das 5. Schulj. (1. Hauptstück, 1. u. 2. Artikel.) 7. Aufl. (76 S.) 8. Dresden 909. A. Huhle. — 90

— dasselbe, f. d. 6. Schuljahr (3. Artikel, 3., 4. u. 5. Hauptstück). gr. 8. (96 S.) Ebd. 898. n. 1. 20

— dasselbe für das 6. Schuljahr (3. Artikel, 3., 4. u. 5. Hauptstück). 2. Aufl. gr. 8. (96 S.) Ebd. 900. n. 1. 20

— dasselbe, f. das 6. Schulj. (3. Artikel, 3., 4. u. 5. Hauptstück.) 3. Aufl. (96 S.) gr. 8. Ebd. 903. n. 1. 20

— dasselbe f. das 6. Schulj. (3. Artikel, 3., 4. u. 5. Hauptstück.) 4. Aufl. (96 S.) 8. Ebd. 909. 1. 20

— dasselbe f. das 7. Schulj. (1. Hauptstück, 1. u. 2. Artikel). gr. 8. (112 S.) Ebd. 901. n. 1. 40

— dasselbe, f. das 7. Schulj. (1. Hauptstück, 1. u. 2. Artikel.) 2. Aufl. (112 S.) 8. Ebd. 904. n. 1. 40

— dasselbe f. das 8. Schulj. (3. Artikel, 3. bis 5. Hauptstück) u. Kirchengeschichte. gr. 8. (143 S.) Ebd. 902. n. 1. 60

— dasselbe, f. das 8. Schulj. (3. Artikel, 3. bis 5. Hauptstück) u. Kirchengeschichte. 2. Aufl. (144 S.) 8. Ebd. 906. n. 1. 60

— u. **Wohlrabe,** Lesebuch f. einfache Fortbildungsschulen u. die Vorklassen gehob. Fortbildungsschulen. (IV, 147 S.) gr. 8. Leipzig 904. H. Voigt. Geb. n. 1. 20

— u. Emil **Rodig,** Lesebuch f. landwirtschaftl. Fortbildungsschulen, Ausz. f. das Königr. Preußen, s. a. Otto, H., Lesebuch f. ländliche Fortbildungsschulen.

— u. Emil **Rodig,** Lesebuch für landwirtschaftliche Fortbildungsschulen im Königr. Sachsen. gr. 8. (IV, 174 S.) Leipzig 902. H. Voigt. Geb. n. 1. 20

— u. Emil **Rodig,** Lesebuch f. ländliche Fortbildungsschulen des Königr. Sachsen. 2. Aufl., bearb. unter Mitwirkg. v. Bach. (VII, 303 S.) 8. Leipzig 909. H. Voigt. Geb. 2. —

— — Lesebuch f. landwirtsch. Lehranstalten im Königr. Sachsen. gr. 8. (IV, 160 S.) Ebd. 902. Geb. n. 1.20

— Zur Methodik der ländlichen Fortbildungsschule, s. a. Handbibliothek f. ländliche Fortbildungsschullehrer.

Kaelker, Georg. Zur Methodik der ländlichen Fortbildungsschule. Leipzig 1907 8°
(Handbibliothek f. ländl. Fortbildungsschullehrer. Bd 2.)

— — Aus der Praxis der ländlichen Fortbildungsschule, s.: Handbibliothek f. ländl. Fortbildungsschullehrer. 6. Bd.

— Rechenbuch f. ländliche Fortbildungsschulen, s.: Hensel, G.

Parlamentarische Studienreise nach Deutsch-Ostafrika. Reisebriefe von Oberamtsrichter (R[ichard]) **Kalkhof,** M. d. R. Mit 12 Taf. Berlin: D. Reimer 1907. (147 S.) 8° [illegible]

Kalkhof, parlamentarische Studienreise nach Deutsch-Ostafrika. Reisebriefe. Mit 12 Taf., enth. 19 Bilder nach Orig.-Aufnahmen des Photogr. Otto Haeckel. (VII, 148 S.) 8. Berlin 907. D. Reimer. Kart. 2. —

Pianta di Arco e dei suoi dintorni tolta dal catastro, ampliata e descritta da Francesco Diettrich **Kalkhoff.** Plan von Arco und Umgebung ... Scala 1 : 5,760. *Arco 1901.* (1 Kartenbl. 82×45 cm.) quer-2° [kol.] [illegible]

Kalkhorst, C. v., nächtliches Abenteuer e. preußischen Prinzen in Lippe u. e. Berliner Detectiv-Novelle: Faber Nr. 3. schmal gr. 8. (88 S.) Detmold (Exterstr. 23) (902). Günther v. Both. n. — 50

Kalklösch, Franz Arno, Menschengott. Etwas f. die Wenigen u. die Vielen. (112 S.) 8. Zürich 905. C. Schmidt. 1. 50

Kalklösch, Ludw., Leitfaden für die Hand des Lehrers beim Gebrauche des lutherischen Katechismus insbesondere des barlebener Spruchbuches. 8. (246 S.) Langensalza 856, Schulbuchhandlung des thüringer Lehrer-Vereins.

Kallmann, Gegenst. d. ältesten Geschichte, ein engl. Leseb. a. d. best. engl. Schriftst. rc. 8. Hannov. Hahn. 804.

Kalkmann, August

— Aphrodite auf dem Schwan. S.-A. 1886. 60 S. 1 col. Taf. u. 1 Abb. 4°.

Kalkmann, A., Ueber Darstellungen der Hippolytos-Sage. 2 Tle. S.-A. 44, 50 S. m. Abb. u. 4 Taf. 4°

Kalkmann, A., Hesiod's *μεγάλαι Ἠοῖαι* bei Pausanias. S.-A. s. a. 5 S. —.60

Kalkmann, A., Pausanias der Perieget. Untersuchungen üb. seine Schriftstellerei u. seine Quellen. gr. 8. (VII, 295 S.) Berlin 886. G. Reimer. n. 8. —

Kalkmann, A., die Proportionen des Gesichts in der griechischen Kunst, s.: Programm, 53., zum Winckelmannsfeste der archäologischen Gesellschaft zu Berlin.

Kalkmann, Avgvstvs (geb. am 24 März 1853 in Hamburg) De Hippolytis Evripideis qvaestiones novae .. Bonnae, typ. C. Georgi 1881. 47 S. 8. ¶ Teil einer grösseren Arbeit; diese erschien vollständig 1882 bei Strauss in Bonn.
Bonn, Phil. Fak., Diss. v 20 Dez. 1881

Kalkmann, Aug., de Hippolytis Euripideis quaestiones novae. gr. 8. (125 S.) Bonn 882. Strauss. n. 2. —

Die Quellen der Kunstgeschichte des Plinius v. A[ugust] **Kalkmann**. *Berlin: Weidmann 1898.* (VII, 259 S.) 1 Bd 8. [98. 9319

— Die Statue von Subjago. S.-A 1895. 46 S. m Abb. 1 Taf. 4°.

Kalkmann, A. Zur Tracht archaischer Gewandfiguren.
S. 19—52 m. 20 Abb. 4°
Aus Jahrbuch des Kaiserlich Deutschen Archäologischen Instituts. Bd. XI. 1896 H. 1

August **Kalkmanns** nachgelassenes Werk Hrsg von Hermann Voss. Im Auftr d. Familie als Ms. gedr Hamburg 1909 Lütcke & Wulff XIV, 280 S. 8° A 2. 35:79

Kalkmann's, Aug., nachgelassenes Werk. Hrsg. v. Herm. Voss. (XV, 286 S.) gr. 8. Berlin 910. K. Curtius. nn 10. —

Kalkmann, Dethard [aus Hamburg]: Über die Anlagerung von Säuren an Sauerstoffkörper und über Chromharnstoffverbindungen. Leipzig 1902. 48 S. 8°.
Zürich. Phil. Diss. II. S. 1901/1902.

Kalkmann, Dethard. Über die Anlagerung von Säuren an Sauerstoffkörper und über Chromharnstoffverbindungen. Diss. Phil. [II.] Univ. Zürich. 48 S. 8. Leipzig, Metzger & Wittig, 1902.

Kalkmann, Hermann: „Allgemeine Handelsgeographie für Kaufleute, Versicherer und Seefahrer", 4 Bände, Hamburg o. J. — Vorh.: Büch. der Handelskammer Magdeburg.

Kalkmann, Herrm., allgemeine Handelsgeographie f. Kaufleute rc. 4 Thle. gr. 8. Hamb. Vollmer. 807—10, (à 5 Rthlr.)

Kalkmann, Herrmann, allgemeine Handelsgeographie für Kaufleute. 5r Thl. gr. 8. Hamb. Vollmer. 811.

— Tabellen z. Berechn. d. Wechselarbitragen m. e. kz. Verzeichn. d. in d. vorn. europ. Handelsstädt. gangbar. Wechselmünz. rc. gr. 8. Hamb. Nestler. 804.

Kalkmann, Louis Friedrich und Julius Friedrich Koeler: Denkschr., Sr Kaiserl. Majestät Dom Pedro II. überreicht (am 11. Jan. 1847) in Bezug auf eine Ges., welche dieselben zur Förderung dt. Einwanderungen zu bilden beabsichtigen. — Bremen (1847): Schünemann. 16 S. [Portugiesische Ausg. u. d. T Memorial relativo a uma companhia . . Rio de Janeiro 1847.]

Kalkmann, F. L., Reisebriefe aus Brasilien, s. o. **Reisebriefe.**

(**Kalkmann**, L[ouis] F[riedrich]): Reisebriefe aus Brasilien, mit bes. Rücks. auf die dt. Auswanderung. — Bremen 1847: Schünemann. 53 S.

Kalkmann, Philipp

Kalkmann, Ph., die Entwertung der österr. Valuta im J. 1893 u. ihre Ursachen, s. a. Studien. Wiener staatsw.

Die Entwertung der österreichischen Valuta im Jahre 1893 und ihre Ursachen. Von Dr. Ph **Kalkmann**. M. 7 lith. Taf. *Freiburg i. B., Leipzig & Tübingen: J C B. Mohr 1899.* (2 Bl., 73 S., 2 Taf.) 8.
= Studien, Wiener Staatswissenschaftliche. Bd 1 H. 3 [99. 1319

Kalkmann, Phpp., Englands Übergang z. Goldwährung im 18. Jahrh., s. a. Abhandlungen aus dem staatswissenschaftl. Seminar zu Strassburg i. E.

Kalkmann, Philipp: Englands Übergang zur Goldwährung zu Beginn des 18. Jahrhunderts ... (Erschien vollst. als Heft XV von: Abh. aus d. Staatswiss. Sem. zu Strassburg i. E.) Strassburg, K. J. Trübner, 1895; 2 Bl., 58 S., 1 Bl. 8.
Strassburg, Rechts- u. staatswiss. Fak., Inaug.-Diss. v. 1895

Kalkmann, Ph. Englands Uebergang zur Goldwährung im 18. Jahrhundert. Strassburg 1895.

Kalkmann, Ph., Untersuchungen üb. das Geldwesen der Schweiz u. die Ursachen des hohen Standes der auswärtigen Wechselkurse. Aus: „Jahresber. des kaufmänn. Direktoriums zu St. Gallen".] gr. 4. (187 S. m. 4 graph. Tab.) St. Gallen, Fehr. 1900 . 60.

Untersuchungen über das Geldwesen der Schweiz und die Ursachen des hohen Standes der auswärtigen Wechselkurse. Von Dr Ph[ilipp] **Kalkmann**. *St. Gallen 1900: Zollikofer.* (187 S.) 4°
— Bericht d. Kaufmännischen Direktoriums über Handel, Industrie u. Geldverhältn. d. Kantons St. Gallen im J. 1899. Beil. [01. 4915

Kalkner, Fr., Göttingen, s.: Städtebilder u. Landschaften aus aller Welt.

Kalkner, Fridericus *Bernhardus* [Geestemundensis]: Symbolae ad historiam versuum logaoedicorum ... Marpurgi, offic. acad. Dieterichiana typ. expr. Gottingae, 1892; 53 S. 8.
Marburg, Phil. Fak., Inaug.-Diss. v [22. Juli] 1892

Kalkner, Friedr. Symbolae ad historiam versuum logaoedicorum. gr. 8. (52 S.) Marb. i. H. 892, (Elwert's Verlag). * 1 20

Kalkoff, die Anfangsgründe der häuslichen Krankenpflege, s.: Klithn, Hans.

Kalkoff, Aug. Fried. Wilh. (Eisleben), De arteriarum ligatura torsione et intortione. Diss. med.-chir. Halle (Ploetz) 30. X. 1847. 26 S. mit Biogr. (M.: W. Harmann.) (6.—) 17401
Oppon.: F. Ziecker, A. Chavannes. — Gev: Erich Schwarz.

Kalkoff, Fritz. Beiträge zur Differentialdiagnose der hysterischen und der kapsulären Hemianaesthesie. Halle a. S. 1884: Plötz. 90 S. 8°
Halle-Wittenberg. Med. Diss. v 20. Dez. 1884
Geb. Kölleda (Kr Eckartsberga) 24. 3. 1861 V
Verf. erlebte die Diplomerneuerung 1934 als Geheimer Medizinalat in Kölleda, vgl. Anh. Nr 491.

Kalkoff, Georgius [Saxo-Borussus]: De codicibus epitomes Harpocrationeae ... Halis Saxonum, form. descr. E. Karras, 1886; 33 + 1 S. 8°.
Halle, Phil. Fak., Inaug.-Diss. v. [13. Jan.] 1887.

Kalkoff, Georgius, de codicibus epitomes Harpocrationae, Diss. Halle 1887, Lippertsche Buchh. 8°. 33 S.

Kalkoff, Georg [Dr.]: Zur Quellenkritik des Richterbuches. Aschersleben, Lithogr. Anst., Buch- u. Steindr. v. K. Wedel, *1893;* 37 S. 4.
Aschersleben, G. m. RPG., OP 1893 (231)

Kalkoff, Hermann [Bearb.], s. Organisations-Handbuch der Nationalliberalen Partei des Deutschen Reiches.

Ablass und Reliquienverehrung an der Schloßkirche zu Wittenberg unter Friedrich dem Weisen. Von Paul **Kalkoff**. Gotha: F. A. Perthes 1907 (116 S.) 8° [06. 1404

Aleander gegen Luther. Studien zu ungedruckten Aktenstücken aus Aleanders Nachlaß von Paul **Kalkoff**. Leipzig & New York: R. Haupt 1908. (VI, 162 S.) 8° [08. 614

— die Anfänge der Gegenreformation in den Niederlanden, s. a. Schriften des Vereins f. Reformationsgeschichte. Nr. 79 u. 81.

Die Anfänge der Gegenreformation in den Niederlanden von Paul **Kalkoff** T. 1 2 *Halle a. S.: Ver. f Reformationsgesch. 1903–04.* 2 Bde 8° [ß.]
— Schriften d. Vereins f. Reformationsgeschichte. No 79. 81. [04. 1113

Kalkoff, Paul, die Beziehungen der Hohenzollern zur Kurie unter d. Einfluss d. lutherischen Frage. (56 S.) Lex.-8. Rom 906. Loescher & Co. n. 2.—
Sonderabdruck aus: „Quellen u. Forschgn. aus ital. Archiven u. Biblioth."

Kalkoff, Paul (Übers.), s. Briefe, Depeschen u. Berichte üb. Luther ..

Kalkoff, Paul, Briefe, Depeschen u. Berichte üb. Luther v. Wormser Reichstage 1521, s.: Schriften d. Vereins f. Reformationsgeschichte.

— Cardinal Cajetan auf dem Augsburger Reichstage v. 1518. (7 S.) Lex. 8. Rom 907. Loescher & Co. nn — 60
Sonderabdr. a.: „Quellen u. Forschgn. a. italien. Arch."

— W. Capito im Dienste Erzbischof Albrechts v. Mainz, s. Studien, neue, zur Geschichte der Theologie u. der Kirche. 1.

W. Capito im Dienste Erzbischof Albrechts von Mainz. Quellen u. Forschungen zu d. entscheidenden Jahren d. Reformation (1510–1523) von Dr. Paul **Kalkoff**, Prof. Berlin: Trowitzsch & Sohn 1907. (VI, 151 S.) 8°
— Studien, Neue, z. Geschichte d. Theologie u. d. Kirche. Stück 1. [07. 9816

Kalkoff, Paul: Depeschen, Die, des Nuntius (Hieronymus) Aleander. . s. a. Aleander, Hieronymus: Depeschen.

Kalkoff, P., die Depeschen des Nuntius Aleander vom Wormser Reichstage 1521, s. a. Schriften des Vereins für Reformationsgeschichte.

— die Depeschen des Nuntius Aleander vom Wormser Reichstage 1521, übers. u. erläutert. 2., völlig umgearb. u. ergänzte Aufl. gr. 8. (V, 266 S.) Halle 897. M. Niemeyer. n. 6.—

— Forschungen zu Luthers römischem Prozess, s. a. Bibliothek des kgl. preuss. histor. Instituts in Rom. II.

Forschungen zu Luthers Römischem Prozeß von Paul **Kalkoff**. Rom: Loescher & Co. 1905. (XXII, 212 S.) 8°
— Bibliothek des Kgl. Preuß. Hist. Instituts in Rom. Bd 2. [06. 138

Kalkoff, Paul [Dr.]: Pirkheimers und Spenglers Lösung vom Banne 1521. E. Beitr. z. Reformationsgeschichte Nürnbergs. Breslau, Bresl. Gen.-Buchdr., *1896*; 3—16 S. 4.
Breslau, st. ev G. zu St. Maria-Magdalena, OP 1896 (180)

— das „erste Plakat" Karls V. gegen die Evangelischen in den Niederlanden, s. a. Archiv f. Reformationsgeschichte. Nr. 3.

Das 'erste Plakat' Karls v. gegen die Evangelischen in den Niederlanden von P[aul] **Kalkoff**, Prof., Breslau. *Berlin: C. A. Schwetschke & S. 1904.* (S. 279–283.) 8°
— Archiv f. Reformationsgeschichte Jg. 1, H. 3, [3.] [04. 8710 4

— zu den römischen Verhandlungen üb. die Bestätigung Erzbischof Albrechts v. Mainz i. J. 1514, s. a. Archiv f. Reformationsgeschichte. Nr. 4.

Zu den römischen Verhandlungen über die Bestätigung Erzbischof Albrechts v. Mainz i. J. 1514 von P[aul] **Kalkoff**, Dr., Prof. in Breslau. Berlin: C. A. Schwetschke & Sohn 1904. (S. 381–395.) 8°
— Archiv f. Reformationsgeschichte. Jg. 1, H. 4, [6.] [05. 406 4

— die Vermittlungspolitik des Erasmus u. sein Anteil an den Flugschriften der ersten Reformationszeit, s. a. Archiv f. Reformationsgeschichte. I. 1.

Die Vermittlungspolitik des Erasmus u. sein Anteil an d. Flugschriften der ersten Reformationszeit von P[aul] **Kalkoff**, Dr., Oberl. in Breslau. *Berlin: C. A. Schwetschke & S. 1903.* (83 S.) 8°
— Archiv f. Reformationsgeschichte. Jg. 1, H. 1, [1.] [03. 15556 4

Kalkoff, Paul, Wolfger v. Passau 1191—1204. Eine Untersuchung über den histor. Werth seiner „Reiserechnungen", nebst einem Beitrag zur Walterchronologie. gr. 8. (VIII, 149 S.) Weimar 882, Böhlau. *

Kalkoff, Paul: Wolfger von Passau 1191—1204. Eine Untersuchung über den historischen Werth seiner „Reiserechnungen" nebst einem Beitrag zur Waltherchronologie. Weimar, Hof-Buchdruckerei, 1882. 8. VIII, 149 S.

Kalkow, Friedrich: Über die **Formaldehyd-Verbindung des** Hydroresorcins. *Halle a. S. 1897: O. Thiele.* (38 S.) 8°
Halle, Phil. Diss. v. 17. Dez. 1897

Kalkowski, C. (Hrsg.), s. Monatsschrift, Juristische.

Kalkowski, C., die Verwaltungs-Reform in d. Prov. Posen. Das Gesetz üb. die allgemeine Landesverwaltg. vom 30. Juli 1883, das Gesetz üb. die Zuständigkeit der Verwaltungs- u. Verwaltungsgerichtsbehörden vom 1. Aug. 1883 u. das Gesetz vom 19. Mai 1889, m. Einleitung, Anmerkgn., Ergänzgn. u. ausführl. Sachregister hrsg. gr. 8. (XIII, 184 S.) Posen 889. Türk. n. 2.—

Kalkowski, Konrad

Kalkowski, Conrad, Referendar: Die rechtliche Natur der Arbeitstarifverträge. Borna-Leipzig 1909: Noske. VI, 58 S. 8°
Breslau, Jur. Diss. v. 13. April 1909, Ref. Meyer-Leonhard
[Geb. 4. Juni 87 Posen; Wohnort: Posen; Staatsangeh.: Preußen; Vorbildung: Friedrich-Wilhelms-Gymn. Posen Reife O. 05; Studium: Freiburg i. B. 1, Berlin 1, Bonn 1, Berlin 1, Breslau 3 S.; Rig. 25. Juni 08.] [U 09. 491

Kalkowski, Konrad Die rechtliche Natur der Arbeitstarifverträge. Borna-Leipzig 1909 8°
Breslau, Jur. Diss. v. (1909).

Kalkowsky, Ernst, Elemente der Lithologie, für Studirende bearb. gr. 8. (VIII, 316 S.) Heidelberg 886, C. Winter's Universitäts-Buchh. * M 8.—; geb. *

Kalkowsky, Ernst, die Gneissformation des Eulengebirges. Mit 8 (lith.) Taf. gr. 8. (VII, 76 S.) Leipzig 878. Engelmann. n. 3.—

Kalkreuter, Alex. v., Gedank. üb. d. Seele d. Mensch. und üb. d. Ursach. des Uebels. 8. Dresden, Walther. 772.

Kalkreuth, Ernst Leopold Helene Friederike von

v. Kalkreuth, Graf Fr., d. Ahnen v. Brandenburg; e. Gedicht. 8. Berl. 813.

— s. Bundesblüthen.

v. Kalkreuth, Ernest. Leopold. Hel. Friederike, geb. v. Gaffron: Oberstradam, Gedichte. 8. Berl. 823. Maurers B. 16 ₰

v. Kalkreuth, Friederike, geb. v. Gaffron, Gedichte. gr. 8. 823. jetzt Heymann in Berlin. 2/3 ₰

Kalkreuth, H. E. v., entdeckter Sinn durch Losreissung v. der Welt. 12. Frankf. 737.

Kalkreuth, Graf Heinr. Wilh. Adolph v., der systemat. Begriff d. Abgabe. Eine finanzwissenschaftl. Abhandl. gr. 8. ($3\frac{1}{2}$ B.) Leipzig 828, (Andrae.)

Kalkreuth, Graf v., der philosophische Dialog nach Platon. gr. 8. Nürnb. Schrag. 811.
Schreibr.

—— der Gesetz-Staat. Nach seiner Grundlage u. vorläuf. Entwicklung. 8. (21 B.) Leipzig 828, (Andrae.)

— d. Gesetz-Staat. Nach seiner Grundlage u. vorläufigen Entwickelung. 8. Leipz. 829. (Andrä). 1 ℛ

— d. Idee τὸ ἀκροαματικὸν ποιημάτιον. gr. 8. Berl. 809. (Dümmler). 16 ℊ

Kalkreuth, H. W. A. von, die Idee, τὸ ακροαματικὸν ποιημάτιον. gr. 8. Berlin, Hitzig. 809.

—— die Korngesetze. Eine Abhandl. 4. (2½ B.) Sagan 829. (Leipzig, Andrae.)

— d. Legitimität; e. Abhandl. gr. 8. Lpz. 823. (Klinkhardt). 1 ℛ

v. **Kalkreuth, (H. W. A., Graf,)** die Legitimität; eine Abhandl. gr. 8. Leipz. 823. Sühring.

— d. Staatsform. gr. 8. Berl. 809. (Dümmler). 8 ℊ

v. Kalkreuth, Graf Heinr. Wilh. Ado.: Versuch ein. kurzen u. fasslichen Deduktion d. Rechtsbegriffs. *Nürnb.*, Schrag. 827. gr. 8. (6 Gr.)

— was ist Wahrheit? eine Abhandl. veranlaßt durch d. alte u. ähnl. Frage C. L. Reinhold's in Kiel. gr. 8. Breslau 822, Graß, B. u. C.

Hs. W. Adf. Graf v. **Kalkreuth**: Was ist Wahrheit? e. Abhandl., veranlasst durch d. alte u. ähnl. Frage des — *K. Lh. Reinhold. Bresl.* (*Lpz.*, Barth in Comm.) 821. gr 8° 18 ℊ

* * *

— Widerlegung jenes gesammten Schreibens u. Urtheilens, wovon d. Schrift des Hrn. v. Stourdza nur eine vorübergehende Erscheinung ist. 8. Leipz. 819. Andrä. 8 ℊ

— der prakt. Zweck nach seinen verschiedenen Entwickelungen rücksichtl. einer menschlichen Gesellschaft dargestellt. 8. Berl. 814. Wittich. 8 ℊ

Kalkreuth, Johann Alexander von (Niederschles. Adel), De successione secundogeniti prae primogenito in regna et principatus. Präs. Burc. Gotthelff Struve. Jena (Horn) 4. VII. 1733. 62 Seiten. (7.—) 17402

Der **Kalksandstein**, s. Herstellung u. Eigenschaften. Hrsg. v. Verein d. Kalksandsteinfabriken. E. V. Berlin. Selbstverl. 1908. (105 S.) 4° [08. 0…

Kalksandstein-Industrie-Zeitung. Monatsblatt. Hrsg. durch Werner Heffter. Jahrg. 1905. 12 Hefte. (à ca. 8 S.) 4. Leipzig, C. A. Fischer. n. 4. —
Fortsetzung, s.: Kalk u. Sand.

Kalkschmidt, Carl, s. Kalkschmidt, Karl

Kalkschmidt, E., s. Bismarck, Am Steuer des Reiches.

Eugen **Kalkschmidt**. Großstadtgedanken. Studien u. Ratschläge aus d. ästhet. Praxis. München: G. D. W. Callwey (1906). (VI, 266 S.) 8° [F.]
[06. 13456

Kalkschmidt, Eug. Grossstadtgedanken. Studien u. Ratschläge a. d. ästhetischen Praxis. München (1906.) 8°

– (Hrsg.), s. Richter – Ludwig Richter an Georg Wigant.

Kalkschmid Justus Pater O. F. M. Adriatische Heteropoden (mit 2 Textfiguren) S. 121 I. 1906 . - 70
Separatabdruck

— Die Heteropoden der „Najade" Expeditionen. Vorläufige Mitteilung im Auftrage des Vereines zur Förderung der naturwissenschaftlichen Erforschung der Adria in Wien (mit 25 Textfiguren) S. 122 I. 1157 . 1 10
separatabdruck

Kalkschmidt, Karl

Kalkschmidt, Carl [aus Braunsberg, Ostpreussen]: **Casuistische Beiträge zu perforirenden Augenverletzungen** . . . Greifswald, Druck v. Julius Abel, 1885. 31 S. 8°.
Greifswald, Med. Fak., Inaug. Diss. v. 14. Okt. 1885.

Kalkschmidt, Carl, casuistische Beiträge zu perforirenden Augenverletzungen. Diss. Greifswald 1885, J. Bindewald. 8°. 31 S.

Kalkstein, P. O. M., Elucubrationes litterales, allegoricae, morales et anagogicae in totam s. Scripturam Veteris et Novi Testamenti. Breslau, 1752, Folio, 11 Bde.

Kalkstein, v., Cauer u. Eulenburg, Nation. u. humanist. Erziehung. (48 S.) Kiel 1891. Lipsius u. Tischer.

v. **Kalkstein, C.** Geschichte des französischen Königsthums unter den ersten Capetingern. I. Bd. (XVII. 524) 8. Der Kampf der Robertiner und Karolinger. Leipzig 1878 10,00

v. **Kalkstein, C.** Robert der Tapfere, Markgraf von Anjou, der Stammvater des Kapetingischen Hauses. (165) 8. Berlin 1871 2,80.

Kalkstein, Mor. v., Leitfaden für den Unterricht in der Geographie. 2 Thle. 2. theilweise umgearb. u. m. Berücksicht. der neuen Forschungen verm. Aufl. gr. 8. Berlin 871—75. Bichteler & Co. n. 5. 50
1. Thl. Oro- u. Hydrographie u. polit. Geographie. Speciell f. die Portepeefähnrichs-Prüfg. in der deutschen Armee u. die höheren Klassen v. Realschulen. (XX, 368 S.) n. 4. —
2. Thl. Mathematische u. physikal. Geographie. Speciell f. die Portepee-Fähnrichsprüfg. bearb. Mit e. Steindr.-Taf. (in qu. gr. 4.) (XII, 92 S.) 1. 50

Kalkstein, R. v. Die preuß. Armee, deren Einrichtungen und reglementarische Formen. Handbuch für Offizier-Aspiranten. 2. Aufl. Berlin 1861. 8°. (1. Aufl. 1855).

Kalkstein, R. v., die Preußische Armee, deren Einrichtungen u. reglementarische Formen. Ein Handbuch zur Belehrung für Offizier-Aspiranten. Mit vielen in den Text gedr. Holzschn. 2., in den ersten Kapiteln bericht. Aufl. Berlin 861. Mittler & Sohn. 8. (XVI, 457 S.) 1 ℛ 22½ ngr.

Kalkstein, R. v., die Preußische Armee nach ihren reglementar. Formen u. Einrichtungen, zusammengefaßt in Form einer „Dienst-Instruktion" für Offizier-Aspiranten, innerhalb der durch die Bestimmungen über die Armee-Offizier-Prüfungen u. den Unterricht an den Militair-Schulen gezogenen Grenzen. Mit vielen in den Text gedr. Holzschn. Berlin 855. Mittler u. Sohn. gr. 8. (XVI, 455 S.) 1 ℛ. 22½ ngr.

Kalkstein, Th. v. Der Großgrundbesitz gegenüber der Rentengüter-Gesetzgebung. Ein Beitrag zur Parzellirungspraxis. gr. 8. (53 S.) Posen 892, (Türk). * 1 —

KALKSTEIN, Theodor von (Smolong): Adam Mickiewicz. Eine historisch-sozialpolitische Studie.- Pelplin: Romann 1874. 2 Bl.,104 S.
7.3.1874 - Urk (Titel: De Adamo Mickiewicz.): Chr 1873/74,14
Diss. Ingolst.-Landsh.-Mchn.

Kalkulation, s. Calculation.

Kalkulator, s. Calculator.

Kalkum, Maurus, die Klöster in ihrer Bedeutung für Ordens- und Weltleute. Predigt. Die neueren religiösen Frauengenossenschaften. Eine canonist. Abhandlung von einem kathol. Priester. Zwei zeitgemäße Erörterungen. 8. (70 S.) Augsburg 874, Kollmann'sche Buchh. [Regensburg, Manz.] *

Kalkum, Paul: Westfälische Dichter des 17. Jahrhunderts. Dortmund 1910. VII, 61 S. 8° ¶(Aus: Dortmundisches Magazin.)
Münster, Phil. Diss. v. 6. Mai 1910, Ref. Schwering
[Geb. 24. Febr. 83 Burg a. W.; Wohnort: Münster i. W.; Staatsangeh.: Preußen; Vorbildung: Gymn. Viersen Reife O. 05; Studium: Bonn 1, Münster 6 S.; Rig. 27. Febr. 09.] [U 10. 3778

Kalkwerkbetrieb, der, Sachsens und die Ursachen der verschiedenen Kalkpreise in Sachsen. Auszug aus einem auf Veranlassung des Königl. Ministeriums des Innern abgegebenen Gutachten von Gust. Wunder, A. Herbrig und Adph. Eulitz. gr. 8. (III und 87 S.) Leipzig 867, Engelmann. *

Kall, Arnold, a. Düren: Die deutsche Küste als Siedelungsgebiet. Düren 1907: Aktien-Ges. f. Zeitungsverlag u. Druckerei. (97 S.) 8°
Kiel, Phil. Fak., Ref. Krümmel, Diss. v. 4. Febr. 1907
[Geb. 26. Febr. 81 Düren im Rheinlande; Wohnort: Düren; Staatsangeh.: Preußen; Vorbildung: Gymn. Düren Reife O. 02; Studium: Bonn 4, Kiel 5 S.; Rig. 26. Jan. 07.]

Kall, C., St. Gertrud in Hamburg. Chronik der Kapelle St. Gertrud und ihrer Nachfolgerinnen, der Kirche St. Gertrud und der Stiftung St. Gertrud. gr. 8. (VI, 258 S. mit photolithogr. Abbild.) Hamburg 888, (Seippel.) **

Kall, Friedrich: Aus dem pharmakol. Institute zu Würzburg. Die Kieselsäure im tierischen u. menschlichen Organismus. *Würzburg 1898: P. Scheiner.* (23 S.) 8°
8. Würzburg, Med. Diss. v. 1898

Kall, Friedr. v., zur Militair-Frage. gr. 8. (20 S.) Berlin 863, Jansen.

von der Kall, H. [aus Trier]: Über einige Derivate des Hydroxylamins. . . . Würzburg, k. Universitätsdr. v. H. Stürtz, 1890; 29 S. 8°
Würzburg, Phil. Fak., Inaug.-Diss. v. 1890

Kall, J., Die Noth der Armen. Eine Volksschrift. 8°. Leipzig 1845.

Kall, J. Chr., Observationes de jure non scripto, inter cives subditos secundum rei naturam vigente. Ad instituendam comparationem addita est adumbratio ejusdem argumenti ex jure Danico. 8 maj. (23½ B.) Hafniae 828, (Brummer.) Thlr.

***Kall*, J. G.**, disquisitio de linguae hebraicae natalibus. II Pts. 8. Bremen 753. Rump. 12 gr.

Kall, Jos.: „Anleitung zur allgemeinen Haus- und Landwirthschaft", 2 Bände, Wien 1805 (Schaumburg).

KALL, Kurt (Mannheim): Über Epithelmetaplasien der Harnblase. (Titel nach der Urkunde)
25.2.1908 - Urk; Chr 1907/08,18
Diss. Ingolst.-Landsh.-Mchn.

Kalla, Ant., über die Haager Liederhandschrift Nr. 721, s. a. Studien, Prager deutsche. 14. Heft.

Kalla, Anton: Über die Haager Liederhandschrift Nr. 721
Prag, Phil. Diss. von 1908/1909

Über die Haager Liederhandschrift Nr. 721. Von Anton **Kalla**. Prag: Bellmann 1909. 141 S. 8°
(Prager Deutsche Studien. H. 14.) [09. 13781

Kalla, Maria, im Märchenwalde, s.: Bloch's, Ludw., Kinder-Theater.

— **die Prinzessin** od. 20 Minuten im Wartesaal, s.: Mädchen-Bühne.

Kallab Wolfgang: Die Entwicklung der toskanischen und umbrischen Landschaftsmalerei im 14. u. 15. Jahrhundert. Diss. Wien, Univ.
D: Erschien unter dem Titel „Die toscanische Landschaftsmalerei im XIV. u. XV. Jhdt." (Jahrbuch d. Kunsthist. Slgn. d. A. H. Kaiserh. XXI. 1900).
1898 PN 1177

KALLAB, Wolfgang
Die Toscanische Landschaftsmalerei im XIV. und XV. Jahrhundert, ihre Entstehung und Entwicklung von Wolfgang Kallab. (Aus dem XXI. Bande des Jahrbuches der Kunsthistorischen Sammlungen des Allerhöchsten Kaiserhauses.) Wien. 1900. [Tempsky.] Fol. 90 S. mit 9 Tafeln. cart. K 20.—

Kallab, Wolfg., die toscanische Landschaftsmalerei im XIV. u. XV. Jahrh., ihre Entstehung u. Entwicklung. Fol. (90 S. m. 52 Abbildgn. u. 9 Taf.) Wien 900. (Leipzig, G. Freytag.) Kart. n. 20.—
Sonderabdruck aus: „Jahrb. d. kunsthistor. Sammlgn. des Allerh. Kaiserhauses".

Kallab, Wolfg., Vasaristudien, s. a. Quellenschriften f. Kunstgeschichte u. Kunsttechnik des Mittelalters u. der Neuzeit. XV.

Vasaristudien von Wolfgang **Kallab**, mit e. Lebensbilde d. Verf. aus dessen Nachlasse hrsg. von Julius v. Schlosser. Wien: K. Graeser & K[ie]; Leipzig: B. G. Teubner 1908. (XLIII, 454 S.) 8°
— **Quellenschriften** f. Kunstgeschichte u. Kunsttechnik. N. F. 15. [08. 7741 3

Kallas, Herbert: Aus d. Univ.-Ohrenklinik zu Göttingen. Über Sklerose des Mittelohres mit besonderer Berücksichtigung der Funktionsstörungen. Göttingen 1910: Kaestner. 100 S. 8°
Göttingen, Med. Diss. v. 29. Juni 1910, Ref. Bürkner, Braun
[Geb. 7. April 82 Lathen; Wohnort: Lathen; Staatsangeh.: Preußen; Vorbildung: Gymn. Fraustadt Reife O. 04; Studium: Berlin 2, Göttingen 8 S.; Coll. 16. Juni 09; Approb. 29. Juni 10.] [U 10. 1379

Kallas, Osk., 80 Märchen d. Ljutziner Esten, s. a. Verhandlungen d. gelehrten estnischen Gesellschaft.

Kaheksakümmend Lutsi Maarahva Muinasjuttu kogunud Oskar **Kallas**. *Jurjews (Tartus) 1900: Schnakenburg.* (S. 83–400.) 8°
[Nebent.:] Achtzig Märchen der Ljutziner Esten. Gesammelt v. O. K.
— Verhandlungen d. Gelehrten Estn. Gesellschaft. Bd 20, H. 2. [00. 7680

— **die Wiederholungslieder der estnischen Volkspoesie**, s.: Mémoires de la société finno-ougrienne. XVI. 1.

Die Wiederholungslieder der estnischen Volkspoesie. Von Oskar **Kallas**. 1. *Helsingfors: (Société finno-ougrienne) 1901.* 4°(8°)
— Toimituksia, Suomalais-ugrilaisen Seuran. 16, 1. [01. 8588

Kallas, R. G. Die Methodik d. elementaren Rechenunterrichts. Principiell-systemat. abgeleitet. Gekrönte Preisschrift. gr. 8. (VII, 96 S.) Mitau 889, Behre's Verlag. * 2 40

Kallas, R. G., d. Methodik d. elementar. Rechenunterrichts. gr. 8. (VII, 96 S.) Mitau 889. Riga, C. J. Sichmann. 2.40; erm. Pr. n. 1.60

[F.] System der Gedächtnislehre. Psychologisch begründet u. klangmnemonisch veranschaulicht v. R[udolf] G[ottfr.] Kallas, Pastor zu Rauge in Livland ... E. Beitr. z. Pädagogik. (A. d. Umschl.: ... Neue Darstellg d. memorativen Theorie u. Praxis auf Grund d. Volkspoesie u. des teleologischen Personalismus. Sieben Bücher.) *Jurjew '(Dorpat)': H. Laakmann 1897.* (531 S.) 1 Bd 8. [97. 3364

Kallasch, A. J. Fd., Schriftbeweise u. Sprüche d. heil. Väter u. Kirchenlehrer üb. d. vorzügl. Glaubens- u. Sittenwahrheiten ꝛc. 8. Prag 818. Calve. 1 fl 8 K

Kallasch, Ferdinand, Ueber die Zustände der Landschullehrer u. des niederen Klerus in Oesterreich. gr. 8. (23 S.) Prag, Calve'sche Univ. Buchh. (Fr. Becke.) 1863 20 kr.

Kállay, Adolf (Hrsg.), s.a. A l m a n a c h , Ärztlicher.

Kállay, Med. Dr. Adolf, Aerztlicher Almanach. Enthaltend: Porträt Prof. Wiederhofer und Biographie Prof. Germain Sée etc. XII. Jahrg. 1893. 16. (80 S. mit Tagebuch.) In Comm. In Lwd. geb. 2.—
Wien: Braumüller 1892.

Kállay, A. (Hrsg.), s.a. A l m a n a c h , Illustrierter ärztlicher.

— Illustr. ärztlicher Almanach mit besond. Berücksichtigung der Curorte. Enth.: Biographien u. Portr. v. Skoda, Bamberger, Billroth, Herzog Carl in Baiern, Ultzmann u. eine Abbild. Carlsbads. kl. 8. I. Jahrg. 1882. (XXX u. 190 S.) geb. 2 fl.
Wien: Braumüller 1882.

Kállay, Dr. Adolf, Illustr. ärztlicher Almanach m besonderer Berücksichtigung d. Curorte Enthaltend Biographien und Porträts. II. Jahrg. 1883. Taschenform. (163 S. m. Tageb.) Wien. Wilh. Braumüller. Geb. mit Goldschnitt 2 fl. 1883

Kállai, Med. Dr. Adolf, Illustrirter ärztl. Almanach mit besond. Berücksichtigung d. Curorte. III. Jahrg. 1884. kl. 8. (150 S. mit Tagebuch.) Wien, Wilh. Braumüller. Geb. mit Goldschn. 2 fl. 1884

Kállay, Adolf, Dr. med., Illustrirt. ärztl. Almanach m. besonderer Berücksicht d. Curorte. 1885. IV. Jahrg. Taschenform. (178 S. m. Tagebuch) Wien, Wilh. Braumüller. geb. m. Goldschn. 2 fl. 1885

Kállay, Dr. Adolf, illustrirter ärztlicher Almanach mit besonderer Berücksichtigung der Curorte. Enthaltend: Biographien und Porträts von Gerhardt, Cantani, Oser und Lanzarewitsch etc. V.—VI. Jahrg. Taschenformat. (223 S. mit Notizblättern.) Wien, Braumüller. geb. fl. 2.—. 1886

— Illustrirter ärztlicher Almanach. Enthaltend: Biographien und Porträts von Krassowsky, Senator und Mavrogeny etc. VII. Jahrg. Taschenformat. (186 S. mit Notizblättern.) Wien, Braumüller. geb. fl. 2 —. 1887

Kallay, A., üb. Diabetes mellitus, Eine neue Eintheilg. desselben. gr. 8. (88 S.) Wien 891. F. Deuticke. n. 1.—

Kállay, A., neuester Führer durch Karlsbad u. Umgebung, nebst einem (chromolith.) Situationsplane von Karlsbad u. einer (lith.) Eisenbahnkarte Mitteleuropas. 8. (102 S.) Wien 881. Braumüller. n. 2.—

Kállay, Adph., new guide to Carlsbad and its environs, with a plan of Carlsbad. 12. (79 S.) Karlsbad 886, Stark. *

Kállay, A., „Curorte", enth.: die wichtigsten Bade- u. Cur-Anstalten Mittel-Europa's, nebst Biographien u. Porträts hervorrag. Aerzte. 16. (V, 219 S.) Wien 889. Braumüller. geb. n. 2.—

Kállay, Med. Dr. Adolf, illustrirter Curorte-Almanach. kl. 8°. (XXVII, 147 S.) Troppau, Strasilla. fl. 1.—. 1887

– (Red.), s. R e v u e , Medizinische für Balneologie, Hydro- und Mechano-Therapie ...

Kállay, A., s. Revue, medicin., f. interne Medicin u. Therapie.

Kállay, Benj. v., die Geschichte des serbischen Aufstandes 1807—1810. Aus dem Handschriftennachlass hrsg. v. Ludw. v. Thallóczy. Übers. v. Steph. Beigel. (LXIX, 554 S. m. Bildnis.) gr. 8. Wien 910. A. Holzhausen. 15.—

Kállay, Benj. v., Geschichte der Serben von den ältesten Zeiten bis 1815. Aus dem Ungar. mit Zustimmung des Verf. ins Deutsche übertragen von J. H. Schwicker. 1. Bd. 8 Hefte. gr. 8. (XVII, 601 S.) Budapest 877,78, Lauffer's Verlag. à Heft *M 1,20.

Kállay, Benj. v., Geschichte der Serben von den ältesten Zeiten bis 1815. Aus dem Ungar. mit Zustimmung des Verf. ins Deutsche übertragen von J. H. Schwicker. 2. Bd. 1. Heft. gr. 8. (S. 1—80.) Budapest 878, Lauffer's Verlag. *
1. Bd. Ebendas. 1877,78. *M 9,60.

Kallay, Benj. v., Geschichte der Serben von den ältesten Zeiten bis 1815. Aus dem Ungar. mit Zustimmung des Verf. ins Deutsche übertr. von J. H. Schwicker. 2. Bd. 1. Heft. gr. 8. (80 S.) Budapest 885, Lauffer's Verlag. *
1. Bd. Ebendas. 1877,78. *M 9.60.

— die Orientpolitik Rußlands. Aus dem Ungarischen von J. H. Schwicker. gr. 8. (III, 124 S.) Ebend. 878. n. 2.—

Kallbrunner Josef: Herzog Albrecht V. von Oesterreich und der Straubinger Erbstreit 1425—1429. 1905 PN 1977 **Diss.** Wien, Univ.

Kallbrunner, Jos., u. Osk. **Oberwalder,** Dürnstein a. d. Donau, s.a. O e s t e r r e i c h e r ' s , F., illustr. Führer.

Kallbrunner, J. und **Oberwalder,** O., Dürnstein an der Donau. [F. Oesterreicher's illustrierte Führer. Nr. 1.] 8°. (ill. 32 S.) K —.80
Krems: Östreicher 1910.

Kalle & Co: Die Farbstoffe, angeordnet nach Verwendung und Eigenschaften Biebrich a. Rh. 1905

Kalle & Co., A.-G: Die Farbstoffe, angeordnet nach Verwendung und Eigenschaften 2. Aufl. Biebrich a. Rh. 1909.

Kalle, Ernst: Ein Beitrag zur Kenntnis des primären Scheiden- und Vulva-Karcinoms. *Greifswald 1903: J. Abel.* (61 S.) 8°
Greifswald, Med. Diss. v. 14. Mai 1903

Kalle, Fritz, zur Gemeindeordnungs-Frage in Wiesbaden. gr. 8 (18 S.) Wiesbaden 883, (Moritz und Münzel.) **
Aus: Rheinischer Kurier, besonders abgedruckt.

Kalle, Fritz, Gutachten üb. Alters- u. Invalidencassen f. Arbeiter, s.a. Schriften d. Vereins f. Socialpolitik.

Kalle, Zillmer u. A., üb. Alters- u. Invalidencassen f. Arbeiter. Gutachten Leipz. 874.

Kalle, Fritz, wirthschaftliche Lehren. 2. Aufl. 8. (VI, 76 S.) Berlin 878. Gesellschaft für Verbreitung von Volksbildung. — 40

Kalle F. wirtschaftliche Lehren. 1. und 5. Auflage. Berlin 1879. 91

Kalle, Fritz. Wirtschaftliche Lehren. 5. Aufl. 17.—20. Tausend. 8. (XI, 70 S.) Berl. 891, W., Maaßenstr. 20, Gesellschaft f. Verbreitg. v. Volksbildung. — 30

Kalle, wirthschaftliche Lehren. 6. Aufl. Leipz. 892.

—— dass. — 6. Aufl. [21. bis 24. Taus.] 8. (VIII, 85 S.) Lpz. 892, Duncker u. Humblot. * — 80

—— Maßregeln zum Besten der Fabrikarbeiter besprochen vom Standpunkte des Arbeitgebers. gr. 8. (66 S.) Wiesbaden 875, Limbarth. *

Kalle, Fritz, soziale Mobilmachung. Zur Frage d. sozialen Erziehg. Zwei Aufsätze aus der Zeitschrift „Die Gegenwart". gr. 8. (65 S.) Berlin (899). (Th. Fröhlich). — 50

— Nahrungsmittel-Tafel, Farbendr. 45×72 cm. Nebst erläut. Text f. den Lehrer. 1.—3. Aufl. gr. 8. (8 S.) Wiesbaden 891—893. J. F. Bergmann. n. 3. —

Kalle, Fritz, kleine (farb.) Nahrungsmittel-Tafel f. Schulen. gr. 4. Mit Text auf d. Rückseite. Wiesbaden 898. J. F. Bergmann. Gebrochen in gr. 8. n. — 20

Kalle, F., u. O. Kamp, die hauswirtschaftliche Unterweisung armer Mädchen. Grundzüge der besteh. Einrichtgn. u. Anleitg. zur Schaffg. derselben. gr. 8. (VII, 111 S.) Wiesbaden 889. Bergmann. n. 2. —

— u. Otto Kamp, die hauswirtschaftliche Unterweisung armer Mädchen in Deutschland u. im Ausland. Grundzüge der besteh. Einrichtgn. u. Anleitg. zur Schaffg. derselben. Neue Folge. gr. 8. (VII, 156 S.) Ebd. 891. n. 3. — (1 u. 2.: n. 5. —)

— Ueber Volksernährung und Haushaltungsschulen als Mittel zur Verbesserung derselben. Ein Vortrag, mit Tabelle. gr. 8°. Wiesbaden, Bergmann, 1891.

—— Ueber Volksernährung u. Haushaltungsschulen als Mittel zur Verbesserg. derselben. Ein Vortrag m. 1 Farbentaf. u. 1 Zahlentab. gr. 8. (32 S.) Ebd. 891. * — 60

Kalle, F. Über Volksernährung und Haushaltungsschulen als Mittel zur Verbesserung derselben. Vortrag. 2. Aufl. Wiesbaden, 1891. 32 S. mit 1 Taf. und 1 Tab.

Kalle, Fritz, Wegweiser ins wirtschaftl. Leben. (1.—7. Aufl. 1.—51. Taus.) (14 S.) gr. 8. Berlin 907. 08. Gesellschaft f. Verbreitg. v. Volksbildg. p — 10

Kalle, Fritz: Wegweiser ins wirtschaftl. Leben. 14. u. 15. Aufl. Berlin 1910. 8°

— u. Gust. Schellenberg, wie erhält man sich gesund u. erwerbsfähig? 4. Aufl. 31.—40. Taus. gr. 8. (16 S.) Berlin 894. W., Maaßenstr. 20, Gesellschaft f. Verbreitg. v. Volksbildg. (Hannover, Manz & Lange.) n. — 10

— u. Gust. Schellenberg, wie erhält man sich gesund u. erwerbsfähig? 16. Aufl. 151.—160. Taus. gr. 8. (16 S.) Berlin 900. (Th. Fröhlich.) n. — 10

Wie erhält man sich gesund und erwerbsfähig? Von Prof. Fritz Kalle, Stadtrat, u. Dr. Gustav Schellenberg, Stadtarzt in Wiesbaden. 17. Aufl. *Berlin: Abegg-Stiftung 1903.* (16 S.) 8° [F.] [03. 4388

Kalle, Fritz, u. Gust. Schellenberg, wie erhält man sich gesund u. erwerbsfähig? 42. Aufl. 400.—409. Taus. (16 S.) 8. Berlin 906. Gesellschaft f. Verbreitg. v. Volksbildg. — 10

— u. Gust. Schellenberg, wie erhält man sich gesund u. erwerbsfähig? 46.—53. Aufl. 440.—530. Taus. (16 S.) gr. 8. Ebd. 907. 08. p — 10

Kalle, Fritz, und Gustav *Schellenberg:* Wie erhält man sich gesund und erwerbsfähig? 66. u. 67. Aufl. Berlin 1910. 8° *[1. Aufl. 1891.]*

—— Wie nährt man sich gut u. billig, s. a. Volkswohl-Schriften.

— Wie nährt man sich gut und billig? (Volkswohlschriften 8) Leipzig 1891

Kalle, F., Wie nährt man sich gut und billig? 2. Aufl. Leipzig, 1891. 41 S.

Kalle, wie nährt man sich gut u. billig? 2. Aufl. 3. Abdr. Leipz. 892.

— u. Mangold, die Wohlfahrtseinrichtungen Wiesbadens, im Auftrage des Magistrats zusammengestellt. gr. 8. (154 S.) Wiesbaden 902. J. F. Bergmann. n. 1. 60

Kalle, Die Wohnungsfrage vom Standpunkte der Armenpflege. 8°. Leipzig 1888.

Kalle, Wilhelm [aus Biebrich a. Rh.]: Über die Umwandlung von Naphtalinderivaten in o-Oxy-o-Toluylsäure und in p-Oxy-o-Toluylsäure und über einige Derivate dieser Säuren ... Erlangen, k. b. Hofbuchdr. v. A. Vollrath, 1895; 28 S. 8.
Erlangen, Phil. Fak., Inaug.-Diss. v. 14. Nov. 1894

Kallee, E. v., Ausgrabungen bei Rottenburg und Köngen a. Neckar. S.-A. 1885. 12 S. 4 Taf. 4°.

Kallee, E., der nordostfranzösische Kriegsschauplatz. Eine militär-geograph. Skizze. gr. 8. (VI, 61 S.) Berlin 888. Mittler & Sohn. n. 1. 40

Kallee, E. Das rätisch-obergermanische Kriegstheater der Römer. Eine strateg. Studie. Mit 1 Karte. Lex.-8. (VII, 47 S.) Stuttg. 889, Kohlhammer. * 2 40
Aus: Württemb. Vierteljahrshefte f. Landesgeschichte, besonders abgedruckt.

Kallee. Ueber Umfassung, s. a. Beiheft zum Militär-Wochenblatt.

Kallee. Ueber Umfassung. Beihft. z. „Milit.-Wochenblatt". — Berlin 1890.

Kallee, Rich., die Ausbreitung d. römisch-kathol. Ordenswesens durch die Frauenklöster in Württemberg 1864 —1896, s. a. Flugschriften d. Evang Bundes.

[F.] Die Ausbreitung des römisch-katholischen Ordenswesens durch die Frauenklöster in Württemberg 1864 bis 1896. Nach amtl. Quellen bearb. v. Richard Kallee, Evang. Stadtpfarrer in Oehringen. *Leipzig: C. Braun 1896.* (75 S.) 8.
— Flugschriften d. Evangel. Bundes. [No] 110 120. '(Reihe X, 11/12.)'
[96. 1888

Kallen, Bernh. Jos. [aus Bergheim]: Ueber Alantolacton und die Anlagerung von Blausäure an ungesättigte Lactone ... Rostock, Univ.-Buchdr. v. Adler's Erben, 1895; 44 S., 1 Bl. 8.
Rostock, Phil. Fak., Inaug.-Diss. v. [13. März] 1895

Kallen, Friedrich (geb. am 21 Juni 1857 in Heinsberg): Das Verhalten des Protoplasma in den Geweben von Urtica urens, entwickelungsgeschichtlich dargestellt ... Regensburg, Druck d. F. H. Neubauer'schen Buchdr. 1882. 2 Bl., 35 S., 1 Bl., 1 Taf. 8. ¶ Sonderabdr. aus d. Flora LXV 1882 S. 65 ff., 81 ff., 97 ff.
Bonn, Phil. Fak., Diss. v. 6 März 1882

Kallen, Gerh., die oberschwäbischen Pfründen des Bistums Konstanz u. ihre Besetzg. (1275—1508), s.a. **Abhandlungen**, kirchenrechtliche. 45. u. 46. Heft.

Kallen, Gerhard, a. Neuss: Zur oberschwäbischen Pfründengeschichte vor der Reformation. Stuttgart 1907: Union. (VIII, 46 S.) 8° ¶ (Erscheint vollst. u. d. T.: „Die oberschwäbischen Pfründen des Bistums Konstanz u. ihre Besetzung ⟨1275—1508⟩. „Ein Beitrag z. Pfründengesch. vor d. Reformation" als: „Kirchenrechtl. Abhandlungen", hrsg. v. U. Stutz, H. 45, 46.)
Bonn, Phil. Fak., Ref. Schulte, Diss. v. 6. Aug. 07
[Geb. 6. Mai 84 Kallenhof b. Neuß; Wohnort: Kallenhof; Staatsangeh.: Preußen; Vorbildung: Gymn. Neuß Reife O. 02; Studium: Innsbruck 2, Bonn 8 S.; Rig. 6. Febr. 07.]

Die oberschwäbischen Pfründen des Bistums Konstanz und ihre Besetzung ⟨1275—1508⟩. Ein Beitrag z. Pfründengeschichte vor d. Reformation von Dr. phil. Gerhard **Kallen**. Mit 1 Karte. Stuttgart: F. Enke 1907. (XVI, 308 S.) 8°
— **Abhandlungen**, Kirchenrechtliche. H. 45/46. [07. 17914

Kallen, Wilh., Raumlehre für Volksschulen, Fortbildungsschulen und Präparanden-Anstalten. Ein Leitfaden für die Lehrer. Nebst einem Transporteur. 8. (140 S. mit eingedr. Fig.) Aachen 879, Barth. *
— dass. — Ausg. für Schüler. 8. (51 S. mit eingedr. Fig. und 1 Transporteur.) Ebendas. 879. * *

Kallen, Wilh., Raumlehre für Volksschulen, Fortbildungsschulen und Präparanden-Anstalten. Ein Leitfaden für die Schüler. 2. verb. Aufl. 8. (51 S. mit eingedr. Fig. und 1 Transporteur.) Aachen 884, Barth. **

Kallen, Wilh., Raumlehre für Volksschulen, Fortbildungsschulen und Präparanden-Anstalten. Ein Handbuch für den Lehrer. 2. verm. und mit einem Anhang über Wurzelausziehen vers. Aufl. Mit 1 Transporteur. 8. (III, 175 S. mit Fig.) Aachen 888, Barth. *

— die wichtigsten Regeln der deutschen Grammatik, zusammengestellt zum Gebrauche in Volksschulen. 8. (40 S.) Ebendas. 879. * *

— die wichtigsten Regeln der deutschen Grammatik, zusammengestellt zum Gebrauche für Volksschulen. 8., verb., nach der neuen Orthographie umgeänd. Aufl. 8. (40 S.) Aachen 882. Barth. n.n. — 25

Kallen, Wilh., die wichtigsten Regeln der deutschen Grammatik, zusammengestellt zum Gebrauche in Volksschulen. 4., verb. Aufl. 8. (40 S.) Aachen 884. Barth n.n. — 25

Kallen, Wilh. Die wichtigsten Regeln der deutschen Grammatik, zusammengestellt zum Gebrauche f. Volksschulen. 6. verb. Aufl. 8. (42 S.) Aachen 890, Barth. ** — 25

Kallen, Wilh., die wichtigsten Regeln der deutschen Grammatik, zusammengestellt zum Gebrauche in Volksschulen. 7., verb. Aufl. 8. (48 S.) Aachen 894. R. Barth, Verl. n.n. — 30

Die wichtigsten Regeln der deutschen Grammatik, zsgest. z. Gebr. in Volksschulen von Wilhelm **Kallen**, Kreisschulinsp. 10. verb. Aufl. *Aachen: R. Barth 1899.* (48 S.) 8° [F.] [00. 5077 B

Kallen, Wilh., die wichtigsten Regeln der deutschen Grammatik, zusammengestellt zum Gebrauche in Volksschulen. 11., verb. u. nach den neuen Regeln üb. die deutsche Rechtschreibg. umgearb. Aufl. 8. (48 S.) Aachen 902. R. Barth, Verl. n.n. — 30

Kallenbach, C. G. E., Ausweichungen in alle Dur- u. Molltöne mittelst dreyer, zweyer u. eines einzigen Akkordes. 2., verb. Aufl. kl. Fol. (4¼ B.) Magdeburg 828, Creutz.

Kallenbach's, C. G. E., vierstimmiges mit Zwischenspielen versehenes Choralbuch. 2te verb. Aufl. 4. Magdeburg, Creutz. 819.

— musikal. Taschenbuch für lustige Clavierspieler. 4. Magdeb., (Creutz). 18 gr.

— Unterhaltungen am Clavier, ein Geschenk für Söhne u. Töchter. 4. Magdeb., (Creutz). 18 gr.

— musikal. Wochenblatt. 6 Hefte. 4. Magdeb., (Creutz). (à 1 ℔ 12 gr.) 6 ℔

— musikal. Würfelspiel. Magdeb., (Creutz). 1 ℔ 8 gr.

Kallenbach, C. W. Ueber Geschichtserzählung. Ein didakt. Versuch. I. 41 S.
Progr. Quedlinburg 1836

Kallenbach, C. W., s. Loci memoriales.

Kallenbach. Ueber das Princip der Einheit und der Mannigfaltigkeit im Gymnasial-Unterricht überhaupt und im lateinischen Unterricht insbesondere. Erster Theil 44 S.
Quedlinburg, Progr. 1851

Kallenbach. Ueber T. Livius im Verhältniß zu seinem Werke und seiner Zeit 43 S.
Quedlinburg, Progr. 1860

Kallenbach, Carl Georg, s. Kallenbach, Karl Georg

Kallenbach, E., über Polynoë cirrata O. Fr. Mllr. Ein Beitrag zur Kenntniss der Fauna der Kieler Bucht. Inaugural-Dissertation. gr. 8. (38 S. mit 1 lithogr. Taf.) Eisenach 883. (Jena, Deistung's Buchh.) *

Kallenbach, Frid Guil Osw (geb Berlin 21 4 1829) De epilepsia. Berolini (1855). (28 S.) 8°
Berlin, Med Diss. v 21 Aug 1855

Kallenbach, Georg

Kallenbach (G.). Handbuch für Schwimm-Vereine. 12°. Breslau. 1896.

Kallenbach, G.: Handbuch für Schwimmvereine enthaltend Die Entstehung, Entwicklung u. Organisation des Deutschen Schwimm-Verbandes. 3. Aufl. Breslau 1906. 392 S.

Liederbuch für Schwimmvereine, mit Unterstützung d. Schwimmkameraden bearb. u. hrsg von Georg **Kallenbach**, Breslau. 7 verm. Ausg. *Breslau: H Zimmer & Co. 1904.* (184 S.) 8° [F.] [04. 16118

Kallenbach, Georg Gottfr., Album de l'art du moyen-âge. — Album mittelalterlicher Kunst. 1. Bd. (4 Hefte.) qu. 4. (28 S. und 30 Stnt.) München 847, Roller.

Kallenbach, Geo. Gttfr., Album mittelalterlicher Kunst, 1. Bd. 4 Hfte. Jedes mit 15 Taf., deutsch. u. französ. Text. qu. 4. München 846, Roller. (à 1 ℔ 6 ngr) 4 ℔ 24 ngr

Kallenbach GG, Atlas zur Geschichte der deutschmittelalterlichen Baukunst. (86 T) quiol München 1847

— — Dogmatisch-liturgisch-symbolische Auffassung der kirchlichen Baukunst im Allgem. und insbes. der Rundbogenstyle. Halle 1837. 8°.

Kallenbach, Geo. Gfr., dogmatisch-liturgisch-symbolische Auffassung der kirchlichen Baukunst im Allgemeinen und insbesondere der Rund-Bogen-Style. Halle 857. Pfeffer in Comm. Lex.-8. (2 Bl., 48 S. u. 4 lith. Taf.) n. 20 ngr

Kallenbach, Geo. Gottfr., die Baukunst des deutschen Mittelalters chronolog. dargestellt mit besond. Rücksicht auf die Entwicklung des Spitzbogenstyls. Lex. 8. (VIII u. 83 S.) München 847. (Literar. artist. Anstalt.) n. 1 Thlr.

Kallembach, Ge. Gttfr., Die Baukunst des deutschen Mittelalters chronologisch dargestellt, mit besonderer Rücksicht auf die Entwickelung des Spitzbogenstyls. München 1847. gr Lex.-8. (D.)

Bd 1. a u. d T

Atlas zur Geschichte der deutsch-mittelalterlichen Baukunst in 86 Tafeln. Herausg im lithogr Institute von Zach, u. bearb. unter Leitung des Herausgebers. München 1847 qu.-Fol. . (D.)

Als Text hierzu:

— Chronologie der deutsch-mittelalterlichen Baukunst in geometr. Zeichnungen mit kurzer Erläuterung. Abth. 1—4. (Mit Steintafeln.) München 1844—1847. gr. Fol. (D.)

— Beiträge zum Verständniß der Kirchen-Baukunst mit besonderer Rücksicht auf Neubau, Restauration u. Ausstattung. Ein Quartalblatt mit größeren Abhandlungen u. kleineren Notizen. 1. Heft. (Jahrg. 1857.) Halle 857. Pfeffer in Comm. Lex.-8. (68 S. u. 8 lith. Taf.) n. 1 Thlr.

Kallenbach, Georg Gottfried, technische Bibliothek für Künstler und Handwerker. Eine geschmackvolle Auswahl von architekton. und mobilen Gegenständen im reinen mittelalterl. Style, für politechn. und Gewerbe-Schulen, Maler, Architekten rc. Aus dem gesammten Abendlande gesammelt und an Ort und Stelle gez. 1—16. Lfg. qu. gr. 4. (61 Stnt. und 20 S. Text.) München 852—53, Roller. à Lfg. 9 Ngr.

Kallenbach, Geo. Gottfr., Chronologie der deutsch-mittelalterlichen Baukunst in geometr. Zeichnungen mit kurzer Erläuterung. 1—3. Abthlg. gr. Fol. (à 24 Stnt. u. 3 B. T.) München 844—46. (Literar.-artist. Anstalt.) à * 5 Thlr. 10 Ngr. *

—— dass. 4. (letzte) Abthl. (19 Blätter u. verziert. Ttl. m. Vign.) A. u. d. T.: Atlas zur Geschichte der deutsch-mittelalterl. Baukunst in 86 Tafeln. Hrsg. im lithograph. Institute von Zach, u. bearb. unt. Leitung d. Hrsgbrs. qu. Fol. München 847. (Literar.-artist. Anstalt.) *

Als Text hierzu:

—— Chronologie der deutsch-mittelalterlichen Baukunst in 86 Taf. 2. Aufl. (6 Hefte.) Fol. (IV und 24 S. mit 58 Stnt.) München 855, Literarisch-artistische Anstalt. [à Heft * 1 Thlr. 22 Ngr.] *

Kallenbach, G. G., Chronologische Formenfolge der altdeutschen Baukunst etc. München 1849. gr 8°.

—— chronologische Formen-Folge der altdeutschen Baukunst bis zum Beginn des jetzigen Jahrtausend mit besond. Rücksicht auf die Entwicklung des Spitzbogenstyls nebst beigefügten Zeichnungen in 240 Fig. Ein Lehrbuch für Schulen und zum Selbstunterricht. Lex.-8. (VII und 83 S. mit 10 Stnt.) München 853, (Kaiser.) *

Kallenbach, Georg Gottfried. Chronologische Formen-Folge der Altdeutschen Baukunst bis zum Beginn des jetzigen Jahrtausends. Mit beigefügten Zeichnungen in 240 Figuren. 2. Auflage. München 1853. 4°.

—— Geschichtsabriß der deutsch-mittelalterlichen Baukunst. (Sendschreiben.) gr. 8. (1 B.) Berlin 844, Herm. Schultze.

Aus: Neues Jahrbuch der berlin. Gesellsch. f. deutsche Sprache u. Alterthumskunde, 6. Bd., besond. abgedruckt.

Kallenbach, Geo. Gottfr., Geschichts-Abriss d. deutsch-mittelalterl. Baukunst zu e. Atlas mit bibl. geometr. Darstellungen auf 48 Blätt. Lex.-8. (2⅝ B.) München 846, Literar.-artist. Anstalt. Thlr. *

— siehe: Gespräche, freundschaftliche, über Katholizismus u. Lutherthum.

—— und Jac. Schmitt, die christliche Kirchen-Baukunst des Abendlandes von ihren Anfängen bis zur vollendeten Durchbildung des Spitzbogen-Styls. Dargestellt mit Rücksicht auf die gesammte diesem kunstwissenschaftl. Zweige seither gewidmete Litteratur. Mit Abbildungen. 1—7. Lfg. Imp.-4. (S. 1—143 und 28 Stnt.) Halle 850—52, (Pfeffer.) à Lfg. * 15 Ngr. Thlr. *

—— und Jac. Schmitt, die christliche Kirchen-Baukunst des Abendlandes von ihren Anfängen bis zur vollendeten Durchbildung des Spitzbogen-Styls. Mit Abbildungen. 8—12. Heft. Imp.-4. (S. 97—128. mit 19 Stnt.) Halle 852—53, (Pfeffer.) Subscr.-Pr. à Heft * 15 Ngr *

1—7. Heft. Ebendas. 1851—52. * 3 Thlr. 15 Ngr.

Kallenbach, Heinrich, appr. Tierarzt a. Kevelaer am Niederrhein: Aus d. pharmakol. Institut d. Universität Gießen. Der Fettgehalt des Blutserums. Gießen 1906: O. Kindt. (36 S.) 8°

Gießen, Med. Fak., Ref. Geppert, Diss. v. 2. Aug. 1906

[Geb. 7. April 78 Harsum; Wohnort: Kevelaer; Staatsangeh.: Preußen; Vorbildung: Gymn. Josephinum Hildesheim Reife O. 96; Studium: Tierärztl. Hochschulen: Berlin 2, Hannover 2, Berlin 5 S.; Rig. 28. Juli 06.]

Kallenbach, Josef

Kallenbach, J. Commentatio cui inscribitur: Les humanistes polonais. In-8°. VI, 72 S. Freiburg, Universitäts-Buchhandlung. *1892* 5 —

Kallenbach, J. Les humanistes polonais. Lex. in-8°. VI, 72 p. Fribourg, Libr. de l'université (P. Friesenhahn). *1892* 3 75

Kallenbach Joseph. (Adam) Mickiewicz à Lausanne ⟨1838–1840⟩. Discours prononcé à la fête commemorative d'Ad. M. ⟨Lausanne, 24 decembre 1898⟩ F. 8. Fribourg 1899.

Kallenbach, Karl Josef

—— auch ein Wort für Homöopathie zur Abwehr der neuesten gegen dieselbe gerichteten Angriffe. gr. 8. (3½ B.) Berlin 845. (Schroeder's Verl.)

Kallenbach, die gesammten Herzkrankheiten, ihre Erkennung u. Behandl. nach d. neuesten Quellen in gedrängter Kürze monograph. zusammengestellt. gr. 8. (8¼ B.) Berlin 840, Hayn.

Kallenbach, C. G., die ältere u. neuere Homöopathie so wie ihr Standpunkt zur Medizin überhaupt. Drei Frühjahrsvorlesungen. gr. 8. (9 B.) Berlin 842, Voß'sche Buchh.

Kallenbach, Carl Georg (Schleusingen), De novissima gastro-enteritidis medela. Diss. med. Götting. (Carl Eduard Rosenbusch) 4. VI. 1836. 26 Seiten. (6.—) 17403

Krankengeschichten v.: Amalie Ruprecht, Wilhelmine Lautenschläger.

Kallenbach, Simon, approb. Arzt aus Ruß ⟨Ostpr.⟩: Aus d. städt. Krankenhaus, Kiel. Beitrag zum Verlauf der vorgeschrittenen Lungentuberkulose im Krankenhaus. *Kiel 1903: H. Fiencke.* (29 S.) 8°

Kiel, Med. Diss. v. [17. Okt.] 1903

Kallenbach, Wilhelm

Kallenbach, W., Ueber Geschichtserzählung der Griechen und Römer. I. Pr. 1886. 41 S. 4°. 1.50

Kallenbach, Wilh. Über Geschichtserzählung der Griechen und Römer. 35 S.
Quedlinburg, Progr. 1844

Kallenberg, Anna, Herzblättchen als Künstlerin. gr. 4. Halle 892. Wischan & Wettengel. Kart. 3. —
I. Puppen-Mütterchen. Eine Anleitg. zum Anfertigen von Puppenkleidern. (9 S. m. 12 Bl. Schnittmusterbeilagen.) — II. Die Blumen, den Blumen. Eine Anleitg. zum Anfertigen v. künstl. Blumen. (8 S. m. 14 Bl. farb. Blumenmustern.)

Kallenberg, C. Dem Andenken an Th. Georgii, Ehren-Präsident der deutschen Turnerschaft, langjähr. Führer u. Mitbegründer derselben. gr. 8. (8 S.) Lindau i. B. 892. (Lpz., Hinrichs' Sort.) ** — 30

— Die erste deutsche Meer-Turnfahrt zum Hellespont. 1892. Mit e. musikal.-poet. Zugabe. gr. 8. (VIII, 120 S.; Zugabe 3 S. in Fol.) (Ebd.) 892. ** 2 —

Kallenberg, Ernst, das Handels- u. Konkursrecht Schwedens, s.: Handelsgesetze d. Erdballs (Åström, Adf.).

Kallenberg, Friedr. Auf dem Kriegspfad gegen die Massai. Eine Frühlingsfahrt nach Deutsch-Ostafrika. Mit 1 Titelfarbendr., 8 Tonbildern u. 78 Textabbildgn. nach dem Skizzenbuche d. Verf., nebst e. (farb.) Karte der Pangani-Kilimandscharo-Route. gr. 8. (X, 200 S.) Münch. 892, Beck. * 4 80; geb. * 6 —

Kallenberg, Frdr., quer durch Frankreich auf dem Rade. gr. 8. (141 S. m. Abb. u. 1 Karte.) Leipzig 896. W. Werner. Geb. in Leinw. n. 3. 60

Kallenberg, Frdr., das Tagebuch eines Weltreisenden. (In 10 Lfgn.) 1.—8. Lfg. gr. 8. (1. Bd. Indien, Hymalaya, Tibet u. Birma. S. 1—96 m. Abbildgn. u. 1 farb. Taf.) Leipzig (901). R. Baum Verl. à n. 1. —

Kallenberg, Hermann

Kallenberg, H. Commentatio critica in Herodotum. 28 S.
Progr. Fr Werd. G. *Berlin* 1884.

Kallenberg, H., Commentatio critica in Herodotum. gr. 4. (28 S.) Berlin 884, Gaertner's Verlag. *

Kallenberg, Hermannus: Quaestiones grammaticae Ammianeae Halae (1868): Ploetz. 42 S. 8°
Halle-Wittenberg, Phil. Diss. v 19. Dez. 1868
Geb. Langensalza 20. 10. 1845. V
Verf. erlebte die Diplomerneuerung 1918 als Gymnasialprofessor a. D. in Berlin, in Bensheim (Hessen), vgl. Anh. Nr. 672.

Kallenberg, H., Zur Quellenkritik von Diodors XVI. Buche. S.-A. 1881. 17 S.

Kallenberg, Hermann Studien über den griechischen Artikel. II. 4 (26 S.). **Progr.** Friedrichs-Werdersches G. *Berlin* 1891 (55).
I: Der Artikel bei Namen von Ländern, Städten und Meeren in der griechischen Prosa in: Philologus 49 (1890) S. 515—547

Kallenberg, Hermann [Oberl. Dr.]: Studien über den griechischen Artikel. II. (I in: Philologus XLIX (N. F III), 3.) Berlin, R. Gaertner, 1891; 26 S. 4°
Berlin, Friedrichs-Werdersches G, OP 1891 (55)

Kallenberg, Hermann, (Prof. Dr.): **Textkritik und Sprachgebrauch Diodors.** 1. *Berlin: R. Gaertner 1901.* (23 S.) 4°
Berlin, Friedrichs-Werdersches G, OP 1901 (54)

Kallenberg, Hermann, (Prof. Dr.) 1. **Textkritik und Sprachgebrauch Diodors.** II. — 2. Der Hafen von Pylos. *Berlin: R. Gaertner 1902.* (24 S.) 4° ¶[T. 1 ist Forts. d. P-Beil. 1901.]
Berlin, Friedrichs-Werdersches G, OP 1902 (56)

Kallenberg, Herm., Textkritik u. Sprachgebrauch Diodors. I. Progr. 4. (23 S.) Berlin 901. [R. Gaertner.) Weidmann. n. 1. —

— 1. Textkritik u. Sprachgebrauch Diodors. II.—2. Der Hafen v. Pylos. Progr. 4. (24 S.) Ebd. 902. n. 1. —

Kallenberg, J. H. R., akad. Wegweiser. 8. Leipz. Deer. 724.

Kallenberg, Laura, s.: Jean Paul, Gedenkbuch.

Kallenberg, Otto, d. prakt. Klempner, s. a. Handwerker-Bibliothek, illustr. deutsche.

Kallenberg O, der praktische Klempner (228 S) (Handw. Bibl. 6, 7) Stuttgart 1898

Kallenberg, Otto, der praktische Klempner. Ein Leitfaden u. Hilfsbuch f. jeden Blecharbeiter, als Klempner Flaschner, Spengler, Blechner, Blechschmied, Schlosser Kupferschmied usw. 2. verm. u. verb. Aufl. (209 S. m Abbildgn.) gr. 8. Stuttgart (907). E. H. Moritz.
Geb. in Leinw. 4. —

Kallenberg, Otto, der Klempner- u. Installateur-Lehrling bei seiner Vorbereitung zur Gesellen-Prüfung. Ein Leitfaden f. jeden Klempner, Blechner, Flaschner, Spängler u. s. w., der sich e. Gesellen-Prüfg. unterziehen will. Hrsg. vom Verbande deutscher Klempner- u. Installateur-Inngn. 2. verb. Aufl. (VIII, 92 S.) 8. Leipzig-R. 903. (F. Stoll jr.) n. 2. —; kart. n. 2. 25

— Der Klempner- u. Installateur-Lehrling bei seiner Vorbereitg. zur Gesellen-Prüfg. Ein Leitfaden f. jeden Klempner, Blechner, Flaschner, Spängler u. s. w, der sich e. Gesellen-Prüfg. unterziehen will. Ein Wegweiser f. alle, welche e. solche Prüfg. abhalten wollen. Ein wicht. Übungsbuch f. alle gewerbl. Fach-, Innungs- u. Fortbildungsschulen, sowie f. alle Vorbereitungskurse. Hrsg. v. Verbande deutscher Klempner- u. Installateur-Inngn. 3. verb. Aufl. (VIII, 93 S. m. Abb.) Leipzig 907. (F. Stoll jr.) 2.—; geb. 2. 25

Kallenberg, Otto [aus Waltershausen in Thür.]: Über die Kohäsion der Gemische von Äthylalkohol, Propylalkohol und Ameisensäure mit Wasser und deren Beziehung zur Dampfspannung. Experimentaluntersuchung. . . Jena, Druck v. B. Engau, 1890; 52 S., 1 Bl., 1 Taf. 8°
Jena, Phil. Fak., Inaug.-Diss. v. 1890

Kallenberg, Otto, Modellbuch f. den Blecharbeiter. enth. 100 Taf. geometr. Abwicklgn. v. Fachgegenständen m. 4 einleit. Taf. u. erläut. Text. Hrsg. v der deutschen Fachschule f. Blecharbeiter zu Aue i/S. 12. (V, 226 S.) Aue i/S. 893. (Schneeberg, B. F. Goedsche.) n.n. 2. 25

Kallenberg, Otto, Modellbuch f. d. Blecharbeiter enth. 119 Taf. geometr. Abwicklgn. v. Fachgegenständen m. 4 einleit. Taf. u. erläut. Text. Hrsg. v d. deutschen Fachschule f. Blecharbeiter zu Aue i. S 2., verm. Aufl. 12. (VII, 264 S.) Aue 898. (Schneeberg, B. F. Goedsche.) n.n. 2. 10

Kallenberg, Otto, **Modellbuch f. den Blecharbeiter,** enth. 149 Taf. geometr. Abwicklgn. von Fachgegenständen m. 4 einleit. Taf. u. erläut. Text. Hrsg. v. der deutschen Fachschule f. Blecharbeiter zu Aue i. S. 3. verm. Aufl. 12. (VII, 324 S.) Aue. (Schneeberg, B. F. Goedsche.) n.n. 3, 20

— Praktische Natur- u. Materiallehre f. Gewerbeschulen u. gewerbliche Fortbildungsschulen, Fach- u. Innungsschulen. Die method. Behandlg. der Natur-, Material-, Werkzeug- u. Maschinenlehre überhaupt, sowie e. ausführl. prakt. Lehrgang f. Metallarbeiter im allgemeinen u. Klempner u. Installateure im besonderen. (XVI, 302 S. m. 64 Abbildgn. u. 52 Tab.) gr. 8. Stuttgart 910. E. H. Moritz. 6.50; geb. n 7. 50

— **Projektionslehre** für den Blecharbeiter, umfassend Theorie u. Praxis vom Aufreißen, Zuschneiden u. Berechnen der mannigfaltigsten, im gesammten Blecharbeitergewerbe vorkomm. Körper u. Gegenstände. Ein ausführl. Lehr-, Hilfs- u. Nachschlagebuch f. jeden Blecharbeiter, als Klempner, Spengler, Flaschner u. s. w. Ein zuverläss. Führer f. alle Blech- u. Metallwaaren-Fabrikanten, sowie f. Stanz- u. Emaillirwerke. Ein Lehr- u. Uebungsbuch f. Innungsschulen, gewerbl. Fachschulen u. andere gewerbl. Lehranstalten, sowie zum Selbstunterricht. Nach einheitl., zum Theil ganz neuen Grundsätzen bearb. (In 2 Bdn.) 1. Bd.: Theoretisch-prakt. Thl. Mit 565 Orig.-Fig. im Text. Lex.-8. (XII, 367 S. u. 36 S. in 8.) Leipzig 902. Ebd. Geb. in Leinw. n. 14. —

— **Rinnen- u. Gesims-Konstruktionen** m. besond. Rücksicht auf die praktische Ausführung. Ein Hilfs- u. Nachschlagebuch f. jeden Bauklempner sowie Baumeister. Ein Führer u. Ratgeber zur prakt. u. theoret. Gesellen- u. Meister-Prüfg. (VI, 185 S. m. Fig.) gr. 8. Ebd. 904. Geb. in Leinw. n. 2. 75

— d. Vergröss. u Verklein. v. belieb. Gefässen u Gegenständ. (72 S) Leipzig 1899

Kallenberg O, das Zuschneiden von gedruckten und gezogenen Gegenständen (48 S) Leipzig 1898

Kallenberg, Rich. Die Naturwissenschaften und die Kulturentwicklung der Menschheit. XIII S. Progr. G. *Freiberg Sa.* 1880.

Kallenberg, Rich., die **Naturwissenschaften und die Culturentwicklung der Menschheit.** 4. (13 S.) Freiberg 880, (Engelhardt'sche Buchh.) **

Kallenberger, Alfred: **Ueber Orthoform. Ein neues Lokalanästhetikum.** *München 1897: M. Ernst.* (27 S.) 8°
München, Med. Diss. v. 1898

Kallenberger, Walter, approb. Arzt aus Weingarten: **Über Combination von Tuberkulose und Carcinom der Mamma.** *Rudolstadt (1902): F. Mitzlaff.* (13 S.) 8°
Tübingen, Med. Diss. v. 1902

Kaller, Ernst: Die Einführung in das dekadische Zahlensystem beim Unterrichte in der ersten Realclasse auf Grundlage der Anschauung. 8 (30 S.). **Progr.** K. k. Staats-Oberrsch *Teschen* 1896

Kaller, Ernst, s.: Fromme's österr. Studenten-Kalender.

Kaller, Ernst, Rückblick auf das erste Halbjahrhundert des Bestandes der k. k. Ersten Staatsrealschule im II. Wiener Gemeindebezirke (Vereinsgasse 21). 8. 5—77, 1 Taf. 8.
Progr.

Kaller Ernst: Rückblick auf das erste Halbjahrhundert des Bestandes der k. k. I. St. R. im II. Wiener Gemeindebezirke. 78. Wien II. 1. St. R. 05.
Progr.

Kaller, Ernst: Das Teschner Wetter im Zusammenhange mit der allgemeinen Wetterlage. 8 (S. 3—23). **Progr.** K. k. Staats-Oberrsch. *Teschen* 1900.

Kaller, G., **hygienische Gymnastik für die weibliche Jugend während des schulpflichtigen Alters. Eltern und Lehrern gewidmet.** 8. (V, 44 S. mit 24 in den Text gedr. Abbild.) Karlsruhe 887. (Heidelberg, Burow's Verlag.) cart. **

Kaller, G., Hygien. Gymnastik f. d. weibl. Jugend, nebst e. Anhang, enth. Uebungen m. d. Arm- u. Bruststärker. (75 S. m. Abb.) Zürich 1890. Artist. Anstalt.

Kaller, G., hygienische Grammatik f. die weibliche Jugend während d. schulpflichtigen Alters, nebst e. Anh., enth. Übgn. mit dem Largiadèr'schen Arm- u. Bruststärker f. Klassenunterricht u Lungengymnastik. 2., verm. Aufl. 8. (75 S. m. 30 in den Text gedr. Abbildgn.) Zürich 890. Orell Füssli Verl. n. 1. —

Kaller, G., Reigen f. Mädchen. Eine Sammlg. v. Lieder-, Stab-, Tanz- u. Lauf-Reigen f. alle Turnstufen. gr. 8. (III, 64 S.) Bühl 886. Aktiengesellsch. „Konkordia". 1.20

Käller, Ernst, die drei Konfirmanden. Aufführung f. Jünglingsvereine in 3 Aufzügen. 8. (15 S.) Stuttgart (902). Holland & Josenhans. n. — 20

Käller, Ernst, die drei Konfirmanden. Aufführg. f. Jünglingsvereine in 6 Aufzügen. 2. Aufl. (15 S.) kl. 8. Stuttgart (907). Holland & Josenhans. — 20

Kallfelz, Hermann, aus Coblenz, Gerichts-Ref.: **Eigentumsübergang behufs Vergemeinschaftung zwischen Gesellschaftern nach gemeinem Recht und nach dem bürgerlichen Gesetzbuch.** *Coblenz 1898: Kindt & Meinardus.* (66 S.) 8° [J.]
Erlangen, Jur. Diss. v. 8. Juli 1898

Källgren, A., **Monogramm-Album.** 1.—4. Hft. (22 Bl.) Helsingfors 887. 888. (Edlund's Buchh.) à Heft n. — 50

Kallhardt, Friedrich: Geologische **Beschreibung der Umgegend** von Spahl in der Rhön, mit **besonderer Berücksichtigung der Eruptivgesteine. Berlin 1909: A. W. Schade.** S. 175—225. 8° ¶ (Aus: Jahrbuch d. kgl. Preuß. geol. Landesanst. f. 1909. T. 2, H. 1.)
Straßburg, Math.-naturwiss. Diss. v. 27. Juli 1908, Ref. Bücking
[Geb. 12. Febr. 84 Ulm a. D.; Wohnort: Ulm; Staatsangeh.: Württemberg; Vorbildung: Realgymn. Ulm Reife Juli 02; Studium: Stuttgart Techn. Hochsch. 2, Straßburg 10 S.] [U 10. 4115

Kallhardt, Hermann, prakt. Zahnarzt: **Beiträge zum Durchbruch der bleibenden Zähne.** Mit 4 Taf. *Wien: Verl. d. Vjs 1904.* (76 S.) 8° ¶ (Aus: Oesterreich.-ungar. Vierteljahrsschrift f. Zahnheilk., 1904, H. 1 u. 2.)
München, Med. Diss. v. 1903

Kalli. Trsp. v. Bielfeld. 8. Lpz. Wolf. 802.

Kallias, von J. F. von Meyer, 2 Theile, mit Kupf. 8. Leipzig, 794. Voß und Comp. 1 Rthl. 20 sgl.

Kallias und Damon, oder merkwürdige Schicksale zweier Liebenden . . . Zweite Aufl. Leipz. 1804. V: *Meyer, Joh. Friedrich von.* (Ky) (BrVV) (EE)

Kallias u. Damon, od. merkwürd. Schicksale zweier Liebenden, (v. J. F. v. Meyer II.) 2 Thle. 8. Leipz. . . . 2e Aufl. 804. Voß. 2 ℔ 4 ℛ

Καλλιβουρσος, Η., νησιωτικὰ ἔπη (Insel-Gedichte). (Neugriechisch.) gr. 8. (58 S.) Leipzig 876, (Brockhaus' Sortiment und Antiquarium.) *

Kalliodos, F., (Chr. F. Kretschmar II.), Gedichte. 8. Zerbst 813.

Kalliefe, Friedrich (August) *(geb Labischin in Pos. 24. 8 1861)* Ueber Rückenmarkserschütterung nach Eisenbahnunfällen (Railway-spine). Breslau 1885. (30 S.) 8° *[Im Buchhandel 1885 bei Preuß & Jünger in Breslau.]*
Breslau, Med. Diss. v. 24. Juli 1885

Kalliefe, Friedr., über Rückenmarkserschütterung nach Eisenbahnunfällen [Railway-spine]. Inaugural-Dissertation. gr. 8. (30 S.) Breslau 885, (Preuss und Jünger.) *

Kallies, Heinrich

Kallies, H., der Begriff der Offenbarung, s.a. Handreichung zur Vertiefung christlicher Erkenntnis. 11. Heft.

Der Begriff der Offenbarung Von H Kallies, Pastor Gütersloh Bertelsmann 1909. 47 S. 8°
(Handreichung z. Vertiefung christl. Erkenntn. H. 11.) 09. 2911

— Der lutherische Sakramentsbegriff, s.a. Handreichung zur Vertiefung christlicher Erkenntnis. 10. Heft.

Der Lutherische Sakramentsbegriff Von H[einrich] Kallies, Pastor Gütersloh C. Bertelsmann 1908. (51 S.) 8° [.75]
= Handreichung z. Vertiefung christl. Erkenntnis. H. 10. 08. 1350

Kalligraph, der. 1. u. 2. Heft. Löbau 861. Elßner. 4. Jedes Heft (à 6 lith. Bl.) 3 ngr; einzeln à 4 ngr.
Inhalt: 1. Gothisch. — 2. Antiqua.

Kalligraphie, s. Calligraphie.

Kallil, M. Abrah. (Kopenhagen), Specimen novae editionis sententiarum Theognidis Megarensis poetae antiquissimi. Göttingen u. Gotha (Jo. Chr. Dieterich) 1766. — Angeheft.: Theognidis Megarensis sententiae elegiacae. XXVIII, 23 S. (6.80) 17406

Kallimachus, s. Callimachus.

Kallimachos *Hymnen.* Nebst Anhang. Übersetzt von Conr. Schwenk. Bonn 821. 8. 16 gr. (Der Anhang enthält Homers Hymnen an Aphrodite und das erste Buch von Kointos *Fortsetz. der Ilias.*)

Kallimachus' Hymnen und Epigramme, übersetzt von Konrad Schwenk. Stuttgart 1838. 8°.

Kallimachus Werke, übers. v. Konr. Schwenk, s. Dichter, griech.

KALLINA, Emilian Freiherr von
(F) Nothwehr gegenüber Amtshandlungen. Von Dr. Emilian Freiherr von Kallina. Prag. 1898. Calve. Gr.-8°. 86 S. fl. —.80

v. **Kallina,** Nothwehr gegenüber Amtshandlungen. Prag 899.

— das österreich. Strafrecht, s.: Janka, Karl.

Kallina, Leopold, Leitfaden zur schnellen Taxirung der Brief- und Fahrpostsendungen nach dem In- und Auslande nebst allgemeinen Post-Bestimmungen. Geschlossen am 16 September. 1870. (Kallina's Post-Tarife.) 4. (46 S.) Wien, Waldheim. 1870 30 kr

Kallina's Post-Tarife. Leitfaden zur schnellen Taxirung der Brief- und Fahrpostsendungen nach dem In- und Auslande nebst allgemeinen Postbestimmungen. 1874. 6 Nrn. 8. Wien 874, v. Waldheim. à Nr. *ℳ 1. *

Kallina's, Leop., Postamts-Tarife. Leitfaden zur schnellen Taxirung der Brief- und Fahrpostensendungen nach dem In- und Auslande nebst allgemeinen Post-Bestimmungen. Jahrg. 1875. 4 Hefte. hoch 4. (à Heft ca. 68 S.) Wien, v. Waldheim. *ℳ 2.; einzelne Hefte à *
— dass. — Jahrg. 1876—1878. à Jahrg. 6 Hefte. (à ca. 80 S.) hoch 4. Ebendas. à Jahrg. *
Einzelne Hefte à *
— dass. — Jahrg. 1879. 4 Hefte. (à ca. 84 S.) hoch 4. Ebendas. *ℳ 2.; einzelne Hefte à *

Kallina, Leop., Post-Tarife. Leitfaden zur schnellen Taxirung der Brief- und Fahrpostsendungen nach dem In- und Auslande, nebst allgemeinen Post-Bestimmungen. Mit 1 (chromolithogr.) Weltkarte. Jahrg. 1880—1884. à Jahrg. 4 Hefte. hoch 4. (à Heft ca. 80 S.) Wien, v. Waldheim. à Jahrg. *
Einzelne Hefte à *

Kallina, Leop., Post-Tarife. Allgemeine Postbestimmungen und Leitfaden zur schnellen Taxirung der Brief- und Fahrpostsendungen nach dem In- und Auslande, nebst allgemeinen Telegrafen-Bestimmungen etc. 16.—19. Jahrg. 1885—1888. à Jahrg. 4 Hefte. hoch 4. (à Heft 120—140 S. mit je 1 chromolithogr. Weltkarte.) Wien, v. Waldheim. à Jahrg. *
Einzeln à Heft *

Kallina's Post-Tarife. Allgemeine Post-Bestimmgn. u. Leitfaden zur schnellen Taxirg. der Brief- u. Fahrpostsendgn. nach dem In- u. Auslande, dann allgem. Telegrafen-Bestimmgn. etc. Gegründet v. Leop. Kallina. Redig. v. Alex. Forsach. 20.—23. Jahrg. 1889—1892. à Jahrg. 4 Hefte. hoch 4. (à Heft ca. 150 S.) Wien, v. Waldheim. à Jahrg. * 2 —

Kallina's, Postr. Leop., Posttarife. Allgemeine Postbestimmungen und Leitfaden zur schnellen Taxirung der Brief- und Fahrpostsendung nach dem In- und Auslande, dann allgemeine Telegraphenbestimmungen 2c. Gegründet von Leop. Kallina redigirt von Alex. Forsach, k. k. Postcontrolor. 20. Jahrg. 1889. 4 Hefte. Hoch-4. (1. Heft 142 S. mit Tab. und 1 chromolith Weltkarte.) * 1.—; einzelne Hefte à —.50
1889

Kallina's, Postr. Leop., Posttarife. Allgemeine Postbestimmungen und Leitfaden zur schnellen Taxirung der Brief- und Fahrpostsendung nach dem In- und Auslande, dann allgemeine Telegraphenbestimmungen 2c. Gegründet von Leop. Kallina, redigirt von Alex. Forsach, k. k. Postcontrolor. 20. Jahrg. 1889. 4 Hefte. Hoch-4. (1. Heft 142 S. m Tab. u. 1 Eisenbahn-Uebersichtskarte von Mitteleuropa) 1889 * 1.—

Kallina, Postr. Leop., Post-Tarife. Allgemeine Post-Bestimmungen und Leitfaden zur schnellen Taxirung der Brief- und Fahrpost-Sendg. nach dem In- und Auslande, dann allgemeine Telegraphen-Bestimmungen 2c. 21. Jahrgang. 1890. 4 Hefte. Hoch-4. (1 Heft 152 S. mit Tab. und 1 chromolith. Weltkarte) * 1.—, einzelne Hefte
1890 à —.50

Kallina, Postrath Leop., Post-Tarife. Allgem. Post-Bestimmungen u. Leitfaden z. schnellen Taxirg. d. Brief- u. Fahrpostsendungen nach dem In- u. Auslande, dann allgemeine Telegraphen-Bestimmungen etc. Gegründet von Leopold Kallina Redigirt von Alexander Forsach. 22. Jahrg. 1891. 4 Hefte. Hoch-4. (1. Heft. 150 u. XVI S. mit 1 chromolith. Weltkarte.) 1891 * 1.—

Kallina, Postr. Leopold, Post-Tarife. Allgemeine Post-Bestimmungen und Leitfaden zur schnellen Taxirung der Brief- und Fahrpostsendungen nach dem In- und Auslande, dann allgemeine Telegraphen-Bestimmungen etc. Gegründet v. Leopold Kallina. 23. Jahrg. 1892. 4 Hefte. Hoch-4. (1. Heft 155 S.) * 1.—

1892

Kallina's Post-Tarife. Gegründet von Leopold Kallina. Redigirt von Alex Forsach. XXIV. Jahrgang. 1893. 4 Hefte. Hoch-4. (1. Heft 158 S. und eine chromolithographirte Weltkarte) * à 1.—
Wien Waldheim 1893.

Kallina's Post-Tarife. Allgemeine Post-Bestimmgn. u. Leitfaden zur schnellen Taxirg der Brief- u. Fahrpostsendgn. nach dem In- u. Auslande, dann allgem. Telegraphen-Bestimmgn. etc. Gegründet v. Postr Leop. Kallina. Red. v Post-Offic. Leop. Kallina. 25. Jahrg 1894. 4 Hfte. hoch 4. (1. Hft. 154 u. XI S. m. 1 farb. Weltkarte.) Wien, R. v Waldheim n. 2. —

Kallina. Postr. Leopold, Post-Tarife. Allgemeine Post-Bestimmungen und Leitfaden zur schnellen Taxirung der Brief- und Fahrpost-Sendungen nach dem In- und Auslande, dann allgemeine Telegraphen-Bestimmungen u. s. w. Gegründet von Leopold Kallina. 26. Jahrg. 1895. 4 Hefte. Hoch-4. (1. Heft. 183 u. XII S.) 1895 * 1. -

Kallina, Leopold, Post-Tarife. Allgemeine Post-Bestimmungen u. Leitfaden zur schnellen Taxirung der Brief- und Fahrpostsendungen nach dem In- und Auslande, dann allgemeine Telegraphen-Bestimmungen u. s. w. Gegründet von Leopold Kallina. 27. Jahrg. 1896. 4 Hefte. Hoch-4. (12. Heft. 188 u. XII S.) 1896 * 1.—

Kallina, Leopold, Post-Tarife. Allgemeine Post-Bestimmungen u. Leitfaden zur schnellen Taxirung der Brief- und Fahrpostsendungen nach dem In- und Auslande, dann allgemeine Telegraphen Bestimmungen u. s. w. Gegründet von Leopold Kallina. 28. Jahrg. 1897. 4 Hfte. Hoch-4. (1. Heft. S. 1 188 u. XII S.) * 1.—

1897

Kallina's Post-Tarife. Allgem. Post-Bestimmgn. u. Leitfaden z. schnellen Taxirg. d. Brief- u. Fahrpostsendgn. nach d. In- u. Auslande, dann allgem. Telegraphen-Bestimmgn. etc. Gegründet v. Leop. Kallina. Red. v. Leop. Kallina. 29. Jahrg. 1898. 4 Hfte. hoch 4. (à Hft. ca. IV, 189 u. X S. m. 1 farb. Weltkarte.) Wien, R. v. Waldheim. n. 2. —

Kallina's Post-Tarife. Allgemeine Post-Bestimmungen und Leitfaden zur schnellen Taxirung der Brief- und Fahrpostsendungen nach dem In- und Auslande, dann allgemeine Telegraphen-Bestimmungen und Tarife nach allen europäischen und aussereuropäischen Ländern, sowie die Bestimmungen über die Benützung des Staatstelephons nebst einem Anhang und zwei Beilagen. Gegründet von Leopold Kallina. Redigirt von Leopold Kallina. XXXI. Jahrgang. 1900. Wien 1900 Waldheim. 4°. erscheint in 4 Heften. compl. * K 8.—

Kallina's Post-Tarife. Allgemeine Post-Bestimmungen und Leitfaden zur schnellen Taxirung der Brief- und Fahrpostsendungen nach dem In- und Auslande, dann allgemeine Telegraphen-Bestimmungen und Tarife nach allen europäischen und aussereuropäischen Ländern, sowie die Bestimmungen über die Benützung des Staatstelephons nebst einem Anhang und zwei Beilagen. Gegründet von Leopold Kallina. Redigirt von Leopold Kallina. XXXII. Jahrgang. 1901. Wien. 1901. Waldheim. 4°. erscheint in 4 Heften. compl. * K 8.—

Kallina's Leop. Post-Tarife. Allgem Post-Bestimmgn. u. Leitfaden zur schnellen Taxirg. der Brief- u. Fahrpostsendgn. nach dem In- u. Auslande, dann allgemeine Telegraphen-Bestimmgn. u. Tarife nach allen europ. u. aussereurop. Ländern, sowie die Bestimmgn. üb. die Benützg. des Staats-Telephons nebst e. Anh. u. 2 Beilagen. Gegründet v. Leop. Kallina. Red. v. Leop. Kallina. 33. Jahrg. 1902. 4 Hfte. hoch 4. (à ca. 200 S.) Wien, R. v. Waldheim. n. 2. 50

Kallina's Posttarife. 35. Jahrg. 1904. Gr.-8°. erscheint in 4 Heften 1904 kompl. K 2.50

Kallinas Posttarife. 36. Jahrg. 1905. Gr.-8°. erscheint in 4 Heften 1905 kompl. K 2.50

Kallina's Post-Tarife. Allgemeine Post-Bestimmgn. u. Leitfaden zur schnellen Taxierg. der Brief- u. Fahrpostsendgn. nach dem In- u. Auslande, dann allgem. Telegraphen-Bestimmgn. usw. Gegründet v. Leop. Kallina. Red. v. Leop. Kallina. 37. Jahrg. 1906. 4 Hefte. (à ca. IV, 220 S. m. 1 farb. Eisenbahnkarte.) Lex.-8. Wien, Druckerei- u. Verlags-A.-G. vorm. R. v. Waldheim. n. 2. 50

Kallinas Posttarife. XXXVIII. Jahrg. 1907. Lex.-8°. Erscheint im Jänner und Juli in vollständigen Heften im April und Oktober in Nachtragsheften 1907 kompl. K 2.50

Kallinas Posttarife. XL. Jahrg. Lex.-8°. Erscheinen in 2 vollständigen und 2 Nachtragsheften 1909 kompl. K 2.50

Kallina's Post-Tarife. Allgemeine Post-Bestimmgn. u. Leitfaden zur schnellen Taxierg. der Brief- u. Fahrpostsendgn. nach dem In- u. Auslande, dann allgem. Telegraphen-Bestimmgn. u. Tarife nach allen europ. u. außereurop. Ländern nebst e. Anh. Gegründet v. Leop. Kallina. Red. v. Leop. Kallina. 41. Jahrg. 1910. 4 Hefte. (à ca. IV, 200 u. 14 S. m. 2 Tab.) Lex. 8. Wien, Druckerei- u. Verlags-Aktien-Gesellschaft vorm. R. v. Waldheim. 2. 50

Kallina, L., Weltpostverkehrskarte. 76×51 *cm* K 1.50
Wien Waldheim 1904.

Kallina, L., Weltpostverkehrskarte. 50×75 *cm* K 1.50
Wien Waldheim 1906.

Kallina, Paul, Polizei-Tierarzt: Aus d. bakteriol. Labor. d. städt. Schlachthofes zu Berlin (Leiter: Bongert). Ist die Nierentuberkulose des Rindes zur 'offenen Tuberkulose' zu rechnen? nebst pathologisch-anatomischen Bemerkungen zur 'Ausscheidungstuberkulose'. Mit 1 Taf. Berlin 1910: Schumacher. 40 S. 8° ¶ (Aus: Archiv f. wissensch. u. prakt. Tierheilk. Bd 36.)
Gießen, Veterinär-Med. Diss. v. 16. Febr. 1910, Ref. Bostroem
[Geb. 31. Mai 75 Ortelsburg; Wohnort: Berlin; Staatsangeb.: Preußen; Vorbildung: Realgymn. Insterburg Reife O. 07; Studium: Berlin Tierärztl. Hochsch. 9 S.; Rig. 21. Mai 09.] [U 10. 1214

Kallinger, J., Predigten auf alle Sonntage d. J. 2 Bde. 8. Augsb. Doll. 788.

Des Kallinos, Tyrtaeos u. Asios Nachlass. Griech. u. deutsch v. F. Torney. Pr. 1858. 86 S.

Kallinowsky, Georg: Über Cleidotomie. *Berlin (1898): G. Schade.* (28 S.) 8°
Berlin, Med. Diss. v. 25. Febr. 1898

Kallio, Jo. Christian (Flensburg), De philosophia sanctorum patrum Justini Martyris et Athenagorae. Diatr. histor.-philos. Präs. M. Joachim Justus Rau (Berlin). Jena (Horn) 21. II. 1733. 83 S. (7.50) 17407
Gew. (v. Präs.): Johann Heinrich Michaelis, Joachim Lang.

Kalliope, s. Calliope

KALLIPYGEN, Die, s. a. Wonnen der Rute.

Kallipygen, Die, von E. D. Zum erstenmal ins Deutsche übertragen von Dr. Rolf s. l. 1906. V: *Droz, E.* (EB)

Kallir, Jacob: Über den Krystallwassergehalt gelöster Kobaltsalze .... Leipzig, Druck v. Metzger & Wittig, 1887; 16 S. + 1 Bl. u. 1 Taf. 8°.
Leipzig, Phil. Fak., Inaug.-Diss. v. 6. Aug. 1887.

Kallir, Jacob, über den Krystallwassergehalt gelöster Kobaltsalze. Diss. Leipzig 1887, Gustav Fock. 8°. 16 S. mit einer Taf.

Kallir, Ludw., Beobachtungen üb. scheinbare Gleichströme etc., s.: Eichberg, Frdr.

Kallir, Ludwig: Lichterscheinungen, über, in elektrolyt Zellen, s. Eichberg, Friedrich.

Kalliroe; Tragédie (par J. A. Apel). gr. 8. Leipz., Breitkopf u. H. 8 K

Kalliroë. Tragödie. Leipzig 1806. V: *Apel, Joh. Aug.* (MGT) (Ky)

Kallirrhoe. Blätter f. Freunde d. Wahren u. Schönen. Hg.: J. H. Eichholz.
1808. 224 S.
Lpg. u. Elberfeld.

Kalliske, Werner: Ueber die chirurgische Behandlung der rhinogenen Meningitis. — Gütersloh i. Westf. (1935): Thiele. 27 S. 8°
Berlin, Med. Diss. v. 30. April 1935 [U 35. 81

Kalliste

— od. d. büßende Schöne. Trsp. a. d. Engl. d. Rowe. 8. Prag, Schönfeld. 783.

Kalliste. Trsp. v. S. v. Seckendorf. 8. Dessau. (Gräff in Lpz.) 794.

Kalliste, d. Gesetzgeberin. 8. Zürich, Orell, Füßly u. Comp. 798.

— d. deutsche, oder d. sansculottische Oligokratie. 8. Zürich 803 Orell. 20 K

Kalliste, die Gesetzgeberin, die deutsche oder die sanscülottische Oligarchie. Zürich 1798. 1803. V: *Müller (Mylle), Christoph Heinrich.* (ADB) (Cat. d. Stadtbibl. Zürich. Zürich 1864—97.)

Kalliste, d. Gesetzgeberin, d. deutsche, od. d. sansculottische Oligokratie. 8. Zürich, Orell, Füßly u. C. 803. Ribltr.

Kallistophanes v. Theben, Bänkel-Lieder. Liebes-Schwänke f. Gesellschaft, Bett u. Schänke. (48 S.) kl. 8. Leipzig-Lindenau (906). K. Scheithauer. n. 1. —

Kallistophanes v. Theben, Bänkel-Lieder. Liebes-Schwänke f. Gesellschaft, Haus u. Schänke. 2. Aufl (64 S.) 8. Leipzig (907). K. Scheithauer. 1.—; geb. 1.50

Böotiër Ein dramat. Spektakel. In 1 Vorspiel u. in 3 Akten. Vert. von **Kallistophanes** von Theben (Alt-Griechenland). Verdeutscht von Übers. Leipzig-Lindenau: K. Scheithauer [1906]. (40 S.) 8° 07. 718

Kallistophanes v. Theben, Klotilde. Eine ernste Sache! Und andere Novellen. 1. u. 2. Aufl. (45 bezw 48 S.) 8. Leipzig (910). K. Scheithauer. 1.— geb. 1.50

— Frau Potiphar. Eine romant. Komödie in 5 Akten (95 S.) 8. Ebd. (908). 2.—; geb. 3. —

— s. a. Psalter.

— Psalter. Konfiszierte Novellen u. andere. (47 S.) 8 Ebd. (909). 1.—; geb. 1.50

— Schwänke des Bidpai. I. 8. Leipzig (909). K Scheithauer. — 20
Abenteuer in der Maiennacht. Ein arab. Schattenspiel Bilder v. Herm. Frenz. (16 S.)

Kallistratus Standbilder, s. a. Philostratus, Flav., Werke.

Kallistratus. Standbilder, übersetzt von A. F. Lindau. Stuttgart 1832. 8°.

Kallistratus Standbilder. Uebersetzt v. W. A. Lindau. 16—36 Bdchn. 16. Stuttgart 833. Metzler. à 1/8 Rt

Kallistratus Werke übers. von A. F. Lindau, s. Prosaiker, griech.

Kallius, Ab., Specimen novae edit. sententiar. Theognidis. Megarens. 4. Götting. Dieterich. 766.

Kallius, Albert

Kallius, A., Antworten zu den Aufgaben im Rechenbuche, s.: **Harms, C.**

Kallius, A. Bemerkungen zu dem Unterricht in den vier Spezies in ganzen Zahlen. 32 S. **Progr.** Königst. G. *Berlin* 1885.

Kallius, A., Bemerkungen zu dem Unterricht in den vier Species in ganzen Zahlen. 4. (32 S.) Berlin 885. Gaertner. n. 1. —

Kallius, Alb., das Münz-, Maass- und Gewichtssystem im Rechenunterricht für alle Rechenlehrer dargestellt. 1. Aufl. (III, 34 S.) 1877; 2. und 3. Aufl. gr. 8. (III, 36 S.) Oldenburg 878, Stalling's Verlag.

Kallius, Alb., Rechenbuch f. Gymnasien, s.: **Harms, Chr.**

Kallius, Alb. Die 4 Species in ganzen Zahlen. 2. Aufl., u. das Münz-, Mass- u. Gewichtssystem im Rechenunterricht. 4. Aufl. gr. 8. (84 S.) Oldenb. 889, Stalling's Verlag. * 1 20

— Tafeln vierstelliger Logarithmen, s.: **Bremiker, C.**

— logarithm.-trigonometr. Tafeln, s.: **Bremiker, C.**

Kallius, Erich

Kallius, E., makroskop. Anatomie des Auges, s.: **Merkel, Fr.**

Kallius, E., Geruchsorgan (Organon olfactus) u. Geschmacksorgan, s. a. **Handbuch der Anatomie des Menschen.**

Geruchsorgan (Organon olfactus) und Geschmacksorgan. Mit Benutzung einiger Vorarbeiten von M. v. Brunn. Von Prof. Dr. E[rich] **Kallius** in Göttingen. Mit 110 Abb. Jena. G. Fischer 1905. (S. 115–270.) 4°(5°) = **Handbuch** d. Anatomie d. Menschen. Bd 5, Abt. 1, T. 2 [05. 4756

Kallius, Erich [app. Arzt aus Berlin]: Ueber die Medulla spinalis und die Medulla oblongata von Troglodytes niger ... Berlin, Buchdr. v. G. Schade, *1892*; 39 S. 8.
Berlin, Med. Fak., Inaug.-Diss. v. 27. Febr. 1892

Kallius, I. C., fundam. linguae arabicae. 4. maj. Coph. Proft. 760.

Kallius, J. C., Fundamenta linguae Arabicae. Editio secunda. 4maj. Havniae, Schubothe. 818.

—Arabum philosophia populor. s. sylloge nova proverbior. 8. Kopenh. 767. (Brummer). 18?? Schrbp. 1 ?

Kallmann

— s. a. **Calmann.**

[F.] **Kallmann,** Arthur [Kammerger.-Ref.]: Vereinigung obligatorischer Rechtsverhältnisse ... Charlottenburg, Druck v. A. Gertz, 1890; 47 S. 8.
Göttingen, Jur. Fak., Inaug.-Diss. v. [18. Apr.] 1890

Kallmann, Arth., s.: **Weber's Juristen-Kalender.**

Kallmann, Bernh(ardus) *(geb. Brieg [10. 2.] 1806)* De tumoribus cysticis. Vratislaviae (1834). (27 S.) 8°
Breslau, Med. Diss. v. 20. Dez. 1831

Kallmann, Dagobert [prakt. Tierarzt aus Berlin]: Die Ellenbogenbeule des Pferdes und ihre Behandlung. Stuttgart 1900. 37 S. 8°. (S.-A. aus Monatshefte für praktische Tierheilkunde, Bd. 11.)
Bern. Vet.-med. Diss. 1900/1901.

[F.] Damen-Korrespondenz. Neuer Briefsteller f. Frauen u. Mädchen v. Emma Kallmann. *Berlin: H. Steinitz (1896).* (194 S.) 1 Bd 8. [96. 7129

[F.] Damen-Korrespondenz. Neuer Briefsteller f. Frauen u. Mädchen v. Emma **Kallmann.** *Berlin: H. Steinitz [1897!].* (194 S.) 1 Bd 8. [97. 3365

Kallmann, Emma. Neuer Polterabend-Dichter. 6. m. vielen Orig. Vorträg. verm. Aufl. 8. (IV, 156 S.) Berl. 892, H. Steinitz, Berl. * 1 —

— dasselbe. 7., m. vielen Orig.-Vorträgen verm. Aufl. 8. (200 S.) Ebd. 894. n. 1. —

Kallmann, Emma, neuer Polterabend-Dichter. 8. bis 10. Taus. 8. (192 S.) Berlin (899). H. Steinitz. n. 1. —

Kallmann, Emma, neuer Polterabend-Dichter. (Sammlung v. Orig.-Polterabend-Gedichten.) 11.—12. Taus. (192 S.) 8. Berlin (908). H. Steinitz. 1. —

Kallmann, E., neuer Tafelredner. Eine Sammlg. Orig.-Toast- u. Tischreden. 8. (VIII, 147 S.) Berlin 889. Steinitz' Verl. n. 1. 50

—— Neuer Tafelredner. Eine Sammlg. Orig.-Toast- u. Tischreden. 1. Aufl. (VIII, 147 S.) 889. * 1 50; 2. verm. Aufl. 8. (VIII, 239 S.) Ebd. 892. * 2 —; geb. * 3 —

[F.] Neuer Tafel-Redner. Orig.-Toaste u. Tischreden v. Emma **Kallmann.** 3. verm. Aufl. *Berlin: H. Steinitz (1896).* (VIII, 265 S.) 1 Bd 8. [96. 7130

Kallmann, Emma, neuer Tafel-Redner. Orig.-Toaste u. Tischreden. 4. Aufl. (168 S.) 8. Berlin (905). H. Steinitz. n. 2. —

— Neuer Tafel-Redner. Orig.-Toaste u. Tischreden. 5. Aufl. (VIII, 168 S.) 8. Ebd. (910). 2. —

— der gute Ton. Handbuch der feinen Lebensart u. guten Sitte. Nach den neuesten Anstandsregeln bearb. 8. (V, 270 S.) Ebd. 891. n. 2. —

— dasselbe. 3.—5. Taus. 8. (VII, 285 S.) Ebd. 894. n. 2. —; geb. n.n. 3. —

— der gute Ton. Handbuch d. feinen Lebensart u. guten Sitte. Nach d. neuesten Anstandsregeln bearb. 6.—8. Taus. 8. (VII, 285 S.) Ebd. 897. n. 2. —; geb. in Damast n. 3. —

Der Gute Ton. Handb. d. feinen Lebensart u. guten Sitte. Nach d. neuesten Anstandsregeln bearb. von Emma **Kallmann.** 9. u. 10. Taus. *Berlin: H. Steinitz [1899].* (VII, 285 S.) 8° [F.] [99. 1855

Der Gute Ton. Handbuch d. feinen Lebensart u. guten Sitte. Nach d. neuesten Anstandsregeln bearb. von Emma **Kallmann.** 11. u. 12. Taus. *Berlin: H. Steinitz (1902).* (285 S.) 8° [F.] [03. 4060 II

Kallmann, Georg, approb. Arzt, aus Berlin: Ueber zwei dem Atherom ähnliche Geschwulstformen am Kopfe. *Leipzig 1902: B. Georgi.* (35 S.) 8°
Leipzig, Med. Diss. v. (20. Febr.) 1902

Kallmann, Georg *Samuel Gotthold* [app. Arzt aus Wollstein]: Therapie der Eklampsie ... Leipzig, G. Fock, 1893; 46 S., 1 Tab. 8.
Leipzig, Med. Fak., Inaug.-Diss. v. 6. Dez. 1893

Kallmann, Heinrich Ferdinand Adolph (Babimostiensis), De acidi Borussici usu in spasmis ex perversa systematis sexualis functione ortis. Diss. med. Bln. (Johann Friedrich Starck) 29. IX. 1825. 44 S. mit Biogr. (6.40) 17408
Oppon.: H. Grimm, R. Klatten, G. Wernher. — Gew.: J. Buettner.

Kallmann, Hermann: Die Lautverhältnisse des Oxforder Girart. *Bonn 1897: C. Georgi.* (36 S.) 8°
Bonn, Phil. Diss. v. 18. Dez. 1897

Kallmann, Martin

Kallmann, M: Ueber Einrichtungen zur dauernden Kontrolle des Isolationszustandes und selbstthätigen Anzeige der Fehlerstellen elektrischer Leitungsnetze. Vortrag. Berlin 1893

Kallmann, Martin [aus Nakel]: Die Erzeugung von Tönen durch Elektrizität und einige besondere Methoden der mikro-telephonischen Klangübertragung. *Guben, Druck v. Albert Koenig,* 1888; 2 Bl. + 43 S. u. 1 Taf. 8°
Halle, Phil. Fak., Inaug.-Diss. v. [27. Dez.] 1888

Programmatischer Entwurf der Bedingungen für einen Wettbewerb und Prüfungen von Elektromobilen. Von Dr **Martin Kallmann**, Stadt-Elektriker von Berlin. *(Berlin) 1900: (Pass & Garleb).* (9 S.) [Kopft.]
(Mitteleurop. Motorwagen-Verein.) [oo. uuß

Kallmann, Mart., Grundzüge d. Sicherheitstechnik f. elektr. Licht- u. Kraft-Anlagen, s.: Handbuch der Hygiene.

Kallmann, Richard [aus Nakel]: Die Beziehungen des Königreichs Burgund zu Kaiser und Reich von Heinrich III. bis auf die Zeit Friedrichs I I Theil Zürich, Druck v Ulrich & Co., 1888; 1 Bl. + 45 S. + 1 Bl 8°
Berlin, Phil. Fak., Inaug.-Diss. v 27 Okt. 1888

Kallmann, [Richard, Dr] [**Nachruf** für den verstorbenen Oberlehrer Lewinski.] *Berlin 1903: W. Pormetter.* (S. 24—27.) 4° [ℱ.]
Berlin, Zwölfte R, OP 1903 (138)

Kallmann, Thekla, die v. Woltershagen. Orig.-Roman. (269 S.) 8. Hannover (905). Göhmann'sche Buchdr. n. 2.50

Kallmayer, das System Kleine. Neue feuer- u. schwammsichere Decke, s.: Knoch.

Kallmeier, Richard: Caspar Borner in seiner Bedeutung für die Reformation und für die Leipziger Universität. *Leipzig-R. 1898: O. Schmidt.* (77 S.) 8°
Leipzig, Phil. Diss. v [18. Juli] 1898

Kallmeier, Rich., Caspar Borner in seiner Bedeutg. f. d. Reformation u. f. d. Leipziger Universität. gr. 8. (78 S.) Leipzig 898. E. Gräfe n. 1.50

– Dasselbe, s.a. Kallmeyer, Richard

Kallmeyer, Bruno. Ueber die Entstehg. der Gallensäuren u. die Beteiligg. der Leberzellen bei diesem Process. Diss. gr. 8. (29 S.) Dorpat 889, (Karow). * 1 —

Kallmeyer, Ernst, in Harmonie m. den Naturgesetzen. Die echte Geistes- u. Körperpflege. (XI, 274 S. m. Abbildgn. u. 1 Taf.) 8. Erdsegen 908. Brannenburg, Buchh. Erdsegen. 5.—; geb. in Leinw. n 6.—

Kallmeyer, Hade: Künstlerische Gymnastik. Harmon. Körperkultur nach dem amerikan. System Stebbins-Kallmeyer. — Berlin-Schlachtensee: Kulturverlag o. J. 184 S. 8°

Kallmeyer, Hade & Ernst Kallmeyer. Kunstlerische Gymnastik. Harmonische Korperkultur nach dem amerikanischen System Stebbins-Kallmeyer Buchtext von Ernst Kallmeyer Berlin. Kulturverlag (1910)
184 S m 137 Abb 1 Taf 8

Kallmeyer, Ludw., die Schule des Sattlers und Riemers. Eine deutliche und praktische Belehrung über das von dem Sattler u. Riemer verwandte Rohmaterial u. dessen Behandlung, die wichtigsten Werkzeuge, die Einrichtung der Werkstätten rc. Nebst einer Zusammenstellung der neuesten Erfindungen, Vervollkommnungen u. Verbesserungen, welche für Sattler von Wichtigkeit u. Nutzen sind, sowie zahlreicher prakt. Recepte. Für Meister, Gesellen u. Lehrlinge. Mit 26 Abbildgn. (auf 1 lith. Taf. in Fol.) Leipzig 858. Hennings. 8. (192 S.) 1 ₰

Kallmeyer, Rich, Caspar Borner in seiner Bedeutung f. die Reformation u. f. die Leipziger Universität. (79 S. m. 1 Taf.) gr. 8. Zittau 909. (Leipzig, H. Bredt.) 1. —

– Dasselbe, s.a. Kallmeier, Richard

Kallmeyer, Thdr., die Begründung deutscher Herrschaft und christlichen Glaubens in Kurland während des 13. Jahrh. gr. 8. (108 S.) Riga 859, Kymmel. (Leipzig, C. F. Fleischer.) *
Aus: Mittheilungen aus der livländ. Geschichte, besonders abgedruckt.

Kallmeyer, Th., Otto v. Grothuss, s. Monumenta Livoniae antiq., Bd. 2.

Kallmeyer, Thdr. Die evangelischen Kirchen u. Prediger Kurlands Ergänzt, bis zur Gegenwart fortgesetzt u. im Auftrage der kurl. Gesellschaft f. Literatur u. Kunst hrsg. v. G. Otto. gr. 8. (XVI, 552 S. Mitau 890, (Besthorn). * 12 —

Kallmeyer, Theodor Die evangel. Kirchen und Prediger Kurlands. Bearb., ergänzt und bis zur Gegenwart fortges. von G. Otto. Hrsg. von der kurländischen Ges. für Literatur und Kunst. 2. Ausg. — Riga 1910: Grothuß. XX, 781 S
[1. Ausg. Mitau: 1890.]

Kallmeyer, Thdr., die evangelischen Kirchen u. Prediger Kurlands. Bearb., ergänzt u. bis zur Gegenwart fortgesetzt v. G. Otto. Hrsg. v. der kurl. Gesellschaft f. Literatur u. Kunst. 2. Ausg. (XX, 781 S.) gr. 8. Riga 910. Jonck & Poliewsky. nn 8. 80

Kallmorgen, Friedrich

Kallmorgen, Fr., Hamburg. I. u. II. (Serie). Studienblätter. (à 10 Blatt.) 49×36 cm bezw. 50,5×37,5 cm. Berlin-Steglitz (908. 10). Neue photograph. Gesellschaft. In Leinw.-Mappe à 15. —

Kallmorgen, Frdr., in's Land der Mitternachtssonne. Tagebuch e. Malers. Schilderungen v. der Nordlandreise der „Auguste Victoria" vom 2. VII. bis 24. VII. 1898. qu. gr. Fol. (99 lith. S. m. z. Tl. farb. Abb. u. 1 Karte.) Karlsruhe (899). (Leipzig, E. A. Seemann.) Geb. in Leinw. n. 50.—

Kallmorgen, Walther: Der Bau von Wendeltreppen aus Backstein im norddeutschen Backsteingebiet. Berlin: Selbstverl. 1910. XXXI, 27 S. 4° ¶ Auch bei J. Harder in Altona.
Danzig, Dr.-Ing.-Diss. v. 3. 5. 1910 [Tag der Promotion: 10. 5. 1910]

Kallmorgen, Walther: Der Bau von Wendeltreppen aus Backstein im norddeutschen Backsteingebiet. Diss. Danzig. Köln a. Rh. 1910

Kallmorgen, Wilhelm [aus Altona] : Über die verdauende Wirkung des Fermentes bei Bronchiektasie und Lungengangrän ... Würzburg, Druck d. Ferdinand Röhrl'schen Buchdr , 1889; 30 S. 8°
Würzburg, Med Fak., Inaug.-Diss. v 1889

Kallmus, Frz., die Priesterweihe, e. Weihe d. Lebens. Primiz-Feier-Pred. gr. 8. (2½ B.) Wien 837, Mechitaristen-Congregat.-Buchh.

Kallner, Adolf: **Mischnah-Commentar des Maimonides zum Traktat Taanith 1. 2.** Im Urtext mit hebr. Uebers. d. El-Fawwal mit Einl. u. Anm. zum 1. Male hrsg. *Leipzig 1902: C. W. Vollrath.* (42, XIII S.) 8°
Giessen, Phil. Diss. v. 1902

Kallner, Jacob [aus Merchingen '(Baden)']: Casuistischer Beitrag zur Lehre von der Urobilinurie mit gleichzeitigem Icterus .. Würzburg, P. Scheiner's Buchdr., 1896; 37 S., 1 Bl. 8.
Würzburg, Med. Fak., Inaug.-Diss. v 1896

Kallner, Joseph, appr. Arzt a. Merchingen ⟨Baden⟩: Untersuchungen über den Ausblutungszustand bei verschiedenen Schlachtmethoden. Würzburg 1904: F. Staudenraus. (28 S.) 8°
Würzburg, Med. Fak., Ref. Lehmann, Diss. v. 21. Sept. 1904
[Geb. 6. Jan. 81 Mariampol; Wohnort: Merchingen; Staatsangeh.: Baden; Vorbildung: Gymn. Karlsruhe Reife M. 99; Studium: Würzburg 2, Marburg 2, Berlin 2, Leipzig 2, Würzburg 1 S.; Coll. 29. Juli 04; Approb. 27. Juni 04.]

Kalloandro, des Prinzen, Abenteuer; ein deutscher Originalritterroman, v Verf. d. Rinaldo Rinaldini (Vulpius), m. K. 2 Thle. 8. Berlin, Mellstab. (Mauck.) 796.

Καλλόνα, Γαβριὴλ, Παιδαγωγία περιέχουσα πάνυ ὠφελίμους νουθεσίας τε καὶ οἷον δὴ κάνονας περὶ τοῦ πῶς δεῖ ἀνατρέφεσθαι τὰ παιδία. Βιέννη 800. 8. (534 S.)

Κάλλος, Berlin etc., s. a. Berlin, humor.-satyr. Panorama etc.

KALLOS, Berlin, humoristisch-satyrisch. Panorama in Distichen-Spielen. 1s Hundert. Berlin, Cosmar u. Krause, 1832. 3½ Bog. 16°. (Expl. in d. Bibl. d. Vereins f. d. Gesch. Berlins.)
A. G. Schmidt, Gallerie etc. S. 104; Weller, Lex. Pseud. p. 293.

Kallos, Berlin, humoristisch-satyr. Panorama. Berlin 832, jetzt Alemann. 1 ...

Kalloterpe, von Corti. 1804.
V: *Meyer, Nicolaus.* (GGr)

Kalloterpe. Ein polemisches Drama von v. Corti, m. K. gr. 8. Bremen, Heyse. 808.

Kallsen, Heinr., nachgelassene Gedichte. (IV, 124 S.) 8. Flensburg 909. Huwald. Geb. in Leinw. 3. —

Pflanzenkunde in der Volksschule. Ein Hülfsbuch für Lehrer v. Johann Jürgen **Kallsen.** 2. Cursus. Für die Oberstufe. Flensburg und Hadersleben. 1875. 8°

Pflanzenkunde in der Volksschule v Johann Jürgen **Kallsen.** Schülerheft 1 Einzelbilder Schülerheft 2 Gruppenbilder Flensburg und Hadersleben. 1876. 8°.

Kallsen, Otto

Kallsen, O., Friedrich Barbarossa, die Glanzzeit des deutschen Kaiserthums im Mittelalter, s. q. Zeit- u. Charakterschilderungen, deutsche, f. Jung u. Alt.

(Deutsche Zeit- und Charakterschilderungen für Jung und Alt. 2.)
Friedrich Barbarossa, die Glanzzeit des deutschen Kaisertums im Mittelalter v. **Otto Kallsen.** Mit 6 Vollbildern v. Felix A. Joerdens. Halle a. S. 1882 8°

Kallsen, O., Bilder aus der Weltgeschichte, s. Keck, H.

Kallsen, Otto. Geschichte der Husumer Gelehrtenschule. Von — Progr. der Königlichen Gelehrtenschule zu Husum. 1 Husum 1867, 8°

Kallsen, O. **Die französische Salonlitteratur im 17. Jahrhundert. Plön, G., 1862. 36 S. 4.**
Progr.

Sophokles ein Vertreter seines Volks auch in politischer Hinsicht v [Otto] **Kallsen.** Rendsburg 1850 4°

Kallsen, Otto. Die deutschen Städte im Mittelalter. 1. Gründung u. Entwickelg. der Städte. gr. 8. (X, 710 S.) Halle a. S. 891, Buchh. d. Waisenhauses. 7 50

Die deutschen Städte im Mittelalter v **Otto Kallsen.** 1 Gründung und Entwickelung der Städte Halle a. S 1891. 8° Auch u. d. T
Gründung und Entwickelung der deutschen Städte im Mittelalter v Otto **Kallsen.** Halle a. S 1891 8°

Kallsen, O., Hermann Tast, s.: **Für die Feste u. Freunde d. Gustav-Adolf-Vereins.**

—— **Schiller's Wilhelm Tell, s. Dichtungen, klassische deutsche, mit kurzen Erläuterungen für Schule und Haus.**

— (Hrsg.), s. Schillers Wilhelm Tell

Kallsen, O. **Uebersetzung des „Cid" von Corneille (Act I—III.), mit einem Nachwort. Meldorf, G., 1856. 38 S. 4. Progr.**

Kallsen, P. J., theoretisch-practische Sprachlehre für Volksschullehrer, mit besond. Berücksichtigung der Verbindung von Mittel- und Oberklasse gemischter Volksschulen. 8. (VIII und 184 S.) Altona 847, Schlüter. *

Kallus Arthur: Die Dekabristen über die Bauern- und Leibeigenschaftsfrage.
M. 1910 PN 3002 **Diss.** Wien, Univ.

Kallus, Franz, Diplom. Landwirt d. Kgl. böhm. landwirtschaftl. Akademie Tetschen-Liebwerd, a. Schatzlar in Böhmen: Die Landwirtschaft im unteren Egerlande ⟨Nord-Böhmen⟩. Breslau 1908: Graß, Barth & Co. (IX, 143 S.) 8°
Tübingen, Staatsw. Fak., Ref. v. Leemann, Diss. v. 4. April 1908
[Geb. 29. Jan. 82 Schatzlar (Böhmen); Wohnort: Brüx (Böhmen); Staatsangeh.: Österreich; Vorbildung: Gymn. Brüx; Studium: Landw. Hochsch. Tetschen 6, Univ. Tübingen 4 S.; Rig. 7 Nov. 07.]

Kallus, Frz., die Landwirtschaft im unteren Egerlande (Nord-Böhmen) u. der Einfluß des Braunkohlenbergbaues auf die Landwirtschaft daselbst. (IX, 143 S.) 8. Breslau 908. (Brüx, A. Kunz.) 2.50

Kallus, Thdr., s.: Traber-Zuchtbuch, österr.-ungar.

Kalluschke, Josephus Theodorus *(geb. Kalkau bei Neiße 2 11 1836)* De situ laterali in fracturis ossium cruris adhibendo. Vratislaviae (1860). (22 S.) 8°
Breslau, Med. Diss. v 31. Okt. 1860

Harzfahrt. Dichtung von Martha **Kallusky** *Belzig: R. Winkler [1901].* (51 S.) 8° [F.] [01. 10437

Kallusky, Martha. Phönix. Eine Dichtg. 8. (III, 81 S.) Dresd. 890, Pierson. * 1 —; geb. * 2 —

—— Schnee u. Blüthen. Novellen. gr. 8. (251 S.) Ebd. 890. * 3 — geb. * 4 —

Kallusky-Winkler, Martha (Frau Martha Winkler), Unkraut. Gedichte. (IV, 68 S.) 8. Wiesbaden 896. Belzig, Rechtsanw. Rich. Winkler. n. 1.50

Källy, B., Lehren f. Küfer u. Weißbinder, Meister, Gesellen u Lehrjungen. Mit 8 Taf. Holzsch. gr. 8. St. Gallen, Huber u. Comp. 816.

Kalm, Adolf [app. Arzt aus Bremerhaven]: Ueber einen interessanten Fall von Beckenfractur mit anschliessender traumatischer Hysterie . . München, Buchdr. Kastner & Lossen, 1895; 33 S. 8.
München, Med. Fak., Inaug.-Diss. v 1895

Kalm, Albert [approb Arzt aus Göttingen] · Ueber morbus Basedowii ... Göttingen, Druck v Louis Hofer, 1885, 44 S. 8°
Göttingen, Med. Fak., Inaug.-Diss. v. 1885

Kalm, Alb., über Morbus Basedowii. Inaugural-Dissertation. gr. 8. (44 S.) Göttingen 885, (Vandenhoeck und Ruprecht.) *

Kalm, Ernst Friedr., deutsche Gedichte z. Bildung des Geistes u. Herzens u. zur Uebung in der Declamation. Aus d. besten ältern u. neuern Dichtern gesammelt. 8. (15 B.) Eisleben 842, Reichardt. *

Kalm, Ernst Friedr., deutsche Gedichte zur Bildung des Geistes und Herzens und zur Uebung in der Declamation. Aus den besten neuern und ältern Dichter gesammelt und hrsg. 2., verb. Aufl. 8. (VIII und 184 S.) Eisleben 850, Reichardt. *

Kalm, Ernst Friedr., deutsche Gedichte zur Bildung des Geistes und Herzens und zur Uebung im mündlichen Vortrage. Aus den besten neuern u. ältern Dichtern gesammelt u. herausg. 3. verb. Aufl. Eisleben 857. Reichardt. 8. (VIII, 207 S.) 5 ngr.

—— Geschichts-Bilder, gesammelt. 8. (31¼ B.) Eisleben 842, Reichardt.

—— Geschichts-Bilder. Darstellung der größten Ereignisse und ausgezeichnetsten Personen aller Zeiten, verfaßt von den berühmtesten Geschichtsschreibern, gesammelt und hrsg. 2. Aufl. 1849. * 20 Ngr. und 3., verm. Aufl. 8. (VIII und 428 S. mit 8 Stnt.) Eisleben 852, Reichardt.

—— der Improvisator, s.a. Improvisator, der.

Kalm, E. F., der Improvisator. Vademecum für gemüthliche Unterhaltung. Eisleben 859. Reichardt. 8. (IV, 268 S.) 10 ngr.

Kalm, Friedr. Ludw. v., Gesang-Homilien f. Landgemeinen. 8. (11½ B.) Helmstedt 837, Fleckeisen'sche Buchh.

Kalm, Friedr. Ludw. v., christliche Hauspostille. Zur Beförderung treuer Pflichterfüllung in den engern Verbindungen des Lebens. gr. 8. (22½ B.) Braunschweig 842, Vieweg u. Sohn.

Kalm, F. L. v., Confirmations- u. Taufreden. gr. 8. Hannover, Gebr. Hahn. 816.

Kalm, Friedr. Ludw. v., Materialien zu erbaul. u. popul. Religionsvorträgen, vorzügl. in Landkirchen, üb. d. evangel. u. apostol. Texte aller Sonn- u. Feiertage d. Jahrs, wie auch üb. freie Texte am Neujahrstage rc. gr. 8. (31½ B.) Helmstädt 823, Fleckeisen.

— Postille zum Vorlesen in Landkirchen u. zur häusl. Erbauung an allen Sonn- u. Feiertagen des Jahrs, über d. Evangelien u. einige andere Texte. gr. 8. Hannov. 821. Hahn. 2 ₰ 16 ℊ

v. **Kalm**, (Ludw.,) Postille z. Vorlesen in Landkirchen u. z. häuslichen Erbauung. gr. 4. Hannov. 827. Hahn.

— Predigt üb. d. unläugbare Sündlichkeit u. Sträflichkeit d. Holzentwendungen. gr. 8. Helmst. 802. Fleckeisen. 3 ℊ

Kalm, F. L. v., Religionsvortr. an feierl. Tag. u. b. besond. Veranl. gr. 8. Helmst. Fleckeisen. 805.

Kalm, Johann Heinrich von (Braunschweig), Problema juris publici, an poenae viventium, eis infamantes, sint absurdae, et abrogandae? Präs. Christian Thomasius. Halle (Salfeld) 5. IV. 1723. 68 S. (7.—) 17419

Kalm, K., und Ziegenbein, Gelegenheits-Predigten. gr. 8. Läneb. Herold, 794.

— **Matthias u. Heinrich Widenius** (Borea-Fennones), De gangraena nosocomiali. Specim. academ. Abo (J. G. Frenckell & S.) 30. V. 1813. 21 S. (5.50) 1740
Gew.: Gabriel Bonsdorff, Joh. Agapet Törngren.

[Kalm, Peter]: Des Herren Peter Kalm's Professors der Haushaltungskunst in Aobo, und Mitgliedes der königlichen schwedischen Akademie der Wissenschaften Beschreibung der Reise die er nach dem nördlichen America auf dem Befehl gedachter Akademie und öffentliche Kosten unternommen hat. *Eine Übersetzung. Unter dem Königlichen Pohlnischen und Churfürstlichen Sächsischen allergnädigsten Privilegis. 3 Bde. Göttingen: Verlag der Wittwe Abrams Vandenhoek 1754, 1757, 1764. (18), 568 S., ill.; 592 S., ill.; (4), 648 S., ill. = Sammlung neuer und merkwürdiger Reisen zu Wasser und zu Lande. Theil IX—XI.*

Kalm, Peter. Beschreibung der Reise, die er nach dem nördlichen Amerika ... unternommen hat, a. d. Schwed. Gött. 1757—64. Ü (Bd. 1, 2): *Murray, Joh. Philipp.* Ü (Bd. 3): *Murray, Joh. Andreas.* (ML) (Gatterer, Repert. d. mineral. Litt. Giessen 1798—99. I, 135.)

Kalm, Peter. Beschreibung einer Reise n d nördlichen Amerika. Aus dem Schwedischen. 2v. Göttingen, 1854-57.

Kalm, Pet., Reise nach d. nördl. Amerika. 8. Stockh. 754.

— — dass. 3 Thle. gr. 8. Götting. Vandenhök. 754—64.

Kalm, Pet., Reise nach Nord-Amerika. 3 Thle. gr. 8. Stockh. 754—64. 3 ℳ 12 gℓ

Kálmán von Tellyesniczky, Die Entstehung der Chromosomen. Evolution oder Epigenese? Gr.-8°. (ill. 47 S.) K 3.—
Wien: Urban & Schwarzenber 1907.

Kalmann, Wilhelm

Kalmann W.: Kurze Anleitung z. chemischen Untersuchung v. Rohstoffen u. Produkten d. landw. Gewerbe u. d. Fettindustrie. Leipz. 1896. 132 S. Fig.

Kalmann, Wilh., kurze Anleitung zur chemischen Untersuchung v. Rohstoffen u. Produkten d. landwirtschaftl. Gewerbe u. d. Fettindustrie. gr. 8. (X, 133 S. m. 3 Abb.) Wien 896. F. Deuticke. n. 3. —

Kalmann, Kurze Anleitung zur chemischen Untersuchung von Rohstoffen und Produkten der landwirtschaftlichen Gewerbe und der Fettindustrie K 3.60, geb. K 4.50
Wien: Deuticke 1904.

Kalmann, Wilh., kurze Anleitung zur chemischen Untersuchung v. Rohstoffen u. Produkten der landwirtschaftlichen Gewerbe u. der Fettindustrie. 2. Aufl. (IX, 153 S. m. 3 Abbildgn) gr. 8. Wien 906. F. Deuticke. n. 4. —

— und Smolka Alois. Über eine neue Methode zur Bestimmung des Mangans in Spiegeleisen, Ferromanganen und den wichtigsten Erzen. S. 91. II. 4° . . . . vgr.
Separatabdruck

Kalmann Wilhelm: Neue Methode zur Bestimmung des Phosphors in Roheisen und Stahl. S. 92. II. 4° . . . . vgr.
Separatabdruck

Kalmann, W. und Morawski, Th., Technisch-chemische Rechenaufgaben. Wien 1889. A. Hölder. —.40. (Min.-Erl. 15. October 1889. Z. 14951.)

Kalmanowitsch, S., aus Dissna (Russland): Ueber Schwangerschafts-nephritis. ⟨Frauenspital Basel-Stadt. Direktion Prof. von Herff.⟩ Basel 1908. 43 S. 8°.
Basel. Med. Diss. 1907/08.

Kalmanowitsch, S[imon]. Ueber Schwangerschaftsnephritis. Diss. Med. Basel. *Kopftitel:* Frauenspital Basel-Stadt ⟨Direktion: Prof. Otto von Herff⟩. 43 S. 8. Basel, Brin & Cie., 1908.

Kalmansohn, Jakob, pract. Arzt von Mohileff, Russland: Aus dem pathologischen Institut zu Zürich. Beitrag zur Frage des Herzgewichtes. Zür. Orell Füssli Dr. 1897. 27 S. 8°.
Zürich, Med. Diss. [v. 5. April 1897].

Kalmar, Borgholm. Kurzer Führer durch d. Kalmarer Schloss u. d. Burgruine Borgholm. Hrsg. vom Kalmarer Touristenverein. Stockholm 1907: Centraltryck. (31 S.) 8° 1e8. 6390 5

Kalmar, Alexander von

Kalmár, A v. Bericht über die Präcisions-Nivellements in Europa, vorgelegt der permanenten Commission bei der Versammlung in Genf, 1893. Auszug aus den Verhandlungen der Conferenz der internationalen Erdmessung in Genf, 1893. (Mit 17 Tafeln.)
4. Neuchatel 1894.

— Bericht über das Präcisions-Nivellement in Europa mit einer Uebersichtskarte in 1 : 5000000. Separatabdruck aus den „Verhandlungen der elften in Berlin abgehaltenen allgemeinen Conferenz der internationalen Erdmessung". 4. Neuchatel 1896.

Kalmár, v., k. und k. Contre-Admiral. Bericht über die Schweremessungen, welche im Auftrage des k. und k. Reichs-Kriegs-Ministeriums (Mar.-Sect.) von österr.-ungar. Seeofficieren ausgeführt wurden. Eingesendet nach Lausanne zur letzten Session der permanenten Commission der Internationalen Erdmessung. 8. Wien 1896.

Kalmár, Alexander Ritter von, k. u. k. Linienschiffs-Capitän und Vorstand der astronomisch-geodätischen Gruppe. Die Gradmessungs-Arbeiten des k. u. k. militär-geographischen Institutes. (Lithographiert.) (Mit 1 Karte) Fol. Wien 1894.

Kalmár, Georg (nobile Hungaro de Tapoltzafo), Praecepta grammatica atque specimina linguae philosophicae sive universalis, ad omne vitae genus adcommodatae. Sumtibus Fautorum Berolini degentium. Bln. u. Lpz. (D. Jacobäer. Druck: Georg Jacob Decker) 1772. 58 S. u. 2 Tfln. (6.50) 17411

Die wesentlichsten Entscheidungen, Beschlüsse und Verordnungen des Königl. Ungarischen Patentamtes aus d. J. 1896–1905. Im Anschluß an d. Ungar. Patentgesetz. Zusgest. von J. **Kalmár**, Patentanw. Budapest: [O. Nagel] 1906. (48 S.) 8° [Umschlagt.] 1e6. 13067

Kalmar, J., das ungar. Patentgesetz v. 14. Juli 1895 (Gesetzartikel XXXVII v. J. 1895) in beglaubigter Uebersetzung u. erläut. gr. 8. (74 S.) Budapest 895. (M. Räth.) n. 2. —

Kalmár, J., Ingenieur, Das ungarische Patentgesetz vom 14. Juli 1895 (Gesetzartikel XXXVII vom Jahre 1895) in beglaubigter Uebersetzung und erläutert. Gr.-8. (74 S.) 1.—
Wien: Lehmann & Wentzel 1896.

Kalmary, O., grammatikal. Regeln z. allgem. Sprache, gr. 8. Wien, Camesina. 774.

Kalmayer, O., grammatikal. Regeln zur philosoph. oder allgem. Sprache. gr. 8. Wien 774. (Heubner). 1 ℳ

Kalmbach, Christoph, triumphirendes Wunder-Gebäu der Chur-Fürstl. *Residentz zu München* etc. Zum 3. *mahl* . . . . vorgestellt. Gedruckt zu München bey Matthias Riedl. o. J. (17**). 4°. Frzbd.
11 Bll., 203 S. Es fehlen die 2 grossen Kpftaf.: a) Titelkpf. (mit Max Emanuel's Portr.) Fol. b) Ansicht der Residenz, in qu. Fol. — Cfr. Cat. Maillinger I. p. 83 no. 835.

Kalmücken-Steppe [Schlagwort]

Kalmücken-Steppe, s.: Geolog. Karten, Muschkotow, J.

Kalmus: Aristotelis de voluptate doctrina. 26 S.–Pyritz, Progr. 1862

Kalmus. De Platonis Menexeno. Pr 1875. 26 S. 4°.

Kalmus, D.. Plato über die Lust 24 S. – Halberstadt, Progr. 1857

— Platon über die Lust. Pr. 1858. 24 S. 4° 1.20

Kalmus, Ernst, über Geisteskrankheiten u. Irrenfürsorge, s. a Sammlung gemeinnütz. Vorträge. 276.

KALMUS, Ernst

Ueber Geisteskrankheiten und Irrenfürsorge. Von Dr Ernst Kalmus. (Sammlung gemeinnütziger Vorträge. Herausgegeben vom deutschen Vereine zur Verbreitung gemeinnütziger Kenntnisse in Prag. Nr. 276.) Prag. 1901. Verlag des deutschen Vereines zur Verbreitung gemeinnütziger Kenntnisse in Prag. In Comm. Haerpfer. 8°. 20 S. K —.20

— die Praxis der zellenlosen Behandlung bei Geisteskranken. 8. (25 S.) Halle 901. C. Marhold. n. — 40
Sonderabdruck aus: „Psychiatr. Wochenschrift."

Kalmus, Ernst [aus Berlin]: Über Rückenmarkserkrankungen bei Diabetes mellitus ... Berlin, Buchdr. v. G. Schade, *1895*; 28 S., 2 Bl. 8.
Berlin, Med. Fak., Inaug.-Diss. v. 14. Okt. 1895

Kalmus, Friedrich, appr. Arzt a. Quedlinburg: Über den Einfluss der Muskeltätigkeit und des Opiums auf die Zuckerausscheidung bei Phlorhizin-Glykosurie. (Mit Versuchen am eignen Körper.) Halle a. S. 1906: C. A. Kaemmerer. (33 S.) 8°
Halle, Med. Fak., Ref. v. Mering, Diss. v. 1. Juni 1906
[Geb. 21 Jan. 80 Quedlinburg; Wohnort. Halle a. S.; Staatsangeh.: Preußen; Vorbildung: Gymn. Quedlinburg Reife O. 01; Studium: Jena 1, Halle 8 S.; Coll. 25. Mai 06; Approb. 10. März 06.]

Kalmus, Gustav: Aus d. patholog. Institute zu Kiel. Ein Beitrag zur Statistik und pathologischen Anatomie der secundären Magen-Difteritis ... Kiel, Druck v. Schmidt & Klaunig, 1888; 21 + 1 S. + 1 Bl. 8°
Kiel, Med. Fak., Inaug.-Diss. v. 6. März 1888

Kalmus, Gust., ein Beitrag zur Statistik und pathologischen Anatomie der secundären Magen-Difteritis. Inaugural-Dissertation. gr. 8. (21 S.) Kiel 888, (Lipsius und Tischer.) *

Kalmus, Herbert T., Boston U. S. A.: Electrical Conductivity and Viscosity of some Fused Electrolytes. [With 3 Figures.] Zürich 1906. II + 54 S. 8°. [17. IX. 06.]
Zürich. Phil. Diss. II. S. 1906/1907.

Kalmus, J Quaestiones Vergilianae 20 S – Progr Putbus 1859

Kalmus, *Johannes Friedrich Leopold* Platons Vorstellungen über den Zustand der Seele nach dem Tode. 4 (16 S.).
Progr. Bismarck-G. *Pyrit.* 1888 (129)

Kalmus, Max [pr. Arzt] Aus d. Wilhelm-Augusta-Kinder-Hospital zu Breslau. Zur Pathologie und Therapie des Laryngospasmus. (Statistische Zusammenstellung von 425 Fällen). ... Breslau, F. W. Jungfer's Buchdr , 1889, 4 Bl + 22 S. + 1 Bl. 8°
Breslau, Med. Fak., Inaug.-Diss. v 8. März 1889

Kalmus, M., zur Pathologie u. Therapie d. Laryngospasmus. [Statist. Zusammenstellung v. 425 Fällen.] Inaug-Diss. gr. 8. (23 S.) Breslau 889. (Köhler.) n. 1.—

Kalmus, O., Das Leben des Agathocles I. Pr. 1865 26 S 4°. 1.20

Kalmus, O. Leben des Agathokles. 4 Treptow a/Rega 1865

Kalmus, Ulrich Der Kommissionar [Bunzlau 1880

Kalmus, Willy: Die Raubvögel der Quedlinburger Kreidebucht und der angrenzenden Formationen. Nakel (1910): Brewing. S. 1—26. 4°
Nakel, k. G P 1910 (236) [S 10. 211

Kalmüselkopp, J., Hamburg wie es ist rc., s. a. Hamburg.

KALMÜSELKOPP, Jochem (ps.), Hamburg wie es ist — und — sein könnte. Hamburg 1839.
Weller, Lex. Ps. p. 293.

— — Dasselbe. Heft 4. Hamburger u. Hamburgerinnen. Hamburg 1859. 8° (1 Mk. 25 Pfg., Plan fehlt, G. Priewe, c. 1905.)

Kalning, Geo., Waj Juhs runajat latwiski? Kurzer lett. Sprachführer m. lettisch-deutschem Wörterverzeichniß, Gesprächen u. kurzer Grammatik. (72 S.) 8. Riga (908). E. Bruhns. 1.20

Kalning, Harald, a. Riga: Einige Triarylfulgide und ihre Photoanhydride. Weida i. Th. 1908: Thomas & Hubert. (81 S.) 8°
Leipzig, Phil. Fak., Ref. Hantzsch-Beckmann, Diss. v. 4. Juli 1908
[Geb. 30. (17.) April 77 Riga; Wohnort. Riga; Staatsangeh.: Rußland; Vorbildung: Nikolai-Gymn. Libau Reife Juni 98; Studium Berlin, München, Leipzig, zus. 12 S.]

Kalning Julius, Zur Casuistik und Kenntniss der Dermoidcysten des Hodens. Diss Dorpat 8° 39 pp mit einer lithographirten Tafel 1876

Kálnoky, Gr. Dénes, Indár Karacsai. Historischer Roman in 3 Bdn. Aus dem Ungar. übers. von Simon. 8. (479 S.) Wien 867, Schlieper. *

Kalnocki, Jzor., s. Amicis, Edmondo de. Starkmut.

Kálnoki, Izor, die Freudenbotschaft, s.: Bibliothek der fremden Zungen.

Kaloff, Johannes [cand. med. aus Coesfeld (Westfalen)] Ein Fall von Fibro-Lipoma cavernosum Würzburg, Anton Boegler'sche Buchdr., 1887; 21 S. 8°
Würzburg, Med. Fak., Inaug.-Diss. v. 1887

† Kalokagathophilos, (E. G. E. Nöldeke,) über Mängel rc., s. Ueber.

Kalonymos ben Kalonymos, Iggeret baale chajjim s. Tier und Mensch.

Kalonymos, Meschäret Mosche. Apologia Mosis Maimonidis qua doctrina eius de providentia Dei speciali vindicatur atque exponitur edidit J. Goldenthal. Lipsiae 1845.

משרת משה Kalonymi Apologia Mosis Maimonidis, magistri sui, qua doctrina ejus de providentia Dei speciali vindicatur atque exponitur, opus pervetus, quod nunc primum ex Codice Bibliothecae Senatoriae Lipsiensis ed. J. Goldenthal. 8maj. (2 B.) Lipsiae 845, C. L. Fritzsche. *

—— Sendschreiben an Joseph Kaspi. Aus der Münchener Handschrift zum ersten Mal herausgegeben und im Auftrage der ehemaligen Hörer des jüdisch-theologischen Seminars zu Breslau als Festgabe zum 25jährigen Stiftungstage der Anstalt überreicht von Joseph Perles. München 1879. 4°.

Kalophilos, oder der Sammler des Guten und Schonen ... Leipzig 189. V: *Funke, H. A. G.* (Ky)

Kalophilos, oder d. Sammler des Guten u. Schönen. Vom Verfass. d. Unbekannten im Tannenhaine, (F. A. G. Funke). 2 Thle. 8. Leipz. (805.) Joachim. 1 ₰ 12 K

Kalophilos, od. d. Sammler des Schönen u. Gut. 2 Thle. 8. Prag, Volt. 805.

Kalopistria od. Kunst der Toilette f. d. elegante Welt. Eine Sammlung erprobter, unschädl. Mittel u. Vorschriften, die Schönheit beider Geschlechter zu erhalten u. zu erhöhen. 32. (100 S.) Erfurt 844, Bartholomäus.

Kalopothakes, Demetrius [Spartanus]: De Thracia provincia Romana Lipsiae, typ. M. Hoffmanni, 1893; 2 Bl., 81 S. 8.
Berlin, Phil. Fak., Inaug.-Diss. v. 5. Aug. 1893

Kalopothakes, Demetrius, de Thracia provincia romana. Diss. gr. 8. (80 S.) Leipzig 893. (Berlin, R. Heinrich.) n. 2. —

Kalos, D., der Aufstand der Chipeways, s. Volksbücher, Reutlinger.

Kalospinthechromokrene oder der Wunderbrunnen von Js. Ein „Ritt in's alte romant. Land" mit manchen Rösselsprüngen in die modernste Gegenwart. Ausgeführt als epische Dichtung in 12 Gesängen von Messer Lodovico Ariosto Helvetico (J. V. Widmann). 16. (205 S.) Frauenfeld 872, Huber. 2 40

Kalousek, Jos., de regni Bohemiae mappa historica commentarius. gr. 4. (39 S. mit 1 color. Karte in Kpfrst. in Imp.-Fol.) Prag 875, (Dr. Gregr und Dattel.) * 5 —
Aus: Acta reg. scientiarum societatis bohemicae, besonders abgedruckt.

Kalousek, Jos., de regni Bohemiae mappa historica commentarius. gr. 4. (39 S. mit 1 color. Karte in Kpfrst. in Imp.-Fol.) Prag 876, (Gregr und Dattel.) *
Aus: Abhandlungen der königl. böhm. Gesellschaft der Wissenschaften, besonders abgedruckt.

Kalousek, Jos., Geschichte der königl. böhmischen Gesellschaft der Wissenschaften, sammt einer krit. Übersicht ihrer Publicationen aus dem Bereiche der Philosophie, Geschichte und Philologie. Aus Anlass des 100jähr. Jubelfestes der Gesellschaft in ihrem Auftrage verf. 2 Hefte. gr. 8. (VII, 303 S.) Prag 884/85, (Calve'sche Universitäts-Buchh.) à Heft * ℳ 2,20. *

—— einige Grundlagen des böhmischen Staatsrechtes. Zusammengestellt und erörtert. 1. und 2. Aufl. gr. 8. (80 S.) Prag 871, (Mourek.) * 1 —

Kaloyeropulos, J(ohann), cand. med. aus Piräus ⟨Griechenl.⟩: Ueber Fremdkörper in der Speiseröhre unter besonderer Berücksichtigung der Oesophagoskopie und Oesophagotomie. *München 1902: C. Wolf & Sohn.* (44 S.) 8°
München, Med. Diss. v. 1902

Kalpasûtra, the, of Bhadrabâhu, ed. by H. Jacobi, s.: Abhandlungen für die Kunde des Morgenlandes.

Kalpa-sûtra, die alte Sammlung jinistischer Mönchsvorschriften, hrsg. v. Walth. Schubring, s.: Indica.

Kalpaktschieff, Stoyan S., aus Tirnowo ⟨Bulgarien⟩: Die Zünfte Bulgariens im 19. Jahrhundert. *Greifswald 1900: H. Adler.* (58 S.) 8°
Greifswald, Phil. Diss. v. 11 Juli 1900

Kalpaktschieff, Stoyan S., die Zünfte Bulgariens im 19. Jahrh. Diss. gr. 8. (VII, 58 S.) Greifswald 900. (Leipzig, Kössling.) n. 1. 40

Kalpurnius, s. Calpurnius.

Kalpurnius, Tit., v. Sicil., eilf erles. Idyllen übers., erkl. u. beurth. v. Wiß. gr. 8. Leipz. Schwickert. 805.

— — dasselbe. 2 Thle. 8. Leipzig, Joachim. 803.

— eilf erlesene Idyllen, nach d. Beckischen Recognition des Textes übers. u. mit diesem herausgeg. v. G. E. Klausen. gr. 8. Altona, Hammerich. 807.
Schreibp.

Kalscheuer, Jos. ⟨geb. am 31 März 1850 in Gymnich Kr Euskirchen⟩: Ueber die verschiedenen Formen des Hydrophthalmus ... Bonn, Druck v. J. F Carthaus (1875). 25 S., 1 Bl. 8.
Bonn, Med Fak., Diss. v. 29 Juli 1875

Kalss, A., u. Th. **Illenberger**, der Projektionsapparat m. Episkop als Lehrmittel f. Volks- u. Bürgerschulen, s.a Lechner's photographische Bibliothek. XI.

Kalss, A. und **Illenberger**, Th., Der Projektionsapparat mit Episkop als Lehrmittel für Volks- und Bürgerschulen. [Lechner's photographische Bibliothek. XI.] Gr.-8°. (ill. VIII, 215 S.) K 5.—
Wien Hof- und Univ.-Buchhandlung 1907

Kalß, A., u. J. **Gemperle**, die alte u. die neue Rechtschreibung. Gegenüberstellung geänderter Wortformen. Nach der vom hohen k. k. Ministerium für Kultus u. Unterricht festgestellten neuen Rechtschreibg. bearb. schmal gr. 8. (IV, 84 S.) Wien 902. A. Pichler's Wwe. & Sohn. n. 1.—

Kalt, (Pfarrer), s. Gesang- u. Gebetbuch, christkathol.

Kalt, Alfred

Kalt, A., die Ausübung d. Hebammenberufes auf antiseptischer Grundlage. Bearb. f. Hebammen. 12. (IV, 36 S.) Aarau 889. Sauerländer. cart. n. — 70

Kalt, A. Die Ausübung des Hebammenberufes auf antiseptischer Grundlage. Bearb. für Hebammen. 2. Aufl. In-12°. IV, 39 S. Aarau, H. R. Sauerlaender's Verlag. 1892 Cart. — 70

Kalt, A., d. Ausübg. d. Hebammenberufes auf antisept. u. asept. Grundlage. Bearb. f. Hebammen. 3. Aufl. 12. (IV, 54 S. m. 2 Fig.) Aarau 896. H. R. Sauerländer & Co. Kart. n. — 80

Kalt, A[lfred]. Die Ausübung des Hebammenberufes auf antiseptischer und aseptischer Grundlage. Bearb. für Hebammen. 4. Aufl. IV + 54 S. 8. Aarau, H. R. Sauerländer & Co., 1901. [cart. fr. —.90]

Kalt, A[lfred], prakt. Arzt, in Aarau: Die ausschliessliche Benutzung von Entbindungsanstalten zur Abwicklung des Geburtsvorganges und der Wochenbettspflege. Eine medizinisch-soziale Studie. Aarau 1907. 33 S. 8°. [4 XII. 07.]
Zürich. Med. Diss. 1907/08.

Kalt, A[lfred]. Die ausschliessliche Benutzung von Entbindungsanstalten zur Abwicklung des Geburtsvorganges und der Wochenbettspflege. Eine medizinisch-soziale Studie. Diss. Med. Univ. Zürich. 33 S. 8. Aarau, Buchdr. Aargauer Tagblatt, 1907.

Kalt, A., siehe: *Hebammen-Zeitung.*

Kalt, Augustus ⟨geb. am 25 Febr. 1808 in Herschbach bei Selters Rgbz. Wiesbaden⟩: De quodam noctambulismi casu ... Bonnae, typ. F. C. Baaden 1830. 16 S., 1 Bl. 4.
[Bonn], Med. Fak., Diss. v. [18 Sept.] 1830

Kalt, Cyprian, Eva die Harfenspielerin. Ein Gemälde aus d. Volksleben. gr. 8. (15½ B.) Eisenberg 843, Schöne'sche Bh.

Kalt, Cyprian, Eva die Harfenspielerin. Ein Gemälde aus dem Volksleben. 2. (Titel-)Aufl. 8. (243 S.) Eisenberg 854, Schöne'sche Buchh.

Samson. Eine Untersuchung d. hist. Charakters von Richt. XIII–XVI. Von Dr. Edmund **Kalt**. Freiburg i. Br. [usw.]: Herder 1910. XV, 102 S. 8°
(Freiburger Theologische Studien. H. 8.) A 12.705

Kalt, Georgius (geb. 1807 in Dormagen Rgbz. Düsseldorf): De paralysi nervi facialis ... Bonnae, typ. C. Georgii 1838. 1 Bl., 26 S., 2 Bl. 8. ¶ Ursprünglich Marburger Dissertation v. 11 März 1837.
[Bonn, Med. Fak., Nostrifications-Diss. v. 28 Dez. 1838]

Kalt, Hermann [Dr.]: Hamburgs Kampf um die Reformation 1517—1561. Tl 1, 1517—1530. Hamburg, gedr. bei Lütcke & Wulff, 1897; 1 Bl., 34 S. 4.
Hamburg, R in St. Pauli, P 1897 (766)

Kalt, Hermann: Hamburgs Kampf um die Reformation 1517—1561. T. 2, 1530—1561. *Hamburg 1898: Lütcke & Wulff.* (32 S.) 4° ¶ [Fortsetzung d. P-Beilage 1897.]
Hamburg, R in St. Pauli, P 1898 (778)

Kalt, Herm., Hamburgs Kampf um die Reformation 1517—1561. Progr. 2 Tle. gr. 4. Hamburg (Herold's Verl.). à n. 2. —
1. 1517—1530. (34 S.) 897. — 2. 1530—1561. (32 S.) 898.

Kalt, Ios. Dominic. (geb. am 6 März 1804 in Herschbach bei Selters Rgbz. Wiesbaden): De dysphagia ex tumoribus proxime ad oesophagum sitis oriunda casibus aliquot illustrata . . . Bonnae, typ. Büschlerianis (1825). 32 S. 8.
Bonn, Med. Fak., Diss. v. 23 [nach d. Akten vom 26] Aug. 1825

Kalt-Reuleaux, O., Entstehung u. Betrieb e. Boerenfarm, s.: Pilgergrüße. 3.

Kalt-Reuleaux, P. Missionen u. Politik. Ein Beitrag zur Lösg. der Kolonialfrage. 12. (32 S.) Paderb. 889, Bonifacius-Druckerei. — 20
Aus: Bonifacius-Broschüren, besonders abgedruckt.

— aus d. Volksleben d. Boeren, s.: Pilgergrüße. 7.

Kaltbrunn-Hoya, L., s.: Jahrbuch d. deut. Handlungsgehilf.

— das neue Ladenschluß-Gesetz m. Erläuterungen u. Erklärungen. Die Novelle zur Gewerbeordng. vom 30. VI. 1900. Gehülfen, Lehrlinge u. Arbeiter in offenen Verkaufsstellen. 12. (16 S.) Leipzig (900). (C. Topf.) — 20

Kaltbrunner, David. [Wien 1895.] V: *Kollbrunner, Em.* (Cat. d. Stadtbibl. Zürich. Zürich 1864—97.)

Kaltenbrunner, David

Kaltbrunner, D., aide-mémoire du voyageur. Notions générales de géographie mathématique, de géographie physique, de géographie politique, de géologie, de biologie et d'anthropologie à l'usage des voyageurs, des étudiants et des gens du monde. gr. 8. (XII, 525 S. m. eingedr. Fig. u. 25 Chromolith. u. chromolith. Karten.) Zürich 881. Wurster & Co. geb. n. 11. —

— der Beobachter. Allgemeine Anleitungen zu Beobachtungen über Land u. Leute für Touristen, Exkursionisten u. Forschungsreisende. Nach dem vom Verfasser durchgesehenen „Manuel du voyageur" bearb. v. E. Kollbrunner. 11 Lfgn. gr. 8. (XIX, 904 S. m. eingedr. Holzschn., Steintaf. u. Chromolith.) Ebend. 881. 82. à n. 1. 20 (cplt.: n. 13. 50)

Kaltbrunner, D., und E. Kollbrunner, der Beobachter. Allgemeine Anleitung zu Beobachtungen über Land und Leute für Touristen, Exkursionisten und Forschungsreisende. 2. revid. und verm. Aufl. Mit einem systemat. Fragenverzeichniss über Beobachtungen auf Reisen. gr. 8. (XIX, 904 S. mit 270 Fig. und 26 Bildertaf.) Zürich 888, Wurster und Comp. *

Kaltbrunner, D. und E. Kollbrunner. Der Beobachter. Allgemeine Anleitung zu Beobachtungen über Land und Leute für Touristen, Excursionisten und Forschungsreisende. Zweite, revidirte und vermehrte Aufl. 1. Liefg. In-8°, Prospect 16 S., S. 1—160, mit 11 Tafeln und Karten, Textillustrationen in Holzschn. Zürich, J. Wurster & Cie. Vollständig in 11 Lieferungen. 3 —

Kaltbrunner, D. und E. Kollbrunner. Der Beobachter. Allgemeine Anleitung zu Beobachtungen über Land und Leute für Touristen, Exkursionisten und Forschungsreisende. 2. revidirte u. verm. Aufl. Liefg. 3/4. In-8°, S. 161—320, u. Extrabeigabe 23 S. Zürich, J. Wurster & Cie. 3 —

Kaltbrunner, D. und E. Kollbrunner. Der Beobachter. Allgemeine Anleitung zu Beobachtungen über Land und Leute für Touristen, Exkursionisten und Forschungsreisende. 2. revidirte und vermehrte Aufl. Liefg. 5/6. In-8°, S. 321—480, mit Illustr. u. Taf. Zürich, J. Wurster & Cie. à 1 50

Kaltbrunner, D. und E. Kollbrunner. Der Beobachter. Allgemeine Anleitung zu Beobachtungen über Land und Leute für Touristen, Exkursionisten und Forschungsreisende. 2. revidirte und vermehrte Aufl. Liefg. 7/10. In-8°, S. 481—400, mit Illustr. u. Taf. Zürich, J. Wurster & Cie. à 1 50

Kaltbrunner, D. und E. Kollbrunner. Der Beobachter. Allgemeine Anleitung zu Beobachtungen über Land und Leute für Touristen, Exkursionisten und Forschungsreisende. 2. revidirte und vermehrte Auflage. Liefg. 11 (Schluss). In-8°, XIX u. S. 801—904, mit Illustr. u. Taf. Zürich, J. Wurster & Cie. 1 50

Kaltbrunner, D., Manuel du voyageur. Avec 280 fig (gravées sur bois) intercalées dans le texte et 24 planches (lithogr. et chromolithogr.) hors texte. gr. 8. (XV, 762 S und Anh. 61 S.) Zürich 878, Wurster und Comp. geb. *

Kaltbrunner, D., Beobachtungen auf Reisen. Systematischer Fragesteller f. Personen, welche fremde Länder bewohnen oder bereisen. gr. 8. (IV, 23 S.) Zürich 889. Wurster & Co. n. — 80

Kaltbrunner, David: Manuel du voyageur. Avec 280 figures intercalées dans le text et 24 planches hors texte. Zurich 1879. XV, 762, (60) S. 8°.

Kaltbrunner, D., und J. Schanz, Taschenbuch der Handelskorrespondenz in deutscher und französischer Sprache, s. Taschenbuch der Handelskorrespondenz.

Kaltbrunner, U., siehe: *Wanderer.*

KALTDORFF, Carl Friedrich (Bamberg): De coxarthrocace.- Monachii: Poessenbacher 1834. 1 Bl.,16 S. 27.4.1835 - Urk; F 61
Diss. Ingolst.-Landsh.-Mchn.

Kaltdorff, Carl Ludw. (Bucha-Baruthinus), Lithochemiae animalis specimen. Comment. med.-chir. Erlang. (Hilpert) 20. I. 1809. 64 Seiten. (6.50) 17414

Kälte-Erzeugungs-Anlagen, die, in Schlachthöfen. (Vom Verband deutscher Eishändler u. -Fabrikanten.) (7 S.) gr. 8. Göttingen (904). E. Kelterborn. n. — 40
Sonderabdruck aus: „Internat. Centralbl. f. d. ges. Eis-Industrie u. verwandte Branchen".

Kälte-Industrie (Die). Handbuch der praktischen Verwerthung der Kälte in der Technik und Industrie. Wien, 1896. 8vo. Ill.

Kälte-Industrie, die. Red.: Geo. Göttsche. 2. Jahrg. 1905. 24 Nrn. (à ca. 8 S. m. Abbildgn.) 4. Altona (Hamburg, J. Kriebel.) n. 4. —

Kälte-Industrie, die. Red.: Geo. Göttsche. 3. Jahrg. 1906. 12 Nrn. (à ca. 12 S. m. Abbildgn.) Lex.-8. Altona. (Hamburg, J. Kriebel.) n. 6. —
Vergl.: Offertenblatt der Kälte-Industrie.

Kälte-Industrie, die. Offizielles Organ des „Verband deutscher Eis-Händler u. -Fabrikanten". Schriftleitg.: Geo. Göttsche. 4.—7. Jahrg. 1907—1910. à 12 Hefte. (à ca. 12 S. m. Abbildgn.) Lex. 8. Hamburg-Altona (Holstenwall 4), Verl. f. Kälte-Industrie. à Jahrg. 10. —

Kalteis, Jh. Leond., († d. ... April 1793.) Handbuch zum rechtl. Unterricht eines Incipienten. 8. Nürnb. 773

Kalteis, J. Ld., Handbuch z. Unterr. e. Incipient. 8. Nürnb. Bauer. 774.

— d. Tagewerke Gottes, in gebundener Rede. 8. Nürnb. 779. Monath u. K. 6 gl

— **Tagewerke Gottes in gebundn. Rede.** 8. Nürnb. Monath. 780.

'—) d Theuerung Samariens; ein Trostgesang. 8. Nürnb. 771.

Kalteis, Ludw., Unterrichtsbuch f. chirurg. Lehrlinge u. Handbuch für Gehilfen. 3 Abthlgn. Lex.-8. (24⅝ B.) Salzburg 844. (Oberer'sche Buchh.) *

Kalteis, Ludw., Unterrichtsbuch für chirurgische Lehrlinge und Handbuch für Gehilfen. 2., wohlfeile (Titel-)Ausg. Lex.-8. (VIII und 382 S.) Salzburg (844)62, Oberer sel. Wwe.

Der Riese **Kaltekalt** und der Knabe Frisch. Ein Wintermärchen f. Kinder, bes. f. frische Knaben. *Paderborn: Bonifacius-Dr. [1896].* (32 S.) 8° [F.]
— [Märchenbücher f. Kinder.] No 14. [00. 13098

Kaltenbach, Balbine, Medizinalprakt.: Statistische u. casuistische Beiträge zur chronischen Bleivergiftung. Leipzig 1908: Georgi. 37 S. 8°
Leipzig, Med. Diss. v. 21. Nov. 1908, Ref. Curschmann
[Geb. 9. Nov. 70 Freiburg i. B.; Wohnort: Dresden; Staatsangeh.: Baden; Vorbildung: Mädchen-Gymn. Karlsruhe Reife M. 02; Studium: Heidelberg 2, München 4, Heidelberg 4 S.; Coll. 1. Dez. 08.] [U 09. 2798

Kaltenbach, J. H., der Regierungsbezirk Aachen. Ein Wegweiser für Lehrer, Reisende und Freunde der Heimathkunde. 16. (VIII und 520 S. mit 1 lithogr. und ill. Karte in Fol.) Aachen 850, Benrath und Vogelgesang. *

Kaltenbach, J. H., Flora des Aachener Beckens, zunächst als Abhandlung für das Schulprogramm der combinirten höhern Bürger- u. Provinzial-Gewerbschule zu Aachen. 12. (13⅓ B.) Aachen 845, Boisserée's Buchh *

—— Monographie der Familien d. Pflanzenläuse. (Phytophthires.) 1. Thl. Die Blatt- u. Erdläuse. (Aphidina et Hyponomeutes.) Mit erläut. Abbild. gr. 8. (16¾ B. u. Stnt.) Aachen 843. [Cöln, Roschütz u. Comp.] *

Kaltenbach, J. H., die Pflanzen-Feinde aus der Classe der Insekten. 3 Abthlgn. gr. 8. (VIII, 848 S. mit eingedr. Holzschn.) Stuttgart 872, Thienemann. à Abthl. *ℳ 4. * 11 20

KALTENBACH, J. H.: Die Pflanzenfeinde aus der Classe der Insekten. - Stuttgart 1874. 848 S.

Kaltenbach, J. H., s. J. P. Rossel, Realbuch.

— naturgemäßer Unterricht in der Erdkunde od. Darstellung d. nöthigsten Grundbegriffe f. einen bildenden Unterricht in der Geographie, zugl. als Anh. zu jedem Elementar-Lesebuch dienend. 8. (15 B. u. 4 Stnt.) Aachen 846, Benrath. *

Kaltenbach, Paul [appr. Arzt aus Saargemünd] Die Lactosurie der Wöchnerinnen. Stuttgart, Druck von Gebrüder Kröner, (1879). 8. IV, 19 S.

Kaltenbach, Rudolf

Kaltenbach, R., zur Antisepsis in der Geburtshilfe, s. Sammlung klinischer Vorträge.

Kaltenbach, Rud., die operative Gynaekologie, s. Hegar, A.

Kaltenbach, Rud., Lehrbuch der Geburtshilfe. (Bibliothek d. Arztes.) gr. 8. (XX, 524 S. m. 102 Abbildgn. u. 2 farb. Taf.) Stuttgart 893. F. Enke. n. 13. —

—— s. Verhandlungen der deutschen Gesellschaft für Gynäkologie.

Kaltenbach, Rudolf: Aus d. Prosektur d. Krankenh. r. d. Isar. Prosektor Oberndörfer [sonst Oberndorfer]. Das Zwischenzellensarkom im retinierten Hoden. München 1909: Ernst. 20 S. 8°
München, Med. Diss. v. 30. April 1909, Ref. v. Bollinger
[Geb. 16. Febr. 82 Freiburg i. B.; Wohnort: Freiburg; Staatsangeh.: Baden; Vorbildung Gymn. Bruchsal Reife Juni 02; Studium: München 2, Freiburg i. B. 5, Munchen 3 S.; Coll. 30. April 09; Approb. 9. April 09.] [U 09. 3346

Kaltenbacher, Robert, aus Konstanz: Der altfranzösische Roman Paris et Vienne. *Erlangen 1901: F. Junge.* (54 S.) 8° ¶ [Aus: Roman. Forschungen.] — (Ausgabe d. Textes erscheint demnächst.)
Freiburg i. B., Phil. Diss. v. 1902

Kaltenbacher, Rob., der altfranzösische Roman Paris et Vienne. (VII, 394 S.) Lex.-8. Erlangen 904. F. Junge. 10. —; erh. Pr. n. 12. 25
Sonderabdruck aus: „Roman. Forschgn."

Kaltenbäck, J. P., Austria, s. Austria.

— — Blätter für Literatur, Kunst und Kritik. Zur österreichischen Zeitschrift für Geschichts- und Staatskunde. 1.—3 Jahrgang. (3 Bde.) 4. Wien 1835—1837.

KALTENBACK, J. P., Vaterländische Denkwürdigkeiten. 11. Jahrgg. (Wien) 1843—52. Gr. 8°. (60 Kr., Jahrg. 2—11, Hlwdbde., Gilhofer & Ranschburg, Wien, 1912.)

—— die Mariensagen in Oesterreich. Gesammelt u. hrsg. 8. (27½ B.) Wien 845, Klang.

Kaltenbaeck, J. P., Mariensagen. 2. billige (Titel-)Ausg. 8. (XIV, 410 S.) Bonn (845)77, Lempertz. *ℳ 2,50.; geb. *

Kaltenbaeck, J. P., s.: Münzrecht, das Wiener.

— s. Rechtsbücher, die österreichischen.

Kaltenbaek, (J. P.,) Versuche. 1r Bd. Oden, Lieder, Parabeln. 16. Wien 826, Verfasser.

Kaltenbaeck, J. P., österreich. Zeitschrift f. Geschichte- u. Staatenkunde rc., s. Zeitschrift.

Kaltenbaeck, J. P. Oesterreichische Zeitschrift für Geschichts- und Staatskunde. (1.—3. Jahrgang.) (3 Bde.) 4. Wien 1835—1837.

Kaltenberger, F J., Geschichte der Ortschaften Dornbach und Neuwaldegg bei Wien nebst deren Häuser-Chronik. Historisch-topogr.-statist. geschildert. gr. 8. (129 S. mit 16 Illustr.) Wien. Selbstverlag. 2 fl. 1884

Kaltenböck, Joh., s.: Felde, Max.

Kaltenboeck, Johann (Red.), s. Kamerad, Der gute.

Kaltenboeck, Joh., s.: Straaden, Andries van.

Kaltenborn-Stachau, Karl von

Kaltenborn, Carl v., de cambiis statuta Hamburgensia anno 1603 et 1605, in Germania primis legislationis cambialis vestigia, edidit brevemque eorum de natura atque origine deque juris cambialis libris et legibus ante annum 1605 editis dissertationem praemisit. Königsberg 862. Gräfe & Unzer. gr. 8. (2 Bl., 42 S.) n. 10 ngr

Kaltenborn[-Stachau], Carolus [liber baro] de: Doctrinae de regalium generalium natura ac divisione part. 1. Halae (1845) Gebauer 51 S. 8°
Halle-Wittenberg, Jur Diss. v. 19. März 1845
Geb. [Halle a. d. S. 21. 6. 1817]
Part. 2 ist Hallische jur Hab.-Schr v 6. 5. 1845, vgl. Nr 4478.

Kaltenborn[-Stachau], Carolus de: Doctrinae de regalium generalium natura ac divisione part. 2. Halis (1845): Gebauer. 41 S. 8°
Halle-Wittenberg, Jur. Hab.-Schr. v. 2. [vielmehr: 6.] Mai 1845
Part. 1 ist Hallische jur Diss. v. 19. März 1845, vgl. Nr. 935.

— Einleitung in das constitutionelle Verfassungsrecht. gr. 8. (XV und 383 S.) Leipzig 863, B. Tauchnitz.

Kaltenborn, Carl v., Geschichte der deutschen Bundesverhältnisse und Einheitsbestrebungen von 1806 bis 1856 unter Berücksichtigung der Entwickelung der Landesverfassungen. 2 Bde. gr. 8. (XLVIII und 965 S.) Berlin 857, C. Heymann. *

— zur Geschichte des Natur- und Völkerrechts sowie der Politik. 1. Bd.: Das Reformationszeitalter vor Hugo Grotius. A. u. d. T.: Die Vorläufer des Hugo Grotius auf dem Gebiete des Jus naturae et gentium sowie der Politik im Reformationszeitalter. I. und 2. Abthl. (Literarhistorische Forschungen. — Kritische Ausg. der Autoren.) gr. 8. (XII, 250 und 148 S.) Leipzig 848, G. Mayer.

Kaltenborn (v. Stachau), Carl, Grundsätze des praktischen europäischen Seerechts, besonders im Privatverkehre, mit Rücksicht auf alle wichtigeren Partikularrechte, namentlich der norddeutschen Seestaaten, besonders Preussens und der Hansestädte, sowie Hollands, Frankreichs, Spaniens, Englands, Nordamerikas, Dänemarks, Schwedens, Russlands etc. 2 Bde. gr. 8. Berlin, C. Heymann. [1. (XII und 383 S.) 2. (VIII und 547 S.) 851.]

— Die Kaperei im Seekriege, besonders vom deutschen Standpunkte. Halle 1849.

— Kriegsschiffe auf neutralem Gebiet. Mit Rücksicht auf das Benehmen Lübeck's gegenüber dem „von der Tann" im gegenwärt. schleswig-holsteinschen und dänischen Kriege. gr. 8. (52 S.) Hamburg 850, Meißner und Schirges.

— Kritik des Völkerrechts nach dem jetzigen Standpunkte der Wissenschaft. gr. 8. (VIII und 316 S.) Leipzig 847, G. Mayer.

v. Kaltenborn, europ. Seerecht. Berlin 851

— Staat, Gemeinde, Kirche und Schule, insbesond. Universitäten und ihre Reform. Ein Beitrag zur Unterrichtsfrage und eine Ansprache an die deutschen Parlamente. gr. 8. (VII und 168 S.) Halle 848, Schmidt. *

— die Volksvertretung und die Besetzung der Gerichte, besond. des Staatsgerichtshofes. gr. 8. (III und 125 S.) Leipzig 864, B. Tauchnitz.

Kaltenborn, d. Vorläufer d. Grotius auf d. Gebiet d. jus. natur. et gent. 2 Abth. Leipzig 848.

Kaltenborn, Rud. Wlh v., s.a. Briefe eines alten preuß. Offizers.

Briefe eines alten Preußischen Officiers verschiedene Characterzüge Friedrichs des Einzigen betreffend. (Vf. *Rudolph Wilh. v. Kaltenborn.*) 2 Thle. Hohenzollern (Braunschweig) 1790—91 8° 134 u. 162 S. (Im British Museum.) (12 Mk. 50 Pfg., mit der folgenden Gegenschrift in Pergmtbd., Oskar Rauthe, Berlin, 1909.)
Sehr scharfe Schrift gegen den König. Der 10. Brief (Bd. 1) handelt über die griechische Liebe Friedrich's II — Anon.-Lex I p. 263 (nach Kayser, Meusel, Weller). Selten.

– s. Schreiben eines alten preuß. Offiziers.

– s.a. Sophron, D militär

(Kaltenborn.) Der militarische Sophron an seine junge, unerfahrene Kameraden, oder Klugheitslehre für angehende Offiziers 8 Leipzig 1792

Kaltenbrunner, Carl Adam, s. Kaltenbrunner, Karl Alam

Kaltenbrunner, Ferdinand (Hrsg.), s. Actenstücke zur Geschichte des deutschen Reiches unter den Königen Rudolf . u. Albrecht I.

Kaltenbrunner, Ferd., ein Fragment eines Formelbuchs König Rudolf I. Lex.-8. (17 S.) Wien 877, (Gerolds Sohn.)
Aus: Archiv für österr. Geschichte, besonders abgedruckt.

Kaltenbrunner, Ferd., Beiträge zur Geschichte der gregorianischen Kalenderreform. I. Die Commission unter Gregor XIII. Nach Handschriften der vatican. Bibliothek. [Aus: „Sitzungsber. d. k. Akad. d. Wiss."] Lex.-8. (50 S.) Wien 880. Gerold's Sohn in Comm. n.n. — 70

— s. Mittheilungen a. d. vatican. Archiv.

— Pabsturkunden in Italien. Bericht über zwei m. Subvention der hohen kaiserl. Akademie der Wissenschaften im Frühjahre 1878 u. Winter 1878/79 unternommene Reisen. [Aus: „Sitzungsber. d. k. Akad. d. Wiss."] Lex.-8. (81 S.) Ebend. 879. n. 1. 20

— die Polemik über die Gregorianische Kalenderreform. [Aus: „Sitzungsber. d. k. Akad. d. Wiss."] Lex.-8. (104 S.) Ebend. 877. n. 1. 60

Kaltenbrunner, Ferd., die Vorgeschichte der Gregorianischen Kalenderreform. [Aus: „Sitzungsber. d. k. Akad. d. Wiss."] Lex.-8. (128 S.) Wien 876. Gerold's Sohn in Comm. n. 2. —

Kaltenbrunner Ferdinand: Die Vorgeschichte der Gregorianischen Kalenderreform. Diss. Wien, Univ.
D: Wien 1877.
1877 PN 68

Kaltenbrunner, (G.,) Experimenta circa statum sanguinis et vasorum in inflammatione. Cum IX. tabb. lithograph. et color. 4 maj. Monachii 826, (Stuttgart. de Cotta.)

Kaltenbrunner, G., über d. Verbreitung d. Cholera Morbus in Preussen u. Oesterreich etc., s. Beobachtungen bayer. Aerzte üb. Cholera Morbus.

—— Zustand d. Wohlthätigkeitspflege in d. k. Haupt- u. Residenzstadt München, aus amtl. Quellen dargestellt. 1. Abthl. Die Wohlthätigkeits-Anstalten, welche unt. magistrat. Verwaltung stehen, umfassend. 4. (8½ B.) München 830, Finsterlin.

Kaltenbrunner, Karl Adam

Kaltenbrunner, Carl Adam, Alm und Cither. Der oberösterreich. Lieder 2. Bd. 8. (258 S.) Wien 848, Haas'sche Buchh.
Oberösterr. Lieder 1. Bd. Linz 1845, Fink. 1 Thlr.

Karl Adam **Kaltenbrunner**. Ausgewählte Dichtungen. Hrsg. unter Mitw. seiner Kinder Frau Hedwig v. Radics-Kaltenbrunner u. Dr. Karl Kaltenbrunner Linz Selbstverl. d. Hrsg als Mitgl. d. Stelzhamerbundes 1905. (XXVIII, 181 S.) 8° [J.]
— **Hoamát**, Aus dá. Volksausg heimatl. Dichtungen u. Weisen. Hrsg. von H. Zötl Bd 14.

Kaltenbrunner, Carl Ad., lyrische u. epische Dichtungen. gr. 12. (8 B.) Wien 838, Rohrmann.

—— vaterländ. Dichtungen. gr. 12. (13½ B.) Linz 835, Eurich u. Sohn.

Kaltenbrunner, Karl Adam, ob der Enns u. Austria. Patriotische Gedichte aus dem Nachlasse. Hrsg. zur Feier der 700jähr. Vereinigung des Landes ob der Enns mit Oesterreich am 24. Juni 1880 von Hedwig v. Radics-Kaltenbrunner. 8. (III, 38 S.) Linz 880. Fink. n. 1. —

Kaltenbrunner, C. A., österreichische Feldlerchen. Lieder und Gesänge in obderennsischer Mundart. gr. 16. (XVI und 294 S.) Nürnberg 857, v. Ebner'sche Buchh. Verlags-Conto. *

Kaltenbrunner, Karl Adam, Gedichte, s. a National-Bibliothek, allgemeine.

KALTENBRUNNER, Karl Adam
(F) Gedichte von Karl Adam Kaltenbrunner. Mitgetheilt und eingeleitet von dessen Tochter Frau Hedwig von Radics-Kaltenbrunner in Laibach. [Allgemeine National-Bibliothek Nr. 274 bis 275.] Wien. [1901.] Daberkow. 8°. 65 S. K —.20

Kaltenbrunner, Karl Adam, oberösterreichische Gedichte. Aus dem Nachlasse hrsg. von Hedwig v. Radics-Kaltenbrunner. 8. (VI, 137 S.) Linz 878, Fink. *

— **Geschichten aus Oberösterreich. Hrsg. von Hedwig v. Radics-Kaltenbrunner. [Mit einer Biographie.] 8. (VIII, 512 S.) Preßburg 880. Heckenast's Nachf. n. 5.** —

— **s. Jahrbuch, oberösterreich., für Literatur** 2c.

—— Konstantin XI., letzter griech. Kaiser. Histor. Tragödie in 5 Aufz. Mit e. Vorsp.: Der Streit um d. Krone, in 1 Aufz. gr. 8. (11 B.) Linz 830. (Wien, Gerold's Verlb.) *

Kaltenbrunner, Carl Ad., oberösterreichische Lieder. gr. 8. (11 B. u. 1 lithogr. Portr.) Linz 845, Fink.

Kaltenbrunner, Karl, s.: Margelik, Ferd., ausgew. Gedichte in ob d. Enns'scher Mundart.

— s. Schleifer, Matth. L., Gedichte.

— d. Stellvertreter, s.: National-Bibliothek, allgem.

Kaltenbrunner, Karl Adam, aus dem Traungau. Oberösterreich. Dorf- und Volksgeschichten. 8. (III und 312 S. mi 17 Illustr. in eingedr. Holzschn. nach Zeichnungen von J. Kollarz und Binz. Katzler.) Wien 868, Typographisch-literarisch-artistische Anstalt. *

Kaltenbrunner C. A. Oesterreichischer Volks- und Wirthschafts-Kalender für 1853. II. Jahrg. mit Illustr. Wien, J. P. Sollinger. 4.

Kaltenegger, P. Leo, Prior des Stiftes Admont. Eine biographische Skizze. Graz 1857. V: *Schäfer, Friedrich.* (schlossar) (Scriptores ord. s. Benedicti. Vindobonae 1881.)

Kaltenegger, Ferdinand

Kaltenegger, F., s.: Album d. Rinder-Racen d. österreich. Alpenländer.

Kaltenegger, Ferd., die geschichtliche Entwicklung der Rinderracen in den österreichischen Alpenländern. Landesculturhistorische Skizze. [Aus: „Jahrb. f. österr. Landwirthe".] gr. 8. (28 S.) Prag 881. Calve. n. — 90

Kaltenegger, F., Ermittlung der absoluten u. relativen Massverhältnisse am Körperbau des Rindes. Mess-Schema. (Internationaler land- u. forstwirthschaftl. Congress zu Wien 1890, 107. Hft.) gr. 8. (9 S.) Wien 890. (Frick.) n. 1. —

[Umschlagt.:] Karte der Rinder-Racen der österr. Alpenländer. Im Auftr. d. k. k. Ackerbau-Minist. entw. v. Hofrath Prof. F[erd.] **Kaltenegger.** Masst. 1 870.000. Wien: W Frick 1898. (1 Ktnbl. 2) 1 Bd 8.

Kaltenegger, Ferd., Rinder der österreich. Alpenländer, s.a. Rinder-Racen, die österreichischen.

Kaltenegger, F., Rinder der österr. Alpenländer. 6. Heft. Salzburg, Kärnten, Steiermark. 2. (spezieller) Teil. [Die österr. Rinderrassen. I. Bd.] Gr.-8°. (VII, 293 S.) K 8.—
Wien: Frick 1905.

—— s.a. Rinder-Racen, die österreichischen.

Kaltenegger, Ferd., Die österr. Rinder-Racen. Herausgeg. v. k. k. Ackerbau-Ministerium. I. Rinder d. österr. Alpenländer. 3. Heft. Etschthal u. Wippthal. gr. 8. (8 Bgn. mit 1 Karte.) Wien, Wilh. Frick 1 fl. 60 kr. 1883

— **Typen der landwirthschaftlichen Bauten des bäuerlichen Grundbesitzes in Tirol, Vorarlberg, beschrieben. Fol. (12 Steintaf. m. 4 S. Text.) Wien 878. (Berlin, Czihatsky.)** n. 7. —

Kaltenegger, Leonides. Der Honig vor dem Richterstuhle der Geschichte, Vernunft u. Erfahrg. Eine Apologie d. Honigs. Mit e. Anh., enth. Recepte zur Bereitg. feiner Honigbäckereien, Honiggetränke u. zum Einmachen der Früchte in Honig. gr. 8. (168 S.) Linz 892, Ebenhoech. * 1 50

Kaltenegger, Leonides, Lieder für Schule u. Leben. Gesammelt u. herausg. Wien 860. Mayer & Co. in Comm. 16. (2 Bl., 119 S.) 9 ngr.

Kaltenhauser, Fanny

— **Alle Schuld rächt sich auf Erden,** s.a. Vobach's illustr. Roman-Bibliothek. IV. 8.

Alle Schuld rächt sich auf Erden. Roman von F[anny] **Kaltenhauser** Ill. von Th. Volz. Berlin, Leipzig, Wien. Vobach (1907). 194 S. 8°
(Vobachs Illustrierte Roman-Bibliothek Ser 4, Bd 8.) [10. 13317

Kaltenhauser, Fanny, der Berghaldnerhof, s.: Vobach's illustrierte Roman-Bibliothek. I. 6.

Kaltenhauser, Fanni, der goldene Boden, s.a. Volksbücherei.

(F) **Kaltenhauser,** F., Der goldene Boden. Roman. [Volksbücherei. Nr. 185/186.] 8°. (112 S.) K —.40
Wien. Urban & Schwarzenberg 1907

Kaltenhauser, Fanny, 's Dornröserl von Diesenbach, s.a. Kürschner's, Jos., Bücherschatz.

s Dornröserl von Diesenbach Oberösterr Erzählung von Fanny Kaltenhauser Mit Ill von W Roegge *Berlin, Eisenach, Leipzig H Hillger [1900]* (127 S.) 8° [F.]
= Bücherschatz, Kürschner s No 184 [10. 13660

Kaltenhauser, F., Epheuranken. [Die Majorstöchter. Gräfin Judith. Der Name.] Novellen. 8. (144 S.) Leipzig, 888, Reinboth. * 1 50

— **d' Herrgotts-Christel.** Volksstück in 3 Akten. (94 S.) 8. Wien 903. J. Eisenstein & Co. n. 1.50

Das Leben und Leiden eines Weibes. (Österr Gebirgs-Roman von Fanny **Kaltenhauser** Berlin. A Schall [1904]. (307 S.) 8° [F.]
— **Verein** d. Bücherfreunde. Jg. 13, [8.]

— **die Rainhoferin,** s.: Vobach's illustr. Roman-Bibliothek. II. 6.

Kaltenleitner, J., österreichischer Muster-Briefsteller. Ein Hand- und Hülfsbuch zur richt. Abfassung von Briefen, Billeten, Karten, Telegrammen, wie sie in den verschiedensten bürgerl. und geschäftl. Verhältnissen nur irgend vorkommen. Nach einem neuen Plane, den modernen Anforderungen entsprechend, bearb. und durch viele hunderte von Beispielen prakt. erläut. gr. 8. (IV, 194 S.) Wien 872, Manz. cart. * 3 —

Kaltenleutgeben und **Wasserheilanstalt** des Prof Dr Wilh Winternitz 2 Auflage Mit 7 Ansichten und 1 statistischen Tabelle („Braumüller's Bade-Bibliothek" Nr 30.) 8 Wien 1890.

Kaltenleutgebener Bahn [Schlagwort]

Kaltenleutgebener Bahn, s.: **Wiener Ausflugskarten.**

Kaltensteiner, Jos., s. Fürst, d. gute.

Kalter, Alfons, Rechtsanw.: Die Fahrnisgemeinschaft. Grünstadt 1909: Sommer. 122 S. 8°
Würzburg, Jur. Diss. v. 23. Juli 1909, Ref. Mayer
[Geb. 12. Juni 79 Mannheim; Wohnort: Grünstadt; Staatsangeh.: Bayern; Vorbildung: Gymn. Neustadt a. H. Reife Juli 98; Studium: Berlin 1, München 2, Würzburg 5 S.; Rig. 9. Dez. 08.] [U 09. 4058

Kälter, Nathan [aus Köln]: Aus d. patholog. Institute zu Bonn. Zur Histogenese der Tuberkulose des Hodens … Bonn, Buchdr. J. Bach Wwe, 1893; 21 S., 1 Taf. 8.
Bonn, Med. Fak., Inaug.-Diss. v. [5. Aug.] 1893

Kaelter, Rob., Geschichte der jüdischen Gemeinde zu Potsdam. Gedenkschrift. Anh.: Zum 17. VI. 1903. Weihepredigt. (142 S. m. 2 Taf.) gr. 8. Potsdam 903. Berlin, M. Poppelauer. Kart. n. 3. —

Geschichte der jüdischen Gemeinde zu Potsdam. Gedenkschrift Anh Zum 17 Juni 1903 Weihepredigt Von Dr Robert **Kaelter** Potsdam. E. Stein in Komm 1903 (141 S.) 8° [03. 11033 II

Kalthagen, Johann Christoph (Frankenhausen / Thür.), Collationem juris civ. Rom. et statutarii Frankenhusani circa successionem conjugum ab intestato. Diss. jur. Präs. Heinrich Bodin. Halle (Johann Gruner) 12. VI. 1708. 44 S. (7.—) 17415

Kalthegener, Gaudenz, a. Gelsenkirchen: Aus d. Frauenklinik zu Gießen. Direktor: Geheimrat Prof. Dr. Pfannenstiel. Über Missed labour und Missed abortion. Kiel 1908: H. Fiencke. (60 S.) 8°
Kiel, Med. Fak., Ref. Pfannenstiel, Diss. v. 5. Febr. 1908
[Geb. 4. Dez. 74 Wattenscheid (Westfalen); Wohnort: Gelsenkirchen; Staatsangeh.: Preußen; Vorbildung: Gymn. Recklinghausen; Studium. Greifswald 6, Würzburg 3, Göttingen 2, Greifswald 1, Marburg 1, Gießen 4 S.; Coll. 18. Jan. 08; Approb. 22. Juni 05.]

Kalthoff A[lbert] Albert Bitzius (1835–1882) schweizerischer Pfarrer und Staatsmann Ein Charakterbild [Mit Porträt. A.] 8. (Berlin 1890.)

Kalthoff, Alb., s.: Blaubuch, das.

— **modernes Christentum,** s.a. Zeitfragen, moderne. 13.

Modernes Christentum. Von Dr Albert **Kalthoff,** Pastor 3. Taus. Berlin. Pan-Verl. [1906]. (46 S.) 8° [F.]
= **Zeitfragen,** Moderne. No 13. [06. 11033

Kalthoff, A., das Christus-Problem. Grundlinien zu e. Sozialtheologie. 8. (IV, 88 S.) Leipzig 902. E. Diederichs. n. 2. —

Das Christus-Problem. Grundlinien zu e. Sozialtheologie von A[lbert **Kalthoff**. 2. Aufl. *Leipzig E. Diederichs 1903.* (93 S.) 8° [F.]

Kalthoff: Die Einheit Gottes, s. Reden und Vorträge, gehalten im Protestant. Reform-Verein zu Berlin.

Die Entstehung des Christentums von **Albert Kalthoff.** Neue Beiträge z. Christusproblem. *Leipzig: E. Diederichs 1904* (155 S.) 8° [F.] [04. 110]

Kalthoff, Albert Die Frage nach der metaphysischen Grundlage der Moral, mit besonderer Beziehung auf Schleiermacher untersucht. Halle 1874 (Liebheit & Thiesen in Berlin). 42 S. 8°
Halle-Wittenberg, Phil Diss. v [24. Febr.] 1874
Geb. Barmen 5. 3. 1850. V

Kalthoff, Gesetz und Evangelium. Predigt über Galater I, 8, gehalten am 18. Sonntage nach Trin. in der St. Markuskirche zu Berlin. gr. 16. (8 S.) Schwiebus 876, Wagner'sche Buchh.

Kalthoff; Gregor VII. und der Gang nach Canossa, s. Reden und Vorträge, gehalten im Protestant. Reform-Verein zu Berlin.

Kalthoff, A. Charles Kingsley, s.a. Volksbibliothek, religiöse.

Charles Kingsley Ein religiös-soz. Charakterbild v. Dr A[lbert] **Kalthoff,** Pastor in Bremen. *Berlin Bibliogr Bureau 1892.* (69 S.) 8° [F.]
= **Volksbibliothek,** Religiöse. 1.

— **Kunst u. Volk.** Vortrag, geh. zur Eröffng. der Thätigkeit d. Goethebundes in Bremen. Jahresbericht 1900/1901, hrsg. vom Vorstand des Goethebundes. gr. 8. (12 S.) Bremen 901. G. Winter. — 80

—— das Leben Jesu. Reden, gehalten im Protestant. Reform-Verein zu Berlin. 1. und 2. (Titel-)Aufl. gr. 8. (VII, 174 S.) Berlin 880,83, Würzburg. (*M 2.40.) *

— Das Leben Jesu. Reden. (Neue [Titel-]Ausg.) (VII, 174 S.) 8. Berlin [879] (907). Kupfer & Herrmann. Geb. in Leinw. 3. 50

Albert Kalthoff. Vom innern Leben. Nachgelass. Predigten hrsg. von Friedrich Steudel. Jena: E. Diederichs 1908. (IV, 186 S.) 8° [F.] [illegible]

— die neueste Maßregel zur Bekämpfung des Judenthums. Vortrag, geh. im Saale des Handwerker-Vereins zu Berlin. gr. 8. (20 S.) Berlin 880. Würzburg. n. — 50

Friedrich Nietzsche und die Kulturprobleme unserer Zeit. Vorträge geh. von Dr A[lbert] Kalthoff, Pastor in Bremen. *Berlin: C. A. Schwetschke & Sohn 1900* (VI, 329 S.) 8° [F.] [illegible]

Die Philosophie der Griechen in kulturgeschichtlicher Grundlage dargest. von Dr A[lbert] Kalthoff. *Berlin: C. A. Schwetschke & Sohn 1901.* (IV, 153 S.) 8° [F.] [illegible]

— Predigt üb. Evang. Joh. I, 45—51, geh. in Nickern am 2. Adventssonntage 1875. gr. 16. (8 S.) Ebend. 876. — 15

Kalthoff, Predigten u. Reden, s.: Schriften des protestantischen Reform-Vereins zu Berlin.

Die religiösen Probleme in Goethes Faust. Ernste Antworten auf ernste Fragen von Dr A[lbert] Kalthoff, Pastor in Bremen. *Berlin: C. A. Schwetschke & Sohn 1901.* (137 S.) 8° [F.] [illegible]

Kalthoff, Dr. A. Die Religion und die Feuerbestattung. Hamburg. F. W. Rademacher 1884.

Albert Kalthoff. Die Religion der Modernen 1. u. 2. Taus. Jena & Leipzig E. Diederichs 1905 (310 S.) 8° [F.] [illegible]

— Schule u. Kulturstaat. (48 S.) 8. Leipzig 905. R. Voigtländer. n. — 80

— **Seelen erhalten od. Seelen verderben? 2 Predigten: 1) Busse den Busspredigern! Geh. in Bremen am Busstage 1905. 2) Wer ist e. Christ? Geh. in Berlin 1879 (zum 2. Male gedr.) Mit Genehmigg. des Verf. hrsg. v. Freunden. (19 S.) gr. 8. Bremen (906). Roland-Verlag A. Boesking & Co. n. — 60**

- Der christliche Socialismus im Gleichnisse von reichen Mann u. dem armen Lazarus, s. Reden u. Vorträge, geh im Protestant. Reform-Verein zu Berlin.

— christliche Theologie u. socialistische Weltanschauung. Ein Wort zur Verständigg. gr. 8. (22 S.) Berlin 894. K. G. Wiegandt. n. — 60

D. Thikötter und das Christusproblem. Eine Replik von A[lbert] Kalthoff. *Bremen: E. Hampe [1903].* (31 S.) 8° [F.] [illegible]

Kalthoff, A., Pastor. Die Trunksucht. Berlin.

– Vergänglichkeit u. Ewigkeit des Christenthums, s. Reden u. Vorträge, geh. im Protestant. Reform-Verein zu Berlin.

Kalthoff, A., Schleiermachers Vermächtnis an unsere Zeit. Religiöse Reden, geh. in d. St. Martinikirche zu Bremen. 8. (VII, 236 S. m. Bildn.) Braunschweig 896. Berlin, C. A. Schwetschke & Sohn. 2. 50; geb. n. 3. 50

— Vertheidigungsrede wider die Anklage des königl. Consistoriums der Prov. Brandenburg zu Berlin, geh. am 9. Mai 1878, nebst den wichtigsten darauf bezügl. Actenstücken. 8. (47 S.) Schwiebus 878. Wagner. n. — 60

ALBERT KALTHOFF. Volk und Kunst. Reden und Aufsätze. Herausgegeben vom Bremer Goethebund. Bremen (1910). Rolandverlag H. Boesking & Co. 8°.

— dem Volke muß die Religion erhalten bleiben! Vortrag, geh. im Protestanten-Verein zu Bremen. gr 8. (20 S.) Bremen 892. M. Rößler. n. — 30

Was wissen wir von Jesus? Eine Abrechnung mit Prof. D. Bousset in Göttingen. Von A[lbert] Kalthoff *Schmargendorf-Berlin O. Lehmann 1904.* (43 S.) 8° [F.] [illegible]

— was wissen wir v. Jesus? Eine Abrechng. m. Professor D. Bousset in Göttingen. (43 S.) gr. 8. Schmargendorf-Berlin 904. Verlag „Renaissance". n. — 50

— religiöse Weltanschauung. Reden. 1. u. 2. Taus. (IV, 278 S.) gr. 8. Leipzig 903. Jena, E. Diederichs. n. 3. —; geb. n. 4. —

Kalthoff, A., An der Wende des Jahrhundertes. Kanzelreden über die socialen Kämpfe unserer Zeit. Gehalten in der Martinskirche zu Bremen. 8°. Berlin, C. A. Schwetschke u. Sohn, 1898.

Inh. Der Einzelne und die Gesellschaft. – Die Konkurrenz. — Sociale Wissenschaft. – Die Wertschätzung der Arbeit. – Der Verbrecher. Die Todesstrafe. — Die Frauenfrage. — Armut und Reichtum. — Die Trunksucht. — Die Socialdemokratie — Christlich-social — Wohlthätigkeit. — Innere Mission

Kalthoff, Albert. Zarathustrapredigten. Reden über die sittliche Lebensauffassung Friedrich Nietzsches. 1. und 2. Tausend. IV + 172 S. 8. Leipzig, Eugen Diederichs, 1904. [M. 2. 50]

Albert Kalthoff. Zarathustra-Predigten. Reden über d. sittl. Lebensauffassung Friedrich Nietzsches. 3. u. 4. Taus. Jena E. Diederichs 1908. (170 S.) 8° [F.] [illegible]

Kalthoff, Albert. Das Zeitalter der Reformation. Nachgelassene Predigten, mit Vorwort von Friedrich Steudel. VIII + 282 S. 8. Jena, Eugen Diederichs, 1907. [M. 4. —, geb. 5. —]

Albert Kalthoff. Zukunftsideale. Nachgelassene Predigten mit e. Lebensskizze von Friedrich Steudel. Jena E. Diederichs 1907. (XXXIV, 237 S.) 8° [F.] [illegible]

Kalthoff, Emil · Erklärung der Erscheinungen der Lichtbeugung und mathematische Behandlung einer Reihe gleichartiger Beispiele. Elberfeld, Druck v. A. Martini & Grüttefien, *1893;* 22 S., 1 Taf. 4.
Elberfeld, R '(OR)', P 1893 (408)

Deutsches Singbüchlein. Prakt. Hilfsbüchlein f. d. Gesangsunterricht ⟨nach Noten⟩ nach d. Methode d. Prof. Theodor Krause-Berlin auf Grund der im 'Liederheft f. d. Volksschulen d. Prov. Westfalen' z. Einübung festgelegten Lieder bearb. von Franz Kalthoff. (Vorr.: Theodor Krause.) [1–3.] Hamm i. W.: Breer & Thiemann 1906. 3 Bde 8° [F.]
[1.] Ausg. f. Lehrer. [2.] 1. Schülerheft. [3.] 2. Schülerheft. [illegible]

Kalthoff, Fr., deutsches Singbüchlein. Praktisches Hilfsbüchlein f. den Gesangunterricht (nach Noten) nach der Methode des königl. Professors x. Theodor Krause-Berlin, auf Grund der im „Liederheft f. die Volksschulen der Prov. Westfalen" zur Einübg. festgelegten Lieder bearb. I. u. II. Schülerheft. 8. Hamm 906. Breer & Thiemann. n. — 90
I. (28 S.) — 40. — II. (40 S.) — 50.

Kalthoff, H. P., Auszug a. Calvin's Catechismus rc., s. Calvin, Joh., Catechismus.

— Kern d. Heilslehre rc., s. a. Calvin, Joh., christl. Unterweisung.

Kalthoff, H. P., Kern d. Heilslehre, aus Joh. Calvins Unterweis in d. christl. Religion, nebst d latein. Urschrift ausgezogen. 8. Elberf. 828. Schönian. 1 ℳ 8 ₰

Kalthoff, H. P., evang. Pfarrer zu Otzenrath im Jülich'schen. Johann Calvin's christliche Unterweisung in einem kernhaften Auszuge: Kern der Heilslehre aus Johannes Calvin's Unterweisung in der christlichen Religion nach der lateinischen Urschrift ausgezogen. 8. Elberfeld 1828.

Kalthoff, Heinrich, preuß. Referendar a. D.: Die rechtliche Behandlung des Strandgutes im römischen Recht und an den deutschen Küsten unter besonderer Berücksichtigung der Partikularrechte und der Reichsstrandungsordnung vom 17. Mai 1874. Rostock 1910: Boldt. XII, 107 S. 8°
Rostock, Jur. Diss. v. 25. Sept. 1910, Ref. Lehmann
[Geb. 30. Juni 86 Hasselbeck; Wohnort: Jena; Staatsangeh.: Preußen; Vorbildung: Gymn. Gießen Reife M. 05; Studium: Jena 5, Bonn 1, Jena 2, Rostock 1 S.; Rig. 28. Juli 10.] [U 11. 4044

Kalthoff, Heinrich, Referendar aus Essen a. d. Ruhr: **Die Bestimmungen** des Bürgerlichen Gesetzbuches über die Haftung des Verkäufers für Mängel der verkauften Sache, verglichen mit den allgemeinen Bestimmungen über die Unmöglichkeit der Leistung. *Freiburg i. B. 1901: Ch. Lehmanns Nachf.* (67 S.) 8°
Freiburg i. B., Rechts- u. staatswiss. Diss. v. 1902

Kalthoff, J. A., Grammatik d. hebrä. Sprache. 1. Thl. gr. 8. (27 B.) Regensburg 837, Manz.

– Dasselbe, s.a. Kalthoff, Josef Heinrich

Kalthoff, Joh. Heinr., Handbuch der hebräischen Altertümer. Münster, Theissing, 1840, gr 8°, 472 S., 6 Mk.
Recens. v. Welte, Theol. Quartalschr. 1840, S. 514 - 526. Katholik 1840, Bd. 78, S. 272—279.

Kalthoff, Io. Henricus (geb. 1803 in Warendorf Westf.): Theses controversae quas una cum dissertatione De iure matrimonii veterum Indorum ... defendet ... [o. O.], (1829). 7 S. 8.
Bonn, Phil. Fak., Thes. v. 4 Apr. 1829

Kalthoff, Io. Henricus (geb. 1803 in Warendorf Westf.): Ius matrimonii veterum Indorum cum eodem Hebraeorum iure subinde comparatum ... Bonnae, E. Weber 1829. 2 Bl., 108 S., 1 Bl. 8.
Bonn, Phil. Fak., Diss. v. [4 Apr.] 1829

Kalthoff, Jos. Heinr., Grammatik der hebräischen Sprache 1. Teil Regensburg, Manz, jetzt Verl.-Anst., 1837, 8°, 27 Bg., 3,75 Mk

– Dasselbe, s.a. Kalthoff, J. A.

Kalthoff, Wilhelm [aus Kastrop]: Aus d. med. Klinik zu Bonn. Über einen Fall langjährigen Tremors beider Arme. . . Bonn, Univ.-Buchdr v. Carl Georgi, 1889; 28 S. + 1 Bl. 8°
Bonn, Med. Fak., Inaug.-Diss. v [5. Aug.] 1889

Kalthöuer, Heinrich [pr. Arzt, aus Ostenfelde in Westf.]: Über die Ausgänge der Wirbelfrakturen mit besonderer Berücksichtigung eines Falles von sekundärer Vereiterung derselben. . . . Greifswald, Druck v. J. Abel, 1891; 31 S. 8°
Greifswald, Med. Fak., Inaug.-Diss. v. 12. Jun. 1891

Kaltnecker, Rob., Sammlung der im Fache der Militär-Bauverwaltung und ihrer Organe erschienenen Gesetze und Normal-Verordnungen. 2., verm. und verb. Aufl. gr. 4. (IV und 876 S. mit 1 Atlas von 47 Plänen auf 49 lithogr. Fol.-Taf.) Innsbruck 865, Wagner'sche Universitäts-Buchh. *

Kaltner, Balthasar, Konrad v. Marburg u. die Inquisition in Deutschland. Aus den Quellen bearb. gr. 8. (IX, 198 S.) Prag 882. Tempsky. n. 4. —

— Lehrbuch der Kirchengeschichte für die Oberclassen der Mittelschulen. gr. 8. (IX, 210 S.) Ebend. 880. n. 1. 80

Kaltner, Balth. Lehrbuch der Kirchengeschichte f. die Oberclassen der Mittelschulen. 2. verb. Aufl. gr. 8. (IV, 188 S.) Prag 891, Tempsky. — Lpz., Freytag. 1 70; geb. in Leinw * 2 10

Kaltner, Balthasar, Lehrbuch der Kirchengeschichte f. d. Oberklassen höh. Lehranstalten. 8., durchgeseh. Aufl. (170 S.) 8. Leipzig 902. G. Freytag. Geb. in Leinw. n. 2. 20

Kaltner, Dr. Balthasar, Lehrbuch der Kirchengeschichte für die Oberklassen der Mittelschulen. 3., durchgesehene Auflage. Wien und Prag 1902. F. Tempsky. Preis, geheftet 1 K 70 h, gebunden 2 K 20 h.

Kaltner, Dionis

—sacri et oecumenici Concilii Nicaeni canones cum suis interpretationibus. 8. Wien 772.

Kaltner, Dionis, († im Juli 1780.) Rede auf d. Fest des heil. Namens Jesus. 8. Wien 777.

Kaltner, E., der Blinden- und Taubstummen-Unterricht, s. Ausstellungs-Bericht, officieller.

Kaltner, Johann Alois —. „Bete zum Herrn und Er wird dich gesund machen." Ein Gebet- und Erbauungsbuch zunächst für die Kranken selbst, wie auch zum Vorlesen für deren Tröster. Im Anhange ein Manuale sacrum in singularem Sacerdotis usum. Nebst nebenlaufnder Uebersetzung. Von — —. 8. (XVI, 252 und CXXII S.) Salzburg. Zaunrith'sche Buchdruckerei. In Kommission der Mayr'schen Buchhandlung. 1854.

— — Im Anhange ein Manuale sacrum in singularem Sacerdotis usum. Mit nebenlaufender Uebersetzung. 2. verm. Aufl. Schaffhausen 856. Hurter. 16. (XIX, 396 S.) 22⅓ ngr.

— Functionarium catholicum. Ein umfassendes Handbuch für Geistliche zu all' ihren Verrichtungen und Andachten in und außer der Kirche, namentlich am Kranken- und Sterbebette. 8. (XII und 419 S.) Schaffhausen 856, Hurter'sche Buchh.

— Jerusalem. Ein Gebet- u. Betrachtungsbuch zur Auferbauung Aller, die da erkennen wollen, was zu ihrem Heile dient. Enthält: Bezügliche Morgen-, Abend- u. Meßgebete, Predigten, Oelberg-Miserere- u. Kalvarienberg-Andachten für die heil. Fastenzeit; wie ganz besonders noch eine sehr nutzbringende Anwohnung aller Ceremonien der heil. Charwoche. Salzburg 855. Mayr. 16. (XXXII, 401 S. u. 1 Stahlst.) 24 ngr.

Kaltner, Johann Alois —. Jerusalem Ein Gebet- und Betrachtungsbuch zur Auferbauung Aller, die da erkennen wollen, was zu ihrem Heile dient. Von — —. Salzburg. 1855. Zaunrith'sche Buchdruckerei. Verlag von Mayr. (XXXII, 400 S. u. 1 Abbildg 8.) geh.

Kaltner, Joh. Alois, geschichtlich wahre Kranken- und Sterbebilder alter und neuer Zeit. Ein Exempelbuch für Leidende, worin sich auch Gesunde mit Nutzen spiegeln können. gr. 8. (VIII und 336 S. mit 1 Stahlst.) Salzburg 850, (Mayr'sche Buchh.) *

— geschichtlich-wahre Kranken- und Sterbebilder alter und neuer Zeit. Ein Exempelbuch für Leidende, worin sich auch Gesunde mit Nutzen spiegeln können. 2., sehr verm. Aufl. Mit 1 Stahlst. Schaffhausen 853. Hurter. 8. (XV, 400 S.) 1 ℳ.

— die Mai-Andacht. Ein vollständ. Gebetbuch für die wahren Verehrer der Mutter Gottes, besonders zur Feier des Marien-Monates in Kirche und Haus. gr. 8. (XV und 352 S. mit 1 Stahlst.) Salzburg 852, (Mayr'sche Buchh.) *

— die Mai-Andacht. Ein vollständ. Gebetbuch für die wahren Verehrer der Mutter Gottes, besonders zur Feier des Marien-Monates in Kirche und Haus. 3. Aufl. (XVI und 380 S.) 1853. und 4., verm. Aufl. 8. (XIX und 406 S. mit 1 Stahlst.) Schaffhausen 856, Hurter'sche Buchh.

Kaltner, Joh. Alois, die Mai-Andacht. Ein vollständiges Gebetbuch für die wahren Verehrer der Mutter Gottes, besonders zur Feier des Marien-Monates in Kirche u. Haus. 5. verm. Aufl. Mit 1 Stahlst. Schaffhausen 859. Hurter. 16. (XX, 408 S.) n. 27 ngr.

Kaltner, Joh. Alois, die Mai-Andacht. Ein vollständiges Gebetbuch für die wahren Verehrer der Mutter Gottes, besonders zur Feier des Marien-Monates in Kirche u. Haus. 6., verm. Aufl. Mit einem Stahlst. 16. (XX, 380 S.) Regensburg 878. Manz. 2. 70

— die erste deutsche Pilgerfahrt nach Jerusalem und Palästina. Original-Mittheilungen. Salzburg 855. Oberer. 16. (VIII, 206 S.) 14 ngr.; mit 2 Lithogr. in 4. u. Fol. 21 ngr.

Kaltner, Johann Alois —. Die geistliche Pilgerfahrt nach Jerusalem. Eine Charfreitagspredigt, gehalten in der Domkirche zu Salzburg am 21. März 1856 um zwei Uhr Nachmittags von — —. Auf vieles Verlangen in den Druck gegeben zum Besten des heiligen Grabes. Salzburg, 1856. Druck und Verlag der Duyle'schen Hofbuchdr. (19 S. 8.)

— Primizpredigt bei dem Ersten heil. Meßopfer des neugeweihten Priesters Joseph Berger. Gehalten zu Salzburg den 6. August 1854. Salzburg 854. Mayr. gr. 8. (15 S.) 2 ngr.

Kaltner, Johann Alois —. Primizpredigt bei dem Ersten feierlichen Meßopfer des neugeweihten Priesters Leopold Hager, zu Straßwalchen am Tage des h. Laurentius 1853, gehalten von — —. 8. (16 S.) Salzburg. Oberer'sche (Endl und Penker) Buchdruckerei. 1853.

Kaltner, Joh. Alois, Raphael der biblische Führer ins hl. Land. Eine umfassende Beschreibung der ersten deutschen Pilgerfahrt nach Jerusalem und Palästina. Als verläßliches Handbuch für jene, die im Geiste oder in der Wirklichkeit eine Wallfahrt dorthin unternehmen wollen. Schaffhausen, Hurter, jetzt Regensburg, Verl.-Anst., 1860, 2. umgeänderte, dreifach vermehrte und mit einer Pilgerbibel versehene Aufl. Mit 1 Stahlst., 8°, XX u. 492 S., 4,20 Mk
1. Aufl. Salzburg, Oberer, 1855.

— Primizpredigt bei der Feier der Ersten heil. Messe des Hochw. Hrn. Ludwig Spindlbauer. Gehalten zu Salzburg den 15. Aug. 1854 Ebend. 854. gr. 8. (15 S.) 2 ngr.

— drei goldene Samstage, oder die Leidensmutter vor, bei und nach dem Tode ihres Sohnes Jesu Christi. Ein Gebet- und Betrachtungsbuch für alle Theilnehmer an den Schmerzen Mariens. gr. 16. (XV und 368 S. mit 1 Stahlst.) Schaffhausen 859, Hurter'sche Buchh.

Kaltofen, Edm., Führer durch das Gebiet v. Prachatitz m. Angabe der wichtigsten Touren in die weitere Umgebung. Mit 2 Umgebungskarten. 12. (19 S.) Pilsen 900. C. Maasch. n. — 50

— dasselbe, s.: Meßner, Jos., Prachatitz.

Kaltofen, E., Führer durch das Gebiet von Prachatitz mit Angabe der wichtigsten Touren in die weitere Umgebung. 8°. (19 S. mit 2 Karten) K —.50
Pilsen. Maasch 1902.

Kaltschmid, Carl Friedrich, s. K a l t s c h m i e d , Karl Friedrich

Kaltschmid, J. A., Ueberlingen seit dem Anfall an das **Haus** Baden. Kulturgeschichtliche Umrisse. Von 1802 bis incl. **1870.** Hrg. von Literat Dr. J. A. K. 1871. 8. Lindau.

Kaltschmid, Jos. Ant., allgem. geschichtl. Betrachtungen üb. d. Entwicklungsgang d. Menschengeschlechtes zur vernünftig geord. Freiheit. Als zeitgemäße Einleit. in d. Studium d. Weltgesch. f. alle Stände. Vom Anfang d. histor. Kenntniß bis auf uns. Zeit, mit e. summar. Hinblick auf d. Freiheitsbewegungen in Europa seit d. Sturze Napoleons. 8. ($22\frac{1}{4}$ B.) Rotweil 834, Herder.

Taschenbuch des Mappeurs. Hrsg. von Paul **Kaltschmid**, k. u. k. Oberlt. Wien: [aufgestempelt: L. W. Seidel & Sohn] 1907. (107 S.) 8°

Kaltschmidt, A., die Vormundschaft u. das Verfahren in Vormundschaftssachen nach königl. sächsischem Rechte in systematischer Darstellung, m. Formularen zum prakt. Gebrauche u. unter Abdruck der wichtigsten auf das Vormundschaftsrecht bezügl. gesetzl. Bestimmgn. gr. 8. (XII, 248 S.) Leipzig 893. Roßberg. n. 5. —; geb. n.n. 6. —

Kaltschmidt, Carl Friedrich, s. K a l t s c h m i e d , Karl Friedrich

Kaltschmidt, Fr. R., Diss. de virgine, chlorosi et gutta serena laborante. Jen. 4°.
1788

– Dasselbe, s.a. K a l t s c h m i e d , Karl Friedrich

Kaltschmidt, Gh. F., Gedichte. 8. Lübeck 815.

Kaltschmidt, Herm., die Gedächtnißkunst oder prakt. Anleitung in kurzer Zeit ein vorzügliches Gedächtniß zu erlangen, um Zahlen, Namen, Wörter rc. leicht und bleibend zu merken. Nebst Beispielen von außerordentl. Leistungen der Gedächtnißkunst und Anwendung derselben auf Chemie, Statistik, Geographie rc. 8. (IV und 104 S.) Berlin 867, Mode's Verlag. *

Kaltschmidt, Herm., die Gedächtnißkunst, oder prakt. Anleitung in kurzer Zeit ein vorzügl. Gedächtniß zu erlangen, um Zahlen, Namen, Wörter, Erzählungen, Gedichte, Anecdoten rc. leicht u. bleibend zu merken. Nebst Beispielen von außerordentlichen Leistungen der Gedächtnißkunst u. Anwendung derselben auf die Chemie, Statistik, Geographie, Geschichte, Rechenkunst rc. 3., verb. Aufl. 8. (135 S.) Berlin 880. Mode's Verl. n. 1. —

Kaltschmidt, Herm., die Gedächtnißkunst oder prakt. Anleitung in kurzer Zeit ein vorzügl. Gedächtniß zu erlangen, um Zahlen, Namen, Wörter, Erzählungen, Gedichte, Anecdoten rc. leicht und bleibend zu merken. Nebst Beispielen von außerordentl. Leistungen der Gedächtnißkunst und Anwendung derselben auf die Chemie, Statistik, Geographie, Geschichte, Rechenkunst rc. 4.—7. Aufl. 8. (135 S.) Berlin 881—87, Mode's Verlag. * 1 —

[S.] Die Gedächtnisskunst oder prakt. Anleitg, in kurzer Zeit e. vorzügl. Gedächtniss zu erlangen . . Nebst Beispielen v. ausserordentl. Leistgn d. Gedächtnisskunst u. Anwendg ders. auf d. Chemie, Statistik . . Hrsg. v. Dr Hermann Kaltschmidt. 12 verb. Aufl. *Berlin: S. Mode [1895].* (135 S.) 1 Bd 8.

Kaltschmidt, Herm., die Gedächtnißkunst od. prakt. Anleitg., in kurzer Zeit e. vorzügl. Gedächtniß zu erlangen, um Zahlen, Namen, Wörter, Erzählgn., Gedichte, Anecdoten rc. leicht u. bleibend zu merken. Nebst Beispielen v. außerordentl. Leistgn. der Gedächtnißkunst u. Anwendg. derselben auf die Chemie, Statistik, Geographie, Geschichte, Rechnenkunst rc. 15. verb. Aufl. 8. (135 S.) Berlin (900). S. Mode's Verl. n. 1. —

Kaltschmidt, Hugo Mauritius: Observationes obstetriciae Halis Saxonum (1854): Gebauer-Schwetschke. 31 S. 8°

Halle-Wittenberg, Med. Diss. v 24. Okt. 1854

Geb. Eckartsberga [17. 6.] 1828. V

Kaltschmidt, J H.

—— der freimüthige u. unpart. schweizerische Schulbote, s. Schulbote.

Kaltschmidt, Prof. J. H., d. freimüth. u. unpartheiische schweizerische Schulbothe. 1r Jahrg. 1831. gr. 8. Winterth. 832. Steiner. 1 ₰ 12 ℊ

Kaltschmidt, Jakob Heinrich

— s. Cobbet, engl. Sprachlehre.

Kaltschmidt, Jac. Heinr., a new complete Dictionary of the english and german languages etc. — A. u. d. T.: Neues vollständ. Wörterbuch d. englischen u. d. deutschen Sprache. Nebst e. kurzen Abrisse d. engl. u. d. deutschen Sprachlehre. Stereotausg. 2 Thle. gr. 8. (83¾ B.) Leipzig 837, K. Tauchnitz.

Kaltschmidt, Jac. Heinr., a new and complete dictionary of the english and german languages. With two sketches of grammar, english and german. 2. Ster.-edition, revised and thoroughly improved. 2 Parts. A. u. d. T.: Neues vollständ. Wörterbuch der englischen und der deutschen Sprache. Nebst einem kurzen Abrisse der engl. und deutschen Sprachlehre. 2., durchges. und verb. Stereotypausg. 2 Thle. (Englisch-Deutsch. — Deutsch-Englisch.) gr. 8. (XLII und 1297 S.) Leipzig 849, C. Tauchnitz.

Kaltschmidt, Jac. Henr., a new and complete dictionary of the english and german languages. With two sketches of grammar, english and german. 2. Ster.-edition, revised and thorougly improved. New impression. 2 Parts. (English-german. — German-english.) Neues vollständiges Wörterbuch der englischen und deutschen Sprache. Nebst einem kurzen Abrisse der engl. und der deutschen Sprachlehre. 2., durchgeseh. und verb. Stereotypausg. Neuer Abdr. 2 Thle. gr. 8. (XLII und 1297 S.) Leipzig 855, K. Tauchnitz.

—— nouveau Dictionnaire français-allemand et allemand-français. — A. u. d. T.: Neues vollständ. Wörterbuch d. französ. u. deutschen Sprache. Stereotausg. 2 Thle. 1. Aufl. (68½ B.) 836. 2 Thlr., u. 2. A., mit ein. Anh. kaufmänn. Redensarten. gr. 8. (71⅛ B.) Leipzig 837, K. Tauchnitz.

Kaltschmidt, Jac. Heinr., petit Dictionnaire compl. français-allemand et allemand-français, composé d'aprés les meilleurs ouvrages, le Dictionn. de l'Acad. franç. etc. — Vollständiges Taschen-Wörterbuch der französ. u. deutschen Sprache u. s. w. 1. Aufl. (32¼ B.) 843 u. 2. Aufl. 16. (32½ B.) Leipzig 844, Brockhaus. à *

—— petit dictionnaire complet français-allemand et allemand-français. 3. Édit. 1854. und 4. Édit. A. s. l. t.: Vollständiges Taschen-Wörterbuch der französischen und deutschen Sprache. 3. Aufl. 1854. und 4. Aufl. gr. 16. (X und 508 S.) Leipzig 855, Brockhaus.

Kaltschmidt, J(ak.) H(einr.), petit dictionnaire complet français-allemand et allemand-français. A. s. le t.: Vollständiges Taschen-Wörterbuch der französischen und deutschen Sprache. 5. Aufl. 1857. und 6. Aufl. gr. 16. (X und 508 S.) Leipzig 860, Brockhaus. 20 Ngr.; geb.

—— allgemeines Fremdwörterbuch nebst Erklärung der in der deutschen Sprache vorkommenden fremden Wörter und landschaftl. Ausdrücke mit Angabe ihrer Abstammung. Zum prakt. Nutzen für alle Stände bearb. Ster.-Ausg. 2. Abdr. gr. 8. (216 S.) Nördlingen 852, Beck'sche Buchh.

Kaltschmidt, Jak. Heinr., allgemeines Fremdwörterbuch nebst Erklärung der in der deutschen Sprache vorkommenden fremden Wörter u. landschaftlichen Ausdrücke mit Angabe ihrer Abstammung. Zum praktischen Nutzen für alle Stände bearb. 16. Stereot.-Ausg. Nördlingen 861. Beck. gr. 8. (216 S.) n. 10 ngr.

—— neuestes u. vollständigstes Fremdwörterbuch zur Erklärung aller aus fremden Sprachen entlehnten Wörter u. Ausdrücke, welche in den Künsten u. Wissenschaften, im Handel u. Verkehr vorkommen, nebst ein. Anh. v. Eigennamen, m. Bezeichn. der Aussprache bearbeitet. 1. Aufl. 842, 43. * 2 Thlr. 12 Ngr., u. 2. Aufl. Lex.-8. (à 52½ B.) Leipzig 847, Brockhaus. *

Kaltschmidt, J. H., neuestes und vollständigstes Fremdwörterbuch zur Erklärung aller aus fremden Sprachen entlehnten Wörter und Ausdrücke, welche in den Künsten und Wissenschaften, im Handel und Verkehr vorkommen, nebst einem Anhange von Eigennamen, mit Bezeichnung der Aussprache. 3. Aufl. Leipzig 853. Brockhaus. Lex.-8. (4 Bl., 832 S.) n. 2 ₰.

—— neuestes und vollständigstes Fremdwörterbuch zur Erklärung aller aus fremden Sprachen entlehnten Wörter und Ausdrücke, welche in den Künsten und Wissenschaften, im Handel und Verkehr vorkommen, nebst einem Anhange von Eigennamen, mit Bezeichnung der Aussprache bearb. 3. Aufl. 1853. und 4. Aufl. gr. 8. (V und 832 S.) Leipzig 856, Brockhaus. *

—— neuestes und vollständigstes Fremdwörterbuch zur Erklärung aller aus fremden Sprachen entlehnten Wörter rc., mit Bezeichnung der Aussprache. 5. (Titel-)Aufl. 10 Hefte. gr. 8. (VII und 832 S.) Leipzig 860, Brockhaus. à Heft * 6 Ngr. * geb.

— neuestes u. vollständigstes Fremdwörterbuch. Erklärung aller aus fremden Sprachen entlehnten Wörter u. Ausdrücke, welche in den Künsten u. Wissenschaften, im Handel u. Verkehr vorkommen, mit Bezeichnung der Aussprache. Nebst einem Anhange von Eigennamen. 5. Aufl. 860. 2 ₰ — 6. Aufl. Leipzig 863. Brockhaus. gr. 8. (VII, 832 S.) 1 ₰ 20 ngr.

Kaltschmidt, Jak. Heinr., neuestes und vollständigstes Fremdwörterbuch zur Erklärung aller aus fremden Sprachen entlehnten Wörter und Ausdrücke, welche in den Künsten und Wissenschaften, im Handel und Verkehr vorkommen. Mit Bezeichnung der Aussprache. Nebst einem Anh. geograph., histor. und mytholog. Eigennamen, vergleichender Münz-, Mass- und Gewichtstab. 7., vollständig umgearb. und bedeutend verm. Aufl. 1870. In 12 Lfgn. à Lfg. 60 Pf, M 7,20., und 8. verb. Aufl. Lex.-8. (V, 966 S.) Leipzig 876, Brockhaus. M 6.; geb. 7 80

Kaltschmidt, Jak. Heinr., kurzgefaßtes vollständ. stamm- u. sinnverwandtschaftl. Gesammt-Wörterbuch d. Deutschen Sprache, aus allen ihren Mundarten u. mit allen Fremdwörtern. Ein Hausschatz d. Muttersprache f. alle Stände d. Deutschen Volkes, worin außer allen einfachen u. zusammengesetzten Wörtern d. hochdeutschen Schriftsprache, auch alle ders. fehlenden Wörter d. norddeutschen, d. h. der westphäl., brem., hamburg., holstein., ditmars., mecklenburg., pommer., lief- u. esthländ., u. d. Wörter d. süddeutschen d. h. der baier., schwäb., schweizer. u. österr. Mundarten in schriftgerechter Schreibart verzeichnet u. erklärt sind. (In 10 Lfgn.) (Angehängt ist e. Verzeichniß d. Schriftkürzungen u. d. Tauf- u. Eigen-Namen.) Schmal gr. 4. (146 B.) Leipzig 834, (35), Tauchnitz.

—— vollständiges stamm- und sinnverwandtschaftliches Gesammt-Wörterbuch der deutschen Sprache aus allen ihren Mundarten und mit allen Fremdwörtern. Ein Hausschatz der Muttersprache für alle Stände des deutschen Volkes, worin außer allen einfachen und zusammengesetzten Wörtern der hochdeutschen Schriftsprache, auch alle derselben fehlenden Wörter der norddeutschen, d. h. der westphälischen, bremischen, hamburg., holstein., ditmarf., mecklenburg., pommerschen, lief- und esthländ., und die Wörter der süddeutschen, d. h. der bayerischen, schwäb., schweizer. und österreich. Mundarten in schriftgerechter Schreibart verzeichnet und erklärt sind. 2., wohlf. (Titel-)Ausg. 4. (VIII und 1116 S.) Nördlingen 850, Beck'sche Buchh. Thlr.

Kaltschmidt, Dr. J. H. Vollständiges stamm- und sinnverwandtschaftliches Gesammt-Wörterbuch der deutschen Sprache aus allen ihren Mundarten und mit allen Fremdwörtern. 3. Ausg. 4. Nördlingen 1851.

— vollständiges stamm- und sinnverwandtschaftliches Gesammt-Wörterbuch der Deutschen Sprache aus allen ihren Mundarten und mit allen Fremdwörtern. Ein Hausschatz der Muttersprache für alle Stände des Deutschen Volkes rc. 4., wohlf. Stereot.-Ausg. Nördlingen 853. Beck. 4. (VIII, 1116 S.) 2 ℛ︀.

—— vollständiges stamm- und sinnverwandtschaftliches Gesammt-Wörterbuch der deutschen Sprache aus allen ihren Mundarten und mit allen Fremdwörtern. Ein Hausschatz der Muttersprache für alle Stände des deutschen Volkes, worin außer allen einfachen und zusammengesetzten Wörtern der hochdeutschen Schriftsprache auch alle derselben fehlenden Wörter der norddeutschen, d. h. der westphäl., brem., hamburg. rc. und die Wörter der süddeutschen, d. h. der bayer., schwäb., schweizer. rc. Mundarten in schriftgerechter Schreibart verzeichnet und erklärt sind. 5., wohlfeile Ster.-Ausg. 10 Lfgn. gr. 4. (VIII und 1116 S.) Nördlingen 863, Beck'sche Universitäts-Buchh. à Lfg. 6 Ngr.

— vollständiges stamm- und sinnverwandtschaftliches Gesammt-Wörterbuch der deutschen Sprache aus allen ihren Mundarten u. mit allen Fremdwörtern. Ein Hausschatz der Muttersprache für alle Stände des deutschen Volkes, worin außer allen einfachen u. zusammengesetzten Wörtern der hochdeutschen Schriftsprache auch alle derselben fehlenden Wörter der norddeutschen, d. h. der westphälischen, bremischen, hamburgischen rc. u. die Wörter der süddeutschen, d. h. der bayerischen, schwäbischen, schweizerischen rc. Mundarten in schriftgerechter Schreibart verzeichnet u. erklärt sind. 5., wohlfeile Stereot.-Ausg. Nördlingen 864. Beck. 4. (1116 S.) 2 ℛ︀

— französisch-engl.-deutsche Gespräche, s. W. A. Bellenger, nouvelles Conversations

—— Grundriss d. Sprachwissenschaft. Ein Versuch. gr. 8. ($6^1/_4$ B.) Leipzig 833, Tauchnitz.

Kaltschmidt, Jacob Heinrich (Lübeck), u. (Respond.) **Gotthold Loescher** (Langenbach), De duabus rebus quae in arte grammatica negliguntur et de via ac ratione linguam latinam tirones docendi dissertatio. Lpz. (Carl Tauchnitz) 21. I. 1835. 24 S. (6.—) 17416
Gew.: Gottfried Hermann.

—— englische Sprachlehre, s. Cobbett, Will.

—— kleine deutsche Sprachlehre, mit Berücksichtigung d. Wortlehre. 8. (8 B.) Leipzig 840, Baumgärtners Buchh.

— s. Taschenwörterbuch, engl.-deutsches.

— s Taschenwörterbuch, italien.-deutsches.

— vollständ. Taschenwörterbuch der deutschen Schrift- und Umgangssprache. Nebst den wichtigsten Fremdwörtern, mit Andeutung der Grundbedeutung der Stammwörter und einer Tabelle der Sprachwurzeln. Stereotyp-Ausg. 2 Thle. 16. Leipzig 845, J. J. Weber. n. $1^1/_3$ ℛ︀

Kaltschmidt, Jak Hnr., Taschenwörterbuch der deutschen Umgangssprache. Bd. 1 2. Leipzig 1845. 12. (D.)

—— vollständiges Taschen-Wörterbuch der deutschen und französischen Sprache. — Petit Dictionnaire complet allemand-français et français-allemand. 8.—10. Aufl. gr. 16. (VI, 508 S.) Ebendas. 869,71,73. ℳ 2.; geb. (ℳ 2,50.) 2 75

— vollständiges Taschen-Wörterbuch der deutschen u. französischen Sprache. -- Petit dictionnaire complet allemand-français et français-allemand. 9. Aufl. gr. 16. (VI, 508 S.) Ebend. 872. 2. —; geb. 2. 50

— vollständiges Taschen-Wörterbuch der französischen und deutschen Sprache. — Petit dictionnaire complet franç.-allemand et allem.-franç. 3. Stereot.-Aufl. 854. — 4. Aufl. 855. — 5. (Titel-)Aufl. Leipzig 857. Brockhaus. 16. (3 Bl., 251; 3 Bl., 257 S.) 20 ngr.

— vollständiges Taschen-Wörterbuch der französischen u. deutschen Sprache. — Petit dictionnaire complet français-allemand et allemand-français. — 7. Aufl. Leipzig 863. Brockhaus. gr. 16. (X, 508 S.) 20 ngr.

Kaltschmidt, Jak. Heinr., vollständiges Taschenwörterbuch der französischen u. deutschen Sprache. 8. Aufl. Leipzig 869. Brockhaus. gr. 16. (IX, 508 S.) 20 ngr.; in engl. Einb. 25 ngr.

Kaltschmidt, Jak. Heinr., vollständiges Taschen-Wörterbuch der französischen und deutschen Sprache. 2 Thle. in 1 Bd. 11. Aufl. 12. (V, 251; V, 257 S.) Leipzig 882, Brockhaus. ℳ 2.; geb.

Kaltschmidt, Jak. Heinr., vollständiges Taschen-Wörterbuch der französischen und deutschen Sprache. — Petit Dictionnaire complet français-allemand et allemand-français. 2 Tle. in 1 Bd. 12. Aufl. 12. (V, 251; V, 257 S.) Leipzig 887, Brockhaus. geb. 2 75

—— Vergleichung d. Sprachen v. Europa u. Indien, s. Eichhoff, F. W.

Kaltschmidt, J. H., u. Geo. Lehnert, deutsches Wörterbuch, s. a. Weber's illustr. Katechismen.

Kaltschmidt JH, deutsches Wörterbuch. Bearbeitet von G Lehnert. (831 S) (Weber's illustrierte Katechismen 184) Leipzig (1900)

Kaltschmidt JH, engl.-deutsches und deutsch-engl. Wörterbuch. Leipzig 1857

—— kleines vollständiges praktisches und techno-terminologisches Wörterbuch französisch-deutsch und deutsch-französisch, worin von allen Wissenschaften, Künsten und Gewerben z. B. Ackerbau, Anatomie, Astronomie rc. die gebräuchlichsten Benennungen und Ausdrücke verzeichnet sind. — Petit dictionnaire trésor pratique et techno-terminologique français-allemand et allemand-français etc. — 2 Thle. Lex.-8. (VIII und 1263 S) Leipzig 867, O. Wigand.

—— kurzgefaßtes Wörterbuch z. Verdeutschung d. wichtigsten Fremdwörter u. landschaftl. Ausdrücke. Stereotausg. br. gr. 8. ($13^3/_4$ B.) Leipzig 837, K. Tauchnitz.

Kaltschmidt, J. H. Neues vollständiges Wörterbuch der englischen und der deutschen Sprache Leipzig 1849. 2 Bde.

— neues vollständiges Wörterbuch der Englischen u. der Deutschen Sprache rc. Englisch-Deutsch.—Deutsch-Englisch. — A new and complete dictionary of the English and German languages. With two sketches of grammar, english and german. 2. Stereot.-edition, revised and thoroughly improved. New impression. 2 Parts. English-german.— German-english. Leipsic 855. K. Tauchnitz. Lex.-8. (XXIV, 781; XVI, 516 S.) 2 ℛ︀. 15 ngr.

— neues vollständiges Wörterbuch der englischen u. deutschen Sprache nebst einem kurzen Abrisse der englischen u. der deutschen Sprachlehre. — A new and complete dictionary of the English and German languages. 3. Stereot.-Ausg. vom Verf. selbst revidirt u. wesentlich verm. u. verb. 2 Theile. Leipzig 864. K. Tauchnitz. (Holtze.) Lex.-8. (XLIV, 1243 S.) 2 ℛ︀ 15 ngr.

— neues vollständiges Wörterbuch der englischen u. deutschen Sprache nebst einem kurzen Abrisse der engl. u. der deutschen Sprachlehre. — A new and complete dictionary of the English and German languages. — 2 Thle. 3. Ster. Ausg., vom Verf. selbst revidirt u. wesentlich verm. u. verb. 2—4 Abdr. Leipzig 866—70 Holtze. Lex. 8. (XLIV, 1243 S.) 2 ℛ︀ 15 ngr.

— neues vollständiges Wörterbuch der englischen u. deutschen Sprache nebst e. kurzen Abrisse der englischen u. der deutschen Sprachlehre. — A new a. complete dictionary of the english a. german languages with two sketches of grammar. — 3. Ster.-Ausg. vom Verf. selbst rev. u. wesentlich verm. u. verb. 5. Abdr. 2 Thle. gr. 8. (XXVI, 693 u. XVIII, 550 S.) Leipzig 873. Holtze. 8. 25

—— neues vollständiges Wörterbuch der englischen und deutschen Sprache nebst einem kurzen Abrisse der englischen und deutschen Sprachlehre. 3. Ster.-Ausg., vom Verf. selbst revid. und wesentlich verm. und verb. 6. Abdr. — A new and complete Dictionary of the English and German languages with two sketches of grammar, English and German. gr. 8. (XXVI, 693; XVIII, 550 S.) Leipzig 881, Holtze.

—— neues vollständiges Wörterbuch der englischen und deutschen Sprache nebst einem kurzen Abrisse der englischen und deutschen Sprachlehre. 3. Ster.-Ausg., vom Verf. selbst revid. und wesentlich verm. und verb. 7. und 8. Abdr. — A new and complete Dictionary of the English and German languages with two sketches of grammar, English and German. gr. 8. (XXVI, 693; XVIII, 550 S.) Leipzig 883,86, Holtze. 8 25

Kaltschmidt, J. H. Neues vollständiges Wörterbuch der französischen und deutschen Sprache 2. A. Leipzig 1837 2 Bde.

—— neues vollständiges Wörterbuch der französischen und deutschen Sprache mit einem Anh. kaufmänn. Redensarten. — Nouveau Dictionnaire français-allemand et allemand-français accompagné d'une appendice de phrases et expressions usitées dans le commerce. — Karl Tauchnitz'sche Ster.-Ausg. Neuer Abdr. 1868, ℳ 6., und Neuer Abdr. Lex.-8. (XXXIII, 1108 S.) Leipzig 872, Holtze. 6 60

— neues vollständiges Wörterbuch der französischen u. deutschen Sprache, mit einem Anh. kaufmänn. Redensarten. Karl Tauchnitz'sche Ster.-Ausg. Neuer Abdr. 2 Thle. in 1 Bd. gr. 8. (XVI, 530 u. XII, 578 S.) Leipzig 880. Holtze. 6. 60

—— praktisches Wörterbuch der französischen und deutschen Sprache. — Dictionnaire Trésor français-allemand et allemand-français. — 2 Thle. 2. Aufl. 1870, und 3. Aufl. Lex.-8. Leipzig 873, Brockhaus. ℳ 6.; geb. (ℳ 7.) 7 50

Inhalt:
Thl. 1. Französisch-deutscher Theil. (VII, 419 S.) ℳ 2.40.
" 2. Deutsch-französischer Theil. (III, 844 S.) ℳ 3.60.
1. Aufl. Leipzig 1867, O. Wigand, u. d. T.: Kleines vollständ. Wörterbuch.

Kaltschmidt, Jak. Heinr., praktisches Wörterbuch der französischen und deutschen Sprache. — Dictionnaire Trésor français-allemand et allemand-français. 2 Thle. 4. Aufl. Lex.-8. Leipzig 878, Brockhaus. ℳ 6.; geb. in Hlbfrzbd.

Inhalt:
Thl. 1. Französisch-deutscher Theil. (III, 419 S.) ℳ 2.40.
" 2. Deutsch-französischer Theil. (844 S.) ℳ 3.60.

—— praktisches Wörterbuch der französischen und deutschen Sprache. — Dictionnaire Trésor français-allemand et allemand-français. 2 Thle. 5. Aufl. gr. 8. Ebendas. 881. ℳ 6.; geb.

Inhalt:
Thl. 1. Französisch-Deutsch. (VII, 419 S.) ℳ 2,40.
" 2. Deutsch-Französisch. (844 S.) ℳ 3,60.

— praktisches Wörterbuch der französischen u. deutschen Sprache. In 2 Thln. 6. Aufl. gr. 8. Leipzig 885. Brockhaus. 6. —; in 1 Bd. geb. 7. 50
1. Französisch-Deutsch. (VII, 419 S.) 2. 40. — 2. Deutsch-Französisch. (844 S.) 3. 60

—— sprachvergleich. u. etymolog. Wörterbuch d. griech. Sprache z. Schulgebr., mit wissenschaftl. begründ. Worterklär. versehen, u. mit e. systemat. geord. Uebersicht d. Wurzelwörter d. griech., deutschen u. Sanskrit-Sprache begleitet. 2 Bde. gr. 8. Leipzig, 839, L. Schumann. [1. (31 B.) 839. 2¼ Thlr., 2. (37 B.) 840. 1¾ Thlr.]

Kaltschmidt, Jac. Heinr., sprachvergl. u. etymol. Wörterbuch d. griech. Sprache rc. — Anhang, enth. die Composita mit Hinweisn. auf Buttmanns griech. Grammatik, üb. d. Gesetz d. Composition, als 3. Bd., nach d. Anlage d. frühern Bde. hinzugefügt v. Gust. Mühlmann. Lex.-8. (32 B.) Ebds. 841. Thlr

— sprachvergleich. Wörterbuch der deutschen Sprache, worin die hochdeutschen Stammwörter in den germanischen, roman. u. vielen andern europ. u. asiat. Sprachen, besonders in der Sanskrit-Sprache nachgewiesen, mit ihren stammverwandten zusammengestellt, aus ihren Wurzeln abgeleitet u nach ihrer Urbedeutung erklärt, auch die abgeleiteten u. die wichtigern zusammengesetzten Wörter kurz erläutert werden. gr. 8. Leipzig 838, 39. Hinrichs. 4½ ℛ︀

Kaltschmidt, J. H., vollst. stamm- u. sinnverwandtschaftl. Wörterbuch der deutschen Sprache aus allen ihren Mundarten u. m. allen Fremdwörtern. 5. Ausg. Nördl. 1865. br. 4. Wie neu. 7. 50

Kaltschmidt, W., kleines Handbuch der Geographie u. Statistik. Mit besond. Berücksichtig. des Königr. Hannover u. der angrenz. Länder. gr. 8. (1 B.) Hannover 841, Pockwitz.

Kaltschmied, Karl Friedrich

Kaltschmid, Fr., resp. J **Grammann**, De athmate pituitosa. 40 pp. Jen. 4° Erl. Anm. 10. St. 1758. 1757

Kaltschmied, Carl Friedr [Praes.], s. B a a d, Friedr. Detl.: Diss. med. sistens haemoptysin.

Kaltschmied, Carl Friedrich [Präs.], s. B a r e n d t, Joh. Gotfr De febre quartana intermittente.

Kaltschmidt, Carl Fr (Praes.) s. B e u m e l b u r g, Jo. G De convulsionibus ex atra bile.

Kaltschmied, Karl Friedrich (Ed.):

s.: Boerhaave, Hermann: De cognoscendis et curandis morbis aphorismi unacum eiusdem de materia medica et remedium formulis libello... Lipsiae et Francofurti: 1758

JB 6.555

Kaltschmied, Karl Friedr (Präs.), s. B r e b i z, Jeremias Daniel Effectus salium sanguini inhaerentium

— — Progr. inaug. de raro spinae ventosae casu, diss. inaug. doctorandi Georg Sigismund Ebhardt (Ödenburg/Ungarn) de statu mesenterii naturali et praeternaturali 6. IX. praemissum. Jena (Tennemann) 1755. 8 S. mit Biogr. E.'s. (M.: M. R. Taschner.) (5.50) 17428

— — Progr. inaug. de raro casu, ubi intestinum rectum in vesicam urinariam insertum fuit, diss. doctorandi Carl Friedrich Rehfeld (Stralsund) de febribus intermittentibus et speciatim de tertiana simplici praemissum. Jena (Tennemann) 25. XII. 1756. 8 S. mit Biogr. (M.: M. M. Hoyer) u. 1 Abb. (5.50) 17431

Karl Friedrich Kaltschmied

Carolus Fridericus Kaltschmied: Programma inaugurale exhibens casus quosdam aegrorum hydropicorum. Ienae (1767:) Marggraf. 8 S. 8°

[Einladungsschrift zur Dr. med.- Promotion von Christian Gottlieb Mayer, Jena 1767.]

Karl Friedrich Kaltschmied

Casus de hernia incarcerata. [resp.:] Ioannes Frider[icus] Christianus Emminghaus. Ienae (1769.) Heller. 22 S. 8°

Jena, Med. Diss. v. 3. Juli 1769

Kaltschmid, K. Fr., Diss. de catarrho suffocativo. Jen. 4°. 1763

— — Progr. auspic. de chirurgia medicis vindicata et necessitate reliquarum medicinae partium ad chirurgum perfectum, praemissum diss. inaug. de fluore albo benigno doctorandi Johann Gottlieb Hentrich (Auerstad/Saxon.). Jena (Jo. Christoph Tennemann) 1749. 4 Bl. mit Biogr. H.'s. (M.: A. R. Altwein.) (5.—) 17421

— — Progr. inaug. de raro coalitu hepatis et lienis in cadavere invento, diss. inaug. doctorandi Johann Friedrich Hufeland (Tennstad/Thür.) de bilis usu interno et externo medico 15. XI. praemissum. Jena (Tennemann) 1752. 8 S. mit Biogr. H.'s. (M.: V. Müller.) (6.—) 17425

Carolus Fridericus Kaltschmiedius [Kaltschmied]: Programma inaugurale de necessaria post paracenthesin abdominis deligatione. Jenae (1757:) Marggraf. 8 S. 8°

[Einladungsschrift zur Dr. med. Promotion von Johann Grassmann. Jena, 17. Okt. 1757.]

— — De distinctione inter foetum animatum et non animatum ex medicina forensi eliminanda. Diss. med. Jena (Schill) 11. (15.) III. 1747. 24 Seiten. (4.50) 17419

Kaltschmied, Karl Friedr.(Präs.), s. D r e i l i n g , Melchior Johann von De hepatitide

Karl Friedrich Kaltschmied

Programma inaugurale de embryone hernioso trium mensium. Ienae (1767:) Marggraf. 8 S. 8°

[Einladungsschrift zur Dr. med.- Promotion von Christian Gottlieb Hufeland, Jena, 9. Mai 1767.]

Carolus Fridericus Kaltschmied Programma inaugurale de experimento pulmonum infantis aquae iniectorum adiecta observatione anatomica de dextro infantis lobo aquae immisso supernatante, sinistro fundum petente. Ienae (1751:) Tennemann. 8 S. 8°

[Einladungsschrift zur Dr. med.- Promotion von Johann Christoph Pezel, Jena, Mai 1751.]

Kaltschmied, Carl Friedrich (Präs.), s. F r i z , Christian Jacob v De symptomatibus urgentibus in febribus malignis.

Kaltschmied, Karl Fr (Präs.), s. H e e r , Jo Fr De Theoria passionis hystericae

— — Progr. inaug. de hernia incarcerata, exulcerata cum vesica ita ut faeces et urina ex rupto perinaeo profluerent, aegro per 17 annos conservato, diss. sol. doctorandi Johann Friedrich Fasel (Bercka/Thüring.) de natura sanguinis venae portarum praemissum. Jena (Tennemann) 8. VIII. 1751. 8 S. mit Biogr. F.'s. (M.: M. D. Praetorius.) (5.50) 17423

Kaltschmied, Karl Friedrich (Präs.), s. H u f e l a n d , Johann Friedrich De bilis interno et externo usu medico

Kaltschmid, C. Fr., resp. Ch. D. Mittelhaeuser, De hydrocephalo interno rarae magnitudinis. 8 pp. Jen. 4°. *Haller*, Diss. ad morb. 4° Laus. 1760, VII, 251. 484. *Weiz*, Augsb. Lpz. 1774, VI, 16. *Haller*, Bibl. anat. II, 419. 1752

Carolus Fridericus Kaltschmied Programma inaugurale de hydrocephalo interno rarae magnitudinis. Ienae (1752:) Tennemann. 8 S. 8°

[Einladungsschrift zur Dr.-med.- Promotion von Lebrecht Christoph Daniel Mittelhaeuser, Jena, 24. Sept. 1752.]

Karl Friedrich Kaltschmied

Carolus Frid[ericus] Kaltschmiedius [Kaltschmied]: Propempticon inaugurale de ileo in hernia incarcerata gangraena affecto, aegro tamen superstite. Ienae (1747:) Schillius. 8 S. 8°

[Einladungsschrift zur Dr. med.- Promotion von Johann Friedrich Braunius, Jena, 17. Sept. 1747.]

— — Propempticon inaug. de ileo a scrupulis pirorum mespilaceorum eroso et perforato. Jena (Jo. Friedrich Schill) 1. X. 1747. 8 S. mit Biogr. v. Johann Wilhelm Deccard (Ödenburg/Ungarn; M.: E. T. Jenich.) (5.50) 17420

Carolus Friedericus Kaltschmied: Programma de intestino in hernia incarcerata a chirurgo incaute laeso. Ienae (1759:) Marggraf. 8 S. 8°

[Einladungsschrift zur Dr. med.-Promotion von Karl Gottfried Gerber, Jena, 15. Sept. 1759.]

—, resp. Hesling, De lethalitate vulnorum capitis in infantibus recens natis. Jen. 4°. 1768

Kaltschmidt, K. Fr., Diss. de letalitate vulnerum capitis in infantibus recens natis. Jen. 4°. *Weiz*, Ausz. III, 394.

1769

Karl Friedrich Kaltschmied

De Morbis periostei. [Resp.:] Io[annes] Christoph[orus] Buch. Jenae(1759:) Marggraf. 34 S. 8°

Jena, Med. Diss. v. 14. Apr. 1759

— — Progr. inaug. de necessitate exsecandi foetum ex gravida mortua, diss. sol. doctorandi Martin Mysz (Kronstadt/Siebenbürgen) de vidua chlorosi laborante praemissum. Jena (Tennemann) 1. X. 1752. 8 S. mit Biogr. M.'s. (M.: M. Lang.) (5.—) 17424

, resp. H. L. Teichmeyer, De nervis opticis in cadavere latis inventis a compressione per undas facta, causa ante mortem subsecutae guttae serenae. 8 pp. Jen. 4°. *Haller*, Disp. pr. I, n. 23. Bibl. anat. II. 419. *Blumenbach*, Bibl. III, 318. 1752

Carolus Fridericus Kaltschmied: Programma inaugurale de nervis opticis in cadavere latis inventis a compressione per undas facta causa ante mortem subsecutae guttae serenae. Ienae (1752:) Tennemann. 8 S. 8°

[Einladungsschrift zur Dr.-med.- Promotion von August Heinrich Ludwig Teichmeyer, Jena 1752.]

Carolus Fridericus Kaltschmiedius [Kaltschmied]. Nonnullae de inflammationibus in genere consideratis. [Resp.:] Martinus Staehelin. Ienae (1758:) Marggraf. 40 S. 8°

Jena, Med. Diss. v. 2. Aug. 1758

— — Progr. de oculo ulcere cancroso laborante feliciter exstirpato antea adstringentibus intempestive adhibitis, diss. sol. de exanthematibus et speciatim de purpura doctorandi Johann Benedict Morgenstern (Mittelsora b. Görlitz) praemissum. Jena (Jo. Christoph Tennemann) o. J. 4 Bl. mit Biogr. M.'s. (M.: M. E. Dietrich) u. 2 Abb. (5.50) 17418

(— —). — Commentatio histor.-moralis de Ostracismo Atheniensium Ostracismi academici fonte qua viro **Carolo Friderico Kaltschmidio** patrono suo maximo de regimine academico omnium plausu die 7. VIII. 1749 suscepto gratul. societas in incrementum virtutis et doctrinae in athenaeo juxta Salam efflorescens. Jena (Jo. Christoph Tennemann). 16 S. (4.—) 17422

Karl Friedrich Kaltschmied

Programma inaugurale de multorum praeiudicio, venae sectiones in corpore prima vice institutas vitae periculum avertere et hinc differendas, donec aliis aliquando frustra tentatis remediis firmus in ea superesse possit praesidium. Ienae (1762:) Marggraf. 8 S. 8°

[Einladungsschrift zur Dr. med.- Promotion von Johann Friedrich Dietrich Kast, Jena, 22. Okt. 1762.]

Karl Friedrich Kaltschmied

Programma inauguralis de variis praeternaturalibus in sectione cadaveris inventis. Ienae (1751:) Tennemann. 8 S. 8°

[Einladungsschrift zur Dr. med.- Promotion von Jakob Friedrich de Neufville, Jena, 1751.]

Karl Friedrich Kaltschmied

Car(olus) Frid(ericus) Kaltschmied, Programma quo praelectiones futuro semestri instituendas indicare, emendatique instrumenti chirurgici trocar dicti schema cum curatione virginis hydropicae praemittere voluit. Ienae (1738:) Marggraf. 4 Bl. 8°

Karl Friedrich Kaltschmied

De Puero XII annorum anchyloblepharo laborante curato. [Resp.:] Christian(us) Gotth(elf) Gnadenreich Barchewitz. Ienae (1764:) Marggraf. 16 S. 8°

Jena, Med. Diss. v. 12. Dez. 1764

— — **Progr. inaug. de uno rene in cadavere invento, diss. inaug. doctorandi Johann Heinrich Jaenisch (Wiburg/Finnland) de vermibus in specie taenia 8. XI. praemissum. Jena (Tennemann) 1755. 8 S. mit Biogr. J.'s (M.: H. S. Printz) u. 1 Abb. (Feller sc.) (5.50) 17429**

Kaltschmied, Car. Fr., resp. A. F. **Bertram**, De salivatione mercuriali, ceu indubio praeservationis et curationis remedio adversus rabiem caninam. 60 pp. Jen 1709. 4°.

— — Progr. inaug. de scirrho hepatis inveterato curato, diss. inaug. de hepatitide viri Melchior Johann v. Dreiling (Riga/Livl.) praemissum. Jena (Tennemann) 23. X. 1756. 8 S. mit Biogr. D.'s. (M.: S. E. Harmens.) (5.50) 17430

Carolus Frider(icus) Kaltschmied: De Signis graviditatis certis. [Resp.] Ioannes Christophorus Harres. Ienae (1752:) Tennemann. 23 S. 8°

Jena, Med. Diss. v. 19. Apr. 1752

Karl Friedrich Kaltschmied

De Sugillatione a causa interna orta. [Resp.:] Gottlieb Fridericus Stuss. Ienae (1763:) Marggraf. 24 S. 8°

Jena, Med. Diss. v. 12. März 1763

— — Progr. inaug. de tumore hernioso ac varicocele; corrupto, remoto ac restituto scroto juvenis 17 annorum curatis, invitat. ad disput. inaug. doctorandi Johann Wilhelm Wiegand (Nieder-Waroldern/Waldeck) praemissum. Jena (Georg Michael Marggraf's Wwe.) 8. IX. 1761. 8 S. mit Biogr. W.'s. (M.: E. Stoecker.) (5.50) 17432

Kaltschmied, Carl Friedrich, Progr. inaug. de perverso in investigandis vulneribus specillorum usu, diss. sol. candidati Gerhard Meier (Bremen), de pathologia diarrhoeae praemissum. Jena (Tennemann) o. J. 8 S. mit Biogr. M.'s. (M.: L. Stöver.) (5.—) 17417

Kaltschmied, Car. Fr., resp. **Nessler,** Diss. de virgine, chlorosi et gutta serena laborante. Jen. 4°. Jenaer Bl. 30. St. 1768.
1768

Karl Friedrich Kaltschmied

De Virgine, chlorosi et gutta serena laborante. [Resp.:] Johannes Georgius Nestlerus [Nestler]. Ienae (1768:) Heller. 15 S. 8°

Jena, Med. Diss. v. 2. Apr. 1768

– Dasselbe, s.a. Kaltschmidt, Fr R.

— — Progr. inaug. de vulnere capitis a chirurgo intempestive consolidato fissura cranii neglecta et trepanatione feliciter instituta detecta, diss. doctorandi Christoph Gottlieb Schulze (Greiz) observationes quasdam clinicas sistenti 11. V. praemissum. Jena (Tennemann) 1754. 8 S. mit Biogr. S.'s. (5.—) 17426

— — Progr. inaug. de vulnere vasorum intercostalium non lethali, diss. inaug. doctorandi Daniel Friedrich Stang (Nördlingen) usum et abusum medicamentorum mercurialium sistenti 1. VI. praemissum. Jena (Tennemann) 1754. 8 S. mit Biogr. S.'s. (M.: M. C. Klein.) (5.—) 17427

Johannisloge Ernst August zum goldenen Anker im Or. Harburg (Elbe). Festschrift zur 50jährigen Jubelfeier. 1858—1908. [Zsgest. von Kaltwasser.] [Harburg 1908: Bertram.] 55 S. 8°
cf. H. 20 (1909) No 23 (O. Neumann).
Gesch. der Loge; zugleich Gesch. der 1774 gestifteten Loge „Crocodill" in Harburg. Nebst Verzeichn. der Mitgl. dieser Loge bis zum J. 1781, Verzeichn. der Beamten u. Matrikel der Loge Ernst zum goldnen Anker für d. J. 1858—1908. 4.

Kaltwasser, f.: Fragen des modernen Geisteslebens.

Kaltwasser, Jh. Fr. Sal., († d. 16. Aug. 1813.),
s.a. Gedichte, Kleine griechische.

Kaltwasser, J. F. S., Kleine griechische Gedichte für Anfänger. Goth. 789. 8. 8 gr.

Kaltwasser, J. F. S., kl. griech. Gedichte z. Gebr. f. Schul. 8. Gotha, Ettinger. 789.

– s. Paeanus, metaphrasis.

– s. Plutarch, Lebensbeschreibungen.

– s. Samml. v. Uebersetz. d. Griechen II et III.

Kaltwasser, Oscar [aus Halle a. S.]: Beiträge zur Kenntnis des Crotonaldehyds ... Halle a. S., Hofbuchdr. v. C. A. Kaemmerer & C., 1893; 30 S., 1 Bl. 8.
Halle, Phil. Fak., Inaug.-Diss. v. [4. Juli] 1893

Kaltwasser-Heil-Anstalt, Die, in Alexandersbad bei Wunsiedel ... Bayreuth 1841. V: *Fikenscher.* (EngG)

Kaltwasser-Heil-Anstalt, die, in Alexandersbad bei Wunsiedel im Königr. Bayern. gr. 8. (3 B. u. 4 Stnt.) Bayreuth 841, (Buchner'sche Buchh.)

Kaltwasser-Heilanstalt in Brüttelen bei Ins. Kanton Bern. [Prospect. Mit 1 Tafel.] 4. Bern 1843.

—— die, zu Ilmenau u. ihre Kurgäste in d. Jahren 1838, 1839 u. 1840. 8. (2¼ B.) Ilmenau 841, Richel. (Leipzig, Rein'sche Bh.) *

Kalt-Wasserkur, die, zur bessern Verständigung u. Benützung ders. im kranken u. gesunden Zustande, ob. ohne Wasser kein Leben. Von e. eifrigen Hydropathen. gr. 12. (1 B.) Ulm 837, Nübling.

Kaluga, s. Kaluza

Kalula [Schlagwort]

Kalula, s.: Kolonialkarten, Kiepert, R.

Kålund, Kr., s.: Laxdoela saga.

Kalus, Aug., Commentar zum österr. allgem. bürgerl. Gesetzbuche, s.: Stubenrauch, Mor. v.

Kalus, Aug. Die Vorschriften üb. Pflicht-Exemplare in Oesterreich. Eine Zusammenstellg. der gelt. Gesetze u. Verordgn., nebst Erläutergn. aus der einschläg. Literatur. 8. (32, XXII S. m. 1 Tab.) Wien 891, Verein österreich.-ungar. Buchhändler. * 1 —

Kaluscha Walther: De clausulis Platonicis quaestio chronologica.
H. 1902 PN 1553 Diss. Wien, Univ.

Kaluza, Stempelpflichtigkeit der inländischen u. ausländischen Wechsel, gewisser Handelspapiere u. Anweisungen aller Art, so wie Strafbarkeit der an derartigen Urkunden begangenen Stempel-Contraventionen im vollen Umfange der Preußischen Staaten. Gleiwitz 860. (Breslau, Maruschke & Berendt.) gr. 8. (68 S.) n. 15 ngr.

Kaluga, Stempelpflichtigkeit der inländischen und ausländischen Wechsel, gewisser Handelspapiere und Anweisungen aller Art, so wie Strafbarkeit der an derartigen Urkunden begangenen Stempel Contraventionen im vollen Umfange der preuß. Staaten. Gleiwitz, 1861. (68 S.)

Kaluza, A.

— kurze Beschreib. d. schlesischen Säugethiere. 8. Bresl. (815.)

Kaluza, A., systemat. Beschreib. d. schlesischen Amphibien u. Fische. 8. Bresl. 815.

— ornithologia Silesiaca, oder kurzer Leitfaden zum Gebrauch beim Unterrichte über d. schles. Vögel. 8. Bresl. 815. Kreuzer u. Scholz. (Barth in Leipz.) 20 K

— Uebersicht d. Mineralien Schlesiens u. Glatz, nebst ihren Fundörtern u. vielen neuen Höhenmessungen auf 4 Karten vorgestellt. 8. Bresl. 818.

Kaluza, Ludwig

— Über eine neue Darstellungsmethode von Senfölen. S. 121 (Hb. 7) . . . . . vgr.
Separatabdruck

Kaluza Ludwig, Dr.: Über substituierte Rhodaninsäuren und deren Aldehydkondensationsprodukte. 8 Mitteilung. S. 118 (Hb. 8) . . . . vgr.
Separatabdruck

Kaluza, Max, über den Anteil des Raoul de Houdenc an der Verfasserschaft der Vengeance Raguidel. gr. 8. (30 S.) Halle 899. M. Niemeyer. n. 1. —
Sonderabdruck aus: „Beiträge z. roman. Philologie".

— s.: Beiträge zur romanischen Philologie.

Kaluza, Max, zur Betonungs- u. Verslehre d. Altenglischen, s.: Festschrift, zum 70. Geburtstage Oskar Schade dargebracht.

Kaluza, Max, Chaucer u. der Rosenroman. Eine litterargeschichtl. Studie. gr. 8. (VI, 255 S.) Berlin 893. Weimar, E. Felber. n. 8. —

— historische Grammatik der englischen Sprache. 1. u. 2. Tl. gr. 8. Berlin 900. E. Felber. n. 13. —
1. Geschichte der engl. Sprache. Grundzüge der Phonetik. Laut- u. Formenlehre des Altenglischen. (XVI, 300 S.) 900. n. 6. —
2. Laut- u. Formenlehre des Mittel- u. Neuenglischen. (XVI, 379 S.) 901. n. 7. —

Kaluza, Max, historische Grammatik der englischen Sprache. 2 Tle. 2., verb. u. verm. Aufl. 8. Berlin, E. Felber. n. 18. 50; geb. in Leinw. n. 20. 50
I. Geschichte der englischen Sprache. Grundzüge der Phonetik. Laut- u. Formenlehre des Altenglischen. (XVI, 348 S.) 906. n. 7. 50; geb. n. 8. 50
II. Laut- u. Formenlehre des Mittel- u. Neuenglischen. (XVI, 546 S.) 907. n. 11. —; geb. n. 12. —

Kaluza, M. Zum Handschriftenverhältniss u. zur Textkritik d. Cursor Mundi. s. Studien, englische.

— u. Gust. Thurau, Eduard Koschwitz. Ein Lebensbild. (50 S. m. 1 Bildnis.) gr. 8. Berlin 904. Weidmann. n. 1. —
Sonderabdruck aus: „Ztschr. f. franz. u. engl. Unterricht".

—— Libeaus desconus, die mittelengl. Romanze vom schönen Unbekannten, s. Bibliothek, altenglische

Kaluza, Max, englische Metrik in historischer Entwicklg., s.a. Normannia. I.

Englische Metrik in historischer Entwicklung dargest. von Dr Max Kaluza, Prof. Berlin Felber 1909. XVI, 384 S. 8°
(Normannia Bd I.) [illegible] 10

— publicationen aus me. handschriften, s.: Studien, englische. 11.

Q. D. B. V. Lectiones cursorias quas .. Maximilianus Kaluza phil. Dr. Über die Sage von dem schönen Unbekannten in den mittelalterlichen Litteraturen ad docendi facultatem rite impetrandam d. XVII Mai .. habebit indicit Arthurus Ludwich .. ordinis philos. h. t. Decanus. Regimonti Borussorum, ex offic. Leupoldiana, 1887; 1 Bl. 4°

— s.: Studien zum german. Alliterationsvers.

Kaluža, Max *(geb. Ratibor 22. 9. 1856)* Über das Verhältniss des mittelenglischen allitterirenden Gedichtes „William of Palerne" zu seiner französischen Vorlage. 1 (Altenburg 1881.) (36 S.) 8° *[Im Buchhandel 1881 bei Köhler in Breslau.] (Vollst. in: Englische Studien hrsg. v. E. Kölbing. Bd 4 [1881.])*
Breslau, Phil. Diss. v. 12. Jan. 1881

Kaluža, Max, über das Verhältniss des mittelenglischen allitterirenden Gedichtes ‚William of Palerne' zu seiner französischen Vorlage. I. Inaugural-Dissertation. [Aus: „Engl. Studien".] gr 8. (36 S.) Breslau 881. (Köhler.) n. 1. —

— der altenglische Vers, } s.: Studien zum germanischen Alliterationsvers.
— dasselbe. II. Die Metrik des Beowulfliedes, }

— s.: Zeitschrift f. französsichen u. englischen Unterricht.

Kaluza, Rud. Der naturhistorische Unterricht auf den Gymnasien. 9 S. Progr. Kattowitz 1881

Kaluza, Theodor: Die Tschirnhaustransformation algebraischer Gleichungen mit einer Unbekannten. Königsberg i. Pr. 1907: Hartung. (103 S.) 8°
Königsberg, Phil. Fak., Ref. Meyer, Diss. v. 17. Aug. 1907
[Geb. 9. Nov. 85 Wilhelmstal, Kr. Oppeln; Wohnort: Königsberg i. Pr.; Staatsangeh.: Preußen; Vorbildung: Friedrichs-Kollegium Königsberg i. Pr. Reife M. 03; Studium: Königsberg 8 S.; Rig. 22. Juli 07.]

Kałužniacki, Aemilian, actus epistolaeque apostolorum palaeoslovenice Ad fidem codicis Christinopolitani saeculo XII° scripti ed. K. Sumptibus caes. litterarum academiae. gr. 8. (XXXIV, 375 S. m 1 Lichtdr.-Taf.) Wien 896. C. Gerold's Sohn. n. 14. —

Kałužniacki, Emil, Beiträge zur älteren Geheimschrift der Slaven. Lex.-8. (24 S.) Wien 883, (Gerold's Sohn.) **

Kaluzniacki, A. Descripsio codicum slovenicorum, qui in bibliotheca universitatis Jagiellonicae inveniuntur 37 S. 8° – Krakau St. A., Progr. 1871.

Kałužniacki, Emil, s.: Euthymius, des Patriarchen v. Bulgarien, Werke.

KAŁUŽNIACKI, Emil
Aus der panegyrischen Litteratur der Südslaven. Von Emil Kałužniacki. Wien. 1901. In Comm. Gerold's Sohn. Gr.-8°. 131 S. K 2.80

—— s. Monumenta linguae palaeoslovenicae.

— zur älteren Paraskevalitteratur der Griechen, Slaven u. Rumänien. gr. 8. (93 S.) Ebd. 899. n. 2.10
Sonderabdruck aus: „Sitzungsber. d. k. Akad. d. Wiss."

Kałužniaki, Prof. Emil, die polnische Recension der Magdeburger Urtheile und die einschlägigen deutschen lateinischen und czechischen Sammlungen (Aus dem Jahrg. 18.. des Sitzber der philosoph. histor. Classe d. k. Akademie d. Wissenschaften CXI. Bd. 1. Heft S. 113 besonders abgedr.) Lex. 8°. (220 S.) Wien Gerold's Sohn In Comm. fl 1.70. 1886

Kałužniacki, Emil, die polnische Recension der Magdeburger Urtheile und die einschlägigen deutschen, lateinischen und czechischen Sammlungen. Lex.-8. (220 S.) Wien 886, (Tempsky.) * 3 40
Aus: Sitzungsberichte der k. Akademie der Wissenschaften, besonders abgedruckt.

Kałužniacki, Emil Prof, Kleinere altpolnische Texte aus Handschriften des XV. u. des Anfangs des XVI. Jahrhunderts. (Aus dem Jahrg. 1882 der Sitzb. d. phil.-histor. Classe d. k. Akad. d. Wissensch. Cl. Bd. 1. Heft. S. 267 besonders abgedruckt.) gr. 8. (54 S.) In Comm. geb. 40 kr.
Wien: Gerold's Sohn 1882.

Kałužniacki, Emil, historische Uebersicht der Graphik u. der Orthographie der Polen. [Aus: „Sitzungsber. d. k. Akad. d. Wiss."] Lex.-8. (42 S.) Wien 882. Gerold's Sohn in Comm. n. — 60

Der KALVARIENBERG oder heiliger Kreuzweg Jesu Christi. Das ist heilige Uebung und andächtige Besuchung jenes schmerzhaften Weges, welchen unser Herr und Heiland Jesus Christus am heil. Charfreitage mit dem Kreuze beladen, verrichtet hat. Abgetheilt in 14 Stationen, oder Bethorte bis zum heil. Grabe. Kaschau o. J. Carl Werfer. 78 S. 15 t. - 120 mm

Kalvarienberg, der. Andachtsbüchlein für die Besuche des Kreuzweges auf dem Kalvarienberg bei Waldshut. Mit 2 Chromob. In-18°. 96 S. Einsiedeln, Benziger & Co. 1875 Leinw. — 55

Kalvarienberg, der, bei Donauwörth, seine Entstehung und jetzige Gestalt, nebst einigen Andachtsübungen. Von einem Seelsorgspriester. 16. (68 S. mit 1 Holzschn.) Donauwörth 885, (Auer.) * — 30
geb. in Halbleinw. ** 50 Pf.; in Leinw. ** — 60

Kalvarien-Büchlein zum Gebrauch bei der Wallfahrt auf die Kalvarienberge bei Neustadt Wstpr. Neu geordnet u. hrsg. von Pfarrer A. Mühl. ⟨3. Aufl.⟩ *Danzig: H. F. Boenig in Komm. [um 1900].* (376 S.) 8° [F.] [illegible] 10

Kalvaitis, Vilus, s. Kalwaitis, Wilus

Kalvelage, Hubert, a. Dülmen, Referendar bei der Kgl. Staatsanwaltschaft in Münster: Die rechtliche Natur des sogenannten negotium mixtum cum donatione nach neuem Recht auf geschichtlicher Grundlage. Dülmen 1907: J. Sievert. (51 S.) 8°
Erlangen, Jur. Fak., Ref. Siber, Diss. v. 8. Nov. 1907
[Geb. 11 Aug. 81 Bösensell, Kr. Münster (Westfalen); Wohnort: Münster; Staatsangeh.: Preußen; Vorbildung: Gymn. Meppen i. W. Reife O. 02; Studium. Freiburg i. B. 1, München 1, Berlin 1, Münster 3 S.; Rig. 22. Juli 07.]

Kalvoda, Alois, Burg Buchlau. (18 z. Tl. farb. Bl. m. III S. Text.) 86×44 cm. Prag (902). B. Kočí. In Mappe n. 25. —

— sächsisch-böhmische Schweiz. (12 Farbdr.) gr. 4. Ebd. (903). n. 3. —

Kalvoda, Ludwig [Prof. Dr]: Geschichte der Malonsäure. Dillingen, Druck v. L. Keller's Wwe (1889); 1 Bl., 84 S. 8°
Dillingen, k. StA, P 1889 •

Kalvun, s.: Jara, Legundo.

Kalwaitis, Wilus

Kalvaitis, Vilus, Prusijos lietuviu dainos. (Preussisch-littauische Lieder.) Surinko ir' pridėdams anas per Rėzą, Nesselmann'ą, Sauerwein'ą bei kitus rinktas arba sutaisytas dainas išleido savo paties kašta. (VIII, 408 S. m. Bildnis.) 8. Tilsit (Querstrasse 2/3) 905. Selbstverlag. n. 4. 50

Kalwaitis, W., litauischer Namenschatz v. Dörfern, Flüssen, Lebewesen, Pflanzen, Metallen; der Mensch u. Wörtersammlung, denen auch deutsche Namen beigefügt sind. (VIII, 117 S. m. 2 Bildnissen.) gr. 8. Tilsit (Querstr. 2/3) 910. W. Kalwaitis. 3. —

Lietuwißkų wardų klėtele su 1500 wardų· Lietuwių kiemų, upjų, gywûnų. želmenų, metolų; žmogus, žodynėlis. Litauischer Namenschatz von Dörfern, Flüssen, Lebewesen, Pflanzen, Metallen; der Mensch u. Wörtersammlung, denen auch deutsche Namen beigefügt sind. Surinko 1888–1894 m. ir ißleido W[ilus] **Kalwaitis.** Tilžėje: v. Mauderodė 1910. VII, 117 S. 8° [11. 1461

Kalweit, (Paul), Dir. d. Predigerseminars in Naumburg a. Qu. ⟨Schl.⟩ Die praktische **Begründung** des Gottesbegriffs bei Lotze. *Jena 1900: A. Kämpfe.* (88 S.) 8°
Jena, Phil. Diss. v (24. Febr.) 1900

Kalweit, (Paul Friedrich Max), Dr., Dir d. ev. Predigerseminars zu Naumburg a. Qu. ⟨Schl.⟩. Die **Begründung** der Religion. *Jena 1902: A. Kämpfe.* (77 S.) 8°
Jena, Theol. Diss. v (28. Juni) 1902

Kalweit, Paul, Kants Stellung zur Kirche, s. a. Schriften der Synodalkommission für ostpreuß. Kirchengeschichte. 2. Hft.

Kants Stellung zur Kirche von Lic. Dr. Paul **Kalweit.** Dir zu Naumburg a. Queis. *Königsberg i. Pr.: F. Beyer in Komm. 1904* (88 S.) 8° [F. u. Ant.]
— Schriften d. Synodalkommission f. ostpreuß. Kirchengeschichte. H. 2 [04. 51 • 10

Kalweit, Paul, die Stellung der Religion im Geistesleben, s. a. Aus Natur u. Geisteswelt.

Die Stellung der Religion im Geistesleben. Von Lic. Dr. Paul **Kalweit** Leipzig: B. G. Teubner 1908. (96 S.) 8° [F.]
— Natur, Aus, u. Geisteswelt. Bdch. 225. [08. 11338

Kalypso. Von † Xanthippus [Franz Sandvoß]. 1.—4. Aufl. 8. (25 S. mit 1 Lichtdr. nach einer Zeichnung von Frank Kirchbach.) München 886, Heinrichs. * 1 —

Käls, Deutschlands Heer nach dem Stande am 20. XII. 1905, einschliesslich e. kurzen Uebersicht der Marine. Zusammengestellt nach den Ranglisten, Regts.-Gesch. u. Servistarif. (2 S. m. 1 eingedr. Karte.) 47,5 × 64 cm. Berlin (906). Invalidendank. n. — 10

Deutschlands Heer nach dem Stande am 20. Dec. 1905, einschließl. e. kurzen Uebersicht d. Marine. Zsgest. nach d. Ranglisten, Regts. Gesch. u. Servistarif v. Kanzleisekr. [G.] **Kälz.** 2. Aufl. Berlin: Invalidendank, Abt. Buchh. [1906]. (1 gefalt. Taf.) 8° [Kopft.] [06. 19047

Kam, N. M., Catalog von Sternen, deren Oerter durch selbständige Meridian-Beobachtungen bestimmt worden sind, aus Bd. 1 bis 66 der Astronomischen Nachrichten, reducirt auf 1855. 0. gr. 4. (XXII, 384 S.) Amsterdam 885, Johs. Müller. * 15 —

Catalog von Sternen, deren Oerter durch selbständige Meridian-Beobachtungen bestimmt worden sind, aus Band 67 bis 112 der Astronom. Nachrichten reducirt auf 1875,0 von N. M. **Kam**, Doc. in Schiedam. Nach dessen Tod hrsg. von H[enricus] G[erardus] van de Sande Bakhuyzen. Veröff. von d. Kgl. Akad. d. Wiss. zu Amsterdam. *Amsterdam: J. Müller 1901.* (X, 368 S.) 4°
— Verhandelingen d. Kkl. Akademie van Wetenschappen te Amsterdam. Sectie 1. D. 4. [04. 5584 6

Kama, s.: Kerning's Testament.

Kama Deva (Gust. W. Geßmann u. Rud. Kuschar), im Wunderlande der Lotosblume. Lehrdrama m. Musik in e. Vorspiele, vier Bildern u. e. Nachspiele. (88 S.) gr. 8. Graz 905. P. Cieslar. n. 2. —

Kamâl, Ahmad
s. Ahmad

Kamal, Ahmed Bey, Tables d'offrandes, s.: Catalogue général des antiquités égyptiennes du musée du Caire. vol. 46.

Kamäleon

— s. auch Chamäleon.

Kamäleon. 6 Hefte. Hamb., (Herold jun.) (16—46 à 12 gl 56 u. 66 à 8 gl) 2 ₰ 16 gl

— eine Wochenschrift, herausg. (von J. G. Müchler). 8. Berl. 756. ...

Kamäleon, das,. Lstsp. in 5 A. v. H. Beck. 8. Frkft. Eßlinger. 803.
m. Kpfrn.
Velinpap.

Kâmaloka und Devachan. Von e. Schüler d. Theosophie. Autor. Übers. Nürnberg: Heller (1907). VIII, 71 S. 8°
(Theosophische Handbücher [Theosophical Manuals]. 6.) [11. 668

Kamann, J., aus Paulus Behaims Briefwechsel, — aus Nürnberger Haushaltungs- und Rechnungsbüchern des 15. und 16. Jahrh., — die Pilgerfahrten Nürnberger Bürger nach Jerusalem im 15. Jahrh.,	s. Mittheilungen des Vereins für Geschichte der Stadt Nürnberg.

Kamann, (J. M.) kl. lateln. Sprachlehre. 1r Thl., 2e u. 2e Abthlg. gr. 8. Cöln 822, Kommerskirchen.

Kamann, Joh., die Fehde des Götz v. Berlichingen m. der Reichsstadt Nürnberg u. dem Hochstifte Bamberg 1512—1514, s.: Quellenschriften u. Abhandlungen zur Staats-, Kultur- u. Kunstgeschichte der Reichsstadt Nürnberg.

Kamann, Johann „Nürnberg im Bauernkrieg". Nach den Quellen dargestellt. pg. 3—55. 8°. G. P. J. Bielings B. (G. Dietz).
Nürnberg, Progr. 1877/78

Kamann, Paul, über Quellen und Sprache der York Plays. gr. 8. (75 S.) Leipzig 887, (Fock.) * 1 50

Kamann, Paul [aus Oderan]: Über Quellen und Sprache der York Plays. Halle a. S., Druck v. Ehrhardt Karras, 1887; 2 Bl. + 75 + 1 S. 8°
Leipzig, Phil. Fak., Inaug.-Diss. v. 28. Jun. 1887.

Kamaron u. Belville; eine rührende Geschichte aus dem Engl. 8. Nördling. 782. Beck. 8 gl

Kamarit, J. W., Denksprüche u. Weisheitslehren. (In czechischer Mundart.) gr. 12. (4½ B.) Prag 834. (Wien, Wenedikt.)

Kamarowsky, Graf L. Ueber die Friedensbestrebungen der Völker. Die Abrüstungsfrage. Über einige internationale Kongresse im J 1889. Drei Abhandlungen. Aus dem Russ. übers. m. Genehmigg. d. Verf., hrsg. v. E. Manssuroff. gr. 8. (34 S.) Moskau 890. (Berl., Puttkammer u. Mühlbrecht.) — 80

— Le Tribunal international. Trad. par de Westman. Paris 887.

Kamarupa, Der Prinz, und die schöne Kamalita . . . a. d. Engl. Weim. 1800. Ü: *Franklin, W.* (Ky)

Kamarupa, des Prinzen, u. d. schönen Kamalata Gesch.; e. altes indisches Mährchen, aus d. Persischen ins Engl. übers. v. W. Franklin, a. d. Engl. 8. Weimar, L. Ind. Compt. 800.

Kamaryt, Frant. Dobr., zbožné průpowědi na každý den w roce. 12. (III und 86 S.) Prag 851, (Credner und Kleinbub.) *

Kambang, Ati, auf fremder Erde. Ein Roman. Mit einem Vorwort von Friedr. Gerstäcker. 3 Bde. 8. (1184 S.) Jena 864, Costenoble.

Kambe, Masao, der russisch-japanische Krieg u. die japan. Volkswirtschaft, s. a. Wirtschafts- u. Verwaltungsstudien. XXIV.

Der russisch-japanische Krieg u. die japanische Volkswirtschaft. Von Prof. Masao **Kambe** aus Japan. (Vorr.. Prof. Georg Schanz.) Leipzig A. Deichert 1906. (74 S.) 8° [F.]
— **Wirtschafts-** u. Verwaltungs**studien** mit bes. Berücks. Bayerns. 24. (05. 1135)

Kambe, Torajiro, aus Japan Die offene **Handelsgesellschaft** nach japanischem Rechte *Halle a. S. 1902: C. A. Kaemmerer & Co.* (V, 113 S.) 8°
Halle, Jur Diss. v. 13. Juni 1902

Kamberg, Frz., s. a.: Sträßle, Frz.

Kamberg, Frz., Gulliver's Reisen u. Abenteuer im Lande der Zwerge u. Riesen. Für die Jugend bearb. Mit 18 Farbdr.-Bildern nach Orig.-Aquarellen v. C. Offterdinger. 4. (43 S.) Stuttgart 882. Loewe. geb. 3. —

Kamberg, Frz. Gulliver's Reisen u. Abenteuer im Lande der Zwerge u. Riesen. Für die Jugend bearb. 3. bedeutend verm. Aufl. 4. (VI, 108 S. m. 6 Farbendr.-Bildern v. C. Offterdinger.) Stuttg. 889, Loewe. geb. 3 —

Kamberg, Frz., Gullivers Reisen u. Abenteuer im Lande der Zwergen u. Riesen. Für die Jugend bearb. Mit 6 Farbendr.-Bildern nach Orig.-Aquarellen v. C. Offterdinger. 4. Aufl. gr. 4. (VIII, 108 S.) Stuttgart 893. F. Loewe Kart. 3 —

Kamberg, Frz. (Frz. Sträßle), Gullivers Reisen u. Abenteuer im Lande d. Zwerge u. Riesen. Für d. Jugend bearb. M. 6 Farbdr.-Bild. nach Orig.-Aquarellen v. C. Offterdinger. 5., bedeutend verm. Aufl. 4. (VI, 108 S.) Stuttgart 897 F. Loewe. Geb. 3. —

— dasselbe. (Volks-Ausg.) M. 6 Voll- u. 24 Textbild. v. F. Bergen. 7. Aufl. 8. (VIII, 151 S.) Ebd. 898. Geb. 1. 20

Kamberg, Frz., (Frz. Sträßle), Gullivers Reisen u. Abenteuer im Lande der Zwerge u. Riesen. Für die Jugend bearb. Mit 6 Farbdr.-Bildern nach Orig.-Aquarellen v. C. Offterdinger. 8. Aufl. 4. (VIII, 108 S.) Stuttgart (901). Loewe. Geb. 3. —

— Gullivers Reisen u. Abenteuer im Lande der Zwerge u. Riesen. Für die Jugend bearb. Mit 6 Farbdr.-Bildern nach Orig.-Aquarellen v. C. Offterdinger. 9. Aufl. (VIII, 108 S.) Lex.-8. Stuttgart (904). Loewe. Geb. 3. —

— dasselbe. Mit 4 Farbdr.-, 8 Voll- u. 22 Textbildern v. Fritz Bergen. 11. Aufl. (VI, 197 S.) 8. Ebd. (905). Geb. 2. 50

— dasselbe. Mit 6 Voll- u. 24 Textbildern v. F. Bergen. 12. Aufl. (VIII, 151 S.) 8. Ebd. (906). Geb. 1. 20

Kamberg, Frz., Gullivers Reisen u. Abenteuer im Lande der Zwerge u. Riesen. Für die Jugend bearb. Mit 6 Farbdr.-Bildern nach Orig.-Aquarellen v. C. Offterdinger. 13. Aufl. (VIII, 108 S.) Lex. 8. Stuttgart (908). Loewe. Geb. 3. —

— dasselbe. Mit 6 Voll- u. 24 Textbildern v. F. Bergen. 14. Aufl. (VIII, 151 S.) 8. Ebd. (909). Geb. 1. 20

Kamberg, Frz., in's Zauberland. Eine Sammlg. der schönsten Märchen, Sagen u. Schwänke f. die liebe Jugend. Mit 12 Farbdr.-Bildern nach Aquarellen v C. Offterdinger, H. Leutemann u. G. Bartsch. gr. 4. (VI, 112 S.) Stuttgart 883. Loewe. geb. 4. 50

Kamberg, Frz., in's Zauberland. Eine Sammlung der schönsten Märchen, Sagen und Schwänke für die liebe Jugend. 2. und 3. durchges. Aufl. gr. 4. (VI, 112 S. mit 12 Farbendr.-Bildern nach Aquarellen von C. Offterdinger, H. Leutemann und G. Bartsch.) Stutgart 887,88, Loewe. geb. 4 50

Kamberger, Fr. Aloys., Quaest. et responsa theol. 2 Tmi. fol. Ingolst. Krüll. 725.

[Kamber]. P. Maximus Sr. Gnaden P. Anastasius Hartmann ([1803]–1866) Ord. Cap. Bischof von Derbe in seinem Leben und Wirken [Mit Porträt] 8 Luzern 1867

Kamber P. Maximus Rede gehalten von P. M. K. am 21. April 1862 bei der Eckssteinlegung der neuen Pfarrkirche von Hägendorf-Rickenbach. Hrg. von der dasigen Baukommission 8 Solothurn 1862

Kamberger, S., Choräle, zwei- u. dreistimmig bearb. 8. Nürnberg 893. G. Löhe. n. — 35
Die f. d. 4. bis 7. Schulj. an den Volksschulen Mittelfrankens zur Einübg. vorgeschriebenen Choralmelodien u. Gesangbuchslieder. (47 S.)

Kamberger, S., Choräle, 2- u. 3stimm. bearb. D. f. d. 1.—7 Schulj. an d. Schulen Mittelfrankens z. Einübg. vorgeschrieb. Choralmelodien u. Gesangbuchslieder. 8. (66 S.) Nürnberg 898. F. Korn. n.n. — 40

Kambli, Conrad Wilhelm. Abschiedspredigt gehalten Sonntag den 30. April 1905 in der Kirche zu St. Laurenzen in St. Gallen. 15 S. 8. St. Gallen, Fehr, 1905. [fr. —. 30]

Kambli, C. W.
Das Armenwesen in der Stadt St. Gallen. (Erweit. Sep.-Ausg. aus: Schweiz. Blätter für Wirthschafts- und Sozialpolitik.) gr. 8⁰. Basel, Dr. H. Müller, 1895.

Kambli, C. W., d. Armenwesen i. d. Stadt St. Gallen. [Erweit. Sep.-Ausg. aus: „Schweizer. Blätter f. Wirtschafts- u. Socialpolitik".] gr. 8. (III, 68 S.) Basel 895. Bern, Steiger & Co. n. 1. —

Kambli, Conr. Wilh., die Aufgabe der Frauen in den religiösen und socialen Kämpfen der Gegenwart, s. a. Schriften des Schweizerischen Vereins für freies Christenthum.

Kambli, C[onrad] W[ilhelm]: Die Aufgabe der Frauen in den religiösen und sozialen Kämpfen der Gegenwart. — Horgen: Schläpfer 1883. 46 S. 8° (Schriften des Schweiz. Vereins f. freies Christentum. [14.])

Kambli, Conr. Wilh., die Bedeutung der bildenden Kunst f. die Jugenderziehung, insbes. f. die Schule. Vortrag, geh. den 20. III. 1907 vor dem Lehrerkapitel Horgen. (32 S.) gr. 8. St. Gallen 907. Fehr. — 90

Kambli, C. M. Die Bedeutung der Religion für d. Jugenderziehung. In-8°, 14 S. Zürich, Cäsar Schmidt. 1879

Kambli, C. W. Die sittliche Bedeutung des Unsterblichkeitsglaubens. In-8°. IV, 46 S. St. Gallen, Fehrsche Buchh. 1893 1 —

Kambli, K. W., Die sittliche Bedeutung des Unsterblichkeitsglaubens. St. Gallen, Huber, 1893, 8°, 46 S., 80 Pf.

Kambli, C. W., Das Christenthum und die soziale Frage. (Studien und Lesefrüchte.) gr. 8°. Bern 1870.

—— s. Christenthum, freies.

Kambli, Conrad Wilhelm. Christus und Christentum, in Predigten dargestellt von C' W' K'.... Mit einem Portrait des Verfassers [Tafel, und illustriertem Umschlag]. IV + II + 335 S. 8. St. Gallen, Fehr, 1905. [fr. 4 —]

Kambli, C. W Das Eigenthum im Lichte des Evangeliums. Ein Vortrag gr.-8° Frankfurt a. M., Diesterweg, 1882 (Wissenschaftl. Vorträge. über religiöse Fragen, 5. Sammlung)

—— dass. — s. Vorträge, wissenschaftliche, über religiöse Fragen.

— Protestantische u. katholische Erziehung u. Charakterbildung. (29 S.) 8. Osterwieck 909. A. W. Zickfeldt. — 60
Sonderabdruck aus: „Jahrb. moderner Menschen".

Kambli, C[onrad] W[ilhelm]. Die sexuelle Frage und ihre Beantwortung von Prof. Dr. Aug[uste] Forel, besprochen von C. W. K', Dr. theol. (Separatabdruck aus der « Schweizerischen theolog. Zeitschrift », Jahrg. 23 (1906), Heft 1 u. 2.) II + II + 49 S. 8. Zürich, Aug. Frick. (Schweiz fr. 1. 60, Ausland M. 1. 60)

Kambli, C. W., die Fresko-Bilder in der reformirten Kirche Horgen. Ein Gedenkblatt an deren Enthüllung den 11. Octbr. 1874. gr. 8. (24 S.) Zürich 874, (Orell, Füßli und Comp.) 1 50

—— die Fresko-Gemälde in der reformirten Kirche in Horgen am Zürichsee. Gemalt von Antonio Barzaghi Cattaneo. In 2 Lichtdr.-Bildern nach Orig.-Photogr. von J. Ganz dargestellt. hoch 4. (24 S.) Zürich 875, Orell, Füssli und Comp. * 8 —

—— fromm und frei. Mitgabe auf den Lebensweg für denkende Frauen und Jungfrauen. gr. 8. (VIII, 427 S.) Zürich 884, Schmidt. *M 5.; geb. **

—— dass. — für denkende Jünglinge und Männer. gr. 8. (VIII, 391 S.) Ebendas. 884. *M 4.50.; geb. **

(K[ambli]. C[onrad] W[ilhelm].) Zum Gedächtnis an den von seinem Amte zurücktretenden Herrn Schulvorsteher Joh(anne)s Schelling in St. Gallen, am 5. November 1888. (SA.) 8 St Gallen 1888.

Kambli, C[onrad] W[ilhelm]. Gedenkblätter an das Fünfzigjährige Amtsjubiläum des Herrn Schulvorstehers Jakob Schlaginhaufen in St Gallen. Gefeiert den 12 November 1885. Zusammengestellt von C W K Pfarrer [Mit Portrait-Tafel.] 8. St. Gallen 1885.

[Kambli, Conrad Wilhelm.] Gedenkblätter an die Feier der hundertjährigen Kirchweih in Horgen, begangen den 6., 7 und 8. August 1882. 8. Horgen 1882.

Kambli, C. W., unser Glaube an ein ewiges Leben. Vortrag gehalten auf Wunsch des aargau. Reformvereins in Aarau den 13. Febr. 1873. 8. (32 S.) Zürich 873, Schmidt. * — 60

Kambli, C. W. Die Grenzen der Wohlthätigkeit in sittlicher u. socialer Hinsicht. gr. 8. (IV, 74 S.) St. Gallen 892, Hasselbrink u. Ehrat. * 1 50

Kambli, C. W., Haben Christenthum und Sozialdemokratie ein Interesse einander zu bekämpfen? (Schweiz. Blätter f. Wirtschafts- und Sozialpolitik, Jhrg. 4, 1896.) 8° Bern, A. Siebert, 1896.

— haben Christentum u. Socialdemokratie e. Interesse einander zu bekämpfen? gr. 8. (36 S.) Bern 896. Steiger & Co. n. — 75

—— Ich und mein Haus, wir wollen dem Herrn dienen! Bettagspredigt gehalten den 20. Septbr. 1874. gr. 8. (14 S.) Ebendas. 874. * — 40

Kambli, C. W., die socialen Ideen des Christenthums und ihre Verwerthung in den Kämpfen der Gegenwart. Hrsg. vom Zürcher Verein für freies Christenthum. gr. 8. (VIII, 95 S.) Zürich 878, Schmidt. *

Kambli, C. W. Gottfried Keller nach seiner Stellung zur Religion und Christenthum, Kirche, Theologie und Geistlichkeit. In-8°. IV, 102 S. St. Gallen, F. Hasselbrink. 1891 2 —

Kambli, Conrad Wilhelm. Konfirmationspredigt gehalten Palmsonntag ... 1901 u. ... 1902 u. ... 1903 u. ... 1904 zu St. Laurenzen in St. Gallen. Als Manuskript gedruckt.... 12 u. 12 u. 11 u. 12 S. 8. St. Gallen, Zollikofer, 1901 u. 1902 u. 1903 u. 1904.

Kambli, Conrad Wilhelm. Kunst und Leben in ihrer Wechselwirkung aufeinander, dargestellt von C' W' K'.... VIII + 366 S. 8. Frauenfeld, Huber & Co., 1905. [fr. 6.—, geb. 7.—]

Kambli. C[onrad] W[ilhelm]. Leichenrede, gehalten den 5t. Juni 1864 in Horgen bei der Beerdigung der selig verstorbenen Jungfrau Ida Weiss, des Herrn Kaspar W'..., Lehrers in Horgen, ... Tochter, ihres Alters 25 Jahre, 10 Monate, 20 Tage. *Lithographiert.* 8. *o. O.*

Kambli. C[onrad] W[ilhelm]. Leichenrede, gehalten bei der Beerdigung der seligen Frau Karolina Widmer, geb. Hüni, geboren den 9. April 1822, gestorben den 13. Juli 1868. Horgen, den 17. Juli 1868. Als Manuskript gedruckt für Freunde. 8. (Horgen.)

Kambli, C[onrad] W[ilhelm]. Leichenrede, gehalten bei der Beerdigung des seligen Herrn Johann Jakob Widmer-Hüni, Nationalrath, von Horgen, geboren den 11. Dezember 1819, gestorben den 10. Januar 1879. Horgen, den 14. Januar 1879. Als Manuskript gedruckt für Freunde. 8. o O

—— Der Luxus nach seiner sittlichen u. sozialen Bedeutung. 8. (VII, 208 S.) Frauenf. 890, Huber. * 3

Kambli, C. W., Mitgabe auf den Lebensweg für Confirmanden. [Ausg. für Jünglinge.] gr. 16. (61 S.) Zürich 879, Schmidt. *

Ausg. für Töchter (62 S.) *

— — Ausgabe für Töchter. In-16⁰. Ebendas. — 50

Kambli, Conrad Wilh. Die sozialen Parteien u. unsere Stellung zu denselben. In-8⁰, VIII u. 509 S. St. Gallen, Huber & Cie. (E. Fehr). 1887 8 —

Kambli, C. W. (Pfarrer in Horgen). Zur Reform des Krankenkassenwesens. Referat vorgetragen an der kantonalen zürcher gemeinnützigen Gesellschaft. In-8⁰, 20 S. Zürich, S. Höhr. 1882
*** Separatabdruck aus der „schweizerischen Zeitschrift für Gemeinnützigkeit", Jahrgang 1882.

— Gustav Adolf Saxer, alt Landammann. Ein Lebensbild. (IV, 123 S. m. 1 Bildnis.) gr. 8. St. Gallen 910. Fehr. 2.50

Kambli, C. W. (Pfarrer in Horgen). Die Stellung d. freien Christenthums zur socialen Frage. Vortrag. In-8⁰, 26 S. Bern, J. Dalp. 1879 — 60
*** Separatabdruck aus der *Reform*.

Kambli, C. W. Die Stellung d. Frau im öffentlichen Leben. Zwei Vorträge. 12. (68 S.) St. Gallen 890, Busch u. Comp. * — 80
Aus: Alphorn, besonders abgedruckt.

Kambli, C. W. Die Stellung des freisinnigen Protestantismus zum Socialismus u. zu der christlich-socialen oder evangelisch-soc. Partei. Gr. in-8⁰. 32 S. Bern, A. Siebert. 1896 — 50
*** Aus „Schweizer. Blätter für Wirtschafts- u. Socialpolitik".

— Der Hofprediger Stöcker in Zürich. Separat-Abdr aus Nr. 9 der Zeitstimmen aus der reformirten Kirche der Schweiz. 1881.

Kambli, C. W. David Friedrich Strauss. Vortrag. Gr. in-8⁰. 46 S. Basel, B. Schwabe. 1896 1 —

—— Studien und Lesefrüchte. Zehn Vorträge gehalten vor gemischtem Auditorium. gr. 8. (IV, 375 S.) Bern 870, Rieder und Simmen. * 3 30

—— das Verhältniss von bürgerlicher und territorialer Armenpflege. Referat vorgetragen der schweizer. gemeinnützigen Gesellschaft an ihrer Jahresversammlung in Zürich den 30. Septbr. 1873. gr. 8. (137 S.) Zürich 874, Herzog. * 2 —
Aus: Schweizer. Zeitschrift für Gemeinnützigkeit, besonders abgedruckt.

—— ein Wort gegen die Wiedereinführung der Todesstrafe vom sittlich-religiösen Standpunkte aus. gr. 8. (16 S.) Ebendas. 879.

— Ein Wort gegen die Einführung der Todesstrafe vom sittlich-religiösen Standpunkte aus. In-8⁰. Zürich, Cæsar Schmidt. — 40

Kambli, C. W., die Wundergeschichten in den Evangelien, s.: Schriften des Schweiz. Vereins für freies Christenthum.

Kambli, W. Bergluft, Schweizerbilder für den Weihnachtstisch. In-8⁰. III, 256 S. Berlin, Wiegandt & Grieben. 1893 Mk. 2 25; geb. Mk. 3 —

Kambli jun., W., s. Stimmen d. freien Christentums aus der Schweiz.

Kambli, Wilh., klein Else od. Vom Mädchen, das seine Mutter suchte. Ein Märchen f. brave Kinder. (104 S.) 8. Zürich (908). (A. Frick.) —80; geb. in Leinw. 1.50

Kambly, Ludwig

(Ludwig) Kambly-(Hugo) Langguth. Arithmetik und Algebra. Nach d. preuß. Lehrplänen von 1901 umgearb. von Prof. Dr A[lbrecht Wilh. Adolf] Thaer. Ausg A Für Gymn. 39. Aufl. d. Kamblyschen Arithm. u. Algebra. Mit 15 Fig. Breslau F Hirt 1908. (172 S.) 8° [F.] 08. 6617

(Ludwig) Kambly-(Hugo) Langguth. Arithmetik und Algebra. Nach d. preuß. Lehrplänen von 1901 umgearb. von Prof. Dr. A[lbrecht Wilh. Adolf] Thaer Ausg. B: Für Oberrealschulen, Realgymn. u. Gymn. mit mathemat. Reformunterr. 39. Aufl. d. Kamblyschen Arithmetik u Algebra. Mit 52 Fig. Breslau · F Hirt 1908. (248 S.) 8° [F.] 08. 6618

Kambly, L., Elementar-Mathematik. 1—3. Thl. gr. 8. Breslau, Hirt's Verlag. *
Auch unter den Titeln:
Thl. 1 Die Arithmetik und Algebra für den Schulunterricht bearb. (VI und 130 S.) 851. * 12½ Ngr.
2. Die Planimetrie für den Schulunterricht bearb. 1. Aufl. 1850. und 2., verb. Aufl. (VIII und 96 S. mit 5 Stnt. in qu. gr. 4.) 852. * 12½ Ngr.
3. Die ebene Trigonometrie für den Schulunterricht bearb. (VI und 45 S. mit 1 Stnt. in qu. gr. 4.) 852. * 6 Ngr.

—— dass. — 4. Thl. A. u. d. T.: Die Stereometrie, für den Schulunterricht bearb. Mit Abbildungen. gr. 8. (VIII und 76 S. mit 4 Stnt. in qu. gr. 4.) Ebds. 853. * –

Kambly's, L., Elementar-Mathematik. In 4 Thln. Breslau, Hirt. gr. 8. Jeder Thl. n. 12½ ngr
1. Thl.: Die Arithmetik und Algebra für den Schulunterricht bearb. 2., verb. Aufl. 853. (VIII, 127 S.)
2. Thl.: Die Planimetrie. 3. Aufl. 853. (VIII, 96 S.) — 4. verb. Aufl. Mit 4 lith. Taf. 856. (VIII, 103 S.)
3. Thl.: 1. Hälfte. Ebene Trigonometrie. 3. verb. Aufl. 857. (VI, 66 S.)
2. Die sphärische Trigonometrie. Mit 1 lith. Taf. 855. (VI, 26 S.)
4. Thl.: Die Stereometrie, für den Schulunterricht bearb. Mit 4 lith. Taf. 853. (4 Bl., 76 S.) — 2. verb. Aufl. 858. (2 Bl., 72 S.)

Kambly, Ludw., die Elementar-Mathematik, für den Schulunterricht bearb. 1., 3. und 4. Thl. gr. 8. Breslau, Hirt's Verlag. à Thl. * 12⅓ Ngr. *
Inhalt:
Thl. 1. Arithmetik und Algebra. 4., verb. Aufl. (VI und 132 S.) 859.
" 3. Ebene und sphärische Trigonometrie. 3., verb. Aufl. (VI und 66 S.) 857.
" 4. Stereometrie. 2., verb. Aufl. (IV und 72 S. mit 4 Stnt. in qu. 4.) 858.
2. Thl. 4. Aufl. Ebendas. 1855. * 12⅓ Ngr.

Kambly, Ludw., die Elementar-Mathematik für den Schulunterricht bearb. Breslau, Hirt. gr. 8. Jeder Theil n. 12½ ngr
1. Theil: Arithmetik u. Algebra. 3—7. Aufl. 856—65. (IV, 123 S.)
2. Theil: Planimetrie. 5—11. Aufl. Mit 4 Taf. lith. Abbildgn. (in 4.) 857—64. (VII, 103 S.)

Kambly, Ludw., die Elementar-Mathematik, für den Schul-Unterricht bearb. 4 Thle. gr. 8. Breslau, Hirt's Verlag. à Thl. * 12½ Ngr. *

Inhalt:

Thl. 1. Arithmetik und Algebra. 5.—10., verb. Aufl. (IV und 124 S.) 862—68.
- 2. Planimetrie. 10.—18., verb. Aufl. (IV und 104 S. mit 4 Taf. lithogr. Abbild. in gr. 4.) 863—68.
- 3. Ebene und sphärische Trigonometrie. 6. Aufl. (IV und 67 S. mit 1 Taf. lithogr. Abbild.) 868.
- 4. Stereometrie. 3., verb. und verm. Aufl. (IV und 72 S. mit 4 Taf. lithogr. Abbild. in gr. Fol.) 862.

Kambly, Ludw., die Elementar-Mathematik, für den Schulgebrauch bearb. 4 Thle. Mit zahlreichen lithogr. Abbild. gr. 8. Breslau 869—74, Hirt's Verlag. *

Inhalt:

Thl. 1. Arithmetik und Algebra. 11.—18. verb. Aufl. (IV, 122 S.) (*ℳ 1,25.) *ℳ 1,40.
- 2. Planimetrie. 19.—37. verb. Aufl. (IV, 104 S. mit 4 Taf. lithogr. Abbild. in qu. 4.) (*ℳ 1,25.) *ℳ 1,40.
- 3. Ebene und sphärische Trigonometrie. 7.—10. Aufl. (IV, 67 S. mit 1 Taf. lithogr. Abbild.) *ℳ 1,25.
- 4. Stereometrie. Nebst Uebungsaufgaben. 6.—9. verb. Aufl. (VIII, 71 S. mit 4 Taf. lithogr. Abbild. in 4.) *ℳ 1,25.

Kambly, Ludw., die Elementar-Mathematik, für den Schulgebrauch bearb. 4 Thle. Mit zahlreichen lithogr. Abbild. gr. 8. Breslau 875—79, Hirt.

Inhalt:

Thl. 1. Arithmetik und Algebra. 19.—24. Ster.-Aufl. (IV, 122 S.) *ℳ 1,40.
- 2. Planimetrie. 38.—57 Ster.-Aufl. (IV, 104 S. mit 4 Taf. lithogr. Abbild. in qu. 4.) *ℳ 1,40.
- 3. Ebene und sphärische Trigonometrie. 11.—14. Ster.-Aufl. (IV, 66 S. mit 1 Taf. lithogr. Abbild.) *ℳ 1.25.
- 4. Stereometrie. Nebst Uebungsaufgaben. 10.—13. Ster. Aufl. (IV, 71 S. mit 4 Taf. lithogr. Abbild. in 4.) *ℳ 1.25.

Kambly, Ludw., die Elementar-Mathematik, für den Schulgebrauch bearb. 4 Thle. Mit zahlreichen lithogr. Abbild. gr. 8. Breslau, F. Hirt. *

Inhalt:

Thl. 1. Arithmetik und Algebra. 25.—28. Ster.-Aufl. (IV, 122 S.) 881—83. *ℳ 1,40.
- 2. Planimetrie. 58.—74. Ster.-Aufl. (IV, 104 S. mit 4 Taf. lithogr. Abbild.) 881—84. *ℳ 1,40.
- 3. Ebene und sphärische Trigonometrie. 15.—18. Ster.-Aufl. (IV, 67 S. mit 1 Taf. lithogr. Abbild.) 881—83. *ℳ 1,25.
- 4. Stereometrie. Nebst Uebungsaufgaben. 14.—18. Ster.-Aufl. (IV, 71 S. mit 4 Taf. lithogr. Abbild.) 881—84. *ℳ 1,25.

Kambly, Ludw., die Elementar-Mathematik, für den Schulgebrauch bearb. 4 Thle. Mit zahlr. lithogr. Abbild. gr. 8. Breslau, F. Hirt. *

Inhalt:

Thl. 1. Arithmetik und Algebra. 29.—31. Ster.-Aufl. (IV, 124 S.) 885—88. *ℳ 1.40.
- 2. Planimetrie 75.—85. Ster.-Aufl. (IV, 108 S. mit 4 Taf. lithogr. Abbild.) 885—88. *ℳ 1.40.
- 3. Ebene und sphärische Trigonometrie. 19. und 20. Ster.-Aufl. (IV, 72 S. mit 1 Taf. lithogr. Abbild.) 885,87. *ℳ 1.25.
- 4. Stereometrie. Nebst Uebungsaufgaben. 19. und 20. Ster.-Aufl. (IV, 72 S. mit 4 Taf. lithogr. Abbild.) 885,87. *ℳ 1.25.

Vgl.: Roeder, Herm., Lehrsätze und Aufgaben aus der Planimetrie.

Kambly, L., die Elementar-Mathematik, für den Schulgebrauch bearb. 4 Thle. Mit zahlr. lithogr. Abbildgn. gr. 8. Breslau, F. Hirt. n. 6.15

1. Arithmetik u. Algebra. Neu bearb. v. H. Langguth. 32. Aufl. [1. Aufl. der Neubearbeitg.] gr. 8. (213 S.) 890. geb. n. 2.—, Ausg. f. Gymnasien (168 S.) geb. n. 1.65
2. Planimetrie. 89. Ster.-Aufl. (IV, 108 S. mit 4 Taf. lithogr. Abbildgn.) 890. geb. n. 1.65
3. Ebene u. sphärische Trigonometrie. 20. Ster.-Aufl. (IV, 72 S. mit 1 Taf. lithogr. Abbildgn.) 887. n. 1.25
4. Stereometrie. Nebst Uebungsaufgaben. 20. Ster.-Aufl. (IV, 72 S. mit 4 Taf. lithogr. Abbildgn.) 887. n. 1.25

Kambly, Ludw. Die Elementar-Mathematik, f. den Schulunterricht bearb. 4 Tle. gr. 8. Bresl. 892, F. Hirt. geb. * 6 80

1. Arithmetik u. Algebra. Ausg. f. Gymnasien. Neu bearb. v. Hugo Langguth. 34. Aufl. [2. Aufl. der Neubearbeitg.] (168 S.) * 1 65. — 2. Planimetrie. 95. [Ster.-]Aufl. (IV, 112 S. m. 138 Fig. auf 9 Taf.) * 1 65. — 3. Ebene u. sphärische Trigonometrie. Nebst Übungsaufgaben. 21. [Ster.-]Aufl. (IV, 66 S. m. 1 lithogr. Taf.) * 1 50. — 4. Stereometrie. Nebst Übungsaufgaben. 22. [Ster.-] Aufl. (IV, 71 S. m. 4 Taf.) * 1 50.

Kambly, Ludw., die Elementar-Mathematik, f. den Schulunterricht bearb. 4 Tle. gr. 8. Breslau, F. Hirt. Geb. n. 6. 30

1. Arithmetik u. Algebra. Ausg. f. Gymnasien. Neu bearb. v. Hugo Langguth. 34. Aufl. [2. Aufl. der Neubearbeitg.] (168 S.) 892. n. 1. 65
2. Planimetrie. 104. Aufl. (IV, 112 S. m. 138 Fig. auf 9 Taf.) 895. n. 1. 65
3. Ebene u. sphärische Trigonometrie. Nebst Übungsaufgaben. 22. Aufl. (IV, 66 S. m. 1 lith. Taf.) 894. n. 1. 50
4. Stereometrie. Nebst Übungsaufgaben. 23. Aufl. (IV, 71 S. m. 4 Taf.) 894. n. 1. 50

Kambly, Ludw., die Elementar-Mathematik, f. d. Schulunterricht bearb. (In 4 Tln.) gr. 8. Breslau, F. Hirt. Geb. n.n. 6. 60

1. Arithmetik u. Algebra. Für Realgymnasien, Real- u. Gewerbeschulen. Neu bearb. v. Hugo Langguth. 36. Aufl. (2. Aufl. d. Neubearbeitg.) (213 S.) 897. Geb. n.n. 1. 70
2. Planimetrie. 112.—114. (Ster.-) Aufl. Mit 9 Taf., enth. 138 Fig. (IV, 112 S.) 898. n.n. 1. 70
3. Ebene u. sphär. Trigonometrie. Nebst Übungsaufgaben. 24. (Ster.-) Aufl. M. 1 Taf. lith. Abb. (IV, 66 S.) 897. Geb. n.n. 1. 55
4. Stereometrie. Nebst Übungsaufgaben. 26. (Ster.-) Aufl. Mit 4 Taf. lith. Abb. (IV, 71 S.) 898. n.n. 1. 55

— dasselbe. 2. Tl. Planimetrie, durchges. u. m. Übungsaufgaben u. 2 Anhängen: Trigonometr. u. stereometr. Lehraufgabe d. Unter-Sekunda versehen v. H. Roeder. 100. Aufl. (1. v. H. Roeder durchgeseh. Ausg.) 3. Abdr. gr. 8. (196 S. m. Fig.) Ebd. 897. Geb. n.n. 1. 70

Kambly, Ludw., die Elementar-Mathematik, f. den Schulunterricht bearb. In 4 Tln. gr. 8. Breslau, F. Hirt. Geb. n. 6. 60

1. Arithmetik u. Algebra. 37. (Ster.-)Aufl. (Der alten, unveränd. Ausg. 34. Aufl. (III, 122 S.) 899. n. 1. 70
2. Planimetrie. 119. bis 123. [Ster.-]Aufl. Mit 9 Taf., enth. 138 Fig. (IV, 112 S.) 900. n. 1. 70
3. Ebene u. sphärische Trigonometrie. Nebst Übungsaufgaben. 27. Ster.-Aufl. Mit 1 Taf. lith. Abbildgn. (IV, 66 S.) 901. n.n. 1. 55
4. Stereometrie. Nebst Übungsaufgaben. 28. (Ster.-)Aufl. Mit 4 Taf. lith. Abbildgn. (IV, 71 S.) 901. n.n. 1. 55

— dasselbe. 1. Tl. Arithmetik u. Algebra. Ausg. f. Gymnasien. Neu bearb. v. Hugo Langguth. 36. Aufl. (3. Aufl. der Neubearbeitg.) gr. 8. (168 S.) Ebd. 899. Geb. n. 1.65

— dasselbe. 2. Tl. Planimetrie, durchgesehen u. m. Übungsaufgaben u. 2 Anhängen: Trigonometrische u. stereometr. Lehraufgabe der Unter-Sekunda versehen v. H. Roeder. 100. Aufl. (1. v. H. Roeder durchgeseh. Ausg.) 5. Abdr. gr. 8 (198 S. m. Fig.) Ebd. 902. Geb. n. 2.—

Kambly's, Ludw., Elementar-Mathematik. (In 4 Tln.) 2. Tl.: Planimetrie, durchgesehen u. m. Uebungsaufgaben u. 2 Anhängen; Trigonometrische u. stereometr. Lehraufgabe der Unter-Sekunda, versehen von H. Roeder. 100. Aufl. (1. v. H. Roeder durchgeseh. Ausg.) 6. Abdr. (198 S. m. Fig.) gr. 8. Breslau 905. F. Hirt. Geb. n. 2.—

— dasselbe f. d. Schulunterricht bearb. (In 4 Tln.) 2. u. 4. Tl. gr. 8. Ebd. Geb. n.n. 3. 25

2. Planimetrie. 130.—133. Aufl. Mit 9 Taf., enth. 138 Fig. (112 S.) 904. Geb. n.n. 1. 70
4. Stereometrie. Nebst Uebungsaufgaben. 30. (Ster.-)Aufl. Mit 4 Taf. lith. Abb. (IV, 71 S.) gr. 8. 905. Geb. n.n. 1. 55

Kambly, Ludw., die Elementar-Mathematik, f. den Schulunterricht bearb. (In 4 Tln.) 1.—3. Tl. 8. Breslau, F. Hirt. Geb. nn 4. 95

1. Arithmetik u. Algebra. 38. (Ster.-)Aufl. (Der alten, unveränd. Ausg. 35. Aufl.) (IV, 122 S.) 906. Geb. nn 1 70
2. Planimetrie. 152. (Ster.-)Aufl. Mit 9 Taf., enth. 138 Fig. (112 S.) 909. Geb. nn 1. 70
3. Ebene u. sphär. Trigonometrie. Nebst Übungsaufgaben. 31. (Ster.-)Aufl. Mit 1 Taf. lith. Abbildgn. (IV, 66 S.) 909. Geb. nn 1. 5

— u. **Roeder**, Elemente der analytischen Geometrie der Ebene. [Aus: „Stereometrie", 32. Aufl.] Neu bearb. v. Albr. Thaer. (S. 183—304 m. 91 Fig.) 8. Ebd. 909. nn 1. 30

— — Trigonometrische u. stereometrische Lehraufgabe der Untersekunda. Sonderdr. aus der 148.—151. Aufl. der Planimetrie, neu bearb. v. Albr. Thaer. (S. 177—240 m. 66 Fig.) 8. Ebd. 909. —80

— die Physik, für den Schul-Unterricht bearb. Mit 161 in den Text gedr. Abbildgn. Ebend. 868. gr. 8. (VIII, 171 S.) n. 20 ngr

—— die Physik für den Schul-Unterricht bearb. 1. Aufl. 1868. *ℳ 2., und 2. verb. und verm. Aufl. gr. 8. (VIII, 188 S. mit 163 in den Text gedr. Abbild.) Ebendas. 872. *

Kambly, Ludw., die Physik, für den Schul-Unterricht bearb. 3., verb. u. verm. Aufl. Mit 166 in den Text gedr. Abbildungen. gr. 8. (VIII, 192 S.) Breslau 880. F. Hirt. n. 2. 25

—— die Physik für den Schul-Unterricht bearb. 4. verb. und verm. Aufl. gr. 8. (VIII, 200 S. mit 166 in den Text gedr. Abbild.) Ebendas. 886. *

Kambly, L. Planimetrie Breslau, 1858.

— u. Roeder, Planimetrie. Vollständig nach den neuen preuß. Lehrplänen bearb. Ausg. der Planimetrie v. Kambly. Lehraufgabe der Quarta bis Unter-Sekunda. Mit Übungsaufgaben u. 2 Anhängen: Trigonometrische u. stereometr. Lehraufgabe der Unter-Sekunda. 1. Aufl. (101. der Kamblyschen Planimetrie.) gr. 8. (208 S. m. Fig.) Ebd. 894. n. 1. 50

— u. Roeder, Planimetrie. Vollst. nach d. preuß. Lehrplänen v. 1892 bearb. Ausg. d. Planimetrie v. Kambly. Lehraufgabe d. Quarta bis Unter-Sekunda. M. Übungsaufgaben u. 2 Anhängen. Trigonometr. u. stereometr. Lehraufgabe d. Unter-Sekunda. 6.—9. Aufl. (115.—118. d. Kamblyschen Planimetrie.) gr. 8. (208 S. m. 164 Fig.) Ebd. 898. Geb. n.n. 1. 90

[Ludwig] Kambly- [Hermann] Roeder, Planimetrie. Vollst nach d. preuß. Lehrplänen von 1892 bearb. Ausg d. Planimetrie von Kambly. Lehraufgabe d. Quarta bis Unter-Sekunda. Mit Übungsaufgaben u. 2 Anhängen Trigonometr. u. stereometr Lehraufgaben d. Unter-Sekunda. 10.–15. Aufl. ⟨124.–129. d. Kamblyschen Planimetrie⟩ *Breslau: F Hirt 1901* (208 S.) 8° [F.] [04. 2011 2

[Ludwig] Kambly – [Hermann] Roeder, Planimetrie. Nach d. preuß. Lehrplänen von 1901 bearb. Ausg. d. Planimetrie von Kambly Ausg. A Für Gymnasien. Lehraufgabe d. Quarta bis Unter-Sekunda. 16. bis 22 Aufl. ⟨134. bis 140. Aufl. d. Kamblyschen Planimetrie.⟩ Breslau: F. Hirt 1904. (160 S.) 8° [F.]
= Kambly: Elementar-Mathematik. Neubearb. T 2

[Ludwig] Kambly – [Hermann] Roeder, Planimetrie. Nach d. preuß. Lehrplänen von 1901 bearb. Ausg. d. Planimetrie von Kambly Ausg. B: Für Realgymn., Oberrealschulen. Lehraufgabe d. Quarta bis Untersekunda. ⟨Prima d. Realschule.⟩ Mit Übungsaufgaben u. 2 Anh. 16. bis 22. Aufl. ⟨134. bis 140. Aufl. d. Kamblyschen Planimetrie.⟩ Breslau: F. Hirt 1904. (210 S.) 8° [F.]
= Kambly: Elementar-Mathematik. Neubearb. T 2. [06. 1833

[Ludwig] Kambly-[Hermann] Roeder, Planimetrie. Nach d. preuß. Lehrplänen von 1901 bearb. Ausg. d. Planimetrie von Kambly. Ausg. B. Für Realgymn., Oberrealschulen u. Realschulen. Lehraufg. d. Quarta bis Unter-Sekunda. ⟨Prima d. Realsch.⟩ Mit Übungsaufg. u. 2 Anh. Trigonometr. u. stereometr. Lehraufg. d. Unter-Sekunda ⟨Prima d. Realsch.⟩. 23. bis 26. Aufl. ⟨141. bis 144. Aufl. d. Kamblyschen Planimetrie.⟩ Breslau: F. Hirt 1906. (210 S.) 8° [F.] [07. 4970

[Ludwig] Kambly-[Hermann] Roeder Planimetrie Nach d. preuß. Lehrplänen von 1901 bearb. Ausg. d. Planimetrie von Kambly. Ausg. A. Für Gymn. Lehraufg. d. Quarta bis Untersekunda. 27 Aufl. ⟨145 Aufl. d. Kamblyschen Planimetrie.⟩ Breslau: F. Hirt 1908. (160 S.) 8° [F.]
= Kambly. Elementar-Mathematik. [Neubearb. T] 2.

— — dasselbe, neu bearb. v. Albr. Thaer. Ausg. B: Für Realanstalten u. Gymnasien m. mathemat. Reformunterricht. 148.—151. Aufl. der Kamblyschen Planimetrie. (240 S. m. 300 Fig.) gr. 8. Ebd. 909. Geb. 2. 50

— — dasselbe, nebst Elementen der Trigonometrie u. Stereometrie, neu bearb. v. Albr. Thaer. Ausg. C: Für Realschulen. (259 S. m. 315 Fig.) gr. 8. Ebd. 910. Geb. 2. 75

[F.] [Ludwig] Kambly- [Hermann] Roeder, Stereometrie u. Sphärische Trigonometrie. Vollst n. d. preuss. Lehrplänen von 1892 umgearb. Ausg. d. Stereometrie u. d. sphär. Trigonometrie von Kambly. Lehraufgabe d. Prima. M Übungsaufg u. e. Anh. Der Koordinatenbegriff u. einige Grundeigenschaften d. Kegelschnitte. 1. Aufl. ⟨25. d. Kamblyschen Stereometrie.⟩ *Breslau F Hirt 1896.* (190 S.) 1 Bd 8

[Ludwig] Kambly- [Hermann] Roeder, Stereometrie u. Sphärische Trigonometrie. Vollst nach den preuss. Lehrplänen von 1892 umgearb. Ausg d. Stereometrie u. d. sphär. Trigonometrie von Kambly Lehraufgabe d. Prima. Mit Übungsaufg u. e. Anh. Der Koordinatenbegriff u. einige Grundeigensch. d. Kegelschnitte. 2. durchges. Aufl. ⟨27 d. Kamblyschen Stereom.⟩. *Breslau. F. Hirt 1900.* (204 S.) 8° [F.]

[Ludwig] Kambly- [Hermann] Roeder, Stereometrie und Sphärische Trigonometrie Nach d. preuß. Lehrplänen von 1901 umgearb. Ausg. d. Stereometrie u. d. sphär Trigon. von Kambly Lehraufgabe d. Prima. Mit Übungsaufgaben u. e Anh. Der Koordinatenbegriff u. einige Grundeigenschaften d. Kegelschnitte 3., durchges. u verm. Aufl. ⟨29. d. Kamblyschen Stereom.⟩ *Breslau. F Hirt 1903* (224 S.) 8° [F.]
= Kambly Elementar-Mathematik. Neubearbeitung. T 4.

[Ludwig] Kambly-[Hermann] Roeder, Stereometrie und Sphärische Trigonometrie. Nach d. preuß. Lehrplänen von 1901 umgearb. Ausg d. Stereometrie u. d. sphär. Trigonometrie von Kambly. Lehraufg. d. Prima. Mit Übungsaufg. u. 1 Anh.: Der Koordinatenbegriff u. einige Grundeigenschaften d. Kegelschnitte. 4., durchges. Aufl. ⟨31. d. Kamblyschen Stereom.⟩ Breslau F Hirt 1906. (224 S.) 8° [F.] [07. 4971

— — Stereometrie, neu bearb. v. Albr. Thaer. Ausg. A: Für Gymnasien. 32. Aufl. der Kamblyschen Stereometrie. (167 S. m. 170 Fig.) gr. 8. Ebd. 909. Geb. 2. —

— — dasselbe. Ausg. B: Für Oberrealschulen, Realgymnasien u. Gymnasien m. mathemat. Reformunterricht. 32. Aufl. der Kamblyschen Stereometrie. (304 S. m. 294 Fig.) gr. 8. Ebd. 909. Geb. 3. —

Kambly, L.. Theorie der Harmonikalen, ein Supplement zur Planimetrie des Verfassers. 32 S 3 Figurt – Breslau Elis. G., Progr. 1859

—— Theorie der Harmonikalen. 4. (82 S. mit 3 Stnt. in 4. und qu. gr. Fol.) Breslau 859, Hirt's Verlag. *

[Ludwig] Kambly- [Hermann] Roeder, Trigonometrie. Vollst. nach d. preuß. Lehrplänen von 1892 bearb. Ausg. d. Trigonometrie von Kambly Lehraufgabe d. Ober-Sekunda u. d. Prima. Unter Voranstellung d. Planimetr Lehraufgabe d. Ober-Sekunda. 2. Aufl. ⟨25. d. Kamblyschen Trigonometrie.⟩ *Breslau: F. Hirt 1897.* (187 S.) 8° [F.]

[Ludwig] Kambly- [Hermann] Roeder, Trigonometrie. Vollst. nach d. preuß. Lehrplänen von 1892 bearb. Ausg. d. Trigonometrie von Kambly. Lehraufgabe d. Ober-Sekunda u. d. Prima. Unter Voranstellung d. Planimetr. Lehraufgabe d. Ober-Sekunda. 3. Aufl. ⟨26. d. Kamblyschen Trigonometrie.⟩ *Breslau: F. Hirt 1901.* (187 S.) 8° [F.]

[Ludwig] Kambly- [Hermann] Roeder, Trigonometrie. Vollst. nach d. preuß. Lehrplänen von 1892 bearb. Ausg d. Trigonometrie von Kambly. Lehraufgabe d. Ober Sekunda u. d. Prima. Unter Voranstellung d. Planimetr Lehraufgabe d. Ober-Sekunda. 4 Aufl. ⟨28. d. Kamblyschen Trigon.⟩ *Breslau F Hirt 1901* (187 S.) 8° [F.]
= Kambly Elementar-Mathematik. Neubearbeitung. T 3.

[Ludwig] Kambly-[Hermann] Roeder, Trigonometrie. Nach d. preuß. Lehrplänen von 1901 bearb. Ausg. d. Trigonometrie von Kambly. Ausg. A.: Für Gymn. Lehraufg. d. Ober-Sekunda u. d. Prima. Unter Voranstellung d. Planimetr. Lehraufg. d. Ober-Sekunda. 5. Aufl. ⟨29. Aufl. d. Kamblyschen Trigonometrie.⟩ Breslau: F. Hirt 1906. (173 S.) 8° [F.] [07. 4972

[Ludwig] Kambly-[Hermann] Roeder, Trigonometrie. Nach d. preuß. Lehrplänen von 1901 bearb. Ausg. d. Trigonometrie von Kambly Ausg. B.: Für Realgymn. u. Oberrealschulen. Lehraufg. d. Ober-Sekunda u. d. Prima. Unter Voranstellung d. Planimetr. Lehraufg d. Ober-Sekunda. 6. Aufl. ⟨30. Aufl. d. Kamblyschen Trigonometrie.⟩ Breslau F Hirt 1906. (187 S.) 8° [F.] [07. 4973

Kambly, Ludw., u. **Roeder**, Trigonometrie, neu bearb. v. Albr. Thaer. Ausg. A: Für Gymnasien. 33. Aufl. der Kamblyschen Trigonometrie. (127 S. m. 68 Fig.) gr. 8. Breslau 910. F. Hirt. Geb. 2. —

Kambossoff, K[rum] N., aus Rasgrad '(Bulgarien)': '(Aus der medicinischen Klinik in Zürich.)' Klinisch-statist. Untersuchungen über Lungenschwindsucht. Zür E. Meyer Dr 1894. 30 S., 2 Bl. 8°
Zürich, Med. Diss. [v. 7 März 1894].

Kamecke, Polizei-Verordnung betr. d. Einrichtg. u. d. Gebrauch d. nicht im Fahren arbeitend. landwirthschaftl. Maschinen. V. 15. VIII. 1896. M. erläut. Bemerkgn. vers. gr. 8. (IV, 48 S. m. Abb.) Gumbinnen 898. C. Sterzel. n. 1. —

Drey einfache Grundbegriffe, der åltesten und einzig åcht gebliebenen Freimaurerey. Aus den kůrzlich auf Cypern ausgegrabenen Ueberresten des Tempel-Ordens entnommen. Nebst einer heiligen Reliquie: „Der Charakter des Maurerbundes" und einem Schlussgebet des Autors, worin der reine Endzweck des Ordens. in welchem alle Hieroglyphen sich auflôsen endlich einmal deutlich ausgesprochen ist. Vom Grafen C . . . nos [d. i. Graf Kamecke] åchtem Maurer der hôchsten Grade und Maltheser-Ritter bei seiner Růckkehr aus dem Morgenlande, allen Brůder-Maurern und Kreuzfahrern von 1821 zum Wegweiser, dem Fůrsten v. Hohenlohe sowie der Geistlichkeit aller Confessionen aber gewidmet, sie zu ihrem einigen Zwecke zurůckzufůhren: mit Beziehung auf [Heinr.] Steffens und sein Buch: Caricaturen des Heiligsten. Breslau: Schoene [1821]. 84 S. 8°

[Dasselbe.] Nebst einer heiligen Reliquie: „Der Character des Maurerbundes", einem Fragment aus de Marée's „Gottesvertheidigung etc." einer Urkunde ůber die Smaragdtafel des Herrn Trismegistus und einer Herzensergiessung des Autors. [Ohne die Widmung an den Fůrsten v. Hohenlohe u. den Schlusssatz: Mit Beziehung auf Steffens u. s. „Buch" u. s. w.] 2. verånd. u. sehr verm. Aufl. Ebendas. 1822. 138 S. 8°
Recens: Gedanken ůber d. Frmrei. 1823 S. 40 bis 46.
cf. EzJALZ. 1822 Nr 93; Literar. Conversations-Blatt. 1823 S. 1042—1043.

[3. Aufl. u. d. Tit.:]
Drei einfache Grundbegriffe der åltesten und einzig åcht gebliebenen Freimaurerei, worin der reine Endzweck des Ordens, in welchem alle Hieroglyphen sich auflôsen, ausgesprochen ist. Den Geistlichen aller Confessionen, zur môglichsten Verminderung des nach den Zeichen der Zeit hôchst wahrscheinlichen allgemeinen Abfalls, gewidmet vom Grafen C . . . nos [d. i. Graf Kamecke] åchtem Maurer der hôchsten Grade und Malteser-Ritter. 3. durch eine Zugabe: Advocaten-Spiegel betitelt, verm. Aufl. Gera: Heinsius 1836. 89 S. 8°
Kl. 622, Tt. 1603. Die 3 Grundbegriffe sind 1. Gott u. der Erstgeborne alles Geschôpfs. 2. Die drei Ichheiten der einigen Gottheit u. besonders der Eingeborene u. Erstgeborene Gottes. 3. Der heilige Geist.

Kamecke, Math. v., s. †Boyen, Marc.

[Kamecke, Mathilde:] Gedanken über die Frauenfrage. Niedergeschrieben von Tante Christine. — Zürich: Schröter 1883. 22 S. 8°

Kameel, Das. Ein friedmüthiges Gespräch zwischen J. Widmer und J. Schulthess. Zürich 1813. V: *Schulthess, Joh.* (AarK)

Kameel, das. Morgenländisches Abendblatt. Hesperus-Festblatt für den costümirten Damenabend am 21. Februar 1870. gr Fol. 1 Bgn. Wien, Geitler. 1870 10 kr.

Kameel, das schwarze, s. Gegen den Strom.

Kameel, Das schwarze. Wien 1889. V: *Ilg, Albert.* (EB)

Kameke, v., s.: Auszug, kurzer, a. d. Entscheidungen des kgl. preuß. Oberverwaltungsgerichts in Staatssteuersachen.

Kameke, v., kurzer Auszug aus d. Entscheidgn. d. kgl. preuß. Oberverwaltungsgerichts in Staatssteuersachen, s.: Rohde.

Kameke, Einkommensteuer, s. Auszug.

Kameke, v., das Elbe-Trave-Kanal-Projekt. Vortrag, gehalten im Ratzeburger Bürgerverein. Mit güt. Erlaubniß des Hrn. Vortragenden veröffentlicht vom Ratzeburger Bürgerverein. 12. (III, 36 S. mit 1 Karte und Erklärungen derselben.) Ratzeburg 887, (Schmidt.) **

v. **Kameke**, Alex., 48 Unterhaltungsstunden zum Selbstunterricht einjähr. Freiwilligen, wirklicher u. angehender Unteroffiziere d. Infanterie, mit 2 Kpfr. gr. 8. Berl. 820. Mittler. 16 gl

Kameke, Asta v., der Herr Lieutenant. Ein Offiziers-Roman. (Neue [Titel-]Ausg.) (330 S.) 8. Braunschweig [900] 903. Leipzig, R. Sattler. n. 2.—; geb. in Leinw. n. 2.50

Kameke, H. v., Ennius und Homer. Versuch einer Analyse der Annalenfragmente. Diss. 1926. 75 S. 2.—

Kameke, H. E., s. Kameke, H. F

Kameke, H. F

—— Aufgaben für das gesammte schriftliche Rechnen in Schulen. Mit besond. Berücksicht. der neuen Kurz- und Schnellrechnenmethode. 1. Heft. gr. 8 (16 S.) [Berlin 876, Imme.] Straßburg, Schultz und Comp.
Ergebnisse (16 S.)

Kameke, H. F., Aufgaben zu der neuen Schnellrechen-Methode. 1. Heft: Die vier Species in unbenannten Zahlen. 1. Abthl.: Ausg. mit den Ergebnissen. gr. 8. (32 S.) Leipzig 875, Siegismund und Volkening.

Kameke, H. F., Aufgaben zu der neuen Schnellrechen-Methode. Mit Berücksicht. der neuen Maße und Gewichte des norddeutschen Bundes nach dem Gesetze vom J. 1868. 1.—3. Heft. gr. 8. Berlin, Mecklenburg. [Leipzig, Siegismund und Volkening.] *
Inhalt:
Heft 1. Die vier Species in unbenannten Zahlen. 1. Abthl. [Neue Ausg.] (16 S.) 875. * 15 Pf.
" 2. Die vier Species in unbenannten Zahlen. 2. Abthl. (21 S.) 868. * 20 Pf.
" 3. Das Rechnen mit benannten Zahlen. (32 S.) 868. * 30 Pf.

—— das Decimal-Rechnen, wie es bei den neuen Maßen und Gewichten des norddeutschen Bundes, sowie in Baiern, Hessen und Baden angewendet werden muß. Mit einem Verzeichniß derjenigen Maß- und Gewichtsstücke, welche nach den Bestimmungen der Normal-Eichungs-Kommission in Gebrauch kommen. Zum Selbstunterricht für Alle, welche mit Maßen und Gewichten zu thun haben. 1.—8. Aufl. 8. (64 S.) Berlin 870, Seehagen.
—— dass. — wie es bei den neuen deutschen Maßen und Gewichten angewendet werden muß. 9. Aufl. 8. (64 S.) Ebendas. 870.
—— dass. — wie es bei den neuen Maßen und Gewichten angewendet werden muß. 10. Aufl. 8. (64 S.) Ebendas. 872.

Kameke, H. F., die Einrichtung und der Gebrauch des Perkussions-Gewehrs. Nebst einem Anhange über das Exerzieren, den Wachtdienst rc. Nach den neuesten Bestimmungen bearb. gr. 8. (IV und 68 S. mit 1 ill. Stnt.) Berlin 848, Behr's Buchh. *.

—— Ergebnisse zu den Aufgaben der neuen Schnellrechen-Methode. 1.—3. Heft. gr. 8. (à 15 S.) Ebendas. 868.
à Heft * 25 Pf. *

— — Erläuterungen zu der Sammlung von Steindruckzeichnungen, durch welche die Einrichtung der materiellen Gegenstände der preuß. Artillerie bildlich dargestellt ist. Abt. 1—6. Mit Nachtr Berlin 1837 1841

Kameke, H. F. Erläuterungen zu den Zeichnungen der preuß. Feld-Artillerie nach der Konstruktion vom Jahre 1842. Mit 1 Atl. Berlin 1847 159 S.

Kameke, H. F. Die preuß. Feld-Artillerie nach der Construction 1842. Berlin 1846. 4°.
Dass. u. d. T.: Zeichnungen der preuß. Feld-Artillerie. (Mit) Erläut. 1847. 4° u. 8°.

—— die preuss. Feld-Artillerie nach der Construction vom Jahre 1842. Mit Berücksichtigung der neuesten Veränderungen. (159 S. Text in gr. 8. und 72 ill. Stnt. in qu. gr. 4.) Berlin 847, Behr's Buchh. *

—— metrische Fundamentalzahlen zur augenblickl. Ermittelung des Quadratinhaltes jeder Kreisfläche und zur schnellen und leichten Berechnung des sehr genauen Kubikinhaltes aller vollen und hohlen Cylinder von Eisen, Stein, Holz rc. zum Gebrauch für Lehrer, Mathematiker, Ingenieure rc. gr. 8. (24 S.) Berlin 873, Habel. *

—— Hekto-Kilo. Anleitung zum richtigen Gebrauch der neuen deutschen Maße und Gewichte und der Umwandlungs- und Preistabellen für jeden, der nach Maß und Gewicht Arbeiten auszuführen und Ein- und Verkäufe zu machen hat. 1.—4. Aufl. 8. (IV, 32 S.) Ebendas. 870—72.

— Lohn-Tabellen in Reichsmark. Zum Gebrauch für Baumeister, Fabrikanten, Oekonomen, Handwerker, überhaupt f. alle Diejenigen, welche Arbeitslöhne auszuzahlen haben. gr. 16. (96 S.) Berlin 876. Bichteler & Co. 1. 50

Kameke, H. F., Lohn-Tabellen in Reichsmark. Zum Gebrauch für Baumeister, Fabrikanten, Oekonomen, Handwerker, überhaupt für alle diejenigen, welche Arbeitslöhne auszuzahlen haben. Neue Ausg. 16. (96 S.) Straßburg 882. Schultz & Co. cart. — 60

—— die neue deutsche Mark im Vergleich zu den wichtigsten Münzen Europas und Nord-Amerikas. Nach ihrem reellen Werth auf Grund des Feingehalts und Feingewichts berechnet. Nebst dem Gesetz betr. die Ausprägung von Reichsgoldmünzen. gr. 8. (20 S.) Berlin 872, Nicolai's Verlag. †

Kameke, H. F., Deutschlands bisherige Maße und Gewichte umgewandelt in die neuen metrischen Maße und Gewichte. Zum Gebrauch für Ingenieure, Architekten, Forstbeamte rc. sämmtl. Länder und Staaten des deutschen Kaiserreichs. 1. Aufl. 1871, und 2. Aufl. gr. 8. (52 S.) Berlin 872, Nicolai's Verlag. *

— Meter-Preis-Tabellen zur schnellen Preisermittelg. der Theile u. der Mehrfachen d. Meters; f. Alle, d. das Meter, statt der bisher. Elle od. statt des bisher. Fußmaaßstabes, in Anwendg. bringen müssen. gr. 8. (48 S.) Berlin 872. Deutsches Verl.-Institut. n. — 75

— der Preis-Berechner f. die neuen deutschen Maße u. Gewichte. Zum Gebrauch f. Manufacturisten, Tuch- u. Leinwandhändler rc. gr. 8. (47 S.) Berlin 876. Bichteler & Co. — 75

—— der Preis-Berechner für die neuen deutschen Maße und Gewichte. Zum Gebrauch für Manufacturisten, Tuch- und Leinwandhändler rc. und für jede Haushaltung. Neue Ausg. gr. 8. (47 S.) Ebendas. 882. cart.

— Preistabellen, s.: Reductions-Tabellen.

— metrische Quadrat- u. Kubik-Tabellen zur Berechnung aller Kreisflächen, vollen u. hohlen Cylinder, Wellen, Walzen, Säulen, Rundhölzer etc. f. Baumeister, Ingenieure, Forstbeamte etc. gr. 8. (X, 202 S.) Berlin 871. Oehmigke's Verl. n. 4. 50

- kleiner Rechenknecht für den gewerblichen, häuslichen u. Marktverkehr. Oder: Zusammenstellung u. Vergleichg. der bisher gebräuchl. Maße u. Gewichte, mit den Maßen u. Gewichten des norddeutschen Bundes, nach dem Gesetz vom 17. Aug. 1868. In leicht faßl. u. übersichtl. Darstellg. Berlin 868. Oehmigke's Verl. 16. (63 S.) n. 5 ngr

— kleiner Rechenknecht für den gewerblichen, häuslichen u. Marktverkehr. Oder: Zusammenstellg. u. Vergleichg. der bisher gebräuchl. Maße u. Gewichte mit den neuen Maßen u. Gewichten d. deutschen Kaiserreichs nach dem Gesetz vom 17. Aug. 1868. In leicht faßl. u. übersichtl. Darstellung bearb. 2. Aufl. 16. (63 S.) Ebend. 871. n. — 50

—— s. Reductions-Tabellen.

Kameke, H. F., Reductions-Tabellen oder Zusammenstellung u Vergleichung der bisherigen Maße u Gewichte mit den neuen Maßen u Gewichten des norddeutschen Bundes nach dem Gesetz vom J 1868 Nach amtl. Vorlagen bearb 1 u. 2. Aufl Berlin 868 Oehmigke's Verl 8 (32 S.) n 5 ngr

— — Nr 2 Hannover (Braunschweig) Zusammenstellung u Vergleichg der bisher. Maße u Gewichte mit den neuen Maßen u. Gewichten des norddeutschen Bundes nach dem Gesetz vom 17 Aug 1868. Nach amtl. Vorlagen bearb Ebend 868 8 (27 S.) n 5 ngr

— die neuen Reichs-Goldmünzen u. die deutsche Mark als Rechnungs-Einheit. gr. 8. (26 S.) Berlin 872. Habel. n. -- 60

Kameke, H. F., Sammlung v. Zeichnungen, d. Einrichtung d. materiellen Gegenstände d. preuss. Artillerie darstellend. Nach d. neuesten Bestimmungen bearb. 1—5. Abthl. Nebst Erläutern. gr. 8. Berlin, (Mittler.) [1. (7½ B. u. 27 Stnt. qu. gr. 4.) 837. * 3⁵⁄₁₂ Thlr., 2. u. 3. (7¾ B. u. 28 Stnt. qu. gr. 4.) 838. * 3⅔ Thlr., 4. (...) 840. * 3⅔ Thlr., 5. (10 B. u. 30 ill. Stnt. qu. gr. 4.) 841. * 3⅔ Thlr.] *

Kameke, H. F., Sammlung von Zeichnungen, die Einrichtung der materiellen Gegenstände der preuss. Artillerie darstellend. 6. Abthl. Das Artillerie-Geräth, die Maschinen, die Hauptgegenstände der Munition u. des Batteriebaues u. die Herstellungsarbeiten zerbrochener Achsen, Arme etc. gr. 8. (8¾ B. u. 33 ill. Kpfrt.) Berlin 843, Mittler, Verl. Thlr. *
Abthlg. 1—5. Ebendas. 1837—41. * 14 Thlr. 12½ Ngr.

—— Sammlung von Zeichnungen, die Einrichtung der materiellen Gegenstände d. preuss. Artillerie darstellend. 2. Ausg. qu. gr. 4. (170 col. Kpfrt. u. 47¼ B. Text.) Berlin 843, Behr's Buchh. Mittler, Verl.

— der Schnellrechner. Lehrbuch des gesammten Rechnens einschließlich des Rechnens mit den neuen Maßen u. Gewichten des norddeutschen Bundes nach der neuen Schnellrechen Methode. Zum Selbstunterricht u. für Schulen. 1—7. verm. Aufl 6 Liefgn Berlin 867—70. Grieben. gr 8. (VIII, 338 S.) Jede Liefg. 5 ngr; evtl. cart. 1 Thlr 6 ngr

— der Schnellrechner. Lehrbuch d. gesammten Rechnens einschließlich d. Rechnens m. d. neuen deutschen Reichsmünzen u. den metr. Maßen u. Gewichten nach d. neuen Schnellrechnen-Methode. Zum Selbstunterricht f. Jeden, der sich zum tücht. Rechner ausbilden will. Mit 21 geometr. Fig. (in eingedr. Holzschn.) 9. Aufl. In 6 Lfgn. gr. 8. (VIII, 320 S.) Gütersloh 873. 74. Bertelsmann's Verl. à — 50

— der Schnellrechner. Lehrbuch des gesammten Rechnens, einschließlich des Rechnens mit den neuen deutschen Reichsmünzen u. den metrischen Maßen u. Gewichten, nach der neuen Schnellrechen-Methode. Zum Selbstunterricht für Jeden, der sich zum tüchtigen Rechner ausbilden will. 10. Aufl. gr. 8. (VIII, 320 S.) Gütersloh 881. Bertelsmann. n. 3. —

Kameke, H. F., der Schnellrechner. Lehrbuch des gesamten Rechnens einschließlich des Rechnens mit den neuen deutschen Reichsmünzen und den metr. Maßen und Gewichten, nach der neuen Schnellrechen-Methode. Zum Selbstunterricht für jeden, der sich zum tücht. Rechner ausbilden will. 11. Aufl. gr. 8. (VIII, 320 S.) Gütersloh 887, Bertelsmann. * geb. *

Kameke, H. F. Der Schnellrechner. Lehrbuch d. gesamten Rechnens, einschließl. d. Rechnens m. den neuen deutschen Reichsmünzen u. den metr. Maßen u. Gewichten, nach der neuen Schnellrechen-Methode. 12. u. 13. Aufl. gr. 8. (VIII, 320 S.) Gütersl. 889,90, Bertelsmann. * 3 —; geb. * 3 60

Kameke, H. F., der Schnellrechner. Lehrbuch des gesamten Rechnens, einschließlich des Rechnens m. den neuen deutschen Reichsmünzen u. den metr. Maßen u. Gewichten, nach der neuen Schnellrechen-Methode. Zum Selbstunterricht f. jeden, der sich zum tücht. Rechner ausbilden will. 14. Aufl. gr. 8. (VIII, 320 S. m. Fig.) Gütersloh 893. C. Bertelsmann. n. 3. —; geb. n. 3. 60

Kameke, H. F., der Schnellrechner. Lehrbuch des gesamten Rechnens nach der neuen Schnellrechnen-Methode. Zum Selbstunterricht f. jeden, der sich zum tücht. Rechner ausbilden will. 16. Aufl. (VIII, 331 S.) 8. Gütersloh 902. C. Bertelsmann. n. 3. —; kart. n. 3. 60

— Tabellen f. den gewerbl. Verkehr. Nr. 1—5. gr. 8. (à 12 S.) Berlin 871. 72. Seehagen. à n. — 30
1. Die bisherigen Längen-, Quadrat- u. Kubikmaße umgewandelt in Meter, Quadrat- u. Kubik-Meter nebst Preisangaben f. Maschinenbauer, Schlosser Tischler ꝛc. u. alle Diejenigen, welche mit den oben genannten Maßen zu thun haben. 2. Aufl.
2. Ellen umgewandelt in Meter nebst Preisangaben f. Jeden, der in Ellenwaaren Einkäufe u. Verkäufe zu machen hat. 2. Aufl.
3. Quart, Anker, Eimer u. s. w. umgewandelt in Liter u. Hektoliter nebst Preisangaben f. Weinhändler, Destillateure, Milchverkäufer u. alle, die Flüssigkeiten ein- u. verkaufen. 2. Aufl.
4. Metzen, Scheffel u. Wispel umgewandelt in Liter u. Hektoliter nebst Preisangaben. Für Oekonomen, Getreidehändler, Obstverkäufer u. alle, welche nach den obigen Maßen Einkäufe u. Verkäufe zu machen haben. 2. Aufl.
5. Quadratruthen u. Morgen umgewandelt in Quadrat-Meter, Ar u. Hektar nebst Preisangaben f. Feldmesser, Oekonomen, Forstbeamte ꝛc. u. alle, welche Katasterumrechngn. auszuführen haben.

—— die Titulaturen des deutschen Kaiserhauses nebst allen übrigen Standes- und Amts-Titulaturen, sowie auch die von der Oberpostdirection gegebene Anleitung zur Anfertigung von Adressen bei gewöhnlichen Briefen, Begleitschreiben, Rekommandationen, Vorschußsendungen, Packetsendungen ꝛc. gr. 16. (43 S.) Berlin 873, Nicolai's Verlag.

—— 38 neue durchaus vollständige und zuverlässige Umwandlungs-Tabellen für die bisher. preuß. Maße und Gewichte und die neuen Maße und Gewichte des norddeutschen Bundes. Unentbehrlich für jeden Handwerker, Handelsmann, Oekonomen, Kaufmann und Fabrikanten; höchst nützlich für jede Haushaltung. In Uebereinstimmung mit den emanirten officiellen Verhältnißzahlen bearb. 8. (32 S.) Berlin 869, Oehmigke's Verlag. *

Kameke, H. F., ausführliche Zins-Tabellen für die neue deutsche Mark. gr. 8. (48 S.) Berlin 872, Habel. *

— Zusammenstellung u. Vergleichung der Maße u. Gewichte, s. Reductions Tabellen.

Kameke, Helene v., the girls' book of dialogues for the use of classes and for private use both for German and English pupils with some notes and headings of letters at the end. 8. (VIII, 140 S.) Dresden 893. A. Huhle. n. 1. —; kart. n.n. 1. 10

Kameke, Helene v., the girls' book of dialogues for the use of classes and for private use. Both for German and English pupils With some notes and headings of letters at the end. 2., revised and augmented ed. 12. (VI, 142 S.) Dresden 898. A. Huhle. Kart. n.n. 1. 10

Kameke, Helene v., the girls' book of dialogues for the use of classes and for private use. Both for German and English pupils. With some notes and headings of letters ad the end. 3. rev. and augmented ed. (156 S.) kl. 8. Dresden 908. A. Huhle. Kart. 1. 20

Kameke, P. P. v., die Ansichtsskizze im Dienste der Erkundung, Beobachtung u. Orientierung, nebst einigen Notizen üb. die Bedeutung der Photographie f. Erkundungszwecke. (IV, 59 S. m. 46 Abbildgn.) gr. 8. Oldenburg 904. G. Stalling's Verl. n. 2. 25

Kameke, Rochus von

— d. Hengst, wie er seyn sollte. Mit 1 Kpf. (A. u. d. T.: Versuch über Reitereien, oder neue Methode, d. Pferde in Europa zu veredlen rc.) 8. Berl. 809. Nauck. 1 ₰

Kameke, Roch Comte de: Mémoire sur les haras ou nouvelle méthode de perfectionner l'éducation du cheval en Europe ... Berlin 1809. 93 S.

Kameke, Rochus Graf v., Mémoire sur les Haras etc. 1 Berl. Nauck en Commiss. 809.

Kameke R.: Versuch üb. die Stutereyen o. neue Methode die Pferdezucht in Europa zu veredeln. Mit angehängtem Plan einer Militair-Stuterey z. Remonte d. Armeen nebst Vorschlägen z. Ausrottung d. Viehpest. Berl. 1809. 92 S. 3 Tab.

KAMELIEN-DAME, Die. (Als Theaterstück zuerst verboten.)
E. Demuth, Strassb. i. Els., ca. 1900.

Kamellen, Olle. Plattdütsche Rimels un Lauschen. Nr. 1 und 2. 8. Berlin, Lassar's Buchh. à Nr. * 2⅓ Ngr. *

Inhalt:

Nr. 1. Kuddelmuddel. Vertellt von Krischan Däsel ut Pümpelhagen. (15 S.) 865.

2. Schurr-Murr von Jochen Zwippelmann. (14 S.) 865.

Kamen [Schlagwort]

Kamen, s.: Geologische Karten. Karte (Preussen).

Kamen [Verfasser]

Kamen, Ludw., Anleitung zur Durchführung bakteriolog. Untersuchungen f. klinisch-diagnost. u. hygien. Zwecke, s.a. Publikationen, militärärztliche. Nr. 73.

Kamen, L., Anleitung zur Durchführung bakteriologischer Untersuchungen für klinisch-diagnostische und hygienische Zwecke. Gr.-8°. (ill. VIII, 311 S. mit 12 Tafeln)
Wien: Šafář 1902.

— die Infektionskrankheiten, s.a. Publikationen, militärärztliche. Nr. 87 u. 94.

Kamen, L., Die Infektionskrankheiten rücksichtlich ihrer Verbreitung, Verhütung und Bekämpfung. [Militärärztliche Publikationen. Nr. 83.] Lex.-8°. erscheint in 7 Liefr. 1. Liefr. K 1.50
Wien: Šafář 1905.

— Prophylaxe u. Bekämpfung der Infektionskrankheiten, s.a. Publikationen, militärärztliche. Nr. 100.

Kamen, L., Prophylaxe und Bekämpfung der Infektionskrankheiten. Gr.-8°. (ill. VIII, 380 S. mit 5 Tafeln) K 12.—
Wien: Šafář 1906.

Kamen, L., Prophylaxe und Bekämpfung der Infektionskrankheiten. Kurzgefaßtes Lehrbuch für Militärärzte, Sanitätsbeamte und Studierende der Medizin. Gr.-8° (VIII, 380 S. mit 5 Karten) Wien: Šafář 1907. geb. K 13.60

Kamenetsky, Abraham-Scholom. Die P'lita zu Koheleth, textkritisch in ihrem Verhältnis zum massorethischen Texte, zur Septuaginta und zu den übrigen alten griechischen Übersetzungen untersucht. Mit einem Anhange, enthaltend Emendationen zum massorethischen Texte des Buches Koheleth. Diss. Phil. Bern. (Separatabdruck aus: Zeitschrift f. d. alttestamentliche Wissenschaft ... Jahrg. 24 (1904), Heft 2.) II + 59 S. 8. Leipzig, W. Drugulin, 1904.

Kamenitzky, ..., Predigten. 4. Wien 771. Trattner. 4 K

Kamenski, Josef, hlas duchownjho pastýře k stádu swěřenému, o prospěchu z čtenj dobrých náboženských knih wůbec. Nákladem Dědictwj Swatojanského. Pro rok 1847. Čjslo XIX. 12. (XVI u. 228 S. m. 1 Stahlst.) Prag 847, Grebner in Comm. 6½ ₰

Kamenski, Iwan (geb am 25 Sept. (7 Okt.) 1857 in Perm Russl.). Beiträge zur Kenntniss der Basenbildung aus substituirten Säureamiden . . Bonn, Univ.-Buchdr. v. C. Georgi (1881). 66 S. 4.
Bonn, Phil. Fak., Diss. v 12 März 1881

Kamenskij, P B., Eine Frage oder ein Mißverständnis. Moskau 1895

Kamenskoi, Iwan, Servien, eine histor.-geograph.-statistische Skizze. 8. Berl. 808. Schmidt. 6 ₰
vgl. Kamenzkoy

Kamenz [Schlagwort]

Kamenz, s.a. Deutschland. Grundkarte. Karte (Abtlg. Sachsen).

Kamenz, s.a. Deutschland. Karte. (Abt. Sachsen.)

— s.a. Geologische Karten (Sachsen).

— s.a. Sachsen. Karte.

— s.a. Sachsen. Messtischblätter.

Kamenz. Gebauer, Emil, Bezirks-Karte der königl. Amtshauptmannschaft Kamenz. Hrsg. vom Gebirgsverein Kamenz. 1 : 60,000. 54×67 cm. Aubel- u. Farbendr. Mit Text. 8. (1 Bl.) Kamenz 893. (Pulsnitz, B. v. Lindenau.) In Karton. n.n. 1.75

Kamenz. Kuhnert, M., u. Lehmann, Heimatskarte v. Kamenz u. Umgebung. 1 : 25,000. 140×149 cm. Farbdr. Dresden (899). A. Müller-Fröbelhaus. Auf Leinw. m. Stäben n.n. 20.—

Kamenzkoy, Iwan. Servien, eine historisch-geographisch-statistische Skizze 8 Berlin 1808.
vgl. Kamenskoi

Kamenzove, Zenaïde: Travail du laboratoire de thérapeutique expérimentale. La Stovaïne. Étude expérimentale. Genève 1905. 68 p. 8°. [22. XII. 04.]
Genève. Thèse méd. 1904/1905.

Kamer, Adolf, aus Basel: Beiträge zur Geschichte des Problems der Produktivität des Handels. Affoltern a. A. 1909. VI + 125 S. 8° [9. XI. 09.]
Zürich Univ Staatswiss. Diss. 1909/10.

Kamera, s.a. Camera

Kamera-Almanach, s.: Camera-Almanach.

Deutscher **Camera-Almanach** Ein Jahrbuch f. Amateur-Photographen Unter Mitw von bewährten Praktikern hrsg von Fritz Loescher [Jg 1] 1905. Berlin. G. Schmidt (1905). 8° 05. 1534

* **Kamera-Almanach, deutscher. Ein Jahrbuch f. die Photographie unserer Zeit. Hrsg. v. Fritz Loescher. 4.—6. Bd. Für d. J. 1908—1910. 8. Berlin, G. Schmidt. à 4.—; geb. in Leinw. à 5. —**
4. Mit e. Titel-Kunstblatt, 57 Vollbildern u. 96 Abbildgn. im Text. (VIII, 271 S.)
5. Vollendet v. Otto Ewel. Mit 3 Tafelbildern, 54 Vollbildern u. 113 Abbildgn. im Text. (VIII, 263 S.)
6. Hrsg. v. Otto Ewel. Mit 128 Reproduktionen. (VII, 259 S.)
* Der Titel lautet in Wirklichkeit: Camera-Almanach.

Kamerad, der. Militärisch-belletristisches Wochenblatt. Red.: C. S. Grünfeld. 1. Jahrg. 1862. April—Decbr. 39 Nrn. (à 1 Bgn.) Wien, Dirnböck. gr. 4. n. 3 ℳ

— — Red.: Geo. Draudt. 2. Jahrg. 1863. 104 Nrn. (à 1 Bgn.) Ebend. gr. 4. n. 6 ℳ

— der. Militärisch-belletrist. Wochenblatt. Redakt.: Geo. Draudt. 3—6. Jahrg. 1864—67. à Jahrg. 104 Nrn. (Bgn.) Ebend. Imp.-4. Jeder Jahrg. n. 6 ℳ
Jg. 4ff m. d. Untert.: Österreichische Militär-Zeitung.
Jg. 1868, 2ff u. d. T.: Oesterreichisch-ungarische Wehrzeitung „Der Kamerad".

Kamerad, Der Oesterreichische Militär-Zeitung. 4—7. Jahrg. 1865—1868. (4 Bde.) Fortgesetzt als: Oesterreichisch ungarische Wehr-Zeitung. „Der Kamerad." 8.—30. Jahrg. 1869—1890. (21 Bde.) Beigeb. als Beiblatt seit 10. November 1889: „Der Reserve-Officier". (Seit 1890 erscheint die Wehr-Zeitung als Beilage der „Reichswehr".)
Fol. Wien 1865—1890.

Kamerad, der. Illustrirter österreich. Militär-Kalender für 1863—68. Hrsg. von der Redaktion der gleichnam. österreich. Militär-Zeitung. 1.—6. Jahrg. gr. 8. (à Jahrg. ca. 300 S. mit 4 ill. Stnt.) Wien, Dirnböck's Buchh. [1. und 2. Jahrg. à Jahrg. * 16 Ngr., 3.—6. Jahrg. à Jahrg. 20 Ngr.] *

Kamerad, der. Illustrirter österreichischer Militär-Kalender für 1870. Vereinigt mit dem XXI. Jahrgange des österreichischen Militär-Kalenders von Dr. J. Hirtenfeld. Herausgegeben von der Redaktion der österreichisch-ungarischen Wehr-Zeitung „Der Kamerad". 8. Jahrgang. Mit 4 Buntdruck-Abbildungen. 8. 304 S. Wien, Gerold in Comm. 1 fl. 20 kr.
1869

—— der. Illustrirter österreichischer Militär-Kalender für 1871 und 1872. [Vereinigt mit dem 22. und 23. Jahrg. des österreich. Militärkalenders von J. Hirtenfeld.] Hrsg. von der Redact. der österreichisch-ungar. Wehr-Zeitung [„Der Kamerad"]. 9. und 10. Jahrg. gr. 8. (304 S. mit 4 color. Stnt.; 375 S.) Wien, (Gerold's Sohn.) à Jahrg. *

—— der. Illustrirter österreichischer Militär-Kalender für 1873—1875. Hrsg. von der Redact. der österreichisch-ungar. Wehr-Zeitung „der Kamerad". 11.—13. Jahrg. gr. 8. (XXIV, 354 S. mit 4 color. Stnt.; XVI, 411 S. mit eingedr. Holzschn.) Wien, (Seidel und Sohn.) à Jahrg.

Kamerad, der. Oesterreichischer Militär-Kalender für die J. 1876—1880. Hrsg. von der Redact. der österreichisch-ungar. Wehr-Zeitung „Der Kamerad". 14.—18. Jahrg. gr. 8. (424; XVI, 448; XVI, 475; XVI, 346; XVI, 361 S.) Wien, (Seidel und Sohn.) à Jahrg. *

Kamerad, der. Oesterreichischer Militär-Kalender für die J. 1881—1885. Hrsg. von der österr.-ungar. Wehr-Zeitung „Der Kamerad". 19.—23. Jahrg. 8. (XVI, 268; XVI, 312; XVI, 314; XIV, 312; XVI, 314 S.) Wien, (Seidel und Sohn.) à Jahrg. *

—— Oesterreichischer Militär-Kalender für die J. 1886—1889. Hrsg. von der Redact. der österreichisch-ungar. Wehr-Zeitung „Der Kamerad". 24.—27. Jahrg. gr. 16. (196; 251; 255; 262 S.) Wien, (Seidel und Sohn.) geb. à Jahrg. *

Kamerad, der. Oesterreichischer Militär-Kalender f. d. J. 1890. Hrsg. v. der Redaction der Österr.-Ungar. Wehr-Zeitung „Der Kamerad". 28. Jahrg. 16. (265 S.) Wien 890, (Seidel u. Sohn). * 3 20
Nicht weiter erschienen.

— der, e. Lesebuch zur Unterhaltung u. Belehrg. f. bayer. Soldaten. (6 Bdchn.) Mit 2 (chromolith.) Karten (in 4.) u. mehreren (eingedr.) Abbildgn. (in Holzschn.) Hrsg. v. J. Heyberger. 8. München 872. (J. A. Finsterlin.) geb. n. 3. 60
1. Kurzgefaßte Geschichte d. Königr. Bayern nebst Vaterlandskunde. Mit 2 Kärtchen in Farbendr. (in 4.) Bearb. v. Fr. Münnich. Hrsg. v. J. Heyberger. (208 S.) n. 1. 20
2. Illustrirter deutsch-französischer Krieg. Krieg in den J. 1870/71. Chronologische Skizze v. Frdr. Münnich. (143 S.) n. 1. —
3. Der Mensch. Gesundheits-Regeln u. Anleitg. zur ersten Hilfe bei Unglücksfällen bis der Arzt erscheint. [Mit Abbildgn.] — Das Pferd, dessen Behandlg. u. Pflege. [Mit Abbildgn.] (86 S.) n. — 60
4. Anleitung zu schriftl. Aufsätzen. Erläut. durch verschiedene Beispiele. Hrsg. v. J. Heyberger. (72 S.) n. — 60
5. In der deutschen Armee gebräuchl. Fach-Ausdrücke. (38 S.) n. — 40
6. Anleitung zum Rechnen m. Dezimalbrüchen. Das metr. Maß u. Gewicht. Umwandlung u. Preisberechng. Die deutsche Reichsmünze. Hrsg. v. J. Heyberger. (64 S.) n. — 60

Erschien auch u. d. T.: „Vademecum."

Kamerad, der. Ein Buch für die Unteroffiziere und Soldaten des preuß. Heeres zur Unterhaltung und Belehrung. Hrsg. von einem Offizier. Mit dem Bilde (in Stahlst.) Sr. Maj. des Königs Wilhelm I. 8. (VIII, 182 S.) Potsdam 874, Döring. *

Kamerad, der. Illustrirte Wochenschrift für active und gewesene Militärs. Redact.: G. Peterknecht. 1. Jahrg. Octbr. 1884—März 1885. 26 Nrn. (à Nr. 2½ Bog. mit Illustr.) Fol. Breslau. (Leipzig, Kößling'sche Buchh.) Vierteljährlich * ℳ 1.20. *
Nicht weiter erschienen.

Kamerad, der. Militärisches Jahrbuch f. Deutschlands junge u. alte Soldaten. Hrsg. v. Hans Albrecht. 8. (XVI, 90 S.) Cassel 893. (Leipzig, G. H. Wigand's Verl.) n. — 60

Kamerad, der. Offiz. Organ f. d. kgl. sächs. Militär-Vereins-Bund, rc. Organ f. alle deutschen Militär-, Krieger-, Kampfgenossen- rc. Vereine. Unterhaltende u. belehr. Zeitschrift f. deutsche Militärs aller Grade u. Waffen, sow. f. patriot. gesinnte Bürger. Nebst Beilage: Prakt. Mitteilgn. f. Gewerbe u. Handel, Land- u. Hauswirtschaft. Red. u. Hrsg.: F. L. Staub. 33.—36. Jahrg. 1895—1898. à 52 Nrn. (à ca. 20 S.) gr. 4. Dresden, Expedition u. Buchdr. d. „Kamerad". à Jahrg. n. 5. —; geb. à n. 7. 50
Kann auch vierteljährlich bezogen werden.

[F.] 1871. 1896. 'Kamerad'. Verein ehemaliger 24er zum 25jährigen Stiftungsfeste. *(Berlin: C Koepsel 1897.)* (1 Bl., 52 S., 2 Portr.-Taf.) 1 Bd 8. [98. 1801

Kamerad, der. Amtliche Zeitschrift f. den königl. sächs. Militär-Vereins-Bund. Offizielles Organ f. die königl. sächs. Invaliden-Stiftung usw. Offizielles Organ der Sachsen-Stiftg., belehr. u. unterhalt. Zeitschrift f. die Kameraden der königl. sächs. Militär- u. Krieger-Vereine, f. die Angehörigen des Kyffhäuser-Bundes der deutschen Landes-Kriegerverbände, sowie f. ehemal. u. aktive Militärs aller Grade u. Waffen. Red.: F. L. Staub. 45. Jahrg. 1907. 52 Nrn. (à ca. 24 S.) Mit der Beilage: Blätter f. die Geschichte der sächs. Armee. 12 Nrn. (Nr. à ca. 4 S.) 32×24 cm. Dresden-A. (Reitbahnstr. 23), Geschäftsstelle. nnn 5. —
Nicht mehr im Buchhandel.

— der fidele. Sammlung vortreffl. neuer Vorträge, Deklamationen, Toaste, Prologe, Lieder, Couplets, Solo- u. Duo-Scenen u. dergl. Aufführungsmaterial f. Krieger- u. Militärvereine. (80 S.) 8. Mühlhausen i/Th. (909). G. Danner. — 60

— der gute. Spemann's illustrierte Knaben-Zeitg. 1.—5. Jahrg. 1887—1891. à 52 Nrn. (2 B.) hoch 4. Stuttgart, [Spemann] Union. à Jahrg. n. 8.—; in 16 Hftn. à —50 (cplt. geb.: à n. 9.—)

— der gute. Illustrierte Knaben-Zeitg. Red.: Wilh. Spemann. 6.—9. Jahrg. Oktbr. 1891—Septbr. 1895. à 52 Nrn. (2 Bog.) hoch 4. Stuttgart, Union. à Jahrg. n. 8.—; in 16 Hftn. à —60 (kplt. geb.: à Jahrg. n. 9.—)

— der gute. Illustr. Knaben-Zeitg. Red.: Wilh. Spemann. 10.—12. Jahrg. Oktbr. 1895—Septbr. 1898. à 52 Nrn. (à ca. 2 Bog.) hoch 4. Stuttgart, Union. à Jahrg. n. 8.— (Kplt.: geb. n. 9.—)

— dasselbe. Red. v. Joh. Kaltenboeck u. Karl Rocco. Red.: Joh. Kaltenboeck. 13. Jahrg. Oktbr. 1898—Septbr. 1899. 52 Nrn. (à ca 2 Bog.) hoch 4. Ebd. n. 8.— Kann auch vierteljährlich à n. 2.— u. in je 16 Hftn. à —50 bezogen werden.

Kamerad, der gute. Illustr. Knaben-Zeitg. Red.: Joh. Kaltenboeck. 14.—17. Jahrg. Oktbr. 1899—Septbr. 1903. à 52 Nrn. hoch 4. (IV, 726; IV. 828; IV, 828 u. IV, 828 S. m. je 1 Spielbog.) Stuttgart, Union. à Jahrg. n. 8.—; geb. in Leinw. à n. 10.—; auch in 16 Hftn. à —50

Kamerad, der gute. Illustrierte Knaben-Zeitg. Red.: Joh. Kaltenboeck. 18.—21. Jahrg. Septbr. 1903—Aug. 1907. à 52 Nrn. (à Jahrg. IV, 828 S. m. 1 Spielbog.) Lex.-8. Stuttgart, Union. à Jhrg. n. 8.—; geb. in Leinw. à n. 10.—; auch in 16 Heften à —50

— der gute. Illustrierte Knaben-Zeitg. Red.: Joh. Kaltenboeck. 22.—25. Jahrg. Septbr. 1907—Aug. 1911. à 52 Nrn. (à IV, 828 S. m. 1 farb. Spielbog.) Lex. 8. Stuttgart, Union. à Jahrg. 8.—; geb. in Leinw. à 10.—; auch in 16 Heften à —50

— der gute. Volkskalender f. d. J. 1890—93. Hrsg. v. L. Jordan. Ausg. f. Norddeutschland. 8. (à Jahrg. ca. 200 S. m. Abbildgn.) Berl., Imberg u. Lesson. à Jahrg. * — 50
Ausg. f. Süddeutschland à Jahrg. * — 50

— der gute. Volkskalender (7. Jahrg.) f. d. J. 1895. Hrsg. v. L. Jordan. gr. 8. (55 u. 16 S. m. Abbildgn., Titelbild u. Wandkalender.) Danzig, A. W. Kasemann. — 35

— der gute. Volkskal. f. d. J. 1898. 10. Jahrg. 12. (91 u. 35 S. m. Abb. u. 1 Brieftaschenkal.) Danzig, A. W. Kasemann. — 35

— dasselbe. Volkskalender f. d. J. 1901. 13. Jahrg. 12. (78 u. 37 S. m. Abbildgn. u. Wandkalender.) Danzig, A. W. Kasemann. — 35

— der gute, f. d. J. 1906. Volkskalender. 18. Jahrg. (XIV, 32 u. 32 S. m. Abbildgn. u. 1 Farbdr.) gr. 8. Neuweißensee, E. Bartels. — 30

— dasselbe. Taschenliederbuch f. die sächs. Soldaten u. Militärvereine. 12. (IV, 74 S. m. 1 Bildnis.) Groitzsch (902). G. Reichardt. — 20

Der gute Kamerad. Ein Lern- u. Lesebuch f. d. Dienstunterr. d. Pioniers d. Deutschen Heeres. Nach dem von Major v. Klaß verf. 'Dienstunterr d. deutschen Infanteristen' auf Veranlassung e. Pionier-Bat. bearb. Mit Taf. u. zahlr Abb. Auf Grund d. neuen 'Gewehrreinigung 1902' nebst d. 'Kriegsartikeln 1902' *Berlin: Liebel 1903.* (Getr Pag.) 8° [F.] [03. 6300]

— ein guter. Christl. Volksliederbuch, hrsg. v. evang. Arbeiter-Verein Köln. 2. Aufl. 16. (IV, 94 S.) Leipzig 896. H. Bredt. Kart. n. — 35

— ein guter. Christliches Volksliederbuch, hrsg. vom ev. Arbeiter-Verein Köln. 3. Aufl. gr. 16. (IV, 97 S.) Leipzig 901. H. Bredt. Kart. n.n. — 35

Ein guter Kamerad. Freundesworte f. unsere Freiwilligen nach China *Kassel: J. G. Oncken Nachf. [1900].* (31 S.) 8° [Umschlagt. F.] [03. 7344]

Der kleine Kamerad. Notiz-Kalender. Auf d. Jahr 1901 f. d. deutsche Heer. [1] *Kassel: Christl. Traktat-Ges. 1901* 8° [F.] [03. 7344]

—— der lustige, der in der Kaserne, auf dem Marsche, im Bivouac und im Quartiere durch schnurrige Erzählungen, Anekdoten und Lieder sich zu erheitern und zu erfreuen weiß. 8. (64 und 48 lithogr. S.) Mülheim a. d. R. 863, Bagel.

— der lustige, und tapfere Soldat. Eine Sammlung interessanter Anekdoten und Abenteuer aus dem Schleswig-Holstein'schen Kriege des J. 1864. Hrsg. von einem Düppel-Stürmer, 1.—3. Aufl. 32. (64 S.) Moers 864,65, Spaarmann.

—— Struwelpeter. Moralische Erzählungen für die militär. Jugend von 17 bis 70 Jahren, illustrirt vom Kladderadatsch-Gelehrten. 1. Aufl. ** M 1,50., und 2. Aufl. mit Kalender 1876 gratis. 8. (72 S. mit eingedr. Holzschn.) Berlin 875, Schweigger'sche Hofbuchh. [Wallroth.] (* M 2.)

— Struwelpeter. Moralische Erzählgn. f. die militär. Jugend von 17—70 Jahren. 4. Aufl. 12. (72 S. m. Illustr.) Magdeburg 884 Creutz. n. 1 —

—— der treue. Ein illustr. Lehr u. Lernmittel f. Fortbildungsschulen u. zum Selbstunterrichte der christl. Jugend. Hrsg. vom „kathol. Erziehungsverein f. das Land Vorarlberg". Redact.: Fidel Burger. 1. u. 2. Jahrg. 1891 u. 1892. à Jahrg. 12 Nrn. (Bog.) gr. 8. Bregenz, (Teutsch). à Jahrg. ** 1 20

— dasselbe. 2.—4. Jahrg. 1892—1894. à 12 Nrn. (Bog.) gr. 8. Ebd. à Jahrg. n.n 1. 50

— d. treue. Ein illustr. Lehr- u. Lernmittel f. Fortbildungsschulen u. z. Selbstunterrichte d. christl. Jugend. Hrsg. v. „kathol. Erziehungsverein f. d. Land Vorarlberg". Red.: Fidel Burger. 5.—8. Jahrg. 1895—1898. à 12 Nrn. (Bog.) gr. 8. Bregenz, J. N. Teutsch. à Jahrg. n.n. 1. 50

— der treue. Ein illustr. Lehr- u. Lernmittel für Fortbildungsschulen u. zum Selbstunterrichte d. christl. Jugend. Hrsg. vom „kathol. Lehrerverein f. Vorarlberg". Red.: Karl Jos. Staiger 9.—12. Jahrg. 1899—1902. à 12 Nrn. gr. 8. (à ca. 16 S.) Bregenz, J. N. Teutsch. à Jahrg. n.n. 1. 44

— der treue. Ein illustr. Lehr- u. Lernmittel für Fortbildungsschulen u. zum Selbstunterricht d. christl. Jugend. (Hrsg. vom „kathol. Lehrerverein f. Vorarlberg".) Red.: Karl Jos. Staiger. 13.—17 Jahrg. Oktbr. 1902—Septbr. 1907. à 12 Nrn. (à 24 S.) gr. 8. Bregenz, J. N. Teutsch. à Jhrg. n.n. 1. 50

— der treue. Ein illustr. Lehr- u. Lernmittel f. Fortbildungsschulen u. zum Selbstunterrichte der christl. Jugend. (Hrsg. vom „kath. Lehrerverein f. Vorarlberg".) Red.: Karl Jos. Staiger. (18.—21. Jahrg. Oktbr. 1907—Septbr. 1911. à 12 Nrn. (à ca. 24 S.) gr. 8. Bregenz, J. N. Teutsch. à Jahrg. nn 1. 50

Kamerad: Unser Kamerad
v Für's Heim.

— in's Zauberland. Eine Sammlg. der schönsten Märchen, Sagen u. Schwänke f. die liebe Jugend. Mit 12 Farbendr.-Bildern nach Aquarellen v. C. Offterdinger, H. Leutemann u. G. Bartsch. 2., durchgeseh. Aufl. gr. 4. (VI, 112 S.) Ebd. 887 geb. 4. 50

Kamerad-Bibliothek. 1.—7. Bd. 12. Stuttgart, Union. Geb. in Leinw. à 3. —

1. Der schwarze Mustang. Von Karl May. 3. Aufl. (V, 344 S. m. Abbildgn.) (899.)
2. Der Letzte vom „Admiral". Von Frz. Treller. (V, 347 S. m. Abbildgn.) (899.)
3. Der Arrapahu. Von Max Felde (Joh. Kaltenboeck). 2. Aufl. (III, 326 S. m. Abbildgn.) (900.)
4. Lustige Gymnasial-Geschichten. Von Th. Berthold. 2. Aufl. (III, 330 S. m. Abbildgn.) (900.)
5. Der Sohn des Gaucho. Von Frz. Treller. (V, 363 S. m. Abbildgn.) (901.)
6. Mit vollen Segeln. Von C. Matthias. (V, 340 S. m. Abbildgn.) (901.)
7. Der Depeschenreiter. Eine Erzählg. aus dem Heldenkampf der Buren. Von Andries van Straaben. (V, 315 S.) (901.)

Kameraden! Das Bürgerwehrgesetz ist in der heutigen Sitzung der National-Versammlung angenommen — Der Commandeur der Bürgerwehr Rimpler Deckersche Geheime Ober-Hofbuchdruckerei. 1 Bl. Fol.
Flugblatt. Berlin, 13 Okt. 1848.

Kameraden der Armee! Die Demokraten bieten Euch jetzt die Bruderhand — Ein Offizier Druck von C. Schultze. 1 Bl. Fol.
Flugblatt. Berlin, 16. Sept. 1848.

Kameraden, drei. Zeitlieder hrsg. von J. G. Fischer, Feod. Löwe und Carl Schönhardt. gr. 8. (IV, 84 S.) Stuttgart 870, Kröner.

Kameraden, gute. qu. gr. 8. (12 S. m. z. Tl. farb. Abb.) Konstanz (899). C. Hirsch. — 25

— gute. 8. (10 S. m. Abbildgn. u. 1 farb. ausgestanzten Bild.) Nürnberg (899.) Th. Stroefer. — 15

Kameraden, kleine. Leporello-Album. 16. (5 farb. Bilder-Taf. m. 5 Bl. Text.) Berl. 891, Krause. — 60

Kameraden-Gespräche zur Belehrung und Unterhaltung für Unteroffiziere. Darmstadt 853. Jonghaus. 8. (VIII, 172 S.) 15 ngr.

Kameradschaft, die. Festspiel in 2 Aufzügen. [Als Mscr. gedr.] 8. (42 S.) Wernigerode 871. Leipzig, Jünger. *

Kameradschaft, gute. 6 Bilder in Farbendr. v. F. Lipps m. (eingedr.) Versen v. Klara Reichner. gr. 4. Stuttgart 884. G. Weise. cart. — 75, als Leinwand-Bilderbuch geb. 1. 80

Kamera-Kunst. Illustrierte Zeitschrift f. Photographie. Red. unter Mitwirkung hervorrag. Fachmänner v. Siegfr. Wachtl. 6. u. 7. Jahrg. 1909 u. 1910. à 36 Hefte (1910. VIII, 384 S.) Lex. 8. Wien. C. Konegen. à Jahrg. 8. —
Vergl.: Amateur, der

Kameralist

— d., abgefaßt von e. Opfer d. Patriotismus. 8. Leipz. 785. Jacobäer. (Aue in Alt.) 12 gr.

Kameralist, d. neue. Ein Buch für Jedermann, vom Staatsmann bis zum Bauer. 1s—3s Heft. A. u. d. T.: umständl. Abhandl. von d. Schädlichkeit des Laudemialwesens u. d. Güter-gebundenheit ꝛc. 3 Hefte. 8. Kempten 807—9. Dannheimer. 1 ₰ 16 gr. 4s u. 5s Heft. A. u. d. T.: umständl., rechtl. u. geschichtl. Abhandl. über d. Zehendwesen, nebst Vorschlägen zu dessen Reform u. Umänderung. 2 Hfte. 8. Ebd. 808. 1 ₰ 4 gr. 6s Heft. A. u. d. T.: über d. Steuerwesen, vorzügl. d. Grundbesteuerung u. Verfassung neuer Grundbücher. 8. Ebd. 809. 14 gr. 7s Heft A. u. d. T.: umständl. Abhandl. über d. Frohndienste u. deren Schädlichkeit, nebst Vorschlägen zur gänzl. Aufhebung d. Frohnen. 8. Ebd. 809. 14 gr. Alle 7 Hefte cpl. 4 ₰

Kameral-Korrespondent

Allgemeiner Kameral Oeconomie Forst- und Technologie-Korrespondent für Deutschland Hrsg Johann Paul Horl Erlangen Jg 1-10 1806 1815 (M n ersch)

Kameral-Lexikon der in d. kaiserl. Kammergerichts-Ordnung u. des. praxi recip. terminor jurid. technicor. gr. 8. Frkf. a. M. 766. Andreä. 6 gr.

Kameralverwaltungen, über die, in Frankreich, (von A. Hennings). 8. Kopenh. 781. (Brummer). 6 gr.

Kameral (-Zeitung): Kameral- und Handels-Zeitung
Ⓢ Januar 1816 –Frühling 1817 Ⓖ 4° Ⓘ wochentlich : < Ⓓ St. Gallen Ⓗ H. E. Fehr (Januar 1816—?) Ⓑ BGSZ 1047 Ⓑ Be L (Nummer vom 28 6. 1816).

Kamerling, *Zeno* [aus Almelo '(Holland)']: Zur Biologie und Physiologie der Marchantiaceen .. (Aus: Flora, Erg.-Bd. zu Jg 1897 [Bd. 84.]) München, Druck v. V. Höfling, 1897; 72 S., 2 Bl., 2 Taf. 8.
Jena, Phil. Fak., Inaug.-Diss. v. [1. März] 1897

Amsterdam als Hafen und Handelsstadt. Vortrag f d Mitgl. d. Vereins f. staatswissenschaftl. Fortbildung in Berlin. Geh. 1909 in Amsterdam von O. Kamerlingh Onnes. Amsterdam de Bussy 1909. 16 S. 4° [Umschlag] [illegible]

Kamern, Joachim von, s. a. Nathusius.

Kamern, Joachim von. Ein Lebenslauf . . . Halle 1854. V: *Nathusius, Maria*. (Ky)

Kamern, Joachim von. Ein Lebenslauf von der Herausgeberin des „Tagebuchs eines armen Fräuleins". 8. (192 S.) Halle 854, Mühlmann.
Aus: Volksblatt für Stadt und Land, Jahrg. 1853, besonders abgedruckt.

Kameron u. Belville; eine rührende Gesch. aus d. Engl. 8. Nördlingen, Beck. 782.

Kamerun [Sachliches [illegible]]

Kamerun, unser. Deutschlands älteste Kolonie. Dem deutsch. Volke in Wort u. Bild gewidmet. Mit 26 Illustr. nach neuesten photograph Aufnahmen. qu. gr. 4. (V, 14 S.) Magdeburg 899. G. Poetzsch. Geb. n. 5. —

Kamerun [Schlagwort]

Kamerun, s. a. Kolonialkarten.

Kamerun, s. a. Kolonien.

— s. a. Missionskarten.

Kamerun, Hafen von, s.: Seekarten.

Kamerun-Eisenbahn, Die, und ihre Bedeutung. [Stettin 1903.] V: *René, Carl.* (Berl)

Kamerun-Küste [Schlagwort]

Kamerun-Küste, s.: Seekarten.

Kamerun-Mündung [Schlagwort]

Kamerun-Mündung, s.: Seekarten.

Kames, Johann Karl Die weltliche Gerichtsbarkeit in der Stadt Hildesheim während des Mittelalters. Celle 1910. 8°
Münster, Phil. Diss. v. (1910).

Kameseder, J., kurzes Gebetbuch, s. Bona, J., Paradies.

Kamez-Kreuz-Frage, die, oder wie eine der hervorragendsten jüd. Zeitschriften die evangel. Missionsbestrebungen zu verdächtigen bemüht ist. Geschichtlich dargestellt von einem Freunde der Wahrheit. gr. 8. (89 S.) Darmstadt 859, (Würz.) Thlr. *

Kamjaschotts, J. P., Wanderungen durch Syrien, Egypten ꝛc. 2 Bde. 8. Erfurt (u. Gotha) 806. Hennings. 2 ℛ 12 ℊ

Kamien, H., das Reichs-Unfallversicherungs-Gesetz und die Arbeiter, s. Hirsch, Max.

Kamienski, Carl Wilhelm August von, s. Kamienski, Karl Wilhelm August von.

Kamienski, Franz von [aus Warschau] Zur vergleichenden Anatomie der Primeln. Strassburg, Buchdruckerei von Friedrich Wolff. 1875. 8. 39 S.

Kamieński, Fr., vergleichende Anatomie der Primulaceen. Mit 10 (lith.) Taf. [Aus: „Abhandlungen d. naturforsch. Ges. zu Halle".] gr. 4. (90 S.) Halle 878. Schmidt. n. 12. —

Kamienski, F., Lentibulariaceae, s.: Engler, A., u. K. Prantl, d. natürl. Pflanzenfamilien.

Kamienski, Karl Wilhelm August von

Kamienski, Carl Wilhelm August von (Thüringer Adel), Dissertatio juris militaris praesertim Saxonici capita potiora sistens. Präs. Carl Friedrich Triller. Wittbg. (Adam Christian Charisius) 11. V. 1785. 48 S. (6.50) 17433
Gew.: Carl August v. Gersdorff. — Widm. v. Präs.

— s. Ruinen d. Alterthums.

— s. Samml. poet. Uebersetzungen aus latein. Dichtern

Kamiensky, Karoline Friederike

— Luna, s. d. Gönner meiner Muse. 8. Wittenb. 789. Kühne. 12 ℊ

— meine Muse. 8. Naumb. 786.

* Kamiensky, K. F. von, Schilderungen, s. a. Schilderungen, poetische, der thüringischen Landschaft.

v. Kamiensky, Karoline Friederike, († d. 20. Nov. 1813.) der Traum d. Mitternacht, e. poet. Schilderung d. thüring. Landschaft, d. güldene Aue genannt ꝛc. Herausg. von Chr. Aug. Braun. Mit Kpf. u. 1 Karte. 8. Leipz. 806. (Fr. Fleischer). 10 ℊ

Kamiensky, Thomae, Specimen de principiis philosophicis, juris civilis in genere et in specie juris dominii, juris pactitii ac hereditarii. Wilna 816. Moritz. (Leipz., Fr. Fleischer). 20 ℊ

Kamienstschikoff, Nicolai, a. Post Due, Insel Sachalin (Rußland): Die Bahnverbesserung des Planeten Eunomia (15) und Tafeln der Eunomia für 1900—1950. (Berlin 1908: G. Schade.) (56 S.) 8°(4°)
Berlin, Phil. Fak., Ref. Bauschinger, Diss. v. 18. Jan. 1908
[Geb. 7. Dez. 81 Post Due; Wohnort: Post Due; Staatsangeh.: Rußland; Vorbildung: Militär-Gymn. Omsk Reife M. 99; Studium: Greifswald 1, Göttingen 2, Berlin 3 S.; Rig. 7. Nov. 07.]

Kamieth, Herm., aus dem Leben des kurbrandenburgischen Generalmajors Joachim Hennigs v. Treffenfeld. gr. 4. (30 S.) Berlin 887, Gaertner's Verlag. *

Kamieth, Hermann Aus dem Leben des Kurbrandenburgischen Generalmajors Joachim Hennigs von Treffenfeld. 4 (30 S.)
Progr. Luisenstädt. G Berlin 1888 (58).

Kamieth, Hermann • Ueber die Wahl Lothars III. Ein Beitrag zur Geschichte der deutschen Königswahlen. 88 S. 4° (2°)
Halle-Wittenberg, Phil. Diss. v. 20. Dez. 1871
Geb. [Bismark (Kr Stendal) 26. 2. 1845]

Kamieth, Johannes, Referendar in Stendal: Aktive und passive Adoptionsfähigkeit nach dem Bürgerlichen Gesetzbuch. Borna-Leipzig 1908: R. Noske. (VIII, 54 S.) 8°
Leipzig, Jur. Fak., Diss. v. 10. Jan. 1908
[Geb. 30. Jan. 82 Wernigerode a. H.; Wohnort: Stendal; Staatsangeh.: Preußen; Vorbildung: Gymn. Greiz Reife M. 01; Studium: Leipzig 1, Heidelberg 1, Leipzig 1, Berlin 1, Halle 3 S.; Rig. 23. Mai 05.]

Kāmil, the, of El Mubarrad, edited for the German oriental Society from the manuscripts of Leyden, St. Petersburg. Cambridge and Berlin by W. Wright. Part 1—4. gr. 4. (VI und 328 S.) Leipzig 864—67, Brockhaus' Sortiment und Antiquarium. [Part 1 * 3 Thlr. 10 Ngr., Part 2—4 à * 2 Thlr.] *

Kamil, the, of El Mubarrad, edited for the German Oriental Society from the Manuscripts of Leyden, St. Petersburg, Cambridge, and Berlin by W. Wright. Part 5—10. gr. 4. (à 86 S. arab. Text.) Leipzig 869—74, Brockhaus' Sortiment und Antiq. à Part * ℳ 6. *
Part 1. * ℳ 10.; 2—4. à * ℳ 6. Ebendas. 1864—67.

Kāmil, the, of El-Mubarrad. Edited for the German Oriental Society from the Manuscripts of Leyden, St. Petersburg, Cambridge and Berlin, by W. Wright. Part XI (end). The indexes. gr. 4. (I, 202 S.) Leipzig 882, (Brockhaus' Sortiment und Antiq.) *
Part. I—X. (Ebendas.) 1864—74. * ℳ 64.

Frauen von heute. Novellen von Gisela Kamilaar Berlin-Leipzig C Wigand 1907. (159 S.) 8° 1908. 545

Anzilutti Kamill, Algeber zum Gebrauch des adelicher Löwenb. Kollegiums. Wien. 8. 1777.

Kamilla

— s. auch Camille.

KAMILLA, Geschichte des 15. Jahrhunderts. Halle, Renger, 1796. 8⁰ (1 1/6 Rthl.) Selten!

— od. e. Gemälde d. Jugend, a. d. Engl. v. Frau d'Arblay, geb. Burney, mit J. R. Forsters Vorrede, m. K. 4 Thle, 8. Berlin, Nicolai. 798.

Kamilla Kafferelli; e. florentin. Geschichte. 8. Halle 787. Fr. Ruff. 10 gr

Kamillianer-Nachrichten. Hrsg. f. d. Orden d. Regular-Kleriker v. Krankendienste (Orden d. Kamillianer), unt. d. Leitg. v. Vido. Red.: Joh. Schrammel. 1. Jahrg. Novbr. 1897—Oktbr. 1898. 12 Nrn. (Bog. m. Abb.) gr. 4. St. Pölten. (Aachen, J. Schweitzer.) n. 1. 50

Kamilsky, Maria, Schauspiel in 5 Aufzügen aus den Zeiten der polnischen Conföderations-Unruhen vom J. 1768, von Ant. Fischer. 8. Prag, Krauß (in Comm.) 817.

Kamin, der, oder d. Phantasie einer Russin, ein Gedicht; aus d. Russ. übers. von Malfa. 8. Leipz., Rein. 4 gr

Kaminer, Siegfried

Kaminer, S., s.: Krankheiten u. Ehe.

Kaminer, Siegfried *Gotthold* [aus Berlin]: '(Aus d. III. medicin. Klinik zu Berlin. Direktor: Geh. Med.-Rat Prof. Dr. Senator.)' Untersuchungen über Flüssigkeitsabscheidung und Motilität des menschlichen Magens ... Berlin, Buchdr. v. G. Schade, *1896;* 35 S. 8.
Berlin, Med. Fak., Inaug.-Diss. v. 13. Okt. 1896

— s.: Zeitschrift f. Balneologie, Klimatologie u. Kurort-Hygiene

Kaminfeger, der kleine. Eine Erzählung für Kinder und Kinderfreunde nach dem Schauspiele gleichen Namens [von Chrph. v. Schmid]. gr. 8. (116 S. mit Stahlst. und feinen eingedr. Holzschnittbildern.) Regensburg 872, Pustet.

Kaminfeger, Der kleine. Eine Erzählung für Kinder und Kinderfreunde nach dem Schauspiele gleichen Namens. Regensburg 1876. V: *Schmidt, Christoph.* (Russell IX, 568)

Kaminfeger-Ordnung

Gemeinde Feuerthalen. Kaminfeger-Ordnung. (1901 April 19.) 4 S. 8. [Schaffhausen, H. Meier & Cie.]

Kamin-Geschichten, lehrreiche. Nach d. Engl. 16. (93 S. Cleveland 871. (Philadelphia, Schäfer & Koradi.) geb n. 1. –

Kamin-Geschichten, lehrreiche. Nach dem Englischen. gr. 16. (93 S.) Cleveland, O. 879. (Philadelphia, Schäfer & Koradi.) geb. n. 1. —

Kaminka, Armand. Die Geonim u. ihre Schriften in kurzen biograph. Skizzen u. ausgewählten Musterstücken. Mit besond. Berücksicht. der geonäischen Responsen-Litteratur [vom 7. bis zum 11. Jahrh.]. gr. 8. (VII, 62 S.) Trier 892, Mayer. * 1 50
Erweit. Abdr aus: Winter u. Wünsche. Die jüd. Litt. s. Abschl. d. Kanons.

— Geschichte der rabbinischen Litteratur, s.: Winter, J., u. Aug. Wünsche, die jüdische Litteratur seit Abschluss des Kanons.

Kaminka, A., Studien z. Geschichte Galiläas. (64 S.) 8. Berlin 890. Wien (III, Ob.-Weissgärberstr. 24), Dr. A. Kaminka. 1. 50

— Zohoraïm, alte u. neue Gedichte. (In hebräisch. Sprache.) (IV, 76 S.) kl. 8. Wien 909. (Frankfurt a/M., J. Kauffmann.) Kart. nn 2. 50

Kaminordnung f. d. Umfang d. vormal. Herzogth. Nassau v. 4. I. 1898. gr. 16. (20 S.) Wiesbaden 898. Ch. Limbarth, Verlag. n. — 20

Kamińska, Bronisława

— nouvelles etrennes à Hélène. Nowe wiązanie Helenki. qu. 32. (121 S. m. 7 lith. u. color. Taf.) Ebd. 852. 18 ngr

Kamińska, Bronisł, nouvelles étrennes à Hélène. Nowe wiązanie Helenki. qu. 16. (121 S. mit 7 ill. Stnt.) Breslau 853. [Berlin,] Schletter's Verlag.

Kamińska, Bronisł., obrazy wieku dziecinnego. Zbiór powieści dla dzieci od 6. do 9. lat. br. 8. (220 S. m. 4 color. Lith.) Breslau 848, Schletter. 2 ⅓ß

Kamińska, Bronisł., obrazy wieku dziecinnego. Zbiór powieści dla dzieci od 6. do 9. lat. br. 8. (220 S. und 4 ill. Stnt.) Breslau 850, Schletter, Vrlgsh.

—— Podróż malownicza po najciekawszych okolicach ziemi naszéj. Podług Humboldta i innych znakomitych podróżnych i badaczy natury dla młodzieży płci obojéj. br. 8. (281 S. und 1 ill. Stnt.) Breslau 851, Schletter, Vrlgsh.

—— Podróż malownicza po najciekawszych okolicach ziemi naszéj. Podług Humboldta i innych znakomitych podróżnych i badaczy natury. br. 8. (IV und 281 S.) Breslau 854. [Berlin,] Schletter's Verlag.

Kamińska, Bronisława, podróż malownicza po najciekawszych okolicach ziemi naszéj. Podług Humboldta i innych znakomitych podróżnych i badaczy natury. (Malerische Reise durch die merkwürdigsten Theile unserer Erde. Nach Humboldt und anderen berühmten Reisenden bearbeitet.) 2. wydanie. br. 8. (IV und 281 S.) Berlin 858(60), Schletter's Verlag.
Mit 4 ill. Stnt. cart.

—— nowa podróż malownicza, czyli obrazy z Ameryki, Afryki i Australii. Podług znakomitych podróżnych i badaczy natury. (Neue malerische Reise oder Bilder von Amerika, Afrika und Australien. Nach den vorzüglichsten Reisenden und Naturforschern zusammengestellt.) br. 8. (IV und 297 S.) Berlin 859, Schletter's Verlag.
Mit 4 ill. Stnt. cart

Kaminska, Karolina von, s. Kamiensky, Karoline Friederike

Kaminski, Bruno, prakt. Arzt in Usch: Aus d. Kgl. Hygien. Institut in Posen: Ein Beitrag zur syphilitischen Darmstenose. *Greifswald 1904: J. Abel.* (36 S.) 8°
Greifswald, Med. Diss. v. 20. Juni 1904

Kaminski, G., Kritische Betrachtung des Entwurfes eines Gesetzes betreffend die Gewerbegerichte. 8⁰. Elberfeld 1890.

Kaminski, G., Handbuch für Creditgewährung, enthaltend ein alphabetisch geordnetes Verzeichniß der Personen, bei welcher das gesetzl. ehel. Güterrecht Abänderung erfahren hat, nebst Angaben dieser Abänderungen. Mit Vorwort von Kober. 1. Bd., umfassend die Rheinprovinz mit Ausschluß des gemein. rechtl. Landgerichtsbezirks Neuwied. gr. 8. (XV, 1032 S.) Düsseldorf 887, (Bolm.) *ℳ 12.—; geb. *

Kaminski, Georg. Ueber die Entwicklung der Schlundknochenzähne bei den Knochenfischen. ⟨Nachgewiesen an Embryonen des Ischer.⟩ Diss. Phil. Bern. [Mit 1 Tafel.] 32 S. 8. Bern, Impr. Armbruster, Söhne, 1907.

Der Jünglinge Führer zum Himmel. Kurze Belehrung über d. heil. Keuschheit Hrsg. von Heinrich **Kaminski**. Paderborn Bonifacius-Dr 1907 (260 S.) 8° [F.] [08. 5433

Kamiński, J Erster [bis sechster] Jahresbericht der dreiklassigen kommunalen Volksschule in der Czernowitzer Vorstadt Rosch. Schuljahr 1879/80 [bis 1884/85]. Czernowitz Selbstverl d. Anstalt [1880/85].

Kaminski, J. N., Sonety. gr. 12. Lemb. 827. Piller. (Lpz., Leich). 12 *K*

Kaminski, Julius, approb. Arzt aus Jodringkehmen ⟨Ostpr.⟩: Aus d. Kgl. psychiatr. u. Nervenklinik zu Kiel. Zur Casuistik der gekreuzten Lähmung. *Kiel 1903: Schmidt & Klaunig.* (21 S.) 8°
Kiel, Med. Diss. v. [2 Nov] 1903

Kaminski, Louis [app. Arzt]: Drei Fälle von Insufficienz des Gaumensegels und neue Messungen der Länge des harten Gaumens ... Leipzig-Reudnitz, Druck v. A. Hoffmann, 1897; 26 S., 1 Bl. 8.
Leipzig, Med. Fak., Inaug.-Diss. v. 13. Febr. 1897

Kaminski, Michael: Aus dem pathologischen Institut zu Greifswald. Ein primäres Lungenkarzinom mit verhornten Plattenepithelien. *Greifswald 1898: J. Abel.* (28 S.) 8°
Greifswald, Med. Diss. v. 30. März 1898

Kaminski, Willy: Über Immanuel Kants Schriften zur physischen Geographie. Ein Beitrag zur Methodik der Erdkunde. Königsberg i. Pr. 1905: H. Jaeger. (77 S.) 8°
Königsberg, Phil. Fak., Ref. Hahn u. Walter, Diss. v. 9. Aug. 1905
[Geb. 20 Sept. 81 Waltersdorf, Kr. Heiligenbeil; Wohnort: Königsberg i. Pr.; Staatsangeh.: Preußen; Vorbildung: Friedrichskollegium Königsberg Reife M. 00; Studium: Königsberg 10 S.; Rig. 19. Juli 05.]

Kaminskij, A., d. jährl. Gang u. d. Vertheilung der Feuchtigkeit d. Luft in Russland nach d. Beobachtgn. v. 1871—1890, s. a. **Repertorium f. Meteorologie.**

Kaminskij, A. Der jährliche Gang und die Verteilung der Feuchtigkeit der Luft in Russland nach den Beobachtungen von 1871—1890. Mit einer Curven-Tafel und 10 Karten. St. Petersburg 1894. IV, 119, 150, 352 S.
= Supplementband zum Repertorium für Meteorologie. 6. 4°

Kaminsky, Albert [pr. Arzt]: '(Aus d. Kgl. medizin. Univ.-Poliklinik)'. Beitrag zur Lehre von der Schlussunfähigkeit des Pförtners. '(Insufficientia Pylori.)' ... Königsberg i. Pr., Buchdr. G. Schadlofsky, 1895; 2 Bl., 40 S. 8.
Königsberg, Med. Fak., Inaug.-Diss. v. 26. Apr. 1895

Kaminsky, Christopher Guil. ... Verden ... De vestimentis ut causis morborum. Berolini (181.) ... S.) 8°
Berlin, Med. Diss. v. 14. Juni 181.

Kaminsky, Eugen, approb. Arzt aus Berlin: Ueber das Reiskörperchenhygrom der Bursa subdeltoidea. *Freiburg i. B.: Speyer & Kaerner 1900.* (34 S.) 8°
Freiburg i. B., Med. Diss. v. 1900

Kaminsky, Katharina v., Indiskretionen aus d. Ehe- u. Gesellschaftsleben. gr. 8. (86 S.) Leipzig 897. C. Minde. 1.80

KAMINSKY, Kath. v., Indiskretionen aus dem Ehe und Gesellschaftsleben. 2. Aufl. Leipzig (1897). 8°.
Vergriffen'

Kaminsky, W., Lehrbuch d. russischen Stenographie nach Heinr. Roller's System in 4 Lektionen. (In russ. Sprache.) gr. 8. (36 S. u. 8 autogr. S.) Kiew 891. (Leipzig, J. H. Robolsky.) n. 2.—; Schreibheft dazu. qu. gr. 8. (7 autogr. S. u. 9 S. liniirtes Schreibpapier.) n. —.60

Kaminsky, Wilh., Spuzze unn Posse. Gedichte in Hessen-Darmstädter Mundart. 2 Bdchn. 12. (VI, 99; VI, 110 S.) Darmstadt 892. 893. [G. v. Aigner.] H. L. Schlapp. à n. 1.—; geb. à n. 1.50; in 1 Bd. geb. n. 2.80

KAMIO, Sanpaku (Kumamoto): Missbildungen durch amniotische Fäden. Mit 1 Taf. - München: Kastner & Callwey 1910. 55 S., 1 Taf.
31.10.1910 - Chr 1910/11,25; U 11.3656
Diss. Ingolst.-Landsh.-Mchn.

Kamionsky, Schmuel-Ary. Der verminderte Luftdruck als Ursache von schweren Erkrankungen. Diss. Med. Univ. Zürich. 34 S. 8. Zürich, J. J. Meier, 1907.

Kamitz, Gust., kleine biblische Geschichte für die 4 unteren Jahrgänge der katholischen Volksschulen. 12. (24 S.) Köln 887, Bachem. *

Kamitzer, Jac., De aegro melancholia amatoria, variis symptomatibus gravioribus maritata, laborante. 28 pp. Erf. 4°. 1705

Kamitzer, Jacob (Lubena [= Lüben]/Schles.), Principes historicos, id est caesares, reges, duces, &c. qui historiae operam navarunt. Diss. histor. Präs. M. Jo. Casp. Loescher (Erfurt). Wittbg. (Martin Schulz) Nov. 1700. 8 Bl. (6.30) 17434

[F.] Zwölf Festreden zur Weihnachts- und Bescherungsfeier in Schulen und Vereinen. Von Albert **Kamke**. *Elberfeld: S. Lucas [1897].* (52 S.) 1 Bd 8 [98. 1113

[F.] Zwölf Festreden zur Weihnachts- und Bescherungsfeier in Schulen und Vereinen. Von Albert **Kamke**. *Elberfeld: S. Lucas [1898].* (53 S.) 1 Bd 8. [98. 3440 Bu

— die Weihnachtsfeier in Kirche, Schule, Sonntagsschule, **Kindergarten, Haus u. Verein.** Zugl. e. reichhalt **Sammlg. v. Festspielen, Darstellgn., Gesprächen,** Wechselreden, **Vorträgen, Gedichten** u. **Liedern** z. **Weihnachtsfeier. Eine Festgabe** in 12 Hftn. f. Eltern, **Lehrer** u. Schüler. 8. **Ebd.** 897. n.n. 2.55
1. Weihnachtslieder f. Schule u. Haus. (VII, 56 S.) n.n. —.75
2. 3. Liturg. Weihnachtsfeier f. d. Kirche. 2 Hfte. (16 u. 18 S.) à —.15
4. Weihnachtsfeier f. Kirche, Schule u. Sonntagsschule. (1. Hft.) (19 S.) —.15
5. Dasselbe. (2. Hft.) (23 S.) —.20
6. Weihnachts- u. Bescherungsfeier f. Schule u. Verein. (Für Oberklassen.) (1. Hft.) (31 S.) —.25
7. Dasselbe. (2. Hft.) (27 S.) —.20
8. Weihnachts- u. Bescherungsfeier f. Schule, Sonntagsschule u. Verein. (Für vereinigte Ober- u. Mittelklassen.) (28 S.) —.25
9. Dasselbe. (Für Mittel- u. Unterklassen.) (19 S.) —.15
10. Dasselbe f. kleine Kinder in Schule, Sonntagsschule u. Kindergarten. (12 S.) n. —.10
11. Weihnachtsfeier f. Schule, Sonntagsschule u. Haus. (16 S.) n. —.10
12. Weihnachtsfeier für d. Familie u. für ganz kleine Schulen. (8 S.) n. —.10

Kamla, Friedrich [aus Gröningen]: Ueber Behandlung der Echinococcen des Unterleibes ... Halle a. S., Hofbuchdr. v. C. A. Kaemmerer & Co., 1888, 34 S. + 1 Bl. 8°
Halle, Med. Fak., Inaug.-Diss. v. 28. März 1888

Kamla, Friedr., Gedichte. 2 Thle. 1. Aufl. 1858. und 2. verm. Aufl. 8. (XV und 472 S.) Kiel 860, Akademische Buchh. *

KAMLA, [HEINR. CHR.] F[R.], Knospen. Gedichte. Kiel. 1820.

Kamla, F., Knospen. (Gedichte.) 8. Kiel 820. Hesse. 14 K Schrbp. 20 K

[F.] Die Bernsteinfrage. Von Kurt Kamlah, Regiergs-Assess. *Berlin: C. Heymanns 1898.* (3 Bl., 38 S.) 1 Bd 8. 98. 4471

Frühlingstage in Spanien. Von Kurt Kamlah. Düsseldorf: Schmitz & Olbertz 1906. (226 S.) 8° 07. 17815

[F.] Die Lieder des armen Kurti [d. i. Curt Kamlah]. (Vorr. Johnny [d. i. Emil Jacobs].) *Berlin: Schuster & Loeffler 1896.* (110 S.) 1 Bd 8.

— Mumuksha. Mit 28 Bildern u. Umschlagzeichng. v. Otto Boyer. (212 S.) Lex.-8. Leipzig 905. Modernes Verlagsbureau. n. 6. —; geb. n. 8. —

Kamlah, Kurt, Verse. (57 S.) kl. 8. Düsseldorf 909. Schmitz & Olbertz. 1. 50

— s.: Verse, letzte, vom armen Kurti.

Kamler, Antoine, de Varsovie, bachelier ès-sciences physiques et naturelles: Le certificat médical avant le mariage. (Clinique dermatologique et syphiligraphique de l'Université de Genève. Directeur: Prof. Oltramare.) Genève, J. Studer, 1911. 40 p. 8°. [14. VII. 11.]
Genève Thèse méd 1910/11

Kamm, Edmund

—— und Max Heinsheimer, Gesetze und Verordnungen über Gerichtsverfassung, Rechtsanwaltschaft, Gerichtskosten, Gebühren, } s.: Justizgesetze für das Großherzogthum Baden.

Kamm, Edm., Civilprozeß-Ordnung und Konkurs-Ordnung für das Deutsche Reich. } s. Justizgesetze für das Großherzogthum Baden.

Kamm, Felix, pract. Arzt in Zweibrücken. Die operative Behandlung der hochgradigen Myopie in der Universitäts-Klinik für Augenkrankheiten zu Strassburg. *Strassburg i. E. 1901: Ch. Mühl & Co.* (61 S.) 8°
Strassburg, Med. Diss. v. 1901

Kamm, Felix, französisches Conversations-Buch für Pharmaceuten. 12. (IV, 44 S.) Berlin 885, Springer. cart. *

Kamm, Fel., französisches Konversations-Buch f. Pharmaceuten. 2., verm. u. durchgeseh. Aufl. 12. (IV, 46 S.) Berlin 894. J. Springer. Kart. n. 1. —

Französisches Konversations-Buch für Pharmazeuten. Von Felix Kamm, Apotheker. 3. verm. u. verb. Aufl. hrsg. von Dr. A. Bernstein. *Berlin: J. Springer 1903.* (44 S.) 8° [F.]

Kamm, Ferd., neue Gesänge für den Männerchor. Componirt u. hrsg. 1. Hft. 8. (16 S.) St. Gallen 876. • Huber & Co. n. — 40

— neue Gesänge f. den Männerchor. 3. Bdchn. Op. 23. 8. (64 S.) Ebend. 886. — 80

Kamm, Ferd., 20 neue Gesänge f. gemischten Chor. Op. 20. gr. 8. (32 S.) St. Gallen 886. Leipzig, Siegismund & Volkening. — 80

Kamm, Frieda, Vereinsleben, nicht nur Vereinsstunden. (11 S.) gr. 8. Berlin (908). (Buchh. des ostdeutschen Jünglingsbundes.) n.n. — 15
Sonderabdruck aus: „Fürsorge".

Kamm, Gg., Jugend-Kunst. Moderne Formen f. Holz-, Metall-, Brand-Malerbeiten, m. Anleitg. v. Max Enderlin. 1. Mappe. gr. 4. (8 farb. Bl. m. 8 S. Text.) Wiesbaden (901). O. Nemnich. n. 8. —

Kamm, J. A., Mores Socratis ex Xenophontis memorabilibus delineati. Diss. 1785. 27 S. 4°.

Kamm, Joh. Mich., das Gemeinnützigste u. Nothwendigste üb. d. Maulbeerbaum- u. Seidenraupen-Zucht, od. theoret.-prakt. Anleitung hiezu. Für d. Jugend d. deutschen Volksschulen sowie f. d. Bürger u. Landmann verfaßt. 8. (3 B.) Marktbreit a. M. 839. (Kitzingen, Köpplinger.)

— Melodienbuch zum Pörtnerschen katholischen Gesangbuche. ... Kitzingen ... Köpplinger. $2^1/_3$ ng

—— leichtfaßl. Musik-Schule f. d. Jugend, od. gründl. Elementar-Unterricht in d. Musik, mit besond. Rücksicht auf d. Gesang in d. vaterländ. Volks-Schulen verfaßt. 8. ($2^1/_4$ B.) Erlangen 838. (Würzburg, Etlinger'sche Buchh.)

Kamm, (L.,) prakt. Unterr. in d. gesammten Rechenkunst f. Anfänger u. Geübtere. 2 Thle. gr. 8. Zerbst 827. (Kummer.)

Kamm, Louis [Lublinitz, Oberschlesien]: Neuere Behandlungsmethoden des Trachoms. . . Erlangen, Druck d. Univ Buchdr v. E. Th. Jacob, 1890. 35 S. 8°
Erlangen, Med. Fak., Inaug.-Diss. v. 1890

Kamm, Max (*geb. Tworog in Schles. 1. 7. 1857*) Beitrag zur Lehre von den Gesichtslagen. (Nach Beobachtungen in der Breslauer Frauenklinik.) Breslau 1879. (34 S.) 8° *[Im Buchhandel 1879 bei Koebner in Breslau.]*
Breslau, Med. Diss. v. 15. Juli 1879

— giebt es e. Hören ohne Labyrinth?, s.: Vorträge, klin., a. d. Gebiete der Otologie etc. III. 3.

Inwieweit ist der Arzt für Todesfälle in der Narkose verantwortlich? Von Dr. Max Kamm (Breslau). Nach Vorträgen im akad.-mediz. u. ärztl. Bezirksver. zu Breslau (Okt. 1894). *Hamburg: Gebr. Lüdeking 1895.* (18 S.) 8°
Aus Aerztl. Praktiker Jg. 1894, No 48. 49.

Kamm, Max, die Steuerdeclaration der Aerzte, s.a. Moyseowicz, die Anwendung der aus der königl. preuss. Arzenei-Taxe bei Arzeneiverordnungen sich ergebenden Vortheile.

Kamm, Max. Die Steuerdeclaration der Aerzte auf Grund d. neuen preuss. Einkommensteuer-Gesetzes. Nach e. am 22. Novbr. 1891 im Verein der Aerzte d. Reg.-Bez. Breslau geh. Vortrage. 8. (21 S.) Bresl. 891, Preuss u. Jünger. * — 60

Die Steuerdeclaration der Aerzte und Zahnärzte auf Grund des neuen preussischen Einkommensteuer-Gesetzes v. Dr. med. Max Kamm, Breslau. Nach e. . 1891 im Ver. d. Aerzte d. Reg.-Bez. Breslau geh. Vortr. 2. verm. u. verb. Aufl. *Breslau: Preuss & Jünger 1897.* (1 Bl., 44 S.) 1 Bd 8.

Die Steuerdeklaration der Ärzte und Zahnärzte auf Grund d. preuß. Einkommensteuer-Gesetzes v. 24. Juni 1891 u. d. Steuernovelle von 1906, mit besond. Berücks. d. Entscheidungen d. preuß. Oberverwaltungsgerichts von San.R. Dr. Max Kamm, Breslau. 3., völlig umgearb. Aufl. Breslau: Preuss & Jünger 1907. (66 S.) 8°

Kamm, Max, was muss der practische Arzt v. Nasen-, Rachen- u. Kehlkopf-Krankheiten wissen? Kurzes Compendium der Rhino-, Pharyngo- u. Laryngologie. Zum Gebrauch f. pract. Aerzte u. Studirende. gr. 8. (X, 72 S. m. 74 Abbildgn.) Breslau 901. Preuss & Jünger. n. 2. —; geb. n. 2. 50

Kamm, Wilhelm, Oberarzt im Infanteriereg. No. 172 kommand. z. Inst.: Aus d. bakteriol. Anst. am Inst. f. Hyg. d. Univ. zu Strassburg. Gefährdung des Typhusbazillenträgers durch die eigenen Typhusbazillen. München 1909: Mühlthaler. 19 S. 8° [Umschlagt.] ¶(Aus: Münchener med. Wochenschr. 1909, Nr 20.)
Straßburg, Med. Diss. v. 8. Juni 1909, Ref. Forster
[Geb. 29. Jan. 76 Karlsruhe i. B.; Wohnort: Straßburg; Staatsangeh.: Baden; Vorbildung: Gymn. Karlsruhe Reife Juli 96; Studium Berlin K. W. A. 9, Straßburg 1 S.; Coll. 17. Dez. 08; Approb. 1 Aug. 02.] [U 09. 3804

Kamma. Eine Erzählung. Hamb. V: *Hanker, Garlieb.* (schr) 1779.

Kammann, Caspar Heinrich, s. Kammann, Kaspar Heinrich

Kammann, Kaspar Heinrich

Kammann, Frz., die Verwaltung der k. k. Stadt Wr.-Neustadt in den J. 1897—1901. Bericht. (XIII, 493 S. m. Abb.) gr. 8. Wr.-Neustadt 902. (A. Folk.) n.n. 3. 50

Kammann, *Caspar Heinrich* [app. Arzt aus Dünne i. Westf.]: Aus d. Augenklinik zu Kiel. Beitrag zur Casuistik der Retinitis traumatica .. Kiel, Holsatia-Dr., 1893; 13 S., 1 Bl. 8.
Kiel, Med. Fak., Inaug.-Diss. v [25. März] 1893

Kammann, Max: Über Derivate des 3-5-Dinitrophenols. Weida i. Th. 1909: Thomas & Hubert. 47 S. 8°
Leipzig, Phil. Diss. v. 25. Juni 1909, Ref. Beckmann, Hantzsch
[Geb. 3. Nov 82 Holzminden; Wohnort: Braunschweig; Staatsangeh.: Braunschweig; Vorbildung: Oberrealsch. Braunschweig Reife O. 03; Studium: Braunschweig Techn. Hochsch. 6, Leipzig 6 S.; Rig. 21. Mai 09.] [U 09. 2995

Kammann, Otto, aus Hollenstedt, Kr. Harburg: Ueber Einwirkung des Chlors auf den m-Oxybenzaldehyd. *Kiel 1902: P. Peters.* (36 S.) 8°
Kiel, Phil. Diss. v. [1. Febr.] 1902

Kammann, Wilhelm, aus Osnabrück: Das Geschlechtsverhältnis der Überlebenden in den Kinderjahren als selbständige massenphysiologische Konstante und seine Beziehungen zum Geschlechtsverhältnis der Gestorbenen. *Göttingen 1900: Dieterich.* (66 S.) 8°
Göttingen, Phil. Diss. v. [10. Apr.] 1900

कामवावय (Kammavakya.) Liber de officiis sacerdotum Buddhicorum. Palice et lat. primus edid. atque adnotatt. adjec. Frid. Spiegel. Lex.-8. (3½ B.) Bonnae 841, Koenig. *

Kammblů, der Streitwagen. Eine Geschichtsstudie nebst Betrachtungen über die Eigenschaften u. den Gebrauch des Streitwagens. Taktikern u. Pferdeliebhabern gewidmet. Berlin 864. Springer'sche Buchhdlg. in Comm. gr. 16. (XI, 203 S.) 1 ℳ

Kammel's, Edm., Radfahrer-Tourenbuch v. Südbayern u. Tirol m. angrenz. Landen. 3., vollst. umgearb. u. bedeut. erweit. Aufl. 16. (248 S. m. 1 Karte.) Weilheim 897. (München, Literarisch-artist. Anstalt.) n.n. 1. 50

Kammel's, Edm., Radfahrer-Tourenbuch der Gaue zwischen Inn u. Salzach, nebst den Zufuhrstraßen v. München, Innsbruck u. Landshut. gr. 16. (VI, 111 S. m. 1 Karte.) Weilheim (900). (München, Literar.-artist. Anst.) n. 1.20

— dasselbe, von Südbayern u. Tirol m. angrenzenden Landen. 4. vollst. umgearb. u. bedeutend erweit. Aufl. 12. (XIV, 352 S.) Ebd. 901. n. 2.—

Kammel Willibald: Ueber den Einfluß der Negation im Hauptsatze auf den Modus in Substantiv-, Konsekutiv- und Relativsätzen des Mittelhochdeutschen.
D: Zeitschrift f. deutsche Philologie, Bd. XXXVI.
1903 PN 1567 Diss. Wien Univ 124

Kammel Dr. Willibald: Die Typen der Helden und Heldinnen in den Dramen Victor Hugos. 41 Prag II. d. St. R. 05.
Progr.

Kämmel, Heinrich Julius. Zittau 1882. V: *Friedrich, Edmund.* (Bibl. d. stat. Bureaus. Dresden 1890.)

Kämmel, H. J., Charakterbilder aus dem Hofleben in Versailles, } s.: Bildungs Blätter für unser Volk.

Kämmel, H. J. Der Einfluss der französischen Sprache und Literatur auf die höheren Stände Deutschlands seit der Mitte des 16. Jahrhunderts. Zittau, G., 1853. 27 S. 4.
Progr.

Kämmel, Heinr. Jul., die Entwickelung des Gottesreichs. Ein Leitfaden für d. Religionsunterricht der mittlern Gymnasialklassen. gr. 8. (5 B.) Zittau 843, Birr. *

Kämmel, Heinr. Jul., Erinnerungen an Gottfried Hoffmann, Rector in Lauban (1695—1708) und in Zittau (1708—1712). Ein pädagog. Lebensbild. gr. 8. (16 S.) Zittau 860, (Pahl'sche Buchh.) *

Kämmel, H. J. Fénelon in Versailles. Zittau, G. u. R., 1857. 4. **Progr.**

Kaemmel, Heinr. Jul., Geschichte des deutschen Schulwesens im Uebergange vom Mittelalter zur Neuzeit. Aus seinem Nachlasse hrsg. von Otto Kaemmel. gr. 8. (XI, 444 S.) Leipzig 882. Duncker & Humblot. n. 8. 40

— über den Gymnasialunterricht in der Geschichte. Ein Beitrag z. Gymnasialpädagogik. 8. Leipz. 842, Beyer. ½ ℳ

— über den Gymnasialunterricht in der Geschichte. Ein Beitrag zur Gymnasialpädagogik. 8. (6 B.) Leipzig 842. (Orthaus.)

— Lebensbilder aus dem Mittelalter. Ein Gedenkbuch zur Verständigung über die Entwickelungen, Umwälzungen, Kämpfe und Schrecken seiner spätern Jahrhunderte. 1.—6. Liefg. gr. 16. (Mit Lith.) Zittau 844, 45, Birr. à ⅛ ℳ col. à ⅙ ℳ

Kämmel, Heinr. Jul., Lebensbilder aus dem Mittelalter. Ein Gedenkbuch zur Verständigung über die Entwickelungen, Umwälzungen, Kämpfe u. Schrecken seiner spätern Jahrhunderte. Nach den besten Hülfsmitteln bearb. (Neue Titel-Ausg.) 10 Lfgn. gr. 16. (448 S. m. 18 Lith. u. 1 Stahlst.) Dresden 849. 50, Birr. (à 1½ Ngr.) ½ ℳ

Kämmel, Heinr. Jul., Johann Rusler. Bilder aus einem Lehrerleben des 16. Jahrh. gr. 8. (26 S.) Görlitz 869, (Wollmann.) *
Aus: Neues lausitzer Magazin, besonders abgedruckt.

— die Reform der Schule in Deutschland. Ein Gutachten im Auftrage der pädagog. Gesellschaft zu Zittau hrsg. gr. 8. (39 S.) Zittau 848, Pahl. *

Kämmel, Heinr. Jul., Rückblicke auf die Geschichte des Gymnasiums in Zittau. gr. 4. (56 S.) Zittau 871, (Sauer.) *

— Schilderungen aus dem Völkerleben, s. Hörsaal der Wissenschaft und Kunst, 2. Bd.

—— die Schwierigkeiten des Religionsunterrichts von dem Standpunkte einer tiefer dringenden Psychologie u. m. besond. Rücksicht auf die untern Classen der Gymnasien betrachtet. 8. (3½ B.) Budissin 842, Weller. *

—— die Stadtschulen des Mittelalters, s. Bildungsblätter für unser Volk.

Kämmel, Hnr. Juls. Die Stadtschulen des Mittelalters. Ein Beitrag zur Geschichte der Volksbildung in Deutschland. Leipzig u. London 1876. 8.
Bildungsblätter f. unser Volk. Ser. 1. H. 3. (D.)

—— die Tage von Sedan nach ihrer Bedeutung für unser Nationalgefühl, s. Bildungs-Blätter für unser Volk.

— Ludwig Uhland, s.: Bildungs-Blätter für unser Volk.

— die Unduldsamkeit und das Christenthum. Eine Mahnung zum Frieden. gr. 8. Bautzen 846, Schlüssel. ½ ₰

—— die Unduldsamkeit u. das Christenthum. Eine Mahnung zum Frieden. gr. 8. (6⅛ B.) Bautzen 846, Weller.

—— das Unterrichtswesen der Reformirten in Frankreich während der Verfolgungen des vorigen Jahrhunderts. Ein Beitrag z. Geschichte der Pädagogik. 8. (2⅝ B.) Bautzen 845, Weller.

—— wodurch kann das Haus die Thätigkeit der Schule unterstützen? Eine Schulrede. gr. 8. (16 S.) Zittau 860, (Pahl'sche Buchh.) *

Kämmel, Karl Heinrich Otto, s. Kämmel, Otto

Kaemmel, Otto, Prof. Dr., Rekt. [Der Abschied des langjährigen Vorstehers der Schule, des Oberbürgermeisters Dr. Otto Georgi, und die 'Georgistiftung'.] *Leipzig: Dürr in Comm. 1900.* (S. II—IV.) 4°
Leipzig, Nicolai-G, OP 1900 (578)

Kaemmel, Otto [Prof. Dr., Rekt.]: Abschiedsworte, gesprochen am Sarge d. Herrn Oberl. K. H. Koch am 10. Juni 1891. Leipzig, Druck v. O. Dürr, 1892; S. VIII. 4.
Leipzig, Nicolai-G, OP 1892 (538)

Kämmel, Otto Die Anfänge deutschen Lebens in Nieder-Österreich während des 9. Jahrhunderts. 40 S.
Progr. G. *Dresden-Neustadt* 1877

Kaemmel, Otto (I.), die Anfänge deutschen Lebens in Nieder-Oesterreich während des neunten Jahrh. gr. 4. (40 S. mit 1 lithogr. Karte.) Dresden 877, (v. Zahn's Verlag.) **

Kaemmel, Otto Ansprache am Sarge des Prof. Dr. [Friedrich] Traumüller. S. X—XI. 4.
Städt. Gymn. zu St. Nicolai — Nikolaischule — *Leipzig* 1907 (680).
Progr.

Kämmel, O., Beiträge zur älteren Geschichte der griechischen Kolonisation im nördlichen Klein-Asien. Pr. 1869. 59 S. 4°. 1.50

Kaemmel, Otto: Die Besiedelung des deutschen Südostens vom Anfange des 10. bis gegen das Ende des 11. Jahrhunderts. Leipzig: Dürr in Komm. 1909. 54 S. 4° ¶ [Ersch. auch als Buch ebd.]
Leipzig, st. G zu St. Nicolai OP 1909 (735) [S 09. 235

Kämmel, O., einige Blätter aus der Geschichte des Schwindels, s. Bildungsblätter für unser Volk

— Bürgerkunde f. höh. Schulen d. Königr. Sachsen. (94 S.) gr. 8. Leipzig 910. [Dürr'sche Buchh.] O. R. Reisland. 1.20

Kaemmel, Otto, Prof. Dr., Rekt. [Das Ecce für die im Kirchenjahre verstorbenen Nicolaitaner.] *Leipzig: Dürr in Comm. 1899.* (S. VI.) 4°
Leipzig, Nicolai-G, OP 1899 (571)

Kaemmel, Otto, italienische Eindrücke. 8. (VIII, 192 S.) Leipzig 895. F. W. Grunow. n. 2.40

— die Entstehung des österreichischen Deutschthums. 1. Bd. A. u. d. T.: Die Anfänge deutschen Lebens in Oesterreich bis zum Ausgange der Karolingerzeit. Mit Skizzen zur keltisch-römischen Vorgeschichte. gr. 8. (VIII, 331 S.) Leipzig 879. Duncker & Humblot. n. 7.20

Kaemmel, Otto, Prof. Dr., Rekt. [Erinnerungen an den ehemaligen Nicolaitaner Prof. Dr. Friedr. Max Müller, gest. in Oxford am 28. Okt. 1900.] *Leipzig: Dürr in Comm. 1901.* (S. V—VII.) 4°
Leipzig, Nicolai-G, OP 1901 (587)

Kaemmel, Otto [Prof. Dr., Rektor]: *Die Erinnerungsfeier für die im Kirchenjahre 1894/95 verstorbenen Angehörigen der Anstalt.* Leipzig, Druck v. C. Grumbach, 1896; IV—V S. 4.
Leipzig, Nicolai-G, OP 1896 (551)

Kaemmel, Otto [Prof. Dr., Rektor]: *Die Erinnerungsfeier für die im Kirchenjahre 1895/96 verstorbenen Angehörigen der Anstalt.* Leipzig, Kommv. d. Dürrschen Buchh., 1897; S. IV. 4.
Leipzig, Nicolai-G, OP 1897 (561)

Kaemmel, Otto: [Die Erinnerungsfeier für die im Kirchenjahre 1896/97 verstorbenen Angehörigen der Anstalt.] *Leipzig: Commv. d. Dürr'schen Buchh. 1898.* (V—VI S.) 4°
Leipzig, Nicolai-G, OP 1898 (565)

Kaemmel, Otto: [Die Feier zur Erinnerung an den vor 25 Jahren erfolgten Einzug in das jetzige Schulgebäude.] *Leipzig: Commv. d. Dürr'schen Buchh. 1898.* (I—IV S.) 4°
Leipzig, Nicolai-G, OP 1898 (565)

Kaemmel, Otto, Festrede zur Feier d. 70jährigen Geburtstages Fürst Bismarcks, geh. im Saale d. Gewerbehauses zu Dresden am 31. März 1885. gr. 8. (18 S.) Dresden 885. Höckner. — 50

Kaemmel, Otto. Ein Gang durch die Geschichte Sachsens u. seiner Fürsten. Künstlerisch ausgestattet v. E. A. Donadini. Fol. (V, 110 S. m. Textbildern, Lichtdr.-Taf. u. 2 chromolithogr. Wappentaf. als Umschlag.) Dresd. 889, W. Hoffmann. 5 —

— Gedächtnisrede auf Se. Majestät Kaiser Wilhelm. gr. 8. (15 S.) Dresden 888. Höckner. n. — 50

Zu König Alberts Gedächtniss. Ein Abriss s. Lebens. Von Otto Kaemmel. Mit 1 Portr. *Dresden: W. Baensch 1902.* (50 S.) 8° [F.] (02. 11434

— s.: Gedenkblätter z. Erinnerg. an d. Nicolaitanerfest.

Kaemmel, Otto, geschichtliche Gedenkblätter zum 50jähr. Militärdienst-Jubiläum Sr. Maj. des Königs Albert v. Sachsen, s.: Kranz, Fel., Militärdienst-Jubiläum.

—— Deutsche Geschichte. 13 Hefte. gr. 8. (VI, 1266 S.) Dresd. 889, Höckner's Sep.-Cto. à Heft * 1 —; * 13 —; geb. * 16 —

Kaemmel, Otto, deutsche Geschichte. 2., durchgeseh. u. ergänzte Aufl. 2 Bde. (VIII, 687 u. III, 608 S.) Lex.-8. Dresden 905. [C. Damm.] Leipzig, O. Spamer. Geb. in Halbfrz. n.n. 12.50

— illustr. Geschichte d. Mittelalters, s.: Spamer's illustr. Weltgeschichte.

— Illustr. Geschichte d. neuesten Zeit von d. Begründg. d. zweiten Napoleon. Kaiserreichs bis z. Gegenwart. M. 240 Text-Abb., sow. 7 Beilagen u. Karten. Lex.-8. (XI, 607 S.) Leipzig 898. O. Spamer. n. 8. 50; geb. in Leinw. n. 10. —

Kaemmel, Otto, illustrierte Geschichte der neuesten Zeit von der Begründung des zweiten Napoleonischen Kaiserreichs bis z. Gegenwart. 2., bis zur Gegenwart fortgeführte Aufl. Mit 258 Text-Abbildgn. sowie 7 Beilagen u. Karten. Lex.-8. (XII, 648 S.) Leipzig 902. O. Spamer. n. 10. —; geb. in Halbleinw. n. 12. —

— sächsische Geschichte, s.a. Sammlung Göschen.

Sächsische Geschichte. Von Prof Dr Otto Kaemmel Leipzig Göschen 1899. 160 S. 8°
(Sammlung Göschen. 100.) 109. 9934 3

Sächsische Geschichte. Von Prof Dr Otto Kaemmel 2 durchges. Aufl. Leipzig Göschen 1905 166 S. 8°
(Sammlung Göschen 100.) A12 1311

— Geschichte des Leipziger Schulwesens vom Anfange des 13. bis gegen die Mitte des 19. Jahrh., s.a. Geschichte des geistigen Lebens in Leipzig.

Geschichte des Leipziger Schulwesens vom Anfange des 13. bis gegen die Mitte des 19. Jahrhunderts (1214–1846). Von Otto Kaemmel. Mit 6 Bildn. Leipzig & Berlin Teubner 1909. XXIV, 634 S. 8°
(Geschichte d. geistigen Lebens in Leipzig.)
(Schriften d. Kgl. Sächs. Kommission f. Geschichte. 16.) 10. 941

— Geschichte der neueren Zeit, s.: Spamer's illustrierte Weltgeschichte.

— u. Edm. Ulbricht, Grundzüge der Geschichte f. die oberen Klassen der Gymnasien u. Realgymnasien. 3. Tl. gr. 8. Ebend. 886. geb. n.n. 2. 25
Grundzüge der neueren Geschichte. Von Otto Kaemmel. (VII, 303 S.)
Tl. 1 u. 2 erscheinen später.

— u. E. Ulbricht, Grundzüge der Geschichte f. die oberen Klassen der Gymnasien u. Realgymnasien. 1. u. 2. Tl. gr. 8. Ebd. geb. à n.n. 2. 25
1. Grundzüge der alten Geschichte. Von E. Ulbricht. Griechische u. römische Geschichte. Ausg. f. Gymnasien. (VI, 118 u. 112 S.) 889.
2. Grundzüge zur Geschichte d. Mittelalters. Von E. Ulbricht. (X, 310 S.) 887.

— u. Edm. Ulbricht, Grundzüge d. Geschichte f. d. ob. Klassen d. Gymnasien u. Realgymnasien. 3. Tl. gr. 8. Dresden 895. C. Damm. Geb. in Halbldr. n.n. 2. 25
Grundzüge der neueren Geschichte. Von Otto Kaemmel. 2., durchgeseh. u. gekürzte Aufl. (VI, 286 S.)

— u. Edmund Ulbricht, Grundzüge der Geschichte für die oberen Klassen d. Gymnasien u. Realgymnasien. III. Tl.: Grundzüge der neueren Geschichte v. Otto Kaemmel. 3. durchgeseh. Aufl. (VI, 285 S.) gr. 8. Dresden 905. C. Damm. Geb. in Leinw. n. 3. —

—— Grundzüge der sächsischen Geschichte f. Lehrer u. Schüler höherer Schulen. gr. 8. (IV, 72 S. m. 1 Stammtaf.) Dresd. 892, Huhle. cart. * 1 —; m. Handkarte zur Geschichte der wettin. Lande * 1 50

— Grundzüge d. sächsischen Geschichte f. Lehrer u. Schüler höh. Schulen. 2., verb. u. ergänzte Aufl. gr. 8. (IV, 72 S.) Dresden 898. A. Huhle. Kart. n. 1. —; m. farb. Handkarte z. Geschichte d. wettin. Lande. n. 1. 50

Kämmel, Otto, Johannes Haß, Stadtschreiber und Bürgermeister zu Görlitz. Ein Lebensbild aus der Reformationszeit. Gekrönte Preisschrift. gr. 8. (VII, 246 S.) Dresden 874, Burdach. *

—— Heracleotica. Beiträge zur älteren Geschichte der griechischen Colonisation im nördlichen Klein-Asien. gr. 4. (60 S.) Plauen 869, (Hohmann.) *

— Herbstbilder aus Italien u. Sizilien. 8. (VII, 364 S.) Leipzig 900. F. W. Grunow. Geb. in Leinw. n. 5. —

— vor 40 Jahren. Erinnerungen. (44 S.) Lex.-8. Leipzig 906. F. W. Grunow. n. — 60
Sonderabdruck aus: „Grenzboten".

Der Kampf um das humanistische Gymnasium. Aufsätze z. Reform d. höh. Schulwesens. Von Otto Kaemmel, Rektor in Leipzig. *Leipzig: F. W. Grunow 1901* (96 S.) 8° [F.] 1910

— d. Organisation d. höh. Unterrichts im Königr. Sachsen. [Aus: „Baumeister's Handb. d. Erziehungs- u. Unterrichtslehre f. höh. Schulen".] gr. 8. (22 S.) München 897. C. H. Beck. n. — 60

— Rom u. die Campagna, s.a. Land u. Leute. XII.

Kaemmel, Otto. Rom und die Campagna. Mit 161 Abbildungen nach photographischen Aufnahmen und einer farbigen Karte. Bielefeld u. Leipzig 1902. 187 S., 3 Tf. 1 Krt.
= Land und Leute. Monographien zur Erdkunde. Bd. 12. 8°

Rom und die Campagna. Von Otto Kaemmel. Mit 156 Abb. u. 1 Taf. 2. Aufl. Bielefeld & Leipzig: Velhagen & Klasing 1906. (194 S.) 4°(8°) [F.]
= Land u. Leute. 12. 1909

—— Sommerfahrten in den österreichischen Alpen, } s. Bildungsblätter für unser Volk

— kritische Studien zu Fürst Bismarcks Gedanken u. Erinnerungen. gr. 8. (107 S.) Leipzig 899. F. W. Grunow. n. 2. —

Kaemmel, Otto [Die Totenfeier für die im Kirchenjahre 1899/1900 verstorbenen ehemaligen Lehrer und Schüler der Anstalt.] S. IV bis VII. 4. Progr. Nikolaigymn. *Leipzig* 1901 (587)

Kaemmel, Otto: Verzeichnis der seit 1867 den Jahresberichten des Nicolaigymnasiums beigegebenen Abhandlungen. *Leipzig: Commr. d. Dürr'schen Buchh. 1898.* (1 S.) 4°
Leipzig, Nicolai-G, OP 1898 (565)

Kaemmel, Otto, Prof. Dr, Rekt. Verzeichnis der seit 1867 den Jahresberichten des Nicolaigymnasiums beigegebenen Abhandlungen. *Leipzig: Dürr in Comm. 1899.* (1 S.) 4°
Leipzig, Nicolai-G, OP 1899 (571)

Kaemmel, Otto, Prof. Dr., Rekt.: Verzeichnis der seit 1867 den Jahresberichten des Nicolaigymnasiums beigegebenen Abhandlungen. *Leipzig: Dürr in Comm. 1900.* (1 S.) 4° [Vgl. Progr. 1899.]
Leipzig, Nicolai-G, OP 1900 (578)

Kaemmel, Otto, Prof Dr, Rekt. Verzeichnis der seit 1867 den Jahresberichten des Nikolaigymnasiums beigegebenen Abhandlungen. *Leipzig: Kommv. Dürr 1903.* (S. XXXI.) 4°
Leipzig, Nikolai-G, P 1903 (618)

—— der deutsche Volkskrieg gegen Frankreich 1870 und 1871. In seinen Hauptereignissen dargestellt. 3 Bde. in 4 Abthlgn. 8. (172; 179; IV, 339 S. mit 4 Holzschntaf. in 16., 4. und qu. Fol.) Zwickau 871,72, (Döhner.)

— Was hat uns der Krieg gebracht? Rede zur Feier des Friedensfestes und des Geburtstages Sr. Maj. des Kaisers am 22. März 1871 gehalten. gr. 8. (24 S.) Plauen 871, Neupert.

— Was verdankt das deutsche Volk seinem Martin Luther? Festrede, in der Aula des königl. Gymnasiums zu Dresden-Neustadt am 10. Novbr. 1883 gehalten. gr. 8. (16 S.) Dresden 883, Höckner. *

Christian Weise, ein sächsischer Gymnasialrektor aus der Reformzeit des 17 Jahrhunderts v. Otto Kaemmel . (Der XLIV. Versammlg deutscher Philologen u. Schulmänner zu Dresden gew. v. den höh. Schulen Sachsens.) *Leipzig: B. G. Teubner 1897.* (IX, 85 S.) 1 Bd 8. [97. 555]

— d. Werdegang d. deutschen Volkes. Histor. Richtlinien f. gebild. Leser. 2 Tle. 8. Leipzig, F. W. Grunow. Geb. in Leinw. n. 5. 50

1. Das Mittelalter. (XX, 366 S.) 896. Geb. n. 2. 50
2. Die Neuzeit. (XIV, 454 S.) 898. Geb. n. 3. —

Kaemmel, Otto, der Werdegang des deutschen Volkes. Historische Richtlinien f. gebildete Leser. 2 Tle. 2., durchgesch. u. verb. Aufl. (404 S.) 8. Leipzig, F. W. Grunow. Geb. in Leinw. n. 6. —

1. Urzeit u. Mittelalter. 903. Geb. n. 2. 50
2. Die Neuzeit. (518 S.) 904. Geb. n. 3. 50

Kaemmel, *Karl Heinrich* Otto *Worte des Abschieds an den aus dem Amte scheidenden langjährigen Vorsteher der Schule, Oberbürgermeister Dr Otto Georgi.* 4 (S. II—III d. Schuln.).
Progr.

Kaemmel, Otto, Prof. Dr, Rekt. **Worte** am Sarge des Konrektors Prof. Dr (Adelbert) Gebhardt 16. Januar 1900. *Leipzig: Dürr in Comm. 1900.* (S. x.) 4°
Leipzig, Nicolai-G, OP 1900 (578)

Kaemmel, [Otto] [Worte an die Schüler bei seinem Abgange von der Schule.] S. V—VI. 4.
Städt. Gymn. zu St. Nicolai — Nikolaischule — *Leipzig* 1910 (750).
Progr.

Kämmel, Otto (II.), Jürgen Wullenwever, der große Bürgermeister von Lübeck, s. Bildungs-Blätter für unser Volk.

Kammen, H. J., Pfarrer Marcel. Erzählung nach Rud. v. Navery. Hrsg. von Frz. Thalhaus. 8. (266 S.) Aachen 863, Cremer'sche Buchh.

Kammer, die badische. Sammlung der gediegensten Reden und Vorträge aus den Verhandlungen der bad. Landstände der 1. und 2. Kammer. Von 1819 bis auf die Gegenwart. Hrsg. von Aug. Schnezler. 1. Bd. Von 1819—1831. 8. (XI und 583 S.) Karlsruhe 847, Macklot.

Kammer, Die erste, und die Juden in Sachsen. Frankfurt 1837. V: *Weil, Carl Ritter von* [?]. (WBL)

Kammer, Die hannoversche zweite, am 30. April 1864 und das englische Blaubuch. Hannover 1864. V: *Klopp, Onno.* (SWKl)

Kammer, die hannoversche zweite, am 30. April 1864 und das englische Blaubuch. 1. und 2., mehrfach veränd. Aufl. gr. 8. (35 S.) Hannover 864, Klindworth. *

Kammer, Eduard *Ansprache bei der Gedächtnisfeier am 9. März 1889 an die Abiturienten.* 4 (S. 18—19 der Schuln.).
Progr. G. *Lyck* 1889 (13).

Kammer, *Eduard* Bericht über die Feier des dreihundertjährigen Bestehens des Königlichen Gymnasiums zu Lyck. 4 (45 S.).
Progr. G *Lyck* 1888 (13).

Kammer, Ed., die Einheit der Odyssee. Nach Widerlegung der Ansichten von Lachmann-Steinthal, Koechly, Hennings und Kirchhoff. Anhang: Homerische Blätter von Lehrs. gr. 8. (VI, 806 S.) Leipzig 873, Teubner. *

Kammer, Ed., zur homerischen Frage. I. Königsberg i. Pr. 870. Hübner & Matz. gr. 8. (39 S.) n. 10 ngr.

— zur homerischen Frage. II. gr. 8. (S. 41—79.) Königsberg i. Pr. 870. Hübner & Matz. (à) n. 1. —

Kammer, Eduard Zur homerischen Frage. III. 20 S. [I. II Königsberg 1870. 1871] **Progr.** *Lyck* 1883.

Kammer, Ed. Ein ästhetischer Kommentar zu Homers Ilias. gr. 8. (VII, 344 S.) Paderb. 889, F. Schöningh. * 4 —; geb. * 5 —

Kammer, E., ein ästhetischer Kommentar zu Homers Ilias. 2., neubearb. Aufl. gr. 8. (XII, 346 S. m. 1 Lichtdr.) Paderborn 901. F. Schöningh. n. 4. —

Ein ästhetischer Kommentar zu Homers Ilias von Eduard **Kammer.** 3., neubearb. Aufl. Mit 1 Lichtdruckbilde. Paderborn: F. Schöningh 1906. (XVI, 379 S.) 8° [F.] [07. 7391 6

Kammer, Eduard, ein ästhetischer Kommentar zu Aischylos' „Oresteia". (IV, 213 S. m. 1 Lichtdr.-Taf.) 8. Paderborn 909. F. Schöningh. 3.—; geb. 4. —

Kammer, E., Karl Lehrs. Ein Rückblick auf seine wissenschaftlichen Leistungen. [Aus: „Jahresber. über die Fortschritte der class. Alterthumswissenschaft".] 8. (27 S.) Berlin 879. Calvary & Co. n. 1. —

Kammer, Ed., Porphyrii scholia Homerica emendatiora praefatione de scholiis Porphyrianis praemissa. Dissertatio inauguralis philologica. gr. 8. (V und 122 S.) Königsberg 863, (Koch.) *

Kammer, Eduard [Prof. Dr., Dir.]: Zur Schulreformfrage. Lyck, Druck v. R. Glanert, 1890; 1 Bl., 18 S. 4°
Lyck, K. G., P 1890

Kammer, Eduard Kritisch-ästhetische Untersuchungen betreffend die Gesänge MNΞO der Ilias. 8 (S. 1—105).
In Teil II der Festschrift zur Feier des 300jähr Bestehens des G. *Lyck* 1887 (zu 13).
Progr

Kammer, Ed., kritisch-ästhetische Untersuchungen betr. die Gesänge MNΞO der Ilias. gr. 8. (IV, 105 S.) Königsberg 887, Hartung'sche Verlagsdr. *

Kammer, Ed., homerische Vers- und Formenlehre zum Gebrauch in Gymnasien. gr. 8. (54 S.) Gotha 884, F. A. Perthes. *

Kammer, Ernst [aus Königsberg i. Pr.]: ... Ueber Phenaethenyloxytetrazotsäure ... Königsberg in Pr., Buchdr. v. R. Leupold, 1893; 40 S., 2 Bl. 8.
Königsberg, Phil. Fak., Inaug.-Diss. v. 31. Mai 1893

Kammer, E[ugen]: Ein Fall von Riesenzellenxanthosarkoma und über das Xanthom im allgemeinen. Emmendingen: Dölter 1909. 40 S. 8°
Freiburg i. B., Med. Diss. v. 1909, Ref. Aschoff
[Geb. 24. März 73 Moskau; Wohnort: Moskau; Staatsangeh.: Rußland; Vorbildung: Komissarowsche techn. u. Lateinsch. Moskau Reife 06; Studium: Berlin 1, Bern 3, Freiburg i. B. 5, Zürich 1, Göttingen 1, Tübingen 1 S.; Rig. 12. Febr. 09.] [U 09. 943

. *Kammer, Gustav Handkatalog der Lehrerbibliothek des Honterusgymnasiums und der damit verbundenen Lehranstalten. Erster Teil. 145 S. 8.
Honterus-Gymn. u. verb. Lehranstalten *Brassó* (*Kronstadt*) 1906.
Progr.

Kammer, J. T. jun., Beiträge zur Kenntniss des Ortho-Amido- sowie des Meta-Nitro- und Meta-Amido-Chinolin. Diss. Freiburg i. B. 1886, Fr. Wagnersche Univ.-Buchh. 8°. 44 S.

Kammer, Dr. Karl Ferdinand, Deutsche Schulgrammatik. 7., im wesentlichen unveränderte, sonach gemäß Min.-Erl. vom 4. Juli 1904, Z. 23347, allgemein zulässige Auflage. Wien 1906. Tempsky. Geb. K 2.10, geb. K 2.60.

Kammer, Otto, Lehramtsassessor: Inversionen bei Permutationen mit Wiederholung. Gießen 1905: v. Münchow. (21 S.) 4°
Gießen, Phil. Fak., Ref. Notto, Diss. v. 12 Sept. 1905
[Geb. 22. Okt. 79 Nidda; Wohnort: Alsfeld; Staatsangeh.: Hessen; Vorbildung: Realgymn. Gießen Reife O. 98; Studium: Gießen 6 S.; Rig. 9. Juni 05.]

Kammer, Paul: De praepositionum usu in inscriptionibus Magnesianis et Pergamenis.
H. 1910 PN 3034 Diss. Wien, Univ. 1674

Kammer, Rudolf —. Enthüllte Geheimnisse und Mittheilungen der berühmtesten Schachspieler aller Zeiten. Ein neuer praktischer Führer zur Meisterschaft im Schachspiel. Von — —. Mit vielen Illustrationen. 16. (154 S.) Wien. Druck von U. Klopf sen. und Alex. Eurich. Verlag von A. Wenedikt. 1854.

Kaemmer, Franziscus Thaddaeus, Werthemiensis: De gangraena pulmonum. Tur ex offic Zürch. et Furr. 1840. 23 S. 8°
Zürich, Med. Diss. v. 22. Aug. 1840.

Die graphische Reklame der Prostitution. Nach amtl. Material u. nach eignen Beobachtungen geschildert von Dr. Ludwig **Kaemmer.** 4. u. 5. Taus. (Mit Briefen von Hans Thoma u. Paul Heyse an d. Verf.) Als Ms. gedr. München: (C. H. Beck in Komm.) 1900. (52 S.) 4°(8°) [F.] [08. 1100]

Kammeral-, s. Cameral- u. Kameral-

Kammeralist, der, abgefaßt v. e. Opfer des Patriotism. 8. Leipz. Jacobäer. 785.

— d. neue, ein Buch f. Jedermann. rc. 4 Hefte. 8. Kempten, Dannheimer. 808.

Kammerberg, Der, bei Eger. O. O. 1820. V: *Goethe, Johann Wolfg. von.* (MD) (Hirzel)

Kammerbüchse, Die, für die k. k. Jäger. (Mit 1 Taf.) 8. Wien 1851.

CAMMER-Courier, Der lustige, welcher sowohl für Manns- als Frauens-Personen etwas mitbringet. 1. Visite. O. O. 1736. 8°. Sehr rar!
6 Bog. — Cat. Meissner I. p. 685. Ort u. Verleger fehlt auch im M. M. V 1736. D 4b, wo der Titel so lautet: „Der lustige Cammer-Courier, welcher sowohl für die Manns-Personen, als auch für das Frauenzimmer etwas Neues überbringet."

Kammer-Departement. — Das zu Südpreußen gehörige Posener Kammer-Departement.

Posener Kammer Departement — Das zu Süd-Preussen gehörige — nach den von Hopfgarten'schen und Sotzmann'schen Special-Kreis-Karten entworfen und nach den jezigen 17 landräthlichen Kreisen abgetheilt, auch mit den neu angelegten Post Coursen versehen. Nürnberg bey den Homänn. Erben. 1801. 1 : 400,000. 1 Bl.

Für die beleidigten Kammerdiener an den Verfasser der Schrift über den Kleiderpracht in (!) Prater. Wien 1781. 8°. 19 S.

Kammerdiener, Der weibliche; ein Lustspiel in einem Akt. Berlin 1779. V: *Bonin, Christian Friedrich Ferd. Ans. von.* (MGT) »1780« (Ky) (GGr)

Kammerdiener, der weibliche. Lstspl. (von Chr. Fr. v. Bonin). 8. Berl. 780. (Sander). 3 gr.

Kammerdiener, der weibliche,. Lstsp. 8. Berlin, Wever. 780.

[F.] Der **Kämmerei-Etat** der Kayserl. Freien Reichsstadt Nordhausen am Ausgang des 18. Jhs. Auf Grund archival. Materials zsgest. v Hermann Heineck. Tl 1 *Nordhausen: Kommv. r C Haacke; (Dr. v. O. Ebert)* **1898.** 8. [98. 106]

Kaemmerei-Etat der Stadt Paderborn für 1901—1905. O. O. u. J. 2°.
(Fortges. u. d. Tit.:)
Haushaltsplan über die ordentlichen Einnahmen und Ausgaben der Stadtgemeinde Paderborn f. d. Rechnungsj. 1906 (1. Apr. 1906 bis 31. März 1907) ff. O. O. u. J. 2°.
1906 (1906/1907)—1910 (1910/1911).

Kaemmerei-Haupt-Etat der Stadt Elbing f. d. Rechnungsj. 1900. Elbing 1900. 8°
(Fortges. u. d. Tit.:)
Haushaltungsplan für die Kämmerei-Haupt-Kasse der Stadt Elbing f. d. Rechnungsj. 1901—1905. Elbing 1901—1905. 4°
(Fortges. u. d. Tit.:)
Haushaltsplan der Stadtgemeinde Elbing f. d. Rechnungsj. 1906—1908. Elbing 1906—1908. 4°
(Fortges. u. d. Tit.:)
Haushaltspläne der Stadt Elbing f. d. Rechnungsj. 1909 ff. Elbing 1909 ff. 4°
1909. 1910.

Kaemmerei-Haushaltsplan der Stadt Halberstadt f. d. Rechnungsj. 1900—1906. Halberstadt o. J. 4°
(Fortges. u. d. Tit.:)
Haushaltspläne der Stadt Halberstadt 1907—1908. Halberstadt o. J. 4°.
(Fortges. u. d. Tit.:)
Haushaltsplan der Stadt Halberstadt 1909 ff. Halberstadt o. J. 4°.
1909. 1910.

Kaemmerei Haushaltsplaene der Stadt Bochum f. d. Rechnungsj. 1907—1910. Bochum (1907—1910). 4° *[Umschlagtit.]*
Früher u. d. T.. **Haushalts-Plan** der Kämmerei-Kasse der Stadt Bochum.

Kämmereikasseetat, der, der Residenzstadt Meiningen auf die J. 1882—1884. gr. 8. (76 S.) Meiningen 881, Brückner und Renner. *

Kämmereirechnungen der Stadt **Hamburg.** Hrsg. v. Ver. f. Hamburg. Gesch. (Hrsg.. Karl Koppmann.) Bd 1–7 *Hamburg H. Grüning (6 f. L. Gräfe & Sillem)* **1869-94.** 7 Bde 8°
1 Kämmereirechnungen von 1350–1400. 1869.
2. von 1401–1470. 1873. 3. von 1471–1500. 1878.
4. von 1482–1500. 1880. 5. von 1501–1540. 1883.
6. von 1541–1554. 1892. 7 von 1555–1562. 1894. [04. 16779]

Kammerei-Rechnungswesen

Cammerey-Rechnungswesen in Schlesien. 8. Bresl. Gehr. (ist d. 3e u. 4e Heft d. neuen Beyträge von Schlesien).

Kämmerei-Register der Stadt Riga 1348–1361 und 1405 1474. Hrsg von d Gesellsch. f Geschichte u. Altertumskunde d. Ostseeprovinzen Russlands. Bearb. von August v Bulmerincq. Bd 1. Leipzig Duncker & **Humblot 1909.** 4°
Der Univ. Leipzig z. Feier ihres 500jähr. Wirkens gewidmet von d. Gesellsch. f. Geschichte u. Altertumskunde d. Ostseeprov. Russlands in Riga. [09. 15330]

Kämmerei-Register der Stadt Wismar aus den Jahren 1326—36. O. O. [ca. 1864]. V: *Crull, Frdr.* (Bachmann, Mecklenburg. Güstrow. 1869. S. 475.)

Zwei Kämmerei-Register der Stadt Riga. Ein Beitr. z. dt. Wirtschaftsgesch. Hrsg. v. August v. Bulmerincq. Lpz. '02. XI, 279 S.

Kammerer (Hrsg.), s. Anzeiger für Schule und Lehrer.

Kammerer: Die analytische und die deskriptive Geometrie. 17 S. – Leoben, Progr 1863.

Kammerer, A., Mappe f. Fortbildungsschüler. (11 S.) 4. Bühl (905). Konkordia. nn. — 30; m. Formularen n.n. — 70

Kammerer, A., Mappe f. Fortbildungsschüler. 5. Aufl. 14 S. 34×22,5 cm. Bühl (910). Konkordia. nn — 30; Formular dazu nn — 45

Kammerer, (Prof.) Andr., Magazin für Gedächtnißübungen u. Deklamation in Schulen, nach den verschiedenen Alter u. Klassen stufenweise geordnet u. herausgegeben. kl. 8. Kempten 814.

Kammerer, Carl, s. Kammerer, Karl

Kammerer, Emil, s.: Bericht d. Wiener Stadtphysikates.

Zur Geschichte des Landschaftsgefühls im frühen achtzehnten Jahrhundert. Friedrich **Kammerer** Berlin Calvary 1909. VIII, 265 S. 8°
Ein T erschien als Inaug Diss. Berlin 1909. (10. 1310)

Kammerer, Friedr., die Licht-Intensitäts-Curven auf krummen Flächen. Lex.-8. (8 S. mit 2 Stnt., wovon 1 in Buntdr., in qu. Fol.) Wien 863, (Gerold's Sohn.) *
Aus: Sitzungsberichte der k. Akademie der Wissenschaften, besonders abgedruckt.

Kammerer, Friedrich: Studien zur Geschichte des Landschaftsgefühls in der deutschen Dichtung des frühen achtzehnten Jahrhunderts ⟨Hagedorn, Haller⟩. T. 1. 2, 1. (Gräfenhainichen 1909: Schulze.) 86 S. 8° ¶ (Ersch. vollst. b. Calvary, Berlin 1909.)
Berlin, Phil. Diss. v. 8. Mai 1909, Ref. E. Schmidt
[Geb. 25. Dez. 83 Braunschweig; Wohnort: Göttingen; Staatsangeh. Braunschweig; Vorbildung Gymn. Braunschweig Reife M. 02; Studium: Heidelberg 3, München 1, Berlin 6 S.; Rig. 21 Dez. 08.] [U 09. 207

Kammerer, Hermann [aus Pforzheim]: Metalltrennungen mit Wasserstoffsuperoxyd, ferner Versuche über die Verwendbarkeit des Ammonpersulfats als Fällungsmittel für analytische Zwecke ... Heidelberg, Univ.-Buchdr. v. J. Hörning, 1895; 33 S. 8.
Heidelberg, Naturw.-math. Fak., Inaug.-Diss. v. [29. Jan.] 1896

(Kammerer, J. B.,, Scheidewasser für Alban Stolz, oder dessen Büchlein „Wohin sollen wir gehen". Von einem katholischen Laien. Mannheim, Druck von Schneider 1874. 8. 32 S.

Kammerer, Immanuel

Kammerer, J., Bilder aus dem Missionsspital. (64 S. m. Abbild.) 8. Basel 909. Basler Missionsbuchh. — 20

— s. a. Einweihung, die, des deutschen Instituts f. ärztliche Mission in Tübingen.

Die Einweihung des Deutschen Instituts für ärztliche Mission in Tübingen am 20. Okt. 1909 ... hrsg. von ... Oberl. [Immanuel] **Kammerer**, Stuttgart Stuttgart 1909: Steinkopf. 98 S. 8° (10. 16,19)

Kammerer, J., der Heiden Elend, der Liebe Dienst. 8. (32 S. m. Abbildgn.) Basel 902. Missionsbuchh. n. — 10

— Der Heiden Elend, der Liebe Dienst. 2. Aufl. (24 S. m. Abb.) 8. Basel 909. Basler Missionsbuchh. — 10

Kammerer, Imm., Dr. William Elmslie. Missionsarzt in Kaschmir. (32 S. m. Abbildgn.) 8. Basel 903. Basler Missions-Buchh. n. — 10

— **Gedenkblätter aus dem Burenkrieg.** Gesammelt v. K. Mit Vorwort v. F. Vetter. (VIII, 248 S. m. 29 Abbildgn.) 8. Elberfeld 903. Buchh. der ev. Gesellschaft. Kart. n. 2. —; geb. n. 2. 70

— **ein treuer Knecht des Herrn.** Leben u. Wirken des Missionsarztes Dr. Eugen Liebendörfer in Kalikut (64 S. m. Abbildgn.) kl. 8. Basel 904. Basler Missionsbuchh. n. — 20

— **außer dem Lager.** Bilder aus der Aussätzigen-Mission. (56 S. m. Abbildgn.) 8. Ebd. 905. n. — 20

Kammerer, J. Eßbare Pilze, s. Schmierer, A.

— Der Sieg der Liebe. Bilder aus der ärztl. Mission unter Mohammedanern. Aus Missionsberichten gesammelt. (52 S.) 8. Ebd. 910. — 20

Deutsche Stillehre. Von Imm. **Kammerer**, Oberl. zu Stuttgart. *Stuttgart: Hobbing & Büchle 1903.* (VIII, 160 S.) 8° [J.] (03. 4515)

— Ein Tag beim Missionsarzt. 1. u. 2. Aufl. (64 S. m. Abb.) 8. Ebd. 908. 09. — 20

Kammerer, Karl

Kammerer, K., homöopath. Behandlung d. asiat. Cholera nach Sam. Hahnemann. Als die sicherste unt. d. bisher bekannten Behandlungsarten seinen Landsleuten empfohlen. 8. (3½ B.) Stuttgart 832, (Beck u. Fränkel.)

Kammerer, Karl, vergleich. Darstellung d. allöopath. u. d. homöopath. Behandl. d. sogen. Metaphlogose d. Halszellgewebes, u. ihrer Erfolge. gr. 8. (2¼ B.) Karlsruhe 837, Groos.
Aus der: Hygea, Zeitschrift f. Heilkunst, V. Bd., besond. abgedruckt.

— dass. gr. 8. Ulm ... Ebner. ⅜ ℔

Kammerer, K., die Homöopathie heilt ohne Blutentziehungen. Mit e. Vorr. v. Sam. Hahnemann. gr. 12. (3½ B.) Leipzig 834, Baumgärtner. Thlr.

Kammerer, Carl, appr. Arzt: Aus d. Med. Klinik in Tübingen. Ueber die örtliche Reaktion bei der subkutanen Tuberkulinprobe und ihre Bedeutung für die Frühdiagnose der Lungenspitzentuberkulose. Tübingen 1909: Laupp. 34 S. 8°
Tübingen, Med. Diss. v. 28. April 1909, Ref. v. Romberg
[Geb. 14. Jan. 80 Oberndorf a. N.; Wohnort: Stuttgart; Staatsangeh.: Württemberg; Vorbildung: Gymn. Rottweil Reife Sommer 01; Studium: Tübingen 6, München 2, Tübingen 3 S.; Coll. 8. März 09; Approb. 15. Aug. 08.] [U 09. 3929

—— Rede die zum Vortrage in d. Versamml. d. würtemberg. ärztl. Vereins am 30. May in Ulm bestimmt war. gr. 8. (1½ B.) Ulm 836, Ebner'sche Buchh.

Die Aufgaben des Diplom-Ingenieurs. Rede zum Antritt des Rektorates der Kgl. Technischen Hochschule zu Berlin geh. am 30. Juni 1902 von O[tto] **Kammerer.** 1902. 11 S. 4° ¶ Abgedr. in: Zeitschrift d. Vereines deutscher Ingenieure. Bd 46, Halbj. 2.

Schillers Bedeutung für das Maschinen-Zeitalter. Festrede bei der Schillerfeier der Technischen Hochschule zu Berlin geh. in der Aula am 8. Mai 1905 von **O[tto] Kammerer.** Berlin u. München: Oldenbourg 1905. 12 S. 4°
¶ Auch in: Zeitschrift d. Vereines deutscher Ingenieure. Bd 49, Halbj. 1.

Kammerer, O., Der Ersatz des Handarbeiters durch die Maschine im Bergbau. Berlin, 1910. 15 S. mit 71 Abb.

Kammerer, Hebemaschinen. (Sonderdruck.) (6 S.) 4° (Berlin 1901.)

— **ist die Unfreiheit unserer Kultur e. Folge der Ingenieurkunst? Rede, zum Geburtsfeste Sr. Maj. des Kaisers u. Königs Wilhelm II. in d. Halle d. königl. techn. Hochschule zu Berlin am 26. I. 1903 geh.** (14 S.) Lex.-8. Berlin (903.) (J. Springer.) n. — 60

Kammerer, Otto, s.: Produktivität, die, der Volkswirtschaft.

Kammerer, O, s. Schriften d. Vereins f. Socialpolitik

Kammerer, Otto: Die Technik der Lastenförderung einst und jetzt. Eine Studie über die Entwicklung d. Hebemaschinen u. ihren Einfluss auf Wirtschaftsleben u. Kulturgeschichte von [Otto] Kammerer-Charlottenburg. Mit Schmuck von O. Blümel-München.
München & Berlin: Oldenbourg 1907. VIII, 262 S. 8°

— **Die Ursachen des technischen Fortschrittes. Erweiterter Sonderabdr. aus dem 132. Bd. der Schriften d. Vereins f. Sozialpolitik. Mit 48 Schaubildern (auf 27 Taf.). (III, 34 S.) gr. 8. Leipzig 910. Duncker & Humblot.** p 1.20

Kammerer, Versuche m. Riemen- u. Seiltrieben, s. a. **Mitteilungen üb. Forschungsarbeiten auf dem Gebiete des Ingenieurwesens.**

Versuche mit Riemen und Seiltrieben. Von [Otto] **Kammerer-Charlottenburg** (Berlin J Springer in Komm. **1908.**) (132 S.) 4°(8°)
— **Mitteilungen** über Forschungsarbeiten auf d. Geb. d. Ingenieurwesens. H. 56/57 [08. 15437 7

Werkzeug und Arbeitsteilung Rede z. Geburtsfeste Sr Maj. d. Kaisers u. Königs Wilhelm II. in d. Kgl. Techn. Hochschule zu Berlin 1908 geh. von d. zeit. Rektor [Otto] **Kammerer** ([Berlin] 1908.) (16 S.) 4° [08. 4884

Ueber den Zusammenhang der Maschinentechnik mit Wissenschaft und Leben. 3. Teil der Festreden am 19. Okt. 1899 in der Festhalle der Kgl. Technischen Hochschule zu Berlin anlässlich ihrer Jahrhundertfeier von **Otto Kammerer,** Prof. 1899. 9 S. 4°
¶ Abgedr. in: Die Hundertjahrfeier d. Kgl. Techn. Hochschule zu Berlin [Nr 362]. S. 138 ff.

Kammerer, P., s.: Naturgeschichtsunterricht, der moderne.

Kammerer, P.: Ueb. Unrecht in Anseh. d. Ehre. *Landsh.*, Storno. 820. 8. (8 Gr.)

Kammerer, (P.,) üb. Unrecht in Ansehung der Ehre. 8. Landshut 820, Weber.

Beitrag zur Erkenntnis der Verwandtschaftsverhältnisse von Salamandra atra und maculosa. Experimentelle u. statist. Studie von **Paul Kammerer** Mit 1 Taf. Leipzig: W Engelmann **1903.** 102 S. 8°
Aus Archiv f. Entwickelungsmechanik. Bd 17, H. 2. 1904. [09. 17418 8

Kammerer, Paul: Beweise für die Vererbung erworbener Eigenschaften durch planmässige Züchtung. Mit 20 Abb. Berlin 1910. 52 S.
(Flugschrift der Deutschen Gesellschaft für Züchtungskunde. No 12.)

Kammerer, Pet., über Ehrenkränkungen. Vorgetragen in dem Juristenverein in München. München 863. (Lentner.) gr. 8. (24 S.) 2 ngr.

Kammerer, Pet.: Prüfung des Entwurfes zum neuen Strafgesetzb. in Hins. auf Verbrechen, Vergehen u. Uebertretungen durch Angriffe auf Ehre. *München*, Lentner. 823. 8.

Kammerer, Pet., über Schwurgerichte in Bayern. Vorzüge u. Mängel derselben. München 858. Franz. gr. 8. (12 S.) 3 ngr.

Kammerer, Wilh., Ferdinand, der taubstumme Knabe. Erzählung für die Jugend. 8. (164 S. mit 4 Stahlst.) Regensburg 872, Manz.

Kammerer, Wilh., Gehorsam über Alles. — Das Glöckchen. — Er ist verrückt. — Das große Loos, } s. Jugend- und Schul-Theater.

— der Geizhals. — Bruder Unsin. — Die Wallfahrt. — Der Holzhacker, } s. Jugend- u. Schul-theater

— Geschwisterliebe. — Der Pflegesohn. — Die Waldkapelle. — Gestörtes Stillleben, } s. Jugend- u. Schul-theater

— s. a. Jugend- u. Schultheater.

Kammerer, Wilh., Jugend- u. Schul-Theater zur Uebung im Vortrag u. Schärfung des Gedächtnisses, wie zu belehrender Unterhaltung. Für Jugend- u. Familienkreise, Bildungs- u. Erziehungs-Anstalten, Schul-Bibliotheken etc. 1–5., 8–12. Bdchn. 8. (à ca. 156 S.) Straubing 877–81. Volks- u. Jugendschriften-Verl. cart. à 1. 20

Kammerer, Wilh., Jugend- und Schul-Theater zur Uebung im Vortrag und Schärfung des Gedächtnisses, wie zur belehrenden Unterhaltung. Für Jugend- und Familienkreise, Bildungs- und Erziehungs-Anstalten, Schul-Bibliotheken etc. 1.–5. Bdchn. 8. [Regensburg 881.] Straubing, Volks- und Jugendschriften-Verlag. cart. à Bdchn.
Inhalt:
Bdchn. 1. Die geprüfte Treue. — Tischlein deck' dich! — Das Sparkassenbüchlein. — Des Vaters Erbe. — Ritter Gunder. (160 S.)
2. Die drei heiligen Schläfer. — Prinz und Goldschmied. — Der Schatz des blinden Sängers. — Der ewige Schmied. — Der Tugendheld. (171 S.)
3. Der Verwalter. — Der Diamantring. — Der Assistenzarzt. Ein Vater unser lang. (164 S.)
4. Dornröschen. — Der goldene Fuchs. — Der Rattenfänger von Hameln. – Die Krebse. — Der Hofnarr. (169 S.)
5. Doctor Wölfle. — Das Testament. — Rübezahl. — Die Camellia. — Die theuere Zeche. (156 S.)

— das Kirchweihfest. — Die Ostereier. — Ein Schulfest, } s. Jugend- u. Schul-theater

Kammerer, Wilh., im Mai. Ein Sträußchen Schneeglöckchen, Primeln u. Pfingstnelken aus dem Schwarzwald. Titelbild v. W. Hasemann. (Hrsg. v. Leonh. Freund.) (VI, 70 S.) 8. Karlsruhe (906). (F. Gutsch.) n. 1.—; geb. n. 1.50

— die Realien in der Volksschule. Ziel, Umfang und Methode des realist. Unterrichts. Nach dem Lesebuche für die kathol. Volksschulen Württembergs in Fragen und Antworten zusammengestellt. gr. 8. (96 S.) Wiesensteig 870, Schmid.

— **Rothkäppchen. — Tom. — Das stumme Kind. — Die feindlichen Brüder,** } s. Jugend- u. Schul-theate

—— Vertrau auf Gott und laß ihn walten. — Der Vetter. — Das Zauberhorn, s. Jugend- u. Schul-theater

—— das Zauberschloß. — Vater und Söhne. — Der Vampyr. — Johann, der muntere Seifensieder, s. Jugend- u. Schul-theater

—— der Zitherspieler. Erzählung für die reifere Jugend. 8. (160 S. mit 4 Stahlst.) Regensburg 876, Manz.

Freimåurerreden beim Neujahrsfest 5.·. 7.·. 72. in der ger. und vollk. Loge, der Wachsenden zu den dreien Schlüsseln in Regensburg bei Eröffnung und beim Schluss der Versammlung abgelesen von dem dermaligen vorsizenden [!] Logenmeister. [Unterz.:] K[ämmerer?]. [Regensburg]: Selbstverl. d. Loge [1772]. 16 S. 4°
13 in: Sammlung einiger Frmrreden d. L. in Regensburg. 1773.
Selten. 2 Gelegenheitsreden.

Kämmerer, über das Schwefeln des Hopfens. [Aus: „Bayer. Industrie- u. Gewerbebl."] Lex.-8. (14 S.) München 887. (Literarisch-artist. Anstalt.) n.n. —50

Kaemmerer, A., Ueberblick d. Theorien d. Geologie Werner's u. Hutton's. Hrsg. v. d. Mineralog. Gesellschaft zu St. Petersburg. Lex.-8. (1¼ B.) St. Petersburg 834, (Eggers u. Comp.) *

Kämmerer. A. A. De statu Geologiae. Dissert. inaug. Heidelbergae. 1829. 8.

Kämmerer, Alwin, s.: Empor!

Kämmerer, Carolus Erdmannus, s. Kämmerer, Karol Erdmann

Kämmerer Chr., Sammlg einfach. Ornamente f. Zimmermaler (26 T) gr4° Stuttgart

Ueber das Journal der Moden (von *Christoph Ludw. Kämmerer*). (Leipzig 1787.)
Anon.-Lex. IV. p. 201 (nach Meusel).

Kämmerer, Chph. Ldw., († d. 28. Oct. 1797.) die Conchylien im Kabinette d. Erbprinzen v. Schwarzburg-Rudolstadt. Mit 12 Kpf. u. Nachtrag mit 4 Kpf. gr. 8. Leipz. 786—91. Grasse. 2 ℛ 12 gℊ ill. 5 ℛ

— verm. Schriften über Gegenstände d. Sitten u. d. Geschmacks. 1r Bd. 8. Gotha u. Petersb. 797. (Hildesh., Gerstenberg). 16 gℊ

Kämmerer, Ed., s. Kämmerer, Ferdinand

Kämmerer, Gr., s. 1) Komposition in Wouvermanns Gemälden. 2) Oehlmalerei, die.

Kämmerer, F., Homers Hymnen, s. Homer.

F. Kämmerer, Sammlung der jetzt bestehenden Königl. Preuß. Steuergesetze, 2 Ausg., Cöln 1825.

— s. Versuche, poet., u. Uebungen.

Kämmerer, Fd., Beitr. zur Geschichte d. Theorie d. römischen Rechts. 1r Bd. 8. (Rostock) 817. Stiller. 1 ℛ

Kaemmerer, Ferd.: Beiträge zur Geschichte und Theorie des Römischen Rechts. Bd 1 Rostock u. Schwerin 1817

Kämmerer, Fd.: Beiträge z. Gemeinen u. Mecklenburg. Lehnrecht; insbesondere z. Lehre von d. Unfähigkeit d. Mantelkinder zur Lehnfolge. *Rost.*, Oeberg. (Hermann u. Langbein in *Leipzig*.) 836. 4. (2 Thl.)

Kämmerer, Ferd., Beiträge z. Lehre v. Fischdiebstahle. gr. 8. (4¼ B.) Rostock 839, Schmidtchen.

Kämmerer, Ferd., Beiträge z. Lehre v. Schlüssel- od. Heerd-Gelde. Eine Erörter. aus d. Deutschen Rechte. gr. 8. (5½ B.) Rostock 833, Oeberg u. Comp.

Kämmerer, D. Ferdinand (Professor der Rechte zu Rostock), Beiträge zur Theorie u. Geschichte des Römischen Rechts. 1. Stück. Programm zum Antritt der Professur u. zur Anzeige seiner Vorlesungen im Sommer=Semester. Güstrow (H. H. L. Ebert) 29. II. 1816. 62 S. (6.50) 17262

— kurzer Bericht von den am 31. Juli 1812 in Heidelberg zum Tod durch d. Schwerdt verurtheilten 6 Raubmördern, nebst d. nach Enthauptung von 4 Missethätern rc. gehalt. Rede v. Kirchenrath Wolf. gr. 8. Heidelb. 811. 2e A. 812. Braun. 8 gℊ

— Entwurf zu e. Handbuche d. Meklenburg. Criminalverfahrens. gr. 8. Güstrow 821. (Stiller in Rost.) 6 gℊ

— Grundriß d. Encyklopädie u. Methodologie des positiven in Deutschland geltenden Rechts. 8. Rostock 816. Stiller. 2 gℊ

— Diss. inaug. jurid. de operis novi nunciatione. 8maj. Heidelb. 807 Mohr 1 ℛ

— Observationes juris civilis. gr. 8. Rostock 827, (Dümmler in Neubrandenb.)

Kämmerer und Zöpfl, Zwei Rechtsgutachten, das Erbjungfernrecht im gräflich von Bothmerschen Fideicommisse betreffend. Heidelberg 1837. 8.

—— Untersuchung d. Frage: Ob nach Justinianeischem Recht d. Professoren d. Jurisprudenz ein Honorar zu fordern berechtigt gewesen? Zur Erläuterung d. Fr. 1. §. 7. D. de extr. cogn. (L, 13) und der C. 6. c. de Profess. (X, 52). gr. 8. (2½ B.) Güstrow 837, [Opitz u. Comp.]

—— die Vorzugsrechte d. Mecklenburg. Klöster in Concursen ihrer Schuldner. Eine Erörter. aus d. Mecklenburg. Civilrecht. 4. (10 B.) Rostock 827, (Stiller.)

Kämmerer Fr.: Ueber die Frage Warum wird die Landwirthschaft so tief unter ihrer wahren Würde geschätzt? dann Wie ist dem Mangel an Arbeitern u. besserem Zugvieh in Niederösterreich am besten abzuhelfen? Eine ökonom. Preisschr Wien 1775 103 S. 1 Tvl.

Kaemmerer, Frz., Frühroth, s. a. Vereinstheater, neues. Nr. 61.

Frühroth. Schauspiel in 1 Aufz. von Franz **Kaemmerer**. Essen-Ruhr Fredebeul & Koenen 1904. (19 S.) 8° [F.]
— **Vereinstheater**, Neues. No 61. [u6. 5768

Kaemmerer, G. Heinr., Blicke auf das Bank- und Noten-Wesen. gr. 8. (40 S.) Hamburg 872, Mauke Söhne. **

Reichsbank und Geldumlauf. Von G. H. **Kaemmerer.** *Hamburg: Dr. d. Verlagsanst. u. Dr. A.-G.;* (A. d. Umschl.: *Berlin: Puttkammer & Mühlbrecht) 1897.* (88 S.) 1 Bd 8. [97. 6380

Reichsbank und Geldumlauf. Von G. H **Kaemmerer.** 2. verm. Aufl. *Hamburg: Dr. d. Verlagsanst. u. Dr.* (a. d. Umschl.: *Berlin: Puttkammer & Mühlbrecht) 1898.* (95 S.) 1 Bd 8. [98. 809

Kaemmerer, Godofredus (Emilius Augustus) *(geb. Neiße 11.11 1819)*: De indole ac pretio codicum mss. Taciti Agricolae et editionum veterum ad Lipsium usque. Vratislaviae (1842). (63 S.) 8°
Breslau, Phil. Diss. v 2. Nov 1842

Kaemmerer, H.
Beiträge zur Geschichte der Controle der Nahrungs-, Genussmittel und Gebrauchsgegenstände in Nürnberg. Nürnberg, 1893. 8vo.

Kaemmerer, Hans, Referendar in Halle a. S.: Stellvertretung im Besitzerwerb nach römischem und gemeinem Recht. Halle a. S. 1907: C. A. Kaemmerer & Co. (XVIII, 90 S.) 8°
Leipzig, Jur. Fak., Diss. v. 1. Mai 1907
[Geb. 11. Sept. 81 Dresden; Wohnort: Halle a. S.; Staatsangeh.: Preußen; Vorbildung: Lateinische Hauptsch. Halle Reife O. 01; Studium: Greifswald, Halle; Rig. 23. Sept. 04.]

Die Zulässigkeit einer Stellvertretung im Besitzerwerb nach dem Rechte des Bürgerlichen Gesetzbuches. Unter besond. Berücks. d. röm. u. gemeinen Rechts. Von Dr. Hanns **Kaemmerer.** Halle a. S.: C. A. Kaemmerer & Co. 1908. (XV, 190 S.) 8°
[Ein T. erschien 1907 als Leipziger Inaug.-Diss. u. d. T.: Stellvertretung im Besitzerwerb nach röm. u. gemein. Recht.] [08. 13077

Kämmerer, Heinrich, a. Höchst a. Main: Über das Verhalten der Blausäure gegen Phenylisocyanat. Mit einem Anhang: Über 1,3-Diphenylpropen. München 1906: V. Höfling. (49 S.) 8°
München, Phil. Fak., Ref. v. Baeyer, Diss. v. 17. Juni 1906
[Geb. 13. Mai 81 Mannheim; Wohnort: Höchst a. M.; Staatsangeh.: Preußen; Vorbildung: Gymn. Wiesbaden Reife O. 99; Studium: Marburg 2, München 12 S.; Rig. 17. Juni 06.]

Kaemmerer, Hugo [pr. Arzt aus Schernberg]: Ueber „febrile" Albuminurie und deren Verhalten zum Fieber. . . Würzburg, k. Universitätsdr. v. H. Stürtz, 1889; 27 S. u. 1 Taf. 8°
Würzburg, Med. Fak., Inaug.-Diss. v. 1889

Kämmerer, Hugo, approb. Arzt: Ueber einen Fall von Anaemia gravis. *München 1903: C. Wolf & Sohn.* (47 S.) 8°
München, Med. Diss. v 1903

Kämmerer, Joh(ann) Bapt(ist): Das Verhalten von Salzen in und zu Benzonitril. Mainz 1910: Theyer. 34 S. 8°
Gießen, Phil. Diss. v. 10. Mai 1910, Ref. Naumann
[Geb. 2. Mai 83 Mainz; Wohnort: Mainz; Staatsangeh.: Hessen; Vorbildung: Realgymn. Mainz Reife O. 02; Studium: Berlin 2, Gießen 6 S.; Rig. 5. März 10.] [U 10. 1284

— **Johann Christoph** (Reval/Livland), De dignitate effigiata. Diss. jur. Präs. Peter Müller. Jena (Gollner) Febr. 1682. 12 Bl. (6.50) 17263

— — **Dasselbe.** Jena (Paul Ehrich) 1721. 28 S. (6.50) 17264

Kämmerer, Jh. Er. Ldw., († d. 23. Mai 1807.) Ansichten aus d. Fürstenthume Schwarzburg, s. G. M. Kraus.

— malerische Topographie vom Fürstenth. Schwarzburg, mit kurzen Beschreibb. u. ill. Kpf. 16—46 Heft. 4. ... 804—6. (NB. wenn es nicht mit Obigem identisch ist?)

— **Johann Georg** (Güstrow/Mecklenburg), De taxatione et acceptatione in solutum interimistica praediorum debitoris in concursu ad constit. ducal. Megapol. d. d. 29. I. 1646. Diss. jur. Präs. Gustav Bernh. Becmann. Götting. (Barmeier) 4. IV. 1770. 84 S. (8.—) 17265
Gew.: Carl Sibeth (Güstrow), Thomas Christoph Luger (Bützow).

Kämmerer, Johann Jakob

Kämmerer, J. J., Abhandl. üb. die Excommunication od. d. Kirchenbann. gr. 8. Mannh. 792.

— s. Argos, der Mann mit 100 Augen.

— katholisches Gebetbüchlein. 8. Zweibr. 784. 2e A. 789. Manh., Löffler. 3 ℋ

— Geschichte d. kurphälz. Oberamtsstadt Ladenburg. Mit 1 Kpf. 8. Manh. 789. Löffler. 9 ℋ

— Gottesverehr. f. Kind. 7 Bändch. 18. Ebend. 791.

— Kinderbibliothek oder Gottesverehrungen. 32. Manh. 790. Löffler. ½ ℋ

— Moral für Jünglinge. 8. Frankenthal 787. (Löffler in Manh.) 3 ℋ

Kämmerer, J. J., Moral f. Jüngl. 8. Mannheim, Löffler. 788. Rthlr.

Johann Jakob Kaemmerer

Joannes Jacob[us] Kämmerer: De Morbo coeruleo. Halae 1811: Hendel. 24 S. 8°
Halle, Med. Diss. v. 24. Aug. 1811

— die neuesten Religionsbegebenheiten in Frankreich; e. Wochenschrift. 8. Straßb. 791.

Kämmerer, Karl Erdmann

Kämmerer De Sophoclis Ajace quid statuendum videretur, breviter exposuit. 27 S.
Oels, Progr. 1847

Kämmerer: De particula sin. 17 S. – Oels, Progr 1859

Kämmerer: De particula „ sin". Zs. 31 S. – Oels, Progr. 1859,65.

Kaemmerer, C[arolus] E[rdmannus] *(geb Oels 25 1 1811)*
De particulae ὡς apud Homerum usu et significatione. Vratislaviae (1838). (46 S.) 8°
Breslau, Phil. Diss. v. 22. [vielmehr 23.] März 1838

Kämmerer, Karl Ferdinand

Kaemmerer, K. F., Compendium d. landwirthschaftl. Gewerbe und deren Bauten. gr. 8. (IV, 139 S. m. Fig.) Leipzig 897. [A. Schumann's Verl.] Berlin, Ed. Freyhoff. Geb. in Leinw. n. 4. —

— Compendium des Hochbaues. Ein Hand- u. Hülfsbuch f. Baumeister, Architekten, Ingenieure u. Techniker zum Entwerfen, Veranschlagen u. Ausführen v. Bauten. 8. (VII, 172 u. 95 S. m. 22 Abbildgn.) Halle 899. L. Hofstetter. Geb. in Leinw. n. 6. —

— Compendium d. landwirthschaftl. Hoch- u. Tiefbaues. gr. 8. (VI, 90 S. m. Fig.) Leipzig 897. Berlin, Ed. Freyhoff. Geb. in Leinw. n. 3. —

KAEMMERER, K.F.: Compendium der Land- und Forstwirthschaft, enthaltend 1. Die Nahrung der Pflanzen und der Dünger nebst einer Vorstudie: "Die Elemente der Chemie". 2. Die Gewinnung der Brennmaterialien und die land- und forstwirthschaftliche Kultur der Torfmoore. 3. Die Ziegel-, Kalk-, Gyps- und Cementbrennerei. - Leipzig 1897. VI, 145 S., m. Fig.

— Compendium d. Melioration v. Ländereien durch Be- und Entwässerg. E. Hand- u. Hülfsbuch f. Landwirthe, Grundbesitzer, Cultur-Ingenieure u. Geometer. gr. 8. (VI, 68 S. m. 83 Abb.) Ebd. 896. Geb. in Leinw. n. 2. —

— Compendium des Tiefbaues. Ein Hand- u. Hülfsbuch f. Baumeister, Architekten, Ingenieure u. Techniker zum Entwerfen, Veranschlagen u. Ausführen v. Bauten. 8. (XII, 212 u. 95 S. m. 156 Abbildgn.) Halle 899. L. Hofstetter. Geb. in Leinw. n. 6. 50

Kämmerer, Ludwig

Kaemmerer, L., die wichtigsten Baudenkmäler der Prov. Posen, s.: Graef, Paul.

Kaemmerer, Ludwig (Hrsg.), s. B e r i c h t über die Denkmalpflege in der Provinz Posen.

Kaemmerer, Ludw., Chodowiecki, s. a. Künstler-Monographien.

[F.] Chodowiecki. Von Ludwig Kaemmerer. M. 204 Abb. nach Gemälden, Radiergn u. Zeichngn. *Bielefeld & Leipzig: Velhagen & Klasing 1897* (2 Bl., 131 S.) 1 Bd 8.
= Künstler-Monographien. [Bd] 21. [97. 4501

Kaemmerer, Ludw., — Hubert u. Jan van Eyck, s. a. Künstler-Monographien.

[F.] Hubert und Jan van Eyck. Von Ludwig Kaemmerer M. 88 Abb. nach Gemälden u Zeichngn. *Bielefeld & Leipzig: Velhagen & Klasing 1898* (1 Bl., 118 S., 1 Portr.) 1 Bd 4.(8.)
= Künstler-Monographien. [Bd] 35. [98. 8806

Kaemmerer, L., die Landschaft in der deutschen Kunst, s. a. Beiträge zur Kunstgeschichte.

Kaemmerer, Ludwig. Die Landschaft in der deutschen Kunst bis zum Tode Albrecht Dürers. (Seemann's Beiträge zur Kunstgeschichte. Neue Folge IV.) Leipzig 1886. 8°.

Kaemmerer, Ludwig [aus Danzig]: Die Landschaft in der Deutschen Kunst bis zum Tode Albrecht Dürers. Studien zur Geschichte der Deutschen Landschaftsmalerei . . . Leipzig, *Pierer'sche Hofbuchdr. Stephan Geibel & Co. in Altenburg*, 1886; 2 Bl. + 107 + 1 S. 8°.
Leipzig, Phil. Fak., Inaug.-Diss. v. 2. Nov. 1886.

Kaemmerer, L., Max Liebermann. [Erweit. Abdr. aus: „Zeitschr. f. bild. Kunst".] gr. 4. (17 S. m. Abbildgn. u. 5 Taf.) Leipzig 893. E. A. Seemann's Sep.-Cto. n. 5. —

Kaemmerer, Ludw., Memling, s. a. Künstler-Monographien.

Memling. Von Ludwig Kaemmerer. Mit 129 Abb. nach Gemälden u. Zeichn. *Bielefeld & Leipzig: Velhagen & Klasing 1899.* (136 S.) 4°(8°) [F.]
= Künstler-Monographien. 39. [00. 136

Kämmerer, (Max), Prof.: Die Dielektrizitätskonstanten in ihrer Bedeutung für die Theorie der Elektrizität und in ihrer experimentellen Bestimmung. *Sondershausen 1900: F. A. Eupel.* (S. 3—21.) 4° [F.]
Sondershausen, fürstl. R, OP 1900 (774)

Kämmerer, Max: Der Held des Nordens von Friedrich Baron de la Motte Fouqué und seine Stellung in der deutschen Literatur. Rostock 1909: Adler. 135 S. 8°
Rostock, Phil. Diss. v. 26. Juli 1909, Ref. Golther
[Geb. 20. Jan. 76 Roßbach, Kr. Querfurt; Wohnort: Frankfurt a. M.; Staatsangeh.: Preußen; Vorbildung: Oberrealsch. Barmen Reife O. 97, Erg. Realgymn. Koblenz; Studium: Halle 2, Paris 1, Marburg 3 S.; Rig. 21. Juli 09.]
[U 10. 3960

Kämmerer, Max, der Held des Nordens v. Friedrich Baron de la Motte Fouqué u. seine Stellg. in d. deutschen Literatur. (Diss.) (136 S.) 8. Rostock (910). (Frankfurt a/M., M. Diesterweg.) 2. —

[F.] Kämmerer, *Max* [Oberl.]: Zur Theorie des Negativen und Imaginären. Sondershausen, Hofbuchdr. v. F. A. Eupel, 1891; S. 3—17; 4°
Sondershausen, fürstl. R, OP 1891 (713)

Kaemmerer, Paul, Tschudi's Eingriffe in 2 Bilder des Rubens. Eine Kritik. (46 S. m. 6 Abb. auf 4 Taf.) Lex. 8. München 910. E. Reinhardt. 1. 50

Kaemmerer, Paul, a. Gotha: Ueber die Reflexion und Brechung des Lichtes an inactiven durchsichtigen Krystallplatten. Stuttgart: E. Schweizerbart 1904. (162 S.) 8° ¶(Aus: N. Jahrbuch f. Mineralogie Beil.-Bd 20.)
Göttingen, Phil. Fak., Ref. Liebisch, Diss. v. 1. Dez. 1904
[Geb. 21. Apr. 80 Gotha; Wohnort: Gotha; Staatsangeh.: Sachsen-Coburg-Gotha; Vorbildung: Gymn. (Real-Abt.) Gotha Reife O. 99; Studium: Dresden T.H. 2, Jena 2, Göttingen 7 S.; Rig. 4. Mai 04.]

Kaemmerer, Thdr., Kiel? — Wilhelmshaven! Etwas v. der wahrscheinl. Kriegsbasis unserer Flotte. 1.—2. Taus. (20 S.) 8. Straubing 908. C. Attenkofer's Verl. — 30

— Der „bevorstehende" Weltkrieg als Vorläufer des Weltfriedens, s.: Demme's Sammlung volkswirtschaftl. Schriften. Nr. 2.

Kämmerer-Almanach. Historischer Rückblick auf die Entwicklung der Kämmerer-Würde… Wien [1903]. V: *Pickl v. Witkenberg, Wilh. & Frz Tippmann.* (Berl)

Kämmerer-Almanach. Historischer Rückblick auf die Entwicklg. der Kämmerer-Würde. Zusammenstellung der kaiserl. Kammerherren seit Carl V. bis zur Gegenwart. Die Geschichte der Landeserbkämmerer. Im Anh. die leb. k. u. k. Kämmerer m. ihren Titeln, Würden etc. u. Domizil. (XIV, 521 S. m. 16 farb. Taf. u. 1 Bildnis.) 12. Wien 903. (Manz.) Geb. m. Goldschn. n. 10. —

Kämmerer-Almanach. Monographie üb. d. Kämmererswürde. Von Wilh. Pickl v. Witkenberg m. Frz. Tippmann. 4. ergänzte Aufl. (XIII, 490 S. m. 17 farb. Taf.) kl. 8. Wien 908. (Volkswirtschaftl. Verlag, A. Dorn.) Geb. 5. —

Kammerforst [Schlagwort]

Kammerforst, s.: Forstkarten.

Wilhelm Arminius. Von E[rnst] Kammerhoff. Leipzig: Verl. f. Lit., Kunst u. Musik 1910. 48 S. 8°
(Beiträge z. Literaturgeschichte. H 62.) [10. 6273

Epische Dichtungen von Johann v Wildenradt. Eine Betrachtung von Ernst Kammerhoff. Hamburg: Meißner 1901 66 S. 8° [10. 8813

Johannes Dose, d. sangesfrohe Sänger d. Nordmark. Von Ernst Kammerhoff. Leipzig: Verl. f. Lit., Kunst u. Musik 1910. 92 S. 8°
(Beiträge z. Literaturgeschichte. H. 65.) [10. 13137

Kammerhoff, Ernst, Paul Gerhardt. Ein Erinnerungsblatt. Vortrag. (48 S.) 8. Glückstadt 907. M. Hansen. — 50

Hermann Anders Krüger. Von Ernst **Kammerhoff.** Leipzig: Verl. f. Lit., Kunst u. Musik 1910. 156 S. 8°
(Beiträge z. Literaturgeschichte. Hrsg.: R. Eichler. H. 72.) [11. 1536

Paul Kunad, ein Stiller im Lande der Poeten. Von Ernst **Kammerhoff.** Leipzig: Verl. f. Lit., Kunst u. Musik 1910. 67 S. 8°
(Beiträge z. Literaturgeschichte. Hrsg.: R. Eichler. H. 75.) [11. 1537

— Die Landheimat, s.: Albertl, Chr.

Charlotte Niese. Von E(rnst) **Kammerhoff.** Leipzig: Verl. f. Lit., Kunst u. Musik 1910. 74 S. 8°
(Beiträge z. Literaturgeschichte. Hrsg.: R. Eichler H. 67.) [11. 1535

Prinz Emil von Schoenaich-Carolath als Mensch und religiöser Lyriker. Von E[rnst] **Kammerhoff.** Leipzig: Verl. f. Lit., Kunst u. Musik 1909. 50 S. 8°
(Beiträge z. Literaturgeschichte. H. 63.) [10. 6274

Der Edisonakkumulator. Seine techn. u. wirtschaftl. Vorteile gegenüber d. Bleizelle. Von Meno **Kammerhoff.** Mit 94 Abb. u. 20 Tab. Berlin: Springer 1910. IV, 182 S. 8° [11. 88

Kammerhusar, Der; Schauspiel. Regensburg 1797. V: *Koller, Bened. Joseph Maria.* (Ky)

Kammerhusar, der; Schspl. (von B. J. M. Koller). 8. Regensb. 797. Montag u. W. 8 gGr

Kammerjäger, der, od. Anweis., 77 verschied. Arten schädl. Thiere zu fangen, zu vertreiben u. zu tödten. Alphabet. geordn. Ein Taschenbuch f. Jedermann. 16. (5 B.) Nordhausen 830, Fürst.

— d., od. Anweis., 77 Arten schädl. Thiere z. fangen, z. vertreiben u. z. tödten. Alphabet. geordnet. 16. Nordhausen, 1836. (Leipzig, Hentze.) — 10

Kammerjäger, der wohlerfahrne, oder wie werden Ratten, Mäuse u. Maulwürfe am sichersten durch innerlich tödtende Mittel, durch Fallen, Katzen u. andere Thiere vertilgt. Mit 1 Kupf. 8. Berl. 825, Flittner.

Kammerjäger, d. wohlerfahrne, od. wie werden Ratten, Mäuse u. Maulwürfe am sichersten durch innerl. tödtende Mittel, durch Fallen etc. vertilgt? Mit 1 Kpf. 8. Berlin, 1825. (Reimer.) — 10

Kammerjäger, der wohlerfahrene, oder wie werden Ratten, Mäuse u. Maulwürfe am sichersten durch innerlich tödtende Mittel, durch Fallen, Katzen u. andere Thiere vertilgt. Mit 1 Kpf. 8. Berl. 825. (Gander). 8 gGr

Kammerich, S., synopsis juris criminalis. 8. Frcft. Brönner. 771.

Kammerjungfer, die, wie sie sein soll. Nebst ein. Hand- u. Receptbüchlein f. alle in diesem Dienste vorkommenden weibl. Arbeiten u. erforderl. Geschicklichkeiten u. Künste. 12. (8½ B.) Weimar 843, Voigt.

Kammerjungfer, die, wie sie sein soll. Nebst einem Hand- u. Receptbüchlein f. alle in diesem Dienste vorkommenden weiblichen Arbeiten u. erforderlichen Geschicklichkeiten u. Künste. Weimar 845, Voigt. ½ Rthl

Kammerjungfer, die, wie sie sein soll, wenn sie den Pflichten ihres Dienstes und denen gegen sich selbst genügen, ihrer Stellung zu den übrigen Domestiken, namentlich auch zu den Männern, Söhnen und Freunden des Hauses klug und würdig entsprechen und ihr Glück für die Zukunft begründen will. Nebst einem Hand- und Receptbüchlein für alle in diesem Dienste vorkommenden weiblichen Arbeiten und erforderlichen Geschicklichkeiten und Künste. Den jungen rechtlichen Frauenzimmern dieses Standes mit Theilnahme gewidmet von einer Dame von Stande. 2., um 2 Bog., verm. Ausg. 12. (XVI und 235 S.) Weimar 855, Voigt.

Kammerlander, Carl, Amor, Humor, Rumor. 20 humoristische Männer-Quartette. gr. 8. (à 4—16 S.) Augsburg 881. Schmid's Verl. n. 5. —; einzeln à n. — 60; einzelne Stimmen à n. — 15

Kammerlander, Carl, Amor, Humor, Rumor. 20 humorist. Männer-Quartette. Red. v. C. K. 1. Sammlg. qu. 12. Augsburg 893. A. Schmid's Verl. n. — 50
Der Pileg'nstederl-Anstreicher. Burleske v. Joh. Ludwig. 4 Stimmen. (à 4 S.)

Kaemmerling, H., die Anlage und architektonische Ausschmückung der Treppen und Treppenhäuser. Eine Sammlung von Constructionen und Details der Treppen in den verschied. Materialien, als Holz, Stein (Werkstein und Mauerstein) und Eisen, Details der Spindeln, Traillen und Geländer. Nach ausgeführten Mustern gez. und zum Gebrauch für Architekten, Mauer- und Zimmermeister und Bauhandwerker hrsg. 1. Ausg. 3 Lfgn. 1862—65. und 2. Ausg. gr. Fol. (10 Chromolithogr. und 11 Kpfrt.) Berlin 867, Nicolai's Verlag. *

Kaemmerling, H., der Landbau. Eine Sammlung von Entwürfen aller im Landbau vorkommenden Baulichkeiten mit Berücksichtigung technischer Anlagen im Gebiet der Landwirthschaft. Unter Leitung des Baumeisters E. Titz entw. u. gez. 1—3. Liefg. Berlin (858.) Th. Grieben. Fol. Jede Liefg. von 6 lith. Bl. u. 4 S. Text n. 1 Rthl.

— der Landbau. Eine Sammlung von Entwurfen aller im Landbau vorkommenden Baulichkeiten, mit Berucksichtigung technischer Anlagen im Gebiet der Landwirthschaft. Unter Leitung von E. Titz entworfen u. gezeichnet. 4. Liefg. Berlin 860. Grieben. Fol. (6 lith. Taf. u. 3 S. Text in Lex.-8.) n. 1 Rthl

—— der Landbau. Eine Sammlung von Entwürfen aller im Landbau vorkommenden Baulichkeiten, mit Berücksichtigung techn. Anlagen im Gebiet der Landwirthschaft. Unter Leitung des E. Titz entworfen und gez. 2. Aufl. 4 Lfgn. Fol. (à Lfg. 6 Stnt. mit 4 S. Text in Lex.-8.) Berlin 863. [Leipzig, Scholtze.] à Lfg. * 1 Thlr. *

—— der Landbau. Eine Sammlung von Entwürfen aller im Landbau vorkomm. Baulichkeiten. Mit Berücksicht. techn. Anlagen im Gebiete der Landwirthschaft. Unter Leitung des Baumeister E. Titz entworfen und gezeichnet. 4 Hefte. 2. Aufl. Fol. (à Heft 6 Stnt.) Leipzig 873, Scholtze. à Heft * M 3. *

—— und A. Fricke, moderne Schaufenster, s. Fricke, A.

—— s. Titz, E., Entwürfe zu ausgeführten öffentlichen und Privat-Gebäuden.

—— der Umbau vorhandener bürgerlicher Wohngebäude für Stadt und Land. Eine Sammlung von Zeichnungen nach ausgeführten Gebäuden vor und nach deren Umbau. Mit Berücksicht. einer gewissen Auswahl derselben und Zugrundelegung der neuesten Erfahrungen auf diesem Gebiete des Civilbaues für Baumeister, Architekten, Maurer- und Zimmermeister, sowie für Bauhandwerker. Mit Beiträgen bewährter Fachgenossen. 2 Lfgn. Imp.-4. (12 Kpfrt. und 10 S. Text.) Berlin 869, Nicolai's Verlag. à Lfg. * M 5. *

—— Vorlagen für Architekten, s. Fricke, A.

—— das Wallner-Theater zu Berlin erbaut von E. Titz und H. Richter. 2 Lfgn. gr. Fol. (12 Kpfrt. und 5 Blatt Text.) Berlin 868, Nicolai's Verlag. à Lfg. * 2 Thlr. 15 Ngr. *

Kaemmerling, H., der Civilbau. Eine Sammlung von Entwürfen zu Privat-Wohngebäuden für Stadt u. Land. In Grundrissen, Façaden, Profilen u. Details für Architecten, Maurer- u. Zimmermeister, nach den verschiedensten Aufgaben u. Bedingungen zusammengetragen, bearb. u. herausg. 1--9. Liefg. (à 6 lith. u. Kpfrtaf. mit 1 Bl. Text.) Berlin 860—64. Nicolai'sche Verlhdlg. Fol. n. 14 Thlr 10 ngr.
1. Liefg. n. 2 Thlr; 2—4. Liefg. à n. 1 Thlr 15 ngr; 5. Liefg. n. 1 Thlr 25 ngr; 6--9. Liefg. à n. 1 Thlr 15 ngr.

—— der Civilbau. Eine Sammlung von Entwürfen zu Privat-Wohngebäuden für Stadt u. Land. In Grundrissen, Façaden, Profilen u. Details für Architekten, Maurer- u. Zimmermeister. 10--12. Liefg. Ebend. 865 68. Fol. Jede Liefg. (1 Chromolith. u. 5 Kpfr.-Taff. mit 1 Blatt Text.) n. 1 Thlr 15 ngr.

Kämmerling, H., der Civilbau. Eine Sammlg. v. Entwürfen zu Privat-Wohngebäuden f. Stadt u. Land. In Grundrissen, Façaden, Profilen u. Details f. Architekten, Maurer- u. Zimmermeister. 2. Bd. 1—3. Lfg. Fol. (à 6 chromolith. u. lith. Taf. u. 1 S. Text.) Berlin 873—75. Nicolai's Verl. à n. 6. —

Kaemmerling, H., der Civilbau. Eine Sammlung von Entwürfen zu Privat-Wohngebäuden für Stadt und Land. In Grundrissen, Façaden, Profilen und Details für Architekten, Maurer- und Zimmermeister. 1. Bd. 3. Aufl. 12 Lfgn. Fol. (72 Taf. in Chromolithogr. und Kpfrdr. mit Text.) Berlin 875, Nicolai'sche Verlagsh.

—— dass. — 2. Bd., s. Civilbau, der.

Kämmerling J.: Die Beziehungen des byzantinischen Reiches zum ostgothischen vom Tode Theodorich des Großen bis zu Theodats Ermordung. 17. Freiberg 77. Progr.

Kämmerling J.: Die Geschichte der Stadt Freiberg. 35. Freiberg 80. Progr.

Kammermädchen, das seltene, od. Geschichte der Lady Lucia Layton; aus d. Engl. 8. Bresl. 772. J. F. Korn. 12 gr

KAMMERMÄDCHEN, Das seltene, oder Geschichte der Lady Lucia Layton (Loyton?). (In zahmen Briefen.) Aus dem Englischen. Breslau und Leipzig, Korn sen., 1772. 8°. (In Öttingen laut Doubl.-Cat. p. 86.) (2 fl. 24 xr. Scheible, vor 1870.)

KAMMERMÄDCHEN, Das verliebte, Lustspiel von *J. B. S*****. Frankfurt und Leipzig 1754. 8°.
Von demselben Anonymus: Der witzige Lebküchner. Lustspiel. Schwabach 1754. 8°. — Goedeke III, 373, 89.

KAMMERMÄDCHEN, Das vermeinte. Lustspiel. Wien, Kurzböck, 1784. 8°. (4 ggr.)
Kayser 1836, S. 49.

Kammermädchen, d. verschlagene,. Lstsp. in 2 Aufz. v. Fielding. 8. Mannheim, Schwan. Rthlr. -

Kammermädel, d. rachgierige,. Lstsp. v. Goldoni. 8. Wien, Kraus. 764. -

Kammer-Mädgen

CAMMER-Mädgen, Das verliebte, ein Lustspiel mit 4 Aufzügen verfertigt von *J. G. S.* Frankfurt und Leipzig. 1754. 8°. 61 S. (1 Mk. E. Carlebach, Heidelb., 1894; jetzt theurer!
v. Maltzahn III. pag. 539. Bibl. Schwabii II: „Kammermägdchen".

Kammermagd, d. gutherzige,. Lstsp. v. Goldoni. 8. Ebend. 764.

KAMMERMAGD, Die verstellte. (Comödie.) Wien 1744.
Ohne Formatsangabe bei Gottsched, Vorrath.

Kammermann, C., d. neuen Zinstabellen, s.: Ammann, Frdr.

KAMMERMAYER, Ludwig (Neukirchen): De intoxicatione ex morphio. (Titel nach der Urkunde) 26.7.1856 - Urk; P 69
Diss. Ingolst.-Landsh.-Mchn.

Kammermusik, die. Zeitschrift f. Pflege d. Instrumentalmusik unt. bes. Berücksicht. d. Kammerstyls. Fachorgan der Kammermusik-Vereiniggn. Unter Red. v. A. Eccarius-Sieber. 1. u. 2. Jahrg. April 1897 — März 1899. à 15 Nrn. (à ca. 12 S.) gr. 4. Heilbronn, C. F. Schmidt. à Jahrg. 6. —
Kann auch [illegible] werden.

Kammermusik, die. Central-Organ f. Förderg. gediegener Musik-Pflege unter besond. Berücksicht. der Instrumental-, Orchester- u. Kammermusik. Ueberblick üb. das musikal. Leben unserer Zeit u. krit. Rundschau üb. die Neu-Erscheingn. der Musikliteratur. Red. v. A. Eccarius-Sieber. 3. Jahrg. April 1899—März 1900. 12 Hfte. hoch 4. (à ca. 16 S.) Heilbronn, C. F. Schmidt. n. 4. 80

— dasselbe. Rundschau üb. die Neu-Erscheingn. der Musiklitteratur. 4. Jahrg. April 1900—März 1901. 12 Hfte. hoch 4. (à ca. 16 S.) Ebd. n. 4. —

— dasselbe. Moderne Zeitschrift f. Förderg. gediegener Musik-Pflege in Haus, Konzert, Theater. Fachblatt der Kammermusik-Vereiniggn. Schriftleiter: A. Eccarius-Sieber. 5. Jahrg. Jan.—Juni 1901. 12 Nrn. hoch 4. (à ca. 14 S. m. Bildnis.) Düsseldorf. (Heilbronn, C. F. Schmidt.) n. 3. —
Weiter nicht erschienen.

Kammern, zwei, oder eine? Ein Votum aus der Provinz. 8. (13 S.) Glogau 848, Flemming's Verlag.

Kammerpräsidenten, an e. deutschen, ein deutscher Bürger (J. G. C. v. Springer.) 2 Abschnn. 1 Thlr 4 gr u. 2e Fortsetz. 1 Thlr 16 gr 8. Riga 775—77. Hartknoch in Leipz. 2 Thlr 20 gr Nachgedr. unt. d. T.: Kaiser u. Reich, Zepter u. Krummstab rc. 8. Frankf., Münch. u. Leipz. 790. u. ein Abschn. unt. d. T.: Einleit. in d. cameral. Bergwerkswissenschaft 777.

Kammerskold, L., Blenda. Romant. Heldengedicht in 5 Gesängen. Nach d. Schwed. gr. 8. Kiel 841, Schwers. n. $^{7}/_{12}$ Thlr

Blenda. Romantisches Heldengedicht in fünf Gesängen. Nach dem Schwedischen (des **L. Kammersköld**). Kiel. 1841. 8°.

Kammer-Stenograph, der. Übungsblatt für angehende Kammerstenographen. Hrsg. und Redakt.: A. P. Kühnelt. 1. und 2. Jahrg. 1865 und 1866. à Jahrg. 12 Nrn. (lithogr. Bog.) gr. 16. Wien, (Rospini.) à Jahrg. * *

—— dass. — Zeitschrift für stenographische Praxis. Hrsg. und Redakt.: C. Faulmann. 3. Jahrg. 1867. 12 Nrn. (lithogr. Bog.) gr. 16. Wien. (Leipzig, Wartig.) * *

—— Zeitschrift für stenographische Praxis. Hersg. u. Redakt.: C. Faulmann. 3--6. Jahrg. 1867—70. à Jahrg. 12 Nrn. (lith. Bgn.) Wien, (Klemm). Jeder Jahrg. n. 20 ngr.

Kammerstenograf, der. Einzige, m. stenograf. Typen gedr. Zeitschrift f. stenograf. Praxis. Organ d. ersten österreich. Stenografen-Bureaus. Hrsg u. Red.: K. Faulmann. 7—12. Jahrg. 1871 - 1876 à 12 Nrn. (B.) gr. 8. Wien, Bermann & Altmann. à n. 4. —

Kammerstenograf, der. Zeitschrift für stenografische Praxis. Organ des Wiener Stenografen-Vereins, des reichsräthlichen Stenografen-Bureaus u. d. kärnthner. Stenografen-Vereins. Hrsg. u. Red.: K. Faulmann. 13—17. Jahrg. 1877—1881. à 12 Nrn. (B.) gr. 8. Wien, Bermann & Altmann in Comm. à Jahrg. n. 4. —

— dasselbe. Hrsg. u. Red.: Gust. Edelmann. 18. Jahr. 1882. 12 Nrn. (B.) gr. 8. Ebend. n. 4. —

Kammerstenograf, der. Zeitschrift f. stenograf. Praxis. Organ d. Wiener u. kärnthner. Stenografen-Vereins. Hrsg. u. Red.: Gust. Feldmann. 19—22. Jahrg. 1883—1886. à 12 Nrn. (B.) gr 8. Wien, (Bermann & Altmann). à Jahrg. n. 4. —

Kammerstenograf, der. Zeitschrift f. die stenograf. Praxis. Organ des Wiener u. kärntner. Stenografen-Vereins etc. Hrsg. u. Red.: G. Edelmann. 23. Jahrg. 1887. 12 Nrn. (B.) gr. 8. Wien, (Bermann & Altmann.) n. 4. —
Nicht weiter erschienen.

Kammer-Zeitung. Berlin 1849. 48 Nummern. 26. Febr. bis 27 Apr. 4.

Kammerzind, J. M., Erinnerung an Jodocus Egli, Kammerer u. Leutpriester in Root. Luzern 860. Gebr. Räber. gr. 8. (18 S.) 3 ngr.

Kammeyer, Edmund [aus Bleckede (Hannover)]: Über sterilisation von catgut nebst beiträgen zu deren geschichte. . . . Berlin, Buchdr. v Gustav Schade (Otto Francke) (1890); 41 + 1 S + 1 Bl. 8°
Berlin, Med. Fak., Inaug.-Diss. v. 21. März 1890

Kammin [Schlagwort]

Kammin, s.: Flaggenkarte.

Kammler, Adolphus *(geb. Frankenstein in Schles. 14 9 1833)* Experimenta de variarum cutis regionum minima pondera sentiendi virtute. Vratislaviae (1858). (27 S.) 8°
Breslau, Med. Diss. v 13. Febr 1858

Kammler, Hermann, approb. Arzt aus Reichenau ⟨Sachs.⟩ Zur operativen Beseitigung verkäsender Lymphdrüsenschwellungen. *Leipzig 1904: B. Georgi.* (19 S.) 8°
Leipzig, Med. Diss. v (25. Jan.) 1904

Kammler, Joseph, appr. Arzt: Über die einseitige Hypertrophie der Mamma. Zwei Fälle aus der Chirurgischen Universitäts-Klinik zu Breslau. ⟨Geheimrat Prof. Dr. v. Mikulicz-Radecki †, Geheimrat Prof. Dr. Garrè.⟩ Breslau 1906: Breslauer Genossenschafts-Buchdruckerei. (31 S.) 8°
Breslau, Med. Fak., Ref. Garrè, Diss. v. 17. Nov. 1906
[Geb. 29. März 77 Halbendorf (Oppeln); Wohnort: Halbendorf; Staatsangeh.: Preußen; Vorbildung: Kgl. kath. Gymn. Oppeln Reife O. 00; Studium: Breslau 9 S.; Coll. 1. Nov. 06.; Approb. 5. April 06.]

Kammler, Wilhelm *Ferdinand* [pr. Arzt, aus Westpreussen]: Die in der chirurgischen Universitäts-Klinik zu Greifswald vom 1. Oktober 1885 bis 1 April 1891 zur Behandlung gelangten Fälle von ungünstig geheilten Frakturen. . . . Greifswald, Druck v. J. Abel, 1891; 38 S. 8°
Greifswald, Med. Fak., Inaug.-Diss. v. 13. Jan. 1891

Kämmlich, A. T. H., Paulus, der Apostel Jesu Christi. Ein Lebensbild, einzig auf dem Grunde des Neuen Testaments, für gebildete Leser entworfen. gr. 8. (111 S.) Frankenberg 881, Roßberg. *

Kämmnitz, Walter, Referendar in Lichtenberg: Die Übernahme ehemaliger Deutscher, welche eine andere Staatsangehörigkeit nicht erworben haben. Berlin 1910: Schäfer. 50 S. 8°
Erlangen, Jur. Diss. v. 29. April 1910, Ref. Rieker
[Geb. 5. März 86 Berlin; Wohnort: Berlin; Staatsangeh.: Preußen; Vorbildung: Realgymn. Berlin Reife O. 05; Studium: Freiburg i. B. 1, Berlin 8 S.; Rig. 5. März 10.] [U 10. 710

Kammrath, A., Aliquot loci Horatiani praemissa metrici argumenti disput. Gel. 1868. 31 S. 4°.

Kammrath, A., de locis aliquot Hor praemiss. metrici argum. disput. Blankenburg. 4. 32 p 1864
Schul-/Univ.-Schrift

Kammrath, A., Die griechischen Präpositionen. Pr. 1878. 25 S.

Kamner, Gustav, u. O. Netoliczka: Handkatalog der Lehrerbibliothek des Honterus-Gymnasiums u. d. damit verbundenen Lehranstalten. T. 1. 2. Brassó ⟨Kronstadt⟩ '06—07. Kronstadt, Honterus-G., P. 1905/06, 06/07.

Kamner, J. T. jun. [aus Piatra (Niamtz) Rumanien]: Beiträge zur Kenntniss des Ortho-Amido- sowie des Meta-Nitro- und Meta-Amido-Chinolin Freiburg i. B., Druck d. Fr. Wagner'schen Buchdr., 1886; 11 S. 8°.
Freiburg i. B., Phil. Fak., Inaug.-Diss. v. 1886.

Kämnitz, Walter: Die Übernahme ehemaliger Deutscher, welche eine andere Staatsangehörigkeit nicht erworben haben. Bln '10. 50 S. Jur. Diss. Erlangen.

Kamnitzer, Ernst, der gestohlene Tod. (Titel- u. Umschlagzeichnung v. Karl Köster.) (119 S.) 8. Leipzig (909). Haupt & Hammon. In Pappbd. 2. —

Kamnitzer, Ernst, der einsame Weg. (1. Buch d. Kreises. Hrsg.: Horst Engert.) (75 S.) gr. 8. Leipzig 909. Haupt & Hammon. 3.—: geb. 5. —

Kamnitzer, Hans, appr. Arzt aus Löbau ⟨Westpr.⟩: Aus d. Bonner Frauenklinik. Ein Beitrag zur Eklampsiefrage. *Köln 1904: H. Peters & Co.* (29 S.) 8°
Bonn, Med. Diss. v. [23. März] 1904

Kamnitzer, Isaac (geb. Geverswalde in Ostpr. 25. 6. 1859): Ueber die Wirkungsweise der Granatwurzelrinde. Eine pharmakologische Studie. Berlin (1883). (32 S.) 8°
Berlin, Med. Diss. v. 21. Juni 1883

Kamönenklänge aus Deutschlands Dudelsack. Von Dagobert Wahnfried. 8. (VI, 112 S.) Leipzig 882. Thiel. 1. —

Kamo No Chômei, eine kleine Hütte. Lebensanschauung. Übers. v. Daiji Itchikawa. 8. (45 S.) Berlin 902. C. A. Schwetschke & Sohn. n. 1. —

Ⓑ **Kamo No Chômei**, eine kl. Hütte. 902. (KBL 31.) Jetzt: Leipzig, M. Altmann.

Kámory, Sam., wissenschaftliche Vorträge, die auf dem Gebiete der vergleichenden Sprachwissenschaft sich bewegen. Ganz neue und eigene Forschungen des Verf., populär gehalten und für alle Gebildeten berechnet. 1. Heft. gr. 8. (II, 32 S.) Pressburg 882, (Heckenast's Nachf.) *
Nicht weiter erschienen.

Kamossa, G. Ein Schritt zur Erkenntniß der Wahrheit! Religiös-socialpolit. Studie. 8. (13 S.) Königsb. i. Pr. 890, (Gräfe u. Unzer). * — 25

Kamp. Drei patriotische Reden. Otto v. Bismarck. Wilhelm I. Wilhelm II. gr. 8. (85 S.) Oldenb. 880, Bültmann u. Gerriets. * — 50

Kamp, wider Eugen Richter und sein Gefolge, dem Hr. Propping nach seiner ausdrückl. Erklärung beitreten will! Oder liberal — nicht doktrinär! Wahlrede, gehalten am 26. Oktbr., mit Nachträgen und hrsg. vom Vorstand des nationalliberalen Wahlvereins in Oldenburg. 2. Aufl. gr. 8. (40 S.) Oldenburg 885, (Schmidt's Sortiment.)

Kamp, A. H., s. K a m p , Heinrich

Kamp, Adolf: Osmotische Untersuchungen über Erdalkalihaloide und über Alkalinitrate, -sulfate und -carbonate. Bonn 1909: Broch. 43 S. 8°
Bonn, Phil. Diss. v. 26. Mai 1909, Ref. Kayser
[Geb. 30. Apr. 86 Krefeld; Wohnort: Krefeld; Staatsangeh.: Preußen; Vorbildung: Oberrealsch. Krefeld Reife O. 05; Studium: Münster 1, München 1, Straßburg 1, Bonn 6 S.; Rig. 17. Febr. 09.] [U 09. 402

Kamp, F. S., die **Mittel** zur Verhütung der Conception. Ein neues Mittel zur Verhütg. der Schwangerschaft bei kranken u. geschwächten Frauen. Auf prakt. Anwendbarkeit, Sicherheit u. gesundheitl Einwirkgn. untersucht. 5. Aufl. gr. 8. (30 S.) München 895. Seitz & Schauer. n. 1. 50

Kamp, F. S., **moyen** préventif pour éviter la conception des femmes faibles ou malades. 4. éd. gr. 8. (22 S.) München 895. Seitz & Schauer. n. 1. 60

— eine sichere **Verhütung** syphilitischer Ansteckung (Die geschlechtl. Ansteckg., e. Mittel zu ihrer Verhütg.) gr. 8. (28 S.) Ebd. 894. n. 1. 50

Kamp, H. te, die **Gicht**, ihre Bekämpfung u. Heilung. 8. (15 S.) Fulda 901. G. Nehrkorn. n. — 40

— das Sool- u. Moor-Bad **Salzschlirf**, seine Heilfaktoren u. deren Wirkungen, m. besond. Berücksicht. der Bonifacius- u. der St.-Georgsquelle allgemeinverständl. dargestellt u. den Kurgästen freundl. gewidmet. 8. (22 S. m. 1 Taf.) Emmerich (901). (Fulda, G. Nehrkorn.) n. — 40

[F.] **Kamp**, Heinrich [Prof. Dr.]: Zur Förderung des Deutschschreibens. Wichtige Kleinigkeiten. Linden, Druck v. Gebr. Wengler, 1896; 51 S. 8.
Linden, k. Kaiserin Auguste Victoria-G, P 1896 (317)

Kamp, A. H., Schleiermacher's Gotteslehre kritisch dargestellt. Dissertation. gr. 8. (42 S.) Magdeburg 876. (Göttingen, Vandenhoeck und Ruprecht's Verlag.) *

Kamp, A. H., Dr. Martin Luthers kleiner Katechismus mit Erläuterungen u. organisch eingefügten Bibelsprüchen, als Handbuch für Schüler höherer Lehranstalten eingerichtet. gr. 8. (90 S.) Berlin 882. Mayer & Müller. n. 1. —

Kamp, H., Dr. Martin Luthers kleiner Katechismus mit Erläuterungen und Sprüchen für die Katechismusstufe, nebst einem Memorierkanon von Bibelstellen für alle Klassen der höheren Lehranstalten. 2. veränd. und 3. Aufl. gr. 8. (VI, 132 S.) Berlin 886,88, Mayer und Müller. *ℳ 1.—; geb. *

Kamp, H., Martin Luthers kleiner Katechismus m. Erläuterungen u. Sprüchen f. die Katechismusstufe, nebst e. Memorierkanon v. Bibelstellen f. alle Klassen der höheren Lehranstalten. 4. Aufl. gr. 8. (IV, 132 S.) Berlin 893. Mayer & Müller. Kart. n. 1. 20

Kamp, H., Dr. Martin Luthers kleiner Katechismus m. Erläuterungen u. Sprüchen f. die Katechismusstufe, nebst e. Memorierkanon v. Bibelstellen f. alle Klassen der höh. Lehranstalten. 5. Aufl. gr. 8. (132 S.) Berlin 902. Mayer & Müller. Kart. n. 1. 20

— s.: Nibelungen, die, metrisch übers. u. erläutert.

— s.: Nibelungen u. Gudrun in metrischer Übersetzung.

Kamp, Heinr. Nibelungenlied übersetzt. Teil I. 74 S. 8. G. *Oldenburg* 1884.
Vgl. Der Nibelungen Not in metrischer Übersetzung nebst Erzählung der älteren Nibelungensage von H. K. 2. verb. Aufl. (VIII, 199 SS.) 8. Berlin 1888, Mayer u. Müller. 2 Mk. 25 Pf.
Progr.

— s.a. Nibelungenlied, unser, in metrischer Übersetzung.

Unser Nibelungenlied in metrischer Übers. Familienausg. Von Dr. H[einrich] Kamp. Berlin: Mayer & Müller 1908. 268 S. 8° [10.40:611

—— s.a. der Nibelungen Not in metrischer Übersetzung, nebst Erzählung der älteren Nibelungensage.

Kamp, H., der Nibelungen Not in metrischer Übersetzung, nebst Erzählg. der älteren Nibelungensage. gr. 8. (VII, 188 S.) Berlin 885. Mayer & Müller. geb. n. 2. 25

Kamp, Heinrich [Prof. Dr.]: Ciceros Rede de imperio Cn. Pompei als specimen einer Schulausgabe. Linden, Druck v. Gebr. Wengler, 1894; 42 S. 8.
Linden, k. Kaiserin Auguste-Victoria-G, P 1894 (312)

Kamp, (Heinrich), Dir. Prof. Dr.: [Rede bei seiner Einführung als Direktor der Anstalt.] *Bückeburg (1902): Grimme.* (S. 29–31.) 4°
Bückeburg, fürstl. Adolfinum (G u. RPG), P 1902 (793)

Kamp, Heinr., Prof. Dr.: Zur **Textgestalt** in der 6. Auflage meiner Nibelungenübersetzung. *Linden (1900): Gebr. Wengler.* (S. 3–17.) 4°
Linden, k. Kaiserin Auguste Victoria-G, P 1900 (333)

Kamp, [Heinrich]: [Worte bei seiner Einführung als Direktor der Anstalt.] S. 29—31. 4.
Progr. Fürstl. Adolfinum. Gymn. u. Realprogymn. *Bückeburg* 1902 (793).

—— Würdigung Luthers und seiner Errungenschaften. Festrede zur Lutherfeier des Großherzogl. Gymnasiums in Oldenburg, am 10. Novbr. 1883. gr. 8. (22 S.) Oldenburg 883, Schmidt's Buchh. *

Kamp, Hermann Ad. von

—— des Kindes erster Blick in d. Welt, od. Lesebüchlein üb. Erd- u. Himmelskunde, mit besond. Rücksicht auf d. Reich Gottes, f. Volksschulen. 8. (7½ B.) Crefeld 832, Schüller.

v. Kamp, H. A., Blumenkranz, gewunden im Frühlinge meines Lebens. (Gedichte.) 8. Crefeld 824. (Frankf., Guilhaumann). (Bädeker in Essen). 1 ß

—— das Schloß und die Herrschaft Broich. Eine Sammlung geschichtlicher Merkwürdigkeiten. 1. Thl. gr. 12. (VIII und 264 S. mit 1 lithogr. Abbild. vom Schlosse Broich und dessen nächster Umgebung in qu. gr. 4.) Duisburg 852, Ewich. *

—— des lieben Kindleins erstes Buch; od. ABC- u. Lesebüchlein. M. 25 ill. Bild. 8. (2 B. u. ill. Titlvign.) Crefeld 831, Schüller.

v. Kamp, H. A., Denkmal der Liebe und Verehrung dem verewigten Könige Friedrich Wilhelm III. Ein Volksbüchlein. 3. Aufl. 12. Mühlheim a. d. R. 841, Rieten u. M. 1/6 ß

—— der Knappe Erdmann u. sein Sohn Georg, od. Bergmanns Leben, Lust u. Leid. Ein Büchl. f. Alt u. Jung. 8. (10¼ B.) Crefeld 840, Schüller.

—— Erinnerungen aus d. Reiche d. Natur u. d. Gnade. 8. (8 B.) Essen 836, Bädeker.

Kamp, H. A. v., drei Erzählungen aus d. Leben d. göttl. Kinderfreundes. Ein Geschenk f. d. Jugend. 8. (7½ B. u. Titvign.) Essen 850, Bädeker.

Kamp, H. A. van, Vater Edelmuths kindl. Erzählungen im Kreise seiner liebenden Familie. 12. (6½ B. u. 6 lith. u. col. Bild.) Wesel 838, Bagel.

—— Festlieder f. Elementarschulen, mit beigefügten bekannten u. beliebten Choral- u. Volksmelodien. 2 Hfte. 8. (5 B. u. 1¼ B. Musikbeil. Crefeld 825, 26, Schüller; Essen, Bädeker.

KAMP, H. A. v : Der Fruchthain und der Wald, oder Beschreibung der vorzüglichen einheimischen Obst- und Waldbäume, Erzählungen und Gedichte über diese, zur Belehrung und Warnung vor Baumschändern. Ein Geschenk für die Jugend. - Essen 1830. 8 1/2 Bog.

Kamp, H. A. v., Gebetbüchlein für Kinder, die den Heiland lieben. 8. (3 B. u. 1 Titkpfr.) Mühlheim 845, v. Kamp. *

—— Grüße d. Liebe u. Freundschaft. Eine Samml. Gelegenheitsgedichte f. Neujahrs-, Geburtstags-, Verlobungs- u. Hochzeitsfeste ꝛc. 8. Crefeld 835, Funcke'sche Buchh.

Kamp, Herm. Ad. v., Grüße der Liebe und Freundschaft. Eine Sammlung Gelegenheits-Gedichte für Neujahrs-, Geburtstags-, Verlobungs- und Hochzeitsfeste ꝛc. 2. verm. Aufl. 16. (IV, 136 S.) Mülheim a. d. R. 868. (Berlin, Reymann.)

Kamp, H. A. van, die Kinderwelt in d. Erholungsstunden, mit erklär. Text. qu. 4. (15 ill. Bilder u. 15 Bl. Text.) Crefeld 840, Schüller. Thlr.

—— der Landwehrmann, od. kleine zusammenhäng. Erzähln. aus d. J. 1750—1826. Zur Weckung u. Bildung vaterländ. Gefühle f. d. Jugend d. Preuß. Staates. M. 1 col. u. 6 schw. Bild. 8. (15 B.) Crefeld 832, Funcke.

—— Lautenklänge. Oder der Gedichte 2. Thl. 8. ... Essen 829, Bädeker.
„H. A. v. Kamp, Gedichte, 1. Thl. od. Blumenkranz" ꝛc. 8. Ebendas. 1824 20 Gr.

—— erstes Lautir- u. Lesebüchlein f. Schulen. Mit lith. Vorschriften. 3. Aufl. 8. Crefeld 839, Schüller. *

— erstes Lautir- u. Lesebuch für Schulen. Mit lithogr. Vorschriften. 4e Aufl. 8. Crefeld 840. Schüller. n. 1 ℋ

Kamp, H. A. v., erstes Lautir- und Lesebüchlein für Schulen. 10. Aufl. (853.) — 11. Aufl. (856.) — 12. Aufl. Crefeld (858.) Schüller. 24. (28 S.) 1¼ ngr.

Kamp, H. A. v., erstes Lautir- und Lesebüchlein für Schulen. 18. Aufl. 12. (28 S.) Crefeld 860, Schüller.

—— zweites Lautir- u. Lesebüchlein f. Schulen. Mit lith. Vorschriften. 8. Ebds. 835. *

—— zweites Lautir- und Lesebüchlein für Schulen. Mit lithogr. Vorschriften. 5. Aufl. 12. (82 und 4 lithogr. S.) Crefeld 859, Schüller.

—— Lieder f. d. Jugend. gr. 12. (7¼ B.) Essen 830, Bädeker.

KAMP, H. A. v. *Natur und Menschenleben.* Drei Erzählungen für Kinder zur Unterhaltung, Belehrung und Warnung von H. A. von Kamp, Essen, G. D. Badeker. [1830]. 112 S. m. 1 handkolor. Holzschnittvign. 12°. Pappbd. 9 —

— Neujahrsbüchlein für Kinder. 8. Crefeld ... Schüller. In Dutzend. 12 ℋ

—— die Sänger im Frühlingshaine, od. Beschreib. d. vorzügl. einheim. Sangvögel, Erzähln. u. Gedichte üb. dies., z. Belehr. u. Warnung vor Mißhandlung d. Vögel u. ihrer Brut. Ein Geschenk f. d. Jugend. 1. Aufl. (6¼ B. u. 1 Vign.) Wesel 823. 8 Gr. (Neue, verm. Ausg.) Mit e. Vorw. v. F. A. Krummacher. 8. (8½ B.) Essen 830, Bädeker.

— der jugendliche Sängerchor, s. W. Nedelmann.

—— der jugendl. Sängerchor. Eine Auswahl aus d. Liedern f. d. Jugend. Drei- u. vierstimmig in Musik gesetzt f. d obern Klassen d. Elementarschulen u. f. d. Familienkreis, v. W Nedelmann. 1—3. Hft. gr. 8. (à 6 B.) Essen 830, 31, Bädeker a

—— die Wege d. Herrn mit verlass. Kindern. Eine Schrift f. d. Jugend. Nebst e. Titkpfr. v. W. v. Kügelgen. gr. 12. (4¾ B.) Essen 833, Bädeker.

—— Winterblümchen. Erzähln. f. d. Jugend, auch f. d. kindl. gesinnte Alter. M. (4) Kpfr. v. W. v. Kügelgen. gr. 16. (8½ B.) Essen 832, Bädeker.

Leben der Heiligen nebst praktischen Lehren fur das christ-katholische Volk mit besond. Berücks. d. bekannteren, d. deutschen u. d neueren Heiligen von H[ermann] J[osef] Kamp, Oberpfarrer 2. Aufl. Dülmen A Laumann 1904. (736 S.) 8° [F.]
Neue Aufl. von: Kieffer, J. Leben d. Heiligen. 1904. 3033 B

— Namen- u. Sachregister, s.: Wetzer u. Welte's Kirchenlexikon.

[F.] St. Rochusbüchlein. Lebensgeschichte d. grossen Patrons gegen d. Pest u. andere ansteckende Krankhtn nebst Andachtsübgn z. Erflehg s. Schutzes v. Herm. Jos. Kamp, Pfarrer d. Erzdiöc Köln *Dülmen i. W.: L. Laumann 1897.* (1 Bildert., IV, 284 S., 1 Taf.) 1 Bd 8. 1898. 3810

Kamp, Herm. Jos., sieh auf uns, erbarme Dich! Betrachtungs- u. Gebetbuch zur Verehrg. des bittern Leidens u. Sterbens unsers Herrn Jesu Christi. Nach den Betrachtgn. der gottsel. Anna Katharina Emmerich bearb. 16. (XVI, 560 S. m. farb. Titel u. 1 Stahlst.) Dülmen 901. A. Laumann. Geb. in Leinw. n 1. 60

Kamp, J., Konkursrecht m. nebenstehendem Gesetzestext, s. a. Sammlung kurzgefaßter, übersichtl. Darstellgn. d. wichtigsten Lehrstoffes zur Vorbereitung f. das erste juristische u. das Doktorexamen. I.

Konkursrecht mit nebenstehendem Gesetzestext von J. Kamp. Berlin: E. Weber 1910. 145 S. 8°
(Sammlung kurzgefaßter, übersichtl. Darstellungen d. wichtigsten Lehrstoffes z. Vorbereitung f. d. erste jurist. u. d. Doktorexamen. Bd 1) 1917. 3186

— Strafprozeßakten z. Einführg. in die Prozeßpraxis, s: Weiß, R., Strafprozeßrecht.

te Kamp, Ja (geb. Emmerich 1828) De placenta praevia Berolini (1854) 32 S.) 8°
Berlin. Med. Diss. v 23 Aug. 1854

Kamp, Joh. Heinr. van de, bereite deine Seele zum Gebete vor! Sirach 18, 23. Kathol. Unterrichts- und Gebetbuch zum Nutzen aller Stände. 2., verb. und verm. Aufl. 12. (XVI und 320 S. mit 1 Stahlst.) Münster 847, Coppenrath'sche Buchh.
Fein Pap.

Kamp, Joh. Heinr. van de, Betrachtungen üb. die in der Leidensgeschichte des Herrn vorkommenden Personen. Nebst einer Charfreitagspredigt. 8. (7¾ B.) Münster 842, Coppenrath'sche Buchh.

—— der katholische Christ, eingeführt in den Geist des Gottesdienstes seiner heil. Kirche, und betend in ihrem Sinne. Ein vollständ. Unterrichts- und Gebetbuch für die verschied. Zeiten und Feste des kathol. Kirchenjahres. 8. (XII und 532 S. mit 1 Stahlst.) Münster 849, Coppenrath'sche Buchh. -
Fein Pap.

Kamp, Joh. Heinr. van de, der katholische Christ, eingeführt in den Geist des Gottesdienstes seiner heil. Kirche, und betend in ihrem Sinne. Ein vollständiges Unterrichts- und Gebetbuch für die verschiedenen Zeiten und Feste des kathol. Kirchenjahres. 2., verm. und verb. Aufl. 8. (XX und 572 S. mit 1 Stahlst.) München 853, Coppenrath'sche Buchh. Ausg. Nr. III. –

—— dreißig kurze Frühpredigten über die Erziehung der Kinder von Seiten der Eltern nebst einer Predigt am Communiontage der Kinder über d. Worte: „Was wird aus diesem Kinde werden?" ꝛc. 12. (7½ B.) Münster 844, Coppenrath'sche Bh. *

Kamp, Joh. Heinr. van de, Gebet- und Erbauungsbuch für die heranwachsende Jugend. Eine Mitgabe für's Leben, welche erwachsene Christen auch gebrauchen können als Pilgerstab durch's Leben. 6. verb. Aufl. 16. (XVI, 592 S. mit 1 Stahlst.) Dülmen 879, Laumann'sche Verlagsh.
geb. *ℳ 1,50. bis *

Kamp, J. H. van de, Gebet- und Erbauungsbuch für die heranwachsende Jugend. Eine Mitgabe für's Leben, welche erwachsene Christen auch gebrauchen können als Pilgerstab durch's Leben. 7. verb. Aufl. 16. (XX, 559 S. mit 1 Stahlst.) Dülmen 881, Laumann'sche Verlagsh. *
geb. von *ℳ 2 bis *

Kamp, J. H. van de, Gebet- und Erbauungsbuch für die heranwachsende Jugend. Eine Mitgabe für's Leben, welche erwachsene Christen auch gebrauchen können als Pilgerstab durch's Leben. 8. verb. Aufl. 16. (VIII, 576 S. mit 1 Holzschn.) Dülmen 885, Laumann'sche Buchh. *

—— dass. — Auf's Neue durchges. und bearb. von Th. Beining. 9. Aufl. 16. (VIII, 510 S. mit 1 Stahlst.) Ebendas. 888. *
geb. *

Kamp's, J. H. van de, Gebet- u. Erbauungsbuch f. die heranwachsende Jugend. Eine Mitgabe für's Leben, welche erwachsene Christen auch gebrauchen können als Pilgerstab durch's Leben. Auf's Neue durchgesehen u. bearb. v. Th. Beining. 10. Aufl. 16. (VIII, 558 S.) Dülmen 890. Laumann. n. 1. —; geb. n. 1. 50

Kamp's, J. H. van de, Gebet- u. Erbauungsbuch f. die heranwachsende Jugend. Eine Mitgabe für's Leben, welche erwachsene Christen auch gebrauchen können als Pilgerstab durch's Leben. Aufs Neue durchgesehen u. bearb. v. Th. Beining. 11. Aufl. 16. (VIII, 560 S. m. 1 Stahlst. u. farb. Titel.) Dülmen i/W. 891. A. Laumann. n. 1. —; geb. in Leinw. n. 1. 60

Gebet- und Erbauungsbuch für die heranwachsende Jugend sowie zum Gebr. f. erwachsene Christen als Pilgerstab durch's Leben. Von J[ohann] H[einrich] van de **Kamp**. Neu durchges. u. bearb. von Th[eodor] Beining 13. Aufl. *Dülmen i. W.: A. Laumann 1899.* (VIII, 560 S.) 8° [F.] [00. 6405 6

Gebet- und Erbauungsbuch für die heranwachsende Jugend sowie z. Gebr. f. erwachsene Christen als Pilgerstab durch's Leben. Von J[ohann] H[einrich] van de **Kamp**. Neu durchges. u. bearb. von Th[eodor] Beining. 14. Aufl. Dülmen: A. Laumann 1904. (VIII, 568 S.) 8° [05. 1891 6

— Himmels-Rosen. Vollständiges Gebet- u. Andachtsbuch für katholische Christen. 2. Aufl. 24. (512 S. m. 1 Stahlst.) Ebend. 882. n. 1. —; geb. von n. 1. 50 bis n. 8. —

— Himmels-Rosen. Vollständiges Gebet- u. Andachtsbuch f. kathol. Christen. 5. Aufl. 16. (VIII, 528 S. m. 1 Stahlst. u. farb. Titelbl.) Ebd. 893. 1. 20

**Kamp, J. H. van de, Himmels-Rosen. Gebet- u. Andachtsbuch f. kathol. Christen. 6. u. 7. Aufl. 16. (à XVI, 464 S. m. farb. Titel u. 1 Stahlst.) Ebd. 898.
Geb. n. — 75**

Himmels-Rosen. Gebet- u. Andachtsbuch für kath. Christen. Von J[ohann] H[einrich] van de **Kamp**, Pfarrer. 8. Aufl. *Dülmen: A. Laumann 1902.* (XVI, 464 S.) 8° [F.] [03. 2:46

Himmels-Rosen. Gebet- u. Andachtsbuch f. kath. Christen. Von [Johann Heinrich] van de **Kamp**. 9. Aufl. Dülmen: A. Laumann 1905. (XVI, 464 S.) 8° [F.] [06. 13029 6

Himmels-Rosen. Gebet- u. Andachtsbuch f. kath. Christen. Von [Johann Heinrich] van de **Kamp**. 10. Aufl. Dülmen: A. Laumann 1905. (XVI, 448 S.) 8° [F.] [06. 13048 6

Kamp, J. H. van de, das fromme und fröhliche Kind in seinen Gebeten und Gesängen. Ein Gebet- und Gesangbüchlein für die liebe Jugend. 32. (288 S. mit 1 Stahlst.) Dülmen 870, Laumann'sche Verlagsh. geb.

—— das fromme und fröhliche Kind in seinen Gebeten und Gesängen. Ein Gebet- und Gesangbüchlein für die liebe Jugend. 2.—7. Aufl. 24. (IV, 231 S. mit 1 Stahlst.) Ebendas. 872—82. geb. *

Quelle der Barmherzigkeit. Andachtsbuch f. kath. Christen. Von J. H. van de **Kamp**, Pfarrer Dülmen A. Laumann 1906. (VII, 470 S.) 8° [F.] [08. 9813

— der Raphael auf dem Lebenswege. Lehren und Ermahnungen für Söhne und Töchter, Jünglinge und Jungfrauen, zur Bewahrung des Glaubens und der Reinheit des Herzens. Nebst Anleitung zu einem christl. Leben. 1. und 2. Aufl. (92 S. mit 1 Holzschn.) 1881; 3. Aufl. 16. (88 S. mit 1 Holzschn.) Ebendas. 884. *

— der Rafael auf dem Lebenswege. Lehren u. Ermahnungen f. Söhne u. Töchter, Jünglinge u. Jungfrauen, zur Bewahrung des Glaubens u. der Reinheit des Herzens. Nebst Anleitung zu e. christl. Leben. 6. Aufl. (126 S. m. Titelbild.) 16. Ebd. 905. Geb. in Leinw. n. — 40

—— katholisches Unterrichts- und Gebetbüchlein für die liebe Jugend, welches auch erwachsene Christen mit Nutzen gebrauchen können. 12. (X und 218 S. mit 1 Stahlst.) Münster 848, Coppenrath'sche Buchh.

—— Volkspädagogik, d. h.: Allgemein verständliche Erziehungslehre nach den Grundsätzen der kathol. Kirche für Eltern, geistliche und weltliche Erzieher, so wie für einen Jeden, dem Jugendbildung und Menschenwohl am Herzen liegt. gr. 8. (XV und 314 S.) Münster 853, Coppenrath'sche Buchh.

Kamp, Joseph

Kamp, J.: Die epigraphischen Anticaglien in Köln. 17 S. – Köln Fr. W, Progr. 1869.

Kamp, Jos., die epigraphischen Anticaglien in Köln. gr. 4. (17 S. mit eingedr. Holzschn.) Köln 869, Heberle.

Kamp, J., ein Ganymed-Torso in Köln. — Hylas, f. a. Festschrift zur Feier des 50jähr. Bestehens des königl. Friedrich-Wilhelms-Gymnasiums zu Köln.

Kamp, J., Ein Ganymed-Torso in Köln. Hylas. Pr. 1875. 5 S. 1 T. 4°.

—— bei den französischen Kriegsgefangenen. Mittheilungen aus rhein. Lagern. gr. 8. (95 S.) Stuttgart 874, Kirn. *

Kamp, Iosephus ⟨geb. am 9 Dez. 1840 in Merzenhausen bei Jülich⟩: De Ptolemaei Philadelphi pompa Bacchica ... Bonnae, typ. expr. P. Neusser 1864. 2 Bl., 32 S., 1 Bl. 8. ¶ Erschien zugleich selbständig bei Cohen & Sohn in Bonn.

Bonn, Phil. Fak., Diss. v. 18 März 1864

Kamp, Karl: „Von den Hofhörigen oder Hausgenossen, als Beytrag zur Lehre des Osnabrückischen Eigenthumsrechts", Osnabrück 1792. — Vorh.: Bibl. des Oberlandesgerichts Celle — (1 an Md. 401).

Die Arbeiterschutzgesetze des Deutschen Reiches. Schulgemässe Darstellung d. Bestimmungen dieser Gesetze nebst Aufgaben Für d. prakt. Gebr in Schulen u. Vereinen bearb. von K[aspar] Kamp, Rektor in Bochum. Erg.-H. zu jedem Schul-Rechenbuche. 1. Aufl. *Hamm i. W.: Breer & Thiemann 1901.* (24 S.) 8° [F.]

Beruf und Leben als Ankläger der heutigen Volksschule. Ein Wort z. gerechten Würdigung d. Volksschulleistungen. Von K[aspar] Kamp. Arnsberg: J. Stahl in Komm. 1907. (88 S.) 8° [F.]

Diktate in Aufsatzform für Unter-, Mittel- und Oberstufe im Anschluss an d. gebräuchlichsten Volksschullesebücher. Für d. Hand d. Lehrers bearb. von K[aspar] Kamp, Rektor in Bochum [&] F. Kraume, Hauptlehrer in Gelsenkirchen. *Arnsberg: J. Stahl 1903.* (94 S.) 8° [F.]

Diktate in Aufsatzform für Unter-, Mittel- und Oberstufe im Anschl. an d. gebräuchlichsten Volksschullesebücher Für d. Hand d. Lehrers bearb. von K[aspar] Kamp, Rektor, [&] F. Kraume, Hauptlehrer. 2 Aufl. Arnsberg: J. Stahl 1905. (95 S.) 8° [F.]

Ergänzungsheft zu jedem Schul-Rechenbuche. Das Invalidenversicherungsgesetz vom 13. Juli 1899. Für Volks- u. Fortb.-Schulen bearb. von K Kamp. *Hamm i. W.: Breer & Thiemann 1900.* (16 S.) 8° [F.]

Ergänzungsheft zu jedem Schul-Rechenbuche. Das Invalidenversicherungsgesetz vom 13. Juli 1899. Für Volks- u. Fortbildungs-Schulen bearb. von K[aspar] Kamp, Rektor in Bochum .. 4. Aufl. *Hamm i. W.: Breer & Thiemann 1900.* (16 S.) 8° [F.]

Erg.Heft zu jedem Schul-Rechenbuche Das Invalidenversicherungsgesetz vom 13. Juli 1899. Für Volks- u. Fortbildungs-Schulen bearb. von K[aspar] Kamp, Rektor in Bochum. 7 Aufl. *Hamm i. W. Breer & Thiemann 1902.* (16 S.) 8° [F.]

Kamp, K., s.: Führer durch das Volksschullesebuch.

— Heimatkunde der Kreise Bochum ꝛc., s.: Stein.

Jeder mit eigener Feder! Ein prakt. Beitrag von Schülerarbeiten z. gegenwärt. Aufsatzbewegung von K[aspar] Kamp, Rektor, [&] B. Kleff, Hauptlehrer Dortmund Amedick 1907. XIV, 358 S. 8°

— das Invalidenversicherungsgesetz v. 18. VII. 1899. Für Volks- u. Fortbildungs-Schulen bearb. 1. Tl.: Schulgemäße Darstellg. der Bestimmgn. des Gesetzes, soweit deren Kenntnis nützlich u. f. die Berechngn. notwendig ist. 2. Tl.: Aufgaben unter Berücksicht. der verschiedensten Verhältnisse. 7. Aufl. 8. (16 S) Hamm 902. Breer & Thiemann. n.n. — 05

Kamp, K., neues Realienbuch f. Schule u. Haus. Mit zahlr. Bildern, Karten u. Plänen. Ausg. A: Für kath. Schulen. (XVI, 582 S.) gr. 8. Bochum 908. Verlag d. Hermann-Hubertus-Stiftg. Geb. 1. 80

Rechnen fürs Leben. Aufgabensammlung f. Oberklassen d. Volksschule u. Fortbildungsschulen. Als Erg.H. zu jedem Rechenbuche im Sinne d. Ministerial-Erlasses v. 31 Jan. 1903 bearb. von K[aspar] Kamp, Rektor, u. J. Kemper, Hauptlehrer Bochum J. Braun in Komm. 1904. (47 S.) 8° [F.]

Kamp, K., s.: Schematismus katholischer Lehrer u. Lehrerinnen Westfalens.

[F.] Für Schule und Leben! Zsgst. f. d. Oberklassen d. Volksschulen u. f. Fortbildgssch. v. K[aspar] Kamp *Arnsberg: J Stahl 1898* 1 Bd 8.

— W. Fleitmann, F. Marke, Sprachschule. Hilfsbuch im Dienste des Deutschunterrichts der Volksschule m. dem Lesebuche als Mittelpunkt. Lehrerausg. Mittel- u. Oberstufe. gr. 8. Arnsberg, (J. Stahl). Geb. in Leinw. n.n. 3 40
Mittelstufe. (3. u. 4. Schulj.) (XIV, 95 S.) 904. n.n. 1. 40
Oberstufe. (5.—8. Schulj.) (XVI, 203 S.) 904. n.n. 2. —

— — — dasselbe. Uebungsbuch im Dienste des Deutschunterrichts der Volksschule m. dem Lesebuche als Mittelpunkt. Schülerausg. Mittelstufe u. Oberstufe I. u. II. Tl. gr. 8. Ebd. n.n. 1. —; in 2 Heften n.n. — 90
Mittelstufe. (3. u. 4. Schulj.) (71 S.) 904. n.n. — 30
Oberstufe I. Tl. (5. u. 6. Schulj.) (88 u. XIX S.) 904. n.n. — 35
Oberstufe II. Tl. (7. u. 8. Schulj.) (S. 89—159.) 904. n.n. — 35; I. u. II. Tl. in 1 Hefte. n.n. — 60

— — — dasselbe. Schülerausg. B. Für einfache Schulverhältnisse. Mittel- u. Oberstufe. (3.—8. Schulj.) (110 S.) gr. 8. Ebd. 904. n.n. — 40

— — — kleine Sprachschule f. Volksschulen. Uebungsbuch im Dienste des Deutschunterrichts m. dem Lesebuche als Mittelpunkt. Schülerausg. C. (3.—8. Schulj.) (66 u. XXII S.) 8. Ebd. 905. n.n. — 30

— Volldampf voraus, s.: Holschen, Gerh.

Märchenzauber. Hübsche Märchen f. Kinder von Kornelia Kamp. *Mülheim a. d. Ruhr: J. Bagel [1898].* (79 S.) 8° [F.]

Kamp, L. (Hrsg.), s. Concordia.

Kamp, Mauritius ⟨geb. am 3 Juli 1833 in Elberfeld⟩: De Lycopodio Chamaecyparisso dissertatio chemica ... Bonnae, form. I. F. Carthausii (1856). 28 S., 1 Bl. 8.
Bonn, Phil. Fak., Diss. v. 13 [nach d. Akten v. 15] Aug. 1856

Kamp, Otto: Die Abend-Haushaltungsschule in Frankfurt am Main, als prakt. Lösung einer sozialen Aufgabe. — Berlin: Liebmann 1890. VIII, 78 S. 8°

Kamp, Otto, Armeleutslieder. 3., durchgeseh. Aufl. 12. (VII, 135 S.) Frankfurt a/M. 888. Gebr. Knauer. n. 2. —

Aura, filia und andere Studentenlieder. Von Otto Kamp. Die Melodien zu d. Liedertexten sind im Anh. vermerkt. *Bonn: C. Georgi 1903.* (40 S.) 8° [F.]

— Die gewerbliche Ausbildung der lohnarbeitenden Mädchen, s. a. Volkswohl-Schriften.

— Die gewerbliche Ausbildung der lohnarbeitenden Mädchen. Ein Beitrag zur beruflichen Erziehung des weiblichen Geschlechts. »Volkswohl-Schriften.« (32 S.) Leipzig 1892. Duncker u. Humblot.

— Erwerb u. Wirtschaftsführung im Arbeiterhaushalt, s. a. Zeitfragen, evangelisch-soziale.

— Erwerb u. Wirthschaftsführung im Arbeiterhaushalt. (Evangel.-sociale Zeitfragen, 2. Reihe, Heft 3.) gr. 8°. Leipzig, Grunow, 1892.

Kamp, Fabrikarbeiterin? (16 S) Neu-Isenburg 1902

Kamp, Otto: Festspiel zum Vorabend der Einweihung des National-Denkmals auf dem Niederwald am 28. Sept. 1883. Zur 25j. Wiederkehr d. nationalen Gedenktages 1883–1908. Neu hrsg. von Otto Kamp. Bonn: Georgi 1908. 24 S. 8°

Kamp, Otto: Fortbildungsschulen für Mädchen. Auf Grund eines ... 1887 ... gehalt. Vortrags ... nebst e. Anh. enthaltend Lehrpläne v. Fortbildungsschulen f. Mädchen, Fabrikschulen u. Haushaltungsschulen. — Berlin: Siemenroth & Worms 1888. 76 S. 8°
Erw. aus: Diesterweg's Rhein. Blätter f. Erziehung u. Unterricht.

Kamp, Otto,
— Vide: Herrstadt, W.

— u. Heinr. Lange, Frankreichs Jugenddichtungen. E. Auswahl französ. Kinderlieder u. Gedichte, f. d. Schulgebrauch stufenmäss. geordn. 1. u. 2. Aufl. 8. (XVI, 136 S.) Frankfurt a/M. 895. Voigt & Gleiber. Geb. in Leinw. n.n. 1. 20

—— dem Kaiser. Festgruß zum 90. Geburtstag Kaiser Wilhelms. gr. 8. (6 S.) Frankfurt a. M. 887, Gebr. Knauer. *

– s. Kalle, Fritz.

— die Kampfgenossen. Festspiel zu Kaiser Wilhelm's 90. Geburtstag am 22. März 1887 gr. 8. (32 S.) Ebd. 887. n. — 80

Kamp, Otto (I.), Frankreichs schönste Kinderlieder und Jugendgedichte. Für Schule und Haus gesammelt. 12. (XXVII, 205 S.) Gütersloh 882, Bertelsmann. *

Kamp, O., Frankreichs Kinderwelt in Lied und Spiel. Für Jung und Alt in deutscher Uebertragung. 8. (XV, 144 S.) Wiesbaden 878, Bergmann. * ℳ 2,40.; geb. *

Kamp, Kochunterricht in Mädchen-Volksschulen od. in Fortbildungsschulen? [Aus „Frankfurter Schulzeitg."] gr. 8. (46 S.) Frankfurt a/M. 898. J. Rosenheim. n. — 60

Kamp, unsere jugendlichen Lohnarbeiterinnen in Arbeit, Unterricht u. Mussestunden. (Dr. Ludw. Huberti's prakt. gewerbl. Bibliothek.) gr. 8. (VIII, 164 S.) Leipzig 902. H. Klasing. Geb. in Leinw. n. 3.—

— Melanie u. Odolar od. Stadt- u. Landkinder. Ein Kinder-Epos f. Jung u. Alt. gr. 8. (77 S.) Köln 887. A. Ahn. n. 1.—

Die Milch. Auch e. Volksnahrungsmittel. Von Prof. Dr. [Otto] **Kamp** in Bonn. 7. Zehntaus. Bonn: C. Georgi 1905. (40 S.) 8° [Umschlagt. J.]
[c4. 4333 8

Kamp: Die Milch auch ein Volksnahrungsmittel. 19., neu bearb. Zehntausend. Bonn 1907. 40 S. P.

Kamp, Otto, auf der Patentjagd. Zeitbild in 3 Aufzügen. gr. 8. (III, 92 S.) Wiesbaden 884. Bergmann. n. 2. 40

—— Die Praxis der Fortbildungsschulen f. Mädchen. Nebst Lehrplänen u. e. Schriftenverz. gr. 8. (60 S.) Wittenb. 889, Herrosé Verlag. * 1 —

— Sagenbuch, s.: Schwab, Gust.

— Schulüberbürdung in ihrem Verhältnis z. soz. Frage. Vortrag, geh. im volkswirtschaftl. Verein in Frankfurt a/M. gr. 8. (26 S.) Ebd. 884. n. — 40

— Selbsthülfe u. Nächstenliebe. Vortrag, geh. im Volksbildungsverein zu Frankfurt a/M. gr. 8. (29 S.) Ebd. 888. n. — 40

Kamp, soll ich Milch trinken? Wann u. wo? Wie u. warum? Ein kurzer Ratgeber. 3. Zehntaus. (16 S.) 8. Düsseldorf 909. L. Schwann. p — 10

— d. hauswirtschaftl. Unterweisg. d. Landmädchen u. Frauen in Deutschland u. im Ausland, s.: Herstatt, Walth.

– Die hauswirtschaftl. Unterweisung armer Mädchen, s. Kalle, Fr.

— städt. Verkaufsstellen f. deutsches Frischobst u. Obstprodukte. gr. 8. (111 S.) Ebd. 897. n. 1.—

— deutsche Volks- u. Heldensagen, s.: Schwab, Gust.

— der Volkszähler, s. a. Novitäten-Bühne, Frankfurter.

— der Volkszähler. Lustsp. in 1 Aufz. 2. Aufl. 12. (23 S.) Frankfurt a/M. 881. (Berlin, M. Böhm.) 1.—

— der Volkszähler Lustspiel in 1 Aufzug. 3. Aufl. 8. (23 S.) Frankfurt a/M. 885. Koenitzer. n. — 50

—— Vortrag und Frage beim fremdsprachlichen Unterricht. gr. 8. (82 S.) Frankfurt a. M. 886, Diesterweg.
Aus: Rheinische Blätter für Erziehung und Unterricht, besonders abgedruckt.

— wen wählen Sie? Dramat. Scherz in 1 Aufzuge. gr. 8. (20 S.) Köln 887. A. Ahn. — 80

— **Wohnung, Hausrat u. Wirtschaftführung im deutschen Arbeiterhaushalt. (Dr. Ludw. Huberti's prakt. gewerbl. Bibliothek.) gr. 8. (IV, 80 S.) Ebd. 902. Geb. in Leinw. n. 2. 20**

Kamp, O., Wohnung und Wirtschaftsführung im Arbeiterhaushalt. Auf Grund eines am 18. November 1906 im Spar- und Bauverein zu Düsseldorf gehaltenen Vortrags und daran geschlossener eingehender Besprechung. Bonn, 1907. 48 S.

Kamp, Prof., Die Wohnungsnot und ihre Abhülfe durch ein Reichswohnungsgesetz. 16°. Frankfurt a. M., Joh. Alt, 1898.

Die Wohnungsnot und ihre Abhülfe durch ein Reichs-Wohnungsgesetz. Von Prof. Dr. [Otto] **Kamp.** (2. Zehntaus.) Frankfurt a. M.: J. Alt in Komm. 1899. (54 S.) 8° [J.]
[o5. 5893 9

Kamp, Otto: Die Wohnungsnot und ihre Abhülfe durch ein Reichs-Wohnungsgesetz, Von Prof. Dr. –. (5. Zehntaus.) Frankfurt a. M.: J. Alt 1899. (54 S.) 8°

Die Wohnungsnot und ihre Abhelfe durch ein Reichs-Wohnungsgesetz. Von Prof. Dr [Otto] Kamp. (10. Zehntaus.) Frankfurt a. M. J. Alt in Komm. 1899. (54 S.) 8° [F.] 05. 1746 8

Kamp, die Wohnungsnot u. ihre Abhülfe durch e. Reichs-Wohnungsgesetz. 11. Zehntaus. Nebst e. Anh., enth.: Die Satzgn. des Vereins (Reichs-Wohnungsgesetz), Vorstand u. Arbeitsausschuß. gr. 16. (59 S.) Frankfurt a/M. 900. (J. Alt.) — 15

— Zielgemeinschaft und Rangesscheidung der deutschen Lehrerschaft. Vortrag, gehalten in der Frühjahrsversammlung des mittelrhein. Lehrerbundes. gr. 8. (27 S.) Essen 884, Silbermann. *

Kamp, Peter van de

— Faut-il boire de l'eau-de-vie, de la bière ou du lait? Quand et où? Comment et pourquoi? Guide bref. Seule traduction autorisée. Traduit de l'allemand par Edm. Theys. (16 S.) 8. Ebd. (910). — 10; in poln. Sprache (15 S.) — 10

Kamp, van de, Gruppierung der französischen Verben nach dem Präsensstamme, zur Wiederholung der Konjugation. 12. (47 S.) Münster 893. H. Schöningh. Kart. n. — 50

van de Kamp, Peter Konjugation der französischen Verben nach der beschreibenden Methode. 4 (S. 3—32). Progr. Rg. *Münster i. W.* 1886 (346).

Kamp, Theodor van de, appr. Arzt: Zur Kenntnis der subfascialen und submusculären Lipome. Leipzig 1908: Georgi. 22 S. 8°
Leipzig, Med. Diss. v. 22. Dez. 1908, Ref. Trendelenburg
[Geb. 15. Jan. 81 Wissel b. Kleve; Wohnort: Wissel; Staatsangeh.: Preußen; Vorbildung: Gymn. Koesfeld Reife O. 02; Studium: Kiel 1, München 2, Würzburg 2, Bonn 1, Göttingen 1, Leipzig 3 S.; Coll. 23. Dez. 08; Approb. 27. Juni 08.] [U 09. 2799

Kämp, F. A., Ueber die Comparation der als Adjectiva gebrauchten Participien im Lateinischen und Deutschen. Pr. 1867 8 S. 4°. Breslau 1.—

Kampagne-Reiter-Gesellschaft

Bayerische Kampagne-Reiter-Gesellschaft 1895. München 1895 46 S

Kampalpe [Schlagwort]

Kampalpe, s.: Wiener Ausflugskarten.

Kampaner : Thal, das, od. üb. d. Unsterblichk. d. Seele, nebst Erkl. d. Holzschn. u. d. 10 Geb. des Catechism. v. J. Paul. m. Holzschn. 8. Erfurt, Hennings. 797.

Kampanini, Juliano, s. Campanini.

Kampanini, Juliano, oder frappante Scenen aus dem Mönchthum ... Breslau 1803-8. V: *Lehnert, Glieb Benj.* ... (EB)

Καμπε, Ανακάλυψις τῆς Ἀμερικῆς, s. Campe, Joach. Heinr. [A. a. D. lies: *Μπιλλαρου*.]

Kampe, E., Brockenflora in der Westentasche. 32. (35 S. mit 1 Bild.) Harzburg 888, Stolle's Hofbuchh. *

—— Friedr. Schwarze und E. Prediger, Flora und Fauna von Harzburg. Aufzählung der bei Harzburg und Umgegend einschliesslich des Radau-, Oker-, Ilse- und Eckerthals wildwachsenden Pflanzen, sowie der dort vorkommenden Schmetterlinge und Käfer. Mit einem Anhange: Brockenflora von E. Kampe. kl. 8. (83, 14 S.) Ebendas. 888. *

Kampe, Ferdinand, s. Kampe, Friedrich Ferdinand

Kampe, Friedrich Die „Adelphen" des Terentius und ihr griechisches Original. (Umschlagtitel Über die Adelphen des Terenz.) S. 3—14. 4 Progr. Kgl Viktoria-Gymn. *Burg* 1902 (256).

Kampe, Friedrich, Prof. Dr Die 'Adelphoe' des Terentius und ihr griechisches Original. *Burg 1902: A. Hopfer.* (S. 3—14.) 4°
Burg, k. Viktoria-G, P 1902 (256)

Kampe, Friedr. Die Lustspiele des Terentius und ihre griech. Originale. 19 S. Progr G. *Halberstadt* 1884.

Kampe, Friedrich Der Mendelssohnsche Phaedon in seinem Verhältniss zum Platonischen. Halle 1880· Heynemann. 54 S. 8°
Halle-Wittenberg, Phil. Diss. v [17 März] 1880
Geb. Berlin [23. 10.] 1852. V

Kampe, Friedrich Christian, s. Kampe, Johann Friedrich Christian

Kampe, Friedrich Ferdinand

Kampe, Friedr. Ferd., die Erkenntnisstheorie des Aristoteles. gr. 8. (X, 334 S.) Leipzig 870, Fues's Verlag. *

Kampe, Ferd., Geschichte der religiösen Bewegung der neuern Zeit. 1. und 2. Bd. gr. 8. Leipzig, O. Wigand. [1. (XI und 195 S.) 852. * 1 Thlr., 2. (VI und 249 S.) 853. * 1 Thlr. 10 Ngr.] *

— — 3. Bd. Leipzig 856. Wagner. gr. 8. (VIII, 384 S.) n. 2 ℳ.

Kampe, Ferd., Geschichte der religiösen Bewegung der neuern Zeit. 4. Bd.: Geschichte des Deutschkatholicismus und freien Protestantismus in Deutschland und Nordamerika von 1848—1858. gr. 8. (XII und 376 S.) Leipzig 860, Wagner. *
1. und 2. Bd. Leipzig 1852. 53, O. Wigand. * 2 Thlr. 10 Ngr., 3. Bd. Leipzig 1856, Wagner. * 2 Thlr.

Kampe, Friedr. Ferd., das Wesen des Deutschkatholicismus, mit besond. Rücksicht auf sein Verhältniß zur Politik. gr. 8. (X und 336 S.) Tübingen 850, Fues, Vrlgsh. Thlr. *

— Johann Friedrich Christian (Gardelegen / Altmark), Erinnyes. Diss. philos. Bln. (August Petsch) 12. III. 1831. 60 S. mit Biogr. (M.: M. Schütze.) (6.50) 17436
Oppon.: A. Gottschick, A. Krause, F. Voigtland. — Gew.: Friedrich Krause.

Kampe, Frid. Chrstn., Erinnyes. Dissert. inaug. 8. (4 B.) Berolini 831. (Neoruppin, Oehmigke et Riemschneider.) *

—— Handbuch d. Geschichte d. Alterthums. 4. Thl. — A. u. d. T.: Die Geschichte Roms. 1. Thl. gr. 8. (26 B.) Stendal 840, Franzen u. Große.
1—3. Bd. sind (1842) noch nicht erschienen.

Kampe, J. F. C., Handbuch d. griech. Geschichte. Zum Gebr. f. d. oberen Klassen d. Gymnasien. gr. 8. (22 B.) Neu-Ruppin 834, Oehmigke u. Riemschneider.

— s. Niciae Oratio.

Kampe, J. F. C. Observationum criticarum ad Thucydidem pars I. 33 S. Neu-Ruppin, Progr. 1842

Kampe, J. F. C. Nieme oratio in Thucyd. lib. VI. exposita. 14 S.
Neu-Ruppin, Progr. 1835

Kampe, Dr., s. Riebel, Ad. F., Geschichte der Klosterkirche und des ehemaligen Dominicaner-Mönchs-Klosters zu Neu-Ruppin.

Kampe, J. F. K. Histor. Untersuchungen über die Entwickelung des städtischen Regimentes der Stadt Neu-Ruppin. 42 S. . . . .
Neu-Ruppin, Progr 1840

Kampe, J F K, s. Kampe, Johann Friedrich Christian

Kampe, Isidor Fr

Kampe Is.: Aufgaben über Berührungskugeln. 10. u. 26 Fig. Böhm.-Leipa
R 78 **Progr.**

Kampe, Isidor Fr., die griechischen Buchstaben
1 Blatt. Lith. gr. 8. Böhm.-Leipa 877. Hamann. n. — 10

Kampe, J Zum Eintritte in die Mittelschulen. 4 S 8°
-B -Leipa OR, Progr 1873

— das abgekürzte Rechnen mit vollständigen u. unvollständigen Decimalbrüchen für Lehrer, Schüler u. andere praktische Rechner. gr. 8. (37 S.) Ebend. 877. n. 1. 20

Kampe, O., Hänsel u. Gretel bei d. Weihnachtsmann, s. Danner's, G., deutsche Jugendbühne.

[Gedicht.] Zum letzten Glas [in der Loge Dankward zum rauhen Stein in Braunschweig]. [Unterz.:]C[arl]Kämpe. [Braunschweig um 1910.] 1 Bl. 8°. [Kopftit.]
„Hochmitternacht! – Verronnen sind die Stunden . . .“

[Gedicht.] Zur Meister-Erhebung [in der Loge Dankw. z. r. Stein in Braunschweig]. [Unterz.:] C[arl] Kämpe. [Dat.:] 15. Januar 1910. 4 Bl. 8°. [Umschlagtit.]
„Wie der Menschen vergehen der Götter Geschlechter . . .“

Kampelík, Frant. Cyrill, průmyslné navrhy, jakby zamozni a chudi občane z Čech, Moravy etc. jsouce dokonali řemeslnici a rozumni rolnici, misto utratného, nebezpečného stěhovani-se do daleké Ameriky, raděj vzorna, průmyslna etc. města, nebo nové osady na řidko zalidnenych úrodnych končinach rakouske říše pod ochranou c. k. vlády zakladati měli etc. Prag 859. (Rziwnatz.) 8. (238 S.) n. 20 *ngr.*

— spořitelny po farských kolluturách orbě, řemeslu ze svízelu pomohou. Co jednomu nemožno, to všem dohromady snadno. Ebend. 861. 8. (45 S.) n. 5 *ngr.*

— stav rakouska a jeho budoucnost. Na dějinách a rovnopravnosti založené rozumovánie rakouského občana, povinnou uctou a upřimnosti ku slavné vládě projevené. Ebend. 860. gr. 8. (IV, 270 S.) 1 *℘* 6 *ngr.*

Kampelíki, F. K., s. Franklinowa Pokladnice.

Kampelmann, Gottfried, approb. Arzt aus Marten: **Aus d. pathol. Institute zu Kiel. Ein Fall von Aktinomykose der Lunge und Leber.** *Kiel 1901: H. Fiencke.* (17 S.) 8°
Kiel, Med. Diss. v. [7. März] 1901

Kampelmeyer, Ernst deitscher Hof u. Volksrath. Antwort an den Birjer Aujust Strampelmeier von wegen Johann von Oesterreich. Gerhardsche Offizin in Danzig. 1 Bl. Fol.
Flugblatt. Berlin, 1848/49.

Kampen, A. de, de parasitis apud Graecos sacrorum ministris. **Gotting** *56 p.*
Schul-/Univ.-Schrift *1867*

Justus Perthes' Atlas antiquus. Taschen-Atlas d. alten Welt v. Dr. Alb. van **Kampen.** 24 kolor. Kt. in Kupferstich m. Namenverz. 4. Aufl. *Gotha: J. Perthes 1896.* (60 S., 24 Kt.) 1 Bd 8. [96. 7396

Justus Perthes' Atlas antiquus. Taschen-Atlas der alten Welt von Dr. Alb. van **Kampen.** 24 Karten mit Namenverzeichnis u. e. Abriß d. alten Geschichte 8. Aufl. Gotha: J Perthes 1906. (32 S., 24 Karten, S 5–60.) 8° [06. 11569

Kampen, Alb. v., descriptiones nobilissimorum apud classicos locorum. Series I. 15 ad Caesaris de bello Gallico commentarios tabulae. 5 Lfgn. qu. gr. 4. (15 lith. u. color. Karten u. 11 S. Text.) Gotha 878. 79. J. Perthes. à n. — 36; einzelne Blätter à n. — 12

Kampen, Alb. v., die Helvetierschlacht bei Bibracte. Nebst 2 lith. Karten. gr. 8. (14 S.) Gotha 878. (Thienemann.) n. — 80

Kampen, Alb. van, orbis terrarum antiquus in scholarum usum descriptus. qu. gr 4 (16 lith. u. color. Karten m. 1 Bl. Text.) Gotha 884 J. Perthes. cart. n. 2. —

Kampen, N G. van

Kampen, van, Geschichte d. niederländ. Literatur, s. Otto, Fr., Lehrbuch d. holländ. Sprache, 2. Bd.

van Kampen, N. G., Geschichte der Niederlande, s. a. Geschichte der europ. Staaten, von Heeren u. Ukert, 8e Lfrg.

Kampen, N. G. van, Geschichte d. Niederlande. 2 Bde. gr. 8. Hamburg, Fr. Perthes.
Bd. 1. Von d. ältesten Zeiten b. z. J. 1609. (39 1/4 B.) 831. 2 Thlr. 12 Gr.
2. Vom J. 1609—1815. (38 1/2 B. u. 2 Tab. gr. Fol.) 833. 2 Thlr. 12 Gr.
Vgl. Geschichte d. europ. Staaten, 6. u. 8. Lfg.

Kampen u. Sohn, Nic. v, Abhandl. v. Zwiebelgewächsen. 8. Regensburg, 1764. 2. Aufl. 1769. (Manz.) — 6¼

— Abhandl. v. Zwiebelgewächsen. 8. Regensb. 769. Montag u. W. 6 gl.

— gründl. u. aufrichtige Beschreib. d. schönsten Hyacinthen u. Tulipanen. Aus d. Holländ. v. H. C. v. Brocke. 8. Quedlinburg, 1772. (Ernst.) — 3¾

Kampen, Nic., Beschreib. d. Hyacinthen u. Tulipanen. 8. Quedlinb. 771. Reußner. 3 gl.

Kamper, s. a. Camper.

Kamper, Al., Jugendgeschichte des göttlichen Heilandes. gr. 16. (71 S. m. 1 Stahlst.) Mainz 878. Kirchheim. n. — 60; cart. n. — 90

Kamper, Al., Das bittere Leiden und die Auferstehung und Himmelfahrt unseres Herrn Jesu Christi. Nach den 4 Evangelisten zusammengestellt u. erläutert. Mainz, Kirchheim, 1881, 8°, III u. 224 S., 1,50 Mk.

Kamper, Christoph Ferdinand (Breslau), **Probationem ob identitatem vitiosam. Diss. jur. Präs. Adrian Beier. Jena (Werther) Juli 1705. 32 S. (6.80) 17440**
Gew.: Georg Andreas, Joh. Leopold u. Gottfried Daniel Kamper (Brüder).

Kamper, J., Alt-Prag, s.: Jansa, W.

Kamper, Jakob, appr. Arzt a. Grevenbroich, Rhld.: Aus der Universitäts-Frauenklinik zu Gießen. Zur Morbiditätsstatistik nach Laparotomien. Gießen 1907: v. Münchow. (18 S.) 8°
Gießen, Med. Fak., Ref. Pfannenstiel, Diss. v. 24. Aug. 1907
[Geb. 27. Dez. 80 Grevenbroich (Rheinprovinz); Wohnort: Gießen; Staatsangeh.: Preußen; Vorbildung: Gymn. an Aposteln Cöln Reife M. 01; Studium: Straßburg 1, Bonn 1, Kiel 2, Bonn 1, München 1, Berlin 1, Gießen 3 S.; Coll. 16. März 06; Approb. 31. Jan. 06.]

Kamper, W., historia indulgentiarum. Ibid. 1787. 4.

Kaemper, Heinrich IV und Gregor VII Eine geschichtliche Betrachtung. (2 Stück.) Köln. 4 15 S. 1865
Stück 1 Köln 1864. 4 ... S
Schul-/Univ.-Schrift

— dass. (2 Stuck) Kerpen. 1865
Schul-/Univ.-Schrift

Kaemper üb. Lehrberuf. Kerpen. 1863
Schul-/Univ.-Schrift

Kämper, Alexander

Kämper, A., die Bruchrechnung u. deren nächste Anwendung. Ein Beitr. z. Begründ. e. einfachen u. sichern Verfahrens, Bruch- u. Proportions-Aufgaben zu lösen. 8. (4 B.) Minden 839, Eßmann.

Kämper, Alex., Leitfaden zu dem Unterrichte in der deutschen Sprache nach Beckers Grundsätzen mit vergleich. Berücksichtig. d. latein. Sprachgebrauchs, zunächst f. die 3 untern Klassen e. Gymnasiums. 3 Hfte. gr. 8. (22 B.) Minden 842, Eßmann.*

Kämper, A. Biographische Notizen über den verstorbenen Rector Immanuel. 11 S.
Minden, Progr. 1848

Kämper, J. P. H., Uebungsbuch f. Elementar-Schulen z. Lesenlernen geschrieb. teutscher u. latein. Schrift, auch prakt. Anweis. f. d. Bürger u. Bauernstand zum Briefschreiben, z. Anfertigung schriftl. Contracte, zu Rechnungen, Quittungen etc. in sehr verschied. Handschriften abgedruckt. 1., u. 2—5., verb. Aufl. 4. (à 25¼ lith. B.) Wesel 828—33, Bagel. à

Kämper, J. P. H., Uebungsbuch f. Elementar-Schüler z. Lesenlernen geschrieb. teutscher u. lat. Schrift, auch prakt. Anweis. f. d. Bürger- u. Bauernstand z. Briefschreiben, z. Anfertig. schriftl. Contracte, zu Rechnn., Quittungen etc. in sehr verschied. Handschriften abgedr. 7., verb. Aufl. Lithogr. 4. (25¼ B.) Wesel 838, Bagel.

Kämper, Otto, Referendar in Berlin: Die religiöse Erziehung der Dissidentenkinder im Königreiche Sachsen. [Leipzig: A. Roßberg 1906.] (S. 273—311.) 8° ¶(Aus: Zeitschrift f. Praxis u. Gesetzgebung d. Verwaltung Bd 31 H. 6—8.)
Leipzig, Jur. Fak., Diss. v. 1. März 1907
[Geb. 4. Juli 82 Cöln a. Rh.; Wohnort: Spandau; Staatsangeh.: Preußen; Vorbildung: Humboldt-Gymn. Berlin Reife O. 01; Studium: Freiburg i. B. 1, Berlin 6 S.; Rig. 27. Sept. 06.]
(Nicht für den Austausch)

Kämper, Rudolf [aus Hamm a. d. Lippe]: Ueber die diagnostische Bedeutung des fibrillären Zitterns. . . . Berlin, Buchdr. v. Gustav Schade (Otto Francke) (1890); 31 + 1 S. 8°
Berlin, Med. Fak., Inaug.-Diss. v. 11. Aug. 1890

Peter Kampermann Wwe., Inh. E. C. Kampermann, Dampfwäscherei mit grosser Rasenbleiche, Schönfärberei und chemische Reinigungsanstalt, Elberfeld-Ossenbeck. — Berlin: Eckstein [1909]. 20 S. 4° [Kopft.] (Dt. Industrie, dt. Kultur. 7, 6.)

Kampers, Frz., Alexander der Große u. die Idee des Weltimperiums in Prophetie u. Sage, s. a. Studien u. Darstellungen a. d. Gebiete der Geschichte. I. 2. 3.

Alexander der Grosse und die Idee des Weltimperiums in Prophetie und Sage. Grundlinien, Materialien u. Forschungen von Dr. Franz **Kampers** in München. *Freiburg i. Br.: Herder 1901.* (XI, 192 S.) 8°
= Studien u. Darstellungen aus d. Geb. d. Geschichte. Bd. 1, H. 2. 3.
[01. 10073

Kampers, Frz., s.: Festgabe, K. Th. v. Heigel gewidmet.

Die Grundlegung d. mittelalterl. Kultur u. Weltanschauung. Karl der Große. Von Franz **Kampers**. Mit Mosaikdruck-Titelbild u. 74 Abb. Mainz Kirchheim 1910. 128 S. 4°(8°)
(Weltgeschichte in Karakterbildern. Abt. 2, [4.]) [10. 17938

[F.] Die deutsche Kaiseridee in Prophetie und Sage. Von Dr. Franz **Kampers**, Assist. an d. Kgl. Hof- biblioth. zu München. '(Zugl. als z. bis z. Gegenwart fortgef. Aufl. d. 'Kaiserprophetieen u. Kaisersagen im Mittelalter'.)' *München: H. Lüneburg 1896.* (4 Bl., 231 S.) 1 Bd 8. [96. 3966

Kampers, Frz., Kaiserprophetieen u. Kaisersagen im Mittelalter, s.: Abhandlungen, historische.

Kampers, Frz., Dantes Kaisertraum. (36 S.) gr. 8. Breslau 908. G. P. Aderholz. — 80
Sonderabdr. a.: „86. Jahresber. d. schles. Gesellsch. f. vaterländ. Cultur".

— Karl der Große, s.: Weltgeschichte in Karakterbildern.

[F.] Mittelalterliche Sagen vom Paradiese und vom Holze des Kreuzes Christi in ihren vornehmsten Quellen u. in ihren hervorstechendsten Typen. Dargest. v. Dr. Franz **Kampers**. *Köln: Commiss. u. Dr. v. J. P. Bachem 1897* (4, 117 S., 1 Bl.) 8.
— Görres-Gesellschaft z. Pflege d. Wissensch. im kath. Deutschland. Vereinsschrift f. 1897. [No] 1 [97. 1909

Kampers, Franz: Die tiburtinische Sibylle des Mittelalters. Exkurs 1 zu Kaiserprophetieen u. Kaisersagen im Mittelalter. E. Beitr. z. Gesch. d. deutschen Kaiseridee .. (Soll fortges. werden.) München, H. Lüneburg, 1894; 31 S. 8.
München, Phil. Fak., Inaug.-Diss. v. 1894

— s.: Studien, Breslauer, zur Geschichte.

— s.: Untersuchungen, historische.

Die Lehninsche Weissagung über das Haus Hohenzollern. Geschichte, Charakter u. Quellen d. Fälschg. Von Dr. Franz **Kampers**, Assist. zu München. *Münster i. W.: Regensberg 1897.* (47 S.) 1 Bd 8. [97. 6381

— s. a. Weltgeschichte in Karakterbildern.

Kampers, Joseph, aus Gelsenkirchen. Das **Reportgeschäft** und seine volkswirthschaftliche Bedeutung. *Münster i. W. 1903: G. A. Hülswitt.* (72 S.) 8° [Ant. u. F.]
Erlangen, Phil. Diss. v. 22. Juli 1902

Kampf, der, ein Gedicht. gr. 8. Tübing. Cotta. 810.

Kampf (Der). Journ. Berlin, Dec. 1879.

Kampf. Zeitschrift für gesunden Menschenverstand. Hrsg.: Senna Hoy [d. i. Johannes Holzmann]. N. F. H. 1—26. [Mehr nicht erschienen.] Berlin: J. Holzmann (14 ff.: Kampf-Verl.) (1904—05). (788 S.) 8° [Ant. u. F.] [06. 4767

Der **Kampf.** Sozialdemokrat. Monatsschrift. Jg. 1, H. 1. Wien: (G. Emmerling) 1907 4°(8°) [07. 14351

Kampf, der. Sozialdemokratische Monatsschrift. Red.: Otto Bauer u. seit 1909: Adf. Braun. 1.—4. Jahrg. Oktbr. 1907—Septbr. 1911. à 12 Hefte. (I.—III. Jahrg. XXXII, 576; XX, 576 u. XX, 576 S.) Lex. 8. Wien (Wiener Volksbuchh.). à Jahrg. 5. —

Kampf (Der) um den Achtstundentag. Festschrift zum 1. Mai 1890. 8°. Leipzig, Eduard Schultze, s. a.

Der antiultramontane Kampf gegen die staatliche Schule. Berlin [1910] Winser 20 S. 8°
(Antiultramontaner Reichsverband Flugschrift 9.)

— u. Arbeit des freien Christentums in Deutschland. 1. bis 5. Hft. kl. 8. Halle, Gebauer-Schwetschke. n. 2. 35
1. Kampf u. Arbeit des freien Christentums in Deutschland. Die kirchl. Lage u. der Protestantenverein. Von Paul Kirmß. Beigaben: Die letzten Kundgebgn. der kirchl. Parteien u. Gruppen. (59 S.) 905. n. — 50
2. Lehrfreiheit, die, auf der brandenb. Provinzialsynode. (Stenograph., v. sämtl. Rednern durchgeseh. Bericht der Sitzg. vom 30. X. 1905. Stenogramm: Hugo Geitner.) (102 S.) 905. n. — 80
3. Die protest. Lehrfreiheit. Von Weise. (28 S.) 906. n. — 30
4. Das sogenannte apostolische Glaubensbekenntnis in seinem Verhältnis zum Neuen Testament u. zum Protestantismus. Von Wilh. Brückner. (68 S.) 906. n. — 50
5. Die Abweichungen der Orthodoxie v. den Bekenntnissen. Von R. Wielandt. (21 S.) 906. n. — 25

— u. Arbeit des freien Christentums in Deutschland. 2. u. 6. Heft. kl. 8. Halle, Gebauer-Schwetschke. — 90
Bittlinger, ist der liberale Protestantismus zur religiösen Volkserziehung berufen? (82 S.) 908. (Heft 2.) — 40
Ist an die Stelle des früheren 2. Heftes getreten.
Classen, W., u. Hollmann, neue Wege zur Jugendpflege. Beilagen: Praktische Winke u. Vorschläge zur Einrichtg. v. Jugendvereinen u. Literatur. (64 S.) 908. (Heft 6.) — 50

— der, um die Arbeitsbedingungen. Berlin 1907. Tarifbewegung 1908. Hrsg. vom Zentral-Verband der Maurer Deutschlands. (197 S.) gr. 8. Berlin 909. Buchh. Vorwärts. Geb. in Leinw. 2. —

Zentral Verband d. Maurer Deutschlands. Der Kampf um die Arbeitsbedingungen Berlin 1907. Tarifbewegung 1908. Hamburg Zentral-Verb. 1909. 197 S. 8°

— der, um die Augendiagnose. Stenographischer Bericht des Felke-Prozesses vor dem Landgericht Crefeld v. 27. X. bis 3. XI. 1909. Hrsg. vom Verband d. Vertreter der Felke-Vereine. (186 S.) 8. Crefeld 909. A. Fürst Nachf. (Urspr. Pr. 2. —)

— der, in Badisch-Rheinfelden. Eine Darstellg. des Streiks in d. Aluminiumwerken zu Badisch-Rheinfelden u. seiner Begleiterscheingn. (86 S.) 8. Cöln 910. Generalsekretariat der christl. Gewerkschaften. — 50

— der, gegen die giftigen Bleifarben! Eine Darlegg. der Bewegg. gegen die Verwendung der Bleifarben, e. Aufstellg. des Umfanges der Bleivergiftg. u. ihrer Folgekrankheiten, e. Begründg. der Notwendigkeit des reichsgesetzl. Verbots der Bleifarbenverwendung. Hrsg. vom Vorstand der Vereinigg. der Maler, Lackierer, Anstreicher, Tüncher u. Weißbinder. (112 S.) gr. 8. Hamburg 904. (Leipzig, R. Lipinski) n. — 75

Der Kampf gegen die giftigen B l e i f a r b e n ! Eine Darlegung d. Bewegung gegen d. Verwendung d. Bleifarben ... Hrsg. v. Vorstand d. Vereinigung d. Maler, Lackierer, Anstreicher, Tüncher u. Weißbinder.
Hamburg: Tobler 1904. 112 S. 8°

Kampf, der, gegen den Bonapartismus jetzt und vor funfzig Jahren. Mit Rücksicht auf die Warnungen Friedrichs v. Gentz beleuchtet. gr. 8. (82 S.) Leipzig 859, [Henningsʼsche Buchh.]

Kampf, der, gegen den Bonapartismus jetzt u. vor funfzig Jahren. Mit Rücksicht auf die Warnungen Friedrichs v. Gentz beleuchtet. Leipzig 859. Lehmann. (Wolf.) gr. 8. (32 S.) 6 ngr.

Kampf, Der, der Busse und Bekehrung . . . Salzburg [1768]. V: *Drümel, Johann Heinrich.* (Hr)

Kampf, der, gegen d. asiat. Cholera. Ein Aufruf z. freiwill. Kriegsdienst; besond. gerichtet an Geistliche, Schullehrer, Beamte u. Aerzte v. M. S. S. 8. (5 B.) Leipzig 831, (Frohberger.)

Im Kampf ums Dasein! Ein Beitrag z. modernen Arbeiterbewegung. Heiligenstadt ⟨Eichsfeld⟩: Mitteldeutsche Volksztg. Eichsfeldia (1907). (118 S.) 8° [F.]
Aus Mitteldeutsche Volkszeitung Eichsfeldia

Im Kampf ums Dasein. Wahrheitsgetreue Lebenserinnerungen e. Mädchens aus d. Volke, als Fabrikarbeiterin, Dienstmädchen u. Kellnerin. Mit e. Vorw. v. G. Braun. — Stuttgart: Quasthoff [um 1910]. 191 S. 8°

— der, um die Denkfreiheit oder Was will der sog. Toleranzantrag? (Von Gottfr. Schwarz.) (8 S.) 4. Karlsruhe 905. G. Schwarz. n. — 05

Kampf, der, der Deutschen in Böhmen und Österreich. Historische Betrachtungen zur Rettung der österreichisch-ungar. Monarchie. gr. 8. (IV, 173 S.) Leipzig 884, Rengerʼsche Buchh.

— deutscher. Eine Monatsschrift. Hrsg. v. Art. Pleißner. Jahrg. 1905. 12 Hefte. (1. u. 2. Hft. 64, 3.—12. Hft. à 48 S.) mit Leipziger Beilage. 6 Nrn. (à 8 S.) gr. 8. Leipzig, Deutscher Kampf-Verlag. n. 6. —
Heft 1 u. 2. erschienen u. d. T.: Kampf. der.

— dasselbe. Eine Halbmonatsschrift. Hrsg. v. Art. Pleißner. Red.: Karl Radder, später: E. Bischoff. Jahrg. 1906. 24 Hefte. (à ca. 40 S. m. Abbildgn.) gr. 8. Ebd. n. 6. —; einzelne Hefte n. — 30

— deutscher, m. Leipziger Roland. Hrsg. u. Red.: Art. Pleißner. 3.—5. Jahrg. 1907—1909. à 24 Hefte. (à ca. 48 S.) gr. 8. Leipzig. Kleinzschachwitz, Deutscher Kampf-Verlag. à Jahrg. 6. —

— dasselbe. Der Roland v. Leipzig. Hrsg.: Art. Pleißner. Verantwortlich: Mor. Wirth. 6. Jahrg. Jan.—März 1910. 6 Hefte. (à ca. 56 S.) gr. 8. Ebd. 1. 50
Hat sein Erscheinen eingestellt.

Kampf, der, um Deutschland 1866, s. Volksbücher, deutsche.

Kampf, der, um das Deutschtum. (In 20 Hftn.) 1.—3., 6., 9.—11. u. 17. Hft. gr. 8. München, J. F. Lehmannʼs Verl. n. 9. 20;
f. Abnehmer des ganzen Werkes ca. 20% billiger.
1. Die Weltstellung des Deutschtums. Von Fritz Bley. (48 S.) 897. n. — 80
2. Deutschnationales Vereinswesen. E. Beitrag z. Geschichte d. deutschen Nationalgefühls. Von Fr. Guntram Schultheiß. (VI, 82 S.) 897. n. 1. 20
3. Die preuß. Ostmarken. Von Chrn. Petzet. Mit 1 Sprachenkarte. (III, 72 S.) 898. n. 1. 20
6. Böhmen, Mähren u. Schlesien. Von Karl Türk. Mit 1 (farb.) Sprachenkarte. (III, 83 S.) 898. n. 1. 20
9. Deutschtum u. Magyarisierung in Ungarn u. Siebenbürgen. Von Fr. Guntram Schultheiß. M. 1 (farb.) Karte des Anteils der Deutschen an der Gesamtbevölkerg. (IV, 96 S.) 898. n. 1. 40
10. Schweiz. Von Hunziker. M. 1 Sprachenkarte. (III, 63 S.) 898. n. 1. 20
11. D. alldeutsche Bewegung u. d. Niederlande. Von Fritz Bley. (72 S.) 897. n. 1. 20
17. Südafrika niederdeutsch! Von Fritz Bley. (72 S.) 898. n. 1. —

Kampf, der, um das Deutschtum. (Hrsg. vom Alldeutschen Verbande.) 5. 7. 8. 13. 15. u. 19. Hft. gr. 8. München, J. F. Lehmann's Verl. Einzelpr. n. 9. 80; Vorzugspr. n. 8. —

5. Das Deutschtum in Elsaß-Lothringen. Von Jul. Petersen. Mit 1 (farb.) Karte. (138 S.) 902. Einzelpr. n. 2. 40; Vorzugspr. n. 2. —
7. Das Deutschtum in Tirol. H. Rabert. (XVI, 128 S.) 901. Einzelpr. n. 2. — ; Vorzugspr. n. 1. 60
8. Steiermark, Kärnten, Krain u. Küstenland. Von P. Hofmann v. Wellenhof. (III, 104 S.) 899. Einzelpr. n. 1. 40; Vorzugspr. n. 1. 20
13. Das Deutschtum in Chile. Ein Zeugnis erfolgreicher deutscher Kulturarbeit. Von Johs. Unold. (68 S.) 900. Einzelpr. n. 1. 20; Vorzugspr. n. 1. —
15. Die Deutschen im tropischen Amerika. (Mexiko, Mittelamerika, Venezuela, Kolumbien, Ekuador, Peru u. Bolivien.) Von Wilh. Winzer. Mit Uebersicht üb. die wirtschaftl. polit. u. gesellschaftl. Verhältnisse dieser Länder. (VII, 82 S.) 900. Einzelpr. n. 1. 40; Vorzugspr. n. 1. 20
19. Das Deutschtum in Australien u. Ozeanien. Von Emil Jung. (86 S.) 902. Einzelpr. n. 1. 40; Vorzugspr. n. 1. —

— der, um das Deutschtum. 16. Heft. gr. 8. München 904. J. F. Lehmann's Verlag. Einzelpr. n. 1. 60; Vorzugspr. n. 1. 30; geb. in Leinw. n. 2. 20
Das Deutschtum in den Ver. Staaten v. Nord-Amerika. Von Jul. Goebel. Hrsg. vom Alldeutschen Verband. (90 S.)

Kampf, Der, mit dem Drachen, oder das Zauberschloss . . . Quedlinburg u. Leipz. 1826. V: *Geiler, K. Gfr.* (MGT) (Ky)

Kampf, der, mit d. Drachen, od. das Zauberschloß. Eine Ritter- u. Geistergeschichte aus d. 13n Jahrh., (v. K. Gf. Geiler). 8. Quedlinb. 826. Basse. 1 ß

Kampf, der, bei Eckernförde am 5. April 1849. Nach den besten Quellen geschildert. gr. 8. (16 S. und 1 lithogr. Plan in qu. gr. 4., von Blandowski II.) Hamburg 849, Hoffmann und Campe.

— der, um den Einfluß christlichen u. kathol. Geistes durch das „gedruckte Wort gegen Goliat, den giftigen u. unflätigen Riesen". Denkschrift, der glorreichen 50. Generalversammlg. der Katholiken Deutschlands zu Köln zur Stellungnahme vorgelegt durch „jung David". (66 S.) gr. 8. Freiburg i/B. 903. J. Waibel. n. — 75

Der erste Kampf | der | schlesw.-holsteinischen und dänischen Armee | im Jahre 1850, | das | stolze Ende des Dampf-Kanonenbootes | »von der Tann« | und die | Schlacht bei Idstedt | am 24. und 25. Juli, | Bremen, | Druck von Buschmann u. Wiehe
o. J. (1850), 4 Bl. n. n., 182 × 112.
LBO Jahrmarktslit. R. c. 2, 43

Der | erste Kampf | mit den Dänen im Jahre 1849, | und | die Eroberung | der | beiden großen dänischen | Kriegsschiffe | Christian VIII. und Gefion, | bei | Eckernförde | Hamburg. | Druck und Verlag von J. Kahlbrock Wwe, Grünsood Nr. 52.
4 Bl. n. n., 178 × 112.
LBO Jahrmarktslit. R. c. 1, 26.
Vgl. hier Nr. 126: *Beschreibung des . . . Gefechts.*

Der **Kampf** um die modernen Feldgeschütze. (Von E. v. Reichenau?) Berlin 1901. 28 S.

— **der, um die modernen Feldgeschütze.** gr. 8. (28 S.) Berlin 901. Vossische Buchh. n. 1. —

Kampf, der, gegen den Fichtenborkenkäfer. Gesammelte Erfahrungen aus der forstl. Praxis. [Centralblatt für das gesammte Forstwesen, 1875, 1. Suppl.] gr. 8. (48 S.) Wien 875, Faesy und Frick. *

Kampf, der, der Finsterniß mit dem Lichte, s. v. d. Weser.

Kampf mit Frankreich und dem deutschen Heere im J. 1870, s. Volksbücher, preußische.

Kampf, der, Frankreichs mit Rußland, Preußen u. deren Alliirten in d. Jahren 1812, 13 u. 14, oder aktenmäßige Geschichte d. jetzigen Krieges. 16 u. 28 Heft. 8. Altona 813—15. (Herold jun.) 19 gr

Kampf, der, Frankreichs mit Rußland, Preußen und deren Alliirten in den Jahren 1812, 13 u. 14, od. aktenmäßige Geschichte des jetzigen Krieges. 16 u. 28 Hft. 8. Altona, Vollmer. 813 u. 15. (16 9 gr. 28 10 gr.)

—— der, im westl. Frankreich 1793—1796. M. 2 Uebersichtscharten (Fol. u. gr. 4.). gr. 12. (17 B.) Leipzig 831, Brockhaus.

Im **Kampf** für Rußlands Freiheit. 1. bis 5. Taus. Leipzig: Insel-Verl. 1906. (285 S.) 8° [F.] [o4. 11030

— u. Friede. Gedichte e. Kranken (Elisab. Itzerott). (III, 171 S.) 8. Schwerin 906. (Perleberg, W. Düwert.) nn 2. —

Florian Geier's **Kampf** mit den Raubrittern. Bd 1–50. (Berlin: M. Lehmann [1907].) 50 Bde 4° [Umschlagt. F.] [o8. 3131

— der, e. evangelischen Geistlichen, mit dem kathol. Verf. d. Werkes: die katholische Kirche Schlesiens. 8. Bresl., J. F. Korn. 4 gr 2e Aufl. unt. d. T.: Zur Warnung vor d. Irrlichtern der neuern Scholastik. 8. Ebd. 827. Ebd. 8 gr

Kampf, Gerechter, des nordischen Doppeltadlers gegen den Halbmond . . . Hamburg 1828. V: *Anderssen, Johann Friedrich Wilhelm.* (Schr)

— mit d. Geschick. Roman, frei aus d. Engl. v. G. Lotz. 2 Bde. 8. Braunschw. 823. Meyer. 2 ß

— der, mit den Gnomen. Legende. 8. Gießen 810. (Leipzig, Fr. Fleischer.) 1 ß

— der, gegen die Grossbetriebe. Ein Irrweg der Steuerpolitik. Ein Mahnwort zur Reichsfinanzreform v. Justus. (32 S.) gr. 8. Berlin 905. Liebheit & Thiesen. n. — 30

— u. Staub, der große, in Dresden. Randglossen üb. den sozialdemokrat. Parteitag im roten Sachsenlande, v. J. Quidam. (82 S.) 8. München 903. Münchener Volksschriften-Verlag. — 15

Der Kampf um Gürtelfestungen. An einem zusammenhängenden Beispiel applicatorisch bearbeitet von Josef Macalik und Albert Langer. 1. Heft. Die Kriegsausrüstung der Festung Königgrätz. Wien. 1901. Seidel & Sohn Gr.-8°. VII, 54 S. mit 4 Beilagen K 3.60

Kampf des Guttempler-Ordens gegen den Alkoholismus. Gravenstein 1884.

Kampf, der, um die freie Hand. gr. 8. (20 S.) Berlin 854, Herbig. *

— der heilige, der Deutschen, mit chronolog. Angabe aller Schlachten v. 27. Aug. 1812 bis zur Schlacht bei Hanau den 30. Oct. 1813. 2e Aufl. 8. Frankfurt 814. Körner. 5 gr

HOFRATHS, Des, Kampf. Heldensage aus d. 19. Jahrh. München 1830. 8°. 4 Bll. (4 Mk. L. Rosenthal, 1910.)

1878. 1903. 25 Jahre Kampf und Sieg. (Hrsg.: Wilhelm Paetzel.) *(Berlin: W. Paetzel 1903.)* (4 Bl.) 4° [F.] [o4. 3395

Kampf, Jacob's. I. Mose Kap. 32 . . . Basel 1850. V: *Passavant, Theophilus.* (Ky)

— den Jesuiten! Ein Beitrag zur Protestbewegg. gegen d. Borromäus-Enzyklika. (Ein Bild aus dem wirtschaftl. Leben, v. Alexander.) (20 S.) gr. 8. Dresden 910. Freideutscher Verlag. — 30

Kampf, Der, wider die Impfung im Volk und Parlament von England. Nebst Vorträgen englischer Aerzte. Stuttg. 1867. V: *Nittinger, Carl Gg. Glo.* (Kat. d. ständ. Bibl. Stuttg. 1907. S. 611.)

—— der, wider die Impfung im Volk und Parlament von England, nebst populären öffentlich gehalt. Vorträgen bewährter engl. Aerzte und Menschenfreunde, welche sorgl. Eltern ehrlichen Rath geben, ob sie ihre Kinder impfen lassen sollen. gr. 8. (240 S.) Stuttgart 867, E. Ebner.

—— der, eines Infanterie-Bataillons oder dessen Abtheilungen in Wäldern und um den Besitz derselben. (Von Steinle.) gr. 8. (82 S.) Kempten 860, (Kösel'sche Buchh.)

— der, d. 38. Infanterie-Brigade u. d. linken deutschen Flügels in d. Schlacht bei Vionville — Mars la Tour am 16. VIII. 1870, s. a. Einzelschriften, kriegsgeschichtliche.

Der Kampf der 38. Infanterie-Brigade und des linken Deutschen Flügels in der Schlacht bei Vionville-Mars la Tour am 16. Aug. 1870. Mit 1 Anl., 5 Plänen u. 2 Skizzen. *Berlin: E. S. Mittler & Sohn 1898.* (VI, 112 S., 7 Pl.) 1 Bd 8.
= Einzelschriften, Kriegsgeschichtliche. H. 25. [98. 11573]

— der, gegen die Infektionskrankheiten. I—VIII. 8. Leipzig, F. Leineweber. n. 4. 70
I. Einleitung. I. Fortschritte in der Wohnungsdesinfektion durch Verwendung d. Formaldehyds. Von J. Petruschky. (16 S.) 899. n. — 50
II. Experimental-Untersuchungen üb. Desinfektion v. Akten u. Büchern. Von J. Petruschky. (10 S.) 899. n. — 50
III. Die Gefahr der Tuberkulose-Uebertragung durch Molkerei-Produkte u. die angestrebten Schutzmassregeln. Von A. Fischer. (12 S.) 899. n. — 50
IV. Zur prakt. Durchführung der Tuberkulose-Prophylaxis. Von J. Petruschky. (6 S.) 899. n. — 50
V. Die Bekämpfung der Hundswut (Lyssa) durch Pasteurs Präventiv-Impfungen. Von J. Petruschky. (16 S.) 899. n. — 50
VI. Die spezifische Behandlung der Tuberkulose. Referat, erstattet auf Veranlassg. der ständ. Tuberkulose-Kommission der 71. Versammlg. deutscher Naturforscher u. Aerzte. Von J. Petruschky. (21 S. m. 1 Tab.) 899. n. — 50
VII. Die infektiösen Sexualleiden, ihre Gefahren u. ihre Verhütung. Von Freitag. (44 S.) 900. n. 1. —
VIII. Die Pestgefahr u. ihre Abwehr einst u. jetzt. Vortrag, geh. in der naturforsch. Gesellschaft zu Danzig. Von J. Petruschky. (21 S.) 901. n. — 70
Sonderabdrucke aus: „Gesundheit".

— der, gegen die Infektionskrankheiten. IX. gr. 8. Leipzig, F. Leineweber. n. 1. —
Bericht üb. meine Informationsreise zum Studium der Wohnungs-Desinfektion mittels Formaldehyd in Halle, Berlin, Dresden, München, Breslau u. Posen. Von J. Petruschky (21 S. m. Abbildgn.) 903.

Kampf, der, gegen das Judentum. Eine Würdigg. d. gleichnam. Werkes v. Gustav Stille. Von ***. Mit dem Programm der deutsch-socialen [antisemit.] Partei u. 3 Anlagen. [Aus: „Deutsch-Sociale Blätter".] gr. 8. (16 S.) Leipzig 891. [G. Uhl.] H. Beyer. n. — 10

Kampf, der, gegen das Judentum. Eine Würdigung d. gleichnam. Werkes v. Gustav Stille. Von ***. Mit dem Programm der deutsch-socialen [antisemit.] Partei u. 3 Anlagen. gr. 8. (16 S.) Lpz. 891, [Uhl]. Germanicus-Verlag. — 10
Aus: Deutsch-Sociale Blätter, besonders abgedruckt.

*Kampf, Kampfspiele, Aus Oekonom.-techn. Enzyklopädie, v. Joh. Georg Krünitz, 1785, Gr.-8°.

—— der katholischen Kirche in Oesterreich gegen den Liberalismus der neuen Aera. [Neue (Titel-)Ausg. der kathol. Stimmen aus Oesterreich.] Mit einem Vorwort von H. v. Hurter. gr. 8. (VII, 854 S.) Wien (868)74, Sartori.

Der Kampf um die Koalitionsfreiheit. Weitere Mitteilungen des Arbeitgeberverbandes für das Buchdruckgewerbe. Berlin, 1907. 28 S.

Kampf oder Kompromiss? In medio virtus. Versuch einer Lösung der sozialen Frage auf Grundlage des Kompromisses. gr. 8°. Dresden, E. Pierson, 1895. 2. (Umschlag-) Aufl. gr. 8°. Dresden 1897.

Kampf, der, um die Kongregationen in d. französ. Deputiertenkammer, bearb. v. Otto Hörth, s.: Flugschriften des Neuen Frankfurter Verlags. V.

Kampf, Der Krimmitschauer, um den Zehnstundentag. Berlin, 1905. 101 S.

— der, in Kurhessen um die Verfassung vom 5. Januar 1831. Mannheim 860. Bassermann. gr. 8. (IV, 108 S.) n. 12 ngr.

Kampf, der letzte. Eine Erklärung sämmtlicher Kapitel der Offenbarung Johannis. gr. 8. (24 S.) Breslau 878. Dülfer in Comm. n. — 25

Kampf, unser letzter. Das Vermächtnis e. alten kaiserl. Soldaten. (Umschlag: 1.—6. Taus.) (à VII, 280 S.) gr. 8. Wien 907. C. W. Stern. n. 2. 50

Der Kampf des kirchlichen Liberalismus um seine Berechtigung in der evangelischen Kirche. (1.–10. Taus.) Halle a. S.: Gebauer-Schwetschke 1905. (57 S.) 8° [F.]
[Umschlagt.:] Protest! ... Zum Fall (Max) Fischer, (Prediger an St. Markus, Berlin). [05. 4084]

— dasselbe. (Umschlag: Protest! Der Kampf des kirchl. Liberalismus. Zum Falle Fischer. 1.—10. Taus.) (57 S.) 8. Ebd. 905. n. — 40

Kampf des Lichts mit d. Finsterniß. Ein Andachtsbuch f. jeden denkenden Verehrer d. Allvaters. Theils Eigenthum, Theils Lesefrüchte. gr. 8. (15½ B.) Neustadt a. d. O. 830, Wagner. Thlr.

Kampf des Lichts und der Finsterniß auf dem Grabe eines Protestanten von Augsburg. 8. Nürnberg, Riegel und W. 818. Rthlr.

Kampf der Lichtfreunde gegen die Dunkelmänner. (Hrsg.: W[ilhelm] Kästner.) Berlin: Kastner [1910]. 96 S. 8° [10. 13165]

— und Liebe, oder die griech. Brüder; romant. Gemälde aus unserer Zeit, v. Dorlsmund. 2 Bücher mit 1 Kopfr. 8. Leipz. 823, Kollmann. Rthlr.

KAMPF der Liebe und der Pflicht. Eine Familiengeschichte. Mit Titelkpf. Eisenberg, Schöne, 1806. 8°.
Gmähle's Münchner Leihbibl.-Cat., no. 5639.

— der Liebe u. Pflicht. Eine Familiengeschichte. 8. Eisenberg . . . 2e Aufl. 809. Schöne. 1 ℳ

Kampf der Liebe und Pflicht; eine Familiengesch. m. K. 8. Eisenberg, Schöne. 810.

—u. Liebe des schönen Polenmädchens. Ein Gemälde aus der Geschichte der letzten Poln. Empörung, bis zur Erstürmung von Warschau. Vom Verf. der Paulowna, Alberts v. Reinstein rc. 2 Thle. Mit 2 Kupf. 8. Neuhaldensl. 832. Eyraud. 3 ℛ

Kampf Luthers gegen Heiligenanrufung, Bilderdienst und Reliquienverehrung. Eisleben 1845. V: *Krumhaar, K.* (BBr)

Kampf Luthers gegen Heiligenanrufung, Bilderdienst u. Reliquienverehrung. Eine kirchenhist. Abhandlg. 8. (2 B.) Eisleben 845, Reichardt. *

Kampf. Der K' ums Majorat. Schwurgerichtsverhandlungen in Berlin vom 26. Oktober bis 25. November 1903 über die Kindesunterschiebung der Gräfin (Isabella Wensierska-)Kwilecka, mit den Bildern der angeklagten Gräfin und dem angeblich untergeschobenen jungen Grafen.... II + 152 S. 8. Bienne, E. Andres, (1903). [fr. —. 70]

— der, ums Majorat, s. a. Geschichten, intime. Nr. 8.

Der Kampf ums Majorat. (Berlin: Berliner Roman-Verl. [1904].) (48 S., 8° [Umschlagt. F.]
— Geschichten, Intime. 8. [04. 7255

— der, vom 18. zum 19. März 1848, s.: Plan v. Berlin.

—— der, auf dem adriatischen Meere im J. 1866. Mit 1 (lithogr.) Plan der Insel Lissa (in qu. gr. 4.). Lex.-8. (103 S.) Wien 869, (Gerold's Sohn.) *
Aus: Oesterreich's Kämpfe im J. 1866, besonders abgedruckt.

Kampf, Der, der Militärzeitung mit der Militärsanität. Luzern 1876. V: *Elgger, Carl v.* (Cat. d. Stadtbibl. Zürich. Zürich 1864—97.)

— der, um d. Millionenerbschaft. Ein Berliner Roman aus der Gegenwart. Von *₊*. (509 S.) 8. Berlin (909). A. W. Hayn's Erben. 3. 50

Kampf und Minne, von K. Maurer, s. Maurer, K.

§ KAMPF und Minne, oder romantische Abentheuer aus den Ritter-Zeiten. 2 Thle. Mit Kpfrn. u. Musik für Guitarre. Düsseldorf, Großherzogl. privil. Hofbuchh., 1808. 8° (1½ Rthl.) 244+240 S. Zahm.

— der, geg. d. Mißbrauch geist. Getränke. Mahnwort d. schweizer. Bischöfe an d. Gläubigen ihrer Diözesen. gr. 8. (30 S.) St. Gallen 895. Ehrat & Co. n. — 30

Kampf, der, gegen den Missbrauch geistiger Getränke im Königreich Sachsen. Dresden 1881.

Kampf. Der Kampf bei Neuenegg am 5. März 1798. Allgemeines [und] Erklärung des Cykloramas [in Bern].) 8 S. 8. (Bern, Haller, [1901].)
2 *Ausgaben; Ausg. A:* (Bern, Haller, [1901].) — *Ausg. B:* (Bern, Jent & Co., [1902].)

Kampf gegen den Nonnenschmetterling. Beherzigenswerthe Ratschläge eines Sachverständigen, um die heutige Nonnen-Calamität endgiltig aus der Welt zu schaffen. Ein offenes Wort an die deutschen und österreichischen Forstbehörden. - München 1892. 18 S.

— der, mit der Oebstlerin, Parodie der Romanze: Der Kampf mit dem Drachen von Fr. v. Schiller. Ein zweiter Beitrag z. heitern Deklamation. 3. Aufl. gr. 8. Wien 841, Wimmer. 6¼ ngr

— über den, des Papstthums gegen die Staatsgewalt u. den wahrscheinl. Ausgang desselben. gr. 8. Halle 838. Schwetschke u. Sohn. 1/6 ℛ

Kampf. Der K' mit der liberalen Partei um die Gleichberechtigung aller Bürger und Parteien bei der Wahl des Grossen Rates im Kanton St. Gallen. 14 S. 8. St. Gallen, Buchdr. der «Ostschweiz», 1906.
([Zur] Volksabstimmung am 22. Juli d. J.)

Kampf Der K' der liberalen und der katholischen Partei in Belgien .. Zürich 1857 s. a. [Bluntschli, Johann Caspar, und Laurent François].

Kampf, Der, der liberalen und der katholischen Partei in Belgien, eine Warnung für Deutschland. Zürich 1857. V: *Bluntschli, Johann Caspar.* (ADB 47, 36)

— der, der liberalen und der katholischen Partei in Belgien, eine Warnung für Deutschland. Briefe eines Belgiers an einen Süddeutschen. Zürich 857. Meyer u. Zeller. gr. 8. (103 S.) 15 ngr

DER KAMPF DER PARTEIEN UM DIE JUGEND Ein Erörterungsabend Herausgegeben von der Deutschen Zentrale für Jugendfürsorge in Berlin. Berlin 1912. Verlag von Otto Liebmann. 8°

— der, um das Pflanzenheilverfahren. Eine aktenmäß. Darstellg. der v. amtl. u. privater Seite gegen die Vertreter des Pflanzenheilverfahrens gerichteten Verfolgn. (Hrsg. vom Vorstande des „Vereins f. Pflanzenheilkunde".) gr. 8. (III, 99 S. m. 2 Bildnissen.) Berlin 900. (O. Nahmmacher.) n. 1.—

Der Kampf um das Pflanzenheilverfahren Eine aktenmässige Darst. der v. amtl. u. privater Seite gegen die Vertreter d. Pflanzenheilverfahrens gerichteten Verfolgungen. Hrsg. vom Vorstand d. 'Vereins für Pflanzenheilkunde.' *Berlin: Selbstverl. 1900.* (99 S.) 8° [F.]

Kampf, Der, um Pisa. Ein Trauerspiel in fünf Aufzügen. Heidelberg 1813. V: *Eckstein, Ferdinand Baron von.* (MGT) (Ky) (GGr) (Kn)

Kampf, der, um Pisa. Trspl. (v. Ferd. Eckstein). gr. 8. Heidelb. 813. Mohr. 12 gr

Der Kampf in Polen. Gedruckt bei Trowitzsch u. Sohn. 2 S. Fol.
Flugblatt. Berlin, 31 Mai 1848.

Kampf, Polens, um seine Wiedergeburt . . . Stuttgart 1831—32. V: *Mährlen.* (Ky)

Deutscher Verein gegen den Missbrauch geistiger Getränke — DER KAMPF DER POLIZEI GEGEN DEN ALKOHOL IN HARBURG A. E. Berlin 1906. Mässigkeitsverlag 8°

Deutscher Verein gegen den Missbrauch geistiger Getränke (E. V.). - DER KAMPF DER POLIZEI VERWALTUNG IN HERFORD GEGEN DEN MISSBRAUCH GEISTIGER GETRÄNKE seit 1. Oktober 1900 bis Ende 1905 und die erzielten Erfolge. Berlin 1906. Mässigkeitsverlag. 4°

Der Kampf gegen die farbloje Presse. Eine religiöse, politische u. sociale Pest. Herausgegeben vom Volksverein für das kathol. Deutschland. München, Gladbach, 1894. 8°, 15 S.
Stimmen a. M.-Laach Bd. 47, S. 615.

Der Kampf wider die Prostitution. Eine Denkschrift d. Central-Ausschusses f. d. innere Mission d. deutschen evang. Kirche.—Berlin: Hertz 1885. 51 S. 8°.

Kampf, Der, gegen die Reblaus im Kanton Zürich. Zürich 1887. V: *Lochmann.* (BSchwLK V, 9 ab)

Kampf, Der, des alten und neuen Rechts im Leben und Leiden Jesu... Iserlohn 1852. V: *Nagel, Rudolph.* (zu)

—— der, des alten und neuen Rechts im Leben und Leiden Jesu. Eine Passionspredigt von einem rheinischen Theologen. gr. 8. (13 S.) Iserlohn 852, Bädeker.

—— der, zwischen Recht und Macht und das Suum cuique in der Schleswig-Holsteinischen Sache. (Von Klenze.) gr. 8. (VIII und 73 S.) Hamburg 865, Mauke Söhne. *

Der Kampf für Recht u. Wahrheit in dem 5jähr. Criminal-Prozesse gegen P. A. Fonk von Köln. Von ihm selbst herausg. u. seinen Mitbürgern zur Beherz. gewidmet. Mit 2 Steindr. *Coblenz*, Hölscher. 822. 2 Hefte. gr. 8. (1 Thl. 4 Gr.)

Der Kampf um die Reichsfinanzreform. Ein Rückblick u. ein Ausblick. Berlin: Deutscher Schriftenverl. 1909. 56 S. 8° (11. 11511 4

— der, um e. geistig hochstehendes Reichsgericht. Von e. Juristen. (56 S.) 8. Berlin 910. C. Heymann. 1.—

—— der, der Reichsregierung mit der Priesterschaft und der Weg zum Siege. 16. (43 S.) Zürich 874, Verlags-Magazin.

Kampf, Der, der Reichsregierung mit der Priesterschaft und der Weg zum Siege. Zürich 1875. V: *Lempens, Carl Frz.* (Cat. d. Stadtbibl. Zürich. Zürich 1864—97.)

— d. Religionen. Trspl. in 5 Aufz. 8. Halberst. 825. Vogler in Potsd. 12 gl

— der, der Revolution gegen die Souveränität des Papstes. Von L. R. Danzig 860. Weber. Lex.-8. (45 S.) n. 7½ ngr.

— der russisch-japanische, um die Vorherrschaft im Osten. 1. Tl. 8. Lahr, Groß & Schauenburg. 1.—
Das Vorgehen der Japaner gegen Port Arthur u. die Besetzung v. Korea. Von C. Tanera. Illustriert v. E. Zimmer. (VII, 90 S. m. Bildnis) 905.

—— der, der Siebenbürger Sachsen für die Ueberreste des Feudalwesens. gr. 8. (63 S.) Budapest 874. Leipzig, Haessel. *

Aus dem Kampf um die Schiffahrtsabgaben. Sonderabdruck von 13 Artikeln aus der Frankfurter Zeitung 1907—1910. Frankfurt, 1910. 82 S.

— der, in der Schule, s.a. Broschüren, Frankfurter zeitgemäße.

Der Kampf in der Schule Gedanken über d. geistl. Schulaufsicht von e. kath. Schulmanne. *Hamm. Breer & Thiemann 1904.* (27 S.) 8° [F.]
— Broschüren, Frankfurter zeitgemäße. N. F. Bd 23, H. 7 (04. 3846

—— der, um die Schule, s.a. Flugschriften, kathol., zur Wehr u. Lehr'.

Kampf um die Schule, s.a. Streitschriften, freundschaftliche.

— um die Schule. (55 S.) Berlin 1891. Germania.

Der Kampf um die Deutsche Schulschreibung im Jahre 1900. Urkundl. Beiträge zu e. nicht unwichtigen Kapitel d. Gesch. unserer Muttersprache. *Leipzig. Börsenver. d. Deutschen Buchhändler 1900.* (32 S.) 8° [F.] (01. 8004

IM Kampf gegen die Schund-Druckerzeugnisse. Erfahrungen, Ratschläge und Materialien. (Schriften des Volksbundes zur Bekämpfung des Schmutzes in Wort und Bild, Nr. 5.) Berlin, Geschäftsstelle des Volksbundes, 1910. 8°. 52 S.
S. 51/52 Literatur über einschlägige Schriften zur Bekämpfung der Pornographie.

Kampf gegen die Schund- und Schmutzliteratur Verfügung d. Kgl. Konsistoriums d. Prov Sachsen v. 6. Mai 1910. Plötzensee: Deutscher Sittlichkeitsver, 1910. 10 S. 8°
(Zeit- u. Streitschriften z. Sittlichkeitsfrage. N F Nr 6.) A 12. 12:510

Kampf gegen die Schwindsucht. Potsdam: Stiftungs-Verl. [1907]. (18 S.) 8° [F.]
— Ratgeber, Kurzer, f. Gesunde u. Kranke. No 4. (07. 11708

— der, um die heilige Seifenblase. Ein Bericht aus dem kirchl. Leben Birma's v. Peregrinus. 8. (52 S.) Zürich 898. Verlags-Magazin. n. — 70

— u. Sieg, s.a. Schriften, kleine.

Kampf bis zum Sieg. Flugblatt. Sep.-Abdr. aus d. „Sozialdemokrat", Centralorgan der deutschen Sozialdemokratie. s. l. s. a.

Kampf und Sieg. Roman v. Franz Horn. 2 Bde. 8. Bremen, Heyse. 811.

—— u. Sieg. Eine Erzählung. Nach d. Franz. 12. (14¼ B.) Aachen 846, Cremer'sche Buchh.

Kampf und Sieg eines rheinpfälzischen Advocat-Anwalts für seinen Stand . . . Mannheim 1844. V: *Willich, Friedrich Justin.* (EngJ) (Wa) (Ky)

—— u. Sieg ein. rheinpfälzischen Advokat-Anwalts für seinen Stand u. seine Standesrechte gegen die k. bayer. Staats-Behörde. Bei Gelegenheit einer Disciplinarsache. In sechs offiziellen Aktenstücken. (Von F. J. Willich.) gr. 8. (6¾ B.) Mannheim 844, Zeiler.

Kampf und Sieg der Basel-Landschaft für Freiheit und Rechtsgleichheit. [Mit 1 Vignette.] 8. Stäfa .. 1833.

—— und Sieg, der, bei Eckernförde, s. Blatt, fliegendes.

Kampf und Sieg einer gläubigen Familie. Eine Erzählung aus d. 17. Jh. 3. Aufl. *Barmen H Klein [1903].* (24 S.) 8° [F.]
– **Dämmerstunde, Für die.** Reihe 1, [1.]

—— und Sieg des politischen Fortschritts. Authent. Darstellung der glorreichen März-Ereignisse in München. Nebst allen darauf Bezug habenden Aktenstücken. Von einem Augenzeugen. gr. 8. (28 S.) München 848, (Rieger'sche Buchh.)

Kampf und Sieg d. Glaubens. Eine Erzähl. v. ein. kathol. Geistlichen üb. d. erste Gebot. 8. Sulzbach 839, v. Seidel'sche Bh.

Kampf und Sieg des Glaubens in der Geschichte des kananäischen Weibes. (Matth. 15, 21–28.) Aus dem Schwed. 8. (16 S.) Stuttgart 885, Buchh. der Evangel. Gesellschaft. *

—— und Sieg d. Homöopathie od. Reinarzneilehre bei d. Badischen u. Hessendarmstädt. Stände-Versammln. Nebst vielen Erörterungen d. wohlthät. Hauptmomente u. Folgen dieser einfachen, f. Menschen u. Thiere wohlfeil anwendbaren, d. Moralität u. d. Bürgerwohl förderl. Heilart. Bekannt gemacht z. Erweckung selbstprüf., eklektischer Aerzte, welche d. Gute beider Heilarten zu vereinbaren wünschen. gr. 8. (14½ B.) Leipzig 834, Schumann.

—— Sieg und Krone heiliger Jungfrauen aus allen christlichen Jahrhunderten. Zur Beförderung eines religiösen Sinnes und Lebens dem jungfräulichen Geschlechte geweiht. 2 Bde. 8. (XV und 667 S. mit 2 Stahlst.) Schaffhausen 857, Hurter'sche Buchh.

Kampf. Der siegreiche K' der Eidgenossen gegen Jesuitismus und Sonderbund. Solothurn 1848 s.a [Amiet, Jacob.]

Kampf, Der siegreiche, der Eidgenossen gegen Jesuitismus und Sonderbund. Solothurn 1848. V: *Killmeyer, H. O.* (Pr)

—— der siegreiche, der Eidgenossen gegen Jesuitismus und Sonderbund. Dessen Zusammenhang und Bedeutung in der Entwicklungsgeschichte der schweizer. Nation und dessen Wirkung auf das polit. Leben des Auslandes nebst vollständ. Schilderung des Feldzuges vom Novbr. 1847. Durch einen Offizier der eidgenöss. Armee. gr. 8. (IV und 376 S. mit eingedr. Holzschn.) Solothurn 848, Jent und Gaßmann.

Kampf (Der) gegen die Sozialdemokratie in der Armee vom Standpunkte eines Hauptmannes a. D. und früheren Kompagniechefs. (Otto Clauss.) (Schriften zur deutschen Heeresreform, III.) gr. 8°. Stuttgart, Lutz, 1891.

Kampf, Der, um Europens Stiefel; ein Gemählde aus der Bildergallerie unserer Tage ... Erfurt 1800. V: *Dominikus, Jac.* (MGT) (Ky)

— der, um Europens Stiefel, ein Gemälde a. d. Bildergallerie unsr. Tage. 8. Erf. Beyer u. M. 800.

— der, um den Strom, oder: Wer wird ihn denn wohl haben? (Gesellschaftsspiel. 1 illum. Tafel u. Erklärung.) Leipzig 841. (Hunger.) n. ¾ ₰

— der, in der Halleschen Studentenschaft u. die Akademiker-Versammlung vom 8. VII. 1901. gr. 8. (99 S.) Halle 901. (Kreibohm & Co.) —50

Im **Kampf** um Süd-Afrika. Bd 1–4. *München: J F Lehmann 1902.* 4 Bde 8° [F.]
1 – Krüger, Paul Lebenserinnerungen. Von ihm selbst erzählt, nach Aufzeichn. von H. C. Bredell u. Piet Grobler hrsg von A. Schowalter
2 – Viljoen, Ben J. Die Transvaaler im Krieg mit England. Deutsche Orig.-Ausg. von A. Schowalter u. H. A. Cremer
3 – Rompel, Frederik, & Kestell, J. D., Präsident Steijn u. die Freistaater im Krieg mit England. (Mit d. Burenkommandos im Felde. Hrsg. von A. Schowalter)
4 – Wet, Andries de, Doornik, H. v., & du Plessis, G. C. Die Buren in d. Kapkolonie im Kriege mit England. Hrsg. u. übers. von A. Schowalter

Kampf, der, wider d. Sünde! 3 Vorträge. 1. Die Erkenntnis der Sünde. Von Schumacher. — 2. Die Vergebg. der Sünde. Von Sam. Zeller. — 3. Die Überwindg. der Sünde. Von Langmesser. (55 S.) 8. Zürich (907). (Buchh. der ev. Gesellschaft.) —50

Kampf. Der K' bei Tirano 1625. Njbl. s. [Stierlin, Emanuel].

—— der, bei Tirano 1620. Neujahrs-Blatt der bernischen Jugend gewidmet auf das J. 1849. gr. 4. (22 S. und 1 Stnt.) Bern 849, Huber und Comp. *

Kampf, trauriger, des Hrn. Prof. Dr. Tittmann zu Leipzig, wider die Vereinigung der evangelischen Kirchen, und sein feindlicher Ausfall gegen ein kleines friedliches Land. 8. Halle, Hendel. 818.

Kampf, Unser letzter. Das Vermächtnis eines alten kaiserlichen Soldaten. Wien 1907. V: *Kerchnawe, Hugo.* (EB)

— der, gegen d. Unsittlichkeit u. d. Entwurf e. schweizer. Strafgesetzbuches. D. schweizer. Frauenverein gewidmet v. Mentor. gr. 8. (55 S.) Zürich 895. E. Speidel. n. —50

Kampf für Vaterland und Freiheit. Gedicht v. Fr. R. Zum Besten für die gute Sache Schleswig Holsteins. Magdeburg 1850 8°

— der, mit den Verhältnissen, oder der Unbekannte; von Aug. Lafontaine. 3 Thle. 8. Halle, Renger. 815.

— der, zwischen Vernunft und Glauben. Ein Erlebniß aus der Gegenwart mitgetheilt von Edgar von der Klausen. Erlangen 857 Palm. 8. (1 Bl., 194 S.) 24 ngr.

Verzweifelter Kampf um den Besitz des Mississippi-Stromes und Einnahme von Neu-Madrid. Eine blutige Kriegsscene aus dem jetzigen amerikanischen Kriege. (Text, Kol. Verlag und Eigenthum von Louis Henneberg in Salzhemmendorf. Druck von Gebr. Gerstenberg in Hildesheim o. J. (1865). 4 Bl. n. n. 182 [illegible]
[illegible] Bänkelsängerlit. III [illegible]

Der **Kampf** um Vindonissa. ⟨Aktenmässige Darstellung⟩ (Unterz. Gesellschaft 'Pro Vindonissa.') *Stäfa 1898 E. Gull,* (19 S.) 8°

— der, um die Volksschule. Ein Rück- u. Ausblick v. e. württ. Schulmanne. Sep.-Abdr. e. Artikelserie aus dem „Lehrerheim". gr. 8. (VII, 274 S.) Stuttgart 903. R. Lutz. n. 2. 50

Der **Kampf** um die **konfessionelle Volksschule.** Beleuchtet nach s. rechtl., grundsätzl. u. zeitgeschichtl. Seite auf Grund der 'Pädagog. Monatsschau' der Zeitschrift 'Der Schulfreund'. Von e. prakt. Schulmanne. Hamm i. W.: Breer & Thiemann 1906. (45 S.) 8° [F.]
(Schulfreund-Bibliothek.)

Kampf und Wachstum der Kirche in unsern Tagen. Ein Neujahrsgruss an die Katholiken Deutschlands. Freib. 1862. V: *Niedermayer, Andreas.* (Gla I/2 505)

Der **Kampf** ums Wahlrecht in Schleswig-Holstein und der Städtetag in Mölln Material zum Verständnis der geplanten Wahlrechtsänderungen. Hrgg v d. Agitations Kommission (der sozialdemokratischen Partei) für Schleswig-Holstein Altona 1906. 8°

Der **Kampf** um das Schleswig-Holsteinische Wahlrecht in Kiel. Stenogr Bericht über d. Verhandlungen z. Wahlrechtsfrage in d. Stadt. Kollegien 1909 Kiel Haase (1909). 140 S. 8° [Umschlagt]
109. 7012

Der **Kampf** um die Wahlreform D. Verhandlungen im Preuß Abgeordnetenhause am 10 11. u 12. Febr Hrsg. vom Freisinn. Wahlrechtsausschuß. Berlin 1910 8°

—— der, um die Währung. Orientirendes Correspondenzblatt, hrsg. von Otto Arendt. Organ des deutschen Vereins für internationale Doppelwährung. 1. Jahrg. 1881. 24 Nrn.; 2. Jahrg. 1882. 16 Nrn.; 3. Jahrg. 1883. 9 Nrn.; 4. Jahrg. 1884. 4 Nrn. (Bog.) Fol. Berlin, Thormann und Goetsch. à Jahrg.

— der, um unsere **Wälder**. Verhandlgn. u. Material d. 2. Berliner Waldschutztages am 16. I. 1909. (43 S. m. eingedr. Kartenskizzen.) Lex. 8. Berlin 909. J Springer. — 80

Der **Kampf** um unsere Wälder Verhandlungen u. Material d. 2 Berliner Waldschutztages 1909. Berlin Springer 1909. 43 S. 4° (Schriften d Ansiedlungsvereins Groß-Berlin [8.]) A 12 1318

Kampf, Der, mit dem Waldschnepf oder die Wiederlegung der Antwort an den elenden Entlarver des Trenk . . . O. O. 1791. V: *Szeitz, Leo Maria.* (Pk)

— der, in Zion. Eine aktenmäß. Darstellg. der Leidensgeschichte der evangel. Kirche aus den Zeiten des Präsidenten Hegel, hrsg. im Auftrage der früheren Ältesten u. Gemeindevertreter in Zion. gr. 8. (111 S.) Berlin 894. R. G. Wiegandt. n. 1. 20

Kampf Des Zürchervolkes K' und Sieg für seinen Christenglauben. Zürich 1839 s. a. [Zimmermann, Johann Heinrich].

Kampf und Sieg, Des Zürchervolkes, für seinen Christenglauben . . . Zürich 1839. V: *Zimmermann, Joh. Heinrich.* (zu) Cat. d. Stadtbibl. Zürich. 1864—97.)

—— und Sieg, des Zürchervolkes, f. seinen Christenglauben. Febr. bis Sept. d. J. 1839. 8. (7 1/4 B.) Zürich, Schultheß.

Kampf C. L. F. [illegible] 1868 8
Diss. Göttingen

Kampf, Carl, der Herr Obergespan. 3. Aufl. (XII, 275 S.) 8. Dresden (907). E. Pierson. 2.—; geb. n 4. —

Kampf, Carl, Wiener Volksleben. 1—8. Bdchn. 8. Wien 881. 82. Rosner. à n. — 60
1. Der Greißler u. seine Bettgeher oder die Serenade bei der Blumenmacherin. (40 S.)
2. Die drei Liebhaber im Prater. (32 S.)
3. Die Conversation im Bodenzimmer. (32 S.)
4. Der reiche Sellermeister, oder Wiener, Berliner u. der gute Böhm auf Reisen. (32 S.)
5. Ein Engagement im Tingel-Tangel. (31 S.)
6. Professor u. Doctor oder Kammerdiener als Baron. (31 S.)
7. Ein alter Stammgast. (31 S.)
8. Die Conversation am Südbahnhofe. (24 S.)

Kampf, Leop., am Vorabend. Drama in 3 Akten. (85 S.) kl. 8. Berlin 905. Schuster & Loeffler. n. 1. 50

[Russ.] Nakanuné. (Am Vorabend.) Drama v 3-ch dějstvijach. L(eopold) **Kampf**. Edinstvennyj razrěšennyj avtorom perevod. 2. izd. Berlin. G. Štejnic (1906). (128 S.) 8°
[Auf d. Umschl.] L. Kampf, Am Vorabend.
(Sobranie lučšich russkich proizvedenij. Č. 128.) 07. 5607

Kampf, P. W., christlicher Katechismus zum Gebrauche evangelischer Kirchen, besonders als Leitfaden bei dem Confirmandenunterricht. 8. Cassel (830.) (Luckhardt). 4 K

Kampf, Richard. Die Bildung der Blase und der Blasensprung. Halle 1881 Karras. 31 S. 8°
Halle-Wittenberg, Med. Diss. v 3. Aug. 1881
Geb. Danzig 21 4. 1849. V

Kampf, [Richard], Stadtbaurat: Der Neubau des Gebäudes der Höheren Mädchenschule. Lüneburg 1909: v. Stern. S. 7—13. 8°
Lüneburg, Lehrerinnen-Bildungs-A u. HM OP 1909 [183] [S 09. 238

Kampf, Theod., Erklär. d. 15. 16. u. 17. Kap. d. Offenb. Johann. 8. Berl. 744.

Kampf, Thdr., wunderbarer Todesbote, oder Untersuchung, was von d. Leichenerscheinen, Sarganklopfen rc. zu halten. 8. Lemgo 752. Meyer. 3 K

Kampf, Th., der wunderliche Todesbothe oder schrift- und vernunftmäßige Untersuchung, was von den Leichenerscheinungen, Särgeklopfen rc. zu halten. Lemgo 742. 8.

Kampf, Walter *Otto* [aus Werden a. d. Ruhr]: Die Erwerbsquellen auf den Kanarischen Inseln und ihre Wandlungen Bonn, Druck v. E. Heydorn, *1894*; 2 Bl., 90 S., 1 Bl., 1 Kt. 8.
Bonn, Phil. Fak., Inaug.-Diss. v 4. Aug 1894

Kaempf

— s. a. Kämpff.

Kaempf, Amaurosis sanata per aconitum. Phil. medic. Sos. ac. scient. Hassiacae. Giss. 4°. Vol. I, Art. 23. 1771

Kämpf, Ad[olf]: Über Nitroderivate des Phenanthrenchinons und über deren Abkömmlinge. 1903. 76 S. 8° ¶ Vgl. Berichte d. Deutschen Chem. Gesellschaft. Jg. 35. 36. 1902. 03.
Stuttgart, Dr.-Ing.-Diss. v. 9. 11. 1903

Kaempf, Arno, appr. Arzt: Untersuchungen über den Gehalt an Zucker im Blute normaler schwangerer und gebärender Frauen. Halle a. S. 1908: Hohmann. 33 S. 8°
Halle, Med. Diss. v. 29. Sept. 1908, Ref. Veit
[Geb. 7. Okt. 83 Kottbus; Wohnort: Kottbus; Staatsangeh.: Preußen; Vorbildung: Gymn. Kottbus Reife O. 02; Studium: Königsberg 2, Heidelberg 1, Würzburg 2, Leipzig 2, Halle 3 S.; Coll. 18. Sept. 08; Approb. 15. Juli 08.]
[U 09. 1608

Kaempf, Ernst: Beiträge zur Casuistik der ischaemischen Muskellähmungen und Contracturen. *Berlin (1897): E. Ebering.* (69 S.) 8°
Berlin, Med. Diss. v. 21. Dez. 1897

Kämpf, F. A. De antiquissima legione Rom., phalangibus Macedonicis simili, et de ea, quae belli Latini temp. fuit. 28 S. . . . .
Neu-Ruppin, Progr. 1836

Kaempf, Felix: Größe und Ursache der Doppelbrechung in Kundt'schen Spiegeln und Erzeugung von Doppelbrechung in Metallspiegeln durch Zug. *Leipzig 1904: O. Leiner.* (36 S.) 8°
Leipzig, Phil. Diss. v. 1904

Kaempf, Franc. Albert (geb. Magdeburg 13. 8. 1838). De scarlatina. Berolini (1861). (31 S.) 8°
Berlin, Med. Diss. v. 10. Aug. 1861

Kaempf, Friedrich Heinrich

Kämpf, F. H., Aufgaben zum Uebersetzen aus dem Deutschen in's Lateinische, als Material zu lateinischen Stilübungen für die oberen Klassen der Gymnasien aus den besten neueren latein. Schriftstellern zusammengestellt und mit sprachl. Bemerkungen und Hinweisungen auf Zumpt's Grammatik versehen. gr. 8. (XVI und 254 S.) Neu-Ruppin 848, Oehmigke und Riemschneider.

Kämpf: Grundlehrplan für den deutschen und lat. Unterricht des Gymnasiums. 23 S. – Progr. Landsberg a/W. 1872

Johannes der Täufer, der Mann der Wahrheit und des Rechts, der Mann der ernsten, treuen, frommen That, des Maurers Vorbild. Johannisrede, gehalten am 24. Juni 1856 in der Loge Ferdinand zum rothen Adler im Or. zu Neu-Ruppin vom F[r.] H. Kämpf. Berlin [1856]: Trowitzsch & S. 15 S. 8° [Umschlagtit.]
Abgedr. in: A. 26 (1864) S. 32—43; Notmann, H.: Frmrische Reden u. Toaste. 2 (1881) S. 88—98; 2. Aufl. 1883 S. 88—98. Tt. 2084.

Kämpf, F. H. Probe einer Uebersetzung des Thukyd. (B. 1. c. 1—55.) 14 S.
Neu-Ruppin, Progr. 1841

Kämpf, F. H. Quaestiones Thucydideae 24 S.
Neu-Ruppin, Progr. 1843

Kämpf, F. H. Quaestionum Thucydidearum particula altera. 16 S.
Neu-Ruppin, Progr. 1851

Kämpf, F. H.. Quaestionum Thucydearum part. III (1. Apud Thucydidem libr. VIII., 45 genuina esse, quae cod. Ital. exhibet. 2. Lib. VIII., 87 nihil mutandum esse in his, quae in plerisque libris scripta sunt.) 14 S. – Neu-Ruppin, Progr. 1855

Kaempf, Friedrich Heinrich (Arnstadt), Umbricorum specimen. Diss. philol. Bln. (Trowitzsch & S.) 1. IV. 1834. 80 S. m. Biogr. (M.: F. Kaempf!) (6.80) 17266
Oppon.: Julius Gottheiner, Adolph Heimann, Adolph Philippi. — Gew.: Ernst Traug. Kaempf (Vater).

Kaempf, Frider. Henr., Umbricorum specimen primum. 8 maj. (5 B.) Berolini. 834, Duemmler.

Kämpf, Fr. Hnr., s. Thucydides, Geschichte des Peloponnesischen Kriegs.

Kaempf: Über Zweck und Methode des lateinischen Unterrichts auf Gymnasien. 35 S. – Landsberg a/W., Progr. 1867

Kämpf, Hans: Über Extragenitale Syphilisinfektion am Mund und im Mund. Würzburg 1909: Staudenraus. 34 S. 8°
Würzburg, Med. Diss. v. 30. Sept. 1909, Ref. v. Leube
[Geb. 7. Febr. 82 Hartershofen; Wohnort: Würzburg; Staatsangeh.: Bayern; Vorbildung: Gymn. Würzburg Reife Juli 00; Studium: Würzburg 12 S.; Coll. 23. Juli 09; Approb. 13. März 07.] [U 10. 4354

Kämpf, Johann

Kämpf, J., († d. 29. Oct. 1787.) für Aerzte u. Kranke bestimmte Abhandlung v. einer neuen Methode, d. hartnäckigsten Krankheiten, d. ihren Sitz im Unterleibe haben, besonders die Hypochondrie, sicher zu heilen. 8. Dessau 784. Mit neuem Titelbl. Leipz. 785. 2e verb. Aufl. Ebd. 786. 3e verb. Aufl. gr. 8. Leipz. 821. Weidmann. 1 ₰ Im Ausz. für nicht medicin. u. kranke Leser, v. C. W. G. Müller. 8. Ebd. 788. 8 gr. In e. neuen Ausg. 8. Augsb. 790. Welf. 9 gr.

Kaempf, J., W. e. neuen Methode, die hartnäckigsten Unterleibskrankheiten, besonders die Hypochondrie, gründlich u. sicher zu heilen. 500 S. Dessau 1784. 1786. 1787. Wien 1788. Holl. v. *Kroning*, Utrecht 1787. Beantwortung der dagegen gemachten Einwendungen. Dessau 1786. Ausz. v. *Müller*, Hanau 1788. Augsb. 1790. 1791

Kämpf, Joh(annes): Für Aerzte und Kranken bestimmte Abhandlung von einer neuen Methode, die hartnäckigsten Krankheiten, die ihren Sitz im Unterleibe haben, besonders die Hypochondrie, sicher und gründlich zu heilen. 506 S., gbd., 1 Taf.

Dessau u. Leipzig: Buchhandlung der Gelehrten 1784

JB 2.203

Kämpf, Johannes: Für Aerzte und Kranken bestimmte Abhandlung von einer neuen Methode, die hartnäckigsten Krankheiten, die ihren Sitz im Unterleibe haben, besonders die Hypochondrie, sicher und gründlich zu heilen. 2. verm. u. verbess. Aufl. 576 S., gbd., 1 Taf.

Leipzig: Weidmann & Reich 1786

JB 2.204

Johann Kaempf

Joh[ann] Kämpf, für Aerzte und Kranken bestimmte Abhandlung von einer neuen Methode, die hartnäckigsten Krankheiten, die ihren Sitz im Unterleibe haben, bes. die Hypochondrie sicher und gründlich zu heilen. Mit e. Reg. verm. Aufl. Leipzig: Weidmann 1785. 506 S. 8°

— s. Abhandl. v. d. Temperamenten.

Kaempf, Jo., Kurze Abhandlung v. d. Temperamenten. Herausgeg. v. G. *Peyer*. Schaffh. u. Frkf. 8°. Ohne Angabe v. Kaempf veranstaltet. *Haller*, Bibl. anat. II, 568. 1760
vgl. Kaempf, Wilhelm Ludwig

Kaempf, J., Abhdl. v. d. Wasserschen od. d. tollen Hundswuth u. deren Kur. Hann. 8°. 1780

Johann Kaempf

Enchiridium medicum. Autore Johanne Kaempf. Ed. nova. Francofurti: Gebhard 1788. 231 S. 8°

Kämpf, Johannes: Enchiridium medic[um] passim emendatum et auctum. Den[uo] ed. Car. Geo Theod. **Kortum** Francforti ad Moenum 1792. XVIII 244 S.

— Handbuch der prakt. Arzneikunde, nach der verm. Ausg. von Kortum aus dem Latein. übersetzt u. mit Zusätzen versehen v. F. G. Dürr. 8. Chemn. 785. (Starke). 1 Thlr 8 gGr

— Dass. oder medicin. Handbuch u. s. w. übers. mit Anmerkk. v. J. G. Lührens. 2 Thle. 8. Dortm. 793. Mallinkrodt. (Schulz in Hamm.) 1 Thlr 4 gGr

Kämpf, Jh., der Poltergeist; eine Operette. ...

— s. Schuenz, Peter 2c.

Kaempf, J., Prakt. Unterricht, wie der Wasserscheu od. Hundswuth vorzubeugen. Frkf. 4°. 1766

Offizier-Stammliste des 3. Posenschen Infanterie-Regiments Nr. 58. 50 Jahre 1860. 1910 Auf Befehl d. Regts-Komm nach amtl Quellen bearb. von [Max] Kaempf, Oberlt 1910. Bis 1901 ist d. Bearbeitung durch Oberlt **Lehmann** (Ernst) erfolgt Glogau 1910 Glogauer Dr XVII, 218 S. 8° A 11. 3802

Kämpf, Dr. Moriz, k. k. Regimentsarzt und Docent der Augenheilkunde an der Wiener Universität. Ueber die sogenannte **Ophthalmia militaris.** (Separatabdruck aus der „Oesterreichischen Zeitschrift für praktische Heilkunde") 8. Wien 1871.

Kaempf, Rich. Die künstliche Bienenwabe, deren Gebrauch u. Selbstanfertigung. Mit 5 Illustr. gr. 8. (23 S.) Königsb. 889, (Gräfe u. Unzer). ** — 50

Kaempf, Saul Isaac

Kaempf S. J., Anhang betreffend die Grabschrift des sid. Königs Eschmunazar, Prag 1870

Kaempf, Saul Isaac, über die Bedeutung des Studiums der semitischen Sprachen, eine Antrittsrede gehalten am 17 April 1850. gr. 8. (29 S.) Prag 850, Ehrlich.

Kämpf, s.: **Bücher**, die fünf, Moses.

Kaempff, S. J., phönizische Epigraphik. Die Grabschrift Eschmunazar's, Königs der Sidonier. Urtext und Uebersetzung nebst sprachl. und sachl. Erklärung. Mit einer (lithogr.) Beilage, das Epitaph in der phöniz. Originalschrift enthaltend. gr. 8. (VIII, 83 S.) Prag 874, Dominicus. *

Kaempf, Saul Isaac. Gebet- u. Andachtsbuch f. d. israel. Jugend. gr. 16. (72 S.) Prag 890, Brandeis. * — 50; geb. in Hldlw. m. G. * — 70

Kaempff, Saul Isaac, **Gebete des Hauses Jakob's.** Gebetbuch für israelitische Frauen und Mädchen für die öffentl. und häusl. Andacht in allen Verhältnissen des Lebens. gr. 8. (VII und 206 S.) Prag 860. (Leipzig, C. L. Fritzsche.) *

Kaempf, Dr. S. J. — Gebet-Cyclus für alle israelitischen Feier- und Festtage des Jahres nach dem Ritus des Prager Tempels geordnet in den wesentlichsten Bestandtheilen neu übersetzt und mit erläuternden Anmerkungen versehen von — —. Erster Band. (188 S.) 8. Prag. Druck von M. J. Landau. 1854.

Kaempf, Dr. S. J. — Gebet-Cyclus für israelitische Feier- und Festtage des Jahres nach dem Ritus des Prager Tempels geordnet, in den wesentlichsten Bestandtheilen neu übersetzt und mit erläuternden Anmerkungen versehen von — —. 2. Band. (58 und 272 S.) 8. Prag. Gedruckt bei M. J. Landau. 1854.

Kaempf, Dr. S. J. —. Gebet-Cyklus für alle israelitischen Feier- und Festtage des Jahres nach dem Ritus des Prager-Tempels geordnet, in den wesentlichsten Bestandtheilen neu übersetzt nnd mit erläuternden Anmerkungen versehen von — —. 3. Band. (220 S.) 8. Prag. Druck bei M. J. Landau. 1854.

— die **Himmelspforte.** Vollständiges Gebetbuch f. Israels Frauen u. Jungfrauen f. die öffentl. u. häusl. Andacht in allen Verhältnissen des Lebens. Mit Beiträgen namhafter israel. Gelehrten u. 2 preisgekrönten Betrachtgn. 8. (VIII, 224 S.) Prag 893. J. W. Pascheles. Geb. in Leinw. m. Goldschn. n.n. 2. 60

Kaempf, S. J., das Hohelied, aus dem hebräischen Orig.-Text in's Deutsche übertragen, wie auch sprachlich und sachlich erläutert und mit einer umfassenden Einleitung versehen. 1. Aufl. (XLVI, 214 S.) 1877. *M 10.; 2. verm. und verb. Ausg. gr. 8. (LIV, 230 S.) Prag 879, Mercy.

Kaempf, S. I., das Hohelied, aus dem hebr. Orig.-Text in's Deutsche übertragen, wie auch sprachlich und sachlich erläutert und mit einer umfassenden Einleitung versehen. 3. neurevid. und verm. Ausg. gr. 8. (LIV, 234 S.) Prag 884, Mercy. *

Kaempf, S. J., das Hohelied, aus d. hebräischen Orig.-Text ins Deutsche übertr., wie auch sprachlich und sachlich erläutert u. m. e. umfass. Einleitg. versehen. 4., verm. (Titel-)Ausg. gr. 8. (LIV, 236 S.) Prag 890. Höfer & Klouček. n. 4. —

—— die Inschrift auf dem Denkmal Mesa's, Königs von Moab [9. vorchr. Jahrh.]. Mit einem Anhang betr. die Grabschrift des Sidon. Königs Eschmunazar. Uebersetzt und erläutert. gr. 8. (V, 51 S. mit 1 lithogr. Taf.) Prag 870, Tempsky. *

— s.a **Makamen**, die ersten, aus dem Tachkemoni.

— Die ersten Makamen aus dem Tachkemoni oder Divan des — nebst dessen Vor re le . herausgegeben vocalisirt, interpungirt und in's Deutsche übertragen von S. J. Kaempf Berlin 1845

Kaempf, S. J., *Dr., Privatdoc. a. d. Prager Univ.* Zehn Makamen aus dem Tachkemoni oder Diwân des Charisi. Nach authentischen Manuscripten, unter denen eines aus dem Jahre 1281, herausgegeben, vocalisirt, interpunctirt und sprachlich und sachlich erläutert, wie auch mit Beilagen biographischen und literarhistorischen Inhalts vermehrt. *Prag* 1858. *Carl Bellmann's* Verl. XLII, 247 S. 8°.
(Hebraisch)

Kaempff, Saul Isaac, **Mamtik sôd.** Beleuchtung des Frankelschen Werkes: „Hodegetik zur Mischna" in dogmatischer Beziehung. (In hebräischer Sprache.) gr. 8. (26 S.) Prag 861, (Schalek.) Thlr. *

—— nichtandalusische **Poesie** andalusischer Dichter aus dem 11., 12. und 13. Jahrhundert. Ein Beitrag zur Geschichte der Poesie des Mittelalters. 2 Bde. Lex.-8. Prag 858, Bellmann's Verlag. *

Inhalt:

Bd. 1. Nichtandalusische Poesie andalusischer Dichter aus dem 11., 12 und 13. Jahrhundert. Deutscher Theil. (XXIV und 294 S.) Einzeln * 1 Thlr. 10 Ngr.

» 2. Zehn Makamen aus dem Tachkemoni oder Diwân d. Charisi. Nach authent. Manuscripten, unter denen eines aus dem J. 1281. hrsg., vocalisirt, interpunktirt und sprachlich und sachlich erläutert, wie auch mit Beilagen biograph. und literarhistor. Inhalts verm. (XXVIII und 248 S.) Einzeln * 1 Thlr. 10 Ngr.

— s.: Schrift, die heilige.

Kaempf, Dr. S. J. — Die strahlendste der Königskronen. Festrede gehalten im israelitischen Tempel zu Prag am Vorabende (23. April 1854) der Vermählung Sr. Majestät des Kaisers Franz Joseph I mit der durchlauchtigsten Prinzessin Elisabeth Amalie Eugenie, Herzogin aus Baiern, von — —. 8. (8 S.) Druck bei M. J. Landau. 1854.

Kaempf, S. J., die Stützen des Gottes-Reichs. Fest- u. Confirmationspred. gehalten am 1. Tage des Passa-Festes 5605 (1845.) — Die wahre Religion. Predigt gehalt. am 7. Tage des Passa-Festes 5605 (1845.) gr. 8. (2 B.) Neustrelitz, Barnewitz. *

—— **Suleiman.** Dramatisches Gedicht in 5 Abthlgn. nebst einer Introduction. gr. 16. (VIII und 180 S.) Prag 859, Bellmann's Verlag. *

Kaempf, Dr. Saul Isaak. Die drei Worte des Kaisers. Festrede gehalten am 19. März 1853 im israelitischen Tempel zu Prag bei der Nachfeier der Genesung Sr. Majestät des Kaisers Franz Joseph I. 8. (10 S.) Prag, M. J. Landau, 1853.

Kämpf, Tr. Lebr., u. Wokenius, christl. **Gesangbuch** f. Schulen. m. dazu geh. Melod. u. e. Anh. f. Schullehr., Seminarist. u. Chorschül. 8. Leipz. Gräff. 797.

— — dass. ohne Melod.

— — d. Anh. m. d. Mel. bes.

— homilet. Handbuch z. Gebr. b. gewöhnl. Perikopen auf alle Sonn- u. Festt. 1r Bd. 3 Thle. z. 4 Heft.n u. 2n Bds. 1r Th. 1s—4s. gr. 8. Leipz. Hertel. 792—805. (L 1r Th. 1s Heft. 18 gr. die übr. alle à 12 gr.)

— **Lesebuch** f. angeh. Schreibeschül. u. Vorschr. gr. 8. Ebd. 797.

— **Regist.** z. Beyers Handb. f. **Beyer.**

Kämpf, W., Schiller u. die Schwestern Lengefeld. Nach dem Briefwechsel dargestellt. [Aus: „Archiv".] 8. (21 S.) Berlin 890. Liebmann. — 50

Kaempf, Wilhelm [app. Arzt aus Magdeburg]: Bericht über sieben Nephrectomieen ... Marburg, *Faber'sche Buchdr.*, *Magdeburg*, 1896; 36 S., 2 Bl. 8.
Marburg, Med. Fak., Inaug.-Diss. v. 1. Juni 1896

Kaempf, W., De pronominum personalium usu et collocatione apud poetas scaenicos Romanorum. Diss. 1885. 48 S.

Kämpf, Wilh., de pronominum personalium usu, s.a **Studien**, Berliner, für classische Philologie und Archaeologie.

De pronominum personalium usu et collocatione apud poetas scaenicos Romanorum. Scripsit Guilelmus **Kaempf**. Berolini S. Calvary & soc. 1886. (48 S.) 8°

— **Studien**, Berliner, f. classische Philologie u. Archaeologie. Bd 3, 2. [06.7709]

Kaempf, Wilhelm Ludwig

— Abhandl. v. d. **Temperamenten.** gr. 8. Frankf. Garbe. 762.

s.a. Kaempf, Johann

Kämpf, Wilh. Ldw., († 1779.) Denkbuch für die Hebammen. 8. Frankfurt a. M. 777. Brönner; a. Gebhardt u. K. 3 gl

Kaempf, Wilh. Ludw., Zweibrucken, Palatinus De morbis ex atrophia dissertatio inauguralis medic. 1546

Basel; med. Diss. 1756

Kampfberger, F. Aloys., opera omnia. II Tmi. fol. Colon. 717.

Kampf- und Schlachtenbilder. Pesth 1851. V: *Jókai, Moriz.* (KU)

Im **Kampfe** um den Alten Orient Wehr- u. Streitschriften hrsg von Alfred Jeremias u. Hugo Winckler 1 Leipzig J. C. Hinrichs 1907 8° [07. 7934]

Kämpfe, die, in **China.** In militär. u. polit. Beziehg. dargestellt v. Asiaticus. 6 Hfte. gr. 8. Berlin, R. Schröder. à n. 1. —
1. 2. (57 u. 75 S.) 900. — 3. 4. (107 S.) 901. — 5. 6. Mit 4 Kartenskizzen im Texte. (102 S.) 901.

Kämpfe, Deutsch-protestantische, in den baltischen Provinzen Russlands. Leipzig 1888. V: *Buchholtz, Alexander.* (ADB 39, 207)

Kämpfe, deutsch-protestantische, in den Baltischen Provinzen Rußlands. gr. 8. (V, 409 S.) Leipzig 888, Duncker und Humblot. *

Kämpfe und **Erfahrungen** über Sonntagsheiligung aus der Gegenwart. — Der holländ. Müller. — Ohne Rast und ohne Ruh. 16. (16 S.) Gernsbach 883, Christl. Colportage-Verein. *

Kämpfe (Die) u. Erfolge des Holzarbeiter-Verbandes. Vortrags-Manuscript, hrsg. vom Verbands-Vorstand. 8°. Stuttgart 1905.

Die **Kämpfe** um Knappschafts-Reformen im Allgemeinen Knappschaftsverein Bochum. Hrsg v Vorstande d. Verbandes d. Bergarbeiter Deutschlands. Bochum 1910 (Graf). 158 S. 8° 10 2050

Kämpfe (Die) der Pariser Kommune. Leben und Thaten des Generals Jaroslaw Dombrowski. Nach den Aufzeichnungen seines Adjutanten. 3 Hfte. gr. 8°. Leipzig. Genoss.-Buchdr., 1876.

Kämpfe. Die K' am Morgarten in den Jahren 1315 und 1798 Einsiedeln 1868 s [Elgger, Carl von].

Oesterreichs **Kämpfe** im Jahre 1866. Nach Feldacten bearbeitet durch das k. k. Generalstabs-Bureau für Kriegsgeschichte. I. Bd. Mit Karten- und Schlachtplänen. II. durchgesehene Auflage. [illegible] (212 u. 122 S. Beilagen.) Wien, Gerold in Comm. 1868 [illegible]

— — Dasselbe II. Band. Mit Karten und Schlachtplänen [illegible] (17 [illegible] Ebds. in Comm. 1868

— — Dasselbe (II. Bd. in 2 Theilen. Mit vielen Karten und Plänen. Lex. 8. (356 u. 19 S.) Ebds. in Comm. 1868. 8 fl.

Oesterreich's Kämpfe im Jahre 1866. Nach Feldacten bearbeitet durch das k. k. Generalstabs-Bureau für Kriegsgeschichte. IV. Band. Mit Karten und Schlachtplänen. Lex 8. (223 u. 46 S.) Wien, Gerold in Comm. 1869. 4 fl.

Oesterreichs Kampfe im Jahre 1866. Nach Feldacten bearbeitet durch das k. k. Generalstabs-Bureau für Kriegsgeschichte. V. Band. Mit Karten und Schlachtplänen. gr. 8. Ebds. in Comm. 4 fl. 1870.

Oesterreichs Kämpfe im Jahre 1866. Nach Feld-Acten bearbeitet durch das k. k. General-Stabs-Bureau für Kriegsgeschichte. I. Band. Mit Karten und Schlachtplänen. Lex.-8. (IV, 122 S.) In Comm. 4.—

— — II. Band. Mit Karten u. Schlachtplänen. 2. durchgesehene Auflage. Lex.-8. (IV, 169 S. und Beilagen 28 S.) Wien: Carl Gerold's Sohn 1895.

— — IV. Band. Mit Karten u. Schlachtplänen. Lex.-8. (IV, 223 S. und Beilagen 46 S.) Wien: Carl Gerold's Sohn 1895. 4.—

Die parlamentarischen Kämpfe um den Zolltarif. (Nache. vom Centralbureau d. nationalliberalen Partei veranstalt. Zusammenstellung.) *Berlin: W. Baensch [1903].* (VI, 168 S.) 8° [F.] [ep. 474]

Kämpfe u. Siege der Kirche. Paderborn, Bonif.-Druckerei, 1886, kl. 8°, 10 Pf. (Bonif.-Broich. Jahrg. 17. Heft 5.)

Kämpfe und Siege trotz Sturm und Not v. In Sturm und Not (Der wahre Kamerad).

Kämpfe (Die sozialen) im Spiegel der Poesie. gr. 8°. Berlin s. a.

Kämpfe u. Triumphe der röm. Kirche. In 17 Horen dargestellt. 8. (9½ B.) Leipzig 845, Phil. Reclam jun. –

Kämpfe, die, der deutschen Truppen in Südwestafrika. Auf Grund amtl. Materials bearb. v. der kriegsgeschichtl. Abteilg. I des Großen Generalstabes. 1.—3. Hft. gr. 8. Berlin, E. S. Mittler & Sohn. n.n. 1. 20

1. Ausbruch des Herero-Aufstandes. Siegeszug der Kompagnie Franke. Mit 6 Abb. u. 4 Skizzen. (IV, 58 S.) 906. n. —40
2. Die Kämpfe an den Onjati-Bergen. Mit 6 Abbildgn. u. 7 Skizzen. (S. 57—131.) 906. n. — 35
3. Der Entscheidungskampf am Waterberg. Der Untergang des Hererovolkes. Mit 12 Abbildgn. u. 7 Skizzen. (S. 131 bis 248.) 906. n.n. — 45

Sonderabdrucke aus: „Vierteljahrshefte f. Truppenführung u. Heereskunde".

— dasselbe. I. Bd. Der Feldzug gegen die Hereros. Mit 24 Abbildgn. u. 17 Skizzen. (VIII, 248 S.) Lex.-8. Ebd. 906. n. 1. 20; geb. n. 2. 25

Kämpfe, die, der deutschen Truppen in Südwestafrika. Auf Grund amtl. Materials bearb. v. der kriegsgeschichtl. Abteilung I des Großen Generalstabes. 4.—6. Heft u. Erg.-Heft. Lex. 8. Berlin, E. S. Mittler & Sohn. 1. 55

4. Hottentottenkrieg, der: Ausbruch des Aufstandes; die Kämpfe am Auob u. in den Karrasbergen. Mit 8 Skizzen u. 13 Abb. (IV, 106 S.) 907. — 40
5. Dasselbe. Die Kämpfe gegen Cornelius u. Morenga bis zum Septbr. 1905; das Ende Hendrik Witbois u. seines Stammes. Mit 10 Skizzen u. 18 Abb. (S. 105—207.) 907. — 40
6. Dasselbe. Die Unterwerfg. des Cornelius u. der Bondelzwarts. Mit 10 Skizzen u. 16 Abb. (IV u. S. 207—349.) 907. — 45

Sonderabdrucke aus: „Vierteljahrshefte f. Truppenführg. u. Heereskde."

Erg.-Heft. Fortsetzung des 6. Heftes, Morengas Ende und der Zug Erckerts gegen Simon Kopper in die Kalahari. Mit 3 Skizzen u. 13 Abbildgn. (S. 351—382 m. 8 S. Abbildgn.) 908. — 30

1.—3. Heft. Ebd. 906. 1.20 (Kplt. erm. Pr. 2. 45; geb. 4. 50)

— die, der russischen Truppen in der Mandschurei im J. 1900. Auf Grund der veröffentlichten Berichte des russ. Generalstabes zusammengestellt von v. C.-M. Mit 3 Beilagen (6 S. u. 2 Bl.) u. 1 Skizze. gr. 8. (III, 46 S.) Leipzig 901. Zuckschwerdt & Co. n. 1. 50

Kämpfe der Türken und Venetianer unter dem Sultan Selim dem Zweiten. [Die Vorzeit, 9. Bd.] 8. Ulm 1833.

Kämpfe, Arno, Tierarzt aus Zeitz: Vergleichende anatomische und histiologische Untersuchungen über Tuba auditiva der Haustiere und Luftsack des Pferdes. (Aus dem physiologischen und histiologischen Institut der Kgl. Tierärztlichen Hochschule zu Dresden. Prof. Ellenberger.) Dresden 1909. 70 S. und sieben Tafeln. 8°. [6. I. 10.]
Zürich. Univ. Vet.-med. Diss. 1909/10.

Kämpfe, Br., das Ganze der kaufmännischen Arithmetik, s.: Feller & Odermann.

Kämpfe, *Friedrich* Bruno: Beiträge zur experimentellen Prüfung der Methode der richtigen und falschen Fälle ... M. e. Taf. u. 2 Fig. im Text. (Aus: Wundt, Philos. Stud., Bd. VIII Heft 4.) Leipzig, W. Engelmann, 1893; 83 S., 1 Taf. 8.
Leipzig, Phil. Fak., Inaug.-Diss. v. [18. Apr.] 1893

Kämpfe, Bruno, Tafel des Integrals

$$\Phi(\gamma) = \frac{2}{\sqrt{\pi}} \int_0^{\gamma} e^{-t^2} dt.$$

[Aus: „Philosoph. Studien".] gr. 8. (4 S.) Leipzig 893. W. Engelmann. n. — 60

Kaempfe, Ernst, Referendar: Der Einfluss nachfolgender Unmöglichkeit der Leistung auf obligatorische Rechtsverhältnisse nach Gemeinem Recht und nach dem Recht des B.G.B. *Magdeburg 1901: J. Brückner.* (70 S.) 8° [F.]
Freiburg i. B., Rechts- u. staatswiss. Diss. v. 1901

Kaempfe, Eugen Johannes Hermann [aus Wallendorf]: Die Lage der industriell thätigen Arbeiterinnen in Deutschland. . . . Leipzig, Druck v. A. Th. Engelhardt, 1889; 68 S. 8°
Jena, Phil. Fak., Inaug.-Diss. v. 1889

Kaempfe, E. J. H., die Lage der industriell thätigen Arbeiterinnen in Deutschland. Inaug.-Diss. gr. 8. (68 S.) Leipzig 889. (Rudolstadt, Dabis.) n. 1. —

Kämpfe, Friedrich Bruno, s. Kämpfe, Bruno

Kämpfe, Gust. Ad., Antwort auf die Bekenntnisse des Hrn. Pastor Uhlich. gr. 8. (9¼ B.) Magdeburg 845, Heinrichshofen.

Kämpfe, Gust. Ad., Erwiederung auf das u. d. Ttl. die Berechtigung des Rationalismus an mich gerichtete Sendschreiben ein. Ungenannten. gr. 8. (6⅜ B.) Magdeburg 846, Heinrichshofen. Thlr.

—— die protestant. Freiheit. Rede. gr. 8. (1 B.) Magdeburg 844, Heinrichshofen.

Kämpfe, Gust. Adph., Predigten. Mit einem Vorworte von C. H. Sack und C. Liese. 1. Bd. gr. 8. (XVIII und 318 S.) Magdeburg 852, Heinrichshofen'sche Buchh.

—— dass. — 2. und 3. Bd. gr. 8. (XI und 587 S.) Ebdf. 852. à Bd. 1 Thlr. 5 Ngr.

—— rufe getrost, u. schone nicht! Predigt am Reformationsfeste 1846. gr. 8. (1 B.) Magdeburg, Heinrichshofen.

—— und K. Liese, Sendschreiben, s. Liese.

— über das Unkraut unter dem Weizen, und über die Geburt des Heilands. Zwei Predigten. gr. 8. Ebend. 841. ⅙ ß

— Vertheidigung meiner Antwort auf Uhlich's Bekenntnisse gegen Wolterstorff. gr. 8. ($5\frac{3}{4}$ B.) Magdeburg 846, Heinrichshofen.

— warum die Sorge verwerflich sei, u. was dem Christen statt ihrer gezieme. Predigt. gr. 8. (1 B.) Magdeburg 843, Heinrichshofen.

Kämpfe, Gust. Ad., wie viel darauf ankomme, daß wir an der Rede Jesu bleiben. Predigt am 7. Nov. in Magdeburg gehalten. gr. 8. (14 S.) Magdeburg 848, Heinrichshofen'sche Buchh.

Kämpfe, Gust. A., ein evangel.-protestant. Wort z. Verständigung, od.: Beantwortung d. Behauptn., mit welchen d. luther. Gegner d. Union ihren Austritt aus d. unirten Kirche zu rechtfertigen gedenken. Für Theologen u. Nichttheologen. gr. 8. ($12\frac{1}{2}$ B.) Magdeburg 837, Heinrichshofen.

Denkschrift zum fünfundzwanzigjährigen Jubiläum des Konsumvereins und Produktionsgenossenschaft 'Utilitas' zu Naumburg a. S. (Verf.: Hermann Kämpfe.) Naumburg Utilitas (1905). (24 S.) 8° [F.] [03. 10431] 3

Kämpfe, Jul., Liederbuch für deutsche Knaben- und Mädchenschulen, enthaltend die nöthigsten Treffübungen, 33 zwei-, drei- und vierstimmige Canons, 116 zwei- und dreistimmige Lieder und 24 zwei- und dreistimmige Choräle. 2., gänzlich umgearb. und bedeutend verm. Aufl. gr. 8. (IV und 118 S.) Magdeburg 854, Heinrichshofen'sche Buchh. Thlr.

— Liedersammlung für die unteren und mittleren Klassen an Gymnasien und Realschulen, enthaltend mehrstimmige Lieder und Choräle, sowie Treff- und Gesangübungen. 2., gänzlich umgearb. und bedeutend verm. Aufl. gr. 8. (VIII und 136 S.) Magdeburg 853, Heinrichshofen'sche Buchh.

Kämpfe, J., Schul-Choralbuch, enth. die Melodien zum neuen magdeburger Gesangbuche nach dem Mühling'schen Choralbuche für den Gesangunterricht in Schulen bearb. gr. 8. (40 S.) Magdeburg 848, Baensch.

— Schul-Choralbuch, enthaltend 116 Melodien älterer u. neuerer Zeit, nach dem Mühling'schen Choralbuche f. den Gesang-Unterricht in Schulen bearb. 2., verb. rc. Aufl. Magdeburg (854.) Baensch. (Leipzig, Gräbner.) gr. 8. (1 Bl., 45 S.) 6 ngr.

Kämpfe, O., s.: Zuchtbuch f. deutsche Schäferhunde.

Kaempfe, Otto: Gefärbte Flammen und ihre spektroskopische Beobachtung. *Leipzig 1901: B. Georgi.* (77 S.) 8° Leipzig, Phil. Diss. v. [31. Dez.] 1901

Kämpfe, Paul. Burchard III., Erzbischof v. Magdeburg. (Gedicht.) 8. (281 S.) Halle a. S. 889, Strien. * 3 —; geb. * 4 —

Kaempfe, Paul, in Schutt u. Asche (Magdeburg 1629—1631). 8. (316 S.) Magdeburg 901. Creutz. Geb. in Leinw. n. 4.—

Kaempfe, Paul, der erste Sieg im Freiheitskriege, s.: Volksbücher, neue. 97.

Kämpfe, Trgtt. Lebr., († d. 5. März 1828.) die christl. Aussicht in d. zukünftige Welt. gr. 8. Leipz. 820. (Herbig). 2 gGr

— u. J. K. F. Wokenius, christl. Gesangbuch, für Schulen, mit dazu gehörigen Melodien u. e. Anh. für Schullehrer, Seminaristen u. Chorschüler. 8. Leipz. 797. (Wienbrack). 1 ℔ Ohne Melodien 16 gGr Anh. ohne Melodien apart 12 gGr

— dies., die nothwendigsten für Singechöre vierstimmig gesetzten Chor- u. Choralmelodien zum christlichen Gesangbuche f. Stadt- u. Landschulen rc. qu. Fol. Leipz. 797.

— homilet. Handbuch zum Gebrauch d. gewöhnlichen Perikopen auf alle Sonn- u. Festtage. 1r Bd. 3 Thle. a 4 Hfte. u. 2. Bd. 1r Theil. 1s — 4s Heft. gr. 8. Leipz. 792 — 803. Hertel. 8 ℔ 6 gGr

— Lesebuch für angehende Schreibeschüler, mit Vorschriften. gr. 8. Leipz. 797. Hertel. 16 gGr

Kämpfe, C. L., allgemeines u. vollständ. Register üb. d. Siegesgeschichte d. christl. Religion. gr. 8. Nürnb. Raw 812. Rthlr.

— Register zu Beyers Handbuch, s. J. R. G. Beyer.

— von dem Werthe christl., ungehinderter u. öffentlicher Gottesverehrungen. gr. 8. Leipz. 820. (Herbig). 3 gGr

Kaempfe, Walther, die Begriffe der Jurisdictio ordinaria, quasiordinaria, mandata und delegata im römischen, canonischen und gemeinen deutschen Recht und die zwischen diesen Jurisdictions-Arten obwaltenden Unterschiede. gr. 8. (XIV, 253 S.) Wien 876, Manz.

Kämpfe, Walter, Bemerkungen zur neuen cisleithanischen Gewerbeordnungs-Vorlage vom Gesichtspunkte der Wahrung der Interessen des Handwerks. gr. 8. (33 S.) Salzburg 881, Mittermüller. *

Kämpfe, Walt., die Vereinigten Staaten Nordamerikas in der Gegenwart, s.: Jannet, Claudio.

Kämpfedengutenkampfdesvolkes

FÜRSTEN-SPIEGEL, Der Eine kuriose Historia aus dem Jahre 1849 in Versen. Von *Kämpfedengutenkampf desvolkes* (nicht bei Weller). Allen Demokraten der Welt gewidmet (Altona 1849.) 8° 11 S. (25 Mk Paul Graupe, Berlin, 1911.)

Kämpfen, Pet. Jos., Blüthen und Blätter vom Rhonestrand. Dichtungen. 16. (288 S. mit lithogr. Portr.) Schwyz 862. (Luzern, Gebhardt.) *

Kämpfen, Peter Joseph. Freiheitskämpfe der Oberwalliser in den Jahren 1798 & 1799. Mit einem Anhang der neuesten Geschichte von Wallis. ‹Dokumentensammlung von P. Sigismund Furrer› (2 Hefte.) 8. Stans 1867(-1868).

Kampfen, Peter Jos[eph]. Hexen & Hexenprocesse im Wallis, nach bewährten Quellen bearb. und kritisch beleuchtet. 8. Stans 1867.

Der Kämpfer Jahrgang 1, July 1896 -?
Weekly. Folio. Edited by Otto Rinke & published by Debating Club of St. Louis. See *Recker*.
St. Louis, MO

Der Deutsche Kämpfer July 1, 1876 ?
Ran only for five issues, but a remarkable paper.
Weekly. Sub-title: Litterarisches und "per accidens" politisches Zeitungsblatt. Für die Ausbreitung des Deutschtums im Norden Brasiliens. Written in German exclusively by Tobias Barreto de Menezes, and edited by Carl Eduard Muhlert. Published by Muhlert & Co.
Pernambuco

Der Yiddische Kämpfer (Yid) v. 1 no. 1 - v. 9 no. 25 (March 30, 1906 - August 20, 1920)
New York, NY

Kaempfer

— s. a. **Kämpffer.**

Heilige Legende. Religiöse Fragmente, gesamm. von Amadeus Kämpfer *Leipzig: E. Bettermann 1899.* (30 S.) 8° [F.] [99. 2386] 5

Kämpfer, Amad., heilige Legende. Religiöse Fragmente. gr. 8. (80 S.) Leipzig 899. P. Friesenhahn. — 60

Kämpfer, And. H. K., über den Zweck der Gelehrtenschule im christl. Staate, nebst e. Darlegung, wie das Gymnasium zu Neustrelitz diesen Zweck zu erringen sucht. 8. Neustrelitz 822.

Kaempfer, Carl Wilhelm Emil, s. Kaempfer, Karl Wilhelm Emil

Kaempfer, Dav., über die Messung electrischer Kräfte mittelst des electrischen Flugrads. Inaugural-Dissertation. gr. 8. (36 S.) Berlin 883, (Friedländer und Sohn.) *

Kaempfer, Engelbert Amoenitatum exoticarum politico-physico-medicarum fasciculi V quibus continentur variae relationes, observationes et descriptiones rerum Persicarum et ulterioris Asiae multa attentione in peregrinationibus per universum Orientem collectae Lemgoviae 1712. 912 S. 4°

(Kämpfer, Engelbert) Engelbrecht Kämpfers Beschreibung des Japonischen Reiches, nach seinem natürlichen, bürgerlichen und kirchlichen Zustande Als eine Zugabe zur ausführlichen Beschreibung des chinesischen Reiches.
an Du Halde Ausführliche Beschreibung des Chinesischen Reichs und der grossen Tartarey Bd. 4. Rostock 1749 552 S. 4°

(Kämpfer, Engelbert): Engelbert Kämpfers Geschichte und Beschreibung von Japan.
Aus den Originalhandschriften des Verfassers herausgegeben von Christian Wilhelm Dohm. Mit Kupfern und Charten. Bd. 1. 2. Lemgo 1777 u. 1779 2 Bde. LXVIII, 310 S., 18 Tf.: (VI), 478 S., 21 Tf. 8°

Kämpfer, Engelb., Geschichte u. Beschreib. d. Japan. Reichs, herausg. v. Chr. K. W. v. Dohm. 2 Bde. Mit Kpf. u. Karten. gr. 4. Lemgo 777 u. 78. Meyer. 10 Thl. Dass. im Auszuge (v. F. K. M. (Medicus.) Mit Kpf. gr. 8. Nürnb. 782. Schneider u. W. 1 Thl. 8 gr.

— — dass. im Ausz. m. K. gr. 8. Nürnb. Schneider u. W. 783.

Kämpfer, Engelbert. Geschichte und Beschreibung des Japanischen Reichs. Nürnberg 1782. H: *Medicus, Frdr. Casimir.* (Ky)

Kaempfer, Gregorius (geb. Aachen 14. 11. 1815). De panaritio. Berolini (1849). (27 S.) 8°
Berlin, Med. Diss. v. 13. Aug. 1849

Kaempfer, Gustav [aus Posen]: Ein Fall von Lymphangiom der Wange (Macromelie.) .. Würzburg, Druck d. Ferdinand Rohrl'schen Buchdr., 1888; 28 S. 8°
Würzburg, Med. Fak., Inaug.-Diss. v. 1888

Kämpfer, J. G. F., Leitfad. z. Kopf- u. Tafelrechnen rc. Halberst. Dölle.

Kaempfer, Carl Wilhelm Emil (Weimar), Casum laesionis capitis memorabilem. Diss. med. Jena (Schlotter) 18. IV. 1828. 20 S. (6.—) 17267
Gew.: Johann Christian Stark.

Kaempfer, Karl Wilhelm Emil

Kämpfer, Lucy, Lieder. 12. (150 S.) Wien 884. (Seidel & Sohn.) n. 2. 40; geb. n. 3. 20

Kämpfer, Oscar, aus Iden: Das Verhältnis von Thomas Heywoods The Royal King and the Loyal Subject zu Painters Palace of Pleasure. *Halle a. S. 1903: Wischan & Wettengel.* (52 S.) 8°
Halle, Phil. Diss. v. 1903

Kaempfer, Paul, approb. Tierarzt aus Köln: Ueber multiple Cysten in der Leber des Pferdes. (Aus dem Pathologisch-anatomischen Institut der Königlichen Tierärztlichen Hochschule zu Hannover. Professor Rievel.) Hannover 1910. 34 S. 8°. [21. V. 09.]
Bern, Vet.-med. Diss. 1909/10.

— M. Peter Christian, Modum praedicationis Paulinae per exegesin dicti I Cor. II. v. 4. 5. Disp. theol.-exeget. Präs. Franz Albert Aepin. Rostock (Jo. Jac. Adler) 10. IV. 1749. 43 Seiten. (6.80) 17268

Kaempfer, Reinhold, prakt. Arzt in Berlin: Die Augenheilkunde des Alcoatim a. d. J. 1159 (T. 7). Zum ersten Male ins Deutsche übersetzt. *Berlin (1900): G. Schade.* (35 S.) 8°
Berlin, Med. Diss. v. 23. Jan. 1900

Kämpfer, Th., Tabelle zur Berechnung des Magnesiumpyrophosphats auf Phosphorsäure auf Grundlage der vom 1. I. 1903 an geltenden internationalen Atomgewichte. (Koëffizient 0,637572.) (25 S.) gr. 8. Wiesbaden 904. C. W. Kreidel. n. — 80
Sonderabdruck aus: „Ztschr. f. analyt. Chemie".

Kämpfer, Th. Das Wesen der Naturheilkraft m. e. Anh.: Ueber die Wirkungsweise der homöopath. Arzneien. 8. (VII, 70 S.) Hagen i. W. 892, Risel u. Comp. * 1 —

Das Wesen der Naturkräfte in neuer Auffassung. E. Weg z. Beantwortg d. Frage nach den Gestalten d. Atome, u. d. Beschreibg d. Gestalten einiger Atome v. Th[eod.] Kämpfer. M. 2 Figurentaf. *Barmen: Selbstv.; Dr. & Kommv. v. D. B. Wiemann 1897* (VIII, 88 S., 1 Taf.) 1 Bd 8.
[98. 11846

Kämpfer, Wilhelm, aus Ziegenrück: Die Auskunftserteilung nach Privatrecht. *Jena 1902: A. Kämpfe.* (79 S.) 8°
Jena, Jur. Diss. v. (29. Juli) 1902

Kämpfer-Romane, Nordische, v. P. F. Suhm. 2 Thle. 8. Magdeb. Keil. (Heinrichshofen.) 798. 99. (à 1 Rthlr. 4 gr.)

Kampfesruf, Der, der Grünen Blätter. [Stuttgart u.] Gmünd 1890. V: *Schmitt, Joh. Bapt.* (Mitth. ORR. Dr. Adam Stuttgart.)

Kampfesruf, der, der Hallenser grünen Hefte. I.—III. 8. [Schwäb.-Gmünd, Roth.] Stuttg., Jos. Roth. * — 80
I. Die kathol. Kirche u. das Recht der Revolution u. d. Tyrannenmords. (22 S.) 890. * — 20.
II. Römische Intoleranz. (35 S.) 890. * — 30.
III. Die konfessionelle Kriminalstatistik. (34 S.) 891. * — 30.

Kampfes- u. Siegesstuhl, ein. Von A. M. 12. (16 S.) Berlin 898. Deutsche evangel. Buch- u. Traktat-Gesellschaft. n.n. — 5

Kampfesweise, die, des Reichsverbandes im Lichte d. Sozialdemokratie u. wie sie in Wahrheit ist. Eine Aufklärungsschrift an das deutsche Bürgertum. (52 S.) gr. 8. Berlin 908. Reichsverband gegen die Sozialdemokratie. — 75

Kampfesweise, socialdemokratische, v. Orest-Pylades, s.: Volksaufklärung.

Kampff, Aug(ust), Referendar in Celle: Die Bedeutung des Schiffsregisters. Rostock 1905: Adlers Erben. (VIII, 122 S.) 8°
Rostock, Jur. Fak., Ref. Lehmann, Diss. v. 25. Sept. 1905
[Geb. 17. Aug. 77 Carrenzien b. Neuhaus a. d. Elbe; Wohnort: Celle; Staatsangeh.: Preußen; Vorbildung: Gymn. Lüneburg Reife O. 98; Studium: Jena 3, Berlin 1, Kiel 2 S.; Rig. 19. Juli 05.]

D. Johann Kampff, weyland Feld-Predigers in Böhmen, über das Königreich Böhmen und benachbarte Länder gestellte Prophezeyungen aus einem aufrichtigen zu Schmalkalden durch Valentin Schmahertz 1643 gedruckten Exemplar publiciret von Wenceslav Gregern als das Zweyte Stück der Weissagungen welche auf die gegenwärtige Zeit zu deuten scheinen. 1757. 4. 16 S.

Kaempff

— s. a. Kaempf.

Kaempff, Friedrich Heinrich, s. K ä m p f .

Kämpff, M. Jo. Philipp (è Valle Gregoriana [= Gregoriental / Elsass]), **B. D. Martini Lutheri methodus studii theologici, quae est oratio, meditatio, tentatio, ex ps. CXIX. in praefat. tom. I. Jenens. Germ. & tom. I. alt. p. 6. proposita, jam vero brevi commentario illustrata, cujus pensum I. Präs. Joh. Heinrich Barth. Strassburg (Johann Pastor) 3. VIII. 1712. 18 S., tlws. dtsch. (6.30)** 17269
Gew.: Joh. Reinbold Friderici (Strassburg), Joh. Dietrich (Strassburg), Joh. Rud. Graff (Colmar).

Kaempff, Joh., Zweibrücken, Palatinus. Dissertatio inauguralis medica de infarctu vasorum ventriculi
Basel; med. Diss. 1751

Kämpff, Joh. Jak., Frühlings-Accorde. ·Worte des Glaubens und der Zuversicht. (Gedicht.) gr. 8. (7 S.) Schweinfurt 849, Giegler.

Kaempff, Saul Isaac, s. K a e m p f

Kaempffe, Friedrich Samuel (Strehla/Misnicus), **De servitute pascendi ad agrorum praesertim desertorum culturam utiliter regunda. Diss. jur. Präs. D. Christoph Carl Stuebel. Wittbg. (Tzschiedrich) 8. X. 1791. 24 S. (6.20)** 17270
Gew.: Johann Jacob Ebert. — Widm. v. Präs.

— **Johann Friedrich** (Nicolsdorff/Zeitz), **De vera caussa praerogativae hypothecae fisci in bonis a debitore post contractum adquisitis ad L. XXVIII D. de jure fisci. Diss. jur. Präs. D. August Friedrich Schott. Lpz. (Langenheim) 9. IV. 1772. 35 S. mit Widm. v. Präs. (6.30)** 17271

Kaempffer, s.a. K e m p f f e r

Kämpffer, u. Gerling, zwei Festreden am 25jähr. Jubelfeste des großherzogl. Landschullehrerseminars in Mirow d. 16. Mai 1845 geh. gr. 8. (2 B.) Neustrelitz, Barnewitz. *

Kämpffer, Predigt, bei Einweihung d. Marienkirche in Neubrandenburg am 12. Aug. 1841 geh. gr. 8. (1 B.) Neubrandenburg, [Brünslow.]

Kämpffer, (Consistorialrath u. Superint.) Predigt, bei Einweihung der Marienkirche in Neubrandenburg am 12. Aug. 1841 gehalten. gr. 8. Neustrelitz u. Neubrandenburg 841, Dümmler, Hofbuchh. 1/12 ₰

Kämpffer, Consistorialr., u. Hülfspred. Dhl, Reden am Sarge des Staatsministers v. Oertzen. gr. 8. Neu-Strelitz u. Neu-Brandenburg 837, Dümmler. 1/12 ₰

Kaempffer, Ed., lasset die Kindlein zu mir kommen, s.: Steinkamp, E.

Kämpffer, Ed., Tuschzeichnungen zu Scheffel's Ekkehard, s. Schatzkammer deutscher Illustratoren.

Kaempffer, Ludwig: Ueber die Wirkung der Vaguserregung auf das Froschherz, insonderheit über die sogen. Beschleunigungsfasern im . Herzvagus. Halle a. S. 1884: Plötz. 35 S., 1 Taf. 8°
Halle-Wittenberg, Med. Diss. v. 18. Dez. 1884
Geb. Gudersleben (Kr. Nordhausen a. H.) 1. 1. 1855. V

Kämpffer, Paul, a. Neubrandenburg (Meckl.), Ober-Postpraktikant in Königsberg (Pr.): Die Rechtsstellung des nicht rechtsfähigen Vereins. Königsberg i. Pr. 1906: R. Leupold. (62 S.) 8°
Erlangen, Jur. Fak., Ref. Binder, Diss. v. 27. März 1906
[Geb. 31. Juli 69 Neubrandenburg; Wohnort: Königsberg; Staatsangeh.: Mecklenburg-Strelitz. Vorbildung: Gymn. Neubrandenburg Reife M. 90; Stud.: Rostock 3, Königsberg 3 S.; Rig. 23. Nov. 05.]

Kaempffer, Rich., ein Kerbholz f. Undeutsches. gr. 8. (46 S.) Hamburg 901. (A. Frederking). n. — 60

Kämpffert, Anna, Mutterliebe. Novelle in Versen. 8. (III, 180 S.) Wien 878. Gerold's Sohn in Comm. n. 2. 80

Kampffmeyer, Bernhard

Kampffmeyer, Bernhard: G a r t e n s t a d t u. aesthet. Kultur, s. F l u g s c h r i f t der deutschen Gartenstadt-Gesellschaft.

– G a r t e n s t a d t u. Landeskultur, s.a. F l u g s c h r i f t der deutschen Gartenstadt-Gesellschaft.

Bernhard **Kampffmeyer**. Gartenstadt und Landeskultur. Berlin-Schlachtensee (Deutsche Gartenstadt-Ges.) 1906. (23 S.) 8°
— **Flugschrift** d. Deutschen Gartenstadt-Gesellschaft. No 10. [07. 7667

– Die engliche G a r t e n s t a d t b e w e g u n g , s.a. F l u g s c h r i f t der deutschen Gartenstadt-Gesellschaft.

Die englische Gartenstadtbewegung von Bernhard **Kampffmeyer** (Vorr.: Heinrich Hart.) *(Berlin: Gartenstadt-Ges. 1903.)* (23 S.) 8° [F.] [Umschlagt.] Die Vermählung von Stadt u. Land.
— **Flugschrift** d. Gartenstadt-Gesellschaft. 2. [03. 3679

Von der Kleinstadt zur Gartenstadt von Bernhard **Kampffmeyer**. Berlin-Schlachtensee 1907: (Maurer & Dimmick). (15 S.) 8° [F.]
Aus Der Städtebau. 1906.
— Gartenstadt-Gesellschaft, Deutsche. **Flugschrift**. 11 [07. 19896

[F.] Zur Geschichte der Bibliothek in Celle. Von Dr G[eorg] **Kampffmeyer**. *Berlin: Th. Kampffmeyer 1895.* (32 S.) 1 Bd 8. [96. 328

Die Irreleitung der öffentlichen Meinung in der Mannesmann-Angelegenheit. Eine dokumentar Darlegung von Prof. Dr. G[eorg] **Kampffmeyer** Berlin Süsserott 1910. 67 S 8° [10 16907

Kampffmeyer, Geo., Marokko, s. a. Geographie, angewandte.

Marokko. Von Dr Georg **Kampffmeyer**, Privatd., Halle a.S. *Halle a. S.: Gebauer-Schwetschke 1903.* (XIV, 114 S.) 8°
— Geographie, Angewandte. Ser. 1, H. 7. [03. 11064

Kampffmeyer, Georg: Alte Namen im heutigen Palästina und Syrien. I. Namen des Alten Testaments. Erste Hälfte ... (I erscheint vollst. in: Zeitschr. d. Deutschen Palästina-Ver. Bd. XV.) Leipzig, Druck v. Breitkopf & Härtel, 1892; 94 S., 1 Bl. 8.
Leipzig, Phil. Fak., Inaug.-Diss. v. [6. Mai] 1892

Kampffmeyer, Geo., alte Namen im heutigen Palästina u. Syrien. I. Namen des Alten Testaments. [Aus: „Zeitschr. d. deutschen Palästina-Vereins".] gr. 8. (157 S.) Leipzig 892. (K. Baedeker.) n. 3. —

— Nestoriana, s.: *Loofs*, Frdr.

Kampffmeyer, Georg, Dr.: Die arabische **Verbalpartikel** b(m). (Beiträge zur Dialectologie des Arabischen. 2.) *Marburg 1900: Reichsdruckerei in Berlin.* (54 S.) 8° ¶ (Aus: Mittheilungen d. Seminars f. Oriental. Sprachen zu Berlin, Jg. 3, Abth. 2. — Beiträge ... 1 erschien in Wiener Zeitschrift f. d. Kunde d. Morgenlandes, Bd 13.)
Marburg, Phil. Hab.-Schr. v. [17. Febr.] 1900

Kampffmeyer. Hans, die Entwicklung e. modernen Industrieortes, s.a. Abhandlungen, Heidelberger volkswirtschaftliche. I. 4.

Die Entwicklung eines modernen Industrieortes u. d. Lehren, die sich daraus f. d. industrielle Ansiedelungs-Politik ergeben. Von Dr. Hans **Kampffmeyer** Karlsruhe: Braun 1910. 95 S. 8°
(Heidelberger Volkswirtschaftl. Abhandlungen. Bd 1, H 4.) [10. 16205

Gartenstadt und ästhetische Kultur. Von Hans **Kampffmeyer**. (Schlachtensee: Gartenstadt-Gesellsch.) 1904. (14 S.) 8° [F.]
Erw aus. Kunstwart. 1904, H. 16.
= Deutsche Gartenstadt-Gesellschaft Schlachtensee. **Flugschrift.** 6. [07. 8308

Kampffmeyer, Hans, die Gartenstadtbewegung, s.a. Aus Natur u. Geisteswelt.

Die Gartenstadtbewegung Von Hans Kampffmeyer Jena: Fischer 1908 33 S. 8°
Aus Jahrbücher f. Nationalökon. u. Statistik. Folge 3. Bd 36, H. 5. [10. ...

Kampffmeyer, H., Die Gartenstadtbewegung. Mit 43 Abbildgn. (VI, 116 S) S. Leipzig, B. G. Teubner. 1909 1. —; geb. 1. 25.
Aus Natur u. Geisteswelt. 259. Bdch.

Kampffmeyer, Paul, s. Arbeiterbibliothek, Berliner.

Kampffmeyer, Paul, die Baugenossenschaften im Rahmen e. nation. Wohnungsreformplanes, s.a Wohnungsfrage, die, u. das Reich. 3. Hft.

Kampffmeyer, Paul, Die Baugenossenschaften im Rahmen eines nationalen Wohnungsreformplanes. gr. 8⁰. Göttingen, Vandenhoek u. Rupprecht, 1900. (Die Wohuungsfrage und das Reich, Heft 3). 53 S.

— die Bedeutung der Gewerkschaften f. die Taktik d. Proletariats, s.a. Bibliothek, sozialist. 8.

Kampffmeyer, Paul, Die Bedeutung der Gewerkschaften für die Taktik des Proletariats. Ein Beitrag zur Entwickelungsgeschichte der Gewerkschaften. 8⁰. Berlin, Verl d. Socialist, 1892.

Kampffmeyer, Paul, zur Entwicklungsgeschichte d. Kapitalismus in Deutschland, } s.a. Arbeiterbibliothek, Berliner.

Kampffmeyer, Paul, Zur Entwickelungsgeschichte des Kapitalismus in Deutschland. Mit besonderer Berücksichtigung Mittel- und Norddeutschlands. (Berliner Arbeiterbibliothek, Ser. 2, Heft 5 u. 6.) 8⁰. Berlin 1890.

– s.a. : Frage (Die soziale) auf dem Lande.

— Die soz. Frage auf d. Lande. (40 S.) Ebd. 1888.

Kampffmeyer, Paul, Geschichte der Gesellschaftsklassen in Deutschland. (2. Aufl.) (230 S.) 8. Berlin 910. Buchh. Vorwärts. 1.60; in Pappbd. 2. —

[F.] Geschichte der Modernen Gesellschafts-Klassen in Deutschland. Von Paul **Kampffmeyer**. *Berlin: Vorwärts 1896.* (VIII, 174 S., 1 Bl.) 1 Bd 8. [96. 6456

— Geschichte d. modernen Polizei im Zusammenhange m. d. allgem. Kulturbewegg. M. zahlr. Illustr., Portr., Fcsms. 2c. (In 25 Hftn.) 1.—5. Hft. gr. 8. (S. 1—160.) Berlin 897. H. Baake. à n. — 20

— die Hausindustrie in Deutschland, s.a. Arbeiter-Bibliothek, Berliner

Kampffmeyer, P., Die Hausindustrie i. Deutschland. (32 S.) Berlin 1888. Verlag d. »Vorwärts.«

Kampffmeyer, Paul, Die Hausindustrie in Deutschland. Ihre Entwickelung, ihre Zustände und ihre Reform. (Berliner Arbeiterbibliothek, Serie 1, Heft 6.) 8⁰. Berlin 1889.

— ist der Sozialismus m. der menschlichen Natur vereinbar?, s.a. Arbeiter-Bibliothek, Berliner

— Ist der Sozialismus mit der menschlichen Natur vereinbar? (Berliner Arbeiterbibliothek, Ser. 3, Heft 1.) 8⁰. Berlin 1891.

— Junker u. Bauer. Zur Entwicklg. uns. Agrarverhältnisse, } s.a. Arbeiter-Bibliothek, Berliner.

— Junker und Bauer. Zur Entwickelung unserer Agrarverhältnisse. (Berliner Arbeiterbibliothek, Serie 1, Heft 7.) 8⁰. Berlin 1889.

— die Lage d. ländl. Lohnarbeiter in Preußen.
s.a. Arbeiter-Bibliothek, Berliner

— mehr Macht! Kritische Streiflichter auf das Erfurter Programm der deutschen Sozialdemokratie gr. 8. (39 S.) Berlin 898, Verlag der sozialist. Monatshefte. — 30

— Mehr Macht! Kritische Streiflichter auf das Erfurter Progamm der deutschen Sozialdemokratie. gr. 8⁰. Berlin, Verlag der Socialist. Monatshefte, 1899.)

Kampffmeyer, Paul: Die Mission der deutschen Krankenkassen auf d. Gebiete d. öffentl. Gesundheitspflege. Programmat. Gedanken z. Reform d. Krankenversicherungsgesetzes. — Frankfurt a. M.: Schnapper, 1903. 52 S. 8⁰

— das moderne Proletariat, s.a. Zeitfragen, moderne.

Das moderne Proletariat. Von Paul **Kampffmeyer**. (3. Taus.) Berlin: Pan-Verl. [1906]. (72 S.) 8° [F.]
— **Zeitfragen**, Moderne. No 12. [06. ...

Kampffmeyer, Paul: Die Prostitution als soziale Klassenerscheinung und ihre sozial-politische Bekämpfung. — Berlin: Vorwärts 1905. 122 S. 8°

Die Sozialdemokratie im Lichte der Kulturgeschichte Von Paul **Kampffmeyer** *Berlin: Vorwärts 1904.* (78 S.) 8° [F.] [04. 16119

Die Sozialdemokratie im Lichte der Kulturgeschichte. Eine Führung durch d. sozialdemokr. Bewegung u. Literatur Von Paul **Kampffmeyer.** 3., verm. Aufl. Berlin: Vorwärts 1907. (92 S.) 8° [F.] [07. 4207

— Streifzüge durch Theorie u. Praxis der Arbeiterbewegung. 8°. Stuttgart, A. Schlicke u. Co., 1907.

— Von Vollmar und die Socialdemokratie. Gegen das Vollmarthum in der sozialdemokratischen Partei. 8°. Berlin 1892.

— **Wandlungen in der Theorie u. Taktik der Sozialdemokratie.** (104 S.) 8. München (904). Buchdruckerei u. Verlagsanstalt G. Birk & Co. n. — 75

Wohin steuert die ökonomische und staatliche Entwickelung? Von Paul **Kampffmeyer** *Berlin: Socialist. Monatshefte 1901* (54 S.) 8° [F.] [01. 8105

Kampffmeyer, Wilhelm

Kampffmeyer, W., und F. A. Günther, der norddeutsche Gerberverein, s. Gerberverein.

KAMPFFMEYER, Wilhelm u. G MICHAELIS: Bericht über die XII Generalversammlung des Vereins deutscher Gerber zu Berlin 1857 Nebst einem Anhang: Gekrönte Preisschrift von G Müller, über Ermittelung des Gerbestoffgehalts - Berlin 1858 220 S

[F.] Kampfgenossen-Album. Selbsterlebtes in Humor und Ernst während des Feldzuges 1870/71 Hrsg. v d. Freien Vereinigg Kampfgen. v 1870/71 zu Dresden .. *Dresden: Selbstv.; Dr. v. J. Reichel [1890—96].* (14 Hefte zu je 16 S.) 14 Bde 8. [94. 7339

Kampfgenossen-Album. Selbsterlebtes in Humor u. Ernst während d. Feldzuges 1870/71. Hrsg. v. der freien Vereinigg. Kampfgenossen von 1870/71 zu Dresden. 1.—14. Heft. gr. 8. (à 16 S.) Dresd. 890,91, Verlag d. Kamerad. à Heft ** — 10; ** 1 40

Kampfgenossen-Album. Selbsterlebtes in Humor u. Ernst währ. d. Feldzuges 1870/71. Hrsg. v. d. freien Vereinigg. Kampfgenossen v. 1870/71 zu Dresden. 15.—84. Hft. gr. 8. (à 16 S.) Dresden (891—898). Expedition u. Buchdr. d. „Kamerad". à n.n. — 10 (1.—3. Bd. [Hft. 1—75] geb. in Leinw. à n.n. 8. 50)

Kampfgenossen-Album. Selbsterlebtes 1870/71. H. 1—100. Dresden (1891—99). 8°

Kampfgerichtsordnung und Wetturnordnung des IX. (Mittelrhein-) Kreises der D. T., 15 S., 8°.

Kampfgespräch der Kirche mit dem Civilstande . . . Zürich 1876. V: *Meyer, Conr.* (Cat. d. Stadtbibl. Zürich. Zürich 1864—97.)

Kampfhähne, die. Ein Fastnachtsschwank in 2 Akten. gr. 8. (1 B.) Oldenburg 845. (Sonnenberg.) (Bremen, Kaiser.) *

Kampfhenkel, Otto [Pomeranus]: De Euripidis Phoenissis capita duo . . . . Berolini, typ. expressis [sic!] Julius Bahlke, 1888; 46 S. + 1 Bl 8°

Berlin, Phil. Fak., Inaug.-Diss. v. 24. Jul. 1888

— Horazstudien. 25 S. 8. Kgl. Gymn. *Friedeberg Nm.* 1909 (zu 85).
1. Od. I 14. 2. Ars poetica 251—262. 3. Sat. II 6 vs. 16ff. 4. Horaz und seine lyrische Muse 5. Ueber Allegorien bei Horaz. 6. Beziehungen auf bildliche Darstellungen. 7. Dispositionen zum 1. und 2. Buch der Oden.
Progr

Kampfhenkel, Otto, Dr.: Die Symmetrie als Kunstgesetz bei Horaz. Friedeberg Nm. 1904: M. Eisermann. (24 S.) 4° [F.]
Friedeberg Nm., k. G P 1904 (80)

— Die Symmetrie als Kunstgesetz bei Horaz. 31 S. 8.
Progr. Kgl. Gymn. *Friedeberg Nm.* 1910 (zu 86).
1. Die Kompositionen der Oden des dritten Buches mit besonderer Rücksicht auf die Symmetrie. Die Komposition der Gedichte des 4. Buches mit besonderer Rücksicht auf die Symmetrie.
Neudruck des Progr. 1904 (mit Berücksichtigung der erschienenen Besprechungen.)

Kampf- und Freiheitslieder, Deutschlands, s. Deutschlands Kampf- und Freiheitslieder.

Kampflieder, ein Dutzend, für Schleswig-Holstein von F—r. (Friedr. Rückert.) 1. und 2. Aufl. gr. 8. (23 S.) Leipzig 864, Brockhaus. *

Kampfmann, L., Beiträge zur westpfälzischen Ortsgeschichte. I. Zweibrücker Oberamts Bannbuch v. J. 1547. II. Die Wüstgn. der Bez.-Ämter Homburg, St. Ingbert, Pirmasens u. Zweibrücken, s. a Mitteilungen des historischen Vereins der Mediomatriker f. die Westpfalz. IV.

Beiträge zur westpfälzischen Ortsgeschichte 1 Zweibrücker Oberamts Bannbuch vom J. 1547 2 Die Wustungen d. Bezirksämter Homburg St. Ingbert, Pirmasens u. Zweibrücken. Hrsg von L. **Kampfmann** Zweibrucken 1908. A. Kranzbühler. (VII, 158 S.) 8° [F.]
=**Mitteilungen** d. Hist. Vereins d. Mediomatriker in Zweibrucken. 4 [08. 12087

— Die Wüstungen der Südwestpfalz, umfassend die eingegangenen Orte der Bez.-Ämter Homburg, St. Ingbert, Pirmasens u. Zweibrücken. Nach archival. Quellen bearb. (V u. S. 3—64.) 8. Zweibrücken 908. (F. Lehmann.) 1. —
Sonderabdruck aus: „Mittlgn. d. histor. Ver. d. Mediomatriker f. d. Westpfalz in Zweibr."

Kampfmittel, ultramontane. Ans Licht gestellt von dem Verf. des „Kleinen kathol. Katechismus von der Unfehlbarkeit", des „Syllabus" und des „Jesuitengesetzes". gr. 8. (16 S.) Leipzig 873, Mayer. *

Kampfmüller, W. A., materia chirurgica. Die Lehre vom äussern Gebrauche d. gesammten Heilkörper. 6 Hfte. gr. 8. (47 B.) Cassel 842, 43, Hotop. à Hft. * 15 Ngr. *

Kampfmuth, Geo., Per aspera ad astra! Roman. 8. (247 S.) Jena 874, Costenoble.

Kampfner. P., De anacoluthis apud Thucydidem. Diss. 1868. 47 S.

Kampfner, Paul Totila, König der Ostgoten. 14 S. *Inowrazlaw* 1882.
Progr.

Kampf- und Ritter-Platz, Jacobs, Allwo der nach seinem ursprung sich sehnende geist der in Sophiam verliebten seele mit Gott um den neuen namen gerungen und den Sieg davongetragen . . . Philadelphia 1736. V: *Beissel, Conrad & Andere.* (Seidensticker, German Printing in America. Philadelphia 1893. S. 9.)

Vom österreichischen Kampfplatze gegen den Alkoholismus. 8° (56 S.) Wien: Opitz 1903. K 1.-

Kampfrichterbuch für das 2. Sächsische Kreisturnfest in Plauen i. V. 17. bis 20. 7. 1897, 47 S., 8°.

Kampfrichterbuch, 16°. 6 Bde.
f. d. 6. dtsch. Turnf. in Dresden 1885, 34 S.
— 7. — München, 1889, 39 S.
— 8. — Breslau, 1894, 28 S.
— 9. — Hamburg, 1898, 54 S.
— 10. — Nürnberg, 1903, 82 S.
— 12. — Leipzig, 1913, 96 S.

Kampfrichterbuch und Turnplan für das 14. Gauturnfest des Westl.-Sächs. Grenzturngaues in Zwickau 31. 8. bis 2. 9. 1907, Zwickau 1907, 8 S., 8°.

Kampfspiel der Griechen u. Türken, nebst 36 Figuren (von Holz), u. e. color. Spielplan (in Fol.) 4. Wesel 832. Becker. In einem Kästchen. 12 gr

(Kampfspiele. Die K' der Hirten in Unspunnen.) Njbl. s. [Schultheß, Johannes II].

Kampfwirth, Joan Henr Franc (geb. Werl in Westf. 1808) De ranula. Berolini (1840). (30 S.) 8°
Berlin, Med. Diss. v 29. Sept. 1840

Kamphausen, Adolf Hermann Heinrich

Kamphausen, s.: Arbeiten, theolog., aus d. rhein. wissenschaftl. Prediger-Verein.

Kamphausen, Adf., s. Bleek, Friedr., Einleitung in die heilige Schrift.

— the book of Daniel in colors, s.: Books, the sacred, of the Old Testament.

Kamphausen, Adf., s. Bunsen's Bibelwerk

Kamphausen, Adf., die Chronologie der hebräischen Könige. Eine geschichtl. Untersuchg. gr. 8. (104 S.) Bonn 883. Cohen & Sohn. n. 2. 80

Kamphausen, Adf., das Buch Daniel u. die neuere Geschichtsforschung. Ein Vortrag m. Anmerkgn. gr. 8. (VI, 46 S.) Leipzig 893. J. C. Hinrichs' Verl. n. 1. 20

—— und Joh. F. Bleek, Einleitung in das Alte Testament, s. Bleek, Friedr., Einleitung in die heilige Schrift.

Kamphausen, Adf. Herm. Heinr., das Gebet des Herrn erklärt. gr. 8. (VII und 146 S.) Elberfeld 866, Friderichs. *

s. Hagiographen, die.

Kamphausen, Adf. Herm. Heinr., das Lied Moses Deut. 32. 1—43. gr. 8. (XII und 331 S.) Leipzig (861)62, Brockhaus. *

Ad avdiendam orationem de libro Jonae pro aditv mvneris prof. ord. in ordine theol. ev. vniversitatis Fridericiae Gvilelmiae Rhenanae d. XXIV m. Oct. ... habendam ... invitat Adolfvs Kamphavsen ... — Inest commentatio de Chronographi Veteris Testamenti nonnvllis locis. Bonnae, form. C. Georgi 1868. 12 S. 4.

— die berichtigte Lutherbibel. Rektoratsrede m. Anmerkgn. [Text aus: „Halte was du hast".] gr. 8. (66 S.) Berlin 894. Reuther & Reichard. n. 1. 50

—— die Psalmen, s. Psalmen, die.

Kamphausen, Adolphus Herm. Henr. (geb. am 10 Sept. 1829 in Solingen): Theses controversae .. ad obtinendum gradum licentiati SS. theologiae ... Bonnae, form. C. Georgi (1855). 2 Bl. 8.
Bonn, Ev.-theol. Fak., Thes. v. 6 Aug. 1855

Sacram memoriam Regis Serenissimi Divi Friderici Gvilelmi III, Vniversitatis Fridericiae Gvilelmiae Rhenanae conditoris mvnificentissimi, ab eadem Vniversitate d. III m. Avg. a. 1896 ... pie recolendam victorvmqve renvntiationem e litterarvm certaminibvs prodevntivm ... indicit Adolfvs Hermannvs Henricvs Kamphausen ord. theol. ev. h. a. decanvs. — Inest eivsdem dissertatio: Das Verhältnis des Menschenopfers zur israelitischen Religion. Bonnae, form. C. Georgi vniv. typogr., *1896;* 1 Bl., 5—60 Sp., 1 Bl. 4.

Das Verhältnis des Menschenopfers zur israelitischen Religion. [Erweit.] SA. des Progr. z. Geburtstagsf. d. ... Stifters d. rhein. Friedr.-Wilh.-Univ. v. D. Adolf Kamphausen, z. Dekan *Bonn: Röhrscheid & Ebbecke 1896.* (75 S.) 1 Bd 8. [97. 5800]

Kamphausen, M. v., Himmel und Hölle, s. Compaß für das kathol. Volk.

Kamphausen, N. W., die Entstehungs-Ursache der jetzt herrschenden Krankheit des Insektes der Seide, gefunden während der Raupenzucht 1859 in der Central-Seidenbau- u. Haspel-Anstalt des landwirthschaftlichen Vereins für Rheinpreußen. Bonn 860. Habicht in Comm. gr. 8. (27 S.) n. 2½ ngr.

Kamphausen, N. W., Leitfaden zur Zucht des Maulbeerbaumes und der Seidenraupe. gr. 8. (32 S. mit eingedr. Holzschn.) Coblenz 864. (Bonn, Cohen und Sohn.) *

Kamphausen, N. W., Leitfaden zur Zucht des Maulbeerbaumes und der Seidenraupe. 2. verb. Aufl. gr. 8. (86 S. mit 3 eingedr. Holzschn. und 1 lithogr. Taf. in qu. Fol.) Bonn 869, Cohen und Sohn.

Kamphausen, Wilhelm, aus Königshoven: Untersuchungen über Diphenylisodithiobiazolon. *Erlangen 1900: F. Junge.* (41 S.) 8°
Erlangen, Phil. Diss. v 20. Febr. 1900

Kampherstein (in d. Vita: Kampferstein), Alfred, z. Z. Assist. d. Augenheilk. in St. Johann (Saarbrücken): Die operative Behandlung der hochgradigen Kurzsichtigkeit in der Universitäts-Augenklinik zu Rostock von 1897 bis 1901. *Rostock 1901: Adler's Erben.* (61 S.) 8°
Rostock, Med. Diss. v [15. Sept.] 1901

Kamphövener, Hieron., († d. 3. Aug. 1824.) Beschreib. d. Niederlegung d. Königl. Domainen in Holstein-Schleswig. 8. Kopenh. 787. (Bonnier). (a. Brummer). 18 gr

Kamphövener, Hieron.: „Beschreibung der Niederlegung und Zertheilung der königlichen Domainengüter in den Herzogthümern Holstein und Schleswig und der Aufhebung der dabey gewesenen Leibeigenschaft", Kopenhagen 1787 (Proft).

Beschreibung der bereits vollführten Niederlegungen Königlicher Domainen-Güter in den Herzogthümern Schleswig und Holstein Womit zugleich die Aufhebung der Leibeigenschaft wo sie Statt gefunden hat, verbunden gewesen ist Von Hieronimus Kamphövener. Kopenhagen. 1787 8°

— s. J. Jorga, v. Münzfuß.

Kamphues, Heinr., das verhexte Zimmer, s. a. Vereinstheater, neues.

Das verhexte Zimmer. Schwank in 2 Aufz. von Heinrich Kamphues. *Essen (Ruhr): Fredebeul & Koenen 1906.* (20 S.) 8° [J.]
— Vereinstheater, Neues. No 27. [01. 5813 5]

Kampill, S., gemeinnütz. Rechenkunst, zum Gebrauch d. Schulen. 8. Münster 788. Aschendorf. 6 gr

Kampis, Lajos, Stundeneinteilung des Turnens für die 3. Klasse der Volksschule, Ungar., Budapest 1900, 241 S., Kl.-8°.

Kampke, Matthias Heinrich

Kampke, M. H.: „Anleitung für Kaufleute, zur Abkürzung ihrer Berechnungen beim Waaren- und Wechsel-Handel", Hamburg 1793. — Vorh.: Com. Bibl. Hamburg.

Kampke, Matth. H., Anleit. f. Kaufl. z. Abkürzung ihr. Berechn. b. Waaren- u. Wechselhandel. gr. 4. Lübeck. (Böhme, Leipz.) 795.

Kampke, Matth. Hnr, Anleitung für Kaufleute zur Abkürzung ihrer Berechnung bei Waaren- u. Wechselhandel. gr. 4. Hamb. 795. (Gnobloch in Leipz.) 16 gl.

— Waarenberechnungen. 2 Thle. gr. 4. Hamb. 791 u. 92. (Gnobloch). 4 Thlr 10 gl.

— Wechsel- und Geldberechnungen f. Kaufleute, Banquiers u. Geldwechsler. gr. 4. Lübeck, Grev. (Böhme in Leipzig.) 799.

— Wechsel- u. Geldberechnungen für Kaufleute, Banquiers u. Geldwechsler. gr. 4. Lübeck 799. Grev. (Gnobloch in Leipz.) 5 Thlr

Kampmann und Franke: Zwei Vorträge zum Gedächtniss des Br. Grafen Henckel v. Donnersmarck gehalten in der Provinzial-L. von Schlesien am 5. Sept. 1849. Breslau.

Kampmann, A., das Kindermädchen. Eine Belehrung über Pflege und Erziehung kleiner Kinder für Kindermädchen, Bonnen und Mütter. Frei nach dem Engl. gr. 8. (103 S.) Berlin 863, Geelhaar. cart. *

Kampmann, C., s.a. Kampmann, Karl

Kampmann, C. Die Dekorirung d. Flachglases durch Aetzen u. Anwendung chemigraphischer Reproductionsarten f. diesen Zweck. Bis zu den neuesten Fortschritten auf diesem Gebiete dargestellt. gr. 8. (X, 141 S. m. 12 Abbildgn.) Halle a. S. 889, Knapp. * 4 —

Kampmann, C. F.

Kampmann. Ein Bild der polnischen Sprache. 17 S.
Breslau, Elis., Progr. 1856

Kampmann, C. F., Elementarwerk der polnischen Sprache, für den Schulunterricht bearb. Breslau 856, 57. Hirt. gr. 8.
1. Thl.: Krótka grammatyka języka polskiego. Z zarysem etymologicznego słownika języka polskiego przez A. Mosbacha. (VIII, 96 S. und: Kurzer Abriß e. etymolog. Wörterbuches d. poln. Sprache mit deutscher Worterklärung von A. Mosbach. 62 S.) n. 17½ ngr.
2. Thl.: Wypisy polskie łatwiejsze z autorów klassycznych dla użytku młodzieży niemieckiej uczącej się języka polskiego wybrane, z słowniczkiem. (VI, 66 S.) n. 7½ ngr.

Kampmann, C. F., Elementarwerk der polnischen Sprache für den Schulunterricht bearb. 3 Theile. Breslau 863. Hirt. gr. 8. n. 1 Thlr 15 ngr.
Inhalt: 1. Theil: Grammatik der polnischen Sprache. Nebst einem polnisch-deutschen etymologischen Wörterbuche von Aug. Mosbach. 2., verb. Ausg. (XIV, 158 S.) 17½ ngr. — 2. Theil: Polnische Lesestücke aus klassischen Schriftstellern ausgewählt. Nebst einem polnisch-deutschen Wörterbuche. 2., wesentlich verm. Ausg. (VIII, 196 S.) n. 15 ngr. — 3. Theil: Aufgaben zum Uebersetzen aus dem Deutschen in das Polnische. Nebst einem deutsch-polnischen Wörterbuche. (VI, 106 S.) n. 12½ ngr.

Kampmann, C. F. Res militares Plauti. (Theil eines Lexicon Plautinum, behandelnd die auf das Kriegswesen bezüglichen Plautinischen Ausdrücke.) 43 S.
Breslau, E., Progr. 1839

Kampmann, C. F., Schul-Grammatik d. latein. Sprache f. d. unt. Klassen d. Gymnasien. gr. 8. (8½ B.) Leipzig 832, Vogel.

Kampmann, C. F. De ab praepositionis usu plautino. 35 S.
Derselbe De DE et EX praepositionum usu plautino. 21 S.
Derselbe De IN praepositionis usu plautino. 41 S.
Breslau, Elis., Progr. 1842. 1850. 1845

Kampmann, Carl, s. Kampmann, Karl

Kampmann, Carl August, s. Kampmann, Karl August

Kampmann, Ernst, approb. Arzt aus Strassburg i. E.: Ueber die ursächlichen Beziehungen von Trauma und Gallenblasenerkrankungen. *Strassburg i. E. 1901: C. & J. Goeller.* (52 [vielm. 50] S.) 8°
Strassburg, Med. Diss. v. 1901

Kampmann, F. W., s.: Baugewerbe-Adressbuch f. Hamburg u. Umgegend.

Kampmann, Friedr., Gedichte. 16. (IV, 140 S.) Berlin 869, Schweigger'sche Hofbuchh. *
geb. mit Goldschn. **

Kampmann, G., Blumen u. Ornamente, s.: Braun, I.

— u. O. Fikentscher, Landschaften u. Thiere, s.: Vorlagen u. Motive zur Porzellan-, Majolika- u. Fayence-Malerei.

Kampmann, G., Majolika-, Fayence-, Porzellan-Malerei, s.: Braun, Irene.

Kampmann, Gust., Grammaire pratique de la langue allemande, ou recueil d'exercices sur les règles élémentaires de la grammaire, de la syntaxe, de la dérivation et de l'orthographe. gr. 12. (X und 310 S.) Strasburg 850, Berger-Levrault, Witwe und Sohn.

—— Grammaire pratique de la langue française, ou recueils d'exercices sur les règles élémentaires de la grammaire, de la syntaxe, de la dérivation et de l'ortographe. gr. 12. (VII und 268 S.) Strasburg 848, Berger-Levrault, Witwe und Sohn. *

Kampmann, G(ust.), deutsches Lesebuch (2. Thl.:) für die Mittel- und Oberklassen höherer Lehranstalten. 12. (120 S.) Straßburg 853, Wwe. Berger-Levrault und Sohn.
1. Thl. Ebendas. 1830. 13 Ngr.

—— dass. — für die Mittel- und Oberklassen höherer Lehranstalten. 2. Aufl. 12. (420 S.) Ebendas. 865. cart. -

—— deutsches Lesebuch für die Unter- und Mittelklassen höherer Lehranstalten. 1. Abthl. gr. 12. (VI und 36 S.) Strasburg 850, Berger-Levrault, Witwe und Sohn.

Kampmann, G., deutsches Lesebuch für die Unter- und Mittelklassen höherer Lehranstalten. 3. Aufl. 12. (248 S.) Straßburg 859, Wwe. Berger-Levrault und Sohn. geb.

Kampmann, G., deutsches Lesebuch für die Unter- und Mittelklassen höherer Lehranstalten. 4. Aufl. 1862. 12 Ngr. und 5. Aufl. 12. (248 S.) Straßburg 865, Wwe. Berger-Levrault und Sohn. cart. -

Kampmann, G., deutsches Lesebuch für die Unter- u. Mittelklassen höherer Lehranstalten. 5. Aufl. Straßburg 865. Berger-Levrault & Co. 12. (248 S.) cart. 12½ ngr.

Kampmann, Gust., s.: Maler, deutsche. II.

— **M. Heinr. Gottfr.** (Waldh.), De statua Christi Caesareensi ad lib. VII. cap. 18. hist. eccles. Eusebii. Diss. histor. Präs. Jac. Frid. Reuchlin. Strassburg (Joh. Heinrich Heitz) 7. IV. 1756. 24 S. (6.50) 17444

Kampmann, K. Über das Vorkommen von Klappenapparaten in den Excretionsorganen der Trematoden. M. 2 Taf. In-8°. 20 S. Basel (Georg & Co.). These. 1895.

Kampmann, Karl

Kampmann, Carolus *(geb Bromberg 9 6 1803)* Annotationes in Plauti Rudentem. Olsnae (1830). (VI, 52 S.) 8°
Breslau, Phil. Diss. v 24. Juli 1830

Kampmann, C., die graphischen Künste, s.a. Sammlung Göschen.

Die graphischen Kunste. Von C[arl] Kampmann, Fachlehrer Leipzig Göschen 1898. 174 S. 8°
(Sammlung Goschen [75.]) 12. 902. 7

Die Graphischen Kunste von C[arl] Kampmann, Lehrer in Wien. Mit zahlr Abb. u. Beilagen 2., verm. u. verb. Aufl. Leipzig G J Göschen 1905 (171 S.) 8°
(Sammlung Göschen. 75.) 11

Kampmann C die graphischen Kunste. 3. Auflage. (176 S 8 T) (Sammlung Goschen 75) 16° Leipzig 1909

Kampmann, Karl August

Kampmann, Carl August (Bruckweda/Westf.), De uteri scirrho et carcinomate. Diss. med. Halle (Gebauer) 18. XII. 1826. 31 S. mit Biogr. (M.: F. Jung.) (6.—) Widm. v.: J. F. Meckel. 17443

Kampmeier, W., kleine evangelische Glaubenslehre, s. Glaubenslehre.

Kampmüller, E., de asylis Pontificiorum. Lips. 1711. 4.

Kampmüller, Gottfried (Hirschberg/Schles.), De catacumbis Romanis disput. prior, partem historicam continens. Präs. M. Amandus Gotthold Fehmel. Lpz. (Joh. Samuel Fleischer) 1710. 14 Bl. (6.50) 17445
Gew. (v. Präs.): Heinrich Pipping. — Widm. (a. d. Präs.) v.: Joh. Heinrich Ernesti, Wolffgang David Fehmel (Vater). — Tl. II s. Fehmel, A. G.

Kämpny, Hugo, Referendar: **Ist die Tradition im römischen und gemeinen Rechte ein abstrakter oder ein kausaler Vertrag?** *Greifswald 1899: J. Abel.* (98 S.) 8°
Greifswald, Jur. Diss. v. 1899

Kamprad, Hugo, approb. Arzt aus Dobitschen Ein **Fall** von multipler Sklerose mit ganz besonderem Hervortreten der Bulbärsymptome. *Leipzig 1900: B. Georgi.* (44 S.) 8°
Leipzig, Med. Diss. v (27 Okt.) 1900

Kamprad, J., biblisch. Hand- u. Spruchregister. 8. Dresd. Heckel. 727. Rthlr.

Kamprad, Jh., Chronik von d. wahren Ursprunge u. d. ehemal. Beschaffenheit d. Burggrafen des teil. röm. Reichs überhaupt, u. d. von Leißnigk insonderheit. Mit e. Vorr. von Hnr. Gli. Francke. 8. Leipz. 753.

Kamprath, Edmund Die Abschnitte der Instructionen für den Gymnasial-Unterricht in Österreich (S. 83 ff.), welche von den Präparations- und den sogenannten Notatenheften für die deutsche Lectüre handeln, beleuchtet aus der Schulpraxis. 8 (S. 3–24).
Progr. G im VIII Bezirk *Wien* 1886

Kamprath, Edm. Das Siegwartfieber Kulturhistorische Skizzen aus den Tagen unserer Grofsväter 26 S. 8. G. *Wiener Neustadt* 1877
Progr

Kamprath's, (Ernst), Schnellinstruktion üb. Armee-Einteilung, Uniformierung, Gradabzeichen des XII. (1. königl. sächsischen) Korps. In 10farb., übersichtlicher Darstellg. (46 Bl.) 11×15 cm. Leipzig (908). E. Kamprath. Kart. 3. —

Kamprath's, (Ernst), Schnellunterricht. Mit opt. Hilfsmitteln. Lateinische Formenlehre in knappester u. übersichtlichster Darstellg. Bearb. v. Ernst Kamprath u. Paul Steffen. (56 S.) 10,5×15 cm. Leipzig (909). E. Kamprath. Geb. 3. —

— dasselbe. Die Mathematik, Geometrie, Algebra, Trigonometrie in knappester u. übersichtlichster Darstellg. Bearb. v. Ernst Kamprath u. Fritz Förster. (52 S. auf Karton m. Fig.) 10,5×41 cm. Ebd. (909). Geb. in Leinw. 3. —

— dasselbe. Allgemeine Weltgeschichte (inkl. Kulturgeschichte) von 4000 vor Chr. bis Zeppelins Luftschiffahrt 1908 in knappester u. übersichtlichst. Darstellg. Bearb. v. Ernst Kamprath u. Wilh. Ulrich. (20, 16, 25 S. u. 1 Bl. auf Karton m. Kartenskizzen.) 10×15 cm. Ebd. (908). Geb. 3. —

Kamps, A, e. Esel schimpft den andern Langohr, s. Theater, kleines.

Kamps, Friedrich, Referendar Die juristische **Natur und rechtliche** Behandlung der Verzeihung im B.G.B. *Berlin 1903: O. Drewitz.* (40 S.) 8°
Rostock, Jur Diss. v [30. Mai] 1903

Kamps, Gregor [app. Arzt]: Über die spontane Geradestreckung der rachitischen Unterschenkel-Verkrümmungen ... (Aus: Beitr. z. klin. Chir., Bd XIV Heft 1.) Tübingen, H. Laupp'sche Buchh., 1895; 2 Bl., 20 S., 2 Taf. 8.
Tübingen, Med. Fak., Inaug.-Diss. v. 1895

Kamps, Th., s.: Taschenbuch f. den Tiefbau.

Kampschulte, F. W., die Universität Erfurt in ihrem Verhältnisse zu dem Humanismus u. der Reformation. Aus den Quellen dargestellt. 1. Thl. Der Humanismus. Trier 858. Lintz. gr. 8. (X, 259 S.) 25 ngr.

Kampschulte, F. W., die Universität Erfurt in ihrem Verhältnisse zu dem Humanismus u. der Reformation. Aus den Quellen dargestellt. 2. Theil. A. u. d. T.: Die Universität Erfurt u. die Reformation. Ein Beitrag zur Reformationsgeschichte. Trier 860. Lintz. gr. 8. (XI, 280 S.) 1 ₰

Kampschulte, F. W., zur Geschichte des Mittelalters. 8 Vorträge. 8. (IV und 79 S.) Bonn 864, Cohen und Sohn.

Kampschulte, Franz Wilhelm

Ad audiendam orationem de expeditionibus crucesignatorum pro aditu muneris prof. ord. in ordine phil. universitatis Fridericiae Guilelmiae Rhenanae d. XVIII m. Ian. a. 1862 ... habendam ... invitat Franciscus Guilelmus **Kampschulte** ... — Inest commentatio de Ioanne Croto Rubiano. Bonnae, form. Carthausianis 1862. 1 Bl., 27 S. 4. ¶ Erschien zugleich selbständig bei Cohen & Sohn in Bonn.

—— de Joanne Croto Rubiano commentatio. gr. 4. (28 S.) Bonn 862, Cohen und Sohn. *

Kampschulte, Wilhelmus ⟨geb. am 12 Nov. 1831 in Wickede Westf.⟩: De Georgio Wicelio eiusque studiis et scriptis irenicis ... Bonnae, form. C. Georgi 1856. 38 S., 1 Bl. 8. ¶ Erschien zugleich selbständig bei Schöningh in Paderborn.
Bonn, Phil. Fak., Diss. v. 13 März 1856

Kampschulte, W., de Georgio Wicelio ejusque studiis ac scriptis irenicis. 8maj. (38 S.) Paderbornae 856, Schöningh. *

Kampschulte. F[riedrich] W[ilhelm]. Johann Calvin, seine Kirche und sein Staat in Genf. 2 Bände. 8 Leipzig 1869–1899.
Band 1: 1869.
Band 2. Nach dem Tode des Verfassers hrg. von Walter Goetz 1899.

Kampschulte, F. W., Johann Calvin, seine Kirche und sein Staat in Genf. (In 3 Bdn.) 1. Bd. gr. 8. (XVI, 495 S.) Leipzig 869, Duncker und Humblot. *

Kampschulte, F. W., Johann Calvin, seine Kirche u. sein Staat in Genf. 2. Bd. Nach dem Tode des Verf. hrsg. von Walt. Goetz. gr. 8. (IX, 401 S.) Leipzig 899. Duncker u. Humblot. n. 8.—; (kplt. n. 16. 40)

Kampschulte, H., Chronik der Stadt Höxter. Nach gedr. und ungedr. Quellen hrsg. br. 8. (IV, 172 S.) Höxter 872, Buchholtz. *

Kampschulte, H., Geschichte der Einführung des Protestantismus im Bereiche der jetzigen Provinz Westfalen. Pragmatisch dargestellt. 8. (XVI und 466 S.) Paderborn 866, Schöningh. *

—— die westfälischen Kirchen-Patrocinien, besonders auch in ihrer Beziehung zur Geschichte der Einführung und Befestigung des Christenthums in Westfalen. 8. (222 S.) Paderborn 867, Schöningh. *

—— kirchlich-politische Statistik des vormals zur Erzdiöcese Köln gehörigen Westfalens. Ein Beitrag zur ältern vaterländ. Geschichte und Geographie. gr. 8. (III, 263 S. nebst 1 lithogr. Charte in qu. Fol.) Lippstadt 869, Rempel. *

Kampschulte, W., s. Kampschulte, Franz Wilhelm

Kampschulte, Willy, a. Köln a. Rh.: Beiträge zur Kenntnis des Ozons. Würzburg 1908: F. Staudenraus. (88 S.) 8°
Würzburg, Phil. Fak., Ref. Manchot, Diss. v. 17. Juli 1908
[Geb. 5. Juli 85 Cöln; Wohnort: Solingen; Staatsangeh.: Preußen; Vorbildung: Realgymn. Remscheid Reife O. 04; Studium: Würzburg 9 S.; Rig. 25. Juni 08.]

Kampsmeyer, Alb(ert), approb. Arzt aus Lübbecke i. Westf. Aus d. Psychiatr. u. Nervenklinik zu Kiel. Zur Lehre der Chorea chronica progressiva. ⟨Huntington'sche, degenerative Chorea.⟩ *Lübbecke 1902: F. Werneburg.* (42 S.) 8°
Kiel, Med. Diss. v. [6. Mai] 1902

Kamptal [Sachliches OW]

Das Kamptal und seine Umgebung. [G. Freytags Ausflugskarten. Bl. XIX.] Wien: Freytag & Berndt 1909 K —.40

Kamptal [Schlagwort]

Kamptal, das, s.: Ausflugskarten.

Kampthal, s.: Wiener Ausflugskarten.

Kampthal, s. Kamptal

v. Kamptz, Aug. E. Für Officiere, zur Beförderung des Fleisses und edler Grundsätze 1 Th 8 Danzig 1797 3,00 2 Th. 8. M 1 Krt Königsberg 1801 4,00

Kamptz, A. E. v., f. Officiere u. die es nicht sind. 1r Thl. 8. Danz. Troschel. 797.

— — dessen 2r Th. 8. Königsb. Unzer. 801.

Kamptz, Bernhard v.

Kamptz, B. v., Anleitung f. die Gemeinden zur Neuordnung des Gemeindeabgabenwesens. Nach dem Kommunalabgabengesetze vom 14. Juli 1893 u. der Ausführungsanweisg. vom 10. Mai 1894 m. Entwürfen zu Steuerordngn. u. sonst. Mustern bearb. 12. (VI, 97 S.) Berlin 895. J. J. Heine. Kart. n. 1. 25

— Beschwerde u. Klage, sowie sonstige Rechtsmittel gegen polizeiliche Verfügungen u. Zwangsmaßregeln. Gemeinverständlich dargestellt u. durch Beispiele erläutert. 8. (VI, 86 S.) Ebd. 894. Kart. n. 1. 20

Kamptz, B. v., s. Gesetz u. Recht.

— das Gesetz, betr. die Vertheilung der öffentlichen Lasten bei Grundstückstheilungen u. die Gründung neuer Ansiedelungen in den Provinzen Preußen, Brandenburg, Pommern, Posen, Schlesien, Sachsen u. Westfalen vom 25. Aug. 1876. Aus den Materialien u. der Rechtsprechg. d. königl. Oberverwaltungsgerichts erläutert. 12. (V, 184 S.) Berlin 893. J. Guttentag. Kart. n. 2. 60

— die Landgemeindeordnung f. die Prov. Westfalen, vom 19. März 1856, in ihrer heut. Gestalt. Textausg. m. Anmerkgn. 8. (82 S.) Paderborn 893. F. Schöningh. Kart. n. 1. —

Kamptz, B. v., die Landgemeindeordnung f. die Prov. Westfalen, vom 19. III. 1856, in ihrer heutigen Gestalt. Textausg. m. Anmerkgn. 2., neu bearb. Aufl. (IV, 74 S.) 8. Paderborn 909. F. Schöningh. Kart. 1. 40

Kamptz, B. v., s. a. Rechtsprechung, die, d. königl. preuß. Oberverwaltungsgerichts.

[F.] Die Rechtsprechung des Königlich Preussischen Oberverwaltungsgerichts in systemat. Darstellg. Bearb. v B[ernhard] v. **Kamptz**, Verwaltungsgerichtsdir., u. St. Genzmer, Oberverwaltgsgerichtsr. Bd 1. *Berlin: C. Heymanns 1897.* 8. [97. 1910

Die Rechtsprechung des Reichs- und des Kammergerichts auf den Gebieten des öffentlichen Rechts unter Berücks. d. Entscheidungen d. Oberlandesgerichte u. d. Obertribunals. Hrsg von B[ernhard] v. **Kamptz**, Oberverwalt.Ger.R., u. Dr. H[ans] Delius, Kammerger.R. Bd 1. 2. Berlin: C. Heymann 1906–07. 2 Bde 8° [F.] [07. 1897 10

— — dasselbe unter Berücksicht. der Entscheidungen des Reichsmilitärgerichts, des preuß. Gerichtshofs zur Entscheidg. der Kompetenzkonflikte u. der Oberlandesgerichte. Ergänzungsbd. 1906—1910. (XI, 674 S.) gr. 8. Ebd. 911. 15. —; geb. 18. —

— s.: Verwaltungs-Blatt, preußisches.

Kamptz, C. A., s. K a m p t z , Karl Albrecht (Christoph Heinrich) v

Kamptz, C. G. J. v., Die Familie von Kamptz. Als Manuscript gedruckt. Mit Urkunden und 11 Stammtfln. Schwerin 1871. 8.

Kamptz, Cp. H. K. Alb., s. K a m p t z , Karl Albrecht (Christoph Heinrich)

Kamptz, Christoph Carl Heinr. von (Mecklenburg). Commentatio de fundamento et limitibus obligationis liberorum ad facta parentum praestanda. Götting. (Jo. Christ. Dieterich) 4. VI. 1790. 62 S. (6.50) 17447

Kamptz, Fr. v., u. E. L. Rhein, c. militärisches Vehmgericht. D. Verurteilg. d. Rittmeisters a. D. Freiherrn v. Erhardt u. d. Premierlieutenants d. L. Fr v. Kamptz, s.a Ehrenhändel, d. Düsseldorfer.

Kamptz, Fr v , u Rhein, E. L.: Ein militärisches Vehmgericht. Die Verurtheilung des Rittmeisters Freiherrn von Erhardt und des Premierlieutenants d L. Fr v Kamptz beleuchtet. (Die Dusseldorfer Ehrenhandel. Heft 1.) Stuttg 1896.

Kamptz, (Friedrich Emil Bernhard) von, Oberarzt im Pionier-Bat. Nr. 3.: Die Momburgsche Blutleere. Leipzig 1909: Lehmann. 39 S. 8°
Leipzig, Med. Diss. v. 10. Nov. 1909, Ref. Trendelenburg
[Geb. 19. Mai 79 Marburg a. L.; Wohnort: Spandau; Staatsangeh.: Preußen; Vorbildung Gymn. Herford Reife O. 00; Studium: Berlin K. W. A. 9 S.; Coll. 30. Nov. 09; Approb. 24. April 06.] [U 10. 2993

Kamptz, Karl Albrecht (Christoph Heinrich) v.

— Abhandl. über d. Schulzenlehen im Herzoth. Meklenburg. gr.8. Halle 793.

Kamptz, Carl Albr. (Chrstph. Heinr.) v., Abhandlungen aus d. deutschen u. preuß. Staatsrecht. 1. Bd. Landstände, Allgemeine Stände, preuß. Constitution. gr. 8. (38½ B.) Berlin 846, G. Reimer.

Kamptz, Carl Albr. (Chrstph. Heinr.) v., Annalen d. preuß. innern Staatsverwaltung, s.a. Annalen rc.

v. Kamptz, Ritter Karl Alb. Cph. Hnr., Annalen d. Preuß. innern Staatsverwaltung. Jahrg. 1817 — 31. gr. 8. Berl., Dümmler. à Jahrg. 3 ₰ 16 ℊ 55 ₰

v. Kamptz, K. A. C. H., Annalen der Preuß. innern Staatsverwaltung. Jahrg. 1832 — 1838. à 4 Hfte. gr. 8. Berlin, Dümmler. à Jahrg. n. 3⅔ ₰ — Register dazu. 2 Bde. gr. 8. Ebd. (à 1⅓ ₰) n. 2⅔ ₰

—— dass. — Register hierzu. 2 Bde. gr. 8. Ebds. 839.
1—18. Bd. od. Jahrg. 1817—34. Ebendas. à J. * 3 Thlr. 16 Gr.

[Kamptz. v]: Antwort an den Koniglichen Ober-Landesgerichts-Rath v. Mühlenfels auf dessen, unt d. Tit.: Berichtigung etc abgedruckten Schreiben. Berlin 1846.

— über d. Begriff d. Hochverraths. gr. 8. Berl. 823. ... (Aus d. „Jahrbüchern" abgedr.)

— Beiträge z. Mecklenburg. Staats- u. Privatrechte. 1r u. 2r Bd. 8. Schwerin 795 u. 96. Bödner. 1 ₰ 10 ℊ 3r—6r Bd.. 8. Neustrel. 797—805. Albanus. 3 ₰ 20 ℊ

(Cp. H.) K. Alb. v. Kamptz: Beyträge z. Staats- u. Völkerrecht. 1r Bd. *Berl.*, Nicolai. 815. gr8° 1 ₰

(——) Bemerkungen über das offene Schreiben eines sächs. Anwalts an den kgl. preuß. Justizminister Mühler, in Bezug auf dessen Ministerial-Rescript vom 6. Febr. 1844, den ausgeschriebenen mainzer Advokaten-Verein betreff. gr. 8. (2⅗ B.) Berlin 844, Dümmler.
Aus: Jahrbücher f. die preuß. Gesetzgebung rc. besond. abgedruckt.

Kamptz, Carl Albr. (Chrstph. Heinr.) v., staatsrechtliche Bemerkungen über den k. dänischen offenen Brief vom 8. Juli 1846, die Erbfolge in den Herzogthümern betreffend. gr. 8. (XII und 400 S.) Berlin 847, Schröder's Verlag.

v. Kamptz, Das Besteuerungsrecht deutscher Landesherren. Berlin, 1847

(K a m p t z , von): „Bruchstücke über gutsherrliches Verhältnis, Patrimonial-Gerichtsbarkeit und Polizeigewalt in den preuß. Staaten" (= Sonderdruck aus dem 68. Hefte der „Jahrbücher der Preussischen Gesetzgebung") Berlin 1830 (Starke).

—— actenmäßige Darstellung d. preuß. Gesetz-Revision. gr. 8. (20⅝ B.) Berlin 842, Dümmler.

(Kamptz, Karl Christoph Albert Heinrich von) Kurze Darstellung des Ungrundes der weitern Ansprüche an das herzogliche Haus Mecklenburg-Strelitz wegen des ehemaligen hessen-kasselschen Darlehns. (Berlin) 1814. 30 S. 8.

v. Kamptz, Cp. H. K. Alb.: Darstellung des Präsentationsrechts zu d. Assessoraten am Kais. u. R. K. G.; m. Urkunden. *Göttingen*, Dieterich. 802. 8. (1 Thl. 4 Gr.)

v. Kamptz, (Cp. H. K. Alb.) u. Frhr. v. Stein, (Fr. Jos.): Ueb. d. Entschädigungs-Berechtig. d. Staatsdiener b. Aufheb. ihrer Stellen. *Frankfurt a. M.*, Mohr. 808. 8. (12 Gr.)

— u. Fr. Jos. v. Stein, über d. Entschädigungsberechtigung der Staatsdiener bei Aufhebung ihrer Stellen. gr. 8. Heidelb. 808. Mohr. 12 ℊ

– s. E r k l ä r u n g d. Verfasser d Abhandlung ...

— — rechtliche Erörterung über öffentliche Verbrennung von Druckschriften; (ein besonderer Abdruck aus den Jahrbüchern der Preußischen Gesetzgebung.) gr. 8. Berlin, Rücker. 818.

– s. E r ö r t e r u n g des Rechts europ. Mächte ...

— Erörter. der Verbindlichkeit des weltlichen Reichsfürst. aus d. Handl. seines Vorfahr. 8. Neustrel. Albanus. 800.

Völkerrechtl. Erörterung d. Befugniss d. europ. Mächte, in d. Verfass. ein. einz. Staates sich zu mischen (*v. Minister v. Kamptz*). *Berlin*, Nicolai. 821. gr. 8. (20 Gr.)

—— Fragmente über das Besteuerungsrecht deutscher Landesherren. Ein besonderer Abdruck aus dem 2. Bde. der Abhandlungen des deutschen und preuß. Staatsrechts. gr. 8. (264 S.) Berlin 847, G. Reimer. Thlr.

Kamptz, Carl Albr. (Chrstph. Heinr.) v., Fragmente über das Recht des Landesherrn, Stände-Versammlungen zu verlegen, zu vertagen und aufzulösen. gr. 8. (XIV und 38 S.) Berlin 848, (Logier.)

Kamptz, von: „Fragmente über das Verhältniss der Gewohnheitsrechte zu den Gesetzbüchern. In besondrer Beziehung auf die Verpflichtung der Descendenten, Laudemien von Rusticalstellen zu entrichten" (Ein besonderer Abdruck aus dem 65. Hefte der „Jahrbücher der Preussischen Gesetzgebung"), Berlin 1829 (Starke).

v. Kamptz, C. Alb. Cph. H.: Comm. de fundamento et limitibus obligationis liberorum ad facta parentum praestanda. *Gott.*, Dietrich. 790. 4 maj. (8 Gr.)

— de fundamento et limitib. obligat. liberor. 4. maj. Gott. Dieterich. (Vandenhök.) 790.

— das Gesetz über das strafrechtliche Verfahren vom 17. Juli 1846 ꝛc. s.a. Jahrbücher für Preuß. Gesetzgebung.

Kamptz, v.: Das Gesetz über das strafrechtliche Verfahren vom 17 Juli 1846 und der rev. Entwurf zur Straf-Prozeß-Ordnung vom J 1841. Berlin 1846.
Suppl)

— Handbuch d. Mecklenburgischen Civil-Prozesses. 8. 810.

— — Handbuch des Mecklenburgischen Civilprozesses. gr. 8. Berlin. 814. Ist iezt Verlag v. Ebend.

v. Kamptz, K. Alb. Cph. Heinr.: Handbuch d. Mecklenburg. Civilprocesses. 2. Ausg. bearb. v. C. K. F. W. v. Nettelbladt. *Rostock*, Stiller. (815.) 822. gr. 8. (2 Thl. 6 Gr.)

Kamptz, C. A. v., die Handels- u. Schifffahrtsverträge d. Zollvereines. Gesammelt u. m. Rücksicht auf der Fremdländer Gesetzgebung u. gewerbl. Verhältnisse beleuchtet. gr. 8. (26 B.) Braunschweig 845, Vieweg u. Sohn. *

—— Jahrbücher der Gesetzgebung, s.a. Jahrbücher.

— Jahrbücher für d. Preußische Gesetzgebung, Rechtswissenschaft u. Rechtsverwaltung. Jahrg. 1813—32. gr. 8. Berl., Dümmler. (à Jahrg. v. 4 Heften.) 3 Thlr 16 gGr 73 Thlr 8 gGr Register über die ersten 26 Bände der obigen ꝛc. gr. 8. Berl. 826. Dümmler. 1 Thlr

v. Kamptz, K. A. Jahrbücher für preussische Gesetzgebung, Rechtswissenschaft und Rechtsverwaltung. Im Auftrage des Königl. Justizministeriums herausgegeben. 52 Bände. Berlin 1820—1838. Dazu Register von F. W. Leitner. Berlin 1840.

K. A. v. Kamptz, Jahrbücher für die Preuß. Gesetzgebung, Rechtswissenschaft und Rechtsverwaltung. Berlin 1813—1845. 68 Bde. nebst Supplem.-Bd. 1847

— allgemeiner Codex d. Gendarmerie. gr. 8. Berlin, Dunker u. Homblott. 815.
Auch unt. d. Titel:
Sammlung interessanter Polizei-Gesetze. 1r Band. Gendarmerie.

— — Neue Literatur des Völkerrechts. s.a. Ompteda, D. H. L., von, Literatur ꝛc.

(Cp. H.) K. Alb. v. Kamptz: neue Literatur d. Völkerrechts seit 784, e. Fortsetz. u. Ergänz. d. Werkes d. Minist. *v. Ompteda. Berl.*, Duncker u. Humblot. 817. gr 8° 1 Thlr 16 gGr

v. Kamptz, K. Alb. Cp. H.: 3. Th. d. Werks, od. N. Lit. d. Völkerrehts f. d. J. 1784. *Berlin*, Danker u. Humblot. 817. gr. 8. (1 Thl. 16 Gr.)

— Litteratur des preuß. Privatrechts. 1r Bd. gr. 8. Gießen, Tasché. 807.

Kamptz. Carl Alb Chrph. Heinr. v Literatur des Preussischen Rechts. Giessen u. Wetzlar.
Bd 1 Allgemeines Privat-Recht, Prozeß und Criminal-Recht. 1807

v. Kamptz, (C. A.,) Literatur d. Preuß. Rechts. 1r Bd. gr. 8. Gießen 807. Ist Verl. v. Dümmler in Berlin. Mehr

(v. Kamptz, Cp. H. K. Alb.): Literatur des preuss. Rechts. 1. Th. *Giessen*, Tasché u. Müller. 807. gr. 8. (16 Gr.)

v. Kamptz, K. Alb. Cph. Heinr.: Literatur des Märkischen Civilrechts. *Berlin*. 819. gr. 8.

—— die deutsche constituirende National-Versammlung in Frankfurt vor der Kritik des Staatsrechts. gr. 8. (VIII und 205 S.) Berlin 849, Deckersche geheime Ober-Hofbuchdr

—— die Provinzial- u. statutar. Rechte in d. Preuß. Monarchie. 3. Thl. Die Herzogth. Cleve, Jülich u. Berg, das Großhrzgth. Niederrhein, d. Markgrafth. Lausitz u. d. Großhrzgth. Posen. gr. 8. (47 B.) Berlin 828, Dümmler.
1. u. 2. Thl. Ebendas. 1826, 27. 6 Thlr.

v. Kamptz, Karl Alb. Cph. Heinr.: Die Provinzial- u. statutar. Rechte in d. Preuss. Monarchie. 3 Thle. *Berlin*, Dümmler. 826—28. gr. 8. (9 Thl 6 Gr.)
1r Thl. Die Provinzen Brandenburg, Ost- und Westpreussen, Sachsen u Schlesien. 826. (2 Thl. 18 Gr)
2r Thl. Die Provinzen Pommern u. Westphalen. 827. (3 Thl. 6 Gr.)
3r Thl. Die Herzogth. Cleve, Jülich u. Berg, das Grossherzogth. Niederrhein, d. Markgrafsch. Lausitz u. d. Grossherzogth. Posen. 828. (3 Thl. 6 Gr)

– s.a Prüfung d. grellen Irrthumer des Stadtger.-Raths Simon in Breslau.

(Kamptz. [Karl Christoph Albert Heinrich] v.) Prüfung der grellen Irrthümer des Stadtgerichtsraths Simon in Breslau. Berlin 1845. 8°
An- Jahrbücher f. d. preuß. Gesetzgebung B. 129.
Angeb.
1. *Mühlfenels*, Ludw v. Berichtigung einiger mich betr. Angaben in d. Schrift d. Herrn Staats-Ministers v Kamptz „Prüfung d. grellen Irrthümer" Berlin 1845.
2. *Kamptz*, Karl Christ. Alb. Heinr. v. Aktenmäßige Darstellung d. preußischen Gesetz-Revision. Berlin 1842

—— Prüfung der landständischen Rechte der bürgerl. Gutsbesitzer in Mecklenburg. 1. u. 2. Lfg. gr. 8. Berlin 844, Dümmler. [1. (20 B.) 1 Thlr. 10 Ngr., 2. (28¼ B.) 2 Thlr.]

—— dass. 3. Lfg. Die Landes-Klöster betreffend. gr. 8. (14 B.) Ebds. 844.

v. Kamptz, Karl Alb. Cph. Heinr.: Ueber das Recht des Staats, die gegen ihn im Auslande von einem Ausländer begangenen Verbrechen zu bestrafen. (Aus den Jahrbüchern abgedruckt.) *Berlin*. 824. gr. 8.

v. Kamptz, Cp. H. K. Alb.: Mecklenb. Rechtssprüche. *Rostock*, Stiller. 4. 1. Bd. 800. (1 Thl. 12 Gr.) 2. Bd. 804. (1 Thl. 8 Gr.)

— Mecklenburg. Reichscontingent u. Römermonate. 8. Neubrandenb. 793. (Berl., Albanus). 2 gGr

v. KAMPTZ, Cp. H. K. Alb.: Repert. der in d. Herz. Mecklenb.-Strelitz gelt. Verordnn. *Neubrandenb.* Korb. 794. 4. (1 Thl. 8 Gr.) s.a.
BOCCIUS, L.: Forts. d. Werks unt. gleich Tit. *Ebend.* 820. 4.

— Repertorium d. im Herzogth. Mecklenburg-Strelitz geltenden Verordnungen. 4. Neustrel. 798. (Albanus). 2 ß 12 K

— Repertorium der im Herzogth. Mecklenb. Strelitz gelt. Verordn. 4. Neustrel. Michaelis. 796.

v. KAMPTZ, C. Alb. Chrstph.: Samml. d. Passgesetze d. europ. Staaten. *Berlin.* 817. 8.

Kamptz, Chp. H. K. Alb. von: „Sammlung interessanter Polizey-Gesetze, oder allgemeiner Codex der Gensd'armerie", Berlin 1815 (Duncker).

v. KAMPTZ, Cp. H. K. Alb.: Ueb. d. Schulzenlehne im Herzogth. Mecklenb. *Neubrandenb.*, Korb. 794. 4. (1 Thl. 8 Gr.)

– s. Urtheile neuer französ. Rechtsgelehrten.

— — über das Verfahren bey Transporten und Landesverweisungen der Verbrecher u. Landstreicher. Ein Beytrag zur Sicherheitspolizey. gr. 8. Berlin, Duncker und Humblot. 817.

— Versuch über d. Longobard. Lehengesetz II. F. 15. 8. Götting 794. Dieterich. 6 K

v. KAMPTZ, K. Alb.: Vers. e. Revis. d. Lehre v. Uebergang des Brautschatzprivil. auf d. Descend. d. Ehefrau. *Berl.*, Saalfeld. 811. gr. 8. (8 Gr.)

Kamptz, Carl Alb. v., Versuch einer Revision der Lehre v. Uebergang des Brautschatz-Privilegiums ꝛc. 8. Berlin. 811. Ist jetzt Verlag von Rücker.

– s. Versuch einer Topographie v. Neustrelitz.

v. KAMPTZ, K. Alb. Cph. Heinr.: Worauf haftet d. Mecklenb. Herzogswürde? Eine staatsrechtl. Untersuch. *Neustrelitz*, 796. (Albanus in *Berlin*.) 4. (2 Gr.)

— e. Worte über d. Gemeinsamkeit d. Besteuerungsrechts in Mecklenburg. 8. Neustrelitz 798.

— Civilrecht des Herzogthums Mecklenburg. 1r Thls. 1e u. 2e Abtheil. gr. 8. Schwerin 805 u. 6. Bödner. 1 ß 20 K 2r u. letzter Thl. A. u. d. T.: Handbuch d. mecklenburg. Civilrechts. gr. 8. Rostock 824. Stiller. 3 ß Weiß Drckp. 3 ß 12 K

v. KAMPTZ, Cp. H. K. Alb.: Civilrecht d. Herz. Mecklenburg-Schwerin. 1. Th. in 2 Abthh. *Schwerin* u. *Wismar*, Bödner. B. 805—6. 8. (3 Thl. 16 Gr.)

Kamptz, v.: Zusammenstellung der drei Entwürfe des Preußischen Strafgesetzbuchs. (Ministerial-Entwurf. Commissions-Entwurf. Staatsraths-Entwurf.) Berlin 1844.

Kamptz, W. v., der Dienst der Infanterie bei der Vertheidigung der Festungen gegen den gewaltsamen Angriff. Potsdam 855. Riegel'sche Buchhdlg. gr. 8. (IV, 144 S.) n. 20 ngr

Kamptz, W. v., der Dienst in den Kranken-Ställen. Eine Zusammenstellung zerstreuter Bestimmungen u. eigner Erfahrungen zum Gebrauch für Offiziere der Kavallerie, Artillerie u. des Trains. Potsdam 860. Riegel'sche Buchhdlg. 8. (24 S.) n. 5 ngr

Kamptz, W. v., der Dienst der Munitions-Versorgung bei der Vertheidigung der Festungen. 8. (34 S. mit 1 Tab. in qu. 4.) Potsdam 862, Riegel'sche Buchh. *

—— Grundsätze zur Ermittelung der artilleristischen Bewaffnung einer Festung gegen den gewaltsamen Angriff. gr. 8. (VIII und 56 S.) Potsdam 862, Riegel'sche Buchh. *

Kamptz, W. v., die Organisationen im Inneren einer kriegsbereiten Festung zur Erhaltung und Schonung der Vertheidiger. Für Officiere, Militair-Aerzte und Militairbeamte aller Grade bearb. gr. 8. (III, 166 S.) Potsdam 869, Riegel'sche Buchh. [Stein's Verlag.] *

Kamptz, W. v., die Organisation im Innern einer kriegsbereiten Festung zur Erhaltung u. Schonung der Vertheidiger. 2. Thl. Für Offiziere, Militair-Aerzte u. Beamte aller Grade. gr. 8. (67 S. m. 1 Steintaf. in Fol.) Berlin 877. F. Luckhardt. n. 2. — (1. u. 2.: n. 4. 25)

Kamptz, W. v., die Vertheidigung der Festungen. Eine artilleriſt. Studie in zwangloser Reihenfolge bearb. I. Abthl. gr. 8. (VI und 116 S.) Berlin 819, Mittler und Sohn.

Kämptz, L. F., s. Kämtz.

Kampz und Stein, üb. Entschädigungsberechtigung d. Staatsdiener b. Aufhebung ihrer Stellen. gr. 8. Heidelb. Mohr.

Kam'rad halte fest an Ehre. (Gedicht.) 1 Bl. in gr. 8. Leipzig 848, Naumburg. *

Kamshoff, Otto, bunte Bilder aus der Kapuzinerwelt. (III, 211 S.) 8. Warnsdorf 905. (A. Opitz.) n. 2. —

— vermischte Predigten. 1. Bd. (IV, 232 S.) 8. Leitmeritz 905. K. Tschertner n. 2. 40

— ein Wohltäter der Menschheit (P. Theobald Mathew), s.: Volksaufklärung. 79.

Kamshoff, O., Ein Wort an die Katholiken Österreichs üb. die Presse. (16 S.) kl. 8. Wien, St. Norbertus. 1905. —. 10.

Kämtz, Ludw. Friedr., allgemeine Encyklopädie d. Wissenschaften u. Künste ꝛc., s. Encyklopädie.

Kaemtz, L. F., Ergebnisse einer Reihe hygrometrischer Beobachtungen auf dem Rigi und dem Faulhorn. (Aus: Annalen der Physik, Jahrgang 1883. Ergänzungsband. Lieferung 1.)

Kaemtz, L. F., Dr., Ueber die Expansivkraft der Wasserdämpfe. (Journal für Chemie. N. R. 12 Bd., 4. Heft.)

Kämtz, L. F., über den täglichen Gang der Wärme in Dorpat. (Aus dem Archiv für die Naturkunde Liv-, Ehst- und Kurlands.) Lex.-8. (24 S.) Dorpat 854, (Glaeser's Verlag.) *

Kämptz, L. F., s. Handwörterbuch der Chemie u. Physik.

Kaemtz, Ludovicus Fridericus De legibus repulsionum electricarum mathematicis. Halae (1823) Grunert. 29 S., 1 Taf 8°
Halle-Wittenberg, Phil Hab. Schr v 14 Okt [vielmehr 3 Dez.] 1823
Im Buchhandel Halle 1823 — Vom Verf. ersch. deutsch Ueber das Gesetz, nach welchem die electromagnetische Kraft des Schließungsdrahtes der Voltaïschen Säule durch Schweigger's Multiplicator verstärkt wird. In Journal f Chemie u. Physik. Bd 38 (Jahrbuch der Chemie u Physik Bd 8) Nürnberg 1823 S 100—115

—— Lehrbuch d. Experimentalphysik. gr. 8. (31 B. u. 3 Stnt.) Halle 839, Gebauersche Buchh.

—— Lehrbuch d. Meteorologie. 2 Bde. gr. 8. Halle, Gebauer. [1. (33 B. u. 3 Stnt. gr. 4.) 831. 2 Thlr. 12 Gr., 2. (38½ B., 3 Stnt. gr. 4. u. Fol. u. 6 Tab. kl. Fol.) 832. 3 Thlr.]

—— Lehrbuch d. Meteorologie. 3. Bd. (Schluß.) gr. 8. (35¼ B. u. 2 Stnt.) Halle 836, Gebauersche Buchh.
1. u. 2. Bd. Ebendas. 1831, 32. 5 Thlr. 12 Gr.

Kämtz L F Note über baro- und thermometrische Windrosen S 31 92 vgr
Separatabdruck

— Studien über die Bestimmung der Lufttemperatur und des Luftdrucks. Erste Abhandlung. Untersuchungen über die Bestimmungen der Lufttemperatur (Aus dem Archiv No. 2, 1887). Hamburg 1888.

Kämtz, Ludw. Friedr., Tafeln zur Berechnung und Reduction meteorologischer Beobachtungen. gr. 4. (IV, 165 S.) Dorpat 868. (Leipzig, Köhler.) *

— Uebersicht einiger neueren Arbeiten über Meteorologie. (Allgem. Literaturzeitung. Dritter Band No 205—207 November 1840.

Kämtz, L. F. Untersuchungen über die Expansivkraft der Dämpfe Halle, 1826.

Kämtz, Ldw. Fr., Untersuchung über die Expansivkraft d. Dämpfe nach d. bisherigen Beobacht. gr. 8. Halle 827. Schwetschke u. S. 1 ß

—— Vorlesungen üb. Meteorologie. gr. 8. (38 B. u. 6 Stnt.) Halle 840, Gebauersche Buchh.

Kämtz, L. F., Barometrische Windrose zu Dorpat. (Repert. für Meteorol. II.)

Kaemtz, Einige Zusätze zu dem Aufsatze von Barlow über die Correction der Localanziehung des Eisens auf den Schiffen.

Kamzki, L. W (Resp.). Diss. de haemorrhoidibus. , s. A l b e r t i, M. (Praes.)

Kan, A. H., De Jovis Dolicheni cultu. Hab. 1901. 115 S. 2.–

Kan, C. M., Disputatio de Euhemero. Diss. 1862. 80 S.

Kan, D. M., De Sophoclis Oedipode Coloneo. Diss. 1825. 181 S. 2.—

Kanaan [Schlagwort]

Kanaan, s.: Palästina, Riess, R.

Kanada, s. C a n a d a

Kanajeanz, Steph., Lehrbuch der neuostarmenischen Litteratursprache, s.: **Finck, Frz. Nik.**

Kanakis, Ilarion, Dionysius der Areopagite nach seinem Charakter als Philosoph dargestellt. Inaugural-Dissertation. gr. 8. (35 S.) Leipzig 881. (Lorentz.) n. 1. —

Kanal, s.a. C a n a l

Kanal [Sachliches OW]

Kanal, der Elbing-Oberländische, und seine Bauwerke. Mit einem Anh. enth. den Frachttarif und das Kanal-Polizei-Reglement. 8. (VI und 27 S.) Elbing 864. Stettin, Saunier. *
Mit Photogr. *

Der Englische Kanal 1 600 000. (No. 60). 2 Bl. K

Kanal, Der grosse Norddeutsche, zwischen Ostsee und Nordsee. Kiel 1864. V: *Karsten, Gustav.* (A)

—— der grosse norddeutsche, zwischen Ostsee und Nordsee. I. und II. Kiel 864, Schwers'sche Buchh.
Inhalt:
I. Eine Zusammenstellung der verschiedenen Kanalprojecte. 4. (32 S. mit 1 Stnt. in gr. Fol.) 12 Ngr.
II. Bemerkungen zu dem Gutachten des Geh. R. Lentze. Notizen über die Eckernförder und die Kieler Bucht. gr. 8. (30 S. mit 1 lithogr. Seekarte in gr. 4.) 7½ Ngr.

—— der norddeutsche, zwischen Nord- und Ostsee. Beleuchtung der neuen denselben betreff. Projecte von K. & L. gr. 8. (26 S.) Rostock 865, Leopold'sche Universitäts-Buchh. *

Der Norddeutsche **Kanal** zur Verbindung der Nord- und Ostsee zwischen Eckernförde und Husum von dem zur Ermittelung dieser Linie gebildeten Ausschusse Schleswig (Mit 2 Plänen.) 1849 4°

Der **Kanal** von Terneusen und der G e n t e r H a f e n Hrsg vom Internationalen ständigen Verband der Schiffahrtskongresse Brüssel. 1910.
24 S. mit 1 Karte

Kanal [Schlagwort]

Kanal, der Englische, s.: Seekarten.

Kanal-A-B-C. Auszug aus der Begründg. u. den Anlagen zum Gesetzentwurf betr den Bau d. Schiffahrtskanals vom Rhein zur Elbe Hannover 899.

Die **Kanalbau-Feier** am 3. Juni 1887 Führer und Erinnerungsblatt. Mit 2 Situationsplänen Kiel. 1887 8°

Kanäle u. Industrie. Technisches Wochenblatt f. die Industrie v. Rheinland u. Westfalen. Unter Mitwirkg. v. Fachgenossen hrsg. u. red. v. Fritz Geck. 1. Jahrg. 16. Aug.—Decbr. 1883. 20 Nrn. (B.) gr. 4. Münster, Aschendorff. n. 1. 50

— dasselbe. 2. Jahrg. 1884. 52 Nrn. (B.) gr. 4. Ebend. n. 4. —

Kanalfrage, die bayerische, u. die Projekte von Großschiffahrtsstraßen in der Beleuchtung des Ludwig-Donau-Main-Kanal. Bearb. m. Benützung der veröffentlichten amtl. Berichte über die Betriebsergebnisse von e. Fachmann. gr. 8. (89 S.) München 902. (J. Palm). n. —60

Kanalfrage, die Leipziger, in Verbindg. m. der Entwickelg des gesamten Verkehrs. Verhandlungen des Leipziger Verkehrs-Vereins am 27. XII. 1900. Vortrag von Ernst Hasse u. Ansprachen der Herren Kurs u. Schulze nach stenograph. Niederschriften. gr. 8. (24 S.) Leipzig 901 (Woerl's Reisebücher-Verlag). n. — 10

Kanalisation. Oberirdische Rinnen oder unterirdische? Fortschwemmen od. Benutzung? Eine Modethorheit, od. was sonst? . . (*J. C. Leuchs'* Privatcorrespondenz. Nr. 27 Nürnb., d. 1. Dezbr. 1875. 8⁰. 32 S. Cart. *)

Kanalisation. Oertliche Straßenbau-Polizei. Abth. 2 (Kanalisation). Wasserwerke. *Berlin 1903: W. & S. Loewenthal.* (205 S.) 8° [ߊ.]
— **Gemeinderecht, Berliner.** Bd 5. [03. 10399

Die **Kanalisation** der Landeshauptstadt Czernowitz. Bericht, Gutachten und Anträge. Hrsg. vom Bauamt des Stadtmagistrates. Czernowitz: Selbstverl. d. Magistrats 1891.

Kanalisation u. Entwässerung v. Ortschaften an Binnenseen. Zwei Gutachten v. M. v. Pettenkofer u. B. Hofer. München 1898.

Kanalisation der Haupt- u. Residenzstadt Karlsruhe. Zusammenstellung der auf unterirdische Entwässerungs-Anlagen von Gebäuden u. Höfen, sowie auf Herstellung des Landgraben-Gewölbes bezüglichen Vorschriften, nebst einem Anhang, enthaltend Normalpläne mit Details von Hausabwasserleitungen. Bearb. durch das städtische Wasser- u. Strassenbau-Amt. Fol. (12 S. m. 5 chromolith. Plänen.) Karlsruhe 881. Bielefeld's Verl. cart. n. 10. —

Die **Kanalisation** von München. Bericht 1—4 d. v. Magistrat einges. Kommission. München 1874—80. 4. 6 Bde.

Kanalisierung, die, des Neckars u. e. Verbindung v. Rhein u. Donau durch Württemberg, s.a. **Verbands-Schriften des deutsch-österr.-ungar. Verbandes f. Binnenschiffahrt. N. F. 31.**

Die **Kanalisierung** des **Neckars** und eine Verbindung von Rhein und Donau durch Württemberg. Vortrag geh. auf d. 6. Verbandstage d. Deutsch-Oesterr.-Ungar. Verbandes f. Binnenschiffahrt, Mannheim, 1903. *Berlin-Grunewald: A. Troschel 1901* (13 S.) 8°
= **Deutsch-Oesterr.-Ungar. Verband f. Binnenschiffahrt. Verbands-Schriften.** N. F. No 31 [04. 19786

Kanalisirung der innern k. k. Haupt- und Residenzstadt Wien. *Wien. K. k. Hof- u. Staatsdruckerei.* 11 S. Fol. Ohne Pr.
Zu den Behelfen für die Konkurrenten zum Stadt-Erweiterungs-Plane gehörig.

Kanalkarten [Schlagwort]

- s.a. **Elbe-Trave-Kanal.**

Kanalkarten. **Engelbrecht,** Th. H., zur Kanal-Vorlage im preuss. Abgeordnetenhaus. Karte d. Deutschen Reiches zur Darstellg. der konkurrier. Linien f. e. Rhein-Elbe-Kanal. 42×53,5 cm. Farbdr. Berlin 899. D. Reimer. n. 1. —

— **Freytag,** G., Special-Karte d. Nord-Ostsee-Kanales. 1:200,000. 11,5×50,5 cm. Farbendr. Wien 895. G. Freytag & Berndt. n. — 80

— **Geitel,** M., Karte vom Dortmund-Ems-Kanal, bearb. nach Angaben d. königl. Kanal-Kommission in Münster. Mit e. kurz. Beschreibg. hrsg. 1:200,000. 2. Aufl. 2 Blatt à 40,5×55,5 cm. Farbdr. Mit Text. Fol. (4 S.) Berlin 897. M. Pasch. n. 3. —

— **Hirt,** C. Z., u. Ed. **Gaebler,** Schulwandkarte des Kaiser-Wilhelm-Kanals (Nord-Ostsee-Kanals) m. bildl. Darstellungen d. wichtigsten Teile desselben. Hrsg. v. H. Gezeichnet v. G. 1:75,000. 4 Blatt à 72×97,5 cm. Farbendr. Mit Erläuterungen. 8. (30 S.) Leipzig 895. G. Lang. n. 7. —; auf Leinw. m. Stäben n. 12. —

— **Jahn,** H., Karte v. Nord-Ostsee-Kanal (Umschlag: Kaiser-Wilhelm-Kanal). 1:100,000. 5. Aufl. 50,5×108 cm. Farbdr. Kiel 895. Siegen, M. Liebscher. n. 1.—

— **Karte** der Einmündung des Elbe-Trave-Kanals u. des Kanalhafens, sowie der Einmündung des Kanalhafens in die Seehäfen bei Lübeck. Unter Berücksicht. der Lage der vorhand. Eisenbahn- u. Wasserwege. 1:5000. 53×39,5 cm. Farbendr. Mit Erläutergn. zu dem Plane, die Lage des Kanalhafens bei Lübeck zu den vorhand. Wasser- u. Eisenbahnwegen betr. gr. 8. (11 S.) Lübeck 896. (Lübcke & Hartmann.) n. — 80

— **Karte** des Kanals v. Dortmund nach den Emshäfen. 31,5×72 cm. Farbdr. Dortmund 899. (Ruhfus'sche Kunst- u. Buchh.) n. — 50; erhöht. Pr. n. — 60

— — des Nord-Ostsee-Kanals m. e. Strecken-, Schleusen- u. Längen-Profil u. 3 Nebenkarten. 1:100,000. 31×105,5 cm. Autogr. u. kolor. Kiel 895. Lipsius & Tischer. — 75; auf Leinw. in Mappe n. 2. —

— **Opitz,** C., der Kaiser Wilhelm- od. Nord-Ostseekanal in seiner Vollendung. Lageplan. Nach amtl. Material bearb. 1:110,000. 26×87,5 cm. Farbendr. Mit erläut. Text. 8. (9 S.) Leipzig-Neustadt 895. Leipzig, J. J. Arnd. n. 1. —

— — Reisekarte zum Nord-Ostseekanal, Helgoland u. den Seebädern von Borkum bis Wismar, sowie nach Bremen, Hamburg, Lübeck. 1:600,000. 36,5×60 cm. Farbendr. Nebst Ortsverzeichniss. 12. (18 S.) Leipzig-Neustadt. Leipzig 895. J. J. Arnd. n. — 50; mit dem Lageplan zusammen in 1 Halbleinwbd. n. 2. —

Kanalkarten. Von **Hamburg** durch den Nord-Ostsee-Kanal nach Kiel. Karte m. Ansichten. 18×53,5 cm. Steindr. Mit Text. 8. (1 Bl.) Hamburg 895. F. Lücke. n. 1. —

— **Wandkarte** des Elbe-Trave-Kanals. 1:100,000. 44×70 cm. Fardr. Lübeck 901. Gebr. Borchers. 1. 50; m. Stäben 2. 50; auf Leinw. m. Stäben 3. —

Kanal- und Flussschiffahrtskarte des Deutschen Reichs nebst den im Bau begriffenen und projectierten Kanälen. 1 : 1825000. Glogau 1898. 1 Bl. . . Ff.

[Umschlagt.:] **Kanal-** und **Flussschiffahrtskarte** des Deutschen **Reiches** nebst den im Bau begriff. u. projekt. Kanälen. Masst. 1 : 1825000. *Glogau: C. Flemming [1899]* (1 Ktnbl. 2°) 1 Bd 8. [99. 4461

Kanal- und **Flußschiffahrtskarte** des Deutschen Reiches nebst den im Bau begriffenen u. projektierten Kanälen. Maßst. 1 : 1,825,000. (3. Aufl.) Bearb. u. erg. im kartogr. Inst. d. Verlagshandl. *Glogau: C. Flemming [um 1903].* (1 Kartenbl. 59×69 cm.) 8° [kol.] [04. 5809

Kanal-Schriften-Sammlung des Kanalvereins für Niedersachsen zu Hannover. Hrsg. v. Vorstande.
No. 1—5. Hannover 899.
„ 1. **Vibrans,** d. Mittellandkanal keine Gefahr f. d. Landwirthschaft.
„ 2. **Kiesekamp,** d. billigen Wasserstrassen drücken nicht auf den Preis des Inland-Getreides.
„ 3. Uebersichtskarte u. Längenschnitt des mittelländischen Rhein-Weser-Elbekanals m. Erläutergn.
„ 4. **Kurs,** d. militär. Bedeutg. d. Mittelland-Kanals.
„ 5. Kanal A. B. C., Auszug aus der Begründung u. d. Anlagen zum Gesetzentwurf betr. d. Bau d. Schiffahrtskanals vom Rhein zur Elbe.

Kanalwasser-Ueberrieselungs-Anlagen, Ueber die, in der Nähe von London. Berlin 1869

Kanamüller, Jos. Zur Methodik des mathematischen Unterrichts in der ersten Gymnasialklasse. 28 S. 8 **Progr.** G *Bielitz* 1885.

Kananow, Georg: Studien über Triphenylmethanfarbstoffe. (Berlin 1909: Ebering.) 62 S. 8°
Berlin, Phil. Diss. v. 9. Aug. 1909, Ref. Gabriel
[Geb. 15. Okt. 81 Moskau; Wohnort Berlin; Staatsangeh.: Rußland; Vorbildung: Gymn. Moskau Reife O. 01; Studium: Moskau 1, München Techn. Hochsch. 1, Lüttich 1, Berlin 11 S.; Rig. 29. Juli 09.] [U 09. 208

Kananow, Paul: Ueber das Gefühl der Tätigkeit. München 1910: Steinebach. 136 S. 8°
München, Phil. Diss. v. 13. Juli 1910, Ref. Pfänder, v. Hertling
[Geb. 3. Juni 83 Moskau, Wohnort: Moskau; Staatsangeh.: Rußland; Vorbildung: 5. Gymn. Moskau Reife Mai 01; Studium: Phil. Moskau 2, Staatsw. Berlin 3, Phil. Heidelberg 1, Marburg 2, München 6 S.; Rig. 13. Juli 10.] [U 11.3802

Kanarek Heinrich: Genesis und Entwicklung der polnischen Landtage im 15. Jahrhundert.
II. 1909 PN 2717 **Diss.** Wien, Univ. 1018

Kanaria. Blätter f. Liebhaber feiner Kanarienvögel. Organ der Vereinigung rhein. Kanarienzüchter, des Hamburg-Altonaer Vereins der Vogelfreunde, der „Canaria" Berlin u. s. w. 20. Jahrg. 1902. 52 Nrn. gr. 4. (à ca. 8 S.) Leipzig, Dr. F. Poppe. n. 3. 50
Vergl.: Canaria.

Kanaria. Blätter f. Liebhaber feiner Kanarienvögel. 21.—24. Jahrg. 1903—1906. à 52 Nrn. (524, 562, 592 u. 582 S.) 4. Leipzig, Dr. F. Poppe. à Jahrg. 3. 60

Kanaria. Blätter f. Liebhaber feiner Kanarienvögel. 25.—28. Jahrg. 1907—1910. à 52 Nrn. (552, 600, 680 u. 714 S.) 32,5×23,5 cm. Leipzig, Dr. F. Poppe. à Jahrg. 4.—; geb. 5. 50
Jahrg. 1906 ist vergriffen.

Kanaria-Kalender. Taschen-Kalender f. Kanarien-Züchter auf die J. 1907 u. 1908. Hrsg. v. der Red. der Wochenschrift „Kanaria". 5. u. 6. Jahrg. (416 S.) kl. 8. Ebd. Geb. in Leinw. n. 1. 10

Kanaria-Kalender. Taschen-Kalender f. Kanarien-Züchter auf die J. 1909 u. 1910. Hrsg. v. der Red. der Wochenschrift „Kanaria". 7. u. 8. Jahrg. (432 S.) kl. 8. Ebd. Geb. in Leinw. 1. 10

Kanaria-Kalender f. Kanarien-Züchter auf die J. 1903/4. Hrsg. unter Mitwirkung bewährter Kanarienzüchter v. F. Poppe. 12. (268 S.) Ebd. Geb. in Leinw. n. 1. —

Kanarienfreund, der. (Kanarienzüchter-Bücherei des Weltbundes der Kanarienzüchter u. Vogelfreunde.) 1. Heft. 8. Altenburg 906. R. Fuchs. n. — 50
Kurzgefaßter Wegweiser f. Liebhaber u. Züchter v. Kanarienvögeln, üb. deren Behandl. u. Pflege in gesunden u. kranken Tagen, Gesang, Gestalt, Farbe, Gerätschaften, Krankheiten u. deren Heilg., Hecke 2c. Von Joh. Gottfr. Niedeggen. Mit Abbildgn. (71 S.)

Kanarienvogel, s.a. Canarienvogel

Kanarienvogel, der, s.a. Erzählungen f. Kinder u. Kinderfreunde, 1. Bdchn.

Kanarienvogel, der, od. Anweis. z. Wart. derselb. 8. Lpz. Joachim. 804.

Kanarienvogel, Der. Das Johanniskäferchen. Die Waldkapelle. Drei Erzählungen . . . Neue Aufl. Regensb. 1864. V: *Schmid, Chph.* (Ky)

Kanarienvogel, der. — Das Johanniskäferchen. — Die Waldkapelle. 3 Erzählungen für Kinder und Kinderfreunde. Von dem Verf. der Ostereier (Chrph. v. Schmid.) Neue illustr. Orig.-Aufl. 8. (103 S. mit 1 Stahlst. und eingedr. Holzschn.) Regensburg 864, Manz.

—— der. — Das Johanniskäferchen. — Die Waldkapelle. Drei Erzählungen für Kinder und Kinderfreunde. Von dem Verf. der Ostereier [Chrph. v. Schmid]. Neue illustr. Orig.-Aufl. [2. Abdr.] 8. (106 S. mit 1 Stahlst. und feinen eingedr Holzschn.) Regensburg 870, Manz.

Kanarienvogel, der. Genau detaillirte Beschreibung der Kanarienvogelhecke, Behandlung der Jungen, Krankheiten 2c. 2c., nebst Anweisung, Vögel von allen Farben, roth und blau 2c. zu züchten. 2. verm. und verb. Aufl. — 4. verb. Ster.-Aufl. 8. (39 S.) Hamburg 871—75, Richter. *

Kanarienvogel, der. Eine wahre Geschichte aus den Zeiten der französischen Revolution. Neu erzählt nach C. Schmidt von G. u. B. Ovm. 8. (48 S.) Urfahr-Linz 878. Kraußlich. — 20

Kanarienvogel, der. Genau detaillirte Beschreibung der Kanarienvogelhecke, Behandlung der Jungen, Krankheiten, Bastardzüchtung 2c. Nebst Anleitung, Vögel von allen Farben, roth und blau 2c. zu züchten. 5.—7. verb. Aufl. 8. (40 S.) Hamburg 878—83, J. F. Richter.

—— der. Ein prakt. Handbüchlein, enthaltend das Wissenswertheste über Einkauf, Gesang, Zucht, Pflege und Behandlung im gesunden und kranken Zustande, mit besond. Berücksicht. der verschiedenen Racen. Von einem alten Kanarienzüchter. 8. (88 S.) Elberfeld 880, Püttmann. *

Kanarienvogel, der. Genau detaillirte Beschreibg. der Kanarienvogelhecke, Behandlg. der Jungen, Krankheiten, Bastardzüchtg. u. s. w., nebst Anweisg., Vögel v. allen Farben roth u. blau 2c. zu züchten. 7. verb. Aufl. gr. 8. (40 S.) Hamb. 891, Verlagsanstalt u. Druckerei, A.-G. * — 75

Kanarien-Zeitung, allgemeine. (Deutsche Kanarienzüchter-Bundeszeitg.) Fachzeitschrift f. Gesangs-, Figuren- u. Farben-Kanarienzucht. Begründet (1893) u. Schriftleitg. v. Joh. Gfried. Niedeggen. Organ des Weltbund der Kanarienzüchter u. Vogelfreunde usw. 12. u. 13. Jahrg. 1905 u. 1906. à 24 Nrn. (à ca. 8 S.) 4. Ebd. à Jhrg. n. 4. —

Kanarien-Zeitung, allgemeine. Fachzeitschrift f. Gesangs-, Gestalts-, Farben- u. Bastard-Kanarien. Begr u. Red. v. Joh. Gottfr. Niedeggen. Offizielles Organ des Weltbundes der Kanarienzüchter u. Vogelfreunde usw. 14.—17. Jahrg. 1907—1910. à 24 Nrn. (1910 258 S.) 34,5×24,5 cm. Altenburg, R. Fuchs. à Jahrg 4. —

Kanarien-Zeitung, deutsche. Blätter f. deutsche Kanarien-Züchter. Offizielles Organ d. süddeutschen Kanarienzüchter-Bundes. Nebst Gratis Beilage: Geflügel-Markt. Redact.: Carl Wahl. 7.—9. Jahrg. 1890—1892. à Jahrg. 12 Nrn. (à Nr. ½—1 Bog. m. Abbildgn.) gr. 4. Lpz., Exped. d. Allgem. deutschen Geflügelzeitg. à Jahrg. 1 50
Jg. 1 ff Kaisersl. H. Kayser 1884 ff

— **dasselbe.** Nebst Gratis-Beilage: Geflügel-Markt. Red.: Carl Wahl. 9.—11. Jahrg. 1892—1894. à 12 Nrn. (à ca. 2 Bog.) gr. 4. Ebd. à Jahrg. n. 1. 50

Kanarien-Zeitung, deutsche. Blätter f. deutsche Kanarienzüchter. Offiz. Organ d. süddeutschen Kanarienzüchter-Bundes. Nebst Gratis-Beilage: Geflügel-Markt. Red. Carl Wahl. 12.—14. Jahrg. 1895—1897. à 12 Nrn. (à ca. 4 S.) gr. 4. Leipzig, Allgem. deutsche Geflügelztg. à Jahrg. n. 1. 50

— dasselbe, Fortsetzg., s.: Blätter, allg. deutsche, f. Kanarienzucht.

Kanarienzüchter, der. Zeitschrift für Zucht und Pflege des Harzer Kanarienvogels. 1.—4. Jahrg. 1881—1881. à Jahrg. 12 Nrn. (à Nr. 3/4 Bog.) gr. 4. Leipzig, Freese.
à Jahrg. **

Kanarienzüchter, der. Zeitschrift für Zucht und Pflege des Harzer Kanarienvogels. 5.—7. Jahrg. 1885—1887. à Jahrg. 12 Nrn. (à Nr. 3/4 Bog.) gr. 4. Leipzig, Freese.
à Jahrg. **

—— dass. — 8. Jahrg. 1888. 12 Nrn. (à Nr. 3/4 Bog.) gr. 4. Berlin N., Prenzlauer Allee 248, Carl Launner. **
Nicht mehr durch den Buchhandel, sondern nur durch die Post oder direkt vom Verleger zu beziehen.

Kanarienzüchter, der praktische, s.a. Geflügel-Züchter, der praktische.

—— der praktische. Zeitschrift für Kanarien-Züchter und -Liebhaber. Beilage zu dem „Praktischen Geflügelzüchter". Redact.: L. Ehlers, Ernst Rode. 1.—4. Jahrg. 1881—1884. à Jahrg. 12 Nrn. (à Nr. 1/2 Bog.) gr. 4. Hannover. (Hameln, Fuendeling.) à Jahrg. *
Vgl.: Geflügelzüchter, der praktische

Kanasirski, G(eorg): Uber verschiedenfarbige Salze aus Nitrobenzaldoximen, Nitrodiazohydraten und Nitrolsäuren. Weida i. Th. 1908: Thomas & Hubert. 47 S. 8°
Leipzig, Phil. Diss. v. 11. Jan. 1909, Ref. Hantzsch, Beckmann
[Geb. 23. April 87 Burgas; Wohnort: Rustschuk; Staatsangeh.: Bulgarien; Vorbildung Realgymn. Rustschuk Reife 04; Studium. Leipzig 8 S.; Rig. 31. Juli 08.] [U 09. 2996

Kanasugi, H. Klinische Beobachtungen üb. Eröffnung d. Processus mastoideus. Aus der otiatr. Universitäts-Poliklinik in Würzburg. gr. 8. (16 S m. 2 Textabbildgn.) Würzb. 891, Stahel. * — 60
Aus: Verhandlgn. d. physikal.-medicin. Gesellsch. zu Würzb., besonders abgedruckt.

Kanasugi, Hakase H. E., Beiträge zur topographisch-chirurgischen Anatomie der Pars mastoidea. Mit 40 Taf. nach photograph. Aufnahmen der Präparate in natürl. Grösse. (V, 25 S. u. 40 Bl. Erklärgn.) Lex. 8. Wien 908. A. Hölder. 8. 60

Kanasugi, Hidegoro E.

Beiträge zur topographisch-chirurgischen Anatomie der Pars mastoidea. Von Hakase Dr H[idegoro] E. **Kanasugi.** Mit 40 Taf. Wien & Leipzig: A. Hölder 1908. (25 S., 40 Taf.) 4°(8°) [08. 11198

Kanasugi, Hidegoro [aus Tokio]: Casuistische Beiträge zur Kenntniss der Syringomyelie. . . . Erlangen, Druck v. Aug. Vollrath's k. b. Hofbuchdr. (1890); 21 S. 8°
Erlangen, Med. Fak., Inaug.-Diss. v. Jun. 1890

KANATZULIS, Atanasios (Kosani/Griechenl.): De nephritide acuta. (Titel nach der Urkunde) 11.2.1856 - Urk; F 69
Diss. Ingolst.-Landsh.-Mchn.

Kancionál, úplný, katolický. Dle sebraných písní uspořádal modlitbami a ponaučeními opatřil. Frant. P. Poimon. gr. 8. (XVI und 899 S. mit 1 Stahlst.) Olmütz 856, (Neugebauer.)

Kancyonal

—— to jest zbiór rozmaitych pieśni, pod czas nabożenstwa, pogrzebach i do zabawy pożytecznéy domowéy na każdy czas uroczysty i w rozmaitych potrzebach, dla ludu katolickiego. 8. (192 S.) Oppeln 847, Weilshäuser. *
Abgedruckt aus der 8. Aufl. von: Ksiażka Modlitewna i Kancyonal.

Kancyonal to gest kniha žalmů y písnj duchownjch, od rozličných mužu Božjch bratřj českých y giných k wzdělánj probuzenj a potěssenj cýrkwe krystowy bázni božj složených, sebraných, a podlé prawidla samého čistého y celého slowa božjho upřjmně sporádaných, nynj pak w nowě w Hirssberku u Sam. Landolta wytisstěných. gr. 12. (984 S.) Breslau 850, Korn. *

Kancyonal, katolicki, albo zbior naypotrzebnieyszych pieśni i litaniy pod czas Kościelnego Nabóżeństwa. Za dozwoleniem zwierzchności Duchowney. Drugie wydanie. gr. 12. (3 B.) Wroclawiu 841, Hirt. *

—— katolicki, albo zbiór najpotrzebniejszych pieśni i litanij, pod czas kościelnego nabożenstwa. 3. wydanie. 8. (62 S.) Breslau 847, Hirt's Verlag. *

Kancyonał i książka modlitewna na cały rok. Do nabożeństwa kościelnego i domowego. 12. (XXXIV und 1046 S. mit eingedr. Holzschn.) Teschen 865, Prochaska. * *
Feine Ausg. * *

Kandauroff, Helene [Petersburg, Russland]: Zur Genese der postdiphtherischen Lähmungen. Zürich 1900. 34 S. 8°.
Zürich. Med. Diss. 1900 1901.

Kandel [Schlagwort]

Kandel, s.: Schwarzwald. Karte.

Kandelaber. 23 Bl Photographien. fol

Kandelaber und ähnliche Metallwaren. (36 T) Lithographie. qugrfol (Paris)

Kandelbach, Ch. Fr.. De characteribus fossilium externis. (Dissertatio.) Lipsiae 1757 4°

Kandeler, Friedrich

Kandeler, F., Werkstatt u. Schule. Aktuelle Fragen. I. Heft. gr. 8. Berlin 908. H. Spamer. — 75
I. Schlosser. 1. Wie ergänzen sich Meisterlehre u. Berufsschule? 2. Schlosser in Werkstatt u. Pflichtschule. (Lehrgang auf 3 Jahre.) 3. Weniger Projektionstheorie f. Lehrlinge! (Das Schlosserzeichnen m. Abbildgn.) (II, 14 S. m. 1 Taf.)

Kandeler, Ulr., die Elemente der Tonbildung m. Berücksicht. der Frauenstimme. (28 S.) 8. Dresden 904. Holze & Pahl. n. — 60

Kandelhardt, H. C., Münz-Tabellen für Nelkenbrechers Taschenbuch. (17. Aufl.) 8. (VI und 173 S.) Berlin 848, G. Reimer.

Kandelhardt, H. C., s. Nelkenbrecher, J. C., allgem. Taschenbuch.

Kandelhardt, J. H., wie d. Einwohner v. Cappeln ihre Wirthsch. verbessern können. 8. Lingen, Jülicher. 796.

Kandelsdorfer, Karl

— s. Auszug aus der Geschichte d. Tiroler Jäger-Regiments Kaiser Franz Joseph.

Kandelsdorfer, Karl, Beiträge zur Rechtschreibung und Deutung türkischer geographischer Namen. 8. (66 S.) Wien 887, (Braumüller.) *

Kandelsdorfer, Karl, Episoden aus den Kämpfen der k. k. Truppen im J. 1882. Mit Bewilligung und Unterstützung des k. k. Reichs-Kriegs-Ministeriums zusammengestellt. gr. 8. (VI, 146 S.) Wien 884, (Seidel und Sohn.) *

Kandelsdorfer, Karl, Oberlieut. des Armeestandes, commandirt beim k. k. Generalstabe. Das k. k. oberösterreichische Feldjäger-Bataillon Nr. 3 im Kampfe mit Oesterreichs Gegnern. Mit besonderer Berücksichtigung des Antheiles an den Kämpfen in Süd-Dalmatien im Jahre 1882, als Lesebuch für den Dreier-Jäger, zusammengestellt von dem ehemaligen Bataillons-Mitgliede. Vom Verleger mit 1 Holzschnitte versehen. 8. Linz 1882.

Geschichte des K. u. k. Feld-Jäger-Bataillons Nr 3, dermal Feld-Bataillon Nr 13 (2 dermal 1. Bataillon d. 4. Regimentes) der Tiroler Kaiser-Jäger. Von Karl **Kandelsdorfer.** Mit Skizzen u. Vollbild. Bd 1. 2. Wien Verl. d. Verf. 1899–1903. 8°
1. 1808–1850. Mit 9 Beil. 1899.
2. 1850–1893. Mit Bild. 1903. (11 1905

— der Heldenberg, Radetzky's letzte Ruhestätte und Schloss Wetzdorf. 8. (40 S.) Wien 887, (Gilhofer und Rauschburg.) *

Kandelsdorfer, Karl. Der Heldenberg, Radetzky's letzte Ruhestätte in Schloss Wetzdorf. 2. verm. Aufl. Mit 15 Vollbildern in Autotypie. 8. (48 S.) Wien 891, Braumüller. * 2 —

— dasselbe, 3. Aufl. 12. (48 S. m. 15 Autotyp.) Ebd. 894. n. 1. —

— s.: Potschka, L.

Kandelsdorfer, Karl, s.: Streffleurs österr. militär. Zeitschrift.

Kandelsdorfer, Karl, Auf immerwährende Zeiten. Biographien und Porträts kaiserl. und königl. Regiments-Inhaber. Mit einer Photogravure und 39 Porträts im Texte. Lex.-8. (XII, 296 S.) Wien: Braumüller 1893. 3 —

— auf immerwährende Zeiten. Biographien u. Porträts kaiserl. u. königl. Regiments-Inhaber. Mit 1 Photograv. u. 39 Porträts im Texte. gr. 8. (XII, 296 S.) Ebd. 894. n. 5. —

Kandelsdorfer, Karl [Red.], s. Zeitschrift, Streffleur's österreichische militärische.

Kander, A., biblische Geschichten des alten und neuen Testamentes. Der Jugend erzählt. 2., umgearb. und verm. Aufl. gr. 8. (VIII und 256 S. mit 200 Abbildungen in Holzschn.) Bern 849, Jent und Reinert.

Kander, Joseph: Die Gefährdung des Eisenbahnbetriebes. Karlsruhe 1908: G. Braun. (VIII, 66 S.) 8°
Heidelberg, Jur. Fak., Ref. v. Lilienthal, Diss. v. 1908
[Geb. 13. Jan. 78 Pforzheim; Wohnort: Pforzheim; Staatsangeh.: Baden; Vorbildung: Gymn. Pforzheim Reife S.-S. 97; Studium: Heidelberg 2, München 1, Freiburg i. B. 4 S.; Rig. 10. März 08.]

Kander, Ludwig, aus Mannheim: Ueber die **Komplikation der** Schwangerschaft, der Geburt und des Wochenbettes mit Klappenfehlern des Herzens. *Heidelberg 1900: J. Hörning.* (40 S.) 8°
Heidelberg, Med. Diss. v. 1900

Kandernal, F.: Über I. A. Comenius und seine Didaktik. Laibach 1867
Schul-/Univ.-Schrift

Kanders, Marie, Erstes israelitisches Kochbuch f. böhmische Küche. Enthaltend 568 Orig.-Küchenrecepte. 8. (XIII u. 181 S.) Prag, Jacob B. Brandeis. 70 kr Geb. 1 fl. N. b. 1885.

Kanderthal [Schlagwort]

Kanderthal, s.: Geologische Karten. Gerber.

Vereinigte Kander- und Hagnek-Werke, A. G., mit Sitz in Bern.... Emission eines $4^1/_4$ % Anleihens. Prospekt. (1903 Oktober 10.) 7 S. 4.

Kandetzki, Anton, prakt. Arzt aus Groß-Klonia: **Über Hirngewebswucherungen bei congenitalem Hydrocephalus.** *Würzburg 1904: F. Staudenraus.* (31 S.) 8°
Würzburg, Med. Diss. v. 1904

Kandia [Schlagwort]

Kandia — Ethnographische Karte von —. 650,000. G. M. 1866.

Kandia — Orographisch-physicalische Karte von —. 650,000. (Aufn. v. 1852). G. M. 1865.

Kandidat, s. Candidat

Kandidaten-Liste f. die Wahlen zum preuß. Abgeordnetenhause 1908 (m. Angabe der Wahlergebnisse im J. 1903). (67 S.) 24,5×35 cm. Berlin (908). Buchh. der National liberalen Partei. 3. —

Kandidatur des Herzogs Karl August v. Sachsen-Weimar f. den ungarischen Königsthron (1789). Von Verus (H. Ortloff). 2. Aufl. (16 S. m. 1 Bildnis.) Lex.-8. Weimar (904). H. Grosse. n. — 50
1. Aufl. (16 S.) 904. n. — 40.

Kandide, s. a. Candide.

Kandide, oder die beste Welt, aus dem Franz. des Hrn. von Voltaire. Vierte, neu übersetzte Aufl. von Mylius, mit 5 Kupf. 8. Berlin, 795. Himburg, 1 Rthl. 5 sgl.

Kandide, Fel., s. K. H. v. Schrader.

Kandinsky, Vict., kritische und klinische Betrachtungen im Gebiete der Sinnestäuschungen. 1. und 2. Studie. gr. 8. (III, 170 S. mit 2 Stnt.) Berlin 885, Friedländer und Sohn. *

Kandjur

Der Index des Kandjur. Herausgegeben von der kaiserlichen Akademie der Wissenschaften und bevorwortet von I. J. Schmidt. St.-Petersburg 1845. 4°.

Kandler, Caspar, s. Kandler, Kaspar

Kandler, Flora, Irrleben, s.a. **Kürschner's. Vol., Bücherschatz.**

Irrleben. Roman von Flora **Kandler**. Berlin, Eisenach, Leipzig: H. Hillger [1905]. (128 S.) 8° [F.]
== Bücherschatz, Kürschners. No 448. (05. 1077)

Kandler, Flora, Wogen des Lebens. Zwei Novellen. 8. (III, 187 S.) Dresden 899. E. Pierson. n. 2. —

Kandler, Frz. Sales, Ehrenspiegel d. k. k. österr. Armee. Eine Darstell. derjen. k. k. Militär-Individuen, welche in- u. ausländ. Ritter-Orden, Würden- u. Ehren-Zeichen besitzen, in alphab. Reihenfolge d. verschied. Staaten geordnet. Nebst e. gedrängten Geschichte u. Beschreibung sämmtl. Orden u. Ehrenzeichen. Nach d. vorzügl., großen Theils offiz. Quellen bearb. gr. 8. (24 B.) Wien 831, Gerold.

—— über d. Leben u. d. Werke d. G. Pierluigi da Palestrina, gen. d. Fürst d. Musik, Sängers, dann Tonsetzers d. päpstl. Kapelle, auch Kapellmeisters an d. drei Hauptkirchen Roms. N. d. „Memorie storico-critiche des Abbate Giuseppe Baini etc.“ verfasst u. mit histor.-krit. Zusätzen begleitet. Nachgelass. Werk, hrsg. mit e. Vorw. u. mit gelegentl. Anmerkn. v. R. G. Kiesewetter. gr. 8. (17¼ B.) Leipzig 834, Breitkopf u. Härtel.

Kandler. Gottlieb David: Vollständiges und gantz Neu-berechnetes Wein-Rechnungs-Büchlein, Auf das Herzogthum Würtemberg und Des H.R. Reichs-Stadt Eßlingen Müntz und Eych eingerichtet. Worinn enthalten / 1. Allerley Taflen zum Kauffen und Verkauffen des Weins. 2. Erlegung des umgelds u. Accis. 3. Einnehmung der Gefällen / samt Keltern-Wein. 4. Auch von Vergleichung der Eychen der benachbarten Oerter gegen der Würtembergischen. Ferner / 5. Ein deutlicher Unterricht zweyerley Visier-Ruthen / wovon die eine gantz neu / und zum allgemeinen Gebrauch anzuwenden. 6. Wie der Werth zerschiedener Weine / so unter einander gemenget worden / zu berechnen. 7. Alle Wein-Rechnungen von 1462. biß 174?. in Stuttgardt und Eßlingen. 8. Wie im Würtembergischen der Wein / so ausser Land geführet wird / verzollt werden solle. und 9. Eine Berechnung der jetzt gangbahren Müntz. Eßlingen: Mäntler 174?. -- 24°

Kandler, Jo. Friedrich (Schwarzenb. Misn.), Quid sit honeste vivere, secundum naturae praecepta. Präs. M. Immanuel Proele. Diss. I. Lpz. (Christian Goez) 12. VII. 1704. 14 Bl. (6.20) 17448

— — Dasselbe. II. 16. (23.) VII. 1704. 14 Bl. mit Widm. v. Präs. (6.—) 17449

Kandler, Johann Christoph

Einige Bemerkungen über Erziehung an gelehrten Schulen. Von Joh. Christoph Kandler, G. P. — 1827. Ebend. — 3—18.
Progr. Hof

Kandler, Kaspar

Höchst nöthige Beylage zu der vollständigen Geschichte der Verfolgung der Illuminaten in Baiern [von Adam Weishaupt]. Bd 1. Nebst Beyl. und Materialien für den folgenden Bd. Frankfurt und Leipzig: 1786. Zur Bestärkung der historischen Gewissheit dieses Werkes vom Caspar **Kandler.** Geschrieben zu Ephesus von m. bis p. Schaharimeh 1154. Frankfurt u. Leipzig: 1786 135 S. 8°
cf. D. neuest. Religionsbegebenheiten. 10 (1787) S. 700—799.
Kl. 3233. Vgl. Bd 1 Nr 18031, u. Bd 2 Nr 42765.

— Grundsäze v. d. reinen Politik in Absicht auf d. Regierungskunst. gr. 8. Ingolst. 802. (Krüll, Landsh.) 1 ß 6 kr

v. Kandler, Ksp., († d. 1. Juli 1815.) Naturrecht. 1r Bd. gr. 8. Augsb. 784. Wolf. 8 kr

— Rede v. Erziehung der Waisen. 4. Münch. 779.

Kandler, Max [approb. Arzt aus Schleiz]: Über Mastdarmvorfall bei kleinen Kindern .... Schleiz, Druck d. Fürstl. Hofbuchdr.: R. Rosenthal, 1887; 19 S. 8°
Erlangen, Med. Fak., Inaug.-Diss. v. 25. Jul. 1887

Kandler, P., Storia cronografica di Trieste, s.a. Scussa, V.

Kandler, P., Storia del consiglio dei patrizi di Trieste dall' anno 1382 all' anno 1809 con documenti. Lex.-8. (194 S. mit eingedr. Holzschn.) Triest 858, (Schubart.) *

Kandler, Richard, a. Worbis: Aus d. Prosektur d. städt. Krankenhauses München r. d. I. Prosektor Privatd. Dr. Oberndorfer. Ein Fall von Gehirnabszeß entstanden durch Fortleitung eines Tonsillarabszesses. München 1907: C. Wolf & Sohn. (17 S.) 8°
München, Med. Fak., Ref. v. Bollinger, Diss. v. 22. Juni 1908
[Geb. 15. Sept. 82 Worbis; Wohnort: Worbis; Staatsangeh.: Preußen; Vorbildung: Gymn. Mühlhausen i. Th. Reife O. 02; Studium: Freiburg i. B. 3, Kiel 4, München 4 S.; Coll. 22. Juni 08; Approb. 9. Juni 08.]

Kandler, Roman., († d. 24. Oct. 1782.) Abhandl. von d. Vorzügen d. unbefleckten göttl. Gnadenmutter d. schönen Liebe zu Wessebrunn. 8. Augsb. 768. Fortsetzung. 8. Ebd. 768.

Kandler, W., und S. Kapper, das Böhmerland, s. Kapper, S.

Kändler, drei Organisationsfragen f. die Volksschule. (86 S.) kl. 8. Eibenstock 904. B. Kändler. n. — 60

Kaendler, Christian Gottlob

Kändler, Chr. Glo., († 1766.) Geschichte d. Augustinerklosters in Sangerhausen. 1s Stck. 4. Leipz. 750.

Kändler, C. G., de nominibus templorum I—II. Lips. 1736. 4.

Kaendler, M. Christian Gottlob (Rector), Natalem sereniss. princ. ac domini Christiani, ducis Saxoniae, . . . princip. ac dom. nostri longe clement., solennibus oration. in scholae Sangerhusanae. — Sangerhusam principibus suis semper curae cordique fuisse idoneis argumentis demonstrat. 1734. Lpz. (Breitkopf). 6 Bl., tlws. dtsch. (4.50) 17273

(— —). — Viro clar. atque doct. domino **Christiano Gottlob Kaendlero,** A. M. scholae Sangerhusanae rectori optime merito, praeceptori atque praesidi suo solenni pietate colendo, calend. Jan. 1741 faustas auspicatasque esse jubet, et simul de terrificis vaticinationibus, quibus lymphati sua et aliena mala ludificantur, ad Plin. L. VI. epist. XX. §. XIX. quaedam disserit collegium disputatorium. Sangerhausen Jan. 1741. Lpz. (Breitkopf). 4 Bl. (4.—) 17274

Kändler, M., Berufsfreudigkeit. Vortrag zum 25jähr. Stiftungsfest des Bez.-Lehrer-Vereins Eibenstock-Schönheide. (23 S.) gr. 8. Eibenstock 906. B. Kändler. — 50

— Einführung in das Elementarrechnen. (40 S.) kl. 8. Ebd. 907. 1. —

Kändler, M., Katechismus e. natürl. Schulgesundheitspflege. gr. 8. (50 S.) Obercrinitz 902. H. Kändler. 1. —

Kändler, Max: Kritik orometrischer Werte und Richtungsverhältnisse der Kamm- und Thalbildungen im Thüringer Wald i. e. S. *Leipzig: Duncker & Humblot 1899.* (102 S.) 8°
Leipzig, Phil. Diss. v. [26. Mai] 1899

— Methodischer Schreiblehrgang. Als Anh.: Führung der Hefte. (20 S. m. 1 Taf.) gr. 8. Ebd. 906. — 60

Kandó, Koloman v., elektrische Vollbahnen m. hochgespanntem Drehstrom. s.: Cserhati, Eug.

Kandt, Moritz

Kandt, Mor., üb. die Entwickelung der australischen Eisenbahnpolitik, nebst e. Einleitg. üb. das Problem der Eisenbahnpolitik in Theorie u. Praxis. gr. 8 (XXXIV, 263 S.) Berlin 894. H. Mamroth. n. 4. 50

Kandt, Mor., s.: Festgaben f. Wilhelm Lexis.

— Über verschiedene Prämien-Sparsysteme u. ihre volkswirtschaftliche Bedeutg. Vortrag, geh. zu Bromberg am 3. V. 1907 in der deutschen Gesellschaft f. Kunst u. Wissenschaft (Abtlg. f. Rechts- u. Staatswissenschaften.) (S. 337—368.) Lex. 8. Jena (907). G. Fischer. 1. 50
Sonderabdruck aus: „Festgaben f. W. Lexis".

Kandt, M., „Ueber das Rabattsparwesen". (72 S.) gr. 8. Bromberg 904. Mittler. n. — 60

Kandt, M., die volkswirtschaftl. Stellg. d. Detailreisens u. Hausierhandels. Vortrag, geh. i. d. Versammlung d. Vereins f. Handel u. Gewerbe zu Halberstadt am 16. Febr. 1895. gr. 8. (23 S.) Halberstadt 895. J. Schimmelburg. n. — 60

— s.: Taschenbuch f. Handel u. Industrie.

Kandt, Moritz: Über den Ursprung des Staatsbahnsystems der Kolonie Victoria '(Australien)' ... [Erschien vollst. 1894 u. d. T.: Über d. Entwickelg d. austral. Eisenbahnpolitik, nebst e. Einl. über d. Problem d. Eisenbahnpolitik ...] Göttingen, 1894; 3 Bl., 53 S., 1 Bl. 8.
Göttingen, Phil. Fak., Inaug.-Diss. v. [30. Mai] 1894

Der Volks-Sparverband für Deutschland, seine Ziele u. Wege. Vortrag geh. in d. gründenden Versammlung ... zu Bromberg 1907 von Dr. M[oritz] **Kandt**. Bromberg: Volks-Sparverband (1907). (15 S.) 8° [F.]
— Flugschriften d. Volks-Sparverbandes f. Deutschland. No 2. [08. 4328

Kandt, Rich., Caput Nili. Eine empfindsame Reise zu den Quellen des Nils. Mit 12 Lichtdr.-Taf. u. 1 Karte. 1. u. 2. Aufl. (à XVI, 588 S.) gr. 8. Berlin 904. 905. D. Reimer. Geb. n. 8. —

Kandus, F., Hand-Buch mit leichtfaßlicher systematischer Zusammenstellung der wichtigsten, auf die Führung der Grund-, Eisenbahn- und Bergbücher erflossenen Gesetze und Verordnungen mit prakt. Erläuterungen und Beispielen resp. Formularien, vorzugsweise zum Gebrauche für Grundbuchs-Candidaten geeignet. gr. 8. (181 S.) Znaim 884. (Fournier und Haberler.) *

Kanduscher, Eduard Aristides, Studienbehelf der Arithmetik u. Algebra. Leichtfaßliches u. allgemeinverständl. Lehrbuch zur Vorbereitg. f. die k. u. k. Befähigungsprüfung zum Einjährig-Freiwilligen, besonders f. das Selbststudium geeignet, nach dem Lehrplan des k. u. k. Wehrgesetzes § 66. I. u. II. Bd. (VII, 112 S.) Lex. 8. Wien 909. L. W. Seidel & Sohn. 6. —
I (VII, 132 S.) 3. 20. — II. (VII, 112 S.) 2. 80.

— Studienbehelf der Planimetrie. Leichtfassliches u. allgemein verständl. Lehrbuch zur Vorbereitg. f. die k. u. k. Befähigungsprüfung zum Einjährig-Freiwilligen besonders f. das Selbststudium. I. Tl. verf. nach dem Studienplan des k. u. k. Wehrgesetzes § 66. (72 autogr. S. m. Fig.) Lex. 8. Ebd. 909. 2. 40

— Studienbehelf der Stereometrie. Flächen-, Polygon- u. Kreisberechnungen. Leichtfaßliches u. gemeinverständl. Lehrbuch besonders f. das Selbststudium geeignet. Bearb. nach dem Lehrplane des k. u. k. Wehrgesetzes § 66. (Umschlag: Zur Vorbereitg. f. die k. u. k. Befähigungsprüfg. zum Einjährig-Freiwilligen nach dem Studienplan des k. u. k. Wehrgesetzes § 66. 89 i. d. Text gedr. Fig. 100 vollkommen gelöste Aufgaben.) 2. u. 3. Bd. (XVI, 79 S. m. 89 Fig.) gr. 8. Ebd. 909. 3. —

— Studienbehelf der ebenen Trigonometrie. Leichtfaßliches u. gemeinverständl. Lehrbuch zur Vorbereitg. f. die k. u. k. Befähigungsprüfg. zum Einjährig-Freiw., besonders f. das Selbststudium geeignet, bearb. nach dem Lehrplan des k. u. k. Wehrgesetzes § 66. 4. Bd. (XV, 160 S. m. 68 Fig. u. 2 Taf.) gr. 8. Ebd. 909. 3. —

Kandziora, Leonhard: Das gereimte Bruchstück des Buches der Könige und die entsprechende Prosa. Greifswald 1910: Adler. 153 S. 8°
Greifswald, Phil. Diss. v. 7. April 1910, Ref. Ehrismann
[Geb. 6. Nov. 86 Ober-Niewiadom, Wohnort: Kreuzendorf, Kr. Namslau; Staatsangeh.: Preußen; Vorbildung: Matthias-Gymn. Breslau Reife O. 06; Studium: Breslau 2, Greifswald 5 S. Rig. 20. Nov 09.] [U 10. 1631

Kane, Elisha Kent

Kane, arktische Fahrten ꝛc., s. Feierstunden, malerische.

Kane, Elisha Kent

Kane, der Nordpolfahrer. Arktische Fahrten und Entdeckungen der 2. Grinnell-Expedition zur Aufsuchung Sir John Franklin's in den Jahren 1853, 1854 und 1855. Nach dem engl. Original bearb. von Fr. Kiesewetter. 4. durchges. Aufl. Mit 125 Abb., 6 Tondruckbildern und 2 Karten.
Leipzig: Spamer 1867. XIV. 310 S. 8°
(Neue ill. Bibliothek der Länder- und Völkerkunde. Amerika. Bd 1.)

— zwei Nordpolarreisen, s.a. Hausbibliothek für Länder- u. Völkerkunde.

Kane, Elisha Kent, zwei Nordpolarreisen zur Aufsuchung Sir John Franklins. Deutsch bearb. von Jul. Seybt. 3. (Titel-) Aufl. gr. 8. (XXVIII, 298 S. mit 2 lithogr. Karten in gr. 8. und 4.) Leipzig (865) 74, Senf.

—— der Nordpolfahrer, s.a. Buch, das, der Reisen.

Kane, der Nordpolfahrer, s.a. Feierstunden, malerische.

Kane, Elisha Kent, der Nordpolfahrer, s.a. Kutzner, J. G. Ein Weltfahrer.

Kane, der Nordpolfahrer. Arktische Fahrten u. Entdeckungen der zweiten Grinnell-Expedition zur Aufsuchung Sir John Franklin's in den Jahren 1853, 1854 u. 1855 unter Elisha Kent Kane. Beschrieben von ihm selbst. 6., durchgeseh. Aufl. Mit 110 Text-Abbildungen, 6 Tondr.-Taf. u. 1 Karte. gr. 8. (VIII, 310 S.) Leipzig 879. Spamer. n. 4. —; geb n. 5. —

Kane, der Nordpolfahrer. Arktische Fahrten und Entdeckungen der zweiten Grinnell-Expedition zur Aufsuchung des Sir John Franklin in den J. 1853, 1854 und 1855 unter Dr. Elisha Kent Kane. Beschrieben von ihm selbst. 7. durchges. Aufl. gr. 8. (VIII, 292 S. mit 108 Text-Abbild., 1 Tonbilde und 1 Karte.) Leipzig 884, Spamer. *
geb. *

Kane, Elisha Kent, Kane, der Nordpolfahrer. Arktische Fahrten u. Entdeckgn. der zweiten Grinell-Expedition zur Aufsuchg. des Sir John Franklin unter Dr. Elisha Kent Kane. Beschrieben v. ihm selbst. 8. Aufl. (VI, 255 S.) gr. 8. Leipzig 905. O. Spamer. n. 3. —; geb. in Leinw. n. 4. —

Kane, Elisha Kent, Kane, der Nordpolfahrer. Arktische Fahrten u. Entdeckgn. der zweiten Grinell-Expedition zur Aufsuchg. des Sir John Franklin unter Elisha Kent Kane. Beschrieben v. ihm selbst. 9. [Titel-]Aufl. (VI, 255 S. m. 67 Abb. u. 1 Karte.) 8. Leipzig [905] 909. O. Spamer. 3.—; geb. in Leinw. 4. —

Kane, Elisha Kent, zwei Nordpolreisen zur Aufsuchung Sir John Franklins. Deutsch bearb. von Jul. Seybt. Neue (Titel-)Ausg. gr. 8. (XXVIII und 298 S. mit 2 lithogr. Karten in gr. 8. und 4.) Leipzig (857)65, Senf.

Kane, Paul, Wanderungen eines Künstlers unter den Indianern Nordamerika's von Canada nach der Vancouver's-Insel und nach Oregon durch das Gebiet der Hudsons-Bay-Gesellschaft und zurück. Autorisirte deutsche Ausg. von Luise Hauthal. 5 Hefte. Lex.-8. (XII und 225 S. mit eingedr. Holzschn. und 2 Chromolithogr.) Leipzig 861,62, Matthes. à Heft * 10 Ngr. *

Kane County Anzeiger : 1884? Elgin, IL
Independent weekly

Kaneda, Giichiro, z. Frage d. Fettbildg. aus Eiwoiss im Thierkörper, s.: Kumagawa, Muneo

Kaneko, Umaji, a. Tokio, Japan: Moralphilosophie Adam Ferguson's. Lucka (S.-A.) [1904]: R. Berger. (68 S.) 8°
Leipzig, Phil. Fak., Ref. Heinze u. Wundt, Diss. v. 5. Dez. 1904
[Geb. 11 Jan. 70 Tokio; Wohnort: Tokio; Staatsangeh.: Japan; Vorbildung: Gymn. Tokio Reife M. 93; Studium: Tokio 6, Heidelberg 1, Leipzig 3, Berlin 1, Leipzig 2 S.; Rig. 29. Okt. 03.]

Känel, Frdr. v., Bronks-Johns Abenteuer, s.: Engelin's Roman- u. Novellenschatz 26. Bd.

— auf dem Edelhofe. Gold unterm Heidekraut, s.: Volksbücher, neue.

Känel, Frdr. v., der rote Hahn. Der Ausreißer, s.: Volksbücher, neue.

Kaenel, Friedrich von [Übers.]
s. Jensen, Hermann: Schatten des Schlachtfeldes.

Im Moorgut. Die Bernsteinschnur. Aus d. Dän. von Friedrich v. Känel. Mit 4 Ill. *Berlin: Schriftenvertriebsanst. 1903.* (115 S.) 8° [F.]
— Volksbücher, Neue. Bdch. 70. [03. 10,88

Känel, Frdr. v., eine Mutter, s.: Rancha, die, im Thale.

Känel, F. von, siehe: *Nielsen*.

— Wind. Alte u. Junge, s.a. Volksbücher, neue.

Wind. Alte u. Junge. Nach d. Dänischen von Friedrich v **Känel**. Berlin: Schriftenvertriebsanst. [1903]. (79 S.) 8° [F.]
— Volksbücher, Neue. Bdch. 78. [03. 1366

Känel, Jacob von. Selbstbiographie von Jak' von K', gewesener Lehrer auf Aeschiried. † 6. Februar 1881. 8. (Bern *o. J.* [ca. 1881]).

Κανέλλος, Ἄγγελος· Διατριβὴ περὶ Βησσαρίωνος ὡς φιλοσόφου . . . Ἀθήνησιν, ἐκ τοῦ τυπογρ. ἀδελφῶν Πέρρη, 1888; 17 + 1 S. 8°
Leipzig. Phil. Fak., Inaug.-Diss. v. 14. Jul. 1888

Kanemeier, G., De fide historicorum recte aestimanda in historia philosophiae. Diss. philos. Präs. Heinrich Kunhardt. Helmstedt (C. G. Fleckeisen) 14. III. 1796. 40 S. (6.50) 17450
Gew.: Friedrich August Wideburg, Paul Jacob Bruns, Gottlob Ernst Schulze.

Kanemeier, **J. G., Diss. an bibliothecam Ulpiam Ulpius Trajanus condiderit. 8. Helmst. 799. Fleckeisen. 3 gr.**

Kanephora. Ein Taschenb. f. stille Stunden.
1809. 3 Bl. 194. S.
Schw. Gmünd. Goed. VIII, 69, 121.

Kaněra, F : Über den Einfluss , s. Horbaczewski, Johann

KANEWI, Mina (ps.), Gretchen und Helene, zeitgemäße Plaudereien, den Betrübten und Mutlosen gewidmet von — O. O. u. J.
Verboten v. L.-G. Wien, 11 März 1893.

Kanewi, Minna, Gretchen und Helene. Zeitgemässe Plaudereien. („Autonomie", 20. Febr.—14. Mai 1892.) 8°. London s. l. s. a.

— An die Hungrigen und Nackten. 8°. s. l. s. a. (c. 1886). (Abdr. in der „Freiheit".)

Kaffi Jönä. [Beilage zur Zeitschrift haj-Jönä, hrsg. von Senior Sachs.] Berlin 1848.

Kang-Hi, s.a. ***Literae* patentes.**

K'ang-hī. – Litterae patentes imperatoris Sinarum Kang-hi. Sinice et Latine. Cum interpretatione Ignatii Koegleri. Ex archetypo Sinensi edidit additis notitiis Sinicis Christophorus Theophilus de Murr. Norimbergae et Altdorfii 1802.

Kanghi-Tschu: Deutschland, der Kaiser und der Simplizissimus. Aus d. Berichten e. chines. Diplomaten. München [1910]. 8°

Kangro C.: Ueber Entwickelung u. Bau d. Steno'schen Nasendrüse d. Säugethiere. Inaug.-Diss. Dorpat 1884. 31 S. 2 Tvl.

Kangro, C.: Über die Milchversorgung Rigas. Vortrag geh. 1908 von Stadtveterinärarzt Mag. –. Riga 1908: Häcker. S. 39, 79. 8°
(Hefte d. Gesellschaft f. kommunale Sozialpolitik in Riga. Nr. 3

Känguruh, Vogel [Pseud.]

— — Fidele Lieder. 1841.
Weller, Lex. Ps. p. 293.

KÄNGURUH, Vogel (ps.), Der lustige Poet. 1840.

Kania, Hans: Die Architektur der Stadt Potsdam im 18. Jahrhundert. Berlin: Weidmann 1909. 28 S. 4°
Berlin, Friedrichs-RG OP 1909 (113) [S 09. 240

— dasselbe, s.: Mitteilungen des Vereins f. die Geschichte Potsdams. V, 2.

Kania, Hans, aus Berlin: Das Verhalten des Fürsten Leopold von Anhalt-Dessau vor der Schlacht von Kesselsdorf. *Potsdam 1901: Krämer.* (43 S.) 8°
Berlin, Phil. Diss. v. 10. Aug. 1901

Kania, Jos., Schlesien e. deutsches Land, s.a. **Segen der Arbeit.**

Schlesien ein deutsches Land ... Von Joseph **Kania**, Lehrer. Bd 1. Kattowitz: G. Siwinna (1906). 8° [F.]
— **Segen** d. Arbeit. Bd 1. [07. 3050

KANIBERGER, Aloys (Wolfratshausen): De febribus malignis.- Monachii: Rosel 1834. 18 S. 20.3.1834 - Urk; P 61
Diss. Ingolst.-Landsh.-Mchn.

Kanig [Schlagwort]

Kanig, s.: Preussen. Messtischblätter.

Kanig [Verfasser]

Kanig: Die Taufe Jesu. *Leipzig 1897.*
in **Festschrift** f. . Prof. D. Fricke z. Feier s. 50j. Präsidiums in d. Lausitzer Prediger-Ges. zu Leipzig. 98. 2064

Kanig, C. B., bibliski pucznik sa wschitke dny ljeta 1865. Wojerezach. (Leipzig, Schmaler u. Pech.) 8. (50 S.) n. 2 *ngr.*

— — 1866—1868. Ebend. 8. (48, 44 u. 48 S.) Jeder Jahrg. 1½ *ngr.*

Kanig, C. G. Otto, Bekenntnisse zu Christo. Predigten und Amtsreden. gr. 8. (VI, 199 S.) Bautzen 882, Rühl. *

Kanig, C. G. Otto. Bekenntnisse zu Christo. Predigten u. Amtsreden. 2. (Titel-)Aufl. gr. 8. (VIII, 199 S.) Bautzen 890, Rühl. * 2 40
geb. ** 3 40

Kanig, Carl, s. Kanig, Karl

Kanig, Gerh., dornige Pfade eines jungen Missionars in Ukamba, s.: Lichtstrahlen im dunkeln Erdteile. 8.

Kanig, Horst v., Notenlehrmittel „Blitzleser" zur leichten Erlernung schnellen Notenlesens, e. Vorbedingg. erfolgreicher Fortschritte beim Unterricht in d. Musik. Zum Lehren, sowie zum Selbstunterricht. (60 S.) qu. 8. Berlin (S.W., Fidicinstr. 13 I) 904. Selbstverlag.
Geb. in Leinw. n. 1. 70

Kanig, Johann Ernst (Hochkirch), Observationes de organis motum iridis perficientibus. Diss. med. Lpz. (Staritz) 16. VIII. 1842. 20 Seiten. (5.50) 17451

Kanig, Karl

Kanig, Carl, die Einsamkeit. Ein Lebensbild. (38 S.) 8. Straßburg 909. J. Singer. 1.—; geb. 2.—

— **Das Licht.** Ein Buch vom Sehnen der Menschheit. (104 S.) 8. Leipzig 907. Modernes Verlagsbureau. 1.50

Kanig, Corl. Bohuw, Nebo Dr. Merten Lutherowe ziwenje, s jeho w swojim czasu na durje hrodowskeje zyrkwje Wittenberku pschibitymi 95 pschedlozkami. gr. 8. (VI und 65 S. mit 1 Holzschnt.) (Hoyerswerda 855, Erbe.)

Kanig, L. U., drei Erfindungen des Teufels, s. Volksbücher, neue.

Kanig, Otto, Blumengeister rufen d. Meister. Gustav Adolf-Festspiel. 8. (16 S. m. 1 Bildn. im Text.) Dresden 898. F. Sturm & Co. n. — 25

Kanig, Otto, Bußtagspredigt geh. in der Garnisonkirche in Bautzen am 26. Febr. 1875, sowie e. Ermahnungs-Stimme u. Siehe ich stehe vor der Thür u. klopfe an. 8. (45 S.) Bautzen 875. (Löbau, Olivia.) n. — 12

— unsre nationale Trauerfeier um d. Fürsten Bismarck im Lichte d. Abschieds Elia's v. Elisa. Predigt üb. II. Könige 2, 9—14, geh. in d. Nikolaikirche zu Pulsnitz am XIII. Sonntage nach Trinitatis. gr. 8. (14 S. m. 1 Bildn.) Ebd. 898. n. — 20

de Kanilfeld, s.a. **Burserius de Kanilfeld.**

Kanilfeld, Burserius de, institutiones medicinae, s. Bibliothek class. Schriften der pract. Medizin.

Kanilfeld, Joh. Bapt. de, Institutionum medicinae pract., s. Bibliothek d. gesammt. Medicin.

Kanin, N[athan], approb. Arzt aus Lissa i. P.: Ueber chirurgische Analgesie mittelst Cocaïnisierung des Rückenmarks. *Leipzig 1901: B. Georgi.* (31 S.) 8°
Leipzig, Med. Diss. v. (7. Nov.) 1901

Kaninchen, die, s.: Macht, die, der Liebe. 20.

Kaninchen, unsere. qu. gr. 16. (8 S. m. z. Tl. farb. Abb.) Konstanz 895. E. Hirsch. n. — 10

— unsere. Ein ausführl. Handbuch f. alle Züchter u. Liebhaber v. Kaninchen. Mit vielen Textabbildgn. u. 24 Bildtaf. nach Aufnahmen leb. Tiere, Stallanlagen usw. Unter Mitarbeit v. Bastian, Blattner, Heintz u. a. hrsg. v. P. Mahlich. (VIII, 264 S. m. 5 Taf.) gr. 8. Berlin 903. F. Pfenningstorff. n. 4.—; geb. n. 5.—
Erschien auch in 8 Lfgn. à n. — 50.

Kaninchen, unsere. Ein ausführl. Handbuch f. alle Züchter u. Liebhaber v. Kaninchen. Mit vielen Textabb., 4 farb. u. 24 schwarzen Bildtaf. nach Aufnahmen lebend. Tiere. Unter Mitarb. v.: Bastian, Blattner, Heintz u. a. hrsg. v. P. Mahlich. 2., verm. u. verb. Aufl. (VIII, 316 S.) gr. 8. Berlin (909). F. Pfenningstorff. 5.—;
geb. in Leinw. 6.—; auch in 10 Lfgn. à — 50

Kaninchen, die weißen, und die verkauften Kaninchen. Zwei wahre Geschichten. 6. Aufl. 1872. * 10 Pf., und 7. Aufl. Hrsg. von der Wupperthaler Traktat-Gesellschaft. 8. (18 S.) Barmen 874, Wiemann.

—— das zahme, ein nutzbares Hausthier. Leichtfaßliche Anleitung zur gewinnbringenden Zucht desselben. 2. verm. Aufl. gr. 16. (40 S.) Dessau 873, Reißner. *

Kaninchenfreund, der. Beiblatt zum „Deutschen Geflügelhof". 1. Jahrg. 1908. 7 Nrn. (à ca. 4 S. m. Abbildgn.) 36,5×25,5 cm. Leipzig (E. Heitmann). — 50
Mehr nicht erschienen.

Kaninchenküche. Eine Sammlg. erprobter Kochrezepte f. d. Bereitg. v. allerhand Speisen a. Kaninchenfleisch! (24 S.) kl. 8. Leipzig (905). (Dr. F. Poppe.) n. — 10

Kaninchen-Zeitung. Spezialorgan f. Kaninchen-Züchter u. Liebhaber. Redact.: M. Gutermeister. 1. Jahrg. April 1890—März 1891. 52 Nrn. (½ Bog.) gr. 4. Zürich-Oberstraß, Gebr. Frick. * 6 —

Kaninchen-Zeitung, allgemeine. Illustr. Fachblatt zur Hebg. der Schlacht- u. Sportkaninchenzucht. Amtl. Organ des Verbandes deutscher Kaninchen- u. Geflügel-Züchter usw. Unparteiisches Fachblatt f. alle Kaninchenzüchter-Vereiniggn. u. -Interessen. Unter Mitwirkg. hervorragend. Züchter hrsg. v. Frdr. Nagel. Mit dem Beiblatt: Zeitg. f. Geflügel-Züchter. 3.—5. Jahrg. 1907—1909. à 52 Nrn. (à ca. 8 S.) 32×23 cm. Neudietendorf, Frdr. Nagel. (Nur direkt.) à Jahrg. 3. —

Kaninchenzeitung, allgem. Jetzt: Berlin, F. Pfenningstorff.

Kaninchen-Zeitung, Leipziger allgemeine. Illustr. Wochenschrift zur Pflege rationeller Sport- u. Schlachtkaninchen-Zucht. Anerkanntes Organ der Bundesgruppe „Fortschritt" Leipzig u. Umgegend, der Bundesgruppe „Chemnitztal" der „Würschnitz-Zwönitztal"-Gruppe usw. Red.: Ottom. Bach. 2. u. 3. Jahrg. 1905 u. 1906. à 52 Nrn. (à ca. 8 S.) 4. Leipzig, Steiß & Freitag. à Jhrg. n. 3. — Erscheint nicht mehr.

Kaninchenzucht, v. Angorische od. Engl. in Deutschl. 8. Heilbr. Claß. 804.

Kaninchenzüchter, der. Zeitschrift z. Förderg. d. Kaninchenzucht in Deutschland, Oesterreich-Ungarn u. d. Schweiz. Organ d. Bundes deutscher Kaninchenzüchter, sow. d. Vereine zu Chemnitz, Dresden, Leinhausen, Leipzig-Connewitz. 1. Jahrg. Oktbr.—Decbr. 1895. 13 Nrn. (Bog. m. Abb.) gr. 4. Leipzig, Allg. dtsche. Geflügelzeitung. n. — 90

— dasselbe. 2. u. 3. Jahrg. 1896—1897. à 52 Nrn. (Bog. m. Abb.) gr. 4. Ebd. à Jahrg. n. 3. 60

— dasselbe. 4. Jahrg. 1898. 52 Nrn. (Bog.) gr. 4. Leipzig, Dr. F. Poppe. n. 3. 60
Kann auch vierteljährlich bezogen werden.

Kaninchenzüchter, der. Neue Blätter der Kaninchen- u. Geflügelzucht (früher Wildpark). Zeitschrift zur Förderg. der Kaninchenzucht. Organ des Bundes deutscher Kaninchenzüchter, des Bundes westdeutscher Kaninchenzüchter usw. 5.—8. Jahrg. 1899—1902. à 52 Nrn. gr. 4. (à ca. 8 S.) Leipzig, Dr. F. Poppe. à Jahrg. 3. 60

Kaninchenzüchter, der. Vereinigt m.: „Kaninchen-Börse", „Neue Blätter f. Kaninchen- u. Geflügelzucht" u. „Süddeutsche Kaninchenzüchter-Zeitg." Zeitschrift zur Förderg. der Kaninchenzucht. Organ des Bundes deutscher Kaninchenzüchter, des Verbandes westdeutscher Kaninchenzüchter usw. 9—12. Jahrg. 1903—1906. à 52 Nrn. (638, 744, 876 u. 1046 S. m. Abbildgn.) gr. 4. Leipzig, Dr. F. Poppe. à Jhrg. 3. 60

Kaninchenzüchter, der. Vereinigt m.: „Kaninchen-Börse", „Neue Blätter f. Kaninchen- u. Geflügelzucht" u. „Süddeutsche Kaninchenzüchter-Zeitg." Zeitschrift zur Förderung der Kaninchenzucht. Organ des Bundes deutscher Kaninchenzüchter des Landes-Verbds. preuß. Kaninchenzüchter usw. 13.—16. Jahrg. 1907—1910. à 52 Nrn. (1108, 1184, 1832 u. 1540 S. m. Abb.) 32,5×24 cm. Leipzig, Dr. F. Poppe. à Jahrg. 4.—; geb. 6. 50

— der. Zeitschrift f. die Gesamtinteressen der österr. Kaninchenzüchter. Organ der Subsektion f. Kaninchenzucht der k. k. Landwirtschafts-Gesellschaft in Wien usw. Hrsg. u. red. v. Thdr. Weippl. 2. Jahrg. 1906. 12 Nrn. (à ca. 20 S. m. Abbildgn.) gr. 8. Klosterneuburg. (Wien, Huber & Lahme Nachf.) n. 1. 80

Kaninchenzüchter, der. Zeitschrift f. die Gesamtinteressen der österreich. Kaninchenzüchter. Organ der Subsektion f. Kaninchenzucht d. k. k. Landwirtschafts-Gesellschaft in Wien usw. Hrsg. u. red. v. Thdr. Weippl. 3. Jahrg. 1907. 24 Nrn. (à ca. 16 S.) gr. 8. Klosterneuburg. (Wien, Huber & Lahme Nachf.) 2. 70

— der praktische. Billigste Zeitschrift zur Förderg. der Kaninchenzucht. Red.: Hans Ott. 4. Jahrg. 1905. 52 Nrn. (à ca. 12 S. m. Abbildgn.) 4. Braunschweig, G. Wenzel & Sohn. n. 2. 40

— schweizer. Organ z. Hebg. u. Förderg. d. Kaninchenzucht. Hrsg. unt. Mitwirkg. tücht. Fachmänner. 2. Jahrg. 1898. 24 Nrn. (à ca. 4 S.) gr. 4. Zürich, Th. Schröter. n. 2. 50

Kaninchen-Züchter-Zeitung, süddeutsche. Zeitschrift zur Hebg. u. Verbreitung der Kaninchenzucht. Red.: Herm. Lingg. 1. Jahrg. Aug. 1902—Juli 1903. 52 Nrn. Fol. (à ca. 6 S.) Baden-Baden, Verlag der süddeutschen Kaninchen-Züchter-Zeitg. (Nur direkt.) 3. —

Kan-Ing-Pien, s. Ban-Zai-Sau.

Kanis, D., der Hunde-Doctor. Ein Hülfsbüchlein für jeden Hundebesitzer, um die Krankheiten der Hunde leicht zu erkennen und auf einfache und schnelle Weise zu heilen. gr. 16. (45 S.) Bielefeld 876, Gülker und Comp.

Spezialkarte der Lüneburger Heide 1:75,000. (Nach d. Karten d. kgl. preuß. Landesaufnahme) bearb. von W. Kanisch. Bl. 1 *Hamburg: O. Meißner [1904]* [gestochen.] [kol.]

Kanitsár, Frz., wie die österreichischen Vegetarier kochen. Mit Besprechg. der Frage: Wie ernährt sich der Mensch richtig? unter besond. Berücksicht. der Kinderernährung. Im Anh.: Diätetische Rathschläge f. Leidende. 12. (48 S.) Liesing bei Wien 899. (Wien, Huber & Lahme). n. — 50

Kanitsár, F., Wie die österr. Vegetarier kochen. 2. Aufl. 8°. (47 S.) † Wien: Huber & Lahme 1906. K —.60

Kanitz: Beiträge z. Kartographie v Serbien. Wien. 1863. Schul-/Univ.-Schrift

Kanitz, Graf v., u. v. Mirbach, Entwurf e. Reichs-Münzgesetzes, s.: Verhandlungen der Kommission behufs Erörterung v. Maßregeln zur Hebung u. Befestigung des Silberwerthes.

Kanitz, Antonie, geb. Semmel, s.: Allestein, Emma.

Kanitz, Aristides, die Affinitätskonstanten d. Tyrosins u. d. Phenylalanins. (S. 539—546.) gr. 8. Bonn 907. M. Hager. — 40
Sonderabdr. a.: „Arch. f. d. ges. Physiol."

Kanitz, Aristides: Über die innere Reibung von Salzlösungen und ihren Gemischen ... (Aus: Zeitschr. f. physik. Chem., Bd XXII Heft 3.) Leipzig, W. Engelmann, 1897; 24 S., 1 Bl. 8.
Leipzig, Phil. Fak., Inaug.-Diss. v. [5. Apr.] 1897

Kanitz, Aug., Auszug aus: „Plantae Tinneanae sive descriptio plantarum in expeditione Tinneana ad flumen Bahr-el-Ghasal ejusque affluentias in septentrionali interioris Africae parte collectarum. [Vindobonae 1867.] gr. 8. (60 S.) Regensburg 868. (Berlin, Friedländer und Sohn.) *
Aus: Flora, besonders abgedruckt.

Kanitz, Aug., Geschichte der Botanik in Ungarn (Skizzen). 16. (III und 199 S.) Hannover 863. (Wien, Czermak.) *

Kanitz (A.). Geschichte der Botanik in Ungarn. Hannover, 1867. 8°.
Only seventy copies printed.

Kanitz (A.). Ueber Lebendig-Gebaeren im Pflanzenreiche Haarlem, 1873. 8°.

—— die bisher bekannten Pflanzen Slavoniens, s. Schulzer v. Mueggenburg, St.

Kanitz, Aug., Plantae Romaniae hucusque cognitae. Pars I. gr. 8. (76 S.) Klausenburg 879, Demjén. *

Kanitz, Aug., Plantas Romaniae hucusque cognitas enumerat. Pars II et III (finis). gr. 8. Klausenburg, Demjén. [Pars II. (S. 77—140.) 879. *ℳ 3.; Pars III. (XXIII, S. 141—268.) 881. *ℳ 5.] *
Pars I. Ebendas. 1879. *ℳ 4.

—— reliquiae Kitaibelianae e manuscriptis musei nationalis hungarici publicatae. (E voll. XII. XIII. commentariorum societatis c. r. zoologico-botanicae.) gr. 8. (IV und 130 S.) Wien 863, Braumüller's Sortiment. *

Kanitz A.: Ueber *Urtica oblongata Koch* nebst einigen Andeutungen üb. andere Nessel-Arten. Regensb. 1872. 9 S. 1 Tvl. (Særtr.). 4°

Kanitz, Carl, s. Kanitz, Karl

Kanitz, Charlotte, s. Lotte Berthold.

Kanitz, Ed., Kurzwaaren-Industrie, s. Bericht über die Weltausstellung in Philadelphia 1876.

Kanitz, Ernst v., Aufklärung nach Actenquellen über den 1835—1842 zu Königsberg in Preußen geführten Religionsprozeß für Welt- u. Kirchen-Geschichte. Basel 862. Balmer & Riehm. 4. (XI, 469 S.) 1 ℛ 6 ngr

—— historischer Auszug für Welt- und Kirchengeschichte aus der Schrift: „Aufklärung nach Actenquellen" über den 1835 bis 1842 zu Königsberg in Pr. geführten Religionsprozeß. 8. (XI und 168 S.) Basel 864, Riehm.

Kanitz, Ernst Graf v., historischer Auszug für Welt- und Kirchengeschichte aus der Schrift: „Aufklärung nach Actenquellen" über den 1835 bis 1842 zu Königsberg in Pr. geführten Religionsprozeß. Neue Ausg. mit einem Wort über Dixon's Spiritual wives als Nachtrag. gr. 16. (XI, 198 S.) Basel 869, Riehm.

— Ein Mahnwort zu Gunsten der Nachwelt an die historische Literatur der Gegenwart Nebst einem Auszuge aus dem „Zeugenverhör" von Prediger Diestel. Basel und Ludwigsburg 1868. 40 u. 174 S. 8. (Das Zeugenverhör a. u. d. T.: Ein Zeugenverhör im Criminalprozesse gegen die Prediger Ebel und Diestel. Mit der darüber laut gewordenen Publicität angestellt von Georg Heinrich Diestel. Neue verkürzte Aufl. Basel und Ludwigsburg, F. Riehm 1868. 174 S. 8.)

—— ein Mahnwort zu Gunsten der Nachwelt an die historische Literatur der Gegenwart. Nebst einem Auszuge aus dem „Zeugenverhör" von Diestel. gr. 8. (214 S.) Ebendas. 868.

Kanitz, Felix

— Tirnovo's altbulgarische Baudenkmale. Eine Reisestudie zur Kunstgeschichte. [Mit 12 (Holzschn.-) Illustr. im Texte.] [Aus: „Sitzungsber. d. k. Akad. d. Wiss."] Lex.-8. (20 S.) Wien 876. Gerold's Sohn in Comm. n. — 60

Kanitz, F., Beiträge zur Kartographie des Fürstenthums Serbien, gesammelt auf seinen Reisen in den Jahren 1859, 1860, 1861. Mit 1 (lith.) Karte (in Fol.). (Aus den Sitzungsberichten der kaiserl. Akad. der Wissensch. abgedr.) Wien 863. (Gerold.) gr. 8. (7 S.) n. 8 ngr

Kanitz, F., Donau-Bulgarien u. der Balkan. Historisch-geographisch-ethnograph. Reisestudien aus den J. 1860—1875. 1. Bd. Mit 20 Illustr. im Texte (in Holzschn.), 10 (Holzschn.-)Taf., e. Gebirgsprofil (in Holzschn.) u. e. (lith.) Karte. Lex.-8. (XIX, 329 S.) Leipzig 875. Fries. n. 15. —

Kanitz, F. (I.), Donau-Bulgarien und der Balkan. Historisch-geographisch-ethnographische Reisestudien aus den J. 1860—1876. 2. Bd. Lex.-8. (XV, 382 S. mit 33 Illustr. im Texte und 10 Taf. in Holzschn.) Leipzig 877, Fries. *
—— dass. — Historisch-geographisch-ethnographische Reisestudien aus den J. 1860—1878. 3. (Schluss-)Bd. Lex. 8. (XVII, 409 S. mit 46 Holzschn.-Illustr. im Texte, 10 Holzschntaf. und 1 chromolithogr. Orig.-Karte in Imp.-Fol.) Ebendas. 879. *
1. Bd. Ebendas. 1875. *ℳ 15.
—— dass. — Historisch-geographisch-ethnographische Reise-Studien aus den J. 1860—1879. 2. neu bearb. Aufl. 1.—4 Lfg. oder 1. Bd. hoch 4. (XV, 269 S. mit eingedr. Holzschn. und Holzschntaf.) Ebendas. 879. à Lfg. *ℳ 4. *

Kanitz, F., Donau-Bulgarien und der Balkan. 2. Aufl. 1.—18. Lfg. hoch 4. Leipzig 879,80, Renger'sche Buchh. à Lfg. *

Kanitz, F. (I.), Donau-Bulgarien und der Balkan. Historisch-geographisch-ethnograph. Reisestudien aus den J. 1860—1880. 2. neu bearb. Aufl. 5.—14. (Schluss-)Lfg. oder 2. und 3. Bd. Lex.-8. (304; XVIII, 386 S. mit eingedr. Holzschn., Holzchntaf. und 1 chromolithogr. Karte in 2 Bl.) Leipzig 880, Renger'sche Buchh. à Lfg. *ℳ 4.; compl. *
1.—4. Lfg. Leipzig 1879, [Fries.] Renger'sche Buchh. à *ℳ 4.

—— dass. — 2. neu bearb. Aufl. Neue Ausg. 20 Lfgn. oder 3 Bde. Lex.-8. (XV, 269; 304; XVIII, 386 S. mit eingedr. Holzschn., Holzschntaf. und 1 chromolithogr. Karte in 2 Bl.) Ebendas. 882. à Lfg. *ℳ 2. *

Kanitz, F. Die prähistorischen Funde in Serbien bis 1889. Aeltere u. neuere Grabdenkmalformen im Königr. Serbien. gr. 4. (10 S. m. 12 Textillustr. u. 1 Taf.) Wien 889, (Hölder). * — 80
Aus: Mittheilgn. d. anthropolog. Gesellsch. in Wien, besonders abgedruckt.

Kanitz, F., die römischen Funde in Serbien. Lex.-8. (11 S. mit 8 Stnt. in Lex.-8. und qu. gr. 4.) Wien 861, (Gerold's Sohn.) * *
Aus: Sitzungsberichte der k. Akademie der Wissenschaften, Jahrg. 1861, besonders abgedruckt.

—— Katechismus der Ornamentik, s. a. Weber's, J. J., illustr. Katechismen Nr. 66.

Kanitz. Katechismus der Ornamentik oder Leitfaden über die Geschichte, Entwicklung und die charakteristischen Formen der bedeutendsten Ornamentstyle aller Zeiten. (Aus: „J. J. Weber's Illustrierte Katechismen" Nr. 65.) Leipzig 1870.

Kanitz, F., Katechismus der Ornamentik oder Leitfaden über die Geschichte, Entwickelung u. die charakteristischen Formen der bedeutendsten Verzierungsstyle aller Zeiten. 2., verm. u. verb. Aufl. Mit 130 in den Text gedr. (Holzschn.-)Abbildungen. 8. (XVI, 163 S.) Leipzig 877. Weber. n. 2. —

Kanitz, F., Katechismus der Ornamentik. Leitfaden üb. die Geschichte, Entwickelg. u. die charakterist. Formen der Verzierungsstile aller Zeiten. 3. Aufl. Mit 151 Abbildgn. u. e. Verzeichnis v. 100 Spezialwerken zum Studium der Ornamentstile. 8. (XVI, 167 S.) Leipzig 884. Weber geb. n. 2. —

Kanitz, F., Katechismus der Ornamentik. Leitfaden üb. die Geschichte, Entwickelg. u. die charakterist. Formen der Verzierungsstile aller Zeiten. 4., verb. Aufl. Mit 131 in den Text gedr. Abbildgn. u. e. Verzeichnis v. Spezialwerken zum Studium der Ornamentstile. 12. (XVI, 167 S.) Leipzig 891. J. J. Weber Geb. in Leinw. n. 2. —

Kanitz, F., Katechismus d. Ornamentik. Leitfaden üb. d. Geschichte, Entwickelg. u. charakterist. Formen d. Verzierungsstile aller Zeiten. 5., verb. Aufl. 12. (XIV, 176 S. m. 131 Abb.) Leipzig 896. J. J. Weber. Geb. in Leinw. n. 2. —

—— über alt- und neuserbische Kirchenbaukunst. Ein Beitrag zur Kunstgeschichte. Lex.-8. (13 S. mit 2 Taf. in Kpfrst.) Wien 864, (Gerold's Sohn.) * *
Vorstehende zwei Schriften des Verf. wurden aus: Sitzungsberichte der k. Akademie der Wissenschaften, besonders abgedruckt.

— Serbiens byzantinische Monumente. Wien 862. (Leipzig, Denicke.) gr. Fol. (27 S. mit Holzschn., 6 Kpfrn. u. 6 lith. Taf. in Farbendr.) nn. 19 Rthlr 5 ngr

—— Serbiens byzantinische Monumente. Imp.-Fol. (27 S. mit eingedr. Holzschn., 6 Chromolithogr. und 6 Kpfrt.') Wien 862, Hof- und Staatsdruckerei. geb. *

Kanitz, F., Reise in Süd-Serbien und Nord-Bulgarien, ausgeführt im J. 1864. gr. 4. (66 S. mit 5 lithogr. Taf. und 1 chromolithogr. Karte.) Wien 868, (Gerold's Sohn.) *
Aus: Denkschriften der k. Akademie der Wissenschaften, besonders abgedruckt.

— Reisestudien aus den Jahren 1860—1879. 2. neu bearbeitete Auflage I Bd Mit 30 Illustrationen im Texte und 1 Routen Karte. II. Bd. Mit 29 Illustrationen im Texte und 10 Tafeln. III. Bd. Mit 31 Illustrationen im Texte, 10 Tafeln und 1 Original-Karte (letztere in Schuber). (3 Bde. und 1 Schuber) gr. 8. Leipzig 1879—1880

—— Serbien. Historisch-ethnographische Reisestudien aus den J. 1859—1868. Lex.-8. (XXIV, 744 S. mit 40 Illustr. in Holzschn. im Texte, 20 Holzschntaf. in Tondr. und 1 chromolithogr. Karte in qu. 4.) Leipzig 868, Fries. *

Kanitz, Fel., das Königr. Serbien u. das Serbenvolk, s.a. Monographien der Balkanstaaten. I.

Kanitz, Felix Das Königreich Serbien und das Serbenvolk von der Römerzeit bis zur Gegenwart Bd 1—3. Leipzig 1904—1914. 4° (8°)
1. 2. Land u. Bevölker. 1904. 1909.
3. Staat u. Gesellsch. 1914.

Kanitz, Fel., das Königr. Serbien u. das Serbenvolk von der Römerzeit bis zur Gegenwart. 2. Bd.: Land u. Bevölkerg. Durchgesehen u. ergänzt v. Bogoljub Jovanović. (IX, 595 S. m. Abb.) Lex. 8. Leipzig 909. Bernh. Meyer. 23.—; geb. n 25. —
Bd. I u. d. T.: Monographien der Balkanstaaten, 1. Bd. Ebd. 904. 23.—; geb. n 25. —

—— Römische Studien in Serbien. Der Donau-Grenzwall, das Strassennetz, die Städte, Castelle, Denkmale, Thermen u. Bergwerke zur Römerzeit im Königr. Serbien. Mit 120 Plänen, Illustr., Inschriften u. 1 Karte. Imp.-4. (158 S.) Wien 892, (Tempsky). * 12 —
Aus Denkschr. d. Akad. d. Wiss., besonders abgedruckt.

Kanitz, Friedrich Rudolph Ludwig von (Märkischer Adel), De cautelis principum circa colloquia et congressus mutuos. Diss. histor.-polit. Präs. M. Jacob Thomasius. Lpz. (Johann Georgi) 17. X. 1674. 12 Bl. (6.80) 17452
Widm. v.: Friedr. Geißler (Schlesien), L. Joachim Feller.

— — Dasselbe. Germanis: Von denen Vorsichten, welche grosse Printzen bey Beschickungen der Congressen zu beobachten nöthig haben. Ed. nov. Jena (Heller) 1750. 28 S. ohne Widm. (6.50) 17453

Kanitz, Georg Graf (Hrsg.), s. Stillfried-Alcántara, Rudolf Graf: Die Ritter des Königlich Preussischen Hohen Ordens ...

Kanitz, Hans

v. Kanitz-Podangen, Graf, die Festsetzung v. Mindestpreisen f. das ausländische Getreide 2 Aufl. Berlin 895.

Kanitz, Podangen, Graf von, Die Festsetzung von Mindestpreisen für das ausländische Getreide. 3. Auflage. Berlin 1895.

Kanitz-Podangen, [Hans] Grf v., Die neuen Handelsverträge. Pr. Holland 1891. 8°

Kanitz-Podangen, Graf v. Die Kohlen-Verkaufsvereine u. ihre wirtschaftliche Berechtigung. 2. Aufl. gr. 8. (24 S.) Berl. 891, Puttkammer u. Mühlbrecht. * — 60
Vgl.: Effert, R.

Urkundliche Nachrichten über Mednicken. 1300–1900. [Verf. Hans Graf Kanitz-Podangen.] *Pr Holland [1900]: H. Weberstädt.* (V, 146 S.) 8° [F.] [ot. 2963] 10

Urkundliche Nachrichten über Podangen. 1339–1900. [Verf. Hans Graf Kanitz Podangen.] *Pr. Holland 1900: H. Weberstädt.* (IV, 120 S.) 8° [F.] [ot. 2966] 10

Kanitz-Podangen, Graf v., die Nothlage der Landwirthschaft und der Schutzzoll. Vortrag gehalten am 1. März 1887 zu Berlin in der XVIII. Hauptversammlung des Congresses deutscher Landwirthe. gr. 8. (23 S.) Berlin 887, (Allgemeine Verlags-Agentur.) *

Kanitz, Herm., der Harnstein [Nierenstein, Blasenstein] geheilt, resp. zersplittert und entfernt ohne Operation nach eigenen Erfahrungen. Steinleidenden zum Trost, den Herren Aerzten zur Beachtung mitgetheilt. 8. (22 S.) Gera 877, Kanitz.

Kanitz, J., De tempore et auctore libelli qui inscribitur πόροι. Diss. 1878. 21 S. 4°. 1.20

Kanitz, J. D., Anleitung, betreffend den ersten Unterricht im Lesen u. Schreiben u. den Gebrauch des ersten Uebungsbuches zur gleichzeitigen Erlernung des Lesens u. Schreibens. Für Schüler in Land- u. Stadtschulen method. bearb. 16. Cöslin 836. C. G. Hendeß. 1/12 Rthlr

— erstes Uebungsbuch zur gleichzeitigen Erlernung des Lesens u. Schreibens. Für Schüler in Land- und Stadtschulen, so wie auch für den Privatgebrauch method. bearb. 16. Cöslin 836. Hendeß. n. 1/12 Rthlr

Kanitz, J. D., erstes Uebungsbuch z. gleichzeit. Erlernung d. Lesens u. Schreibens. Für Schüler in Land- u. Stadtschulen, so wie auch f. d. Privatgebr. method. bearb. 1. Aufl. 16. (2 1/4 B.) 830., 2. A. 12. (2 B.) Cöslin 842, Hendeß. à *

Kanitz, J. G., der strebsame Hausvater, oder kurze und deutliche Anweisung, wie durch eine rationelle Haus-, Vieh-, Garten- und Feldwirthschaft rc. viele Nebeneinnahmequellen eröffnet und dadurch die Haupteinnahmen vergrößert werden können, für Jedermann, besonders für bäuerl. Besitzer, Lehrer rc. Auf Erfahrung begründet, bearb. und hrsg. 8. (X und 108 S.) Heinrichsdorf 861. (Danzig, Anhuth.) geb. ** -

Kanitz, J. G., der strebsame Hausvater, oder: kurze und deutliche Anweisung, wie eine rationelle Haus-, Vieh-, Garten- rc. Wirthschaft bei zweckmäß. Feldeintheilung und naturgemäßer Fruchtfolge auf verschied. Boden und unter mancherlei Verhältnissen viele Nebeneinnahmequellen eröffnet werden können rc. Auf Erfahrung begründet, bearb. und hrsg. 2., umgearb. und verm. Aufl. 8. (XII und 130 S.) Königsberg 867. (Danzig, Anhuth.) geb. * -

— Honig- und Schwarm-Bienenzucht, oder sichere und deutliche Anweisung, wie die Bienen durch alle Jahreszeiten zweckmäßig behandelt werden müssen, um nicht allein den meisten Honig, sondern auch die natürl. und künstl. Vermehrung sicher zu erzielen, nebst einem Anhang und einem Bienenkalender rc. Nach eigener Erfahrung rc. bearb. und hrsg. 2., verb. und verm. Aufl. gr. 12. (VIII und 151 S. mit 1 lithogr. Figurentaf. in qu. Fol.) Danzig 860, Anhuth. geb. ** -

Kanitz, J. G., Honig und Schwarmbienenzucht, oder sichere und deutl. Anweisung, wie die Bienen durch alle Jahreszeiten einfach und zweckmäßig bei reinem Stabilbetrieb [Volksbetrieb], bei reinem Mobilbetrieb und bei verbundenem Stabil- und Mobilbetrieb behandelt werden müssen, um nicht allein den meisten Honig, sondern auch die natürl. und künstl. Vermehrung sicher zu erzielen, für alle Land- und Stadtbewohner, welche von der Bienenzucht wirkl. Nutzen haben wollen, sowohl für solche, die noch keine Kenntnisse davon haben, als auch für die, welche schon darin kundig sind. Nach eigener Erfahrung mit sehr gutem Erfolge angewendet, bearb. und hrsg. 5. verb. und verm. Aufl. 8. (XI, 192 S. mit 23 in den Text gedr. Abbild.) Oranienburg 888, Freyhoff. ℳ 2.—.; geb.
Die frühern Aufl. sind im Selbstverlage erschienen.

Kanitz, J. G. Honig- u. Schwarmbienenzucht, od. sichere u. deutl. Anweisg., wie die Bienen durch alle Jahreszeiten einfach u. zweckmäßig bei reinem Stabilbetrieb (Volksbetrieb), bei reinem Mobilbetrieb u. bei verbundenem Stabil- u. Mobilbetrieb behandelt werden müssen rc. 6. verb. u. verm. Aufl. 8. (VIII, 208 S. m. 26 Abbildgn.) Oranienb. 892, Freyhoff. * 2 —

Kanitz, J. G., Honig- u. Schwarmbienenzucht, od. sich. u. deutl. Anweisg., wie d. Bienen durch alle Jahreszeiten einf. u. zweckmäß. bei reinem Stabilbetrieb (Volksbetrieb), bei reinem Mobilbetrieb u. bei verbund. Stabil- u. Mobilbetrieb behandelt werden müssen, um nicht allein d. meisten Honig, sondern auch d. natürl. u. künstl. Vermehrg. sicher zu erzielen, f. alle Land- u. Stadtbewohner, welche v. d. Bienenzucht wirkl. Nutzen haben wollen, sowohl f. solche, d. noch keine Kenntnisse davon haben, als auch f. die, welche schon darin kundig sind. Nach eig. Erfahrg. m. sehr gutem Erfolge angew., bearb. u. hrsg. 7., verb. u. verm. Aufl. M. 1 Bildn d. Verf. u. 27 in d. Text gedr. Abb. 8. (212 S.) Oranienburg 898 E. Freyhoff. n. 2. —

Kanitz, J. G., Honig- u. Schwarmbienenzucht, od. sichere u. deutl. Anweisg., wie die Bienen durch alle Jahreszeiten einfach u. zweckmäßig bei reinem Stabilbetrieb (Volksbetrieb), bei reinem Mobilbetrieb und bei verbundenem Stabil- u. Mobilbetrieb behandelt werden müssen, um nicht allein den meisten Honig, sondern auch die natürl. u. künstl. Vermehrg. sicher zu erzielen, für alle Land- u. Stadtbewohner, welche v. der Bienenzucht wirkl. Nutzen haben wollen. Nach eigener Erfahrg. mit sehr gutem Erfolge angewendet, bearb. u. hrsg. 8. verm. Aufl. v. J. Seidler. Mit 1 Bildnis des Verf. u. 31 in den Text gedr. Abbildgn. (VIII, 208 S.) 8. Berlin (906). E. Freyhoff. n. 2. —; geb. in Leinw. n. 2. 80

Ⓑ **Kanitz**, J. G., Honig- u. Schwarmbienenzucht. 906. (KBL 33.)
Jetzt: Leipzig, Leipziger Bienenzeitung.

Kanitz, Isid., die Bedeutung des Giro-Verkehres. Vortrag, geh. am 2. Novbr. 1894. gr. 8. (19 S.) Wien 894. A. Hölder. n. — 50

Kanitz, Isid., d. Technik d. Giro-Verkehrs. Vortrag, geh. im niederösterr. Gewerbe-Vereine in Wien am 6. Novbr. 1896. gr. 8. (21 S.) Wien 896. A. Hölder. n. — 50

Kanitz, Karl

Kanitz, Carl, s. Bibliothek, stenographische, System Schrey.

Kanitz, Karl Chr. Fr., u. Schönbrodt, Karl. Handbuch über die gesammten Zweige der indireckten Steuerverfassung in den Preuss. Staaten. 2 Thle. Mit Beilagen. 4°. Merseburg 1822. (Rein in Leipzig.)

Kanitz, L., das ABC d. Weinbaues, d. Weinbehandlg. u. d. Kellerwirtschaft. I. Obst- u. Beerenweine, II. d. Reben, Traubenweine u. deren Behandlg. Amerikan. Reben. 12. (IV, 90 S m. Abb.) Aarau 899 E. Wirz. Kart. n. 1. —

Kanitz, L., s.: Taschenkalender, schweiz., f. den Weinbau u. Weinhandel.

— Wert u. Zukunft d. unvergorenen u. alkoholfreien Trauben- u. Obstmoste. 8. (16 S.) Zürich 896. (C. Schmidt.) n. — 40

Kanitz, Rich. Neue Lohnberechnungstabellen v. grösstem Umfang u. grösster Ausführlichkeit, berechnet u. in neuart. Anordng., sowie m. e. neuart. prakt. Behelfe hrsg. gr. 8. (51 S.) Pilsen 889, Steinhauser. cart. * 2 40

Kanitz, Rud. Graf v., aus dem deutschen Soldatenleben. Militairische Skizzen zur deutschen Sittengeschichte. gr. 8. (XVI und 385 S.) Berlin 861, Hertz.

Kanitz-Podangen, s. K a n i t z , Hans

Kanka, Carl, s. K a n k a , Karl

Kanka, Geo., Predigt nach vollendeter 25jähriger Amtsführung, gehalten am 4. Mai 1879 in der Stadtkirche der evangel. Gemeinde A. C. in Wien. gr. 8. (30 S.) Wien 879, Fromme. *

KANKA, J.: Handbuch des österreich. Gesetzbuches üb. schwere Polizei-Uebertretungen. 2 Bde. *Wien*, v. Mösle. 823. 8. (6 Gr.)

KANKA, J.: Chronol. Register üb. sämmtl. Gesetze u. Verordnungen. *Prag*. 834. gr. 8.

KANKA, J.: Chronolog. Register üb. die in den 12 Stammbänden d. verbess. *Roth'schen* Gesetzsamml. enth. Gesetze. *Prag*. 1829. 8.

Kanka, Jan: G e b r a u c h der Casus im Nibelungenliede Prag: Phil. Diss., 1893/94

KANKA, Joh.: Fortsetzung d. v. *J. Roth* verfassten Samml. aller in dem Königr. Böhmen kund gemachten Gesetze u. Verordnn., — die Gesetze u. Verordnn. v. J. 1802 bis Ende d. J. 1818 in sich fassend. Neu aufgelegt, vermehrt u. verbess. 20 Bde. *Ebend*. 819—26. 8.

Kanka, Karl, Beschreibung u. Abbildg der f. sämmtl. Augen operationen nothwend. Instrumente, mit besond. Rücks. auf die an der k. k. Wiener Augenklinik gebräuchlichen. gr. 8 ($1^3/_4$ B. u. 1 Stnt.) Wien 842. (Braumüller u. Seidel.) *

Kankakee Journal 1899?– 1904?
Republican weekly Circulation 1902, 1200. Edited & published by Henry Goodmann, 1899– 1902 by William F C Willert, 1902 -04
Kankakee, IL

Kankeleit, A., billige Badereisen. (16 S.) 8. Gumbinnen 904 C. Sterzel. n.n. — 15

— dasselbe f. alt u. jung u. Wohltätigkeits-Einrichtungen f. unbemittelte Kranke. Ein Wegweiser f. Kranke u. Volksfreunde. Im Anh.: Frauenberufe, e. Ratgeber f. Genesene. Von Frau Bohn. (Neue Aufl.) (156 S.) 8. Ebd. 905. Kart. n. 1. —

Kankeleit, Albert

Neueste Orthographie (1902) Grammatikblätter fur die Hand der Schuler Ein Übungsschulez richt Gebr d Sprache [Verf Albert Kankeleit.] 2 Aufl Gumbinnen C Sterzel 1902 (32 S.) 8° [F.] [02 9711 10

Furs Leben Zum Gebrauch in Oberklassen d. Volksschule, in Fortbildungsschulen u zur Selbstbelehrung Von A[lbert] Kankeleit. Königsberg i. Pr Pestalozzi-Ver f. d. Prov. Ostpreußen 1903. (144 S.) 8° [F.] [03.14963 10

Ⓑ Kankeleit, A., fürs Leben. 903. (KBL 33.) Jetzt: Gumbinnen, C Sterzel.

Neue Orthographie Lehrerheft zu den Orthographie- und Grammatikblattern mit 175 Diktaten. Von A[lbert] Kankeleit, Lehrer 2. Aufl Gumbinnen E Sterzel 1903. (60 S.) 8° [F.] [04. 2614 10

Lehrerheft zu den Orthographie- und Grammatikblättern mit 175 Diktaten. Von A[lbert] Kankeleit, Lehrer. 3. Aufl. Gumbinnen C. Sterzel 1905. (60 S.) 8° [F.] [05. 15461 10

— Unsere Lieblinge in Haus u. Schule. Ein Handbuch f. Eltern, die ihren Kindern bei d. Schularbeiten helfen wollen. 1.—3. Taus. (172 S.) 8. Gumbinnen 907. C. Sterzel. 1. —

— Ein Mahnwort. Über Heilg. u. Verhütg. v. Rückgratsverkrümmg. bei unsern Kindern. Mit e. Geleitwort v. A. Hoffa. 1.—5. Taus. (29 S. m. 3 Abbildgn.) kl. 8. Ebd. 908. — 25

Orthographieblätter fur die Hand der Kinder Ein Anhang zu jedem Lesebuch. [Verf Realschullehrer Kankeleit.] Gumbinnen. C. Sterzel. (1900.) (32 S.) 8° [00. 4803 10

Orthographieblätter fur die Hand der Kinder Ein Anhang zu jedem Lesebuch. [Verf Realschullehrer Albert Kankeleit.] 5 Aufl. Gumbinnen C Sterzel 1901 (32 S. 8° [F.] [00 13361

Orthographieblätter für die Hand der Kinder Ein Anhang zu jedem Lesebuch [Verf Realschullehrer Albert Kankeleit.] [Nebst] Lehrerheft Gumbinnen C Sterzel 1901 -05. 2 Bde 8° [F.]
Orthographieblätter 5. Aufl. 1901 Lehrerheft 3 Aufl 1905. [06. 3034

Neueste Orthographie (1902) Orthographieblätter fur die Hand der Schuler Ein Anh zu jedem Lesebuch [Verf Albert Kankeleit] 14 Aufl Gumbinnen C Sterzel 1902. (32 S) 8° [F.] [02 9711 10

Orthographieblatter fur die Hand der Schuler (Verf A[lbert] Kankeleit.) 21 Aufl Gumbinnen C Sterzel 1904 (32 S.) 8° [F.] [05 5508 10

Kankelwitz, W., der Betrieb der Schneidemühlen. Imp.-4. (IV und 32 S. mit 33 in den Text gedr. Holzschn.) Berlin 862, Gaertner *
Aus: Zeitschrift des Vereins deutscher Ingenieure, besonders abgedruckt.

Kanker [Schlagwort]

Kanker, s.: Geologische Karten. Spezialkarte. (Oesterr.-Ung.)

Kankoffer, Ignaz, Bibliothek für die katholische Jugend. (6—9. Bdchn.) 8. (190 S.) Wien 860, [Gorischek's Universitäts-Buchh.] Mit schwarzen Kpfrn. à Bdchn. 10 Ngr.
Mit ill. Kpfrn. à Bdchn. 12 Ngr.

Inhalt:
Bdchn. 6. Liebe den Nächsten wie dich selbst. Mit Beispielen der Nächstenliebe der katholischen Jugend gewidmet.
" 7. Gottesblumen. Erzählungen.
" 8. Im Kreuze ist Heil. Erzählungen.
" 9. Erzählungen des Großvaters für seine Enkelinnen.

Kankoffer, Ign., Bilder aus der vaterländischen Geschichte. Für die Jugend zur Erweckung der Liebe zum Vaterlande rc. Mit 1 Portr. (in Stahlst.) Wien 855. Pichler. (Leipzig, Liebeskind.) 8. (2 Bl., 228 S.) 15 ngr.

Kankoffer, Ign., s. Cebes, Gemälde.

Kankoffer, J., Denkschrift über das Volksschulwesen in Wien an den löbl. Gemeinderath der Reichshaupt- und Residenzstadt Wien. gr. 8. (39 S.) Wien 863, Förster und Bartelmus.

Kankoffer, J., Erzählungen des Großvaters für seine Enkel und Enkelinnen. Der kathol Jugend gewidmet. kl. 8. (191 S.) Wien, Gorischek. 1861. 60 kr.

—— Geschichte der Kreuzzüge. Der Jugend und dem Volke gewidmet. 8. (184 S. mit 10 Illustr. und 2 Portr. in Holzschn.) Wien 863, Wenedikt. cart. 27 Ngr.; ill. Ausg. cart.

—— Geschichte Oesterreichs in Biographien der Regenten. Der vaterländ. Jugend gewidmet. gr. 8. (IV und 148 S.) Wien 858, Sommer. (F. Klemm.) *

—— Geschichte Ungarns für Schule und Haus. gr. 8. (IV und 231 S.) Wien 858, F. Klemm. *

—— Handbuch der Geographie des Erzherzogth. Oesterreich unter der Enns. Nach der mit den a. h. Entschließungen vom 19. Jänner, 26. Juni, 6. und 15. Septbr. 1853 genehmigten politischen und gerichtlichen Organisirung; nebst Anhang: Uebersicht der Amtswirksamkeit der politischen Behörden. gr. 8. (IV und 96 S.) Wien 855. (Leipzig, Hübner.) *

— Handbuch der Geographie des Erzherzogthums Oesterreich unter der Enns. Nach der mit den a. h. Entschließungen vom 19 Jänner, 26. Juni, 6. u. 15. Septbr. 1853 genehmigten polit u. gerichtl. Organisirung; nebst Anhang, enthltd.: Uebersicht der Amtswirksamkeit der polit. Behörden. Wien 855. Sommer. (F. Klemm.) gr. 8. (IV, 96 S.) n. 10 ngr.

Kankoffer, Ignatz —. Handbuch der Patente, Gesetze und Verordnungen, welche für das k. k. Heerwesen vom 2. Dezember 1848 bis Ende Dezember 1854 in dem allgemeinen Reichsgesetz- und Regierungsblatte für das Kaiserthum Oesterreich erschienen sind. In alphabetisch-chronologischer Ordnung und in systematischer Verbindung bearbeitet von — —. Erste Abtheilung. Wien. 1855. Verlag. Druck und Papier von Leop. Sommer. (176 S. 8.)

Kankoffer, Ignaz — Handbuch der Patente, Gesetze und Verordnungen, welche für das k. k. Heerwesen vom 2. Dezember 1848 bis Ende Dezember 1854 in dem allgemeinen Reichsgesetz- und Regierungsblatte für das Kaiserthum Oesterreich erschienen sind. In alphabetisch-chronologischer Ordnung und in systematischer Verbindung bearbeitet von — —. Zweite Abtheilung. Wien, 1855. Verlag Druck und Papier von Leop. Sommer. (VIII. 177—316 S. 8.) (Vgl. 297/1855.)

— Handbuch der Patente, Gesetze und Verordnungen, welche für das k. k. Heerwesen vom 2. Decbr. 1848 bis Ende Decbr. 1854 in dem allgem. Reichs-Gesetz- u. Regierungsblatte für das Kaiserthum Oesterreich erschienen sind. In alphabet.-chronolog. Ordnung und in systematischer Verbindung bearb. Wien 856. Sommer. (F. Klemm.) gr. 8. (VIII, 316 S.) n. 1 ℛ︎ 20 ngr.

—— Handbuch der Patente, Gesetze und Verordnungen, welche für das k. k. Heerwesen vom 2. Decbr. 1848 bis Ende Decbr. 1854 in dem allgem. Reichs-, Gesetz- und Regierungsblatte für das Kaiserth. Oesterreich erschienen sind. In alphabetisch-chronolog. Ordnung und in systemat. Verbindung bearb. gr. 8. (VIII und 316 S.) Wien 856. (Leipzig, Steinacker.) *

Kankoffer, Ignaz —. Handbuch der Patente, Gesetze und Verordnungen, welche für Kultus und Unterricht vom 2. Dezember 1848 bis Ende Dezember 1854 in dem allgemeinen Reichsgesetz- und Regierungsblatte für das Kaiserthum Oesterreich erschienen sind. In alphabetisch-chronologischer Ordnung und systematischer Verbindung bearbeitet von von — —. Wien. 1855. Druck und Verlag der Mechitharisten-Kongregations-Buchhandlung. (4, 296 S. gr. 8.)

—— historische Jugendbibliothek in Biographien. I. (Bd.): Joseph Graf Radetzky de Radetz, k. k. Feldmarschall, k. k. wirkl. geheimer Rath rc. rc. Der vaterländ. Jugend gewidmet. br. 8. (VIII und 107 S.) Wien 858, F. Klemm. * 10 Ngr.; cart. *

—— deutsches Lesebuch für katholische Mädchenschulen. 2 Thle. gr. 8. (VIII und 183 S.; VIII und 141 S.) Wien 858, (Mayer und Comp.) à Thl. * 9 Ngr. *

Kankoffer, Ignaz, *k. k. Rath u. Schulrath.* Deutsches Lesebuch für kathol. Mädchenschulen. *Wien* 1858. Verlag v. *A. Wendelin.* Erster Theil. 133 S. 8°.

Kankoffer, Ignaz, *k. k. Rath u. Schulrath.* Deutsches Lesebuch für kathol. Mädchenschulen. *Wien* 1858. Verl. v. *A. Wendelin.* II. Theil. 141 S., 3 Bl., 8°.

Kankoffer, Ignaz, deutsches Lesebuch für katholische Mittelschulen: 1. Thl. 1—3. Aufl. 8. (IV und 200 S.) Wien 857—61, Mayer und Comp. Thlr.

—— dass. — 2. und 3. Thl. 1. und 2. Aufl. 8. Ebendas. 858—61. [2. Thl. (IV und 177 S.) 3. (IV und 188 S.) à Thl. 12 Ngr.]

— Osterglöcklein. Einhundert Erzählungen der Jugend gewidmet. kl. 4. (211 S.) Ebds. 1861. 1 fl. 80 kr.

Kankoffer, Ignaz —. Peter Pazman. Kardinal. Von — —. Wien, 1856. Druck von Anton Schweiger. Verlag von Mayer & Komp. (57 S. 8.) (Geb. am 4. Oktober 1570 zu Großwardein, gest. am 19. März 1637.)

Kankoffer, Ig., *k. k. Rath, Schulrath etc.* Jos. Graf Radetzky de Radetz, k. k. Feldmarschall etc. etc. Der vaterländischen Jugend gewidmet. *Wien* 1858. Verl. v. *Ferd. Klemm.* VIII, u. 101 S. kl. 8°. 24 kr.
Auch unt. d. T.: Historische Jugendbibliothek in Biographien. Von *J. Kankoffer.* I. Jos. Graf Radetzky.

— — Zweite Auflage. VIII u. 107 S., kl. 8°. 28 kr.
Dieser zweiten der vorstehenden ganz gleichen Ausgabe sind nur die Daten seines Todes (p. 101—107) hinzugefügt.

—— Ruhmeshalle der k. k. österreichischen Armee. Volksbuch. gr. 8. (VII und 321 S. mit 1 Stnt.) Wien 864, Gorischek's Universitäts-Buchh. *

Kankoffer, Ignaz, s. Wochenschrift, für Communal-Angelegenheiten.

Kankol, Maria Joseph Clement

Christlicher Seelen-Schatz auszerlesener Gebetter. (Kon. . 1729.)

Kankrin, Graf Georg. Aus den Reisetagebüchern des Grafen Geo. Kankrin, ehemal. kaiserl. russ. Finanzministers, aus den J. 1840—1845. Mit einer Lebensskizze Kankrin's nebst 2 Beilagen hrsg. von Alex. Graf Keyserling. 2 Thle. 8. (VI und 670 S. mit Kankrin's Bildniß in Kpfrst.) Braunschweig 865, Leibrock.

Kann, s.a. unter dem nachfolgenden Hauptworte.

Kann bei einer einheitlichen deutschen Handels- und Zollverfassung Hamburg ... ausgeschlossen bleiben? Frankf. a. M. 1848. V: *Helfferich, Adolph.* (CBH) (Wa) (Ky)

—— bei einer einheitlichen deutschen Zollverfassung Hamburg aus der deutschen Zolllinie ausgeschlossen bleiben? (Von Helfferich.) gr. 8. (50 S.) Frankfurt a. M. 848, Sauerländer's Verlag.

—— denn der Zustand nach dem Tode davon abhängen, ob man an die Bibel glaubt oder nicht? Nach Vernunft- und Rechtsgründen untersucht und beantwortet von einem Laien. gr. 8. (61 S.) Tübingen 863, (Osiander'sche Buchh.) *

Kann der Kaffee durch irgend ein inländisches Surrogat ersetzt werden? ... Meissen [1808]. V: *Lutheritz, Carl Chn Frdr.* (Call)

— der Kaffee durch ein Surrogat ersetzt werden? 8. Leipz. Märker. 808.

Kann der Kaiser Bischöffe absetzen? O. O. 1783. V: *Geschnider, A.* (st) *Gschaider (Scheider), A.* (Behrisch, die Wiener Autoren. Wien 1784.)

Kann Teutschland nach dem Frieden von Luneville als Staatenbund betrachtet werden? V: *Armbrust, Franz Armand.* (MGT)

Kann die Absicht des Feindes ... zum rechtlichen Maasstabe bey der Repartition der Kriegsschäden zum Grunde gelegt werden? [Lpz. 1801.] V: *Eberstein, Carl Theod. Jos. Freih. von.* (MGT)

Kann die Demokratie den Arbeitern helfen? (Von Lützelberger.) 8°. Nürnberg s.a.

— d. jetzige Regierung von Frankreich Bestand haben rc.? Nach d. Französ. gr. 8. Leipz. 800. Weigel. (Arnold in Dresd.) 6 gr.

Kann die Linke der deutschen National-Versammlung für Beibehaltung ... stimmen? [Frankf. a. M. 1848.] V: *Wichmann, N. D.* (CBH) V: *Wilsen, J. N. D.* (EB)

Kann die L i n k e der deutschen National-Versammlung für Beibehaltung oder gar für Erhöhung von Schutzöllen stimmen? Ein ernstes Wort zur Beherzigung v N D. W (Frankfurt a. M. 1848.) 8°.

Kann die Mehrheit der Mitglieder einer Gemeinde die Vertheilung ihrer Allmanden beschliessen? [Hildburgh. 1800.] V: *Haus, Ernst August.* (MGT)

—— die nothwendige Glaubenseinigkeit durch den Uebertritt zum Protestantismus erreicht werden? s. Broschüren-Cyclus.

— d. Religion d. Christen ganz abgeschafft u. dagegen e. philosoph. eingeführt werden? 8. Berl. 788. Realschulbuchh. 6 gr.

Kann die Vereinigung der Protestanten mit den Katholiken, da jene sich schon mit der griechischen Kirche vereinigen wollten, bei jetziger Aufklärung noch einem Anstande unterliegen? Der theol. Fakultät in Tübingen gewidmet. Landshut, Weber, 1819, 8°, 92 S.
Felders Littztg 1819, Bd. 4 S. 170–2.

Anonym „Kann die Verwandlung des entbehrlichen Gold- und Silbergeräthes in Münze ein Rettungsmittel für den preussischen Staat sein?" Berlin 1809 — Vorh. Preuß. Staatsbibl. Berlin.

— die von jüdischen Vätern verbotene Glaubensänderung ihrer Kinder den angedrohten Verlust des Erbtheils nach sich ziehen? (Von H. F. v. Dietz.) 8. (Dessau) 778. (Magdeb., Creutz) 2 gr.

Kann die von Jüdischen Vätern verbotene Glaubensänderung ihrer Kinder den ... Verlust des Erbtheils nach sich ziehen? Dessau 1783 [1778]. V: *Dietz, Heinrich Friedrich von.* (MGT) (Ky) (EngJ)

Kann ein apostolischer König die ungarische Klerisey ... reguliren, ohne die ... Rechte und Freyheiten zu schwächen. Frankf. u. Leipz. 1784. V: *Benczur, Jos.* (Pk)

Kann ein apostol. König d. Ungar. Klerisei reguliren? 8. Frankf. am M. u. Leipz. 784. (Frommann in Jena). 4 gr.

Kann ein Christ Socialdemokrat sein? Eine Gewissensfrage an Alt und Jung 2 Aufl (Bordesholm) o J 8°

Kann ein Deutschkatholik (der Webermeister Rewitzer in Chemnitz) Mitglied der Ständeversammlung ein. christl. Landes sein. Und noch ein Paar Worte an das deutsche Volk. gr. 8. (1½ B.) Grimma 845, Gebhardt.

Kann e. evangel.-nationaler Arbeiter sich d. Hirsch-Dunckerschen Gewerkschaften anschließen? Antwort: Nimm u. lies — — —, entscheide! (Von E. Hartwig.) (47 S.) 8. Hagen i/W. (Karlstr. 39) (907). Evangel. Arbeitersekretariat. — 30

Kann ein Geistlicher, welcher sich im Kirchenbanne befindet, zum Papste gewählt werden? Wien 1894. V: *Berl, David.* (EB)

Kann ein Gerichtsherr seinen Gerichtshalter willkührlich entlassen? ... [Leipzig] 1805. V: *Müllner, Amand Gottfried August.* (Schütz, Müllner's Leben. Meissen 1830. S. 347) oder: *Slevogt, Chn Ant. Aug.* (Ky) (MGT)

— e. Gerichtsherr seinen Gerichtsverwalter willkühr. des Amtes entlassen? (Von Ad. Müllner od. Chr. Ant. Aug. Slevogt?) 8. Leipz. 805. Rein. 4 gr.

Kann ein g'scheidter Mensch noch beichten? ... Salzburg 1872. V: *Hager, Edmund.* (Hr)

— ein kathol. Mann mit einer protestant., v. ihrem Manne geschiedenen Frau eine gültige Ehe eingehen? Und umgekehrt: Kann eine kathol Frau m. e. protestant., v. seiner Frau geschied. Manne eine gültige Ehe eingehen? Beantwortet v. P. M. N. Nebst e. Anhange üb. gemischte Ehen. 8. Bresl. 826, Max u. C.

K. M. v. R. Kann ein überzeugungstreuer Katholik einem Ultra-Nationalen seine Stimme geben? Von K. M. v. R. Klgft., St. Josefs-Druck., 1897 54 S.

— e. Mutter, so ihren rechten Kindern nach des Vaters Tode etwas erblich anheim fällt, heute noch von der Nutznießung ausgeschlossen werden? 8. Manh. 796. Löffler. 1 gr.

— e. übersinnl. Weltordnung d. Prädicate haben, d. Fichte Gott beilegt rc. 8. Jena 799. (Brockhaus in Leipz.) 3 gr.

— e. übersinnl. Weltordnung d. Prädicate haben, d. Fichte Gott beylegt rc. 8. Jena. (Hempel, Leipz.) 799.

Kann Erfurt „Sitz der deutschen Reichsgewalt“ werden? Ein Nachtrag zu der Schrift: über die Nothwendigkeit „den Sitz der Reichsgewalt in die Mitte Deutschlands zu verlegen“. Leipzig, C. F Schmidt, 1848. 10 S. 8°.

— es nützlich od. schädlich sein, wenn einerlei Unterweisungsbücher zum öffentl. Unterricht bestimmt werden, u. wie kann deren Einführung am besten ohne besondere Schwierigkeiten geschehen? Wien 793. Volcke. 2 ℛ

Kann es Prophezeiungen geben? s. Buch, das, der Wahr- und Weissagungen.

Kann Franz Joseph in Ungarn gekrönt werden? Eine Antwort auf ungarisch-französische Theorien. gr. 8. (40 S.) Leipzig 861, O. Wigand.

Kann Furcht od. Abneigung vor d. vaterländ. Kriegsdienste mit dem Christenthume u. mit christl. Bürgerehre bestehen? — Beantw. in e. christl. Religionsvortrage. gr. 8. (1¼ B.) Heidelberg 841, Groos.

Kann Gott beleidigt werden . . . kann er versöhnt werden? Magdeb. 1772. V: *Purgold, Daniel Heinrich.* (Ky) (ML)

— Gott beleidigt werden, kann er zürnen, kann er versöhnt werden? (Von Dn. H. Purgold). 8. Magdeb. 772.

Kann Hofprediger Stöcker Parteiführer sein? Alte u. neue Charakterzüge Adolf Stöcker's als Beantwortg. d. obigen Frage v. e. Eingeweihten. gr. 8. (20 S.) Berlin 896. W. Möller. n. — 50

Kann jeder in seiner Religion selig werden? Pad., Bonif.-Dr., 1898, kl. 8°, 10 Pf. (Bonif.-Brosch. Jahrg. 29, Heft 10.)

Kann in Teutschland . . . der Landesnachfolger zu einer bestimmten Religion verbunden werden? [Göttingen 1789.] V: *Gönner, Nicolaus Thaddäus.* (MGT)

— man bei e. seichten Kopfe u. bösen Herzen ein guter Kritikus sein? 8. Frankf. u. Leipz. 772. (Frommann in Jena). 4 ℛ

E., A., Kann man das Wetter vorhersagen? (Aus dem Landwirthschaftl Vereins-Kalender fur das Konigreich Sachsen, 1878. Herausgegeben von K v Langsdorff). Dresden.

Kann man das Wort Plagiat auch auf folgende Thatsachen anwenden? [Leipz. 1798.] V: *Wolffram von Wolfframitz, Carl Joh. Gottlieb Freiherr von.* (MGT)

Kann man den Dorfschulen u. d. geistl. Stande wieder aufhelfen, wenn d. Kandidaten u. Prediger als Schulmänner angestellt werden? 8. Magdeb. Creutz. 802.

— man es protestant. Fürsten verdenken, wenn sie die bisher. Religionsneuerungen nicht ferner in ihren Landen dulden? 8. Zerbst 796. Füchsel. 4 ℛ

Kann man Fichte . . . beschuldigen, dass er den Gott der Christen läugne? Helmstädt [Kiel] 1799. V: *Jensen, Friedrich Christoph.* (Ky) (Wr)

— man Fichte m. Recht beschuldig., daß er d. Gott d. Christen läugne? 8. Helmst. Fleckeisen. (Academ. Buchhandl. in Kiel.) 799.

— man Fichte mit Recht beschuldigen, daß er d. Gott d. Christen läugne? (Vom Prof. . . . Jensen.) 8. Helmst. 799. (Hesse in Kiel). 6 ℛ

— man nicht in zwey od. drei Monaten d. Orgel gut und regelmäßig schlagen lernen? Landshut. (Bürglen, Augsburg.) 804.

— — dasselbe. 4. Augsb. Lotter.

— man nicht in zwei od. drei Monaten die Orgel gut u. regelmäßig schlagen lernen? Fol. Landsh. 804. (Fr. Fleischerin Leipz.) 2 ß

— m. sagen, daß Philosophie an d. Jenaisch. Studentenunruhen 1795 Antheil gehabt? 8. Hof, Grau. 796.

Kann man sich . . . edle Handlungen von Bösewichtern denken. [Hamb. u. Altona 1806]. V: *Breiss, Peter.* (schr)

Kann nach kathol. Grundsätzen d. Eheband in keinem Falle aufgelöst werden? Zwei theolog. kirchen- u. staatsrechtl. Gutachten. Zugleich zur Begründung u. Erläuterung einiger sich anscheinend widersprechenden Stellen in der Großherzogl. Badischen Eheordnung. Mit e. Anhange. gr. 8. Neust. 826, Wagner.

Kann Preußen fernerhin neutral bleiben? 1—3. Aufl. Leipzig 854. Geibel. 8. (2 Bl., 57 S.) n. 12 ngr.

—— sich e. Rationalist f. seine antibibl. Behauptungen auf einzelne Aussprüche d. heil. Schrift berufen, ohne mit dieser u. mit seinen eigenen Lehrsätzen in d. auffallendsten Widerspruch zu gerathen? — Beantwortet durch bibl. Beleuchtung e. Predigt d. Hrn. Dr. Röhr. gr. 8. (2½ B.) Berlin 828, Oehmigke.

Kann und muß etwas geschehen, damit der sogenannte Milzbrand (Anthrax, hier: Beulenseuche genannt) nicht wieder ähnliche Verheerungen anrichte, wie das in diesem Jahre in den Ostseeprovinzen der Fall gewesen ist? (Dorpat 1868.) 27 S.

Aus Mitteilungen d. Kais Livländischen gemeinnützigen u. oekonomischen Societät 1868, No 1.

Kann u. muß Weißenburg preußisch werden? 8. Nördl. Beck. 798. Rthlr.

— u. soll d. Leiche e. Selbstmörders od. ähnlichen Verbrechers nach Kirchen- u. Civilgesetzen das kirchl. Begräbniß verweigert werden? Eine Zeit- u. Gelegenheitfrage beantwortet von e. Aachener. gr. 8. Köln u. Aachen 830. Du-Mont-Schauberg. 6 ℛ

Kann unser gegenwärtiges Infanterie-Exercir-Reglement auch fortan bestehen bleiben? (Beitrag zum Studium des Gefechtes der Zukunft) v. J. A. gr. 8. (28 S.) Budapest 894. C. Grill n. 1. -

Kann unsere Flotte der Dänischen Seemacht die Stirn bieten? Von einem preuss. Officier. gr. 8. (78 S. mit einem lithogr. Plane in qu. Fol.) Berlin 864, Vossische Buchh. *

Kann, Albert [aus Wien]: Ueber einige Derivate des Dimethyl-orto-toluidins. Wien 1898. 32 S. 8°.

Basel. Phil. Diss. 1897/98.

Die Naturgeschichte der Moral und die Physik des Denkens. Der Idealismus e. Materialisten von Dr. Albert **Kann**. Wien & Leipzig: W. Braumüller 1907. (XV, 243 S.) 8° [07. 1900 4

Kann, Alb., die Naturgeschichte der Moral u. die Physik des Denkens. Der Idealismus e. Materialisten. 2. wohlfeile [Titel-]Ausg. (XV, 243 S.) gr. 8. Wien 911. W. Braumüller. 1.80
1. Ausg. Ebd. 907. 5. —.

Kann, Albert [aus Nürnberg, Rechtspraktikant am k. Amtsger. Nürnberg]: Die Transportgeschäfte der Post ... Erlangen, Druck v. A. Vollrath's k. b. Hofbuchdr., 1892; 188 S. 8.
Erlangen, Jur. Fak., Inaug.-Diss. v. 1892

Kann, Alex., Anleitung zur Abfassung v. Baufreijahrsgesuchen. Zum Gebrauche f. Private u. Gemeinden m. steter Berücksicht. des flachen Landes. gr. 8. (13 S.) Graz 894. Verl. „Leykam". n. — 40

Kann, Alex., u. Bronislav Wellek, Anleitung zur Bemessg. der Erwerbsteuer nach dem II. Hauptstücke des Personalsteuergesetzes. Mit 12 Bemessungsbeispielen. gr. 8. (V, (74 S.) Wien 900. Manz. n. 2.40; kart. n. 2.80

Kann, Arth., der Haarausfall, s.a. Volks-Bibliothek, medizinische. 10. Bd.

Der Haarausfall. Ursache u. Behandlung. Von Dr. Arthur **Kann**, Spezialarzt in Berlin. *Berlin: O. Coblentz 1904.* (34 S.) 8° [F.]
— Volks Bibliothek, Medizinische. Bd 10. [03. 1680

Kann, Arth., Nervosität u. Radfahren. Vortrag. 2. u. 3. Aufl. 8. (38 S.) Berlin 898. H. Steinitz. n. — 50

Schutz gegen die Geschlechtskrankheiten! Ein Wort d. Aufklärung von Dr. Arthur **Kann** in Berlin. *Berlin: O. Coblentz 1903.* (16 S.) 8° [03. 10393

Kann, Arth.; die Selbstbehandlung f. Nervöse. gr. 8. (35 S.) Berlin 899. C. Duncker. n. — 75

— Das Sexualleben, s.a. Volks-Bibliothek, medizinische. 8. Bd.

Das Sexualleben. Störungen u. Behandlung. Von Dr. Arthur **Kann**, Spezialarzt. Berlin: O. Coblentz 1907. (60 S.) 8°
— **Volks-Bibliothek,** Medizinische. Bd 8. [07. 12538

— Der Teint, s.a. Volks-Bibliothek, medizinische. 9. Bd.

Der Teint. Fehler u. Behandlung. Von Dr. Arthur **Kann**, Spezialarzt. Berlin: O. Coblentz 1907. (28 S.) 8°
— **Volks-Bibliothek,** Medizinische. Bd 9. [07. 12537

Kann, August: Über ein graphisches Verfahren zur Berechnung elektrischer Freileitungen in statischer Hinsicht. – 1905. 23 S., 3 Tab., 8 Taf.
Diss. Wien, TH

Kann, Berthold

[F.] Das 'Neue Bürgerliche' in fröhlichen Versen. Allen jungen u. alten Juristen gewidmet v Berthold **Kann**, Rechtsanw. Buch 1. *Berlin: H. W. Müller 1898.* 8. [98 10848

Kann, Emanuel

Kupferstich-Auktion von J. Halle, Antiquariat, München. Sammlung des verstorb. Herrn Emanuel **Kann**, München, u. andere Beiträge. Katalog einer ganz hervorragenden Sammlung von Kupferstichen, ausschließl. d. engl. u. franz. Schule d. 18. Jh., Farbendrucke, Schabkunstblätter .. (Mit 94 Abb.) *(München: J. Halle 1904.)* (123 S.) 8° [04. 10303

Kann, Gyula, architektonische Skizzen u. Studien. gr. 4. (41 Lichtdr.-Taf. m. III S. Text.) Wien (902). Schroll & Co. Geb. in Leinw. n. 10. —

Kann, Gyula, architekton. Skizzen u. Studien, 2. Serie, s.: Kosztolányi, Gyula.

Kann, Hugo [Cand. med. aus Lissa in Posen]: Ueber das Epithel des Ureters. München, Buchdr. v. M. Ernst, 1889. 1 Bl. + 24 S. + 1 Bl. u. 1 Taf. 8°
München, Med. Fak., Inaug.-Diss. v. 1889

Kann, J. H., Erez Israel, das jüdische Land. (VIII, 185 S. m. Abb., 4 Taf. u. 2 Karten.) 8. Köln 909. Jüd. Verlag. 3.50; geb. 5. —

Kann, Jacques [cand. med. aus Frankfurt a. M.]: Ein Fall von Nierensarcom .., Erlangen, Druck v. A. Vollrath's k. b. Hofbuchdr., 1891; 28 S. 8.
Erlangen, Med. Fak., Inaug.-Diss. v. Febr. 1891

Kann, Jul., Neu-Organisation od. Reform der Advokatur? Vortrag, geh. in der allgem. Advokaturversammlg. am 24. XI. 1902. (31 S.) gr. 8. Wien 903. Manz. n. — 60

Kann, Karl, a. Meiningen: Über 1-3-4-Xylenol-5-carbinol. Marburg 1905: R. Friedrich. (42 S.) 8°
Marburg, Phil. Fak., Ref. Zincke, Diss. v. 31. Dez. 1905
[Geb. 14. Juli 77 Meiningen; Wohnort: Meiningen; Staatsangeh.: Sachsen-Meiningen; Vorbildung: Realgymn. Eisenach Reife O. 99; Studium: Jena 3, München 5, Marburg 4 S.; Rig. 19. Juli 05.]

Kann, L., De iteratione apud poetas antiquae et mediae comoediae Atticae. Diss. 1909. 85 S. 3.—

— — Vgl. Kann, Siegfried

Kann, Leop., Einundhalb Jahre in Nordpolarregionen. (76 S.) gr. 8. Wien 903. M. Perles. n. 1.20
Sonderabdruck aus: „Das Wissen f. Alle".

Kann, Leop., üb. d. innere Reibg. d. Broms u. deren Ändrg. m. d. Temperatur. [Aus: „Sitzungsber. d. k. Akad. d. Wiss."] gr. 8. (5 S. m. 4 Fig.) Wien 897. (C. Gerold's Sohn.) n. — 30

— die Rotationspolarisation der Apfelsäure. [Aus. „Sitzungsber. d. k. Akad. d. Wiss."] gr. 8. (25 S. m. 5 Fig.) Ebd. 898. n. — 60

Kann, Ludw., neue Theorie über die Entstehung der Steinkohlen u. Lösung des Mars-Rätsels. gr. 8. (VI, (96 S.) Heidelberg 901. C. Winter. n. 1.60

Kann, M., s.: Arzt, der, im Hause.

Kann, Mathias Conr., abseits vom Weg. Gedichte. (112 S.) kl. 8. Leipzig (907). Verlag f. Literatur, Kunst u. Musik. 1.75; geb. n 2.75

— Festliche Klänge. Gedichte u. Lieder zu den verschiedensten Festen f. patriot., religiöse u. sonst. Vereine. (VII, 71 S.) 8. Frankfurt a/M. 909. H. Ehrentraut. — 50

— Nur ein Zigeunermädchen. Ein Sang aus Altenburgs Vergangenheit. (107 S. m. Bildnis.) kl. 8. Paderborn (910). Junfermann. Geb. in Leinw. 2.50

Kann, Max [cand. med. aus Frankfurt a. Main]: Das vordere Chordaende. Erlangen, *Pierer'sche Hofbuchdr. Stephan Geibel & Co. in Altenburg,* 1888. 22 S. + 1 Bl. u. 2 Taf. 8°
Erlangen, Phil. Fak. Inaug.-Diss. v. 1888

Kann, R., s.: **Kommentar** zum bürgerlichen Gesetzbuche u. seinen Nebengesetzen.

Kann, R., prakt. deutsch-estnisches Wörterbuch, s.: **Bloombuu**, A.

Kann, R., die Zivilprozeßordng. f. d. Deutsche Reich, s.: **Förster**, A

Kann, Rich., Klagenmehrheit bei e. Delikt, s.a. Studien, rechts- u. staatswissensch. 14. Hft.

Kann, Richard, Referendar aus Hannover **Klagenmehrheit** bei einem Delikt. T. 1. *Berlin (1901): E. Ebering.* (36 S.) 8°
¶ [Erschien vollst. 1901 als: Rechts- u. Staatswiss. Studien, H. 14.]
Berlin, Jur. Diss. v. 1 Aug. 1901

Kann, Siegfried · De iteratis apud poetas antiquae et mediae comoediae Atticae. Giessen 1909: v. Münchow. 85 S. 8°
Gießen, Phil. Diss. v. 30. Nov. 1909, Ref. Körte
[Geb. 4. Juni 86 Mainzlar; Wohnort: Gießen; Staatsangeh.: Hessen; Vorbildung Gymn. Gießen Reife O. 04; Studium Gießen 3, Berlin 1, Gießen 4 S.; Rig. 11 Juni 09.] [U 10. 1287

— — Vgl. Kann, L.

Kann, Siegfr., kurzgefaßter Unterricht in der israelitischen Religion, mit besonderer Rücksicht für Confirmanden, nebst einer Betrachtung über den Werth der Religion Rendsburg 854. (Altona) Lehmkuhl. 8. (37 S.) n. 6 ngr.

Kannacher, Anna Freiin v., s.: **Töchterchens Liebling.**

Kannamüller, Ludw., Caveant moniti! Ein offenes Beherzigungswort üb. Masturbation f. Gebildete aller Stände, besond. Eltern, Erzieher, Seelsorger u. Ärzte. (VIII, 264 S.) 8. Berlin (908). H. Bermühler. 3.—

Kannamüller, Ludw., Handbuch der Pastoralmedizin, s.: **Stöhr, Aug.**

KANNAMÜLLER, Ludwig (Passau): Tier- und Menschenexperiment und seine Berechtigung in der wissenschaftlichen Heilkunde. (Titel nach der Urkunde)
21.7.1905 - Urk; Chr 1905/06,24
Diss.Ingolst.-Landsh.Mchn.

Kanne, Christian Karl

— — De nuptiis comitum et baronum ob conjugis conditionem inaequalem injustis. Leipzig (Langenheim) 31. I. 1769. 40 S. (6.40) 17456

Kanne, Christian Carl, De re singulari e pluribus uno pretio venditis retrahenda. Exercit. jur. German. Präs. Joh. Theophil Seger. Lpz. (Wwe. Langenheim) 13. XI. 1766. 28 S. (6.20) 17455

(— —). — Ordinarius senior et reliqui doctores facult. jurid. Lipsiensis. summos in jure honores viris **Christian Carl Kanne** (Wolkenstein; M.: Ch. S. Werner) et **M. Christian Heinrich Schmid** (Eisleben; M.: Wappenhentsch). — Rhapsodia quaestionum in foro quotidie obvenientium, neque tamen legibus decisarum collectio XXII. **Lpz. (Langenheim) 11. II. 1769. 8 Bl., tlws. dtsch. mit Biogr.** (6.—) **17457**

Kanne, F. A., s. Kanne, Johann Arnold

Kanne, Friedrich August

— Habsburgs Geist üb. Wiens Freudenflammen. 4. Wien 815. Gerold. 6 gr.

— Miranda, oder das Schwerdt d. Rache. Oper in 3 A. 8. Wien 811. Wallishausser. 10 gr.

— — vier Nächte, oder romantische Gemälde der Phantasie. 8. Leipzig, Brockhaus. 819.

— Orpheus; große Oper in 2 Aufz. 8. Wien 807. Wallishausser. 5 gr.

— Padmana. Trspl. in 5 A. 8. Wien 818. Wallishausser. 16 gr.

KANNE, Friedr Aug. (geb. 8. Marz 1778 zu Delitzsch [Prov Sachsen], † 16. Dez. 1833 zu Wien in größter Armuth). Humoristisches Panorama von Wien, oder der frohe Zuschauer an der Donau. Eine Unterhaltungsschrift in zwanglosen (3) Heften. Brunn 1820. 8° 235 S (In Wien, Stadtbibl.)
Goedeke VI, 470, 9 (nach Castelli, Memoiren. 3, 243). Karajan's Bibl. II no. 4516—17

— humoristisches Panorama von Wien, od. der frohe Zuschauer an d. Donau. Eine Unterhaltungsschrift in zwanglosen Heften. 1r Bd. 3 Hfte. 8. Brünn 820. Traßler. 20 gr.

— — humoristisches Panorama von Wien, oder der frohe Zuschauer an der Donau. Eine Unterhaltungsschrift in zwanglosen Heften. 1r Bd. 1s—3s Heft. 8. Brünn. (Leipzig, Hartmann in Comm.) 821.

— d. Prater, u. Lob des Weins. 2 Lieder im Volkstone. 8. Wien ... (Gerold). 8 gr. Hdg. Pr. 4 gr.

Kanne, Friedr Aug. (1778—1833). Der Prater und das Lob der Wienerin. Zwey Lieder im Volkstone, den Wienern gewidmet. Text und Musik von *Kanne.* Mit Melodieen. Wien bey Geistinger, o. J (180*). 12° 23 S.
Goedeke II, 470, 14 (nach Neue Annalen 1808 2, 236). — Beides selten!

Kanne, (Fr. A.,) die Spinnerin am Kreuz; rom. Schausp. in 4 A., nebst einem Vorspiele: Das Lösegeld. gr. 8. Brünn 822, Traßler.

Kanne, (Fr. A.,) Ludwig van Beethovens Tod d. 26. März 1827. gr. 8. Wien 827, Tendler u. v. M.

Kanne, J. H., u. Neumann, B., Geschichte des Hamburger Lehrer-Turnvereins, Hamburg 1906, 92 S., 8°

Kanne, Johann Arnold

Kanne, I. A., Analecta philologica. 4. Lips. Gleditsch. 802.

— s.a. Anthologia minor.

— **Anthologia minor,** s. florilegium Epigrammat. graecor. ex antholog. Planudea etc. 8. maj. Halae, Gebauer. 799.

Kanne, Prof. Jh. Arn., († d. 17. Dec. 1824) die goldenen Verse der Philister. Eine antiquarische Untersuchung. gr. 8. Nürnb. 821. Riegel u. W. 12 gr.

— zwei Beitr. zur Geschichte d. Finsterniß in d. Reformationszeit, od. Ph. Camerarius Schicksale in Italien, nach dessen eigener Handschrift u. Ad. Clarenbachs Martyrthum, nach einer sehr selten gewordenen Druckschrift. gr. 8. Frankf. 822. Hermann. 20 gr. Hdg. Pr. 10 gr.

- s. J. Beresford, menschl. Elend.

s. Walth. Bergius.

— Christus, im alten Testamente. Untersuchung üb. d. Vorbilder u. messian. Stellen. 2 Thle. 8. Nürnb. 818. Riegel u. W. 2 ₰ 16 gr

Kanne, J. A., Comoedia humana, od. Blepsidemus Hochzeit rc. oder Nicolais literar. Liebesbrief. gr. 8. Bayr., Grau. 16 gr
s. auch Blepsidemus.

- s. C o n o n i s narrationes.

(—) neue Darstellung d. Mythologie d. Griechen. 8. Leipz. 805. Breitkopf u. H. 1 ₰ 12 gr

Kanne, J. A., de vocabulorum enantiosemia sive Observationes de confusione in linguis Babylonica. Spec. I. Norimb. 819. 8. 6 gr.

- s J. v. Laffert: kalifornische Geschichten.

— Fortsetzung d. zwei Schriften: Leben u. aus dem Leben merkw. u. erweckter Christen rc. u. Samml. wahrer u. erweckl. Geschichten rc. Viel noch Ungedrucktes enthaltend. gr. 8. Frankf. 824. Andreä. 18 gr

Sämundis Führungen, ein Roman aus der Geschichte der freien Maurer im ersten Jahrhundert. Von J[oh.] A[rnold] Kanne. Nürnberg: Riegel & Wiessner 1816. 324 S. 8°
Auszug in: °D. Freimüthige. 1816 S. 247—250. cf. L. 23 (1864) S. 28; Goedeke: Grundriss zur Geschichte der deutschen Dichtung 3, 1 (1881) S. 85—87, wo eine Ausg. Nürnberg: 1819 angeführt wird.
Kl. 3992, Tt. 2655, TB. 214.

— Geschichte des Zwillings a pede, s. Johannes Author.

Kanne, J. A., Geschichte des Zwillings a Peda. 8. Nürnb. Schrag. 811.

Kanne, Jh. Arn., Gianetta, das Wundermädchen Roms. 8. Bayr. 809. Grau in Hof. 22 gr

KANNE, Joh. Arnold (1773—1824), Gianetta, das Wundermädchen Roms. Bayreuth, Lübeck's Buchh., 1809. 8° Selten! (2 Mk. 50 Pfg., unsaub. Expl., Südd. Antiqu., München, 1907.)

* — — Lappalien und Preisschriften, von *Kanne*. Leipzig 1814. 8°. 78 S. (In Berlin: Yy 8651.)

Kanne, Prof. Jh. Arn., Lappalien u. gekrönte Preisschriften. Mit 1 Kpf. 8. Leipz. 814. Weygand. 10 gr

Kanne, Jh. Arnold, Leben u. aus d. Leben merkwürd. u. erweckter Christen rc. 2 Bde. gr. 8. Bamberg 816, 17. Dresch. 2½ ₰

— Leben u. aus d. Leben merkwürd. u. erweckter Christen aus d. protestant. Kirche. 2 Thle. gr. 8. Bamb. 816, 17. Kunz. 2 ₰ 12 gr

Kanne, Joh. Arnold, Leben u. aus d. Leben merkwürdiger u. erweckter Christen aus der protestant. Kirche. 2 Thle. 2. Ausg. gr. 8. (41¼ B.) Leipzig 842, Brockhaus.

Kanne, Joh. Arnold, auserles. christl. Lieder, s. Lieder.

— — auserlesene christliche Lieder von verschiedenen Verfassern der ältern u. neuern Zeit. Nebst 1 Anh. enth. Lieder von D. M. Luther. 2 Thle. 8. Erlangen, Heyder. 818. (Der Anhang D. M. Luthers Lieder apart 3 Gr.)

— Pantheon ub. älteste Philosophie u. Naturwissensch. gr. 8. Tübing. Cotta. 810.

— Pantheum d. ältesten Philosophie, die Religion aller Völker. gr. 8. Tübing. 811. v. Cotta. 3 ₰ 12 gr

— zwanzig krit. Paragraphen rc., s. unter den psd. Namen: Ant. v. Preußen.

— — ein Recensent u. noch einer. gr. 8. Nürnberg, Schrag. 820.

— Romane der Christenwelt aller Zeiten. 1r Thl. 8. Nürnb. 817. Riegel u. W. 1 ₰ 4 gr

— Samml. wahrer u. erweckl. Geschichten aus dem Reiche Christi u. für dasselbe. 3 Thle. 8. Nürnb. 815—22. Monath u. K. 2 ₰

—— Sammlung wahrer u. erwecklicher Geschichten aus d. Reiche Christi, u. f. dasselbe. 3 Thle. 2. Aufl. 836. 2 Thlr., u. 3. A. 8. (à 44¾ B.) Nürnberg 842, Recknagel. *

— de Vocabulorum enantia semia sive observat. de confusione in linguis Babylonica. Specimen Ium. 8. Nürnberg 819. Riegel u. W. 6 gr

— System d. indischen Mythe, od. Chronus u. die Geschichte des Gottmenschen in d. Periode des Vorrückens d. Nachtgleichen. Nebst e. Uebersicht d. mythischen Systems, als Beilage an der Verfasser, v. Ad. Wagner. gr. 8. Leipz. 813. Weygand. 3 ₰

Kanne, J. A., Biblische Untersuchungen und Auslegungen mit und ohne Polemik. 1r u. 2r Theil. gr. 8. Erlangen, Palm u. Enke. 819 u. 820. (1r Theil 1 Thlr. — 2r Theil 1 Thlr. 4 Gr.)

— erste Urkunden der Geschichte, od. allgem. Mythologie, mit e. Vorr. von Jean Paul Fr. Richter. 2 Bde. gr. 8. Bayr. 808. Mit n. T. 815. Lübecks Erb. (Grau; a. Voigt in Jena). 3 ₰ 8 gr

(—) üb. die Verwandtschaft der griech. u. deutschen Sprache. 8. Leipz. 804. Rein. 18 gr

– s. Ad. Wagner, Reich d. Scherzes.

Kanne, Johann Arnold.
Die Weissagungen und Verheissungen der Kirche Jesu Christi auf die letzten Zeiten der Heyden gegeben . . . Nürnberg 1819.
H: ***Meyer, Johann Friedrich von.*** **(Ky)**

— die Weissagungen u. Verheißungen d. Kirche Jesu Christi auf d. letzten Zeiten d. Heyden gegeben; nach dem Werke des P. Lambert, auszugsweise für Christen aller Confessionen bearbeitet, u. mit Zusätzen u. Anmerkk. begleitet von Jaschem (Jh. Fr. v. Meyer). gr. 8. Nürnb. 819. Schrag. 1 ₰ 18 gr

– s. Matth. Weyers geistr. Sprüche.

⊙ Worte der Warnung nebst gelegentlichen Schriftauslegungen veranlaßt durch die irrlehrenden Anmerkungen des Compastors und Ritters Funk zur privilegirten neuen Altonaer Bibel v Johann Arnold Kanne. o O 1817 8°

KANNE, JOH. ARN., Worte der Warnung, veranlaszt durch die irrlehrenden Anmerkungen des H. Nik. Funks zur privilegirten neuen Altonaer Bibel. U. St. 1817. (98 S.). — U. St. 1817. (94 S.). (Er 2. Ausg.).

— — Worte der Warnung nebst gelegenheitl. Schriftauslegungen ꝛc. 2te Aufl. gr. 8. Nürnberg, Raw. 817.

Kanne, Phpp. Maria Frhr. v., Pius IX., der Große. Eine biograph. Dichtung. gr. 8. (VIII, 120 S.) Paderborn 877. F. Schöningh. *ℳ 3.; geb. *

Kanneborn, E. G., Schicksale des Kaffees. Ein Beitrag zur Sittengeschichte. 12. (1½ B.) Neuwied 844, Lichtfers.

Kannegieser, Gottlieb Heinrich, s. Kannegiesser

Kannegieser, O., im Garten der Kinderwelt. 8. (144 S.) Jena 875. Fr. Mauke. n. 1. 20; geb. m. Goldschn. n. 1. 80

Kannegieser, O., Grundriß der Weltgeschichte für Bürgerschulen. Colberg 860. Post. gr. 8. (IV, 224 S.) n. 14 ngr

Kannegieser, Otto, für Religion und Kirche. Vier Aufsätze für das gebildete Publicum. 8. (V und 57 S.) Eilenburg 851, Schreiber.

Kannegiesser

Kannegießer, s. a. Cannegießer.

— s. a. Canngiesser, Kannengiesser.

Kannegiesser, A. E., s. Kannegiesser, E.

Kannegiesser, Anna Martha, a. Barmen: Aus der Universitäts-Kinderklinik zu Heidelberg (Direktor Geh. Rat Prof. O. Vierordt). Über intermittierende und cyklisch-orthotische Albuminurie. Stuttgart 1906: Union. (21 S.) 8°
Heidelberg, Med. Fak., Ref. Vierordt, Diss. v. 1906
[Geb. 25. Okt. 75 Barmen; Wohnort: Barmen; Staatsangeh.: Preußen; Vorbildung: Gymn. Karlsruhe Reife Juli 02; Studium: Zürich 2, Freiburg i. B. 3, Leipzig 1, Berlin 2, Heidelberg 2 S.; Coll. 3. März 05; Approb. 3. Sept. 04.]

Kannegiesser, C., s. Kannengiesser

Kannegiesser, Carl Ludwig, s. Kannegiesser, Karl Ludwig

Kannegießer, C., Frisch, froh, fromm, frei. Unterhaltendes und Belehrendes für die Jugend gesammelt. Mit einem Bilde (Holzschntaf.). Das Hans Sachs-Denkmal in Nürnberg. 8. (95 S.) Rathenow 874, Haase. cart.

Kannegießer, C., Frisch, froh, fromm, frei, Unterhaltendes u. Belehrendes, m. einem Bilde, 2. Ausg., Berlin, 95 S., 16°.

Kannegießer, A. Ed., Gott mit uns. Ansprachen und Predigten in der Kriegszeit 1870—71. gr. 8. (208 S.) Suhl 878, Hiersche. *

Kannegießer, E., das Jubiläumsgeschenk Sr. Maj. des Kaisers Wilhelm I f. die evangelischen Volksschulen Preußens. Eine Anleitg. f. den Lehrer zur schulmäß. Behandlg. d. Bildes v L. Gey: Dr Martin Luther im Kreise seiner Mitarbeiter die h. Schrift verdeutschend. gr. 8. (60 S.) Breslau 884. F. Hirt. n. — 60

Kannegießer, E., das Jubiläumsgeschenk Sr. Majestät des Kaisers Wilhelm I. für die evangelischen Volksschulen Preußens. Eine Anleitung für den Lehrer zur schulmäßigen Behandlung des Bildes von L. Gey: Dr. Martin Luther im Kreise seiner Mitarbeiter die heilige Schrift verdeutschend. 2. Aufl. 8. (64 S.) Breslau 886, Hirt. *

—— Unterhaltungen auf einer Dorfhochzeit über Civilehe und Personenstandsgesetz. 1.—9. Aufl. gr. 8. (16 S.) (Ebendas.) 874,75. *

Kannegießer, E., Vorlesungen üb. erziehenden Unterricht, geh. im Casseler Lehrerinnen-Verein. gr. 8. (808 S.) Breslau 898. F. Hirt. n. 5. —; geb. n. 6. 50

Kannegiesser, Friedrich August

— Abbild. d. Levkoyen in ihren verschied. Abarten etc. Mit 4 ill. Kpf. 4 Dresden, 1807 (Leipzig, Gebhardt u. R.) 1. 10

— Abbildd. d. Levkoyen in ihren verschied. Arten. Mit 4 ill. Kpf. 4. Dresd. 812. Begcr. (Weygand in Leipz.) 1 ₰ 8 gl

— Abbild. d. Ranunkeln u. Anemonen. Mit 8 ill. Kpf. 4. Dresden, 1807 Ebend 2. —

— Abbildd. der Ranunkeln u. Anemonen. Mit 8 ill. Kpf. 4. Ebd. 812. (Ebd.) 2 ₰

— die Arten d. Rosen. 1s Hft. ill. 4. Dresd. 805. Beger. (Gerdsche in Meißen). 1 ₰ 8 gl

Kannegiesser, Friedr Aug., Aurikelflor. Mit ausgemalten Kpf. 6 Hfte. gr 8. Meissen, 1800—2. (Dresden, Gottschalck.) 4. —
— — Dass. 8 Hfte, jedes mit 4 Kpf. Meissen, 1802—7 (Ebend.) 6. —

Erinnerungen aus dem alten Dresden. 24 Ansichten alter, um d. Mitte unsers Jhs abgebrochener Baulichkeiten nach Aquarellen v. Friedr. Aug Kannegiesser auf 14 Lichtdrucktaf. nebst e. Stadtpl. v. J. 1833. F s. Mitgl. hrsg v Ver f. Gesch. Dresdens. (Vorr. Dr. Otto Richter.) Dresden: Lichtdr. v. Stengel & Markert 1896 (2 Bl., 1 Pl., 14 Taf.) 1 Bd quer-4. [98. 1067]

Kannegiesser, Friedrich August. Dresdens Festungswerke im Jahre 1811. 90 Ansichten und 2 Pläne in Lichtdruck nach Aquarellen. Für seine Mitglieder herausgegeben vom Verein für Geschichte Dresdens. qu.-8. Blätter Dresden 1890.

— d. Gattungen d. Rosen. 1 Hft mit 8 ill. Kpf. 4. Freiberg, 1804. (Dresden, Gottschalck.) 1. 10
— — d. Rosen, nach d. Natur gemalt. 1. Hft mit 6 Kpf. Meissen, 1810. Ebend. 2. 10

— sechszehn Vasen mit Blumen nach der Natur gemalt. 1s u. 2s Hft. qu. Fol. Meißen 813. Gerdsche. 5 ₰ 12 gl

Kannegiesser, Gottlieb Heinrich

Kannegiesser, Gttl. Henr., Diss. de apoplexia. Kil. 4°. 1756

— De ætatibus disqv. Kiliæ. 1755. 4. P. [Resp. Johs. Henr. Lange].

Vollständige Beschreibung der Hallischen Medicamente, insbesondere der Essentiæ dulcis, aus des Herrn D. Richters autentiquen Briefen zusammen gezogen, in Ordnung gebracht und mit Anmerkungen erläutert von GOTTL. HENR. KANNEGIESSER. Kiel. 1737. 4. P.

KANNEGIESER, GOTTLIBIUS HENR. (autor), Diss. physico-medica de caussis morborum ex influxu siderum pendentibus. Kiliæ. 1732. 4. P. [Præs. Geo. Franckius]. (U. B.).

— Diss. med. inaug. de præcipuis cautelis praxin adeunti iuxta clinicos probe attendendis. Kiliæ. 1733. 4. P. [Præs. Car. Frid. Luther].

Kannegiesser G. H.: De cura piscium per Slesvici et Holsatiæ ducatum usitata libellus. Kilonii 1750. 130 S.

— Disqv. medico-chirurgica de spinæ dorsalis præternaturali flexu, tales sanandi adflictos norma et methodo. Kiliæ. U. A. [1734]. (M. 1 Tvl.) 4. P.

— Schedium medico legale alterum de impotentia conjugali secundum constitutionem Fridericianam. Kilionii. 1756. 4. P. [Resp. Matth. Chr. Kruus].

— Institutiones medicinæ legalis in usum auditorum concinnatæ cum præfatione Andr. El. Büchneri. Halæ Magd. 1768. (M. Portr.). (U. B.). — Ed. II, aucta et emendata. Kiliæ. Hols. 1777. (M. Portr.).

Kannegiesser, Gli. H., institutiones medicinae legalis. 8. maj. Halae, Renger. (Academ. Buchh. Kiel.) 768.

Kannegiesser, Gottlieb Heinrich: Institutiones medicinae legalis in usum auditorum concinnatae... Editio altera, aucta et emendata. 268 S., gbd., Abb.

Kiliae Holsatorum: typ.Bartsch 1777

JB 5.301

— — id. l. 8. maj. Kiel. (Hoffmann, Hamb.) 777.

— — id. lib. 8. maj. Lips. Gräff. (n. Sommer.)

Kannegiesser, Gottl. Heinr. [Präs.] · De internectione, s. Baranowitzius, Maximus [Resp.]

Gottlieb Heinr. Kannegiesser oratio de veterum in rem medicam laude et meritis plane singularibus. Kilon. 1747. 4.

Regiae academiae Christiano-Albertinae Prorector cancellarius et senatus sollemnitatem saecularem in honorem Gottlieb Henrici Kannegiesseri per integros quinquaginta annos medicinae doctoris die 16. Maii 1786 celebrandam indicunt. Praemissa est prolusio illustrans memorabile medii aevi monumentum, quod ad Medicinam Forensem spectat, responsum Jurisconsultorum Moguntinorum datum in caussa illustri etc. (auctore Joanne Christiano Kerstens). Kiliae Holsatorum. (1786.) 4°

— Schedium medico legale V de morbis dissimulatis et fictis. Kiliæ. 1759. 4. (S. 177—210). [Resp. Car. Frid. Sarauw].

Gottlieb Heinr. Kannegiesser diss. de morbo Pliniano. (?) Kilon. 1771. 4.

—, Disp. exhibens obs. circa tunicam retinam factas. Kil. 4°. 1752

— Oratio inaug. qua medico religiosam pietatem maxime necessariam commendat. Kiliæ. 1736. 4. P.

Gli. Henr. Kannegiesser oratio de veterum pugilatu, sanitatis praesidio magni. Kilon. 1761. 4.

— Schediasma medico legale IV de locorum, aquarum atque aeris salubritate. Kilonii. 1759. 4. (S. 139—68). [Resp. Joh. Henr. Cph. Martini].

— Positionum medico legalium de virginitatis læsæ et integræ signis schedium tertium. Kiliæ. 1757. 4. [S. 91—135]. [Resp. Cordt Adolph Thomsen].

Kannegiesser, Gttl. Henr., Progr. de spasmo ex calore et frigore altero alterum immediate excipiente. Kil. 4°. 1742

— Commentatio acad. de spasmo ex calore et frigore altero alterum immediate excipiente. Kilonii. U. A. [1743]. 4. P.

— De spiritu ardente ejusque modo operandi disqv. Kiliæ. 1747. 4. P. [Resp. Car. Guil. Frid. Struve].

Kannegiesser, Gttl. Henr., resp. Guil. Fr. **Struve,** Diss. de spiritu ardente ejusque modo operandi disquisitio. 32 pp. Kil. 4°. 1747.

Kannegiesser, Gttl. Henr., De uteri strangulatu disp. Kil. 4°. 1752

Kannegiesser, Gttl. Henr., resp. Henr. Fr. Petersen, De tubulosa nervorum structura. 11 l. Kil. 4°. 1749.

Gli. Henr. Kannegiesser de Telephio et Chironio ulcere. Kilon. 1753. 4.

— Programma, quo felicium pharmacorum infelicem sæpe usum exponit. Kiliæ. (1737). 4. P.

Kannegießer, Herm., der Prozeß Wodtke-Busch. Ein Beitrag zu den Annalen der Criminal-Justiz. Demmin 854. (Leipzig, C. F. Schmidt.) gr. 8. (VII, 316 S.) n. 1 Rthlr. 7½ ngr.

Kannegiesser, Joachim: Aus der chirurgischen Klinik zu Kiel. Die Erfolge der Bassini'schen Operation der Leistenhernien. *Kiel 1897: P. Peters.* (29 S.) 8°
Kiel, Med. Diss. v. [9. Sept.] 1897

Kannegießer, Karl Ludw., Abriß d. Geschichte d. deutschen Literatur. gr. 8. (7½ B.) Bunzlau 838, Appun's Bh. Thlr.

—— Abriß d. Geschichte d. Philosophie. gr. 8. (11 B.) Leipzig 837, Brockhaus.

Kannegiesser, K. L., Ueber d. Ajax d. Sophokles. Pr. 1828. 44 S.

KANNEGIESSER, Karl Ludw. (1781—1861), Amor und Hymen, ein idyllisches (zahmes) Gedicht in 12 Gesängen. Mit TVign. Prenzlau, Ragoczy, 1818. Gr 8°. (4 Mk. A Buchholz, München, 1906.)
Neue Aufl. ebd. 1823 u. 1827 (Goedeke VII, 787, 170, 11)

Kannegießer, Karl Ldw., Amor u. Hymen. gr. 8. Prenzlau 818, jetzt Kalbersberg. 5/6 Rthlr.

— s. Beaumont u. Fletchers dramat. Werke.

— s. Bernhardi, Karl, sämmtl. Werke.

- s. Bibliothek, ausgewählte, der Classiker des Auslandes, 12., 13., 19., 23.—25. Bd.

—— Blumenlese aus Hippel's Schriften. 8. (4½ B.) Breslau 841, Leuckart.

Kannegießer, (K. L.,) d. erste Buch d. Odyssee, s. Homer.

Kannegießer, Karl Ludw., Christus u. seine Lehre nach d. Zeugniß d. Evangelisten, als Andeutung e. Grundlage f. d. Vereinigung d. christl. Kirchen u. als Geschenk bei d. Christenweihe. 8. (2 B.) Breslau 831, Graß, Barth u. Comp.

— s. Dante, göttl. Komödie u. dess. lyr. Gedichte.

Kannegießer, Karl Ludw., Deutsches Declamatorium. In 3 Thln. 1. Thl.: Für die beiden untern Klassen eines Gymnasiums. 3. Aufl. A. u. d. T.: Deutsches Declamatorium für das erste Jugendalter, insbesondere f. Elementarschulen u. die untern Klassen der Bürgerschulen u. Gymnasien. 3. m. einem Anh. v. französ., engl. u. italien. Gedichten verseh. Aufl. 8. (VI u. 282 S.) Leipzig 851, Brockhaus. 18 ngr. — 2. Thl. 3. mit e. Anh. v. französ., engl., italien., schwed., dän., norweg., niederländ. u. fläm. Gedichten verm. Aufl. A. u. d. T.: Deutsches Declamatorium f. das mittlere Jugendalter, insbesondere f. die höheren Klassen der Bürgerschulen u. die mittlern Klassen der Gymnasien. 8. (VI u. 368 S.) Ebd. 850. 21 ngr.

—— deutsches Declamatorium. 3 Thle. 1. u. 2. Aufl. 8. (54½ B.) Leipzig, Brockhaus. à Aufl.

A. u. d. Titln.:
Thl. 1. Deutsches Declamatorium f. das erste Jugendalter, insbes. f. Elementarschulen u. d. unt. Klassen d. Bürgerschulen u. Gymnasien. 1. Aufl. (14 B.) 837., 2., m. e. Anh. v. deutsch., franz., engl. u. ital. Gedichten verm. Aufl. (15⅝ B.) 842. à 8 Gr.
" 2. Deutsches Declamatorium f. d. mittlere Jugendalter, insbesond. f. d. höh. Klassen d. Bürgerschulen u. d. mittl. Klassen d. Gymnasien. 1. Aufl. (15 B.) 837., 2., m. e. Anh. v. deutsch., franz., engl. u. ital. Gedichten verm. Aufl. (17⅛ B.) 842. à 12 Gr.
" 3. Deutsches Declamatorium f. d. reifere Jugendalter, insbes. f. d. obern Klassen d. Gymnasien. 1. Aufl. (25¾ B.) 837., 2., m. e. Anh. v. deutsch., franz., engl. u. ital. Gedichten verm. Aufl. (21⅛ B.) 842. à 1 Thlr. 4 Gr.

Kannegiesser, K. L., Entlassungsrede an die zur Universität Abgehenden. Progr. Prenzl. 821. 8. (12 Seiten).

Kannegießer, K. L. Entlassungsrede an die Ostern 1829 zur Univ. abgeg. Schüler (Enth. allg. Ermahnungen für das künft. Leben.) 6 S.
Breslau, F., Progr. 1831

—— Entwürfe v. Abhandlungen u. Reden. Zum Gebr. f. Lehrer u. Schüler, besond. d. obern Klassen d. Gymnasien u. höh. Bürgerschulen. 8. (10 B.) Breslau 832, Graß, Barth u. Comp.

Kannegießer, K. L. Erinnerung an den deutschen Dichter Withof. 16 S.
Breslau, F., Progr 1840

Kannegießer, Carl Ludw., Frauenlob. Sonette. 16. (VIII und 104 S.) Berlin 853, Brandis. *

Kannegießer, Karl Ludw., Frauenlob. Sonette. Berlin 853. (Falckenberg.) 16. (VIII, 104 S.) n. 27 ngr.

Kannegießer, K. L. Deutsches Gedicht. 10 S.
Breslau, F., Progr. 1840

— Gedichte. gr. 12. Breslau 824, Schöne.

—— Gedichte der Troubadours, s. Gedichte.

s. Zwei Gedichte zur Feier d. Reformationsfestes 1818.

— Italienische Grammatik, nebst Lesebuch und Wörterverzeichniß, für Anfänger u. Anfängerinnen. gr. 8. Breslau 836. (Berlin, Hentze.) 2/3 Rthlr.

—— italienische Grammatik, nebst Lesebuch u. Wörterverzeichniß, f. Anfänger u. Anfängerinnen. gr. 8. (12¾ B.) Breslau 836, [Leipzig,] Hentze.

Kannegießer, Carl Ludw., italien. Grammatik nebst Lesebuch u. Wörterverzeichniß f. Anfänger u. Geübtere u. vorzügl. auch f. Damen; m. ein. Geschichte d. italien. Literatur. 2., verb. u. verm. Aufl. gr. 8. (17 B.) Leipzig 845, Hentze. Thlr.

- s. Heiberg, J. L., ausgewählte dramat. Schriften.

—— der arme Heinrich. Schauspiel in 1 Aufz. Nach e. altdeutsch. Gedichte. 8. (3 B.) Zwickau 836, [Leipzig,] Gebr. Schumann.

- s. Horaz, Oden.

—— Iphigenia in Delphi, Schausp. in 3 Akten, m. ein. Vorspiele: Iphigenia's Heimfahrt, u. ein. Nachspiele: Iphigenia's Tod. gr. 12. (3¼ B.) Leipzig 843, Brockhaus. *

—— Isenbart, der erste Graf von Hohenzollern. Drama in 5 Aufz. gr. 8. (6¼ B.) Berlin 843, Nicolaische Buchh.

— s. Leopardi, Gesänge.

—— lateinisches medic.-chirurg. Lesebuch. gr. 8. (24 B.) Breslau 838, Gosohorsky.

Kannegießer, K. L. Lied der Freude. (Zur 25jähr. Jubelf. d. Prof. Kunisch.) 3 S.
Breslau, F., Progr. 1837

—— Mährchen f. Kinder. 12. (9½ B. u. 4 ill. Abbild.) Breslau 835, Schletter.

— Mirza, die Tochter Jephta's. Trspl. in 5 A. 8. Prenzlau 818. N. A. 827. Ragoczy. 12 gr. Schrbp. 1 Rthlr. Velinp. 1 Rthlr. 4 gr.

- s. Novellen u. Erzählungen, Dänische.

Kannegießer, K. L. Deutsche Ode. (Zur Jubelfeier des Consistorial-Raths J. B. Wunster.) 4 S. . . . .
Breslau, F., Progr. 1826

— Pantheon, e. Zeitschrift, s. J. G. G. Büsching.

s. Pellico v. S., sämmtl. Werke.

—— über d. Philosophie. Entlassungs-Rede. gr. 8. (1 B.) Breslau 833, Graß, Barth u Comp.

— Prenzlau. Ein Gedicht. 8. Schwedt 813.

Kannegiesser, K. L., Progr. über die Antigone des Sophocles Prenzlau 821. 8. (28 S.)

— Progr. über den ersten Oedipus des Sophocles. Prenzl. 817. 4.

— Progr. über den Oedipus zu Kolonos. Prenzl. 820. 4.

— Rede bei seiner Einführung in d. Directoriat d. Friedrichs-Gymnasium zu Breslau. 8. Breslau 822 Max u. C.

—— der deutsche Redner od. chronolog. geordnete Beispiel- u. Mustersammlung der deutschen Beredsamkeit, v. d. ältesten bis auf die neueste Zeit; z. Gebr. in den obern Klassen von Unterrichtsanstalten, sowie f. Studirende, Staatsbeamte, Landtagsdeputirte rc. M. ein. rhetor. Einleitung. gr. 8. (29½ B.) Leipzig 845, Hentze.

— der deutsche Redner oder Album classischer Prosa in einer chronologisch geordneten Beispiel- und Mustersammlung deutscher Beredsamkeit aller Zeiten. Zum Gebrauch auf Gymnasien "Prämie" ferner für Studirende und Staatsbeamte und für Gebildete überhaupt. Vorangehend: die Grundsätze der Rhetorik. 2. verb. u. verm. Aufl. Leipzig 854. Hentze. Lex.-8. (XXIV, 561 S.) 1 ℛ. 22½ ngr.

—— Schauspiele f. d. Jugend u. gesellschaftl. Kreise. 1—6. Bdchn. 12. (17½ B.) Berlin 844, 45, Simion. à Bdchn. * 5 Ngr. *

Bdchn. 1. Das letzte Reise-Abenteuer. Lustsp. in 1 Aufz.
" 2. Die Torte. Das Schönheitsmittel.
" 3. Der Sprachlehrer. Das Zuckerwerk.
" 4. Der Brief. Das Leibgericht.
" 5. Der Gasthof in Vercelli. Die Neugierige.
" 6. Das Bild u. die Maske.

—— Schauspiele für die Jugend und gesellschaftliche Kreise. 7—12. Bdchn. 16. (515 S.) Berlin 847—49. [Leipzig,] Simion's Verlag. à Bdchn. * 5 Ngr. *

Bdchn. 7. Der Becher. — Benevenuto Cellini.
" 8. Corinna v. Paradère. — Die Nachbarschaft.
" 9. Der Mutter Heimkehr. — Der Ferienbesuch. — Das Täubchen.
" 10. Der Bettler. — Die Blinde.
" 11. Die Oliven. — Die Fläschchen.
" 12. Flos und Blanceflos.
1—6. Bdchn. Ebendas. 1844—45. * 1 Thlr.

— Die Schule als Erziehungsanstalt. Eine Rede. Prezlau 822. 8. (26 Seiten).

Kannegießer, Carl Ludw., Schwanengesänge berühmter Dichter, s. Schwanengesänge.

— Schwanengesänge berühmter Dichter. Pindar, Anakreon, Ossian, Hafis, Dante, Camoens, Ulrich von Hutten. Tübingen 853. Osiander. 16. (2 Bl., 119 S.) n. 10 ngr.

—— Schwänke in Knittelversen. 8. (64 S.) Berlin 855(56,) (Stuhr'sche Buchh.)

Kannegießer, Karl Ldw., dramat. Spiele. 18 Bdchen. 12. Berl. 810. (Rücker). 1 ℛ

s. Stadlhofsteen, ausgewählte Schriften.

Kannegiesser, Karl Ldwg, Über den gegenwärtigen Standpunkt der Geistesbildung in Deutschland. Prenzlau 1818. gr. 8.

—— Telemachos u. Nausikaa. Episches Gedicht in 9 Gesängen. 16. (4½ B.) Nürnberg 846, Bauer u. Raspe.

s. Tauler, Jh., XV auserles. Predigten.

Kannegiesser, Car. Lud. De verbis impersonalibus. Vratislaviae 1823. (40 S.) 8° *[In Buchhandel 1824 bei Max & Ko in Breslau.]*
Breslau, Phil. Fak., Hab.-Schr. v. 4. Aug. 1823

—— Vorträge üb. e. Auswahl v. Göthe's lyr. Gedichten, geh. an d. Universität zu Breslau. gr. 8. (15 B.) Breslau 835, [Berlin,] Richtersche Buchh.

Kannegiesser, K. L. Ueber Goethe's Zueignung. (Der Morgen kam, u. s. w.) 15 S.
Breslau, F., Progr. 1835

Kannegießer, L., Versuch e. allgemeinen Theorie der Verhältnisse, mit e. Vorrede v. Fischer, nebst 1 K. gr. 8. Berl. Achenwall. 811.

Kannegießer, L., Versuch einer allgemeinen Theorie der Verhältnisse rc. 8. Berlin. 811. Ist jetzt Verlag von Rücker und d. Preis

Kannegiesser, O., Seid Menschen und schützet die Thiere! Vom Wiener Thierschutzvereine gekrönte Preisschrift. gr. 8. (56 S.) Wien 879, Hölder. cart. *

Kannegiesser, P. F., s. Kanngiesser, Peter Friedrich

Kannegiesser, Rob., das Pressen, Stanzen u. Prägen der Metalle. Eine Besprechg. der bei den verschiedenen Stanzverfahren gelt. Grundregeln u. ihrer Durchführg., verbunden m. Erläuterg. der Bauart dazu verwendeter Maschinen u. Werkzeuge, sowie Betrachtg. der mit diesen zu bearbeit. Baustoffe, nach Oberlin Smith's „Press-working of metals" unter Vorbehalt des Vervielfältigungsrechtes deutsch bearb. u. m. e. Anh. versehen. (XVI, 418 S. m. üb. 600 Fig.) gr. 8. Leipzig, 908. E. Stoll jr. Geb. in Leinw n. 9.—

Kannegießer, W., Kirchengeschichte, s.: Vorbrodt, W.

Kannegießer, W., Leitfaden zur Kenntniß der Organisation und Verwaltung des preußischen Staats. Eintheilung der Justiz- und Verwaltungsbezirke. Rechtspflege. Justiz-Verfassung und Verwaltung rc. Für die Beamten und Staats-Angehörigen der neuen preuß. Landestheile Hannover, Kurhessen, Nassau rc. gr. 8. (32 S.) Berlin 867, Hempel. *

— s.: Lesebuch, deutsches, f. höh. Mädchenschulen.

— Quellenbuch f. d. evang. Religionsunterricht, s.: Vorbrodt, W.

—— Repetitorium zur Vorbereitung auf das erste juristische Examen. I. Pandecten. 8. (XII und 84 S.) Berlin 867, Hempel. *

Kannegiesser, W(alter): Das königliche evangelische Lehrerinnen-Seminar Augustenburg. Festschrift zur Feier des 25jähr. Bestehens d. Anstalt am 30. Mai 1903. — Schleswig: Schneider 1903. 66 S. 8° (Die Seminarien d. Prov. Schleswig-Holstein. Bd 6.)

Kannelos, A., Διατριβὴ περὶ Βησσαρίωνος ὡς φιλοσόφου Diss. 1888. 48 S. 1.50

Kannenberg. Die Erkrankungen der Athmungswerkzeuge ausschliesslich Tuberkulose, s. Veröffentlichungen üb. Krankengeschichten u. Leichenbefunde aus den Garnisonlazarethen.

Kannenberg, Carl Ludwig Wilhelm, s. Kannenberg, Karl Ludwig Wilhelm

Kannenberg, G., ist das Walzen nach der Saatunterbringung rationell? 8. (24 S.) [Hamburg 887, Gebr. Behre's Verlag.] Mitau, E. Behre.

Kannenberg, G., ist das Walzen nach d. Saatunterbringg. rationell? 8. (24 S.) Hamburg 887. Riga, C. J. Sichmann. n. — 60

Kannenberg, Hermann, Referendar: Schranken der Anwendung der §§ 400—408 BGB. im Hypothekenrecht. Borna-Leipzig 1910: Noske. VIII, 25 S. 8°
Leipzig, Jur. Diss. v. 28. Mai 1910
[Geb. 11. Juli 85 Schönfelde b. Lobsens; Wohnort: Schönfelde; Staatsangeh.: Preußen; Vorbildung: Gymn. Bromberg Reife O. 05; Studium: Freiburg i. B. 1, Leipzig 3, Kiel 5 S.; Rig. 28. Mai 10.] [U 10. 2754

Kannenberg, K., siehe: *Graeber.*

Kleinasiens Naturschätze. Seine wichtigsten Tiere, Kulturpflanzen u. Mineralschätze v. wirtschaftl. u. kulturgeschichtl. Standpunkt v. Karl **Kannenberg**, Prem.-Lt. im Thür. Feldart.-Reg. Nr. 19. M. Beitr. v. Prem.-Lt. Schäffer, komm. z. gross. Generalst., u. Abb. : M. 31 Vollbild. u. 2 Pl. *Berlin: Gebr. Borntraeger 1897.* (XII, 278 S., 31 Taf., 2 Pl.) 1 Bd 8. [94. 6380

Kannenberg, Karl Ludwig Wilhelm
Carl(us) Lud(ovicus) Guil(elmus) Kannenberg: Nonnulla de febre puerperali adnexis morbi historiis. Berolini (1823:) Nietack. 45 S. 8
Berlin, Med. Diss. v. 22. Juli 1823

Kannenberg, Carl Lud. Wilh. (Pommern), Nonnulla de febre puerperali adnexis morbis historiis. Diss. med. Bln. (Nietack) 22. VII. 1833. 48 S. mit Literatur u. Biogr. (M.: Schueler.) (6.50) 17459
Oppon.: F. Groebenschuetz, E. Willmann, A. Lipke. — Gew.: Johann v. Wiebel. — Krankengeschichten v.: Johanna Oelgarth, L. Elzinger. L. Schlips, C. Dillinger.

Kannengießer, d. politische, Lstsp. v. Hollberg. - 8. Frkft. Eßlinger. 762.

Kannengiesser

— s. a. **Canngiesser, Kannegiesser.**

Kannengießer, A., ein Wort über Streu-Nutzung in den hiesigen Domanial-Forsten. 8. (IV und 4 S.) Neustrelitz 848, Barnewitz. Thlr.

Kannengiesser, Adolf

Ausscheidealter und Krankheiten der Direktoren und Oberlehrer an den höheren Lehranstalten Preussens in den Jahren 1895/6–1898/9. Ein Beitrag z. Ueberbürdungsfrage von Prof. Dr. A[dolf] **Kannengiesser** (1 Taus.) *Schalke. E. Kannengiesser [1900].* (79 S.) 8° [F.] [00. 4498

Kannengiesser, A. Catholiques allemands. In-8°. 420 p. Fribourg (Suisse), Librairie de l'Université. 1891. 3 50

Kannengiesser, A., s.: Frédéric le Grand, lettres choisies.

Kannengiesser, A[dolf]: Ist das Etruskische eine hettitische Sprache? 1. Über das vô-Suffix im Etruskischen und im Griechischen. Gelsenkirchen 1908: (Klinkhardt, Leipzig). 31 S. 4°(8°)
Gelsenkirchen, G OP 1908 (452) [S 08. 217

Kannengießer, A., Juden u. Katholiken in Oesterreich-Ungarn. Aus d. Franz. gr. 8. (XXXVI, 308 S.) Trier 896, Paulinus-Druckerei. 2. 60

— s.: Korrespondenz-Blatt f. den akademisch gebildeten Lehrerstand.

Kannengießer, A., Leitfaden f. den ersten Unterricht in der Sage u. Geschichte, — tabellarische Übersicht f. denselben, } s.: Günther, H.

—— lateinischer Lernstoff für Sexta und Quinta. gr. 8. (IV, 59 S.) Göttingen 883, Ludewig. cart. *

[F.] **Kannengiesser**, Adolf [Dr.]: Lichtstrahlen aus Friedrichs des Grossen Werken, zsgest. Schalke, Druck v. M. Schaff, 1895; 28 S. 4.
Schalke, RG, OP 1895 (380)

— **Liederbuch f. deutsche Philologen u. Schulmänner. 12. (240 S.) Schalke (899). E. Kannengiesser. n. 1.50**

—— zu Lucretius IV 921—935, s. Philologus.

— **le réveil d'un peuple. Etudes politiques et religieuses sur l'Allemagne catholique. 8. (XXIV, 432 S.) Paris 892. (Freiburg i/B., Herder.) n.n. 3. 15**

— s.: Verhandlungen u. Aktenstücke des preuß. Landtags über höheres Schulwesen rc.

— s.: Verhandlungen beider Häuser d. preuß. Landtags über höheres Schulwesen rc.

Kannengiesser, Adph., de Lucretii versibus transponendis. Dissertatio inauguralis. gr. 8. (43 S.) Göttingen 878, Ludewig. *

Kannengießer, C., Froh und in Frieden. Gedichte. Neubrandenburg 856. Brünslow. 16. (VII, 160 S.) n. 20 ngr.

Kannengießer, C., zum Gedächtniß Dr. Mart. Luthers, Predigt am Sonnt. Estomihi vor den Gemeinden zu Kublank, Neetzka u. Golm gehalt. gr. 8. (1 B.) Neustrelitz 840, Barnewitz.

Kannengießer, C., „Herr, wohin sollen wir gehen? Du hast Worte des ewigen Lebens!" Eine Confirmationsgabe. 8. (III und 67 S.) Neubrandenburg 857, Brünslow. *

Kannengießer, C., für Deutschlands Krieger. Zwölf Gedichte aus der Kriegszeit. 8. (24 S.) Neubrandenburg 871, Brünslow. *

Kannengießer, Cph., (nach Achenwall's Kataloge: Lebr.; nach Rücker's Kataloge Cph.; nach Reimers Kataloge G., und alle drei Kannegießer; nach Meusel aber Kanneng., welches ist nun das Richtige?) Versuch e. allgemeinen Theorie d. Verhältnisse, mit e. Vorr. von C. Gf. Fischer. Mit 5 Kpf. gr. 8. Berl. 811. (Rücker). 2 ℛ 16 gℊ bei Reimer das. 1 ℛ 16 gℊ

Kannengiesser, Christoph Heinrich Gustav

Kannengießer, C. H. G.. „Ackerbaucatechismus, oder Anleitung für diejenigen, welche sich der Landwirthschaft widmen wollen", Hannover 1806 (Hahn).

Kannengiesser C. H. G.: Ackerbau-Catechismus od. Anleit. f. diejenigen, welche sich der Landwirthschaft widmen wollen ... Hann. 1806. 144 S.

Kannengiesser, Cph. Hrn. Gust. (a. Kannegiesser), Gespräch zwischen zwei Lüneburg. Bauern, Steffen Wortmann und Jochen Gutherz, über Theilung der Gemeinheiten. 8°. Hannover, Helwing, 1804.

— Gespr. zw. Lüneb. Vollhüfner ub. Theilung d. Gemeinheiten. 8. Hannov. Helwing. 804.

Kannengiesser, Cph. Heinr. Gust.: Samml. der in den K. Hannöver. Gerichten übl. Eidesformeln; zum Gebr. für Aemter, Stadtobrigkeiten u. s. w. 3e Ausg. *Hannover*, Helwing. (797.) 821. 8. (8 Gr.)

Kannengiesser, C. H. G „Untersuchung der Frage wer bei verpachteten Landgütern den an Aeckern, Gärten, Wiesen, Feld- und Viehinventario durch den Krieg erlittenen Schaden tragen müsse", Hannover 1807 (Hahn).

Kannengießer, E., die prozeßhindernde Einrede. Ein Beitrag zur Lehre von der Nominatio auctoris. gr. 8. (93 S.) Leipzig 878, B. Tauchnitz. *

Kannengießer, Ed., Hamburgische Gesetze u. Verordnungen, s.: Wulff, Alb.

Kannengießer, Ernst, Oberarzt im Feldartilleriereg. Nr. 10: Experimentelle Untersuchungen über die Händedesinfektion mit Alkohol. Borna-Leipzig 1909: Noske. 62 S. 8°
Leipzig, Med. Diss. v. 8. Dez. 1909, Ref. Hofmann
[Geb. 17 Febr. 82 Bautzen; Wohnort: Hannover; Staatsangeh.: Sachsen; Vorbildung: Gymn. Freiberg Reife O. 00; Studium: Berlin K. W A. 9 S.; Coll. 22. Dez. 09; Approb. 14. Aug. 06.] [U 10. 2994

[Kannengießer, Herm. Lor. v]: Actenmaßige, und Rechtliche Gegen-Information über das ohnlängst in Vorschein gekommene sog Rechts- gegrundete Eigenthum des Chur-Hauses Brandenburg auf die Herzogthumer, u. Furstenthumer Jägerndorff [usw.] In Schlesien [Wien] 1741. fol.

Kannengiesser, Johann Diedrich (Bremen), L. Juliam miscellam abrogatam et denuo revocatam. Diss. jur. valedictoria. Präs. Caspar v. Rheden. Bremen (Hermann Brauer) 18. V. 1714. 38 S. (7.—) 17460
Widm. v.: J. V. Christiani (Ribnitz/Meckl.), Jacob Wilhelmi, F. Berens, Nic. Dröge, B. L. Schlepe.

Kannengiesser, L. H. G., s. Kannengiesser, Christoph Heinrich Gustav

— **Lüder Christoph** (Bremen), De insania voluntaria. Diss. jur. valedictoria. Präs. Caspar v. Rheden. Bremen (Hermann & Berthold Brauer) 27. VIII. 1711. 36 S. (7.—) 17461
Widm. v.: Joh. Meier, J. Ölrichs, Diedrich Köler, W. v. Bentheimb.

Kannengiesser, Paul, Dogmatismus u. Skepticismus. Eine Abhandlung über das methodologische Problem in der vorkantischen Philosophie. gr. 8. (95 S.) Elberfeld 877. Fassbender. n. 1. 60

Kannengießer, Paul. Zum Gedenktage d. elsässischen Reformators Martin Butzer. 12. (15 S. m. 1 Bild.) Straßb. i. E. 891, Heitz. * — 30

Kannengiesser, Paul Die Kapitulation zwischen Kaiser Karl V und Papst Paul III. gegen die deutschen Protestanten (1546). 8 (S. 211—244 — [34 S.]).
In: Teil II der Festschrift zur Feier des 350jähr. Bestehens des prot. G. *Strassburg* 1888.
Progr.

Kannengiesser, Paul, Karl V. u. Maximilian Egmont, Graf v. Büren. E. Beitrag z. Geschichte d. schmalkald. Krieges. gr. 8. (XV, 224 S.) Freiburg i/B. 895. Tübingen, J. C. B. Mohr. n. 4. 80

—— Der Reichstag zu Worms vom J. 1545. Ein Beitr. z. Vorgeschichte d. schmalkald. Krieges. gr. 8. (VII, 131 S.) Ebd. 891. * 3 —

KANNENLEERER, Veit., oder Leben, Thaten und Ende eines Trunkenbolds. Mit Titelvignette. O. O. (Ansbach) 1800. 8°. 56 S. Selten! (2 Mk. Emil Hirsch, München, 1904.)

Kanner, Heinr., Postdebit, Postboykott u. Briefgeheimnis in Oesterreich. E. Studie auf d. Gebiete d. Preßrechts. [Aus: „Die Zeit".] gr. 8. (31 S.) Wien 895. Administration „Die Zeit". n. — 30

Kanner, Dr. Heinrich, Zur Preßreform in Oesterreich. Vortrag, gehalten am 16. November 1896. Gr.-8. (48 S.) Wien: Perles 1896. —.30

Kanner, Heinrich (Hrsg.), s. Zeit, Die.

Kanner, M., Grundlage zu e. Theorie des mittleren Risiko bei Lebens-Versicherungen. [Aus dem Journal d. Colleg. für Lebensversich.-Wissenschaft.] Berlin 870. Weber's Verl. gr. 8. (32 S.) n. 10 ngr

— allgemeine Probleme der Wahrscheinlichkeitsrechnung u. ihre Anwendung auf Fragen der Statistik. [Aus dem Journ. des Colleg. für Lebensvers.-Wiss.] Ebend. 870. gr. 8. (21 S.) n. 5 ngr

—— analytische Theorie der Ausgleichung von Sterblichkeitstafeln. gr. 8. (13 S.) Berlin 871, (Adf. Cohn.) *
Vorstehende drei Schriften sind aus: Journal des Collegiums für Lebensversicherungs-Wissenschaft zu Berlin, besonders abgedruckt.

Kanner, Siegmund: Das Lotto in Österreich. Ein Beitrag zur Finanzgeschichte Österreichs. *Strassburg i. E. 1898: C. & J. Goeller.* (93 S.) 8°
Strassburg, Rechts- u. staatswiss. Diss. v. 1898

Uss den Kännerjohren. Erinnerungen eines alten Kasselaners in Kasseler Mundart von G. T. Kassel: L. Döll 1898. (23 S.) 8°

Kanngießer, Dr. ..., Confirmations: Handlung, od. feierl. Aufnahme junger Christen zur kirchl. Gesellschaft, mit d. Anreden. gr. 8. Amsterd. ... Sülpke. 6 K

Kanngiesser, Frdr., über Alter u. Dickenwachstum der Würzburger Wellenkalkpflanzen, s.a. Aus der Pflanzenwelt Unterfrankens. V.

Kanngiesser, Friedrich, a. Frankfurt a. M.: Über Alter und Dickenwachstum von Würzburger Wellenkalkpflanzen. Würzburg 1905: A. Stuber. (165—192 S.) 8°
Würzburg, Phil. Fak., Ref. Kraus, Diss. v. 24. Mai 1905
[Geb. 17. Aug. 84 Frankfurt a./M.; Wohnort: Frankfurt; Staatsangeh.: Preußen; Vorbildung: Gymn. Frankfurt Reife O. 02, Studium: Würzburg 6 S.; Rig. 3. März 05.]

Bemerkenswerte Bäume und Sträucher der Umgegend von Marburg. (Forstbotanisches Merkbuch.) Von Friederich Kanngiesser, Arzt. Giessen: Nitschkowski 1909 60 S. 8° [10. 12070 11

Kanngiesser, Frdr., die Etymologie der Phanerogamennomenclatur. Eine Erklärg. der wissenschaftl., der deutschen, französ., engl. u. holländ. Pflanzennamen. (XII, 191 S.) gr. 8. Gera 908. F. v. Zezschwitz. nn 3.85; geb. in Leinw. 5.—

Kanngiesser, Frdr., Vergiftungen durch Pflanzen u. Pflanzenstoffe. Ein Grundriss der vegetalen Toxikologie f. prakt. Aerzte, Apotheker u. Botaniker. (VI, 49 S.) 8. Jena 910. G. Fischer. 1.—

Kanngiesser, Friederich, Dr. phil.: Aus d. Marburger Univ.-Augenklinik. Vergleichsuntersuchungen zwischen der Licht- und Convergenzmiosis, zwischen der Atropin- und Eserinwirkung auf Iris und Ciliarmuskel, nebst Bemerkungen über die Form der Pupille. Mit 1 Taf. Wiesbaden: Bergmann 1908. 15 S. 8° ¶(Aus: Archiv f. Augenheilk. Bd 62. 1909.)
Marburg, Med. Diss. v. 12. Dez. 1908, Ref. Bach
[Geb. 17. Aug. 84 Frankfurt a. M.; Wohnort: Braunfels; Staatsangeh.: Preußen; Vorbildung: Städt. Gymn. Frankfurt Reife O. 02; Studium: Phil. u. Med. Würzburg 6, Med. Genf 1, Jena 1, Genf 1, Amsterdam 1 S.; Coll. 5. Okt. 08; Approb. 27. Nov 08.] [U 09. 3138

Kanngießer, Gust., die Stellung Moses Mendelsohn's in der Geschichte der Aesthetik. Frankfurt a. M. 868 Boselli. br. 8. (VIII, 115 S.) n. 12 ngr.

Kanngießer, Gust., die Stellung Moses Mendelssohn's in der Geschichte der Aesthetik. br. 8. (VIII, 115 S.) Frankfurt a. M. 868, Rommel. *

Kanngießer, H., Gesetze des norddeutschen Bundes, s. Gesetze.

Kanngiesser, H.: Der Prozeß Wodtke-Busch,
s. Kannegiesser, Hermann

Kanngießer, H., der Prozeß Wodtke-Busch, s. Prozeß.

Kanngiesser, Herm., das Recht der deutschen Reichs-Beamten. Gesetz vom 31. März 1873. Aus den Materialien der Reichs- und Landes-Gesetzgebung erläutert. gr. 8. (XIV, 806 S. mit 1 Tab. in qu. 4.) Berlin 874, Kortkampf. *

— die Rechts-Verhältnisse der Beamten u. Lehrer in Elsass-Lothringen. Theilweiser Abdr. aus: „Das Recht der deutschen Reichs-Beamten." gr. 8. (74 S.) Ebend. 874. n. 1. 60

Kanngießer, Otto, Frankfurts Gegenwart u. nächste Zukunft. E. Denkschrift. gr. 8. (68 S.) Frankfurt a/M. 892. Gebr. Knauer. n. 1. —

Kanngießer, Otto, Geschichte der Eroberung der freien Stadt Frankfurt durch Preußen im Jahre 1866. gr. 8. (VIII, 472 S.) Frankfurt a/M. 877. Keller. 6. —; geb. 7. 35

Kanngießer, Otto. Geschichte d. Krieges v. 1866. Nebst e. Vorbericht: „Die deutsche Frage in den 1850er Jahren". 2 Bde. gr. 8. (VII, 388; IX, 344 S.) Basel 892,93, Schweiz. Verlags-Druckerei. à Bd. * 5 —; * 10 —; geb. à Bd. * 6 50, * 13 —

Kanngiesser, Peter Friedrich

— Zum Andenken an Dr. L. G. Kosegarten. 8. Greifsw. 819. Mauritius. 5 K

— die alte komische Bühne in Athen. Mit 2 Kpf. gr. 8. Bresl. 817. J. F. Korn. 2 ℛ 16 K Hdq. Pr. 1 ℛ 8 K

— Carmen seculare ad concelebrandam memoriam instauratae ecclesiae evangelicae ab Acad. Gryphiswaldensi editum. Fol. Greifsw. 817.

Kanngießer, (P Fr.,) Geschichte v. Pommern bis a. d. J. 1129. 1r Bd. A. u. d. T.: Bekehrungsgeschichte d. Pommern z. Christenthume. gr. 8. Greifsw. 824, Koch.

Kanneßießer, P. F., Grundriß d. Alterthumswissenschaft. gr. 8. Halle, Hemmerde u. Schwetschke. 815.

Kanngießer, Pt. Fr., († d. 7. April 1833.) Grundriß der Alterthumswissenschaft. gr. 8. Halle 815. Schwetschke u. S. 1 ℛ 18 K

— d. Klosterhaus u. d. Urne. (Gedichte.) 16. Greifsw. 824. Koch. 16 K

— Mittheilungen aus Greifswald u. Pommern. 1s Hft. gr. 8. Greifsw. 821. Mauritius. 14 K

— Oden. 8. Bresl. 814. Holäufer. 16 K

— der Palmenhain. 8. Bresl. 805. (Sosohorsky). 16 K

Kanneßießer, P. F., der Palmenhayn. 8. Bresl. Meyer. 805.

Kanngiesser, Petrus Fridericus [geb. Glindenberg bei Magdeburg, 3. 5. 1774] De primordiis historiae antiquissimae. (Vratislaviae) 1814. (19 S.) 4° [Zugleich Hab.-Schr.]
Breslau, Phil. Diss. v. [12.] Nov. 1814

Kanngießer, Pet. Friedr., der Püsserkrug u. Karlsbad. (Gedichte.) 8. (4½ B.) Greifswald 832, (Koch.)

— der fliegende Ritter. Eine Wochenschrift. 12 Stcke. 8. Bunzlau 803.

Kanngießer, Pt. Fr., s. v. Rosenberg, die Gräfin.

Kannegießer, P. L., Tataris od. die Befreiung Schlesiens ꝛc. gr. 8. Breslau, Barth. 810.

— Tataris, od. die Befreiung Schlesiens, in 18 Gesängen. gr. 8. Bresl. 811. Holäufer. 1 ℛ

Kanngiesser, Richard Der Zug des Herzogs Georg von Mecklenburg in's Erzstift Magdeburg im Jahre 1550. 4 (40 S., 1 Karte). Progr. Guericke-Sch. Magdeburg 1888 (251)

Kannholtz, Christian Friedrich

Die Königliche Deutsche Gesellschaft zu Königsberg in Preussen, feyrete ihren jährigen Einweyhungstag durch CHRISTIAN FRIEDRICH KANNHOLTZ, 1744. den 21. des Wintermonaths ib. — fol.

Die wahren Vorzüge seltener Verdienste wurden an der Person des Hochwohlgebornen, .. Herrn Reinhold Friedrich von Sahme, da Seine Königliche Majestät von Preussen Ihn zum Präsidenten und Officialen des Samländischen Consistorii allergnädigst bestätiget, in der Königlichen deutschen Gesellschaft durch gegenwärtige Ode bewundert von CHRISTIAN FRIEDRICH KANNHOLZ Königsberg 1745. den 16. Junius. — fol.

Kanning, Rich., Rechenbuch f. höhere Mädchenschulen, s.: Bachmann, Fr.

Kannopka, Rich., Lichtenstein, Callnberg u. Umgegend, s.: Colditz, Hugo.

Kannst du e. Socialdemokrat sein? 8. (24 S.) Graz 895. Styria. — 25

Kano, Sakutaro: Aus der Universitätsklinik f. Ohren-, Nasen- u. Kehlkopfkrankh. zu Erlangen. Über das Verhalten der Stria vascularis bei angeborener Taubstummheit. Erlangen 1909: Junge. 41 S. 8°

Erlangen, Med. Diss. v. 18. Aug. 1909, Ref. Denker

[Geb. 19. Aug 72 Gifu; Wohnort: Erlangen; Staatsangeh.: Japan; Vorbildung: Gymn. Gifu Reife 89; Studium: Tokio Kaiserl. milit.-med. Akad. 8, München 1, Erlangen 2 S.; Rig 20. Juli 09.] [U 10. 803

Kanold, Johann

Curieuse und nutzbare Anmerckungen[Anmerckungen] von Natur-und Kunst-Geschichten... Von Johanne Kanoldt (Kanold). St.[1]-4. Budißin:Richter 1726-29. 8°

(= Sammlung von Natur-und Medicin. Suppl.1-4.)

St.[1:] 1726.
St.2-3: 1728.
St. 4: 1729.

– Kurze wahre Historie von der Seuche des Viehs. Budissin 721.

Historische Relation von der Pestilentz des Horn - Viehes, welche anno 1711 u. 1712 in Schlesien, wie nicht weniger diese, u. das vorhergegangene 1710. Jahr in Moscau, Polen, Ungarn,... u. andern Landern starck grassiret. Ausgefertiget von Johann Kanold. Breßlau: Fellgiebel 1713. 96 S. 8°

– [Hrsg.], s. Sammlung von Natur- und Medizin- ... Geschichten ..

Kanold, Richard [app. Arzt]: Untersuchungen der Musculatur bei Paedatrophie und hereditär luetischen Kindern im Anschl. an e. Darstellg d. bisher bekannten Muskelerkrankgn ... Leipzig, Buchdr. R. Hahn, 1897; 127 S. 8.

Leipzig, Med. Fak., Inaug.-Diss. v 10. Juni 1897

Kanold, Rich., Untersuchgn. d. Musculatur b. Paedatrophie u. hereditär luetischen Kindern im Anschl. an e Darstellg. d. bisher bekannten Muskelerkrankgn. Diss. gr. 8. (127 S.) Leipzig 897. (G. Schlemminger.) n. 1. 50

Kanold, Wilhelm [Gerichts-Ass. zu Berlin]: Beiträge zur Lehre von der Aufrechnung nach römischem und gemeinem Recht. . . . Berlin, Buchdr. v Gustav Schade (Otto Francke) (1888) 69 S. + 1 Bl. 8°

Berlin. Jur Fak Inaug Diss v 19. Dez. 1888

Kanoldt, Edm., s.a.Landschaften, mythologische.

Kanoldt, E., mythologische Landschaften. Lichtdrucke nach Gemälden v. E. K. Mit begleit. Dichtungen v. A. Leschivo. Imp.-4. (47 S. m. 10 Lichtdr.) Leipzig 887. Amelang. geb. m. Goldschn. n. 12. —

Kanoldt, Edm., mythologische Landschaften. Lichtdr. nach Gemälden. Mit begleit. Dichtgn. v. A. Leschivo. gr. 8. (10 Taf. m. 47 S. Text.) Leipzig 901. C. F. Amelang. Geb. in Leinw. m. Goldschn. n. 6. —

Kanoldt, E., die Schiller-Kirche in Wenigenjena. In Wort und Bild dargestellt. gr. 4. (1 Kpfrt. und 1 Bl. Text.) Jena 863, Mauke.

—— Thüringen. Führer durch Thüringen und den Thüringer Wald. 8. (XII und 308 S. mit 40 in den Text gebr. Abbild. in Holzschn. und 1 lithogr. Karte von Thüringen in 4.) Leipzig 864, Weber. geb. *

Kanoldt, Erich, Rechtsanwalt, Hötensleben: Pflichtteilsrecht der Abkömmlinge, die im gemeinschaftlichen Testamente auf den Ueberrest eingesetzt sind, nach dem Tode des zuerst versterbenden Ehegatten? Leipzig 1908: B. Georgi. (VIII, 28 S.) 8° [Ŝ.]

Greifswald, Jur. Fak., Ref. Frommhold, Diss. v. 30. April 1908

[Geb. 23. Mai 78 Gotha, Wohnort Hötensleben; Staatsangeh.: Preußen; Vorbildung Gymn. Greifswald Reife O. 98, Studium: Heidelberg 1, Berlin 1, Greifswald 4 S.; Rig. 19. Juli 07.]

Kanoldt, Johanna, guide through the old Pinakothek of Munich. Translated from the German by Clara Hellwig. (XV, 218 S. m. 1 eingedr. Grundriss, 24 Vollbildern n. 1 Tab.) kl. 8. München 910. H. Jaffe. Geb. in Leinw. 4. 50

Kanon, s.a.Canon

Kanon deutscher Dichtungen. Zusammengestellt durch Fachkonferenzen des königl. Theresien-Gymnasiums in München. gr. 8. (79 S.) München 900. (J. Lindauer.) Kart. n. 1. —

Kanon der in den Klassen Sexta bis Tertia zu behandelnden deutschen Gedichte. 4 (S. 16 der Schuln.). Lat. Hauptsch. *Halle a. S.* 1890 (228) **Progr.**

— der im Lehrerinnenseminar zu Wiesbaden zu lernenden deutschen Gedichte. (50 S.) gr. 8. Wiesbaden 903. H. Staadt. n.n. — 60

Kanon deutscher Gedichte für das Gymnasium zu Neuwied. Sexta. Quinta. 8. (38 S.) Neuwied 879, Heuser'sche Verlagh. *

—— dass. — Quarta. Tertia. Secunda. 8. (64 S.) Ebendas. 879. *

—— dass. — für die Realklassen des Gymnasiums zu Neuwied. Quarta. Tertia. Secunda. 8. (IV, 59 S.) Ebendas. 879. *

Kanon deutscher Gedichte. Zusammengestellt durch Fachkonferenzen des königl. Gymnasiums zu Neuwied. 8. (VII, 131 S.) Neuwied 886, Heuser's Verlag. *

Kanon der französischen Gedichte. (Realschule zu Bitterfeld.) (22 S.) 8. Bitterfeld 902. Schmiedeberg, F. E. Baumann. n. — 25

Kanon der im Deutschen auswendig zu lernenden Gedichte. — Kanon der zu lernenden Kirchenlieder. Wandsbek, Druck v. F. Puvogel, 1897; S. 21. 4.

Wandsbek, Matthias Claudius-G m. R u. VS, P 1897 (296)

Kanon der zu lernenden Gesänge und Gedichte 1 Lieder für den Religionsunterricht. 2 Gedichte für den deutschen Unterricht. 4 (S. 10 –11) 4 (S. 7—8).

Progr. Rprg. (Wilhelmssch.) *Segeberg* 1892 (295). 1894 (295).

[F.] **Kanon** der Geschichtszahlen. Brilon, Druck v. J. Meyer, 1897; 31 S. 8.
Brilon, G Petrinum, OP 1897 (360)

— der in der städtischen Mädchen-Mittelschule zu Dortmund einzuprägenden Geschichtszahlen. (8 S.) 8. Dortmund (909). F. Steffen. —15

Kanon der zu erlernenden Geschichtszahlen. Marienburg, Druck v. L. Giesow, *1896;* 22 S. 8.
Marienburg, k. G, OP 1896 (34)

— der am königl. Gymnasium zu Marienburg zu erlernenden Geschichtszahlen. Im Anschluss an die Herbst'schen Lehrbücher red. v. den Geschichtslehrern d. Gymnasiums. gr. 8. (46 S.) Marienburg 886. Hemmpel. cart. n. —50

Kanon der am Königlichen Gymnasium zu Minden zu erlernenden Geschichtszahlen. Minden i. W. 1904 J. C. C. Bruns. (27 S.) 8°
Minden, k. evangel. G u. R OP 1904 (410)

Kanon der am Gymnasium zu Thorn zu erlernenden Geschichtszahlen ... Thorn 1897
s. **Entz,** Heinrich [Vf.]

—— der in den mittleren Klassen höherer Lehranstalten zu erlernenden Geschichtszahlen. Zusammengestellt von den Lehrern der Geschichte am städt. Gymnasium zu Danzig. gr. 8. (16 S.) Danzig 885, Saunier. **

Kanon zu erlernender Geschichtszahlen für das König Wilhelms-Gymnasium. *Magdeburg 1900: E. Buensch jun.* (31 S.) 8°
Magdeburg, (st.) König Wilhelms-G, OP 1900 (255)

— der auswendig zu lernenden Geschichtszahlen. (Gymnasium zu Höchst a. M.) Untere u. obere Stufe. gr. 8. Höchst 903. W. Graf. à n. —20
Untere Stufe (IV bis II B). (11 S.)
Obere Stufe (II A u. II). (15 S.)

Kanon der von den Schülern des Königl. Realgymnasiums zu Osnabrück auswendig zu lernenden Geschichtszahlen. Osnabrück, Druck v. J. G. Kisling, 1891; 16 S. 8°
Osnabrück, k. RG, OP 1891 (321 statt 320)

Kanon der zu lernenden Geschichtszahlen f. höhere Mädchenschulen. (11 S.) 8. Trier (909). A. Sonnenburg. p nn —10

[F.] **Kanon** zu lernender Geschichtszahlen im Anschlusse an die neuen Lehrpläne für die Oberstufe des Gymnasiums. Coesfeld, Druck v. J. Fleissig, 1895; 24 S. 8.
Coesfeld, k. G Nepomucenianum, OP 1895 (356)

[F.] **Kanon** zu lernender Geschichtszahlen im Anschlusse an die neuen Lehrpläne für die Unterstufe des Gymnasiums. Coesfeld, Druck v. J. Fleissig, 1895; 21 S. 8.
Coesfeld, k. G Nepomucenianum, OP 1895 (356)

Kanon der einzuprägenden Jahreszahlen. Im Anschluß an d. Hilfsbuch von Brettschneider für d. Geschichtsunterricht am Königl. Gymn. in Sorau als Manuskript gedruckt. (Zugest. von d. Geschichtslehrern.) *Sorau N.-L. 1902: Rauert & Pittius.* (40 S.) 8° [Umschlagt.]
Sorau, k. G, P 1902 (97)

Kanon der im geschichtlichen Unterrichte der unteren u. mittleren Klassen höherer Lehranstalten einzuprägenden Jahreszahlen. Hrsg. im Auftrage d. königl. Provinzial-Schul-Collegiums zu Coblenz. gr. 8. (12 S.) Crefeld 891. Kramer & Baum. n. —10

— der Jahreszahlen f. den Geschichts- u. Religionsunterricht am Stadtgymnasium zu Halle a. S. gr. 8. (39 S.) Halle (901). F. Starke. n. —40

Kanon der zu lernenden Jahreszahlen. Wiesbaden, Druck v. R. Bechtold & Comp., 1890; S. 9—18; 4°
Wiesbaden, st. R, OP 1890

— der Jahreszahlen f. d. geschichtl. Unterricht. (15 S.) 8. Münster 908. Aschendorff. —15

Kanon der Interpunktionsregeln. (Aufgestellt in der Fachkonferenz vom 22. August 1885.) (Umschlagtitel. Kanon der Interpunktionsregeln.) 4 (S. 13—14). **Progr.** G. *Hohenstein* 1887 (5).

Kanon der in den Klassen Sexta bis Tertia zu memorierenden Kirchenlieder. — Kanon der ... zu behandelnden deutschen Gedichte. Halle a. S., Druck d. Buchdr. d. Waisenhauses, 1890; S. 16; 4°
Halle, lat. Haupt-S, P 1890

Kanon der Lektüre für die klassischen Sprachen. Frankfurt a. O., k. Hofbuchdr. Trowitzsch & Sohn, 1890; S. 11—12; 4°
Frankfurt an der Oder, k. Friedrichs-G, OP 1890

A. Kanon für die christliche Religionslehre. B. Kanon der zu lernenden Gedichte aus Hopf und Paulsiek. C. Kanon der zu lernenden Geschichtszahlen. D Kanon der Vorschule. 4 (S. 35—40). **Progr.** Stadtg. *Stettin* 1890 (137).

Kanon der zu lernenden und zu lesenden Stücke aus dem deutschen Lesebuch von Prof. Dr. Chr. Muff für die Klassen Sexta bis Sekunda des Königl. Progymnasiums zu Neumark Westpr. *Neumark Westpr. 1898: J. Koepke.* (12 16 S.) 4°
Neumark in Westpr., k. PG, P 1898 (36)

Sokrates z. Standhaftigkeit: Eine **Kanone** starken Pulvers auf das Wohlseyn des sehr ehrw. Meisters v. Stuhl d. □ S[okrates] z[ur] St[andhaftigkeit in Frankfurt a. M.]. [Frankfurt a. M.] o. J. 2 Bl. 8° [Umschlagtit.]
Lied ohne Noten: „Wenn Maurer sich, in der Erholungs-Stunde, . . .“ 138.

Kanonen, s. Soldaten-Freund, der.

Kanonen, ungezogene. Im Vereine mit mehreren satyr. Freischützen hrsg. von Aristophanes d. j. 8. (120 S. mit eingedr. Holzschn.) Wien 862, Markgraf und Müller. *

Kanonen-Katechismus (Kleiner) zum Gebrauche des gemeinen Mannes deutscher Nation im hlg. römischen Reiche Hrsg. vom Deutschen Michel. 8°. Luzern, Härdi, 1873.

Kanonensäule, die, od. der Obelisk in Moskau, mit einem Commentar darüber, von Hofr. Böttiger. Leipzig, Brockhaus. 814.

Kanonensäule, Die Moskauer, oder der Sieges-Obelisk. Leipzig 1814. V: *Böttiger, Carl August.* (BrVV)

Die Kanones [**Canones**] der wichtigsten altkirchlichen Concilien nebst den apostolischen Kanones. Hrsg. von Lic. Dr. Friedrich Lauchert, Prof. Freiburg i. B. & Leipzig: Mohr 1896. CXXX, 228 S. 8°
(Sammlung ausgewählter kirchen- u. dogmengeschichtl. Quellenschriften. H. 12.)
[11. 5407 4

Kanones, die syrischen, der Synoden v. Nicäa bis Chalcedon, hrsg. v. Frdr. Schulthess, s.a. Abhandlungen der königl. Gesellschaft der Wissenschaft zu Göttingen. Philol.-histor. Kl. X, 2.

Die syrischen Kanones der Synoden von Nicaea bis Chalcedon nebst einigen zugehörigen Dokumenten hrsg. von Friedrich Schulthess. Berlin Weidmann 1908. (XIII, 27*, 177 S.) 4°
= Abhandlungen d. Kgl. Gesellschaft d. Wiss. zu Göttingen. Phil.-hist Kl. N. F Bd 10, No 2 [08. 14477

Kanonessammlung, die, des Kardinals Deusdedit. I. Bd. Die Kanonessammlg. selbst. Mit Unterstützg. der Savigny-Kommission der kaiserl. Akademie der Wissenschaften neu hrsg. von Vict. Wolf v. Glanvell. Mit 8 Lichtdr.-Taf. (LIV, 656 S.) gr. 8. Paderborn 905. F. Schöningh. n. 28. —

Kanonier, der. Nach dem Französ. von A. H. Brandrupp. 3 Thle. Berlin 853. Fernbach jun. 16. (300; 268; 149 S.) 1 ♂. 15 ngr.

Kanonier, der deutsche, vor Straßburg. Eine Erzählung für das deutsche Volk aus dem glorreichen Kampfe der deutschen Heere gegen Frankreich in den J. 1870 und 1871. 16. (IV, 120 S.) Stuttgart 871, Rupfer. (40 Pf.)

Kanontafel. Lith. u. ill. gr. Fol. Augsburg 845, Walch'sche Kunsth. 7½ Ngr., in Fol.

— dies. in Fol. Ebend. 845. ⅙ ♂

Kanontafel. gr. Fol. Luxemburg 868, Brück.

Kanowska, Julie, eine Erzähl. v. A. Klebe. 8. Magdeb. Heinrichshofen. 797.

Kanowska, Julie, und Alexander Wielenki, eine Familiengeschichte aus den Zeiten der letztern Polnischen Revolution, 8. Magdeb. 797. Keil. 1 Rtl.
Auch unter dem Titel:
Klebe, A. Erzählungen, 1r Theil.

Kanowski, Frdr. Herm., Alpenrosen u Haidekraut. Gedichte. 8. (IX, 296 S.) Berlin 884. Ißleib. geb. m. Goldschn. n. 6. —

Eine jungfräuliche Frau. Liebesdrama in 4 Acten von F. Hermann Kanowski. Wien Eirich 1897 125 S. 8° [10. 9649

Kanowski, Friedr. Herm., Mira, die Polenbraut. Operndichtung in 3 Aufzügen. 8. (III, 83 S.) Hannover 886, (Helwing's Verlag.) [*ℳ 4.—.] *

Kanowski, F. H. Die beiden Oberstein. Operndichtung in 4 Aufzügen nebst 1 Vorsp. 12. (VIII, 74 S.) Münch. 889, Merhoff's Verlag. * 2 —

Kanponton, Rabbi Isaac, gen. der „Gaon v. Kastilien". Darke Ha-Gemara. Die Methodologie d. babylon. Talmud. Mit e. Vorwort hrsg. v. J. H. Weiss. (In hebr. Sprache.) gr. 8. (III, 20 S.) Wien 891, (Lippe). * — 80

Das Kansas Banner : 1871? 1874? **Lawrence, KS**
Republican weekly Circulation 1873, 600. Edited & published by O. Häberlein.

Kansas City und sein Deutschtum. Cleveland, 1900.

Kansas City Herold : 1880?—1884?
Daily, morning except Monday, 1880; evening except Sunday, 1881—84. Democratic. For weekly edition, see WÖCHENTLICHER KANSAS CITY HEROLD. Circulation 1881, 600. Edited by Otto Jahr, & published by Carl Lengel, 1880; edited by G. L. Hermann, & published by William Lengel, 1881- 84.
Kansas City, MO

Wöchentlicher Kansas City Herold : 1880?—1884? **Kansas City, MO**
Weekly edition of KANSAS CITY HEROLD. Circulation 1880, 1600.

Kansas City Omnibus : 1869?—1871?
Weekly (Sunday) edition of KANSAS CITY POST Circulation 1870, 720 (est.). Edited & published by Charles Weissmann at the office of the POST.
Kansas City, MO

Kansas City Post : 1859– 1892 **Kansas City, MO**
A daily morning paper „Die KANSAS CITY POST, eine Morgen-Zeitung, ist kürzlich eingegangen."

Wöchentliche Kansas City Post : 1868—Apr 1897
Weekly edition of POST UND TRIBÜNE. Title varies. KANSAS CITY POST, 1868—71, KANSAS CITY POST UND TRIBÜNE, 1871—72?; WESTLICHE VOLKSZEITUNG, 1873—85, KANSAS CITY POST?, 1886—97 Circulation 1870, 1500 (est.); 1880, 1200; 1890, 6400
Kansas City, MO

Kansas City Presse : 1883? 1941?
Daily, evening except Sunday, 1883 -May 1 1918 weekly, May 16, 1918 – 1924 semi-weekly, 1925– 38 weekly, 1939 - 41. Republican, 1883– 1917 Independent, 1918 32 Independent Republican, 1933 -41 Part of edition printed as ST JOSEPH VOLKSBLATT (St Joseph, Mo.), 1924 41 For weekly edition, see WÖCHENTLICHE KANSAS CITY PRESSE. Absorbed POST UND TRIBÜNE, Apr 1897 and adopted its volume numbering. Absorbed MISSOURI STAATS-ZEITUNG, (Dec 1917) and NEUE KANSAS STAATS-ZEITUNG. Circulation 1890, 3500; 1900, 4500; 1910, 3500; 1915, 3000; 1925, 18,000 1930, 16,785 1940, 17,681 Edited by Kurt Thiersch, 1883 -96, by Philip Dietzgen, 1896– 1904, by Heinrich J. Lampe, 1905 - 14, by John Folz, 1915, published by Kansas City Presse Publishing Co. (Heinrich Zurn, bus.mgr.), 1883--96; by United Press Co., 1896– 1901, by Philip Dietzgen, 1905 15 edited & published by John Folz, 1916?–17, edited by Ernst Pacully 1917—18? "Opfer des Weltkrieges," by Hans N. Weiss, 1926—27 by Hermann Gastreich, 1928 41 published by Press Publishing Co. (Val. J. Peter), 1917—24, by Hans N Weiss, 1924 - 26, by Tribune Publishing Co. (Val. J. Peter), 1926—41
Kansas City, MO

Wöchentliche Kansas City Presse : 1884?- May 1918.
Weekly edition of KANSAS CITY PRESSE. Circulation 1890, 4500; 1900, 5500; 1909, 5475 1915, 5500. Title varies slightly
Kansas City, MO

Kansas City Reform : Mar 1890 -1909?
Weekly 1890 98 daily, evening except Sunday, 1899 weekly, 1900 -09. Independent. Title varies REFORM, 1890 1908? Sub-title Vereint mit der GERMANIA. Place of publication varies St. Louis, 1899. For Sunday edition, see MISSOURI BLÄTTER. Circulation 1895, 3274, 1899, 4261 1908, 4500. Edited & published by Julius J. Speyer, 1890 1908?; 1890?—99 published in St. Louis, edited by Theodor Stalzer, & published by Kansas City Reform Publishing Co., 1908?- -1909.
Kansas City, MO

Kansas City Tribüne : 1868—1871?
Weekly United with KANSAS CITY POST, to form POST UND TRIBÜNE Circulation 1870, 2000 (est.). Edited by G. Schürmann, & published by Ed. Harrin & G. Schürmann
Kansas City, MO

Die Kansas City Zeitung . 1899?- 1908? **Kansas City, MO**
Weekly Roman Catholic

Kansas Courier : Mar ? 1876— 1878?
Daily, evening except Sunday, 1876—77, weekly, 1878. Democratic, supported Tilden. Circulation 1877, 400. Edited & published by E. Fleischer & Co., 1876—77 by Courier Co., 1878.
Kansas City, MO

Der Kansas Courier : Sept 25, 1891 –1893?
Independent Democratic weekly. Continued as DER KANSAS COURIER (McPherson, Kans.). Circulation 1893, 700. Edited by George Ph. Roth, & published by Kansas Courier Co., 1891—93.
Hillsboro, KS

Der Kansas Courier : Jahrgang 1—3, no. 3, Sept. 25, 1891– Nov 10, 1893.
Independent Democratic weekly Place of publication varies. Hillsboro, Kans., Sept. 25, 1891—Aug. 23, 1893. Continued at El Reno, Okla. Edited by George Ph. Roth, & published by Kansas Courier Co., Sept. 25, 1891—Aug. 23, 1893; edited & published by George Ph. Roth, Oct. 13—Nov 10, 1893. Suspended Sept.—Oct. 1893.
McPherson, KS

Kansas Freie Presse : Oct. 1868– -1886?
Republican daily, evening except Sunday. Continued from LAWRENCE FREIE PRESSE (Lawrence, Kans.). For weekly edition, see WÖCHENTLICHE KANSAS FREIE PRESSE. Suspended Jan.—July 18, 1881. Circulation 1870, 520 (est.), 1880, 800; 1885, 600. Edited & published by J. M. Häberlein, 1868– 73; by Eduard F & Oscar Häberlein, 1873--May 11, 1881, edited by Lorenz Rohr, Sept. 27, 1881 -May 1, 1884, published by Kansas Freie Presse Association, May 1881—Dec 1883, edited & published by Karl Geier & H. A. Wilken, Dec 11, 1883– 1886. Other editors: Chris. Schubert, G. Renschler
Kansas City, KS

Wöchentliche Kansas Freie Presse : 1868?– 1886.
Weekly edition of KANSAS FREIE PRESSE. Circulation 1870, 800 (est.); 1880, 3500.
Leavenworth, KS

Kansas Herold: Apr 14, 1888—Apr 19, 1890?
Weekly Circulation 1890, 300. Edited & published by Edward Elias, 1888—90.
Hutchinson, KS

Kansas Herold: Jahrgang 1—3, no 52, May 1888—Apr. 25, 1891.
Independent weekly Circulation: 1890, 600 (est.). Edited by Edward Elias, & published by Herold Co., 1888—91.
Kansas City, KS

Kansas Journal: Mar 1, 1865—Feb. 1868.
Weekly United with KANSAS ZEITUNG, to form KANSAS STAATS-ZEITUNG. Edited & published by L. Soussman & Kempf, 1865 by L. Soussman, 1865—68.
Leavenworth, KS

Der Kansas-Kinderfreund: Jahrgang 1—52, Jan 1903—Sept./Oct 1954?
Bi-monthly Organ of the Kansas Evangelical Lutheran Children's Friend Society, associated with Die Deutsche Evangelisch-Lutherische Synode von Missouri, Ohio und anderen Staaten. Quarto, each issue 8 pages illustrated. Published by the Evangelisch-Lutherische Kindergesellschaft von Kansas.
Winfield, KS

Kansas Pionier: 1881—? Wyandotte, KS
Weekly. Edited by L. Weil.

Der Wöchentliche Kansas Pionier: Jahrgang 1—7, no. 38, Aug 15, 1881—July 26, 1888.
Republican weekly. There is also an English edition entitled KANSAS PIONEER. Title varies KANSAS PIONIER, Oct 20, 1883—July 1888. Place of publication varies Wyandotte, Kans., Aug. 15, 1881—Mar 11, 1886 with Jahrgang 5, no. 18, Mar 11, 1886, the paper prints the Governor's proclamation that cities of Wyandotte, Kansas City and Armourdale were to be united as Kansas City Continued as KANSAS PIONIER. Circulation 1885, 1000 (est.). Edited & published by Louis Weil, Aug. 15, 1881—July 26, 1888. Agricultural paper Strongly anti-Prohibition.
Kansas City KS

Kansas Rundschau: Jahrgang 1, no. 1—23, Sept. 17, 1897—Feb. 25, 1898. Lacrosse, KS
Weekly. Edited & published by Otto L. Haese

Kansas Staats-Anzeiger: Aug. 28, 1879—1915?
Independent weekly Weekly edition of ATCHISON JOURNAL, a daily published in English, 1881—82. Published as an edition of DER HEROLD (Wichita, Kans.), 1897—1915. Continued from DAS NEUE VATERLAND (Newton, Kans.). Place of publication varies Topeka, 1879—80 Atchison, 1881 85 Wichita, 1886—Jan 1895 Atchison, Feb. 1895—1915. Circulation 1880, 1200; 1890, 5600; 1900, 4800. Edited & published by Phillip Schmitz, 1879 -80 by John Hoenscheidt, 1880 -1915 Other editors J. J. Junkermann, 1879—?
Atchinson, KS

Kansas Staats-Zeitung: Mar 1 1868—Apr 1, 1869.
Weekly. Formed by union of KANSAS ZEITUNG, and KANSAS JOURNAL Edited & published by Louis Weil & L. Soussman, Mar -Oct. 1868 by L. Soussman, Oct 1868 -Apr 1, 1869
Kansas City, KS

Kansas Staats-Zeitung: Sept. 15, 1871 - 1872?
Liberal Republican weekly Edited & published by George Tauber, 1871—72; by A. Thoman, 1872.
Topeka, KS

Kansas Staats-Zeitung: Jahrgang 1, no. 1—30, July 13, 1878—Feb. 15, 1879?
Independent weekly. Edited & published by Dr. L. Rick.
Kinsley, KS

Kansas Staats-Zeitung: Apr 12, 1879—May 12, 1881?
Independent weekly Circulation 1880, 800. Edited & published by Dr L. Rick
Marysville, KS

Kansas Staats-Zeitung: Jahrgang 1 - 3, no 27, Nov. 1885—May 10, 1888.
Independent weekly. Circulation 1888, 950. Edited & published by Louis Rick.
Fort Scott, KS

Neue Kansas Staats-Zeitung: Jahrgang 1—23, no 6, Nov. 1894—Dec. 29, 1916?
Republican weekly. Title varies: KANSAS STAATS-ZEITUNG, Jahrgang 1 - 8, no. 31, Nov. 1894—July 2, 1902, MISSOURI STAATS-ZEITUNG, Jahrgang 8, no 33 (sic) -34, July 9—18, 1902?; Circulation 1900, 960; 1910, 900. Edited by F Gehring, & published by Kansas Staats-Zeitung Publishing Co., Nov. 1894—Dec 10, 1896. edited & published by Jacob Frohwerk, Dec 17, 1896—July 17, 1902; by James Van Peyma, Sept. 3—Nov. 19, 1902.
Kansas City , KS

Kansas Telegraph: Dec 23, 1880—1881?
Daily For weekly edition, see WÖCHENTLICHER TELEGRAPH. Edited by H. von Langen, & published by Kansas Telegraph Druckerei-Gesellschaft, 1880—81
Atchinson. KS

Kansas Telegraph: Oct.? 1880—1905?
Semi-weekly, then weekly. Independent Democratic Sub-title Organ für Freiheit und Wahrung unserer constitutionellen Rechte Edited & published by H. von Langen, 1880—90; edited by H. von Langen, & published by Kansas Telegraph Publishing Co., 1891—99; edited & published by T. H. Pennekamp & Co 1900 by M. C. Pennekamp, 1901?—1905.
Topeka, KS

Kansas Volksfreund: Jahrgang 1, no. 1—49, Sept. 7, 1878—Aug. 16, 1879.
Democratic weekly Continued as KANSAS STAATS-ANZEIGER (Topeka, Kans.). Edited & published by Phillip Schmitz
Great Bend ' KS

Kansas Zeitung: July 15, 1857—1859?
Weekly Sub-title Ein Organ für freies Wort, freien Boden und freie Männer Continued as KANSAS ZEITUNG (Leavenworth, Kans.). Edited & published by Dr Karl Fr Kob, July 1857—Mar. 1858 by L Souszman, Apr. 1858—1859.
Atchinson, KS

Kansas Zeitung: Sept 1858—Mar 1, 1868.
Republican weekly (daily, Sept. 1863). Continued from KANSAS ZEITUNG (Atchison). United with KANSAS JOURNAL, to form KANSAS STAATS-ZEITUNG. Edited & published by L. Soussman, 1858—64; by Louis Weil, Apr 18, 1864—Mar 1, 1868.
Kansas City, KS

Kaensche, *Carl* Conrad [Dr. phil., pr. Arzt in Raudten, Bez. Breslau]: Zur Kenntniss der Krankheitserreger bei Fleischvergiftungen ... (Aus: Zeitschr. f. Hyg. u. Infectionskrankh., Bd XXII.) Leipzig, Veit & C., 1896; 17 S., 1 Bl. 8.
Breslau, Med. Fak., Inaug.-Diss. v. 20. Juni 1895

Kansky, Eugen: Reduktion von Aminosäuren zu Aminoaldehyden. Über die Isolierung aliphatischer Alkohole. (Berlin 1909: G. Schade.) 32 S. 8°
Berlin, Phil. Diss. v. 24. Juli 1909, Ref. Gabriel
[Geb. 1. Jan. 87 Warschau Wohnort: Berlin; Staatsangeh.: Rußland; Vorbildung: Gymn. Petersburg Reife O. 05; Studium: Prag Böhm. Univ. 4, Berlin 4 S.; Rig. 15. Juli 09.] [U 09. 209

Kanstadt, Carl, neue Lehre v. d. Geistesstörungen, s. Guislain, Jos.

Kan-su [Schlagwort]

Kan-su, Prov. Filchner, Wilh., u. G. Scholz, Karte der chinesischen Prov. Kan-su, s.: Ergebnisse, wissenschaftliche, der Expedition Filchner nach China u. Tibet (im Alphabet der Bücher).

Kant [Schlagwort]

Kant, s.a. Adickes, Erich.
Elsmann, Wilhelm.
Erhardt, Franz.
Gerhard, Carl.
Hensel, Paul.
Jansen, Wilhelm.
Martin, Rudi.
Mencke, Carl.
Schanz, Johannes.
Siedel, K. G.
Unold, Joh.

Kant [Sachliches OW]

Kant. – Über Immanuel Kant.

Kant, Im., über, 3 Thle. 8. Königsberg, Nicolovius. 804. (1r s.a. Borowski. 2r s.a. Jachmann. 3r s.a. Wasianski)

Kant, Imm., über, 3 Thle. 8. Königsb. 804. (1r Thl., J. Kant's Leben, v. L. E. v. Borowski. 2r Thl., Im. Kant, geschildert v. R. B. Jachmann. 3r Thl., üb. Im. Kant, in sn. letzten Lebensjahren, von E. Chr. Wasianski). (Müller in Leipz.) 2 Rthl. 12 gr.

Immanuel Kant. Ein Lebensbild nach Darstellungen d. Zeitgenossen (Reinhold Bernhard) Jachmann, (Ludwig Ernst) Borowski, (C. [vielm. Ehregott] A[ndreas] Ch[ristoph]) Wasianski. Hrsg. von Alfons Hoffmann. *Halle a. S.: H. Peter 1902.* (XIV, 442 S.) 8° [04. 16130

Kant als Naturforscher, Philosoph u. Mensch, s.: Herbst, G.

Kant und das Princip der Erhaltung der Kraft. O. O. 1879. V: *Stadler, August.* (Cat. d. Stadtbibl. Zürich. Zürich 1864—97.)

Kant und Schopenhauer (aus dem Jahre 1897). Von G . . . . r. Berlin 1908. V: *Germer, Hugo.* (EB)

– Dass., s.a. Gizycki, G. v., Kant und Schopenhauer.

—— dass. —s.a. Meyer's Volksbücher.

Kant, Schopenhauer u. Dr. Grabowsky od. wie das deutsche Volk dem Philosophen dankt, der vollendet hat, was Kant u. Schopenhauer vergebens erstrebten. 2. verb. u. verm. Aufl. (Von Norb. Grabowsky.) gr. 8. (31 S.) Leipzig 901. M. Spohr. n. — 50

Kant [Verfasser]

Kant. See- und Handlungsgeschichte von England oder Leben der brittischen Seehelden. 8. Leipzig 1777

Kant, Arthur [app. **Arzt aus** Stettin]: Experimentelle Beiträge zur Hygiene des Kupfers ... Würzburg, kgl. Universitätsdr. v. H. Stürtz, 1892; 36 S. 8.
Würzburg, Med. Fak., Inaug.-Diss. v. 1892

Kant, Eberhard: Die Totalexstirpation der Scapula. Leipzig 1910. Hoffmann. 33 S. 8°
Leipzig, Med. Diss. v. 30. Juli 1910, Ref. Trendelenburg
[Geb. 9. Jan. 86 Aschersleben, Wohnort: Leipzig, Staatsangeh.: Preußen; Vorbildung Gymn. Aschersleben Reife O. 05; Studium: Leipzig 10 S.; Coll. 5 Aug. 10.] [U 10. 2995

Kant, Friedrich

Kant, Frdr., Besprechung der Winckelmann'schen Anschauungsbilder auf der Unterstufe a, b u. c der utraquistischen Volksschule, nebst Verteilung des Unterrichtsstoffes. gr. 8. (24 S.) Lautenburg 888. Graudenz, Gaebel. n. — 60

—— Übungsstoff aus der vaterländischen Geschichte. Ein Handbuch f. die Kinder der Ober- u. Mittelstufe der utraquist. Volksschule. 12. (24 S.) Ebd. 889. — 35

Kant, Immanuel

— Abhandl. üb. die Evidenz in metaphys. Wissenschaften. 8. Berlin 764.

Kant, Imm., († d. 12. Febr. 1804) zwo Abhandll. üb. moral. u. polit. Gegenstände. 8. Frkf. u. Leipz. 795. (Krieger in Marb.) 10 gr.

— metaphysische Anfangsgründe der Naturwissenschaft, s.a. Veröffentlichungen der philos. Gesellschaft an der Universität zu Wien. III.

— metaphys. Anfangsgründe d. Naturwissenschaft. gr. 8. Riga 786. 2e Aufl. 787. 3e Aufl. 803. Hartknoch in Leipz. 8 gr.

— metaphys. Anfangsgr. d. Naturwissenschaft. gr. 8. Hartknoch. 800.

Kant, Imm., metaphys. Anfangsgründe d. Naturwissenschaft — in ihren Gründen widerlegt v. Fr. Gtli. v. Busse. Mit v. Busse's Bildn. gr. 8. (12½ B.) Dresden 828, Arnold.

— metaphys. Anfangsgründe der Rechtslehre. gr. 8. Königsb. 798. 2e A. 798. (J. Müller in Leipz). (Ist dessen Metaphysik d. Sitten, 1r Thl.) 20 gr. Holländ. Pap. 1 rthl. 8 gr. erläut. Anmerkk. dazu. gr. 8. Ebd. 799. (Ebd.) 3 gr.

Kant, Imm. Metaphysische Anfangsgründe der Rechtslehre. Frankfurt u. Leipzig 1797

Kant, Im.: Metaphys. Anfangsgründe d. Rechtslehre (d. Metaphysik d. Sitten. 1. Bd.) *Königsb.*, Nicolovius. (797.) 798. 8. (20 Gr., holl. P. 1 Thl. 8 Gr.)
Uebers. unt. d. Tit.:
Elem. metaphys. juris doctr. — vert. G. L. König. *Amst.*, v. d. Hengst. 799. 8. (*Gröning.*, Boekeren. 820.) gr. 8. (1 Thl. 16 Gr.)

— metaphys. Anfangsgründe der Tugendlehre. gr. 8. Königsb. 797. 2e A. 803. (J. Müller in Leipz.) (Auch u. dem T.: Metaphysik d. Sitten, 2r Thl.) 16 gr. Holl. Pap. 1 rthl. 4 gr.

Im. **Kant**'s metaphys. Anfangsgrr. d. Tugendlehre; (d. Metaphysik d. Sitten. 2r Bd.) *Königsb.*, Nicolovius. (797.) 803. gr8° 16 gr.

— neue Anmerkk. zur Theorie d. Winde. Hamb., (Herold jun.) 1 rthl. 4 gr.

Kant, I. Neue Anmerkungen zur Erläuterung der Theorie der Winde . . . Mainz u. Hamburg 1805. H: *Vollmer, Gfr. Dietr. Lebrecht.* (BrMm)

Kant, Immanuel, Neue Anmerkungen zur Erläuterung der Theorie der Winde bisher noch in keiner der grösseren oder kleineren Sammlungen seiner Werke gedruckt. Anhang zu der einzig rechtmässigen Ausgabe seiner physischen Geographie nebst einigen andern Zusätzen und Berichtigungen, einem allgemeinen Register (über alle Bände d. Physisch. Geographie), auch einer Ehrenrettung Kants gegen Rink. (Herausgegeb. von Vollmer). A. m. d. T Kants Physische Geographie. Bd. 4. Mainz und Hamburg 1805.

— Pr. Anmerkk. zur Erläuterung der Theorie d. Winde. 4. Königsb. 756.

— Anthropologie in pragmat. Hinsicht. gr. 8. Königsb. 798. 2e Aufl. 800. 3e A. 821. (J. Müller in Leipz.) 1 rthl. 4 gr. Schrbp. 1 rthl. 12 gr.

— Anthropologie in pragmat. Hins. gr. 8. Königsberg, Nicolovius. 801. Schreibp.

Kant, Immanuel: Anthropologie in pragmatischer Hinsicht. 3.verbess.Aufl. 332 S., gbd.

Königsberg: Universitäts-Buchhandlung 1820

JB 5.603

Kant, J., Anthropologie in pragmatischer Hinsicht. 3te verb. Aufl. gr. 8. Königsberg, Universitätsbuchh. 821.

Kant, Imm., Anthropologie in pragmat. Hinsicht. 4. Orig.-Ausg. mit e. Vorw. v. J. F. Herbart. gr. 8. (21½ B.) Leipzig 833, Müller. Thlr.

Kant's, Imman., Anthropologie in pragmatischer Hinsicht. Hrsg. und erläut. von J. H. von Kirchmann. 3. Aufl. 8. (XIII, 266 S.) [Leipzig 880, Koschny.] Heidelberg, Weiss' Verlag. *

Kant, Immanuel: Anthropologie in pragmatischer Hinsicht. Hrsg. u. erl. von Julius Hermann v. Kirchmann. 4 Aufl. Leipzig: Dürr 1899. XIII, 200 S. 8°
(Philosophische Bibliothek. Bd 44.)

— Antw. an Sieyes 1796. a. d. Lat. gr. 8. Basel, S. Flick. 797.

— Antwortschreiben an d. Abt Sieyes 1796; aus d. Latein. übers. gr. 8. Basel 797. (Neukirch). 8 ggr Dass. in e. andern Uebersetz. 8. Frankf. a. M. 797. Behrens. 8 ggr

— Anweis. zur Menschen- u. Weltkenntniß. Nach dessen Vorlesungen im Winterhalbjahre v. 1790—1791, herausg. von Fr. Chr. Starke. gr. 8. Leipzig 831. (Dr. Bergk). 18 ggr

—— Anweisung z. Menschen- u. Weltkenntniß. Nach dess. Vorlesn. im Winterhalbjahre v. 1790—1791. Hrsg. von † Fr. Chr. Starke. gr. 8. (8½ B.) Leipzig 831, Expedit. d. Europ. Aufsehers.

—— Anweisung z. Menschen- u. Weltkenntniß. Hrsg. v. † Fr. Chr. Starke. Neue Ausg. gr. 8. (9¾ B.) Quedlinburg 838, Ernst'sche Buchh.

— üb. Aufklärung. Eine Stimme d. Vorzeit an die Gegenwart. Mit Noten begleit. von e. kathol. Geistlichen. gr. 8. Leipz. 831. Hartmann. 4 ggr

Kant, (J.,) Aufsätze üb. d. Denklehre u. d. Fichtesche Philosophie rc., s. Tieftrunks Denklehre.

Kant, J Zerstreute Aufsätze. Frankfurt 1793.

— letzte Aeußerungen, s. J. G. Hasse.

Kant, Immanuel. Beantwortung der Frage Was ist Aufklärung? 1784. Wörtlicher Abdruck. Potsdam 1845. 8 S. 8.

— Beobacht. üb. das Gefühl des Schönen u. Erhabenen. 8. Königsb. 766. N. Aufl. Riga 771. Hartknoch in Leipz. 4 ggr

—— замѣчанія о чувствахъ высокаго и прекраснаго. Переводъ съ Французскаго. (Beobachtungen über das Gefühl des Schönen und Erhabenen.) gr. 8. (85 S.) Leipzig 862, Gerhard. *

Kant, Immanuel: Beobachtungen über das Gefühl des Schönen und Erhabenen von —. Neudr. d. 1. Ausg.‹1764›. Rev. nach d. Akad.- Ausg. Mit e. Einl. von Arthur Pieper. Berlin-Steglitz: Brandt 1910. VIII, 110 S. 8°

— s.: Bericht, wahrheitsgetreuer, über meine Reise in den Himmel.

Im. **Kant's** Betrachtt. üb. d. Optimism. *Königsb.* 759. 4°

— Beweisgrund zu e. Demonstration des Daseins Gottes, nebst den anderen kleineren Schriften zur Religionsphilosophie, s.a. Bibliothek, philosophische.

Im. **Kant's** einzig mögl. Beweisgrund zu e. Demonstrat. d. Daseyns Gottes. *Königsb.*, Hartung. (763.) 770. 8° 8 ggr

— Beweisgr. z. e. Demonstration v. Daseyn Gottes. 8. Königsb. Hartung. 794.

Kant, Immanuel: Beweisgrund zu einer Demonstration des Daseins Gottes, nebst d. anderen kleineren Schriften z. Religionsphilosophie. Der 2. Abth. von Kant's Kleinen Schriften z. Ethik u. Religionsphilosophie. 2. Aufl. durchges. von Friedrich Michael Schiele.
Leipzig: Dürr 1902. (VIII, 171 S.) 8°
= Bibliothek, Philosophische. Bd. 47

—— Lose Blätter aus seinem Nachlass, s.a. Reicke, Rud.

Kant, Immanuel: Lose Blätter aus [Immanuel] Kants Nachlaß. Mitgeteilt von Rudolf Reicke. H. 1–3. Königsberg i. Pr. F. Beyer 1889–98. 3 Bde 8°
2. 3. aus: Altpreuß. Monatsschrift. 1891–98.

Kant, Immanuel: Ein unbekannter Brief [Immanuel] Kants an Biester über Dirk van Hogendorp. Mitgeteilt von E. F. Kossmann. Königsberg i. Pr. 1904: R. Leupold. (9 S.) 8°
Aus: Altpr. Monatsschrift. Bd 41, H. 1 2.

— zwei Briefe an Hamann, s. Ratjen, H., Johann Friedrich Kleuker.

Kant's, Imman., Briefwechsel, s. Reicke, R.

— üb. die Buchmacherei. 2 Briefe an Fr. Nicolai. 8. Königsb. 798. (J. Müller in Leipz.) 3 ggr

— constitutio princip. metaphys. morum in lat. convert. J. C. Zwantziger. 8 maj. Leipz. 796. Compt. f. Litt. 12 ggr

Ej. Constitutio principii metaphys. morum — conv. J. Ch. **Zwanziger.** *Lpz.*, Hilscher. 796. 8° 10 ggr

Kant's Imm., 68 interessante Definitionen. Zusammengetragen aus sein. verschied. Werken v. C. G....ch. gr. 8. (1 B.) Darmstadt 842, Kern. *

Im. **Kant**: Principiorum metaphys. nova dilucidatio. *Königsb.* 755. 4°

Kant, Imman. (I.), vier lateinische Dissertationen, s. Bibliothek, philosophische.

Ej. Elementa metaphys. juris doctrinae; lat. vert. G. L. **König.** *Amsterd.*, v. d. **Hengst.** 799. 8°

— elementa metaphysica juris doctrinae. Lat. vert. G. L. König. 8 maj. Gotha 800. Ettinger. 1 Rthlr 12 ggr 8 maj. Gröning 820. v Boekeren. (Leipz., Barth). 1 Rthlr

Kant, Immanuel „Ueber eine Entdeckung, nach der alle neue Kritik der reinen Vernunft entbehrlich gemacht werden soll", Königsberg 1790; 2. Auflage 1792 (J. Müller in Leipzig).

— üb. e. neue Entdeck., dadurch alle neue Kritik d. rein. Vern. entbehrlich gemacht werd. soll. gr. 8. Königsb. Nicolovius. 792.

— Entwurf u. Ankündigung eines Collegii d. phys. Geographie, nebst Untersuchung: Ob d. Westwinde in unsern Gegenden darum feucht sind, weil sie üb. ein großes Meer streichen? 4. Königsb. 759.

— Erweis d. falschen Spitzfindigkeit der vier syllogist. Figuren. 8. Königsb. 762. Zeitz 797. Webel. 2 gr.

—— Ueber Erziehung, s. Bibliothek, pädagogische.

– s. Essay and Treatises

Kant, Immanuel: Ethik und Religionsphilosophie. Ausgew. Abschnitte aus Grundlegung z. Metaphysik d. Sitten, Kritik d. prakt. Vernunft, Religion innerhalb d. Grenzen d. blossen Vernunft, hrsg. von Prof. Dr. August Messer. (Stuttgart: Greiner & Pfeiffer [1905].) VII, 161 S. 8°
(Bücher d. Weisheit u. Schönheit.)

Kant, Immanuel u. (Respond.) **Marcus Hertz** (Berlin), De mundi sensibilis atque intelligibilis forma et principiis. Diss. pro loco profess. log. et metaph. ordin. Königsberg (Jo. Jac. Kanter) 20. VIII. 1770. 38 S. (9.—) 17462
Oppon.: Georg Wilhelm Schreiber (Königsb.), Johann August Stein (Königsb.), Georg Daniel Schroeter (Elbing).

Kant, I., über die religiösen und politischen Fragen der Gegenwart. Darmstadt 1846. H: *Hoffmann genannt von Fallersleben, August Heinrich.* (GGr)

Kant, Imman., über die religiösen und politischen Fragen der Gegenwart. gr. 8. (48 S.) Darmstadt 847, Leske.

— zum ewigen Frieden, s.a. Universal-Bibliothek.

— zum ewigen Frieden. Ein philosoph. Entwurf. 8. Königsb. 795. 2e Aufl. 796. (J. Müller in Leipz.) 8 gr. Dass. französ. u. d. T.: *Projet* de paix.

Im. **Kant**: zum ewigen Frieden; e. philosoph. Entwurf. *Königsb.*, Nicolovius. (795.) N. vm. A. 796. 8° 8 gl

—— Zum ewigen Frieden. Nebst Auszügen aus andern Kant'schen Schriften, betr. den näml. Gegenstand. Neue Ausg. mit einem Vorwort von G. Vogt. gr. 8. (VIII und 63 S.) Bern 867, Fiala. *

Kant, I. Entwurf zum ewigen Frieden fortgesetzt . . . Germanien [Hamburg] 1797. V: *Heynich, Herm.* (Wr)

Kant, J., Gedächtnißfeier. gr. 8. Königsb. Nicolovius. 811.

— Gedanken bei d. frühzeit. Ableben Jh. Fr. v. Funk's; in e. Sendschreiben an dessen Mutter. 4. Königsb. 764.

Kant, Immanuel: Die letzten Gedanken Immanuel Kant's. Der Transscendental-Philosophie höchster Standpunkt: Von Gott, der Welt u. dem Menschen, welcher beide verbindet. Aus Kant's hinterl. Ms. von Albrecht Krause.
Hamburg: C. Boysen 1902. (132 S.) 4° (8°)

— Gedanken v. der wahren Schätzung d. lebenden Kräfte u. Beurtheilung der Beweise, deren sich Leibnitz rc. bedienet. gr. 8. Königsb. 746. Hartung. 10 gr.

— Gedanken v. d. wahren Schätzung d. lebenden, Kräfte und Beurtheil. d. Beweise, derer sich Leibnitz rc. bedienet. gr. 8. Königsb. Hartung. 750.

— physische Geographie, s.a. Bibliothek, philosophische.

— phys. Geographie, f. Freunde der Welt- u. Länderkunde; zum Unterricht f. die erwachsene Jugend, bearb. von J. G. Schall. 4 Bde. 8. Hamb. ... ? (Herold jun.) 2 Thlr. 8 gr.

— phys. Geogr. f. Freunde d. Welt u. Länderkund, z. Unterricht für die erwachsene Jugend, bearb. v. J. G. Schall. 2 Bde. 8. Hamb. Vollmer.

Kant, I. Physische Geographie. Mainz u. Hamburg 1801—3. H: *Vollmer, Johann Jacob Wilhelm.* (MGT)

— physische Geographie herausgeg. v. J. J. W. Vollmer. 1r—3r Bd., à 2 Abtheil. u. 4r Bd., 1e Abtheil. 8. Hamb. u. Mainz 801—4. (Herold jun.) 7 Thlr. 16 gr. (2r Bd., 2e Abtheil. Auch u. dem T.: Beschreibung d. Jüdischen Landes rc. 2e verb. Aufl. 816. 1 Thlr. 20 gr.)

Physische Geographie. 2. durchaus umgearb. Aufl. von J. J. W. Vollmer. 4 Vol. in 7 Abth. Mainz u. Hamburg. 1802—1805. 8. Auch unter dem Titel: Physische Geographie nach Kantischen Ideen.

Kant, Immanuel, Physische Geographie. Auf Verlangen des Verfassers, aus seiner Handschrift herausgegeben und zum Theil bearbeitet von Friedrich Theodor Rink. 2 Bände. Königsberg 1802.

Kant, Imm., physische Geographie; auf Verlangen des Verfass. herausgeg. von Fr. Th. Rink. 2 Bde. 8. Königsb. 803. Unzer. 2 Thlr. Schrbp. 3 Thlr. 12 gr.

— Dies.; f. Freunde d. Welt- u. Länderkunde herausg. von K. G. Schelle. 2 Bde. 8. Leipz. 803. Mit n. T. 807. Schiegg. 1 Thlr. 16 gr.

Kant's Physische Geographie. (76. Band der Philosoph. Bibliothek herausgeg. von J. H. von Kirchmann. Supplement zu Kant's Werken.) Leipzig 1877. 8°.

Immanuel Kant, Physische Geographie. 2. Aufl. Hrsg. u. mit e. Einl., Anm. sowie e. Personen- u. Sachreg. vers. von Paul Gedan. Leipzig: Dürr 1905. (xxx, 386 S.) 8°
— Bibliothek, Philosophische. [Neue Ausg.] Bd 51. [05. 8739

Geschichte und Naturbeschreibung der merkwürdigsten Vorfälle des Erdbebens, welches an dem Ende des 1755. Jahres einen großen Theil der Erde erschüttert hat. Von Immanuel Kant. Königsberg: Hartung 1756. 40 S. 8°

— Grundlegung zur Metaphysik der Sitten, s.a. Bibliothek, philosophische. 41. Bd.

— dasselbe, s.a. Universal-Bibliothek.

Kant, Immanuel: „Grundlegung zur Metaphysik der Sitten", Riga 1785; 2. Auflage . . . . .; 3. Auflage 1792; 4. Auflage 1797 (Leipzig, Hartknoch).

— Grundleg. z. Metaphys. d. Sitten. gr. 8. Riga. (Hartknoch in Leipz.) 797.

Eb. Grundl. z. Metaph. d. Sitten, in e. fassl. Sprache dargest. u. ihrem Hauptinh. nach geprüft v. H. Kunhardt. *Lüb.*, Bohn. 800. 8° 16 *gl*

Immanuel Kants Grundlegung zur Metaphysik der Sitten. 3. Aufl. Hrsg u. mit Einl. sowie e. Personen- u. Sachreg. versehen von Karl Vorländer. Leipzig: Dürr 1906. (XXX, 102 S.) 8°
— Bibliothek, Philosophische Bd 41 [07. 10564 11

Eb. Grundlinien d. Religionsphilos. *Sulzb.*, Seidel. 819. gr8° 8 *gl*

Kant, Immanuel: Kant,

— ausgewählt u. bearb. v. L. Weis, s. Ewigkeitsfragen im Lichte großer Denker.

s. Klassiker, die, der Pädagogik.

— Kritik der Urtheilskraft, s.a. Bibliothek, philos. 89.

— Kritik der Urtheilskraft, s.a. Universal-Bibliothek Nr. 851—855; 1027—1030.

— Kritik der Urtheilskraft. gr. 8. Berl. 790. 2e Aufl. 793. 3e A. 799. (Köchly). 1 ₰ 12 ₰

Eb. Kritik d. Urtheilskraft. *Berl.* u. *Libau*, Lagarde. (790-92.) 798. gr8° 1 ₰ 8 *gl*

Kant, Immanuel: Kritik der Urtheilskraft. 2.Aufl. Th.1-2, 482 S., gbd.
Berlin: Lagarde 1793

JB 5.602

— Critik der Urtheilskraft. 3e Aufl. gr. 8. Berlin 799. (Fr. Fleischer in Leipzig.) $1^1/_2$ ₰

— Kritik d. Urtheilskraft. gr. 8. Berl. Lagarde. 799.

— Kritik der Urtheilskraft. Hrsg. u. erläut. von J. H. v. Kirchmann. 2. Aufl. 8. (XII, 382 S.) Leipzig 873. Koschny. n. 2. —

— Kritik der Urtheilskraft. Hrsg. von Benno Erdmann. gr. 8. (XLII, 421 S.) Leipzig 880, Voss. *

Kant, Immanuel: Kritik der Urtheilskraft. Hrsg. von B. Erdmann. 2. Stereotyp-ausg. Hamburg und Leipzig 1884

— dass. — 2. Ster.-Ausg. gr. 8. (XLII, 421 S.) Hamburg 884, Voss. *

Kant, Immanuel: Kritik der Urtheilskraft. Hrsg. u. mit e. Einl., sowie e. Personen- u. Sachreg. vers. von Dr. Karl Vorländer. 3. Aufl. Leipzig: Dürr 1902. (XXXVIII, 413 S.) 8°
= Bibliothek, Philosophische. Bd 39

— Dass. für Ungeweihte, s. J. G. C. Kiesewetter.

— Kritik d. prakt. Vernunft, s.a. Bibliothek, philosophische.

— Kritik der praktischen Vernunft, s.a. Universal-Bibliothek Nr 1111; 1112.

Kant, Immanuel: „Kritik der praktischen Vernunft", Riga 1788; 2. Auflage 1792; 3. Auflage .; 4. Auflage .; 5. Auflage 1818; 6. Auflage 1827 (Leipzig, Hartknoch).

— Kritik der prakt. Vernunft. gr. 8. Riga. (Hartknoch in Lpz.) 797.

Kant, Immanuel: Kritik der praktischen Vernunft. 5. Aufl. Hrsg. u. mit Einl. sowie e. Personen- u. Sachreg. versehen von Karl Vorländer. Leipzig: Dürr 1906. (XLVII, 220 S.) 8°
= Bibliothek, Philosophische [Neue Ausg.] Bd 38.

— Kritik der reinen Vernunft, s.a. Bibliothek, philosoph. 37. Bd.

— Kritik der reinen Vernunft, s.a. Meyer's Volksbücher Nr 761—769

— dasselbe. s.a. Universal-Bibliothek.

— Kritik d. reinen Vernunft. gr. 8. Riga 781. 2e Aufl. 787. 3e 790. 4e Aufl. 795. 5e Aufl. 799. 6e A. 818. 7e Aufl. Leipz. 828. Hartknoch. 2 ₰ 16 ₰ Schrbp. 4 ₰ Dass. im Auszuge, s.a. B. Stöger.

— — im Ausz. v. B. Stoger u. and. Auss. v. Sauter. gr. 8. Salzb. Duyle. 797.

— — Kritik der reinen Vernunft. 6te Aufl. gr. 8. Dresden, Hartknoch. 818.

Kant's, Imman., Kritik der reinen Vernunft hrsg. von G. Hartenstein. gr. 8. (XVIII und 668 S. mit Portr. in Stahlst.) Leipzig 853, Voss. *

— Kritik der reinen Vernunft hersg. von G. Hartenstein. Leipzig 869. Voss. gr. 8. (XV, 619 S.) n. 1 ₰ 15 ngr

— Kritik der reinen Vernunft. Hrsg. von Benno Erdmann. gr. 8. (XVI, 676 S.) Hamburg 878. Voss. n. 4. 50

— Kritik der reinen Vernunft. Hrsg. von Benno Erdmann. 2. Ster.-Ausg. gr. 8. (XVI, 676 S.) Leipzig 880, Voss. *

— dass. — Nachträge. Aus Kants Nachlass hrsg. von Benno Erdmann. gr. 8. (59 S.) Kiel 881, Lipsius und Tischer. *

— dass. — Hrsg., erläutert und mit einer Lebensbeschreibung Kant's versehen von J. H. v. Kirchmann. 5. Aufl. 8. (XII, 720 S.) [Leipzig 881, Koschny.] Heidelberg, Weiss' Verlag. *

— dass. — 3. mehrfach verb. Ster.-Ausg. gr. 8. (XXII, 680 S. mit Stahlst.-Portr.) Hamburg 884, Voss. *

Kant, Imman., Kritik der reinen Vernunft. Hrsg., erläutert und mit einer Lebensbeschreibung Kant's versehen von J. H. v. Kirchmann. 6. Aufl. [Sämmtliche Werke 1. Bd.] 8. (VIII, 720 S.) Heidelberg 884, Weiss' Verlag. * ℳ 2,40.; geb. *

Kant's, Imman., Kritik der reinen Vernunft. Mit Einleitg. u. Anmerkgn. hrsg. v. Erich Adickes. 8. (XXVII, 723 S.) Berl. 889, Mayer u. Müller. * 3 —; geb. * 4 —

Kant, Immanuel: K r i t i k der reinen Vernunft. Hrsg. u. mit e. Einl., sowie e. Personen- u. Sachreg. versehen von Dr. Karl Vorländer. M. d. Bildn. Kants. Halle a. d. S.: O. Hendel (1899.) (XLVIII, 839 S.) 8°
= Bibliothek d. Gesamtlitteratur d. In- u. Auslandes. No 1266–1277.

Immanuel Kant's Kritik der reinen Vernunft. Hrsg. von Benno Erdmann. 5., durchgängig rev. Aufl. [Nebst] Anhang. *Berlin: G. Reimer 1900.* 2 Bde 8°

Anh. [u. d. T.:] Beiträge z. Geschichte u. Revision d. Textes von Kants Kritik d. reinen Vernunft von Erdmann.

— dasselbe. In verkürzter Gestalt hrsg. v. Aug. Messer, s.a. Bücher der Weisheit u. Schönheit.

Kant, Immanuel: K r i t i k der reinen Vernunft. Von –. In verkürzter Gestalt ⟨m. Abschn. aus d. Prolegomenen⟩ hrsg. von Dr. August Messer. (Stuttgart: Greiner & Pfeiffer [1904].) VII, 188 S. 8°
(Bücher d. Weisheit u. Schönheit.)

Critik der reinen Vernunft von Immanuel **Kant**, Prof. in Königsberg. 1. Aufl. Riga 1781. Anastat. Neudr. (Vorr.: Ludwig Goldschmidt, Gotha.) Gotha: E. F. Thienemann 1905. (VII, 856 S.) 8° [J.] (05. [illegible])

— Kritik der reinen Vernunft. Hrsg. v. Heinr. Schmidt. 11.—15. Taus. (Kröners Volksausg.) (VIII, 304 S.) gr. 8. Leipzig (910). A. Kröner. 1. —

Kant, Immanuel: L a i e n b r e v i e r. Eine Darstellung der Kantischen Welt- u. Lebensanschauung f. d. ungelehrten Gebilgeten aus Kants Schriften, Briefen u. mündl. Äußerungen zsgest. von Dr. Felic Groß. Berlin: Reichl 1909. 216 S. 8°

Kant, Immanuel. Lichtstrahlen aus seinen Werken. Mit einer Biographie und Charakteristik Kant's. Von Jul. Frauenstädt. 8. (V, 210 S.) Leipzig 872, Brockhaus. *M. 3.; geb. *

— Logik, s.a. Bibliothek, philosophische.

Kant, I. Logik; ein Handbuch zu Vorlesungen. Königsberg 1800. H: *Jäsche, Gottlob Benjamin.* (Ky) (MGT) (AarK) (ErschDL)

— — dasselbe. gr. 8. Königsb. (Krüll in Landshut.) 800.

— Logik, e. Handbuch f. Vorlesungen, (herausg. v. G. B. Jäsche). gr. 8. Königsb. 800. (J. Müller in Leipz.) 18 gl Schrbp. 1 rß 8 gl

Im. **Kant**'s Logik (h. v. Glo. Bj. Jäsche.) *Königsb.*, Nicolovius. 800. 8° 18 gl

—— Logik. Ein Handbuch zu Vorlesungen, hrsg. von Glob. Benj. Jäsche. Erläutert von J. H. v. Kirchmann. 2. Aufl. 8. (VII, 164 S.) Leipzig 876, Koschny. *

Kant, Immanuel: L o g i k. Ein Handbuch zu Vorlesungen, ⟨zuerst⟩ hrsg. von Gottlob Benjamin Jäsche. 3. Aufl. Neu hrsg., mit e. Einl., sowie e. Personen- u. Sach-Reg. versehen von Dr. Walter Kinkel, Prof. Leipzig: Dürr 1904. (XXVIII, 171 S.) 8°
= Bibliothek, Philosophische. [Neue Ausg.] Bd 43.

– von der M a c h t des Gemüts ..., s.a. B i b l i o t h e k der Gesamt-Literatur d. In- u. Auslandes.

— dasselbe, s.a. Bücher-Schätze.

—— dass. — s.a. Haus-Bibliothek.

—— dass. — s.a. Kreuzer-Bücher aus allen Gebieten.

— dasselbe, s.a. Meyer's Volksbücher.

— Von der Macht des Gemüts, durch den bloßen Vorsatz seiner krankhaften Gefühle Meister zu sein, s.a. Möller's, Wilh., Bibliothek f. Gesundheitspflege u. Volksaufklärung.

— v. der Macht des Gemüths durch d. bloßen Vorsatz, seiner krankhaften Gefühle Meister zu sein. 8. Jena 798. Acad. B. 4 gl
2e verb. Aufl., herausg. u. mit Anmerkk. versehen von C. W. v. Hufeland. gr. 8. Leipz. 824. Lauffer. 10 gl

—, V. d. Macht des Gemüthes, durch d. bloßen Vorsatz seiner krankh. Gefühle Meister zu werden. Königsb. 8°. *Hufeland*, J. d. pr. Arzn. V, 701. Auch in: der Streit der Facultäten in drei Abschnitten. Kgsb. 1798. 4°. S. 165.

—— von d. Macht d. Gemüths durch d. bloßen Vorsatz seiner krankhaften Gefühle Meister zu werden. Hrsg. u. mit Anmerkn. vers. v. C. W. Hufeland. 3. Ausg. gr. 8. (5 B.) Leipzig 836, Lauffer.

—— von der Macht des Gemüths durch den bloßen Vorsatz seiner krankhaften Gefühle Meister zu sein. Hrsg. und mit Anmerkungen versehen von C. W. Hufeland. 4. und 5. Aufl. (80 S.) 1851. und 6., verb. Aufl. 8. (78 S.) Leipzig 852, Geibel.

— von der Macht des Gemüths durch den bloßen Vorsatz, seiner krankhaften Gefühle Meister zu sein. Herausg. u. mit Anmerkungen versehen von C. W. Hufeland. 6—9. verb. Aufl. Leipzig 854—57. Geibel. 8. (78 S.) 12 ngr

Kant, I., von der Macht des Gemüths durch den bloßen Vorsatz seiner krankhaften Gefühle Meister zu sein. Herausg. u. mit Anmerkungen versehen von C. W. Hufeland. 10—13. verb. Aufl. Leipzig 859—64. Geibel. 8. (78 S.) 12 ngr

— von der Macht des Gemüths durch den bloßen Vorsatz seiner krankhaften Gefühle Meister zu sein. Hersg. u. mit Anmerkungen versehen von C. W. Hufeland. 14., verb. Aufl. Leipzig 868. Geibel. br. 8. (78 S.) 12 ngr

—— dass. — Ergänzt durch bestät. Ansichten von Herder, W. v. Humboldt, Goethe rc. 1. und 2. Aufl. gr. 8. (95 S.) Berlin 872, Sacco Nachf. * 1 20

—— dass. — Ein Schreiben an Chrph. Wilh. Hufeland über dessen Buch: „die Kunst das menschl. Leben zu verlängern." (Hrsg. von J. Rigler.) gr. 8. (40 S.) Berlin 872, Staude. — 75

Kant's, Imman., von der Macht des Gemüths durch den bloßen Vorsatz seiner krankhaften Gefühle Meister zu sein. Hrsg. und mit Anmerkungen versehen von C. W. Hufeland. 15. Aufl. 1870, und 16. verb. Aufl. gr. 8. (78 S.) Leipzig 872, Geibel. * 1 20

—— dass. — 16. (71 S.) Minden 873, Hufeland. Velinpap. M. 1,20.; geb.

— dasselbe. 16. (71 S.) Minden 873. Leipzig, Siegismund & Volkening. 1. —; auf Velinp. 1. 20; geb. 2. 25

— dasselbe. Ergänzt durch Ansichten v. Alcott, Combe, Fowler rc. Mit e. Anh.: Talismann gegen das Unglück. 2. Aufl. gr. 8. (148 S.) Schwelm 873. Berlin, Endrich. n. 1. 20

—— dass. — Ergänzt durch Ansichten von Alcott, Combe, Fowler rc. Mit einem Anhang: Talisman gegen das Unglück. 1. und 2. Aufl. gr. 8. (148 S.) Schwelm 878, Wortmann. * 1 20

Kant, Imman. (I.), von der Macht des Gemüths durch den bloßen Vorsatz seiner krankhaften Gefühle Meister zu sein. Hrsg. und mit Anmerkungen versehen von C. W. Hufeland. 17. und 18. verb. Aufl. 8. (78 S.) Leipzig 876, Geibel.

—— dass. — Neue vollständ. Ausg. Hrsg. und mit Anmerkungen versehen von C. W. Hufeland. 8. (48 S.) München 878, Unflad. *

—— **Von der Macht des Gemüths, durch den bloßen Vorsatz seiner krankhaften Gefühle Meister zu sein. Hrsg. und mit Anmerkungen versehen von C. W. Hufeland. 19.—21. verb. Orig.-Aufl. 8. (78 S.) Leipzig 880,81, [Geibel.] Reichardt Verlag.**

—— von der Macht des Gemüths, durch den bloßen Vorsatz seiner krankhaften Gefühle Meister zu sein. Hrsg. und mit Anmerkungen versehen von C. W. Hufeland. 16. (46 S.) Leipzig 888, Fock. geb. 1 —

Immanuel **Kant**: Von der Macht des Gemüts durch den bloßen Vorsatz seiner krankhaften Gefühle Meister zu sein. Hrsg. u. mit Anm. versehen von C[hristoph] W[ilhelm] Hufeland. Oranienburg bei Berlin: W. Möller [1907]. (32 S.) 8° [F.]
— **Bibliothek**, Möller's, f. Gesundheitspflege, Erziehung u. Volksaufklärung. H. 52.

(*Eb.*) Materialien zu e. festen Lehrgebäude d. Philos., nebst e. Kritik d. bisher. Philos. u. Offenbarung. *Berl.*, Rücker. 830. 8° 1ß 12gl

— Menschenkunde, s.a. Anthropologie.

— Menschenkunde oder philosoph. Anthropologie. Nach handschriftl. Vorlesungen herausgeg. von Fr. Chr. Starke. gr. 8. Leipz. 831. (Dr. Bergk). 2 ß

—— Menschenkunde, od. philosoph. Anthropologie. Nach handschriftl. Vorlesn. hrsg. v. † Fr. Chr. Starke. gr. 8. (25 B.) Leipzig 831, Expedit. d. Europ. Aufsehers.

—— Menschenkunde od. philosoph. Anthropologie. Hrsg. v. † Fr. Chr. Starke. Neue Ausg. gr. 8. (25 B.) Quedlinburg 838, Ernst'sche Buchh.

— **Metaphysik z. Handb. f. Vorles. bearb. v. Jäsche. gr. 8. Konigsb. Göbbels. 802.**

— Metaphysik zum Handbuch für Vorlesungen bearb. von J. B. Jäsche. gr. 8. Königsb. 802. (Unzer). 2 ß

—— **Metaphysik** der Sitten, s.a. **Bibliothek**, philosophische.

Kant, Immanuel „Metaphysik der Sitten", 2 Teile, Königsberg 1797 (Nicolovius). — 1. Teil: „Rechtslehre"; 2. Teil: „Tugendlehre". — 1. Teil auch allein u. d. T.: „Metaphysische Anfangsgründe der Rechtslehre", Königsberg 1796; 2. Auflage 1798 (J. Müller in Leipzig). Erläut. Anmerkungen dazu, ebenda 1799.

Kant, Immanuel: Metaphysik der Sitten. Hrsg. u. mit Einl. sowie e. Personen- u. Sachreg. vers. von Karl Vorländer. 2. Aufl. Leipzig: Dürr 1907. LI, 378 S. 8°
(Philosophische Bibliothek. Bd 42.)

— monadologia physica. Spec. I. 4. Konigsb. 756.

— Nachricht von d. Einrichtung sr. Vorlesungen in d. Winterhalbjahre v. 1765—66. 8. Königsb. 765.

— Die Natur der Frau. Anthropolog. Studien. — Berlin: Hildebrandt 1900. XVI, 300 S.

—

—— Allgemeine **Naturgeschichte** u. Theorie d. Himmels, s.a. **Klassiker** der exakten Wissenschaften.

— **allgemeine Naturgeschichte u. Theorie d. Himmels,** s.a. **Ostwald's Klassiker der exakten Wissenschaften.**

Kant's, Imman., allgemeine Naturgeschichte u. Theorie d. Himmels, s.a. Universal-Bibliothek.

— allgem. Naturgeschichte u. Theorie des Himmels. 8. Königsb. 755. N. Aufl., mit d. Verfass. Berichtigungen. gr. 8. Frankf. u. Leipz. 797. Aufs Neue herausg. (v. Chr. A. Frege.) 4e Aufl. gr. 8. Zeitz 808. (Webel). 12 K

Kant I, Allgem. Naturgesch. u Theorie des Himmels. (Ostw Klass. 12) Leipzig 1890

Kant, Immanuel: Allgemeine Naturgeschichte und Theorie des Himmels, oder Versuch v. d. Verfassg. u. d. mechan. Ursprunge d. ganzen Weltgebäudes nach Newtonischen Grundsätzen abgehandelt. Königsberg u. Leipzig 1755. Hrsg. v Arthur Joachim v Oettingen. Leipzig: W. Engelmann 1898. (158 S.) 1 Bd 8°
= Klassiker, Ostwald's, d. exakten Wissenschaften. No 12.

. Im. **Kant**: Opera ad Philosophiam crit. vert. F. Glo. **Born.** *Lpz.*, Schwickert. 796-98. 4 V. gr8° 9ß

Ein Originalbrief von Immanuel **Kant**, gefunden in e. Manuskriptsammlung d. Universitätsbibliothek in Helsingfors von M[agnus] G[ottfried] Schybergson. Helsingfors 1910: Finn Literaturgesellsch. 4 S. 4°
(Acta Societatis scientiarum Fennicae T. 38, Nr 3.)

—— über Pädagogik, s.a. Bibliothek pädagogischer Klassiker.

—— über Pädagogik, s.a. Bibliothek, pädagogische.

— **Pädagogik, herausg. v. Rink. 8. Altb. Rink. (a. Nicolovius in Königsb.) 803.**

Kant, Imm., Pädagogik; herausg. v. Fr. Th. Rink. 8. Königsb. 803. (J. Müller in Leipz.) 14 K Schreibp. 20 K

—— **über Pädagogik. Mit Kant's Biographie hrsg. von Thdr. Vogt. 2. Aufl. gr. 8. (V, 127 S.) Langensalza 883, Beyer und Söhne.** *

Immanuel Kant. Über Pädagogik. Mit Kant's Biographie hrsg. von Theodor Vogt. 3. Aufl. Langensalza: H. Beyer & Söhne 1901. (VI, 139 S.) 8° [F.]
= Bibliothek Pädagogischer Klassiker. Bd 13.

—— **Philosophie critique, exposée en 26 leçons. Ouvrage trad. de l'Allem., p. Henry Jouffroy. gr. in-8. (19½ B.) Leipsic 842, Brockhaus et Avenarius.** *

Im. **Kant** üb. d. Preisfrage: welches sind d. wirkl. Fortschr., die d. Metaphys. seit Leibnitz'ens u. Wolf's Zeiten in Deutschl. gemacht hat? h. v. F. Thdr. **Rink.** *Königsb.*, Göbbels u. Unzer. 804. kl 8° 10gl

Im. **Kant's** Diss. de principiis primis cognitionis humanae. *Königsb.* 755. 4°

— **projet de paix perpétuelle. Essai philosophique. Traduit de l'Allemand avec un nouveau Supplément de l'Auteur. 8. Königsb. 796. (Kummer in Leipz.) 10 K**

— Projets de paix perpétuelle. 8. Bern, Soc. Typ.

— Prolegomena zu e. jeden künft. Metaphysik, s.a. Bibliothek, philosophische.

—— dass. — s.a. Universal-Bibliothek Nr. 1231 und 1232.

—— Prolegomena zu einer jeden künftigen Metaphysik, s.a. Universal-Bibliothek Nr. 2469 und 2470.

— Prolegomena zu e. künft. Metaphysik. gr. 8. Riga 783. Hartknoch in Leipz. 16 gr. lat. redd. Kunhardt. 8. Helmst. 797. (Fleckeisen). 8 gr. Dies. im Auszuge, s. B Ströger.

— Prolegomena zu einer jeden künftigen Metaphysik, die als Wissenschaft wird auftreten können. Hrsg. u. historisch erklärt von Benno Erdmann. gr. 8. (X, CXIV, 155 S.) Hamburg 878. Voss. n. 4. —

Kant, Immanuel: Prolegomena zu einer jeder künftigen Metaphysik, die als Wissenschaft wird auftreten können. Von — Hrsg. von Karl Schulz. Leipzig. Reclam (1892). 230 S. 8°
(Universal-Bibliothek. Nr. 2469/70.)

Kant, Immanuel: Prolegomena zu einer jeden künftigen Metaphysik, die als Wissenschaft wird auftreten können. Hrsg. u. mit e Einl., 3 Beil. sowie e Personen- u. Sachreg. vers. von Karl Vorländer 4 Aufl. Leipzig. Dürr 1903 XLVI, 208 S. 8°
(Philosophische Bibliothek. Bd 40.)

Kant, Immanuel: Prolegomena in sprachlicher Bearbeitung. Von Emil Kühn. Gotha: Thienemann 1908 VI, 156 S 8°

—— Rede „de Medicina corporis quae Philosophorum est". (Ineditum.) Mitgetheilt von Johs. Reicke. gr. 8. (19 S.) Königsberg 881, (Beyer's Buchh.) *
Aus Altpreussische Monatsschrift, besonders abgedruckt.

— Reflexionen zur kritischen Philosophie. Aus Kants handschriftlichen Aufzeichnungen hrsg. von Benno Erdmann. 1. Bd. 1. Hft. Reflexionen zur Anthropologie. gr. 8. (X, 222 S.) Leipzig 882. Fues. n. 4. —

— Reflexionen zur krit. Philosophie. Aus Kants handschriftl. Aufzeichngn. hrsg. v. Benno Erdmann. 2. Bd. Reflexionen zur Kritik der reinen Vernunft. gr. 8. (LX, 524 S.) Leipzig 884. Fues. n. 12. —
(I. 1. u. II.: n. 16. —)
Das 2. Hft. d. 1. Bandes erscheint später.

— die Religion innerhalb der Grenzen der blossen Vernunft, s.a. Bibliothek, philosophische. 45. Bd.

— die Religion innerhalb der Grenzen der bloßen Vernunft, s.a. Universal-Bibliothek.

Kant, J. Die Religion innerhalb der Grenzen der blossen Vernunft. Frankfurt 1793.

— die Religion innerhalb der Gränzen d. bloßen Vernunft. gr. 8. Königsb. 793. 2e A. 794. (J. Müller in Leipz.) 1 rthl Schrbp. 1 rthl 8 gr.

Immanuel Kant, Die Religion innerhalb der Grenzen der bloßen Vernunft. 3. Aufl. Hrsg. u. mit e. Einl., sowie e. Personen- u. Sachreg. versehen von Karl Vorländer. *Leipzig: Dürr 1903.* (XCVI, 260 S.) 8°
— Bibliothek, Philosophische. Bd 45. [04. 1639 4

— Samml. einiger bisher unbekannt gebliebener kleiner Schriften, herausg. von Fr. Thdr. Rink. gr. 8. Königsb. 800. Nicolovius. 7 gr. Schrbp. 10 gr.

—— goldenes Schatzkästlein, od. Anweis., wie man sich u. Andere ausbilden, kennen lernen u. bessern u. d. Natur erforschen kann. Hrsg. v. (J. A.) Bergk. 8. (8 B.) Leipzig 833, Expedit. d. Europ. Aufsehers.

—— goldenes Schatzkästlein, od. d. Schönste u. Geistreichste aus dess. Schriften, in 74 Abschnitten hrsg. v. J. A. Bergk. Neue Ausg. 8. (8 B.) Quedlinburg 838, Ernst'sche Buchh.

— Schreiben an Sommerling, s. Sömmerling.

Aus Immanuel Kants Schriften, ausgew. von Emil Grosse, (Dir. zu Königsberg). Berlin: Weidmann 1903. (46 S.) 8° [F.]
— Grosse: Zum deutschen Unterricht. H. 7.

— frühere, noch nicht gesammelte kleine Schriften. 1r Thl. 8. Linz. (Akad. Bchhdl. in Jena) 795.

— frühere, noch nicht gesammelte kl. Schriften. 1r Thl. 8. Linz 795. (Hennings in Neisse). 12 gr. 2r Thl. (enth. Spitzfindigkeiten. — Naturgeschichte des Himmels). gr. 8. Frankf. u. Leipz. 797. (Webel in Zeitz). 14 gr.

(Immanuel) Kant's Gesammelte Schriften. Hrsg von d. Königl. Preuss. Akademie d. Wiss. Bd 10. *Berlin: G Reimer 1900.* 8° [F.] [01. 7641

Kant's, Imman., gesammelte Schriften. Hrsg. v. der königl. preuß. Akademie der Wissenschaften. I. Bd. 1. Abth., X. Bd. 2. Abth., XI. Bd. 2. Abth. u. XII. Bd. 2. Abth. gr. 8. Berlin, G. Reimer. n. 41. —; geb. in Halbfrz. n. 49. —
I. 1. Werke 1. Bd. Vorkritische Schriften I. 1747—1756. Mit 2 Taf. (XXI, 585 S.) 902. n. 12. —; geb. n. 14. —
X. 2. Briefwechsel. 1. Bd. 1747—1788. (XIX, 532 S.) 900. n. 10. —; geb. n. 12. —
XI. 2. Briefwechsel. 2. Bd. 1789—1794. (XV, 517 S.) 900. n. 10. —; geb. n. 12. —
XII. 2. Briefwechsel. 3. Bd. 1795—1803. Nachträge u. Anh. (XVII, 466 S.) 902. n. 9. —; geb. n. 11. —

Kant's, Imman., gesammelte Schriften. Hrsg. v. der kgl. preuß. Akademie der Wissenschaften. II. Bd. 1. Abth., III. Bd. 1. Abth. u. IV. Bd. 1. Abth. Werke 2.—4. Bd. gr. 8. Berlin, G. Reimer. n. 33. —; geb. in Halbfrz. n. 39. —
II. 1. Vorkritische Schriften II. 1757—1777. (VIII, 525 S.) 905. n. 10. —; geb. n. 12. —
III. 1. Kritik der reinen Vernunft. 2. Aufl. 1787. (IX, 591 S.) 904. n. 11. —; geb. n. 13. —
IV. 1. Kritik der reinen Vernunft. (1. Aufl.) Prolegomena. Grundlegung zur Metaphysik der Sitten. Metaphysische Anfangsgründe der Naturwissenschaft. (VIII, 652 S.) 903. n. 12. —; geb. n. 14. —

— Gesammelte Schriften. Hrsg. v. d. kgl. preuß. Akademie der Wissenschaften. I. Bd. 1. Abth., V. Bd. 1. Abth., VI. Bd. 1. Abth. u. VII. Bd. 1. Abth. gr. 8. Berlin, G. Reimer. 40. —; geb. in Halbfrz. 48. —
I. 1. Werke. 1. Bd. Vorkritische Schriften I. 1747—1756. (Neudruck.) (XXI, 585 S. m. 2 Taf.) 910. 12. —; geb. n 14. —
V. 1. Werke. 5. Bd. Kritik der prakt. Vernunft. Kritik der Urtheilskraft. (XI, 547 S.) 908. 10. —; geb. 12. —
VI. 1. Werke. 6. Bd. Die Religion innerhalb der Grenzen der bloßen Vernunft. Die Methaphysik der Sitten. (X, 549 S.) 907. 10. —; geb. 12. —
VII. 1. Werke. 7. Bd. Der Streit der Fakultäten. Anthropologie in pragmat. Hinsicht. (IX, 415 S.) 907. 8. —; geb. 10. —

— kl. Schriften (ohne K. Vorwissen gedr.) 8. Neuw. 793. Gehra. 16 gr. Schrbp. 20 gr.

Kant's, I., kleinere Schriften, s.a. Bibliothek, philosophische.

Kant, Immanuel: Kleinere Schriften zur Logik und Metaphysik. 2. Aufl. Hrsg. u. mit Einl. sowie Personen- u. Sachregistern vers. von Karl Vorländer. (4. Abt. in 1 Bde.) Leipzig: Dürr 1905. (Getr. Pag.) 8°
1. Die Schriften von 1755—65. 2. Die Schriften von 1766—86.
3. Die Schriften von 1790—93. 4. Die Schriften von 1796—98.
= Bibliothek, Philosophische. [Neue Ausg.] Bd 46.

Immanuel Kants kleinere Schriften zur Naturphilosophie. 2. Aufl. Neu hrsg. sowie mit e. Personen- u. Sachreg. versehen von Dr. Otto Buek. 2. Abt. Leipzig: Dürr 1907. 8°
— Bibliothek, Philosophische. Bd 49. [07. 5445

— krit. Schrift. in e. erläut. Ausz. s. J. S. Beck.

– Schriften zur Naturphilosophie, s. Bibliothek, Philosophische.

Kant, Im., neue kl. Schriften. 8. Lingen, Jülicher. 795. Rthlr.

— sämmtl. kl. Schriften. 3 Thle. 8. Frkf. u. Leipz. 797. (Voigt in Jena). 2 ℛ 12 ℊ (Nachdruck.)

— sämmtl. kl. Schriften. 3 Thle. 8. Königsb. Voigt. 797. (1r u. 2r à 18 gr. 3r 1 Thlr.)

— vermischte Schriften, ächte u. vollst. Ausg. (v. J. H. Tieftrunk) 3 Bde. gr. 8. Halle 799. Renger. 6 ℛ weiß Pap. 6 ℛ 12 ℊ 4r Bd. gr. 8. Königsb. 807. (J. Müller in Leipz.) 1 ℛ 16 ℊ

— — derselben 4r Bd. gr. 8. Königsb. Nicolovius. 807.

—— vermischte Schriften und Briefwechsel. s.a. Bibliothek, philosophische.

Kant, Immanuel: Vermischte Schriften und Briefwechsel. Hrsg. u. erl. von Julius Hermann v. Kirchmann. Leipzig: Dürr 1898. VIII, 562 S. 8°
(Philosophische Bibliothek. Bd 50.)

— vorzügliche kleine Schriften u. Aufsätze. Mit Anmerkk. herausg. von Fr. Chr. Starke. Nebst Betrachtungen üb. die Erde u. den Menschen aus ungedruckten Vorlesungen von Imm. Kant. In 2 Bänden. 1r Bd. gr. 8. Leipz. 833 (832). Exped. des europ. Aufsehers. 1 ℛ 12 ℊ

—— vorzügliche kleine Schriften u. Aufsätze, nebst Betrachtn. üb. d. Erde u. den Menschen. Mit Anmerkn. Hrsg. v. † Fr. Chr. Starke. 2 Thle. (Wohlf. Ausg.) gr. 8. (41½ B.) Quedlinburg 838, Ernst'sche Buchh.

– s. Sömmerring, S. Th.: Über d. Organ d. Seele

Im. **Kant**: die falsche Spitzfindigkeit d. vier syllogist. Figuren erwiesen. (*Königsb.*, Kanter. 763.) *Frkf.* u. *Lpz.* 797. 8° 2ℊ

— falsche Spitzfindigkeit der vier syllogistischen Figuren. 8. J. (Webel in Zeitz.) 797.

– Staat, Religion u. Erziehung, s.: Vorkämpfer deutscher Freiheit.

– der Streit der Fakultäten s.a. Bibliothek, Philosophische.

—— der Streit der Facultäten, s.a. Universal-Bibliothek Nr. 1438 und 1320.

— d. Streit der Facultäten. gr. 8. Königsb. 798. (J. Müller in Leipz.) 16 ℊ Schrbp. 1 ℛ

Im. **Kant**: d. Streit d. Facultäten. *Königsb.*, Nicolovius. 798. gr 8° 16ℊ

—— Theorie der Erfahrung, s. Cohen, Herm.
Vgl.: Grapengiesser, C., Kant's Lehre von Raum und Zeit.

(Auszug): Theorie d. reinen moral. Religion mit Rücks. auf d. reine Christenthum kurz dargestellt. *Riga*, Hartknoch. 796. 8° 16ℊ

— — dasselbe. 8. Elberfeld, Büschler.

— Theorie der reinen moralischen Religion, mit Rücksicht auf d. reine Christenthum, kurz dargestellt (v. C. E. Meiner). 8. Riga 796. (Jos. Lindauer in München). 16 ℊ Dass. 8. Köln 797. Fabricius. 12 ℊ Dass. 8. Elberf. 798. (Comian). 10 ℊ

– s.a. Träume e. Geistersehers

– Träume eines Geistersehers, s.a. Universal-Bibliothek Nr 1438 u. 1320

(Kant) Träume eines Geistersehers, erläutert durch Träume der Metaphysik. Königsb. 766. 8. Riga u. Mitau 768. 8.

(Kant, Iman.), Träume eines Geistersehers, erläutert durch Träume der Metaphysik. Riga u. Mitau. 8°
1766

Im. **Kant**'s Träume e. Geistersehers, erläut. durch Träume d. Metaphysik. *Riga*, Hartknoch. (766) 769. 8° 5ℊ

—— vom Uebergange von den metaphysischen Anfangsgründen der Naturwissenschaft zur Physik, s.a. Krause, Albr.

Kant, J. Übergang von den metaphysischen Anfangsgründen der Naturwissenschaft zur Physik. Referat von Ferd. Rosenberger ca. 1880.

– das nachgelassene Werk I. K.'s: Vom Uebergange von den metaphysischen Anfangsgründen der Naturwissenschaft zur Physik, m. Belegen populär-wissenschaftlich dargestellt v. A. Krause. Lex.-8. (XVII, 426 S.) Lahr 888. Schauenburg. n. 10. —

Kant, Immanuel: Von dem Unterschiede des Erhabenen u. Schönen in dem Gegenverhältniss beider Geschlechter. S. 47-80 in: Kant: Beobachtungen üb. d. Gefühl d. Schönen u. Erhabenen. Neudr. d. 1. Ausg. ‹1764›. M. e. Einl. v. A(rthur) Pieper 1910.

Kant, I. Verkündigung des nahen Abschlusses eines Tractats zum ewigen Frieden in der Philosophie. Ulm 1798. H: *Heynig, Joh. Glob.* (Ky)

— Verkündigung d. nahen Abschlusses eines Tractats zum ewigen Frieden in der Philosophie, (herausgeg. von J. G. Heynig). 8. (Ulm) 798. Wohler. 2 ℊ

— Versuch, den Begriff der negativen Größen in der Weltweisheit einzuführen. 8. Königsb. 763. Hartknoch in Leipz. 2 ℊ

Kant, Imm., Versuch üb. Gott, die Welt u. die menschl. Seele. Brl. 8°.
1788

Im. **Kant**'s Voriess. üb. d. Metaphys., z. Druck beförd. v. d. Herausg. d. Kant. Vorless. üb. d. Religionsl. . nebst e. Einleit., welche e. kurze Uebersicht d. wichtigsten Veränd d. d. Metaphysik seit Kant enth. *Erf.*, Keyser. 821. gr8° 1 ℔ 12 gl

—— Vorlesungen über Psychologie. Mit einer Einleitung: „Kant's myst. Weltanschauung", hrsg. von Carl du Prel. gr. 8. (LXIV, 96 S.) Leipzig 888, E. Günther. * 3 —

Im. **Kant**'s Vorlesungen üb. d. philos. Religionslehre, h. v. K. H. L. **Pölitz**. (*Lpz.*, Franz. 817.) 2e A. *Eb.*, Taubert. 830. gr 8° 1 ℔

— Vorlesungen üb. die philosoph. Religionslehre. gr. 8. Leipz. 817. (Taubert). 21 gl 2e Aufl., v. K. H. L. Pölitz. gr. 8. Ebd. 830. 1 ℔

—— Vorlesungen üb. d. philosoph. Religionslehre. Hrsg. v. K. H. L. Pölitz. 2. Aufl. gr. 8. (16 B.) Leipzig 830, [Krappe.]

— was ist Aufklärung?, s.: Bibliothek der Aufklärung.

— Was ist Aufklärung?, s.: Vorkämpfer deutsch. Freiheit.

— Werke, sorgfältig revidirte Gesammtausg. in 10 Bdn. — 1r Bd.: Schriften zur Philosophie im Allgemeinen u. zur Logik. Mit e. Vorrede v. G. Hartenstein. — 2r Bd.: Kant's Kritik der reinen Vernunft. — 3r Bd.: Kleinere metaphysische Schriften. (9 Lfrgg.) gr. 8. Leipz. 838. Modes u. Baumann. 4 1/2 ℔

— dass. 4r Bd.: Grundlegung zur Metaphysik der Sitten, Kritik der prakt. Vernunft, nebst den Abhandlungen zur Philosophie der Geschichte. gr. 8. Ebd. 838. 1 ℔

— dass. 5r Bd: Metaphysik der Sitten in 2 Thln., Rechtslehre, Tugendlehre. Nebst den kleineren Abhandlungen zur Moral u. Politik. gr. 8. Ebd. 838. n. 1 1/6 ℔

— dass. 6r Bd.: Schriften zur Philosophie der Religion. gr. 8. Ebd. 839. n. 1 3/4 ℔

— dass. 7r Bd.: Kritik der Urtheilskraft — Beobachtungen über d. Gefühl des Schönen u. Erhabenen. gr. 8. Ebd. 839. n. 1 3/4 ℔

— dass. 8r Bd.: Schriften zur Naturwissenschaft. 1e Abthl. Mit 3 Kpfrtaf. gr. 8. Ebd. 838. 1 ℔ 13 gl

— dass. 9r Bd.: Schriften zur Naturwissenschaft. 2e Abthl. — Zur physischen Geographie. gr. 8. Ebd. 839. 1 3/4 ℔

— dass. 10r Bd.: Schriften zur Anthropologie und Pädagogik. Nebst e. Sammlung von Briefen u. öffentl. Erklärungen u. e. chronolog. Verzeichnisse sämmtl. Schriften Kant's. Mit Kant's Bildniß in Stahlstich. gr. 8. Ebd. 839. 1 2/3 ℔ — Alle 10 Bde. 13 1/2 ℔

Immanuel **Kants** Werke in 8 Büchern. Ausgew u. mit Einl. versehen von Dr. Hugo Renner. Mit Kant-Bildn. u. Kant-Plakette. Bd 1. 2. Berlin: A. Weichert [1907]. 2 Bde 8° [F.] [04. 7743 11

Kant, Imm., sämmtliche Werke. Hrsg. v. Karl Rosenkranz u. Friedr. Wilh. Schubert. 12 Thle. (od. 14 Abthl.) gr. 8. Leipzig, Voss. *

fein Vlnp. *

A. u. d. Ttln.:

Thl. 1. Kleine logisch-metaphys. Schriften. Hrsg. v. K. Rosenkranz. (44 B.) 838. * 2 Thlr. 19 Gr.

2. Kritik d. reinen Vernunft. Von Rosenkranz. (52⅛ B.) 838. * 3 Thlr. 6½ Gr.

3. Prolegomena zu e. jeden künftigen Metaphysik, die als Wissenschaft wird auftreten können, u. Logik. Von Rosenkranz. (22¼ B.) 838. * 1 Thlr. 11¼ Gr.

4. Kritik d. Urtheilskraft, u. Beobachtungen üb. d. Gefühl d. Schönen u. Erhabenen. Von Rosenkranz. (30½ B.) 838. * 2 Thlr.

- 5. Schriften z. Philosophie d. Natur. Hrsg. v. Schubert u. Rosenkranz. (28½ B.) 839. * 1 Thlr. 21 Gr.

- 6. Schriften z. phys. Geographie. Von Schubert. (51½ B.) 839. * 3 Thlr. 5 Gr.

- 7. in 2 Abthln.

Abthl. 1. Kleine anthropolog.-prakt. Schriften. Von Schubert. (28¼ B.) 838. * 1 Thlr. 17⅓ Gr.

2. Anthropologie in pragmat. Hinsicht. Von Schubert. (18 B.) 838. * 1 Thlr. 3¼ Gr.

- 8. Grundlegung zur Metaphysik d. Sitten, u. Kritik d. prakt. Vernunft. Von Rosenkranz. (20⅝ B.) 838. * 1 Thlr. 6⅛ Gr.

- 9. Metaphysik d. Sitten in zwei Theilen u. Pädagogik. — A. u. d. T.: Rechtslehre, Tugendlehre u. Erziehungslehre. Hrsg. v. Schubert. (28⅛ B.) 838. * 1 Thlr. 17⅓ Gr.

- 10. Religion innerhalb d. blossen Vernunft, u. Streit d. Facultäten. (25 B.) 838. * 1 Thlr. 12¾ Gr.

- 11. Kant's Briefe, Erklärungen. Fragmente aus seinem Nachlasse. Hrsg. v. Schubert. 1. Abthl. — Kant's Biographie. Zum grossen Theil nach handschriftl. Nachrichten dargest. v. Schubert. 2. Abthl. Mit Bildn., Facsimile u. Medaillen-Abbild. (auf 2 Bl. Kpfrst.). (32 B.) 842. * 2 Thlr.

12. Geschichte d. Kant'schen Philosophie. Von Rosenkranz. (31¼ B.) 840. * 2 Thlr.

Kant's, Imman., sämmtliche **Werke**. In chronolog. Reihenfolge hrsg. von G. Hartenstein. 8 Bde. gr. 8. (1. Bd. XIX und 787 S. mit 8 Stnt., 2. Bd. XVI und 464 S., 3. Bd. XV und 619 S., 4. Bd. XII und 507 S., 5. Bd. XV und 500 S., 6. Bd. XII und 498 S., 7. Bd. XVI und 663 S., 8. Bd. XVIII und 821 S.) Leipzig 867,68, Voss. à Bd. * 1 Thlr. 15 Ngr. *

Kant's, Imman., sämmtliche **Werke**. Hrsg. von J. H. v. Kirchmann. 8 Bde. in 57 Heften. 8. Berlin [Leipzig] 868—73, Koschny. à Heft * 50 Pf. *

Inhalt:

Bd. 1. Kritik der reinen Vernunft. Hrsg. und mit einer Lebensbeschreibung Kant's versehen von J. H. v. Kirchmann. 3. Aufl. (IV, 720 S.) * ℳ 3.

» 2. Kritik der praktischen Vernunft. (196 S.) * ℳ 1. — Kritik der Urtheilskraft. 2. Aufl. * ℳ 2.

» 3. Prolegomena zu einer jeden künftigen Metaphysik. (V, 152 S.) * ℳ 1. — Grundlegung zur Metaphysik der Sitten. (VII, 95 S.) * 50 Pf. — Metaphysik der Sitten. (X, 351 S.) * ℳ 2.

» 4. Logik. (V, 164 S.) * ℳ 1. — Anthropologie. 2. Aufl. (VIII, 266 S.) * ℳ 1,50. — Die Religion innerhalb der Grenzen der blossen Vernunft. (VIII, 242 S.) * ℳ 1,50.

» 5. Kleinere Schriften zur Logik und Metaphysik. 4 Abthlgn. (VIII, 176; 156; VI, 176; 179 S.) * ℳ 4.

» 6. Kleinere Schriften zur Ethik und Religions-Philosophie. 2 Abthlgn. (224; VIII, 178 S.) * ℳ 2,50.

» 7. Kleinere Schriften zur Naturphilosophie. 2 Abthlgn. (VIII, 306; 461 S., mit eingedr. Holzschn.) * ℳ 5.

» 8. Vermischte Schriften und Briefe. (VIII, 562 S.) * ℳ 3,50.

Die einzelnen Schriften s. a. **Bibliothek**, philosophische.

Kant's, Imm., sämmtliche Werke. 1. Bd. Kritik der reinen Vernunft. Hrsg. u. m. e. Lebensbeschreibg. Kant's versehen von J. H. v. Kirchmann. 8. Aufl. 8. (IV, 720 S.) Leipzig 873. Koschny. n. 3. —

Immanuel **Kant's** ... Sämmtliche Werke. (8. rev. Aufl.) Bd 1. *Leipzig: Dürr 1901.* 8°
= **Bibliothek, Philosophische.** Bd 37. [04. 4

Kant, Immanuel: Sämmtliche Werke. Bd. 1. (9. Aufl.) Leipzig: Dürr 1906. 8°
(Philosophische Bibliothek. Bd 37.)

— wyobrazenie do Hystory powzechney w. wagledzie Kosmopol. 8. Königsb. 800. Nicolovius. 8 gl

Kant, Karl, Scherz u. Humor in Wolframs v. Eschenbach Dichtungen. Abhandlungen. gr. 8. (132 S.) Heilbronn 878. Henninger. n. 3. —

Kant, K., deutsches Wörterbuch, s.: **Grimm**, Jac.

Kant, Karl, deutsches Wörterbuch, s.: Weigand, Fr. L. K.

Kant, Theodor: Die Sprache in Sedaine's Recueil de Poésies, ein Beitrag zur Grammatik des 18. Jahrhunderts. *Hamburg 1901: Lücke & Wulff.* (29 S.) 8°
Hamburg, R in St. Pauli, P 1901 (805)

Kantak, Kamil Juliusz, Ks.: Geschichte des Bernardiner-Klosters zu Bromberg. Tremessen: [Selbstverl.] 1909: Dr. 'Praca', Posen. 98 S. 8°
Freiburg i. B., Theol. Diss. v. 1909, Ref. Pfeilschifter
(In beschränkter Anzahl, nicht für den Austausch)
[Geb. 15. Dez. 81 Lubonia; Wohnort: Krakau; Staatsangeh.: Preußen; Vorbildung: Kleriker-Sem. Posen; Studium: Freiburg i. B.; Rig. 8. Juni 09.]
[U 11. 1030

Esperantista **Kantaro**. Kolekto 1. Berlin: H.Th.Hoffmann 1907. 8° [07.17680

Kantarovitch, Samuel: Über die Abgrenzung der chronischen Paranoia. Freiburg i. B.: Hammerschlag & Kahle 1909. 24 S. 8°
Freiburg i. B., Med. Diss. v. 1909, Ref. Hoche
[Geb. 25. April 76 Minsk; Wohnort: Jaffa; Staatsangeh.: Türkei; Vorbildung: Gymn. Mikweh Jaffa Reife 95; Studium: Lausanne 7, Zürich 1, Freiburg i. B. 2 S.; Rig. 17. Dez. 09.]
[U 10. 978

Kantarowicz, C. Storia della litteratura italiana. In-8⁰. Zürich, Schulthess. 1879 2 50

Kantate, s. a. Cantate.

„Kantate". Taschen-Almanach f. Buchhändler f. d. J. 1907. 4. Jahrg. (196 S.) kl. 8. Leipzig, R. Hintzsche (durch Greßner & Schramm). Geb. in Leinw. n.n.n. — 80; in Ldr. n.n.n. 1. 35

„Kantate". Taschen-Almanach f. Buchhändler f. das J. 1911. 8. Jahrg. (VIII, 144 u. 70 S. m. 1 Bildnis.) kl. 8. Leipzig (Südstr. 17), R. Hintzsche.
Geb. in Leinw. nnn 1.—; in Ldr. nnn 1. 50

Kantate, als der Allerdurchlauchtigste, Grossmächtigste und Unüberwindlichste Fürst und Herr, Herr Leopold der Zweyte König in Ungarn und Böhmen, Erzherzog zu Oesterreich etc. zum Römischen Kaiser erwählet worden, welche bey der in der 7 Klasse (des Gymnasiums) gehaltenen Rede abgesungen worden. Sonntags, d. 31. October 1790. Mitt. 10 Uhr. Handschrift. (Ulm 1790. 4. 8 Bl.

[Kantate.] Dem Br. Amelang, zu seinem Geburtsfeste gesungen von den Brüdern der Loge Friedrich Wilhelm zur gekrönten Gerechtigkeit [in Berlin]. Berlin 1822. 2 Bl. 8⁰ [Umschlagtit.]
Ohne Noten: „Dem ew'gen Vater bringen..."

[Kantate.] Dem geliebten Br. Amelang zu seinem 53sten Geburtstage gewidmet von den Brüdern der hiesigen vier zum Bund der Grossen Loge Royale York z[ur] F[reundschaft] gehörigen St. Joh. Logen. Berlin, den 17ten Sept. 1815. [Berlin 1815]: Amelang. 2 Bl. 8⁰ [Umschlagtit.]
Ohne Noten: „Begrüsst den Tag, ihr Brüder..."

[Kantate.] Dem Andenken der hingeschiedenen Brüder. Am 29. Dec. 1834. o. O. [1834]. 2 Bl. 8⁰ [Kopftit.]
Ohne Noten.

[Kantate.] Dem Andenken der hingeschiedenen Brüder. Am 29. Dec. 1836. [Hamburg: 1836.] 2 Bl. 8⁰ [Kopftit.]
[Dasselbe.] Ebendas. 1842. 2 Bl. 8⁰
Ohne Noten: „Tod ist nicht Tod, ist Uebergang zum Leben, ..."

Bauer: **[Kantate.]** Br. Bauer gewidmet von d. B. b. d. L. z. St[andhaftigkeit in Potsdam]. o. O. u. J. 1 Bl. 8⁰ [Kopftit.]
Ohne Noten.

Beyer, Georg Friedr. Eberh.: **[Kantate.]** An Br. v. Beyer bei seiner feierlichen Einführung als deputirter National-Grossmeister am 31sten März 1817. Berlin [1817]: Gädicke. 2 Bl. 8⁰ [Umschlagtit.]
Ohne Noten: „In der festlich schönen Stunde..."

[Kantate.] Bey Einweihung des neuen Logen-Zimmers der drey vereinten Logen in Hamburg: Absalom zu den drey Nesseln, St. George zur Fichte, und Emanuel zur Mayenblume. (Als Ms. f. Brr.) Hamburg 1775. 6 Bl. 4⁰ [Umschlagtit.]
Kl. 922, 1733. Ohne Noten.

Bunzlau: **[Kantate]** Zur Einweihung des neuen Tempels der St. Johannis-Loge Zur goldenen Kette. Bunzlau, 13. Dezember 1885. Bunzlau [1885]: Wolf. 1 Bl. 8⁰. [Kopftit.]
„Das Fest, das heut vereint wir feiern ...

[Kantate.] Ihrem geliebten Br. Erhard nach seiner Genesung gewidmet von der Loge Minerva zu den drey Palmen in Leipzig. Am 10. Dec. 1811. [Leipzig 1811]: Sommer. 4 Bl. 8⁰ [Umschlagtit.]
Ohne Noten: „Brüder auf! in vollen Tönen..."

[Kantate.] Zur Feier des Johannisfestes in der hochw. Gr. Loge R. Y.
[Dasselbe u. d. Tit.:]
Zur Feier des Johannisfestes 5815 in der hochw. Gr. Loge R. Y. z. Fr. (Die Komp. vom Br. [H.] Leib.) o. O. u. J. 2 Bl. 8⁰ [Umschlagtit.]
Ohne Noten.
z. F. [Berlin] o. J. 2 Bl. 8⁰ [Umschlagtit.]
Ohne Noten: „Töne laut, o Festgesang!"

Möller, Christian Joh. v.: [**Kantate.**] Zur Feier des funfzigjährigen Maurer-Jubiläums des Brs Christian Joh. v. Möller am 6ten des Aprils 1821. [Berlin 1821: Dieterici.] 2 Bl. 8⁰ [Umschlagtit.]
Ohne Noten.

Kantate bei der Feier des St. Johannis-Festes in der Freimaurer-Loge zur Einigkeit im Orient zu Danzig aufgeführt im traulichen Vereine der Brüder am 30. Juni 1811. Danzig [1811]: Müller· 15 S. 8⁰. [Umschlagtit.]

Kantate bey der Feyer des St. Johannis-Festes in der ger. und vollk. Freymaurer-Loge zur Einigkeit im Or. zu Danzig aufgeführt im traulichen Vereine der Brüder am 24. Aug. 1806. Danzig [1806]: Müller. 8 Bl. 8⁰ [Umschlagtit.]
Nebst 3 Liedern ohne Noten. Kantate: „Sey uns gegrüsst, du Maurer Vorbild, . "

[**Kantate.**] Dem geliebten [Br.] Carl Wilh. Frh. v. Fritsch am 25. Jahrestage seines Eintritts in den Maurerbund 24. Juni 1833. [Weimar 1833.] 2 Bl. 4⁰ [Umschlagtit.]
Ohne Noten: „Zu des Meisters Ehr und Preise . . ."

Barthel, Herm.: Zum Gedächtnis an unsern teuern Br. Rob. Herm. Barthel geb. am 2. Sept. 1827, gest. am 4. Febr. 1884. Eine Gabe für die Brüder von C[arl] **Kahle.** [Münchenbernsdorf 1884: Neidhardt.] 2 Bl. 2⁰ [Umschlagtit.]

[**Kantate.**] Dem Gedächtniss des am 3ten Julii dieses 1792 sten Jahres entschlafenen Hochw. - Durchlauchtigsten Herrn Herzogs Ferdinands Herzogs zu Braunschweig und Lüneburg &c. &c. General-Grossmeisters aller vereinigten Freimaurer-Logen gewidmet von der Loge Ferdinand zur Glückseligkeit zu Magdeburg. [Magdeburg 1792]: Günther 6 Bl. 8⁰ [Umschlagtit.]
Ohne Noten. „Trauret Brüder! — Euren Führer . . ."

[**Kantate.**] Ihrem ersten Director, dem herzlich geliebten und innig verehrten Br. Joh. Georg Horzizky bei Gelegenheit seines funfzigjährigen Maurer-Jubiläums von den sämmtlichen Mitgliedern des musicalischen Collegii der Loge Royal York zur Freundschaft [in Berlin]. Den 1. Okt. 1828. Berlin [1828]: Dieterici. 2 Bl. 8⁰ [Umschlagtit.]
Ohne Noten: „Begrüsst den Tag ihr Brüder . . ."

[**Kantate.**] Auf das Johannisfest 1806. o. O. [1806]. 4 Bl. 8⁰ [Umschlagtit.]
Ohne Noten: „Sey uns willkommen, holdes Fest, . . ."

[**Kantate.**] Am Johannisfeste. [Hamburg: 1817.] 4 S. 8⁰ [Kopftit.]
Ohne Noten: „Brüder, huldigt unserm Bunde, . . ."

[**Kantate.**] Zum fröhlichen Johannis-Feste 1823. [Hamburg: 1823.] 2 Bl. 8⁰ [Kopftit.]
Ohne Noten: „Auf! lasset, Ihr Brüder! den fröhlichen Tag . . ."

[**Kantate.**] Zum Johannistage, als dem Feste der Humanität. 1798. o. O. [1798]. 2 Bl. 4⁰ [Umschlagtit.]
Ohne Noten: „Sey uns willkommen, Tag der Wonne, . . ."

[**Kantate.**] Dem Br. Bernh. Morell am Tage seiner vor 25 Jahren erfolgten Aufnahme in den Mr-Bund den 17. Mai 1860. [Leipzig 1860: Pickenhahn.] 2 Bl. 8⁰ [Kopftit.]
Kantate u. 2 Lieder ohne Noten.

[**Kantate.**] Ihrem geliebten Br. Mor. Schmidt die treuverbundenen Brüder der ger.·. u.·. v.·. St: Joh: ▭ Joseph zur Einigkeit [in Nürnberg]. Johannisfest 1859. [Nürnberg 1859]: Campe. 2 Bl. 8⁰
Ohne Noten: „Stimmt mächtig an, ihr Brüder, . . ."

Kantate zur Stiftungsfeier der Loge zur Verschwiegenheit. [Berlin o. J.] 1 Bl. 8⁰ [Kopftit.]
Ohne Noten: „Die Ihr vor vielen Jahren . . ."

[**Kantate.**] Zum Stiftungsfeste. G. L. L. v. D. o. O. u. J. 2 Bl. 8⁰ [Umschlagtit.]
Ohne Noten: „Brüder, mit freudigem frohen Gesange . . ."

Zum 95. Stiftungsfeste der „Loge zur Harmonie" im Or. Chemnitz am 3. Mai 1894. [Kantate.] [Chemnitz 1894: Preiss.] 2 Bl. 8⁰ [Umschlagtit.]
Ohne Noten; Text u. Musik v. J. G. Pröhl. „Heut' zu des Bundes Weihefeste . . ."

[Kantate.] Bei Wielands Todtenfeier gehalten in der g. u. v. ▭ Carl z. Felsen im Or. von Altona d. 24/II 5813. [Altona 1813.] 4 Bl. 8⁰
Kl. 1440. Ohne Noten: „Schwebe ehrfurchtsvolle Stille . . ."

[Kantate] Zur Trauer-Feier dem Andenken des in den ewigen Osten berufenen Br. Carl Friedr. v. Kloeden gewidmet am 12. Febr. 1856. Breslau [1856]: Storch & Co. 2 Bl. 8⁰ [Umschlagtit.]
Ohne Noten: „Die auf der Erde wallen, . . ."

Kantate bei dem Trauerfeste zum Gedächtnisse der verstorbenen Brüder mit wehmüthiger Erinnerung und innigem Gefühl vorgetragen von den musikalischen Brüdern der Gr. Loge R. Y. zur Freundschaft. Berlin, am 18ten März des Jahres der Welt 5821. [Berlin 1821]: Dieterici. 2 Bl. 8⁰ [Umschlagtit.]
Ohne Noten: „Welche Klagetöne schallen . . ."

[Immanuel] Kant-Aussprüche. Zsgest. von Dr. Raoul Richter, Privatd., Leipzig.
Leipzig: E. Wunderlich 1901. (XIV, 110 S.) 8⁰

Kant-Aussprüche. Hrsg. von Raoul Richter. Leipzig: Insel-Verl. 1909. XXVI, 229 S. 8⁰

Kantecki, Ant. Erasm., de Aureli Prudenti Clementis genere dicendi quaestiones. Dissertatio. gr. 8. (81 S.) Münster 874, Theissing'sche Buchh. * 1 —

Kantecki, Klem., die neapolitanischen Summen. Ein histor. Essay. Aus dem Poln. übertragen von Raph. Löwenfeld. gr. 8. (V, 256 S.) Posen 882, Jolowicz. *

Kantecki, Maximilian Schrimm im Mittelalter (bis 1500). 4 (28 S.). Progr. G. *Schrimm* 1886 (150).

Kanteckl, Maximilian *(geb Wielowies in Pos. 11 10 1857)*
Das Testament des Boleslaw Schiefmund. Seniorat und Primogenitur in Polen. Posen 1880. (106 S.) 8° *[Im Buchhandel 1880 bei Jolowicz in Posen.]*
Breslau, Phil. Diss. v. 6. Nov. 1880

Kantel, Herm., d. Fahrt v. Mitgliedern d. Komitees f. d. Errichtg. e. Bismarck-Denkmals in Wiesbaden nach Friedrichsruh. Lex.-8. (63 S. m. 2 farb. Etiketten) Wiesbaden 896. (R. Bechtold & Co.) n. 1. 50; geb. n 2. 50

Kantel, Hermann: Festschrift zur Enthüllung des Bismarck-Denkmals in Wiesbaden am 9. Okt. 1898. Von — Wiesbaden 1898: Bechtold. 19, 3 S. 4⁰

Kantel, Hermann: Das Plattdeutsche in Natangen. T. 1. *Tilsit 1900: O. v. Mauderode.* (31 S.) 4° [F.]
Tilsit, k. RG, OP 1900 (20)

Kantel, Hermann: Das Plattdeutsche in Natangen. T. 2. *Tilsit 1901: O. v. Mauderode.* (28 S.) 4° [F.] ¶ [Schluss d. P-Beil. 1900.]
Tilsit, k. RG, OP 1901 (19)

Kanteletar, die Volkslyrik der Finnen. In's Deutsche übertr. v. Herm. Paul. gr. 8. (XV, 352 S.) Helsingfors 882. Edlund. n. 4. —; Ausg. auf Velinpapier n. 5. —; geb. n. 6. —

KANTEMIR (Antiochos), Prinz (Sohn des Hospodars der Moldau). — Heinrich Eberhards, Freyherrn von Spilcker, Versuchte freye Uebersetzung der Satyren des Prinzen Kantemir, nebst noch einigen andern poetischen Uebersetzungen und eigenen Gedichten. Herausgegeben von C. (Christlob) Mylius. Berlin, bey A. Haude und J C Spener, 1752. 8⁰ 8 Bll., LII u. 358 S., nebst 2 Bll. Verz. u. Verbess. (In Berlin, Magistrats-Bibl., auch in Breslau, Stadtbibl.) (2 Mk. 50 Pfg. Kirchhoff & Wigand, Lpz., 1898, jetzt theurer!)
Französ. Uebers. Satyres de Mr le prince Cantemir, avec l'histoire de sa vie. Traduites du Russe en François; Londres 1750. 8⁰. (1 fl. ö. W 20 xr Wallishausser, Wien, 1872.) (Ed. I ibid. 1749. 8⁰ [1 Rthlr Scheible, vor 1875].)

Kantemir, Demetrio. Beschreibung der Moldau. Frankf. u. Leipzig 1771. Ü: *Redslob, Joh. Ludwig.* (MS)

Kantemir, Demetri. Historisch geographische und politische Beschreibung der Moldau, nebst dem Leben des Verfassers und einer Landcharte. 8. Frankfurt 1771.

Kantemir, Demetr., histor.-geograph. u. polit. Beschreibung d. Moldau. gr. 8. Frkf. u. Lpz. 771. (Metzler in Stuttg.) 20 K

Kantemir, Demetrie. Geschichte des osmanischen Reichs nach seinem Anwachse und Abnehmen, beschrieben von Demetrie Kantemir ehemaligen Fürsten in Moldau. Nebst den Bildern der türkischen Kaiser, die ursprünglich von den Gemälden in dem Seraj durch des Sultans Hofmaler sind abgenommen worden. Aus dem Englischen übersetzet. Hamburg, bey Christian Herold 1745.
64 + 852 S. 1 Bl m. 10 Vign. in Kupferst 24 Taf. in Kupferst 4°
Die Vignetten gestochen von G D Heumann u. M Tyroff nach A Wagner die übrigen Stiche von C Fritzsch. Engl. Ausg. London 1734 frz. Übersetzung 1743

Kantemir, Demetr., Geschichte d. Osmannischen Reichs, a. d. Engl. m. K. 4. Hamb. (W. Korn in Bresl.) 745.

Kanter, Erhard Hans, aus Berlin: Ueber Erdalkalisilikate, Kieselsäure und Alkalisilikate. *Erlangen 1902: E. Th. Jacob.* (59 S.) 8°
Erlangen, Phil. Diss. v. 1. Mai 1902

Kanter, Erhard Hans, über Erdalkalisilikate, Kieselsäure u. Alkalisilikate. gr. 8. (59 S. m. 3 Taf.) Erlangen (902). (Th. Krische.) n. 1.60

Kanter, Erhard Waldemar

Die Ermordung König Ladislaws ⟨1457⟩. Von Dr. Erhard Waldemar Kanter. München & Berlin: R. Oldenbourg 1906. (64 S.) 8° [F.] [06. 9030 11

Kanter, Erhard Waldemar. Hans von Rechberg von Hohenrechberg. Ein Zeit- und Lebensbild. 8. Zürich, Schulthess & Co.
Ausg. A: Diss. Phil. [I.] Univ. Zürich. [Mit Stammtafel, Wappensiegel und Regesten; nebst Vita des Verf.] VIII + 183 S. 1902.
Ausg. B: Mit Stammtafel und Wappensiegel, nebst einem Anhang: Regesten. VIII + 181 S. 1903. [fr. 3. 60]

Kanter, Ernst, aus Thorn: Aus d. Universitätsfrauenklinik d. Charité, Berlin. Geburtsstoerungen nach antefixierenden Operationen, gleichzeitig ein kasuistischer Beitrag von zwei neuen Faellen. Giessen 1908: v. Münchow. 103 S. 8°
Gießen, Med. Diss. v. 2. Okt. 1908, Ref. v. Franqué
[Geb. 18. Juli 83 Graudenz; Wohnort: Darmstadt; Staatsangeh.: Preußen; Vorbildung: Gymn. Marienburg Reife O. 02; Studium: Berlin K. W. A. 10 S.; Coll. 23. Juni 08; Approb. 29. Mai 08.] [U 09. 1113

Kanter, Felix

Kanter, Fel., Beiträge z. Kenntniss d. Rechtssystems u. d. Ethik Mar Samuels, Rectors d. Hochschule zu Nehardea in Babylonien. Diss. gr. 8. (47 S.) Bern 895. (H. Körber.) n. — 90

Kanter, Fel., zeitgemäße Betrachtungen zu allen Wochenabschnitten des Jahres. (V, 129 S.) gr. 8. Zürich 908. (Frankfurt a/M., J. Kauffmann.) 2. —
Sonderabdruck aus: „Isr. Wochenbl. f. d. Schweiz".

— Homiletische Essays üb. zeitgemäße Fragen zu allen Wochenabschnitten des Jahres. (254 S.) gr. 8. Frankfurt a/M. 910. J. Kauffmann. 2.25

Kanter, Friedrich Wilhelm Hermann,
s. Kanter, Hermann

Kanter, Hermann

Kanter: Platos Anschauungen über Gymnastik. Graudenz 1886. 34 S.
Graudenz, Kgl. evg. Gymn. P 1886.

Kanter, H., Platos Anschauungen über Gymnastik. gr. 4. (22 S.) Leipzig 886, Fock. * 1 —

Kanter, H[ermann], Dir. Dr.: **Beiträge zur praktischen Ausgestaltung der Ferienreisen mit Schülern.** *Leipzig 1900: B. G. Teubner.* (40 S.) 8°
Marienburg, k. ev. G, OP 1900 (34)

Kanter, H[ermann], Dir. Dr.: [**Bericht über den Ferienausflug der Prima nach der Hohen Tatra.**] *Marienburg 1901: H. Stumm.* (S. 16—17.) 4°
Marienburg, k. ev. G, OP 1901 (34)

Kanter, *Hermann* [Dr.]: Bericht über die von ihm geleitete Schülerfahrt nach der Hohen Tatra. Danzig, A. Müller vorm. Wedel'sche Hofbuchdr., 1894; 8—10 S. 4.
Danzig, k. G, OP 1894 (28)

Kanter, (Fredericus Guilelmus) Hermannus *(geb Tschelentnig in Schles 26 12 1853)*: De Ariadne quae et Bacchi et Thesei fertur conjux quaestionum part. 1. Vratislaviae (1879). (56 S.) 8° *[Im Buchhandel 1879 bei Koebner in Breslau; Forts nach Mitteil d Verf. bis 1904 nicht erschienen]*
Breslau, Phil. Diss. v. 8 Aug 1879

Kanter, Herm., de Ariadne, quae et Bacchi et Thesei fertur conjux, quaestionum particula I. Dissertatio inauguralis mythologica. gr. 8. (56 S.) Breslau 879. (Koebner.) n. 1. —

Kanter, H.: Die diesjährige Schülerreise des Kgl. Gymnasiums zu Danzig. Hamburg & Leipzig 1894. Sonderdr. aus: Zeitschr. f. Schulgesundheitspflege. 1894.

Kanter, Hugo: Die **Entwicklung** des Handels mit gebrauchsfertigen Waren von der Mitte des 18. Jahrhunderts bis 1866 zu Frankfurt a. M. T. 1: Vorgeschichte bis 1836. *Tübingen 1901: H. Laupp jr.* (VIII, 87 S.) 8° ¶(Aus: Volkswirtschaftl. Abhandl. d. Bad. Hochschulen, Bd 5, H. 3.) — [Erschien vollst. ebenda 1902.]
Heidelberg, Phil. Diss. v. 1901

Kanter, Hugo: Die Entwicklung des Handels mit gebrauchsfertigen Waren von d. Mitte d. 18. Jhs. bis 1866 zu Frankfurt a. M. Von –. (Mit Tab.) Tübingen & Leipzig: J. C. B. Mohr 1902. (VIII, 143 S.) 8°
= Abhandlungen, Volkswirtschaftliche, d. Badischen Hochschulen. Bd 5, H. 3.

Kanter, Hugo, die Entwicklungstendenzen im Zwischenhandel mit gebrauchsfertiger Ware. (16 S.) gr. 8. Braunschweig 906. A. Hafferburg. n. — 50
Sonderabdruck aus: „Die Grenzboten".

Kanter, Hugo, Die Schuhmacherei in Breslau. (Schrift. d. Ver. f. Soz.-Pol., Bd. 65.) gr. 8°. Leipzig 1895.

Kanter, Jonas [app. Arzt]: Aus d. Laboratorium d. dermatolog. Abteilg d. Allerheiligen-Hospitals zu Breslau. Über das Vorkommen von eosinophilen Zellen im malignen Lymphom und bei einigen anderen Lymphdrüsen-Erkrankungen Breslau, Druck v. T. Schatzky, 1893; 28 S., 1 Bl. 8.
Leipzig, Med. Fak., Inaug.-Diss. v. 29. Nov. 1893

Kant-Feier der Würzburger Universität am 12. II. 1904. I. Ansprache des Rektors Kunkel. II. Festrede, geh. v. Külpe. (23 S.) gr. 8. Würzburg 904. (Stahel's Sort.) n. — 40

Kant-Feier der Würzburger Universität am 12. Februar 1904. 1. Ansprache des Rektors, Professor Dr. [Adam Josef] Kunkel. 2. Festrede, gehalten von Professor Dr. [Oswald] Külpe. *Würzburg 1904: H. Stürtz.* (23 S.) 8°

Kanthariden. 8. Berl. Himburg. 785.

Kanthariden. Rom [Berlin] 1788. V: *Büschel, Joh. Gabr. Bernh.* (Wr)

Kanthares (Prof. Krug), s. Mischlinge.

Kanther, Th., die preußische Subhastations-Ordnung vom 15. März 1869 in der durch die deutschen Justizgesetze u. die preußischen Ausführungs- u. Ergänzungsgesetze abgeänderten Gestalt u. Geltung. 8. (VIII, 72 S.) Breslau 881. Kern's Verl. cart. n. 1. 50

Kantine, die. Erstes Fach- u. Offertenblatt f. die deutschen Militär- u. Privat-Kantinen. 6.—8. Jahrg. 1904—1906. à 24 Nrn. (à ca. 10 S.) Fol. Berlin, E. Eißelt. à Jhrg. n. 4. —
Auch u. d. T.: Kasino, das. — Vergl.: Cantine, die.

Kantine, die. Erstes Fach- u. Offertenblatt f. d. deutschen Militär- u. Privat-Kantinen. 9. Jahrg. 1907. 24 Nrn. (à ca. 8 S.) 41×29 cm. Berlin, E. Eißelt. 4. —
Erscheint nicht mehr. Firma erloschen.

Kantional zur Lüneburg. Kirchenordnung, s. Cantional.

Kantner, J. Eb., sechs Predigten üb. epistol. u. a. Texte. 8. Lüneb. Lemke. 776.

Kantny Wenzel: Der Premysliden Thronkämpfe und Genesis der Markgrafschaft Mähren. Diss.Wien, Univ.
D: Wien. 1878.
1878 PN 97 645

Kanton ..., s.a. Canton ...

St. Gallen, der Kanton, in der Restaurationszeit. Hrsg. v. histor. Verein in St. Gallen. 24 Seit. Gr. 4°, mit 1 Portr. 1878.

Kantonalbank von Bern. Jahresbericht pro 1871. 19 Stn. 4. u. Tabelle. 1872.

Erstes Kantonalschützenfest in Solothurn 1879. Solothurn, 1879.

Kantonalturnfest

Cantonalturnfest. Graubündnerisches K'-T' 11. und 12. Juni 1910 (in) Chur. Festzeitung. Sonder-Ausgabe der «Bündner-Turn-Blätter». [Illustriert.] IV + 16 S. 4. (Chur, Bischofberger & Hotzenköcherle, 1910.) (fr. —. 20)

Kantons-Blatt
v Glarner Kantonsblatt, Kantons-Blatt oder Publikationen für Stadt- und Land-Bürger des Kantons Basel.

Kantons-Blatt oder Publikationen für Stadt- und Land-Bürger des Kantons Basel
② Kantons-Blatt für Stadt- und Land-Bürger des Kantons Basel (25. 5 — 24. 8. 1798, mit Ausnahme des 10. 8.). Kantons-Blatt (11. 8. 1798—30. 8. 1833). Kantons-Blatt Basel-Stadttheil (6 9. 1833—25. 6. 1847). Kantons-Blatt Basel-Stadt (2 7 1847 bis heute) ⑤ 18 5. 1798 (cont.) ⑥ 8° (bis 1911; Vergrößerungen in 8°: 1857 und 1881); 4° (1912, vergrößert in 4° seit 1938) ⑦ Wochenblatt (bis 1871); wöchentlich 2× (1872 cont.) ⑧ Basel Schweighausersche Buchhandlung (18. 5 1798—1873), Schweighausersche Buchhandlung (B. Schwabe) (1874—1908). Schweighausersche Buchhandlung (Benno Schwabe & Co.) (1909—1926). Benno Schwabe & Co. Schweighausersche Buchhandlung (1927—1942). Benno Schwabe & Co Verlag (1943 cont.) ⑨ Kantons-Blatt Basel-Stadt Beiblatt (1898—1911. 8°; Wochenblatt). Kantons-Blatt Basel-Stadt Beiblatt Zivilstand (1912 cont., 4°; Wochenblatt), Amtlicher Wohnungsanzeiger Beilage zum Kantons-Blatt Basel-Stadt (27 9. 1911 cont.; 2° = 1911 4° = 1912 cont., wöchentlich 2×); Statistische Monatsberichte des Kantons Basel-Stadt. Herausgegeben vom Statistischen Amt (Januar 1921 cont.; 4°; Monatsblatt) ⑩ Staatskanzlei Basel-Stadt ⑪ Staatskanzlei Basel-Stadt ⑭ Bs U (Beilagen unvollständig). WA.

Kantonsblatt: Aargauisches Kantonsblatt (I)
① Sammlung der in Kraft bestehenden Kanton Aargauischen Gesetze und Verordnungen ⑤ 4. 5. 1803—1814 ⑥ 8° ⑦ Wochenblatt ⑧ Aarau: Friedrich Beck (bis 1804). Obrigkeitliche Buchdruckerei (1805—1814) ⑭ Aa: K.

Kantonsblatt: Aargauisches Kantonsblatt (II)
③ Aargauisches Wochenblatt (1832—1833) ④ Amtsblatt des Kantons Aargau (1839) ⑤ 1834—1838 ⑥ 4° ⑦ Wochenblatt ⑧ Aarau. Obrigkeitliche Buchdruckerei ⑭ Aa: K.

Kantonsblatt des Kts. Basel. 1798—1800. 8 Bde.

Kantons-Blatt Basel-Stadt
Kantons-Blatt Basel-Stadttheil
v. **Kantons-Blatt** oder Publikationen für Stadt- und Land-Bürger des Kantons Basel.

Glarner Kantonsblatt
⑤ 1820—1812 ⑥ 8° ⑦ unregelmäßig monatlich 2× (1820), nachher Monatsblatt ⑧ Glarus: Cosmus Freuler ⑩ Cosmus Freuler ⑫ Weckung und Förderung der Vaterlandsliebe ⑬ BGSZ: 997 ⑭ Gl: L.

Luzerner Kantonsblatt
v. **Luzernerisches Kantonsblatt.**

Kantonsblatt: Luzernerisches Kantonsblatt
② Luzernerisches Intelligenzblatt (1806—1836) Luzernerisches Kantonsblatt (1837—1882). Luzerner Kantonsblatt (ab 1883) ⑤ 28. 6. 1804 (cont.) ⑥ 8° ⑦ Wochenblatt ⑧ Luzern Xaver Meyer (bis 1876). Räber & Cie. (seit 1877) ⑫ amtlicher Charakter ⑬ BGSZ 1028; Luzerner Tagblatt 1954. Nr 152 ⑭ Lu Z ⑮ Die Jahrgänge 1804—1805 wurden durchnumeriert Nr 1—78. — 1806 erschien auch unter dem Titel »Luzernerisches Kantons-Blatt als Fortsetzung der frühern Sammlung der Gesetze und Verordnungen« ein Band von 298+LXXXVI Seiten (Drucker: Xaver Meyer).

Kantons-Blatt: St. Gallisches Kantons-Blatt
② Amtliche Bekanntmachungen des Kantons St Gallen (1817—1866) Amtsblatt des Kantons St Gallen (ab 1867) ⑤ 1803 (cont.) ⑥ 8° ⑦ halbjährlich (1803—1815), alle 2 Jahre (1817—1834), jährlich (1835—1866), Wochenblatt (ab 1867) ⑧ St. Gallen: Johann Zollikofer (1803), Zollikofer & Zublin (1804—1832), Zollikofer'sche Offizin (1833—1866), Zollikofer'sche Buchdruckerei (1867—1893, 1905), Buchdruckerei Wirth AG (1894—1896), Wiser & Frey [Merkur] (1897—1898), Buchdruckerei Ostschweiz AG (1899—1904, 1910—1916, 1923—1928, 1933—1937, 1944—1948, ab 1954), Zollikofer & Co. (1906—1909, 1917—1922, 1929—1932 1938—1943, 1949—1953) ⑪ Staatskanzlei des Kantons St. Gallen ⑫ Amtsblatt ⑬ BGSZ 1047 ⑭ SG Kb, Va.

Kantons-Blatt für Stadt- und Land-Bürger des Kantons Basel
v **Kantons-Blatt** oder Publikationen für Stadt- und Land-Bürger des Kantons Basel.

Kanton-blatt des Kts. Thurgau, enthaltend die Gesetze, Dekrete und Verordnungen seit 1831. Bd. 1—8. Frauenfeld 1832—58.

Kantonsblatt des eidgenössischen Standes Thurgau
③ Tagblatt der Beschlüsse, Dekrete und Verordnungen des Kanton Thurgau (bis 1812) ④ Amtsblatt des Kanton Thurgau ⑤ 1813—1850 (in ganzen Bänden) ⑥ 8° ⑦ unregelmäßig ⑧ Frauenfeld: Johann Kolb ⑭ Ff: K.

Kantonsblatt: Zugerisches Kantonsblatt
⑤ 13. 1 1849—31. 12. 1858 ⑥ 4° ⑦ Wochenblatt ⑧ Zug: Johann Michael Alois Blunschi ⑪ Landammann G. A Keiser ⑫ freisinnig ⑬ BGSZ. 492 ⑭ Zg S.

Kantons-Rathhaus des Kantons Bern. quer gr. Fol. Bern, Huber & Co. 1876. 4. 50

Kantonsratswahlen

Cantonsratswahlen. Die Kantonsratswahlen im Wahlkreis Aussersihl vom 27. April 1902. Materialien und Bericht der kantonsrätlichen Kommission für Prüfung der Wahlakten. Beschluss der Kommission vom 29. Juli 1902. 84 S. 8. [Zürich, J. Rüegg.]

[Cantonsratswahlen. Die Kantonsratswahlen im Wahlkreis Aussersihl vom 27. April 1902.] Minderheitsantrag ([von] Otto Lang, als Minderheit der kantonsrätlichen Wahlaktenprüfungskommission. 1902 August 1). 16 S. 8. [Zürich, J. Rüegg.]

Kantonsschule, St. Gallens gemeinsame, und die Septemberbeschlüsse des kathol. Großrathskollegiums von 1857. Ein Wort zur Aufklärung über die St. Gallische Tagesfrage. Von H. J. M. gr. 8. (58 S.) St. Gallen 857, Scheitlin und Zollikofer.

Kantons-Steuerregister

Cantons-Steuerregister. K'-St' [des Kantons Zug] pro 1903. [2 Hefte.] 4. [Zug, Verband zuger. Buchdruckereibesitzer, 1904.] [*je* fr. —. 80]
[Heft 1:] K'-St' der Gemeinden Zug, Oberägeri, Unterägeri und Menzingen... II + 76 S.
[Heft 2:] K' St' der Gemeinden Baar, Cham, Hünenberg, Steinhausen, Risch, Walchwil und Neuheim... II + 72 S.

Kantons-Wappen der Schweiz. 1 Blatt. Chromolithogr. Fol. Bern 874, Dalp'sche Buchh. 2 40

KANTOR, Der, in Akaziendorf. Ein Seitenstück zum Pastor in Kartoffelfeld. Erholungslektüre für Landschullehrer. 2 Thle. Görliz, bei C. G. Anton, 1803. 8°. (2 Mk. 50 Pfg, Julius Neumann, Magdeb., 1906.)
237 u. 238 Seiten. — Zahm.

Kantor, Fritz, von Backfischen u. kleinen Mädchen. Lustige Verse v. P. Burger, Gust. Hochstetter, M. Holthausen u. a. Hrsg. v. K. (Titelzeichnung von E. Rosenstaud.) (84 S.) kl. 8. Berlin 910. H. Bondy. 1.50; geb. n 2. 50

Kantor, Heinr., das Wesen u. die Erfolge der wissenschaftlichen Heilkunde, s.: Brock. W.

Kantor, Miron, a. Rußland: Die Behandlung der Kniegelenktuberkulose in der Königl. Chir. Klinik zu Berlin von 1888—1903. Berlin (1908): C. Siebert. (46 S.) 8°
Berlin, Med. Fak., Ref. Bier, Diss. v. 21. Jan. 1908
[Geb. 10. März 82 Kowna (Rußl.); Wohnort: Lodz; Staatsangeh.: Rußland; Vorbildung: Gymn. Kowna Reife O. 02; Studium: Berlin 10 S.; Rig. 11 Jan. 08.]

Kantor, Seligmann

Kantor, S., Bemerkung zu Hrn. Durège's Abhandlung: „Ueber die Doppeltangenten der Curven 4. Ordnung mit 3 Doppelpunkten". Lex.-8. (3 S.) Wien 882, (Gerold's Sohn.)

Kantor, S., Bemerkung zu Herrn Durège's Abhandlung: „Ueber d. Doppeltangenten d. Curven vierter Ordnung mit drei Doppelpunkten. (S.-A.) gr. 8. (3 S. Wien, *Carl Gerold's Sohn. 3 kr 1883

Kantor, S., Bemerkung üb. lineare Transformationen. [Aus: „Sitzungsber. d. k. Akad. d. Wiss."] Lex.-8. (5 S.) Wien 880. Gerold's Sohn. n. — 20

Kantor, S., weitere symmetrische Beziehungen am vollständigen Vierecke. [Fortsetzung.] Lex.-8. (7 S.) Wien 879, (Gerold's Sohn.)

— Über Eigenschaften des Dreiecks und zwei damit in Verbindung stehende Steinersche Sätze mit 1 Holzschnitt S. 76. II 78 vgr.
Separatabdruck

— über zwei besondere Flächen 6. Classe. [Aus: „Sitzungsber. d. k. Akad. d. Wiss."] Lex.-8. (19 S.) Ebend. 879. n. — 20

— metrische Formeln f. das Kegelschnittbüschel mit vier reellen Grundpunkten. [Aus: „Sitzungsber. d. k. Akad. d. Wiss."] Lex.-8. (11 S.) Ebend. 878. n.n. — 30

— I. Ueber das vollständige Fünfseit. II. Ueber das vollständige Viereck u. das Kreisviereck. [Mit 1 (eingedr.) Holzschn.] III. Ueber eine Gattung merkwürdiger Geraden u. Punkte bei vollständigen n-Ecken auf dem Kreise. IV. Die Tangentengeometrie an der Steiner'schen Hypocycloide. [Aus: „Sitzungsber. d. k. Akad. d. Wiss."] Lex.-8. (71 S.) Ebend. 878. n. 1. —

— Über eine Gattung merkwürdiger Geraden und Punkte bei vollständigen n-Ecken auf dem Kreise. S. 78. II. [illegible] vgr.
Separatabdruck

— Über eine Gattung von Kontigurationen in der Ebene und im Raume. S. 80. II. 715 vgr.
Separatabdruck

Kantor, S., über e. neuen Gesichtspunkt in der Theorie des Pfaff'schen Problemes, der Functionengruppen u. der Berührungstransformationen. gr. 8. (20 S.) Wien 901. (C. Gerold's Sohn.) n. — 40
Sonderabdruck aus: „Sitzungsber. d. k. Akad. d. Wiss."

Kantor, S., Neue Grundlagen für die Theorie und Weiterentwicklung der Lie'schen Funktionengruppen. [Aus: Sitzungsber. d. k. Akad. d. Wiss.] Gr.-8°. (60 S.) † K 1.10
Wien. Gerold's Sohn 1903.

Kantor, S., neue Grundlagen f. die Theorie u. Weiterentwickelung der Lie'schen Funktionengruppen. (60 S.) gr. 8. Wien 903. (A. Hölder.) n. 1. 10

Kantor, S., Über eine neue Klasse gemischter Gruppen und eine Frage über die birotionalen Transformationen. [Aus: Sitzungsber. d. k. Akad. d. Wiss.] Gr.-8°. (88 S.) † K 1.60
Wien Gerold's Sohn 1903.

— über die Configurationen (3,3) mit den Indices 8,9 u. ihren Zusammenhang mit den Curven 3. Ordnung. [Mit 1 (lith.) Taf.] [Aus: „Sitzungsber. d. k. Akad. d. Wiss."] Lex.-8. (18 S.) Wien 881. Gerold's Sohn. n. — 60

Kantor, S., die Configurationen $(3,3)_{10}$. [Mit einer (lith.) Taf. u. 2 (eingedr.) Holzschn.] [Aus: „Sitzungsber. d. k. Akad. d. Wiss."] Lex.-8. (24 S.) Wien 882. Gerold's Sohn. n.n. — 90

— Über das Kreisviereck und Kreisvierseit insbesondere und das vollständige Viereck im allgemeinen. S. 76. II. [illegible] vgr.
Separatabdruck

— Über gewisse Kurvenbüschel dritter und vierter Ordnung. S. 79. II. [illegible] „ 24

Kantor, S., Ueber die allgemeinsten linearen Systeme linearer Transformationen bei Coïncidenz gleichartiger Träger und successiver Anwendung der Tranformation. (Besonders abgeabgedruckt aus dem XLVI. Bande d. Denkschr. d. mathem.-naturw. Classe d. k. Akad. d. Wissensch.) 4. (46 S.) In Comm. geh. 1 fl. Wien. Gerold's Sohn 1882.

Kantor, S., Die linearen Systeme linearer Strahlenkomplexe im R_r [Aus: Sitzungsber. d. k. Akad. d. Wiss.] Gr.-8°. (63 S.) † K 1.20
Wien. Gerold's Sohn 1903.

— Die Tangentengeometrie an der Steiner'schen Hypocycloide. S. 78. II. [illegible] vgr
Separatabdruck

— Theorie der Elementartheiler höh. Stufen. (1. Thl.) gr. 8 (S. 103—286.) Wien (900). J. Eisenstein & Co. n. 3.50
Sonderabdruck aus: „Monatshefte f. Mathematik u. Physik".

Kantor, S., Theorie d. endlichen Gruppen v. eindeut. Transformationen in d. Ebene. Lex.-8. (111 S.) Berlin 895. Mayer & Müller. n. 5. —

— Theorie der vollständigen Systeme linearer Differentialgleichungen m. e. unabhängigen Veränderlichen. gr. 8. (72 S.) Wien 901. (C. Gerold's Sohn.) n. 1. 30

— zur Theorie der successiven quadratischen Transformationen in der Ebene. [Aus: „Sitzungsber. d. k. Akad. d. Wiss."] Lex.-8. (23 S.) Ebend. 880. n. — 40

Kantor, S., über successive lineare Transformationen. Lex.-8. (52 S.) Wien 880, (Gerold's Sohn.) *

— Über eine Verallgemeinerung bekannter Dreieckssätze auf beliebige einem Kegelschnitte eingeschriebene vollständige n-Ecke. S. 76. II. 708 vgr.
Separatabdruck

— über l-gredients Verwandtschaften im R_r, auf M_{r-1} u. auf Curven. gr. 8. (21 S.) Ebd. 901. n. — 50
2 Sonderabdrucke aus: „Sitzungsber. d. k. Akad. d. Wiss."

— Über das vollständige Viereck und das Kreisviereck (Fortsetzung) (mit 1 Holzschnitt). S. 78. II. 172 vgr.
Separatabdruck

—— I. Ueber den Zusammenhang von n beliebigen Geraden in der Ebene. II. Ueber Eigenschaften des Dreiecks und zwei damit in Verbindung stehende Steiner'schen Sätze. III. Ueber eine Verallgemeinerung bekannter Dreieckssätze auf beliebige einem Kegelschnitte eingeschriebene vollständige n-Ecke. IV. Ueber das Kreisviereck und Kreisvierseit insbesondere und das vollständige Viereck im Allgemeinen. Lex.-8. (42 S. mit 2 eingedr. Holzschn.) (Ebendas.) 878. *

— I. Ueber den Zusammenhang v. n beliebigen Geraden in der Ebene. II. [Mit 1 (eingedr.) Holzschn.] II. Ueber das vollständige Fünfseit u. einige dabei auftretende Curvenreihen. II. [Mit 1 (eingedr.) Holzschn.] [Aus: „Sitzungsber. d. k. Akad. d. Wiss."] Lex.-8. (39 S.) Ebend. 878. n. — 80

Kantorei-Lieder, oschatzer. 1810—1850. 8. (XIV und 104 S. mit 3 eingedr. Holzschn.) Oschatz 851, Oldecop's Erben.

Kantorowicz, der Fall —, u. die Judenfrage vor d. preuss. Abgeordnetenhause, am 20. u. 22. Novbr. 1880. Ibid., A. Werckenthin, 1881. 8°. Beibd.
1 Bl., 199 S., 1 S. Reg.

Kantorovicz, der Fall, als Symptom unserer Zustände. Berlin 880.

Kantorowicz, Alfred, a. Posen: Kritik der neueren Methoden der Perkussion. Guben 1906: A. König. (33 S.) 8°
Freiburg i. B., Med. Fak., Ref. Bäumler, Diss. v. 1906
[Geb. 18. Juni 80 Posen; Wohnort: Freiburg i. B.; Staatsangeh.: Preußen; Vorbildung: Gymn. Steglitz Reife M. 01; Studium: Berlin 11, München 1, Freiburg i. B. 1 S.; Coll. 7. Juli 05.]

Kantorowicz, Alfr., Kritik der neueren Methoden der Perkussion, s.a. Klinik, Berliner. 220. Heft.

Kritik der neueren Methoden der Perkussion. (Aus d. 2. med. Klinik d. Univ. Berlin.) Von Dr. Alfred **Kantorowicz**. Berlin. Fischer (1906). (32 S.) 8°
— **Klinik**, Berliner. H. 220. 06. 11326

Kantorowicz, B., üb. d. therapeut. Wert d. Alkohols bei acuten Krankheiten. E. krit. Studie. [Aus: „Allgem. med. Central-Zeitg."] gr. 8. (39 S.) Berlin 898. O. Coblentz. n. 1. —

Kantorowicz, Benno, Mäßigkeit od. Enthaltsamkeit? Eine krit. Studie. 1. u. 2. Aufl. (46 S.) 8. Flensburg (903. 905). Deutschlands Großloge II. — 20

— Neujahrsmorgen. Lebensbild in 1 Akt. (36 S.) gr. 8. Ebd. (904). — 50

Kantorowicz, Camillo, coup d'oeil sur la littérature française depuis son origine jusqu' à nos jours. gr. 8. (61 S.) Zürich 878. (Schulthess.) 1. 35

Kantorowicz, E., s.: Aeskulap.

Kantorowicz, Emil, Praescriptiones. Rezept-Taschenbuch f. die Praxis. Mit e. Vorwort v. Senator. (XII, 190 S.) schmal 8. Berlin 906. A. Hirschwald. Geb. n. 2. —

Kantorowicz, Frz., Rubelkurs u. russ. Getreideausfuhr, s.a. Studien, staatswissenschaftl.

Kantorowicz, Franz *Hartwig:* Rubelkurs und russische Getreideausfuhr. E. Währungsstudie ... (Aus: Staatswiss. Stud. hrsg. v. L. Elster, VI.) Jena, G. Fischer, 1896; 3 Bl., 68 S. 8.
Göttingen, Phil. Fak., Inaug.-Diss. v. [0. Dez.] 1896

Kantorowicz, Gertrud

Kantorowicz, Gertr., Beiträge zur Ästhetik u. Kunstgeschichte, s.: **Landmann-Kalischer, Edith.**

Kantorowicz, Gertrud. Über den Meister des Emmausbildes in San Salvatore zu Venedig. Diss. Phil. I. Univ. Zürich. [Mit 1 Tafel.] VI + 73 S. 8. (Neu-Ruppin, E. Buchbinder, [1904].)

Kantorowicz, H. Alfons, a. Bromberg: Zur Prognose der Schädelbasisbrüche. Leipzig 1908: B. Georgi. (54 S.) 8°
Leipzig, Med. Fak., Ref. Trendelenburg, Diss. v. 19. Juni 1908
[Geb. 14. Sept. 66 Bromberg; Wohnort: Schlachtensee; Staatsangeh.: Preußen; Vorbildung: Humboldt-Gymn. Berlin Reife O. 86; Studium: Berlin 9, Kiel 2 S.; Coll. 29. Juni 08; Approb. 19. Jan. 98.]

Kantorowicz, Hans, a. Posen: Die Einwirkung magnesiumorganischer Verbindungen auf Indigo und arsenige Säure. (Berlin 1908: A. W. Schade.) (44 S.) 8°
Berlin, Phil. Fak., Ref. Fischer, Diss. v. 4. Aug. 1908
[Geb. 31. Mai 85 Posen; Wohnort: Berlin-Schöneberg; Staatsangeh.: Preußen; Vorbildung: Wilhelms-Gymn. Berlin Reife M. 03; Studium: Berlin 9 S.; Rig. 20. Juli 08.]

Kantorowicz, Hermann [aus Posen]: Ueber die Hoden-Tuberkulose bei Kindern ... Berlin, Buchdr. v. F. Thyssen, *1893;* 13 S., 1 Bl., 1 Tab. 8.
Berlin, Med. Fak., Inaug.-Diss. v. 22. Dez. 1893

Kantorowicz, Hermann, a. Posen: Ueber parasubstituierte Orthonitrobenzaldehyde. (Berlin 1906: E. Ebering.) (42 S.) 8°
Berlin, Phil. Fak., Ref. Fischer, Diss. v. 28. Juli 1906
[Geb. 6. Jan. 82 Posen; Wohnort: Charlottenburg; Staatsangeh.: Preußen; Vorbildung: Friedrich Wilhelm-Gymn. Posen Reife O. 00; Studium: Leipzig 3, München 4, Berlin 5 S.; Rig. 5. Juli 06.]

Kantorowicz, Hermann [pr. Arzt aus Berlin]: Über Tuberculosis verrucosa cutis ... Berlin, Druck v. Th. F. Schemmel, 1896; 19 S. 8.
Leipzig, Med. Fak., Inaug.-Diss. v. 31. Jan. 1896

Kantorowicz, Herm., was die Berliner Studenten lesen. Ergebnisse e. in der akadem. Lesehalle veranstalteten Zählung. gr. 8. (30 S.) Berlin 900. L. Simion. — 80

Kantorowicz, Hermann U.

Über die Entstehung der Digestenvulgata. Ergänzungen zu Mommsen. Von Hermann U. **Kantorowicz.** Weimar: Böhlau 1910. VIII, 171 S. 8° [11. 5801 6

Kantorowicz, Herm. U., Albertus Gandinus und das Strafrecht der Scholastik. 1. Bd.: Die Praxis. Ausgewählte Strafprozessakten des 13. Jahrh. nebst diplomat. Einleitg. Von d. Savigny-Stiftg. unterstützt. (XII, 428 S.) gr. 8. Berlin 907. J. Guttentag. 12. —

Kantorowicz, Goblers Karolinen-Komm., s.a. Abhandl. d. krim. Seminars.

Goblers Karolinen-Kommentar und seine Nachfolger. Geschichte e. Buches. Von Hermann U. **Kantorowicz.** Dr. jur. *Berlin: J. Guttentag 1904.* (72 S.) 8°
= Abhandlungen d. kriminalistischen Seminars an d. Univ. Berlin. N. F. Bd 4, H. 1. [04. 6037 S

Kantorowicz, Hermann U.: Zur Lehre vom richtigen Recht. Von —. Berlin & Leipzig: Rothschild 1909. 37 S. 8°

Kantorowicz, Lothar, approb. Tierarzt aus Berlin: Aus d. anatom. Institut d. Kgl. tierärztl. Hochschule zu Dresden. Zur Histologie des Pancreas. *Berlin 1899: R. Kühn.* (44 S.) 8°
Giessen, Veterinär-med. Diss. v. 1899

Kantorowicz, Ludwig [Assistenzarzt am patholog.-anat. Inst. in Frankfurt a M.]: Beiträge zur Lehre von der Prurigo ... Breslau, Druck v. P. Cohn, *1893;* 34 S. 8.
Breslau, Med. Fak., Inaug.-Diss. v. 7. Febr. 1893

Kantorowicz, Ludw., Beiträge zur Lehre v. der Prurigo. Diss. gr. 8. (32 S.) Breslau 893. (L. Köhler.) n. 1. —

Eierstockschwangerschaft. Von Ludwig **Kantorowicz,** Posen. (Mit 3 Taf.) *Leipzig: Breitkopf & Härtel 1904.* (36 S.) 8°
= Sammlung Klinischer Vorträge. N. F. No 370. [04. 5085

Kantorowicz, Max, Kammergerichtsref.: Die Lehre von der Untermiethe nach gemeinem Recht und nach dem Bürgerlichen Gesetzbuch. *Berlin (1900): E. Ebering.* (71 S.) 8°
Jena, Jur. Diss. v. (26. Nov.) 1900

Kantorowicz, M., Die Lehre v. der Untermiethe nach gemeinem Recht u. dem BGB. gr. 8. (71 S) Berlin, E. Ebering, 1901. 2. —

Kantorowicz, O., s. Kantorowicz, Franz

Kantorowicz, R., Die am häufigsten vorkommenden Geflügelkrankheiten, ihre Vorbeuge und Behandlung. Berlin 1900. Verlag der „Cypria".

Kantorowicz, Richard: Über Bau und Entwicklung des Spiraldarmes bei Selachiern. M. 1 Taf. u. 3 Fig. im Text. *Halle a. S. 1898: E. Karras.* (28 S. mit Taf.) 8° ¶ (Aus: Zeitschrift für Naturwissenschaften, Bd 70.)
Leipzig, Phil. Diss. v. [20. März] 1898

Kantorowicz, Rich., üb. Bau u. Entwicklung d. Spiraldarmes bei Selachiern. M. 1 Doppeltaf. u. 3 Fig. im Text. [Aus: „Ztschr. f. Naturwiss."] gr. 8. (28 S.) Leipzig 898. C. E. M. Pfeffer. n. — 70

Kantorowicz, Siegbert [aus Berlin]: Ueber einige Lösungs- und Dissociationswärmen ... Berlin, Druck v. E. Ebering, *1897;* 31 S., 2 Bl. 8.
Berlin, Phil. Fak., Inaug.-Diss. v. 11. Aug. 1897

Kantorowicz, Simon [aus Posen]: Einiges über die Anwendung des Hydroxylamins bei Hautkrankheiten. ... Berlin, Buchdr. v. M. Niethe, 1889; 29 S. 8°
Würzburg, Med. Fak., Inaug.-Diss. v. 1889

Kantorowicz, Walther, a. Posen: Über die Senkung der Gebärmutter während der Schwangerschaft. Freiburg i. Br.: Speyer & Kaerner 1906. (19 S.) 8°
Freiburg i. B., Med. Fak., Ref. Krönig, Diss. v. 1906
[Geb. 12. Okt. 79 Posen; Wohnort: Posen; Staatsangeh.: Preußen; Vorbildung: Gymn. Ohlau M. 99; Studium: Berlin 3, Heidelberg 2, Breslau 1, Kiel 1, Freiburg i. B. 3 S.; Coll. 21 Juli 05.]

Kantorowicz, Wilh., zur Psychologie der Kartelle. (III, 87 S.) gr. 8. Berlin 904. C. Heymann. n. 1.60

Kantorowitz, s.a. Kantorowicz

Kantorowitz, Chaim [aus Minsk (Russl.)]: Über Herzkrankheiten infolge von Trauma ... Berlin, Buchdr. v. G. Schade, *1897;* 49 S., 1 Bl. 8.
Berlin, Med. Fak., Inaug.-Diss. v. 12. Febr. 1897

Kantorowsky, Georg, a. Loslau (O.-S.): Ein anonymer hebräischer Commentar zu den Proverbien. Nach einer Frankfurter Handschrift zum ersten Male herausgegeben. Mit ausf. Einleitung nebst Anmerkungen versehen. Breslau 1907: H. Fleischmann. (XXIV, 41 S.) 8°
Heidelberg, Phil. Fak., Ref. Bezold, Diss. v. 8. April 1907
[Geb. 24. Aug. 83 Loslau O.-S.; Wohnort: Loslau; Staatsangeh.: Preußen; Vorbildung: St. Elisabeth-Gymn. Breslau Reife O. 02; Studium: Breslau 6, Heidelberg 1 S.; Rig. 18. Dez. 05.]

Kantorowycz, s. Kantorowicz

Kantoschkin, der schreckl. Muttermörder von St. Petersburg. 8. Erfurt u. Gotha, Hennings. 18 ℳ

KANTOSCHKIN der schreckliche Muttermörder von St. Petersburg. Eine Kriminalgeschichte (freier Roman) aus seinen Untersuchungsakten biographisch bearbeitet. . . . . Petersburg u. Moskau (Erfurt, Hennings) 1805. 8°.
206 SS. incl. X SS. Vorr., dat.: An den Ufern der Newa 1804. Fedor Basilowiz Slubawsky. (Dieser Pseud. fehlt bei Weller.)

Kant's

— **Biographie,** s.a. **Borowsky, Jachmann, Wasiansky.**

Kant's, Imm., Biographie. 4 Bde. gr. 8. Leipz. [illegible] Weigel. 3 ℛ 12 gℛ Velinp. 4 ℛ 12 gℛ (1r, 2r Thl. Arnold in Dresd.) 2 ℛ

— d. Bildniß besonders hierzu. Ebend.

— Gedächtnißfeier, am 22. April 1810. Mit 1 Kpf. gr. 8. Königsb. 811. (J. Müller in Leipz.) 15 gℛ

— 's Gedächtnißfeyer, am 22. April 1810. m. K. gr. 8. Königsb. Nicolovius. 811.

Kant's Grabstätte. 8. (32 S. mit 1 lithogr. Skizze.) Königsberg 882, Hartung'sche Verlagsdruckerei. *

Kant's Grundirrtümer in einer Kritik der reinen Vernunft u. die Reformation des geistigen Innenlebens der Menschheit, beruhd. auf Dr. Norbert Grabowsky's Erkenntnislehren. Volkstümlich dargestellt. (Von Norb. Grabowsky.) (VII, 115 S.) gr. 8. Leipzig 907. M. Spohr. 2. —

— Jugend und die fünf ersten Jahre seiner Privatdocentur, s. Arnoldt, Emil.

— Leben, eine Skizze. Aus d. Engl. 8. Altenb. 799. (Hinrichs in Leipz.) 3 gℛ Dass. in engl. Sprache. 8. Ebd. 799. 3 gℛ

— Philosophie in England. [illegible] 797. Hahn. 3 gℛ

— **Philosophie,** über, m. Hinsicht gewisser Bedürfnisse unsers Zeitalters. 8. Bremen, Cramer. 792.

— Satyren nebst andern Unters[illegible] v. [illegible] 8. Berl. 752. Haude u. Sp. 10 gℛ

— **Todtenfeyer** v. F. A. Mörlin. 4. Altenb. Schnuphase. 804.

Schreibp.
Holl. Pap.
Velinpap.

— **Todtenfeyer** von C. G. Böckel. 8. Königsberg, Unzer. 804.

Kantschieder, Michael: Beiträge zur Entwicklungsgeschichte der Makrosporangien von Selaginella spinulosa Al. Br. von Spring. S. 3—15. 8. Niederösterr. Landes-Real- u. Ober-Gymn. *Horn* 1906. Progr.

Kantstudien. Philosoph. Zeitschrift, unt. Mitwirkg. v. E. Adickes, E. Boutroux, Edw. Caird etc. hrsg. v. Hans Vaihinger. 1.—3. Bd. gr. 8. (VI, 500; VI, 513 S. m. 2 Abb. u. VII, 496 S. m. 1 Bildn.) Hamburg 896—898. L. Voss. à Bd. n. 12. —
Erscheint vom 4. Bde. ab bei Reuther & Reichard in Berlin.

Kantstudien. Philosophische Zeitschrift, unter Mitwirkg. v. E. Adickes, E. Boutroux, Edw. Caird etc. u. m. bes. Unterstützg. v. Walt. Simon hrsg. v. Hans Vaihinger. IV.—VI. Bd. gr. 8. (VI, 492; VI, 506 u VI, 492 S. m. je 1 Bildnis.) Berlin 899—901. Reuther & Reichard. à Bd. n. 12. —

Kantstudien. Philosophische Zeitschrift, unter Mitwirkg. v. E. Adickes, F. Boutroux, Edw. Caird etc u. m. bes. Unterstützg. v. Walt. Simon hrsg. v. Hans Vaihinger u. Max Scheler. VII. Bd. gr. 8. (VI, 512 S m. 1 Bildnis.) Ebd. 902. n. 12.—

Kantstudien. Philosophische Zeitschrift, unter Mitwirkg. v. E. Adickes, É. Boutroux, Edw. Caird u. a. u. m. Unterstützg. der „Kantgesellschaft" hrsg. v. Hans Vaihinger u. Bruno Bauch. VIII.—XI. Bd. à 4 Hfte. (IV, 496 S.; IV, 578 S. m. 4 Taf.; IV, 600 S. m. 5 Taf. u. IV, 495 S. m. 1 Taf.) gr. 8. Berlin 903—906. Reuther & Reichard. à Bd. n. 12. —

— dasselbe. Ergänzungshefte, im Auftrage der Kantgesellschaft hrsg. v. H. Vaihinger u. B. Bauch. Nr. 1. gr. 8. Ebd. n. 2. 80;
f. Abonnenten der Kantstudien n.n. 2. 10
Kants Gottesbegriff in seiner positiven Entwicklung. Von Jul. Guttmann. (III, 104 S.) 906.

Kantstudien. Philosophische Zeitschrift, unter Mitwirkg. v. E. Adickes, É. Boutroux, J. E. Creighton u. a. u. m. Unterstützg. der „Kantgesellschaft" hrsg. v. Hans Vaihinger u. Bruno Bauch. XII—XV. Bd. à 4 Hefte. (V, 472 S. m. 1 Bildnis; VI, 518 S. m. 1 Bildn.; VII, 578 S. m. 2 Taf. u. 1 Bildnis u. VII, 563 S. m. 3 Bildnissen.) gr. 8. Berlin 907—10. Reuther & Reichard. à Bd 12. —

— dasselbe. Ergänzungshefte, im Auftrag der Kantgesellschaft hrsg. v. H. Vaihinger u. B. Bauch. Nr. 2 bis 19. gr. 8. Ebd. 63.55;
f. Abonnenten der Kantstudien nn 49. 30
Aicher, Severin, Kants Begriff der Erkenntnis, verglichen m. dem des Aristoteles. Gekrönte Preisschrift. (XII, 137 S.) 907. (Nr. 6.) 4.50;
f. Abonnenten der Kantstudien nn 3. 60
Amrhein, Hans, Kants Lehre vom „Bewusstsein überhaupt" u. ihre Weiterbildung bis auf die Gegenwart. Mit e. Geleitwort v. H. Vaihinger. (X, 210 S.) 909. (Nr. 10.) 6.80; f. Abonnenten der Kantstudien nn 5. —
Bache, Kurt, Kants Prinzip der Autonomie im Verhältnis zur Idee d. Reiches d. Zwecke. (V, 43 S.) 909. (Nr. 12.) 1.80; für Abonnenten der Kantstudien nn 1. 40
Döring, Osk., Feuerbachs Straftheorie und ihr Verhältnis zur Kantischen Philosophie. (IV, 48 S.) 907. (Nr. 3.) 1.20; für Abonnenten der Kantstudien nn — 90
Dreyer, Hans, der Begriff Geist in der deutschen Philosophie von Kant bis Hegel. (IV, 106 S.) 908. (Nr. 7.) 3.20; für Abonnenten der Kantstudien 2. 40
Ernst, Wilh., der Zweckbegriff bei Kant u. sein Verhältnis zu den Kategorien. (IV, 82 S.) 909. (Nr. 14.) 3.—; für Abonnenten der Kantstudien nn 2. 40
Fischer, H. Ernst, Kants Stil in der Kritik der reinen Vernunft, nebst Ausführgn. über e. neues Stilgesetz auf historisch-krit. und sprachpsycholog. Grundlage. (VIII, 136 S.) 907. (Nr. 5.) 4.—;
für Abonnenten d. Kantstudien nn 3. —
Hessen, Sergius, individuelle Kausalität. Studien zum transzendentalen Empirismus. (XI, 151 S.) 909. (Nr. 15.) 5.50; für Abonnenten der Kantstudien nn 4. 20
Kertz, Gust., die Religionsphilosophie Joh. Heinr. Tieftrunks. Ein Beitrag zur Geschichte der Kantischen Schule. Mit e. Bildnis Tieftrunks. (VIII, 81 S.) 907. (Nr. 4.) 2.40; für Abonnenten der Kantstudien nn 1. 80
Kremer, Jos., das Problem der Theodicee in der Philosophie u. Literatur des 18. Jahrh. m. besond. Rücks. auf Kant u. Schiller. Gekrönte Preisschrift der Walter-Simon-Preisaufgabe. (XII, 210 S.) 909. (Nr. 13.) 7.50;
für Abonnenten der Kantstudien nn 6. —
Mugdan, Bertha, die theoretischen Grundlagen der Schillerschen Philosophie. (V, 86 S.) 910. (Nr. 19.) 3.—;
für Abonnenten der Kantstudien nn 2. 40
Müller, Carl, die Methode e. reinen Ethik, insbesond. der kantischen, dargestellt an e. Analyse des Begriffes e. „Praktischen Gesetzes". (VI, 73 S.) 908. (Nr. 11.) 2.80; f. Abonnenten der Kantstudien nn 2. 10
Oesterreich, Konst., Kant u. die Metaphysik. (VI, 130 S.) 906. (Nr. 2.) 3.20; f. Abonnenten d. Kantstudien nn 2. 40
O'Sullivan, John M., Vergleich der Methoden Kants u. Hegels auf Grund ihrer Behandlung der Kategorie der Quantität. (VI, 129 S.) 908. (Nr. 8.) 4.50;
f. Abonnenten der Kantstudien nn 3. 60

Rademaker, Frz., Kants Lehre vom innern Sinn in der „Kritik der reinen Vernunft". (45 S.) 908. (Nr. 9.) 1.75; f. Abonnenten der Kantstudien nn 1. 40
Ristitsch, Swetomir, die indirekten Beweise des transzendentalen Idealismus. Ein krit. Beitrag zur Kantforschg. (VII, 100 S.) 910. (Nr. 16.) 3.50; für Abonnenten der Kantstudien nn 2. 80
Toll, Charles Hansen, die erste Antinomie Kants und der Pantheismus. (III, 46 S.) 910. (Nr. 18.) 1.50, für Abonnenten der Kantstudien nn 1. 20
Wiegershausen, Heinr., Aenesidem-Schulze, der Gegner Kants, und seine Bedeutung im Neukantianismus. (III, 93 S.) 910. (Nr. 17.) 3.40; für Abonnenten der Kantstudien nn 2. 70

Kantz, Geo. H., Abhandl. v. d. chronol. Verzeichn. od. Kanon d. Sternkund. Ptolemäus. 8. Cöthen, Cörner. 752.

— d. letzten Schicksale d. Kirche Gottes u. d. Welt, in 10 Hauptstück. u. Zug. 8. Potsd. (Voß in Berl.) 746.

Kaentzeler, Peter Stephan

Kaentzeler, P. St., der die Gebeine Karls des Großen enthaltende, im Münsterschatze zu Aachen befindliche Behälter. Beschrieben und namentlich in seinen acht, Karls-Sagenkreis betreffenden Basreliefs zum erstenmal und vollständ. aus den Quellen erklärt. gr. 8. (20 S.) Aachen 859, (Hensen.)

Käntzeler, Pet. Steph., eine Kunst-Reliquie des 10. Jahrhunderts. Ein Erklärungsversuch, als Beitrag zur Kunstgeschichte jener Zeit unter Mitwirkung des Stiftsherrn J. Th. Kantzeler. Aachen 856. Beurath u. Vogelgesang. gr. 8. (15 S.) n. 5 ngr.

Kantzley-Buch, s Kanzlei-Buch

Kantzow, Thomas

—— Chronik von Pommern, s.a. Medem, F. L. v.

Kantzow, Thomas (†...), Chronik von Pommern in Niederdeutscher Mundart. Sammt einer Auswahl aus den übrigen ungedruckten Schriften desselben. Nach des Verf. eigener Handschrift herausgeg., u. mit Einleitung, Glossar u. einigen andern Zugaben versehen durch Wilh. Böhmer. Mit 1 Fac-simile. gr. 8. Stettin 835. Morin. Subscr.-Pr. 2 ℛ

Kantzow (auch Kanzow), Thom., Chronik von Pommern in niederdeutscher Mundart. Sammt e. Auswahl aus d. übrigen ungedr. Schriften desselben. Nach d. Verf. eigener Handschrift hrsg., u. mit Einleit., Glossar, u. einigen and. Zugaben vers. durch Wilh. Böhmer. gr. 8. (22⅛ B. u. 1 lith. Facsimile.) Stettin 835, [Saunier.] *

Kantzow, Thomas: Chronik von Pommern in hochdeutscher Mundart. Hrsg. v Georg Gaebel, Prof in Stettin. Bd I II. Stettin P Niekammer 1897 98 2 Bde 8°
I. Letzte Bearbeitg. 1897. (XXII, 426 S.)
II Erste Bearbeitg. 1898. (3 Bl., LXXVII, 295 S.)

Kantzow's Pomerania. (Nach K. gehörten die Störe auch in Pommern zu den Regalien).

Kantzow, Thom., Pomerania od. Ursprung, Altheit u. Geschichte der Völker u. Lande Pommern, Cassuben, Wenden, Stettin, Rügen in 14 Büchern beschrieben u. aus dessen Handschrift herausgeg. von H. G. L. Kosegarten. 2 Bde. gr. 8. Greifsw. ... Mauritius. 4 ℛ 4 ℊ

Kanus, Georg, Referendar in Breslau: Vergleich der Regeln des römischen, preußischen und deutschen Rechts über die Anrechnung einer Zahlung bei dem Vorhandensein von mehreren Hauptforderungen oder von Nebenforderungen. Borna-Leipzig 1907: R. Noske. (VIII, 65 S.) 8°
Heidelberg, Jur. Fak., Ref. Heinsheimer, Diss. v. 1907
[Geb. 22. Nov. 83 Rosen, Kr. Kreuzburg (O.-S.); Wohnort: Breslau; Staatsangeh.: Preußen; Vorbildung: Gymn. Kreuzburg Reife O. 01; Studium: Marburg 1, Breslau 5 S., Rig. 22. Okt. 07.]

Kanut der Große, e. Heldengeschichte (von Chr. Hnr. Korn). 4 Thle. 8. Ulm 771. Bartholomäi. 2 ℛ 4 ℊ

Kanut, der Große, oder der Streit der kindlichen und ehelichen Liebe, eine Heldengeschichte, 4 Thle, mit Kupf. 8. Ulm, 771. Bartholomäi. 2 Rtl. 5 sgl.

Kanut der Heilige, König von Dänemark. Amberg 1700. V: *Sedelmayer, Hieron.* (Jes)

Kanut der Heilige, König der Wenden. Hohenzollern [Wien] 1793. V: *Heinse, Gottlob Heinrich.* (Wr) »Leipzig 1793« (Ky) (MGT) (Collin, Anonymer. Kiobenh. 1869.)

— der heilige König der Wenden, 2 Theile, mit 1 Kupf. 8. Leipzig, 793. Weygand. 1 Rthl. 8 sgl.

KANYURSKY, Georgius De indiciis mysterii ss. trinitatis in A. F. obviis. — (1877) 129 S. 4° (Handschr.) Diss. 312
Diss. Wien, Univ.

Kanz, Fr., zwei- und dreistimmige Kirchenlieder für die oberen Schulklassen. Zum Gebrauche beim öffentl. Gottesdienste. 8. (32 S.) Rockenberg 867. (Butzbach, Weickhardt.) — 40

Kanz, Geo. Hnr., († d. 17. Nov. 1775.) Abhandl. v. dem bekannten chronolog. Verzeichnisse, der Kanon des Sternkund. Ptolemäus. 8. Cöthen 752. Corner. 4 ℊ Dann unt. d. T.: Versuch e. neuen Erklärung d. sonst bekannten chaldäischen Zeitrechnung. Dessau 756.

— kurzer Begriff des biblischen chronolog. Systems vor 6000 Jahren, nämlich v. Erschaffung d. Welt bis ins Jahr Christi (1759) 1767 rc. Mit e. Vorr. v. P. E. Jablonski. 8. Frkf. a. d. O. 750.

Kanzel, s.a Canzel.

Kanzel, die, s.a Höllerl, A., u. M. S. Tavagnutti.

Kanzel, die, eine Sammlung von Predigten ausgezeichneter Kanzelredner. Hrsg. v. Wilh. Pohl. 1. Bd. gr. 8. (32 B.) Berlin 842. (Wohlgemuth's Buchh.) *

Kanzel, die. Eine homilet. Monatschrift. Im Vereine mit mehreren Priestern hrsg. von Ludw. Gemminger. 1. und 2. Jahrg. 1867 und 1868. à Jahrg. 12 Hefte. gr. 8. (à Heft 80 S.) Regensburg, Pustet. à Heft 5 Ngr.; à Jahrg.

Kanzel, die. Eine homilet. Monatschrift. Im Verein mit mehreren Priestern hrsg. von Ludw. Gemminger. 3.—8. Jahrg. 1869—1874. à 12 Hefte. gr. 8. (à Heft 80 S.) Regensburg, Pustet. à Heft 50 Pf.; à Jahrg. 6 —

Kanzel, die. Ein nach 84 Materien geordnetes u. üb. 1000 Titel enthalt., die Predigt-Literatur der letzten 25 Jahre umfass. kathol. Predigt-Verzeichniss. Hrsg. v der Administration d. „Oesterr. literar. Centralblattes". 1—9. Tausend. gr. 8. (VIII, 66 S.) Wien 886. (Woerl.) n. — 50

Kanzel, die. Ein nach 90 Materien geordnetes kathol. Predigt-Verzeichniss. I. Die Predigt-Literatur der J. 1837—1861 enth. Zusammengestellt von Adf. Höllerl und Mario S. Tavagnutti. Hrsg. von der Administration des „Oesterreich. literar. Centralblattes". gr. 8. (VI, 68 S.) Wien 887, (Woerl.) * — 60

Kanzel, die. Ein nach 84 Materien geordnetes kathol. Predigt-Verzeichnis der letzten 25 Jahre. Zusammengestellt v. Adf. Höllerl u. Mario Sig. Tavagnutti. II. Hrsg. v. der Administration d. Oesterr. literar. Centralblattes. Mit e. Anh. der in den Jahren 1886—1888 erschienenen homilet. Werke. 2. Aufl. 8. (67 S.) Wien 888, [Administration d. Oesterr. literar. Centralblattes.] „Austria", Drescher u. Comp. * — 50
3. Aufl. u. d. T.:

— - die. Ein nach 116 Materien systematisch geordnetes u. m. e. Autoren-, Stich- u. Schlagwort-Register verseh. Verzeichniss v. kathol. Predigten u. einschläg. Werken. II. Die Predigt-Literatur der J. 1862—1890 enth. Hrsg. v. Mario Sig. Tavagnutti. 3. gänzl. umgearb. u. verm. Aufl. gr. 8. (VI, 96 S.) Wien 890, „Austria", Drescher u. Comp. * 1 —
Bildet d. 4. Theil v. Tavagnutti. Katholisch-theolog. Bücherkunde. I. Wien 1887. Ebd. [* — 60] * 1 —.

Die Freie Kanzel: 1870–1871
Monthly, published in interests of Free-thinkers. Sub-title: Eine Monatsschrift zur Beförderung und Unterstützung des freien geistigen Fortschrittes: Für die Deutschen der Vereinigten Staaten von Amerika. Place of publication varies: St. Louis, Mo. Circulation: 1870, 5000 (est.). Edited by Dr. A. Schabehorn, & published by C. Lohmann & Co.
Springfield, IL

— die Segeberger, im J. 1612 aus Eichenholz geschnitzt, von Marquardt Pentz und Anna Pentzen geschenkt, Künstler unbekannt, im J. 1867—1868 unter Leitung des Herrn Prof. Thaulow in Kiel vom Tischlermeister Schüler und Bildhauer Lürssen daselbst aus dem äussersten Verfall restaurirt, photographisch in 11 Blättern hrsg. von Friedr. Braune. gr. 4. Kiel 868, (Schwers'sche Buchh.) ** 18 —

Kanzelbeiträge, Katholische. Ein fünffacher Jahrescyclus von 376 vollständigen und skizzirten Predigten für alle Sonn- und Festtage. Brixen 1864—69. V: *Alvera, Josef.* (Mitth. d. Buchh. A. Weger in Brixen.)

Kanzelberedsamkeit, Die christliche, nach ihrer Form und Inhalt . . . Regensb. 1835. H: *Blum, Georg.* (Tb) »Landshut 1834« (schmal)

Kanzelberedsamkeit, die christliche, nach ihrer Form u. Inhalt kurz u. prakt. dargest. Von d. Verf. d. Gebet- u. Andachtsbücher: „Schritte zur vollkomm. Liebe Gottes ꝛc." Zugleich als Einleit. zu d. Werke: Die kathol. Kanzelberedsamkeit aus d. vorigen Jahrhunderte. gr. 12. (6 B.) Landshut 835, [Regensburg,] Manz.

Kanzelberedsamkeit, Katholische, aus dem vorigen Jahrhundert. Landshut 1832—34. H: *Blum, Gg.* (schmal)

— kathol., aus dem vorigen Jahrhundert, herausgeg. von d. Verfasser der Gebet- u. Andachtsbücher: „Schritte zur vollkommenen Liebe Gottes; Herr bleib bei uns ꝛc. Jesus Christus, der wahre Gott u. Mensch ꝛc." 16 Bdchn. Auch u. d. T.: Prüfet Alles, das Gute behaltet! Eine Samml. kurzer Betrachtungsreden aus den besten Predigern älterer Zeit. Zur Belehrung, z. Erbauung u. zum Troste für fromme Katholiken ꝛc. 16 Bdchn. gr. 12. Landsh. 832. Krüll. 4 Thlr

— katholische, aus dem vorigen Jahrhundert ꝛc. 26 - 46 Bdchn. A. u. d. T.: Prüfet alles, das Gute behaltet! ꝛc. 26—46 Bdchn. gr. 12. Landshut 833. Krüll. 1 3/8 Thlr (Vgl. Thl. III. S. 304.)

Kanzelberedsamkeit, kathol., aus d. vorigen Jahrhundert ꝛc. 1—4. Bdchn. — A. u. d. T.: Prüfet alles, d. Gute behaltet! Eine Samml. kurzer Betrachtungsreden aus d. besten Predigern ält. Zeit. Zur Belehr., z. Erbauung u. z. Troste f. fromme Katholiken ꝛc. Von d. Verf. der: „Schritte z. vollkomm. Liebe Gottes" ꝛc. ꝛc. (G. Blum.) 1—4. Bdchn. gr. 12. Landshut 832, 33. [Regensburg, Manz.] [1. (7½ B.) 9 Gr., 2. u. 3. (20 B.) 21 Gr., 4. (9 B.) 12 Gr.]

— katholische, aus d. vorigen Jahrh., hrsg. v. d. Verf. d. Gebet- u. Andachtsbücher: „Schritte zur vollkomm. Liebe Gottes ꝛc.", 5—8. Bdchn. gr. 12. Regensburg, Manz. à ⅓ Thlr. A. u. d. Titln.:
Bdchn. 5. u. 6. Prüfet alles, das Gute behaltet! Eine Samml. kurzer Betrachtungsreden aus d. besten Predigern älterer Zeit. 5. u. 6. Bdchn. (19½ B.) 835, 37.
„ 7. Neue Betrachtungsreden auf alle Muttergottesfesttage d. ganzen Jahres. Aus älteren Predigtwerken ausgezogen. (1. Beitr.) (9 B.) 841.
„ 8. Neun Betrachtungsreden üb. d. Sünde. 2. Beitrag. (8½ B.) 841.
1—4. Bdchn. Ebendas. 1832, 33. 1 Thlr. 18 Gr.

— protestant., od. Predigten auf alle Sonn- u. Festtage d. Jahrs üb. Perikopen u. freie Texte. Nebst e. Anh. v. Casual-Predigten u. Reden. In Verbindung mit mehr. deutschen Kanzelrednern hrsg. v. J. H. L. Schrader. 1. u. 2. Bd. Enth. Predigten von v. Ammon (in Erlangen), d'Autel, Bödeker, Dietzsch, Dürr, Ehrenberg, Fischer, Heydenreich, Horn, Röhr, Schmaltz, Schrader, Steinmetz, Wald, de Wette u. Zimmermann. Mit de Wette's u. Röhr's Bildn. Wohlf. Ausg. (N. T.) gr. 8. (28½ B.) Frankfurt a. M. 833, (Schmerber.)
Erschien zuerst 1831, Frankfurt a. M., Guilhaumann. 1 Thlr. 8 Gr.

Kanzelbüchlein. 8. (145 S.) Ratzeburg 890, Prahl.
Ausg. A. geb. in Kalbldr. ** 3 75; B. in Chagrinldr. ** 2 75
C. in einf. Ldr.-Decke ** 2 25; Reservebüchl. m. Goldschn. ** 1 —

Kanzelei-Calender, s. Kanzlei-Kalender.

Kanzelei-Patent, s. Kanzlei-Patent.

Kanzeley-Patent, s. Kanzlei-Patent.

Kanzellist, der, s.a. Canzellist.

Kanzellist (od. Kalligraph,) der, in allen seinen Verrichtungen, od. vollständ. Anweis. zum Schönschreiben, z. Verfertigung verschied. schwarzen u. farbigen, so wie auch Gold- u. Silber-Tinten ꝛc. qu. 16. Erf. 830 (Andrä). 8 gl ohne Vorschriften 4 gl

Kanzel-Rede bey Anlass der alljährlichen Gelübdesfahrt der Stadt Rappersschweil.... Einsiedeln 1819 s. [Herzog, P. Marianus].

KANZELREDE zu dem nach bezwungenen Bürgerkriege, in allen Kirchen des Hochw. Timauer Vikariates abgesungenen Te Deum laudamus. Timau 1849: Spankraft. 16. S. - 200 mm

Kanzel- u. Altar-Reden auf die sämmtl. Feste der Jungfrau Maria, wie sie von mehreren kathol. Geistlichen theils in Stadttheils in Landkirchen gehalten worden sind. gr. 8. (27 B.) Ulm 845, Ebner.

Kanzelreden, ausgesuchtere, zunächst f. d. Stadtvolk. Von einigen Curaten d. Seckauer Diöcese. 1r—3r Bd. gr. 8. Grätz 823, Miller. à 20 gr.

Kanzelreden, ausgewählte französische, s. Schulbibliothek, französische und englische.

Kanzelreden, neue auserlesene, üb. Wahrheit d. Religion; aus d. Franz. übers. v. Gregor. Trautwein. 5 Thle. gr. 8. Augsb. 765 — 70. Veith. 4 Thlr 4 gl

Kanzelredner, ein freisinniger. (Moritz Schwalb.) 8. (26 S.) Winterthur 876, Hammer.

Kanzelredner, der katholische. Praktische homilet. Monatsschrift. Unter Mitwirkung mehrerer kathol. Geistlichen hrsg. von Jul. Hirschberger. 1. Jahrg. 1884. 12 Hefte. gr. 8. (à Heft ca. 104 S.) Breslau, Goerlich's Verlag.

Kanzelredner, der katholische. Praktische homilet. Monatsschrift. Unter Mitwirkung mehrerer kathol. Geistlicher hrsg. von Jul. Hirschberger. 2.—4. Jahrg. 1885—1887. à Jahrg. 12 Hefte. gr. 8. (à Heft 80—90 S.) Breslau, Goerlich. à Jahrg. 6 —
Erscheint nicht mehr.

Kanzelspruch am Geburtsfest d. Königs v. Würtemberg, mit besond. Beziehung auf die landständische Verfassung. 8. Ulm ... Ebner. 2 Kr.

Kanzelstimmen. Predigtcyclus auf alle Sonn- und Feiertage des Kirchenjahres, nebst zahlreichen Fest- und andern Gelegenheitsreden. Unter Mitwirkung vieler beliebter und gefeierter kathol. Kanzelredner hrsg. von G. M. Schuler. 1. und 2. Jahrg. à 12 Hefte (à $4\frac{1}{2}$—$6\frac{1}{2}$ Bog.) gr. 8. Würzburg 878,79, Bucher. à Jahrg.

Kanzelstimmen. Predigtcyclus auf alle Sonn- und Feiertage des Kirchenjahres, nebst zahlr. Fest- und anderen Gelegenheitsreden. Unter Mitwirkung vieler beliebter und gefeierter kathol. Kanzelredner hrsg. von G. M. Schuler. 3.—7. Jahrg. 1880—1884. à Jahrg. 12 Hefte. (à Heft $6\frac{1}{2}$ Bog.) gr. 8. Würzburg, Bucher. à Jahrg.

Kanzelstimmen. Predigtcyklus auf alle Sonn- und Feiertage des Kirchenjahres, nebst zahlreichen Fest- und anderen Gelegenheitsreden. Unter Mitwirkung vieler beliebter und gefeierter kathol. Kanzelredner redig. von G. M. Schuler. 8.—11. Jahrg. 1885—1888. à Jahrg. 12 Hefte. (à Heft 5 Bog.) gr. 8. Würzburg, Bucher. à Jahrg. 6 —

Kanzelstimmen. Predigtcyclus auf alle Sonn- u. Feiertage d. Kirchenjahres, nebst zahlreichen Fest- u. andern Gelegenheitsreden. Redig. v. G. M. Schuler. 12.—14 Jahrg. 1890—1892. à Jahrg. 12 Hefte. (à Heft 5 Bog.) gr. 8. Würzb., F. X. Bucher. à Jahrg. 6 —
—— dass. — 1. Jahrg. 1878. 2. unveränd. Aufl. gr. 8. (IV, 528; II, 175 S.) Ebd. 889. 6 —

Kanzelstimmen. Predigtcyclus auf alle Sonn- u. Feiertage des Kirchenjahres, nebst zahlreichen Fest- u. anderen Gelegenheitsreden. Unter Mitwirkg. vieler beliebter u. gefeierter kathol. Kanzelredner red. v. G. M. Schuler. 13.—16. Jahrg. 1891—1894. à 12 Hfte. (à ca. 6 Bog.) gr. 8. Würzburg, F. X. Bucher. à Jahrg. 6. —

Kanzelstimmen. Predigtcyclus auf alle Sonn- u. Feiertage d. Kirchenjahres, nebst zahlr. Fest- u. and. Gelegenheitsreden. Unt. Mitarbeitg. vieler beliebter u. gefeierter kath. Kanzelredner red. v. G. M. Schuler. 18.—21. Jahrg. Dezbr. 1895—Novbr. 1899. à 12 Hfte. (à ca. 4 Bog.) gr. 8. Würzburg, F. X. Bucher. à Jahrg. 6. —

Kanzelstimmen. Predigtcyclus auf alle Sonn- u. Feiertage des Kirchenjahres, nebst zahlr. Fest- u. andern Gelegenheitsreden. Unter Mitwirkg. vieler beliebter u. gefeierten kathol. Kanzelredner hrsg. v. G. M. Schuler. 22.—25 Jahrg. Dezbr. 1899—Novbr. 1903. à 12 Hfte. gr. 8. (22: VI, 488 u. 280 S.; 23: VI, 504 u. 264 S. u. 24: VI, 448 u. 320 S.) Würzburg, F. X. Bucher. à Jahrg. n. 6. —
Hört mit Schluß des Jahrg. 25 zu erscheinen auf.

Kanzelvortrag am Bustage 1777 Nachmittags. Halberstadt 1777. V: *Matern, Johann Friedrich.* (MGT)

Kanzel-Vortrag neuerer Zeit zur Förderung der bürgerlichen und Familien-Wohlfahrt. Dem Druck übergeben von einem Freunde des Verf. gr. 8. (8 S.) Augsburg 853, v. Jenisch und Stage'sche Buchh.

Kanzelvorträge z. Aufklärung der Landleute. gr. 8. Gef. 780. Rehm'sche B. 10 g.

Kanzelvorträge, christkathol., auf alle Sonn- u. Feiertage, auf d. heil. Fastenzeit u. bei andern Festen u. Gelegenheiten, an Städtebewohner insbesondere. 18 Thle. gr. 8. Grätz 823, Ferstl. Rthlr.

Kanzelvorträge, populäre, für alle Sonn- und Festtage des kathol. Kirchenjahres, nach Rud. Graser's Predigten und Homilien, größtentheils bearb. von Ludw. Stroißnigg. gr. 8. (XIV und 354 S.) Augsburg 848, Fahrmbacher.

Kanzki, Maximilian [aus Berlin]: Beitrag zur Casuistik des subcutanen Emphysems . . . Berlin, gedr. bei L. Schumacher, 1888; 29 + 1 S. + 1 Bl. 8°
Berlin, Med. Fak., Inaug.-Diss. v. 19. März 1888

Kanzki, Th., Abendglockenläuten z. Erinnerg. an 1870—71. E. patriot. Dichtg. in d. Form d. Liedes v. d. Glocke. gr. 8. (16 S.) Hamburg 896. Herold's Verl. n. — 60

Kanzlei, die bayerische. Sammlung der Reichsgesetze, kaiserl. Verordnungen, Verfügungen des Reichskanzleramts, bayer. Landgesetze, allerhöchsten Verordnungen, Ausschreiben der Ministerien, Kreisregierungen und Centralstellen. Redact.: Zängerle. 1. Bd. (Jahrg.) 2 Hälften. (24 Nrn.) gr. 8. (XXIV, 734 S.) Kempten 874, Kösel'sche Buchh. à Hälfte *ℳ 4. *

Kanzlei, die bayerische. Sammlung der Reichsgesetze, kaiserl. Verordnungen, Verfügungen des Reichskanzleramts, bayer. Landesgesetze, allerhöchsten Verordnungen, Ausschreiben der Ministerien, Kreisregierungen und Centralstellen. Redact.: Zängerle. 2.—6. Jahrg. 1875—1879. à Jahrg. 24 Nrn. (à 1—3 Bog.) gr. 8. Kempten, Kösel'sche Buchh. Jahrg. 1875—1877 à Jahrg. 1878 und 1879 à

Kanzlei, die bayerische. Sammlung der Reichsgesetze, kaiserl. Verordnungen, Verfügungen des Reichskanzleramts, bayer. Landesgesetze, allerhöchsten Verordnungen, Ausschreiben der Ministerien, Kreisregierungen und Centralstellen. Redact.: Zängerle. 7.—11. Jahrg. 1880—1884. à Jahrg. 24 Nrn. (à Nr. 1—2 Bog.) gr. 8. Kempten, Kösel'sche Buchh. à Jahrg. *

Kanzlei, die bayerische. Sammlung der Reichsgesetze, kaiserl. Verordnungen, Verfügungen des Reichskanzleramts, bayer. Landesgesetze, allerhöchsten Verordnungen, Ausschreiben der Ministerien, Kreisregierungen und Centralstellen. Redact.: Zängerle. 12.—15. Jahrg. 1885—1888. à Jahrg. 24 Nrn. (à Nr. 1—2 Bog.) gr. 8. Kempten, Kösel'sche Buchh. à Jahrg. *

Kanzlei, die bayerische. Sammlung der Reichsgesetze, kais. Verordngn., Verfüggn. d. Reichskanzleramts, bayer. Landesgesetze, allerhöchsten Verordngn., Ausschreiben der Ministerien, Kreisregiergn. u. Centralstellen. Redact.: Zängerle. 16.—19. Jahrg. 1889—1892. à Jahrg. 24 Nrn. (à Nr 1—2 Bog.) gr. 8. Kempten, Kösel. à Jahrg. * 10 —

Kanzlei, die bayerische. Sammlung der Reichsgesetze, kais. Verordngn., Verfüggn. des Reichskanzleramts, bayer. Landesgesetze, allerhöchsten Verordngn., Ausschreiben der Ministerien, Kreisregiergn. u. Centralstellen. Red.: Zängerle. 18.—20. Jahrg. 1891—1893. à ca. 24 Nrn. (à 1—2 Bog.) gr. 8. Kempten, J. Kösel. à Jahrg. n 10. —

Die Kanzlei-Akten der Regentschaft des Bistums Chur aus den Jahren 1499–1500. Hrsg von Fritz Jecklin. Als Forts. von Mohrs Codex diplomat 7 Bd. *Chur 1899 Sprecher & Valer.* (152 S.) 8°
= Jahresbericht d. Historisch-antiquarischen Gesellschaft v. Graubunden 1898 No 28 [illegible]

Kanzleibeamten, Die entlassenen, oder was werdet ihr beginnen? [Wien 17??] V: *Voll, M. C.* (Behrisch, Die Wiener Autoren. 1784.)

Kantzley und Titel-Buch, New, in Reden vnd Schreiben, Rhetorischer jetziger Cantzleyischer Zierligkeit . . . Frankfurt a. M. 1754. 4. . . . . . (KPA.)

Kanzlei-Calender, s. Canzlei-Calender

Kanzlei- und Bureau-Kalender für 1870. quer 4°
Wien C. Dittmarsch.

Kanzlei- u. Judicial- od. Expeditions-Kalender, königl. sächsischer, auf d. J. 1895. Dazu als Anh.: A. Behörden u. Anstalten des Königr. Sachsen. B. Eintheilung des Königr. Sachsen nach den Gerichts- u. Verwaltungsbezirken. C. Alphabetisches Verzeichniß der Ortschaften rc. mit Angabe der betr. Amtsgerichte u. Postbestellanstalten. D. Verzeichniß der Rechtsanwälte beim Reichsgericht zu Leipzig, sowie der sämmtl. Rechtsanwälte Sachsens. 90. Ausg. Zum Druck abgeschlossen 1. Juli 1894. 4. (134 S.) Dresden, E. Wulffen. n.n. 1. 30; kart. u. durchsch. n. 1. 60

Bisher u. d. T: Canzlei- u. Judicial- od. Expeditions-Kalender, königl. sächsischer.

Kanzlei- u. Judicial- od. Expeditions-Kalender, kgl. sächsischer, auf d. J. 1899. Dazu als Anh.: A. Behörden u. Anstalten d. Königr. Sachsen. B. Eintheilg. d. Königr. Sachsen nach d. Gerichts- u. Verwaltungsbezirken. C. Alphabet. Verzeichniß d. Ortschaften rc. m. Angabe d. betr. Amtsgerichte u. Postbestellanst. D. Verzeichnis d. Rechtsanwälte b. Reichsgericht zu Leipzig, sow. d. sämmtl. Rechtsanwälte Sachsens. 94. Ausg. Z. Druck abgeschlossen 1. VII. 1898. 4. (137 S.) Dresden, E. Wulffen. n.n. 1.30; kart. u. durchsch. n. 1. 60

Kanzlei- u. Judicial- od Expeditions-Kalender, königl. sächsischer, auf d. J. 1900. Dazu als Anh. A Behörden u. Anstalten des Königr. Sachsen. B. Einteilg. d. Königr. Sachsen nach den Gerichts- u. Verwaltungsbezirken. C. Alphabet. Verzeichnis d. Ortschaften etc. m. Angabe der betr. Amtsgerichte u. Postbestellanstalten D Verzeichnis d. Rechtsanwälte beim Reichsgericht zu Leipzig, sowie der sämmtl. Rechtsanwälte Sachsens. 95. Ausg. Zum Druck abgeschlossen 1 VII. 1899. 4. (137 S) Dresden, E. Wulffen 1. 30; kart. u. durchsch. 1. 60.

Kanzlei- u. Judical- od. Expeditions-Kalender, königl. sächsischer, auf d. J. 1902. Dazu als Anh. (III. Thl.): A. Behörden u. Anstalten des Königr. Sachsen. B. Eintheilung des Königr. Sachsen nach den Gerichts- u. Verwaltungsbezirken. C. Alphabetisches Verzeichniß der im Königr. Sachsen belegenen Stadt- u. Landgemeinden rc. m. Angabe der betr. Amtsgerichte u. Postbestellanstalten. D. Verzeichniß der Rechtsanwälte beim Reichsgericht zu Leipzig, sowie der sämmtl. Rechtsanwälte Sachsens. 97. Ausg. Zum Druck abgeschlossen 1. VII. 1901. 4. (143 S.) Dresden, Ramming. n.n. 1.30; kart. u. durchsch. n. 1.60

Kanzlei- u. Judicial- od. Expeditions-Kalender, königl. sächs., auf d. J. 1905. 100. Ausg. (168 S.) 8. Dresden, Ramming. 1. 30.; kart. u. durchschossen 1. 60.

Kanzlei- u. Judicial- od. Expeditions-Kalender, königl. sächs., auf d. J. 1906. 101. Ausg. (168 S.) 8. Dresden, Ramming. 1. 30; kart. u. durchschossen 1. 60.

Kanzlei- u. Judicial- od. Expeditions-Kalender, königl. sächsischer, auf d. J. 1907. Dazu als Anh. (III. Tl.): A. Staatsbehörden, Staatsanstalten u. höhere Schulen sowie Einteilg. des Königr. Sachsen nach Gerichts- u. Verwaltungsbezirken. B. Reichsbehörden. C. Alphabetisches Verzeichnis der im Königr. Sachsen belegenen Stadt- u. Landgemeinden rc. m. Angabe der Amtshauptmannschaften, Amtsgerichte u. Postanstalten. D. Verzeichnis der Rechtsanwälte beim Reichsgericht in Leipzig, sowie der sämtl. Rechtsanwälte Sachsens. 102. Ausg. Zum Druck abgeschlossen 1. VII. 1906. (152 S.) 8. Dresden, Ramming. n.n. 1. 30; kart. u. durchsch. 1. 60

Kanzlei- u. Judicial- od. Expeditions-Kalender für Justiz-, Verwaltungs- u. Gemeindebehörden für 1908. 103. Jahrg. (169 S.) 8. Dresden, Ramming. 1. 30; kart. 1. 60.

Kanzlei- u. Termin- od. Expeditions-Kalender, kgl. sächsischer, f. Justiz-, Verwaltungs- u. Gemeindebehörden auf d. J. 1909. 104. Jahrg. Bearb. v. A. Reichel. [Ausg. A: Justizbehörden, B: Verwaltungs- und Gemeindebehörden, C: Für Rechtsanwälte.] (Je 193 S.) 8. Dresden, Ramming. Je 1. 30; kart. u. durchsch. je 1. 60.
— — auf d. J. 1910. 105. Jahrg. (Je 194 S.) gr. 8. Ebenda. Je 1. 30; kart. u. durchsch. je 1. 60.

Kanzlei- u. Termin- oder Expeditions-Kalender, königl. sächs., für Justiz-, Verwaltungs- u. Gemeindebehörden auf d. J. 1911. 106. Jahrg. Bearb. v. Arth. Reichel. Ausg. A: Justizbehörden, Ausg. B: Verwaltungs- u. Gemeindebehörden. Ausg. C: Für Rechtsanwälte. (à 194 S.) gr. 8. Dresden, Ramming. à nn 1.30; kart. u. durchsch. à 1.60

Königl. schleswig-holsteinischer Kanzeley- und Contoir-**Schreib-Calender** auf das Jahr . . . Hrgg. v. Ferdinand Stiller. Altona. 8°
1825. 1830. 1833. 1834.
Fortges. u. d. T.:
Privilegirter . . . Berechnet auf der Altonaer Sternwarte. ebd. 1866. 8°

Königl. Schleswig-Holsteinischer **Kanzelei-** und Comtoir-**Schreib-Kalender.** Hrgg. v. Adolf Cornelius Petersen. Altona.
Auf d. Schalt-Jahr 1844. 8°.
Fortges. u. dems. T., nur Königl. ist verändert in: Privilegirter.
Auf d. Jahr 1851. 8°.
Fortg. u. dems. T., hrgg. v. R. Schumacher.
Auf das Schalt-Jahr 1856. 8°.

Kanzleiordnung, Erneuerte, der Reichsstadt Bremen. Bremen 1762. H: *Hombergk zu Vach, Wilhelm Friedrich.* (Ml.)

Kanzlei-Ordnung v. 9. Febr. 1895. (Beilage z. Justiz.-Minist.-Blatt Nr. 8.) Amtl. Ausg. Mit e. Anh. gr. 8. (34 S.) Berlin 895. R. v. Decker. n. — 40

— dasselbe. M. d. dazu gegeb. Formularen u. ergänz. Anmerkgn. gr. 8. (28 S.) Berlin 896. A. Nauck & Co. n. — 40

Kanzleiordnung vom 9. II. 1895. (Beilage zum Justiz-Ministerial-Blatt Nr. 8.) Amtliche Ausg. Mit e. Anh. gr. 8. (50 S.) Berlin 901. R. v. Decker. n.n. — 50

Kanzleiordnung vom 9. II. 1895 in der am 1. XI. 1904 geltenden Fassung. Nebst ergänz. u. erläut. Vorschriften. Beilage zum „Bureau-Blatt f. gerichtl. Beamte". (III, 63 S.) gr. 8. Berlin 905. A. Nauck & Co. n. — 80

Kanzleiordnung f. die Gerichte u. Staatsanwaltschaften vom 27. III. 1907. (Just.-Min.-Bl. S. 89.) (III, 39 S.) 8. Berlin, A. Nauck & Co. —. 50.
— dasselbe. (Just.-Minist.-Bl. S. 89 ff. 327.) Amtliche Ausg. (43 S.) Lex.-8. Berlin, R. v. Decker. —. 50.

Kanzleiordnung f. die Gerichte u. Staatsanwaltschaften vom 27. III. 1907. (Just.-Min.-Bl. S. 89.) 2. Aufl. in der durch die allg. Verf. v. 24. 4. 1908 (J.M.Bl. S. 209) geänderten Fassg. (III, 43 S.) 8. Berlin, A. Nauck & Co. 1908.

Kanzleiordnung f. die Gerichte u. Staatsanwaltschaften v. 27. III. 1907 in der am 1. VI. 1909 geltenden Fassung m. e. Anh. Amtliche Ausg. (51 S.) gr. 8. Berlin 909. R. v. Decker. — 50

— dasselbe. (Just.-Min.-Bl. S. 89.) 3. Aufl. in der durch die allgem. Verf. v. 29. 4. 08, v. 4. 3. 09 u. v. 25. 5. 09 geänderten Fassg. (III, 54 S.) 8. Berlin 909. A. Nauck & Co. — 60

Kanzley- u. Gerichts-Ordnung, s. a. Canzley- u. Gerichts-Ordnung.

Kanzleiordnung. — Kanzleiordnung und Gerichtsordnung, nebst Justiz-Reglement v. 1718, Zellische. Mit Genehmigung des Königl. Kabinetsministerii von Neuem herausg. u. durch gegenseitige Citate miteinander in Verbindung gebracht und hin und wieder mit Anmerkk. begleitet v. L. v. Schlepegrell. gr. 8. Lüneburg: Herold 1828.

Kanzleiordnung, Fürstl. Hessen-Homburgische provisionale. Homburg v. d. H. 1747. B: *Moser, Johann Jacob.* (ML)

Kanzleiordnung, welche . . . in der Kurländischen Statthalterschaft zu beobachten ist. Mitau 1796. V: *Stövern, Gottfried Georg von.* (R-N)

Kanzelei-Patent, betreffend die wechselseitige Aufhebung des Abzugs-Rechts zwischen dem Königreiche Dänemark und dem Herzogthum Schleswig einer- und dem Herzoglich Sachsen-Altenburgischen Landen andererseits für das Herzogthum Schleswig. Cancellie-Patent angaaende den gjensidige Ophævelse af Afdragsretten imellem Kongeriget Danmark og Hertugdømmet Slesvig paa den ene og de Hertugelig Sachsen-Altenburgske Lande paa den anden Side for Hertugdømmet Slesvig. Kopenhagen den 11 September 1813. Kopenhagen. (1813.) 4°

Kanzelei-Patent, betr. die Bestimmung, dass die Leibrenten- und Versorgungsanstalt von 1842, vom 1 Sept. d J angerechnet, an die Stelle der allgemeinen Wittwenkasse treten soll, für die Herzogthümer Schleswig und Holstein. Kopenhagen, den 11. Aug. 1845. (Deutsch und dänisch.) Kopenhagen. o. J. 4° k.

Kanzeley-Patent, d a s s nach dem Nordstrandischen Landrechte den Ascendenten der Pflichttheil gebühre. Den 31 Julii 1798. Kopenhagen. (1798.) 4°

Kanzeley-Patent zur E i n s c h r ä n k u n g der Förmlichkeiten in Präclusionsfällen, für die Herzogthümer Schleswig und Holstein etc. Königl. deutsche Kanzeley d. 4 Apr 1797 Kopenhagen. o. J. 4°

Kanzelei-Patent, betreffend die J u r i s d i c t i o n in Hinsicht der auf dem Bett oder Strom des Schleswig-Holsteinischen Canals sich ereignenden Vorfälle – Kopenhagen, den 5 Junii 1813. Kopenhagen. (1813). (Deutsch und dänisch.) 4°

Kanzeley-Patent wegen des dem Glückstädtischen Zuchthause in seinen Streitigkeiten zu bewilligenden kostenfreyen P r o c e s s e s etc. für die Herzogthümer Schleswig und Holstein etc. Kopenhagen d. 20. Aug. 1796. Kopenhagen. 1796. 4°

Kanzeley-Patent, über die von dem Gericht der Macht der Geschworenen auf Fehmern bey Dilations-Ertheilungen zu beobachtenden R e g e l n . Den 13. März 1798. Kopenhagen. (1798.) 4°

Kanzeley-Patent, wider die S c h e i n u n t e r t h a n e n auf dem Lande, für die Herzogthümer Schleswig und Holstein, etc. Kopenhagen d. 24. Septb. 1796. Kopenhagen. 1796. 4°

Kanzeley-Patent, betreffend die bis zum 29 Septb. künftigen Jahres, auch fremden Schiffern freystehende T r a n s p o r t i r u n g des Büchen-Brennholzes aus den Herzogthümern nach Kopenhagen. Königl. Deutsche Kanzeley d. 22. Juni 1797 Kopenhagen. o. J. 4°

Kanzelei-Patent, betr das Verbot des Gebrauchs gewisser Fahnen, für die Herzogthümer Schleswig und Holstein. Kopenhagen, den 31. Juli 1845. Deutsch und dänisch. Kopenhagen. o. J 4° k.
Nebst einem dazu gehörigen Circulair. 1 Bl. Fol. geb. in 4° k.

Kanzelei-Patent, betreffend die den Hauswirthen für Einquartirung der zum See-Etat gehörigen Mannschaft zukommende V e r g ü t u n g , für die Herzogthümer Schleswig und Holstein. – Cancellie-Patent, angaaende den Gotgiorelse, som tilstaaes Huusvæ rterne for Indqvartering af Mandskab, der henhorer til Soe-Etaten, for Hertugdommerne Slesvig og Holsten. Kopenhagen, d. 18. Julii 1812. Kopenhagen. (1812.) 4°

Kanzelei-Patent, betreffend die aus der Königlichen Kasse zu gewärtigende V e r g ü t u n g , wenn Communen in Gemässheit des § 74 der Wegeverordnung vom 1sten März dieses Jahres die Chaussirung von Hauptlandstrassen für eigene Rechnung übernehmen, für die Herzogthümer Schleswig und Holstein. Kopenhagen, den 15 December 1842. Kopenhagen. (1842.) 4° k.

Kanzeley-Patent zur V e r h ü t u n g des Missbrauchs der Supplication von gerichtlichen Urtheilen und Bescheiden, für die Herzogthümer Schleswig und Holstein etc. Kopenhagen d 16. Jul. 1796. Kopenhagen. 1796. 4°

Kanzeley-Patent, über die Z e i t e n der ordentlichen Versammlung des Gerichts der Macht der Geschworenen auf Fehmern. Den 13 März 1798. Kopenhagen. (1798.) 4°

Kanzleirath, der, oder Bilder aus dem Familienleben eines Subaltern-Beamten. Ernst-humoristischer Beitrag zur Besoldungsfrage. 2., verm. und verb. Aufl. 8. (85 S.) Carlsruhe 857. (Creuzbauer'sche Buchh.)

Kanzleirath, der, oder Bilder aus dem Familienleben eines Subaltern-Beamten, mit einem neuen Anhang: Wie des Kanzleiraths Budget, nachdem seine Besoldung um 100 Gulden erhöhet worden, sich gestaltet hat. Ernst-humoristischer Beitrag zur Besoldungsfrage. gr. 8. (50 S.) 3—5. Aufl. Stuttgart 859. Metzler 6 ngr.

Kanzlei-Reglement

—— Vom 23. März 1885. Amtl. Ausg. 4. (20 S.) Berlin 885, R. v. Decker's Verlag. *

Kanzlei-Reglement. [Just.-Min.-Bl. S. 120 von 1885.] 8. (23 S.) Berlin 885, Nauck und Comp. *

Kanzlei-Reglement [Just.-Min.-Bl. S. 120 v. 1885] in der Fassung der allgemeinen Verfügung vom 4. Febr. 1889. [Beilage zum „Bureau-Blatt f. gerichtl. Beamte".] gr. 8. (24 S.) Berlin 889. Nauck & Co. n. —40

Kanzlei-Reglement v. 23. März 1885, nebst d. bisher ergang. Abändergn. M. I.—III. Nachtrag. 4. (23 S. u. 8 Blatt.) Berlin 891. 93. R. v. Decker. n. —40

Kanzleireglement vom 23. März 1885 [Just.-Min.-Bl. S. 120] in der Fassung der allgemeinen Verfügung vom 4. Febr. 1889 unter Berücksicht. der durch die allgemeinen Verfügungen vom 16. Dezbr. 1890 u. vom 20. Aug. 1891 bewirkten Abänderungen. 5. Aufl. gr. 8. (24 S.) Berlin 892. A. Nauck & Co. n. —40

Kanzleistyl. – Über den K a n z l e i s t y l und wie derselbe zu verbessern, (v. J. N. Lengenfelder). 8° Frankfurt u. Leipzig 1780

Kanzleiter, Paul, d. Auswanderer u. d. Vereinigten Staaten v. Nord-Amerika. D. Wissenswerteste f. Auswanderungslustige u. Auswanderer. M. Reiseführer u. Sprachlehrer. D. neuesten Verhältnissen entsprechend bearb. 12. (X, 368 S.) Nürtingen 895. G. Zimmermann. Geb. in Leinw. n. 3. —

Kanzlei-Vorschrift f. die k. k. Gendarmerie. gr. 8. (IV, 150 S.) Wien 898. (Hof- u. Staatsdruckerei.) Kart. n. 1. 20

Kanzleivorschrift f. die k. k. Gendarmerie. 1. u. 2. Tl. 8. Wien 904. Hof- u. Staatsdruckerei. Kart. n. 2. 80
1. Für die Gendarmeriepostèn- u. Bezirksgendarmeriekommanden. (VI, 178 S.) n. 1.—
2. Für die Gendarmerieabteilungs- u. Landesgendarmeriekommanden. (VI. 149 S.) n. 1.80

Kanzlei-Zustände, Wiener. Aus den Memoiren eines österreichischen Staatsbeamten. Leipzig 1846. V: *Naske, Adolph Carl.* (WBL XX, 89)

Kanzley-Zustände, wiener. Aus d. Memoiren eines österr. Staatsbeamten. 8. (21⅝ B.) Leipzig 846, Hartknoch.

Kanzler, Altenburgs. O. O. 1821. V: *Beust, Johann Friedrich Graf von.* (ADB)

Kanzler, der neue. (Von Thom. Thdr. Heine.) Extrablatt des Simplicissimus. (4 S. m. Abbildgn.) Lex. 8. München (909). Simplicissimus-Verlag. – 15

Kanzler, A., Hilfsbüchlein f. den Gebrauch des Französischen als Unterrichtssprache. Französische Wörter u. Redensarten, f. die Hand des Schülers zusammengestellt. 8. (VI, 41 S.) Karlsruhe 902. J. Lang. n. — 60

Kanzler, A., Hilfsbüchlein f. den Gebrauch des Französischen als Unterrichtssprache. Französische Wörter und Redensarten, f. die Hand des Schülers zusammengestellt. 2. Aufl. (VI, 41 S.) kl. 8. Karlsruhe 907. J. Lang. — 60

Kanzler, Frz., s.: Adressbuch, internat., des Viehhandels.

Kanzler, G. J., Geschichte d. Marktes u. Curortes Ischl sammt Umgebung von den ältesten Zeiten bis zur Gegenwart. Einleitung von Frz. Koch. Mit mehreren Illustr. (In ca. 16 Hftn.) 1. Hft. 8. (32 S. mit 1 Lichtdruck.) Ischl 881. (Gmunden, Mänhardt.) n. — 60

—— Solbad Rothenfelde. Spaziergänge und Ausflüge in seiner Umgebung. 12. (IV, 122 S. mit 1 lithogr. Karte.) Dortmund 883, Köppen'sche Buchh. cart. *

Kanzler, Solbad Rothenfelde. Spaziergänge u. Ausflüge in seiner Umgebung. 2. Aufl. 8. (92 S.) Dortmund 890. Köppen. n. 1. 20; m. lith. Karte in gr. Fol. n. 1. 70

—— Telegrafen-Tarife. Eine prakt. Zusammenstellung der Depeschentaxen von 2—60 Worten für sämmtl. Länder inner- und ausserhalb Europa's, sammt einem Berechnungs-Behelf für höhere Wort-Zahlen und alle nöth. telegraf. Bestimmungen. Jahrg. 1880/81. 2 Hefte. 16. (à Heft ca. 82 S.) Wien, v. Waldheim. *
Nicht weiter erschienen.

—— Wanderungen durch das Salzkammergut. Historisch-geograf. Skizzen. Mit 9 Tab. und einem Namen- und Sachregister. 8. (138 S.) Linz 883, (Fink.) *

Kanzler, G. J. : Hans von Wildenstein, s.a. Ramsauer, Franz

Kanzler, G. J., Hans v. Wildenstein. Oper in 2 Aufzügen. Dichtung v. K., Musik v. Frz. Ramsauer. Textbuch. 8. (19 S.) Salzburg (900). (H. Kerber.) n.n. — 50

Kanzler, Julius, a. Pforzheim, Assistenzarzt am städt. Krankenhaus Karlsruhe: Ueber den Dünndarmkrebs. Tübingen 1906: H. Laupp. (33 S.) 8° ¶ (Aus: Beiträge zur klinischen Chirurgie Bd 48, H. 1.)

Heidelberg, Med. Fak., Ref. Czerny, Diss. v. 1906

[Geb. 2. April 80 Pforzheim; Wohnort: Karlsruhe; Staatsangeh.: Baden; Vorbildung: Gymn. Pforzheim Reife M. 99; Studium: Freiburg i. B. 2, Heidelberg 8 S.; Coll. 2. Nov. 05; Approb. 30. Juni 05.]

KANZLER, Karl (Lindau): Ueber spontane Linsenluxationen.- München: Pössenbacher 1882. 20 S. 28.3.1882 - Urk-(Titel: De luxatione spontanea lentis.); Chr 1881/82,8
Diss.Ingolst.-Landsh.-Mchn.

Kanzler, Car Iulius (geb. Coswig in Anh. 10. 5. 1815) De epilepsia. Berolini (1838). (40 S.) 8°
Berlin, Med Diss. v 8. Aug. 1838

Kanzler, O., die Scrofulose, ihre Pathologie und allgemeine Therapie. gr. 8. (X, 145 S.) Wien 887, Deuticke. *

Kanzler, Otto: Ein Fall von Verknöcherung des Ligamentum ilio-femorale anterius. Halle (1877): Karras. 42 S. 8°
Halle-Wittenberg, Med. Diss. v 4. Aug. 1877
Geb. Kalbe a.d. S. 7 7 1851 V

Kanzler, Thdr., Urteil u. Ersitzung. Ein Beitrag zur röm. Verjährungslehre als Inaugural-Abhandlung. gr. 8. (63 S.) Strassburg 879. (Köln, Neubner.) n. 1. 20

Kanzler, W., vier Kirchenlieder, zum Gebrauch an kirchl. Festtagen und bei liturg. Andachten, sowie zur häusl. Erbauung komponirt. qu. gr. 8. (III, 34 S.) Bernburg 884, Bacmeister. *

Kanzler, W., vier Kirchenlieder, zum Gebrauche an kirchl. Festtagen u. bei liturg. Andachten, sowie zur häusl. Erbaug. komponirt. qu. gr. 8. (III, 34 S.) Gotha 884. Behrend. n. — 80

Die gebräuchlichsten Choräle des Gesangbuchs der Hannoverschen Landeskirche leicht spielbar f. Klavier oder Harmonium bearb. von W[ilh.] **Kanzler** *Hannover: H. Feesche 1901* (55 S.) quer-8° [F.] [01. 1766 7

Kanzler, Wilh., Gedanken e. Laien üb. das jetzige Christentum u. üb. das wahre Christentum. (85 S.) gr. 8. Altenburg 903. (Schnuphase.) — 40; erhöht. Pr. n. — 50

Kaenzler, Johann Theodor (Ed.):

s.: Swieten, Gerard Freiherr van: Oratio de senum valetudine tuenda, quam adjectis thesibus...dissertationis inauguralis loco nunc primum typis editur. Viennae: 1778

JB 2.931

Kanzley-Zustände, s. Kanzlei - Zustände

Kanzow, Prenzlau in alter Zeit. Vortrag, geh. am 7. Febr. 1877. 2. Aufl. gr. 8. (23 S.) Prenzlau 885. Vincent. n. — 25

Kanzow, C., s.a. Bericht üb d. öffentl. Gesundheitswesen d. Reg.- Bez. Potsdam.

Kanzow, C., das öffentliche Gesundheitswesen im Reg.-Bez. Potsdam in den J. 1865 bis 1880. Bericht. gr. 8. (IV, 187 S.) Berlin 882, Hirschwald. *

Kanzow, C. Bericht üb. das öffentl. Gesundheitswesen d. Reg.-Bez. Potsdam in d. J. 1886, 1887, 1888. Nach Massgabe d. Erlasses d. Hrn. Ministers der geistl., Unterrichts- u. Medicinal-Angelegenheiten vom 8. Juli 1884. gr. 8. (VI, 120 S.) Potsd. 890, Link. * 3 —

—— Bericht über das Sanitätswesen des Reg.-Bez. Potsdam in den J. 1881 und 1882. gr. 8. (IV, 170 S.) Potsdam 884, Link. *

Kanzow, Bericht üb. d. Sanitätswesen d. Reg. Bez. Potsdam 1883 bis 1885. Potsdam 887.

Kanzow, C., Bericht über den Stand und die Verwaltung des Sanitäts- und Veterinärwesens im Regierungs-Bezirk Potsdam in den Jahren 1869 bis 1874. gr. 8. (IV, 151 S.) Potsdam 876, Döring. *

Kanzow, C., der exanthematische Typhus im ostpreussischen Reg.-Bezirk Gumbinnen während des Nothstandes im J. 1868. Nach amtl. Quellen und eigener Wahrnehmung. gr. 8. (VIII, 135 S.) Potsdam 869, Döring. *

Kanzow, *Friedrich Karl* Georg [Dir.]: *Ansprache bei der Einführung am 14. Apr. 1890.* Gumbinnen, 1891; S. 39–44, 4°
Gumbinnen, k. Friedrichs-G, OP 1891 (4)

Kanzow. Frid. Car. Theod. (geb. Prenzlau 20. 4. 1820). De pilis pilorumque morbis. Berolini (1844). (31 S.) 8°
Berlin, Med. Diss. v. 22. Aug. 1844

Kanzow, Georg [app. Arzt aus Stettin]: Ein Beitrag zur Kasuistik der tuberculösen Magengeschwüre ... München, Buchdr. v. M. Ernst, 1895; 35 S. 8.
München, Med. Fak., Inaug.-Diss. v. 1895

Kanzow, Georg, Dir.: Am Ende des Jahrhunderts. *Zeitz 1900: C. Brendel.* (S. 3—23.) 4° [F.]
Zeitz, k. Stifts-G, P 1900 (272)

Kanzow, Georg. Die Entsühnung des Orest in Goethes „Iphigenie auf Tauris" 4 (39 S.).
Progr. Kneiphöf. Stadt-G. *Königsberg i. Pr.* 1887 (10).

Kanzow, [Georg], Dir. Neue Erlasse und Verordnungen über die höheren Lehranstalten in Preußen. *Zeitz 1902 R. Jubelt.* (S. 3—9.) 4° [F.]
Zeitz, k. Stifts-G, P 1902 (282)

Kanzow, Georg, Direktor: Zu Schillers Gedächtnis am 9. Mai 1905. Zeitz 1906: R. Jubelt. (S. 25—37.) 4° [F.]
Zeitz, k. Stifts-G. P. 1906 (313)

Kanzow, Max, Prinz Carnevals Verlobung m. Prinzessin Rebe. Ein Faschings-Scherz. gr. 8. (27 S.) Görlitz 894. P. W. Sattig. Geb. in Halbleinw. n. 1. —

Kanzow, Max, Prinz Carnevals Verlobung m. Prinzessin Rebe. Ein Fasching-Märchen. gr. 8. (32 S.) Insterburg (901). F. Roddewig. Geb. n. 1.—

Kanzow, (Friedr. Georg) Maximilian (geb. Schivelbein 13. 11. 1850). Ueber Geschwüre und ihre Behandlung. Berlin (1874). (35 S.) 8°
Berlin, Med. Diss. v. 13. Okt. 1874

Kanzow, (Paul): Antrittsrede des Direktors. Stendal 1910: Gewert & Sluyter. S. 1—9. 4°
Stendal, G. OP 1910 (348) [S 10. 213

Kanzow, Thom.: Chronik von Pommern,
s. Medem, F. L. v.: Die besten Pommerschen Chroniken.

Kanzow, W. Bericht über den Stand und die Verwaltung des Sanitäts- und Veterinärwesens im Regierungsbezirk Potsdam in den Jahren 1869 bis 74. (151 S.) Potsdam 76. Döring. M. 3.—

Andreas Kaovenhöfer, deutliche Abhandlung von den Rädern der Wassermühlen, und von dem einrandigen Werke der Schneidemühlen. Mit 10 Kupfert. Riga und Leipzig. 4. 1770.

Kaovenhofer, Andr., Abhandlung v. d. Rädern d. Wassermühlen u. Schneidemühlen. m. K. gr. 4. Riga (Hartknoch in Lpz.) 770.

Kapadia, S. A., die Lehren des Zoroaster u. die Philosophie der Parsen-Religion, s.: Weisheit, die, des Ostens.

Kapálek, Fr.

———, Metamorphose der Trichopteren. Ser. 1. 2. 1888. 93. *s. Zeit- u. Gesellsch.-Schriften: Archiv f. d. naturwiss. Landesdurchforsch. von Böhmen. Bd 6. No 5. Bd 8. No 6.*

Kapaun, Franz: Über Spannungserscheinungen an grossen Rotationskörpern, welche anlässlich des Baues der Wiener städt. Gas-Werke hergestellt wurden. – 1902. 27 S., 5 Taf.
Diss. Wien, TH

Kapelkin, W., d. histolog. Bau d. Haut v. Potromyzon. [Aus: „Bulletin de la soc. Imp. de naturalistes de Moscou".] gr. 8. (34 S. m. 2 Farbdr.) Moskau 897. (Berlin, R. Friedländer & Sohn.) n.n. 2. —

Kapell, Karl, das Boxen. Nach engl. Vorbilde dargestellt. 8. (78 S. mit 27 eingedr. Holzschn.-Abbild.) Leipzig 881, Haessel. *

Kapell, Carl, Erinnerung an das zweite deutsche Turn- und Jubelfest und an die Grundsteinlegung des Jahn-Denkmals zu Berlin am 10. 11. und 12. Aug. 1861. gr. 8. (44 S.) Lüneburg 861, Engel's Buchh. * *

Kapell, Carl, Handbuch für Vorturner der Männer-Turnvereine. 1. Thl.: Uebungsreihen der deutschen Turnkunst. 8. (IV und 99 S.) Lüneburg 862, (Engel's Buchh.) *

—— dass. — 2. Thl.: Anleitung zum Vorturnen. 8. (IV und 101 S.) Stade 862, Steudel. *

Kapell, Carl, Handbuch für Vorturner der Männer-Turnvereine. 2., verm. u. verb. Aufl. Stade 867. Steudel. 8. (VI, 156 S. mit eingedr. Holzschn.) n. 15 ngr.

Kapell, Carl, Handbuch für Vorturner der Turnvereine. 3. verm. und verb. Aufl. 8. (160 S.) Stade 873, Krakau. *

Kapell, Carl, Handbuch für Vorturner der Turnvereine. 4., verb. Aufl. 8. (III, 160 S.) Leipzig 881. Haessel. n. 2. —

—— zwölf Hantel-Uebungen. Ein prakt. Kapitel zur Zimmer-Gymnastik. 16. (46 S. mit 27 eingedr. Holzschn.-Abbild.) Ebendas. 880. *

Kapell, K., Klassenziele für den obligatorischen Turnunterricht an Gymnasien und Realschulen. Ein Hülfsbuch für Turnlehrer, Directoren und Schulinspektoren. gr. 8. (170 S.) Freiburg i. Br. 875, Herder'sche Verlagsh.

—— das Knaben-Turnen. Zum Gebrauch für angeh. Turnlehrer dargestellt. gr. 8. (IV, 152 S. mit eingedr. Holzschn.) Aachen 868, (Benrath und Vogelgesang.) *

—— zusammengesetzte Uebungen am Reck, Barren und Pferde. 8. (48 S.) Münster 872. Stade, Krakau. *

Kapell, Meier (geb. am 25. Febr. 1858 in Rödingen Kr. Jülich) Der Brechdurchfall der Kinder und seine Behandlung mit Thymol ... Bonn, Univ.-Buchdr. v. C. Georgi 1885. 35 S. 8.
Bonn, Med. Fak., Diss. v. 9. Mai 1885

Kapell, Otto, Gesammelte Gedichte für das deutsche Volk. 8°. Berlin, Selbstverlag, 1871.

Kapell, O., Dr. Max Hirschkuh oder das Amt des Heuchlers. Characterbild aus der Berliner Arbeiterbewegung. 8°. Berlin 1872.

Kapelle, die heilige, zu Florida. 2 Thle. 8. Braunschw. 806. Schröder. 1 ₰ 16 gr

Kapelle, die heilige, zu Florida. Herausgeg. vom Verf. der Seeräuberkönigin Antonia della Roccini. 2. verb. Aufl. 2 Thle. 8. Nordhausen 845, Fürst, 1 ₰

Kapelle, die heilige, zu Florida. Hrsg. v. Verf. der Seeräuberkönigin Antonia della Roccini. 2., verb. Aufl. 2 Thle. 8. (24½ B.) Nordhausen 845. [Leipzig, Literarisches Museum.]

Die Kapelle zu Kloster Heilsbronn, gez. von C. Keim. Fol.

Die Kapelle am Luthport Einsiedeln 1861 s. [Morel, P. Gall].

— die, des alten Schlosses von Saint-Doulagh, od. die Banditen von Newgate; aus d. Engl. v. Hnr. Müller VI. 4 Bde. 8. Quedlinb. 827. Basse. 4 ß 8 g

Kapelle, Matthias, Rhenanus: De epistulis a M. Tullio Cicerone anno a. Chr. n. LIV. scriptis. Lipsiae 1906: R. Noske Bornens. (56 S.) 8°
Münster, Phil. Fak., Ref. Sonnenburg, Diss. v. 30. April 1906
[Geb. 22 Sept. 78 Düsseldorf; Wohnort: Münster; Staatsangeh.: Preußen; Vorbildung: Gymn. Coblenz Reife O. 00, Studium Münster 8 S.; Rig. 1 Marz 06.]

Kapellenblatt. Zur Förderg. der Mitarbeit der Frauen u. Jungfrauen innerhalb der ev. Kirche hrsg. vom Vorstande d. Kapellenvereins unter Red. v. Ernst Evers. 1—3. Jahrg. 1891—1893. à 12 Nrn. (1/2 Bog.) gr. 8. Berlin, Rehtwisch & Langewort. à Jahrg. n. 1.—

— dasselbe. Red.: Frl. v. Kröcher. 4. Jahrg. 1894. 12 Nrn. (1/2 Bog.) gr. 8. Ebd. n. 1.—

Kapellenblatt. Monatsschrift z. Förderg. d. Mitarbeit d. Frauen u. Jungfrauen i. d. evang. Kirche. Hrsg. vom Vorstande d. Kapellenvereins. Red.: Frl. v. Kröcher. 5.—8. Jahrg. 1895—1898. à 12 Nrn. (Bog. m. Abb.) 4. Berlin, Rehtwisch & Langewort. à Jahrg. n. 1.—
Erscheint seit d. 1. Jan. 1899 bei F. Bahn in Schwerin.

Kapellenblatt. Monatsschrift zur Förderg. der Mitarbeit der Frauen u. Jungfrauen in der evangel. Kirche. Hrsg. vom Vorstande des Kapellenvereins. Red.: Frl. B. v. Kröcher. 9. Jahrg. 1899. 12 Nrn. 4. (à ca. 8 S m. Abbildgn.) Schwerin, F. Bahn. n. 1.—

— dasselbe. Zeitschrift zur Förderg. der Mitarbeit v. Frauen u. Jungfrauen in der evangel. Kirche. Hrsg. vom Vorstande des Kapellenvereins. Red.: Frl. B. v. Kröcher. 10. u. 11. Jahrg. 1900 u. 1901. 12 u. 10 Nrn. 4. (à ca. 8 S. m. Abbildgn.) Ebd. à Jahrg. n. 1.40

— dasselbe. 12. Jahrg. 1902. 5 Nrn. Lex.-8. (à ca. 16 S.) Ebd. n.n.n. 1.—
Nicht mehr durch den Buchhandel zu beziehen.

Kapellenblatt. Zeitschrift zur Förderg. der Mitarbeit v. Frauen u. Jungfrauen in der evangel. Kirche. Hrsg. vom Vorstande des Kapellenvereins. Red.: Frl. Bertha v. Kröcher u. Adeline Gräfin zu Rantzau. Jahrg. 1906. 12 Nrn. (416 S.) gr. 8. Berlin, M. Warneck. n. 2.—

Kapellenblatt. Zeitschrift zur Förderg. der Mitarbeit von Frauen u. Jungfrauen in der evangel. Kirche. Hrsg. v. Vorstande des Kapellenvereins. Red.: Frl. Bertha v. Kröcher u. Adeline Gräfin zu Rantzau. Jahrg. 1907. 12 Nrn. (à ca. 26 S.) gr. 8. Berlin, M. Warneck. 2.—
Fortsetzung, s. Zeiten, neue.

Kapeller [litauische Namensform]
s Cappeller. [10. 9777 10

Kapeller, H: Preis-Verzeichniß und Abbildungen physikalischer und meteorologischer Instrumente. Wien 1878

Kapeller, Jaroslav (Hrsg.), s. Groll, Georg: Psalmi Davidici.

(KAPELLER), JAROSLAUS A S. ALEXIO: Trauerpredigt bey der Leuche seiner bischöfflichen Gnaden des Hochwürdigsten Herrn Herrn Adolphi a S. Georgio aus den Regulirten clericalischen Orden Scholarum Piarum weyland Bischoffens zu Raab, wie auch dieses Orths, und Comitats-Ober-Gespanns, Ihro zu Hungarn und Böheim Königliche Majestät Rath etc. nunmehr den 24. November 1743. in den 62. Jahr seines Alters in den Herrn verschieden, gehalten a R. P Jaroslao a S. Alexio eiusdem Religionis Scholarum Piarum in Seminario Iaurinensi SS. Theologiae, et SS. Canonum Professore P. O. zu Raab in der Dom-Kirchen den 28. November Anno MDCCXLIII. Raab gedruckt bey Gregori Joh. Streibig, Kön. Priv. Bischöfl. Buchdr. 1743, (8 l.) - 2°

[**Kapeller, Joseph Anton.** Tiroler Trachten nach den Zeichnungen des Malers Josef Anton Kapeller gestochen und illuminirt von J. Warnberger. Wien, in dem Industrie-Comptoir um 1800.]
17 Taf. in kol. Kupferst. m. handschriftl. Unterschriften. 4°
Unvollständig. Das ganze Werk erschien in 4 Heften mit 6 Taf. In anderen Exemplaren sind mehrere Blätter bezeichnet J. A. K. del. — S. W. sculpt.
Abb. 50

[— Tiroler Trachten nach den Zeichnungen des Malers Josef Anton Kappeller gestochen von J. Georg Laminit. Augsburg bey V. Zanna & Comp. Um 1800.]
19 Taf. in kol. Kupferst. 8°
Nachstiche nach dem vorigen Werk. Unvollständig.

[— Sammelband Tiroler Trachten. Nürnberg u. Augsburg o. J. (um 1830).]
3 Bl. in Kupferst. 4 Bl. in Lithogr. 4°
4 Bl. entsprechen denen der beiden vorigen Nummern

Kapello, s. Capello.

Kapelusch, Eug., Grundlinien der speziellen Symptomatologie m. besond. Berücksicht. der Diagnose. Übersichtlich bearb. (VI, 380 S.) 8. Wien 909. W. Braumüller. 5.—; geb. in Leinw. n 6.—

Kapeluss, Alexander, aus Alt-Brody ⟨Oesterr.⟩ Ueber o-a-Dimethyl-p-aethyl-chinolin und seine Derivate, sowie über p-Dimethyl-2-aethyl-5-jodbenzol und einige seiner Derivate. *Berlin 1900: G. Ahrens.* (28 S.) 8°
Freiburg i. B., Phil. Diss. v. 1900

KAPER, Der neapolitanische. 3 Bde. Leipzig, Joachim (c. 1805). 8°. Rar!

Kaper, J., dansk-norsk — tysk Haand-Ordbog. Dänisch-norwegisch—deutsches Hand-Wörterbuch. 8., verb. u. verm. Ausg. 8. (VIII, 608 S.) Kopenhagen 889. (Leipzig, Chr. Herm. Tauchnitz, früher T. O. Weigel Nachf.) n.n. 6.25; geb. n.n. 7.—

Kaper, J., dänisch-norwegisch-deutsches Hand-Wörterbuch. 2. verb. und verm. Ausg. 8. (XII, 592 S.) Kopenhagen 880. (Leipzig, T. O. Weigel.) **

Kaper, J., dänisch-norwegisch — deutsches Hand-Wörterbuch. 3., verb. u. verm. Ausg. gr. 8. (XI, 608 S.) Kopenhagen 889. (Leipzig, Chr. H. Tauchnitz.) n.n. 6.25; geb. n.n. 7.—

— deutsch — dänisch-norweg. Hand-Wörterbuch. 3., verm. u. verb. Ausg. gr. 8. (XIII, 701 S.) Ebd. 895. n.n. 7.75; geb. n.n. 8.50

— deutsch—dänisches-norwegisches Hand-Wörterbuch. Tysk—dansk-norsk Haand-Ordbog. 3., verm. u. verb. Ausg. 8. (XI, 701 S.) Ebd. 895. n.n. 7.75; geb. n.n. 8.50

Dänisch-Norwegisch-Deutsches Hand-Wörterbuch von J. Kaper. 4. verb. u. verm. Ausg. Kopenhagen: Gyldendal 1900. 646 S. 8°
[Nebent.] Dansk-Norsk-Tysk Haand-Ordbog ved J. Kaper. [10. 5710

Kaper, J., dänisch-norwegisch-deutsches Hand-Wörterbuch. 4. verb. u. verm. Ausg. gr. 8. (XI, 646 S.) Kopenhagen 900. (Leipzig, Ch. H. Tauchnitz.) n.n. 7.75; geb. in Halbldr. n.n. 8.50

Kapergrausamkeit gegen die Neutralen, a. d. Engl. Bremen 1801. V: *Mertens, Franz Carl* (?). (Roterm)

Kaper-Kapitän, der. 2. Aufl. 16. (12 S.) Barmen 874. (Klein.)

Kaperschiff, das, od. die Seeräuber des 19. Jahrh.: Histor. Roman aus der Zeit der Wallis'schen Unruhen. Frei nach d. Engl. v. Verf. d. Catharina de la Bandiera. 2 Bde. 1. Ausg. (24 1/2 B.) 845. 2 Thlr. 5 Ngr. u. neue Ausg. 8. (25 1/4 B. u. 2 Titlbild.) Meißen 846, (47,) Gödsche.

Kapeß, G., s.: Kappes, G.

Kapeteyn, J C. und W Kapeteyn, DD.: Die höheren S i n u s (Mit 2 Holzschn.) [Aus: „Sitzungsber. der kais. Akad. d. Wissensch."] Lex.- 8⁰. (62 S.) Wien: Gerold 1886.

Kapf, s.a. K a p f f .

Kapf, Bemerk. üb. Entsteh. u. Bild. des Wirtembergischen Steuersystems. 8. Stuttg. Mezler. 798.

Kapf Anton: Nachahmungen und Bearbeitungen Peter Schlemihls in der deutschen Dichtung.
II. 1909 PN 2813 Diss. Wien, Univ 324

Kapf, Ant. Jac.: Rechtl. Untersuch. d. Frage: ob d. Torf zu den Regalien gehöre. *Tübing.*, **Cotta. (767.) 769. 4. (3 Gr.)**

Kapf, E. G., Taschenbuch für patriot. Bürger. 8. Breslau, Barth. 803.

K a p f , F. von. „Welches sind die Rettungsmittel für den norddeutschen Landwirth in gegenwärthiger Noth?" Arnsberg 1833 (Groot). 2. Auflage ebenda 1835.

vgl. Kapff, E. und Kapff, S. E. v

Kapf, G.

—— über d. Entwurf d. neuen Schulgesetzes f. Würtemberg. Bemerkungen u. Wünsche. 8. (1 B.) Stuttgart 836, J. F. Steinkopf.

(**Kapf**, G.,) 6 Wandtafeln f. Schulen. Fol. (6 B.) Stuttgart 836, (J. F. Steinkopf.)

Kapf, Geo. Fr.: († d. 19 Jan. 1797.) B e i t r ä g e zur Geschichte des Kobolts, Kobolt-Bergbaues- u. d. Blaufarben-Werke. gr. 8⁰. Bresl. 1792. (Gosohoreky).

Kapf F., Beyträge zur Geschichte des Kobolts, Kobolt-Bergbaues- u. d. Blaufarben-Werke. gr. 8. Bresl. Meyer. 792.

– B e i t r ä g e zur Geschichte d. Bergbaues im Kinzinger Thale. gr. 8⁰. Marb. 1786. Krieger.

– Geschichte des Bergbaues im Kinzinger Thale. gr. 8. Marb. Krieger. 786.

– S k i z z e n aus d. Geschichte d. Schles. Mineralreichs. 8⁰ Bresl. 1794. (Gosohorsky).

– Skizzen a. d. Geschichte d. Schlesischen Mineralreichs. 8. Bresl. Meyer. 794.

Kapf, Gottlieb

Kapf, G., d. Erstlinge meiner Muse. 8. Bresl. Gehr. 796.

Kapf, (J. M.,) merkw. Civilrechtssprüche d. höhern u. höchsten Gerichtshöfe in Würtemberg rc. 1r Bd. gr. 8. Tübingen 821, Laupp.

Kapf, Johann Fr. Wilhelm

– Diss. de effectu divortii quoad bona, speciatim secundum jus Wirtemberg. 4⁰. Tübing. 1792

Kapf, Jh. Fr. Wlh.: S a m m l u n g einzeln ergangener Herzogl. Würtembergischen Verordnungen. 8⁰ Tübing. 1800. Cotta'sche B.

Kapf, J. Fr. Wilh.: Merkwürd. Civil-Rechtssprüche d. höchsten n. höheren Gerichtshöfe in Würtemb., d. vormal. Herzogl. u. Churfürstl. Hofgerichts in Tübingen, wie auch d. nachher. Königl. Obertribunals- u. Oberjustiz-Collegii, nebst Erkenntnissen d. Königl. Wechselgerichts in Stuttgart u. einz. Gutachten d. Juristen-Facultät in Tübingen. 1r Bd. *Tübingen, Laupp.* **821. gr. 8. (2 Thl. 12 Gr.)**

Kapf, Karl Gottlieb Heinrich

– s. B l u m e n s t r ä u ß e , Ein Geschenk etc.

B r i e f e a u s und ü b e r E ß l i n g e n (von *Karl Gottlieb Heinr. Kapf*). O. O 1791. 8⁰. 37 S. (1 Mk. 80 Pfg., etwas fleckiges Expl., Oskar Rauthe, 1908.)
Goedeke VII, 218, 4.

– s.a. B r u c h s t ü c k e , Aus d Archiv d. Menschheit.

BRUCHSTÜCKE i n s A r c h i v d e r M e n s c h e n (von *Carl Gottlieb Heinr. Kapf*, 1772—1839). O. O. 1793. 8⁰
Schrieb Vf. in Eßlingen. — Schummel's Breslauer Almanach. 1801. S. 288; Anon.-Lex. I. p. 280 (nach Goedeke, Kayser, Meusel).

– s. F r a u e n, d. schwarzen.

Kapf, K. Gli., s.a. **Julius, eine Blüthe der Phantasie.**

JULIUS, e i n e B l ü t h e d e r P h a n t a s i e. (Roman von *Carl Gottlieb Heinr. Kapf*) Breslau 1800. Selten!
Anon. Lex. II. p. 345 (nach Goedeke, Meusel, Kayser)

– s.a **Karl v. Morberg.**

– s K a r t e n b l ä t t e r

MORBERG, K a r l v o n Ein Roman (von *Karl Gottlieb Heinrich Kapf*). Eßlingen 1792. 8⁰ Selten!
Goedeke VII, 218, 5 — F e h l t im Anon.-Lex.

ORIGINALIEN (von *Carl Gottlieb Heinr. Kapf*). Breslau 1799.
Anon.-Lex. III p. 243 (nach Goedeke u. Meusel). — Selten!

Kapf, Karl Gli., († ...) Paragraphen für Patrioten. 8. Bresl. 804.

– s. R o s e n u. Dornen.

SAMMLUNG, N e u e , d e r m e r k w ü r d i g s t e n a l t d e u t s c h e n G e s c h i c h t e n. (Stellenweise anstössige Romane von *Carl Gottlieb Heinrich Kapf*.) Bayreuth 1793—95.
Anon.-Lex. IV. p. 19 (nach Goedeke).

– s. S c h w a b e n , die.

Kapf, Karl Gli., Sie finden sich als Schauspieler. 8. Bresl. 796. Gehr. 8 gr

– Taschenbuch f. patriot. Bürger. 8. Bresl. 809. (Holäufer). 6 gr

– s. T h e a t e r n a c h r i c h t e n , Wöchentliche.

– s. W a l t e r, Lina.

– s.a. **Lüder v. Wülfingen.**

WÜLFINGEN, L ü d e r v. S a g e d e r V o r z e i t (von *Karl Gottlieb Kapf*). 3 Bde. Mit Titelkpfrn. Bayreuth, Andreas Lübecks Erben, 1793, 94, 95. 8⁰.

Kapf, Mart. Jak., s. W. A. Pictet, Versuch üb. d. Feuer.

Kapf, S. G., Gedichte, m. A. u. Mus. 8. Düsseldorf, Schreiner. 801.

Kapf, S. J., s. Kapff.

Kapf, Sixtus Jakob, s. Kapff.

Kapfauf, Bhrd., s. B. Ragocci, Kunst d. Heiligkeit.

Kapfenberger, Joh., Lehrbuch für deutsche Schulen und Schullehrlinge. 2., verm. und verb. Aufl. 8. (IV und 409 S.) Landshut 859, Thomann'sche Buchh. *

Kapfer, Albert [app. Arzt]: Ueber einen Fall von sarcomatöser Mischgeschwulst des Hodens ... Würzburg, F. Scheiner, kgl. bayer. Hoflief., 1896; 19 S. 8.
Würzburg, Med. Fak., Inaug.-Diss. v. 1896

Kapfer, Jh. Geo. Ant., († d. 7. Decbr. 1760.) Phoenix redivivus, d. i. gründl. Untersuchung des vor 200 Jahren berühmten Klingenbades. 8. Dilling. 758.

Kapferer, J. B., Entwurf e. Gemeinde-Ordnung 2c., s. J. G. F. Frech.

Kapferer, Jos. Aug., Tiroler Schnadahüpfeln, s.: Greinz, Rud. Heinr.

Kapferer, Jos. Aug., Tiroler Volkslieder, s.: Greinz, Rud. Heinr.

KAPFERER, Dr med. Richard
Die Maul- und Klauenseuche und ihre Behandlung nach Pfarrer Kneipp. Hippokrates-Verlag, Marquardt & Cie., Stuttgart

Kapff, s.a. Kapf.

Kapff, Prälat v., s.: Blätter der Erinnerung.

Kapff, offene Erklärung über die Ursachen seines Austritts aus dem kgl. württemberg. Militärdienste. 8. (18 S.) Stuttgart 850, [Lindemann.]

Kapff, ..., offene Erklärung über die Ursachen seines Austritts aus dem Königl. Würtemberg. Militärdienste. 8. (18 S.) Stuttgart 850, Wagner. 3 ngl

— Sammlung der württemberg. Kriegs-Gesetze, s. Sammlung württemberg. Gesetze.

Kapff, Sollen wir ablösen oder nicht? Stuttgart 1849

Kapff, Spurgeon, e. Mann f. unsere Zeit, s.a. Zeitfragen des christlichen Volkslebens. 182. Hft.

Kapff: Spurgeon, ein Mann für unsere Zeit. Von Dekan Kapff. Stuttgart: Ch. Belser 1899. 50 S. 8⁰
= Zeitfragen d. christlichen Volkslebens. Bd. 24, H. 6.

Kapff, v., über Wolle, Baumwolle, Leinen, natürliche u. künstliche Seide. Eine gemeinverständliche Beschreibg. der wichtigsten Rohstoffe der Textilindustrie. (140 S. m. 54 Abbildgn. im Text u. auf 2 Taf.) 8. Leipzig 910. Buchh. G. Fock. 3.20; geb. n 3.75

Kapff, C. S., s. Kapff, Sixt Karl

Kapff, Carl, s. Kapff, Karl

Kapff, E. v., welches sind d. Rettungsmittel f. d. norddeutschen Landwirth in gegenwärt. Zeiten d. Noth? 1. Aufl. 833. 21 Gr., 2. A. (à 10 B.) gr. 8. Arnsberg 834, Ritter.
vgl. Kapf, F. und Kapff, S. E.v.

Kapff, Ernst, Alt-Ulm. Ein Schauspiel-Cyclus. (Die neue Pfarrkirche. — Das Interim im Münster. — Ein Schwörtag.) Als Festspiel gedichtet zur Feier der Vollendg. des Ulmer Münsters im Sommer 1890. gr. 8. (47 S.) Ulm 894. (L. Frey.) n. — 80

— Columbus. Schauspiel in 5 Aufzügen. gr. 8. (107 S.) Cannstatt 898. (L. Bosheuyer.) n. 1.60

Kapff, E., die Erziehungsschule. Ein Entwurf zu ihrer Verwirklichg. auf Grund des Arbeitsprinzips. (79 S. m. 5 Vollbildern.) 8. Stuttgart (906). J. Hoffmann. n. 1.20

Kapff, Ernst (Hrsg.), s. Mitteilungen des Altertumsvereins.

Kapff, Ernst, d. deutschen Schulen im Ausland, s.a. Schriften des allgem. deutschen Schulvereins zur Erhaltung d. Deutschtums im Auslande. 4. Hft.

Kapff, Ernst: Die deutschen Schulen im Ausland. Bln '02. 34 S. (Schriften d. Allg. Dt. Schulver. 4.)

— das Verhältnis zwischen Christentum u. Litteratur, s.: Zeitfragen des christlichen Volkslebens.

Kapff, Franz

Kapff, F., u. E. Süskind, der Schwaben-Kalender, s. Schwaben-Kalender.

Kapff, *Franz* [Rekt.]: Die poëtische Sprache der griechischen Tragiker zunächst im Anschl. an d. Euripides Iphigenie in Tauris. Cannstatt, Druck d. G. F. Rapp'schen Buchdr., 1895; 14 S. 4.
Cannstatt, k. G, P 1895 (596)

Kapff, Franz Gottfried

Kapff, Fr. G., Christoph Martin Freih. v. Degenfeld, venetianischer General-Gouverneur von Dalmatien u. Albanien. Nebst ein. kurz. Geschichte der Familie Degenfeld. Nach schriftl. Quellen. gr. 8. (4¼ B. u. 1 lith. Portr.) Ulm 844, Gebr. Nübling.

Kapff, F. G., illustrirte Feuerlösch-Regeln, s.a. Feuerwehr-Bibliothek, deutsche.

Kapff, F. G., Feuerlösch-Regeln für Jedermann. Ein Noth- u. Hilfsbüchlein in u. gegen Feuersgefahr, insbesondere für Bezirks-Beamte, Gemeinde- u. Polizei-Behörden, Spritzenfabrikanten 2c. Mit erläuternden (eingedr.) Holzschnitten. 1—3. verm. u. verb. Aufl. Stuttgart 862, 63. Kitzinger. 16. (XVI, 128 S.) n. 12 ngr.

Kapff F G, illustr. Feuerlöschregeln für jedermann. 2. u 4. Aufl. Stuttgart 1862. 78

— die freiwillige Feuerwehr. Ihre Leistungen und ihre Gegner. 8. (45 S. mit 1 Situationsplane des Braunschweiger Schlosses in Holzschn.) Stuttgart 865, Kitzinger.

Kapff, Fr. G., die Geographie in Tabellen, z. Gebr. d. Schüler in Volks- u. Real-Schulen. gr. 4. (1 B.) Stuttgart 836, J. F. Steinkopf.

— die Geographie in Tabellen f. Schulen. 2., verb. Aufl. gr. 8. (1 B.) Stuttgart 844, J. F. Steinkopf.
In Partien billiger.

—— Handbuch f. die Amtsführung der evangel. Geistlichen Würtembergs. gr. 8. (19¼ B. u. 1 Stnt.) Blaubeuren 843. (Mangold; Heilbronn, Drechsler'sche Buchh.) *

Kapff, F. G., Handbuch für die gesammte Amtsführung der evangelischen Geistlichen Württembergs mit Ausnahme der Schulaufsicht. 3. durchaus umgearb. Aufl. gr. 8. (XVI, 311 S.) Lorch 869. (Stuttgart, Aue.) *
—— dass. — 3. Aufl. 2. Thl. enth. Berichtigungen, Zusätze und Erläuterungen von Karl Sauberschwarz. gr. 8. (IV, 59 S.) Tübingen 874, Heckenhauer. *

Kapff, F[ranz] G[fried.] Handbuch für die Amtsführung der evangelischen Schullehrer Württembergs Stuttgart Selbstverlag 1855.

Kapff, F. G., Kreis und Ellipse nach der Theorie der Schiefe geometrisch, algebraisch und trigonometrisch dargestellt. gr. 8. (VIII und 78 S. mit eingedr. Holzschn.) Leipzig 860, C. F. Winter'sche Verlagsh. *

Kapff, Fr. G., die Naturgeschichte in Tabellen, z. Gebr. in Volks- u. Real-Schulen. gr. 4. (1 B.) Stuttgart 836, J. F. Steinkopf. Thlr.

—— die Naturgeschichte in Tabellen f. Schulen. 2., verb. Aufl. gr. 8. (½ B.) Stuttgart 845, J. F. Steinkopf.
In Partien billiger.

Kapff, Fr. G., die Raumlehre für Bürger- und Gewerbschulen. gr. 8. (IV und 48 S. mit 10 lithogr. Taf.) Stuttgart 849, Ebner und Seubert. *

Kapff, F. G., Taschenbuch der Geld-, Maaß- und Gewichtsverhältnisse für Baden, Baiern, Frankfurt, Hamburg, Hannover, Rhein- und Kurhessen, Oesterreich, Preußen, Sachsen, Württemberg, England, Frankreich, Belgien, Holland, Nordamerika und die Schweiz. Stuttgart 854. Mäcken. 16. (V, 41 S.) 5 ngr.

—— der Unterricht im Rechnen. Eine Anleit. f. Lehrer an Volksschulen, durch zweckmäß. Unterr. sichere u. gewandte Rechner zu bilden. 8. (13¼ B.) Stuttgart 835, J. F. Steinkopf.

Kapff, Fr. G., neue deutsche Wandfibel f. Elementarschulen in 6 Tafeln methodisch geordnet. gr. Fol. (6 B.) Stuttgart 844, J. F. Steinacker. Thlr. *

Kapff, Frdr., über die Exstirpation des Kehlkopfes. Inaugural-Dissertation. gr. 8. (55 S. m. 1 Steintaf.) Tübingen 879. (Fues.) n. — 80

Kapff, G. Friedr., die Württemberg. Verfassungs-Urkunde, s. Verfassungs-Urkunde.

Kapff, Heinr. Christ. Wilh., De temporibus grammaticis. (Festa natalitia Guilielmi august. regis Wuertembergiae in regio gymnasio Heilbronnensium Carolino oratione publica simul examina publ.) Heilbronn (Carl Schell) 27. IX. 1830. 24 Seiten. (5.—) 17463

Kapff, Helfer, die vier Temperamente verglichen mit apostolischen Charakterbildern. Zwei Vorträge den 24. Febr. und 3. März 1869 im oberen Museum in Stuttgart gehalten. gr. 8. (72 S.) Stuttgart 869, Belser's Verlag.

Kapff, J. F. Melch.: Samml. einzeln ergangen. Verordnn. im Herzogth. Würtemberg, z. Ergänz. u. Forts. der *Hochstetter' u. Gerlach'schen* Sammll. *Tübingen*, Cotta. 800. 9. (1 Thl. 12 Gr.)

Kapff, Jh. Wlh., († d. 3. Juli 1807.) Bemerkk. über d. Entstehung u. Bildung d. Würtemberg. Steuersystems. 8. Stuttg. 798. Metzler. 8 K

s.a. Materialien z. Erörterung d. Fr. Wie rc.

Materialien zur Erörterung der Frage: Wie kann die französische Contribution umgelegt werden? (Von J. W. Kapff.) 8°. Stuttgart 1796.

s. Vorstellung d. Zunfte.

Kapff, Karl

Kapff, Carl, Hohen-Neuffen, geschichtlich und geographisch geschildert. Mit 1 (Holzschn.-)Abbild. und 1 (lithogr.) Plane der früheren Festung und 1 (lithogr.) Karte des k. statistisch-topogr. Bureaus von Hohen-Neuffen und Umgebung. 8. (120 S.) Reutlingen 882, Kocher's Buchh. *

Kapff, C., Hohen-Neuffen in Wort und Bild. 2. neu bearb. Aufl. 8. (IV, 28 S. mit 3 Lichtdr.-Taf., 1 Plan und 1 Karte.) Stuttgart 886, Kohlhammer. *
Mit (chromolithogr.) Panorama *

Kapff, Carl, Lebensbild von Sixt Carl v. Kapff, Dr. th., Prälat und Stiftsprediger in Stuttgart, nach seinem schriftl. Nachlaß entworfen. 2 Hälften. gr. 8. Stuttgart 881, Belser'sche Verlagsh. [1. Hälfte. (VII, 336 S. mit photogr. Portr.) *M 3,50.; geb. *M 4,20.; 2. Hälfte. (III, 332 S.) *M 3,20.; geb. *M 3,90.] *
geb. in 1 Bd. **

— biblische Lebensbilder von Abraham bis David. 8. (XI, 232 S.) Bremen 880. Müller. n. 2. —

Kapff, Carl, die vier Temperamente verglichen mit apostolischen Charakterbildern. Zwei Vorträge den 24. Febr. u. 3. März 1869 im oberen Museum in Stuttgart gehalten. Stuttgart 869. Belser's Verl. gr. 8. (72 S.) 9 ngr.

Kapff, Karl, die Unterschlagung. Dissertation. gr. 8. (110 S.) Tübingen 879. (Fues.) n. 2. —

Kapff, L.H.(Hrsg.), s. Ableiter, H Hebräisches Vocabularium in alfabetischer Ordnung.

Kapff, Ludw., die heilig gehaltenen Bücher des Morgenlandes und die heilige Schrift. 4. (20 S.) Heilbronn 850. (Tübingen, Fues'sche Sortimentsh.) *

Kapff, P., s. Ph. Fr. Blandin, Autoplastie.

Kapff, Paul

— Anteil der Württemberger an der Kolonisation Amerikas. *Vortrag vor dem XIV. Amerikanisten-Kongreß, Stuttgart 1904. In: Internationaler Amerikanisten-Kongreß. Vierzehnte Tagung, Stuttgart 1904. Stuttgart: Druck und Verlag von W. Kohlhammer 1906. S. XLVIII—LVII.*

Kapff Paul Anteil der Württemberger an der Kolonisation As (Internationaler Amschen-Kongress, 14. Tagung. Stuttg. 1904. 1 Hälfte S. xlviii-lvii). Stuttgart, 1906.

Kapff, Paul [app. Arzt]: Über doppelseitige Arthrodese des Kniegelenks ... (Aus: Beitr. z. klin. Chir., Bd x Heft III.) Tübingen, H. Laupp'sche Buchh., 1893: 3 Bl., 15 S., 1 Taf. 8.
Tübingen, Med. Fak., Inaug.-Diss. v. 1893

Kapff, P(aul) (Übers.):

s.: Duparcque, F(rédéric): Die organischen Krankheiten der Gebärmutter, theoretisch und praktisch dargestellt. (Traité théorique et pratique sur les altérations organiques simples et cancéreuses de la matrice. Dt.) Reutlingen: 1838

JB 4.028

Kapff. Landeskunde d. Königr. Württemberg u. der Hohenzollernschen Lande. Zunächst zur Ergänzg. der Ausgaben A u. B der Schulgeographie von E. v. Seydlitz hrsg. Mit 2 Kartenskizzen u. e. Bilderanh. gr. 8. (39 S.) Bresl. 891, F. Hirt. cart. * — 40

Landeskunde des Königreichs Württemberg und der Hohenzollernschen Lande. Zunächst z. Ergänzung d. Schulgeogr von E. v Seydlitz hrsg von Dr. Paul **Kapff**, Rektor in Stuttgart. Mit e. Bilderanh. 2., durchges. u. verm. Aufl. *Breslau: F Hirt 1902.* (56 S.) 8° [Umschlagt. F.] [03. 4779

Kapff, Paul, Landeskunde des Königr. Württemberg u. der Hohenzollernschen Lande. Zunächst zur Ergänzg. der Schulgeographie von E. v. Seydlitz hrsg. Mit e. Bilderanh. 3., durchgesch. Aufl. (56 S.) 8. Breslau 904. F. Hirt.
Kart. n. — 50

Landeskunde des Königreichs Württemberg und der Hohenzollernschen Lande von Dr Paul **Kapff**. 4., durchges. Aufl. Mit 31 Abb. Breslau: F Hirt 1907 (64 S.) 8° [Umschlagt. F.]
(Landeskunden, zunächst z. Erg. d. Schulgeogr von E. v Seydlitz) [05. 3132

Kapff, Paul, Schwaben in Amerika seit der Entdeckung d. Weltteils, s.a **Neujahrsblätter, württembergische.**

Kapff, Paul: Schwaben in Amerika, seit der Entdeckung des Weltteils. *Stuttgart: D. Gundert 1893. 48 S. ill. = Württembergische Neujahrsblätter, herausgegeben von J. Hartmann. Blatt X, 1893.*

Kapff, Rhold. Deutsche Vornamen m. den v. ihnen abstammenden Geschlechtsnamen, sprachl. erläut. 8. (95 S.) Nürtingen 889, Kapff. * 1 —
Aus Studienkalender, besonders abgedruckt.

REINOLD KAPFF. Deutsche Vornamen mit den von ihnen abstammenden Geschlechtsnamen, sprachlich erläutert. Abdruck aus dem „Studienkalender" Nürtingen am Neckar[1]. 1889. Verlag von dem „Deutschen Namenbuche" Besonderer Auszug aus Dr Reinold Kapff 8°
[1] Der Ort Nürtingen ist auf dem Titelblatt handschriftlich verbessert in: Ulm.

Kapff, Reinold, römische und griechische Zeitrechnung. 12. (4 S. auf Carton.) Nürtingen 882, Kapff. *
Aus Studienkalender, besonders abgedruckt.

Kapff, Rud., Festgebräuche, s.: **Mitteilungen** über volkstümliche Überlieferungen in Württemberg. Nr. 2.

Kapff, Rudolf, aus Zainingen O. A Urach **Der Gebrauch des** Optativus bei Diodorus Siculus. *Tübingen 1903: H. Laupp jr.* (116 S.) 8°
Tübingen, Phil Diss. v 1903

K(apff), S. E., Beurtheilung der im J. 1838 gegründ. preuß. Rentenversicherungs-Anstalt, mit Verbesserungs-Vorschlägen. gr. 8. (5¾ B.) Stuttgart 839, [Stoppani.]

- Über die zweckmäßige Einrichtung tontinenartiger Rentenanstalten. Deutsch. Vierteljahrsschr. 1843 3.

Kapff, S. E. Kanzel u. Schaubühne. Historisches Lustspiel. Bühnen-Ausg. 8. (IV, 54 S.) Cannstatt 889, (Rapp). * 1 60

Kapff, S. E. Vide: Stuttgarter Allgem. Renten-Anst. etc.

— Ueber das Steigen der Rente in der Preussischen Rentenversicherungsanstalt und in der Stuttgarter Allgem. Rentenanstalt. Ein Nachtrag zu dessen Beurtheilung d. Preuss. Rentenversich.-Anst. gr. 8^0. Stuttgart, Weise u. Stoppani, 1839.

—s.a. Was gewährt die Stuttgarter allgemeine Renten-Anstalt ihren Theilnehmern?

—— was gewährt die Stuttgarter allgem. Renten-Anstalt ihren Theilnehmern? Unparteiisch untersucht. gr. 8. (2½ B.) Stuttgart 838, [Stoppani.]

Kapff, S. E. v., Welches sind die Rettungsmittel für den norddeutschen Landwirth in gegenwärtigen Zeiten der Noth? 2. Aufl. gr. 8^0. Arnsberg, Ritter, 1834.
vgl. **Kapf,** F. und **Kapff,** E.

Kapff, Sigmund [aus Stuttgart] Ueber das Diphenacyl und seine Derivate Erlangen Druck d Univ.-Buchdr v Junge & Sohn, 1889 11 S. 8°
Erlangen, Phil. Fak., Inaug. Diss. v 1889

Kapff, Sixtus Carl, s. Kapff, Sixtus Karl

Kapff, *Sixt Franz Alexander* Die poëtische Sprache der griechischen Tragiker zunächst im Anschluss an des Euripides Iphigenie in Tauris. 4 (14 S.).
Progr. Kgl. Württemberg G *Cannstadt* 1895 (596).

— Sixtus Friedrich (Tübingen. Horb), De natura juramenti perhorrescentiae. Diss. Jur. Präs. Carl Fr. Scheurlen. Tübing. (Ludwig Friedrich Fues) 1838. 31 S. (6.—) 17464
Gew.: Johann Friedrich Melchior v. Kapff (Vater). — Widm. v. Präs.

Kapff, Sixtus Jakob

Kapff, Sixt.Jac [Präs.],
s. Banger, Aug.Friedr: De prolongatione cambii.

Kapff (Sixt. Jac.): Bemerkk. üb. d. Entsteh. u. Bild. d. Wirtemberg. Steuersystems. *Stuttgart*, Metzler. 797. 8. (6 Gr.)

— — Commentatio de curatorum consensu ad ultimas voluntates subinde necessario. Tübing. (Jo. Georg Cotta) 1766. 38 S. (6.50) 17466

Kapff, Sixtus Jacob [Praes.], s. Corevon, Pet. Franz: De lege falcidia, in militari testamento, et ex prohibitione, cessante.

— de detractatione falcidiae etc. 4. ibid. 760.

KAPFF, Sixt Jac: Dissertatio de eo, quod circa glandes justum est. - Tubingae 1775

Kapff, Sixt Jakob (Präs.), s. F a b e r , Ernst Hnr.: De eo, quod circa glandes justum est.

— Sixtus Jacob (Pliderhusanus), De regali marmoris jure. Disp. jur. Präs. Gottfried Daniel Hoffmann. Tübing. (Cotta) Dez. 1757. 32 S. (6.50) 17465

Kapff, S. J. U., Repertorium für die Amtspraxis der evangelisch=lutherischen Geistlichkeit im Königreich Würtemberg. 2 Thle. gr. 8. Heilbronn 814 u. 15. Claß. 2 ₰ 12 ℋ

Kapff, S. J., Repertorium f. die Amts=Praxis der evangelisch=lutherischen Geistlichkeit in Würtemberg. 2 Bde. gr. 8. Stuttg. Metzler. (in Comm.) 815.

Kapff, S. J. v., Repertorium f. d. Amts=Praxis d. evangel.=luther. Geistlichkeit im Königr. Würtemberg. 1. Bd. 2 Abthln. 2., durchaus umgearb. u. verm. Ausg. gr. 8. (38¼ B. incl. 1 Tab. gr. 4.) Heilbronn 831, Claß.

Kapff, S. J. v., Repertorium f. d. Amts=Praxis d. evangel.=luther. Geistlichkeit im Königr. Württemberg. 1. Bd. 1. u. 2. Abthl. 2., umgearb. u. verm. Ausg. 2. Abdruck. gr. 8. (à 19¼ B.) Heilbronn 839, 40, [Landherr.] à 1⅙ Thlr.

— das deutsche Schulwesen im Königreich Würtemberg, nach seinen ältern u. neuern Gesetzen gr. 8. Ebd. 814. 9 ℋ

— — das deutsche Schulwesen im Königreich Würtemberg, nach seinen ältern u. neuern Gesetzen. gr. 8. Ebendas. 818.

KAPFF, Sixtus Jakob: Rechtliche Untersuchung der Frage: ob der Torf zu den Regalien gehöre? - Tübingen 1767 3 1/2 Bog. - Neue verm. Aufl. ebd. 1769. 34 S.

— Vorlesung von d. Ahnenprobe. 4. Tübing. 767.

Kapff, Sixtus Karl

Kapff, (S. C.) v., Anweisung zum Beten, abgedr. aus der 14. Aufl. des größeren Gebetbuchs. 8. (100 S.) Stuttgart 861, Belser'sche Verlagsh. *

Kapff, S.C. (Hrsg.), s. A r n d , Johann: Predigten üb. d. alten Evangelien der Sonn-, Fest u. Feiertage.

—— s. Blätter der Erinnerung.

Kapff, S. C., die württemberg. Brüdergemeinden Kornthal u. Wilhelmsdorf, ihre Geschichte, Einrichtung u. Erziehungs=Anstalten. M. 1 Plane der beiden Gemeinden (qu. ½ Fol.) gr. 8. (10½ B.) Kornthal 839. (Stuttgart, S. G. Liesching.) *

— Theurer u. Laurmann, Buß=, Dank= u. Gebet=Gottesdienst wegen Mordanfalls auf den deutschen Kaiser. In der Stiftskirche geh. am 4. Juni 1878 m. Gebeten u. Reden. gr. 8. (15 S.) Ebend. 878. n. — 20

—— 100 Denksprüche für Confirmanden. 16. Stuttgart 873, J. F. Steinkopf. *

— 100 Denksprüche für Confirmanden. 2. Sammlung. qu. 16. Stuttgart 879. J. F. Steinkopf. (à) n. 1. 60

—— Erziehung und Ehe, behandelt in 4 Predigten. 1. Aufl. (67 S.) und 2. Aufl. gr. 8. (68 S.) Stuttgart 855, Belsersche Buchh. *

Der glückliche | Fabrikarbeiter, | seine Würde und Bürde, | Rechte und Pflichten, | Sonntag und Werktag, | Glaube, Hoffnung und Gebet. | Von | S. C. Kapff. | Stuttgart. 1856 | Verlag der Evangelischen Gesellschaft. | Hauptstädterstraße Nro 34.

Ohne Angabe des Druckers, 96 S., 160 × 100

Priv.-Bes

Kapff, S. C., Der glückliche Fabrikarbeiter seine Würde u. Bürde, Rechte u. Pflichten. 8⁰. s. l., 1856. 2. Aufl. 8⁰. 1874.

—— die erste Frage mit ihrer Antwort als kurzem Inbegriff der christl. Lehre. Confirmanden u. Aeltern ans Herz gelegt. 2. Aufl. 12. (1½ B.) Tuttlingen 843, Kapff. *

—— die erste Frage mit ihrer Antwort als kurzen Inbegriff der christlichen Lehre. Confirmanden und Erwachsenen ans Herz gelegt. 5. verm. Aufl. 16. (40 S.) Stuttgart 871, Belser's Verlag. *

Kapff, Carl, Gebetbuch. 1—3. Hft. 8. (à 8 B.) Stuttgart 834, Belser. à

—— Gebet=Buch. 4—9. (letzt.) Hft. (1. Aufl.) 8. (47 B. u. Titkpfr.) Stuttgart 835, Belser'sche Buchh.

—— dass. — 2 Thle. gr. 8. 2., verm. u. vermind. Ausg. (57¼ B. u. 1 Stahlst.) 838., 3. A. (56 B. u. 1 Stahlst.) 839., 4. u. 5. A. (à 55 B. u. 1 Stahlst.) Ebds. 841, 42. à

—— Gebet=Buch. 2 Thle. 5—7. Aufl. gr. 8. (53, 50½ u. 50 B. m. 1 Stahlst.) Stuttgart 842, 43, 45, Belser'sche Bh. à

—— Gebet=Buch. 2 Thle. 8—10. Aufl. 1847—50. und 11. Aufl. gr. 8. (782 S. und 1 Stahlst.) Stuttgart 852, Belsersche Buchh.

—— Gebet=Buch. 2 Thle. 12. Aufl. gr. 8. (782 S. mit 1 Stahlst.) Stuttgart 855, Belsersche Buchh.

—— Gebet=Buch. 2 Thle. (in 1 Bd.) 13. und 14. Aufl. gr. 8. (782 S. mit 1 Stahlst.) Stuttgart 858. 60, Belser'sche Verlagsh. *

—— Gebet=Buch. 2 Thle. 15. Aufl. 1864. und 16. Aufl. gr. 8. (782 S. mit 1 Stahlst.) Stuttgart 868, Belser's Verlag. * 1 Thlr. 3¾ Ngr.; geb. und in Futteral * *

—— Gebet=Buch. 2 Thle. 17. Aufl. gr. 8. (783 S. mit 1 Stahlst.) Ebendas. 872. * ℳ 3,50.; geb. *

—— Gebetbuch. 2 Thle. 18. Aufl. gr. 8. (VIII, 408; 299 S. mit 1 Stahlst.) Stuttgart 877, Belser'sche Verlagsh. * geb. *

—— Gebet=Buch. 2 Tle. in 1 Bd. 19. Aufl. gr. 8. (VIII, 384; 303 S. mit 1 Stahlst.) Ebendas. 885. * geb. *

— Gebet=Buch. 2 Tle. in 1 Bd. 20. Aufl. gr. 8. (VIII, 384 u. 308 S. m. 1 Stahlst.) Ebd. 894. n. 3. 60; geb. in Leinw. n.n. 4. 60; m. Goldschn. n.n. 5. —; in Halbfrz. n.n. 6. —

Kapff, S. C., Gebet-Buch. 2 Tle. in 1 Bde. 21. Aufl. (VIII, 384 u. 303 S.) 8. Stuttgart (905). Ch. Belser. n. 3. 60; geb. in Leinw. n.n. 4. 60; m. Goldschn. n. 5. —; in Halbfrz. n. 5. —

—— Gebetbuch für 11 Wochen Morgen- und Abend-Andachten, Feste, Abendmahl, Geburts-, Krankheits-, Todes-, Wetter-Fälle, Reisen und andere Gebetsbedürfnisse, aus den verbreitetsten Gebet- und Lieder-Büchern zusammengetragen. Mit dem Umschlagstitel: Kürzeres Gebetbuch für die häusliche Andacht. 8. (XI und 500 S. mit 1 Stahlst.) Tuttlingen 847, [Kling.] *

—— kürzere Gebete für 12 Wochen Morgen- und Abend-Andachten, Feste, Abendmahl, Geburts-, Krankheits-, Todesfälle rc., für Reisende, Auswanderer, Dienstboten rc. verfaßt oder aus den besten Gebet- und Lieder-Büchern gewählt. 2., verm. und verb. Aufl. 8. (VIII und 448 S. mit 1 Stahlst.) Stuttgart 854, Belsersche Buchh.

—— kürzere Gebete für zwölf Wochen, Morgen- und Abend-Andachten, Feste, Abendmahl, Geburts-, Krankheits- rc. Fälle, auch für Reisende, Auswanderer, Dienstboten und für andere Bedürfnisse verf. oder aus den besten Gebet- und Lieder-Büchern gewählt. 3. Aufl. 8. (456 S. mit 1 Stahlst.) Stuttgart 857, Belser'sche Verlagsh.

— kürzere Gebete für 12 Wochen, Morgen- u. Abend-Andachten, Feste, Abendmahl rc. auch für Reisende, Auswanderer, Dienstboten u. für andere Bedürfnisse verfaßt oder aus den besten Gebet- u. Liederbüchern gewählt. 4 Aufl. Ebend. 862. 8. (462 S.) 18 ngr.

Kapff, (S. C.), kürzere Gebete für 12 Wochen, Morgen- und Abend-Andachten, Feste, Abendmahl rc. auch für Reisende, Auswanderer, Dienstboten und für andere Bedürfnisse verfaßt oder aus den besten Gebet- und Liederbüchern gewählt. 4. Aufl. 1862. und 5. Aufl. 8. (VIII und 504 S.) Stuttgart 868, Belser's Verlag.

—— kürzere Gebete für 12 Wochen Morgen- und Abend-Andachten, Feste, Abendmahl-, Geburts-, Krankheits-, Todes-, Trübsals- und Wetter-Fälle, auch für Reisende, Auswanderer, Dienstboten und für andere Bedürfnisse verfaßt oder aus den besten Gebet- und Liederbüchern gewählt. 6. Aufl. 8. (VIII, 504 S.) Ebendas. 873. *ℳ 2.; geb. *

—— kürzere Gebete, für 12 Wochen Morgen- und Abend-Andachten, Feste, Abendmahl, Geburts-, Krankheits-, Todes-, Trübsals- und Wetter-Fälle, auch für Reisende, Auswanderer, Dienstboten und für andere Bedürfnisse, verfaßt oder aus den besten Gebet- und Liederbüchern gewählt. 7. Aufl. 8. (VIII, 494 S.) Ebendas. 887. *ℳ 2.—.; geb. **

—— Gewünschtes und Geschmähtes in 15 Predigten. gr. 8. (VIII und 198 S.) Stuttgart 859, J. F. Steinkopf.

—— das Hazardspiel und die Nothwendigkeit seiner Aufhebung. Vortrag, gehalten auf dem Congreß für innere Mission in Frankfurt am 24. Septbr. 1854. 8. (54 S.) Stuttgart 854, (J. F. Steinkopf.)

Kapff, Sixt Carl v., Casualreden. Hrsg. v. Carl Kapff. gr. 8. (535 S.) Stuttgart 880. J. F. Steinkopf. n. 5. 40; geb. n. 6. 60

—— Communionbuch. 1. u. 2. Aufl. 8. (à 18 B. u. 1 Stahlst.) Stuttgart 840, 42, Belser'sche Buchh. à *

Kapff, S. C., Communion-Buch. 3. Aufl. 8. (18 B. u. 1 Stahlst.) Stuttgart 845, Belser'sche Buchh.

Kapff, S. C., Communion-Buch. 4—6. Aufl. 1847—51. und 7. Aufl. 8. (288 S. und 1 Stahlst.) Stuttgart 852, Belsersche Buchh. *

Kapff, (S. C.), Communion-Buch. 8. Aufl. (288 S.) 1854. und 9. Aufl. 8. (287 S. mit 1 Stahlst.) Stuttgart 856, Belsersche Buchh. *

—— Communion-Buch. 10—12. Aufl. 8. (287 S. mit 1 Stahlst.) Stuttgart 857—61, Belser'sche Verlagsh. *

Kapff, (S. C.), Communion-Buch. 13.—15., verm. Aufl. 8. (VIII und 294 S. mit 1 Stahlst.) Stuttgart 862—67, Belser's Verlag. *

—— Communion-Buch. 16. Aufl. 1869. *ℳ 1., und 17. verm. Aufl. 8. (VIII, 294 S. mit 1 Stahlst.) Stuttgart 872, Belser's Verlag. *
geb. mit Goldschn. *

Kapff, S. C., Communion-Buch. 18. verm. Aufl. 8. (VIII, 294 S. mit 1 Stahlst.) Stuttgart 876, Belser'sche Verlagsh. *ℳ 1,20.; geb. mit Goldschn. *

— Communion-Buch. 19., verm. Aufl. Mit 1 Stahlst. 8. (VIII, 294 S.) Stuttgart 880. Belser. n. 1. 20; geb. m. Goldschn. n. 2. 40

Kapff [Sixt Carl v.], Communion-Buch. 20. und 21. Aufl. 8. (VIII, 294 S. mit 1 Stahlst.) Stuttgart 884, 87, Belser'sche Verlagsh. *
geb. mit Goldschn. *

Kapff, Communion-Buch. 22., verm. Aufl. 8. (VIII, 294 S. m. 1 Stahlst.) Stuttgart 891. Ch. Belser. n. 1. 20; geb. in Halbleinw. n.n. 1. 70; in Leinw. n. 2. — m. Goldschn. n. 2. 40

Kapff, Communion-Buch. 24. verm. Aufl. 8. (VIII, 294 S. m. 1 Stahlst.) Stuttgart (901). Ch. Belser. n. 1.20; geb. in Halbleinw. n. 1.70; in Leinw. n. 2. —; m. Goldschn. n. 2. 40

—— das kleine Communionbuch. Ein Ausz. aus dess. größ. Communionbuch. 1. u. 2. Aufl. 12. (4 u. 6 B.) Stuttgart 841, 42, Belser'sche Buchh. à *

— das kleine Communion-Buch. Ein Auszug aus dessen größerem Communion-Buch. Ebend. 841. n. 3½ ngr — 2. Aufl. kl. 8. Ebend. 843. n. $^{1}/_{12}$ ℔ — 3. Aufl. 8. Ebend. 845. n. $^{1}/_{12}$ ℔
die erste Frage mit ihrer Antwort als kurzem Inbegriff der christl. Lehre. Confirmanden u. Aeltern ans Herz gelegt. 2. Aufl. 12. Tuttlingen 843, Kapff. n. $^{1}/_{12}$ ℔

—— das kleine Communion-Buch. Ein Auszug aus dess. größerem Communion-Buch. 2. u. 3. Aufl. 8. (à 6 B.) Stuttgart 843, 45, Belser'sche Buchh. à *

—— das kleine Communion-Buch. Ein Auszug aus dessen größerem Communion-Buch. 10. Aufl. 8. (95 S.) Stuttgart 855, Belsersche Buchh.

— das kleine CommunionBuch. Ein Auszug aus dessen größerem Communion-Buch. 11—15. Aufl. Ebend. 858—64. 8. (95 S.) 3 ngr.

—— das kleine Communion-Buch. Ein Auszug aus dessen größerem Communion-Buch. 20. Aufl. 1872, und 21. Aufl. 8. (95 S.) Ebendas. 874. 30 Pf.; cart.
geb. * 60 Pf.; mit Goldschn. *

— das kleine Communion-Buch. Ein Auszug aus dessen größerem Communion-Buch. 22. Aufl. 8. (95 S.) Ebend. 876. n.n. — 30; cart. n. — 40; geb. n. - 60; geb. m. Goldschn. n. — 80

—— das kleine Communion-Buch. Ein Auszug aus dessen größerem Communion-Buch. 23.—25. Aufl. 8. (95 S.) Ebendas. 878—83. ** 30 Pf.; cart. * geb. in Halbleinw. * 60 Pf.; mit Goldschn. *

—— das kleine Communion-Buch. Ein Auszug aus dessen größerem Communion-Buch. 26.—28 Aufl. 8. (95 S.) Ebendas. 884—88. ** 30 Pf.; cart. * geb. * 60 Pf.; mit Goldschn. *

—— das kleine Communion-Buch. Ein Auszug aus dessen größerem Communion-Buch. 31. Aufl. 12. (95 S.) Ebd. 893. n.n. — 30; kart. n. — 40; geb. n.n. — 50; m. Goldschn. n.n. — 60

Kapff, d. kleine Communion-Buch. Ein Auszug aus dessen größ. Communion-Buch. 33. Aufl. 12. (95 S.) Stuttgart 898. Ch. Belser. n.n. — 30; kart. — 40; geb. n.n. — 50; m. Goldschn. n.n. — 60

— das kleine Kommunion-Buch. Ein Auszug aus dessen größerem Kommunion-Buch. 36. Aufl. (96 S. m. Titelbild.) kl. 8. Ebd. 905. n.n. — 30; kart. n. — 40; geb. n.n. — 50; m. Goldschn. n.n. — 60

Kapff, (S. C.), das kleine Kommunionbuch. Ein Auszug aus dessen größerem Kommunionbuch. (95 S.) kl. 8. Reutlingen (909). Enßlin & Laiblin. p — 25; geb. in Leinw. — 40

— dasselbe. 38. Aufl. (96 S. m. Titelbild.) kl. 8. Stuttgart 910. Ch. Belser. p nn — 25; geb. nn — 30; in Leinw. nn — 40; m. Goldschn. nn — 50

—— vier Kriegs- und Siegs-, Buß- und Trauer-, Trost- und Mahnungs-Predigten. gr. 8. (56 S.) Stuttgart 870, J. F. Steinkopf.

Kapff, deutsche Musterstücke zur Uebung in der französischen u. englischen Komposition, s.: Gruner, Frdr.

—— Passions-, Oster- und Bußtags-Predigten. 3. Aufl. gr. 8. (VIII und 207 S.) Tuttlingen 847, [Kling.]

— Passions-, Oster- und Buß-Predigten für wohlthätige Zwecke herausg. 4. Aufl. Stuttgart 855. J. F. Steinkopf. Lex.-8. (VI, 224 S.) n. 12 ngr

—— Passions-, Oster- und Buß-Predigten. 5. Aufl. gr. 8. (VI und 224 S.) Stuttgart 866, J. F. Steinkopf. cart. *

Kapff, (S. C.) v., Predigt zur Eröffnung des deutschen evangelischen Kirchentages in Stuttgart, den 22. Septbr. 1857. Mit einem Anhang. 8. (28 S.) Stuttgart 857, (J. F. Steinkopf.) Thlr. *

—— Predigt über Joh. 13, 34. am letzten Abend des 7. deutschen evangel. Kirchentages in Frankfurt a. M., den 28. Septbr. 1854 gehalten. gr. 8. (15 S.) Frankfurt a. M. 854, Völcker. *

— letzte Predigt, geh. am 10. Sonntag nach Trinitatis den 17. Aug. 1879 in der Stiftskirche zu Stuttgart. gr. 8. (15 S.) Ebend. 879. — 15

—— 80 Predigten über die alten Episteln aller Sonn-, Fest- u. Feiertage 2c. (Mit einem systemat. Ueberblick üb. die in den Predigten dargestellte Glaubens- u. Sittenlehre.) Lex.-8. (61½ B.) Tuttlingen 844, Kapff. *

—— achtzig Predigten über die alten Episteln aller Sonn-, Fest- und Feiertage. Mit einem systemat. Ueberblick über die in den Predigten dargestellte Glaubens- und Sittenlehre. 3., unveränd. Aufl. Lex.-8. (IV und 804 S.) Stuttgart 851, J. F. Steinkopf. *

—— achtzig Predigten über die alten Episteln aller Sonn-, Fest- und Feiertage. Mit einem systemat. Ueberblick über die in den Predigten dargestellte Glaubens- und Sittenlehre. 4., unveränd. Aufl. Lex.-8. (808 S.) Stuttgart 854(55,) J. F. Steinkopf. Thlr. *

—— achtzig Predigten über die alten Episteln aller Sonn-, Fest- und Feiertage. Mit einem systemat. Ueberblick über die in den Predigten dargestellte Glaubens- und Sittenlehre. 5., unveränd. Aufl. gr. 8. (778 S.) Stuttgart 860, J. F. Steinkopf. *

— achtzig Predigten über die alten Episteln aller Sonn-, Fest- u. Feiertage. Mit einem systemat. Ueberblick über die in den Predigten dargestellte Glaubens- u. Sittenlehre. 6. Aufl. gr. 8. (778 S.) Stuttgart 879. J. F. Steinkopf. n. 5. —

—— drei und achtzig Predigten über die alten Evangelien der Sonn-, Fest- und Feiertage des Kirchenjahres. gr. 8. (VI und 884 S.) Stuttgart 857, Belser'sche Verlagsb. *

v. Kapff, (S. C.), 83 Predigten über die alten Evangelien der Sonn-, Fest- u. Feiertage des Kirchenjahres. 2. Aufl. Stuttgart 861. Belser. gr. 8. (863 S.) n. 1 ₰ 6 ngr

—— 83 Predigten über die alten Evangelien der Sonn-, Fest- und Feiertage des Kirchenjahres. 2. Aufl. 2. und 3. (Schluß-) Heft. gr. 8. (S. 289—863.) Stuttgart 862, Belser's Verlag. à Heft * 12 Ngr. *
1. Heft. Ebendas. 1861. * 12 Ngr.

—— 83 Predigten über die alten Evangelien der Sonn-, Fest- und Feiertage des Kirchenjahres. 3. Aufl. 8 Lfgn. gr. 8. (863 S.) Stuttgart 875, Belser's Verlag. à Lfg. * 60 Pf. *

— zwei Predigten mit Beziehungen auf Schiller. Zur Berichtigung falscher Auffassungen. Stuttgart 859. J. F. Steinkopf. gr. 8. (28 S.) 3 ngr

Kapff, (S. C.), Rede bei der Einführung des Ephorus Dr. Oehler in's theolog. Seminar zu Tübingen, gehalten am 19. Oktbr. 1852. gr. 8. (14 S.) Stuttgart 853, Metzler'sche Buchh.
Aus: Evangelisches Kirchen- und Schulblatt, besonders abgedruckt.

—— die Revolution, ihre Ursachen, Folgen und Heilmittel, dargestellt für Hohe und Niedere. Als gekrönte Preisschrift hrsg. vom Central-Ausschuß für die innere Mission der deutschen evangel. Kirche. 1. und 2. Aufl. 12. (VIII und 151 S.) Hamburg 851, Agentur des Rauhen Hauses.

Kapff, S[ixt] C[arl von]. Eine Schweizer-Reise. Erweiterter SA. Mit 12 Ansichten in Holzschnitt [Tafeln]. 8.
Ausg. A. Eine Schw-R. von S. C. K.... Stuttgart 1843.
Ausg. B. Eine Schw-R. Erzählt von S. C. K.... Stuttgart [1843].

—— eine Schweizer-Reise. — Erweiterter Abdruck aus den Jugendblättern. 8. (16⅓ B. u. 2 Ans. in Holzschn.) Stuttgart 843, J. F. Steinkopf.

—— Sendschreiben des deutschen evangelischen Kirchentages, s. Sendschreiben.

— über das Steigen der Rente in der Preußischen Rentenversicherungsanstalt u. in der Stuttgarter allgem. Rentenanstalt. Ein Nachtrag zu vorsteh. Schrift. gr. 8. Stuttgart 839. Weise u. Stoppani. ¼ ₰

— Synodal-Predigt und Vortrag über unser kirchliches Leben. gr. 8. (IV, 52 S.) Stuttgart 869, J. F. Steinkopf.

— das Vater Unser, ausgelegt in einer Predigt am 5. Trinitatissonntag. gr. 8. (17 S.) Stuttgart 855, Belser'sche Buchh.

— Vortrag über die Sonntagsfeier, in der Sprengelversammlung zu Herrenberg am 15. Juli 1850. gr. 8 (32 S.) Tübingen 850, Fues, Vrlgsb. *

— Warnung e. Jugendfreundes vor d. gefährlichsten Jugendfeind, od. Belehr. üb. geheime Sünden, ihre Folgen, Heilung u. Verhütung, durch Beispiele aus d. Leben erläut. u. d. Jugend u. ihren Erziehern an's Herz gelegt. 8. (6 B.) Stuttgart 841, J. F. Steinkopf.

— Warnung eines Jugendfreundes vor dem gefährlichsten Jugendfeind, od. Belehrung üb. geheime Sünden, ihre Folgen, Heilung u. Verhütung, durch Beispiele aus d. Leben erläutert u. der Jugend u. ihren Erziehern an's Herz gelegt. 2. Aufl. gr. 8. (6 B.) 842. u. 3. Aufl. 12. (4 B.) Stuttgart 843, J. F. Steinkopf. à

— Warnung eines Jugendfreundes vor dem gefährlichsten Jugendfeind, oder Belehrung über geheime Sünden, ihre Folgen, Heilung und Verhütung, durch Beispiele aus dem Leben erläut. und der Jugend und ihren Erziehern an's Herz gelegt 4., verm. Aufl. gr. 12. (94 S.) Stuttgart 849, J. F. Steinkopf. *

— Warnung eines Jugendfreundes vor dem gefährlichsten Jugendfeind, oder Belehrung über geheime Sünden, ihre Folgen, Heilung u. Verhütung rc. 5. Aufl. 853. — 6. verm. Aufl. Stuttgart 856. J. F. Steinkopf. 8. (IV, 89 S.) n. 4 ngr.

— Warnung eines Jugendfreundes vor dem gefährlichsten Jugendfeind, oder Belehrung über geheime Sünden, ihre Folgen, Heilung und Verhütung, durch Beispiele aus dem Leben erläutert und der Jugend und ihren Erziehern an's Herz gelegt. 7. Aufl. 1859. und 8. Aufl. 8. (96 S.) Stuttgart 861, J. F. Steinkopf. *

— Warnung eines Jugendfreundes vor dem gefährlichsten Jugendfeind, oder Belehrung über geheime Sünden, ihre Folgen, Heilung und Verhütung, durch Beispiele aus dem Leben erläut. und der Jugend und ihren Erziehern an's Herz gelegt. 9. Aufl. 1864. und 10. Aufl. 8. (96 S.) Stuttgart 867, J. F. Steinkopf. *

— Warnung e. Jugendfreundes vor dem gefährlichsten Jugendfeind od. Belehrg. üb. geheime Sünden, ihre Folgen, Heilg. u. Verhütg., durch Beispiele aus dem Leben erläutert. Der Jugend u. ihren Erziehern an's Herz gelegt. 12. Aufl. gr. 8. (96 S.) Stuttgart 874. J. F. Steinkopf. n. — 40

— Warnung eines Jugendfreundes vor dem gefährlichsten Jugendfeind, oder Belehrung über geheime Sünden, ihre Folgen, Heilung und Verhütung, durch Beispiele aus dem Leben erläutert und der Jugend und ihren Erziehern an's Herz gelegt. 13. und 14. Aufl. 8. (96 S.) Stuttgart 880,84, J. F. Steinkopf.

— Warnung eines Jugendfreundes vor dem gefährlichsten Jugendfeind, oder Belehrung über geheime Sünden, ihre Folgen, Heilung und Verhütung, durch Beispiele aus dem Leben erläut. und der Jugend und ihren Erziehern ans Herz gelegt. 15. Aufl. 8. (96 S.) Stuttgart 887, J. F. Steinkopf. *
geb. *

Warnung e. Jugendfreundes vor dem gefährlichsten Jugendfeind, od. Belehrg. üb. geheime Sünden, ihre Folgen, Heilg. u. Verhütg., durch Beispiele aus dem Leben erläutert u. der Jugend u. ihren Erziehern ans Herz gelegt. 16. u. 17. Aufl. 8. (96 S.) Stuttg. 890,92, J. F. Steinkopf. * — 40; geb. * — 60

Kapff, S. C., Warnung e. Jugendfreundes vor dem gefährlichsten Jugendfeind od. Belehrg. üb. geheime Sünden, ihre Folgen, Heilg. u. Verhütg. Beispiele aus d. Leben, der Jugend u. ihren Erziehern ans Herz gelegt. 20. Aufl. 8. (91 S.) Stuttgart 902. J. F. Steinkopf. n. — 40

— Warnung e. Jugendfreundes vor dem gefährlichsten Jugendfeind od. Belehrung üb. geheime Sünden, ihre Folgen, Heilg. u. Verhütg. Beispiele aus dem Leben, der Jugend u. ihren Erziehern ans Herz gelegt. 21. Aufl. (91 S.) 8. Stuttgart 906. J. F. Steinkopf. n. — 40

— Weg zum Himmel in 81 Predigten über die Evangelien des zweiten württemberg. Jahrgangs auf alle Sonn-, Fest- und Feiertage. gr. 8. (788 S.) Stuttgart 864, J. F. Steinkopf. *

Kapff, S. C., des Arbeiters Würde und Bürde, Rechte und Pflichten, Sonntag und Werktag, Glaube, Hoffnung und Gebet. 2. mit Rücksicht auf die veränd. Verhältnisse der Arbeiter umgearb. Aufl. 8. (94 S.) Stuttgart 874, Buchh. der evangel. Gesellschaft. *

— die Zukunft des Herrn. Belehrungen aus Matthäi 24. u. 25., verglichen mit d. Zeichen d. Zeit. 8. Stuttg. 836. Belser. 1/6 ₰

— der religiöse Zustand des evangelischen Deutschlands nach Licht und Schatten für die pariser Versammlung der evangel. Allianz dargestellt. Mit einem Anhang über die evangel. Allianz. 8. (VIII und 129 S.) Stuttgart 856, J. F. Steinkopf. *

Kapff, Wilhelm

Kapff, W., deutsche Dichterhalle für die Jugend. Ein Lesebuch in einer Auswahl erzählender Dichtungen aus deutschen Classikern für Schule und Haus. 1. Abthl. Enth. eine Auswahl von Romanzen rc., Idyllen, Legenden, Fabeln und Parabeln aus deutschen Klassikern. Zugleich als Declamationsstoff für die mittleren Classen an höheren Lehranstalten. gr. 8. (X und 216 S.) Reutlingen 847, Fleischhauer und Spohn.

Kapff's, Wilh., deutsche Dichterhalle, in 2. Aufl. als Deklamierbuch zum Gebrauch für stufenmäß. Vortragsübungen umgearb. von Ferd. Scholl. gr. 8. (XVI, 407 S.) Reutlingen 885, Fleischhauer und Spohn. *M 2.—; cart. *
geb. *

Kapff, W., zur Geschichte des Ulmer Gymnasiums (vom Anfang bis zum J. 1613). Ulm 858. (Tübingen, Fues' Sorthandlg.) gr. 4. (II, 22 S.) 7½ ngr.

Kapff, W., zur Geschichte des Ulmer Gymnasiums [vom Anfang bis zum Jahre 1613.] Fortsetzung. Ulm 863. (Tübingen, Fues' Sorthdlg.) 4. (12 S.) 3¾ ngr.

— Grundzüge der allgemeinen Naturkunde, in einer katechet. gemeinfaßl. Erläuterung der bekanntesten Erscheinungen und Thatsachen aus dem Gebiet der Natur und des Alltagslebens. Zu Lust und Lehre für Schule und Haus. Mit Benützung von Brewer's guide to science frei bearb. 8. (VIII und 213 S. mit 32 eingedr. Holzschn.) Stuttgart 851, Müller's Vrlgsb. Thlr.

Kapff, W., das Landexamen. Ein Beitrag zur Reform des Gelehrtenschulwesens in Württemberg. gr. 8. (2 B.) Reutlingen 843, Kalbfell-Kurtz.

— sechs alte Mährchen f. d. Jugend. 12. (13 B. u. 6 ill. Kpfr.) Reutlingen 846, Fleischhauer u. Spohn.

Kapff-Essenther, Franziska v

Kapff-Essenther, F. v., am Abgrunde der Ehe. Novelletten. Mit einem Vorwort von Ferd. Groß. 2 Thle. in 1 Bde. 8. (XI, 156; III, 158 S.) Leipzig 888, Wartig's Verlag. *

—— Blumengeschichten. 8. (248 S.) Minden 888, Bruns. * 2 50
geb. * 3 75

Kapff-Essenther, F. v. (Frau Franziska Blumenreich), ins Bodenlose. — Mitgift. — Liane. — Lilie, s.a. Kürschner's, Jos., Bücherschatz.

Kapff-Essenther, Franziska von: Ins Bodenlose. Mitgift. Liane Lilie. Erzählungen von Franziska v. Kapff-Essenther [d. i. Franziska Blumenreich]. Mit Ill. von W. Roegge.
Berlin' Eisenach, Leipzig: H. Hillger [1900]. 128 S. 8°
= Bücherschatz, Kürschners. No. 203.

Kapff-Essenther, F. v. (Frau Franziska Blumenreich), die Brieftasche. Roman. 8. (142 S.) Berlin 898. J. Gnadenfeld & Co. n. 1. —

Kapff-Essenther, Franziska v.: Die Brieftasche
Roman von – Berlin: J. Gnadenfeld & Co. [1899]. 142 S. 8°

– Dienstboten-Geschichten, s.a. Kürschner's Jos. Bücherschatz

Dienstboten-Geschichten. Der gnädige Herr Lächerlich. Nur e. Dienerl Das Christkind'l. 'Verzeih's' Von F[ranziska] v. Kapff-Essenther [d. i. Franziska Blumenreich]. (Hrsg.: Paul Blumenreich.) *Berlin, Eisenach, Leipzig: H. Hillger [1901].* (109 S.) 8° [F.]
— Bücherschatz. Kürschners. No 268. [03. 04

— d. arme Ding, s.: Lesehalle, die.

[F.] Don Juan-Phantasie v. F[ranziska] v. Kapff-Essenther *Berlin: H. Steinitz (1897).* (199 S.) 1 Bd 8.
— Bibliothek, Realistische. Bd 09. [97. 5047

Kapff-Essenther, Franziska von: Don Juan-Phantasie v –. Berlin: H Steinitz [1898]. 199 S. 1 Bd 8°
= Bibliothek, Naturalistische. Bd. 23.

— dasselbe, s.a. Bibliothek, naturalistische.

P Kapff-Essenther, F. v. [Franziska Blumenreich.] Engel auf Erden. 8. (258 S.) Lpz. 891, Elischer Nachf. [* 4 —; geb. * 5 —.]
* 3 —; geb. * 4 —

— Eva's Erziehung. Roman. 8. (387 S.) Berlin 895. Deutsches Verlagshaus Bong & Co. n. 4. —;
geb. n. 5. 50

—— Glückbeladen. Novelle. gr. 8. (200 S.) Ebd. 890.
[* 3 —] * 2 —; geb. [* 4 —] * 3 —

—— moderne Helden, s. Unterhaltungs-Bibliothek für Reise und Haus.

Kapff-Essenther, F. v., Himmel u. Hölle. Roman. gr. 8. (319 S.) Berlin 894. Rosenbaum & Hart. n. 4. —

—— Auf einsamer Höhe. Roman in 4 Büchern. 8. (397 S.) Jena 889, Costenoble. * 5 —

[F.] In der kleinsten Hütte. Roman v. F[rancisca] v. Kapff-Essenther. *Berlin: Bong & C. [1896]* (2 Bl., 353 S.) 1 Bd 8. [97. 4417

– Jenseits v gut u. böse, s.a. Kürschner's Jos. Bücherschatz

Kapff-Essenther, Franziska von: Jenseits von gut und böse. Roman von – Mit Ill. von W Roegge.
Berlin, Eisenach, Leipzig: H. Hillger [1899] 128 S. 8°
= Bücherschatz, Kürschners. No. 130.

– Kleineleuts-Geschichten, s.a. Kürschner's Jos. Bücherschatz

Kleineleuts-Geschichten. Wie kleine Leute hausen. Edis Väter. Ein guter Kerl. Der Freier d. Johanna. Berthas Glück. Allerseelentrost. Von F[ranziska] v. Kapff-Essenther [d. i. Franziska Blumenreich]. Mit Ill. von W. Roegge. *Berlin, Eisenach, Leipzig: H Hillger [1902].* (128 S.) 8° [F.]
— Bücherschatz, Kürschners. No 277. [03. 33

— Kollegenehe. Roman. 8. (283 S.) Berlin 899. H. Steinitz. n. 3. 50

—— Allerlei Liebe. Sechs Novellen. 8. (361 S.) Lpz. 889, Elischer Nachf. [* 5 —; geb. * 6 —]; * 4 —; geb. * 5 —

— d. graue Mauer, s.a Kürschner's Bücherschatz.

[F.] Die graue Mauer Novelle v. F(ranziska) v. Kapff-Essenther (Franziska Blumenreich). M. 25 Ill. v. G. Brandt. *Berlin, Eisenach, Leipzig: A. Hillger [1897].* (119 S.) 1 Bd 8.
— Bücherschatz, Kürschners No 5. [97. 6199

— Mitgiftjäger, s.: Michow-Bücher.

—— Neue Novellen. 2 Bde. gr. 8. (269; 345 S.) Ebd. 890.
[à Bd. * 4 —; geb. à Bd. * 5 —]; à Bd. * 3 —; * 6 —
geb. à Bd. * 4 —; * 8 —

— d. echte Ring. Roman. 8. (294 S.) Berlin 896. H. Steinitz. n. 3. 50

— Schulden, s.a. Bibliothek, neue realistische. 2. Bd.

– Schulden Roman. 8° (233 S.) Ebd 1895

Schulden Roman von F[ranziska] v Kapff-Essenther *Berlin H. Steinitz (1900).* (233 S.) 8° [F.]
— Bibliothek, Neue Realistische Bd 2 [00. 7094 11

— Siegfried. Roman. 8. (286 S.) Dresden 894. E. Pierson. n. 4. —; geb. n. 5. —

Ⓑ Kapff-Essenther, F. v., Siegfried. 894. (KBL 27.) Jetzt: Berlin, Verlag Berlin-Wien.

Kapff-Essenther, F. v., Wiener Sittenbilder, s.a. Unterhaltungs-Bibliothek für Reise und Haus.

KAPFF-ESSENTHER, F v., Wiener Sittenbilder 2 Thle (Mein Weib. Das Sakrament der Liebe.) Leipzig 1884. 8°. (Mk. 2—) (75 Pfg. Jul. Neumann, Magdeb., 1908.)

—— Stürme im Hafen. Roman. 2 Bde. 8. (217; 223 S.) [Bresl. 892, Freund.] Lpz., Paul. * 6 —; in Leinw. geb. * 7 50

— Vergangenheit, s.a. Kürschner's, Jos., Bücherschatz.

Vergangenheit. Letzter Roman von F[ranziska] v. Kapff-Essenther [d. i. Franziska Blumenreich]. Bd 1. 2. Mit Ill. von W. Roegge. (Hrsg.: Paul Blumenreich.) *Berlin, Eisenach, Leipzig: H. Hillger [1902].* 2 Bde 8° [F.]
— Bücherschatz, Kürschners. No 285. 286. [03. 004

— Versorgung. Roman. 8. (243 S.) Ebd. 895. n. 3. 50

Kapff-Essenther, F. v. (Frau Franziska Blumenreich), vom Glück verfolgt, s.: Kürschner's, Jos., Bücherschatz.

Vom Glück verfolgt. Erzählung von F[ranziska] v. **Kapff**-Essenther (Vorr.: Paul Blumenreich.) Mit Ill. von W. Roegge. *Berlin, Eisenach, Leipzig: H. Hillger [1903].* (107 S.) 8° [F.]
= Büchorschatz, Kurschner's. No 337. [04. 960

— der Wert des Lebens. Der Ring des Polykrates, s.a. Kürschner's Bücherschatz.

[F.] Der Wert des Lebens. D. Ring d. Polykrates. Novellen v. F[ranziska] v. Kapff-Essenther M. Ill. v. E. Ranzenhofer. *Berlin, Eisenach, Leipzig: H. Hillger [1897]* (127 S.) 1 Bd 8.
= Bücherschatz, Kurschners. No 60. [98. 4698

—— Mein Wien. Wiener Sittenbilder [neue Folge]. 8. (320 S.) Lpz. 889, Elischer Nachf. [* 5 —; geb. * 6 —]; * 4 —; geb. * 5 —

—— s. Zehnpfennig-Bibliothek Nr. 5 u. 7.

—— Ziel und Ende. Wiener Roman. 3 Bde. 8. (141; 162; 145 S.) Zürich 888, Verlags-Magazin. *

— **Ziel u. Ende.** Wiener Roman. 3 Tle. in 1 Bd. 2. [Titel-]Aufl. 8. (141, 162 u. 145 S.) Zürich [888.] 900. Th. Schröter. n. 3. —

Kapff-Sauberschwarz, Handbuch für die gesamte Amtsführung der evangelischen Geistlichen Württembergs. 4. umgearb. Aufl. 1. und 2. Lfg. gr. 8. (224 S.) Tübingen 888, Heckenhauer. *

Kapff-Sauberschwarz. Handbuch f. die gesamte Amtsführung der evangel. Geistlichen Württembergs. 4. umgearb. Aufl. 3. u. 4. (Schluß-) Lfg. gr. 8. Tübingen, Heckenhauer. [3. Lfg. (S. 225—320.) 890. * 2 —; 4. Lfg. (VIII, u. S. 321—530.) 891. * 3 —.] * 5 —
1. u. 2. Lfg. Ebd. 1888. * 3 —

KAPFINGER, Johann. De congressu Emsano. — (1839) 92 S. 8° (Handschr.) Diss. 19
Diss. Wien, Univ.

Kaphahn, Christian August (Osterfeld/Preussen), **De scirrho et carcinomate uteri. Diss. med.-chir. Jena (Schreiber & Co.) 4. II. 1828. 28 Seiten. (5.50)** 17467
Gew.: August Schmidt (Eisenberg).

Kaphahn, F. Jos. Anast., unsere Entschließungen am Jubelfeste. Rede am Jubelfeste der evangel. Kirche zu Weida gehalten. 8. Leipz. 818. Central-Cpt. 3 gr.

— in welchem Verhältnisse sollten Zifferrechnen u. Kopfrechnen in unsern Volksschulen stehen? Eine Gratulationsschrift. 4. Neustadt a. d. O. 819. (Wagner).

— **Disseruntur pauca de commodis, quae ex opera in scholis collocata ecclesiae ministerii oriuntur.** 4. Weida 817.

— **Disseruntur pauca in locum Matth. XVI, 19.** 4. Neust. a. d. O. 826.

Kaphahn, Karl, die Gliederung der Volksschule nach den Allgemeinen Bestimmungen vom 15. Oktbr. 1872 unter besond. Berücksicht. utraquist. Verhältnisse. gr. 8. (42 S.) Breslau 886, F. Hirt. *

Kaphahn. Lehrplan f. Schulen m. 1, 2 u. 3 Lehrern genehmigt v. der königl. Regierg. zu Marienwerder. 3. Aufl., nach den neueren Bestimmngn. umgearb. gr. 8. (32 S.) Bresl. 889, F. Hirt. * — 50

Kaphahn, Kurt, Referendar a. Graudenz: Die Erbfolge nach § 2269 B.G.B. Greifswald 1905: J. Abel. (VI, 56 S.) 8°
Greifswald, Jur. Fak., Ref. Frommhold, Diss. v. 6. Mai 1905
[Geb. 15. Dez. 82 Graudenz; Wohnort: Graudenz; Staatsangeh.: Preußen; Vorbildung: Gymn. Graudenz Reife O. 01; Studium: Marburg 1, Berlin 2, Königsberg 4 S., Rig. 6. März 05.]

Kaphahn, Siegmund, a. Altenburg: Beiträge zur Anatomie der Rhynchosporeenblätter und zur Kenntnis der Verkieselungen. Mit 3 Tafeln. Leipzig: Georg Thieme 1904. (40 S.) 8° ¶ (Aus: Beihefte zum Botanischen Centralblatt Bd 18, Abs. 1.)
Heidelberg, Naturw.-math. Fak., Ref. Pfitzer, Diss. v. 28. Dez. 1904
[Geb. 1. Feb. 70 Altenburg; Wohnort: Aachen: Staatsangeh.: Sachsen-Altenburg; Vorbildung, Gymn. Eisenberg bis II a; Studium: Leipzig 1, Heidelberg 6 S.; Rig. 21 Dez. 03.]

Kaphengst, C. An Essay on the Ormulum. Diss. Rostock 1880. 38 S. 4.

Kaphengst-Kohlow, Axel v., soziale Kolonisation. E. Beitr. zur Beschäftigg. vorübergehend Arbeitsloser. Materialbeiträge v. Hans Ostwald. (96 S.) gr. 8. Berlin 909. J. Harrwitz Nachf. 1.50; geb. 2. —

— Sociale Kolonisation. Ein Beitrag zur Beschäftigung vorübergehend Arbeitsloser. Materialbeiträge von Hans Ostwald. 8°. Berlin, J. Harrwitz Nchf., 1910.

Kapherr, Egon Frhr. v., das Elchwild, s.a. Für d. deutsch. Jäger. 8. Bd.

Kapherr, Egon Frh. v Das Elchwild Von — illustr Mit 1 Titelbild. Berlin-Schöneberg: Die Jagt 1908. 94 S. 8°
(Für d. deutschen Jäger. 8.)

— In russischer Wildnis. Erinnerungen e. Jägers. 1.—3. Aufl. Mit Zeichngn. v. Paul Haase sowie zahlr. Textabb. (XI, 319 S.) gr. 8. Berlin-Schöneberg 910. A. Duncker Verl. 5.50; geb. in Leinw. 7. —

Kap-Herr, Hans v., dio abendländische Politik Kaisor Manuols mit besondorer Rücksicht auf Deutschland. gr. 8. (159 S.) Strassburg 881. Trübner. n. 3. —

Kap-herr, Hans v., eine Reise durch d. Land-Erziehungsheime, s.a. Magazin, pädagog.

Eine Reise durch die Land-Erziehungsheime. Von Dr. Hans v. **Kap-herr.** Langensalza: Beyer 1910. 20 S. 8°
(Pädagogisches Magazin. H. 396.) [11. 9333

Kaphta, Der Eremit, an die Bürger Würtembergs und Schwabens . . . Germanien [Stuttgart] 1796. V: *Streim, Friedrich.* (MGT) (Wr) (Ky)

Kaphta. – Der Eremit Kaphta an die Bürger Wirtembergs u. Schwabens etc., (v. Fr Streim). 8°
Germanien 1796. (Magazin f. Litt. in Stuttg.)

Kapi, Jul.

— u. Jos. Papp, Lehr- u. Lesebuch f. die IV., V. u. VI. Classe der Volksschulen u. f. Wiederholungsschulen. Deutsch bearb. v. Karl Frühwirth. gr. 8. (505 S. m. Abb.) Ebd. 893. Geb. n. 1. 40

Kapi, Jul., Sam. Pakó u. Jos. Papp, Lesebuch f. die II. u. III. Classe der evang. Volksschulen. Nach deren ungar. Lesebuch deutsch bearb. gr. 8. (194 S. m. Abb.) Budapest 892. (Franklin-Verein.) Geb. n. — 64

Kapila

— Sâṃkhya-pravacana-bhâshya. Vijñânabhikshu's Commentar zu den Sâṃkhyasûtras. Aus dem Sanskrit übersetzt und mit Anmerkungen versehen von Richard Garbe. [= AKM. IX. Band. No. 4. Leipzig 1889

Kapischke, Paul: Aus d. Königl. Universitäts-Frauenklinik zu Breslau. Direktor: Geh. Medizinalrat Prof. Dr. Küstner. Die Geburten bei engem Becken in den Jahren 1900/01 bis 1902/03. Breslau 1907: Breslauer Genossenschafts-Buchdruckerei. (78 S.) 8°

Breslau, Med. Fak., Ref. Küstner, Diss. v. 22. Juni 1908

[Geb. 9. Okt. 81 Rugenwalde; Wohnort: Breslau; Staatsangeh.: Preußen; Vorbildung: Domgymn. Kolberg Reife O. 01; Studium: Greifswald 2, Marburg 3, Halle 1, Königsberg 5 S.; Coll. 16. Nov. 07; Approb. 16. Juni 08.]

Kapischke, Wilhelm, prakt. Arzt aus Templin: Ueber die Komplikation der Tabes mit Hemiplegie. *Leipzig 1903: B. Georgi.* (37 S.) 8°

Leipzig, Med. Diss. v. (12. Dez.) 1903

Kapistran. Katholisches Volksblatt. Redig. von Alb. Wiesinger. Jahrg. 1867. 26 Nrn. (Bog.) Wien 867, (Mayer und Comp.) *

Kapistran. Katholisches Volksblatt. Redig. von Alb. Wiesinger. 2.—6. Jahrg. 1868—1872. à 24 Nrn. (Bog.) gr. 8. Wien, (Mayer und Comp.) à Jahrg. *

Kapistran. Katholisches Volksblatt. Redig. von Alb. Wiesinger. 7.—13. Jahrg. 1873—1879. à Jahrg. 24 Nrn. (à 1—1½ Bog.) gr. 8. Wien, Mayer und Comp. à Jahrg. *

Kapistran. Katholisches Volksblatt. Redig. von Alb. Wiesinger. 14.—18. Jahrg. 1880—1884. à Jahrg. 24 Nrn. (à Nr. 1—1½ Bog.) gr. 8. Wien, Mayer und Comp. à Jahrg. *

Kapistran. Katholisches Volksblatt. Redig. von Alb. Wiesinger. 19.—22. Jahrg. 1885—1888. à Jahrg. 24 Nrn. (à Nr. 1—1½ Bog.) gr. 8. Wien, Mayer und Comp. à Jahrg. *

Kapistran. Katholisches Volksblatt. Redig. v. Alb. Wiesinger. 23. Jahrg. 1889. 24 Nrn. (à 1—1½ Bog.) gr. 8. Wien, Mayer u. Comp. * 2 —
Nicht weiter erschienen.

Kapital s.a. Capital

Kapital, das, und die Arbeit. Von einem denkenden Menschenfreunde. gr. 16. (67 S.) Wien 870, Kirsch.

Kapital, deutsches, am Vorabend e. ernsten Krisis. Praktische Winke f. jeden Kapitalisten. Von e. Finanzmann. 8. (50 S.) Ansb. 890, Eichinger. * — 80

Kapital u. Erfindung. Fachzeitschrift f. Erfindungs-Schutz u. -Verwertg., Handel, Industrie u. Technik. Organ d. allgem. Erfinder-Verbandes E.V. (Sitz Berlin). Red.: Otto Wiesner. 1.—3. Jahrg. 1907—1909. à 12 Nrn. (à ca. 44 Sp. m. Abb.) Lex. 8. Berlin-Schöneberg, Kapital-Verlag. à Jahrg. 4. —

— — dasselbe. Hrsg.: Otto Wiesner, Rich. Thomsen. Red.: Otto Wiesner. 4. Jahrg. 1910. 24 Nrn. (à ca. 24 Sp.) Lex. 8. Ebd. 8. —

Kapital, das sichere, oder die gewinnreichsten deutschen, französ. und engl. Erfindungen im Gebiete der häusl. Oekonomie, der Künste und Gewerbe in 166 Vorschriften für Jedermann. 16. (XIII und 80 S.) Berlin 851, (Plahnsche Buchh.) —

Kapitalanlage. Anleitung zu zweckmäß. u. vorteilhafter Vermögensverwaltg. f. alle Stände. (92 S.) gr. 8. Freiburg i/B. 904. P. Waetzel. n. 1. —

Die deutschen **Kapitalanlagen** in überseeischen Ländern. Zusammengestellt im Reichs-Marine-Amte. (Reichstag, 10. Leg.-Per. I. Sess. 1898/1900, Drucksache Nr 638, Anlage D.)

Die Deutschen **Kapitalanlagen** in überseeischen Ländern. Zsgest im Reichs-Marine-Amte. *(Berlin [1900]: Reichsdr.)* (42 S.) 4° [Umschlagt. F.]
[00. 8113 3

Kapitalbestandsrechnung

Lehrer-Wittwen- u. Waisen-Unterstützungs-Verein des Kts. Luzern. 37. Kapital-, Kassa- und Bestandrechnung de 1871. 2 Stn. qu.-fol.

Kapitaldeckungs- oder Umlageverfahren. Denkschrift zu dem Entwurfe eines Gesetzes über die Alters- und Invaliditätsversicherung der Arbeiter. (Schrift. des Vereins zur Wahrung der wirtschaftl. Interessen von Handel u. Gewerbe, Nr. 20.) gr. 8°. Berlin 1889.

Kapital-, Renten-, Dienst- u. Berufseinkommen. Das Württ. Gesetz vom 19. September 1852 betr. die Steuer von — nebst den dasselbe ergänz. od. abändernden Gesetzen u. den hiezu ergang. allgem. Vollzugsverfügungen. Handausg. Im Auftr. d. K. Finanzministeriums nach d. Stande vom 1. Januar 1891 bearb. 8. (93 S.) Stuttgart 891. W. Kohlhammer. Kart. n. 1. —

Kapital-, Renten-, Dienst- und Berufs-Einkommensteuer, die, in Württemberg. Eine Zusammenstellung der Gesetze, Verfügungen rc. zur Belehrung der Steuerzahler. gr. 8. (IV, 71 S.) Stuttgart 885, Kohlhammer. *
Aus: Sammlung der württembergischen Staatssteuergesetze, besonders abgedruckt.

Kapitalfrage, die, s. Broschüren-Cyclus für das kathol. Deutschland.

Die deutschen **Kapitalinteressen** in den deutschen Schutzgebieten (ohne Kiautschou). Grösse, Stand u. Rentabilität. (Berlin 1906: Reichsdr.) (16 S.) 2° [Kopft. F.]
[07. 3305 4

Kapitalinteressen, die deutschen, in den deutschen Schutzgebieten (ohne Kiautschou). (Größe, Stand u. Rentabilität.) (16 S. m. 1 graph. Taf.) 4. Berlin 907. C. Heymann. n. 1. —

Kapitalist, der. Finanz- und Handels-Blatt für Jedermann, zugleich allgemeiner Verloosungs-Anzeiger. 1. Jahrg. 1874. 52 Nrn. (Bog.) Fol. Stuttgart, Hallberger. *

Kapitalist, der. Finanz- und Handels-Blatt für Jedermann, zugleich allgemeiner Verloosungs-Anzeiger. 2. Jahrg. 1875. 52 Nrn. (à 1—2 Bog.) Fol. Stuttgart, Hallberger. *

— dass. — Redact.: Paul Steller. 3. Jahrg. 1876. 52 Nrn. (à 1—2 Bog.) Fol. Ebendas. *

— dass. — 4. Jahrg. 1877. Jan. — Juni. 52 Nrn. (à 1—2 Bog.) Fol. Ebendas. *
Nicht weiter erschienen.

Kapitalist, der. Finanzielle Beilage zu „Lewysohn's Ziehungsliste". Jahrg. 1880—1884. à Jahrg. 52 Nrn. (Bog.) Fol. Grünberg i. Schles., Lewysohn. à Jahrg. *

Kapitalist, der. Finanzblatt für Jedermann. Redact.: Ulr. Levysohn. Jahrg. 1885—1888. à Jahrg. 52 Nrn. (à Nr. 1—2 Bog.) Fol. Berlin. Grünberg i. Schl., Levysohn. à Jahrg. *

Kapitalist, der. Finanzblatt f. Jedermann. Redact.: Ulr. Levysohn. Jahrg. 1889—1892. à Jahrg. 52 Nrn. (à Nr. 1—2 Bog. Fol. Berl. Grünberg i. Schl., Levysohn. à Jahrg. * 2 —

Kapitalist, der. Finanzblatt f. Jedermann. Red.: Ulr. Levysohn. Jahrg. 1891—1894. à 52 Nrn. (à 1—2 Bog.) Fol. Berlin. Grünberg i/Schl., W. Levysohn à Jahrg. n. 2. —

Kapitalist, der. Finanzblatt f. Jedermann. Red.: Ulr. Levysohn. Jahrg. 1895 u. 1896. à 52 Nrn. (à ca. 1 Bog.) Fol. Berlin. Grünberg i/Schl., W. Levysohn. à Jahrg. n. 2. —

— dasselbe. Jahrg. 1897. 52 Nrn. (à ca. 6 S.) Fol. Ebd. n. 2. —

— dasselbe. Jahrg. 1898. 52 Nrn. (à ca. 6 S.) Fol. Ebd. n. 2. —
Kann auch halbjährlich bezogen werden.

Kapitalist, der. Finanzblatt f. Jedermann. Red.: Herm. Friede. Jahrg. 1899—1902. à 52 Nrn. Fol. (à ca. 6 S.) Berlin. Grünberg i/Schl., W. Levysohn. à Jahrg. n. 2. —
Die Jahrgge. 1899 u. 1900 sind von U. Levysohn redigiert.

Kapitalist, der. Finanzblatt f. Jedermann. Red.: M. Marcuse. Jahrg. 1903—1906. à 52 Nrn. (à ca. 6 S.) Fol. Berlin. Grünberg i/Schl., W. Levysohn. 1903 u. 04 à 2. —; 1905 u. 06 à 4. —
Erscheint nicht mehr.

—— der Informationsblatt f. finanzielle u. commerzielle Angelegenheiten. Hrsgbr.: Jos. Thalberg. Redact.: Ferd. Petr. XV. Jahrg. 1892. Doppel Ausg. 52 Nrn. gr. 4. (à Nr. 2 Bog.) Wien. (Lpz., Literar. Anstalt, Aug. Schulze.) * 12 —; Mittwoch-Ausg. * 2 —
Die früheren Jahrgänge waren nicht im Handel.

– dasselbe. Mittwoch-Ausg. 15. Jahrg. 1892. 52 Nrn. (à 2 Bog.) gr. 4. Ebd. n. 2. —

— dasselbe. 16. Jahrg. 1893. 52 Nrn. (à 2 Bog.) gr. 4. Ebd. n. 2. —

— der kluge, oder polit.-rechtl. Unterricht, wie Gelder am sichersten zu benutzen u. anzulegen, (v. K. F. Tröltsch). 8. Nürnb. 766. 2e Aufl. 786. Geh. 10 gr

Kapitalist, d. kluge, od. prakt. Darstell. d. verschied. Arten Geschäfte u. Speculationen in Staatspapieren mit Vortheil zu machen. 8. Wien 825. (Leipz., Liebeskind.)

Kapitalist, der vorsichtige. Ein prakt. Rathgeber bei Verleihung von Geldern auf Hypotheken und Pfänder, gegen Obligationen und Wechsel; ferner bei Anlegung der Gelder in öffentl. Fonden, bei Einlösung von Staats- und öffentl. Fondspapieren bei Betheiligung an Aktienunternehmungen und bei dem Ankaufe von Losen, Industrie- und Privatpapieren aller Art rc. Bearb. nach den Mittheilungen geachteter Börse-Sensale von F. J. S(chopf). gr. 8. (430 S.) Pest 856(57,) Heckenast's Verlag. *

Kapitalisten, wahret Euch! Eine krit. Betrachtg. der Geldanlagen, insbesondere der Börsenpapiere u. Staatspapiere, Pfandbriefe, Schuldverschreibgn., sowie der Aktien u. Aktiengesellschaften, Banken u. Fabriken, ihrer Bilanzen, ihrer Generalversammlgn., ihrer Direktoren u. Aufsichtsräthe, Anleitg. zur Prüfg. der Papiere u. Winke f. eine Reform. gr. 8. (64 S.) Leipzig 901. Bernh. Meyer. n. — 50

Kapitalisten und Rentners Almanach für 1857. Mit vielen Tab. (in gr. 4. und Fol.) und Münzabbildungen (auf 6 Stnt.) gr. 8. (156 S.) Ulm 856, Adam. *

Kapitalisten- und Rentners-Almanach für 1858. 2. Jahrg. Mit vielen Tab. Münzreduktionen nach dem Wiener Münzvertrag von 1857 u. 1 (lith.) Eisenbahnkarte von Mitteleuropa (in Fol.). Ulm, Adam. gr. 8. (X, 70 S., 48 Notizbl. u. 2 Tab. in Fol.) 27 ngr

—— dass. — Für 1859. 3. Jahrg. gr. 8. (94 S. mit vielen Tab. und 1 lithogr. Eisenbahnkarte von Mitteleuropa in qu. Fol.) Ebendas.
Mit Schreib-Almanach (96 S.) geb.
Ist nicht fortgesetzt worden.

Kapitalisten-Blatt, Brünner, und finanzielle Notizen. Neue Folge der „Brünner Fortuna". Allgemeiner Verlosungs-Anzeiger. Für Besitzer von Werthpapieren ein unentbehrl. Organ. 11.—15. Jahrg. 1880—1884. à Jahrg. 24 Nrn. (Bog.) 4. Brünn, Administration. à Jahrg. **

Kapitalistenblatt, deutsches. Organ der deutschen Finanzwelt. Jahrg. 1906. 52 Nrn. (à ca. 8 S.) 4. Gera, J. M. Koch. 2. —

Kapitalistenblatt, deutsches. Organ d. deutsch. Finanzwelt. Jahrg. 1908. 52 Nrn. (à ca. 4 S.) 35×25 cm. Zwickau i. Sa., Geo. Rennekamp. (Nur direkt.) 2. —

Kapital-Rentensteuer, die, für das Königr. Bayern. Gesetz vom 19. Mai 1881. 3 Lfgn. 8. Würzburg, Stahel'sche Universitäts-Buchh. [1. Lfg. (S. 1—16.) 881. 20 Pf.; 2. Lfg. (S. 17—48.) 881. 30 Pf.; 3. Lfg. (S. 49—64.) 882. 20 Pf.]

Kapitalrentensteuergesetz für Baden nebst Vollzugsverordnung und Dienstanweisung. Sep.-Abdr. aus dem Verordnungsbl. der Großherzogl. Steuerdirektion. kl. 4. (47 S.) Karlsruhe 886, Müller'sche Hofbuchh. *

Kapitän, s.a. Capitain

Der | Kapitän der Grenzreiter oder die Jagd auf das wilde Roß der Prairie. Eine mexikanische Kriegs- und Indianergeschichte. | Druck und Verlag von Rob Bardtenschlager in Reutlingen. (= No. 372).
o. J., 64 S., 166 × 108, kol U-Fig *Isolina entriß dem Indianer, welcher das Pferd hielt, die Zügel*, 108 × 91.
LBS d. D. oct K 3490.

Kapitän Wilson. 7. Aufl. gr. 16. (28 S.) Barmen 870, (Klein.) *

Kapitel, s.a. Capitel

Kapitel, e., vom kecken Burschengeist v. Verf. v. Duell u. Verruf (Walth. Bensemann). I. u. II., unveränd. Aufl. gr. 8. (13 S.) Berlin 896. H. Walther. n. — 50

— drei, üb. die histor. Bemerkk. des Emser Resultats. 8. Augsb. 787. Rieger. 3 gr

Drei Kapitel über Haushälterinnen bei katholischen Geistlichen. Eine ganz originelle u. wichtige Schrift für Aeltern u. Töchter, geschrieben im Zirkel erfahrner Freunde. Nürnberg u. Altdorf. Verlag von Monath u. Kußler. 1827. 8⁰. (1 fl. 50 xr. Eisenstein & Co., Wien, 1888.)

Kapitel, d. erste, des Evangelisten Johannes, erbaulich ausgelegt, als Probe eines bibl. Erbauungsbuches, nebst Ankündigung desselben. gr. 8. Berl. 825. Reimer. 4 gr

Kapitel, ein, für Hausfrauen. Ein Beitrag zur Linderung der socialen Noth von Charitas. 16. (35 S.) Donauwörth 881, [Buchh. des kathol. Erziehungs-Vereins.] Auer. *

Kapitel aus e. bewegten Leben 1855—1864. Von ... btw ... 8. (III, 238 S.) Leipzig 894 S. Hirzel. n. 3. 60

— sieben, von Klosterleuten, (v. J. B. Eybel). gr. 8. Wien 782. (Heubner). 8 gr

KAPITEL, Sieben, von Klosterleuten. „Der Satan selbst verstellet sich in einen Engel des Lichts." II. Cor XI. 15. Mit Dispensation der k. k. Büchercensurkommission wegen Beysetzung des Namens. Wien, 1782 bey Kurzböck. 8°. 115 S. (2 Mk. Friedr. Klüber, 1905, 5 Mk. E. Frensdorff, 1908.) Magaz. d. Buch- u. Kunst-Handels Jahrg 1782 Lpz. Gr. 8° S. 525.

— üb. Spielen, Lachen u. Singen. 8. Linz 800. Haßlinger. 3 gr

Kapitel, zwei, aus e. Manuscripte üb. deutsche Angelegenheiten. I. Ueber d. Beruf u. d. vornehmste Aufgabe deutscher Publicisten. II. Ueber d. deutschen Adel u. seine Reform in geschichtl., staatsrechtl., national-ökonom. u. polit. Bezieh., mit besond. Hinweis. auf d. neuesten Erscheinn. in Preußen. gr. 8. (7 B.) Leipzig 841. [Hamburg, Engel.] *

Kapitel, zwei, aus einem Manuscripte über deutsche Angelegenheiten. I. Ueber den Beruf u. die vornehmste Aufgabe deutscher Publicisten. II. Ueber den deutschen Adel u. seine Reform in geschichtl., staatsrechtl., nationalökonom. u. polit. Beziehung, mit besond. Hinweisung auf die neuesten Erscheinungen in Preußen. gr. 8. Leipzig 841, Meißner. n. 2/3 ß

Kapitel, d. zweyte,. Sgsp. in 1 Aufz. v. Treitschke. 8. Wien, Wallishäußer. 803.

Kapitel- u. Titel-Einteilung d. Haupt-Etats d Milit-Verwaltung München 1882—1894

Kapitel-Wegweiser zum alten und neuen Testament, enthaltend die fortlaufende Inhaltsangabe sämmtlicher Kapitel der heil. Schrift, mit je eingefügter Disposition der bibl. Bücher, Hinweisung auf die würtemberg. Perikopen beider Jahrgänge, die parallelen Lieder des Gesangbuchs ꝛc. Zum Gebrauch der Geistlichen, Lehrer und aller Bibelfreunde überhaupt. Von Dr. S. S. (160 S.) Stuttgart 854, Belser'sche Buchh.

Kapitol, s.a. Capitol.

Kapitol, das, und sein neuer Herr, oder der gottlose Weltspektakel. Von einem prakt. Rechtsfreunde, den jüd., protestant. und kathol. Hausherrn und nicht ganz blöden Kapitalisten zur Beherzigung vorgelegt. 8. (VIII, 83 S.) Wien 870, Sartori.

Braun, Die Kapitole. Einladungsprogramm z. der am Geburtstage Winckelmann's stattfind. Generalversammlung des Vereins von Alterthumsfreunden im Rheinlande. Bonn (Carl Georgi) 1849. 32 S. (4.50) 3809

Kapitole, die. Einladungs-Programm zu der, am Geburtstage Winckelmann's, stattfindenden Generalversammlung des Vereins von Alterthumsfreunden im Rheinlande. (Von J. W. J. Braun.) gr. 4. (IV und 32 S.) Bonn 849, (Marcus.) *

Der Kapitulant. Stenogr. Zeitschrift f. d. deutsche Heer. (Einigungssystem Stolze-Schrey.) Schriftleiter A[rtur] v. Wittken. Jg. 1. Berlin: O. Badtke in Komm. 1899. 8° [F. u. Ant. Text stenogr.]

Kapitulant, der. Stenographische Zeitschrift f. das deutsche Heer. (Einigungssystem Stolze-Schrey.) Begründet vom Stenographenverbande Stolze-Schrey. Hrsg. unter Mitwirkg. v. Amsel. Red.: A. v. Wittken. Leiter: A. Wagner. 5. Jahrg. 1903. 12 Nrn. (à 8 u. 8 S.) 8. Berlin (Gerdes & Hödel). n. 1. 50; m. dem Stenographen-Verein n. 2. 50

— dasselbe. Red.: A. v. Wittken. Leiter: Alfr. Schmidt. 6.—8. Jahrg. 1904—1906. à 12 Nrn. (à 8 u. 8 autogr. S.) 8. Ebd. à Jhrg. n. 2. —; m. dem Stenographen-Verein n. 3. 40

Kapitulant, der. Stenograph. Zeitschrift f. d. deutsche Heer. Organ des „Militär-Stenographenverbandes" (Einigungssystem Stolze-Schrey.) Begründet v. Stenographenverbande Stolze-Schrey. Red.: A. v. Wittken Leiter: Wilh. Reh, unter Mitarbeit v. Glieb. Strössner 12. Jahrg. 1910. 12 Nrn. (IV, 96 S.) 8. Berlin. (Buchh d. Stenographen-Verbandes Stolze-Schrey.) 1.50; m d. stenograph. Beilage „Der Stenographen-Verein" 2.50

Kapitulation, s.a. Capitulation

Kapitulation, röm. königl., Ferdinands I. v. 7. Jan. 1531. m. Anm. v Arndt. 4. Leipz. Bohme. 781.

Kapitulation, Röm. Königl., Ferdinand's I. v. 7. Jan. 1531 Mit e. Beilage u. Anmerkk. von Arndt. 4. Leipz. 781. (Snobloch). 6 gr

Kapitulationen u. Handelsverträge, die, der Türkei. Sep.-Ausg. des österreich. wirtschafts-polit. Archivs. Hrsg. v. k. k. Handelsministerium. (III u. S. 265—559.) Lex. 8. Wien 909. Manz. 3. 40

Kapitulations-Puncta, welche an Se. Chur-Fürstl. Durchl. in Bayrn ꝛc. wegen Ubergab der Stadt Augspurg von der Kayserl. Generalität begehrt, vnd von Jhro (Chur-Fürstl. Durchl am 14 December 1703) gnädigist verwilligt worden. Göggingen 1703. 6 S

Kapitulations-Puncten von St Venant, welche von Monſ. le Chevalier Deſelue, Brigadier der Königl Armèen und Gouverneur des Orths vorgeschlagen, u. was darauf von denen Hohen Allürten resolvirt worden Geschehen im Lager zu St Fleury den 30. September 1710 o O. 1710. 7 S

Kapitza, Johs., Alkoholismus u. soziale Frage, s.a. Volksaufklärung.

Kapitza, Johannes: Alkoholismus und soziale Frage. Von Johannes Kapitza, Pfarrer. Rede, geh. auf d. 50. Katholiken-Versamml. Trier· Kath. Mäßigkeitsbund 1909 16 S. 8° [Umschlagt.]

Gewissensfrage über das Trinken. Ein Beitrag zur Volksaufklärung, verfasst in Auftrage des Oberschlesischen Bezirks-Vereins gegen Missbrauch geistiger Getränke von Pfarrer KAPITZA in Tichau, O.-S. 2. Auflage. Beuthen, O.-S. (1903. Im Verlage des Oberschlesischen Bezirks-Vereins g. M. g. G. kl. 8°.

— Die Seelsorge u. d. Mäßigkeitsbeweg., s.a. Seelsorger-Praxis. XX

Kapitza, Johannes: Die Seelsorge und die Mäßigkeitsbewegung von Pfarrer Johannes Kapitza. Paderborn: Schöningh 1909. XVI, 88 S. 8° (Seelsorger-Praxis. 20.)

Kapka, W. v., unter d. Geißel. Novellen. (63 S.) 8. Leipzig-Gohlis 909. B. Volger. 1. —

Kaplan, s.a. C a p l a n

Kaplan, ein galanter, des 19. Jahrhunderts. Wahre Episoden aus der Gegenwart. Von ***. 6. Aufl. 8. (48 S.) Erfurt 885, Köhler.

KAPLAN, Ein galanter, des 19. Jahrhunderts. Wahre hochintereſſante Episoden aus der Gegenwart. Erfurt, Severin Köhler (ca. 1890). 8°.
[E. III, 513.]
Verb. d. Ldg. Leipzig A. III 63/92.

KAPLAN, Ein galanter, des 19. Jahrhunderts. Erfurt, o. J. (c. 1900). (90 Pfg. Taussig, 1906.)

„Kaplan", der „rote". Zum Andenken an Heinrich V. Sauerland. Eine Auswahl seiner im „Freien Wort" pseudonym erschienenen Arbeiten. Hrsg. u. eingeleitet v. Max Henning. (64 S. m. 1 Bildnis.) gr. 8. Frankfurt a/M. 910. Neuer Frankfurter Verlag. — 80

Kaplan, die Nervenschwäche infolge v. sexuellen Exzessen u. sonstigen Ausschreitungen, auf Grund langjähr. spezialärztl. Erfahrgn. dargestellt, u. ihre rationelle Behandlg. (214 S.) 8. Genf (910). (Verlag Silvana.) 1.50

(F) **Kaplan,** F. S., Volksliederchöre für Männerstimmen. 1. Bd. 8°. (160 S.) geb. K 3.80
Wien Manz'sche K. u. K. Hof-Verlags- u. Univ Buchh. 1907

Kaplan, F. S., Volkschorlieder für Männerstimmen. 2 Aufl. 1 Bd. 8° (80 S.) Wien. Manz 1910. geb. K 80

(F) **Kaplan,** F. S., Volkschorlieder für Männerstimmen. 2. Aufl. 2. Bd. 8°. (96 S.) Wien: Manz 1910. geb. K –

Kaplan, F. S., Volkschorlieder für Männerstimmen. 2 Aufl. 3. Bd. 8° (112 S.) Wien. Manz 1910. geb K 1.–

(F) **Kaplan,** F. S., Volkschorlieder für Männerstimmen. 2. Aufl. 4. Bd. 8°. (160 S.) Wien· Manz 1910. geb K 1 20

Kaplan, Felix, Referendar am Kgl. Oberlandesgericht zu Königsberg i. Pr Die ursprüngliche teilweise **Unmöglichkeit der** versprochenen Leistung, insbesondere die teilweise Nichtexistenz des geschuldeten Gegenstandes nach dem Gemeinen Recht und dem Recht des Bürgerlichen Gesetzbuches. *Berlin 1903: G. Schade.* (XII, 111 S.) 8°
Rostock, Jur Diss. v [8. Juni] 1903

Kaplan, Fel., die teilweise Unmöglichkeit der Leistung nach dem Recht des bürgerlichen Gesetzbuchs. Diss. (VI, 40 S.) gr. 8. Berlin (904). Struppe & Winckler. n. 1. —

Kaplan, Heinr (geb. Oborník in Posen 6. 5. 1860) Experimenteller Beitrag zur electrischen Erregbarkeit d. Glottismusculatur nebst Bemerkungen über Lähmung der letztern. Berlin (1884). (27 S.) 8°
Berlin, Med. Diss. v. 31 Juli 1884

Kaplan, Hermann

Kaplan, H., Katechismus des Schreibunterrichts, s.a. **Funk, Geo.**

Kaplan, H., Katechismus des Schreibunterrichts s.a. W e b e r's, J. J., illustrirte Katechismen.

Kaplan, Herm., Katechismus des Schreibunterrichts. 2., neu bearb. Aufl. Mit 147 in den Text gedr. (Holzschn.-) Fig. 8. (VIII, 131 S.) Leipzig 877. Weber. n. 1. —

Kaplan, Horaz, s.: Goethe's, Joh. Wolfg. v., Faust.

Kaplan, Lazarus, aus Lachwa, Gouv. Minsk ⟨Rußl.⟩: **Bemerkungen** zur normalen und topographischen Anatomie der Thymus mit besonderer Berücksichtigung der plötzlichen Todesfälle bei Thymushypertrophie. *Berlin (1903): G. Schade.* (30 S.) 8°
Berlin, Med. Diss. v. 2. Apr. 1903

K a p l a n, Lia. Die Drüsen des Stimmbandes und ihre Ausführungsgänge. Diss. Med. Bern. 14 S. 8. Bern, W. Wälchli, 1905.

Kaplan, Morduch Leiser, aus Plungjani, Russl.: **Beiträge zur** Kenntnis der aliphatischen Ketoxime. *Königsberg i. Pr. 1902: H. Jaeger.* (45 S.) 8°
Königsberg, Phil. Diss. v 29. Jan. 1902

Kaplan, Paul S. [aus New-York]: Hermaphroditismus und Hypospadie ... Berlin, C. Vogts Buchdr., *1895;* 70 S., 1 Bl. 8.
Berlin, Med. Fak., Inaug.-Diss. v. 15. Aug. 1895

Kaplan, Salomon, aus Pogorjelzy, Gouv. Minsk (Russland): Ein F a l l von Ileus durch das Meckel'sche Divertikel. Basel 1906. 46 S. 8°.
Basel. Med. Diss. 1905/1906.

Kaplan, Viktor: Bau rationeller Francisturbinen-Laufräder und deren Schaufelformen für Schnell-, Normal- und Langsam-Läufer – 1908. S. 102 – 272, 1 Taf
Diss. Wien, TH

Kaplan, Vikt., Bau rationeller Francisturbinen-Laufräder u. deren Schaufelformen f. Schnell-, Normal- u. Langsam-Läufer. (VIII, 346 S. m. 91 Abb. u. 7 Taf.) gr. 8. München 908. R. Oldenbourg. Geb. in Leinw. 9.—

Kaplansky, Malka, aus Polangen (Russland): Aus dem Kinderspital Zürich. Ein F a l l von angeborener schräger Gesichtsspalte. [Mit einer Tafel.] Zürich 1906. 32 S. 8°. [24. VIII. 06.]
Zürich. Med Diss. 1905/1906.

Kapler, Hermann [Kammergerichts-Ref., aus Oels]. Begriff und Wesen der conditio iuris. Berlin, Berliner Buchdr.-Aktien-Ges., Setzerinnenschule d. Lette-Vereins (1889). 2 Bl. + 59 + 1 S. + 2 Bl. 8°
Berlin, Jur. Fak., Inaug.-Diss. v. 2. Apr 1889

Kapler, Lor., s. 1) Magazin für kathol. Religionslehrer. 2) Sendschreiben üb. d. Tabakrauchen.

Kapler, L., kurze Volkspredigt. z. Beförderung einer reinen Glaubens- u. Sittenlehre ıc. 6 Bdch. 8. Landsh. Thomann. 806. 807.

– dasselbe, s.a. V o l k s p r e d i g t e n ..

Käpler

– s. auch K ä p p l e r.

Käpler, Melchior Christian

— das Allernothwendigste bei d. nothwendigen Jägergeschäften. 8. Meinung. 775. (Hanisch in Hildburgh.) 3 gl

Käpler, Melch. Chr., († d. 2. Febr. 1793.) gründl. Anleit. zur Kenntniß u. Verbesserung d. Forstwesens. 8. Eisenach 764. 2e verm. Aufl. 776. (Bärecke; a. W. Nauck in Leipz.) 12 gl

Käpler M. C.: Gründliche Anleitung zu mehrerer Erkenntniss u. Verbesserung d. Forstwesens ... 2. verm. u. verb. Aufl. Eisenach 1776. (12) 382 S.

Käpler, Melch. Chr., Anleit. z. Kenntn. d. Forstwesens. 8. Eisenach, Wittekind (Sommer in Lpz.) 776.

KÄPLER, Melchior Christian: Überzeugender Beweiss bey welcher Abholzungszeit die Laub-Holz-Stöcke am besten wieder ausschlagen, nebst einer Erläuterung, ob im Winter die Wachstumssäfte in Laubhölzern geliefern und im Sommer darinnen circuliren, zur Beförderung des gemeinen Besten herausgegeben. - Eisenach 1771. 40 S.

Käpler, Melch. Chr., überzeugender Beweis, bei welcher Abholzungszeit d. Laubholzstöcke am besten wieder ausschlagen. 8. Eisenach, 1771. (Bärecke.) — 2½

— Erläuterung einiger Sätze üb. die Beckmann'schen Schriften v. der Holzsaat. 8. Eisen. 779. (Bärecke). 2 gr. Mit n. Tit. 8. Leipz. 798. Hinrichs. 3 gr.

KÄPLER, Melchior Christian: Erläuterungen einiger Säze über die Beckmannischen Schriften von der Holzsaat. - Eisenach 1799. 24 S.

KÄPLER, Melchior Christian: Zum gemeinen Besten abzielendes Gutachten, wie bey dem An-, Fort- und Ausgang eines Kiefern-Waldes zu verfahren und zwar 1) auf was Weise solcher anzupflanzen, 2) wie mit demselben umzugehen, wann er vom Anfang an vernachläßigt worden, 3) was in zwanzig Jahren damit vorzunehmen, wann derselbe so erwachsen, wie er seyn soll, 4) wie groß der Nutzen auf einem vollwüchsigen Acker, sowohl im guten als schlechten Boden, praeter propter, in 100 Jahren werden kann. - Eisenach 1772. 24 S.

— Gutachten, wie bei dem An-, Fort- u. Ausgang eines Kiefernwaldes zu verfahren rc. 8. Eisenach 777. (Bärecke). 2 gr.

KÄPLER, Melchior Christian: Das ganz unumstößliche Naturzeugniss der besten Abholzungszeit beweiset hierinnen gegen alle gemachten Einwendungen Melchior Christian Käpler, Oberförster zu Ostheim. - Meiningen 1775. 32 S.

Käpler, Wlh. Hnr., Anbau u. Benutzung eines Kiefernwaldes. 8. Leipz. 798. Hinrichs. 3 gr.

— kleiner Forstkatechismus. 8. Eisenach 785. 2e Aufl. 789. (Bärecke). 6 gr.

Käpler, W. H., kleiner Forstkatechismus. 8. Eisenach, Wittekind. 789.

KÄPLER, Wilhelm Heinrich: Holzcultur durch Erfahrung erprobt nach Auswahl der vorzüglichsten Nutzhölzer nebst Anhang einer kleinen Denkschrift über den Safthieb der Laubhölzer für alle Forstmänner und Waldbesitzer. - Leipzig 1803. VIII, 103 S.

KÄPLER, Wilhelm Heinrich: Die Holzcultur durch Erfahrung erprobt, oder die Vortheile des Schlagholzbetriebs verglichen mit dem Hochwaldbetrieb als Resultat vieljähriger Erfahrungen bey dem Ostheimer und Melperser Revier. - Leipzig 1805. 86 S.

KÄPLER, Wilhelm Heinrich: Kleiner Katechismus für junge Anfänger im Forstwesen. - Eisenach 1785. 88 S. - 2. Aufl. u. d. T.: Vermehrt und verbesserter Forstkatechismus für junge Anfänger im Forstwesen. ebd. 1789. 172 S.

— der Safthieb nach seinen Wirkungen betrachtet. 8. Meining. 804. (Er. Fleischer; a. Taubert in Leipz.) 6 gr.

— d. Safthieb nach seinen Wirkungen betr. 8. Meinungen. (Hanisch, Hildburgh.) 804.

Käpler, Wlh. Hnr., († vor 1806.) die nöthigsten Vorkenntnisse d. Forst- u. Jagdwissenschaften, f. angehende Forstschüler rc. Mit 2 Forstkarten u. 1 ill. Kpf. 8. Leipz. 803. Barth. 1 ₰ 12 gr.

Kaplick, „Vis". Der Schlüssel zu den Mysterien geheimnisvoller Naturkräfte. (110 S. m. Abbildgn.) 8. Berlin (905). Dr. Kaplick. n. 2. —

'Vis'. Der Schlüssel zu d. Mysterien geheimnisvoller Naturkräfte von Dr. phil. (O[tto]) **Kaplick**. Berlin: Selbstverl. 1905. (110 S.) 8° [F.] [illegible]

Kaplinski, [illegible] Joseph [illegible]: De digitali purpurea. Berolini (1820) (34 S.) 8°
Berlin, Med. Diss. v. 21. Apr. 1820

Graf Kaspar Zdenko **Kaplir**, Freiherr v. Sulewitz, Vorsitzender der provisorischen Regierung in Wien zur Zeit der Belagerung der Stadt durch die Türken im Jahre 1683. Dem 200jährigen Andenken gewidmet. Aus dem Böhmischen übersetzt von Joseph Boltek, Hauptm. des k. k. Feld-Artillerie-Reg. Freiherr v. Tiller Nr. 10. im Stande des k. k. Kriegs Archives. Manuscript. Fol. Wien 1884.

Kaplo, Rich. Ernst u. Satire. 16. (83 S.) Prag 892, (Höfer u. Klouček). * 1 20

Kaplunoff, *Pirchas* [cand. med.]: Ein Beitrag zur Kenntnis der tibetischen Medicin ... München, kgl. Hof-Buchdr. Kastner & Lossen, 1897; 27 S. 8.
München, Med. Fak., Inaug.-Diss. v. 1897

Kapolke, R., alphabetisches Haupt-Sach-Register zum Amtsblatte der königl. Regierung zu Breslau. Umfassend sämmtl. Jahrgänge bis 1866 incl. gr. 4. (134 S.) Jauer 867, Plahn'sche Buchh. *

— alphabetisches Haupt-Sach-Register zum Amtsblatte der königl. Regierung zu Oppeln, umfassend sämmtl. Jahrgänge bis 1866 incl. 4. (83 S.) Jauer 867, Plahn'sche Buchh. *

Kaposi, Béla, der alte Narr, s.: Bibliothek der fremden Zungen.

— Novellen, s.: Stockton, Frank R., der Seeteufel.

Kaposi, Hermann

Kaposi, H., u. G. Port, Chirurgie der Mundhöhle. Leitfaden f. Mediziner u. Studierende der Zahnheilkunde. (VIII, 238 S. m. 111 Abbildgn.) Lex.-8. Wiesbaden 906. J. F. Bergmann. n. 6. —

Kaposi, Herm., Chirurgie der Notfälle. Darstellg. der dring. chirurg. Eingriffe. gr. 8. (XII, 236 S.) Wiesbaden 903. J. F. Bergmann. Geb. in Leinw. n. 5. 30

Kaposi, Hermann, Dr., Assistenzarzt der chirurgischen Universitätsklinik: Hat die Gelatine einen Einfluß auf die Blutgerinnung? Kritische und experimentelle Untersuchungen. Jena: G. Fischer 1904. (28 S.) 8° ¶(Aus: Mitteilungen aus den Grenzgebieten der Medizin und Chirurgie, Bd 13, H. 3.]
Heidelberg, Med. Fak., Hab.-Schrift v. 1904

Kaposi, M., die schweren asiatischen Hühner-Racen Cochin, Brahma u. Langshan, s.a. Bibliothek f. Naturfreunde.

Kaposi, Prof. Dr. M., Die schweren asiatischen Hühner-Racen, Cochin, Brahma und Langshan. (Bibliothek der Naturfreunde Nr. 6.) 8°. (32 S.) Wien, Frank. fl. —.40. 1887.

—— die Rothbugamazone, s. Bibliothek für Naturfreunde.

Kaposi, Moritz

Kaposi, M., s.: Archiv f. Dermatologie u. Syphilis.

Kaposi, Mor. Über die Behandlung v. Lupus, Lepra u. anderen Hautkrankheiten mittels Koch'scher Lymphe [„Tuberculin"]. gr. 8. (123 S. m. 2 lithogr. Taf. u. 1 Tab.) Wien 891, Hölder. * 4 —

— Handatlas d. Hautkrankheiten f. Studirende u. Ärzte. I. Abth. 2 Hlftn. gr. 8. (114 Farbdr. m. 114 Bl. Erklärgn.) Wien 898. W. Braumüller. à n. 8 —; geb. in 1 Halbfrzbd. n. 20. —

Kaposi, Mor., Handatlas der Hautkrankheiten f. Studirende u. Ärzte. II. u. III. Abth. gr. 8. Wien, W. Braumüller. n. 42. —; geb. in Halbfrz. n. 50. —; (kplt., erhöht. Pr. n. 68. —; geb. n. 80. —)
II. I—M. (Ichthyosis — Myomata cutis.) (126 farb. Taf. m. 126 Bl. Erklärgn.) 899. n. 20. —; geb. n. 24. —
III. N—Z. Naevus—Xeroderma pigmentosum. (136 farb. Taf. m. 136 Bl. Erklärgn. u. XIII S. Text.) 900. n. 22. —; geb. n. 26. —

Kaposi, Mor., über Hautgeschwüre, s.: Klinik, Wiener, 1876.

Kaposi, Mor., Lehrbuch der Hautkrankheiten, s. Handbuch der speciellen Pathologie und Therapie.

Kaposi, Mor., Pathologie und Therapie der Hautkrankheiten in Vorlesungen für praktische Aerzte und Studirende. 1. Hälfte. gr. 8. (III, 400 S. mit zahlreichen eingedr. Holzschn. und 1 Farbendr.-Taf.) Wien 879, Urban und Schwarzenberg. *

— Pathologie u. Therapie der Hautkrankheiten in Vorlesungen für praktische Aerzte u. Studirende. Mit zahlreichen (eingedr.) Holzschn. u. einer Farbendr.-Taf. gr. 8. (XII, 810 S.) Wien 880. Urban & Schwarzenberg. n. 18. —

Kaposi, Mor., Pathologie u. Therapie der Hautkrankheiten in Vorlesungen f. prakt. Aerzte u. Studirende. 2. Aufl. Mit zahlreichen (eingedr.) Holzschn gr. 8. (XII, 847 S.) Wien 883. 86. Urban & Schwarzenberg. n. 18. —; geb. n. 20. —

Kaposi, Mor., Pathologie und Therapie der Hautkrankheiten in Vorlesungen für praktische Aerzte und Studirende. 3. umgearb. und verm. Aufl. 2 Hälften. gr. 8. Wien, Urban und Schwarzenberg. [1. Hälfte. (S. 1—448.) 886. *ℳ 9.—; 2. Hälfte. (S. 449—1003 mit 1 Farbentaf. und 82 theilweise farb. Holzschn.) 887. *ℳ 11.—.] * geb. *

Kaposi, Dr. Moriz, Pathologie und Therapie der Hautkrankheiten in Vorlesungen für praktische Aerzte und Studirende 4. umgearbeitete und vermehrte Auflage. Mit zahlreichen, theilweise farbigen Holzschnitten. I. Hälfte. Gr.-8. (S. 1--464) 6.
Wien: Urban & Schwarzenberg 1892.

Kaposi, Dr. Moritz, Pathologie und Therapie der Hautkrankheiten in Vorlesungen für praktische Aerzte und Studirende. 4. umgearbeitete und vermehrte Auflage. Mit zahlreichen, theilweise farbigen Holzschnitten. II. Hälfte. (Schluss.) Gr.-8. (S. 465—1044 und Register XII S.) 6.—
Wien: Hölder 1893.

Kaposi, Moriz: Pathologie und Therapie der Hautkrankheiten in Vorlesgn. f. pr. Ärzte u. Studierende von Moriz Kaposi, o. ö. Prof. ... an d. Wiener Univ. 5., umgearb. u. verm. Aufl. M. zahlr., theilw. farb. Holzschn. u. 2 Farbendrucktaf. Hälfte 1. Berlin & Wien: Urban & Schwarzenberg 1899. 4⁰(8⁰)

—— Pathologie und Therapie der Syphilis, s.a. Chirurgie, deutsche.

Kaposi, Moriz: Pathologie und Therapie der Syphilis. Mit 11 in d. Text gedr. Holzschn. u. 2 Taf. in Farbendr. Stuttgart 1891. X, 496 S.
(Deutsche Chirurgie. Lfg 11.)

— über den gegenwärtigen Stand der Lehre v. de[r] aetiologischen Beziehung kleinster Organismen [Mi]crococcus] zu den Infectionskrankheiten. Vortrag geh. im „aerztl. Verein" in Wien am 22. April 187[4] [Aus: „Vierteljahresschrift f. Dermatologie u. Syphilis."] gr. 8. (33 S.) Wien 874. Braumüller. n. 1. -

—— die Syphilis der Haut und der angrenzenden Schleimhäute. Mit Taf. in Chromolithogr., ausgeführt von Carl Heitzmann. 8 Lfgn. gr. 4. Ebendas. [1. Lfg. (IV, S. 1—72, mit 20 Taf. und 4 eingedr. Holzschn.) 1873. *ℳ 36.; 2. Lfg. (S. 73—116 mit 27 chromolithogr. Taf. und 6 eingedr. Holzschn.) 1874. *ℳ 48.; 3. Lfg. (S. 117—202 mit 29 chromolithogr. Taf. und 8 eingedr. Holzschn.) 875. *ℳ 52.] cart. * 1

Kaposi, Dr. M., Die Syphilis der Haut und der angrenzenden Schleimhäute. Mit 142 Figuren in 76 Tafeln v. Dr. Carl Heitzmann. Neue verbesserte Ausg. 4. Lief. II—V. (S. 17—88) geh. à 3 fl. Wien: W. Braumüller 1881

Kaposi, Dr. M., Die Syphilis der Haut und der angrenzenden Schleimhäute. Mit 142 Figuren in 76 Tafeln v. Dr. Carl Heitzmann. Neue verbesserte Ausg. 4. Lief. VI—VII. (S. 89—113) geh. à 3 fl. Wien. Wilhelm Braumüller 1881

Kaposi, Dr. M., Die Syphilis der Haut und der angrenzenden Schleimhäute. Mit 142 Figuren in 76 Tafeln v. Dr. Carl Heitzmann. Neue verbesserte Ausg 4. Lief. VIII—IX. (S. 114—148) geh. à 3 fl. Wien: Wilhelm Braumüller 1881

Kaposi, Dr. M., Die Syphilis der Haut und der angrenzenden Schleimhäute. Mit 142 Figuren in 76 Tafeln v. Dr. Carl Heitzmann. Neue verbesserte Ausgabe. 4. Lief. X/XI. (S. 149—172) geh. à 3 fl. Wien Wilhelm Braumüller 1881

Kaposi, Dr. M., Die Syphilis der Haut und der angrenzenden Schleimhäute. Mit 142 Figuren in 76 Tafeln v. Dr. Carl Heitzmann. Neue verbesserte Ausgabe. 4. Lief. XII. (S. 173—198) geh. 3 fl. Wien: Wilh. Braumüller 1881.

Kapotrock, Der, eine Geschichte aus dem Schwedischen. Wien 1782. Ü: *Keppler, Jos. Frdr. von.* (Ky)

Kapotrok, der, od. die Entdeckung; eine Gesch. aus einer schwed. Handschrift, von Keppler. 8. Wien, Gerold. (Barth in Leipz.) 782.

Kapotjany, C. A., s. J. Chr. Justinus, hinterlass. Schriften üb. Pferdezucht.

Kapp, der Boshafte. Lstspl. 8. Bautzen 766. Deinzer. 4 𝒦

Kapp, Dr. Christian, u. seine literar. Leistungen. Ein Beitr. z. Literargesch. d. 19. Jahrh. gr. 8. (5 B.) Mannheim 839, Bensheimer.

Kapp, Friedr., Gedächtnissrede auf ihn, s.: Bunsen, G. v.

Kapp, Friedr., Gedächtnissrede auf ihn, von G. v. Bunsen, s. Zeitfragen, volkswirthschaftliche.

Kapp, Adf., u. Herm. Müller, Lehrgänge f. Knabenarbeitsschulen. Papparbeiten v. K. Holzarbeiten v. M. (117 S. m. Abb.) gr. 8. Basel 911. Helbing & Lichtenhahn. Geb. in Halbleinw. 2. 60

Kapp, Alexander

Kapp, A. Einleitung der Gymnasial-Pädagogik. 18 S. . . . . . .
Progr. Soest 1841

—— Platon's Erziehungslehre, als Pädagogik f. d. Einzelnen u. als Staatspädagogik. Oder dess. prakt. Philosophie. A. d. Quellen dargest. gr. 8. (31 B.) Minden 833, Eßmann.

Kapp. Zur Förderung des deutschen Unterrichts auf der oberen Bildungsstufe der Gymnasien. Oder: Das Gymnasium in seiner concentrirten Bedeutung im deutschen Unterricht. 10 S.
Soest, Progr. 1852

Kapp, Alex., Fragmente aus einer neuen Bearbeitung der Gymnasial-Pädagogik, mitgetheilt zur wissenschaftl. Verständigung bei der bevorsteh. Reorganisation des gesammten und insbesond. des Gymnasial-Schulwesens. gr. 8. (VIII und 120 S.) Arnsberg 848, Ritter.

—— die Gymnasialpädagogik im Grundrisse. gr. 8. (13½ B.) Arnsberg 841, Ritter.

Kapp, A. De historia educationis et per nostram aetatem culta et in posterum colenda. 48 S. . . . .
Progr. Soest 1834

Kapp, Alex., Commentat. de historia educationis et per nostram aetatem culta et in posterum colenda. 4 maj. (6¼ B.) Hammonae 834, Schulz.

Kapp, (Al.,) Comment. histor. paedag. de Platonis legibus, quas in reipublicae libris de educatione tulit. 8 maj. Erlangae 821. (Heyder.)

Kapp: De Platonis re gymnastica. Minden 1828. 28 S. Minden, Gymn. P 1828.

—— Commentat. histor.-paedagog. de Platonis re gymnastica. 4. (3½ B.) Hammonae 828, (Schulz.)

Kapp, Alex. Rede gehalten bei der Feier des 25jährigen Director-Jubiläums des Herrn Dr. W. F. P. Patze den 8. Juni 1846. 8 S.
Soest, Progr. 1847

Kapp, Alex., Rede zur Feier des Geburtstages Sr. Maj. d. Königs Friedrich Wilhelm IV. am 15. October 1842 im Gymnasium zu Soest gehalten. gr. 8. (2 B.) Arnsberg 842, Ritter.

—— zwei Reden bei verschied. Veranlassungen in der Schule gehalten, s. Programm des Archigymnasium zu Soest.

Kapp, Alex., Aristoteles' Staatspädagogik, als Erziehungslehre f. d. Staat u. die Einzelnen. Aus d. Quellen dargest. gr. 8. (23½ B.) Hamm 837, Schulzische Buchh.

— s. Sylvae Cratyli.

— der deutsche Unterricht in den oberen Classen der Gymnasien. 1. Thl. A. u. d. T.: Anleitung zur deutschen Redekunst in den obern Classen der Gymnasien. gr. 8. (XVI u. 152 S.) Berlin 848. (Ernst & Korn.) n. ½ ℛ

—— der deutsche Unterricht in den oberen Classen der Gymnasien. 1. Thl. A. u. d. T.: Anleitung zur deutschen Redekunst in den oberen Classen der Gymnasien. gr. 8. (XVI und 152 S.) Berlin 848, Reimarus. *

Kapp, August Wilhelm

Kapp, Aug. Wilh. Ableitung der Rechnungsregeln für die arithmetischen Grundformen. 32 S. **Progr.** *Bartenstein* 1882.

Kapp, A(ugust) W(ilhelm), aus Bartenstein: Ueber vollständige Gefrierpunktskurven binärer Metalllegierungen, mit einer Einleitung: Studien über das Luftthermometer. *Königsberg i. Pr. 1901: H. Jaeger.* (66 S.) 8°
Königsberg, Phil. Diss. v. 24. Jan. 1901

Kapp, Christian

— d. concrete Allgemeine d. Weltgeschichte. gr. 8. Erlangen 826, Palm.

Kapp, Chrstn., Athene, eine Zeitschrift, s. Athene.

—— philosophische u. historische Aufsätze, s. Aufsätze.

Kapp, Christian (Hrsg.), s. Aufsätze, vermischte, aus philosophischen u. historischen Gebieten.

(Ch. **Kapp**:) Christus u. d. Weltgeschichte, od. Sokrates u. d. Wissensch.; Bruchstücke e. Theodicee d. Wirklichk., od. Stimme e. Predigers in d. Wüste. *Heidelb.*, Mohr. 823. gr 8° 1 ℛ 16 gl

Ch. **Kapp**'s Einleit. in d. Philos. als 1r Th. einer Encyklop. ders.; z. Handschr. f. se. Zuhörer. A. u. d. T.: Encyklop. d. Philos. 1r Th. *Berl.*, Reimer. 825. gr 8° 1 ℛ 18 gl

Kapp, Ch., Die Gründe meines Austritts aus der Nationalversammlung. Ein Sendschreiben an meine Wähler. Darmstadt, C. W. Leske, 1848. 16 S. 8°.

Kapp, Chrstn., Hertha, s. Hertha.

—— Italien. Schilderungen f. Freunde d. Natur u. Kunst. gr. 8. (49 B.) Berlin 837, Reimer.

—— deutscher Kalender f. d. J. 1835. gr. 8. (10 B.) Kempten 835, Dannheimer.

Kapp, Chrstn., Neptunismus u. Vulkanismus in Beziehung auf „v. Leonhard's Basalt-Gebilde." gr. 8. (14½ B.) Stuttgart 834, Schweizerbart. Thlr.

(Ch. **Kapp**:) F. W. Jos. v. Schelling; e. Beitr. z. Gesch. d. Tages v. e. vieljähr. Beobachter. *Lpz.*, O. Wigand. 843. gr 8° 2 ℛ

— Sendschreiben an den Hrn. Präsidenten u. General-Conservator, Geheimen Hofr. etc. v. Schelling zu München, in Beziehung auf Kapps Schrift: „Ueber d. Ursprung der Menschen u. Völker, nach der Mosaischen Genesis. Nürnberg 1829." gr. 8. Nürnb. 829. Schrag. 1 K

—— Sendschreiben an d. Hrn. Präsidenten u. General-Conservator Hrn. Geh. Hofr. rc. v. Schelling zu München. In Bezieh. auf Kapps Schrift: „Ueber d. Ursprung d. Menschen u. Völker, nach d. mosaischen Genesis." gr. 8. (1 B.) Nürnberg 830, (Schrag.)

—— über d. Ursprung d. Menschen u. Völker, nach d. mosaischen Genesis." gr. 8. (19½ B.) Nürnberg 829, Schrag.

Kapp, Chr., die Weltgeschichte. Ein Vortrag, gehalten zu Heidelberg beim Schluß seiner Vorlesungen üb. Geschichte u. Politik (Philosophie der Geschichte.) gr. 8. (3½ B.) Heidelberg 842, Hoffmeister. *

Kapp, Christian Erhard

Kapp, Ritter Chr. Ehrh., († d. 30. Sept. 1824.) s. B. Bell, Lehrbegriff d. Wundarzneikunst.

– s. Cadogan, Abhandl.

– s. Cullen, Anfangsgr.

– s. Dispensatorium, engl.

— — De exstirpatione tumorum in mamma. Disp. med. Lpz. (Langenheim) 13. V. 1768. 55 Seiten. (4.—)
Gew.: Christian Gottlieb Ludwig.

Kapp, Christian Erhard (Leipzig), Motum humorum in plantis cum motu humorum in animalibus comparat, simulque viro Ernst Gottlob Bose . . . de mune physiologiam ordinarie docendi nomine collegii disputatorii sub ipsius praesidio florentis gratul. Lpz. (Langenheim) 1763. 24 S. (5.50)

Whytt, sämmtl. Schriften.

Kapp's, D., neues Rhein-Panorama von Mainz bis Cöln. In geschmackvollem Farbendruck ausgeführte Original-Ausgabe, versehen mit vielen naturgetreuen Ansichten, nebst bildlichen Darstellungen der schönsten Rheinsagen, sowie den Broncestatuen der berühmtesten Männer des Rheinlandes, alter und neuer Zeit. Nach Aufnahme von W. Becker. Mainz (853.) Kapp. qu. Fol. (mit 26 S. Text.) 3 ℛ.

Kapp, E., Das Maschinenwesen aus dem Gesichtspunkte der socialen Anthropologie und der Kulturwissenschaft. Extr. gr. 8°. Jena 1876.

Kapp, E. De re navali Atheniensium. 36 S. . . . . . .
Hamm, Progr. 1830

Kapp, Ernst, s.a. Kappe

Kapp, Ernst, Beitrag z. Begründung e. sichern Ganges d. geschichtl.-geograph. Unterr. mit besond. Rücksicht auf d. unt. Gymnasial-Bildungsstufe. 8. (3½ B.) Minden 831, Eßmann.

Kapp, Ernst, der constituirte Despotismus und die constitutionelle Freiheit. 8. (XIV und 98 S.) Hamburg 849, Hoffmann und Campe.

—— Einheit d. geschichtl.-geograph. Schul-Unterrichts. M. lith. Taf. (gr. 4.) 8. (3½ B.) Minden 833, Eßmann.

Kapp, Ernst, philos. od. vergleichende allgemeine Erdkunde als wissenschaftliche Darstellung der Erdverhältnisse und des Menschenlebens nach ihrem innern Zusammenhang. 2 Bde. gr. 8. Braunschweig, Westermann. [1. (22 B.) 845. * 1 Thlr. 18 Ngr., 2. (28½ B.) 46. * 2 Thlr. 12 Ngr.] *

Kapp, Dr. Ernst, erster Oberlehrer am Gymnasium zu Minden. Vergleichende allgemeine Erdkunde in wissenschaftlicher Darstellung. 2. verbess. Auflage. gr. 8. Braunschweig 1868.

Kapp, Ernst, vergleichende allgemeine Erdkunde in wissenschaftlicher Darstellung. 2. verb. Aufl. gr. 8. (XV, 704 S.) Braunschweig 869, Westermann. *

Kapp, Ernst, Grundlinien einer Philosophie der Technik. Zur Entstehungsgeschichte der Cultur aus neuen Gesichtspunkten. gr. 8. (XVI, 360 S. mit zahlreichen in den Text gedr. Illustr. in Holzschn.) Braunschweig 877, Westermann. *

Kapp, E. *Die Heimfahrt des Odysseus.* Für die Jugend erzählt von Dr. Ernst Kapp ... Mit 24 Holzschnitten, gezeichnet von W. Schurig, ausgeführt durch H. Bürckner. Hamburg. Hoffmann und Campe. 1850. XVI, 282, VI S. Kl.-8°. Hlwd. 12.—
R. 2348. ★ Hübsch illustr. 1. Ausgabe. — Name a. d. Titel.

—— Hellas. Histor. Bilder. Für d. Jugendunterr. (Gedichte.) 8. (4 B.) Minden 833, Eßmann.

Kapp, Ern., de incrementis quae ratio docendae in scholis historiae et geographiae cepit. 4. (5¼ B.) Mindae 836, Essmann.

—— Leitfaden beim ersten Schulunterr. in d. Geschichte u. Geographie. 8. (10½ B.) Minden 833, Eßmann.

—— Leitfaden beim ersten Schulunterricht in der Geschichte u. Geographie. 2., durchgängig verb. Aufl. (11 B.) 835, 3., verb. A. (11½ B.) Minden 841. [Braunschweig, Westermann.] h*

Kapp, Er., Leitfaden beim ersten Schulunterricht in der Geschichte u. Geographie. 3. durchgängig verb. Aufl. 8. Minden 841, Eßmann. n. ¼ ℛ — 4. sorgfältig verb. Aufl. 8. Braunschweig 845, Westermann. 8 ngl

—— Leitfaden beim ersten Schulunterricht in der Geschichte und Geographie. 5. Aufl. 1851. und 6., verb. Aufl. von Alex. Kapp. 8. (VIII und 160 S.) Braunschweig 852, Westermann. *

—— Leitfaden beim ersten Schulunterricht in der Geschichte und Geographie. 7. durchaus verb. Aufl. gr. 8. (VIII, 144 S.) Ebendas. 870. *

—— J. H. Rausse, der Reformator der Wasserheilkunde. 8. (VIII und 85 S.) Hamburg 850, Hoffmann und Campe.

Kapp, Ernst, J. H. Rausse, d. Reformator d. Wasserheilkunde od. Naturheilkunde. M. Portr., v. Frau Steinhäuser, d. Schwester J. H. Rausse's, nach d. Leben gezeichnet. Neu hrsg. v. B. Winkler. 8. (82 S.) Leipzig (892). Frauendorf, Gesundheitsblätter-Verl. — 75; geb. 1. 25

Kapp, Ernst, J. H. Rausse, der Reformator der Wasserheilkunde od. Naturheilkunde. Neu hrsg. v. B. Winkler. 8. (82 S. m. Bildnis.) Leipzig 893. Gesundheitsblätter-Verlag (Winkler). n. — 75; geb. n. 1. 25

Kapp, F. [Rechtsanw. b. K. Oberlandesger. Stuttgart]: Zur Auslegung des § 300 der Civil-Prozess-Ordnung ... Stuttgart, W. Kohlhammer, 1896; IV, 30 S. 8.
Tübingen, Jur. Fak., Inaug.-Diss. v. 1896

— Vide Studien (Demokratische).

Kapp, Fr. Chr. G., s. Archiv f. Philologie.

Kapp, Friedrich Die Achtundvierziger in d VS. N p. n d.

Kapp, Friedr., Aktenstücke zur Geschichte der preuß. Censur- und Preß-Verhältnisse unter dem Minister Wöllner; s. **Publikationen des Börsen-Vereins der deutschen Buchhändler.**

Kapp, Friedr., aus und über Amerika. Thatsachen und Erlebnisse. 2 Bde. gr. 8. (VII, 380; 425 S.) Berlin 876, Springer. *

Kapp, Friedrich (Hrsg.), s. Aufruf an den gesammten deutschen Lehrerstand.

Kapp, Friedrich. Aufruf zur Umgestaltung der deutschen National-Erziehung. Hamm 1848. 13 S 8.

Kapp, Friedr., Aufruf zur Umgestaltung der deutschen National-Erziehung. 2., verm. Aufl. gr. 8. (19 S.) Arnsberg 848, Grote.

Kapp, Fr., Der jüngste Aufstand der Eisenbahnarbeiter in den Vereinigten Staaten 1876

Kapp, Friedr., über Auswanderung, s.a. Sammlung gemeinverständl. wissenschaftl. Vorträge.

Kapp, Fr[iedrich]: Ueber Auswanderung Ein Vortrag – Bln. Habel 1871 44 S. (Samml. gemeinverständl. wissenschaftl. Vorträge. H. 125.)

Kapp, F. Ueber die Begründung der äußern und innern Selbstständigkeit der gelehrten Schulen durch die Reformation der christl. Kirche. 26 S. 8. . . . .
Progr. Hamm 1830

– Bericht an die historische Commission des Börsen-Vereins der deutschen Buchhändler, s. Publikationen des Börsen-Vereins der deutschen Buchhändler.

—— Justus Erich Bollmann. Ein Lebensbild aus zwei Welttheilen. Mit dem Bildniß Bollmann's in Stahlst. gr. 8. (VI, 489 S.) Berlin 880, Springer. *

Briefe als Anhang von: Der Soldatenhandel deutscher Fürsten nach America (1775 bis 1783). Von F. Kapp. Berlin 1864.

-Der dtanische Buchdruck u Buchhandel im vorigen Jhrhdt. Leipzig, 1878.

—— die Deutschen im Staate New-York während des 18. Jahrhunderts, s.a. Geschichtsblätter.

— Die Deutschen im Staate New York während des achtzehnten Jahrhunderts. *New York, N. Y.: E. Steiger & Co. 1884. IV, 229 S.*
= Geschichtsblätter. Bilder und Mittheilungen aus dem Leben der Deutschen in Amerika. Herausgegeben von Carl Schurz. Band I.

— die Deutschen in der amerikanischen Revolution, s. Schröder, Joh. Friedr., Washington und die Helden der Revolution.

— s. Franklin, Benjamin.

—— **Friedrich der Grosse und die Vereinigten Staaten von Amerika. Mit einem Anhang: Die Vereinigten Staaten und das Seekriegsrecht. gr. 8. (IV, 233 S.) Leipzig 871, Quandt und Händel.** *

Kapp, Friedr., s.a. Geschichte des deutschen Buchhandels.

Kapp, Frdr., Geschichte des Deutschen Buchhandels bis in das 17. Jahrhundert. A. d. Nachl. des Verfassers herausg. (von Albr Kirchhoff.) Mit Tafeln. Leipzig 1886. 8.

Kapp, Friedrich: Geschichte der Deutschen im Staate New York bis zum Anfange des neunzehnten Jahrhunderts. *New York, N. Y.: Verlag von E. Steiger 1867. VII, 410 S., Karte.*
= Geschichte der deutschen Einwanderung in Amerika. Von Friedrich Kapp. Bd. I. Deutschländische Auflage: Leipzig: Verlag von Quandt & Händel 1868. VIII, 370; XXVII S. Karte. Dritte vermehrte und mit einem Vorworte versehene Auflage. New York, N. Y.: Steiger 1869. XXVIII, 416 pp.

Kapp, Friedr., Geschichte der deutschen Einwanderung in Amerika. (In 2 Bdn.) 1. Bd.: Die Deutschen im Staate New-York bis zum Anfang des 19. Jahrh. gr. 8. (VIII und 399 S. mit 1 lithogr. Karte in Fol.) Leipzig 868, Quandt und Händel. *

— 2. Aufl. Bd. 1.
— 3. Aufl. Bd. 1. New York 1869. 8.

-Gesch der Sklaverei in d VSA. NY c 1860

Kapp, Frdr., Geschichte der Sklaverei in den Vereinigten Staaten von Amerika. Hamburg 861. O. Meißner. 12. (XII, 516 S. u. 1 Karte in Holzschn.) n. 1 ₰ 20 ngr.

Kapp, F. Gymnasii Mindensis sacra saecularia tertia die XVIII. Octob. rite celebranda gratulantur gymnasii Hammon. magistri. 6 S. . . . .
Progr. Hamm 1830

Kapp, Friedr., Geo. Wilh. Friedr. Hegel als Gymnasial-Rektor. Oder d. Höhe d. Gymnasialbildung uns. Zeit. gr. 12. (6½ B.) Minden 835, Eßmann.

Kapp, Fr., Programma 1826. Inest. F. Stoeckeri Diss. de Sophoclis et Aristophanis interpretibus Graecis. gr. 4. Hamm 827 Schulz. 8 gr

--Kolonisation und Auswanderung. Berlin, 1880.

— Leben des amerikanischen Generals Joh. Kalb. Mit Kalb's Portr. (in Stahlst.) Stuttgart 862. Cotta. gr. 8. (XIV, 306 S.) 1 ₰ 6 ngr.

Kapp, Friedrich: Leben des Amerikanischen Generals Friedrich Wilhelm von Steuben. *Berlin: Duncker & Humblot 1858. XXXII, 667 S., ill.*

—— Lehrgang d. zeichn. Erdkunde f. gelehrte, Kriegs- u. höh. Bürgerschulen. Erster Beitr. Zur welthistor. Ansicht alles Unterrichts. gr. 8. (11⅛ B. u. 14 Stnt.) Minden 837, Essmann. *

Kapp, Friedr. Zur Methodik des Unterrichts in der lat. Sprache. 10 S.
Hamm, Progr. 1842

— **Friedrich** (Director), Ad solemnia examinis publici in gymnasio regio Hammonensi. — Praemitt. Ludovici Trossii observationum criticarum libellus. Hamm (Schulz) 10. X. 1828. 38 S. mit Schulnachrichten (Namen). (6.—)

—— die preußische Preßgesetzgebung unter Friedrich Wilhelm III., s. Publikationen des Börsen-Vereins der deutschen Buchhändler.

Kapp, F. Rede nach Bekanntmachung der Disciplinarordnung. 4 S.
Hamm, Progr. 1833

Kapp, F. Schulrede zur 3. Jubelfeier der Uebergabe der Augsburgischen Confession. Siehe oben S. 16.: Ueber die Begründung u. s. w. . . . .
Hamm, Progr. 1830

Kapp, Friedr., der wissenschaftl. Schulunterricht als e. Ganzes. Od. d. Stufenfolge d. naturkund. Schulunterr. als d. organ. Mittelgliedes zwischen dem d. Erdkunde u. d. Gesch. Zweiter Beitr. z. welthistor. Ansicht alles Unterrichts. gr. 8. (11½ B.) Hamm 834, Schulz.

Kapp, Friedr., die Sklavenfrage in den Vereinigten Staaten. Geschichtlich entwickelt. 8. (VI und 185 S. mit 1 Stnt. in qu. 4.) Göttingen 854, Wigand.

—— die Sklavenfrage in den Vereinigten Staaten. Geschichtlich entwickelt. 2. (Titel-)Ausg. 8. (VI und 185 S. mit 1 lithogr. Karte in qu. 4.) Göttingen (855)58, Wigand.

Kapp, Friedrich: Der Soldatenhandel deutscher Fürsten nach Amerika, 1775—1783. *Ein Beitrag zur Kulturgeschichte des achtzehnten Jahrhunderts. Berlin: Franz Duncker 1864. XIX, 299 S.; Zweite vermehrte und umgearbeitete Aufl. Berlin: Julius Springer 1874. XVI, 259 S.*

Kapp, Friedrich. Die Unabhängigkeit der Schule von der Kirche. Ein freies Votum. Berlin 1860. 136 S. 8.

-Dtanische Wechselbeziehungen. Berlin, 1880.

—— die amerikanische Weizenproduktion, s.a. Zeitfragen, volkswirthschaftliche.

Kapp F. die amerikanische Weizenproduktion. (Zeitfr. Volkswirtsch. 14) Berlin 1880

—— ein Wort über öffentliche Schulprüfungen. (Programm des Gymnasiums zu Hamm.) 4. (26 S.) Hamm 851, Grote. *

Kapp, Friederich Wilhelm (geb. am 21 Okt. 1846 in Weiler Rgbz. Köln): Ueber die frühere und jetzige Behandlung der Pneumonie ... Bonn, Druck v. J. F. Carthaus (1872). 20 S., 1 Bl. 8.
Bonn, Med. Fak., Diss. v. 26 Juli 1872

Kapp, Geo., u. Kaiser, Predigt u. Rede am Schlusse d. vierten General-Synode zu Bayreuth d. 20. Oct. 1836. gr. 8. (1½ B.) Bayreuth 837, Grau'sche Buchh. Thlr.

KAPP, GEORG CHRISTIAN FRIEDRICH.

— Diss. inaug. de acido phosphorico. 4. Erlang. 801.

— systemat. Darstell. der merkwürd. Thatsachen, welche die neue Chemie auf die Heilkunde bewiesen hat, nebst e. Anh. über das Braunsteinmetall u. dessen Oxyde, als Heilmittel ꝛc. gr. 8. Hof 805. Grau. 1 ₰ 8 gr.

Kapp, Geo. Chr. Fr., († d. 16. Febr. 1806.) der menschl. Körper von seiner Entstehung an bis ins Alter. Ein Lesebuch für alle Stände. 8. Hof 803. 2e, v. P. G. Jördens besorgte Aufl. 8. Ebd. 817. Grau. 16 gr.

— üb. die Schwefelsäure im Allgemeinen, deren Wirkungsart und Anwendung bei Krankheiten. 8. Bayreuth 800. Lübeck.

KAPP, GEORG CHRISTIAN FRIEDRICH.
Ueber die Wirkung der Lebensluft auf die thierischen Körper. Erlangen, 1799. 8vo.
See also in Section III.

Kapp, Geo. Friedr. Wilh., Grundsätze z. Bearbeitung evangel. Agenden, mit geschichtl. Berücksichtigung d. früh. Agenden. Ein krit. Beitr. z. evangel. Liturgik. gr. 8. (24 B.) Erlangen 831, Palm u. Enke.

Kapp, Georg Ludwig Karl

— Glaubensbekenntniß üb. den jezigen Zustand der Medicin. 8. Hof 808.

Kapp, Geo. Ldw. Karl, Lehrbuch d. prakt. Arzneimittellehre der Metalle. 8. Nürnb. 813. Stein. 16 gr.

— Lehrbuch d. Receptirkunst, f. akadem. Vorlesungen bearbeit. 8. Nürnb. 810. Stein. 9 gr.

— de physiologia plantarum. 8. Erlang. 803.

— Recepttaschenbuch üb. d. zweiten Theil der Preuß. Landespharmakopöe. 8. Nürnb. 808. Stein. 1 ₰ 8 gr.

— Diss. inaug. de tussi ferina. 8. Erlang. 805.

Kapp, G. L. C., Ueber einige Wirkungen des Moschus in den Krankheiten des Menschen. gr. 8. Nürnberg, Stein. 811.

Kapp, Gisbert: Elektrische Beleuchtungsanlage und Straßenbahn der Stadt Zwickau in Sachsen. (Berlin 1894)

Kapp, Gisb., Dynamomaschinen f. Gleich- u. Wechselstrom u. Transformatoren. Autoris. deutsche Ausg. v. L. Holborn u. K. Kahle. gr. 8. (VIII, 331 S. m. 187 Fig.) Berlin 894. J. Springer. — München, R. Oldenbourg. Geb. in Leinw. n. 7.—

Dynamomaschinen für Gleich- und Wechselstrom und Transformatoren. Von Gisbert Kapp, Generalsekr. d. Verbandes Deutscher Elektrotechn. Autoris. deutsche Ausg. v. Dr. L[udwig] Holborn u. Dr. K. Kahle. 2. verb. u. verm. Aufl. M. 165 in d. Text gedr. Figuren. *Berlin: J. Springer; München: R. Oldenbourg 1897.* (VIII, 374 S.) 1 Bd 8. (97.2:85)

Kapp, Gisb., Dynamomaschinen f. Gleich- und Wechselstrom. 3. verm. u. verb. Aufl. Mit 200 in den Text gedr. Fig. gr. 8. (VIII, 486 S.) Berlin 899. J. Springer. — München, R. Oldenbourg. (Ausliefrg. durch J. Springer.) Geb. in Leinw. n. 12. —

Kapp, Gisb., Dynamomaschinen f. Gleich- u. Wechselstrom. 4. verm. u. verb. Aufl. (IX, 620 S. m. 255 Fig.) gr. 8. Berlin 904. J. Springer. Geb. in Leinw. n. 12. —

Elektromechanische Konstruktionen. E. Sammlg v. Konstruktionsbeispielen u. Berechngn v. Maschinen u. Apparaten f. Starkstrom. Zsg. u. erl. v Gisbert **Kapp**. M. 25 Taf. u. 54 Textfig. *Berlin: J. Springer; München: R. Oldenbourg 1898.* (4 Bl., 200 S., 25 Taf.) 1 Bd 4. (98. 571

— elektromechanische Konstruktionen. Eine Sammlung v. Konstruktionsbeispielen u. Berechngn. v. Maschinen u. Apparaten f. Starkstrom. Zusammengestellt u. erläutert. 2., verb. u. erweit. Aufl. gr. 4. (VIII, 292 S. m. 114 Fig. u. 36 Taf.) Berlin 902. J. Springer. Geb. in Leinw. n. 20. —

Kapp, Gisb. Elektrische Kraftübertragung. Ein Lehrbuch f. Elektrotechniker. Autoris. deutsche Ausg., nach der 3. engl. Aufl. bearb. v. L. Holborn u. K. Kahle. Mit zahlreichen in den Text gedr. Fig. u. 4 Taf. gr. 8. (VI, 306 S.) Berl. 891, Springer. — Münch., Oldenbourg. geb. in Leinw. * 7 —

Kapp, G: Elektrische Kraftübertragung. Deutsch von L. Holborn und K. Kahle. 2. Aufl. Berlin und München 1896

Elektrische Kraftübertragung. E. Lehrb. f. Elektrotechniker v Gisbert **Kapp**. Autoris. deutsche Ausg. v L. Holborn u. Dr. K. Kahle. 3. verb. u. verm. Aufl. M. zahlr. in d. Textgedr Fig *Berlin: J. Springer; München. R. Oldenbourg 1898.* (VI, 338 S.) 1 Bd 8. (98. 1800

Kapp, Gisbert [Hrsg.] s.a. Normalien ...

Normalien, Vorschriften und Leitsätze des Verbandes Deutscher Elektrotechniker, eingetr. Ver., hrsg. von Gisbert **Kapp**, Generalsekr. 2. Aufl. Mit Berücks. d. Beschlüsse d. Jahresversammlungen in Kassel 1904 u. Dortmund-Essen 1905. Berlin: J. Springer 1905. (VI, 196 S.) 8° (05. 1968

— Dasselbe. 2. Aufl., hrsg. von G. Kapp. Mit Berücksichtigung der Beschlüsse der Jahresversammlungen in Kassel 1904 und Dortmund-Essen 1905. Nebst Nachtrag, festgesetzt nach den Beschlüssen der Jahresversammlung in Stuttgart 24.—27 Mai 1906. Ebd., 1905—1906. 254 S. mit ca. 18 Abb.

Kapp, Gisb., Normalien, Vorschriften u. Leitsätze d. Verb. deutsch. Elektrotechniker, 3. Aufl., s.a. Normalien, Vorschriften u. Leitsätze.

— Dasselbe. 3. Aufl., hrsg. von G. Dettmar. Mit Berücksichtigung der Beschlüsse bis zur Jahresversammlung 1907. Ebd., 1907. 190 S. mit ca. 20 Abb.

— Transformatoren f. Wechselstrom u. Drehstrom. E. Darstellg. ihrer Theorie, Konstruktion u. Anwendg. gr. 8. (VI, 205 S. m. 133 Abb.) Ebd. 895. Geb. in Leinw. n. 7. —

— Transformatoren f. Wechselstrom u. Drehstrom. Eine Darstellung ihrer Theorie, Konstruktion u. Anwendg. 2. verm. u. verb. Aufl. gr. 8. (VI, 282 S. m. 165 Fig.) Berlin 900. J. Springer. — München, R. Oldenbourg. (Auslieferung durch J. Springer.) Geb. in Leinw. n. 8. —

— Transformatoren f. Wechselstrom u. Drehstrom. Eine Darstellg. ihrer Theorie, Konstruktion u. Anwendg. 3., verm. u. verb. Aufl. (VII, 326 S. m. 185 Fig.) 8. Berlin 907. J. Springer. Geb. in Leinw. 8. —

Kapp, Gisb., elektrische Wechselströme. Autoris. deutsche Ausg. v. Herm. Kaufmann. gr. 8. (V, 160 S. m. Fig.) Leipzig 894. O. Leiner. n. 2. —; geb. in Leinw. n. 2. 50

— elektr. Wechselströme. Autor. deutsche Ausg. v. Herm. Kaufmann. 2. Aufl. gr. 8. (V, 92 S. m. Fig.) Leipzig 897. O. Leiner. n. 2. —; geb. 2. 75

— elektrische Wechselströme. Autoris. deutsche Ausg. v. Herm. Kauffmann. 3. verb. Aufl. gr. 8. (V, 92 S.) Leipzig 900. O. Leiner. n. 2. —; geb. in Leinw. 2. 75

Kapp, H., bildende Kunst u. Schule, s.a. Abhandlungen, pädagogische.

Bildende Kunst und Schule. Von H **Kapp**. *Bielefeld: A. Helmich [1901].* (28 S.) 8° [F.]
— **Abhandlungen**, Pädagogische. H. 58. (01. 3237

Kapp, Hermann: Durch Kreuz zur Krone. Ein Lebensbild Kaiser Wilhelms d. Gr. f. d. Jugend bearb. von –. Breslau: E. Trewendt [1898]. (127 S.) 8°
= Jugendbibliothek, Trewendt's. N. F. Bd. 51.

– Vom Rhein zum Rhin, s.a. Trewendt's Jugendbibliothek.

[Ant. u. F.] Vom Rhein zum Rhin. E. Erzählg aus d. Zeit d. gross. Kurfürsten f. d. Jugend bearb. v. H **Kapp**. *Breslau: E. Trewendt 1896.* (130 S., 1 Taf.) 1 Bd 8.
— **Jugendbibliothek**, Trewendt's. N. F. Bd 45. (97. 7033

Kapp, Johann

– s. Cornelii Nepotis.

– s. Cuperian, Belehrung.

— — Nominalia sereniss. principis Christiani Friderici Caroli Alexandri marggravii Brandenburgici . . . in illustri collegio Christiano-Ernestino. — Praemissa epitome historiae obsidionis urbis Curiae 1553 a Jacobo Schlemmero theodisce scriptae. Bayreuth (Friedrich Magnus Schwenter) 14./25. V. 1789. 16 S. (5.—)
Eberhard Friedrich Jacob Killinger (Wunsidel), Johann Burkhard Stapf (Weissendorf/Frk.), Friedrich Wilhelm Hagen (Mistelbach).

Kapp, J., zur Erholung für Freunde u. Lehrer der Schulen, u. Fortsetz. 8. Bayr. Lübeck. 786. — 12

Kapp, Jh., († d. 25. Octbr. 1810.) zur Erholung für Lehrer u. Freunde der Schulen. 2 Stcke. 8. Bayr. 785. (Grau in Hof). 12 gr.

— specimen exercitatt. hist.-philologicarum. Bar. 1780. 4.

– s. Gelangb., neues.

— Geschichte des Exorcismus in den Bayreuth. Landen. 3 Beitr. 4. Bayr. 791—95.

– s. Mela Pomp.

– s. J. J. Melle, Versuch.

Kapp, Jh., umständl. Nachricht von der allgem. Kirchenvisitation in d. Fürstenth. Bayreuth in den J. 1561—64. 3 Stücke. 4. Bayr. 798—99.

s. Julii Obsequentis.

— — Illustre collegium Christiano-Ernestinum diem natalem sereniss. principis Christiani Friderici Caroli Alexandri marggravii Brandenburgici . . . celebr. indicit atque ad benev. aud. orat. de obsidione urbis Curiae anni 1553. Praemissa prolus. posteriori de Jacobo Schlemmero primo Curiensis gymnasii rectore. Bayreuth (Friedrich Magnus Schwenter) März 1788. (S. 9—24.) (4.—)

Kapp, J., paralipomena de Magis. Curiae 1771 4.

— M. Johann, Ad actum valedictorium in ill. collegio Christiano-Ernestino a septem academiae candidatis habendum collegii nomine . . . invitat. — De Jacobo Schlemmero primo Curiensis gymnasii rectore pauca praefatus. Bayreuth (Friedrich Magnus Schwenter) Apr. 1787. 8 S. (4.—)

Kurze Biogr. v.: Friedrich Carl Frh. v. Lindenfels (Thumsenreuth), Johann Peter Hechtel (Weissenburg), Johann Paul Hoefling (Erlangen), Christoph Justin Ferdinand Hamm (Bayreuth), Johann Georg Purrucker (Hof), Benedict Heinrich Scholler (Nemmersdorff), Philipp Heinrich Nurmberger (Bayreuth).

s. Ph. C. Spieß, Lebensumstände.

(Hrsg.), s. T a c i t u s , Publius Cornelius: Germania.

s. Tacitus de situ.

s. Taschenbuch f. alle Stände in Würtemberg.

s. Valerius Maximus.

s. Verzeichniß aller Ortschaften.

Kapp, Johann Chr

s. Aristotelis liber de mundo.

s.a. Charakter, über den, d. Medea.

Kapp, J. C., über den Charakter der Medea. Altenb. 789. 8.

s. A. Drackenborg, de praefectis.

- s. Des. Erasmi epistolae.

- s. Mela Pomp.

s. Minucii Fel. Octav.

Kapp, Jh. Chr., († d. 7. April 1793.) Periculum criticum, in quo Senecae tragoediae et alior. loca explicantur et emend. 4. Erlang. 788.

Kapp, Johann Erhard

Kapp, Jh. Erh., († d. 7. März 1756.) Andenken des ersten Religionsfriedens den 25. Sept. 1655 in Sachsen gefeiert. 8. Leipz. 754. (Brockhaus). 6 K

Kapp, J. Erh., Andenken d. ersten Religionsfriedens d. 25. Sept. 1655. in Sachsen gefeyert. 8. Leipz. Gleditsch. 754 Ditmlr. — 6

— — De caussis corruptae hoc aevo eloquentiae Romanae disserit et ad aud. orationem qua professionem eloquentiae extraordinariam clement. sibi demandatam invitat. Lpz. (Breitkopf) 10. XII. 1727. 16 S. (5.50)

— — De caussis corruptae hoc aevo eloquentiae in primis ex variarum scientiarum neglectu repetitis disserit et ad aud. orationem qua professionem eloquentiae ordinariam clement. sibi demandatam invitat. Lpz. (Breitkopf) 24. IX. 1731. 30 S. (6.—)

— — De certaminibus periodonicis seu potius periodicis in tribus numis Sidoniorum exhibitis nonnulla dissert. Lpz. (Langenheim) 1742. 8 S. (3.—)

— — Ad orationem memoriae M. Joannis Christiani Geieri invitat et controversiam inter varios Romanenses praecipue agitatam utrum signum palmae tumulis christianorum adjectum certum martyrii sit signum nec ne recenset. Lpz. (Langenheim) 29. VII. 1747. 15 S. (4.—)

— — (Kotzau), Exercitatio in Ambrosii Altamurae elogium Johannis Tetzelii. Lpz. (Bernhard Christoph Breitkopf) Dez. 1721. 40 S. (6.80)

Kapp, Johann Erhard (Präs.), s. H a u p t m a n n , Johann Gottfried De Laconismo

Kapp, Jo. Erhard (Präs.) s. H e c k e r , Heinr Kornelius: De nonnullis indulgentiarum quaestoribus saec. XV et XVI

— **M. Johann Erhard,** Epistola qua viro Johann Georg Geret (Ansbach) theol. candid. summos in philosophia honores pridie calendar. Maii anni 1721 in academia Vitembergensi consequutus est, gratul., et duo de aluminibus Tulfae promissa loca communicat. Lpz. (Schede) 1721. 4 Bl. m. kurz. genealog. Notiz. üb. G. (5.—)

— Nachlese einiger z. Erläuter. d. Reformationshistorie gehör. Urkunden. 4 Thle. 8. Lpz. Hilscher. 727—33.

— Nachr. v. Feyerung des ersten Augsburg. Confessions-jubelfestes 1630. 2 Thle. m. K. Lpz. Gleditsch. 730.

— — De alimentariis nonnulla disserit et ad orationem memoriae M. Jo. Christiani Geieri invitat. Lpz. (Langenheim) 1735. 4 Bl. (2.—)

— — De quibusdam doctorum cultorumque litterarum sacrarum officiis nostra in primis aetate necessariis nonnulla disserit et ad orat. annivers. memoriae viri Romani Telleri invitat. Leipzig (Breitkopf) 5. IV. 1751. 12 S. (3.50)

— — De religionis ante ducentos annos in Saxonia et Misnia statu nonnulla disserit et ad renunciationem magistrorum invitat. Lpz. (Langenheim) 12. II. 1739. 16 S. mit Namen. (3.50)

— — Dissertationum Anti-Besselianarum prima num pontifex Rom. imperatoris judicio se subjicere nequeat disquirens. Präs. Christian Friedrich Boerner. Lpz. (Titius) 24. VII. 1723. 12 S. (4.50)

— — Oratio qua necessitas litterarum humaniorum in academiis diligentius excolendarum commendatur et a perversis quorundam judiciis vindicatur. Habita quum ad professionem eloqentiae ordinariam accederet. Lpz. (Joh. Frid. Brauns Erb.) 1731. 34 S. (6.50)

— orationes sel. clar. viror. 8. Lips. Fritsch. 722.

— — De origine doctorum theologiae et magistrorum artium horumque dignitate nonnulla disserit et ad renunciationem magistrorum invitat. Lpz. (Johann Christian Langenheim) 17. II. 1735. 14 S. mit Namen. (4.—)

— — Commentationem de procancellario facultatis philosophicae Lipsiensis praemittit et ad renunc. magistror. invitat 16. II. 1747. 20 S. mit Namen. (4.—)

— — De pseudomeno. Lpz. (Langenheim) 1750. 8 S. (1.50)

— — Dasselbe. Ftsg. Lpz. (Langenheim) 25. II. 1751. 16 S. mit Namen. (2.—)

Kapp, J. Erh., Sammlung einiger vertr. Briefe, welche zwischen Leibnitz u. Jablonski, a. a. Gelehrten, über d. Vereinigung der luther. u. reform. Religion gewechselt worden sind. 8. Lpz. Breitkopf (a. Horvath, Potsd.) 745. — 18

— Samml. einiger Schriften v. päbstl. Ablaß. 2 Thle. 8. Lpz. Fritsch. 721.

— — De Johannis a Breitenbach jurisconsulti Lipsiensis celeb. scriptis quibusdam et praecipue de ejus consilis mss. CVI. breviter disserit atque ad orat. memoriae viri Johannis Grafii mercatoris Lipsiensis invitat. Lpz. (Rumpff) 7. XII. 1754. 8 S. (4.50)

— — De scriptis quibusdam et historiam jubilaei primi pacis religiosae illustrantibus et memoriam ejus d. 25. IX. hujus anni recurrentem commendantibus nonnulla disserit, atque ad renuntiationem magistrorum . . . invitat 13. II. 1755. 12 S. mit Namen. (3.—)

— — Commentationem soloecismos politicos circa reformationem Lutheri commissos ab Anonymo Gallo nuper observatos expendentem praemittit et ad renunciationem magistrorum invitat. Lpz. (Langenheim) 21. II. 1743. 20 S. (5.—)

— — De soteriis veterum disserit et ad orationem memoriae viri M. Jo. Christiani Geyeri invitat. Lpz. (Langenheim) 21. VIII. 1751. 8 Seiten. (2.50)

THORHEITEN, Die, von Europa, in einem Gespräche zwischen Mercurio und Luciano (von *Joh. Erhard Kapp*). O. O. 1748. 8°
Anon.-Lex. IV p. 174 (nach Baader, Fikenscher, Meusel) hat „Leipzig 1748" — Rar!

Kapp, J. E., utrum signum palmae tumulis Christianorum adjectum certum martyrii sit signum nec ne? Lips. 1747 4.

Kapp, Josef Franz, approb. Arzt aus Mainz: Über Cystadenoma pseudomucinum ovarii und Pseudomyxoma peritonei. *Leipzig (1900): A. Edelmann.* (34 S.) 8°
Leipzig, Med. Diss. v. (12. Mai) 1900

Kapp, Julius

Kapp, Jul., Inhaltsübersicht zu Liszt, ges. Schriften, s.: Liszt, Frz., gesammelte Schriften.

Kapp, Julius: Franz Liszt von Dr. Julius Kapp. Berlin & Leipzig: Schuster & Loeffler 1909. XIV, 607 S. 8°

— Liszt-Brevier. (VIII, 104 S. m. 6 Taf.) kl. 8. Leipzig 910. Breitkopf & Härtel. Geb. 2. —

Kapp, Julius, a. Frankfurt a. M.: Versuche über das Verhältnis Kappa der spezifischen Wärmen eines Gasgemisches. Marburg 1907: J. A. Koch. (53 S.) 8°
Marburg, Phil. Fak., Ref. Richarz, Diss. v. 19. Juli 1907
[Geb. 1 Okt. 83 Steinbach in Baden; Wohnort: Frankfurt a. M.: Staatsangeh.: Baden; Vorbildung: Städt. Gymn. Frankfurt Reife O. 03; Studium: Marburg 2, München 1, Berlin 1, Marburg 5 S.; Rig. 7 Nov. 06.]

— s.: Wagner, der junge.

Richard Wagner. Eine Biographie von Dr. Julius Kapp. Mit 112 Abb. 1. bis 4. Aufl. Berlin: Schuster & Loeffler 1910. X, 227, 111 S. 8°
[10. 10955

Kapp, Julius: Richard Wagner und Franz Liszt. Eine Freundschaft. Von Dr. —. Berlin & Leipzig: Schuster & Loeffler 1908. 204 S. 8°

— Frank Wedekind. Seine Eigenart u. seine Werke. (143 S.) 8. Berlin 909. H. Barsdorf. 2. 70; geb. 4. —

Kapp, K. L.

Kapp's Berlin. Neuer und vollständiger Führer mit besonderer Rücksicht auf Verkehr, Handel, Industrie, Kunst und öffentl. Leben. Mit einem neuen (lithogr.) Plane von Berlin (in gr. Fol.). 1.—3. Aufl. 8. (235 S.) Berlin 869—71, Kapp.

—— dass. — Neuer und vollständ. Führer durch Berlin, Potsdam und Umgebung Berlin's für Fremde und Einheimische mit besond. Rücksicht auf Kunst, Vergnügen, öffentl. und gesellschaftl. Leben, Verkehr, Wissenschaften und Industrie methodisch und übersichtl. bearb. 4. gänzlich umgearb. Aufl. gr. 16. (252 S.) Ebendas. 873. *

Kapp, K. L., neuester Führer durch Berlin, seine Umgebung und Potsdam für Einheimische und Fremde. Fahrpläne, Taschenbuch. Katalog. Mit 2 (lithogr.) Plänen. 8. (VI, 68 S.) Berlin 883, Allgem. Verlags-Agentur. *
Mit grossem color. Plan von Berlin geb. *

Kapp, K. L., neuester Führer durch Berlin, seine Umgebung u. Potsdam f. Einheimische u. Fremde. Fahrpläne, Taschenbuch. Katalog. Mit 2 (lith.) Plänen. 8. (VI, 68 S.) Berlin 884. Allg. Verlags-Agentur. n. 1 —; m. grossem color. Plan v. Berlin, geb. n. 1. 50

Kapp, Leonhard Michael: Propositiones quaedam medico-chirurgicae cum adversariis nonnullis chemicis. 24 S., gbd.

Erlangae:(Walther) 1780
(Adversaria argumenti physico-medici, Fasc.3,10)

Kapp, O., Johann Georg Albrechtsberger. Instrumentalwerke. [Publikationen der Gesellschaft zur Herausgabe der Denkmäler der Tonkunst in Österreich. XVI. Jahrg. 2. Teil.] Fol. (XII, 123 S.) Wien: Astaria & Co. 1909. K 14.—

Kapp, Ottilie (geb. v. Reppard), offener Brief an meine teutschen Mitschwestern. 8. (11 S.) Arnsberg 848, Ritter.

Kapp, Ottilie, geb. v. Rappart, Iberin. Ein Roman. 2 Bde. 8. (462 S.) Leipzig 856, H. Schultze. *

—— Manhold. Roman. 8. (406 S.) Berlin 850, [Wiegandt und Grieben.]

—— Vorschläge zu weiblichen Schulen und Erziehungsanstalten. 8. (35 S.) Arnsberg 848, Ritter.

Kapp, Stephan Regierungsrath Dr. Karl Friedrich Burkhard, k. k. Gymnasial Director i. R. † 8 (S. XV—XVI).
Progr. K. k. Franz-Joseph-G. *Wien* 1893.

Kapp, Stef. Die griechischen und lateinischen Gutturallaute im Neugriechischen und in den romanischen Sprachen. 46 S. 8.
Progr. G. IX. Bez. *Wien* 1883.

Kapp. Mittheilungen aus zwei griechischen Handschriften, als Beitrag zur Geschichte der Alexandersage im Mittelalter. Wien, R. u. O. G. am Alsergrund, 1872. 79 S. **Progr.**

Kapp, Walter

Kapp, Walt., Untersuchungen über den Kohlensäuregehalt v. Bodenluft, ausgeführt in Dorpat von Mitte Juli bis Mitte Octbr. 1890 n. St. Inaug.-Diss. gr. 8. (41 S.) Dorpat 890. (Karow.) n. 1.—

Kapp, Wilhelm

Kapp, W., Bildung u. Religion, s.a. Sammlung gemeinverständl. Vorträge u. Schriften aus dem Gebiet d. Theologie u. Religionsgeschichte.

Bildung und Religion. Ein Vortrag von Lic. W[ilhelm] **Kapp**, Gymn.Oberl. Tübingen: J. C. B. Mohr 1907. (25 S.) 8°
= **Sammlung** gemeinverständl. Vorträge u. Schriften aus d. Geb. d. Theol. u. Religionsgeschichte. 49. [08. 7307

Kapp, W., das elsässische Bürgertum. Eine kulturpsycholog. Studie. (27 S.) 8. Straßburg 908. J. H. E. Heitz. —80

Kapp, W[ilhelm], Pfarrer in Ittenheim i. Els. Das **Christentum Luthers** nach seiner religiös-sittlichen Bestimmtheit. *Freiburg i. B. 1902: C. A. Wagner.* (28 S.) 8° ¶ [Erschien vollst. 1902 u. d. T.: Religion u. Moral im Christentum Luthers.]
Straßburg, Theol. Diss. v. 1902.

Kapp, W.: Religion und Moral im Christentum Luthers von W. Kapp, Pfarrer in Ittenheim. Tübingen & Leipzig: J. C. B. Mohr 1902. (VI, 103 S.) 8°

Kapp, Wolfgang

[Kapp.] Errichtung einer Lebensversicherungsanstalt der Ostpreussischen Landschaft, als Mittel zur Entschuldung des ländlichen Grundbesitzes. [Verf. ist Kapp.] 2. Aufl. Königsberg 1910. 4°.
(Ostpreuss. Landschaft. 48. ordentl. General-Landtag.)

Kapp, Wolfgang: Ostpreuß. Landschaft. Innere Kolonisation und Selbstverwaltung. Denkschrift über d. Organisation d. inneren Kolonisation in d. Provinz Ostpreußen. (Verf.: [Wolfgang] Kapp, Gen.-Landschafts-Dir.) 2. Aufl. Königsberg i. Pr. 1909: (Leupold). 70 S. 4°

Kapp, [Wolfg.] Kolonisations- und Landarbeitervorlage. 2. Aufl. [Nebst] Nachtr. Königsberg i. Pr. 1908. 4°
(Bericht d. Ostpreuss. General-Landschafts-Direktion. 45. ausserord. Landtag.)

Käppchen, Das rothe. Operette, neu bearbeitet. Weimar 1792. V: *Vulpius, Christian August.* (Ky) (BrMm)

Käppchen, das rothe. Operette, neu bearb. (von Chr. A. Vulpius). 8. Weimar 792. Hoffmann. 6 gr.

Kappe, Gebr., & Co., Maschinenfabrik: Kataloge. Alfold (Hannover) (1897?)

Kappe, Ernst, s.a. Kapp, Ernst

Kappe, Ernst, der kleine Botaniker, od.: Anleitung, d. vornehmsten Gattungen u. Arten d. nord- u. mitteldeutschen Flora nach eigener Anschauung selbst zu bestimmen. Vornämlich f. Schulen. 16. (3¾ B.) [Elberfeld u.] Meurs 839, Rhein. Schul-Buchhandlung. *

Kappe, Ernst, der kleine Botaniker, od.: Kurze Anleitung z. Kenntniß d. Gewächse, besond. der im nördl. u. mittlern Deutschland wildwachsenden u. am häufigsten gebauten, wie auch der merkwürdigsten Gewächse der ganzen Erde. 2., verb. u. verm. Aufl. gr. 16. (6 B. u. 3 Taf. Abbild.) Meurs 843, Rhein. Schulbuchh. (Leipzig, Fr. Fleischer.) *

Kappe, Ernst, der kleine Botaniker oder kurze Anleitung zur Kenntniß der Gewächse. 3., fast ganz umgearb. Aufl. von L. Jördens. Mit Abbildgn. Wesel 855. Bagel. 8. (VIII, 140 S. u. 4 lith. Taf.) 10 ngr.

—— die Erde u. ihre Bewohner in ihrer gegenseit. Einwirkung aufeinander; od.: Kurze Beschreib. d. Erdoberfläche, d. wichtigsten Dinge auf ders., u. d. Einflusses, den eins auf d. and. hat. Ein Lehr- u. Lesebuch f. d. Jugend. 8. (8 B.) [Elberfeld u.] Meurs 839, Rhein. Schul-Buchhandlung. *

Kappe, Ernst, die Erde und ihre Bewohner in ihrer gegenseit. Einwirkung auf einander; oder: Kurze Beschreibung der Erdoberfläche, der wichtigsten Dinge auf derselben, und des Einflusses, den eins auf das andere hat. Ein Lehr- und Lesebuch für die Jugend. 2., verm. Aufl. 8. (VII und 118 S.) Elberfeld 847. [Wesel, Bagel.] *

Kappe, Ernst, die Erde u. ihre Bewohner in ihrer gegenseitigen Einwirkung auf einander; od.: Kurze Beschreibung der Erdoberfläche, der wichtigsten Dinge auf derselben, u. d. Einflusses, den eins auf das andere hat. Ein Lehr- u. Lesebuch für die Jugend. 2. verm. Aufl. 8. (VIII u. 118 S.) Elberfeld 847, Rheinische Schulbuchhandlung. n. ¼ ₰

—— Exempelaufgaben üb. d. 4 Species in unbenannten, ganzen Zahlen f. d. ersten Anfänger im Rechnen. 3. Aufl. 8. (¼ B.) Barmen 839, Steinhaus. Das Dutzend *

—— Geschichten aus d. Geschichte, das ist: Denkwürdigkeiten aus d. Weltgeschichte. Ein Leseb. fürs Volk u. seine Jugend. 8. (6¾ B.) [Elberfeld u.] Meurs 837, Rhein. Schul-Buchh.

— Geschichten aus der Geschichte, das ist: Denkwürdigkeiten aus der Weltgeschichte. Ein Lesebuch fürs Volk u. seine Jugend. 8. Meurs 837. Rhein. Schul-Buchh. — 2e Aufl. 838. 1/4 ℛ

—— Geschichten aus d. Geschichte, das ist: Denkwürdigkeiten aus der Weltgeschichte. Ein Lesebuch für's Volk u. seine Jugend. 3. Aufl. (7 B. u. 8 Stnt.) 844. * 10 Ngr. u. 4. Aufl. gr. 8. (6 3/4 B.) Elberfeld u. Meurs 846, Schulbuchhandlung. *

Kappe, E., stories from general history, translated from the german and the Tschi translation of D. Asante into the Akra language, Gold Coast, W. Africa, by J. Zimmermann and the Native Catechist J. S. Nikoi. [Dšen sãdši a-wolo bibio le ye Gã wiemo mli.] 8. (230 S.) Basel 876. (Missionsbuchh.) geb. n. 2. —

Kappe, E., Stories from general history, translated from the German of K. and the Tshi translation of D. Asante into the Akra language, Gold Coast, W. Afrika by the J. Zimmermann and the native J. S. Nikoi. 2., revised and augmented ed. 12. (231 S. m. 1 Abb.) Basel 896. Missionsbuchh. Geb. n. 2. 40

Kappe, kleine Weltgeschichte in Tshi-Übersetzung, s. a. Stories from general history.

Kappe. Ernst Kleine Weltgeschichte Ed G Köppen. Milw. c 1844

—— kleine Weltgeschichte, oder Geschichten aus der Geschichte. Fortgeführt bis auf die neueste Zeit. Ein Lesebuch für's Volk und seine Jugend. 5., verm. Aufl. 8. (128 S. und 4 Stnt. in Tondr.) Meurs 851. (Wesel, Bagel.)

Kappe, Ernst, kleine Weltgeschichte oder Geschichten aus der Geschichte. 8. Aufl. 8. (VI und 136 S.) Moers 860, Rheinische Schulbuchh.

Kappe, Friedrich [Dr. Oberl.]: Der Bekkersche Paraphrast der Ilias und seine Bedeutung für die Textkritik. (Th. 1.) Liegnitz, Druck v. C. Seyffarth, 1892; 16 S. 4.
Liegnitz, st. ev. G, P 1892 (193)

Kappe, Fridericus Theophilus: • De forma pristina carminis XXII Iliadis. 93 S. 4° (2°)
Halle-Wittenberg, Phil. Diss. v 23. März 1870
Geb. [Barmen 6. 4. 1843]

Kappe, G. v., Preußens Antheil an dem deutsch-dänischen Streit im J. 1848. gr. 8. (VII und 126 S. mit 2 lithogr. Karten.) Leipzig 864, O. Wigand. *

Kappe, Gust., offener Brief an die bonner Studentenschaft. gr. 8. (20 S.) Bonn 854, Habicht.

Kappe, Heinrich, approb. Arzt aus Potsdam: Ein Beitrag zur Lehre von den accidentellen Herzgeräuschen. *Leipzig 1903: B. Georgi.* (25 S.) 8°
Leipzig, Med. Diss. v. (18. Apr.) 1903

Kappe, Rudolf: Hiatus und synaloephe bei Otfried. Stuttgart 1906: Kohlhammer. 72 S. 8° ¶ (Ersch. vollst. in: Zeitschr. f. dtsche Philol. Bd 41.)
Kiel, Phil. Diss. v. 20. Juli 1909, Ref. Kauffmann
[Geb. 5. April 86 Hamburg; Wohnort: Hamburg; Staatsangeh.: Hamburg; Vorbildung Realgymn. d. Johanneums Hamburg Reife O. 04; Studium: Göttingen 2, München 1, Berlin 1, Kiel 5 S.; Rig. 5. Dez. 08.] [U 09. 2316

Kappeijne v. de Coppello, J., De comitiis Romanis. S.-A. 1886. 100 S. 4°.

Kappel, Carl Anton s. Kappel, Karl Anton

Kappel, Joannes Georgius (Frankfurt/M.)
Dissertatio inauguralis medica de Sanguine eiusque vitalitate.
Frankfurt/M. 1832. 31 S.
Diss. med. Giessen 16.12.1831. vorh. 7.26.

Kappel, Joh. Jürgen

Kappel, J. Jürg., Auswahl d. Nützlichsten, oder Handbuch zum Nutzen u. Vergnügen f. Jedermann, gesammelt aus d. Werken d. berühmt. Schriftsteller d. In- u. Auslandes. 8. Schlesw. 821

(—) die Eitelkeit d. Menschheit u. die Hinfälligkeit d. Irdischen. 8. Schlesw. 825.

— das Gewisse der Witterung. Nach dem Drehen u. Stehen des Windes in mehrern Jahren beobachtet. 8. Hamb. 820. Herold jun. 3 gl

Kappel, Joh. Jürgen, der unterrichtete Hausvater und die im Voraus besorgte Hausfrau; bestehend in einer Samml. erprobter Hausmittel u. Recepte; zum Nutzen des Hausstandes für Stadt u. Land; zur Erhaltung der Gesundheit der Menschen u. ihre Bewahrung vor Krankheiten rc. 2e Ausg. 8. Hamburg 838. Herold. 1/2 ℛ

Kappel, Karl Anton

Kappel, Carl Ant., die Elementarlehre der Reitkunst. Ein Leitfaden zum Unterricht im Schul- und Campagnereiten, nebst einer kurzgefaßten Reitlehre für Damen und einem Anhang über das Verhalten auf Reitbahnen. 8. (XII und 163 S.) Frankfurt a. M. 852, Auffarth. *

Kappel, Matthias, s. Volksbücher, preußische.

Käppel, (Hildebr.) Gf., der Edle, ein kleines moralisches, religiöses Charaktergemälde. 8. Leipz. 800. Tauchnitz. 3 gl

Käppel Der Naturwein Coblenz Selbstverl 1903. 24 S -- 121•

Käppel, C., das Ritterwesen, s. Jugendbibliothek für Schule und Haus.

Kaeppel, Friedrich: Zur quantitativen Bestimmung des Mangans und Trennung des Eisens von Mangan durch Electrolyse. *Würzburg 1897: Stahel.* (28 S.) 8°
Würzburg, Phil. Diss. v 1897

Kaeppel, Frdr., der Diabetes mellitus, s.: Wendriner, B.

Käppel, Gottfried

— topograph.-histor. Beschreib. von Frankfurt a. M. Ein Handbuch f. Reisende. 8. Frankf. a. M. 811. Schäfer. 1 ℛ

Käppel, G. Compend. d. Pädagogik. 8. Lpz. Küchler. 798.

— s. Compendium d. Pädagogik.

Pyrmonts Merkwürdigkeiten. Eine Skizze für Reisende u. Kurgäste. [Verf.: Gottfried Kaeppel.] Leipzig: Küchler 1800. X,76 S. 8° [Kupfert.]

Pyrmont's Merkwurdigkeiten. Eine Skizze für Reisende...von G[ottfried] Kappel. 2., stark verm. Aufl. Pyrmont: Helwing 1810. XXIV,160 S. 8°

s. Ob wir unsterblich seien.

Käppel, (G.,) kleine Pädagogik f. Aeltern, Erzieher, Hauslehrer u. gebild. Familien. 8. Marburg 825, Garthe.

— Pyrmont u. die Umgegend. Ein histor.: topograph. Gemälde, mit Hinsicht auf den Inhalt, Nutzen u. Gebrauch der pyrmont. Heilquellen. gr. 8. Berl. 827. Dümmler. 16 gGr.

SITTENGEMÄLDE unsers Zeitalters (von *Gottfried Käppel*). Leipzig 1795.
Anon.-Lex. IV. p. 88 (nach Kayser). — Rarl

Käppel, Horst, Amtstierarzt in Leipzig: Die embolischen Verstopfungen der größeren Lungenarterienäste beim Pferde und ihre Einwirkung auf dessen Gebrauchswerth. *Jena: G. Fischer 1904.* (30 S.) 8° ¶ Aus: Zeitschr. f. Thiermedicin 1904, H. 4.
Leipzig, Phil. Diss. v. 1904

Käppel, Johann Georg Lorenz

Exempeltafeln; das ist: 100 Tafeln mit 1450 zweckmäßigen Rechnungs-Aufgaben, nebst der abgesondert beyliegenden Beantwortung derselben. Nach d. oberdt. Münz-Maaß-u. Gewichtsfuß... u. zur Erleichterung des Unterrichts im Rechnen f. Volksschulen verfertigt von Johann Georg Lorenz Käppel. Mit e. Vorr. hrsg. von Johann Ferdinand Schlez. Nürnberg: Felßecker 1799. 47 S. 8°

— d. vier Grundrechnungen in gleichbenannten ganzen Zahlen auf 36 Tafeln mit ihrer Beantwortung. Als Einleit. zu den 100 Exempeltafeln. 8. Nürnb. 803. Felssecker. 6 gGr.

— naturhistor. Wandfibeln für Elementarschulen, enth. eine tabellar. Uebersicht des Erd-, Pflanzen- u. Thierreichs, nach Schlezens Leitfaden rc. Fol. Nürnb. 804. (Eichhorn). 3 Thlr.

— naturhistor. Wandfibeln f. Elementarschulen, enth. eine tabellar. Uebersicht des Erd- Pflanz- und Thierreichs, nach Schlezens Leitfaden rc. Fol. Nürnb. Grattenauer. 804.

Käppele, Ludwig, a. Karlsruhe i. B.: Ueber Mischformen der Lebercirrhose (Cirrhoses mixtes). Straßburg i. E. 1907: C. Müh & Cie. (44 S.) 8°
Straßburg, Med. Fak., Ref. v. Krehl, Diss. v. 18. April 1907
[Geb. 11. Aug. 81 Karlsruhe i. B.; Wohnort: Straßburg i. E.; Staatsangeh.: Baden; Vorbildung: Gymn. Karlsruhe Reife Juli 00; Studium: Freiburg i. B. 4, München 2, Freiburg i. B. 3 S.; Coll. 7. März 07; Approb. 6. Jan. 07.]

Kappeler, A., s. a. Entscheide des zürcherischen Handelsgerichtes.

Kappeler Dr. A. Entscheidungen des zürcherischen Handelsgerichts von 1873. 124 Stn. Lex. 8. Zürich, Orell, Füssli & Co. 5.

Kappeler, A., der Pseudoprophet der johanneischen Apokalypse. Habilitationsvortrag. [Aus: „Theol. Zeitschrift aus d. Schweiz".] gr. 8. (IV, 31 S.) Zürich 893, A. Frick. n. — 60

Kappeler, A. O[tto]. von Frauenfeld [Kt. Thurgau]: Ueber Purpura. Frauenfeld J. Huber Dr. 1863. 44 S., 2 Bl. 8°.
Zürich, Med. Diss. [v. 14. März 1863].

Kappeler, Alfred: Die Schweizerische Bibelübersetzung, neu beleuchtet v. Alfred Kappeler, Pfr. u. Doc. Zürich: F. Schulthess 1898. (IV, 70 S.) 1 Bd. 8°

Kappeler, Alfred, von Zürich: Der Rechtsbegriff des öffentlichen Wasserlaufs, entwickelt aus den Quellen des römischen Rechts. Zür. F. Schulthess Dr. [u. Verl.] 1867. 3 Bl., 131 S., 1 Bl. Thesen. 8°.
Zürich, Jur. Diss. [v. 10. Aug. 1867].

Kappeler, C. Bericht über die Organisation und das Wirken der eidg. polytechnischen Schule. Zürich 1873.

Kappeler, C. Reden bei der Beerdigung des Schulraths-Präsidenten Karl K. Zürich 1888. (H. Bleuler, Kd. Furrer, Fr. Geiser.)

Kappeler, Ernst, Bibelstellen u. Sachregister, s.: Cremer, Herm., die paulinische Rechtfertigungslehre.

Kappeler, Fritz, med. pract. aus Bülach, Canton Zürich: Aus dem Privatlaboratorium des Privatdocenten Dr. Hanau in Zürich. Neue Beispiele für bis jetzt als selten betrachtete Befunde in Teratomen (sogen. Dermoïden)' des Ovariums '(Centralnervensystem, Ganglien, Nerven, Lamina pigmentosa und andere Pigmentzellen, glatte und quergestreifte Muskeln, Teile des Intestinal- und Respirationstractus.'. Mit 5 Abbildungen. Bülach H. Graf Dr. [Tübingen F. Pietzcker] 1896. 63 S., 2 Taf. 8°.
Zürich, Med. Diss. [v. 7. März 1896].

Kappeler, Hans. 1. Ueber die Elektrolyse von Ammoniumkarbonatlösungen; 2. Ueber die Spaltungsprodukte der synthetischen p-Dialkyldioxychinone. Diss. Phil. Basel. [Mit Figuren.] 75 S. 8. Basel, G. Krebs, 1908.

Kappeler, Heinrich

Kappeler jun., Heinr., Preis-Verzeichniss und Abbildungen physikalischer und meteorologischer Instrumente zum wissenschaftlichen allgemeinen und Fabriks-Gebrauch. gr. 4. (31 S. mit 237 Abbild. in Holzschn. auf 20 Taf.) Wien 878, (Helf's Sortiment.)

Kappeler, Joh[ann] Rud[olf], med. pract. aus Frauenfeld [Kt. Thurgau]: Ueber Meningocele spuria traumatica. Zür. Zürcher u. Furrer Dr. 1883. 95 S., 1 Taf. 8°.
Zürich, Med. Diss. [v. 30. Juli 1883].

Kappeler, Johann Salomo (Frauenfeld / Schweiz), Quaedam de phthisi intestitali proprie sic dicta. Diss. pathol.-med. Bln. (Nietack) 29. IX. 1832. 40 S. mit Biogr. (M.: M. Kappeler!) (6.40)
Oppon.: Jac. Hueser (Westfalen), Carl Jehn (Westfalen), Franz Ludwig Kelp (Oldenburg). — Gew.: Melchior Aeppli (St. Gallen).

Kappeler, M., s. Kappeler, Alfred

Kappeler, Otto

Kappeler, O., Anaesthetica, s. a. Chirurgie, deutsche.

Kappeler, O[tto]: Anaesthetica. Mit 18 Holzschn., 105 Curven u. 3 lithogr. Taf. Stuttgart 1880. XVI, 219 S. —
(Deutsche Chirurgie. Lfg 20.)

Kappeler, Otto, Dr. phil. [prakt. Arzt aus Biel (Ct. Bern)]: Beitrag zur Genese der Lebercavernome. Zürich 1899. 24 S. 8°.
Zürich. Med. Diss. 1899/1900.

Kappeler, O., chirurgische Beobachtungen aus dem Thurgauischen Kantonsspital Münsterlingen während der J. 1865—1870. Mit (lithogr.) Plänen und 8 Stereoscopenbildern. Lex.-8. (VI, 322 S.) Frauenfeld 874, Huber. *

KAPPELER, OTTO. Untersuchungen über die Wirkung von Kaliumbichromat im Organismus an der Hand eines Vergiftungsfalles. Bern, 1896.

Kappeler, Wilhelm. Zwei Fälle von angeborner Insuffizienz der Mitralis infolge von Entwicklungshemmungen. Diss. Med. Univ. Zürich. Mit 2 Tafeln. 30 S. 8. Zürich, A. Heller, 1907.

Kappelhof, Johann Hermann (Oldens. Transis. Civis Rotterodamensis), De pleuritide. Diss. med. Rector Friedrich Gottfried Houck. Utrecht (Johann Broedelet) 5. II. 1749. 32 S. (6.50)
Gew.: D. Bernard Tendam (Rotterdam).

Kappelhoff, C. E. L., s.: Hamburg's allgem. Gartenbau-Ausstellung.

— s.: Hamburg's Vergangenheit u. Gegenwart.

— die deutschen Nordsee-Bäder, s.: Wendt, J. C. W.

Käppeli, A. Über den Krebs des Gebärmutterkörpers und Impfrecidive. Mit 1 Tabelle. In-8°. 72 S. Basel. These. 1896.

Käppeli, August. Die Tuberkulose, deren Verbreitung und bisherige Bekämpfung in der Schweiz, mit besonderer Berücksichtigung des Kantons Luzern. Diss. Med. Univ. Zürich. ([Sep.-Abdr. aus:] «Zeitschrift für schweizerische Statistik» [Jahrg. 38,] 1902, Liefg. 3.) 67 S. 4. Bern, Stämpfli & Cie., 1903.

Käppeli, Gottlieb von Merenschwand [Kt Aargau] De aquae pluviae arcendae actio Zür Orell Füssli Cie Dr 1863 31 S 8°
Zurich. Jur Diss. v 15 Aug 1863.

Käppeli, Joseph, aus Rickenbach-Merenschwand (Kanton Aargau): Beiträge zur Anatomie und Physiologie der Ovarien von wildlebenden und gezähmten Wiederkäuern und Schweinen. (Aus dem veterinär-anatomischen Institut in Bern. Direktor Prof. Rubeli.) Bern 1908. IV + 77 S. fünf Tabellen und 6 Tafeln. 8°. S.-A. aus dem Landwirtschaftlichen Jahrbuch der Schweiz. Jahrg. 22. 1908. Heft 3. [27. VII. 07.]
Bern. Phil. Diss. 1907/08.

Käppeli, J., Beiträge z. Anatomie u. Physiol. d. Ovarien v. wildlebenden u. gezähmten Wiederkäuern u. Schweinen. Aus d. veterinäranatom. Institut in Bern. (Direktor: Rubeli.) (77 S. m. 5 Tab. u. 6 Taf.) gr. 8. Bern 908. K. J. Wyß. 2 —

Käppeli, Jos., das Fleckvieh der Schweiz. Eine Monographie. Hrsg. vom Vorstande des Verbandes schweizer. Fleckviehzucht-Genossenschaften. Lex.-8. (VIII, 83 S. m. 24 Taf. u. 1 Tab.) Bern 902. K. J. Wyß.
Geb. in Leinw. n. 2. 50

Käppeli, Jos., Handbüchlein f. den landwirtschaftl. Unterricht, s.: Schneider, Fr.

Käppeli, J. La race bovine tachetée de la Suisse. Monographie, publiée sous les auspices de la fédération suisse des syndicats d'élevage de la race tachetée rouge. Traduit de l'allemand par C. Pelichet. (VIII, 88 S. m. 24 Taf.) gr. 8. Bern 903. K. J. Wyss.
Geb. in Leinw. n. 2. 50

Käppeli, J[oseph]. Allgemeine Tierzuchtlehre. Leitfaden für den Unterricht an landwirtschaftlichen Schulen, zugleich Lehrbuch für den praktischen Landwirt. Hrg. vom Verband der Lehrer an landwirtschaftlichen Schulen der Schweiz. Mit elf Abbildungen [wovon 10 auf 5 Tafeln]. VIII + 118 S. 8. Frauenfeld, Huber & Co., 1904. [geb. fr. 2. —]
(Landwirtschaftliche Lehrbücher.)

Käppeli, J., allgem. Tierzuchtlehre. Leitfaden f. den Unterricht an landwirtschaftl. Schulen, zugleich Lehrb. f. den prakt. Landwirt. Hrsg. v. Verband d. Lehrer an landwirtschaftl. Schulen d. Schweiz. 2., durchgeseh. Aufl. (VII, 125 S. m. 18 Abb.) 8. Frauenfeld 906. Huber & Co.
Geb. in Leinw. 1. 60

Kappelier, Ch. F., von d. Göttlichkeit der heil. Schrift. 8. Bresl Seidel. 747. — 3

Kappelier, Christian Friederich, Die güldene Crone des Friedens, womit der Gott des Friedens die Völker geschmücket hat. — Eine Friedens-Dankpredigt, welche nach dem am 15. Febr. 1763 zu Hubertsburg glücklich wieder hergestellten Frieden, über I Buch der Könige 8, 56—58 in der St. Catharinenkirche zu Brandenburg, am Sonntage Lätare des gedachten Jahres gehalten hat — — Königl. Preuss. Superintendens, Inspector und Pastor an der St Catharinenkirche zu Brandenburg. Magdeburg und Leipzig, Verlegts Christoph Seidel und Georg Ernst Scheidhauer. 8. 30 S.

Käppelin, D., die Bleicherei und Appretur der Wollen- und Baumwollen-Stoffe. Autorisirte deutsche Bearbeitung von M. Reimann. hoch 4. (25 S. mit 6 lithogr. Fig.-Taf. in qu. Fol.) Berlin 870, Grieben. [Leipzig, G. Weigel.] *

Kappeller, Georg, aus Nürnberg **Ueber die Addition von Fluorwasserstoff an Derivate der Schwefelsäure.** *Leipzig 1901: (Leipz. Tagebl.).* (26 S.) 8°
München, Phil. Diss. v. 1901

Kappeller, Heinrich

Kappeller jun., Heinr., Preis-Verzeichniss u. Abbildungen physikalischer u. meteorologischer Instrumente zum wissenschaftlichen allgemeinen u. Fabriks-Gebrauch. Mit 237 Abbildungen in Holzschn. (auf 20 Taf.). gr. 4. (31 S.) Wien 878. (Holf's Sort.) 1. 50

Kappeller, Renatus, Untersuchungen über das Casein Diss Dorpat 8° 62 pp. 1874.

Kappelmacher Alfred Bemerkungen und Übersetzungsprobe zu Pseudo-Demetrius περὶ ἑρμηνείας (Umschlagtitel Demetrius) 16 S 8 (Fortsetzung.) 18 S 8.
Progr. K k Staats-Gymn *Nikolsburg* 1903. 1904

Kappelmacher, Alfr., Studia Iuvenaliana, s.a. **Dissertationes philologae Vindobonenses. VII. 3.**

Kappelmacher Alfred: Studia Juvenaliana.
D: Wien und Leipzig, 1903.
1899 PN 1183 **Diss.** Wien Univ 1551

Kappelmacher Oskar: Johann Georg Albrechtsberger. Sein Leben und seine Instrumentalkompositionen.
1907 PN 2364 b **Diss.** Wien Univ 2138

Kappelmann, H., Handbuch f. preuß. Sparkassen. Gesetze u Verordngn., m Berücksicht. d. Rechtsprechg. hrsg. gr. 8. (VIII, 144 S.) Leipzig 898. Duncker & Humblot.
Geb. in Leinw. n. 3. 60

Kappelmann, H., die Städteordnung f. die 6 östlichen Provinzen der Preuß. Monarchie, s.a. Taschen-Gesetzsammlung.

Kappelmann, H: Die Städteordnung für die sechs östlichen Provinzen der Preußischen Monarchie vom 30. Mai 1853. Mit Erl. für den prakt. Gebrauch u. e Anh.: die Instruktion für die Stadtmagisträte vom 25. Mai 1835. Berlin 1901.

Die **Städteordnung** für die sechs östlichen Provinzen der Preuß. Monarchie vom 30. Mai 1853. Mit Erl. f. d. prakt. Gebr. u. e. Anh., Die Instruktion f. d. Stadtmagistrate v. 25. Mai 1835 Von Hugo Kappelmann. 2. Aufl. Berlin: C. Heymann 1908. (VI, 274 S.) 8° [F.]
= **Taschen-Gesetzsammlung** No 54. [08. 3633

Kappelmann, H., Streiflichter aus den Jahresausgaben deutscher Städte. Ein Beitrag zur Frage der Belastg. der Gemeinden durch die Folgen des Alkoholismus. Hrsg. vom deutschen Verein gegen den Missbrauch geist. Getränke. (24 S.) gr. 8. Berlin 906. Mässigkeitsverlag. — 50
Sonderabdruck aus: „Alkoholismus".

— s.: Verfassung u. Verwaltungsorganisation der Städte des Königr. Preußen.

— die Wahlhandlung bei den Stadtverordnetenwahlen. (52 S.) gr. 8. Berlin 903. C. Heymann. n. — 60
Sonderabdruck aus: „Preuß. Verwaltgsbl."

Wegweiser durch das neue Bürgerliche Recht für städtische Verwaltungen. Von Stadtrath [Hugo] Kappelmann in Erfurt. *Berlin: C. Heymann 1900.* (36 S.) 8° [F.]
Aus: Preuss. Verwaltungsblatt [00. 8097

Kappelmayer, Gordian, Lehr- u. Uebungsbuch zu jedem Lehrbuch der Gabelsbergerschen Stenographie, s.: Goßner, Karl.

— der grundlegende Stenographie-Unterricht, s.: Goßner, Karl.

Kappelmayer, Hans, Handels-Fortbildungsschule, s.: Heilmann.

Ostseebad Kappeln. (Kappeln [1908]) 8°

Kappelt, Erdm., kurze Geschichte d. kaufmänn. Vereins zu Liegnitz. Von d. Gründg. am 13. IX. 1847 bis zur General-Versammlg. am 29. IX. 1897. Zum 50jähr. Stiftungsfeste aus den Akten, Protokollbüchern etc. zusammengest. gr 4. (35 S.) Liegnitz 897. (H. Krumbhaar). n. 1. 40

Kappen

Über das in Hamburg übliche Kappen der Bäume. Eine Verhandlung der Hamburgischen Gesellschaft zur Beförderung der Künste und Gewerbe. - Hamburg, Leipzig 1793

Kappen, üb. d. in Hamburg übliche, d. Bäume. gr. 8. Hamb. Bohn 793.

Kappen, über das, in Hamburg übliche, der Bäume. gr. 8. Hamburg. 793. Jetzt Hoffmann u. Campe.

Kappen, Herm. Jos., Clemens August, Erzbischof v. Köln. Ein Lebensbild. gr. 8. (VIII, 240 S. m. Bildn.) Münster 897. Aschendorff. n. 8. —

Kappen, Herm. Jos., der christliche Dienstbote, oder Wegweiser, Rathgeber und Spiegel für Dienstboten in allen Lagen des Lebens. gr. 16. (416 S. mit 1 Chromolithogr.) Münster 879, Aschendorff'sche Buchh. *

Kappen, Herm. Jos., der Himmel in sechs Fastenbetrachtungen. 8. (VII, 127 S.) Münster 871, Russell's Verlag. *

Kappen, Herm. Jos.: Der Himmel in sechs Fastenpredigten v. Herm. Jos. Kappen, Stadtdechant. 2. Aufl. ... Münster i. W.: H. Schöningh 1896. (2 Bl., 90 S., 1 Bl.) 1 Bd. 8°

Kappen, Herm. Jos., die Marianische Sodalität nach ihrer äußern u. innern Einrichtung für Jünglinge jeden Standes nebst christl. Lebensregeln. (Abdr. aus d. Gebet- u. Gesangbuch.) Münster 852. Aschendorff. 12. (1 Bl., XCII S.) an. 3 ngr.

Kappen, H. J., der kleine Thomas von Kempen, oder die Nachfolge Christi im klösterl. Leben, nach den Schriften des ehrwürd. Thomas von Kempen. Zum Gebrauch für geistl. Genossenschaften und Alle, welche beabsichtigen, den Ordensstand zu wählen. (416 S.) 1870. *M* 1,50.; 2. Aufl. 16. (424 S.) Münster 880, Aschendorff'sche Buchh. *

Kappen, H. J., der kleine Thomas v. Kempen, od. die Nachfolge Christi im klösterlichen Leben, nach den Schriften des ehrwürd. Thomas v. Kempen. Zum Gebrauch f. geistl. Genossenschaften u. Alle, welche beabsichtigen, den Ordensstand zu wählen. 3. Aufl. 12. (430 S.) Münster 894. Aschendorff. n. 1. —

— die sieben Worte Jesu am Kreuz nach Lehre der h. Väter in 7 Fastenbetrachtungen erklärt u. dargestellt. Münster 858. Coppenrath in Comm. 8. (4 Bl., 176 S.) n. 15 ngr.

[F.] Die Sieben Worte Jesu am Kreuze nach Lehre d. h. Schrift u. Väter in Sieben Fastenpredigten. Von Herm. Jos. Kappen, Stadtdechant. 2. Aufl. .. *Münster i. W.: H. Schöningh 1896.* (2 Bl., 131 S.) 1 Bd 8.
[97. 6643

Kappen, Hubert, aus Münster i. W.: Krystallographisch-optische Untersuchungen einiger Flechtensäuren. *Leipzig: W. Engelmann 1902.* (22 S.) 8° ¶(Aus: Zeitschr. f. Krystallogr. u. Mineral., Bd 37, H. 2)
Rostock, Phil. Diss. v [24. Juni] 1901

Kappen, Josef, Arzt in Seligenstadt (Hessen): Beiträge zur Verbreitungsweise des Typhus abdominalis. *Breslau 1899: Bresl. Genossenschafts-Buchdr.* (41 S.) 8°
Breslau, Med. Diss. v. 8. Mai 1899

Kappenberg, Bernhard Friedrich, aus Münster i. W.: Statistik der Kropfexstirpationen an der Bonner Chirurgischen Klinik vom 1. April 1895 bis zum 1. April 1899. *Bonn 1901: C. Georgi.* (26 S.) 8°
Bonn, Med. Diss. v. [18. März] 1901

Kappenstein, Frz., s. J., *Geistesübungen* nach den Grundsätzen des heil. *Ignatius.* Aus d. Lat. mit Einleit. u. Zusätzen von *Lukas Hermann*, kath. Pfarrer. Bamberg 1856. Gr. 8° Ppb.
X + 38 S. 1 Bl. — Das latein. Orig. erschien 1750.

Kappenstein, Geistesübungen nach den Grundsätzen des hl. Ignatius. Aus dem Latein. mit Einleitung, Zusätzen und Anmerkungen von Lukas Hermann. 2. verm. u. verb. Aufl. Bamberg 856. Züberlein. 8. (XI, 435 S.) n. 20 ngr.

Kapper, Ant., das Archiv der k. k. steiermärkischen Statthalterei. Nach der Neuaufstellg. im Sommer 1905. (VIII, 153 S. m. 3 Taf.) gr. 8. Graz 906. U. Moser. n. 3. —

Kapper, Dr A. Bauwerke und Strassen aus Alt Graz. (Mit 2 Abbildungen.) Sonderabdruck aus der „Zeitschrift für steierische Geschichte", I. Jahrg. 2. Heft. 8. Graz 1903.

Kapper, Ant., Katalog der Joannea, s.: Kümmel, E.

— Katalog der Lehenbücher u. Acten des steiermärkischen Landesarchives, s.: Felicetti, M. v.

— Katalog der landschaftlichen Urkunden des steiermärk. Landesarchives, s.: Luschin, A. v.

— Mittheilungen aus dem k. k. Statthaltereiarchive zu Graz, s.a. Veröffentlichungen der histor. Landes-Commission f. Steiermark. XVI.

Dr Anton Kapper, Landesarchivs-Adjunkt: Mittheilungen aus dem k. k. Statthaltereiarchive zu Graz. *Graz: Selbstverl. d. Commission 1902.* (S. 65–170.) 8° [F.]
— Veröffentlichungen d. Hist. Landes-Commission f. Steiermark. 16. [02. 4000

Neujahrsblatt des Historischen Vereines für Steiermark. Hrsg. von dessen Ausschuss, red. von Dr. A[nton] Kapper. No 1. (Graz: Leuschner & Lubensky in Komm.) 1908. 4° [08. 2139 S

Kapper, Ed., Wasser-Kurort Gräfenberg-Freiwaldau u. dessen Umgebung, dargestellt f. Kurgäste u. Touristen. 2. Aufl. Versehen m. Situationsplänen u. Ansichten. 12. (IV; 141 S. m. 1 Bildnis.) Freiwaldau-Gräfenberg 884. B. Titze. n. 1. —; geb. n. 1. 25

Kapper, Em., der Kurort Gräfenberg. Die erste Wasserheilanstalt und dessen Umgebungen dargestellt für Kurgäste und Touristen. Mit 2 (lithogr.) Situationsplänen und 12 Ansichten (in Holzschn. in gr. 16., qu. 8. und qu. 4.). gr. 16. (119 S.) Prag 871, Dr. Grégr und Dattel. *

Kapper, Em., Mahnrufe an Geheimkranke jeder Art, sowie an Gesunde, die es nicht werden wollen. 8. Aufl. gr. 16. (160 S.) Prag 875, Mikuláš und Knapp. *

Kapper's, Em., Mahnrufe an Kranke u. Gesunde. 2. Thl. Naturarzt f. Geheimkranke u. Alle, die es nicht werden wollen. Sammlung erprobter Ratschläge. (98 S.) 16. Prag 869. (Freiwaldau, A. Blažek.) — 40

— das Naturheilverfahren und die naturgemäße Lebensweise. 7. Ausg. gr. 16. (VIII, 136 S.) Ebendas. 876. *

— ärztlicher Rath für Bruch-Kranke beiderlei Geschlechtes auf Grund vieljähriger Praxis zur ernstlichen Beherzigung gegeben. 16. (70 S. mit eingedr. Holzschn.-Abbild.) Ebendas. 875. *

Kapper, Erwin, Bergbau u. Eisenbahn in ihren Rechtsbeziehungen nach österr. Rechte m. Berücksicht. ausländ. Gesetzgebungen. Mit Unterstützung der Gesellschaft zur Förderung deutscher Wissenschaft, Kunst u. Literatur in Böhmen. (III, 100 S.) 8. Wien 905. Manz. n. 1. 70

Kapper, F., über die Cholera in ätiologischer, prophylaktischer und therapeutischer Beziehung, s. Klinik, Wiener.

Kapper, Friedrich

Kapper, F. Zur Beurt. minderwertiger Leben in versicherungsärztl. Beziehung. Leipzig 1897

Kapper, Frdr., zur Beurtheilg. minderwerth. Leben in versicherungsärztl. Beziehg. gr. 8. (56 S.) Wien 897. F. Deuticke. n. 1. 40

Kapper, Phil. Em., die diätetische Heilmethode auf Grund des Naturheilverfahrens nach Schroth und Priesnitz. Populäre Aufklärungen zur ernstl. Beherzigung gegeben. 3., verb. Aufl. 8. (74 S.) Wien 865, Selbstverlag.

Kapper, Siegfr., die böhmischen Bäder. 8. (V und 183 S.) Leipzig 850(57,) Brockhaus. *
Aus.: Brockhaus' Reise-Bibliothek.

Kapper, Siegfr., und Wilh. Kandler, das Böhmerland. Wanderungen und Ansichten. 1. Sect. Der Nordwest. 1. Heft 1. und 2. Aufl. und 2.—12. Heft. Lex.-8. (S. 1—384 mit 36 Stahlst.) Prag 863,64, Kober. à Heft * 12 Ngr. *

— Christen und Türken. Ein Skizzenbuch von der Save bis zum Eisernen Thor. 2 Thle. 8. (XII und 516 S.) Leipzig 854, Brockhaus. *

Kapper, Siegfr., Falk. Eine Erzählung. gr. 16. (252 S.) Dessau 853, Gebr. Katz. Thlr.

— die Gesänge der Serben, s. a. Gesänge.

Kapper, Siegfried

Gesänge. Die. der Serben. Von Siegfried Kapper Theil I II. 2 voll. Leipzig 1852.

Kapper, Siegfr., Prager Ghettosagen, s.: Universal-Bibliothek, jüdische.

Kapper, Siegfr., die Handschriften von Grünberg und Königinhof, s. Handschriften.

Kapper, Siegfried — Jahrbuch deutscher Belletristik auf 1857. Des Albums der Erinnerungen dritter Jahrg. Herausgegeben von — —. Prag, 1857. Dr. und Verlag von Karl Bellmann. (2 Bl. 319 S. und 1 Bl. 8.) (Mit dem Bildniß Emanuel Geibels.)

Kapper, Siegfr., Lazar der Serbencar. Nach serbischen Sagen und Heldengesängen. 8. (XIV und 240 S.) Wien 851, Leo. *
Die 2. Aufl. erschien unter dem Titel:

— Fürst Lazar. Epische Dichtung nach serbischen Sagen und Heldengesängen. 2., durchgeseh. und verb. Aufl. 16. (XVI und 250 S.) Leipzig 852(53,) Herbig.

— befreite Lieder. Dem jungen Oestreich. 8. (VIII u. 80 S m. des Verf. lith. Portr.) Wien 848, Jasper, Hügel & Manz. 1/2 Thlr.

— befreite Lieder. Dem jungen Oestreich. 8. (VIII und 80 S. mit des Verf. lithogr. Portr.) Wien 848, [Manz.]

— České Listy. 12. (120 S.) Prag 847, Calve'sche Vrlgsh. ·

Kapper, Siegf., slavische Melodien. 8. (10 1/2 B.) Leipzig 844. [Brandstetter.]

Kapper, Siegfried, slavische Melodien. 8. Leipzig 844, Einhorn. 3/4 Thlr.

Kapper, Siegfried. Das Fürstenthum Montenegro. Zur Kenntniss des Landes und Volkes, ihrer Geschichte und Gegenwart. (Aus „Unsere Zeit", deutsche Revue der Gegenwart, neue Folge, XI. Jahrgang.) 8. Leipzig 1875.

— Vorleben eines Künstlers, s. Album. Hrsg. von J. L. Kober.

— Südslavische Wanderungen. 2 Bde. Neue wohlf. Ausg. Leipzig 853. Herbig. 8. (2 Bl., 337; 2 Bl., 245 S.) 1 Thlr. 20 ngr.

Kapper, Siegm., die Handschriften von Grünberg und Königinhof, s. Handschriften.

Aus d. Senckenb. Neurolog. Inst. in Frankfurt a. M. Untersuchungen über das Gehirn der Ganoiden Amia calva und Lepidosteus osseus von C. U. Ariëns **Kappers**. Mit 1 Doppeltaf. ⟨18⟩ u. 6 Abb. (Frankfurt a. M.: Senckenberg naturforsch. Gesellsch. 1907.) (S. 449–500.) 4°
— **Abhandlungen** hrsg. von d. Senckenbergischen naturforschenden Gesellschaft. Bd 30, H. 3. [2]. [08. 1018]

Kappert, Gust., s.: Dahlen, Hans.

Kappert, Hans, unter dem Banner der Boeren. An Gottes Segen ist alles gelegen, s.: Jugend-Bibliothek des kathol. Schulvereines f. Österreich. I. 1.

Kapperts, Pet., neuzeitliche Blumen-Kompositionen f. dekorative Flächenkunst. (12 Lichtdruck-Taf.) gr. Fol. Leipzig (905). Gilbers. In Mappe n. 16. —

Kappertz, Pet., u. Fritz **Stelkens**, neue Dekorationen f. Flächenschmuck. (12 Taf.) 51×38,5 cm. Berlin (907). M. Spielmeyer. In Mappe 15. —

Kappertz P, florale und ornamentale Kompositionen für Flächenverzierung. (12 T) fol Leipzig (1906)

Kappes, Abriss der Metaphysik. gr. 8. (75 S.) Münster 901. H. Mitsdörffer. n. 1. 50

Kappes, Alb., Grundrisse f. kleinere Etagen-Wohn- u. Miethshäuser sowie einseitig angebaute Einfamilien-Wohnhäuser. (103 S. m. Fig.) gr. 8. Berlin (908). O. Baumgärtel. 5. —

Kappes, C., s. Kappes, K.

Kappes, Clemens, s. Kappes, Klemens

Kappes, G., d. geschlechtlich-sittlichen Verhältnisse d. evang. Landbewohner im Großherzogt. Baden, s.a Verhältnisse, d. geschlechtl.-sittl. rc.

Kappes, Pfr. G., Die geschlechtl.-sittl. Verhältnisse d. evang. Landbewohner i. Grossherz. Baden. (68 S.) Leipzig, Münden 1897. R. Werther.

Kappes, Geo., Wertheim am Main, s.a. Mitteilungen des histor. Vereins „Alt-Wertheim". Nr. 1.

Wertheim am Main, ein Beitrag zur Städtekultur Vortrag, gehalten anlässlich der Feier des sechshundertjährigen Stadtjubiläums am 2. Dezember 1906 von GEORG KAPPES. Mitteilungen des historischen Vereins „Alt-Wertheim" Wertheim a. Main E. Bechsteins Buchdruckerei. 8°

Kappes, Gust., Lehr- und Uebungsbuch der spanischen Sprache, mit besond. Rücksicht auf prakt. Bedürfnisse. gr. 8. (XII und 380 S.) Dresden 862, Ehlermann. *

—— Schlüssel dazu. gr. 8. (58 S.) Ebendas. 863.

Kappes, Gust., Lehr- und Uebungsbuch der spanischen Sprache, mit besond. Rücksicht auf prakt. Bedürfnisse. 2., verb. und theilweise umgearb. Aufl. gr. 8. (XII, 859 S.) Dresden 868. Ehlermann. *

Kappes, Gust., Lehr- und Uebungsbuch der spanischen Sprache, mit besond. Rücksicht auf das Bedürfnis des tägl. Verkehrs. 3. verb. und gänzlich umgearb. Aufl. gr. 8. (XII, 356 S.) Dresden 882, Ehlermann. *

Schlüssel (57 S.) *

Kappes, Gust., Lehr- u. Ubungsbuch der spanischen Sprache m. besond. Rücksicht auf das Bedürfnis d. täglichen Verkehrs. 4., verb. u. gänzlich umgearb. Aufl. 8. (XVI, 356 S.) Dresden 898. L. Ehlermann. n. 3. —; geb. n. 3. 50

Kappes, Hanna, appr. Arztin a. Karlsruhe: Einwirkung des Erysipels auf Tumoren. Freiburg i. B.: 1904: U. Hochreuther. (31 S.) 8°

Freiburg i. B., Med. Fak., Ref. Kraske, Diss. v. 1904

[Geb. 18. Apr. 79 Karlsruhe; Wohnort: Karlsruhe; Staatsangeh.: Baden; Vorbildung: Mädchengymn. Karlsruhe Reife Juli 99; Studium: Freiburg 4, Berlin 1, Freiburg 4 S.; Coll. 26. Aug. 04.]

Kappes, Heinrich Constantin [aus Löbau i. Sachs.]: Analyse der Massenculturen einiger Spaltpilze und der Soorhefe. . . . *Leipzig, Druck v. Alexander Wiede* (1880); 55 S. + 1 Bl. 8°

Leipzig, Phil. Fak., Inaug.-Diss. v. 19. März 1880

Kappes, Johann (Frankfurt a. M.) [Auctor]
Dissertatio juridica inauguralis de dotis promissione indeterminate facta valida vel non valida.
Giessae 10. Dez. 1796: Joh. Wilh. Braun. 32 S. 8°
pro summis in utroque jure honoribus consequendis.

Kappes, *Karl* [Dir.]: *Berichtigung der Chronik von Karlsruhe zur Geschichte des Realgymnasiums.* Karlsruhe, Buchdr. v. Malsch & Vogel, 1890; S. 5–7; 4°
Karlsruhe, RG, MP 1890

Kappes, Karl Beschreibung des neuen Schulgebäudes. 10 S., 3 Pläne u. 3 Zeichnungen. Progr. Rg. *Karlsruhe* 1876.

Karl Kappes. Zur Erklärung von Virgils Aeneide (1. Buch). 73 S Freiburg, P 1859

K. Kappes. Zur Erklärung von Virgils Aeneide (2. Buch). 49 S. Konstanz, P 1863

Karl Kappes. Zur Erklärung der Aeneide Virgils (III. Buch). 30 S. Donaueschingen, P 1866

– -- IV. Buch. Pr. 1871. 56 S. 1.—

Karl Kappes. Erläuterungen zur Geschichte der römischen Ritter unter den Königen. 55 S. Freiburg, P 1855

Kappes, K., Erzählungen aus der Geschichte für den ersten Unterricht auf Mittel-. und höheren Bürgerschulen zusammengestellt. 2 Abthlgn. Freiburg im Br. 860. Wagner. gr. 8. n. 23 ngr.
Inhalt: 1. Thl.: Die alte Zeit. (X, 128 S.) n. 12 ngr. — 2. Thl.: Die mittlere u. neuere Zeit. (VI, 108 S) n. 11 ngr.

Kappes, C., Erzählungen aus der Geschichte für den ersten Unterricht auf Mittel- und höheren Bürgerschulen zusammengestellt. 2. Aufl. 1865. * 24 Ngr. und 3. Aufl. gr. 8. (XIV und 296 S.) Freiburg im Br. 868, Wagner'sche Buchh. *

Kappes, Karl, Erzählungen aus der Geschichte für den ersten Unterricht in Gymnasien und Realschulen zusammengestellt. 4. verb. Aufl. (IX, 295 S.) 1873, und 5. verb. Aufl. gr. 8. (VII, 304 S.) Freiburg 875, Wagner'sche Buchh. *

Kappes, Karl, Erzählungen aus der Geschichte, für den ersten Unterricht in höhern Lehranstalten zusammengestellt. 6. verb. Aufl. gr. 8. (VIII, 310 S.) Freiburg i. Br. 878, Wagner'sche Universitäts-Buchh. *

Kappes, Karl, Erzählungen aus der Geschichte, für den ersten Unterricht in höheren Lehranstalten zusammengestellt. 7. verb. Aufl. gr. 8. (VIII, 300 S.) Freiburg i. Br. 882, Wagner'sche Universitäts-Buchh. *

Kappes, Karl, Erzählungen aus der Geschichte, für den ersten Unterricht in höheren Lehranstalten zusammengestellt. 8. verb. Aufl. gr. 8. (VIII, 298 S.) Freiburg i. Br. 886, Wagner'sche Universitäts-Buchh. *

geb. **

K. Kappes. Zur Geschichte der Anstalt. I. Abt. 20 S.
Derselbe. Zur Geschichte der Anstalt. II. Abt. 12 S.
„ Zur Geschichte der Anstalt. III. Abt. 12 S.
Karlsruhe, P 1883–1885

—, Zur Geschichte der Anstalt. 4 (S. 3—7). Rg. *Karlsruhe* 1893 (617). Progr.

Kappes, Karl, Leitfaden für den Unterricht in der deutschen Stilistik. Für höhere Lehranstalten entworfen. 1. Aufl. 1869, und 2. Aufl. gr. 8. (VIII, 63 S.) Leipzig 874, Teubner.

—— Leitfaden für den Unterricht in der deutschen Stilistik. Für höhere Lehranstalten entworfen. 3. Aufl. gr. 8. (III, 64 S.) Leipzig 879, Teubner.

—— Leitfaden für den Unterricht in der deutschen Stilistik. Für höhere Lehranstalten entworfen. 4. Aufl. gr. 8. (VIII, 64 S.) Leipzig 884, Teubner.

Kappes, Karl. Leitfaden f. den Unterricht in der deutschen Stilistik. Für höhere Lehranstalten entworfen. 5. Aufl. gr. 8. (VIII, 64 S.) Lpz. 891, Teubner. cart. * — 80

Kappes, Karl Zum 22 März 1888. 4 (S. 3—4 der Schuln.). Progr. Rg. *Karlsruhe* 1888 (585).

Karl Kappes. Zur Methodik des Geschichtsunterrichts auf Gelehrtenschulen. 54 S. Freiburg, P 1861

Kappes, Karl *Prof. Dr Philipp Platz tritt in den Ruhestand.* 4 (S. 4—5). Progr. Rg. *Karlsruhe* 1892 (615)

Kappes, Karl Zur Realschulfrage. 12 S. Progr. Rg. *Karlsruhe* 1877

K. Kappes. Rede bei Eröffnung des Neubaues des Realgymnasiums in Karlsruhe 8. Juni 1876. Beschreibung des Gebäudes nebst 5 Zeichnungen, das Ganze und die Stockwerke im Grundriss darstellend. Progr. S. 3—10. Karlsruhe, P 1876

Kappes, *Karl* [Dir.]: *Rückblick auf die ersten 25 Jahre der Anstalt und Nachträge zu dem 1883 mitgetheilten Verzeichniss der Lehrer.* (Nachtr. z. P-Beil. 1883.) Karlsruhe, Buchdr. v. Malsch & Vogel, 1893; 3—7 S. 4.
Karlsruhe, RG, MP 1893 (617)

Kappes, *Karl* [Dir.]: Rückblick zur Schulfrage. Karlsruhe, Buchdr. v. Malsch & Vogel, 1891; S. 3—20; 4°
Karlsruhe, RG, MP 1891 (612)

—— zur Schulfrage. gr. 8. (III, 74 S.) Karlsruhe 883, Reuther. *

Karl Kappes. Zum deutsch-lateinischen Wörterbuch. 29 S. Donaueschingen, P 1868

Kappes, Klemens

Kappos, Clemens: Die Widerspruchsklage nach § 686 C.-P.-O. m. bes. Berücks. d. Rechtswohlthat d. Inventars . Aachen, La Ruelle'sche Accidenzdr. u. Lith. Anst., *1895;* 62 S. 8.
Erlangen, Jur. Fak., Inaug.-Diss. v. 1895

Kappes, Matthias: A b r i s s der Logik und Erkenntnistheorie. Von Prof. Dr. –. Als Ms. gedr. Münster i. W. 1899: H. Mitsdörffer. (58 S.) 8°

Kappes, Matth.: A b r i s s der Metaphysik. Von Prof. Dr. –. Als Ms. gedr Münster i. W H. Mitsdörffer 1901. (75 S.) 8°

Kappes, Matthias: A b r i s s der Psychologie. Von Prof. Dr. –. Als Ms. gedr Münster i. W.: 1899: H. Mitsdörffer. (73 S.) 8°

Kappes, Matthias, Aristoteles-Lexikon. Erklärung der philosoph. termini technici des Aristoteles in alphabet. Reihenfolge. gr. 8. (70 S.) Paderborn 894. F. Schöningh n. 1.50

Kappes, Matthias, Die philosophische Bildung unserer gelehrten Berufe. Ein Wort zur Reform der Universitätsstudien. Münster, Aschendorff, 1892, gr. 8°, 41 S. 1 Mk.
Recens. v. Keil, Pastor bonus 1893, S. 159—60.

—— Der „Common Sense" als Princip der Gewissheit in der Philosophie d. Schotten Thomas Reid. Habilitationsschrift. gr. 8. (75 S.) Münch. 890. (Lpz., W. Engelmann.) * 2 —

Kappes, Matthias, Lehrbuch d. Geschichte d. Pädagogik. 1. Bd.: Altertum u. Mittelalter. gr. 8. (VIII, 518 S.) Münster 898. Aschendorff n. 6.—

Kappes. Mathias [aus Zeltingen a. d. Mosel] Die Aristotelische Lehre uber Begriff und Ursache der *κινησις.* Eine naturphilosophische Studie Bonn, Univ.-Buchdr v Carl Georgi, 1887; 46 S. + 1 Bl. 8°
Freiburg i. B., Phil. Fak., Inaug.-Diss. v. 1887.

Die Metaphysik als Wissenschaft. Nachw ihrer Existenzberechtigg u. Apologie einer übersinnl. Weltanschauung v. Dr. M a t t h i a s Kappes, a. ö. Prof. zu Münster i. W. *Münster i. W.: Aschendorff 1898.* (60 S.) 1 Bd 8. 198. 11574

Kappes, Matthias, die „kritische Methode" des Herrn Professor Adickes in seinen Untersuchungen der Entstehung meiner Schriften. Zur Aufklärung u. zur Abwehr! (40 S.) gr. 8. Münster 904. H. Mitsdörffer. n. 1.20

System der Philosophie. Von Dr. M a t t h i a s Kappes, Prof. T. 1. *Münster i. W.: H. Mitsdörffer 1903.* 8° [03. 7415 6]

Kappes, Paul Jos.: Aus d. med. Klinik. Ueber Wasserentziehung . . . Lechenich, Druck v. Ph. Schäfer, 1888; 46 + 1 S. + 1 Bl. 8°
Bonn, Med. Fak., Inaug.-Diss. v. 12. März 1888

Kappes, Paul Jos. Über Wasserentziehung. Diss. 8. (47 S.) Lechenich 888. (Köln, Neubner.) * 1.50

Kappes, Robert [pr. Arzt in Langenneufnach]: Placenta praevia, ihre Aetiologie, Pathogenese, Frequenz und Therapie. E. Studie m. Veröffentlichg v. 11 Fällen aus seiner Praxis . . . Würzburg, A. Boegler'sche Buchdr., 1895; 39 S. 8.
Würzburg, Med. Fak., Inaug.-Diss. v. 1895

Kappesser, Neues(?) zur Heilung der Zuckerkrankheit. (11 S.) 8. Darmstadt (905). L. Vogelsberger. n. —50

Kappesser, Alfred

Kappesser, Alfr., vom lebendigen Gott. Religiöse Skizzen. (IV, 127 S.) 8. Hamburg 910. O. Meißner's Verl. Geb. in Leinw. 2.—; m. Goldschn. 2.50

Kappesser, Alfr., Jesus, der rechte Heiland. Antrittspredigt, bei seiner Einführg. in das Amt eines Pastors an der hl. Dreieinigkeitskirche zu St. Georg am 26. IX. 1901 geh. gr. 8. (14 S.) Hamburg 901. Herold. n. —40

Kappesser, Friedrich *Ludwig* [aus Darmstadt in Hessen]: Ueber Unterscheidung von vitaler und postmortaler Suspension . . . Berlin, C. Vogts Buchdr., *1895;* 33 S., 1 Bl. 8.
Berlin, Med. Fak., Inaug.-Diss. v. 28. Mai 1895

Kappesser, Georg Otto Heinrich (Jugenheim)
Ueber fremde Koerper in den Luftwegen.
Giessen: W. Keller 1853. 52 S. (in Δ mit Thesen)
Diss. med. 25.5.1853. vorh. 26. 7. Δ.

Kappesser, O., d. Lehre d. Bibel v. d. Arbeit, f. Zeitfragen d. christl. Volkslebens.

Kappesser, O., methodische Schmierseife-Einreibung gegen Skrofulose u. Tuberkulose. gr. 8. (23 S.) Darmstadt 900. J. Waitz. n. —60

Kappesser, Otto, Choralbuch f. Posaunenchöre, auf Grund des Choralbuchs f. die evangel. Kirche im Großherzogt. Hessen u. m. besond. Berücksicht. des neuen Gesangbuchs m. Noten (1904) bearb. (IV, 80 S.) kl. 8. Darmstadt 905. J. Waitz. Geb. in Leinw. n. 1.—

Kappey, H., s.: Lesebuch, hannoversches.

Kappeyne van de Coppello, J., Abhandlungen zum römischen Staats- und Privatrecht. Nach dem Holländ. Mit Vorwort von Max Conrat [Cohn]. 2 Hefte. gr. 8. Stuttgart 885, Metzler'sche Buchh., Verlag. *

Inhalt:

Heft 1. Betrachtungen über die Comitien. (III, S. 1—114.) *M 2.80.

» 2. Über das vim facere beim interdictum uti possidetis. Über constituta pecunia. (S. 115—354.) *M 5.40.

Kappeyne van de Coppello, J. Die Comitien. Das vim facere beim interdictum uti possidetis. Ueber constituta pecunia. Drei Abhandlgn. zum röm. Staats- u. Privatrecht. Nach dem Holl. m. Vorwort v. Max Conrat [Cohn]. Neue (Titel-)Ausg. gr. 8. (III, 354 S.) Berl. 891, Puttkammer u. Mühlbrecht. * 4 —

Kappeyne van de Coppello, N. I. B., Observationes criticae in auctores veteres Graecos. Pars I. 8maj. (V und 73 S.) Noviomagi 850. (Amstelodami, Seyffardt.) Thlr. *

Kappis, Arthur, approb. Arzt aus Tübingen. Die **Aneurysmen** der Arteria occipitalis. *Tübingen 1903: H. Laupp jr.* (21 S.) 8° ¶(Aus Beiträge zur klinischen Chirurgie Bd 40, H. 3.)
Tübingen, Med. Diss. v. 1903

Kappis, Johann Jacob (Gaechingensis), Theses inaug. medicae primas lineas odontitidis, sive inflammationis ipsorum dentium sistentes. Präs. Wilh. Gottfr. Ploucquet. Tübing. (Reiss) April 1794. 14 S. (5.—)

Kappis, Max, appr. Arzt a. Tübingen: Experimente über die Ausbreitung der Urogenitaltuberkulose bei Sekretstauung. Tübingen 1905: Rudolstadt, F. Mitzlaff. (15 S.) 8°
Tübingen, Med. Fak., Ref. v. Baumgarten, Diss. v. 14. Juli 1906
[Geb. .. Okt. 81 Tübingen; Wohnort: Tübingen; Staatsangeh. Württemberg; Vorbildung: Gymn. Tübingen Reife M. 99; Studium: Tübingen 8, Berlin . S.; Coll. 21 Juli 05; Approb. 17 April 05.]

Kappius. Siehe Menser.

Kappler

(Fig.: *Henker mit hochgehobenem Kopf* 66 ... 104) Das schreckliche Ungeheuer Anton Kappler ... grausenhafter und schrecklicher Raubmörder, ... an der ... Afrille in Birmingham in England ... (*Text*)
Kol.: Druck der J. F. Rietsch'schen Buchdruckerei in Landshut
o. J., 1 Bl. zweiseitig bedruckt, 290 ... 10.
LBO Bänkelsängerlit. I, 22.

Kappler,..., vollständ. Anleit. zur Kalligraphie. 4. Manh. ... (Schwan u. G.) 2 ß

Kappler, August

Kappler, A., Holländisch-Guiana. Erlebnisse u. Erfahrungen während eines 43jährigen Aufenthaltes in der Kolonie Surinam. Mit einer (lith.) Karte der Kolonie u. einem Holzschn. gr. 8. (IX, 495 S.) Stuttgart 881. Kohlhammer in Comm. n. 6. —

Kappler, A., sechs Jahre in Surinam oder Bilder aus dem militärischen Leben dieser Colonie, und Skizzen zur Kenntniss seiner socialen und naturwissenschaftlichen Verhältnisse. 8. (VI und 282 S.) Stuttgart 854, Schweizerbart'sche Vrlgsh.

Kappler, Aug., Surinam, sein Land, seine Natur, Bevölkerung und seine Kultur-Verhältnisse mit Bezug auf Kolonisation. gr. 8. (III, 384 S. mit Holzschn. und 1 Karte.) Stuttgart 887, Cotta'sche Buchh. Nachf. *

Kappler, C., s. Kappler, Karl

Kappler, Carl, s. Kappler, Karl

Kappler, Eleonore, die heidelberger Köchin. Ein Kochbuch für alle Stände, enthaltend: 513 vorzügliche selbsterprobte Recepte. 12. (X und 138 S.) Oppenheim a. Rh. 859, Kern. *

Kappler, Friedr., die württemberg. Gerichts-Gesetze, s. Sammlung 2c. d. würtemb. Gesetze.

Kappler, Fr., das königl. württembergische Gesetz über das Notariatswesen vom 14. Juni 1843 nebst der k. Verordnung, betr. die Vollziehung dieses Gesetzes, vom gleichen Tage, aus den demselben vorangegangenen Verhandlungen und den einschlagenden Gesetzen erläutert; mit einer geschichtlichen Einleitung und einer Zusammenstellung der Notariatssportel-Gesetzgebung, sämmtliche in das Gebiet der nicht streitigen Gerichtsbarkeit einschlagenden Gesetze, Verordnungen und Normalien, der Gebühren-Regulative, sodann mit Formularien für verschiedene Rechtsgeschäfte. 2., verm., nach dem neuesten Stand der Gesetzgebung ergänzte Aufl. gr. 8. (VI und 682 S.) Stuttgart 855, Liesching und Comp. *

—— Handbuch d. Literatur d. Criminalrechts u. dess. philosoph. u. medizin. Hülfswissenschaften; f. Rechtsgelehrte, Psychologen u. gerichtl. Aerzte. (3 Lfgn.) Lex.-8. (78 1/4 B.) Stuttgart 838, [Scheible, Rieger u. Sattler.] 6 Thlr., hrbgs. Pr.

Kappler, Fr., Handbuch der Literatur des badischen Rechts. 4 Lfgn. gr. 8. (VI u. 680 S.) Heidelberg 847. 48, J. C. B. Mohr. (à n. 2/3 ß) n. 2 2/3 ß

—— das Polizei-Strafgesetz für Württemberg, s. Polizei-Strafgesetz.

—— juristisches Promtuarium; e. Repertor. üb. alle in d. J. 1800—1837 erschien. Abhandln. üb. einzelne Materien aus d. gesammten Rechtswissenschaft (mit Ausschluß d. Criminalrechts), welche in d. verschied. Annalen, Archiven, Zeitschriften, Sammln. v. Rechtssprüchen u. Gutachten 2c. zerstreut vorkommen. 1. Aufl. (12 B.) 835. 3 Thlr., 2., m. ein. Supplementhft verm. Ausg. gr. 8. (59 B.) Stuttgart 837, [Scheible, Rieger u. Sattler.] 4 1/4 Thlr., hrbgs. Pr.

—— dess. — Supplementhft. z. 1. Aufl. gr. 8. (17 B.) Ebds. 837. 1 1/4 Thlr., hrbgs. Pr.

—— das Strafgesetzbuch' für Württemberg, s. Strafgesetzbuch.

Kappler, Friedrich Karl: **Das Recht der unehelichen Kinder** nach französisch-badischem Recht und nach dem bürgerlichen Gesetzbuche. *Konstanz 1898: Reuss & Itta.* (54 S.) 8°
Freiburg i. B., Rechts- u. staatswiss. Diss. v. 1898

Kappler, Not. Dr. **Frdr. Karl,** Das Recht der unehelichen Kinder nach franz.-bad. Recht und nach dem Bürgerlichen Gesetzbuch. (51 S.) Strassburg 1898. E. d'Oleire in Komm.

Kappler, H. G. M., Meisterstück e. Sattlers u. Riemers, s.: Berufsaufsatz, der, in der Fortbildungsschule.

Kappler, Hans, Präparationen f. den Zeichenunterricht an zwei- u. vierklassigen Volksschulen. hoch 4. (32 S. m. 29 Taf.) Leipzig 902. E. Wunderlich. n. 2.—; geb. n. 2. 40

Kappler, Hans, vom Spiel zur Arbeit. 2 Tle. gr. 8. Chemnitz (910). (Leipzig, K. F. Koehler.) In Mappe 3.60
1. Stufengang des Unterrichts im Formen f. Schule u. Haus. (8 farb. Taf. m. 15 S. Text.) In Mappe. 1.60
2. Stufengang d. Unterrichts im Papierschneiden f. Schule u. Haus. (20 farb. Taf. m. 10 S. illustr. Text.) In Mappe. 2.—

Kappler, Jh., gründl. u. vollständ. Anweis., wie Oel u. Wein in Flaschen bei Transporten vortheilhaft eingepackt werden müssen. gr. 4. Kirsche bei Bautzen 822. Verfasser. 12 gr.

Kappler, K., s.: Aus der Schatzkammer der Apostel.

Kappler, Karl

Kappler, Carl: Ueber die unter dem Namen der Cornelia überlieferten Brieffragmente. Welden 1905: F. Nickl. (30 S.) 8°
Welden, k. human. G P 1905*

Kappler, Karl, Gerichtsref. aus Wiesbaden Zur Lehre vom Besitz. *[Wiesbaden] 1899: H. Fuchs.* (76 S.) 8°
Freiburg i. B., Rechts- u. staatswiss. Diss. v. 1899

Kappler, Lorenz [Hrsg.] s. Magazin, Kleines f. kath. Religionslehrer

Kappler

– s.a. Käpler. – Käppler

Kappler, M. F., Beschreibung u. Geschichte der sogenannten Riesensäule im Odenwalde, nebst Bemerkk. üb. den Transport nach dem Schlachtfelde bei Leipzig. Mit 1 Abbild. 8. Karlsr. 814. Braun. 7 gr.

Kaeppler, Ernst Gottlieb (Krischa/Lausitz), An servitia rustica principi praestanda veniant ex possessione praediorum rusticorum. Quaestio juris controversi. Präs. D. Christian Heinr. Breuning. Lpz. (Langenheim) 15. IV. 1775. 8 S. (4.20)

— **Friedrich Paul** (Colditz), Ueber die Pocken und deren Impfung. Diss. med. Lpz. (Oswald Mutze) 23. VI. 1869. 40 S. mit Biogr. (6.—)
Oppon.: Ad. Gödel, G. Voigt, O. Lenz. — Handschriftl. Widm. an: Fritz Jahn.

Kaeppler, F. P., über die Pocken und deren Impfung. Ein Beitrag zur Impffrage, historisch und statistisch scizzirt. 8. (38 S.) Leipzig 869, (Werner.)

Käppler, H. Arbeitsverhältnisse der Müller Deutschlands. Nach statist. Quellen bearb. Nebst Adreßtaf. d. Verbandes deutscher Müller u. verw. Berufsgenossen. 8. (II, 70 S.) Altenb. 891, (Schnuphase). * — 60

Käppler, Arbeitsverhältnisse der Müller Deutschlands. Nach statist. Quellen bearb. Altenburg 892.

Käppler, Joh. Geo. v. (churfl. Hofkammer- u. Commercien-Rath, auch Fiscal, zu Sandlshausen u. Leiberstorf), die *Wirklichkeit der Domanien in Baiern* , dem sogen. Ungrund . . entgegen gesetzt. Die Revocierung (!) der Grafschaft *Falley* (sic), als eines Domanial-Guts betreffend. Mit Beylagen von Num. 1. bis 38. München, gedr. in d. churfl. akadem. Buchdruckerey, 1768. Fol. Beibd.
4 Bll., 223 u. 91 S., 1 Bl. Err.

Kaeppler, O., über Ausführung von Grundstücken-Zusammenlegungen. 8. (38 S.) Gotha 869, (Glaeser.) *

Käpplinger, Christiane, Beschreibungen üb. das Wesen der Gottheit, der menschl. Natur u. der christl. Religion. Gewidmet allen christlich gesinnten Freunden unserer Zeit. 2 Thle. 8. (24 B.) Heilbronn 843, Classische Buchh. *

Käpplinger, Christiane, Beschreibungen über das Wesen der Gottheit, der menschlichen Natur u. der christl. Religion. Gewidmet allen christlich gesinnten Freunden unserer Zeit. 2 Thle. 8. Heilbronn 845, Classische Buchh. n. $1^1/_3$ ß — 2. Aufl. 2 Thle. in 1 Bde. 8. Ebd. 846, Landherr. n. $1^1/_3$ ß

Kapplmayer, Frz. Xav., Verherrlichung Gottes und Marien's durch Gesang und Gebet, d. i. Auswahl verschied. kathol. Kirchenlieder, Gebete und Andachten für den häusl. und öffentl. Gottesdienst mit besond. Berücksichtigung der Marien-Wallfahrtskirche auf dem St. Nicolausberge bei Würzburg. 16. (XVI und 364 S. mit 1 Stahlst.) Würzburg 865, Julien. * * - Velinp. * *

Kappner, Herm. F. M., Herzogin zu Württemberg und Teck, geb. Herzogin zu Münsterberg in Schlesien zu Oels 1625 bis 1686. Oels 1909. [Kopftit.]

Kappotas, Angelus Demetr., de Hesiodi carmine quod opera et dies inscribitur. 8maj. (49 S.) Lipsiae 856, A. Winter. *

Kappstein, Anna Behnisch-, s. Behnisch- Kappstein

Kappstein, Carl, gute Bekannte aus d. Tierreiche. Tierbilder. Text zusammengestellt v. Wilh. Kotzde. Aus der Sammlg. „Das deutsche Bilderbuch". 1. u. 2. Bd. (à 15 S. m. 8 farb. Vollbildern.) 22,5×29,5 cm. Mainz (907). J. Scholz. Kart. à 1.—; in 1 Bd. kart. 2.—; in 1 Leinw.-Bd. 3.—; auf Pappe. (14 S.) Kart. 3. —

— Der künstlerische Steindruck. Handwerkliche Erfahrgn. bei künstler. Flachdruckverfahren. M. Druckbeispielen. (67 S. m. 26 Taf.) 8. Berlin 910. B. Cassirer. 3.—; geb. 4. —

Kappstein, Thdr., Ahasver in der Weltpoesie. Mit e. Anh.: Die Gestalt Jesu in der modernen Dichtung. Studien zur Religion in der Literatur. (X, 157 S.) 8. Berlin 906. G. Reimer. Kart. n. 3. —

— bedürfen wir des Pfarrers noch?, s.a. **Christentum, das moderne.**

Kappstein, Theodor. Bedürfen wir des Pfarrers noch? Ergebnis einer Rundfrage, eingeleitet und zusammengestellt von Th' K'. IV + 178 S. 8. Berlin und Leipzig, Hüpeden & Merzyn, 1906. [M. 1.60]
Das moderne Christentum. Herausgeber: Theodor Kappstein. Serie I. Heft 1/2 ...
Darin S. 29/31. 40/2. 119/27 172/3 verschiedene Äusserungen *aus der Schweiz, S. 101/4 von* Friedrich Nietzsche, *S. 156/70 von* Professor Dr Ferdinand Vetter ... Bern: Der evangelische Pfarrer einst und jetzt

— Buddha u. Christus, s.a. **Christentum, das moderne. 5. Hft.**

Buddha und Christus. Religionsgeschichtl. Parallelen. Von Theodor **Kappstein.** Berlin. Hüpeden & Merzyn 1906. (130 S.) 8° [F.]
— Christentum, Das moderne. Ser. 1. H. 5. 06. 8591

Kappstein, Thdr., Rudolf Eucken, der Erneuerer d. deutsch. Idealismus, s.a. Philosophie, moderne. 5. Bd.

Kappstein, Theodor: Rudolf Eucken. Der Erneuerer des deutschen Isealismus. Von –.
Berlin-Schöneberg: Hilfe 1909. 92 S. 8°
(Moderne Philosophie Bd. 5.)

— Emil Frommel, s.a. **Männer der Zeit. 13. Bd.**

Emil Frommel. Ein biogr. Gedenkbuch von Theodor **Kappstein.** *Leipzig: H. Seemann Nachf. 1903.* (472 S.) 8° [F.]
— Männer d. Zeit. Bd. 13. 03. 4389

— Emil Frommel. Ein biograph. Gedenkbuch m. Benutzg. ungedr. Quellen. 2. Aufl. (4. Taus.) (Neue [Titel-]Ausg.) (462 S. m. 1 Bildnis.) 8. Berlin [906]908. Zehlendorf, B. Behr's Verl. Geb. in Leinw. 6. —

— Emil Frommel. Ein biograph. Gedenkbuch m. Benutzung ungedr. Quellen. 2. durchgeseh. u. verm. Aufl. (3.—4. Taus.) (462 S. m. 1 Bildnis.) gr. 8. Berlin 906. Hüpeden & Merzyn. n. 4. 50; geb. n. 6. —

— Eduard v. Hartmann. Einführung in seine Gedankenwelt. Vorlesungen, geh. an der Freien Hochschule Berlin. Mit Portr. u. Fksm. (IX, 178 S.) gr. 8. Gotha 907. F. A. Perthes. 3.—; geb. 4. —

— s.: Hochschulen, die deutschen.

Kappstein, Thdr., Johannes d. Täufer u. s. Zeit. Ein Beitrag zum Verständnis des „Johannes“ v. Hermann Sudermann. M. e. Bilde v. Josef Kainz als „Johannes“. gr. 8. (46 S.) Berlin 898. „Harmonie“, Verlagsgesellschaft f. Litteratur u. Kunst. n. 1. —

— s.a. Lessing. Ein Charakterbild aus seinen Werken.

Kappstein, Theod., Lessing. E. Charakterbild aus s. Werken. Stuttgart [1906.] 8°.
(A. d. Gedankenwelt grosser Geister, hrsg. von Loth. Brieger-Wasservogel. Bd 2.)

— Leuchten der Menschheit, s.a. Bücher, die, des deutschen Hauses.

Kappstein, Theodor: Leuchten der Menschheit. Religionsgeschichtl. Porträts. Von –.
Berlin: Buchverlag fürs Deutsche Haus 1909. 286 S. 8°
(Die Bücher d. Deutschen Hauses. Bd. 83.)

— Psychologie der Frömmigkeit. Studien u. Bilder. (VIII, 242 S.) 8. Leipzig 908. M. Heinsius Nachf. 4. 50

— Peter Rosegger. Ein Charakterbild. (XV, 334 S. m. Taf. u. 1 Bildnis.) gr. 8. Stuttgart 904. Greiner & Pfeiffer. n. 5. —; geb. in Leinw. n. 6. —

— Moderne Theologie u. Kultur, s.a. Kultur, die.

Kappstein, Th(eodor). Moderne Theologie und Kultur. Essai von Th. K'. Mit zwölf [*d. i.* 10] Vollbildern [Tafeln] in Tonätzung. IV + 150 S. 8. Berlin, Marquardt & Co., (1908). (cart. M. 3. —, geb. 5. —)
Die Kultur. (Sammlung illustrierter Einzeldarstellungen.) Hrg. von Cornelius Gurlitt. (Band 29 und 30.)
Darin S. 69—83: Adolf Schlatter. [Mit Porträt-Tafel.]

— Wesen u. Geschichte der Religionen, s.a. Bibliothek, akadem.

Wesen und Geschichte der Religionen. 7 Vorlesungen von Doz. Theodor Kappstein. Berlin: Verl. 20. Jahrh. [1906]. (160 S.) 8° [F.]
— Bibliothek, Akademische. Ser. 1. Lfg 6. 9. u. 14. [ok. 10660

Kappus, Adf., die Diaspora Oberschwabens, s.: Für die Feste u. Freunde des Gustav-Adolf-Vereins.

Kappus, Adf., Peter Rosegger u. die Heilandskirche in der Waldheimat, s.: Festschriften f. Gustav-Adolf-Vereine, 6. Hft.

Kappus, Carl, s. Kappus, Karl

Kappus, F. X., u. E. v. Horstenau, im mohrengrauen Rock, s.a. Bibliothek, militär-belletristische. 3. Bdchn.

(F) Kappus, F. X. und Horstenau, E. v., Im mohrengrauen Rock. [Militär-belletristische Bibliothek. Bd. 3.] 8°. (ill. 73 S.) †
Wien: Perles 1903. K 2.—

Kappus, Karl

Kappus, Carl, aus Frankfurt am M.: Der indogermanische Ablativ. *Marburg 1903: W. Drugulin in Leipzig.* (93 S.) 8°
Marburg, Phil. Diss. v. [9. Sept.] 1903

Kappus, Carl, der indogermanische Ablativ. (93 S.) gr. 8. Marburg 903. (Frankfurt a/M., K. Scheller.) n. 2.—

Kapralik Adolf: Die Fabeln Lafontaines und Florians.
1903 PN 1595 Diss. Wien, Univ. 2255

Kapras, Joh., das Pfandrecht im böhmisch-mährischen Stadt- u. Bergrechte, s.a. Untersuchungen zur deutschen Staats- u. Rechtsgeschichte 83. Heft.

Das Pfandrecht im böhmisch-mährischen Stadt- und Bergrechte. Ein Beitrag z. Geschichte d. deutschen Rechtes von Johann Kapras, Priv.-Doz. Breslau: M. & H. Marcus 1906. (92 S.) 8°
— Untersuchungen z. Deutschen Staats- u. Rechtsgeschichte. H. 83. [c4. 8456

Kapri, Mathilde Baronin von

Kapri, B. M., Herr Alexis, s. Reiselectüre.

Kapri, B. M., aus eigener Schuld. Roman. gr. 8. (370 S.) Leipzig 888, Reißner. *

— Uradelig. Roman. 3 Bde. 8. (292; 328; 219 S.) Wien 879, Zamarski. *

Kapri, Mathilde B[nin] von
Va banque. Roman. Berlin 1879.
In: Roman-Zeitung, Deutsche. Bd 4.

Kapri, B. M., Va banque. Roman. 2 Bde. 8. (279; 243 S.) Berlin 880, Janke.

Kaprianus, S. Hungaria diplomatica temporibus Matthiae Corvini de Hunyad. 2 v. 8. Vindobonae 1767. 72.

Kaprice, s. Caprice.

Kaprinai, St., Hungaria diplomat. temporibus Matthiae de Hunyad, regis Hung. II Prts. 8 maj. Wien 767—72 Trattner. 3 ₰ 12 K

Kapristan. Katholisches Volksblatt. Red. von Dr. Albert Wiesinger. 23. Jahrg. 1889. 24 Nrn. Gr.-8. In Comm. *1.—
Wien: Mayer & Cie. 1889.

Kaprunerthal, das, Herzogth. Salzburg. Ein Geleit- u. Erinnerungsbuch. Mit 1 Uebersichtskarte. Illustrationen v. F. Hegenbart u. T. Grubhofer. 12. (59 S.) Salzburg (899). H. Kerber. n. — 50

Kaps, G., Macht der Hypnose. Lehrbuch des persönl. Magnetismus, Hypnotismus u. der Suggestion etc., nebst besond. Berücksicht. der Autohypnose, des persönl. Magnetismus, des Heilmagnetismus, der Telepathie, des Hell- u. Fernsehens, des Gedankenlesens. (64 S.) 8. Dresden (904). M. Wendel. n. 1. 60

Kaps, Georg [aus Katscher]: Über die seit dem Jahre 1887 in der Kgl. chirurg. Klinik zu Greifswald vorgenommenen Gastrostomieen ... Greifswald, Druck v. J. Abel, 1892; 42 S. 8.
Greifswald, Med. Fak., Inaug.-Diss. v. 10. Aug. 1892

Kapsammer, G., Nierendiagnostik u. Nierenchirurgie. 2 Tle. (XII, 432 S. m. 29 Abbildgn. u. XI, 567 S. m. 34 Abb.) Lex. 8. Wien 907. W. Braumüller. 20. —

KAPSEL, Die hohe, des Momus, oder der Teufel unter den Sauen. Ein Buch für Jedermann. Kosmopolis, o. J. (Altenburg, Richter, 1795). 8° (In Warmbrunn.) (6 Mk. L. Rosenthal, 1907.)
Weller, fing Druckorte, S. 195. — 204 SS. (incl. 6 Bll. Tit. u. Vorr., 2 leere Bll. Enth. Neujahrsgratulationen, Brillen, Politik; Geistlichkeit, Pädagogik, Aufklärung, Empfindsamkeit, Juristen, aus Onans Kapsel (S. 148—164, in gewisser Hinsicht eine Apologie der Onanie), aus der Quecksilberkapsel (S. 165—169), Recensionen &c.

Kapsel, die hohe, d. Momus, od. d. Teufel unter d. Sauen. 8. (Akadem. Buchhdl. in Jena) 795.

Kapsel, die hohe, d. Momus, od. d. Teufel unter den Sauen. 8. (Neisse) 795. (Hennings). 16 gl

KAPSZDORFER, Ludovicus: De initiis ecclesiae sic dictae episcopalis in Anglia deque ejusdem doctrina constitutione et cultu. — (1884) 119 S. 4° (Handschr.) Diss. 391
Diss. Wien, Univ.

Kapteinat, Arthur, Referendar: Das Verhältnis der Vertrags- zur Deliktsklage bei Verletzung von obligatorischen Rechten. Nach römischem, gemeinem und den neueren Rechten mit besonderer Berücksichtigung des B.G.B. Stallupönen [1904]: H. Klutke. (74 S.) 8°
Greifswald, Jur Fak., Ref. Frommhold, Diss. v. 19. Okt. 1904
[Geb. 11 Aug 78 Warnakallen i. Ostpr; Wohnort. Darkehmen i. Ostpr.; Staatsangeh. Preußen. Vorbildung: Gymn. Insterburg Reife M 00; Studium: Berlin 3, Munchen 1, Greifswald 2 S.; Rig. 21 Dez. 03.]

Kapteyn, Alb. Beiträge zur Lösung der Bremsfrage. gr. 8. (19 S.) Hannov. 891, Schmorl u. v. Seefeld Nachf. * -- 50

Kapteyn, A: Ueber kontinuirliche Bremsen für Eisenbahn-Fahrzeuge. Vortrag. Berlin 1882

Kapteyn, A: Einführung durchgehender Bremsen auf den Königl. Preußischen Staatsbahnen. (Berlin 1886?)

Kapteyn, A: Die Ermittelung des Bremsweges und der Bremsdauer für Eisenbahnzüge mit durchgehender selbstthätiger Luftbremse. (Berlin 1886?)

Kapteyn, J. C, u. W. **Kapteyn,** die höheren Sinus. [Mit 2 Holzschn.] Lex.-8. (62 S.) Wien 886. (Gerold's Sohn.) n. 1. —

Kapteyn, J. C., und W. **Kapteyn,** die höheren Sinus. Lex.-8. (62 S. mit 2 Holzschn.) Wien 886, (Tempsky.) *
Aus: Sitzungsberichte der k. Akademie der Wissenschaften, besonders abgedruckt.

Kapuściński, Boleslaus (geb. Schroda 28. 9. 1850) Retroperitonäal-Sarcome Berlin (1873). (30 S.) 8°
Berlin, Med. Diss. v. 2. Aug. 1873

Kapuscinski, Mathias *(geb. Czeladz in Galiz. 21 2 1811)* De fistulis urinariis. Vratslaviae (1836). (36 S.) 8°
Breslau, Med Diss. v *22* Nov 1836

Kapuściński, Witold, Medizinalpraktikant: Zur Kenntnis der Retinitis pigmentosa, besonders derjenigen ohne allgemeine Hemeralopie. Freiburg i. B.: Speyer & Kaerner 1908. 29 S. 8°
Freiburg i. B., Med. Diss. v. 1909, Ref. Axenfeld
[Geb. 25. Mai 82 Posen; Wohnort: Freiburg i. B.; Staatsangeh.: Preußen; Vorbildung: Gymn. Posen Reife O. 03; Studium: Genf 1, Berlin 1, Freiburg i. B. 4, München 3, Leipzig 1 S.] [U 09. 943

Kapuste, Heinrich [pr. Arzt in Breslau]: Über eingeklemmte Hernien im Kindesalter ... Breslau, Druck d. Bresl. Gen.-Buchdr., *1894*; 29 S., 1 Bl. 8.
Leipzig, Med. Fak., Inaug.-Diss. v. 6. Apr. 1894

Kapuste, Oscar [pract. Arzt in Patschkau, Ob.-Schles.]: Ueber den primären Krebs der Prostata .... München, Druck v. M. Ernst (vorm. G. Pollner) (1885); 45 S. 8°
München, Med. Fak., Inaug. Diss. v. 1888

Kaputh [Schlagwort]

Kaputh, s.: Mark.

Oberländer Kapuziner
Ⓢ Bezeichnung des »Oberländer Anzeigers« (Be). Der Ausdruck findet sich wiederholt in der gegnerischen »Berner Zeitung (V)«.

Kapuzinerbruder, Der politische, oder baldige Ankunft des Antichrists wegen der Reduktion des Mönchswesens u.s.m. (!). Eine Prophezeiung. Nebst e. komischen Gedicht (in 8 vierz. Str) auf den Antichrist. O. O 1783. 8°
24 S. (incl. Tit. u. 2 Bll. Anhang). — Gegen Pater Martin Cochem's erbauliches Buch vom Antichrist gerichtete Satire.

Kapuziner-Gespraeche. Im Jahr 1797 8°. Lat. Lett. 47 S. (incl. Tit., auf dessen Rücks. der Text beginnt).
Durch die französ. Revolution beeinflußter Disput über die Zukunft des kathol. Klerus und des Mönchswesens. Die Unterredenden sind (wie auch auf d. Titel steht): Pater Sincerus und Pater Contentus, Kapuziner zwischen Maass und Rhein. — Selten!

Kapuziner-Orden, der, in der Schweiz, u. seine republikanische Verfassung; treu geschildert von e. Protestanten. 8. Luzern 838. Gebr. Räber. (St. Gallen. Schritlin u. Zollik.-fer.) 5 gl

Kapuziner-Predigt. Jum u. November 1848. Druck von F Schantze 1 Bl. Fol
Flugblatt. Berlin, 1848/49.

Kapuziner-Predigt. Darinnen ehrlich, deutsch und wahr wird gehandelt von der Kriegsgefahr, auch vom Bonapartl und seinen Listen zur Lehr und zum Trost für alle Christen. München 859. Lentner. gr. 8. (8 S.) 1 ngr.

Kapuziner-Predigt gehalten der Rechten von einem Prediger des Rechts (Heisa, Juchheisa! Dudeldumdei!) Berlin, E Löwenherz. 1 Bl. Fol.
Flugblatt. Berlin, 1848/49.

Kapuzinerpredigten ꝛc., s.a. Müller (Adalb.).

Kapuzinerpredigten aus den vorigen Jahrhunderten auf alle Sonn- und Festtage des Kirchenjahres. Zur Erbauung des christl. Volkes für unsere Zeit mundgerecht gemacht von Adalb. Müller. 1. und 2. Thl.: Sonntagspredigten. I. II. 8. Regensburg 857, Manz. [1. Thl. (856 S.) 2. Thl. (824 S.) à Thl. 28⅓ Ngr.] Thlr.

Kapuzinerpredigten aus den vorigen Jahrhunderten auf alle Sonn- und Festtage des Kirchenjahres. Zur Erbauung des christl. Volkes für unsere Zeit mundgerecht gemacht von Adalb. Müller. 3. und 4. Thl.: Festtagspredigten. 2 Bde. 8. (IV und 737 S.) Regensburg 865, Manz. à Thl. 28⅓ Ngr.

Kapuziner-Reformen

Capuzinerreformen. Ueber Kapuziner Reformen. Sursee 1835 s [Ammann Franz Sebastian].

Kapuziner-Suppe, der erste, zweite u. dritte Topf. 8. Ulm 787. Wohler. 8 gl

Kar, Paul, Eisenbahnverstaatlichung in Oesterreich. Mit e. Einbegleitg. v. Wilh. Ellenbogen. (19 S.) Lex. 8. Wien 908. (Wiener Volksbuchh.) — 40
Sonderabdruck aus: „Der Kampf".

Kara, Josef ben Simeon, s. Littmann, M.

Kara Mustafa od. die Türken vor Wien. Historische Erzählg. aus dem 17. Jahrh. Der reiferen Jugend u. dem Volke gewidmet. 3., vollständig umgearb. Aufl. 8. (161 S. m. e. Stahlst.) Straubing 890. Volks- u. Jugendschriften-Verl. cart. 1.20

Kara Mustafa vor Wien, s.a. Lebensschattirungen.

Kara Mustapha vor Wien, oder die verhängnissvolle Verlobung . . . in der Pulvermine unter der Minoritenkirche. Augsburg 1845. V: *Ambach, Eduard von.* (Ky.

Kara, Giorg., Poesien des Urwalds. 248 Stn. 8. Einsiedeln, Gebr. Benziger. 1871. 3. 75

Kara, Jos., in Hoseam commentarius e codice manuscripto, qui in Bibliotheca seminarii theologici judaici asservatur, primum editus. Breslau 861. (Schletter.) gr. 4. (2 Bl., 16 S.) n. 10 *ngr.*

Kara-Mursa, Paul Die **Bedeutung** der Jahrmärkte in der Gegenwart mit besonderer Berucksichtigung der Breslauer Jahrmarkte *Breslau 1900: R. Galle.* (75 S.) 8°
Breslau, Phil. Diss. v. 30. Juli 1900

Kara-Mursa, Peter, aus Rußland **Polioencephalitis superior et inferior chronica.** *Berlin (1903): G. Schade.* (30 S.) 8°
Berlin, Med. Diss. v. 8. Dez. 1903

Kara-Stojanow, **Charalampi. Ueber die Alkaloide d. Delphinium-Staphisagria. Diss. gr. 8. (61 S.) Dorpat 889, (Karow). * 1 —**

Karabacek, Hans v Schleifmaschine zum Abrunden von Kanten. – 1909. 46 S., 15 Beil.
Diss. Wien, TH

Karabacek, Joseph

Zur orientalischen Altertumskunde 1 Sarazenische Wappen (mit 8 Textfiguren) S 1.7 1 . 95
– 2 Die arabischen Papyrusprotokolle (mit Taf und 20 Textfiguren) S 161 1 . 3 85
3 Riza i Abbasi, ein persischer Miniaturenmaler (mit 9 Taf.) S 167 1 . 2 80
– 4 Muhammedanische Kunststudien (mit 13 Taf und 9 Textfiguren) S 1.. 1 6.—
– – Problem und Phantom Eine Frage der islamischen Kunstforschung (mit Textbildern) S 1. S . . 1 –
Separatabdruck

Karabacek, Jos. (Ritter) v., zur orientalischen Altertumskunde. I. Sarazenische Wappen. (25 S. m. 8 Abbildgn.) gr. 8. Wien 907. A. Hölder. — 95
Sonderabdruck aus: „Sitzungsber. d. k. Akad. d. Wiss."

dasselbe II. Die arab. Papyrusprotokolle, s.a. Sitzungsberichte der kais. Akademie der Wissenschaften in Wien. Phil.-histor. Kl. 161, I.

Karabacek, J., Zur orientalischen Altertumskunde. II. Die arabischen Papyrusprotokolle. [Aus: Sitzungsber. d. k. Akad. d. Wiss., philos.-histor. Klasse. 161. Bd. 1. Abt.] Gr.-8°. (ill. 103 S. mit 5 Tafeln) Wien: Hölder 1908. K 3.85

— Über die Auffindung eines Kalifenschlosses in der nordarabischen Wüste Vortrag gehalten in der feierlichen Sitzung der Kaiserlichen Akademie der Wissenschaften am 28 Mai 1902 Wien 1902 20 ngr
Separatabdruck

Karabacek, Jos., Beiträge zur Geschichte der Mazjaditen. gr. 8. (VI, 135 S. mit 3 Kpfrt.) Leipzig 874, (Brockhaus' Sortiment und Antiq.) *

Karabacek, J. Über einige Benennungen mittelalterlicher Gewebe. Wien. Selbstverlag 1882.
Tit 1 Bl 40 S m 1 Holzschn 1 Taf. 4°

Karabacek, Joseph Bericht uber die philosophisch historische Classe der Kaiserlichen Akademie der Wissenschaften. Wien 1899

Karabacek, Jos., e. römischer Cameo aus dem Schatze der Aijûbiden-Sultâne v. Hamâh. [Aus: Sitzungsber. d. k. Akad. d. Wiss."] Lex.-8. (22 S. m. 1 Fig.) Wien 893. (F. Tempsky.) n. — 70

Karabacek, Jos. de, s.: Dioscurides, codex Aniciae Julianae.

Karabacek, Jos. **Ergebnisse aus dem Papyrus Erzherzog Rainer. Vortrag, geh. in der feierl. Sitzg. der kaiserl. Akad. d. Wissensch. am 29. Mai 1889. 8. (26 S.) Wien 889, (Tempsky). * — 40**

Karabacek, Jos., **die Theodor Graf'schen Funde in Aegypten. [Der Papyrusfund von El-Faijûm. Die textilen Gräberfunde.] Ein Vortrag, gehalten am 27. März 1883 zur Eröffnung der Ausstellung dieser Funde im k. k. oesterreich. Museum für Kunst und Industrie. gr. 8. (43 S.) Wien 883, (Gerold und Comp.) ***

Karabacek, Joseph, Die liturgischen Gewänder mit arabischen Inschriften aus der Marienkirche in Danzig. Separatabdruck aus dem V Jahrgange der Mittheilungen des K. K Osterr. Museums für Kunst und Industrie. Wien 1870. 4°

— de codicis Dioscuridei Aniciae Julianae, nunc Vindobonensis Med. Gr. I historia etc., s.: Premerstein, Anton. de.

Karabacek, Jos., d. Involutio im arab. Schriftwesen [Aus: „Sitzungsber. d. k. Akad. d. Wiss."] gr. 8. (26 S.) Wien 896. (C. Gerold's Sohn.) n. — 90

—— Katalog der Theodor Graf'schen Funde in Aegypten. Hrsg. vom k. k. österreich. Museum. gr. 8. (56 S.) (Ebendas.) 883. **

— Die angeblichen ΛΕΟ Munzen arabischer Pragung (SA aus dem II. Bande der „Numismatischen Zeitschrift" 1870.) (Wien 1870.)

—— s. Mittheilungen a. d. Samml. der Papyrus Erzherzog Rainer.

Karabacek, Jos. (Ritter) v., s.: Monumenta palaeographica Vindobonensia.

Karabacek, Joseph Die kufischen Munzen des Steiermarkisch-standischen Joanneums in Graz Beschrieben und erklart (Aus dem IV Bande der „Wiener Numismatischen Monatshefte" besonders abgedruckt.) Wien 1868.

—— die persische Nadelmalerei Susandschird. Ein Beitrag zur Entwicklungs-Geschichte der Tapisserie de haute lisse. Mit Zugrundelegung eines aufgefundenen Wandteppichs, nach morgenländ. Quellen dargestellt. Lex.-8. (VIII, 208 S. mit 2 Taf., wovon 1 chromolithogr. und 1 in Lichtdr., und 26 in den Text gedr. Abbild.) Leipzig 881, Seemann. *

Karabacek, Jos., das arabische Papier. Eine historisch antiquar. Untersuchung. gr. 4. (III, 92 S. mit 1 Lichtdr.-Taf. und 2 Textabbild.) Wien 887, Hof- und Staatsdruckerei. *
Aus: Mittheilungen aus der Sammlung des Papyrus Erzherzog Rainer, besonders abgedruckt.

— s.: Papyrus Erzherzog Rainer.

Karabacek, Jos., der Papyrusfund von El-Faijûm. Imp.-4. (36 S. mit 4 Lichtdr.-Taf.) Wien 882, (Gerold's Sohn.) *
Aus: Denkschriften der k. Akademie der Wissenschaften, besonders abgedruckt.

— Ueber muhammedanische Vicariatsmunzen und Kupferdrachmen des XII.–XIII Jahrhunderts (SA aus dem I Bande der „Numismatischen Zeitschrift" 1869.) Wien 1869

— [Anzeige von] Stock l und von Tiesenhausen Die Werthbezeichnungen auf muhammedanischen Munzen (ZDMG XXXIII Bd S 341–386.) [SA aus dem XI Bande der „Numismatischen Zeitschrift" 1879 (Wien 1879.)

Karabacek, Joseph [Hrsg.] s. Zeitschrift, Numismatische

Karabacek, J., s.: Zeitschrift, Wiener, f. die Kunde des Morgenlandes.

Καραβαγγέλης, Γερμανος: Η περὶ Θεοῦ διδασκαλία Θεοφίλου τοῦ Ἀντιοχείας. . . . Ἐν Λειψίᾳ, τύπ. Bär & Hermann, 1891; 46 S. 8°
Leipzig, Phil. Fak., Inaug.-Diss v [8. Aug.] 1891

Über das Wesen und Wirken der Materie. Grundlegung z. wissenschaftl. Erkenntnis d. Natur Von W. **Karabasz.** Allenstein: R. Mrzyk 1907 (42 S.) 8° (o8. 1695 7

Karabelnaja, die, s. Depeschen, illustrirte.

Karabiner, s.a. Carabiner.

Karabiner 88, der. 7.—11. Aufl. 12. (11 S.) Rathenow 893. M. Babenzien. n.n. — 5

Karabiner, der, 88. 16.—25. Aufl. 12. (à 11 S.) Rathenow (899—901). M. Babenzien. n.n. — 05

Karabiner, der, 88. 26. u. 27. Aufl. (Je 11 S.) kl. 8. Rathenow (904). M. Babenzien. n.n. — 05

—— 88, der, u. seine Munition. Mit Anh., enth. Auszug aus der Schießvorschrift v. 1890. Für den Unterricht der Mannschaften. 1. u. 2. Aufl. 16. (48 S. m. 17 Abbildgn.) Berl. 890,92, Liebel. — 15

— 88, der, u. seine Munition. Mit Anh., enth. Auszug aus der Schießvorschrift v. 1890. Für den Unterricht der Mannschaften. 2., auf Grund der bis 1. 8. 92 zum „Leitfaden" erschienenen Tekturen umgeänd. Aufl. gr. 16. (48 S. m. 17 Abbildgn.) Berlin 894. Liebel. — 15

Karabiner 98. Vom 13. II. 1909. (D. V. E. Nr. 278.) (63 S.) kl. 8. Berlin 909. E. S. Mittler & Sohn. — 20; kart. — 35

Karabiner, der, Modell 71. 2. und 3. Aufl. gr. 8. (4 S.) Rathenow 888, Babenzien. **

Karabiner, der, M/71. 4. Aufl. gr. 8. (4 S.) Rathenow 889, Babenzien. ** — 5

Karabiner-Schieß-Instruction für die Kavallerie. Berlin 1877. 8°
Dass. u. d. T.: Schießvorschrift für die Kavallerie. 1888.
Dass. 1890. 1894. 1901.
Dass. 1906. Entwurf.
Dass. 1909.

Karabiner-Schieß-Instruktion für die Kavallerie. 16. (VI, 69 S. m. 1 Tab. u. 8 Steintaf.) Berlin 877. v. Decker. cart. n. 1.—

Karabiner Schiess Instruktion für die Kavallerie, abgeändert für den Train. (Mit Tekturen bis Mai 1887.) (Mit 3 Tafeln und 1 Tabelle.) (Neuausgabe 1888 für den Train siehe unter Schiessvorschrift".) 8. Berlin 1879—1887

Karabiner-Schieß-Instruktion f. d. Kav., abgeänd. f. d. Train. München 1879.

Das Königl. Sächs. **Karabinier-Regiment.** Ein Gedenkblatt z. Feste s. 50jähr Bestehens. Dresden 'Kamerad' 1899. 19 S. 8° A 12. 8132

Karabinsky, I. M., Atlas regni Hung. portatilis 60 map. 4. Viennae (Pest, Eggenberger).

Karabowski, B[eveck]: Beiträge zur Kasuistik der Stirnhöhlenerkrankungen mit intrakraniellen Komplikationen. München 1909: Kastner & Callwey. 35 S. 8°
München, Med. Diss. v. 21. Jan. 1910, Ref. v. Bauer
[Geb. 24. Sept. 84 Lomza, Russ.-Polen; Wohnort: Lomza; Staatsangeh.: Rußland; Vorbildung: Gymn. Lomza Reife Mai 04; Studium: Berlin 2, Zürich 3, München 2, Zürich 1, München 2 S., Rig. 21. Jan. 10.] [U 10. 3533

Karácsonyi, Ioa., s.: Regestrum Varadinense.

v. Karaczay, Graf Fedor, Beiträge zur europ. Länderkunde. Die Moldau, Wallachei, Bessarabien u. Bukowine. Mit illum. Kpf. 8. Wien 818. (Schaumburg u. C.) 16 K

Karaczay, Fedor Graf v., Erzählungen aus d. Orient: Aloar u. Karazan. — Emina. — Panago u. Kalomira. Neue, wohlf. Ausg. gr. 12. (5¼ B.) Wien 834, (Wallishausser.)

Karaczay, Fedor Graf, k. k. Major im Regimente Kaiser-Uhlanen. Handbuch für Unterofficiere der k. k. Cavallerie. 8. Wien 1823.

— Handbuch f. Unteroffiziere der k. k. Cavallerie. In 4 Heften 16. Wien ... 2e, mit 1 Heft verm. Aufl. (5 Hefte). Mit 2 Steindr. 16. Wien 824. 3e Aufl. Mit 3 Steindr. 832. (Wallishausser). 8 K

Karacsay, Fedor v., Handbuch für Unter-Offiziere und Zugs-Kommandanten der k. k. Cavallerie mit eingeschaltetem Anhang zum Abrichtungs-Reglement. (3., verm. Aufl.) 16. (184 S.) Wien 849, Wallishausser. *

Karaczay, Comte Fedor de, Londres et ses environs. 8. (7 B.) Vienne 835, (Wallishausser.)

— Manuel du Voyageur en Sicile. M. 1 Charte. 12. Stuttg. 826, Cotta.

— s. Reinaud, Schreiben.

—— der ungrische Sattel, in seiner Vollkommenheit. Od.: Gründl. u. sichtl. Darstellung d. einzel. Theile u. d. Zusammenfügung ders., nach bestimmten Maaßen u. Grundsätzen. M. 6 Abbild. (Fol.) gr. 8. (1 B.) Pesth 832, [Heckenast.]

— der ungrische Sattel, in seiner Vollkommenheit; oder: Gründliche u. sichtliche Darstellung der einzelnen Theile u. der Zusammenfügung derselben, nach bestimmten Maaßen u. Grundsätzen. Mit 6 Abbildd. in Fol. gr. 8. Pesth u. Lpz. 832. Wigand. 1 ₰

—— der ungarische Sattel so wie er sein soll. Zum Gebrauch der Kavallerie. gr. 8. (62 S. und 7 lithogr. Pläne in 4. und Fol.) Wien 850, Wallishausser. *

v. Karaczay, F. J. Graf, der wechselseitige Unterricht in der Bell-Lancasterschen Methode. Zur näheren Kenntniß u. Beherzigung. gr. 8. Kaschau 819. (Heckenast in Pesth.) 2/3 ₰

v. Karaczay, Graf Fedor, der wechselseitige Unterricht nach der Bell-Lancasterischen Methode 2c. gr. 8. Kaschau 819. Wigand. 16 K (Gräffe; a. Mayer u. C. in Wien). 9 K

— der ungarische Sattel in seiner Vollkommenheit, oder grundl. u. faßl. Darstellung der einzelnen Theile u. der Zusammenfügung derselben, nach bestimmten Maaßen u. Grundsätzen, mit 8 Abbildd. gr. 8. Pesth 832. Heckenast. 1 ₰

Karadja, Mary, das Evangelium der Hoffnung. Aus dem Schwed. v. H. Sellman. 8. (66 S. m. 1 Abbildg.) Leipzig (900). [M. Spohr.] Berlin, K. Siegismund. n. 1.50

Mary Karadja. Zum Licht. Aus d. Schwed. übers. von Alfr. Wocher v Trauchburg. *Leipzig: M. Spohr, [Berlin: K. Siegismund] (1900).* (63 S.) 8° [ot. 10459

Spiritistische Phaenomene und Spiritualistische Offenbarungen von Mary Karadja. Aus d. Schwed. von E. v. Moltke. *Leipzig: M. Spohr; [Berlin: K. Siegismund] (1900).* (46 S.) 8° [ot. 10460

Karadschitsch, Vuk Steph., s.a. Vuk. – Wuk

Karadschitsch Wuk Stephanovich Dr und Miklosich Franz Ritter von, Dr Bericht über A. Auer's Werk „Die Sprachenhalle" (Wien, 1844 1847, Folio) S 1 64 vgr Separatabdruck

Karadžić' Lexicon Serbico-Germanico-Latinum. 1. Liefrg. Lex.-8. (XX u. S. 1–256) * 2.70
Wien: Gerold 1892.

Karadschitsch, Vuk Steph., Lexicon serbico-germanico-latinum. Ed. III. (publica), emendata et aucta. Lex.-8. (XLII, 880 S.) Belgrad 898. (Velimir Valozić.) n.n. 16.—

— Serbische Nationallieder. Band I Frauenlieder (serbisch). Lex.-8. (661 u VII S.) In Lwd. geb. Wien: Gerold 1892. * 2.50

Karadžić Wuk Stef. — Primjeri srpsko-slavenskoga jezika. Sustavio ich — —. U Beču, u stamparii jermenskoga Manastira 1857. (78 S. 1 Bl. 8.) (Beispiele der serbisch-slavischen Sprache. Zusammengestellt von — — Wien. Druck der Mechitharisten 1857.)

Karadschitsch, W. Stephanowitsch, Volksmärchen der Serben, s. Volksmärchen.

— Werke. I. Bd. Heldenlieder (serbisch). Lex.-8. (LXXX, 662 S. mit Musikbeilage.) In Lwd. geb. Wien: Gerold 1892. * 2.50

Karadschitsch, Vuck Steph., deutsch-serbisches Wörterbuch. gr. 8. (IV, 252 S.) Wien 877, Hölder. *

Karády, Ign., neuer ungarisch-deutscher Briefsteller oder: Sammlung aller Gattungen von Briefen, wie sie im bürgerlichen Leben vorkommen rc. Nebst Angabe der üblichen Titulaturen. 2. verm., verb., u. im amtl. Theile den neuen Verhältnissen angemessene Ausg., unter sachverständiger Aufsicht. A. u. d. T.: Új magyar-német levelezö vagy is gyujteménye a' polgári életben elöforduló mindenféle iratoknak etc. Pest 853. Heckenast. gr. 8. (176 S.) 12 ngr.

— neuester ungarisch-deutscher Briefsteller oder: Sammlung aller Gattungen von Schriften, wie sie im bürgerl. Leben vorkommen rc. Nebst Angabe der üblichsten Titulaturen. 4. bedeutend verm. rc. Ausg. A. u. d. T.: Legujabb magyar-német levelezö etc. Pest 857. Heckenast. 8. (3 Bl., 362 S.) n. 16 ngr.

— Nouveau dictionnaire Hongrois-Français, siehe: Kiss, M.

— manuel de la conversation française et hongroise ou instruction complète pour ceux qui veulent s'exprimer correctement et avec facilité dans les deux langues. Selon E. Coursier. 2. édit. A. u. d. T.: Francia és magyar beszélgetések és társalgás kézikonyve. Vagy tokélletes utmutatás azok számára, kik magukat a két nyelvben helyesen, és konnyuséggel kifejezni ohaitiak Coursier E. Pest 854. Heckenast. 18. (2 Bl., 329 S.) n. 20 ngr.

Karády, Ign., új franczia-magyar és magyar-franczia zsebszótár. — Nouveau dictionnaire de poche franç.-hongrois et hongrois-français. Tome II. Partie hongroise. gr. 16. (VI und 366 S.) Pesth 848, Heckenast. (Leipzig, G. Wigand.) *
Tome I. Le même. 1844. * 1 Thlr. 20 Ngr.

Karadzic, s. Karadschitsch

Karafiat's Bote aus Deutsch-Böhmen. Ein Haus-, Stadt- u. Landmanns-Kalender f. alle Provinzen des österreich. Gesammtreiches auf d. J. 1896. 4. (152 S. m. Abb. u. 2 Taf.) Brünn, Karafiat & Sohn. Kart. n. — 90
Die Fortsetzg. erschien u. d. Titel:

Karafiat's kleiner Bote aus Mähren und Schlesien. Ein Haus-, Stadt- und Landmanns-Kalender für alle Provinzen Oesterreichs für die J. 1880—1885. gr. 8. (à Jahrg. 46 S. mit Illustr.) Brünn, Karafiat. à Jahrg. *

Karafiat's kleiner Bote aus Mähren und Schlesien. Ein Haus-, Stadt- und Landmanns-Kalender für alle Prov. Oesterreichs auf die J. 1886—1889. 2.—5. Jahrg. gr. 8. (à Jahrg. ca. 40 S. mit Illustr.) Brünn, Karafiat. à Jahrg. *

— kleiner Bote aus Mähren u. Schlesien. Ein Haus-, Stadt- u. Landmanns-Kalender f. alle Provinzen Oesterreichs auf d. J. 1890—1893. 6.—9. Jahrg. 8. (à Jahrg. ca. 50 S. m. Abbildgn.) Ebd. à Jahrg. * — 40

— kleiner Bote aus Mähren u. Schlesien. Ein Haus-, Stadt- u. Landmanns-Kalender f. alle Provinzen Oesterreichs auf d. J. 1895. 11 Jahrg. 8. (56 S. m. Abbildgn.) Ebd. n. — 40

— Kleiner Bote aus Mähren und Schlesien. Ein Haus-, Stadt- und Landmanns-Kalender für alle Provinzen Oesterreichs auf das Jahr 1896. 12. Jahrg. Gr.-8. (54 S., mit Illustr.) —.20
Brünn: Karafiat 1895

— Kleiner Bote aus Mähren und Schlesien. Ein Haus-, Stadt- und Landmanns-Kalender für alle Provinzen Oesterreichs auf das Jahr 1897. 13. Jahrg. Gr.-8. (54 S., mit Illustr.) —.20
Brünn: Karafiat 1896.

Kleiner Bote aus Mähren und Schlesien. Ein Haus-, Stadt- und Landmanns-Kalender für alle Provinzen Oesterreichs auf das Jahr 1898. 14. Jahrg. Gr.-8. (52 S., mit Illustr.) —.20
Brünn: Karafiat 1897

— kleiner Bote aus Mähren u. Schlesien. E. Haus-, Stadt- u. Landmanns-Kalender f. alle Provinzen Oesterreichs auf d. J. 1899. 15. Jahrg. 8. (54 S. m. Abb.) Ebd. n. — 40

(F) Karafiat's Kleiner Bote aus Mähren und Schlesien. Ein Haus-, Stadt- und Landmanns-Kalender für alle Provinzen Oesterreichs auf das Gemeinjahr 1901, welches 365 Tage hat. XVII. Jahrgang. Brünn. Karafiat & Sohn. 8°. 55 S. K —.40

— kleiner Bote aus Mähren u. Schlesien. Ein Haus-, Stadt- u. Landmanns-Kalender f. alle Provinzen Oesterreichs auf d. J. 1903. 19. Jahrg. 8. (47 S. m. Abbildgn.) Ebd. n. — 40

— kleiner Bote aus Mähren u. Schlesien. Ein Haus-, Stadt- u. Landmanns-Kalender f. alle Provinzen Oesterreichs auf d. J. 1907. 23. Jahrg. (46 S. m. Abbildgn.) kl. 8. Ebd. n. — 40

— kleiner Bote aus Mähren u. Schlesien. Ein Haus-, Stadt- u. Landmanns-Kalender f. alle Provinzen Österreichs auf d. J. 1911. 27. Jahrg. (53 S. m. Abbildgn.) kl. 8. Ebd. — 40

Karafiat's neuer Bote aus Böhmen, Mähren und Schlesien. Ein Haus-, Stadt- und Landmanns-Kalender für alle Provinzen des österreich. Gesammtreiches, auf das J. 1868. gr. 4. (96 S. mit 1 Titelbilde und vielen anderen in den Text abgedr. Abbild in Holzschn.) Brünn, Karafiat. cart. *

Karafiat's neuer Bote aus Böhmen, Mähren und Schlesien. Ein Haus-, Stadt- und Landmanns-Kalender für alle Provinzen des österreich. Gesammtreiches auf die J. 1869—1875. 2.—8. Jahrg. Mit 1 Titelbilde (in qu. Fol.) und noch vielen in den Text abgedr. Abbild. (in Holzschn.). gr. 8. (à Jahrg. 96 S.) Brünn, Karafiat's Verlag.
cart. Jahrg. 1869—1872 à *
Jahrg. 1873—1875 à *

Karafiat's neuer Bote aus Böhmen, Mähren und Schlesien. Ein Haus-, Stadt- und Landmanns-Kalender für alle Provinzen des österreich. Gesammtreiches, auf das Schaltj. 1876. 9. Jahrg. Mit 1 großen Maß- und Gewichts-Umrechnungs-Tabelle (in Imp.-Fol.) und vielen in den Text abgedr. Illustr. (in Holzschn.). 4. (116 S.) Brünn, Karafiat. cart. *
— dass. — auf die J. 1877—1880. 10.—13. Jahrg. Mit 1 Titelbilde (Holzschntaf. in qu. Fol.) und vielen in den Text abgedr. Illustr. (in Holzschn.). 4. (à Jahrg. ca. 120 S.) Ebendas. à Jahrg. cart. *

—— neuer Bote aus Böhmen, Mähren und Schlesien. Ein Haus-, Stadt- und Landmanns-Kalender für alle Provinzen des österreich. Gesammtreichs, auf die J. 1881—1885. 14.—18. Jahrg. 4. (à Jahrg. 116 S. mit 1 chromolithogr. Titelbilde und vielen in den Text abgedr. Illustr. in Holzschn.) Ebendas. cart. à Jahrg. *

—— neuer Bote aus Böhmen, Mähren und Schlesien. Ein Haus-, Stadt- und Landmanns-Kalender für alle Prov. des österreich. Gesammtreichs, auf die J. 1886—1889. 19.—22. Jahrg. 4. (à Jahrg. 124 S. mit je 1 Titelbild in Holzschn. und vielen in den Text abgedr. Illustr. in Holzschn.) Ebendas. cart. à Jahrg. *

Karafiat's neuer Bote aus Böhmen, Mähren u. Schlesien. Ein Haus-, Stadt- u. Landmanns-Kalender f. alle Provinzen d. österreich. Gesammtreiches auf d. J. 1890—1893. 23.—26. Jahrg. 4. (à Jahrg. 100—140 S. m. Illustr. u. je 2 Taf.) Brünn, Karafiat u. Sohn. cart. à Jahrg. * — 90

Karafiat's Neuer Bote aus Böhmen, Mähren und Schlesien. Ein Haus-, Stadt- und Landmanns-Kalender für alle Provinzen des österreichischen Gesammtreiches auf das Jahr 1894. 27. Jahrg. Mit 2 Vollbildern und vielen in den Text gedruckten Illustrationen (in Holzschnitten). 4. (140 S.) Cart. Brünn: Karafiat 1893 —.45

Karafiat's neuer Bote aus Böhmen, Mähren u. Schlesien. Ein Haus-, Stadt- u. Landmanns-Kalender f. alle Provinzen des österreich. Gesammtreiches auf d. J. 1895. 28. Jahrg. 4. (140 S. m. Abbildgn. u. 2 Taf.) Brünn, Karafiat & Sohn. Kart. n. — 90

Karafiat's Neuer Bote aus Deutsch-Böhmen. Ein Haus-, Stadt- und Landmanns-Kalender für alle Provinzen des österreichischen Gesammtreiches auf das Jahr 1896. Mit zwei Vollbildern und vielen in den Text gedruckten Illustrationen (in Holzschnitten). 4. (152 S.) Cart. —.45
Brünn: Karafiat 1895

Karafiat's Neuer Bote aus Deutsch-Böhmen. Ein Haus-, Stadt- und Landmanns-Kalender für alle Provinzen des österreichischen Gesammtreiches auf das Jahr 1897. Mit zwei Vollbildern und vielen in den Text gedruckten Illustrationen (in Holzschnitten). 4. (156 S.) Cart. —.4.
Brünn Karafiat 1896

— Neuer Bote aus Deutsch-Böhmen. Ein Haus-, Stadt- und Landmanns-Kalender für alle Provinzen des österreichischen Gesammtreiches auf Jahr 1897. 30. Jahrg Mit zwei Vollbildern und vielen in den Text gedruckten Illustrationen (in Holzschnitt). 4. (168 S.) Cart. —.50
Brünn Karafiat 1896

Karafiat's Neuer Bote aus Deutsch-Böhmen. Ein Haus-, Stadt- und Landmanns-Kalender für alle Provinzen des österreichischen Gesammtreiches auf das Jahr 1898. Mit zwei Vollbildern und vielen in den Text gedruckten Illustrationen (in Holzschnitten). 4. (171 S.) Cart. —.60
Brünn Karafiat 1897

— neuer Bote aus Deutsch-Böhmen. Ein Haus-, Stadt- u. Landmanns-Kalender f. alle Provinzen d. österreich. Gesammtreiches auf d. J. 1899. 32. Jahrg. 4. (163 S m. Abb u 2 Taf) Ebd. Kart n. 1. —

(F) Karafiat's Neuer Bote aus Deutsch-Böhmen. Ein Haus-, Stadt- und Landmanns-Kalender für alle Provinzen des österreichischen Gesammtreiches, auf das Jahr nach Christi Geburt 1901, welches ein Gemeinjahr von 365 Tagen ist. XXXIV. Jahrgang. Mit 2 Vollbildern und vielen in den Text gedruckten Illustrationen. Brünn. Karafiat & Sohn. Gr.-8°. 162 S. Cart. K 1.—

Karafiat's neuer Bote aus Deutsch-Böhmen. Ein Haus-, Stadt- u. Landmanns-Kalender für alle Provinzen des österreich. Gesammtreiches auf d. J. 1903. 36. Jahrg. 4. (148 S. m. Abbildgn. u. 2 Taf.) Brünn, Karafiat & Sohn. Kart. n. 1. —

Karafiat's neuer Bote aus Deutsch-Böhmen. Ein Haus-, Stadt- u. Landmanns-Kalender für alle Provinzen des österreich. Gesamtreiches auf d. J. 1907. 40. Jahrg. (148 S. m. Abbildgn. u. 2 Taf.) gr. 8. Brünn, Karafiat & Sohn. Kart. n. 1. —

Karafiat's neuer Bote aus Deutsch-Böhmen. Ein Haus-, Stadt- u. Landmanns-Kalender f. alle Provinzen des österreich. Gesamtreiches auf d. J. 1911. 44. Jahrg. (148 S. m. Abb. u. 2 Taf.) gr. 8. Brünn, Karafiat & Sohn. Geb. 1. —

—— (vormals Gastl's) neuer Bote aus Mähren. Ein Haus-, Stadt- und Landmanns-Kalender für alle Provinzen des österreich. Gesammtreiches, auf die J. 1862—68. 72.—78. Jahrg. gr. 4. (à Jahrg. 96 S. mit 1 Titelbilde und vielen anderen in den Text abgedr. Abbild. in Holzschn.) Brünn, Karafiat. à Jahrg. cart. *

—— [vormals Gastl's] neuer Bote aus Mähren. Ein Haus-, Stadt- und Landmanns-Kalender für alle Provinzen des österreich. Gesammtreiches auf die J. 1869—1875. 79.—85. Jahrg. Mit 1 Titelbilde (in qu. Fol.) und vielen in den Text abgedr. Abbild. (in Holzschn.). gr. 8. (à Jahrg. 96 S.) Ebendas.
cart. Jahrg. 1869—1872 à *
Jahrg. 1873—1875 à *

Karafiat's, vormals Gastl's, neuer Bote aus Mähren und Schlesien. Ein Haus-, Stadt- und Landmanns-Kalender für alle Provinzen des österreich. Gesammtreiches, auf das Schaltj. 1876. 86. Jahrg. Mit 1 großen Maß- und Gewichts-Umrechnungs-Tabelle (in Imp.-Fol.) und vielen in den Text abgedr. Illustr. (in Holzschn.). 4. (116 S.) Brünn, Karafiat. cart. *

—— dass. — auf die J. 1877—1880. 87.—90. Jahrg. Mit 1 Titelbilde (Holzschntaf. in qu. Fol.) und vielen in den Text abgedr. Illustr. (in Holzschn.). 4. (à 116 S.) Ebendas. à Jahrg. cart. *

—— vormals Gastl's neuer Bote aus Mähren und Schlesien. Ein Haus-, Stadt- und Landmanns-Kalender für alle Provinzen des österreich. Gesammtreichs, auf die J. 1881—1885. 91.—95. Jahrg. 4. (à Jahrg. 116 S. mit 1 chromolithogr. Titelbilde und vielen in den Text abgedr. Illustr. in Holzschn.) Ebendas. cart. à Jahrg. *

Karafiat's, vormals Gastl's neuer Bote aus Mähren und Schlesien. Ein Haus-, Stadt- und Landmanns-Kalender für alle Prov. des österreich. Gesammtreichs, auf das J. 1886. 96. Jahrg. 4. (124 S. mit 1 Titelbild in Holzschn. und vielen in den Text abgedr. Illustr. in Holzschn.) Ebendas. cart. *
Die folgenden Jahrgänge u. d. T.:

—— neuer Bote aus Mähren und Schlesien. Ein Haus-, Stadt- und Landmanns-Kalender für alle Prov. des österreich. Gesammtreichs, auf die J. 1887—1889. 97.—99. Jahrg. 4. (à Jahrg. 124 S. mit Titelbildern in Holzschn. und vielen in den Text gedr. Illustr. in Holzschn.) Ebendas. cart. à Jahrg. *

—— neuer Bote aus Mähren u. Schlesien. Ein Haus-, Stadt- u. Landmanns-Kalender f. alle Provinzen d. österreich. Gesammtreiches auf d. J. 1890—1893. 100.—103. Jahrg. 4. (à Jahrg. 125—140 S. m. Illustr. u. je 2 Taf.) Ebd. cart. à Jahrg. * — 90

— neuer Bote aus Mähren u. Schlesien. Ein Haus-, Stadt- u. Landmanns-Kalender f. alle Provinzen des österreich. Gesammtreiches auf d. J. 1895. 105. Jahrg. 4. (140 S. m. Abbildgn. u. 2 Taf.) Brünn, Karafiat & Sohn. Kart. n. — 90

-- Neuer Bote aus Mähren und Schlesien. Ein Haus-, Stadt- und Landmanns-Kalender für alle Provinzen des österr. Gesammtreiches auf das Jahr 1896. 106. Jahrg. Mit zwei Vollbildern und vielen in den Text gedruckten Illustrationen (in Holzschnitt). 4. (140 S.) Cart —.45
Brünn. Karafiat 1895

Neuer Bote aus Mähren und Schlesien. Ein Haus-, Stadt- und Landmanns-Kalender für alle Provinzen des österreichischen Gesammtreiches auf das Jahr 1898. 108. Jahrgang. Mit zwei Vollbildern und vielen in den Text gedruckten Illustrationen (in Holzschnitt). 4. (156 S.) Cart —.45
Brünn. Karafiat 1897

— neuer Bote aus Mähren u. Schlesien. E. Haus-, Stadt- u. Landmanns-Kalender f. alle Provinzen d. österr. Gesammtreiches auf d. J. 1899. 109. Jahrg. 4. (148 S. m. Abb. u. 2 Taf.) Ebd. Kart. n. — 90

(F) Karafiat's Neuer Bote aus Mähren und Schlesien. Ein Haus-, Stadt- und Landmanns-Kalender für alle Provinzen des österreichischen Gesammtreiches auf das Jahr nach Christi Geburt 1901, welches ein Gemeinjahr von 365 Tagen ist. CXI. Jahrgang. Mit 2 Vollbildern und vielen in den Text gedruckten Illustrationen. Brünn. Karafiat & Sohn. Gr.-8°. 148 S. Cart. K —.90

— neuer Bote aus Mähren u. Schlesien. Ein Haus-, Stadt- u. Landmanns-Kalender f. alle Provinzen des österreich. Gesammtreiches auf d. J. 1903. 113. Jahrg. 4. (148 S. m. Abbildgn. u. 2 Taf.) Ebd. Kart. n. — 90

— neuer Bote aus Mähren u. Schlesien. Ein Haus-, Stadt- u. Landmanns-Kalender f. alle Provinzen des österreich. Gesamtreiches auf d. J. 1907. 117. Jahrg. (148 S. m. Abbildgn. u. 2 Taf.) gr. 8. Ebd. Kart. n. — 90

— neuer Bote aus Mähren u. Schlesien. Ein Haus-, Stadt- u. Landmanns-Kalender f. alle Provinzen des österreich. Gesamtreiches auf d. J. 1911. 121. Jahrg. (148 S. m. Abb. u. 2 Taf.) gr. 8. Ebd. Geb. — 90

—— mährisch-schlesischer Land- und Hauswirthschafts-Kalender auf das J. 1886. gr. 8. (64 S. mit Illustr.) Ebendas. *
Nicht weiter erschienen.

—— (vormals A. Dorfmeister's — Mausberger's) Privat-, Geschäfts- und Auskunfts-Kalender für die J. 1862—68. Nebst einem Anh. enth.: Oesterreichisches Volks-Jahrbuch. 30.—36. Jahrg. gr. 4. (à Jahrg. ca. 240—250 S.) Brünn, Karafiat. à Jahrg. cart. *

Karafiat, Gustav (Hrsg.), s. Mitteilungen, Landwirthschaftliche

Karagiannides, A., die nichteuklidische Geometrie vom Alterthum bis zur Gegenwart. Eine historisch-krit. Studie. gr. 8. (44 S.) Berlin 893. (Mayer & Müller.) n. 1.60

Karagić, Vuk Stef. Lexicon serbico-germanico-latinum. Edit. III. publica. 1. Lfg. Lex.-8. (XX, 256 S.) Belgrad 892. (Wien, Gerold u. Comp.) ** 5 40

Karagöz-Komödien. Berlin 1899. H: *Jacob, Georg.* (EB)

Karágwe [Schlagwort]

Karágwe, s.: Kolonialkarten, Kiepert, R.

Karajan, Georg von, s. Karajan, Theodor Georg von

Karajan, M. R. v., Ueber den Bau der Recitativpartien der griechischen Tragiker und den Prolog im Sophokleischen Aias. S.-A. 1893. 23 S. —.90

Karajan, Max. v., über die Handschriften der Scholien zur Odyssee. (Aus d. Sitzungsberichten d. k. Akad. d. W.) Wien 857. Gerold in Comm. gr. 8. (53 S.) n. 8 ngr.

Karajan, Theodor Georg von

Karajan, Th. G. v., Abraham a Sancta Clara. 8. (VI und 374 S. mit 1 Kpfrst. und 1 Tab. in qu. 4.) Wien 867, Gerold's Sohn. *

— Ausschnitt … die Bruchstücke einer in einer Stockholmer Handschrift gefundenen Reimchronik … S. 8. 182 … ngr.
Separatabdruck

—— s. Beheim's, Mich., Buch von den Wienern.

Karajan, Theod. G. v., Beyträge z. Geschichte d. landesfürstl. Münze Wiens im Mittelalter. Als Einleit. in das, im Anhange zum ersten Male mitgetheilte Münzbuch Albrechts v. Eberstorf ꝛc. gr. 8. (10 B.) Wien 838, Beck's Univ.-Buchh. *

Karajan, Theod. G. v., Bericht über die bisherigen Arbeiten der Commission für die Herausgabe der Acta conciliorum saec. XV. gr. 8. (34 S.) (Wien 851, Braumüller.) *
Aus: Sitzungsberichte der philosoph.-histor. Classe der kaiserl. Akademie der Wissenschaften, besonders abgedruckt.

— Bericht über die Arbeiten der Kommission für die Herausgabe der „*Acta Conciliorum saec XV*" während des Verwaltungsjahres 1851 auf 1852 S 10. 586. — 10
Separatabdruck

— Bericht über die Arbeiten der Kommission für die Herausgabe der *Acta conciliorum saec XV* über die Leistungen derselben während des akademischen Verwaltungsjahres 1852—1853. S 12 68 . —.04
Separatabdruck

Karajan, Th. G. v., Bericht über die Leistungen der historischen Commission der kais. Akademie der Wissenschaften während des akadem. Verwaltungs-Jahres 1851 auf 52 erstattet in der Classen-Sitzung vom 4. Mai 1853. Lex.-8. (19 S.) Wien 853, (Gerold's Sohn.) *
Aus: Sitzungsberichte der k. Akademie der Wissenschaften J. 1853, besonders abgedruckt.

— Bericht über die Leistungen der historischen Kommission der Kaiserlichen Akademie der Wissenschaften während des akademischen Verwaltungsjahres 1852 auf 1853, erstattet in der Klassensitzung vom 10. Mai 1854 S 12 671 . - 40
Separatabdruck

— Bericht des Referenten der Kommission für die Herausgabe der „*Acta conciliorum saeculi XV*" über die bisherigen Arbeiten derselben S 7 259 . — .66
Separatabdruck

— Bericht über die Tätigkeit der historischen Kommission während des Verwaltungsjahres 1851 auf 1852 S 10 98 . - 40
Separatabdruck

—— Bericht über die Thätigkeit der historischen Commission der kais. Akademie der Wissenschaften während des akadem. Verwaltungsjahres 1853 auf 1854 vorgetragen in der Classensitzung vom 9. Mai 1855. Lex.-8. (24 S.) Wien 855, (Gerold's Sohn.) *

—— dass. — während des akadem. Verwaltungsjahres 1854 auf 1855 vorgetragen in der Classensitzung vom 7. Mai 1856. Lex.-8. Ebds. 856. *
Aus: Sitzungsberichte der k. Akademie der Wissenschaften J. 1856, besonders abgedruckt.

— — während des akadem. Verwaltungsjahres 1855 auf 1856 vorgetragen in der Classensitzung vom 29. April 1857. Ebend. 857. gr. 8. (18 S.) n. 4 *ngr.*

Karajan, Theod. G. v., Bericht über die Thätigkeit der historischen Commission der kaiserl. Akademie der Wissenschaften während des akadem. Verwaltungsjahres 1856 auf 1857 vorgetragen in der Classensitzung vom 29. April 1857. Lex.-8. (18 S.) Wien 857, (Gerold's Sohn.) *

— — während des akadem. Verwaltungsjahres 1856 auf 1857 vorgetragen in der Classensitzung vom 12. Mai 1858. Ebend. 858. gr. 8. (16 S.) 3 *ngr.*

Karajan, Th. G. v., Bericht über die Thätigkeit der historischen Commission der kaiserl. Akademie der Wissensch. während des akadem. Verwaltungsjahres 1857 auf 1858, vorgetragen in der Classensitzung vom 11. Mai 1859. (Aus den Sitzungsber. der k. Akad. der Wissensch.) Wien 859. (Gerold.) gr. 8. (14 S.) n. 2 *ngr.*

—— dass. — Während des akadem. Verwaltungsjahres 1857 auf 1858 vorgetragen in der Klassensitzung vom 9. Mai 1860. Lex.-8. (12 S.) (Ebendas.) 860. *
Diese letzten zwei Schriften des Verf. wurden aus: Sitzungsberichte der k. Akademie der Wissenschaften, Jahrg. 1859 und 1860, besonders abgedruckt.

— — während des akademischen Verwaltungsjahres 1858 auf 1859 vorgetragen in der Classensitzung vom 9. Mai 1860 (Aus den Sitzungsber. der k. Akad. der Wissensch.) Ebend. 860. gr. 8. (12 S.) n. 2 *ngr.*

— Bericht über die Tätigkeit der historischen Kommission der Kaiserlichen Akademie der Wissenschaften während des akademischen Verwaltungsjahres 1859 auf 1860, nebst Bericht über die Tätigkeit der Kommission zur Herausgabe der *Acta conciliorum saeculi XV* während desselben Verwaltungsjahres, vorgetragen in der Klassensitzung vom 8 Mai 1861 S 37 93 . – 20
Separatabdruck

Karajan Theodor Georg Ritter von, Dr Bericht über die Tätigkeit der historischen Kommission der Kaiserlichen Akademie der Wissenschaften während des akademischen Verwaltungsjahres 1860 auf 1861 nebst Bericht über die Tätigkeit der Kommission zur Herausgabe der *Acta conciliorum saeculi XV* während desselben Verwaltungsjahres vorgetragen in der Klassensitzung vom 14 Mai 1862 S 39. 619 K – 20
Separatabdruck

— Bericht über die Thätigkeit der historischen Commission der kais. Akademie der Wissenschaften während der akadem. Verwaltungsjahre 1862 auf 1863 u. 1863 bis letzten Decbr 1864, vorgetragen in der Commissionssitzung vom 10. Mai 1865 u. darnach in der Classensitzung desselben Tages. (Aus: Sitzungsber. der k. Akad. der Wiss.) Wien 865. (Gerold's Sohn.) Lex.-8. (15 S.) 3 *ngr.*

—— Bericht über die Thätigkeit der historischen Commission der kais. Akademie der Wissenschaften während dem akadem. Verwaltungsjahre 1865. Vorgetragen in der Commissionssitzung desselben Tages durch den Berichterstatter derselben. Lex.-8. (8 S.) Wien 866, (Gerold's Sohn.)

— Bericht über die Tätigkeit der historischen Kommission der Kaiserlichen Akademie der Wissenschaften während des akademischen Verwaltungsjahres 1866, nebst Bericht über die Tätigkeit der Konzilienkommission in demselben Jahre, vorgetragen in der Klassensitzung vom 15 Mai 1867 S 56 . – 20
Separatabdruck

Karajan, Thdr. G. Ritter v., Bericht über die Thätigkeit der historischen Commission der kaiserlichen Akademie der Wissenschaften während des akademischen Verwaltungsjahres 1867. Lex.-8. (8 S.) Wien 868, (Gerold's Sohn.) *
Aus: Sitzungsberichte der k. Akademie der Wissenschaften, besonders abgedruckt.

— Bericht über das der Akademie zum Drucke vorgelegte Cimbrische Wörterbuch Josef Andreas Schmeller's S 10 . – 04
Separatabdruck

Karajan, Theod. Geo. v. Ein Brief und einige Gedichte des Johannes Rosinus gestorben im J. 1545 als Domprobst am Münster St. Stephans zu Wien. 8. (8 Blätt.) Wien, A. Pichler's Witwe u. S. 1853.

—— über zwei Bruchstücke eines deutschen Gedichtes aus dem XIII. Jahrhundert. Lex.-8. Wien 854, (Gerold's Sohn.) *
Aus: Sitzungsberichte der k. Akademie der Wissenschaften J. 1854, besonders abgedruckt.

Karajan, Th G v Michael Beheim's B u c h von den Wienern 1462 bis 1465 Zum ersten Male nach der Heidelberger und Wiener Handschrift herausgegeben. Mit Facsimile und Noten-Beilage N A gr 8 (XC u. 477 S.) Wien Braumüller 1867

—— Capiniana strenae. Die Erbhulbigung 1520. Der Landtag zu Bruck 1519. 8. Wien 1851. (Frankfurt a. M., Völcker's Verlag.)

— Georg Kirchmairs Denkwürdigkeiten seiner Zeit 1519 - 1553 Siehe F I. 1 Band

Karajan Theodor Georg Ritter von, Dr Über Johann Karl Schullers Siebenbürgisch-sächsische Etymologien und Analogien S 3 27 vgr.
Separatabdruck

—— Festrede bei der feierlichen Uebernahme des ehemaligen Universitätsgebäudes durch die kaiserl. Akademie der Wissenschaften gehalten am 29. Octbr. 1857. hoch 4. (46 S.) Wien 857, (Gerold's Sohn.) **

Karajan, Georg von, *Dr.* Festrede bei der feierlichen Uebernahme des ehemaligen Universitätsgebäudes durch die kaiserliche Akademie der Wissenschaften, gehalten am 29. Okt. 1857 vom Vice-Präsidenten derselben — —. *Wien* 1857. Aus der k. k. *Hof- und Staatsdruckerei.* 46 S. 4°.

—— Frühlingsgabe f. Freunde ält. Literatur. gr. 12. (7⅛ B.) Wien 839, [Braumüller u. Seidel.]

—— über zwei Gedichte Walthers von der Vogelweide. Ein akadem. Vortrag. Lex.-8. (26 S.) Wien 851, (Braumüller.) *
Aus Sitzungsberichte der kaiserl. Akademie der Wissenschaften histor.-philolog. Classe VII. Bd. 3. Heft, besonders abgedruckt.

— Generalbericht über die bisherigen Leistungen der historischen Kommission der kaiserlichen Akademie der Wissenschaften erstattet in der Klassensitzung vom 21 April 18.. S. 8 .81 „ — 66
Separatabdruck

—— zur Geschichte des Concils von Lyon 1245. Fol. (52 S.) Wien 850, (Braumüller.) *
Aus Denkschriften der philosoph.-histor. Classe der kaiserl. Akademie der Wissenschaften 2. Bd., besonders abgedruckt.

Karajan, Thdr Ge. von, Mittelhochdeutsche Grammatik. I. Laut- und Flexionslehre. Wien 1850. 8. . . . . (D.)

—— J. Haydn in London 1791 und 1792. gr. 8. (118 S.) Wien 861, Gerold's Sohn. *
Aus: Jahrbuch für vaterländ. Geschichte, I., besonders abgedruckt.

Über Heinrich den Teichner D 6. I 8. . 4 66
Separatabdruck

Karajan Theodor Georg Ritter von, Dr Über Heinrich den Teichner Vortrag gehalten in der feierlichen Sitzung der Kaiserlichen Akademie der Wissenschaften am 30 Mai 1854 F S 18.4 vgr
Separatabdruck

—— über Heinrich den Teichner. Ein Vortrag. 8. (Ebendas.) 854.

—— über Heinrich den Teichner. gr. 4. (92 S.) Wien 855, (Gerold's Sohn.) *
Aus Denkschriften der k. Akademie der Wissenschaften Bd. 6., besonders abgedruckt.

—— zu Seifried Helbling und Ottacker v. Steiermark. Zwei Vorträge. Lex.-8. Wien 870, (Gerold's Sohn.) *
Aus: Sitzungsberichte der k. Akademie der Wissenschaften, besonders abgedruckt.

— Aus Metastasios Hofleben Vortrag gehalten in der feierlichen Sitzung der Kaiserlichen Akademie der Wissenschaften am 31 Mai 1861 F S 1861 vgr
Separatabdruck

— Über eine bisher unerklärte Inschrift Ein akademischer Vortrag S 13 20 K - 60
Separatabdruck

v Karajan Th. d. Georg Die alte Kaiserburg zu Wien vor dem Jahre 1500 nach den Aufnahmen von Ludw Montoyer Wien 1863 4

— Über eine Lebensgeschichte Pater Abrahams a Sancta Clara F S (Jahresbericht) 1866 vgr
Separatabdruck

—— Kaiser Leopold I. und Peter Lambeck. Vortrag. Lex.-8. (56 S.) (Ebendas.) 868. *
Aus Almanach der k. Akademie der Wissenschaften, besonders abgedruckt.

— über den Leumund der Oesterreicher Böhmen und Ungarn in den einheimischen Quellen des Mittelalters. (Aus den Sitzungsber. der k. Akad. der Wissensch.) Wien 863. (Gerold.) gr. 8. (85 S.) n. 13 ngr.

—— Maria Theresia und Joseph II. während der Mitregentschaft. Ein Vortrag gehalten in der feierl. Sitzung der k. Akademie der Wissenschaften am 30. Mai 1865. 8. (39 S.) Wien 865, (Gerold's Sohn.) *
Vorstehende vier Schriften des Verf. wurden aus: Sitzungsberichte der k. Akademie der Wissenschaften, besonders abgedruckt.

—— Maria Theresia und Graf Sylva-Tarouca. Ein Vortrag gehalten in der feierl. Sitzung der kaiserl. Akademie der Wissenschaften am 30. Mai 1859. Mit einem Anhang ungedr. Briefe der Kaiserin und des Grafen. gr. 8. (43 und Anhang 84 S.) Wien 859, (Gerold's Sohn.) **

Karajan, Th. G. v., s. Maximilians I., Kaiser, geheimes Jagdbuch.

Nachwort zu Dr Wilhelm Wattenbachs „*Passio Sanctorum quatuor coronatorum*“ S 10 126 vgr
Separatabdruck

—— ein Procession, so die Hispanier am Tage Mariae Scheidung Anno 1554 zu Wien bei den Barfüßern gehalten haben. 8. Wien 868. (Frankfurt a. M., Völcker's Verlag.)

— kleinere Quellen zur Geschichte Österreichs, s. Quellen, kleinere.

Karajan, Theod. G. v., der Schatzgräber. Beiträge f. ältere deutsche Literatur. 8. (11 B.) Leipzig 842, Otto Wigand.
Ist eine neue Ausg. von des Verfass. Frühlingsgabe. Wien 1839.

— Selbstbiographie Siegmunds Freiherrn von Herberstein. 1486–1553. Siehe F I 1 Band.

—— von den siben Slafaeren. Gedicht d. XIII. Jahrh. 8. (4 B.) Heidelberg 839, C. F. Winter.

—— deutsche Sprach-Denkmale d. XII. Jahrh. Zum ersten Male hrsg. 8. (7¾ B., 22 Bild. u. 1 Facsim. d. H. S.) Wien 846. (Braumüller u. Seidel.) *

—— zwei bisher unbekannte deutsche Sprach-Denkmale aus heidnischer Zeit. Lex.-8. (20 S. mit 1 lithogr. Schrifttaf. in Tondr.) Wien 858, (Gerold's Sohn.) *
Aus: Sitzungsberichte der k. Akademie der Wissenschaften, Jahrg. 1857, besonders abgedruckt.

Tagebuch Johannes Cuspinians 1502–1527 Siehe F I 1 Band.

Tagebuch des Wiener Arztes Johannes Tichtel aus den Jahren 1477–1495. Siehe F I 1 Band

—— das Verbrüderungs-Buch des Stiftes S. Peter zu Salzburg, s.a. Verbrüderungs-Buch.

Karajan, Theodor Georg von, Über das Verbrüderungsbuch von S. Peter zu Salzburg. Wien 1852 Fol.

Karakasch, Nicol. Ueber einige Neocomablagerungen in der Krim. Lex.-8. (11 S. m. 2 Taf.) Wien 889, (Tempsky). * — 70
Aus Sitzungsber d. k. Akad. d. Wissensch., besonders abgedruckt.

Karakasses, Demetrius Nicolai (Satista-Macedo.), De venae sectione in febribus acutis malignis non semper necessaria. Disp. med. Präs. D. Andreas Elias Büchner. Halle (Schneider) 16. X. 1760. 34 S. korresp. lat.-griech. Text. (5.50) 17498

Karaki, Yasuzo, prakt. Arzt a. Japan: Perforationen und Kranioklasien aus der Münchner kgl. Universitäts-Frauenklinik 1900—1905 incl. München 1906: Kastner & Callwey. (83 S.) 8°
München, Med. Fak., Ref. v. Winckel, Diss. v. 21. Dez. 1906
[Geb. 21 Sept. 70 Ina, Kr. Nagonoken in Japan; Wohnort: Ina; Staatsangeh.: Japan; Vorbildung: Hokumeigakko (Gymn.) Sapporo Reife Mai 93; Studium: Med. Akad. Chiba (Japan) 8, München 3 S.; Rig. 21. Dez. 06.]

Karakter, s. Charakter.

KARAKTERISTIK des schönen Geschlechts, in Vollkommen- und Unvollkommenheiten. Leipzig 1796. 8° Rar!
Ehestandsalmanach I p. 112.

KARAKTERISTIK des menschlichen Herzens in (rahmen) Darstellungen aus der wirklichen Welt. (Aus d. Französ.) Mit Titelkpf. Breslau, Korn, 1798. 8°
320 S. (incl. Titel u. 1 Bl Vorr.). 1 Rolandine od. die tugendhafte Liebe. 2. Selvile od. die wahre Liebe. 3. Valmont u. Julie, od. der wieder gut gemachte Fehler 4. Liebe besiegt auch den höchsten Grad von Flatterhaftigkeit 5. Amalia od. Freundschaft u. Liebe im Streite. 6. Belleval od die selbstsüchtige Liebe
(Nr 1 nach Marguerite de Valois Nr 2, 3 u. 6 aus d Französ des d'Arnaud, Nr 4—5 aus d Französ. der Mad. Menard)

Karakteristik der Quäker, s. Brissot de Warville, Jacques Pierre

Karakterskizze, Geschichtliche, Katharina's II., Selbstherrscherin aller Reussen. (Ein Zeit- und Spiegelbild aus Bibliothek der neuesten Weltkunde 1833.) 8°. (3 Mk. Paul Neubner, Cöln, 1892:)
Sollte Jemand in dieser Karakterskizze etwas auffallend, wo nicht gar anstössig finden, so bemerken wir einfach u. klar, dass wir keine politische Scandalchronik geschrieben, sondern dass wir ein wahres geschichtl. Bild aufgestellt haben.

KARAKULSKI, Bronislaus. De spiritismo. — (1884) 99 S. 4° (Handschr.) Diss. Wien, Univ. Diss 392

Karamianz, N., Verzeichniss der armenischen Handschriften, s. Handschriften-Verzeichnisse, die, der königl. Bibliothek zu Berlin.

Karamitsas, Joannis, appr. Arzt: Über die Wirkung des Lichtes auf das Ferment Peroxydase und die Sensibilisierung durch fluorescierende Stoffe. München 1907 (F. Scheiner, Würzburg). (35 S.) 8°
München, Med. Fak., Ref. v. Tappeiner, Diss. v. 26. Juli 1907
[Geb. 27 Nov. 81 Athen; Wohnort: Athen; Staatsangeh.: Griechenland; Vorbildung Gymn. Athen Reife Juli 99; Studium: Athen 2, Würzburg 4, München 3, Berlin 1, Würzburg 2 S.; Rig. 26. Juli 07.]

Karamsin, Nik., Aglaja. Romant. u. histor. Erzählungen; aus d. Russ. von Ferd. Frhrrn. v. Biedenfeld. 8. Leipz. 819. Brockhaus. 1 ₰ 8 gr

Karamsin, Nicol., Briefe eines reisenden Russen; aus d. Russ. von Joh. Richter. 6 Thle. Mit Kpf. 12. Leipz. 799—802. Hartknoch. 6 ₰

— Erzählungen; aus d. Russ. von Joh. Richter. 12. Leipz. 800. Hartknoch. 16 gr

— Geschichte des russ. Reichs, 1r — 10r Bd. Nach d. 2ten Original-Ausg. übersetzt (1r — 3r Bd. v. F. v. Hauenschild. 4r — 6r Bd. von Chr. A. W. Oldekop. 7r—10r Bd. von Dr. ... Oertel.) Mit Karamsins Bildniß. gr. 8. Riga 820—27. (Brockhaus in Leipz.) 20 ₰ Hbg. Pr. 10 ₰ 11r Bd. Nach des Verf. Tode herausgeg. v. Minister d. Innern .... Bludow. gr. 8. Ebd. 833. 1 ₰ 20 gr

Karamzin, Nikolai Mihailović. Geschichte des Russischen Reiches . . . Riga 1820—33. Ü (Bd. 1—10): *Hauenschild, Frdr. von.* Ü (Bd. 11): *Goldhammer, Carl R.* H (Bd. 11): *Bludow, Dmitry Nikolaevich.* (BrMm) Ü (Bd. 1—3): *Hauenschild, Frdr. von.* (Bd. 4—6): *Oldekop, Chn Aug. Wilh.* (Bd. 7—10): *Oertel.* (Ky)

Karamsin's Geschichte des Russischen Reichs rc. 1r—10r Bd. gr. 8. Riga 820—27. (Leipz., Voß.) Ist jetzt d. Pr. nur n. 6⅔ ₰

Karamsin, (Nikolai Michailow,) Geschichte d. Russ. Reiches. N. d. Orig.-Ausg. übers. (v. Karl Goldhammer). 11. Bd. Nach d. Verf. Tode († 3. Juni 1826) hrsg. v. Minister d. Innern, Bludow. gr. 8. (22¾ B.) Leipzig 833, Brockhaus.
1—10. Bd. Riga 1820—27. [Leipzig, Brockhaus] 20 Thlr., hrbgs. Pr. 10 Thlr. — Einzeln à Bd 2 Thlr.

—— Geschichte Rußlands neu übersetzt, s. Tappe, A. W.

— Lobrede auf Katharine II.; aus d. Russ. von Joh. Richter. 8. Riga 802. N. A. 820. Hartmann; (Taubert in Lpz.) 21 gr

Karamsin, Nikolai Mich., Marfa. D. arme Lisa, s.: Universal-Bibliothek.

Karamsin, N. M., Paris in der Revolution, s. Taschenbibliothek, russische.

Karamsin's ausgewählte Reisebriefe. Zur Erinnerg. an die vor 100 Jahren erfolgte Veröffentlichg. der Reisebriefe. Übers. v. Alfr. Redelien. [A. d. Nachlaß.] 8. (61 S.) Riga 891, (Kymmel's Sort.). * 1 50

— Reisebriefe aus Deutschland, s.: Taschenbibliothek, russische.

—— Tableau abrégé de l'histoire de Russie etc. — Geschichte Rußlands im Auszuge. Ein histor. Lesebuch f. Schulen u. d. Selbstunterr., durchaus accentuirt, mit Worterklär. u. Redensarten, in deutscher u. französ. Sprache, nebst Hinweis. auf d. Grammatik, als 3. Thl. z. 5. Aufl. d. Russ. Sprachlehre v. A. W. Tappe. (2 Abthln.) 2. Aufl. gr. 8. (26¼ B.) Riga 825, (Deubner; Dresden, Arnold.)
1. Thl. Russ. Sprachlehre. 5. Aufl. 1820. 2 Thlr. 4 Gr. — 2. (Russ. Sprachl. od.) neues Russ. Elementar-Lesebuch. 5. Aufl. 1820. 18 Gr. Ebendas

— Tales from the Russian. gr. 8. Kopenh. 804. (Leipz., Wienbrack; a. W. Nauck). 1 ₰ 16 gr

— s. D. A. W. Tappe, Geschichte Rußlands u. dessen Lesebuch.

Karamsin, O

(Karamsin.) — Карамзинъ, о древней и новой Россіи въ ея политическомъ и гражданскомъ отношеніяхъ. Berlin 860. F. Schneider. 8. (160 S.) n. 25 ngr.

Карамзинъ, О., древней и новой Россіи въ ея политическомъ и гражданскомъ отношеніяхъ. (Karamsin, O., über das alte und neue Russland und über ihre politische Stellung sowie sociale Beziehungen.) 8. (160 S.) Berlin 861, F. Schneider. *

Karapanos, K., Ueber Dodona u. seine Ruinen. S.-A. 1877. 12 S. —.60

Karapet Ter-Mkrttschian, die Paulikianer im byzantinischen Kaiserreiche u. verwandte ketzerische Erscheinungen in Armenien. gr. 8. (XII, 163 S.) Leipzig 893. J. C. Hinrichs' Verl. n. 6. —

Karapetoff, Wlad., über mehrphasige Stromsysteme bei ungleichmässiger Belastung, s.a. Sammlung elektrotechn. Vorträge. 7. 8.

Ueber Mehrphasige Stromsysteme bei ungleichmässiger Belastung Von Wlad Karapetoff Mit 65 Fig *Stuttgart F Enke 1900* (S. 236 330.) 8° = Sammlung Elektrotechn Vorträge. Bd 2, H 7 8.

Karas: Zur Apologie des Horaz 5 S –Prag N , Progr 1858

Karas, Franciszek, Referendar a. D · Die widerrechtliche Bestimmung durch Drohung. *Kattowitz 1903: Drukarnia 'Górnoślązaka'.* (61 S.) 8°
Rostock Jur Diss. v [12 Juli] 1903

Karaś, Henriette. Ein Fall von multilokulärer Zyste des Netzes. Diss. Med. Univ. Zürich. [Mit 3 Figuren. Sep.-Abdr. aus: Virchows Archiv für pathologische Anatomie und Physiologie, Band 188.] *Kopftitel:* Aus dem pathologischen Institut der Universität Krakau ⟨Direktor: Prof. Dr. [Tadeusz] Browicz⟩. 30 S. 8. Berlin, Georg Reimer, 1907.

Karásek, Jos., slavische Literaturgesch., s.a. Sammlung Göschen.

Karásek, Josef: Slavische Literaturgeschichte von Dr Josef Karasek. T 1. 2. Leipzig: Göschen 1906. 8°
1 Ältere Literatur bis z. Wiedergeburt. 2. Das neunzehnte Jh.
(Sammlung Göschen. 277 278.)

Karasek Jose [illegible] zur [illegible] des kroatischen Dialektes [illegible]
Siehe Schriften der Balkankommission. Vorläufige Berichte VII.

Karasek Josef: Die Würdigung des Lehrgebäudes von Dobrovsky.
II. 1893 PN 770 Diss. Wien, Univ. 2671

Karasek-Langer, u. a., Sagen der Deutschen in Wolhynien und Polesien UBG

Karasiewicz, Casimir, üb. Arthrodese bei spinaler Kinderlähmung. Diss. gr. 8. (49 S.) Königsberg 894. (W. Koch.) n. 1. —

Karasiewicz, Casimir [pr. Arzt]: Über Arthrodese bei spinaler Kinderlähmung Königsberg i. Pr., Druck v. M. Liedtke, 1894; 2 Bl., 49 S., 2 Bl. 8.
Königsberg, Med Fak., Inaug.-Diss. v 10. Juli 1894

Karasiewicz, *Wladislaus* Die Kritik der platonischen Politie bei Aristoteles. 4 (12 S.). Progr. Kath G *Neisse* 1886 1821

Karasin, N., in den Dschungeln, s. Lese-Cabinet, neues belletristisches.

— der zweibeinige Wolf, s.: Lese-Cabinet, neues belletristisches.

Karasin, N. N., d. Brahmane, } s. Collection
— d. Drama im Grenzfort, } Hartleben.

Karasiński, Ladislaus Jac. v. (Polen), Disquisitiones de scirrho et carcinomate in universum et de carcinomate mammae et uteri in specie. Diss. med.-chirurg. Lpz. (Rückmann) 20. X. 1837. 41 S. mit Bibliographie u. 2 lith. Taf. (5.50) 17499
Gew.: Josef Grf. v. Lubieński, Friedrich Ludwig Kreysig, Burkhard Wilhelm Seiler, Johann Aug. Christ. Clarus, Johann Christian Gottfried Joerg, Ludwig Cerutti, Valentin Joseph v. Karasinski (Bruder).

Karasiński, Ladisl. Jac. de, Disquisitiones de Scirrho et Carcinomate in universum et de Carcinomate mammae et uteri in specie. Dissertat. med.-chirurg. 4maj. (6¾ B. u. 2 Stnt.) Lipsiae 837. (Bremen, Schünemann.)

Karasowski, Mor., Friedrich Chopin. Sein Leben, seine Werke und Briefe. Mit dem (phototyp.) Portr. Chopin's und der facs. (phototyp.) Orig.-Handschrift seines E-moll Präludiums [Op. 28, Nr. 4]. 2 Bde. gr. 8. (VIII, 228; 206 S.) Dresden 877, Ries. *
—— dass. — 2. gänzlich umgearb. und mit neuen Orig.-Briefen bereich. Ausg. gr. 8. (VIII, 388 S.) Ebendas. 878. *

Karasowski, Mor., Friedrich Chopin. Sein Leben und seine Briefe. Mit dem (Lichtdr.-)Portr. Chopin's und der facsim. Orig.-Handschrift seines E-moll-Präludiums [Op. 28 Nr. 4]. 3. unveränd. (Titel-)Aufl. gr. 8. (IV, 388 S.) Berlin 881, Ries und Erler. *

Karass, Jo. Heinrich von (Lausitzer Adel), Electa processus executivi. Diss. jur. Präs. Jo. Heinrich Berger. Wittbg. (Christian Schroedter) 29. IV. 1702. 48 S. (6.50) 17500
Widm. v. Präs. — Handschr. Widm. a. Geh. Rat u. Cantzler Freih. v. Friesen.

Karass, Carolus (Mauritius David) (*geb. Namslau 2 9 1821*)
De aquae usu in medicina commentatio historica. Vratislaviae (1845). (36 S.) 8°
Breslau, Med Diss v [7] Jan. 1845

Karassek, Jos.

Karassek, J Der Infinitiv bei Herodot 26 S – Saaz, Progr 1883

Karassek, Jos. Über die zusammengesetzten Nomina bei Herodot. 26 S 8 Progr. *Saaz* 1880.

Karassek, J., neue Fibel. Nach den Grundsätzen der Schreiblese-Methode bearb. Ausg. für mehrklass. Schulen. 1. und 2. Aufl. gr. 8. (68 S.) Danzig 881, Kafemann. geb. *
—— dass. — 2 Tle. 3. Aufl. gr. 8. Ebendas. 881. [1. Tl. (50 S.) * 35 Pf.; 2. Tl. (90 S.) * 45 Pf.] geb. *

Karassek und Schulz, neue Fibel nach den Grundsätzen der Schreiblese-Methode bearb. 2 Tle. gr. 8. Danzig 888, Kafemann. [1. Tl. (50 S.) geb. * 35 Pf.; 2. Tl. 9. Aufl. (90 S.) geb. ** 45 Pf.] **

—— —— dass. — Ausg. für mehrklass. Schulen. [In 1 Heft.] 13. Aufl. gr. 8. (70 S.) Ebendas. 888. **

Karassek u. Schulz. Neue Fibel. Nach d. Grundsätzen der Schreiblese-Methode. 2 Thle. 8. Danzig 892, Kafemann. [1. Thl. 22. Aufl. (50 S.) geb. * — 35; 2. Thl. 12. Aufl. (90 S.) geb. ** — 45.] ** — 80

—— dass. — für mehrklass. Schulen. 18. Aufl. 8. (78 S.) Ebd. 892. geb. ** — 40
Vgl.: Lesebuch, deutsches, f. d. Mittel- u. Oberstufe d. Volksschulen.

— u. Schulz, neue Fibel. Nach den Grundsätzen der Schreiblese-Methode bearb. 2 Tle. gr. 8. (Mit Abbildgn.) Danzig 894. A. W. Kafemann. Geb. n.n. — 80
1. 25. Aufl. (II, 50 S.) n. — 35. — 2. 13. Aufl. (II, 90 S.) n.n. — 45.

— — dasselbe. Ausg. f. mehrklass. Schulen. 21. Aufl. gr. 8. (II, 78 S. m. Abbildgn.) Ebd. 894. Geb. n.n. — 40

Karassek u. Schulz, neue Fibel. Nach den Grundsätzen der Schreiblese-Methode bearb. 2 Tle. gr. 8. Danzig, A. W. Kafemann. Kart. n.n. — 80
1. 30. Aufl. (II, 50 S. m. Abbildgn.) 899. n. — 35
2. 15. Aufl. (II, 87 u. 3 S. m. Abbildgn.) 898. n. — 45

Neue Fibel. Nach d. Grundsätzen d. Schreiblese-Methode bearb. von [J.] Karassek, weil. Kgl. Kreisschulinsp., u. Dr. [Bernhard] Schulz, Geh. Reg.- u. Schulrat. Ausg. f. mehrklassige Schulen. 32. Aufl. *Danzig: A. W. Kafemann 1900.* (78 S.) 8° [F.] [00. 9417 10

— — dasselbe. Ausg. B. Für mehrklass. Schulen. Neu umgearb. v. mehreren prakt. Schulmännern. 2 Tle. gr. 8. Ebd. Geb. n.n. 1. 10
I. 37. Aufl. (IV, 64 S. m. Abbildgn.) 902. n.n. — 50
II. Lesebuch f. Unterklassen. 16. Aufl. (8, 119 S. m. Abbildgn.) 902. n.n. — 60

Neue Fibel von [Julius] Karassek, weil. Kreisschulinsp., u. Dr. [Bernh.] Schulz, Geh. Reg.- u. Schulrat. ⟨Ausg. A.⟩ Für d. beiden ersten Schuljahre einfacher u. wenig gegliederter Schulverhältnisse. Neu umgearb. von mehreren prakt. Schulmännern. T. [1.] 2. *Danzig: A. W. Kafemann 1903–04.* 2 Bde 8° [F.]
1. 38. Aufl. 1904. 2. Lesebuch f. d. Unterstufe. 15. Aufl. 1903. [04. 13519 10

Neue Fibel von [Julius] Karassek, weil. Kreisschulinsp., u. Dr. [Bernh.] Schulz, Geh. Reg.- u. Schulrat. (Ausg. B. Für mehrklass. Schulen.) Neu umgearb. von mehreren prakt. Schulmännern. T. 1. 2. *Danzig: A. W. Kafemann 1903–04.* 2 Bde 8° [F.]
1. 38. Aufl. 1903. 2. Lesebuch f. Unterklassen. 17. Aufl. 1904. [04. 13520 10

– und Schulz

—— —— s. Lesebuch, deutsches, für die Mittel- und Oberstufe der Volksschulen.
Vgl.: Wedig, J., deutsches Schulgesangbuch.

Karassek. Wand-Lesetafel zur neuen „Fibel". (II. Serie.) 10 Taf. à 62,5 × 51 cm. Danzig 892, Kafemann. * 3 —
(I. Serie.) Ebd. 1882. ** 4 50.

— 15 Wandtafeln zur „neuen Fibel". Lith. gr. Fol. Ebend. 882. n.n. 4. 50

Karastojanoff, Dimitr Jw(anowitsch): Erwerb und Verlust der bulgarischen Staatsangehörigkeit. Halle a. S. 1909: Kaemmerer. 46 S. 8°
Halle, Jur. Diss. v. 1. Sept. 1909, Ref. Löning
[Geb. 5. Mai 85 Sofia; Wohnort: Sofia; Staatsangeh.: Bulgarien; Vorbildung: Knabengymn. Sofia Reife M. 04; Studium: Halle 8 S.; Rig. 6. Aug. 09.] [U 10. 1669

Karatheodores

Καραθεοδωρῆς, Στεφάνου, Εἰδύλλια. Τεργεστ. 815. 8. (115 Seiten).

Karatschunsky, L. M., Statistik der productiven Kräfte Russlands. Nach offiziellen Quellen zusammengestellt. gr. 4. (6 S. mit 3 Tab.) Berlin 878, Behr's Buchh.

KARATSONYI, JOHANN: Rede, welche der hochwürdige Staab- und Stadtpfarrer zu Mitrowitz Herrn Johann Karátsonyi (Korotoony), jetzt Abt von Jak, an das Löbl. k. k. Peterwardeiner Infanterieregiement beym Ausmarsch in das Feld am 11. März 1778 zu Mitrowitz gehalten. Im Druck gegeben auf Verlangen und Unkösten aller Hauptleute erstgesagten löblichen Regiments. Esseg, bei Johann Martin Diwaldt 1778. 12 S. - 4° OSZK - Dass 2. verm. Ausg. Steinamanger 1794: Joseph Anton Sieß. 8 S. - 210 mm

Karau, Georg *Adalbert* [aus Danzig]: Aus d. chem. Institut d. Univ. Breslau. Über die Isonipecotinsäure '(Hexahydropyridin-γ-carbonsäure)' und ein Tetravinylpyridin ... Breslau, Druck v. A. Schreiber, *1893;* 2 Bl., 37 S., 1 Bl. 8.
Breslau, Phil. Fak., Inaug.-Diss. v. 14. Jan. 1893

Karau, Geo., üb. die Isonipecotinsäure (Hexahydropyridin-γ-carbonsäure) u. e. Tetravinylpyridin. Diss. gr. 8. (87 S.) Breslau 898. (L. Köhler.) n. 1. —

Karaus, Arthur, aus Rummelsburg b. Berlin: Die Sprache der Gesetze des Königs Aethelred. *Berlin: Mayer & Müller 1901.* (73 S.) 8°
Berlin, Phil. Diss. v. 10. Aug. 1901

Karausch, E. Die Entwickelungsgeschichte der romänischen Orthographie mit Zugrundlegung der diesbezüglichen Verhandlungen in der Bukarester Akademie der Wissenschaften. Radautz, G., 1888. 13 S. Progr.

Karawanen - Strasse, Die, von Aegypten nach Syrien. Prag 1879. V: *Ludwig Salvator Erzh. v. Österreich.* (KA)

Karawanenwürger, der, u. andere Erzählungen. Erlebnisse u. Abenteuer zu Wasser u. zu Lande. 8. (128 S. m. 5 Farbendr.) Berlin 894. A. Weichert. Geb. in Leinw. 2. 25

[F.] Der Karawanenwürger u. andere Erzählgn. Erlebnisse u. Abenteuer zu Wasser u. zu Lande. *Berlin: A. Weichert [1896].* (159 S., 4 Taf.) 1 Bd 8. [97. 1263

Karawanenzüge durch die westl. Prairieen, s. Gregg.

Karawangel, G., *Ἡ περὶ Θεοῦ διδασκαλία Θεοφίλου τοῦ Ἀντιοχείας.* Diss. 1891. 46 S. 1.

Karawanken [Schlagwort]

Karawanken, s.: Alpen. Ravenstein. — Salzkammergut. — Tauernbahn. — Touristenkarten. Freytag.

Karbach, J. Ph., († d. 24. Febr. 1830.) christl. Blick auf d. Vereinigung der evangel. Kirchen. Eine Predigt. gr. 8. Manh. 822. Löffler. 4 gr.

(Karbach, Ph.), Confirmandenbüchlein, s.a. Confirmandenbüchlein.

(Karbach, Ph.,) Confirmandenbüchlein f. d. Jugend evangel. Gemeinden. 2., umgearb. Aufl. 8. (1½ B.) Mannheim 834, Schwan u. Götzische Hofbuchh.

— Predigt zur Feier d. Geburtsfestes d. Großherzogs von Baden. gr. 8. Manh. 824. Löffler. 4 gr.

— Predigt am Feste d. Vereinigung d. evangel. Kirchen im Großherzogth. Baden. gr. 8. Manh. 822. Löffler. 4 gr.

Karbach, Phil., Predigt am Neujahrstage. 8. Erlangen, Palmsche Verlagsbuchhandl. 814.

— Synodalpredigt, gehalten in d. evangelisch-luther. Hauptkirche zu Erlangen. gr. 8. Ebend. 814.

Karbach, Ph., s. Karbach, J. Ph.

Karbach, R. Ph., s. Confirmandenbüchlein.

Karbaum, G., kurzgefaßte griechische Formenlehre in Verbindung mit deutschen und griechischen Übersetzungsstücken. gr. 8. (IV, 144 S.) Breslau 882, F. Hirt. *

Karbaum, G., Die Lehre vom Tragischen nach Aristoteles. Pr. 1869. 11 S. 4°. 2.—

Karbaum. Die Lehre vom Tragischen nach Aristoteles. Ratibor, G., 1872. 11 S. 4. Progr.

—— die syntaktischen Regeln der lateinischen Sprache in Verbindung mit Übungsbeispielen und zusammenhängenden Aufgaben, nebst einer Auswahl von Phrasen. gr. 8. (IV, 235 S.) Ebendas. 882. *

Karbaum, G[ustavus]: •De aetate et de dicendi genere Q. Curtii Rufi. 84 S. 4° (2°)
Halle-Wittenberg, Phil. Diss. v. 18. März 1863
Geb. [Naumburg a. d. S. 4. 5. 1840]

Karbaum, Hermann

Karbaum, H., de auctoritate ac fide grammaticorum latinorum in constituenda lectione Ciceronis orationum in Verrem, s.a. Dissertationes philologicae Halenses.

Karbaum, Hermannus: De auctoritate ac fide grammaticorum Latinorum in constituenda lectione Ciceronis orationum in Verrem. Halis Saxonum 1883: Karras. 38 S. 8°
Halle-Wittenberg. Phil. Diss. v. 19. Okt. 1883
Geb. Weissenfels 3. 1. 1858 [vielmehr: 1857]. V.
Enthält nur Cap. 4. S. 82—132 des Ms.
Ersch. auch in: Dissertationes philologicae Halenses. Vol. 6. Halis Sax. 1885. S. 71—110.
Hallische gekrönte phil. Preisschrift v. 1883, deren Ms. 132 S. 4° (2°) sich in den Akten befindet. Der ungedr. Teil ist anscheinend nie ersch.

Karbaum, Herm., zwei Gräber auf dem Friedhofe v. Görlitz. Jakob Böhme u. Minna Herzlieb. (52 S. m. 6 Lichtdr.-Taf.) 8. Görlitz (Schillerstr. 8, II) (905). Dr. H. Karbaum. n. 1.20

Zwei Gräber auf dem Friedhofe von Görlitz. Jakob Böhme u. Minna Herzlieb. Von Dr. Hermann **Karbaum**, Görlitz. Görlitz: Selbstverl. [1905] (52 S.) 8° [F.] [07. 33 6]

Karbaum, Hermann [Dr.]: De origine exemplorum, quae ex Ciceronis scriptis a Charisio, Diomede, Arusiano Messio, Prisciano Caesariensi, aliis grammaticis Latinis allata sunt. Wernigerode, Druck v. B. Angerstein, 1889; 1 Bl., 18 S. 4°
Wernigerode, Gräflich Stolberg'sches G, OP 1889 (243)

Karbaum, Max, Klin. Beiträge zur Frage d. Mechanismus d. Nachgeburtsperiode. Diss. gr. 8. (27 S.) Breslau 897. (Schletter.) n. — 80

Karbaum, Max [app. Arzt aus Bunzlau]: Aus d. Kgl. Univ.-Frauenklinik zu Breslau. Klinische Beiträge zur Frage des Mechanismus der Nachgeburtsperiode ... *Naumburg a. S., Druck v. H. Sieling, 1897*; 27 S., 1 Bl. 8.
Breslau, Med. Fak., Inaug.-Diss. v. 20. März 1897

Karbe, Bekämpfung d. Unkrauts durch zweckentsprechende Fruchtfolge u. Kultur, s.: Preisschriften u. Sonderabdrücke aus der Deutschen landwirtschaftlichen Presse.

Karbe. Das Ministerium Pfuel ist gestürzt. Druck von Brandes u. Schultze. 1 Bl. Fol.
Flugblatt. Berlin, 23. Okt. 1848.

Karbe. An meine Mitbürger. Blutvergießen zu vermeiden — Druck von Brandes u. Schultze. 1 Bl. Fol.
Flugblatt. Berlin, 14. Okt. 1848.

Karbe. Sendschreiben an seine Mitbürger. — Geschrieben im Asyl am 3. Tage des siebenten Monats der Freiheit. Vereins-Buchdruckerei. 1 Bl. Fol.
Flugblatt. Berlin, 7. Sept. 1848.

Karbe, Anna, s.a. **Lieder einer früh Vollendeten.**

Karbe, Anna, Lieder. Mit 1 Photogr. der Dichterin. 8. (XXVI, 206 S.) Gotha 881, F. A. Perthes. *

Karbe, Anna, Lieder. 2. (Titel-)Aufl. 8. (XXVI, 206 S. mit 1 Photographie der Dichterin.) Gotha 886, F. A. Perthes. * geb. *

Karbe, August. Die in der Mark Brandenburg ... mögliche und nützliche Einführung der englischen Wechselwirthschaft ... Prenzlau 1802. V: *Hoffmann, J. August Theod.* [?] (Ky)

Karbe, Aug., die in d. Mark Brandenburg u. and. deutschen Provinzen mögl. u. nützl. Einführung d. Engl. Wechselwirthschaft rc. gr. 8. Berlin, Lange. 802.

— — dasselb. 2te Aufl. od. Einführung der Fruchtwechselwirthschaft. gr. 8. Ebend. 806.

Karbe, Aug., die in d. Mark Brandenburg u. and. deutschen Provinzen mögl. u. nützl. Einführung d. engl. Wechselwirthschaft rc. gr. 8. Prenzlau 802. 2e Ausg. gr. 8. Berl. 805. (Reimer). 1 ℛ 16 gr (Der wahre Verf. soll J. Aug. Th. Hoffmann sein.)

Karbe, Aug., u. Carl Knaus, üb. Schafwaide-Ablösungen, u. deren Einfluß auf d. Kultur d. bisher waidebelasteten Grundeigenthums auf Schafzucht u. Wollproduktion; in national- u. privatwirthschaftl. Beziehg. Zwei v. d. Versamml. d. deutschen Landwirthe zu Potsdam im Sept. 1839 in Gemeinschaft gekr. Abhandln. gr. 8. (4 B.) Stuttgart u. Tübingen 840, Cotta'scher Verlag.

Karbe, Carl Rudolph, s. Karbe, Karl Rudolph

Karbe, Fritz, Kammergerichtsreferendar in Berlin: Welche Rechtsbehelfe sind gegeben, wenn der Konkursverwalter eine einem Dritten vom Gemeinschuldner überlassene konkursfreie Sache dem Dritten eigenmächtig fortnimmt? Kirchhain N.-L. (M. Schmersow) 1908. (VI, 37 S.) 8°
Heidelberg, Jur. Fak., Ref. Endemann, Diss. v. 1908
[Geb. 4. Juni 84 Cöslin (Pommern); Wohnort: Berlin; Staatsangeh.: Preußen; Vorbildung: Gymn. Stralsund Reife O. 02; Studium: Freiburg i. B. 1, Lausanne 1, Greifswald 1, Berlin 4 S.; Rig. 24. Jan. 08.]

Karbe, H., de centurionibus Romanorum, s. Dissertationes philologicae Halenses.

Karbe, Hans: Der Marsch der Zehntausend vom Zapates zum Phasis-Araxes (nach Xenophons Anabasis III, 3, 6—IV, 6, 4). Historisch-geographisch erörtert. *Berlin: R. Gaertner 1898.* (38 S.) 4°
Berlin, Königstädt. G, OP 1898 (59)

Karbe, Iohannes: De centurionibus Romanorum quaestiones epigraphicae. Halis Saxonum 1880: Karras. 48 S. 8°
Halle-Wittenberg, Phil. Diss. v. 23. Okt. 1880
Geb. Gramzow (Mark) 27. 12. 1857. V.
Ersch., von H. Karbe, auch in: Dissertationes philologicae Halenses. Vol. 4. Halis Sax. 1880. S. 385—434.

Karbe, Karl Rudolph

Karbe, Carl Rudolph (Blanckenburg b. Prenzlau), De excrescentibus cervicis uteri brassicae botrytidi similibus adjectis tribus exemplis. Diss. med.-obstetr. Halle (Semmler) 30. XI. 1841. 35 S. mit Biogr. (M.: W. v. Baerensprung.) (6.—) 17501
Oppon.: C. Schwebes, W. Klotz. — Gew.: Ant. Friedr. Hohl.

Karberg, A[ndreas] V[alentin], cand. jur. Sonderburg a. Alsen: Die Rechtslage des Akzeptanten einer gefälschten Anweisung nach bürgerlichem Recht. Sonderburg 1905: Sonderburger Zeitg. (49 S.) 8° [F.]
Jena, Jur. Fak., Ref. Thon, Diss. v. 10. Mai 1905
[Geb. 28. Febr 81 Sonderburg; Wohnort: Sonderburg; Staatsangeh.: Preußen; Vorbildung: Gymn. Hadersleben Reife O 00; Studium: München 3, Kiel 4 S.; Rig. 10. Mai 05.]

Karbid, s.: Carbid.

Karbitz [Schlagwort]

Karbitz, s.: Aussig.

Karboum: Die Lehre vom Tragischen nach Aristoteles. 11 S. – Ratobor, Progr. 1872.

Karbowska-Seidenbeutel, Paulina, aus Warschau: Ein Fall von Retention foetaler Knochen im Uterus. Zürich 1909. 23 S. 8° [27. V. 09.]
Zürich, Med. Diss. 1908/09.

Karch, Georg, Der Brustschild Aarons mit den 12 Edelsteinen. Würzburg, 1880, gr. 8°, 3,40 Mk.

Karch, G., das Christenthum ist eine göttliche Gabe. Eine Predigt auf die Feier des eilfhundertjähr. Bestandes des Bisthums Würzburg; gehalten am 9. Juli 1843. gr. 8. (1¼ B.) Aschaffenburg 843, Pergay. Thlr. *

Die Kirche auf dem Berg der Seligkeiten. Von G. Karch, Subreg. u. P. der Religionsl. — 1861 Ebend. — S. 3—26 mit einer Tafel auf 1 Bogen unter dem Titel: „Die acht Seligpreisungen als Grundriß (Tessara) des Reiches Gottes."
Progr. Aschaffenburg

Karch, Geo., die Legende der heil. Bilhildis, Gemahlin des Herzogs Hettan I. in Ostfranken, Stifterin und Aebtissin des Klosters Altenmünster in Mainz, im Anschlusse an eine Festpredigt über deren Geburtsort und Verehrung, historisch-kritisch gewürdigt. gr. 4. (VIII, 85 S.) Würzburg 869, (Woerl.)

Karch, G., Die Makarismen bei Matth. 5, 1—13. Aschaffenburg, 1850, 4°, 30 S., Programm.

Karch, Geo., die mosaischen Opfer als vorbildliche Grundlage der Bitten im Vaterunser. I. Thl.: Vom Vaterunser und Gebet im Zusammenhange mit dem alten Opfercultе. gr. 8. (XII und 310 S.) Würzburg 856, Goldstein'sche Buchh. Thlr.

Karch, Geo., die mosaischen Opfer als vorbildliche Grundlage der Bitten im Vaterunser. 2. Thl.: Von den Besonderheiten des alten Opfercultus. gr. 8. (528 S.) Würzburg 857, Goldstein'sche Buchh.
1. Thl. Ebendas. 1856. 23 Ngr.

—— die Räthselbilder an der Broncethüre der Domkirche zu Augsburg, eine symbol. Darstellung aus dem 11. Jahrh. über das Reich Gottes in Kirche und Staat unter Widerlegung zwei verfehlter Deutungen erklärt und mit einer Abbildung versehen. gr. 4. (43 S. mit 1 Stnt. in gr. Fol.) Ebendas. 869.

—— die königliche Residenz und der Hofgarten zu Würzburg nach ihrem mythisch-philosoph. Charakter, dem platon. Kosmos, im Zusammenhang erklärt und mit einem (lithogr.) Plan des Gartens (in gr. 4.) versehen. gr. 8. (IV, 335 S.) Ebendas. 869. *

Karch, Geo., die chaldäische Sternenbibel oder der Sternenhimmel, nach den sieben Stufen der Mithrasmysterien in sieben Gebieten als der Weg zur Vollendung für Zeit und Ewigkeit wieder nach Jahrhunderten neu dargestellt. gr. 8. (XLV, 226 S. mit 1 lithogr. Sternkarte.) Würzburg 883, (Bucher.)

Karch, G., die mosaische Stiftshütte als Abbild des Himmels in den acht Seligkeiten nach den vier Gesetzen des Sabbath- und Jubeljahres dargelegt. 4 Bde. gr. 8. (XXIV, 257; XXXII, 329; XIX, 296; XXVIII, XVII, 248 S.) Würzburg 876, (Bucher.) *

KARCH, Johann Franz Xaver: Kurzgefasste Anmerkungen über die Heilkräfte der Eicheln. - Frankfurt 1782. 24 S. 2. Aufl.

Karch, Max, aus Neustadt a. S.: Makroskopische und mikroskopische Veränderungen der Grosshirnrinde bei congenitalem Hydrocephalus internus nebst Beschreibung zweier Fälle mit Vermehrung der Furchen- und Knötchen-Bildung auf der freien Hirnoberfläche. *Würzburg 1898: A. Boegler.* (25 S.) 8°
Würzburg, Med. Diss. v. 1898

Karch, Robert: Die nordfranzösischen Elemente im Altprovenzalischen. *Darmstadt 1901: G. Otto.* (VI, 87 S.) 8° ¶ [Gekr. Preisschr.]
Heidelberg, Phil. Diss. v. 1901

Karch, Rob., Erwachen. (III, 47 S.) 8. Dresden 908. E. Pierson. n. 1.—; geb. n. 2.—

Karche, Phil Karl Gerhard

Karche, P. C. G., Jahrbücher von Coburg, s.a. Jahrbücher.

Karche, Phil. Carl Ghard., Jahrbücher der herzogl. sächs. Residenzstadt und des Herzogth. Coburg. 3. Bd. 8. (VI und 555 S.) Coburg 853, Riemann'sche Hofbuchh.
1. und 2. Bd. Ebendas. 1825 und 1829. à Bd. 1 Thlr.

Karche, P. C. G., Coburgs Vergangenheit. Jahrbücher der herzogl. sächs. Residenzstadt Coburg 741—1822. Mit 1 Bilde: Alt-Coburg (1626) nach e. Kupferst. v. Peter Isselburg u. e. Orts-, Personen- u. Sachregister. (VIII, 647 S.) 8. Coburg (910). (J. F. Albrecht.) nn 2.50; geb. in Leinw. nn 3.50

Karcher, F. A., Karneval's u. Lutrina's Wiedervereinigung. Kosmokomisches Fastnachtsspiel in drei Abtheilungen, nebst einem Vorspiel: Der Gang zu den Müttern. Zum erstenmale aufgeführt auf der hanswurstlichen Hofbühne zu Lautern am 7. Febr. 1853. Kaiserslautern 853. Tascher in Comm. 8. (128 S.) 15 ngr.

Karcher, J. [aus Basel, z. Z. Assistenzarzt an der medizinischen Klinik zu Basel]. Ueber die Fragmentation des Herzmuskels. Naumburg a. S. 1897. 44 S. 8°.
Basel. Med. Diss. 1897/98.

Karcher, Richard: Das deutsche Goldschmiedehandwerk ⟨bis ins 12. Jahrhundert⟩. Leipzig: Seemann 1910. 49 S. 8° ¶ (Vollst. als: Beiträge z. Kunstgesch. N. F. 37. 1911.)
Freiburg i. B., Phil. Diss. v. 1910, Ref. v. Below
[Geb. 6. Febr. 87 Freiburg i. B.; Wohnort: Karlsruhe i. B.; Staatsangeh.: Baden; Vorbildung: Gymn. Karlsruhe Reife Juli 06; Studium: Freiburg i. B. 7 S.; Rig. 1 März 10.] [U 11. 1142

Kärcher, Amalie, Früchte. Studien. 1. und 2. Lfg. gr. 4. (à Lfg. 4 Chromolithogr.) Leipzig 887, Baldamus' Sep.-Cto.
1. Lfg. * M. 6.—; 2. Lfg. *
Einzeln à Bl.

Ernst Kärcher. Ad sollennia Divi Caroli Friderici Saecularia Lycei Carolsruhensis alumnis et professoribus XXII. die Novembris summa qua decet pietate obeunda vota fecit Ernestus Kärcher. 8 S. Fol.
Karlsruhe, P 1828

Kärcher, E., Beiträge u. Berichtigungen z. 2. Aufl. d. „etymolog. Schulwörterbuchs d. latein. Sprache." gr. 8. (½ B.) Stuttgart 830, Metzler.
Dess. „Schulwörterbuch," 2. Aufl Karlsruhe, Braun. 1826. 12 Gr.

— Beiträge u. Berichtigungen z. 2ten Aufl. des etymolog Schulwörterbuchs der latein. Sprache. gr. 8. Stuttg. 831. Metzler. ½ Gr.

Kärcher, Er., Beiträge zur latein. Etymologie u. Lexikographie. 1. Liefg. Als Einleitung zur 3. Aufl. des „Latein.-Deutschen Schulwörterbuchs in etymologischer Ordnung", mit Beziehung auf das Kärcher'sche, sowie das Georges'sche Handwörterbuch. 9. Aufl. gr. 8. Stuttgart 844, Metzler'sche Buchh. ¼ ℛ — als 2. Liefg.: Prosodisches zu Plautus u. Terentius. 8. Ebend. 846. n. ⅜ ℛ

Ernst Kärcher. Beiträge zur lateinischen Etymologie und Lexicographie. Prosodisches zu Plautus und Terenz. 75 S. Karlsruhe, P 1846

Derselbe. Beiträge zur lateinischen Etymologie und Lexicographie. Zugabe als Schluss der vorjährigen Abhandlung. 18 S. Karlsruhe, P 1847

Derselbe. Beiträge zur lateinischen Etymologie und Lexicographie. Vierte Lieferung mit einem grammatischen Excurs. 50 S. Karlsruhe, P 1854

Kärcher, E., Ueb. Catos Carmen de moribus. S.-A. 1854. 20 S.

Kärcher, Ernst., über d. Einrichtung e. etymolog. Schulwörterbuchs d. französ. Sprache, f. d. Gelehrtenschulen, nebst e. Probe. Als Beigabe z. Herbstprogr. d. Carlsruher Lyceums. Lex.-8. (1 B.) Carlsruhe 838, Müller'sche Hofbuchh. *

— und A. Forbiger, lateinisch-deutsches und deutsch-lateinisches Handwörterbuch, s.a. Forbiger.

— lateinisch-deutsches, u. Fr. Carl Kraft u. A. Forbiger's deutsch-latein. Handwörterbuch, besonders für Gymnasien u. Lyceen. 2 Bde. Lex.-8. Ebend. 826 u. 842. Beide Bände zusammen n. 3⅙ ℛ — Vergl. Kraft, Fr. Carl.

— Handwörterbuch d. latein. Sprache, besond. f. Gymnasien u. Lyceen. 2 Abthln. gr. 8. (26½ u. 35 B.) Stuttgart 841, 42, Metzler'sche Buchh.

— s. Hilpert, Jos. L., engl.-deutsches u. deutsch-engl. Wörterbuch.

Derselbe. Horaz. Die 28. Ode des I. Buches, nebst einem Anhang über v. 14 u. 15 der 37. Ode des I. Buches. 23 S. Karlsruhe, P 1848

Kärcher, Ernst, Horaz. (2. Lfg.) Ist die 20. Ode des I. Buches ächt? 8. (VIII und 16 S. mit 2 Stnt.) Carlsruhe 850, Braun'sche Hofbuchh. *

Kärcher, E., Horaz. 3. Lfg. Was ist in der 8. Ode des 4. Buches ächt, und Was nicht? und Wie ist „non ita pridem" v. 254. der A. P. zu verstehen? Nebst kürzerer Besprechung einiger andern Stellen im Vorworte. gr. 8. (XVIII und 29 S.) Karlsruhe 853, Braun'sche Hofbuchh. *
1. und 2. Lfg. Ebendas. 1848—50. * 12 Ngr.

Ernst Kärcher. Lassen sich die Verse der Franzosen auf ein den klassischen Sprachen analoges Grundmass zurückführen? Vor dem Lektionsverzeichnis S. 3—14. Karlsruhe, P 1835

— Nachträge zu Forcellini's latein. Lexicon. Mit einem grammat. Excurse. gr. 8. (VI und 41 S.) Karlsruhe 854, Braun'sche Hofbuchh. *

Derselbe. Nekrolog, betreffend den am 16. Mai des Jahrs verstorbenen J. F. Gerstner Grossh. Bad. Kirchenrat und Professor der griechischen und römischen, sowie der orientalischen Litteratur an der obersten Klasse des Lyceums. S. 8—10 des Programms. Karlsruhe, P 1833

— Prosodisches zu Plautus und Terentius. Als 2. Lfg. der Beiträge zur latein. Etymologie u. Lexikographie. gr. 8. (5½ B.) Carlsruhe 846, Braun'sche Hofbuchh. * -

— Prosodisches zu Plautus und Terentius. Als zweite Lieferung der Beiträge zur latein. Etymologie und Lexikographie. gr. 8. (XII und 80 S.) Carlsruhe 847, Braun'sche Hofbuchh. * -
Die 1. Lfg. der Beiträge zur latein. Etymologie rc. erschien in Stuttgart 1844 in der Metzler'schen Buchh. und kostet 7½ Ngr.

Ernst Kärcher. Das obsolete quio mit seiner Familie. 23 S. Karlsruhe, P 1842

Kärcher, E. (Baden; Professor zu Karlsruhe), De optima latini lexici condendi ratione. Karlsruhe (Müller) 1826. 47 S. (6.20) 17277

Kärcher, E., de optima latini lexici condendi ratione. gr. 8. Karlsr 827. Müller. 15 Gr.

— kleines deutsch-latein. Schulwörterbuch. 2., bedeut. verm. Ausg. gr. 8. (10½ B.) Stuttgart 836, Metzler'sche Buchh.

— latein.-deutsches Schulwörterbuch in etymolog. Ordnung bearb. 3. verb. Aufl. gr. 8. Ebend. 842. ½ ℛ

— latein.-deutsches Schulwörterbuch in etymolog. Ordnung bearb. 3., verb. Aufl. gr. 8. (22 B.) Stuttgart 843, Metzler'sche Buchh.

Kärcher, Ernst, latein.-deutsches u. deutsch-latein. Schul-Wörterbuch. 2. Thl. — A. u. d. T.: Deutsch-latein. Wörterbuch f. Gymnasien. 2., verb. u. verm. Aufl. gr. 8. (31½ B.) Leipzig 840, Hahn'sche Vrlsbuchh. Thlr.
1. Thl. Ebendas. 1826. 1 Thlr.

— Schulwörterbuch d. latein. Sprache, in etymologischer Ordnung bearbeitet. gr. 8. Karlsr. 823. 2e A. 826. (Metzler in Stuttg.) 12 Gr.

— Schulwörterbuch d. latein. Sprache in etymolog. Ordnung bearbeitet. 2te Aufl. gr. 8. Carlsr. 826, Braun.

— s.a. Theocrit's elftes Idyll.

Theokrit. Theokrit's elftes Idyll, als Probe einer Verdeutschung seiner sämmtlichen Idyllen, nebst Behandlung zweier Stellen des 15. Idylls im Vorworte. Von E Kaercher Carlsruhe 1845.

— kleineres Wörterbuch d. latein. Sprache, in etymolog. Ordnung bearb. gr. 8. (18 B.) Stuttgart 831, Metzler.

— kleines deutsch-latein. Wörterbuch f. Anfänger. gr. 8. Karlsr. 824. (Metzler in Stuttg.) 6 Gr.

Kärcher, Ernst Friedrich.
Lateinisch-deutsches und deutsch-lateinisches Wörterbuch. Leipzig 1822. MV: *Ruhkopf, Frdr. Ernst.* (Ky)

— (u. F. E. Ruhkopf,) latein.-deutsches u. deutsch-latein. Wörterbuch. 2 Thle. gr. 8. Leipz. 822. Hahn. (à 1 ℛ) 2 ℛ NB. Das unter Ruhkopf aufgeführte ist so zu ändern: kleines latein.-deutsches Wörterbuch. Pr. 12 Gr.

— latein.-deutsches u. deutsch-latein. Wörterbuch. 2 Thle gr 8. Leipz. 826, Hahn. à 1 Rthlr.

Kärcher, Fidelis, O. F. M., Verzeichniß der Ablässe, Privilegien u. Begünstigungen f. die Mitglieder des weltlichen 3. Ordens des hl. Franziskus. Zusammengestellt aus authent. Quellen. 16. (26 S.) St. Louis, Mo. 902. Freiburg i/B., Herder. n. — 16; engl. Ausg. n. — 16

Kärcher, Karl, der Dreikönigstag. Eine sich auf d. Aufhebung d. Handfrohnen bezieh. Idylle. gr. 12. (1 B.) Karlsruhe 832, Groos.

Kärcher, Karl, Graf Otto v. Eberstein, od. d. Turnier bei Durlach. Novelle aus d. Regierung Markgraf Rudolf I. von Baden. 2 Thle. gr. 12. (27½ B.) Karlsruhe 837, Groos.

—— kleine Geographie z. Gebr. f. Schulanstalten u. Privatinstitute. 8. (13 B.) Karlsruhe 836, Groos.

Kärcher, Carl, Grundlage beim Unterrichte in der Erdbeschreibung. Nach den Grundsätzen Ritter's und v. Roon's für Unterrichtsanstalten, nebst einem kurzen Anhange über die deutschen Eisenbahnen. 8. (XVI und 260 S.) Mannheim 847, [Bassermann und Mathy.] *

— Handbuch d. alten class. Geographie. gr. 8. Heidelb. 829. Oßwald. 1 ₰ 12 gl

—— Handbuch d. alten class. Geographie. gr. 8. (35 B.) Heidelberg 829, [Vereins-Verlag.]

— Handbuch der alten classischen Geographie. Wohlf. Schulausg. gr. 8. Heidelberg 836. Vereins-Verlag. (Winter.) 1 ₰

— kurzgefaßtes Handbuch d. Wissenswürdigsten aus d. Mythologie u. Archäologie des class. Alterthums. (Besonders zu dessen Handzeichnungen.) 8. Karlsr. 825. Braun. 18 gl f. Pap. 1 ₰

— Hand-Zeichnungen zu dessen Mythologie u. Archäologie des class. Alterthums. 5 Hefte, mit erläut. Texte. Mit 62 Tafeln. gr. Fol. Karlsr. 825. Braun. 4 ₰ 12 gl f. Pap. 5 ₰ Einzeln à Heft 1 ₰

Kärcher, Carl, Lehrbuch der Geschichte f. die obern Classen höherer Unterrichtsanstalten. gr. 8. (18 B.) Karlsruhe 844, Macklot.

—— Deutsches Lesebuch f. Schulen. 1—3. Abthl. gr. 8. Karlsruhe 834, Groos [1. (13½ B.) 12 Gr., 2. (18¼ B.) 16 Gr., 3. (25 B.) 20 Gr.]

—— deutsches Lesebuch f. Schulen. 1. Abthl. 2., verm. u. verb. Aufl. gr. 8. (15½ B.) Karlsruhe 839, Groos.
2. u. 3. Abthl. Ebendas. 1834, 35. 1 Thlr. 12 Gr.

—— franz. Lesebuch, s. Lesebuch.

—— kleines deutsches Lesebuch f. Schulen. gr. 8. (15½ B.) Karlsruhe 846, Groos.

— kleine Naturgeschichte, zum Gebrauch f. Schulanstalten u. Privatinstitute elementarisch bearbeitet. 8. Stuttgart 833. Löflund, jetzt Beck u. Fränkel. ½ ₰

Kärcher, (Carl,) Orbis terrarum antiquus et Europa aevi medii. Forma maxima delienatus. 24 Tab. Karlsr. 827. Marx.

— ders. In us. schol. Atlas d. alten Welt in 23 Charten qu. Fol. Carlsruhe 824, Braun. 2 Rthlr. 12 gr. ill.

— ders. im Ausz.: Atlas d. alt. Welt in 9 Chart. qu. Fol Ebend. 1 Rthlr. illum.

—— Orbis terrar. antiquus et Europa aevi medii. In us. scholar. delin. et descripsit. qu. Fol. (23 lith. Bl.) Carolisruhae 831, Braun. 1 Thlr. 12 Gr., ill.

—— Orbis terrarum antiquus et Europa aevi medii. In us. scholar. XXXII Tab. Lith. qu. ½ gr. Fol. Carolsruhae 839, Braun. 1⅙ Thlr., ill.

— — id. — (Atlas minor.) IX Tab. Lith. qu. ½ gr. Fol. Ibid. 839. ⅓ Thlr., ill.

—— histor.-geograph. Schul-Atlas in 18 (lith.) Karten. 1. Aufl. 830. 1 Thlr. 16 Gr., 2. A. qu. gr. Fol. (1 B. Text.) Karlsruhe 834, Groos.

— Schul-Atlas der neuen Welt. 32 Karten. qu. Fol. Karlsruhe 839. Groos. n. 1 ₰

—— deutsches Sprachbuch nebst dem Nothwendigsten aus der Formenlehre. 12. (7½ B.) Ludwigsburg 844, Nast'sche Bh. *

— s. Strabo's Geographie.

—— allgemeine Weltgeschichte in 2 Stufen od. Lehrgängen. Für öffentl. u. Privat-Lehranstalten nach pädagog. Grundsätzen bearbeitet. 1. u. 2. Stufe. gr. 8. (19⅜ B.) Karlsruhe 843, Macklot. ă

— 60 Zeichnungen zu dessen Mythologie u. Archäologie d class. Alterthums. 5 Hfte mit erläut. Texte. gr. Fol. Carlsr 825, Braun. 4 Rthlr. 12 gr. einzeln à

— Zusammenstellung der griech. regelmäß. Verbums, nach Buttmann. gr. 8. Karlsr. 827. Braun. 10 gl

Kärcher, Carl Gust., die Straferkenntniss eine Begründung des Strafbeweises in der Denklehre. 1. Bd.: Die Lehre von der Erkenntniss. gr. 8. (XVII und 255 S.) Erlangen 856, Enke's Vrlgsh. *

Kärcher, Carl Gust., die Straferkenntniss. Eine Begründung des Strafbeweises in der Denklehre. 2. Bd: Die Lehre von der Erkenntniss der Strafbarkeit. 1. Abthl.: Das Verbrechen. gr. 8. (XIII und 199 S. mit 1 Tab. in qu. gr. 4.) Erlangen 858, Enke's Verlagsbuchh. *

Kärcher, Karl Gust., die Straferkenntniß. Eine Begründung des Strafbeweises in der Denklehre. 2. Bd. Die Lehre von der Erkenntniß der Strafbarkeit. 2. u. 3. Abth. Erlangen 861, 62. Enke. gr. 8. n. 1 ₰ 16 ngr
2. Abth.: Der gegenständliche Thatbestand des Verbrechens. (VI, 222 S.) n. 1 ₰
3. Abth.: Der subjective und der unregelmäßige Thatbestand des Verbrechens. (VI, 99 S.) n. 16 ngr

Kärcher, Max, s.: Kinderlähmung epidemische.

Kärcher, Max, a. Kaiserslautern: Orientierende Versuche über die Giftigkeit des Para-Nitranilins. Würzburg 1908: H. Stürtz. (39 S.) 8°
Würzburg, Med. Fak., Ref. Lehmann, Diss. v. 22. Juli 1908
[Geb. 11. Okt. 81 Kaiserslautern; Wohnort: Würzburg; Staatsangeh.: Bayern; Vorbildung: Gymn. Kaiserslautern Reife Juli 01; Studium: München 2, Berlin 2, Leipzig 2, Würzburg 4 S.; Coll. 19. Dez. 07; Approb. 16. Juli 07.]

Karchne, Sim., dissertationes juridico-theologicae de jure et justitia. 4. Augsb. Veith. 728.

von Karchowski, Dionysius [aus Posen]: Über einige Abkömmlinge des Pseudocumols ... Posen, gedr. bei J. Leitgeber, 1891; 41 S., 1 Bl. 8.
Rostock, Phil. Fak., Inaug.-Diss. v [7 Aug.] 1891

Karcz M. Über Glyoxal-Önanthylin und dessen Abkömmlinge S. 35. II 861 ngr.
Separatabdruck

Karczag, Ladislaus, a. Szolnok in Ungarn: Beiträge zur Kenntnis der Methylweinsäuren. (Berlin-Charlottenburg 1908: Preczang & Co.) (32 S.) 8°
Berlin, Phil. Fak., Ref. Nernst, Diss. v. 30. Juni 1908
[Geb. 12. Juni 86 Szolnok; Wohnort: Szolnok; Staatsangeh.: Ungarn; Vorbildung: Gymn. Szolnok Reife Juni 04; Studium: Berlin 2, Genf 1, Berlin Techn. Hochsch. 1, Univ. 3 S.; Rig. 18. Juni 08.]

Karczag, Wilh., Mütterchen, s.a. Album f. Liebhaber-Bühnen.

[J.] Mütterchen. Lustsp. in 1 Akt v. Wilhelm Karczag. Deutsch v. Josef Jarno. *Berlin: Kühling & Güttner [1894?].* (18 S.) 1 Bd 8.
= Album f. Liebhaber-Bühnen. No 295. [96. 5998

Karczewski, v., gesund im Irrenhause. Audiatur et altera pars. gr. 8. (16 S.) Posen 895. L. Türk. n. — 50

Karczewski, Paul Alex. Otto v., Enthüllungen des Landes-Lotterie-Wesens oder die fünf Senatoren in Genua. gr. 8. (XVI und 79 S.) Berlin 852, (Th. Enslin.) *

Karczewski, Paul Alex. Otto v., Die Renten, insbesondere die Preuss. Renten-Versicherungs-Anstalt, betrachtet aus dem Gesichtspunkte des Verhältnisses der Mittel zu dem Zweck, der durch solche erlangt werden soll, mit Rücksicht auf die landesgesetzl. Bestimmungen und unter Darstellung einer Theorie, auf welcher die Einrichtung einer solchen Anstalt zu beruhen hat. gr. 8°. Berlin, Posen u. Bromberg, Mittler, 1842.

Karczewski, Paul Alex. Otto v., die Renten, insbesondere die preuß. Renten-Versicherungs-Anstalt, betrachtet aus d. Gesichtspunkte des Verhältnisses der Mittel zu dem Zwecke, der durch solche erlangt werden soll, m. Rücks. auf die landesgesetzl. Bestimmungen u. unter Darstellung einer Theorie, auf welcher die Einrichtung einer solchen Anstalt zu beruhen hat. gr. 8. (6 B.) Berlin 844, Mittler, Berl.

Karczewski, Victor (Julius Caesar) de *(geb. Krotoschin in Pos 3 3. 1838)*: De therapia monomaniae superbientis et paralyseos cerebri progressivae, in asylo vesanorum sub auspiciis exp. Zelasko in pago Kowanówko florente, usitata. Vratislaviae (1863). (42 S.) 8°
Breslau, Med. Diss v. 23 Nov. 1863

Kardec, Allan, das Buch der Geister, die Grundsätze der spirit. Lehre über die Unsterblichkeit der Seele, die Natur der Geister und ihre Beziehungen zu den Menschen; die moral. Gesetze rc. enth.; nach der Belehrung, welche von den höheren Geistern mittelst verschied. Medien gegeben wurde. In's Deutsche übertragen von Const. Delhez. 2 Thle. gr. 8. Brünn 863, (Rohrer.) *
Inhalt:
Thl. 1. Die ersten Ursachen. — Die Geisterwelt. (XL und 243 S.) * 1 Thlr. 6 Ngr.
" 2. Moralische Gesetze. — Hoffnungen und Tröstungen. (VIII und 191 S.) * 24 Ngr.

Kardec, Allan, das Buch der Geister, die Grundsätze der spirit. Lehre über die Unsterblichkeit der Seele, die Natur der Geister u. ihre Beziehungen zu den Menschen; die moral. Gesetze rc. enth.; nach der Belehrung, welche von den höheren Geistern mittelst verschied. Medien gegeben wurde. In's Deutsche übertragen von Const. Delhez. Neue (Titel-)Ausg. Wien (863) 868. (Lechner's Sortiments-Conto.) gr. 8. (XL, 414 S.) n. 2 ℛ︀

Kardec, Allan, das Buch der Geister, die Grundsätze der spirit. Lehre üb. die Unsterblichkeit der Seele, die Natur der Geister u. ihre Beziehgn zu den Menschen, die moral. Gesetze, das diesseit. u. jenseit. Leben u. die Zukunft der Menschheit enth., nach der Belehrg., welche v. den höh. Geistern mittelst verschied. Medien gegeben wurde. (LIV, 416 S. m. Bildnis.) gr. 8. Leipzig 903. O. Mutze. n. 4. —; geb. n. 5. 50

Kardec, Allan. Der Himmel u. die Hölle od. die göttl. Gerechtigkeit nach den Aufschlüssen der Kunde vom Geist; dargestellt durch die vergleich. Prüfg. der Lehren üb. den Uebergang vom körperl. zum geist. Leben, die künft. Strafen u. Belohngn., die Engel u. die Teufel, die endlos ewigen Strafen u. s. w.; sodann beleuchtet in zahlreichen Beispielen bezüglich der wirkl. Lage der Seele während u. nach dem Tode. Mit Uebertragg. ins Deutsche durch Chrn. Hch. Wilh. Feller. 8. (XVI, 460 S.) Berl. 890, K. Siegismund. * 5 —

Kardec, Allan. Spiritualistische Philosophie. Das Buch der Geister, die Grundsätze der spiritischen Lehre über die Unsterblichkeit der Seele, die Natur der Geister u. ihre Beziehungen zu den Menschen; die moralischen Gesetze, das diesseitige u. jenseitige Leben u. die Zukunft der Menschheit enthaltend; nach der Belehrung, welche von den höheren Geistern mittelst verschiedenen Medien gegeben wurde, gesammelt u. geordnet. In's Deutsche übertragen von Const. Delhez. 1. u. 2. Thl. gr. 8. (XL. 243 u. 191 S.) Brünn, Rohrer in Comm. 1. Thl. 1 fl. 80 kr.
1863 2. Thl. 1 fl. 20 kr.

Kardec, Allan, spiritualistische Philosophie. Das Buch der Geister. Enth. die Grundsätze der spiritist. Lehre üb. die Unsterblichkeit der Seele, die Natur der Geister u. ihre Beziehgn. zu den Menschen, die sittl. Gesetze, das gegenwärt. u. das künft. Leben, sowie die Zukunft der Menschheit. Nach dem durch die höheren Geister m. Hülfe verschiedener Medien gegebenen Unterricht gesammelt u. geordnet. Autoris. deutsche Orig.-Ausg. 8. (VIII, 552 S.) Zürich 886. Schmidt. n. 4. —

Kardec, Allan, Spiritualist. Philosophie. D. Buch d. Geister. Enth. die Grundsätze d. spiritist. Lehre üb. d. Unsterblichkeit d. Seele, d. Natur d. Geister u. ihre Beziehgn. zu d. Menschen, d. sittl. Gesetze, d. gegenwärt. u. d. künft. Leben, sow. d. Zukunft d. Menschheit. Nach d. durch d. höh. Geister m. Hilfe verschied. Medien gegeb. Unterr. ges. u. geordnet. Autor. deutsche Orig.-Ausg. (Neudr.) 8. (VIII, 552 S.) Zürich 898. C. Schmidt. n. 5. —

—— Spiritism in its most simple expression. A short exposition of spirits' doctrine and their manifestations. Translated by Miss Gr. and J. J. T...... 8. (28 S.) Leipzig 865, Wagner. *

—— Спиритисмъ въ самомъ простомъ его выраженіи краткое объясненіе ученія духовъ и ихъ проявленія. (Der Spiritismus.) 8. (33 S.) Leipzig 864, Wagner. *

—— der Spiritismus in seinem einfachsten Ausdruck. Eine kurzgefaßte Darstellung der Lehre und der Mittheilungen der Geister, übers. von Const. Delhez. 8. (30 S.) Wien 862, (Delhez.) *

—— dass. — 2. Aufl. gr. 16. (28 S.) Wien 864, (Lechner's Sortiments-Conto.) *

Kardec, Allan, der experimentelle Spiritismus. Das Buch der Medien oder Wegweiser und der Anrufer, enth. eine besondere Belehrung über die Geister, über die Theorie aller Art Kundgebungen, über die Mittel für den Verkehr mit der unsichtbaren Welt, Entdeckung der Mediumität, über Schwierigkeiten und Klippen, welchen man bei der Ausübung des Spiritismus begegnen kann. Aus dem Französ. ins Deutsche übers. von Frz. Pavlicek. 11 Lfgn. gr. 8. (VIII, 536 S.) Leipzig 877, Mutze. à Heft * 80 Pf.; compl. * geb. *

— der experimentelle Spiritismus. Das Buch der Medien od. Wegweiser der Medien u. der Anrufer, enth. e. besondere Belehrg. üb. die Geister, üb. die Theorie aller Art Kundgebgn., üb. die Mittel f. den Verkehr m. der unsichtbaren Welt, Entdeckg. der Mediumität, üb. Schwierigkeiten u. Klippen, welchen man bei der Ausübg. d. Spiritismus begegnen kann. Aus dem Franz. ins Deutsche übers. v. Frz. Pavlicek. 2. (Titel-)Aufl. gr. 8. (VIII, 536 S.) Leipzig 891. O. Mutze. n. 6. —; geb. n. 6. 50

Kardec, Allan, der experimentelle Spiritismus. Das Buch der Medien od. Wegweiser der Medien u. der Anrufer, enth. e. besondere Belehrg. üb. die Geister, üb. die Theorie aller Art Kundgebgn., üb. die Mittel f. den Verkehr m. der unsichtbaren Welt, Entdeckg. der Mediumität, über Schwierigkeiten u. Klippen, welchen man bei der Ausübg. des Spiritismus begegnen kann. Aus dem Franz. ins Deutsche übers. v. Frz. Pavlicek. 3. Aufl. gr. 8. (VIII, 536 S. m. Bildnis.) Leipzig 899. O. Mutze. n. 5.—; geb. n. 7.—

Kardec, Allan, der experimentelle Spiritismus. Das Buch der Medien od. Wegweiser der Medien u. der Anrufer, enth. e. besondere Belehrg. üb. die Geister, üb. die Theorie aller Art Kundgebgn., üb. die Mittel f. den Verkehr m. der unsichtbaren Welt, Entdeckg. der Mediumität, üb. Schwierigkeiten, welchen man bei der Ausübg. des Spiritismus begegnen kann. Aus dem Franz. ins Deutsche übers. v. Frz. Pavlicek. Mit e. Biographie v. Franz Sucher u. dem Bildnis Kardec's. 4. Aufl. (XIX, 514 S.) 8. Leipzig 907. O. Mutze. 5.—; geb. n 7.—

Kardec, Allan, über das Wesen des Spiritismus. Aus dem Französ. 8. (176 S.) Zwickau 882, [Altner.] Moeckel. *

— üb. das Wesen des Spiritismus. Aus dem Franz. gr. 8. (198 S.) Leipzig 894. M. Spohr. n. 2. 40

Kardel, Johann Heinrich

Kardel, J. H., Aufgaben zum Kopfrechnen, methodisch geordnet und mit besond. Berücksicht. der für das Gebiet des norddeutschen Bundes vorgeschriebenen neuen Maße und Gewichte verfaßt. 1. und 2. Heft. 8. (132; 159 S.) Kiel 871, Homann. à Heft *M 1,20. *

Kardel, J. H., Aufgaben zum Kopfrechnen, methodisch geordnet und mit besond. Berücksicht. der neuen Münz-, Maß- und Gewicht-Systeme des deutschen Reiches. 1. und 2. Heft. 2., nach deutschem Reichsgeld umgearb. Aufl. 8. (127; 157 S.) Kiel 874, Homann. à Heft *M 1,20. *

—— Aufgaben zu Sprachübungen in der deutschen Volksschule. gr. 16. (50 S.) Ebendas. 873. *

—— Beiträge zur Schulpraxis in Volks- und Elementarschulen. Für Lehrer und Schulfreunde verfaßt und in zwanglosen Heften hrsg. 1.—3. Heft. 8. Ebendas. [1. Heft. (VII, 93 S.) 1872. *M 1,20.; 2. Heft. (VI, 112 S.) 1872. *M 1,50.; 3. Heft. (X, 86 S.) 1873. *M 1,50.] *

Kardel, J. H., Hülfsbuch bei Abfassung schriftl. Aufsätze, e. Mitgabe an d. ins bürgerl. Leben eintret. Jugend. 2., verm. Ausg. 8. (8 B.) Altona 837, [Dessau,] Aue. *

Kardel, J. H., Mitgabe an die ins bürgerl. Leben eintret. Jugend, enthalt. e. Unterr. f. d. Bürger u. Landmann in d. bei Abfassung d. im Leben vorkomm. schriftl. Aufsätze zu beobacht. Form rc. 8. (7 B.) Itzehoe 829. (Altona, Aue.)

KARDEL, J[OH.] H[EINR.], Mitgabe an die ins bürgerliche Leben eintretende Jugend, enthaltend einen Unterricht für den Bürger und Landmann in der bei Abfassung der im Leben vorkommenden schriftlichen Aufsätzen zu beobachtenden Form. Ploen. 1829.

—— Uebungsblätter z. Lesen d. Geschriebenen, zugleich ein. Unterr. im Briefschreiben enthalt. 1. u. 2. Aufl. gr. 4. (18 lith. Bl.) Altona 837, 38, [Dessau,] Aue. à *

Kardel, Johs., ein Zug an der „alten Glocke" der christlichen Kirche evangelisch-lutherischen Bekenntnisses. Für die Volksschule u. ihre Diener. Mit einem Vorworte von Decker. Altona 862. Mentzel. gr. 8. (15 S.) n. 5 ngr.

Karden, Egon, s.: Böninger, Eug.

Karden, Egon, die Missachtung des Geldes in Preussen. gr. 8. (66 S.) Berlin 894. H. Steinitz' Verl. n. 1. —

Kardinal, W., meine Kräuter-Kur. gr. 8. (IV. 64 S.) Hamburg 898. (A. Henschel.) n. — 60

Kardinäle, die. Aus d. Italien. gr. 8. Leipz. 788. (W. Vogel). 5 K

Karding, Ernst, Referendar aus Landsberg a. d. W.: Straflose vorsätzliche Körperverletzungen bei Bewegungsspielen. *Freiburg i. B. 1902: G. Mehlhase.* (73 S.) 8°
Leipzig, Jur. Diss. v. 1902

Karding, Ernst, straflose vorsätzliche Körperverletzungen bei Bewegungsspielen. Diss. gr. 8. (73 S.) Freiburg i/B. 902. C. Troemer. n. 1. 20

Kardorff, Gertr. v., welche Forderungen stellt das Werk des HErrn an uns? (122 S.) 8. Berlin 906. Deutsche ev. Buch- u. Traktat-Gesellschaft. n. 1. —

Kardorff, Wilh. v., Bebel od. Peters. Die Amtstätigkeit des kaiserl. Kommissars Dr. Carl Peters am Kilimandjaro 1891/2. (50 S.) gr. 8. Berlin 907. [C. A. Schwetschke & Sohn.] Süd-West-Verlag. 1. —

Kardoff, Wilhelm von Die Geschichte, die Aufgaben und die Ziele der Reichs- und freikonservativen Partei, s. Hatzfeldt, Hermann von

Kardorff-Wabnitz, W. v. Ceterum censeo. Ein Wort zur Tabacks- und andern Steuerfrage. 8°. Berlin 1874.

Kardorff-Wabnitz, Wilh. v., die Einführung der Goldwährung in den Vereinigten Staaten v. Nord-Amerika, s.: Arendt, Otto, wie Deutschland zur Goldwährung kam.

— Erklärung. — Vorschlag, s.: Verhandlungen der Kommission behufs Erörterung v Maßregeln zur Hebung u. Befestigung des Silberwerthes.

—— u. Graf v. Schwerin-Löwitz. Die Forderungen der deutschen Landwirthschaft in Konsequenz der jüngsten wirthschaftspolitischen Maßnahmen. Referate, geh. in der 17. Generalversammlg. der Vereinigg. der Steuer u. Wirthschafts-Reformer am 24. Febr. 1892. gr. 8. (43 S.) Berl. 892, Walther. * — 50

Kardorff-Wabnitz, Wilh. v., die Goldwährung, ihre Ursachen, ihre Wirkungen und ihre Zukunft. gr. 8. (67 S.) Berlin 880, Springer. *

Kardorff-Wabnitz, Wilh. v. Die deutsche Landwirthschaft u. ihre Zukunft. gr. 8. (22 S.) Berl. 891, [Walther u. Apolant.] Walther. Aus: Deutsches Wochenblatt, besonders abgedruckt. * — 50

Kardorff-Wabnitz, Wilh. v., Präfectur oder Selbstverwaltung. Ein Beitrag zu den schwebenden Fragen innerer Politik. gr. 8. (28 S.) Berlin 868, Springer's Verlag.

Kardorff-Wabnitz, Wilh. v., Gegen den Strom! Eine Kritik der Handelspolitik des deutschen Reichs an der Hand der Carey'schen Forschungen. 1. und 2. Aufl. gr. 8. (46 S.) Berlin 875, Springer. *

—— zur Währungsfrage, s.a. Schriften des Deutschen Vereins für internationale Doppelwährung.

Zur Währungsfrage von Wilhelm v. Kardorff-Wabnitz. Berlin. Walther & Apolant 1882. (22 S.) 8° [F.]
= Schriften d. Deutschen Vereins f. internat. Doppelwährung. H. 4.

Kardos, A., Histoire de la littérature hongroise, s.: Horváth, C.

KARDOSCH, JOHANN: Rede, bey Gelegenheit des Segediner Aufgebothes, gehalten in der Haupt-Pfarrkirche in Palanka. Segedin 1809: Druck. Grünn. 16 S. - 190 mm

Kardt, E. C (Mitarb.), s. A b e l, Heinrich. Das Ideal der christlichen Frau.

Kardt, E. C., Annaberg in Niederösterreich. gr. 16. (26 S m. 1 Abb.) Wien 895. (H. Kirsch.) n. — 20

— d. Ideal d. christl. Frau, s.: Abel, Heinr.

Kardt, E. C., praktisches Vereinsleben. Ein Handbüchlein f. alle Vereinsleitgn. u. Mitglieder. (52 S.) 12. Graz 903. U Moser. n. — 40

Kardu, das Hindumädchen. Aus dem Engl. gr 16. (104 S. m. Bildern.) Hamburg 893. J. G. Oncken Nachf. Geb. n. — 50

Karehnke, Maximilian *Friedrich Julius Georg* [cand. med. aus Deutsch-Krone, Westpr.]: Aus d. chirurg. Klinik d. kgl. Univ. Greifswald. Über die Echinococcen in den Weichteilen der Extremitäten nebst Beschreibg e. Falles v. grosser Echinococcusgeschwulst unter d. Musc. sartorius ... Deutsch-Krone, Druck v. F. Garms, 1894; 26 S. 8.
Greifswald Med. Fak., Inaug.-Diss. v. 27. Febr. 1894

Kareis, Josef

Kareis, Napoleon I. Anteil an der Entwicklung der Kriegstelegraphie. (8 S.) gr. 8. Wien 906. C. W. Stern. — 50

— Napoleons Beziehungen zur Elektrizität. (15 S. m. 3 Bildnissen.) gr. 8. Ebd. 906. — 50

— dasselbe zur Forschung u. zu den Künsten. (13 S.) gr. 8 Ebd. (907). — 50

— dasselbe zur Naturwissenschaft u. zu Naturforschern. (11 S.) gr. 8. Ebd. 907. — 50
4 Sonderabdrucke aus: „Die militär. Welt".

Kareis, Jos. Ueb. elektr. Eisenbahnen, s. a. Streiflichter, wirtschaftl.

Kareis, Josef. Ueber elektrische Eisenbahnen. (Wirthschaftliche Streiflichter. 4 Heft.) 8. (32 S.) Wien: Dorn 1892. —.40

Kareis (J.) u. Peukert (W.), Eric Gerard's Elemente der Electrotechnik. Leipzig und Wien 1889. 8.

Kareis, J., und F. Bechtold, Katechismus der Eisenbahn-Telegraphie und des elektrischen Signalwesens. 8. (V, 157 S. mit 15 Taf.) Wien 883, Spielhagen und Schurich. *
geb. *

Kareis, Jos., s.: Zeitschrift f. Elektrotechnik.

Kareis, Josef, s. Z e i t s c h r i f t des elektrotechnischen Vereins.

Kareis, Karl, neueste Eisenbahnkarte von Böhmen und den angrenzenden Landestheilen. Nebst einem Verzeichniss sämmtl. Post-, Eisenbahn-, Telegrafen- und Dampfschiffstationen Böhmens. 2. verb. und verm. Aufl. Fol. (Mit 16 S. Text in 8.) Prag 872, Kytka. *

Karell, Armand, Praktyczna gramatyka języka polskiego dla austryackich szkół ludowych pospolitych. II. Theil. Wien 1892. K. k. Schulbücher-Verlag.

Karell, Armand, Ksiażka da czytania dla austryackich szkół ludowych pospolitych Cześć III. Wien 1892. K. k. Schulbücher-Verlag

Karell, Armand, Ksiażka do czytania dla austryackich szkół ludowych pospolitych. II. Theil. 2. Auflage. Wien. K. k. Schulbücher-Verlag. 1896. (Min.-Erl. vom 4. Mai 1896, Z. 9947.) Geb. —.45

Karell, Armand, und Wallach, A., Nauka języka niemieckiego dla austryackich szkół ludowych pospolitych. Cześć I. Wien 1893. K. k. Schulbücherverlag. (Min.-Erl. v. 29. Juni 1893, Z. 14066) —.40

Karell, A., und Wasach A., Nauka języka niemieckiego dla austryackich szkół ludowych pospolitych. II. Cześć. Wien 1896. K. k. Schulbücher-Verlag (Min.-Erl. vom 3. Mai 1896, Z. 9340.) Geb. —.40

Karell, Ludw., Justus v. Liebig, s. a. Sammlung gemeinnütziger Vorträge Nr. 302.

Karell, L., Justus von Liebig. Seine Bedeutung für die Chemie, Landwirtschaft und Physiologie. [Sammlung gemeinnütziger Vorträge. Nr. 302.] 8° (pag. 41-156.) † K —.20
Prag: Calve 1903.

Karell, Philipp, die Milch-Kur. Vortrag, geh. in der medizin. Gesellschaft zu St. Petersburg. Mit e. Nachwort hrsg. v. Boden. (24 S.) Lex.-8. Leipzig 903. Dr. Boden. n. — 50

— dasselbe, s.: Bücherei, freie hygienische, Nr. 15.

Karels, J., Le destin et la mort dans la tragédie grecque. Pr. 1897. 64 S. 4°. 2.—

Kareltschikoff, S.

——— Zur Entw. der Spaltoeffnungen. Moskau, 1866. 8°.

KARELTSCHIKOFF (S.). Ueber die Vertheilung der Spaltoeffnungen auf den Blaettern. Moskau, 1866. 8°.

Karen, Wilh., Jugendlieder. 8. (VII, 96 S.) Dresden 895. E. Pierson. n. 2. —;
geb. in Leinw. m. Goldschn. n. 3. —

Kares, O. Le caractère littéraire de Madame de Staël. Barmen, R. u. G., 1866. 18 S. 4. Progr.

— Erinnerungen an Frau von Staël. Essen, H. T., 1871. Progr.

Kares, Otto, die erziehende Aufgabe des Unterrichts, mit besond. Beziehung auf die weibl. Jugend. Ein Vortrag mit erläut. Bemerkungen. gr. 8. (40 S.) Essen 881, (Bädeker.)

Kares, Otto. Methodical hints for speaking English, following closely the lines of instruction indicated by each separate lesson of Degenhardt's Lehrgang der engl. Sprache. 1. series, part I. Lesson 1—34. gr. 8. (IV, 88 S.) Dresd. 891, Ehlermann. * 1 60

— kurzer Lehrgang der englischen Sprache, s.: Plate u. Kares, englisches Unterrichts-Werk.

Kares, Otto, kurzer Lehrgang der französischen Sprache, s. Ploetz, Gust.

Kares, Otto, Poesie und Moral im Wortschatz mit besond. Berücksicht. der deutschen und englischen Sprache. 8. (199 S.) Essen 882, Bädeker. *ℳ 2,40.; geb. *

— Schulgrammatik der französ. Sprache, s.: Ploetz, Karl.

– Übungsbuch, s. Ploetz, Gustav

— englisches Unterrichtswerk, s.: Plate, H.

– Alphabetisches Wörterverzeichnis zum Übungsbuch, s. Ploetz, Gustav

Kareski, Paul, Referendar in Berlin: Zur Lehre von den Willensmängeln, insbesondere der Irrtum über die Vorbestraftheit. Berlin 1907: E. Ebering. (56 S.) 8°
Erlangen, Jur. Fak., Ref. Binder, Diss. v. 10. Juni 1907
[Geb. 9. Febr. 84 Posen; Wohnort: Berlin; Staatsangeh.: Preußen; Vorbildung: Askan. Gymn. Berlin Reife M. 02; Studium: Berlin 6 S.; Rig. 24. April 07.]

Karewski, Ferd., s.: Bibliothek, moderne ärztliche.

Karewski, Ferd., über den Einfluss einiger Herzgifte auf den Herzmuskel des Frosches. Inaugural-Dissertation. gr. 8. (26 S. mit 1 lithogr. Curventaf.) Berlin 881, (Mayer und Müller.) *

Karewski, Ferd., die chirurgischen Krankheiten d Kindesalters. gr. 8. (XII, 780 S. m. 325 Abbildgn.) Stuttgart 894. F Enke. n. 20. —

Karewski, Ferd. Ueber Operationen an paralytischen Gelenken. gr. 8. (28 S. m. 10 Fig.) Lpz. 890, G. Thieme. ℳ 1 —
Aus: Deutsche medicin. Wochenschr., besonders abgedruckt.

— — Ueber chirurgisch wichtige Syphilome u. deren Differentialdiagnose, s. Klinik, Berliner.

— Wachsthumsschmerz u. Wachsthumsfieber u. Über den acuten (idiopathischen) Retropharyngealabscess der Kinder, s.: Klinik, Berliner.

Karfreitag, s.a. Charfreitag

Karfreitag u. Fronleichnamsfest, s.a. Flugschriften d. Evang. Bundes.

[F.] **Karfreitag** und Fronleichnamsfest. *Leipzig: C. Braun 1897.* (22 S.) 8.
— **Flugschriften** d. Evangel. Bundes. [No] 136. '(Reihe XII, 4.)' [97·3448

Karfreitag, Willib., O. F., der Tertiar des hl. Franziskus. Normalbuch f. die Mitglieder des 3. Ordens. Mit Ordens- u. Privatandacht. 2., verb. Aufl. (256 S. m. Titelbild.) 16. Kevelaer (908). Butzon & Bercker. Geb. in Leinw. 1. —

Karfreitagsandacht, liturgische, m. od. ohne Chormitwirkung. Entworfen vom evang.-theolog. Seminar in Herborn. gr. 8. (12 S.) Herborn 891, Buchh. d. Nassauischen Kolportagevereins. * — 15
Textblatt f. die Gemeine (2 S.) 100 Exemplare * — 80

Karfreitagsandachten. – Zwei liturgische Karfreitagsandachten zu kirchlicher und häuslicher Erbauung, mit Liedern u. Gebeten. Diesdorf: Schreiberhan-Diesdorfer Rettungsanst. (1901). (16 S.) 8°

Karfreitags-Büchlein, s.: Gottesdienst, der, am Morgen des hl. Karfreitags.

Karfreitagsfeier. Ein Festgabe für Kirchen, Schulen und Hausgemeinden. Der liturgischen Festfeiern 2. Heft. (Von C. Räthjen.) Neu-Ruppin 859. (Berlin, W. Schultze.) 8. (40 S.) n. 3 ngr.
Liturgische Festfeiern 1. Heft, s. Christnachtfeier.

Karfreitagskind, das. E. Märchen f. fromme Kinder. 16. (32 S.) Paderborn 897. Bonifacius-Druckerei. n. — 10

[F.] **Karfreitags-Liturgie** für evangelische Kirchenchöre. Hrsg v. A Klein *Kassel: E. Röttger [1897?].* (11 S.) 1 Bd 8. [98. 3443 Ma

Karfunkel, Der, oder **Klingklingel-Almanach** . . . Hg.: **Baggesen.** 1810. XII, 186 S. u. 1 Bl.
Tübingen. Goed. VIII, 69, 124.

Karfunkel, Anani: Aus der chirurgischen Abtheilung der Kinderklinik zu Leipzig. Lymphangioma colli in klinischer und histologischer Beziehung. *Würzburg 1896: P. Scheiner.* (47 S.) 8°
Würzburg, Med. Diss. v. 1896

Karfunkel, Arthur [aus Sohrau in Oberschles.]: Aetiologie des [!] Elephantiasis vulvae ... Breslau, F. W. Jungfer's Buchdr., *1892*; 36 S. 8.
München, Med. Fak., Inaug.-Diss. v. 1892

Karfunkel, Hans, aus Berlin Fünf **Fälle** von Meningitis serosa. *Berlin 1901: E. Streisand.* (43 S.) 8°
Berlin, Med. Diss. v. 22. Jan. 1901

Karfunkel, Samuel *(geb. Sohrau in Oberschles. 25. 10. 1831.)*
De anatomia et physiologia genus, ejusque tumorum diagnosi differentiali. Vratislaviae (1858). (50 S.) 8°
Breslau, Med. Diss. v. 18. Dez. 1858

Karfunkelstein v. Ofenloch. 8. Erlang. 801. Heyder. 1 ß

Karfunkelstein von Ofenloch, des geistreichen, belesenen edlen Fräuleins, Leben u. Thaten. 8. Erlangen, Schubart. (Breuning.) 801.
Schreibpap.

Karfunkelweihe, Die, ein romantisches Trauerspiel. Leipzig 1818. V: *Casper, Joh. Ludw.* (MGT)

Karfunkel-Weihe, die, romant. Schauspiel von Till Belisarius. 8. Leipzig, Voß. 818.

Karg

— s. a. **Kargk.**

Karg, A., Aufgaben z. Tafelrechnen f. Elementarklassen. 1. Abthl. Die vier Grundrechnungen in reinen Zahlen. 8. (2 B.) Nordhausen 836, Förstemann.

— Resultate zu den Aufgaben zum Tafelrechnen für Elementarklassen. 1e Abthl. Die vier Grundrechnungen in reinen Zahlen. 8. Nordhausen 836. Förstemann. 1 gl

Karg, (A. Fr. F.,) hebräische Chrestomathia, od. Auswahl d. vorzügl. Stellen des alten Testam. in d. Grundsprache u. latein. Uebersetz. Nebst e. Anh. gr. 8. Leipz. 824, Köhler.

Karg, A. F. F., Litium religiosarum post Lutherum inter Evangelicos ipsos agitatarum per formulamque Concordiae compositarum brevis enarratio. 8maj. (Lipsiae, Köhler in comm.) 818.

Karg, (A. Fr. F.,) Encyclopaedia theologica et methodologia futuris theologis. gr. 8. Lpz. 822, Köhler. Rthlr.

— Predigt bei d. Rückkehr d. Königs v. Sachsen, d. 25. Juni 1815. 8. Schneeb. 815.

— sententiam patrum prior. saecular. de justificationis natura adumbr 4. Wittenb. 808.

— — Synopsis historiae religionis et ecclesiae christianae, theol. studiosis, qui examina publ. subeunt etc. 8maj. (ibid.) 817.

— Synopsis historiae religionis et ecclesiae christianae. et: Litium religiosarum post Lutherum inter evangel. ipsos agitarum per formulamque concord. composit brevis enarratio. Edit. II. emend. et auct. 8 maj. Lips. 824, Köhler.

— Diss. historica de via, quam Jesus atque apostoli monstrarunt, homini salutis sempiternae ac peccatorum a Deo impetrandae veniae causa ineundi. 8. Schneeb. 815.

Karg, Anton

Karg, A., s.a. Sagen aus dem Kaisergebirge.

Karg, Ant., Sagen aus dem Kaisergebirge. 3. verb. Aufl. m. Illustr. von Ernst Platz u. Bildern nach photogr. Aufnahmen. gr. 8. (VI, 83 S.) München 901. M. Kellerer. Kart. n. 1. 60

Karg, Aug., d. Deutsche u. sein Vaterland, s. G. E. Rosenthal.

Karg C. u. Schmorl G.: Atlas d. pathologischen Gewebelehre in mikrophotograph. Darstellung M. e. Vorw. v. F. V Birch-Hirschfeld. Leipz. 1893. 18 S. 27 Tvl. (Fotogravure) m. 27 Bl. (— 29 S.). Forkl Br Fol.

Karg, C. A., erste Uebungen im Schönschreiben. 1. u. 2. Hft. 4. (8 lith. B.) Leipzig 835, Pönicke u. Sohn.

Karg, Carl, s. Karg, Karl

Karg, D. B., Leben des heil. Franziskus v. Sales, Fürst-Bischofs von Genf. 8. (17½ B. u. 1 Stahlst.) Regensburg 843, Manz.

Karg, Friedrich (Eilenburg), Stoicos ΑΠΑΘΕΙΑΣ falso suspectos. Präs. M. Joh. Heinr. Fischer (Gera). Lpz. (Jo. Andr. Zschau) 8. IV. 1716. 28 Seiten. (6.50) 17502
Gew.: M. Wilhelm Wilhelm (Grätz), M. Joh. Adam Muhlpforth (Bergens.), Dav. Ackermann (Freyreuth), Joh. Gabriel Troeger (Bergens.). — Widm. v.: D. Joh. Schmid, D. Christoph Dondorff, D. Johann Friedrich Hommel (dtsch.), M. Andreas Stübel, M. Joh. Christoph Hommel, Präs. (dtsch.), August Heinrich Reinhardt (dtsch.).

— Friedrich Fürchtegott (Wittgensdorf/Misn.), De privilegiis cursus publici recte aestimandis. Exercit. jur. Saxon. Elect. Präs. Joh. Theophil Seger. Lpz. (Langenheim) 25. II. 1768. 22 S. (6.—) 17503
Gew.: Rudolph v. Schoenberg (Reichstad). — Widm. v. Präs.

Karg, J. B., Leitfaden zur gründlichen Selbsterlernung der einfachen, sowie doppelten Bierbrauerei-Buchhaltung für kleinere und größere Etablissements. 4 Lfgn. gr. 8. (II, 205 S.) München 877, Hoepfner's Buchh. à Lfg. * M 1. *

— des Buchdruckers Töchterlein oder die drei fahrenden Gesellen. Eine Erzählung aus reichsstädtischer Vergangenheit. 8. (55 S.) Reutlingen 879, Enßlin und Laiblin's Verlagsh.

— was ein braves Weib vermag! oder führe uns nicht in Versuchung. Eine Geschichte aus dem 7 jährigen Kriege. 8. (64 S.) Reutlingen 879. Enßlin & Laiblin. — 20

Karg, I. G. und Funke, G., Vorbilder für die Korbflechterei. 2. Aufl. (40 Tafeln) Wien. Gerold 1903. K 12.—

Karg, J G: Vorbilder und Lehrgänge für die Korbflecht-Industrie. (Wien. Um 1898 ?) Fol.

Karg, Jean Bapt., neuester Wegweiser für Reisende jeden Standes durch ganz Deutschland und alle angrenzenden Länder. Ein sicherer Führer in Deutschland, sowie ein getreuer Rathgeber zu Land und zu Wasser in allen erdenklichen Fällen. Enthaltend: Lebensregeln, die Tugendkunst von Franklin, die Angabe der zweckmäßigsten Kleidung, Andeutungen über Reisegefährten und Reiseklugheit rc. mit mehr als 1400 verschiedene Reiserouten durch Deutschland rc. mit genauer Angabe der Ortsentfernungen, Eisenbahnstationen, Dampfschifffahrten rc., nebst den Sehenswürdigkeiten der vorzüglichsten Städte. 8. (181 S. mit 1 lithogr. Post-, Reise- und Eisenbahn-Karte von Deutschland rc. in Fol.) München 853. (Augsburg, Pilon und Comp.)*

Karg, Jos., Korrektion oder Kanalisation! Betrachtungen über die gegenwärt. und zukünft. Schiffbarkeit und Floßbarkeit des Mains. gr. 8. (27 S.) Würzburg 888, Stuber's Verlag. *

Karg, Jos. Die burggräfl. Nürnbergische u. markgräfl. Brandenburg'sche Schloßruine Scharfeneck in Bayern. Eine deutsche Denkwürdigkeit. gr. 8. (45 S.) Würzb. 890, (Gnad u. Comp.). * 1 —

Karg, Jos. Max., Abhandl. üb. die Fr.: Warum haben die eigentl. prakt. Aerzte so wenig zur Vervollkommnung der prakt. Arzneiwissenschaft bisher beigetragen? gr. 8. Bregenz 786.

Dr. Joseph Maximilian Karg. Über den Einfluss der Naturlehre auf das sittliche und physische Wohl des einzelnen Menschen und der Staaten. Eine Rede, gehalten bei der Eröffnung der Vorlesungen aus der Naturlehre am 3. November 1806 und herausgegeben am Schlusse des Schuljahrs. Konstanz, P 1807

Karg, Kajet., viel Sinn in wenig Worten, oder Aufsätze aus der Natur u. Moral, für d. erwachsene Jugend rc. 8. Augsb. 803.

Karg, Karl

Karg, Carl, u. Geo. Schmorl, Atlas der pathologischen Gewebelehre in mikrophotographischer Darstellung. Mit e. Vorwort v. F. V. Birch-Hirschfeld. Mit 27 Taf. in Kupferätzg. 6 Lfgn. Fol. (Mit Text, XVIII S. u. 27 Blatt Erklärgn.) Leipzig 893. F. C. W. Vogel. n. 50. —; in Halbfrz.-Mappe n.n. 56. —

Karg, Karl, die Sprache H. Steinhöwel's. Beitrag zur Laut- und Flexionslehre des Mittelhochdeutschen im 15. Jahrh. Inaugural-Dissertation. gr. 8. (62 S.) Heidelberg 884, Weiss'sche Universitäts-Buchh. *

Karg, Rud., grosses Back- u. Süssspeisen-Buch. 2. verm. Aufl. Mit 122 farb. u. schwarzen Taf. u. Abbildgn. (IV, 576, 27 u. XIII S.) gr. 8. Nordhausen (909). H. Killinger. Geb. in Leinw. 12. —

Karg, Rud., Back- u. Süß-Speisenküche. Illustriertes Handbuch f. Köche, Konditoren u. Hausfrauen. Reiche Sammlg. selbsterprobter Rezepte u. des Neuesten aus der Praxis. (XVI, 142 S.) 8. Berlin-Schöneberg 906. Mentor-Verlag. Geb. in Leinw. n. 2. 60

— Back- u. Süß-Speisenküche. Illustriertes Handbuch f. Köche, Konditoren u. Hausfrauen. Reiche Sammlung selbsterprobter Rezepte u. des Neuesten aus der Praxis. 2. verm. Aufl. (XVI, 156 S. m. Abbildgn. u. 1 Taf.) gr. 8. Ebd. (910). Geb. in Leinw. 2. 50

Karg-Bebenburg, J Frh. v.. Geschichte der freiherrlichen Familie Karg v. Bebenburg, s. Roth, L.

Karg-Bebenburg, Thdr. Frhr. v., s.: Festgabe, Karl Theodor v. Heigel gewidmet.

Das moderne Kunstharmonium. Eine Plauderei von Sigfrid **Karg-Elert.** (Berlin: C. Simon [1905].) (8 S.) 8° [Kopft.] 07. 1840

Karg-Elert, Sigfr., die Reform des modernen Druckwind-Harmoniums. Ein Dispositionsvorschlag. Anliegend e. Dispositions-Tabelle. (30 S.) 8. Berlin (908). C. Simon. — 60

Kargau, E. D.: St. Louis in früheren Jahren. Ein Gedenkbuch f d. Deutschthum. Von – St. Louis, Mo.: Selbstverl. 1893. 450 S. 8°

Karge, Hermann: Die Brandenburger bei Vionville. Spremberg 1910: Saebisch. S. 1—11. 4°
Spremberg, RG P 1910 (148) [S 10. 214

Karge, Hermann, Prof.: Hohenstaufen und Hohenzollern. Patriotische Festdichtung. Spremberg 1904: C. F. Saebisch. (S. 1-10.) 4° [F.]
Spremberg, RPG P 1904 (124)

Karge, Paul [aus Stettin]: Die russisch-österreichische Allianz von 1746 und ihre Vorgeschichte .... Göttingen, Druck d. Dieterich'schen Univ.-Buchdr. W. Fr. Kästner, 1886; 37 + 1 S. + 1 Bl. 8°.
Berlin, Phil. Fak, Inaug.-Diss. v. 4. Dez 1886.

Karge, Paul, die russisch-österreichische Allianz von 1746 und ihre Vorgeschichte. Nach russ. und österreich. Quellen. gr. 8. (III, 136 S.) Göttingen 887, Peppmüller. *

Karge, s.: Einteilung u. Standorte der kaiserl. deutschen Marine.

— s.: Reichsheer, d. deutsche u. d. kaiserl. Marine.

Karge, Paul, Priester d. Diöz. Breslau: Geschichte des Bundesgedankens im Alten Testament. Hälfte 1. 1. Die religionsgeschichtliche Möglichkeit des Sinaibundes. 2. Der Bundesgedanke in den altisraelitischen Geschichtswerken. Münster i. W. 1909: Aschendorff. 71 S. 8° ¶(Ersch. vollst. in: Alttestamentl. Abhandlungen, hrsg. v. Nikel. Bd 2, H. 1—4.)
Breslau, Kath.-theol. Diss. v. 0. März 1909, Ref. Nikel
[Geb. 3. Okt. 81 Lawitz; Wohnort: Lawitz; Staatsangeh.: Preußen; Vorbildung: Gymn. Guben Reife O. 02; Studium: Breslau 9 S.; Rig. 22. Jan. 09.] [U 09. 454

Karge, Paul, Geschichte des Bundesgedankens im Alten Testament, s.a. Abhandlungen, alttestamentliche. II, 1—4.

Geschichte des Bundesgedankens im alten Testament. Von Dr Paul **Karge,** Priester. Hälfte 1, T. 1. 2. Münster i. W.: Aschendorff 1910. 8°
[Ein T. erschien als Inaug.-Diss. Breslau 1909.]
(Alttestamentliche Abhandlungen. Bd 2, H. 1–4.) 10. 7189 2

Karge, Paul: 100 Jahre F. R. Haebler. Ein Gedenkblatt z. 100jähr. Bestehens d. Firma. Herrn Kurt Haebler gewidmet von – (Als Ms. gedr.) Königsberg i. Pr. 1901: R. Leupold. 39 S. 8°

Karge, Paul, die Resultate der neueren Ausgrabungen u. Forschungen in Palästina, s.a. Zeitfragen, biblische. III. 8. 9.

Die Resultate der neueren Ausgrabungen und Forschungen in Palästina. Von Dr Paul **Karge,** Priester. 1. u. 2. Aufl. Münster i. W.: Aschendorff 1910. 93 S. 8°
(Biblische Zeitfragen. Folge 3, H. 8/9.) 10. 1907

Kargel, J. G., Christus unsere Heiligung. (124 S.) 8. Gotha (910). Missionsbuchh. P. Ott. 1. 20

Kargel, J. G., Zwischen den Enden der Erde. Unter Brüdern in Ketten. Verlag „Licht im Osten", Welligerode

Kargel, J. G., die Sünde, das Uebel aller Uebel in dieser Welt. (111 S.) 8. Kassel (904). E. Röttger. n. 1. —; geb. n. 1. 80

— Wie stehst du als Jünger des HErrn zu dem Hl. Geist? Worte der Liebe u. Aufmunterg. an alle, die in Wahrheit Christo angehören. (IV, 131 S.) 8. Halbstadt 908. Handels- u. Verlagsgesellschaft „Raduga". — 60

Kaergel

— s. a. **Kergel.**

Kaergel, Joh. Paul (Schneeberg / Misn.), De igne gentilium sacro in Israelitarum sacra injurio. Präs. M. Joh. Gottlieb Bohn (Leipzig). Wittbg. (Gerdes) 5. II. 1718. 42 S. (6.80) 17278
Besteht aus 2 Tln. mit 2 Tit.-Bl.

Karger, Alfred von

Karte zur Ausbildung der Unteroffiziere und Patrouillenführer im Gefechts-, Marschsicherungs-, Vorposten- und Patrouillendienst von [Alfred] v **Karger,** Major, Inf.Reg Nr 148. Maßst. 1:6250. [Bl. 1–4.] Berlin: R. Eisenschmidt [1906]. (4 Kartenbl. Blattgröße je 30×30 cm.) [Rückt. lith.] [kol.] 07. 3855

Karger, M., Tuschzeichnungen zu Jul. Wolff's Rattenfänger von Hameln, s. Schatzkammer deutscher Illustratoren.

Karger, Max (Obornik/Posen), Die Initialsymptome der Tabes dorsalis. Diss. med.-chir. Bln. 11. VI. 1887. Druck: Luzern (J. Burkhardt). 43 S. mit Biogr. (5.—) 17504
Oppon.: Richard Danziger, Otto Adler, Felix Rosenberg.

Karger, Reinhard: De contractibus in genere. 35 S. – Basel, Jur.Diss.v. 6.Mai 1707.

Karger, Robert (Hrsg.), s. Obend. – Guda Obend.

Karger, Rob., „Schnieglädla". Gedichte in Glatzer Mundart, nebst e. Anh., enth. einige hochdeutsche poet. Versuche. (IV, 127 S. m. Bildnis.) 8. Mittelwalde (910). A. Walzel. 1.25; geb n 1. 80

Karger, S. Verlags-Katalog von S. Karger, Verlagsbuchh. f Medicin in Berlin 1890–1901 Berlin: S. Karger 1902. 64 S. 8°

Kaerger, Ed., Untersuchung der Bahn eines Punktes, der mit der Kraft $\frac{k}{r^4}$ angezogen oder abgestossen wird, wobei k eine Constante und r die Entfernung des angezogenen Punktes vom Kraftcentrum bedeutet. Mathematische Inaugural-Dissertation. gr. 8. (53 S. mit 1 Stnt. in qu. Fol.) Greifswald 875. (Göttingen, Vandenhoeck und Ruprecht's Verlag.) *

Kaerger, Ernst, Marine-Assistenzarzt, a. Züllichau: Der Typhus in Südwestafrika ⟨Ostabteilung ⟨Major von Glasenapp⟩ und Marine-Expeditionskorps⟩ Februar 1904 bis März 1905. Kiel 1905: Schmidt & Klaunig. (52 S.) 8°
Kiel, Med. Fak., Ref. Quincke, Diss. v. 18. Sept. 1905
[Geb. 3. Juni 79 Züllichau; Wohnort: Züllichau; Staatsangeh.: Preußen; Vorbildung: Gymn. Züllichau Reife M. 97; Studium: Breslau 4, Berlin 1, München 1, Breslau 3 S.; Coll. 3. Aug. 05; Approb. 16. Juli 02.]

Kaerger, Karl, die Arbeiterpacht. Ein Mittel zur Lösg. der ländl. Arbeiterfrage. Lex.-8. (VIII, 283 S.) Berlin 898. Gergonne & Co. n.n. 9. —

Kaerger, Dr. Karl, Die Arbeiterpacht. Ein Mittel zur Lösung der ländlichen Arbeiterfrage. Lex.-8°. Berlin, Gergonne u. Co., 1894.

— die künstliche Bewässerung in den wärmeren Erdstrichen u. ihre Anwendbarkeit in Deutsch-Ostafrika. Ein Beitrag zur Kolonisationslehre. gr. 8. (183 S. m. 1 Karte.) Ebd. 893. n. 4. —

— aus drei Erdteilen. Gesammelte Aufsätze. gr. 8. (VII, 167 S.) Leipzig 898. C. L. Hirschfeld. n. 3.

Kaerger, Karl, die orthographische Frage. Flugschrift. gr. 8. (22 S.) Berlin 880, H. S. Hermann. *

Germania triumphans! Rückblick auf d. weltgeschichtl. Ereignisse d. Jahre 1900–1915 von Einem Größtdeutschen. [Verf.: Karl **Kaerger.**] (Mit 1 Karte.) Berlin: A. W. Hayn's Erben 1895. (78 S.) 8° [Ant. u. F.]
[07. 798]

— die Hundesteuer u. die Vergewaltigung der Hundebesitzer. Ernst-heitere Plauderei. gr. 8. (16 S.) Ebend. 880. n. — 50

Kaerger, Karl. Für Kaiser u. Reich! 1. u. 2. Aufl. gr. 8. (22 S.) Bresl. 890, (Scholtz). * — 40

—— Kleinasien, e. deutsches Kolonisationsfeld. Kolonialwirthschaftliche Studie. gr. 8. (IV, 93 S.) Berl. 892, Gergonne u. Comp. * 2 —

Kaerger, Karl, die Lage der Hausweber im Weilerthal, s. Abhandlungen aus dem staatswissenschaftlichen Seminar zu Strassburg.

Kaerger, Karl: Landwirtschaft und Kolonisation im Spanischen Amerika. Bd. 1. Die La Plata-Staaten. Bd. 2. Die südamerikanischen Weststaaten und Mexiko. Leipzig 1891. 2 Bde. IX, 940 S., 1 Tf.; VII, 744 S. 8°

Kaerger, Karl, Landwirtschaft u. Kolonisation im spanischen Amerika. 2 Bde. gr. 8. Leipzig 901. Duncker & Humblot. n. 42. 80
1. Die La Plata-Staaten. (IX, 939 S. m. 1 Tab.)
2. Die südamerikan. Weststaaten u. Mexiko. (VII, 743 S.)

—— Die Sachsengängerei. Auf Grund persönl. Ermittelgn. u. statist. Erhebgn. gr. 8. (VIII, 284 S.) Berl. 890, Parey. * 5 —
Aus: Landwirthschaftl. Jahrbb., besonders abgedruckt.

—— Tangaland u. die Kolonisation Deutsch-Ostafrikas. Thatsachen u. Vorschläge. gr. 8. (VIII, 177 S.) Berl. 892, Walther. * 3 —

—— die Theorien über die juristische Natur des Urheberrechts. Eine krit. Studie. gr. 8. (47 S.) Berlin 882, Puttkammer und Mühlbrecht. *

—— in tyrannunculos! Streitschrift zur Vertheidigung der deutschen Sprachfreiheit. gr. 8. (44 S.) Berl. 892, Gergonne u. Comp. * — 75

— brasilianische Wirtschaftsbilder. Erlebnisse und Forschgn. gr. 8. (VIII, 530 S.) Berlin 889. Gergonne & Co. n. 10. —

— brasilianische Wirtschaftsbilder. Erlebnisse u. Forschgn. 2. unveränd. (Titel-)Aufl. gr. 8. (VIII, 530 S.) Ebd. 892. Kart. n. 10. —; geb. n. 11. —

—— Zwangsrechte. Ein Beitrag zur Systematisirung der Rechte. gr. 8. (XII, 256 S.) Ebendas. 882. *

Kaerger, Ludwig. Ueber eine isomere Pikrinsäure. Diss. Phil. Basel. 28 S. 8. (Wiesbaden, K. Schwab, [1901].)

Kaerger, Ludw., über e. isomere Pikrinsäure. Diss. gr. 8. (28 S.) Wiesbaden (901). (H. Staadt.) n. 1. —

Karges, G., Leitfaden der Geschichte der englischen Literatur. 2 Thle. in 1 Bde. [1. Deutsch. — 2. Englisch.] 8. (128 S.) Berlin 886. Parrisius. geb. n. 2. —

Karges, Johannes, aus Wenigensömmern i. Thür.: Ueber einen Fall von angeborener Pulmonalstenose mit embolischer Hemiplegie. *Erlangen 1899: E. Th. Jacob.* (26 S.) 8°
Erlangen, Med. Diss. v. 6. März 1899

Karges, Otto, der Lauf, s.a. Uebungen, die, des deutschen Turnens. 3. Heft.

Karges, O.: Der Lauf (100 m, 150 m, Hürdenlauf). Krefeld 1909. 25 S. m. Abb. (Die Übungen des deutschen Turnens. 3.)

— Der Stabsprung, s.a. Uebungen, die, des deutschen Turnens. 7. Heft.

Karges, O.: Der Stabsprung. Krefeld 1910. 31 S. m. Abb. (Die Übungen des deutschen Turnens. 7.)

Kargk

— s. a. **Karg.**

Kargk, Gottlob Friedr. (Döbeln), De principe contrahente. Diss. iur. Präs. Tobias Jac. Reinharth. Erfurt (Joh. Christoph Hering) 13. X. 1731. 20 S. (6.—) 17505

Kargl, Jos. Geo., Erläuterungen und Paraphrasen der ständigen Meßgebete. 8. (274 S.) Wien 881, Mayer und Comp. *

Kargl, L. Beweis der Unbrauchbarkeit sämtlicher astatischer Regulatoren. 1873. 4.

Kargl, L. Zur Mechanik des Fluges. 1870. 4.

Kargl, L. und E. Heusinger. Die Steuerungen der Locomotiven. 1875.

Karhoff, Aug[ust], appr. Arzt: Aus d. chir. Universitätsklinik zu Gießen. Über einen durch Operation geheilten Fall von Knotenbildung im Dünndarm. (Berlin: Trenkel) 1909: Schulze, Gräfenhainichen. 31 S. 8°
Gießen, Med. Diss. v. 12. Okt. 1909, Ref. Poppert
[Geb. 17. Juli 78 Lutkeberge; Wohnort: Erbach i. Odenwald; Staatsangeh.: Preußen; Vorbildung: Gymn. Meppen Reife O. 00; Studium: Göttingen 2, Kiel 2, Freiburg i. B. 1, Gießen 1, Berlin 1, Gießen 3 S.; Coll. 13. März 09; Approb. 26. Juni 05.] [U 10. 1143

Karjalainen, K. F., zur ostjakischen Lautgeschichte, s.a. **Mémoires de la société finno-ougrienne. XXIII**

Zur Ostjakischen Lautgeschichte Von K C. Karjalainen. 1 Helsingfors 1905 Finn Literaturgesellsch. 8°
= Toimituksia, Suomalais-ugrilaisen Seuran. 23. [05. 11708

Karibib [Schlagwort]

Karibib, s.: Kolonialkarten. Farmübersichtskarte.

Karig, F, was lehrt das neue Testament üb. den Tod Jesu? Eine dogmat.-ascetische Betrachtung. 8. (9½ B.) Leipzig 842, Wienbrack

Karig, J., die Ermittlung der Nebenspannungen eiserner Fachwerkbrücken, s.: Gehler, W.

Karig, Paul

Dein Wort ist meines Fußes Leuchte. Ein Jg Predigten über d. neuen Eisenacher Evangelien von Paul Karig, Pastor (Bd 1.) Hrsg v christl. Verein im nördl. Deutschland. Eisleben Christl. Ver 1906 8° [F.] [07. 1478

Karig, Paul, dein Wort ist meines Fußes Leuchte. Ein Jahrgang Predigten üb. die neuen Eisenacher Evangelien. (2. Bd.) (VI, 348 S.) 8. Eisleben 907. Christl. Verein im nördl. Deutschland. Geb. in Leinw. 1. 80
Bd. 1. Ebd. 906. Geb. 1.60.

Karig, Paul, Irrenpflege einst u. jetzt, s.a Hefte f. evang. Weltanschauung u. christl. Erkenntnis. Nr. 8.

Irrenpflege einst und jetzt. Von P[aul] Karig, Geistlichem, Uchtspringe. Gr Lichterfelde Berlin E. Runge [1899] (16 S.) 8° [F.]
Aus Kirchl. Monatsschrift.
= Hefte f. evangel. Weltanschauung u. christl. Erkenntnis. Ser 1, No 8. [04. 9994 11

Karig, Paul, Komm u. siehe es. Bilder aus der inneren Mission. (IV, 302 S. m Abbildgn.) 8. Eisleben 904. Christl. Verein im nördl. Deutschland. Geb. in Leinw. n. 1.25

Komm und sieh es. Bilder aus d. Inneren Mission. Von Paul Karig, Pastor in Magdeburg Hrsg v. christl. Ver im nördl. Deutschland. Eisleben P Kloppel [in Komm.], Leipzig G. E. Schulze [in Komm.] 1904. (IV, 302 S.) 8° [F.] [04. 1181

Sei stille dem Herrn. 100 kurze Andachten f Kranke Zum Gebr in Familien u. Kranken-Anstalten von Paul Karig, Pastor in Magdeburg Berlin Berl Stadtmiss. 1900. (104 S.) 8° [F.] [00. 7318

— sei stille dem Herrn. 100 kurze Andachten f. Kranke. Zum Gebrauch in Familien u. Kranken-Anstalten. gr. 8. (VI, 104 S.) Berlin 900. Vaterländ. Verlags- & Kunstanstalt. n. — 75: kart. n. 1. —

Karigl Ferdinand: Samuel Daniels dramatische Werke.
H. 1900 PN 1281 Diss. Wien, Univ 1944

Karikatur(en), s.a. Caricatur(en)

Karikatur(en), s.a. Karrikatur(en)

[Englische Karikaturen.] (London. published by T Mc Lean 1837—1843.)
104 Taf. in Lithogr 2°
Die Taf. bez. HB.

Karikaturen, gesammelte, der grossen russ. Revolution. (In russ., deutscher u. franz. Sprache.) (128 S. m. Abb.) qu. kl. 8. Berlin (906). Rosenthal & Co. n. 2. —

KARIKATUREN, Die der europäischen Völker Berlin, A. Hofmann & Co.
Verboten v L.-G. Wien, 13. III. 1901 §§ 122 b, 303, 516. — Das Verbot wurde nach Beschwerde vom Oberlandesgericht auf[illegible]

Karikoulas, A., Ὀλίγα τινὰ περὶ ἀρχῆς καὶ χρήσεως τοῦ στεφάνου παρὰ τοῖς παλαιοῖς Ἕλλησιν. Diss. 1880. 40 S. 1.20

Karillon, Adam, Michael Hely. Roman. 2., durchges. Aufl. (471 S.) kl. 8. Berlin 904. G. Grote. n. 4. —; geb. n. 5. —

Karin, aus Käthchens Kinderzeit. Erzählung f. Kinder von 8 bis 12 Jahren. 8. (III, 99 S.) Breslau 901. W. Koebner. Geb. in Leinw. 1. 50

Karin, Ellyn, Immakulata Kröger. Eine Geschichte. (211 S.) 8. Straßburg 910. J. Singer. 3.—; geb. 4. —

Karina, A., Robert, s.: Himmelsblumen, 48.

— ein Weihnachtsabend aus alter Zeit, s.: O du fröhliche, o du selige, gnadenbringende Weihnachtszeit, 33.

Kariof, K., über einige Derivate des Dimethylhydrochinons. Lex.-8. (5 S.) Wien 879, (Gerold's Sohn.) *
Aus: Sitzungsberichte der k. Akademie der Wissenschaften, besonders abgedruckt.

— Das Dipropylresorcin und einige De[illegible] desselben [illegible] vgr [illegible]

Karis, Roman, der venetianische Löwe in der Geschichte v. Triest. Freie Übersetzg. aus dem Ital. gr. 8. (24 S.) Aarau 901. H. R. Sauerländer & Co. n. — 50

†Kariudo [Prinz Philipp von Sachsen-Coburg-Gotha], Jagden in vier Welttheilen. Tagebuch-Blätter. 2. verm. Aufl. 8. (IV, 227 S. mit Lichtdr.-Portr.) Wien 887, Künast. *

†Kari-udo (Prinz Philipp v. Sachsen-Koburg u. Gotha). Tagebuch-Skizzen. 8. (95 S.) Bresl. 892, Trewendt. * 1 60
Aus: Deutsche Revue, besonders abgedruckt.

†Kariudo [Prinz Philipp von Sachsen Coburg-Gotha], voyages et chasses à travers le monde. Édit. française avec l'autorisation de l'auteur par M. Kroll. 8. (175 S.) Wien 886, Künast. *

Karkavitsa, Andr

Karkawitzas, Andr., Geächtet, s.a Urban's christl. Volksbücher.

Geächtet. Eine Erzählung aus d. griech. Volksleben von A. Karkavitsa. Deutsch von J. S. Dallmann. Striegau Th. Urban [1907]. (46 S.) 8° [F.]
— Volksbücher, Urbans Christliche. No 15. [07. 11789

— Griechische Volkserzählungen, s.: Universal-Bibliothek

Karkawitzas, Andr., s. Karkavitsa

Karker, F. X., Cardinal de Cheverus, s. Sammlung historischer Bildnisse.

Karker, Frz. Xav., Handbuch der neueren französischen Sprache und Literatur für die oberen Klassen höherer katholischer Schulanstalten, oder Auswahl von Musterstücken aus den Werken von Beauffort, Beaumont, Champagny, Chateaubriand, Crétineau-July etc. gr. 8. (XI und 463 S.) Breslau 855, Hirt's Verlag. *

Karker, F. X. Dom Jean Mabillon. 8. (76 S.) Paderb. 889, Bonifacius-Druckerei. — 75

Karker, Fr. X., F. A. Ozanam. Sein Leben und seine Werke. 16. (167 S.) Paderborn 867, Schöningh.

Karl [Sachliches OW]

Karl, s.a. Carl.

Karl, e. Geschichte, welche die Gesundheitslehren enthält, (v. Eph. J. Mellin). 8. Langensalza 769.

Karl, Erzherzog. Sein Leben und sein Siegeszug im J. 1809 Ein Gedenkbuch für Oesterreichs Krieger und Volk. 8. (XII und 212 S.) Berlin 847, [Grobe.] *

Karl, Erzherzog. Sein Leben u. sein Siegeszug im J. 1809. Ein Gedenkbuch f. Oesterreichs Krieger u. Volk. (Aus: Erzherzog Karl u. Napoleon.) 8. (XII u. 212 S.) Berlin 847, Leopold Schlesinger. n. 2/3 ℔

Karl, Erzherzog Ein Bild seiner Thaten und seiner Zeit. (Donation Liechtenstein.) 8. Wien 1860.

Karl Alexander, Grossherzog v. Sachsen-Weimar-Eisenach, s. Bürkner, Rich. — Couvreur, J. — Dittenberger, Rud. — Festschrift. — Hesse. — Hodermann, Rich. — Rösel, R. — Schmeißer, Rich.

Karl u. Amalie, e. Geschichte. 8. Altona 785. Kave 6 gr

— u. Amalie. Ein Schspl. mit Gesang (von Chr. H. Nielsen). 8. Dorpat 791.

— u. Angeline; e. Gemälde der Tugend u. Liebe; nach d. Französ. v. F. H. 8. Magdeb. 803. Heinrichshofen. 1 ℔

— von Anjou d. jüngere. Trspl. in 5 A. gr. 8. Manh. 808. Schwan u. G. 16 gr

KARL und Anna oder der Gipfel leichtsinniger Liebe. 2 Erzählungen aus dem Gebiete der Wirklichkeit entlehnt von A. S 2 Thle. Leipzig, bei Christian Ernst Kollmann, 1826. — A. E.: Camenz, gedruckt bei C. S. Krausche. 8°.
Theilweise frei und anstössig I Tit u 190 S II Tit u 185 S

Karl Anton, Fürst v. Hohenzollern, s. Schmitz, M.

Karl Augusts, Großherzogs v. Sachsen, Leben, s. Schröter, W.

Karl August v. Sachsen-Weimar u. die Universität Jena. Ein akadem. Zeitbild aus den J. 1784 bis 1828. Von Verus (H. Ortloff). (68 S. m. 1 Abbildg.) Lex.-8. Weimar (904). H Grosse. n. 1. —

Karl von Burgund. Schspl. 8. Zürich 793. Orell. 10 gr

— u. Charlotte, e. Geschichte aus d. Engl. 2 Thle. Leipz. 784. (v. Mösle in Wien). 16 gr

Karl III, Kaiser, genannt d. Dicke. Trspl. 8. Wien 782. Kurzböck. 5 gr

— von Drontheim; e. Trspl. (von Otto Nath. Baumgarten). 8. Berl. 766.

— Durbach u. Emilie Schierweg. Eine Geschichte. 8. Leipz. ... (Nauck). 2 gr

Karl XI. u. seine Günstlinge, s. Ausland, das belletrist., v. K. Spindler, 689.–694. Bdchn.

KARL und Elise. Eine (zahme) Geschichte. Mit Titelvign. Leipzig, bei Karl Friederich Schneidern, 1782. 8°.
79 S. (incl. Tit m. Vign. u. 3 Bl Vorst) — Neue Original Romane der Deutschen Th. 2 No 1

— — Dasselbe. Leipzig 1787 8° 1 Bl u. 288 S (4 Mk 50 Pfg., Edmund Meyer, Berlin, 1909, 4 Mk 50 Pfg., 2 Bde.", fleckig, Rossberg, Lpz., 1910.)
„Mitleid sey d. schwachen Mädchenherz geweihet, aber Bosheit d Verführers flieht u. scheuet" (R Zinke's Dresdener Novbr -Auct 1905)

— u. Elise; oder die schwachen Mädchen. 8. Prag 787. Schönfeld. 16 gr

— u. Emilie. Lstspl. in 3 A. von A. Z. 8. Leipz. 800. Rein. 6 gr N. A. 8. Wesel 807. Becker. 4 gr

Karl I., König v. England. Ein Vorbild des unglückl. Ludwig XVI. 8. Leipz. 793. Weygand. 21 gr

Karl I., König v. Württemberg, 1823—1891. Ein Gedenkblatt. Von * * *. 12. (32 S.) Stuttg. 891, Levy u. Müller. — 25
Vgl.: Einstein. — Festschrift z. 25jähr. Regierungs-Jubiläum. — Friedmann, Joh. — Hochstetter, Th. — Kugler, Bernh. v. — Mylius, Otfr. — Reinöhl, Paul. — Soldatenbibliothek, 3. Heft. — Unrath, Kuno. — Württemberg u. sein König. — Zum Gedächtniß.

Karl I

— u. Ludwig XVI, König v. Frankreich. Eine histor. Parallele. 8. Nürnb. 793. Monath u. K. 3 gr

Karl Eugen, Herzog v. Württemberg u. seine Zeit. Hrsg. vom württemberg. Geschichts- u. Altertums-Verein. Mit zahlreichen Kunstbeilagen u. Textabbildgn. (In 14 Hftn.) 1. Hft. Lex.-8. (S. 1—52 m. 4 [1 farb.] Taf.) Stuttgart 903. P. Neff Verl. n. 2. —

Karl Eugen, Herzog v. Württemberg, u. seine Zeit. Hrsg. vom württemberg. Geschichts- u. Altertums-Verein. Mit zahlreichen Kunstbeilagen u. Textabbildgn. 2.—8. Heft. (1. Bd. VII u. S. 53—776 m. 9 [1 farb.] Taf.; Musikbeilage 24 S. u. 4 S. in Fksm.) Lex.-8. Stuttgart 903—907 Eßlingen, P. Neff. à n. 2. —

Karl Eugen, Herzog v. Württemberg u. seine Zeit. Hrsg. vom württemberg. Geschichts- u. Altertums-Verein. Mit 13 Kunstbeilagen, 23 Vollbildern, 1 Taf. m. 2 Unterrichtsplänen, 190 Abbildgn. u. vielen Notenbeispielen im Text. 9.—14. (Schluß-)Heft. (2. Bd. V, 509 S.) Lex. 8. Eßlingen 907—09. P. Neff. à Heft 2.—; (Kplt. 32.—; geb. in Leinw. 36. —)

Karl, Fürst zu Oettingen-Wallerstein, s. Grupp, Gg.

HERZOG KARL von GELDERN EGMONT und Jakob von Bronckhorst, Herr zu Batenburg und Anhalt. (Mit Tafeln.) (o. O. o. Dr.) 8°

Karl Grafton s.a. Grafton.

Karl Grafton oder die Heimkehr des Matrosen. Eine wahre Geschichte. 12. (36 S. und 1 Stnt.) Straßburg 847, [Berger-Levrault, Witwe und Sohn.]

Karl der Große, ein romant. Gemälde des Mittelalters, (v. K. H. L. Pölitz). 2 Bde. Mit Kpf. 8. Berl. 801. Voß. 2 ℔

— d. Große, Kaiser, oder Hulda v. Waldsassen. 8. Danzig 805. (Andrä in Leipz.) 10 gr

Karl d. Große. Ein histor. Gemälde von J. 613—814. Aus d. zuverlässigst. Quellen gezogen. Mit e. Stamm- u. Familientabelle desselben. Von J. N. v. S. gr. 8. Wien 824. (Wallishausser). 1 ℔ 6 gr

Karl der Große u. der fränkische Kaiser, Jungfrauenheer. Ein Beitrag zum unvergänglichen Ruhme der Frauen in 23 Liedern von Frauenlob d. Jüngeren. br. 8. Zürich 846, Meyer u. Zeller. 2 ₰ 6 ngl

Karl der Große, Kaiser, und das fränkische Jungfrauenheer. Ein Beitrag zum unvergänglichen Ruhme der Frauen in 23 Liedern von Frauenlob dem Jüngern (Ludw. Ettmüller). 2. verb. Aufl. br. 8. (367 S.) Zürich 847, Schultheß in Comm. 2 ₰ 6 ngl

Karl's des Grossen Reise nach Jerusalem u. Constantinopel, hrsg. v. Eduard Koschwitz u. Gust. Thurau. s.: Bibliothek, altfranzösische. 2. Bd.

— der gute; kom. Abentheuer u. lustige Erziehungsgeschichten. 8. Leipz. 790. Weygand. 20 gl

— u. Henriette; e. dramat. Geschichte aus d. letztern Revolutionskriege. 8. Frankf. 803. Gebhardt u. K. 12 gl

Karl Johann, Kronprinz v. Schweden. Eine Skizze seiner Denkwürdigkeiten mit Hinsicht auf Schwedens Thronveränderung u. neueste politische Verhältnisse. Mit dessen Bildniß. 8. Berl. 813. Sander). 16 gl

Karl und Joseph oder frühzeitige Frömmigkeit. Aus dem Engl. übers. 16. (180 S. mit 4 Holzschnt.) Cincinnati 858(60.) (Philadelphia, Schäfer und Koradi.) geb. *

— u. Joseph II., (v. Jh. Gph. Majer!) 8. Tübing. 781.

KARL und Julie. Eine Geschichte in Briefen. Altona, Kaven, 1783. 8⁰. (1/8 Rthl.) Selten!

— u. Julie, od. die entschleierte Kabale, (von Aug. Riesch). Mit Kpf. 8. Jena 808. (Centr.-Compt. in Leipz.) 20 gl

KARL und Karoline, eine Geschichte. Wien 1783. 8⁰. 124 S. Zahm
Nachdruck aus: Beobachtungen zur Aufklärung des Verstandes und Besserung des Herzens (hrsg. von Joh. Mart. Miller u. Joh. Kern). Th. 1. Ulm 1779. 8⁰. — Goedeke IV. 404. 9.

— u. Karoline; e. Geschichte (von Jh. Mt. Miller). Mit Kpf. 8. Wien 783. Gerold. 6 gl Barth in Leipz. 3 gl

— u. Karoline, oder so ist d. Freundschaft stärker als Liebe. Ein Familiengemälde in 4 A. 8. Bresl. 787. J. F. Korn. 14 gl

— u. Klärchen, eine Scene aus d. letzten Kriege, (v. Jh. Friedel). 8. Halle 784. Hendel. 20 gl

— Kornfeld u. Louise Kleeborn. 8. Leipz. 792. Hinrichs. 4 gl

— Lauterbach; e. Familienscene. 8. Ruppin 793. Kühn. (Leipz., Rauck). 21 gl

— u. Leonore, oder d. mißlungene Hülfe. Trspl. (v. P. Pfeuffer). 8. Gießen 772. Krieger. 4 gl

— u. Maria, oder die glückl. Reisenden. Vom Verf. der muntern Unterhaltungen in Jamben. 2 Thle. 8. Berl. 824 u. 25. (Logier). 1 ₰ 12 gl

Karl und Marie oder: Seid allezeit fröhlich! Eine Kindergeschichte. 8. (40 S.) Stuttgart 876, Buchh. der evangel. Gesellschaft.

—— und Marie oder: Seid allezeit fröhlich! Eine Kindergeschichte. 2. Aufl. 8. (40 S.) Stuttgart 881, Buchh. der Evangel. Gesellschaft.

— von Morberg, (v. K. Gli. Kapf). 8. Eßlingen? 792.

Karl, Erzherzog, u. Napoleon. 8. Leipzig 845, Ph. Reclam jun. 1½ ₰

— d. Neunte, oder d. Pariser Bluthochzeit. Trspl. ꝛc. 8. Straßb. 790. König. 12 gl Treuttel u. W. 6 gl

Karl u. sein Oheim, od. d. aufricht. Katholik. — Allen aufricht. Katholiken, besond. d. 127 gleiches Glaubens u. Sinnes, wie auch allen redl. Protestanten gewidmet. Hrsg. v. Timotheus Christianus. 8. (18½ B.) Neustadt a. d. O. 831, Wagner.

Onkel Karl: Jahrgang 1, no. 1–12, Jan. 1877–1881?
Monthly. Sub-title: Eine deutsch-amerikanische Jugendschrift. Contains stories, biographical, historical and wild-life sketches, "Marchen," "Fabeln," "Rätsel," and a special section called "Herzblättchens Spielwinkel," illustrated; a delightful little magazine for children. It has been reprinted in large part as "2 verbesserte Auflage" (Milwaukee, 1881), with this title: ONKEL KARL. Eine Gabe für die deutsch-amerikanische Jugend aller Altersstufen ... Octavo, each issue 16 pages, paged continuously; the reprinted ONKEL KARL contains 276 pages.
Milwaukee, WI

Onkel Karl. Eine Gabe f d dt-anische Jugend aller Stufen ... zusammengestellt v Carl Dorflinger. 2d improved ed. Milwaukee. 1881.

Karl, Onkel, bringt seinen Neffen und Nichten Märchen, Lieder und Geschichten auch Fabeln und Räthsel. 8. (IV und 100 S. mit 5 ill. Bildern.) Stuttgart 855(56,) Thienemann's Verlag.

— von R**, eine Geschichte aus d. 18. Jahrh., (von Jh. Gph. Edw. Riedel). 3 Bde. 8. Hildburgh. 794 u. 95. (Cr. Fleischer in Leipz.) 1 ₰ 14 gl

KARL von R**. Eine Geschichte aus dem 18. Jahrhundert. Eben so interessant, als lehrreich. 3 Bdchn. Hildburghausen, bey Joh. Gottfried Hanisch 1794, 95, 95. 8⁰.
In zahmen Briefen. Tit., 198, 173 u. 368 Seiten

Karl d. VI., König v. Frankreich, s. Könige, die wahnsinnigen, 2r Theil.

Karl Seymour od. d. gute Bruder, nebst and. kl. Erzähln. Ein Geschenk f. Kinder. 12. (4⅓ B. u. 2 Stndr.) Straßburg 833, Levrault. 4 Gr., ill.

— u. Sophie, eine Jugendgeschichte (v. Jh. Jak. Chr. v. Reck). 8. Regensb. 784. Montag u. W. 12 gl

KARL und Sophie. Eine wahre Begebenheit in Briefen. Pilsen 1792. 8⁰. Rar!
Fehlt bei Kayser.

— Sternberg. Ein Denkmal der Freundschaft. 8. Zerbst 800. (Kummer). 18 gl

— v. Strahlenberg; e. Schspl. in 5 Aufz. (v. Cr. Bornschein). 8. Leipz. 793. Barth. 9 gl

— von Strohm, genannt Ilmen, Bruder des Bundes der einzigen wahren Größe. 8. Leipz. 804. Rein. 1 ₰ 12 gl

Karl der Tausendkünstler, od. magische Spielereien f. Kinder. 8. Grodno 811. (Knobloch in Leipz.) 9 gl N. A., s. J. J., Lape, Karl d. Tausendkünstler.

Karl d. Tausendkünstler, e. unterhalt. A. B. C. Buch f. fröhliche Knaben. M. 22 ill. Kpfr. (auf 8 Bl.) gr. 12. (2 B.) Nürnberg 833, Bauer u. Raspe.

— u. Henriette v. Thalheim; e. Familiengeschichte. 8. ... (Hennings in Neisse). 9 gl

Karl XIV., Johann, (Joh. Bapt. Jul. Bernadotte). Skizze seines Lebens u. Wirkens. Nebst Beilagen u. seinem Bildnisse. 8. Hamb. u. Leipz. 820. (Rommerskirchen in Köln). 14 gr Hbg. Pr. 8 gr

Karl Wilhelm Ferdinand, Herzog zu Braunschweig u. Lüneburg; ein biograph. Gemälde d. Fürsten (von K. F. Pockels). gr. 8. Stuttg. 809. v. Cotta. 1 rthl 4 gr

Karl Wilhelm Ferdinand, Herzog zu Braunschweig und Lüneburg. preussischer General-Feldmarschall. Ein biographisches Gemälde dieses Fürsten. 8. Tübingen 1809.

— u. Wilhelmine, od. Leiden u. Freuden der ersten Liebe. 2 Thle. 8. Magdeb., (Leipz., Lauffer). 1 rthl 8 gr

KARL und Wilhelmine oder Die Bewohner des Landes der Geheimnisse. Eine Robinsonade. Mit Titelkpfr. (gest. v. Blaschke). Leipzig, Joachim, o. J. (1802). 8⁰. 272 S. (3 Mk., geles. Expl., J. Neumann, Magdeb., 1906; 4 Mk. 50 Pfg. Leihbibl.-Expl., Adolf Weigel, 1908.)

Karl v. Württemberg, Prinz, s. Schlossberger, Aug. v.

Karl X., König v. Frankreich. Aus d. Französ. Mit d. Portr. d. Königs. 8. Nordh. 825. (Dörffling in Leipz.) 16 gr

Karl d. Zwölfte bei Bender. Histor. Schausp. in 4 Abthln. Bearb. f. d. 3. Theresien-Volksfest zu Bamberg u. am 8. u. 9. Juli 1835 im Theater im Freien aufgeführt. 8. Bamberg, Literar.-artist. Institut.

— der Zwölfte bei Bender; Schspl. vom Verf. d. Rinaldo. (Vulpius). 8. Rudolst. 800. (Hildebrandt in Arnst.) 12 gr Hbg. Pr. 6 gr

Karl XII. vor Friedrichshall. Eine Haupt- u. Staatsaction in 3 Actus, nebst einem Epilogus. Mit e. Vorw. hrsg. v. Heinr. Lindner. 16. (9 B.) Deßau 845, Aue.

Karl d. XII., König von Schweden, s. a. Jh. Chr. Aug. Bauer, Anekdoten, 2s Bdchn.

Karl der Zwölfte, König v. Schweden, genannt d. Eisenkopf; e. romant.-histor. Gemälde aus d. 17n u. 18n Jahrh. 2 Thle. Mit 1 Kpf. 8. Berl., Polt.

Karl's XII. Tod. Vorspiel, s. Blüthen, dramat., in Mittheiln. deutsch. Dichter, 4. Bdchn.

Karl [persönlicher Name]

Karl [*Römisch-deutsche Kaiser*]

Karl [I] der Große

Die Karl dem Großen zugeschriebene „Capitulare de villis et curtis imperatoris", zum Belege seiner Staats- und Landwirthschaftskenntnisse übersetzt und erläutert von J. H. Ress, Helmstedt 1795.

Karl's des Großen capitulare de villis, übersetzt u. erläut. von J. H. Reß. gr. 8. Helmst. 795. Fleckeisen. 10 gr

Karl der Große. Verordnungen u. Briefe, s.: Auslese aus den Werken berühmter Lehrer u. Pädagogen des Mittelalters.

[J.] Kaiser Karls IV. [v. Deutschland] Jugendleben v. ihm selbst erzählt. Uebs. v. Ludwig Oelsner. *Leipzig: Dyk (1899).* (XXXII, 131 S.) 1 Bd 8.
= Geschichtschreiber, Die, d. deutschen Vorzeit. 2. Gesammtausg. XIV. Jh. Bd 5. (= Bd 83.)

Karl's IV. Landbuch der Mark Brandenburg, s. a. Fidicin.

Kaiser Karl's IV. Landbuch der Mark Brandenburg v. J. 1375, im J. 1781 durch von Herzberg, im J. 1856 von Fidicin (Berlin in 4.) herausgegeben.

Karl's IV., Kaiser, Landbuch der Mark Brandenburg nach den handschriftlichen Quellen, hrsg. von E. Fidicin. gr. 4. (XII und 356 S.) Berlin 856, Guttentag.

Karls IV. Selbstbiographie, s. Löhr, H.

Karl V. Aufzeichnungen des Kaisers ..... Zum erstenmal herausgegeben von Baron Kervyn van Lettenhove, Mitglied der belgischen Akademie. In's Deutsche übertragen von C. A. Warnkönig. 8. Leipzig 1862.

Kaiser Karl V.: „Edict in Betreff der Buchdrucker, und Verbot der Bücher gegen Obrigkeit und die katholische Lehre", Augspurg, 30. Juni 1548. Einblatt. — Vorh.: German. Nat. Mus. Nürnberg.

— peinl. Gerichts-Ordnung, s. a. Zoepfl, H.

Die peinliche Gerichtsordnung Kaiser Karls V. [v. Deutschland]. Constitutio Criminalis Carolina. Krit. hrsg. von J[osef] Kohler, Prof., Berlin, u. Willy Scheel, Oberl. zu Steglitz. *Halle a. S.: Waisenhaus 1900.* (LXXXV, 107 S.) 8⁰
= Carolina, Die, u. ihre Vorgängerinnen. 1.

Peinliche Gerichtsordnung Kaiser Karl V. [v. Deutschland]. Constitutio Criminalis Carolina. Ausg. f. Studierende von J[osef] Kohler, Prof. in Berlin, u. Willy Scheel, Oberl. zu Steglitz. *Halle a. S.: Waisenhaus 1900.* (144 S.) 8⁰

Karl V. peinl. Halsgerichtsordnung, s. Halsgerichts-Ordn.

Karl V., des Kaisers, Correspondenz. Aus d. Königl. Archiv u. der Bibliothèque de Bourgogne zu Brüssel mitgetheilt v. Karl Lanz. 1. u. 2. Bd. 1513—1549. Mit lithogr. Taf. u. 3. Bd. 1550—1556. Mit 2 lithogr. Taf. gr. 8. Leipzig 844, 45, 46, Brockhaus. (à n. 4 rthl) n. 12 rthl

Karl VI.

Karl III. und Wratislaw. Eigenhändige Correspondenz des Königs Karl III. von Spanien (nachmals Kaiser Karl VI.) mit dem Obersten Kanzler des Königreiches Böhmen, Grafen Johann Wenzel Wratislaw. Herausgeg. von Alfred von Arneth. (Aus dem 16. Bde. des von der kais. Akademie der Wissenschaften herausgegebenen „Archivs für Kunde österreichischer Geschichtsquellen" besonders abgedruckt.) 8. Wien 1856.

Karl VI., Kaiser: Patent..., Dass...eine allgemeine Visitation...fürgekehrt werde, vermittels welcher alle...angesteckte Häuser...durchgangen...werden sollen... 1 Bl.

Wienn: 1714

JB 6.427

Karl VI., Kaiser: ...Patent,...zu Hindanhaltung der leidigen Seuche, so in einem Theil des Königreichs Hungarn grassiret, diese Oesterreichis. Land-Gräntzen mit Ziehung eines ordentlichen Cordons...zu verwahren. 1 Bl.

Wien: 1739

JB 6.428

Karl VII. Albrecht

Karl VII. Das Tagebuch Kaiser ..... aus der Zeit des österreichischen Erbfolgekriegs, nach dem Autograf herausgegeben von Theodor Heigel. 2345. gr. 8. München 1883.

(Karl, Prinz v. Bayern.) Erläuterungen des Höchstkommandirenden der Südwestdeutschen Bundes-Armee zu dem Feldzugs-Journal des Prinzen Alexander v Hessen. München 1867 8°

Karl I. [Herzog] von Braunschweig
1713 - 1780

Serenissimi (Karl [I.] Herzog von Braunschweig) Reglement und Verordnung die Societates medicas betr. Dat. Wolffenbüttel den 7. Jan. 1747. 16 S. 4°

Angeb. an: Karl I. Herzog von Braunschweig: Reglement und Verordnung, das Collegium medicum in Braunschweig betr. Dat. Wolffenbüttel den 4. Jan. 1747.

Serenissimi (Karl [I.] Herzog von Braunschweig) Reglement und Verordnung, das Collegium medicum in Braunschweig betr. Dat. Wolffenbüttel den 4. Jan. 1747. 24 S. 4°

Beigeb.: Karl I. Herzog von Braunschweig: Reglement und Verordnung die Societates medicas betr. Dat. Wolffenbüttel den 7. Jan. 1747.

Karl I., König von England

— eigene Abbildung, s. Abbildung.

Karl vom heiligen Aloys

— Beleuchtung der Recensionen im „Sion" 1844, Literaturblatt Nr. 12. u. „Kathol. Stimmen" 1844 Nr. 155 u. 156 über das Werk: Die kathol. Kirche in ihrer gegenwärtigen Ausbreitung auf der Erde 2c. Zugleich eine Zugabe zu dem Werke selbst. gr. 8. Ebend. 845. 1/6 ₰

Karl vom heil. Aloys, P., die kathol. Kirche in ihrer gegenwärtigen Ausbreitung auf der Erde, oder: Histor. u. statist. Nachrichten über sämmtliche in unseren Tagen mit dem heil. apostol. Stuhle zu Rom in Glaubensgemeinschaft stehenden Christengemeinden. Mit einem Anhange: Die geistl. Orden u. die religiösen Congregationen der kathol. Kirche. gr. 8. Regensburg 845, Manz. $2^1/_3$ ₰

Karl vom heil. Aloys, die katholische Kirche in ihrer gegenwärt. Ausbreitung auf der Erde. Mit einem Anhange: Die geistl. Orden und religiösen Congregationen der kathol. Kirche. 2., mit einem Anhange verm. Ausg. gr. 8. (XXXIV, 637 und 40 S.) Regensburg 847, Manz.

Karl vom heil. Aloys, die Gottesmutter in ihrem dreifachen Triumphe über die Welt, oder Versuch einer Darstellung der wahren Entwicklung und jetzigen äußeren Ausdehnung der Marien-Verehrung unter den Menschen. Mit einer Zugabe. 8. (316 S.) Regensburg 853, Pustet.

Karl vom heiligen Aloys, statistisches Jahrbuch der Kirche, oder: Gegenwärtiger Bestand des gesammten katholischen Erdkreises. Nach den besten Quellen bearb. 1. u. 2. Jahrg. 1860 u. 61. Regensburg, Manz. gr. 8. (XV, 206 S.; VII, 226 S.) Jeder Jahrg. 27 ngr.

Karl vom hl. Aloys, P., Die Menschengeschichte eine göttliche Schöpfungswoche auf dem Gebiete der moralischen Welt, oder Versuch, die zunächst 6000 Jahre umfassenden göttlichen Erbarmungen über das von der Sünde überwundene Menschengeschlecht in einem Zusammenhange darzustellen. Mit 6 lith. Karten in Fol. Würzburg, Stahel, 1861, gr. 8°, XI, 552 S., 6,60 Mk.

Karl, Landgraf von Hessen - Kassel

— Aufklärungen, authent. u. merkwürd., üb. d. Geschichte d. Grafen Struensee 2c., s. Aufklärungen...

CAROLINE MATHILDE, Königin von Dänemark. (Nebst einigen Schriften über die Grafen Struensee u. Brandt.) — Aufklarungen, Authentische und höchst merkwurdige, uber die Geschichte der Grafen Struensee und Brandt. Aus dem Mspt. eines hohen Ungenannten (des Prinzen *Karl von Hessen-Kassel*) zum erstenmal übersetzt und gedruckt. Germanien (Kempten, Dannheimer) 1788. 8° (3 Mk. E. Frensdorff, 1905, 5 Mk. Julius Neumann, Magdeb., 1909.)

Denkwürdigkeiten des Landgrafen Karl von Hessen-Kassel, von ihm selbst dictirt, aus dem französischen Originale übersetzt von K Bernhardi. Als Msc gedruckt. (XX. 164) 8. Cassel 1866. 3,00.

Karl von Hessen-Kassel, Landgraf. — Denkwürdigkeiten des Landgrafen Karl von Hessen-Kassel. Von ihm selbst dictirt. Aus dem französ., als Mscr. gedr., Orig. übers. Mit einer Einleitung von K. Bernhardi. gr. 8. (XX und 164 S.) Kassel 867, Freyschmidt. *

Karl, Prinz v. Hessen. Denkwürdigkeiten des Feldzuges gegen Schweden 1788. Altona 1789. 8°

Karl, Prinz v. Hessen-Cassel, Mémoires sur la Campagne de 1788 en Suède. gr. 8. Kopenh 789. (Campe in Hamb) 18 gl Dass. deutsch. Ebd. 789. (Campe). 12 gl

Karl, Herzog zu Mecklenburg. Auszug aus einem Schreiben (über die Pflichten des Offiziers). (Berlin 1828.) 8°

Karl, Erzherzog von Österreich

Karl v. Oesterreich, Erzherzog Aphorismen. Von weil. Sr kais. Hoheit kl 8. Wien und Leipzig 1893.

(Karl, Erzherzog v. Oesterreich.) Beyträge zum practischen Unterricht im Felde für die Offiziere der Oesterreich Armee 6 Hfte 4 M 33 Plän Wien 1806 10. 2 Bde 8 M 43 Plän ib 1825 21,50

Karl, Erzherzog v. Österreich. Feldzug von 1794 und 1795. Aus den hinterlassenen Papieren Sr. Kais. Hoheit Erzherzog Carl. Wien 1872. 8° (Aus: Streuffleurs Österr Milit. Zeitschr.)

(Karl, Erzherzog v. Österreich.) Geschichte des Feldzugs 1796 in Deutschland. Bd 1. 2. Wien 1814. 8°

(Karl, Erzherzog von Österreich). Geschichte des Feldzuges 1799. T 1. 2. (Mit) Atl. Wien 1819. 8° u. 2°

(Karl, Erzherzog v. Oesterreich.) Grundsätze der höheren Kriegskunst und Beyspiele ihrer Anwendung fol M 25 Plän. Wien 1808

(Karl, Erzherzog.) Grundsätze der Strategie, erläutert durch die Darstellung des Feldzuges 1796 in Deutschland 3 Bde 8 Mit Krtn u. Plän Wien 1814 N Ausg 3 Bde 8 M 1 Krte 10 Pl., 1 Taf ib. 1862.

Karl, Erzherzog von Österreich. Ausgewählte Schriften. Hrsg im Auftr. seiner Söhne der Herren Erzherzoge Albrecht u. Wilhelm v. F X Malcher. Bd 1—6. Mit 2 Krtbd. Wien 1893. 1894. 8° u. 4°

Karl, Erzherzog v. Österreich. Erzherzog Karl. Ausgewählte militärische Schriften, erläutert durch Frhr v. Waldstätten. Berlin 1882. 8°. (Bd 100—5)

Karl, Erzherzog, militärische Schriften, s. Klassiker, militärische, des In- und Auslandes.

Karl, Erzherzog v. Oesterreich. Theorie des grossen Krieges, nebst Beispielen angewandter Taktik fol. M 25 Pl Wien 1852.

Karl Erzherzog von Oesterreich, militärische Werke. 1. Lfg. gr. Lex.-8. (1. Bd.: Kleinere militärische Aufsätze. S. 1—155.) Wien (861)62, (Gerold's Sohn.) *

—— dass. — 2. Lfg. gr. Lex.-8. (3. Bd.: Grundsätze der Strategie, erläutert durch die Darstellung des Feldzuges 1796 in Deutschland. S. 1—95 mit 1 lithogr. Karte und 1 Stnt. in gr. 8. und Imp.-Fol.) Ebendas. (862.) *

Karl, Erzherzog von Österreich, militärische Werke. 3.—7. Lfg. gr. Lex.-8. (3. Bd.: Grundsätze der Strategie, erläutert durch die Darstellung des Feldzuges 1796 in Deutschland. II und S. 96—439 mit 8 Karten in Kpfrst. in qu. gr. Fol.) Wien 862,63, (Gerold's Sohn.) à Lfg. * 1 Thlr. *
1. und 2. Lfg. Ebendas. 1862. * 2 Thlr.

Karl XII., König von Schweden

Karl's XII., König, eigenhändige Briefe. Gesammelt u. hrsg. v. Ernst Carlson. Autoris. deutsche Uebersetzung v. F. Mewius. gr. 8. (XLVIII, 456 S.) Berlin 894. G. Reimer. n. 9. —

Karl XV., König von Schweden. Betrachtungen über die Infanterie. Aus dem Franz. übs. v. Ch. v. Sarauw. Leipzig 1870. 91 S.

(Karl XV., König von Schweden und Norwegen.) Gedanken über die taktischen Bewegungen der gegenwärtigen Zeit. Von C. Aus d. Schwed. von Hilder. Königsberg (1868). 8°. (Orig. 1868 ?)

Karl III., König von Spanien, s. Karl VI, Kaiser

KARL der Vernünftige (ps.). — Gereimtes und Ungereimtes, Gestohlenes und Selbstgeleimtes. Auf lustigen Triften gesammelte Schriften. allen Lachzünftigen Gegenwärtigen und Künftigen gewidmet von *Karl dem Vernünftigen*. 2 Thle. Langethal, o. J. 8°. (2 Kr. 50 H. Halm & Goldmann, 1904.)

Karl Albrecht, Kurfürst von Bayern, s. Karl VII Albrecht, Kaiser

Karl August, Bischof v. Eichstätt, Hirtenbrief an d. Gläubigen d. Diözese Eichstätt, z. Bisthums-Antritte erlassen. 8. (1¾ B.) Augsburg 837, (Kollmann'sche Buchh.)

Karl August von Sachsen-Weimar: Entwurf zu einer Vereinigung der geistigen Volkskraft Deutschlands ..., s. Karl Friedrich von Baden

Karl August v. Sachsen-Weimar. Niederschriften des Herzogs . . . über den Schutz der Demarkationslinie, den Rennweg (1796) und die Defension Thüringens (1798). Hrsg. von P. v. Bojanowski. Weimar 1902. 4°.

(Karl August Friedrich, Prinz zu Waldeck.) Kleine Berichtigungen über das 1781 zu Königsberg erschienene Werk: Versuch einer militarischen Geschichte des bayr. Erbfolge-Kriegs 1778. Frankfurt 1784. 8°.

Karl, Emanuel, Königs v. Sardinien, Gesetze u. Verordnungen, übers. v. Dom. Ziegler. gr. 8. Augsb. 777. Rieger. 20 K

Karl Friedrich von Baden

— s. a.: Carl Friedrich v. Baden.

Karl Friedrich, Markgraf v. Baden, († d. 10. Juni 1811.) s. *Abregé* des Principes de l'Economie.

Karl Friedrich's v. Baden Abriß der Nationalökonomie, s.a. Zeitfragen, soziale.

Karl Friedrichs [Großherzog] von Baden: Abriß der Nationalökonomie [Abrége des principes de l'economie polit.]. Uebers. u. eingeleitet von Adolf Damaschke. Berlin: Bodenreform [1908]. 35 S. 8°
(Soziale Zeitfragen. H. 37.)

Karl Friedrich v. Baden, s.a. Correspondenz, politische.
Vgl.: Carl Friedrich v. Baden.

Karl Friedrich von Baden: Politische Correspondenz 1783–1806. (Hrsg. von d. Badischen Hist. Commiss.) Bearb. von B[ernh.] Erdmannsdörffer (3f.: u. Karl Obser). Heidelberg: C. Winter 1888–1901. 5 Bde 8°
1. (1783–1792.) 1888. 2. (1792–1797.) 1892.
3. 1797–1801. 1893. 4. 1801–1804. 1896.
5. (1804–1806.) 1901.

Des Markgrafen KARL FRIEDRICH VON BADEN, des Herzogs KARL AUGUST VON SACHSEN-WEIMAR und HERDER's Entwurf zu einer Vereinigung der geistigen Volkskraft Deutschlands und der Versuch seiner Verwirklichung durch das Freie Deutsche Hochstift für Wissenschaften, Künste und allgemeine Bildung in Goethe's Vaterhause zu Frankfurt am Main. Frankfurt am Main. 1864. Verlag des Freien Deutschen Hochstiftes. 8°.

Karl Friedrich von Baden, s. Grundsätze der Staatshaushaltung

Karl Friedrichs v. Baden Nationalökonomie, s. Zeitfragen, soziale, 37. Heft.

Karl Gustav Markgraf v. Baden-Durlach. Berichte von dem Feldzuge in Ungarn 1685—1686. Budapest 1888. 8°.

Karl Gustav von Schweden: Zur Geschichte der Hohenzollerischen Souveränität in Preußen. Diplomat. Briefwechsel d. Königs Karl Gustav von Schweden u. d. Gesandten Grafen Ch[ristoph] K[arl] v. Schlippenbach aus d. Kriegsjahren 1654–1657. Zsgest. von Albert Grafen v. Schlippenbach. (Vorr: Eduard Heyck.) Berlin: E. Fleischel & Co. 1906. (XIII, 357 S.) 8°

Karl Johann von der Mosel [Pseud.], s. Kohn, Jean-Charles

Karl Ludwig, Erzherzog v. Oestreich, s. 1) Geschichte des Feldzugs v. 1799 rc. 2) Grundsätze d. Strategie rc.

| Karl-Ludwig, | Erz-Herzog, Kron-Prinz von Hungarn und | Böhmen, Ritter des Goldenen Vließes, . . . (Rundschreiben vom 9. Dezember 1793, betreffend die freiwilligen Spenden für die kaiserliche Kriegskasse) . . . [Beigedruckt ist:] Rede | An die Getreue Einwohnere des Lu-|tzemburger Landes. | . . . (über die Kriegsereignisse und die ideologischen Auseinandersetzungen mit Frankreich) . . . | Geschehen zu Lutzemburg den 2ten Jenner 1794. | . . . (Am Ende:) Lutzemburg, | Bey der Witrib J. B. Kleber, Seiner Kaiserlichen Majestät | und der Herrn Landstände Buchdrucker. 1794. |
10 S., 4° (325 x 200 mm).

Carl Michael Herzog von Mecklenburg-Strelitz: Die Statistik des Militär-Ersatz-Geschäftes im Deutschen Reiche . . . . **Leipzig**, Duncker & Humblot, 1887; VIII + 116 S. u. 21 Taf. 8°.
Strassburg, Rechts- u. Staatsw. Fak., Inaug.-Diss. v. 1887.

[Erlass des Kurfürsten Carl Theodor von Bayern gegen Freimaurer und Illuminaten. Dat.: 2. März 1785.] 1 Bl. 2°.

Sehr selten. — Abgedr. in: Berlinische privil. Zeitung 1785, Nr. 34.

[Erlass der Kurfürsten Carl Theodor von Bayern gegen die Freimaurer vom 16. Aug. 1785.]
in: Historische Nachrichten der neuern Europäischen Begebenheiten. Stück 102, 25. Aug. 1785: Staats-Relation derer neuesten Europäischen Begebenheiten. Stück 102, 26. Aug. 1785.

Karl Wilhelm Ferdinand, Herzog von Braunschweig. Mémoire raisonné du duc de Brunswig touchant la campagne 1792. (Tübingen 1808.) 8° (in: Se 4050)

Karl [Familienname]

Karl, s.a. Karll

Karl, ..., s. Abhandl. von d. christl. Hoffnung.

Karl. Ein Beitrag zur Beurtheilung d. Verbrauchs u. der indirekten Abgaben b. verschied. Einkommen, s.a. Zeitfragen, volkswirthschaftl.

Karl, Dr. Ein Beitrag zur Beurtheilung der Verbrauchs- und der indirekten Abgaben bei verschiedenen Einkommen. Zeitfragen (Volkswirthsch.), Heft 84. Berlin 1889.

Karl, s.: Bekenntnisse e. kirchlich-liberalen u. bisher national-liberalen Pfarrers.

Karl, Beleuchtung der Recensionen im „Sion" 1844 Literaturblatt Nr. 12. u. „Kathol. Stimmen" 1844 Nr. 155 u. 156 üb. das Werk: Die kathol. Kirche in ihrer gegenwärt. Ausbreitung auf der Erde 2c. Zugleich eine Zugabe zu dem Werke selbst. gr. 8. (2½ B.) Regensburg 845, Manz.

Karl, der letzte Küster von Altenberg, s. Novellen-Bibliothek.

Karl, s. Lebensgeschichte der Heiligen

Karl, Teodor, der letzte Ritter v. Bebenburg. Historisch-romant. Erzählung aus dem letzten großen Städtekrieg [1449]. 8. (IV, 310 S.) Rothenburg o. T. 884, (Klein's Buchh.) *
Aus: Fränkische Chronik, besonders abgedruckt.

Karl, Uebungs-Beispiele für den Unterricht im Rechnen in den Regiments- und Bataillons-Schulen der königl. preuß. Armee. gr. 8. (VII und 146 S.) Berlin 854, Hempel. * —

Karl, die Verordnungsgewalt der Bürgermeister in Elsass-Lothringen. Zusammenstellung d. gesetzl. Bestimmgn. Saargemünd 890.

Karl, Ad. Otto Sigmund Friedrich

— Törikologie, s. J. A. Seemann.

Karls, Ad. Otto Sigm. Fr., Wörterbuch z. Preuß. Pharmakopoe, in welchem alle Wörter d. Pharmakopoe, sowohl in d. passendsten u. die Kunstausdrücke in d. eigenthüml. Bedeutungen in d. wissenschaftl. Kunstsprache aufgeführt sind, als auch d. Herleit. d. aus d. griech. u. and. Sprachen entlehnten naturhistor., medicin. u. chem. Ausdrücke angegeben ist. Nebst e. Verzeichniß gleichbedeut. Benennungen d. in d. Pr. Ph. angeführten zusammengesetzten u. zubereiteten Arzneimittel, als Anh. gr. 8. (10½ B.) Berlin 828, Mittler.

Karl, Alb., Colignys Tod. Dramat. Dichtung. (75 S.) 8. Metz 909. R. Lupus. 1. —

Karl, Alfred, die Aufgabe der Ehegesetzgebung in Preußen entwickelt an der „Darstellung der in den Preuß. Gesetzen über die Ehescheidung unternommenen Reform". gr. 8. Leipzig 844. (C. L. Fritzsche.) n. ⅔ ₰

Karl, Bernhard Peter, LUTHERUS // ante // LUTHERANISMUM, // oder // Die Uhralteste // Evangelische // Wahrheit // Aus // D. Mart. Lutheri Schrifften // und eigenen Worten wiederholet // Von // JEREMIA HERACLITO CHRISTIANO. // Nunmehro // Wieder aufs Neue aufgelegt / und mit einem // Anhang vermehret /// von der // Gesunden Vernunfft /// Denen zum besten / die sich selbst // verblenden und andere blind zu machen // trachten // aus LUTHERI Schrifften Ver= // nunfftmäßig ans Licht gestellet // von // G. P. J. H.
8 Blatt (nicht paginiert) Titelblatt und Vorrede. - 2o7 Seiten. -
Wegen des Verfassers vergl. die Angaben bei Jöcher, Ergänzungen, K.,
B. S. T. 8°.273.

Karl, E., Im Frühlicht. Ein Schauspiel aus Oesterreich. Gr.-8". (103 S.) Linz: Österreichische Verlagsanstalt 1903 K 3

Karl, E., ohne Gott. Roman. 8. (352 S.) Berlin 896. O. Janke. n. 5. —; ermäß. Preis n. 1. —

[J.] Ohne Gott. Roman v. E. Karl *Berlin: O. Janke (1897).* (2 Bl., 352 S.) 1 Bd 8. 197. 1408

Karl, E., Hedwig. Roman. 8. (272 S.) Berlin 894. O. Janke. n. 4. —

Karl, Emil. Spion oder Handwerksbursche? Reise-Abenteuer in Russland. Auf Wahrheit beruhende Erlebnisse des Verfassers. 8. Bern 1894

Karl, Ernst, approb. Arzt aus Saargemünd. Drei Fälle von Erysipel bei Icterus. *München 1901: C. Wolf & Sohn.* (46 S.) 8° München, Med. Diss. v. 1901

Karl, Evangel., der Christen: Morgenrot u. Morgenmahl! Eine „Laien-Predigt" zur Klärg. der gegenwärt., sowohl nach Religion wie Politik höchst kritisch gewordenen Reichslage! (227 S.) kl. 8. Lorch 910. K. Rohm. 2. —

Karl, Fel. Die Verordnungsgewalt der Bürgermeister in Elsass-Lothringen. Zusammenstellung u. Erörterg. der einschläg. gesetzl. Bestimmgn., m. besond. Berücksicht. der Aufgaben der Bürgermeister auf dem Lande. 12. (VIII, 142 S.) Saargemünd 890. (Schmitt). cart. ** 2 —

Karl, Felix Adam

Beispielsammlung aus Xenophons Cyropädie zu Buttmann's griechischer Grammatik. Von Dr Felix Adam Karl, P. — 1844. Ebend. — S. III–IV u. 6–58.
Progr. Würzburg.

Ueber Geschichte überhaupt und deren Betrieb an den lateinischen Schulen des Vaterlandes insbesondere. Von Dr. Felix Adam Karl, G. P. — 1835. Ebend. — S. 3–20.
Progr. Würzburg.

Karl, Frz., s.: Brackel, Frz. Karl Frhr. v.

Karl, Franz, Oesterreichs Geschichte nebst einem kurzen einleitenden Abriß der alten Geschichte. Ein Leitfaden zum Geschichtsunterrichte an Unterreal-, gehobenen Volks- und höheren Töchterschulen. 2. Auflage, gänzlich umgearbeitet und bis auf die Gegenwart fortgesetzt. 1869. [illegible] (VIII u. 1[illegible] S.) Wien, Dirnböck & [illegible] Braumüller [illegible]

Karl, Frz., s.: Novellenbuch.

Karl, Frz., Oesterreich und seine Geschichte. Ein Lesebuch für die reifere Jugend und ein Leitfaden zum Unterrichte in der vaterländ. Geschichte an Unterreal- und Töchterschulen. gr. 8. (VIII und 175 S.) Wien 861, Dirnböck.

Karl, Frz., das Räthsel als Unterrichtsmittel in der Volksschule. Für Lehrer und Lehramtskandidaten dargestellt. 8. (IV, 91 S.) Wien 869, Sallmayer und Comp. (* 90 Pf.) *

Karl, Frz., das Räthsel als Unterrichtsmittel in der Volksschule. Für Lehrer u. Lehramtskandidaten dargestellt. Neue Ausg. 8. (IV, 90 S.) Wien 876. Regensburg, Manz. n. — 80

— das Sprachliche in der Fibelklasse. Eine Beigabe zur Fibel für Schüler u. Lehrer. Wien 863. Sallmayer & Co. 8. (55 S.) n 5 ngr.

KARL, Franz (Aichach): De viribus et non opii. (Titel nach der Urkunde)
18.3.1856 - Urk; F 62
Diss. Ingolst.-Landsh.-Mchn.

KARL, Friedrich (Georgensmünd): Die operative Behandlung des Magengeschwürs.- München: Knorr & Hirth 1910. 48 S.
3.2.1911 - Chr 1910/11,25; U 11.3657
Diss. Ingolst.-Landsh.-Mchn.

Karl, Frdr., s.: Testament des neuen Glaubens.

Karl, Friedrich. Vide: Vorschlag durch Versorgung der Armen etc.

Karl, Heinrich

Karl, H., ausführliche Abhandlung über die Ermittlung des richtigen Holzbestandalters und dessen Einfluß auf die Forstertragsberechnungen. gr. 8. (94 S.) Frankfurt a. M. 847, Sauerländer's Verlag. Thlr.

Karl, Heinrich. Anleitung zur doppelten Buchhaltung. II. Lief. (Strazze [Prima-Nota, Memorial], Hauptbuch sammt Register, Journal, Bilanzbuch). Wien 1857. *C. Haas' W. & F. Campen.* S. 19—37. gr. 8°. 10 kr.

Karl, H., Anleitung zum Waldwegbau. Mit Tabellen. gr. 8. (5¾ B. u. 4 Figurent.) Stuttgart u. Tübingen 842, Cotta'sche Buchh.

KARL, Heinrich: Kritische Beleuchtung der Beiträge zur Lösung einiger volkswirthschaftlichen Widersprüche in der Forstwirthschaft des Kgl. Würtemberg. Finanzraths W Schmidlin. Eine Schrift für Forstmänner, Kameralisten u. Waldbesitzer - Sigmaringen 1839. IV, 77 S.

Karl, H., kritische Beleuchtung der Beiträge zur Lösung einiger volkswirthschaftlichen Widersprüche in der Forstwirthschaft der Königl. Würtemberg. Finanzrathes W. Schmidlin. gr. 8. Sigmaringen (u. Stuttgart) 839. (Beck u. Fränkel.) n. ½ ₰

Karl, Hch., Staffelsteiner Chronik. Nach K.'s Tod gesammelt u. hrsg. v. Hch. Schellerer. (XVII, 804 S. m. 10 Taf. u. Bildnis.) gr. 8. Staffelstein (905). (Bamberg, Buchner Sort.) Geb. in Leinw. n. 4.—

—— die Forstbetriebs-Regulirung nach der Fachwerks-Methode auf wissenschaftl. Grundlagen. gr. 8. (XII und 392 S. mit 2 lithogr. Karten in 4. und 3 weiteren lithogr. Beilagen in gr. 8., gr. 4. und qu. gr. Fol., nebst mehreren amtl. angefertigten Ertragstafeln.) Stuttgart 851, Metzler'sche Buchh. *

—— Grundzüge e. wissenschaftl. begründ. Forstbetriebs-Regulirungs-Methode, mit e. gedrängten Prüfung d. Grundlagen u. prakt. Anwendbarkeit d. besteh. Lehren üb. Forstertragsberechnung. Mit verlässigen Ertragstafeln üb. Buchen- u. Fichtenbestände. gr. 8. (10½ B. u. 6 lith. Bl.) Sigmaringen 838, (Beck u. Fränkel.) *

Karl, H. Das Hagelversicherungswesen, die derzeitigen Übelstände in demselben sowie die Grundbedingungen einer Hagelversicherungsanstalt mit mäßigen Einlagen. Sigmaringen 1869.

Karl, Heinr., Lehrb. d. Forstwirthschaft, s.: Eckert, Frz.

—— Vorschläge zu Waldweide-Ablösungs-Gesetzen. Mit Rücksicht auf d. einschlag. Grundsätze d. Privatrechtes bearb. gr. 8. (9¾ B.) Sigmaringen 840, Beck u. Fränkel. *

Karl, Heinr., der Weltäther als Wesen des Schalles. gr. 8. (IV, 124 S. mit 1 Tab. in qu. Fol.) Sigmaringen 872, Tappen. *

Karl, J., s. Kirchengebote, Hanauer.

Karl, J. G., Anleitung im Clavier- od. Fortepianospiel, theoret., m. 70 prakt. Uebungsstücken in d. bekannten Dur- u. Molltonarten, m. 12 leichten u. beliebten Liedern f. Kinder, z. Erleichterung f. Lehrer u. Schüler. 1. Aufl. 4. (4½ B.) 829., 2., verb. u. verm. A. qu. gr. 4. (6 B.) Leipzig 834, Drobisch. à

—— Uebungsblätter, Anfängern d. deutschen Buchstaben u. d. Lesen auf e. leichte Art in kurzer Zeit zu lehren. 8. (1½ B.) Döbeln 830. (Leipzig, Drobisch.)
Vgl. Carl.

Karl, J. G., Uebungsblätter, Buchstaben und Lesen zu gleicher Zeit zu lehren. 2., umgearb. Aufl. 8. (40 S.) Meißen 851, Goedsche'sche Buchh.

Karl, J W.

— über den Glauben an das Wunderbare, s.a. Kirche, die katholische, 10. Hft.

Karl, J. W. pseud. (Kleutgen, Jos.), Über den Glauben an das Wunderbare Münster, Theissing, 1846, 8°, 40 S. (Heft 10 aus: Die kath. Kirche verteidigt gegen die Angriffe der Gegner. Eine Sammlung zeitgemäßer Schriften, herausgeg. von einem Vereine kath. Geistlichen. Ebendas.)

Karl, J. W. (J. Kleutgen), Über die alten u. neuen Schulen. Mainz, Kirchheim, 1846, gr 8°, 138 S., 2,10 Mk.
Verbreitet sich auch über die heidn. Klassiker, deren Lektüre auf uns. gelehrten Schulen der Verf. warm befürwortet. Vgl. Neue Sion 1846, S. 654.

—— üb. die alten u. die neuen Schulen. gr. 8. (9 B.) Mainz 846, Kirchheim, Schott u. Thielmann.

Karl, Joh., der Herr u. der Diener, als Beytr. z. richtigen Behandl., Veredl. u. Verbesserung d. Dienstboten männl. u. weibl. Geschlechtes. Allen Dienstgebern gewid. gr. 12. (5⅛ B.) Wien 835, v. Hirschfeld. (Leipzig, Kummer.)

Karl, Joh., der Herr und der Diener. Als Beitrag zur richtigen Behandlung, Veredlung und Verbesserung der Dienstboten männl. und weibl. Geschlechts. 2., verb. und zeitgemäß verm. Aufl. 8. (104 S.) Wien 850, (Wenedikt.)

KARL, Johann (Ötzing): De intoxicatione phosphorica acuta. (Titel nach der Urkunde)
31.7.1867 - Urk; F 71; Chr 1867/68,13
Diss. Ingolst.-Landsh.-Mchn.

—— Klugheits-Maximen f. Heirathslustige männlichen Geschlechtes. 12. (4 B.) Wien 835, Mausberger. (Leipzig, Hunger.)

Karl, Jul. Ludw., die Bewegungen unserer Zeit, s. Schmitt.

Karl, Joh., Klugheits-Maximen f. Heirathsfähige, Heirathslustige u. schon Verheirathete d. weiblichen Geschlechts. 8. (9 B.) Wien 840, (Gerold's Vrlsh.) Thlr.
Vgl. Carl.

Karl, L., eine anonyme Ohrfeige, s. Bloch's, Ed., Theater-Correspondenz.

KARL, Leonhard Richard (Ansbach): Die wichtigsten Lagerpapiere des Auslandes mit Rücksicht auf ihre wirthschaftlichen Voraussetzungen und Funktionen.- München: Mühlthaler (1873). 40 S.
26.7.1873 - Urk (Titel: De literis fiduciariis mercium depositione cautis.); Chr 1873/74,14
Diss. Ingolst.-Landsh.-Mchn.

Karl, Ludwig [aus Deggendorf]: Ein Fall von ausgebreitetem Leukoderma idiopathicum ... München, Buchdr. V. Höfling, 1892; 30 S., 1 Bl. 8.
München, Med. Fak., Inaug.-Diss. v. 1892

Karl, Ludw., Sully Prudhomme. Eine psychologisch literaturgeschichtl. Studie. (VIII, 126 S.) gr. 8. Chemnitz 907. W. Gronau. 3. —

Karl, M., Anleitung zum Selbstunterricht in der M. Karl'schen Lautschrift [Phonographie]. Deutsch und französisch bearb. 1. und 2. verb. und verm. Aufl. gr. 4. (24 S.) Leipzig 878. Wölfert's Buchh.

Karl, M., Lautschrift, s.: Cosmopolit. der.

Karl, M. Spielblätter z. Erlern. d. M. Karl'schen internat. Lautschrift „Weltschrift". 16. (63 S. in. Kärtchen.) Berl. 891, Spamer. In Carton * 1 —

Karl, M., was lehrt uns nüchternes Denken? Ein Apell an den gesunden Menschenverstand. (10 S.) 8. Leipzig-Dölitz (906). Monist. Centralbuchh., E. Teichmann. — 20

Karl, M., Die Wichtigkeit der katholischen Lektüre für den Katholiken. [Sammlung zeitgemäßer Broschüren. Nr. 37.] 8° (30 S.) Graz. Verlagsbuchhandlung „Styria". 1905 K —.20

Karl, M. W., der Mensch in der kommenden Gesellschaft, s.: Carl, M. W.

Karl, Max, die verleumdeten Jesuiten, s.a. **Sammlung zeitgemäßer Broschüren.**

(F) **Karl, M.,** Die verleumdeten Jesuiten. Reisegespräch zwischen einem Jesuiten und einem Alldeutschen. [Sammlung zeitgemässer Broschüren. Nr 24.] 16°. (37 S) K — 20
Graz: Styria 1902.

— **die angebliche Inferiorität (Rückständigkeit) der Katholiken,** s.a. **Sammlung zeitgemäßer Broschüren. Nr. 27.**

Karl, M., Die angebliche Inferiorität (Rückständigkeit) der Katholiken [Sammlung zeitgemässer Broschüren. Nr 27.] 8°. (60 S.) Graz: Styria 1903. K —.30

— **ist die Marienverehrung der Katholiken verwerflich?,** s.a. **Volksbroschüre, katholische. Nr. 12.**

(F) **Karl, M.,** Ist die Marienverehrung der Katholiken verwerflich? [Kath. Volksbroschüre. Nr. 12.] 16°. (47 S.) K —.20
Linz-Urfahr: Kath. Presseo. 1902.

Karl, Max, katholische Frauen heraus! Mahnworte an Mädchen u. Frauen. (70 S.) kl. 8. Linz 904. Preßverein. n. — 25

— **katholische Männer heraus! (74 S.) 12. Linz 908. Preßverein. n. — 25**

— **die Wichtigkeit der katholischen Lektüre für den Katholiken,** s.a. **Sammlung zeitgemäßer Broschüren. Nr. 37.**

Karl, D. F., danziger Sagen. 2 Hfte. 8. (2½ u. 3 B.) Danzig 843, 44, Anhuth. * -

—— danziger Theater-Almanach f. 1845. 8. (5 B.) Danzig, (Homann.) * 15 Ngr. Mit Portr. *

Karl, Paulus, Geisanus: De Placidi glossis. Lipsiae 1905: B. G. Teubner. (S. 83—138) 8° ¶ (Erscheint in: Commentationes phil. Jen. vol. VII, Fasc. 2.)
Jena, Phil. Fak., Ref. Goetz, Diss. v. 12. Sept. 1905
[Geb. 2. Juli 81 Geisa; Wohnort: Geisa; Staatsangeh.: Sachsen-Weimar; Vorbildung: Gymn. Eisenach Reife O. 00; Studium: Jena 9 S.; Rig. 6. März 05.]

Karl, Rud., die Kosten des Umlaufes v. Goldmünzen u. v. Noten. (56 S.) Lex.-8. Wien 906. (Hof- u. Staatsdruckerei.) n. 2. —
Sonderabdruck aus: „Mittlgn. d. k. k. Finanzministeriums".

Karl, Viktor [Rechtspraktikant]: Grundzüge des Bayrischen Stolrechtes .. Würzburg, P. Scheiner's Buchdr., 1894; 2 Bl., 48 S. 8.
Würzburg, Jur. Fak., Inaug.-Diss. v. 1894

Karl, Vikt., Grundzüge d. bayrischen Stolrechtes. Eine Studie aus dem bayr. Staatskirchenrechte. gr. 8. (III, 48 S.) Würzburg 894. Gnad & Co. n. 1. 20

Karl, Wilh., Beiträge z. Verständnis d. soteriolog. Erfahrgn. u. Spekulationen des Apostels Paulus. Eine theolog. Studie. gr. 8. (VII, 116 S.) Straßburg 896. J. H. E. Heitz. n. 3. —

Karl, Wilh. Kaiser Karl V., s. Für die Feste u. Freunde d. Gustav Adolf-Vereins.

—— Das theologische System v. A. E. Biedermann, nach der 2. Aufl. seiner christl. Dogmatik in Kürze dargestellt u. beleuchtet. Vortrag. gr. 8. (33 S.) Karlsr. 892, Reiff. * — 50

Karl, Wilhelm A.: Johanneische Studien Von Wilhelm A. Karl, Pfarrer in Sand b. Kehl. [No] I. Der erste Johannesbrief Freiburg i. B, Leipzig, Tübingen: J. C. B. Mohr 1898 8°

Ludwig **Kärl**: Die Flucht im Automobil nach Italien und Deutschostafrika 2. Aufl. Cassel Hoch 1907 80 S. 8° [11. 1964 3

Karlamagnussaga, s. Fassbender, Ludwig.

KARLBURG, Ewald, od. die ausgebildete Schönheit der menschlichen Natur. Eine Lektüre für Deutschlands Edle. 2 Thle. Danzig, 1781, verl. Jobst Herm. Flörke. 8°.

Karlchen der angenehme Declamator oder: Universal-Hand-, Haus- und Hülfsbuch für muntere Knaben und fidele Greise. Eine Sammlung der besten komischen Vorträge in Poesie und Prosa, mit Orig.-Beiträgen berühmter Humoristen. Hrsg. von Brennecke (A. Hopf.) 32. (141 S.) Berlin 854, Faudel.

Karlchen (Pseud.), s.a. Ettlinger, Karl

— s.: Das kommt vom Sekt.

— s.: Donna, unsere.

— s.: In Freiheit dressiert.

— s.: Streifzüge eines Kreuzvergnügten.

— s.: Tagebuch, das, eines glücklich Verheirateten.

Karle, A. F., commentationes criticae ad Vetus Testamentum pertinentes Lipsiae 36 p. 1867.
Schul-/Univ.-Schrift

Kaerle, Jos., Chrestomathia targumico-Chaldaica ex Onkelosi, Jonathanis aliorumque targumistarum paraphrasibus collecta (addito lexico). Wien, k. k. Hofdruckerei, 1852, 8°, XVIII u. 299 S., 4 Mt.

Kaerle, Jos., Chrestomathia targumico-chaldaica ex Onkelosi, Jonathanis, aliorumque targumistarum paraphrasibus collecta (addito lexico). 8maj. (XVIII und 299 S.) Viennae 852, (Sammer.) Thlr. *

Karle, Josef Anton

Karle, J. A., Commentationes criticae ad Vetus Testamentum pertinentes. Donaueschingen, 1867, 8°, 36 S., Gymnas.-Progr.

Karle, Jos. Ant., Joel ben Pethuel propheta commentatus est. gr. 8. (V, 77 S.) Leipzig 877, Hinrichs'sche Buchh. *

Kärlek och Poesi. 12. Stockholm 850. (Leipzig, Brockhaus.) n. n. 2⅓ ℛ

Karlemeyer, Ed., ohne Rechtsanwalt Fordergn. eintreiben, Außenstände retten, raffinierte Schuldner stets erfolgreich fassen. Das neue Verfahren vor dem Amtsgericht. Alle nöt. Maßnahmen u. Einzelfälle, f. jedermann leichtverständl. dargestellt unter Berücksicht. der Neuergn. des Mahn-, Klage- u. Zwangsverfahrens, die gegenwärtig im Gerichtsverfassungsgesetz, Zivilprozeß u. Kostenwesen eingetreten sind. Mit Anweisgn. u. Formular-Entwürfen f. das neue Mahn- u. Klageverfahren, nebst bezügl. Bestimmgn. u. Tabellen. 11.—15. Taus. (90 S.) gr. 8. Wiesbaden (910). Verlagsanstalt E. Abigt. Geb. 3. —

Karlen, J Vide Unabhängige.

Karlewski, A. Über den Zahnwechsel der Säuger. In-8°. 46 S. Bern. These. 1897

Karlewski, I(gnatz): Die Acne varioliformis. *Naumburg a. S. 1898: H. Sieling.* (19 S.) 8°
Leipzig, Med. Diss. v. 7 Mai 1898

Karlez, B.: Ferdinand's I. (1522-1564) Stellung zur reformatorischen Bewegung in den österreichischen Ländern. 1. Th. 27 S. 4° – Budweis, OG., Progr. 1873.

Karl-Ferdinands-Universität, die deutsche, in Prag, unter der Regierung Sr. Maj. des Kaisers Franz Josef I. Lex.-8. (X, 402 S. m. 17 Taf.) Prag 899. J. G. Calve. n. 16.—

Karl Ferdinands-Universität, die, in Prag und die Čechen. Ein Beitrag zur Geschichte dieser Universität in den letzten 100 Jahren [1784—1885]. gr. 8. (68 S.) Leipzig 886, Duncker und Humblot. *

KARLIADE, Die, etc., oder: Leben, Fahrten und Thaten von Karl Kothe, dem Kommissario etc. Erste, einzige Auflage. Berlin 1856. (In Berlin: Bibl. d. Vereins f. d. Gesch. Berlins.) Rar!

Karlicek, Frz., Satiren. Humoristische Vorträge. (Umschlag: Karnevalszauber. Heitere Vorträge.) (97 S.) 8. Strassburg 909. J. Singer. 2. —

Karliczek, Josef — und Josef Martinek. Die neu erfundene k. k. privil. erste österr. Dampfziegelschlag-Maschine und ihre Vortheile. Herausgegeben von — —. Mit einem Atlas von 4 großen Blättern. Wien. 1855. Druck von L. C. Zamarski. (16 S. 8.)

Karlik, Frant. Vács., zpěvník pro kostel a školu ku prospěchu žaků národních, hlavních a realních škol uvedený v trojhlas. Pilsen 860. Maasch. gr. 8. (XVI, 163 S.) n. 15 ngr

Karlik, Hugo, s. Karlik, Hugo Johann

Karlik, Hugo Johann

Karlik, Hugo: Über die Dauer des böhmischen Verbums. – Pilsen, Progr. 1851.

Karlik, Hugo Johann — Praktische Grammatik zur leichten und schnellen Erlernung der böhmischen Sprache zum Gebrauche für Deutsche nach einer leicht faßlichen Methode verfaßt von — — Prag, 1856. Druck von Friedrich Rohliček im erzbischöflichen Seminarium. (VIII, 244 S. 8.) Mit vier Tabellen. 1. Deklination der Substantiva. 2. Deklination der Adjektiva. 3. Conjugation des Verbum. 4. Deklination der Pronomina.

Karlik, Hugo Joh. — Praktische Grammatik zur leichten und schnellen Erlernung der böhmischen Sprache zum Gebrauche für Deutsche nach einer neuen leichtfaßlichen Methode verfaßt von — —. 2te Auflage. Prag, 1857. Druck und Verlag von Fr. Rohliček im fürsterzbischöfl. Seminar. (VIII. 230 S. 8. Mit 3 Tabellen.)

Karlik, Hugo Joh., *Kapitularpriester der Praemonst. Abtei Tepl* etc. Praktische Grammatik zur leichten und schnellen Erlernung der böhmischen Sprache. Zum Gebrauche für Deutsche nach einer leichtfasslichen Methode. III. Aufl. *Prag* 1858. Druck u. Verlag von *Friedr. Rohliček.* VIII, 230 S., mit 4 Tab. 40 kr.

Karlik, Hugo Joh., *Kapitularpriester der Prämonstratenser Abtei Tepl etc.* Praktische Grammatik zur leichten und schnellen Erlernung der böhmischen Sprache zum Gebrauche für Deutsche nach einer leichtfasslichen Methode verfasst. IV. Aufl. *Prag* 1859, *Friedrich Rohliček.* VIII u. 230 S. 8°. Mit 4 Tab. **70 kr. Oe. W.**

Karlik, Hugo Joh., Gründung der prämonstratenser Abtei Tepl in Böhmen nach Urkunden, Legenden und Sagen erzählt. 4. (IV und 55 S. mit 7 Stnt. in Tondr.) Meißen 856, Goedsche'sche Vrlgsh.

Karlik, Hugo Joh., Hroznata und die Prämonstratenser-Abtei Tepl. Nach Urkunden des Stiftsarchiv verfaßt. gr. 8. (XI, 118 S. mit 1 Stnt.) Pilsen 870, Maasch. *

Karljk, Hugon Jan, Žiwoty, skutky a utrpenj swatých a swětic božjch. 2 djla. 2. poopravené wydánj. Prag 860. Bellmann. 12. (777; 775 S.) Jeder Thl. n. 27 ngr

Karlin, *Andreas* Profesor Josip Marn. (Životopisna črtica zaslužnemu šolniku v spomin.) 8 (S 41 – 46). K. k. Oberg. *Laibach* 1893.
Prof. Josef Marn. Eine biographische Skizze.
Progr.

Karlin, B[oris] (geb. Mohilew [4. 8.] 1850) Beiträge zur Lehre von der Gefässinnervation. Berlin (1882). (40 S.) 8°
Berlin, Med. Diss. v. 20. Apr. 1882

Karlin, Max Meyer a. Dwinsk (Dünaburg i. Rußl.): Aus dem Königl. anatom. Institut zu Königsberg i. Pr. Die geschichtliche Entwicklung unserer Kenntnisse vom Bau des Gehörorganes. Königsberg i. Pr. (1905): L. Beerwald. (75 S.) 8°
Königsberg, Med. Fak., Ref. Stieda, Diss. v. 7. Aug. 1905
[Geb. 18. Febr. 79 Kreuzburg bei Riga; Wohnort: Dwinsk (Dünaburg i. Rußl.); Staatsangeh.: Rußland; Vorbildung: Kreisch. Riga Reife O. 00; Studium: Königsberg 11 S.; Coll. 27. Juli 05; Rig. 26. Juli 05.]

Karlin, Max Meyer, die geschichtliche Entwicklung unserer Kenntnisse vom Baue des Gehörorganes. Diss. (74 S.) 8. Königsberg (905). (F. Beyer.) n. 1.—

Karlin, Wilhelm: Das Salbuch des Benediktinerstiftes Göttweig. Mit Erläuterungen und einem diplomatischen Anhange. (Codex Traditionum monasterii Gottwicensis cum diplomatario miscello) (mit 1 farbigen Taf.).

Karlinger, Hans: Studien zur Entwicklungsgeschichte des spätgotischen Kirchenbaues im Münchener Gebiet. München 1908: Huber 90 S. 8°
München, Phil. Diss. v. 3. Juli 1908, Ref. Riehl, Wolters
[Geb. 8. März 82 München; Wohnort: München; Staatsangeh.: Bayern; Vorbildung: Wilhelms-Gymn. München Reife Juli 02; Studium: München 6 S.; Rig. 3. Juli 08.] [U 09. 3472

Karlinski, F., und J. G. Böhm, magnetische und meteorologische Beobachtungen zu Prag, s. Beobachtungen.

Karlinski, Justin, Beiträge z. Phänologie d. Hercegovina, nebst e. kurzen Anleitg. z. Vornahme phänolog. Beobachtgn. [Aus: „Wissenschaftl. Mittheilgn. aus Bosnien u. d. Hercegovina", 3. Bd.] Lex.-8. (5 S.) Wien 895. (C. Gerold's Sohn.) n. —40

Karlinski, Justin, üb. die geschichtliche Entwicklung der internationalen Gesundheitspflege u. deren weitere Aufgaben. gr. 8. (72 S.) Wien 895. W. Braumüller. n. 1.40

— Kieselalgen-(Diatomeen-)Flora Bosniens u. d. Hercegovina, s.: Mitteilungen, wissenschaftl., aus Bosnien u. d. Hercegovina.

— die Messungen der Tiefe des Borkesees bei Konjica. [Aus: „Wissenschaftl. Mittheilgn. aus Bosnien u. d. Hercegovina" 1. Bd.] Lex.-8. (8 S. m. 3 Abbildgn. u. 3 Taf.) Wien 893. (C. Gerold's Sohn.) n. 1.50

Karljohann, Glob., ein Vampyrstückchen. Der Wirklichkeit nacherzählt. (Umschlag: 4. u. 5. Tauf.) (42 S.) gr. 8. Kassel (905). (G. H. Wigand.) —80

Karlistenkrieg, Der, im Sommer u. Herbst 1875, s.a. Beck.

Karlistenkrieg, Der, im Sommer und Herbst 1875. Mit 3 Plänen. (Aus:) „Beiheft z. Milit.-Wochenblatt" 1876. 1 Heft
8. Berlin 1876.

KARLITZ, Sophiens von, Heyrathsmaximen. 2 Bdchn. Mit Titelvign. Augsburg 1786. 8°. Selten! (4 Mk. Baer & Co., Frankf. a. M., 1894.) Doll.

Karll, Alfred

— Napoleonische Studien. (VIII, 123 S. m. 2 Fksms.) 8. Aachen 907. Aachener Verlags- u. Druckerei-Gesellschaft. 2.—

Karll, Alfr., Aachener Verkehrswesen bis zum Ende des 14. Jahrh. (127 S.) gr. 8. Aachen 905. (Cremer.) 3.—
Sonderabdruck aus: „Aus Aachens Vorzeit".

Karll, Erich: Über die Theorie der gleichzeitigen Schwingungen zweier gedämpften Magnete. Neuwied, L. Heuser's Buchdr., 1891; 18 S. 4°
Trarbach, k. PG, P 1891 (458)

Karlmann, Adf., die gemischten Ehen. Eine wicht. u. schwier. Frage der kathol. Pastoraltheologie. (64 S.) kl. 8. Bühl 904. Unitas. n. —75

— ein ernstes Mutterwort. (14 S.) 16. Ebd. (906). n. —10

— ein verhängnisvoller Schritt. (40 S.) 16. Ebd. (906). n. —15

Karlmann, C., populäres Handbuch der allgemeinen und speziellen Technologie, oder der rationellen Praxis des chemischen und mechanischen Gewerbwesens, nach den neuesten Ansichten und Erfindungen. 2. Aufl. Leipzig. 1850.

Karlmann, G. Wahrheitsgetreue und ausführliche Darstellung des Brudermordens am 16. October 1848 in Berlin. Druck von F. Reichardt u. Co. 1 Bl. Fol.
Flugblatt. Berlin, 14. Okt. 1848.

Karlmann, Hans, die Herren v. Altenbruch. Agrar-Komödie in 4 Aufzügen. (V, 129 S.) 8. Dresden 905. E. Pierson. n. 1.70

Karlo. Trauerspiel, s. Nachlaß eines Geschiedenen.

Karlotta, Phantasieenbilder. gr. 8. (12 B.) Hamburg 843, Perthes-Besser u. Mauke. Thlr. *

Karlović, B., das kroatisch-ungarische finanzielle Uebereinkommen. 1. Bd. (171 u. XXIV S. m. 1 Tab.) 8. Agram 904. (G. Trpinac.) n.n. 1.—

Karlowa, C. F. C., die Bierfabrikation. Theorie und Praxis in der Herstellung des Bieres nach verschiedenen Braumethoden, Anleitung zur Untersuchung des Bieres auf seinen Gehalt und Prüfung auf seine Verfälschungen. Nebst einem Anhang, enthaltend Aufsätze lehrreichen Inhaltes über Bierfabrikation von hervorragenden Fachmännern und Gelehrten. 1. und 2. (Titel-) Aufl. gr. 8. (IV, 142 S.) Kattowitz 880,83, Siwinna. *

Karlowa, C. F. C., die intelligente Hausfrau in ihrem häuslichen Wirkungskreise. Ein zuverläss. und unentbehrl. Rathgeber für Familie, Küche und Haus. 8. (XI, 192 S.) Salzwedel 878, Klingenstein.

— die intelligente Hausfrau in ihrem häuslichen Wirkungskreise. Ein zuverlässiger u. unentbehrlicher Rathgeber für Familie, Küche u. Haus. 2. Aufl. 8. (XV, 192 S.) Salzwedel 883. Klingenstein. n. 2.—

Karlowa, Hermann, a. Heidelberg: Ueber Derivate der α-Bromundecylsäure $C_{11}H_{21}BrO_2$. Heidelberg 1905: J. Hörning. (41 S.) 8°
Heidelberg, Naturw.-math. Fak., Ref. Curtius, Diss. v. 11. März 1905
[Geb. 31 Dez. 73 Heidelberg; Wohnort: Heidelberg; Staatsangeh.: Baden; Vorbildung: König Albert Gymn. Leipzig Reife M. 93; Studium: Heidelberg 8, Leipzig 3, Marburg 3, Heidelberg 5 S.; Rig. 1. Febr. 05.]

Karlowa, O., Maria Stuarts angebliche Briefe an den Grafen J. Bothwell. Ein Beitrag zur Prüfung ihrer Aechtheit. gr. 8. (IV, 62 S.) Heidelberg 886, C. Winter's Universitäts-Buchh. [*M* 1.60.] *

Karlowa, *Oskar* Bemerkungen zu der Kritz'schen Ausgabe des Taciteischen Agricola. 4 (34 S.). Ev Fürstensch. *Pless* 1886 (188)
Progr.

Karlowa, Oskar, Prof.: Bemerkungen zu Shakespeares Coriolan. Pless 1904: A. Krummer. (S. 1—15.) 4°
Pless, k. G P 1904 (243)

Karlowa, Oskar, Prof.: **Bemerkungen zu Shakespeare's 'Macbeth'.** *(Pless 1903: A. Krummer.)* (11 S.) 4°
Pless, k. G (evangel. Fürstenschule), P 1903 (239)

Karlowa, Oscar, Prof.: **Bemerkungen** zu Otto Lyon's 'Pathos der Resonanz'. *Pless 1901: A. Krummer.* (S. 1 18.) 4°
Pless, ev Fürsten-S (k. G), P 1901 (218)

Karlowa, Oskar Bemerkungen z. Sprachgebrauch d. Demosthenes mit Berücksichtigung anderer attischer Redner 20 S. *Pless* 1883
Progr.

Karlowa, Oskar, Prof.: Hölderlin und Nietzsche-Zarathustra. Pleß 1907: G. Siwinna. (S. 3—17.) 4°
Pless, k. G OP 1907 (254)

Karlowa, Oscar [Prof.]: Die Correspondenz des Abbé Galiani. Pless, Druck v. A. Krummer, 1897; 1 Bl., 1—23 S. 4.
Pless, ev Fürsten-S, P 1897 (209)

Karlowa, Oskar Nietzschestudien. 26 S. 4.
Progr. Kgl Gymn. (Ev Fürstenschule) *Pleß* 1906 (254).
Menschliches, allzu Menschliches. Vermischte Meinungen und Sprüche. Der Wanderer und sein Schatten.

Karlowa, Oskar, Prof.: Nietzschestudien. Pless 1906: A. Krummer. (26 S.) 4°
Pless, k. G P 1906 (254)

Karlowa, *Oskar* [Prof.]: **Zu Plato's Protagoras. Pless, Druck v. A. Krummer,** 1896; 1 Bl., 1—17 S. 4.
Pless, ev Fürsten-S, P 1896 (200)

Karlowa, Oskar: Über einige Tragödien von Alfieri. **Pless 1908:** Siwinna. S. 3—20. 4°
Pleß, k. G (ev. Fürsten-S) P 1908 (270) [S 08. 218

Karlowa, Otto

Karlowa, O.: Beiträge zur Geschichte des Römischen Civilprozesses. Bonn 1865.

[Inhalt:]

1. Die manus consertae u. die deductio quae moribus fit.
2. Zur Lehre von der operis novi nunciatio u. dem interdictum quod vi aut clam.
3. Ueber die Wirkungen des vadimonium desertum u. der einfachen absentia im ordentl. Verfahren der classischen Zeit.
4. Geschichte der actio finium regundorum.

Karlowa, Otto, Beiträge zur Geschichte des römischen Civilprozesses. gr. 8. (VII und 166 S.) Bonn 865, Cohen und Sohn.

—— die Formen der römischen Ehe und Manus. gr. 8. (IV, 116 S.) Bonn 868, Cohen und Sohn. *

Karlowa, Otto (geb. am 11 Febr 1836 in Bückeburg): De natura atque indole συναλλάγματος, quod emptioni venditioni ceterisque obligationibus mutuis inesse dicitur ... Bonnae, form. Carthausianis (1862). 2 Bl., 37 S., 1 Bl. 8. ¶ Erschien zugleich selbständig bei Cohen & Sohn in Bonn.
Bonn, Jur. Fak., Diss. v. 12 Juli 1862

—— de natura atque indole συναλλάγματος, quod emptioni, venditioni ceterisque obligationibus mutuis inesse dicitur. gr. 8. (III und 37 S.) Bonn 862, Cohen und Sohn. *

Karlowa, Otto, intra pomoerium u. extra pomoerium, s.: Festgabe z. Feier d. 70. Geburtstages d. Grossherzogs Friedrich v. Baden.

Karlowa, O., **juris romani principia de accessionibus possessionum, quae in usucapionibus rerum et in temporalibus praescriptionibus atque in interdictis possessoriis locum habent. Commentatio etc. praemio regio ornata. Gottingae 858. Dieterich. gr. 4. (2 Bl., 47 S.)** n. 16 *ngr.*

Karlowa, Otto, das Rechtsgeschäft u. seine Wirkung. gr. 8. (X, 282 S.) Berlin 877. Weidmann. n. 6. —

—— römische Rechtsgeschichte. [In 2 Bdn.] 1. Bd.: Staatsrecht und Rechtsquellen. Lex.-8. (VIII, 1031 S.) Leipzig 885, Veit und Comp. *

Karlowa, Otto, römische Rechtsgeschichte. (In 2 Bdn.) 2. Bd. Privatrecht, Civilprozess, Strafrecht u. Strafprozess. 1. u. 2. Abtlg. Lex.-8. Leipzig, Veit & Co. n. 25. 50 (I—II, 2.: n. 51. 50)
1. (480 S.) 892. n. 13. —. — 2. (S. 481—944.) 893. n. 12. 50

Karlowa, Otto, römische Rechtsgeschichte. (In 2 Bdn.) II. Bd. Privatrecht u. Civilprozess. Strafrecht u. Strafprozess. 1. Tl. Privatrecht. 3. Abtlg. gr. 8. (VI u. S. 945—1416.) Leipzig 901. Veit & Co. n. 14. 50; (II. Bd. 1. Tl. n. 40. —; geb. in Halbfrz. n. 43. 50)

Karlowa, Otto, der römische Civilprozess zur Zeit der Legisactionen. gr. 8. (VIII, 396 S.) Berlin 872, Weidmann'sche Buchh. *

Karlowa, R., die Verwendung von Oel zur Beruhigung der Wellen. Vom Hamburger naut. Verein gekrönte Preisschrift. 8. (35 S. mit 14 Abbild.) Hamburg 888, Eckardt und Messtorff. *

Entwurf einer neuen Notenschrift v Dr. Johann **Karlowicz** aus Warschau . *Krakau: W. L. Anczyc & C. 1892.* (7 S.) 1 Bd 4. [98, 8674

Karlowicz, Joan (Alexand Ludov Augustus) (geb. Subortowicze in Polen 28. 5. 1830) Quaestiones ex historia Polonica saeculi XI 1. De Boleslai primi bello Kioviensi. Berolini (1866). (46 S.) 8°
Berlin, Phil. Diss. v. 19. Juni 1866

Karłowicz, Johs., Quaestiones ex historia polonica saeculi XI. 1. De Boleslai primi bello Kioviensi. Dissertatio inauguralis historica. gr. 8. (47 S.) Berlin 866, (Calvary und Comp.) *

Karlowicz, Mieczysław. Souvenirs inédits de Frédéric Chopin. Lettres de Chopin à sa famille et de sa famille à lui. Lettres des Wodzinski. Lettres des élèves et des connaissances de Chopin. Correspondance de Mlle Stirling. Mélanges. Recueillis et annotés par — Trad. par Laure Disière. Paris-Leipzig 1904.

Karlowicz, W. M., Historische Untersuchungen, welche zur Rechtfertigung der Altgläubigen dienen. II. Band. 1883. In russischer Sprache. gr. 8°. (319 S.) Czernowitz. H. Pardini. fl. 6 —
— — III. Band. 1886. In russischer Sprache. gr. 8°. (XI, 319 S.) Eb. fl. 6.—.

Karlowitsch, Nicolai, die Entwickelung des Nihilismus. 1. und 2. Aufl. gr. 8. (60 S.) Berlin 879, Behr's Buchh. *

Karlowitsch, Nicolai, die Entwickelung des Nihilismus. 3. stark verm. Aufl. 8. (139 S.) Berlin 880, Behr's Buchh. *

Karlowitsch, Wasili, Zar Alexander II. als Mensch und Herrscher. Nach eignen Beobachtungen und Erfahrungen. 1. und 2. Aufl. gr. 8. (IV, 68 S. mit 1 Stahlst.-Portr.) Dresden 881, v. Grumbkow. *

[F. u. Ant.] Schattenseiten der Berufs-Genossenschaften u. Rückgang des Gewerbestandes v. A. **Karlowski** . Berlin: R. Skrzeczek 1895. (2 Bl., 12 S.) 1 Bd 8. [96. 4437

Karl's

— u. Mariens Bilder-ABC. Mit 16 ill. Kpf. 8. Berl. 824. Hasselberg. 9 gl.

Karl's u. Emilien's Bilderbuch, zur Aufmunterung für Kinder, welche die Buchstabenkenntniß noch nicht erhalten haben. Mit 9 ill. Kpf. 4e Aufl. 16. Leipz. 820. (Recht in Berl.) 12 Gr. Hbg. Pr. 8 Gr.

Karl u. Emiliens Bilderbuch, zur Aufmunterung für Kinder, welche die Buchstabenkenntniß noch nicht erhalten haben. 4e verb. Aufl. Mit 25 ill. Kpfrn. Berlin 840. Recht. 1/4 Thlr.

— u. Emiliens Bilder- u. Lesebuch. Mit ill. Kpf. 8. Ludwigsb. 827. Nast. 12 Gr.

Karl's naturhistor. Bilderbuch, mit erläut. Texte. (12 lithogr. u. ill. Bl.) 8. Wesel 836. Bagel. 1/3 Thlr.

Karl's Bilderbuch aus der Thierwelt. Ein A-B-C- u. Lesebuch m. 16 Bildern (auf 8 lithochrom. Taf.) 8. (16 S.) Wesel 849, Bagel. 1/6 Thlr.

[illegible]l's u. Charlotten's poet. Bildersaal, mit 120 (ill.) Bildern. Geburtstags- u. Weihnachtsgeschenk, zum Nutzen u. Vergnügen guter Kinder. 8. Leipz. 830. Kollmann. 1 Thlr.

— pädagog. Reise ins Bad, (v. K. W. Siebbrat). 8. Leipz. 808. Mit neuem Titel 814. Schönian in Elberf. 21 Gr.

Karls (Hnr. Clauren's), vaterländ. Reisen, in Briefen an Eduard. Mit Kupf. 8. Gera 793. Heinsius. 1 Thlr. 8 Gr. Nachtrag dazu 793. 3 Gr.

Karl's vaterländ. Reisen, in Briefen an Eduard (von K. Heun). 8. Gera 793. Heinsius. 1 Thlr. 8 Gr.

— Sieg, ein Heldengedicht. 2 Thle. gr. 8. Wien 774. (Heubner). 20 Gr.

— u. Julchens Zeichenbuch, oder theoret.-prakt. Anweis. im Blumen- u. Landschaftszeichnen, f. junge Zeichner u. Liebhaber. Mit Kpf. in Kreide-Manier, von J. J. Wagner. gr. 4. Leipz. ... Joachim. 1 Thlr. 12 Gr.

Karl's Zeitvertreib. qu. 4. (12 S. mit 6 Chromolithogr.) Wesel 879, Düms. cart.

Karlsbad [Sachliches OW]

Karlsbad. Haupt-Ansicht im feinsten engl. Stahlst. mit sauber lithogr. und ill. Situations-Plan und kurzgefaßten histor., statist.-topograph. und medizin. Notizen von Joh. de Carro. qu. Fol. (9 S.) Karlsbad. 849, Gebr. Franieck. *

Karlsbad. Statistischer Bericht über die wichtigsten, demographischen Verhältnisse. Verfasst vom Stadtrathe von Karlsbad. 1895 bis 1896. Lex.-8. (31 S. mit Tabellen) 2.—
Wien: Hof- und Staatsdruckerei 1898.

— und Helgoland. Poetischer Blüthenstrauß, gewunden zur Erinnerung. 1850. gr. 8. (31 S.) Leipzig 851, H. Fritzsche.

Karlsbad, seine Quellen u. Umgebungen. Für Diejenigen, welche es mit Nutzen u. Vergnügen besuchen wollen. 12. Pirna ... Friese. 12 Gr.

Karlsbad und Umgebung(en),
s.a. Grieben's Reisebibliothek

Karlsbad und Umgebung. Prakt. Handbuch f. Kurgäste u. Touristen. 16. Aufl., neu bearb. von Karl Joh. Baier. Mit 3 Karten. Berlin: A. Goldschmidt 1906–07. (IV, 116 S.) 8° [J. u. Ant.]
— Reiseführer, Griebens. Bd 43. [07. 8306

Karlsbad und Umgebung. Prakt. Führer f. Kurgäste u. Touristen. 17. Aufl., neu bearb. von Karl Joh. Baier. Mit 3 Karten. Berlin: A. Goldschmidt 1908–09. (IV, 110, 4 S.) 8°
— Reiseführer, Griebens. Bd 43. [08. 15351

Karlsbad und Umgebung. Prakt. Führer f. Kurgäste u. Touristen. 18. Aufl. neu bearb. von Karl Joh. Baier. Berlin: A. Goldschmidt 1910–11. 117 S. 8°
(Griebens Reiseführer. Bd 43) [10. 1,39

Karlsbad und Umgebungen. Prakt. Handbuch f. Reisende u. Ratgeber f. Kurgäste. 12. Aufl., neu bearb. v. W. Oswald. M. Kt.-Beilagen u. Ill. *Berlin: A. Goldschmidt 1896.* (VII, 116, 4 S., 1 Pl., 2 Kt.) 1 Bd 8.
— Reisebücher, Griebens. Bd 43. [96. 6607

Karlsbad und Umgebungen. Prakt. Handb. f. Kurgäste u. Touristen. 13. Aufl. neu bearb. v. W. Oswald. M. Kt.-Beil. u. Ill. *Berlin: A. Goldschmidt 1898.* (VIII, 112 S., 1 Pl., 2 Kt.) 1 Bd 8.
— Reisebücher, Griebens. Bd 43. [98 9878

Karlsbad und Umgebungen. Prakt. Handbuch f. Kurgäste u. Touristen. 14. Aufl. neu bearb. von Karl Joh. Baier. Mit 3 Kartenbeil. Berlin: A. Goldschmidt 1901. (IV, 120 S.) 8°
= Reisebücher, Griebens. Bd. 43.

Karlsbad und Umgebungen. Prakt. Handbuch f. Kurgäste u. Touristen. 15. Aufl., neu bearb. von Karl Joh. Baier. Mit 3 Karten. *Berlin: A. Goldschmidt 1903–04.* (IV, 118 S.) 8° [J. u. Ant.]
— Reiseführer, Griebens. Bd 43. [04. 3845

Karlsbad in der Westentasche. Saison 1903. 1. Ausg. Red.: Reinh. Seidel. (357 u. 60 S. m. 1 Plan.) 32. Neutitschein, L. V. Enders. (Durch R. Hosch.) n. — 50
Erscheint nicht mehr.

Karlsbad [Schlagwort]

— s. a.: Bergbau, Uebersichtskarte.

— s. a.: Radfahrerkarten. Freytag.

— s.a.: Woerl's Reisehandbücher.

Karlsbad — Leipzig, s.: Automobilkarten. Automobil-Tourenkarte.

Karlsbad. Freytag, G., Karte v. Karlsbad u. Umgebung. Für Curgäste bearb. 1 : 25,000. Farbdr. 46 × 47,5 cm. Wien 902. G. Freytag & Berndt. n. 1. 70; auf Leinw. n. 2. 50

Karlsbad. Freytag, G., Karte v. Karlsbad u. Umgebung. Für Kurgäste bearb. 1 : 25,000. 46 × 47,5 cm. Farbdr. Wien (908). G. Freytag & Berndt. 1.70; auf Leinw. n 2. 50

Karlsbad — Grundriſs der k. k. Stadt — mit ihren Umgebungen aufgenommen durch den K. K. österr. Oberstl. Franz von Weiſs 1819. Gestochen im Stein vom k. k. Oberstl. Emanuel von Renner. Abgedruckt in der lith. Anstalt des k. k. Generalquartiermeisterstabes. 1 : 7200. 1 Bl.

Karlsbad. Geognostische und topographische Karte der Gegend von Karlsbad. Prag. 1836. 4.

Karlsbad. Plan der Stadt Karlsbad. 1 : 8640. Ausg. 1898. 32,5 × 26 cm. Farbdr. Berlin 898. A. Goldschmidt. — 30

— Promenaden-Plan, Karlsbader, m. Umgebung. 1 : 15,000. 49,5 × 68 cm. Kpfrst. u. Farbdr. Mit Text am Rande. Karlsbad 897. H. Jakob. Auf Leinw. n. 3. 50

— Promenaden-Plan, Karlsbader, m. Umgebung. 1 : 15,000. 6. Aufl. 47,5×65 cm. Farbdr. Karlsbad (902). H. Jakob. Auf Leinw. 2. 50

— Promenaden-Plan, Karlsbader, m. Umgebung. 1 : 15,000. 11. Aufl. 47,5×65 cm. Kpfrst. u. Farbdr. Karlsbad (907). H. Jakob. Auf Leinw. 2. 55

Karlsbad und Umgebung. Situationsplan von –
Prag: H. Dominicus 1868

Karlsbad's große Ueberschwemmung im Jahre 1782. Nach einer gleichzeitigen, in der Litteratur über Karlsbad bisher unerwähnt gebliebenen Flugschrift. Halle 863. G. Schwetschke. gr. 8. (20 S.) 3 ngr.

Karlsberg, E. (Karl Ausfeld), Frühlicht u. Dämmerung. Kultur- u. Weihnachtsbilder aus Thüringens vergang. Tagen 3. verm. u. verb. Aufl. (271 S.) kl. 8. Mühlhausen i/Th. 904. Hey. n. 2. —; geb. in Leinw. n. 3. —

Karlsdorf, Nicol., die Sünde der Väter. Drama in 4 Aufzügen. (V, 88 S.) 8. Dresden 905. E. Pierson. n. 1. —

Karlseisfeld-Forschungen der k. k. geograph. Gesellschaft, s.: Abhandlungen der k. k. geograph. Gesellschaft in Wien. III. 1.

Karlsen, Eirik Johannes Hus Ein Drama in 5 Akten v –
Berlin: K. Bloch 1908 91 S. 8° [Umschlagt.]

Karlsen, Hans, Angela Ritter, s.: Weber's mod. Bibliothek.

— die Starken. Roman. (312 S.) 8. Dresden 903. E. Pierson. n. 3. 50; geb. n. 4. 50

(B) **Karlsen, Hans**, die Starken. 903. (KBL 33.) — Marianne Wildenberg. 902. (KBL 31.) Jetzt: Berlin, Verlag Berlin-Wien.

Karlsen, Hans, Marianne Wildenberg. Roman. 8. (304 S.) Dresden (902). E. Pierson. n. 4. —; geb. n. 5. —

Karlshagen [Schlagwort]

Karlshagen, s.: Usedom.

Karlshoff, L., s.a. Klein, Ulr

Karlshoff, K., Variationen über das Thema „Laura am Klavier". In zwölf Dichter-Charakteren. 12. (32 S.) Berlin 883. U. Klein. n. — 80

Karlshorst [Schlagwort]

Karlshorst, s.a. Adlershof.

Karls-Kapelle, die kleine, nebst einigen andern Geschichten, s.a. Kornblumen. Nr. 1.

Karls-Kapelle, die kleine, nebst einigen anderen Geschichten: Für die liebe Jugend gesammelt v. J. S. (Kornblumen.) gr. 8. (16 S. m. Abbildgn.) Bremen (901). Verlag des Tractathauses. — 15

Karlson, Betrachtungen über den Nothstand der niedern Volksklassen in Deutschland und vornehml. in Bayern. gr. Lex.-8. (VIII und 72 S.) München 849, (Franz.) *

Karlsruhe, s.a. Carlsruhe.

Karlsruhe [Sachliches OW]

Karlsruhe, die grossherzogl. badische Haupt- und Residenzstadt, in ihren Massregeln für Gesundheitspflege und Rettungswesen. Bei Veranlassung der allgemeinen deutschen Ausstellung auf dem Gebiete der Hygiene und des Rettungswesens zu Berlin 1882, vom Ortsgesundheitsrath bearb. Lex.-8. (IX, 429 S. mit eingedr. Fig., 5 Stnt. und 5 Lichtdr.) Karlsruhe 882, Macklot'sche Buchh. * *

Karlsruhe, die Haupt- u. Residenzstadt. Ein Führer f. deren Gäste. (Im Auftrage des Stadtrats verf. von Frz. Sales Meyer.) Mit 39 Ansichten u. 1 Stadtplan. 5. u. 6. Taus. 12. (VIII, 168 S.) Karlsruhe 900. Macklot. Geb. in Leinw. n. 1. —

Die Haupt- und Residenzstadt Karlsruhe. Ein Führer für deren Gäste
Stuttgart 1900. 168 S. m. Abb.

Karlsruhe. – Die grossherzogliche technische Hochschule Karlsruhe. Festschrift z. Einweihung d. Neubauten im Mai 1899. (Stuttgart 1899: C. Hammer) 88 S. 4°

Karlsruhe im Jahre 1870. Baugeschichtliche und Ingenieurwissenschaftl. Mittheilungen den Mitgliedern der XVI. Versammlung deutscher Architecten und Ingenieure dargebracht vom Badischen Techniker-Verein. gr. 8. (VIII, 190 S. mit 48 eingedr. Holzschn. und 1 Stnt. in qu. 4., 3 lithogr. Plänen in gr. 8. und qu. Fol. und 1 lithogr. Karte in 4.) Karlsruhe 872, Braun'sche Hofbuchh. *

Karlsruhe, die Residenzstadt, ihre Geschichte und Beschreibung. Festgabe der Stadt zur 34. Versammlung deutscher Naturforscher u. Aerzte. Karlsruhe 858. Müller. 8. (VIII, 287 S. u. lith. Plan in 4.) n. 1 rℓ. 10 ngr.

Karlsruhe. – Der städtische Rheinhafen Karlsruhe. Festschrift z. Eröffnungsfeier 1902. (Hrsg.: Oberbürgerm. [Karl] Schnetzler) (Karlsruhe 1902: G. Braun.) 111 S. 4°

Karlsruhe-Strasburg. Führer für Reisende auf der Eisenbahn von Karlsruhe nach Baden-Baden und Strasburg,
Karlsruhe-Stuttgart-Ulm. Führer für Reisende auf den Eisenbahnen zwischen Karlsruhe, Heilbronn, Stuttgart und Ulm,
} s. Brockhaus Reise-Atlas

Karlsruhe u. seine Umgebungen; e. histor.-topograph. Darstellung. 8. Karlsr. 814. Braun. 8 K

Karlsruhe u. seine Umgebungen. Geschichte u. Beschreibung. Mit 1 Plane d. Stadt u. 1 Karte d. Umgegend. gr. 8. (18½ B.) Karlsruhe 843, Macklot.

Karlsruhe [Schlagwort]

— s. a.: Deutschland. Kürschner-Peip. Uebersichtskarte.

— s. a.: Europa. Generalkarte.

— s.a. Radfahrerkarten. Freytag.

— s. a.: Radfahrerkarten. Mittelbach.

— s.a. Schwarzwald. Karte.

— s.a. Westentaschen-Sammlung.

Karlsruhe—Frankfurt a. M., s.: Automobilkarten. Pharus-Auto-Strecke.

Karlsruhe—Koblenz, s.: Radfahrer-Karten. Freytag.

Karlsruhe—Lindau, s.: Automobilkarten. Pharus-Auto-Strecke.

Karlsruhe—München, s.: Automobilkarten. Mittelbach.

Karlsruhe—Nürnberg, s.: Automobilkarten. Automobil-Tourenkarte.

Karlsruhe-Pforzheim, s.: Schwarzwald.

Karlsruhe. Beckmann's neuester Plan der Haupt- u. Residenz-Stadt Karlsruhe. 1:10,000. 84×78 cm. Farbdr. Mit Strassenverzeichnis am Fusse. Stuttgart 902. Klemm & Beckmann. — 50

Karlsruhe. Beckmann-Plan. Neuester Plan von Karlsruhe in Baden in 5 farb. Ausführg. m. Strassenverzeichnis (an den Seiten) (u. 1 weiteren farb. Plan). 1:10,000. (Neudr.) 36,5×81 cm. Stuttgart (910). W. Seifert. — 50

Karlsruhe. Bürkel, Karl Rud., Wandkarte des Kreises Karlsruhe. 1:50,000. Ausgaben m. ausgeschriebenen od. abgekürzten Ortsnamen. Je 2 Blatt à 64,5×112 cm. Farbdr. Karlsruhe 900. F. Gutsch. Auf Leinw. à n. 10. —

Karlsruhe. Doll, M., Karte der Umgebung v. Karlsruhe. Rev. 1893 durch F. Güther. 1:50,000. 48×48 cm. Farbendr. Karlsruhe 894. J. Bielefeld's Verl. n.n. 1. 80; auf Leinw. gedr. n. 2. 80

Karlsruhe. Doll, M., Karte der Umgebung v. Karlsruhe. Rev. 1895 durch E. Güther. 1:50,000. 48×48 cm. Farbendr. Karlsruhe 895. J. Bielefeld's Verl. n.n. 1. 80; auf Leinw. gedr. in Karton n. 2. 80

Karlsruhe. Karte der Umgebung v. Karlsruhe. Bearb. v. M. Doll. Rev. 1889 durch F. Güther. 1:50,000. Chromolith. gr. Fol. Karlsruhe 889. Bielefeld's Verl. n.n. 2. —; auf Leinw. gedr. in Carton n.n. 2. 80

— Plan der Haupt- u. Residenzstadt Karlsruhe. 2farb. Druck. Fol. Karlsruhe 888. Bielefeld's Verl. Plano. n. — 20

Karlsruhe. Plan der Haupt- u. Residenzstadt Karlsruhe. 3farb. Druck. Fol. Karlsruhe 888. Bielefeld's Verl. In Umschlag. n. — 60

— Plan der Haupt- u. Residenzstadt Karlsruhe. 61,5×33,5 cm. Zweifarbig. Karlsruhe 894. J. Bielefeld's Verl. — 20; dreifarbig in Umschlag n. — 60

— Plan der Haupt- u. Residenzstadt Karlsruhe. 1:10,000. 32,5×60,5 cm. Farbendr. Karlsruhe 895. Macklot. — 25

— Plan d. Haupt- u. Residenzstadt Karlsruhe. 1:10,000. 33,5×62 cm. Farbdr. Karlsruhe 899. J. Bielefeld. n. — 30

— — der Haupt- u. Residenzstadt Karlsruhe. 1:10,000. 33,5×60,5 cm. Farbdr. Nebst Strassenverzeichnis. 8. (16 S.) Karlsruhe (900). Macklot. n. — 25

— — neuer, der Haupt- u. Residenzstadt Karlsruhe. 1:10,000. 33×60,5 cm. Farbdr. Mit Strassenverzeichnis an d. Seiten. Karlsruhe (901). G. Pillmeyer. — 30

Karlsruhe — Plan der Residenz-Stadt — Herausgegeben und Verlegt von C. F. Müller, Hofbuchhändler in Carlsruhe. Auf Stein gestochen von G. Borner. 1817. 1 8,000. 1 Bl.

— Plesch, K., Wege-Karte der weiteren Umgebung v. Karlsruhe u. der südöstlichen Rheinpfalz. Bearb. u. gezeichnet. 1:100,000. 68,5×60,5 cm. Farbdr. Karlsruhe (910). F. Gutsch. 1.80; auf Leinw. 2. 80

Karlsruhe — Situations-Plan der Grossherzoglichen Residenz Stadt — Herausgegeben vom Oberbaudirector Fr. Weinbrenner. Im Verlag der D. R. Marx'schen Buchhandlung in Carlsruhe und Baden. Gezeichnet von Architekt Hengst. Steindruck der Karl Wagnerischen Lithographie Gefertigt auf Stein von Karl Müller. 1822. 1 : 8,000. 1 Bl.

Karlsruhe --- , Die Grosse Wochen der Carlsruhisch-Fürstlichen Hof-Capelle, Durlach (1719)
und
Musicalische Andachten - - - der Hof-Capelle zu Carls-Ruh auf das Jahr 1719, von C***.
und
H. Sabbaths-Freude, Durlach (1718)
siehe Johann Laurentius Hölzlein.

Karls-Schützen Aachen Statuten der Karlsschützen-Gilde zu Aachen Aachen, 1868, 8 S. Aachen, 1880, 83 S.

Karlstadt [Schlagwort]

Karlstadt, s.: Deutschland. Kürschner-Pelp.

Karlstein, Burg, und ihre Sehenswürdigkeiten. Ein treuer Führer für deren Besucher. 16. (72 S. mit einer Abbild. der Burg Karlstein in Stahlst. und einem vollständ. Tarife der gewöhnl. Vergnügungszüge zwischen Prag und Pilsen.) Prag 863, Steinhauser. *

Karlweis, C. [Pseud.], s.a. Weiss, Karl

Karlweis, C. (Karl Weiß), Adieu Papa u. and. kleine Geschichten. M. Bild. v. F. Hlavaty. 16. (197 S.) Wien 898. R. Mohr n. 2. —; geb. n.n. 3. —

Karlweis, C., der Dragoner, s. Theater-Mappe.

Karlweis, C., Martins Ehe, s.a. Reclam's Novellen-Bibliothek.

— dasselbe, s.a. Universal-Bibliothek.

— Martin's Ehe. Novelle in Briefen. Umschlagzeichng. von Hans Eisterer. 8. (112 S.) Ebd. 901. n. 1. —

Karlweis, C. Eine Geldheirat, s. Schwarzkopf, Gust. — Universal-Bibliothek Nr. 2908.

—— Geschichten aus Stadt u. Dorf. Novellen u. Skizzen. 8. (261 S.) Stuttg. 889, Bonz u. Comp. * 3 50; geb. * 4 50

Karlweis, C. (Karl Weiß), das grobe Hemd. Volksstück in 4 Akten. Umschlagzeichngn. v. Emil Orlik. 8. (152 S.) Wien 901. Wiener Verlag. n. 2.—

—— Wiener Kinder. Ein Roman. 8. (408 S.) Stuttgart 887, Bonz und Comp. *Mk 5.—.; geb. * 6 —

— der kleine Mann. Wiener Schwank in 4 Akten. 8. (107 S.) Stuttgart 896. A. Bonz & Co. n. 1.50

— s.: Novellenbuch.

— reich werden. Ein Wiener Roman. 8. (347 S.) Stuttgart 894. A. Bonz & Co. n. 4.—; geb. in Leinw. n. 5.—

— der neue Simson. Komödie in 3 Aufzügen. 8. (II, 115 S. m. Bildnis.) Köln 902. A. Ahn. n. 2.—

—— Ein Sohn seiner Zeit. Roman. 8. (523 S.) Ebd. 892. * 6 — geb. in Leinw. * 7 —

— Onkel Toni. Eine Komödie aus der Gesellschaft in 4 Aufzügen. 8. (143 S.) Ebd. 900. n. 2.—

Karlweis, C.: Wenn es Euch gefällt, s. Bahr, Hermann

Karlweis, C. (K. Weis), Wien, das bist du! Kleine Erzählgn. aus dem Nachlasse. Mit Begleitworten v. Herm. Bahr u. Vinc. Chiavacci. (XXVIII, 192 S.) 8. Stuttgart 903. A. Bonz & Co. n. 2.40; geb. in Leinw. n. 3.60

—— das gemüthliche Wien, s. Gegen den Strom.

Karly, Stef., prakt. Rathgeber f. den Reserve-Officier u. Cadetten aller Waffengattungen, dann f. Militär-Ärzte u. Militär-Beamten in der Reserve u. Reserve-Cadettaspiranten. Mit 54 Mustern f. den schriftl. Dienstverkehr u. e. Linienblatt f. Reinschriften. 8. (123 S.) Budapest 901. (Wien, L. W. Seidel & Sohn). n. 2.—

Karma. s.: Handbücher, theosophische. III.

Karma, Rainhard, Anleitg. zum Hellsehen, s.: Osiris-Bücher. 2. Bd.

Kármán, Jos., Fanny's Nachlaß s.a. Universal-Bibliothek Nr. 1378.

Kármán, Jozsef. Fanny's Nachlass. Novelle a. d. Ungar. [Pest 1794.] H: *Kózsa, Maurus.* (GGr)

Kármán, M. Beispiel e. rationellen Lehrplans f. Gymnasien, s. Sammlung pädagogischer Abhandlungen.

Kármán, M. v., Denkschrift üb. die Erziehg. der Herren Erzherzöge v. Oesterreich. (80 S.) gr. 8. Budapest 910. Eggenberger. 1.70
Sonderabdr. aus: „Pädagog. Arbeiten in systemat. Zusammenstellg."

Kármán, M., d. Organisation d. höh. Unterrichts in Ungarn. [Aus: „Baumeister's Handb. d. Erziehungs- u. Unterrichtslehre f. höh. Schulen".] gr. 8. (53 S.) München 897. C. H. Beck. n. 1.50

Kármán, Theodor

Kármán Th v., Festigkeitsversuche unter allseitigem Druck. (32 S) (Mitteilungen uber Forschungsarbeiten 118) Berlin 1912

Kármán, Thdr. v., Untersuchungen üb. Knickfestigkeit, s.a. Mitteilungen üb. Forschungsarbeiten auf dem Gebiete des Ingenieurwesens.

Kármán, Theodor von: Untersuchungen über Knickfestigkeit. Berlin 1909: (A. W. Schade). 49 S. 4° ¶(Ersch. in: Mitteilungen über Forschungsarbeiten hrsg. v. Verein deutscher Ingenieure.)
Göttingen, Phil. Diss. v. 23. Febr. 1909, Ref. Prandtl
[Geb. 11. Mai 81 Budapest; Wohnort: Budapest; Staatsangeh.: Ungarn; Vorbildung: Staatsgymn. Budapest Reife 98; Studium: Budapest Techn. Hochsch. 8, Göttingen 1, Berlin Techn. Hochsch. 1, Göttingen 3 S.; Rig. 28. Okt. 08.] [U 09. 1367

— Untersuchungen uber Knickfestigkeit. (44 S) (Mitteilungen über Forschungsarbeiten 81) 4° Berlin 1910

Karmann, Friedr., die Weihnachtszeit. Neun Predigten f. d. Zeit v. 1. Advent bis Neujahr, in Verbind. mit mehr. evangel. Geistlichen Danzigs hrsg. gr. 8. (8 1/8 B.) Danzig 838, (Anhuth.) *

Karmapradīpa, Der. I. Prapathaka. Mit Auszügen aus dem Kommentare des Acarka. Herausgegeben und übersetzt von Friedrich Schrader. Halle a. S.: 1889

Karmapradīpa, der. II. Prapāṭhaka. Hrsg. u. übers. v. A. Frhrn. v. Staël-Holstein. gr. 8. (68 S.) Leipzig 900. O. Harrassowitz. n. 2.—

Karmarsch, Karl. Ein Lebensbild, gezeichnet nach dessen hinterlassenen „Erinnerungen aus meinem Leben". Mit Ergänzungen von Egb. Hoyer. Mit dem (lith.) Bildniß des Verstorbenen. gr. 8. (V, 227 S.) Hannover 880. Helwing's Verl. n. 6.—

Karmarsch, Karl

— — Atlas für mechanische Technologie. Auf Grundlage und als Ergänzung des „Handbuches" bearb. von J. H. Kronauer, Prof. am Polytechnikum in Zürich. I. Abth. 1. Hälfte (40 Taf.). II. Abth. 2. Hälfte (40 Taf.). (2 Bde.) 4. Hannover 1861—1862.

Karmarsch, Karl, Auditorium der Vorträge, s. Auditorium...

Karmarsch, Karl, Beitrag zur Technik des Münzwesens. Hannover 856. Helwing. Lex.-8. (112 S.) n. 25 ngr.

—— und Rühlmann, Bericht über die Industrie-Ausstellung zu Paris im J. 1844. 1. und 2. Lfg. 4. (11 Bog.) Hannover 845, (Hahn'sche Hofbuchh.) *-
Aus: Mittheilungen des Gewerbe-Vereins für Hannover, besond. abgedruckt.

Karmarsch, Karl, Beschreibung e. Relief-Maschine z. getreu. bildl. Darstell. v. Münzen, Medaillen u. and. Reliefs, auf ganz mechan. Wege. gr. 8. (3 3/4 B., 2 Kpfrt., qu. 1/2 Fol. u. 8 Probebl., Stahlst.) Hannover 830, Helwingsche Hofbh. *

— Einleit. in die mechan. Lehren d. Technologie. Enth. d. Mechanik in ihrer Anwendung auf Gewerbe. Mit Vorr. von G. Altmütter. 2 Bde. gr. 8. u. 1 Heft v. 16 Kpft. mit 413 Figur. in gr. 4. Nebst: Vollständ. Aufzählung u. Charakteristik d. in d. techn. Künsten angewendeten Maschinen; mit vorzügl. Berücksichtigung d. neuesten Erfindungen. gr. 8. Wien 825. Wallishausser. 4 ₰ 12 Kr

Karmarsch, Carl: Technologische Encyclopädie, s. Encyclopädie, Technologische.

Karmarsch, Karl, Erinnerungen aus meinem Leben. Ein Lebensbild, gezeichnet nach dessen hinterlassenen Papieren, m. Ergänzgn. v. Egb. Hoyer. 8. [Titel-]Ausg. Mit dem Bildnis des Verstorbenen. (V, 227 S.) gr. 8. Hannover [880] (903). Helwing. Geb. in Leinw. n. 3.—

Fest-Rede zur Feier des fünfundzwanzigjährigen Bestehens der Polytechnischen Schule in Hannover. Geh. am 2. Mai 1856 vom Dir. [Karl] **Karmarsch.** 1856. 16 S. 8⁰

Karmarsch, Karl, s.a. Fragebuch, gewerbliches.

Karmarsch, Karl, gewerbliches Fragenbuch. Hrsg. von der Königl. Württemberg. Centralstelle für Gewerbe und Handel. 1. Heft: Fragen für Eisen- und Stahlarbeiter. gr. 8. (V und 89 S.) Stuttgart 867, G. Weise.

Karmarsch, Karl, gewerbliches Fragenbuch. Hrsg. von der königl. württemberg. Centralstelle für Gewerbe und Handel. 1., 2. und 5. Heft. gr. 8. Berlin, Simion. [Gera, F. E. Köhler.] 3 20

Inhalt:

Heft 1. Fragen für Eisen- und Stahlarbeiter. (V, 89 S.) 867. *M. 1.
„ 2. Fragen für verschiedene Metallarbeiter. (108 S.) 871. *M. 1,20.
„ 5. Fragen aus der Mathematik, Mechanik, Physik, Chemie, gewerbl. Schrift-, Rechnungs- und Buchführung. (III, 53 S.) 872. *M. 1.

Karmarsch, Karl, Gedichte. Auswahl, als Mscr. für seine Freunde gedr. 8. (VII, 98 S. mit Photogr. d. Verf.) Hannover 880. Schmorl & v. Seefeld. geb. n. 8. —

—— Geschichte der Technologie, s.a. Geschichte der Wissenschaften in Deutschland.

KARMARSCH, KARL.
*Geschichte der Technologie seit der Mitte des achtzehnten Jahrhunderts. Auf veranlassung und mit unterstützung seiner Majestät des Königs von Bayern Maximilian II., herausgegeben durch die historische Commission bei der königl. Academie der Wissenschaften. München, 1872. pp. vii–932, 8vo.
Also under the title: Geschichte der Wissenschaften in Deutschland. Neuere Zeit. Elfter Band.

Die höhere Gewerbeschule in Hannover. Erläuterungen über Zweck, Einrichtung und Nutzen derselben. Von **Karl Karmarsch,** Dir. dieser Lehranstalt. Hannover: Hahn 1831. 50 S., 1 Taf. 8⁰ *Be*

Die höhere Gewerbeschule in Hannover. Von **Karl Karmarsch,** 1. Dir. dieser Lehranstalt. 2., sehr erw. Aufl. Mit Abb. des Gebäudes der Anstalt. Hannover: Hahn 1844. VI, 206 S., 2 Taf. 8⁰ *H*

Karmarsch, (K.,) Grundriß d. Chemie nach ihrem neuesten Zustande, besond. in technischer Beziehung. Mit 2 Kpfrtaf. gr. 8. Wien 822, Tendler u. v. M.

—— Grundriß d. mechan. Technologie. Als Leitfaden f. d. technolog. Unterr. an polytechn. Instituten u. Gewerbeschulen. 2 Bde. (od. 5 Lfgn.) gr. 8. Hannover, Helwingsche Hofbuchh. *

Bd. 1. Die Verarbeitung d. Metalle. 2 Lfgn. (40 B.) 837. * 2 Thlr. 12 Gr.
Auch besond. ausgegeb. u. d. T.:
Die Metall-Arbeiten in wissenschaftl.-prakt. Darstellung. Ein Handb. f. Lehrer u. Schüler d. Technologie u. f. Gewerbtreibende, welche sich mit Verarbeitung d. Metalle beschäftigen. M. Register. gr. 8. (39⅝ B.) 837. * 2 Thlr. 12 Gr.
„ 2. Lfg. 1. Die Verarbeitung d. Holzes. (16⅝ B.) 839. * 1 Thlr. 6 Gr.
Auch besond. ausgegeb. u. d. T.:
Die Holz-Arbeiten in wissenschaftl.-prakt. Darstellung. Ein Handb. f. Lehrer u. Schüler d. Technologie u. f. Gewerbtreibende, welche sich mit Verarbeitung d. Holzes beschäftigen. gr. 8. (17⅛ B.) 838. * 1 Thlr. 12 Gr.
Lfg. 2. Die allgem. Abhandlung üb. Spinnerei u. Weberei, u. d. Verarbeitung d. Baumwolle. (20 B.) 841. * 1 Thlr. 16 Gr.
Auch besond. ausgegeb. u. d. T.:
Die Spinn- u. Weberei in wissenschaftl.-prakt. Darstellung. Ein Handb. f. Lehrer u. Schüler d. Technologie u. f. Gewerbtreibende, welche sich mit diesem Industriezweige beschäftigen. (35 B.) 842. * 3 Thlr.
Lfg. 3. Die Verarbeitung d. Flachses, d. Wolle u. Seide, d. Papierfabrikation, d. Verfertigung d. Glas- u. Thonwaaren. (20⅝ B.) 841. * 2 Thlr. 6 Gr.

Karmarsch, Carl, Handbuch der mechanischen Technologie. 2., verm. Aufl. 2 Bde. gr. 8. (1. Bd. XIV und 800 S.) Hannover 851, Helwingsche Hofbuchh. *

— Handbuch der mechanischen Technologie. 3. verm. Aufl. 2 Bde. Hannover 857, 58. Helwing. Lex.-8. (XXVI, 1652 S.) n. 5 ℛ︀. 20 ngr.

—— Handbuch der mechanischen Technologie. 2 Bde. 4. Aufl. Lex.-8. (XIV und 840 S., XII und 875 S) Hannover 866,67, Helwing'sche Hofbuchh. *

—— Handbuch der mechanischen Technologie. Hrsg. von Ernst Hartig. 5. Aufl. 2 Bde. gr. 8. (1. Bd. XIV, 819 S.) Hannover 875, Helwing'sche Hofbuchh. * 21 —

Karmarsch, K., Handbuch der mechanischen Technologie. In 5. Aufl. hrsg. v. E. Hartig. 6., neu bearb. u. erweit. Aufl. v. H. Fischer. (3 Bde. mit über 1000 Text-Illustr.) 1.—8. Lfg. gr. 8. (1. Bd. XII, 687 S., Sachverzeichn. 8 S.; 2. Bd. XI, 928 S.) Leipzig 887—890. Baumgärtner. à Lfg. n. 5. —

— dasselbe. 2. Bd. Aufbereitung der Festkörper. 1.—3. Abtlg. gr. 8. Ebd. 890. 891. geb. n. 20. —
1. Die Bereitung der Metalle v. H. Fischer. Mit 104 Textfig. (VIII, 556 S.) n. 12. —
2. Die Bearbeitung der Hölzer, d. Hornes v. H. Fischer. (VI u. S. 557—790 m. 87 Fig.) n. 5. —
3. Die Bearbeitung der Steine, Glas- u. Thonwaaren v. H. Fischer. (VI u. S. 791—932 m. 81 Fig.) n. 3. —

Karmarsch, Karl, Handbuch der mechanischen Technologie. In 5. Aufl. hrsg. v. E. Hartig. 6., neubearb. u. erweit. Aufl., hrsg. v. Herm. Fischer. 9.—11. Lfg., bearb. v. Ernst Müller. gr. 8. (3. Bd. S. 1—736 m. Text-Illustr.) Leipzig 891—893. Baumgärtner. à n. 5. — (1—11.: n. 53. —)

—— dass. — 3. Bd.: Aufbereitung der Sammelkörper. 1. Abtl.: Handbuch der Spinnerei v. Ernst Müller. gr. 8. (VIII, 486 S. m. 159 Textfig.) Ebd. 892. geb. in Leinw. * 10 —
1. Bd. Ebd. 1887. geb. [* 20 —] * 18 — 1. Bd. bis 3. Bd. 1. Abtl. auch in 10 Lfgn. 1.—4. Lfg. à [* 5 —] * 4 50; 5.—10. Lfg. à * , —

Karmarsch, Karl, Handb. d. mechan. Technologie. In 5. Aufl. hrsg. v. E. Hartig. 6., neubearb. u. erweit. Aufl., hrsg. v. Herm. Fischer. 12.—14. Lfg., bearb. v. Herm. Fischer u. Ernst Müller. gr. 8. (3. Bd. II, IV u. S. 737—1296 m. Abb.) Berlin 896. 97. W. & S. Loewenthal. à n. 5. — (1.—14.: n. 66. —)

— dasselbe. 3. Bd. Aufbereitung der Sammelkörper. 2. u. 3. Abtlg. gr. 8. Ebd. Geb. in Leinw. n. 21. — (I—III, 2.: n. 69. —)
2. Handbuch d. Weberei (Weben, Wirken, Flechten) m. Anh.: Nähen, Sticken u. zugehör. Zurichtungsarbeiten v. Ernst Müller. (X u. S. 488—1150 m. 520 Text-Fig.) Leipzig 896. geb. n. 15. —
3. D. Müllerei. Von Herm. Fischer. M. 95 Textfig. (VI u. S. 1151—1268.) 897. n. 5. —; geb. in Leinw. n. 6. —

Karmarsch, Karl, Handbuch der mechanischen Technologie. In 5. Aufl. hrsg. v. E. Hartig. 6. neubearb. u. erweit. Aufl., hrsg. v. Herm. Fischer. 15. Lfg., bearb. v. Ernst Müller. gr. 8. (3. Bd. S. 1297—1456 m. Abbildgn.) Berlin (901). W. & S. Loewenthal. n. 5. —; (1—15 n. 71. —)

— Handbuch der mechanischen Technologie. In 5. Aufl. hrsg. v. E. Hartig. 6. neubearb. u. erweit. Aufl., hrsg. v. Herm. Fischer. 16. u. 17. Lfg., bearb. v. Ernst Müller u. Alfr. Haussner. (3. Bd. S. 1457—1702 m. Abbildgn. u. 1 lith. Taf.) gr. 8. Berlin (905). W. & S. Loewenthal. n. 8. — (1—17.: 79. —)

Katalog der Werkzeug-Sammlung an der Königlichen polytechnischen Schule zu Hannover. Von Dr. Karl Karmarsch, Dir. d. hannov. polytechn. Schule. Mit einleitenden Bemerkungen über technolog. Sammlungen im Allg. u. 20 Bl. Zeichn. 1870. XI, 202 S., 20 Taf. 8⁰ *H**

— d. Mechanik in ihrer Anwendung auf Gewerbe. Mit Vorr. v. G. Altmütter. gr. 8. 1 Hft. v. 16 Kpfrt. mit 413 Figur. in gr. 4. Nebst: Vollständ. Aufzählung u. Charakteristik d. in d. techn. Künsten angewendeten Maschinen; mit vorzügl. Berücksichtigung d. neuesten Erfindungen. gr. 8. Wien 825, Wallishausser.

—— Mittheilungen d. Gewerbe-Vereins f. d. Königr. Hannover, s. Mittheilungen.

– s. Mittheilungen, Polytechnische.

– s. Rühlmann, M.: Belehrungen über das Eisenbahnwesen.

—— die polytechnische Schule zu Hannover. gr. 8. (100 S.) Hannover 848, Hahn'sche Hofbuchh.

—— die polytechnische Schule zu Hannover. 2., erweiterte Aufl. gr. 8. (III und 276 S. mit 3 lithogr. Abbild. des Gebäudes der Anstalt und 1 Tab. in qu. Fol.) Hannover 856, Hahn'sche Hofbuchh. *

—— Supplemente zu J. J. R. v. Prechtl's technologischer Encyklopädie, s. Encyklopädie.

– s. a. Wörterbuch, Technisches, oder Handbuch der Gewerbskunde.

—— und Friedr. Heeren, technisches Wörterbuch oder Handbuch der Gewerbkunde in alphabetischer Ordnung. 2., neu bearb. Aufl. Mit ungefähr 1500 in den Text gedr. Abbild. (in Holzschn.) 1—16. Lfg. (Abbeizen—Seidenmanufaktur.) gr. 8. (1. Bd. 880 S., 2. Bd. 913 S. und 3. Bd. S. 1—210.) Prag 853—56, Haase Söhne. à Lfg. * 25 Ngr. *

—— und Friedr Heeren, technisches Wörterbuch oder Handbuch der Gewerbkunde in alphabet Ordnung. 2. gänzl. neu bearb. Aufl. 17—20 Lfg. gr 8. (3. Bd IV und S 241—741 mit ungefähr 1500 in den Text gedr. Abbild in Holzschn.) Prag 857, Haase Söhne. à Lfg. * 25 Ngr *
1—16 Lfg Ebendas. 1853—56. * 13 Thlr 10 Ngr.

—— und Heeren's technisches Wörterbuch. 3. Aufl. ergänzt und bearb. von Friedr. Kick und Wilh. Gintl. Mit gegen 2000 in den Text gedr. (Holzschn.-)Abbild. 1.—13. Lfg. Lex.-8. (1. Bd. VI, 801 S.; 2. Bd. S. 1—240.) Prag 874—76, Verlag der Bohemia. à Lfg. *M 2. * 26 —

—— und Heeren's technisches Wörterbuch. 3. Aufl., ergänzt und bearb. von Kick und Gintl. 14.—35. Lfg. Lex.-8. (2. Bd. S. 241—781; 3. Bd. 802 S.; 4. Bd. S. 1-400 mit eingedr. Holzschn.) Prag 876—79. [Verlag der Bohemia.] Haase. à Bd. *M 2. *
1.—13. Lfg. Ebendas. 1874—76. à *M 2.

Karmarsch und Heeren's technisches Wörterbuch. 3. Aufl., ergänzt und bearb. von Kick und Gintl. Mit gegen 4000 in den Text gedr. Abbild. 36.—72. Lfg. gr. 8. (4. Bd. S. 401—800; 5. Bd. 784 S.; 6. Bd. 800 S.; 7. Bd. 798 S.; 8. Bd. S. 1—160.) Prag 880—84, Haase. à Lfg. *M 2. *
1.—35. Lfg. Ebendas. 1874—79. à *M 2.

— - und Heeren's technisches Wörterbuch. 3. Aufl., ergänzt und bearb. von Kick und Gintl. Mit gegen 4000 in den Text gedr. Abbild. 73.—93. Lfg. gr. 8. (8. Bd. S. 161—807; 9. Bd. 799 S.; 10. Bd. S. 1—240.) Prag 885—88, Haase. à Lfg. *M 2.—. * 42 —
1.—72. Lfg. Ebendas. 1874—84. à *M 2.—.

– u. Heeren's technisches Wörterbuch. 3. Aufl., ergänzt u. bearb. v. Kick u. Gintl. Mit üb. 5000 in den Text gedr. Abbildgn. 94.—108. (Schluss-) Lfg. gr. 8. (10. Bd. S. 241—820; 11. Bd. 645 S.) Prag 889—92, Haase. à Lfg. * 2 —; * 30 —
1.—93. Lfg. Ebd. 1874—88. à Lfg. * 2 –

Karmarsch, Karl, s. Wörterbuch, technologisches.

Die Karmarsch-Stiftung [an der Polytechnischen Schule] in Hannover (v. 12. 6. 1876). Hannover: Selbstverl. d. Stiftung. *H**

KARMEL, HERMANN Ueber die Einwirkung von Phosphorsäure und Alkaliphosphaten auf Cadmiumsalze. Berlin, 1901.

Karmel Isaak. Ueber die Resorption in der Mundhöhle Diss Dorpat 8° 35 pp.

Karmeluk, J., die proletar. Bergpredigt. Ein Intermezzo aus der Umwertg. aller Werte. (14 S.) 8. Zürich 904. (Buchh. des schweiz. Grütlivereins.) n. — 20

Karmeluk, J., Die proletarische Strafpredigt. Ein Intermezzo aus der Umwertung aller Werte. 8⁰. Zürich, Buchh. des schweiz. Grütlivereins in Komm., 1904.

Karmen, die ‚Wilden'. Aus dem Leben der Odessaer Hafenarbeiter. Einzig berecht. Uebersetzg. v. Julie Goldbaum. (IX, 206 S.) 8. Dresden (903). H. Minden. n. 2. —

Karmenn, die Enterbten Rußlands, s.: Bibliothek berühmter Autoren. 48. Bd.

Karmin [Hrsg.], s. Patentblatt, Illustr österreichisch-ungarisches

Karmin, Fritz. Zwei Lieder Auf Rückert'sche Texte ⟨Paroles Françaises de H[enri] E[douard] Droz⟩. Musik [für eine Sopranstimme mit Klavierbegleitung] von F' K'. Op. 3. 2 Nos. 4. Paris, Heugel & Cie, [1904].
No 1. Unbegreiflich wunderbar! ⟨Merveilleuse étrangeté⟩. II + 3 S. fr 3. —
No 2. Frühling ⟨Printemps⟩. II + 8 S. fr. 5. —

Karmin, Otto, zur Lehre v. den Wirtschaftskrisen. (VIII, 78 S.) gr. 8. Heidelberg 905. C. Winter, Verl. n. 2. —

Karmin, Otto, licencié ès sciences sociales: Vier Thesen zur Lehre von den Wirtschaftskrisen. Heidelberg: C. Winter 1905. (VIII, 79 S.) 8°
Heidelberg, Phil. Fak., Ref. Gothein, Diss. v. 23. März 1905
[Geb. 28 März 81 Dubena, Kurland; Wohnort: Genf; Staatsangeh. Schweiz; Vorbildung Collège de Genève Reife M. 00; Studium Genf 4, London 2, Halle 2 S. Rig. 23. Jan. 04.]

Karminski, Frdr., der Einfluß des russisch-japanischen Krieges auf die wirtschaftliche Entwicklung Japans. Vortrag, geh. im „Verband der Industriellen in den polit. Bezirken Baden, Mödling, Neunkirchen, Wr.-Neustadt u. Umgebg." am 20. IV. 1907. (29 S.) gr 8. Wien 907. Manz. — 50

Karminski, Frdr., der neue japanische Zolltarif vom 30. III. 1906. (80 S.) Lex.-8. Wien 906. (Hof- u. Staatsdruckerei.) n. 1. 50

Karminski, Fritz, Geschichtsbaumeister. 12. (58 S.) Wien 884, Sintenis. *

Karmiński, Fritz, zur Codification des österreichischen Staatsbürgerschaftsrechtes. Eine staatsrechtl. Studie. gr. 8. (129 S.) Wien 887, Manz'sche Hof-Verlags- und Universitäts-Buchh. * 2 40
Aus; Oesterreichische Zeitschrift für Verwaltung, besonders abgedruckt.

Taaffe. — **Karminski**, Fritz. — Feldmarschall Franz Graf ..... im Kriegsjahre 1683. (Mit 1 Porträt.) 8. Wien 1883.

Karmrodt, C., Chemie für Landwirthe. Leitfaden für den Unterricht in der unorgan. Chemie. 8. (XII und 228 S.) Berlin 863, [Wiegandt und Grieben.] cart. *

KARMRODT, C. Ueber die Salze der Mellithsäure. Göttingen, 1851.

Karmrodt, G. G. Rede am Grabe des Directors Gräfenhan. S. oben S. 20.
Mühlhausen, Progr. 1837

Karn's, E., Universal-Ronde-Vorlagen Heft 1/2, 3/4. (2 Doppelhefte à 25 kr.)
— — Anleitg. hiezu 3 kr.

— — Wandtafeln zur Rondschrift f. Mittel-Schulen 2 Blatt à 1 fl.

Karnack, O., s. a.: Müller, S.

Karnack, O. (Müller), s.: Baugewerbe, das.

— s.: Baugewerbe, das gesamte.

— s.: Baugewerbeschule.

Karnack, O.: Baukonstruktionslehre, s.a. Baugewerbe, Das

[F.] Baukonstruktionslehre ... Arbeiten in Stein. Von O. Karnack. (In 10 Heften.) Potsdam & Leipzig: Bonness & Hachfeld [1897]. (2 Bl., 282 S.) 1 Bd 8.
— Baugewerbe, Das gesamte. Bd 1. (98. 2837

— s.: Maschinenbauschule.

Karnack O, der Techniker. Die techn. Berufsarten u ihre Erlerng. (87 S) Frankenhausen

— s.: Unterrichtsbriefe f. das Selbststudium der gesamten Elektrotechnik.

System Karnack-Hachfeld. Unterrichtsbriefe für das Selbststudium der gesammten Elektrotechnik. Redigirt von Karnack. 8. Heft. Gr.-8. (Algebra für Elektrotechniker. 1. Brief. S. 1--24) —.36
Wien: Derflinger & Fischer 1897.

Karnak [Schlagwort]

Karnak, s.: Luksor.

Karnasch, Aug., einzige praktisch verwendbare und sowohl dem Speceristen beim Handverkauf, als dem Publikum beim Einkauf unentbehrliche Tabelle zur Einführung des neuen [Grammen-] Gewichts. gr. Fol. (1 Bl.) Breslau 872, (Goerlich und Coch.) * — 25

Karnasch, Max

Karnasch, Beweis I u. II f. den Fermatschen Satz, dass die Gleichung $x^n + y^n = z^n$ in ganzen Zahlen nicht lösbar ist, wenn $n > 2$. (7 u. 8 S.) Lex. 8. Berlin 909. Mayer & Müller. à — 30

Karnatz, Martin (Güstrow/Mecklenburg), De societate universali. Disp. jur. Präs. Peter Müller. Jena (Bauhofer) 28. V. 1691. 30 S. (6.50) 17506
Widm. v.: Präs., Christoph Hartung, Joachim Seeken (dtsch.).

— — Dasselbe. Jena (Paul Ehrich) 1712. 32 S. (6.30) 17507

Karnbach, Hermann [cand. med. aus Calbe a. S.]: Ein Beitrag zur pathologischen Anatomie der Lungensyphilis .... Halle, Druck v. Ehrhardt Karras, 1887; 29 + 1 S. + 1 Bl. 8°.
Halle, Med. Fak., Inaug.-Diss. v. 9. Jul. 1887.

Kärnbach, Johann Friedrich Karl, s. Kärnbach, Karl

Kärnbach, Karl

Kaernbach, (Joan. Frid.) Car. (geb. Berlin 1814): De cholera Asiatica observationes. Berolini (1838). (25 S.) 8°
Berlin, Med. Diss. v. 1. Nov. 1838

Kärnbach, Kurt, Approb. Thierarzt aus Wittenberg: Aus d. Poliklinik d. kgl. thierärztl. Hochschule zu Berlin. Zur pathologischen Anatomie der Hufgelenkschale des Pferdes. Mit 27 Abb. *Stuttgart 1900: Union.* (47 S.) 8° ¶ (Aus: Monatshefte f. prakt. Thierheilkunde, Bd 11.)
Giessen, Veterinär-med. Diss. v. 1900

Kärnbach, Kurt, die Neubildungen der Nasenhöhle u. der Nasennebenhöhlen d. Pferdes. (IV, 209 S. m. 4 Abbildgn. u. 11 Taf.) Lex. 8. Berlin 909. R. Schoetz. 10.—; geb. in Leinw. 11.50

Kärnbach, L., die bisherige Erforschung von Kaiser Wilhelmsland u. der Nutzen der Anlage e. Forschungs-Station. Vorgetragen in der deutschen Colonialgesellschaft, Abteilg.: Berlin. gr. 8. (22 S.) Berlin 893. M. Hochsprung. — 60

Kärnbach, L.: Ueber die Nutzpflanzen der Eingeborenen in Kaiser-Wilhelmsland. ([S.-A.] Engler's Botanische Jahrbücher. Bd. 16. Heft 3. Beiblatt No. 37.) Leipzig 1892. 19 S. 8°.

Kärnbach, L.: Eine botanische Weihnachts-Exkursion in Neu-Guinea. [Zeitschrift für Gartenflora. Jahrg. 42. 1893.] [Berlin 1893.] 4 S. 8°.

Karner, Aaver G.

Karner, Ueb. d. Einbildungskraft der schwangern Weiber. Straßb. 8°.
1756.

Karner, Aaver G., Gedanken üb. d. Einbildungskraft der schwangern Frauen u. deren Wirkung auf die Leibesfrucht. Wien. 8°.
1780

Karner, Ab. Gel., Altitudines Massiliae, Manheimii, Ratisbonae etc., et Montis St. Gotthardi, supra libellam maris mediterranei etc. 4maj. Münch. 813. (Franz). 4 K

Karner, Fritz, Rechtspraktikant a. Freising: Das Recht der Einverleibung nach der bayerischen Gemeindeordnung. Freising 1906: A. Warmuth. (68 S.) 8° [F.]
Erlangen, Jur. Fak., Ref. Rieker, Diss. v. 6. Okt. 1906
[Geb. 21. April 80 Freising; Wohnort: Freising; Staatsangeh.: Bayern; Vorbildung: Gymn. Freising Reife 00; Studium: Lyzeum Freising 2, München 6 S.; Rig. 23. Febr. 06.]

Karner, Joh., das neue Geld im täglichen Verkehre, oder kurzgefaßte prakt. Reductions-Lehre des alten und neuen Geldes, als auch aller jener Münzen der fremden Staaten, die in dem Münzvertrag vom 24. Jänner 1857 begriffen sind, in einfachen Regeln mit allen Rechnungsvortheilen u. mit besonderer Bezugnahme auf das kaiserl. Patent vom 27. April 1858 dargestellt. Nebst den im täglichen Verkehre vorkommenden Waaren-, Interessen-, Dukaten- u. Staatspapier-Berechnungen u. mehreren übersichtlichen Tabellen. Pest 858. Heckenast. 8. (72 S.) n. 8 ngr.
Auch in ungarischer Uebersetzung à n. 8 ngr.

Karner, Joh., Handels-Schule. Praktischer Unterricht in den kaufmänn. Wissenschaften, mit besond. Berücksicht. des Detailhandels, der Gewerbe und Fabriken. Zum Selbstunterrichte und zum Gebrauche an Handelsschulen. 2. Aufl. 3 Abthlgn. br. 8. Pest 871, Heckenast's Verlag. à Abthl. *ℳ 4. * 12 —

Inhalt:

Abthl. 1. Vollständiges praktisches Rechenbuch für Detailhändler, Fabrikanten, sowie für den Selbstunterricht angeh. Praktiker. Enth.: alle Arten gemeine und Decimalbruch-, Regel de Tri-, Detail- und Eisenwaaren-Rechnungen ꝛc. (XVI, 407 S.)

„ 2. Vollständiges Lehrbuch der einfachen und doppelten Buchführung für Detailhandel, Fabrikanten und Gewerbsleute, sowie für den Selbstunterricht angeh. Praktiker ꝛc. Enth.: Einfache, französ. und italien. doppelte Buchführung sammt allen Nebenbüchern mit prakt. durchgeführten Beispielen verbucht und abgeschlossen. (338 S.)

„ 3. Lehrbuch der Stilistik für Kaufleute, Fabrikanten und Gewerbtreibende. Eingerichtet zum Selbstunterrichte angeh. Praktiker ꝛc. Theoretisch-praktische Anleitung zur Abfassung kaufmänn. Aufsätze, mit Angabe der sich auf dieselben bezieh. gesetzl. Bestimmungen nach ungar.-österreich. Rechte ꝛc. Durchgesehen von Carl Conlegner. (VII, 495 S.)

—— Lehrbuch der Stylistik für Kaufleute, Fabrikanten und Gewerbetreibende. Eingerichtet zum Selbstunterrichte angehender Praktiker und zum Gebrauche an Handelsschulen. Theoretisch prakt. Anleitung zur Abfassung kaufmänn. Aufsätze mit Angabe der sich auf dieselben beziehenden gesetzl. Bestimmungen nach ungar. und österreich. Rechte, dem deutschen Handelsgesetze und mit einem Anh. über Wechselgeschäfte. Durchgesehen von Carl Conlegner. 8. (534 S.) Pest 865, Heckenast's Verlag. *

Karner, Joh., vollständiges Lehrbuch der doppelten Buchhaltung, s. Ditscheiner, Joh. Alois.

Karner, Joh., kaufmännisches Rechenbuch für den Detailhandel mit allen möglichen Vortheilen, worin außer den gewöhnlichen Berechnungsarten auch die verschied. Eisenwaaren-Rechnungen, Interessen-, Waaren- und Wechsel-Discont, Gewinn- und Verlust-, Agio-, Tara-Berechnungen und pract. Calculationen für den Specereiwaaren-Handel enthalten sind. Zum Selbstunterrichte für den Handel- und Gewerbestand als auch zum Gebrauche in den Commercial-Schulen. gr. 8. (III und 95 S.) Pest 856(57,) Heckenast's Verlag. *

Karner, Josef

Karner, J., die soziale Funktion der Rechtsinstitute besonders des Eigentums. (III, 128 S.) gr. 8. Wien 904. Wiener Volksbuchh. n. 2. 40
Sonderabdruck aus: „Marx-Studien".

Karner, Jos., der Kalsdorfer Sauerbrunnen zu Grosssulz in Steiermark in der Umgebung von Graz. Historisch-topographisch beschrieben sammt Angabe der Analysen und Heilwirkungen desselben. 8. (III, 51 S.) Wien 873, Braumüller. * — 80

Karner, Jos., Das Volk steht auf! Es ruft: Heraus das gleiche Wahlrecht! Eine Kritik des österreich. Privilegienparlaments. kl. 8. (30 S.) Wien, Wiener Volksbuchh.
Lichtstrahlen. No. 11.

Karner, Lambert, O. S. B., künstliche Höhlen aus alter Zeit. Mit e. Vorworte v. M. Much. (XXII, 235 S. m. Abbildgn., 21 heliogr. Taf. u. 12 farb. Höhlenplänen.) Im.-4. Wien 903. (R. Lechner's Sort.) Geb. in Leinw. n. 30. —

Karner, Lambert, der Clerus und die Kirchenmusik. 8. (III, 215 S. mit 1 Musikbeilage.) Wien 888, Verlag der „St. Norbertus"-Buchdr. * 3 —

Karner, Mich., über Stahlquellen, Molken und climatische Einflüsse als die wichtigsten und wirksamsten Heilmittel bei tuberculöser Anlage und chronischer Lungenschwindsucht. Ein Beitrag zur Therapie der Lungentuberculose, und zur Kenntniss und Würdigung des Curorts Sternberg in Böhmen, als Curort für Brustkranke. Lex.-8. (VII und 68 S. mit 1 Stnt.) Prag 858, (Dominicus.) Thlr. *

Kärner, Ch. J

Kärner C J, die Porzellanmalerei. Magdeburg

Karner, Ch. J., die Porzellanmalerei, ihre Technik und Anwendung für Dilettanten dargestellt. 8. (V, 83 S.) Berlin 872, Gerschel. * 1 50

Kärner, Johs. Walth., Antrittspredigt, geh. bei seiner Ordination u. Einführg., am 17. X. 1899. Anh.: Ansprache vor der Ordination, geh. v. Behrmann. gr. 8. (18 S.) Hamburg 899. C. Boysen. — 80

Kärner, W. Ueber den Abbruch u. Abfall pflanzlicher Behaarung, s.a. Acta, nova, academiae caesareae Leopoldino-Carolinae.

Kärner, W., üb. den Abbruch u. Abfall pflanzlicher Behaarung und den Nachweis v. Kieselsäure in den Pflanzenhaaren. [Aus: „Nova Acta d. ksl. Leop.-Carol. Deutschen Akad. d. Naturforscher".] gr. 4. (52 S.) Halle 889. (Leipzig, Engelmann.) n. 2. —

Kaerner, W., s.: Glaubenslehren, christliche, im Lichte der liberalen Theologie.

Der Rechtsordnungsbegriff, s. Entwicklung u. Behandlung Grundlagen zu e. method.-systemat. Vervollkommnung d. Rechtsordnung von W. **Kärner**. Leipzig 1907 C. Scheidemann. (37 S.) 8° [07. 17009]

Juristisch-mathematische Untersuchungen über die Relations-Potenz-Natur des Rechts von W **Kärner**. Leipzig 1907: C. Scheidemann. (48 S.) 8° [07. 17010]

Chronik von Brockau zsgest. von B[runo] **Karnetzki**, Hauptlehrer. Brockau: E. Dodeck 1901 (28 S) 8° [F.] [03. 13064 2]

Karneval, s.a. Carneval

Karneval, das deutsche, s. Journal d. Karrikatur. 38.

Karnevals-Almanach, s.a. Carnevals-Almanach

Karnevals-Almanach, s. Schier.

Karnevals-Almanach, Kölnischer, auf d. Jahr 1830. Herausgegeben von D. B. Rave u. Chr. A. Traxel. (Enthält zwei Possen, u. Komisches in Prosa u. Gedichten). gr. 12. Köln 829. Pappers 1 ₰

Karnevals-Bühne

Carnevals-Bühne. No 1 *Mühlhausen i. Th. G Danner [1898].* 8° [F.] [08. 23[illegible]]

* **Karnevals-Bühne.** Nr. 11. 8. Mühlhausen i/Th. 907. G. Danner. 1. 50
11. I. Tell, Wilhelm. Ein hochnotpeinl., landvogtl. Strafverfahren m. demonstrativer Streik-Tendenz in 4 Auf- u. Abtritten. Frei geschriftstehlert v. Heimlich u. Stillvergnügt. II. Die Räuber. Verwahrloste Sittenkomödie in verschiedenen Scenen u. e. Schluß-Apfelregen. Frei gestohlen v. Langfinger u. Mausemann.* (24 S.)
* Die früheren Nrn. sind unter „Carnevals-Bühne" aufgenommen. Der Titel von Nr. 11 lautet auch noch so.

Karnevals-Festzug, zwangloser. Ent- und verworfen vom zwanglosen Zugcomité. Aufführungsrecht vorenthalten. Den Behörden gegenüber Mscr. qu. gr. 8. (23 S. mit autogr. Zug-Abbild. in qu. gr. Fol.) Leipzig 877, (Kollmann. — Rocca.)

Karnevals-Freund, der. Eine ausgewählte Sammlung närr. Vorträge und Lieder von erprobter Wirkung. 12. (95 S.) Köln 888, Püttmann. * — 50

Karnevals-Lieder f. 1826. Herausgeg. im Auftrage d. festordnenden Comité's. Mit Vign. gr. 8. Kölln, P. Schmitz.

Karnevals-Lieder, alte und neue, für lustige Narrenbrüder. Nach bekannten und beliebten Melodien zu singen. 16. (63 S.) Köln 888, Püttmann. — 30

Karnevals-Lieder der Hutfreunde, nebst einem Anhange: Zopf und Hut, romant. Schauspiel von A. Weinholz. 12. (48 S.) Berlin 847, Weinholz.

Karnevals-, Narren und Fastnachtsreden. Reden an Herrenabenden *Mühlhausen i. Th.: G. Danner [1901]* (50 S.) 8° [3.]
= Buch d. Reden. Bd 8. (02. 163) 3

Karnevals-Revue, Die. (Typ. Ornam. u. Zierstock.) München. Gedruckt mit Lentner'schen Schriften, o. J. (c. 1825). Gr 8°

Karnevals-Ulk, Kölner. Officielles Organ des Fest-Komitees der „Grossen" u. „Grossen Kölner" Karnevals-Gesellschaft. Sammlg. der besten Reden u. Lieder, nebst vollständ. Fest-Programm. 33. Jahrg. 1905. 10 Nrn. (8, 8, 8, 8, 10, 8, 8, 8, 10 u. 16 S. m. Abbildgn.) gr. 4. Köln, Hoursch & Bechstedt. 2. 50

— dasselbe. 34. Jahrg. 1906. Ca. 10 Nrn. (à ca. 10 S. m. Abbildgn.) gr. 4. Ebd. n. 2. 60
Vergl.: Karnevals-Ulk, Kölner.

Karnevals-Ulk, Kölner. Offizielles Organ des Fest-Komitees. (Sammlg. der besten Reden u. Lieder der „Grossen" u. „Grossen Kölner" Karnevals-Gesellschaft nebst vollständ. Fest-Programm.) 38. Jahrg. 1910. 7 Nrn. (56 S. m. Abbildgn.) 38×27 cm. Köln, Hoursch & Bechstedt. 2. —

Karnevals-Zeitungen, s.: Fastnachts-Bühne.

Karneval-Verein

Mainzer Karneval-Verein in NY 1859-1909 Mainzer Carneval-Verein in NY Einst u jetzt Ein Gedenkbuch z goldenen Jub. NY. 1909-10.

* **Karneval-Zeitung,** Mainzer, „Narhalla". Hrsg. v. Aug. Fürst u. Karl Kneib. 5.—8. Jahrg. 1908—1910. à 5 Nrn. (à 12 S. m. Abb.) Lex. 8. Mainz (Kleine Emmeransstr. 10), Aug. Fürst. à Jahrg. 1. 25
* Der Titel lautet in Wirklichkeit: Carneval-Zeitung.

Karnice-Karnicki, Graf v., s.: Betrachtungen üb. Lethargie.

— s.: Scheintod, der, besiegt durch den Apparat Karnice.

Karnier, K., Der heutige Materialismus vom sittlichen, rechtlichen u. socialen Standpunkt. Würzburg, Etlinger, 1858, gr. 8°, 102 S., 1 Mk.

Karnilow. Der Seedienst in England. [Russisch.] 8 Ss Pjetjerburg 1839

Karnöffel oder Kaiserspiel, Das uralte edele sogenannte. Zum erstenmale . . . erklärt . . . Luzern 1841. V: *Liebenau, Hermann v.* (Cat. d. Stadtbibl. Zürich. Zürich 1864—97.)

Karnojitzky, A. v., üb. d. Ausgangspunkte u. Polarisation d. X-Strahlen, s.: Galitzin, Fürst B.

Karnop, J., das christliche Kirchenjahr in bildlicher Darstellung. 57×69,5 cm. Farbdr. Lissa (903). F. Ebbecke. n. 1. 50; m. Leinw.-Rand u. Oesen n. 1. 80; auf Leinw. m. Stäben n.n. 2. 75

Karnowski, Morduch, aus Tschernigoff (Russland): Zur Kenntnis des Catechins. Bern 1905. 32 S. 8°. [21. VII. 04.]
Bern. Phil. Diss. 1904/1905.

Karnowski, Morduch. Zur Kenntnis des Catechins. Diss. Phil. Bern. [Mit 1 Tabelle.] 32 S. 8. Bern, W. Wälchli, 1905.

Karnowsky, O., Berliner Bilder-Buchstaben f. 3—8jähr. Kinder. Verkleinerungen der Wandtafeln f. den ersten Leseunterricht. Entworfen u. hrsg. Nach d. Entw. gez. v. O. Tamme, K. Lemke u. a. I. Reihe, Bog. 1; III. Reihe, Bog. 3 u. VIII. Reihe, Bog. 8 B. à 40,5×31.5 cm. Berlin (NO. 55) 910. Bilderschrift-Verlag. à Bg. n — 20

— Buchstabenbilder. Mnemonik u. Werkunterricht im 1. Schulj. Begleitwort zu den Wandbildern f. den ersten Leseunterricht. Ein Spezialbeitrag zur Schulreform. (29 S. m. Abbildgn.) 8. Ebd. 910. — 60

— Berliner Buchstaben-Bilder. Entworfen u. hrsg. Nach d. Entw. gez. v. O. Tamme, K. Lemke u. a. (In 8 Reihen.) 1.—4., 7. u. 8. Reihe. (à 8 Taf.) Je 50×38 cm. Ebd. 910. à Reihe 5. 60; auf Pappe 8. —

Karnstädt, etwas über den deutschen Unterricht, namentlich in Hinblick auf das Nibelungenlied. gr. 4. (28 S.) Arnstadt 869, (Frotscher.) * — 60

Karnstädt, (C. W.,) Gedichte. 8. Osterode 826, Hirsch.

Karnstädt, Carl, aus Arnstadt, Inspektor d. Feuerversicherungsbank f. D. zu Gotha Die stillschweigenden Willenserklärungen im Feuerversicherungsgeschäft. *Köln 1901: H. Theissing.* (78 S.) 8°
Erlangen, Jur Diss. v 21 Febr 1901

Karnstädt, Karl Wlh., Gedichte. 8. Osterode 826. jetzt Sorge. 2/3 ß

Kärnten [Schlagwort]

— s. a.: Alpen, Handtke; Meurer; Michel.

Kärnten, s. a.: Eisenbahnkarten. — Hand- u. Reisekarten. 29.

— s. a.: Oesterreich-Ungarn. Artaria.

— s. a.: Reichsratswahlkarte.

Kärnten. Berger, J., Karte v. Kärnten. 1 : 500,000. 29×39 cm. Farbdr. Klagenfurt (905). J. Leon sen. n. — 40

— — Schulwandkarte v. Kärnten. 1 : 100,000. 96,5×104 cm. Farbdr. Ebd. (903).
Auf Leinw. in Mappe n. 26. —; m. Stäben n. 28. —

Kärnthen. Beschreibung, historisch-mineralogische, des im Herzogthum Kärnten sich befindenden uralten Bleibergwerks im dortigen Bleiberg. Klagenfurt u. Laibach. 1783. 8.

Kärnthen. Bilder aus. Nach der Natur gezeichnet von M. Pernhart und mit beschreibendem Text begleitet von Vaterlandsfreunden. Lieferung II—IV. Klagenfurt, Joh. & Fried. Leon. 1864
Quer-Quart à 1 fl., Pracht-Ausgabe in kl. Folio à 1 fl. 60 k.

Kärnten. Braumüller, Joh., u. Joh. Geo. Rothaug, Kärntner Heimats-Atlas. Stufengang des 1. geograph. Unterrichts an d. Volksschulen Kärntens. Fol. (8 farb. Karten.) Wien 895. G. Freytag & Berndt. Kart. n.n. 1. —

Kärnten, Karte von. 1 : 300.000. Wien, A. Hartleben. In Carton 50 kr 1884

Kärnten. Karte von Kärnten. 1 : 300,000. 2. Aufl. 35×64 cm. Farbdr. Wien (899). A. Hartleben.
In Leinw.-Decke n. — 90

Kärnten. Karte v. Kärnten. 1 : 300,000. 3. Aufl. 35×64 cm. Farbdr. Wien (907). A. Hartleben.
In Leinw.-Decke — 90

Kärnten, Karte d. Herzogthums. Michael Bayer. 3. ergänzte u. bericht. Aufl. Unaufgespannt, gebrochen. Klagenfurt Ferd. v. Kleinmayr (Touristen-Ausg.) schwarz 1 fl. 60 kr., color. 2. fl S. 2570
1805

— Lechner's Generalkarte vom Herzogth. Kärnten, 1 : 300,000. 50×67,5 cm. Farbdr. Wien (901). R. Lechner's Sort. In Leinw.-Decke n. 2. 40;
auf Leinw. in Leinw.-Decke n. 3. 50

Kärnthen und Krain — Marschrouten-Karte des Herzogth. — der gef. Grafschaft Görz und Gradisca, der Markgr. Istrien und der reichsunmittelb. Stadt Triest sammt ihrem Gebiete. 432,000. (1868). 1 Bl.
— — 288,000. 4 Bl.

— Maschek's, R., Touristen-Karte des Herzogth. Kärnten, sammt Nord-Krain u. West-Steiermark m. den tiroler u. italien. Grenzgebieten. 1 : 150,000. 3., neu bearb. Aufl. 1898. 3 Blatt. (Westen, Mitte u. Osten.) à 61,5×48 cm. Farbdr. Wien 898. Artaria & Co.
In Karton à n. 2. —

— Maschek, R., Touristenkarte des Herzogthums Kärnten samt Nord-Krain u. West-Steiermark, m. den Tiroler u. italien. Grenzgebieten. 1 : 150,000. Neue Ausg. m. Nachträgen 1907. 3 Blatt. à 61,5×48 cm. Farbdr. Wien, Artaria & Co. In Decke à 2. —
1. West-Kärnten m. den Tiroler u. italien. Grenzgebieten. Umgebung v. Pontafel, Lienz u. Heil.-But. Die südl. Tauern, die Gailthaler u. karn. Alpen.
2. Mittel-Kärnten u. d. nördl. Krain. Umgebg. v. Klagenfurt u. Villach, m. der Villacher Alpe, dem Terglou u. den westl. Karawanken-Gebirg.
3. Ost-Kärnten m. den steirischen u. krainischen Grenzgebieten. Umgebg. v. Unter-Drauburg, Wolfsberg u. Eisenkappel, die östl. Karawanken u. Sannthaler-Alpen, sowie Kor- u. Sau-Alpe.

— Uebersichtskarte von Kärnten m. den angrenzenden Ländern. 1 : 600,000. 28×38 cm. Farbdr. München (904). Klagenfurt, F. v. Kleinmayr. n. 1. —

Kärnten [Sachliches OW]

Kärnten. Ein Reisehandbuch, hrsg. v. „Landesverband f. Fremdenverkehr in Kärnten" u. dem „Kärntnerverein". Red. v. Gust. Zoepfl. (XV, 656 S. m. 1 Plan u. 11 Karten.) kl. 8. Klagenfurt 906. F. v. Kleinmayr.
Geb. 3. —

Herzogthümer, Kärnthen und Krain, die — die gefürstete Grafschaft Görz und Gradiska, die Markgrafschaft Istrien und die Stadt Triest nach ihrer neuesten gerichtlichen und politischen Eintheilung. Wien, Verlags-Eigenthum von Joseph Bermann 1855. 1 Bl. 22½" hoch, 17" breit. Mit Zeichenerklärung und der politischen und gerichtlichen Eintheilung mit Beifügung des Flächenraumes und der Einwohnerzahl. Ohne Gradeintheilung, Netz und Maßstab. Lith. gedr. bei J. Höfelichs Witwe.

Kaernthen und Krain. S. Charte vom Erzherzogthum Oesterreich von Mannert. g. g. G. H. 1 : 830,000.

Kärnthen, Krain, Görz u. Gradisca, Istrien, die Kronländer, u. d. reichsunmittelbare Stadt Triest nach ihrer neuesten gerichtl. u. polit. Eintheilung. Imp. Fol. Lith. u. col. Wien 850, Bermann. n. 12 ngr

Kärnten, Krain, Görz mit Gradiska, Istrien u. Triest, Generalkarte v., v. Schulz. 1 : 505 000. Neue Ausg. 1884. Ebds. a) Nach Bezirkshauptmannsch. u. Bezirks-Gerichten. 1 fl. 50 kr., mit einfachem Grenzcolorit 1 fl.

Kärnten, Krain, Istrien u. s. w. Generalkarte v. Schulz. Masstab 1 : 505.000. Ausg. 18-5. Nach Bezirkshauptmannschaften od. einfach color. Gr.-Qu.-Fol. Wien, Artaria & Co. Cart. in gr. 8. 1 fl. 50 kr. od. 1 fl.

Kärnten will Barmherzige Schwestern fürs Krankenhaus. gr. 8. (82 S.) Klagenfurt 894. (F. v. Kleinmayr.) n. — 8

Kärnten will Barmherzige Schwestern fürs Krankenhaus. (Klgft., St. Josefs-Druck., 1894.) 22 S.

Kärnten's Sommer-Aufenthaltsorte nach dem Stande vom Frühjahr 1890. 7. Aufl. Hrsg. vom Kärntner Vereine in Klagenfurt, Burg. gr. 8. (53 S. m. 2 Karten.) Klagenfurt 890. (v. Kleinmayr.) n. — 60

Kärnten's Sommer-Aufenthaltsorte nach dem Stande vom Frühjahr 1892. 9. Jahrg. Hrsg. vom Kärntner Vereine in Klagenfurt, Burg. gr. 8. (60 S. m. 2 Kartenskizzen.) Klagenf. 892, (Kleinmayr.) * — 60

Kärnten's Sommer-Aufenthaltsorte nach dem Stande vom Frühjahr 1894. 11. Jahrg. Hrsg. vom Kärtner Vereine in Klagenfurt, Burg. Redaktionelle Beilage d. kärnt. Gemeindeblattes vom Mai 1894. gr. 8. (64 S. m. Abbildgn. u. 2 Kartenskizzen.) Klagenfurt 894. (F. v. Kleinmayr.) n. — 60

Kärntens Sommer-Aufenthaltsorte nach d. Stande v. Frühjahr 1898. M. Ansichten v. Kärnten. 15. Jahrg. Hrsg. v. Kärntner Vereine in Klagenfurt, Burg. Redaktion. Beilage des kärntner. Gemeindeblattes 1898. gr. 8. (92 S.) Klagenfurt (F. v. Kleinmayr). n. — 60

Kärntens Sommer-Aufenthaltsorte nach dem Stande vom Frühjahr 1901. Mit Ansichten v. Kärnten. 18. Jahrg. Hrsg. vom Kärntner Vereine in Klagenfurt, Burg. Redaktionelle Beilage des kärntner. Gemeindeblattes 1901. gr. 8. (101 S.) Klagenfurt (J. Heyn. — A. Raunecker). n.n. — 60

Kärnten's Sommer-Aufenthaltsorte nach dem Stande vom Frühjahr 1906. 22. Jahrg. Hrsg. vom Kärntner Vereine in Klagenfurt, Burg. (66 S. m. Titelbild u. 1 farb. Karte.) schmal 8. Klagenfurt (J. Heyn. — F. v. Kleinmayr). n. — 60

Kärnten's Sommer-Aufenthaltsorte nach dem Stande vom Frühjahr 1909. 24. Jahrg. Hrsg. vom Kärntner-Vereine in Klagenfurt, Burg. (70 S. m. 4 Taf., 3 graph. Darstellgn. u. 1 farb. Karte.) 22×12 cm. Klagenfurt (J. Heyn. — F. v. Kleinmayr). nn — 60

Kärnthen, s. K ä r n t e n

Kärntner-Bahn, Die, im Bereiche der Steiermark. Historisch-topographisch geschildert . . . Cilli 1863. V: *Hofrichter, Jos. Carl.* (JOANSTYRA)

Kaerntner-Blatt. Klgft., Leon, St. Hermagoras-Druck., 1869—76. Folio. 8 Jgg.

Kärntner Bote für 1884. Volkskalender f. Haus und Familie. 4. XI. Jahrg. (120 u. XXIV S.) Klagenfurt, Joh. Heyn. Cart. 42 kr

Kärntner-Bote f. 1885. Volks-Kal. f. Haus u. Familie. XII. Jahrg. gr 8 (120 u. XXXVIII S.) Klagenfurt, Johannes Heyn. Cart. 42 kr.

Kärntner-Bote für das Gemeinjahr 1893. Volkskalender für Haus und Familie. XX. Jahrg. 4. (112, XXIII S.) cart —.42

Kärntner-Carricaturen. Hrsgbr.: Jos. Gitschthaler. 1. Jahrg. 1892. 24 Nrn. (Bog. m. Illustr.) Fol. Klagenfurt, (Raunecker). ** 6 —; einzelne Nrn. à ** — 40

Kärntner-Kalender für das Jahr 1892, verbunden mit einem kärntnerischen Adreßbuche. Herausgeber: Michael Ollitsch, Adolf Graf, Anton Gitschthaler. Mit zahlreichen Illustr. Gr.-8. (96 S.) —.70

Kärntner Volksbücher, kl. 8. Klagenfurt, Johann Leon sen. à 15 kr. 1 Heft: Franz Francisci, Märchen aus Kärnten. (64 S.) 2. Heft: H. C. Keller, Aus der kärntischen Alpenwelt. (52 S.) 3. Heft: Franz Mauthner, Gräfin Salamanca. Eine oberkärntische Sage. (68 S.) 4. Heft: Franz Frisch, Ulrich von Liechtenstein u. das Tournier zu Friesach. (46 S., 5. Heft: C. v. Falkenau, Sigmund der Erblandstabelmeister. (65 S)

— **Volksbücher.** kl. 8. Klagenfurt, Joh. Leon sen. à 15 kr. 6 Bdchn. Franz Franzisci, Märchen aus Kärnten. (64 S.) 7. F. Carlmann, Aus d. Leben e. Flüchtlings. (67 S.) 8. F C. Keller, Aus d. Vogelwelt d. kärntisch. Alpen. (66 S.) 9. Heimatliche Dichter. Eine Sammlung kärntischer Poesien mit biograph. Daten u. e. Vorworte. (67 S.) 10. F. C. Keller, Die Helden vom Predil. (64 S)

— **Wandkalender** f das Jahr 1884. 4. Ebds. Aufgezogen 18 kr

— — f. 1884. Klagenfurt, E. Liegel. Zweiseitig aufgesp. 18 kr N. b.

Kärntner Wandkalender pro 1885. Klagenfurt, Johannes Heyn. Zweiseitig aufgez. 18 kr.

— **Wand-Notizkalender** für das J. 1884. Quer-Folio. Klagenfurt, Joh. Heyn. Aufgez. 18 kr.

Kärntnerisches Gemeindeblatt. Red. Dr Ed. Hermann. XI. Jahrg. 1883. (24 Nummern.) gr. 8. Klagenfurt, Johannes Heyn. Halbj. 1 fl. 10 kr.

Kärntnerisches Gemeindeblatt. Red. Dr. Ed. Hermann. XII. Jahrg. 1884. (24 Nrn.) gr. 8. Klagenfurt, Joh. Heyn. Ganzjährig 2 fl., halbj. 1 fl. 10 kr.

Kaerntnerisches Gemeindeblatt, Red. Dr Eduard Herrmann XIII. Jahrg. 1885. 26 Nrn. (B.) 8. Klagenfurt, Johann Heyn. 2 fl.

Karntnerland

Aus'n Karntnerland! Sammlung beliebter Kärntnerlieder. Klgft., Birnbacher, (1905). 5 Hefte.

Kärntnerland, Das. Villach. Weiler. 1888. Folio. Nr. 1—7.

Karny, H., Ergebnisse der mit Subvention aus der Erbschaft Treitl unternommenen zoologischen Forschungsreise Dr. Franz Werners nach dem ägyptischen Sudan und Nord-Uganda. IX. Die Orthopterenfauna des ägyptischen Sudans und von Nord-Uganda (Saltatoria, Gressoria, Dermaptera) mit besonderer Berücksichtigung der Acridoideengattung Catantops. [Aus: Sitzungsber. d. k. Akad. d. Wissensch., mathem. naturw. Klasse.] Gr. 8°. (112 S. mit 3 Tafeln) † K 3.30

Karny, H., Orthoptera (s. str.) vom westlichen u. zentralen Südafrika, s.: Denkschriften der medicinisch-naturwissenschaftlichen Gesellschaft zu Jena. XVI, 1.

— Die Orthopterenfauna des ägyptischen Sudans u. v. Nord-Uganda (Saltatoria, Gressoria, Dermaptera) m. besond. Berücksicht. der Acridoideengattung Catantops, s.: Ergebnisse der usw. zoologischen Forschungsreise Dr. Franz Werner's nach dem ägyptischen Sudan. IX.

— Revisio Conocephalidarum, s.a. Abhandlungen der k. k. zool.-botan. Gesellschaft in Wien. IV, 3.

Revisio Conocephalidarum. Auctore H. **Karny**. Mit 21 Textfig. Jena G. Fischer 1907 (113 S.) 4°(8°)
— **Abhandlungen** d. K. K. Zool.-Bot. Gesellsch. in Wien. Bd 4, H. 3. [illegible]

— Optische Untersuchungen zur Aufklärung der Struktur der Muschelschalen. I. *Arcuidae* II. *Unionidae* mit 20 Textfiguren. S. 122 III [illegible] . 2 10
Separatabdruck

Karo, G., Antiquités crétoises, s.: Maraghiannis, G.

Karo, G., Handschriftl. u. krit. Beiträge z. bellum Hispaniense. S.-A. 1891. 14 S.

Karo, G., auf dem Wege zur Wahrheit. Für Suchende. gr. 8. (VII, 123 S.) Tübingen 901. J. C. B. Mohr. n. 1.75; geb. n. 2.50

Karo, Georgivs [Florentinvs]: De arte vascvlaria antiqvissima qvaestiones ... (Soll fortges. werden.) Bonnae, typ. C. Georgi vniv. typogr., 1896; 2 Bl., 43 S., 1 Bl., 2 Taf. 8.
Bonn, Phil. Fak., Inaug.-Diss. v. 22. Juli 1896

Catenarum graecarum catalogus. Composuerunt Georgius **Karo**, Dr. phil., et Iohannes Lietzmann, Lic. theol. [Göttingen 1902] (180 S.) 8°
Aus: Nachrichten d. k. Gesellsch. d. Wiss. zu Gottingen. Phil.-hist. Kl. 1902, H. 1 3. 5. 10$-$9549

Karo, Gottwalt, Johann Salomo Semler in seiner Bedeutung f. die Theologie m. besond. Berücksicht. seines Streites m. G. E. Lessing. (III, 116 S.) gr. 8. Berlin 905. [C. A. Schwetschke & Sohn.] Leipzig, M. Heinsius Nachf. n. 3. —

Karo, Gottwalt Aemil (geb. Merseburg 22. 6. 1838): De fontibus librorum qui feruntur Samuelis. Berolini (1862). (34 S.) 8°
Berlin, Phil. Diss. v. 31. Juli 1862

Karo, Herb., natürliche Grenzen des Freihandels! Eine polem. Abhandlg. üb. den Export v. Produktivmitteln. (23 S.) 8. Zürich 908. Rascher & Co. — 80

Karo, Herbert. Sozialismus und Landwirtschaft. Kurzgefasste Abhandlung unter Zugrundelegung des gleichnamigen Werkes von Dr. Eduard David. (Vortrag.... [Sep.-Abdr. aus der] «Neuen Glarner Zeitung» [Jahrg. 50, Nr. 86—114].) 63 S. 8. Zürich, Komm. Rascher & Cie., 1908. [fr. —. 60]

Karo, Herbert Ein Vorkämpfer moderner Weltanschauung. Gedenkworte an David Friedrich Strauss (1808—1874) ⟨dazu ein Jugendbildnis⟩. (Vortrag gehalten vor dem Staatswissenschaftlichen Klub an der Universität Zürich ... Vervollständigtes Manuscript.) 39 S. 8. Zürich, Rascher & Cie., 1908 [fr. 1.25]

Karo, Josephus. In Hoseam Commentarius, e codice manuscripto ... primum editus. Bresl. 1861. H: *Graetz, Hirsch.* (Kat. d. Druckschr. üb. Breslau. Breslau 1903. S. 285.)

Karo, Jos., Schulchan Aruch ordinis Jore Dea, cum glossis Mosis Israels, Secharja Mendel [Beer Heteb], nec non Leket ha-Kemach, Panim Chadaschot, Eben ha-Oser et Eschel Abraham. gr. 8. (VIII, 736 S.) Berlin 876, Adf. Cohn. *

Karo, Jos. Sententiae rabbinorum de successione ab intestato et testamentaria coll., inter cetera iuris ebraici capita in libro Schulchan Aruch dicto per R. Mos. Iserles emendato. In linguam Latinam vertit et passim ill. Chr. Gottlob Meyer edi cur. atque add. adjecit Gottl. Henr. Stuck. Cum praef. Dan. Nettelbladt. Halae Magdeb. 1775.

Karo, Rabbi Joseph, sententiae Rabbinorum de successione ab intestato et testamentaria, collectae in libro Schulchan Aruch latine redditae per C. G. Meyer, cum accessionibus Gli. Hnr. Stuck, et praef. D. Nettelbladt. 8 maj. Halle 775. Hendel. 10 ℊ

Karo, Ludovicus (geb Glogau 1802) Syntagma de rabie canina erupta et auripigmenti usu. Vratislaviae (1832). (38 S.) 8°
Breslau, Med. Diss. v. 4. [vielmehr 7] Apr 1832

Karo, Walther, a. Berlin: 1. Das N-Methyl-β-Naphtindol und seine Hydrierung. 2. Zur Konstitution des Apomorphins. (Berlin-Wilmersdorf: C. Arnold 1906.) (35 S.) 8°
Berlin, Phil. Fak., Ref. Fischer, Diss. v. 13. Okt. 1906
[Geb. 4. Juli 83 Berlin; Wohnort: Berlin; Staatsangeh.: Preußen; Vorbildung: Wilhelms-Gymn. Berlin Reife M. 01; Studium: Berlin 1, Freiburg i. B. 1, Berlin 7 S.; Rig. 5. Juli 06.]

Karo, Wilhelm [aus Soldin]: Über Blutungen aus Oesophagusvaricen .. Heidelberg, Th. Amann, 1890; 32 S., 1 Bl. 8.
Würzburg, Med. Fak., Inaug.-Diss. v 1890

Karol, Martha. Ikaros. Erzählung aus dem Leben. gr. 8. (216 S.) Danzig 890, Hinstorff. * 3 —; geb. * 4 —

Karola, verführt! s.a. **Geschichten, intime. Nr. 24.**

Verführt! Eine Lebensskizze von Karola. Berlin Berliner Roman-Verl. [1904]. (48 S.) 8° [J.]
= Geschichten, Intime 24. [os. 7486

Károla, Janke s. Janke Cárola.

Karola's Tante, Kinderstube. Heit. u. ernste Gedichte f. d. lieben Kleinen. 4. (116 S.) Aachen 896. A. Jacobi & Co. Geb. in Leinw. n. 2.40

Karolellus. Beitrag zum Karlssagenkreis. Aus dem einzigen pariser Drucke hrsg. von Merzdorf. gr. 8. (80 S.) Oldenburg 855, Stalling. *

Karoli, E., Friedrich d. Gr. als Begründer v. Familienglück, s. Bertram.

—— die Ophelienritter. Novelle. 16. (6½ B.) Iserlohn 833, Langewiesche.
Aus d. Taschenbuche „Lies mich!" Jahrg. 1833, besond. abgedruckt.

†Karoli, E., (E. Bernstein,) Jedem das Seine. Orig.-Lustsp. in Versen u. 3 Aufz. 16. (6 B.) Iserlohn 832, Langewiesche.
Aus d. Taschenbuche „Lies mich!" Jahrg. 1832, besond. abgedruckt.

Karoli, E., Eleonore Snitger, s. Volksbücher, neue.

Die sogenannten Assyro-Chaldäer und Hittiten von Kleinasien v. Paul **Karolides,** Prof. a. d. Univ. Athen. Athen: Dr. v. Gebr. Perris; *In Comm.* b. Barth & v. Hirst) 1898. (175 S.) 1 Bd 8. [98. 10123 G.

Karolina, F., oder das Leben zweier Studenten. 8. Frankf. (Weißenf.) 798. N. A. 811. (Leipz., Engelmann). 16 ℊ

Karolinchen, od. der Druckfehler. 8. Dresd. 787. Gerlach. 12 ℊ

Karoline, s.a. Caroline.

Karoline, e. Wochenschrift. 8. Königsb. 767. Kanter. 20 ℊ

— oder das Staatsopfer; Trspl. (v. Chr. Gf. Mantzel). 8. Wismar 779. Bödner. 2 ℊ

— oder die Parforcejagd; Operette. 8. Gießen 782. Krieger. 4 ℊ

Karoline, oder d. unbelohnte Geliebte; Schspl. (v. J. B. Tilly). 8. Leipz. 790. Koppe. Stiller in Rostock. 8 ℊ

— oder der Wechsel des Glücks, eine engl. Geschichte. 8. Liegn. 790. (Krappe in Leipz.) 1 ß

Karoline, die alte, von M. v. O., s.a. **O du fröhliche usw. Weihnachtszeit. 29. Hft.**

Karoline, die alte, u. andere Geschichten. Erzählungen f. Jung u. Alt von M. v. O. Mit 2 Illustr. von M. v. Arnswaldt. 1. u. 2. Aufl. 8. (à 79 S.) Schwerin 902. F. Bahn. n. — 90; geb. in Leinw. n. 1. —

— dasselbe u. andere Geschichten. Erzählungen f. Jung u. Alt v. M. v. O. 3. u. 4. Aufl. (à 80 S. m. 2 Vollbildern.) 8. Schwerin 907. F. Bahn. n. — 90; geb. n. 1. —

—— verwittwete Fürstin zu Schwarzburg-Rudolstadt, geb. Landgräfin zu Hessen-Homburg. Mit Genehmigung des Verf. aus der neuen preuß. Zeitung Nr. 161 abgedr. gr. 8. (16 S.) Rudolstadt 854, [Renovanz und Scheitz.] *

Karoline u. Julchen, die beiden Waisen, s. Bibliothek f. d. reifere Jugend.

— u. Julie, eine moral. Erzähl. aus d. Französ. 8. Wien 783. Hörling. 5 ℊ

KAROLINE und Julie, eine moralische (zahme) Erzählung. Aus d. Französ. übersetzt. Wien, Sonnleithner, 1783 8° 112 S. (2 Mk., Lesesp., A. Bielefeld, Carlsruhe, 1911.)

— in der Laube. 8. Altona 787. Kave. 16 ℊ

***Karoline* de Lichtenfeld, par Mad. de ***, publié par le Traducteur de Werther. II Tomi. gr. 12. Lausanne 783. (Ettinger in Gotha). 1 ß**

— Dass. deutsch. 2 Thle. 8. Wien 799. K. Haas. 15 ℊ

Karoline Louise, Fürst und Dichter. Lyrisch-dramat. Gedicht in 5 Akten. br. 8. (V und 120 S.) Berlin 855, Schneider. *

E Karoline Mathilde. Ein Lebensbild von Ernst Korte. — Celle Ströher o. J. [um 1875] 32 S. 8°

— Millifiori, od. das Schrecken des gelben Fiebers auf Malaga. 8. (Gotha) 804. Hennings. 1 ℳ

Karoline u. ihre Mutter, oder: Möchten alle Eltern solche Töchter haben! Eine Erzählung f. das weibl. Herz, von *r. (G. W. Becker.) Mit Titelkpf. gr. 12. Leipz. 830. (Volckmar). 16 ℊ

Die schöne Karoline oder die edle Kaufmannsfrau als Husaren-Oberst Wahre Geschichte aus der Zeit der französischen Kriege Reutlingen. Verlag von Enßlin und Laiblin.
Kol. Druck der Buchdruckerei von A. d'Angelo in Reutlingen.
o. J. (1877). 16 S. 150 × 100.
LBS d. D oct K 3233

KAROLINE, Die schöne, als Husaren-Obrist oder die edel denkende Kaufmannsfrau. (Leipzig, Taubert c. 1808?). 8°. (1 gr.)
Volksschriftchen, sehr rar geworden.

Karolinen [Schlagwort]

Karolinen, s.: Kolonialkarten. Langhans.

Karolinens Blumenkranz. 12. Berl. 796. (Schöne). 8 ℊ Dass. 8. Halle 795. Dreyßig. 6 ℊ

Karolinens Tagebuch, ohne außerordentl. Handlung v. M. A. S. (Marie Anne Sagar). 8. Prag 774. (W. Vogel in Lpz.) 12 ℊ

Karolinenthal [Sachliches OW]

Karolinenthal und dessen Kirche. Ein kurzgefaßter historisch-statistischer Bericht aus Anlaß der Grundsteinlegung am 10. Juni 1854. (Nach dem böhmischen Originaltexte.) 8. (4 Blätt.) Prag. Druck von Friedr. Rohlicek. 1854.

Karolinenthal [Schlagwort]

Karolinenthal, s.: Prag.

Karelius F. K.: Die Entwicklung des Koordinatenbegriffes. 7. Wien III. R. (Rainer.) 04.
Prag.

Karoly, Akin

Károly, A., das Geld der Zukunft s.a. Fragen, zeitbewegende.

Károly, Akin. Das Geld der Zukunft. 8. (Titel-)Aufl. gr. 8. (64 S.) Lpz. 890, Levien. — 50

Károly Ludwig von Die Verbrennungsprodukte der Schießwolle und des Schießpulvers, erzeugt unter Umständen, welche analog jenen der Praxis sind (mit 1 Taf.). S. 47 II 59 vgr.
Separatabdruck

Károlyi, Arpád v., Vlachen-Auswanderung aus der Gegend v. Bihać zu Ende des 16. Jahrh. [Aus: „Wissenschaftl. Mittheilgn. aus Bosnien u. d. Hercegovina" 2. Bd.] Lex.-8. (11 S. m. 1 Abbildg.) Wien 894. (C. Gerold's Sohn.) n. — 60

Károlyi, Ed., *Graf*, *Vizepräs. d. oberungar. Eisenbahn- u. Bergwerk-Gesellsch.* Denkschrift über die ober-ungarische Eisenbahn- uud Bergbau-Industrie. (Als Manuscript gedruckt.) *Wien* 1858. Druck und Verlag der typ.-lit.-art. Anstalt. *(L. C. Zamarski, C. Dittmarsch & C.)* 36 S. 8°.
Nicht ber.

Károlyi, Ludw. v., die Verbrennungsproducte der Schiesswolle und des Schiesspulvers, erzeugt unter Umständen, welche analog jenen der Praxis sind. Lex.-8. (18 S. mit 1 Stnt.) Wien 863, (Gerold's Sohn.) *
Aus: Sitzungsberichte der k. Akademie der Wissenschaften, besonders abgedruckt.

Károlyi, Stephan, *Graf*, *Präses des Debreczin-Szatmár-Szigeter-Eisenbahn-Vereines.* Denkschrift in Betreff der Debreczin-Szatmár-Szigeter Eisenbahn. *Pest* 1858. Druck von *Joh. Herz.* 16 S., 8°. Mit 1 Plane.

Kaerophilus „Kleines Jahr-Märckte-Lexicon", Schneeb. 1746. — Vorh. Com. Bibl. Hamburg.

Karosseroff, Iwan, a. Bulgarien: Zur Entwicklung der bulgarischen Eisenbahnen. Erlangen 1907: Junge & Sohn. (161 S.) 8°
Erlangen, Phil. Fak., Ref. v. Eheberg, Diss. v. 5. Aug. 1907
[Geb. 17. Dez. (a. Stils) 84 Radomir (Bulgarien); Wohnort: Erlangen; Staatsangeh.: Bulgarien, Vorbildung: Staatsgymn. Sofia Reife Juni 03; Studium: Leipzig 7, Erlangen 1 S., Rig. 10. Juni 07.]

Karotten und Marotten. Epigrammatische . . . Dichtungen . . . Neuhaldensleben 1848. V: *Uschner.* (Ky)

Karotten und Marotten. Epigrammatische und humorist.-satyr. Dichtungen eines Einsiedlers. 12. (XI und 133 S.) Neuhaldensleben 848, Eyraud. *

Karow [Schlagwort]

Karow, s.: Geologische Karten (Preussen).

Karow [Verfasser]

Karow, *Arthur Hermann Leonhard* [app. Arzt]: Ein Fall von übertragener Extrauterinschwangerschaft Leipzig, Druck v. A. Edelmann Univ.-Buchdr., 1897; 27 S. 8.
Leipzig, Med. Fak., Inaug.-Diss. v. 20. Juli 1897

Karow, C., 106 Choral-Melodieen, besonders zum Gebrauche in Schulen. 17. Aufl. (34 S.) Bunzlau 866. (Löwenberg in Schl., Köhler.) *

Karow, C., 106 Choral-Melodien, besonders zum Gebrauche in Schulen hrsg. 18. Aufl. 8. (34 S.) Löwenberg i. Schl. 869, (Köhler.) * — 20
—— dass. — 19. Aufl. 8. (32 S.) Bunzlau 878, (Fernbach.) — 20

Karow, C., 106 Choral-Melodieen, besonders zum Gebrauch in Schulen hrsg. 21. Aufl. 8. (34 S.) Bunzlau 896. [L. Fernbach.] G. Kreuschmer. n. — 20

Karow, C., 460 Choral-Melodieen, vierstimmig für die Orgel und für den Gebrauch beim Gottesdienste bearb. qu. gr. 4. (240 S.) Dorpat 848, (Karow.)

—— 460 Choral-Melodien, vierstimmig für die Orgel und für den Gebrauch beim Gottesdienste bearb. 2., verb. Aufl. qu. gr. 4. (III und 235 S.) Dorpat 866, Gläser's Verlag.

—— liturgische Chöre auf die Festzeiten des christlichen Kirchenjahres nebst einer Liturgie auf alle Sonntage für Sopran, Alt, Tenor und Baß componirt. 4. (16 S.) Potsdam 865, Riegel'sche Buchh. *

Karow, C., Leitfaden z. prakt.-method. Unterr. im Gesange, vornehml. in Volksschulen. Lex.-8. (8¼ B.) Bunzlau 838, Appun's Buchh.

Karow, C., Leitfaden zum prakt.-method. Unterricht im Gesange vornehmlich in Volksschulen. 2., bericht. u. verm. Aufl. gr. 8. (10½ B.) Bunzlau 843, Appun's Buchh.

Karow, C., 30 vierstimm. Lieder, in Musik gesetzt u. besond. d. Schulen gewidmet. 12. (3 B.) Bunzlau 834, Appun.

Karow, C., 50 vierstimmige Lieder und Gesänge für Sopran, Alt, Tenor und Baß, besonders zum Gebrauche in Schul-Anstalten und Gesang-Vereinen componirt. 4. (IV und 99 S.) Leipzig 852, Kummer. *

—— Spruch-A-B-C in 25 Canon's für 3 Singstimmen. qu. 8. (1⅜ B.) Bunzlau 845. (Leipzig, Kummer.) *

—— 165 Vorspiele zu den gebräuchlichsten Chorälen, 3-, 4- und mehrstimmig für die Orgel componirt. 2 Lfgn. 4. (IV und 200 S.) Potsdam 864,65, Riegel'sche Buchh. [1. Lfg. * 20 Ngr., 2. Lfg. * 25 Ngr.] *

—— 172 Vorspiele f. d. Orgel üb. 94 Choral-Melodien, sowohl z. Gebr. beim Gottesdienste, wie auch als Schule z. Vervollkommnung im Orgelspiele, größtentheils aus d. verschied. Werken mehr. Komponisten zusammengetr. gr. 4. (13½ B.) Bunzlau 830, Appun.

Karow, Erich, der Müller v. Sagorsch, s.: Erzählungen aus der Ostmark. 2. Bd.

Karow, G: Preislisten über Reinigungs- und Futterbereitungs-Maschinen. Eisenach (1897?)

Karow, Georg Ueber Commotio medullae spinalis. Halle 1874. Lipke. 30 S. 8°
Halle-Wittenberg, Med. Diss. v. 11 Apr 1874
Geb. Stettin 19. 12. 1850. V

Karow, H., evangelisches Gesangbuch für höhere Schulen, s. Walther, C.

Karow, Hans, wie hat man sich vor dem Grundbuchamte zu verhalten? Allgemeinverständl. Darstellg. d. Förmlichkeiten, die beim Kauf u. Verkauf e. Grundstücks sowie bei der Bestellg. e. Hypothek od. Grundschuld zu beachten sind. Nach dem neuen bürgerl. Gesetzbuch u. der neuen Grundbuchordng. f. das Deutsche Reich. Nebst e. Anh. über das Kosten- u. Stempelwesen in Grundbuchsachen. gr. 8. (81 S.) Berlin 900. H. Steinitz. n. 1. —

Karow, Leonh., Festlied für Kaisers Geburtstag. Die treuen Toten. Kaiserlied. Drei vaterländ. Lieder aus den J. 1860—80. gr. 8. (7 S.) Rendsburg 880, Schneider's Verlag. **

Karow, Leonh., neun Jahre in marokkanischen Diensten. (267 S. m. 60 Abbildgn. u. 1 Karte.) 8. Berlin 909. W. Weicher. 5.—; geb. 6.—

Karow, Maria: Wo sonst der Fuß des Kriegers trat. Farmerleben in Südwest nach d. Kriege von —. Mit zahlr. Abb. u. 1 Kt. Berlin: Mittler 1909. XI, 255 S. 8°

Karow, Maria, wo sonst der Fuß des Kriegers trat. Farmerleben in Südwest nach dem Kriege. 2., neubearb. Aufl. 3. u. 4. Taus. (XII, 148 S. m. Bildnis, 30 Taf. u. 1 Karte.) 8. Berlin 911. E. S. Mittler & Sohn. Geb in Leinw. 3. —

Karow, Maximilianus Theodorus De Bernardo del Carpio Hispanorum heroe. Vratislaviae (1855). (44 S.) 8°
Breslau, Phil. Fak., Hab.-Schr v. 17 [vielmehr 19.] Dez. 1855

Karow, Maximilianus Theodorus *(geb. Bunzlau 8 K 1828)* De ratione qua in diversissimis diversissimarum gentium linguis fit comparatio. Vratislaviae (1855). (37 S.) 8°
Breslau, Phil. Diss. v. 28. Febr. 1855

Karp, J. J.

——— und Scholl, Verzeichniss der Gypsabgüsse von den ausgezeichneten urweltlichen Thierresten des Grossherzogl. Museums zu Darmstadt. 2. verm. Ausgabe. Darmstadt 1834. 8. — Desgl. ein 2. Exemplar.

Karpa, Paul, appr. Arzt: Aus d. Kgl. pathol. Institut in Königsberg. Zwei Fälle von angeborenem Dünndarmverschluß. Berlin 1906: G. Reimer. (21 S.) 8° ¶(Aus: Virchows Archiv f. pathol. Anat. u. Physiol. Bd 185 H. 2.)
Königsberg, Med. Fak., Ref. Beneke, Diss. v. 23. Aug. 1906
[Geb. 16. April 81 Biebersswalde, Kr. Osterode O.-Pr.; Wohnort: Seemen, Kr. Osterode; Staatsangeh.: Preußen; Vorbildung: Gymn. Osterode Reife O. 01; Studium: Königsberg 9 S.; Coll. 1. März 06; Approb. 9. Jan. 06.]

Karpaten [Schlagwort]

Karpathen, s.: Hand- u. Reisekarten. 31. 69.

Alpinischen Karpathen — Karte von den — nebst Längen und Querprofilen nach Wahlenbergs und Beudants Messungen entworfen. München Cotta'sche Handlung 1831 Karte und Längen 1 400,000. Für die Höhen 1 50,000. 3 Bl.

Karpath, Ludw., zu den Briefen Richard Wagners an e. Putzmacherin. Unterredungen m. der Putzmacherin Bertha. Ein Beitrag zur Lebensgeschichte Richard Wagners. (39 S.) 8. Berlin (906). Harmonie. n. 1. —

— eine kurze Einführung in Siegfried Wagners „Bruder Lustig" m. Thementafel. (14 S.) kl. 8. Leipzig (905). M. Brockhaus. n. — 40

— Siegfried Wagners Der Kobold, s.a. Opernführer. Nr. 108.

Der Kobold von Siegfried Wagner. Eine Erl. d. Dichtung u. Musik von Ludwig Karpath. Berlin & Leipzig: H. Seemann Nachf. [1904]. (44 S.) 8° [F.]
= Opernführer No 108. [08. 10317]

Karpath, Ludw., Siegfried Wagner als Mensch u. Künstler. (Moderne Musiker.) gr. 8. (42 S. m. Abbildgn.) Leipzig (902). H. Seemann Nachf. n. 1. —

Karpath, Ludw., Siegfried Wagner als Mensch u. Künstler. (Moderne Musiker.) 2. Aufl. (42 S. m. 4 Abbildgn. u. 2 Bildnissen.) gr. 8. Berlin (906). Harmonie. 1. —

Karpathen [Sachliches OW]

Karpathen, die. Halbmonatsschrift f. Kultur u. Leben. Hrsg. v. Ad. Meschendörfer. 1.—4. Jahrg. Oktbr. 1907—Septbr. 1911. à 24 Nrn. (1.—3. Jahrg. VIII, 768; VIII, 736 u. VIII, 776 S. m. Abb. u. Taf.) Lex. 8. Kronstadt, H. Zeidner. à Jahrg. 14.—; geb. in je 2 Leinw.-Bde. 18. —

Karpathen [Schlagwort], s. Karpaten [Schlagwort]

Kárpáti, Eugen: Ueber heptacyklische Verbindungen aus Suberon. Göttingen 1910: Dieterich. 75 S. 8°
Göttingen, Phil. Diss. v. 28. Juni 1910, Ref. Wallach
[Geb. 6. Febr. 86 Kaschau; Wohnort: Preßburg, Staatsangeh.: Österreich-Ungarn; Vorbildung: Ev. Lyz. Preßburg Reife Juni 04, Studium: Budapest 4, Göttingen 5 S.; Rig. 2. März 10.] [U 10. 1420

Karpe, Alfred, Referendar in Naumburg a. S.: Die Rechtsstellung des Handlungsreisenden. Naumburg a. S. 1905: Lippert & Co. (VI, 53 S.) 8° [F.]
Leipzig, Jur. Fak., Diss. v. 19. Juni 1905
[Geb. 14. Sept. 80 Rudolstadt; Wohnort: Naumburg a. S.; Staatsangeh.: Preußen u. Schwarzburg-R.; Vorbildung: Gymn. Frideric. Rudolstadt Reife O. 99; Studium: Breslau 1, Freiburg i. B. 1, Berlin 2, Halle 3 S.; Rig. 10. Juli 03.]

Karpe, Frz. *Sam.*, († d. 19. Sept. 1806.) **argumentum tentaminis ex philosophia rationali in conspectu tabellari exhibitum. 8. Olmütz 770.**

— Darstellung der Philosophie ohne Beinamen, in e. Lehrbegriffe, als Leitfaden zum liberalen Philosophiren. 6 Theile. (Theoretische Philosophie 3 Thle., Prakt. Philosophie 3 Thle.) gr. 8. Wien 802 u. 3. Beck. 4 ß 16 gl

— filum tentaminis ex philosophia speculativa. 8. Olmütz 776.

Karpe, Frz. Sam., institutiones Philosophiae dogmaticae et moralis. VI Tom. gr. 8. Vien. Wappler et Beck. 804.

Ej. Institutt. philosophiae dogmat. perpet. Kant. disc. rat. habita. *Eb.* 804. 3 V. gr 8° 2 ß

— institutiones philosophiae moralis. III Tom. 8maj. Wien 804. Beck. 1 ß Wagner in Inspir. 1 ß 18 gl

— Institt. philos. mor. *Eb.* 805. 3 V. gr 8° 1 ß 12 gl

Karpeles, A., u. W. Grünsfeld, hebräische Alfabethschule. Neue Methode der zarten israelitischen Jugend das Lesen der hebräischen Sprache in kurzer Zeit spielend beizubringen. Preßburg 861. (Wien, Knöpflmacher & Söhne.) 32. (7 S. u. 56 Bl.) n. 12 ngr.

Karpeles, Benno, die Arbeiter d. mährisch-schlesischen Steinkohlen-Revieres. Socialstatistische Untersuchgn. I. Bd. hoch 4. Leipzig 894. Duncker & Humblot. n. 14. —
1. Hälfte. (VIII, 149 S.) n. 6. 80. — 2. Hälfte. (S. 151—306.) n. 7. 20.

Karpeles, Benno, die englischen Fabrikgesetze. In deutscher Übersetzg. hrsg. gr. 8. (XL, 481 S.) Berlin 900. E. Felber. n. 10. —; geb. n. 11. —

Karpeles, E., Goethe als Bibelforscher, s.: Schriften, gemeinverständliche, zur Erkenntnis israelitischer Vergangenheit u. Gegenwart.

Karpeles, Elias, Grabreden für alle Wochenabschnitte des Jahres. 2. verb. und verm. Aufl. 8. (VIII, 198 S.) Frankfurt a. M. 888, Kauffmann. 2 25

Karpeles, Elias, Confirmations-Reden für alle Wochen-Abschnitte des Jahres. gr. 8. (134 S.) Brünn 879, Epstein. *

Karpeles, Elias. Confirmations-Reden f. alle Wochen-Abschnitte d. Jahres. 2. verb. Aufl. Mit e. Vorwort v. Gust. Karpeles. gr. 8. (129 S.) Brünn 892, Epstein u. Comp. * 1 50

Karpeles Elias. Eine Sammlung Predigten gehalten in der Synagoge zu Eiwanowitz in diesem Jahr von — 8. (87 S.) Wien, Edlen von Schmidbauer u. Holzwarth 1853.

—— Sabbath-Reden für die israelitische Jugend über alle Wochenabschnitte des Schuljahrs. gr. 8. (VIII, 160 S.) [Breslau 887, Preuß und Jünger.] Frankfurt a. M., Kauffmann. * 2 25

—— Traunngsreden, s. Gelegenheits-Predigten jüdischer Kanzelredner.

Karpeles, Gustav

—— Heinrich Heine's Biographie. 8. (150 S.) Hamburg 885, Hoffmann und Campe, Verlag. * 1 20

Karpeles, Gust., e. Blick in d. jüd. Litteratur, s.: **Universal-Bibliothek, jüdische.**

Karpeles, Gust., Ludwig Börne. Lichtstrahlen aus seinen Werken. Mit einer Biographie Börne's. 8. (VII, 215 S.) Leipzig 870, Brockhaus. * 3 —
geb. mit Goldschn. * 4 —

Karpeles, Gust., biographische Einleitung, s.: Herzfeld, L., Handelsgeschichte der Juden d. Alterthums.

Karpeles, Gust., Entwurf zu e. deutschen Bibliographie, s.: Houben, Heinr. Hub.

Karpeles, Gust., im Foyer. Essays und Skizzen. 8. (296 S.) Leipzig 878, Schlicke. * M 4.; geb. *

—— die Frauen der jüdischen Literatur. Ein Vortrag, gehalten zum Besten des Sefath-Emeth-Vereines in Berlin. br. 8. (27 S.) Berlin 871, Poppelauer. ** — 50

Karpeles, Gust. Die Frauen in der jüdischen Litteratur, s. a. Mendelssohn-Bibliothek.

Karpeles, G., Die Frauen i. d. jüdischen Litteratur. (75 S.) Berlin 1889. Engel.

— allgemeine Geschichte der Litteratur von ihren Anfängen bis auf die Gegenwart. Mit Illustr. u. Portr. (In 12 Abtlgn.) 1.—6. Abtlg. Lex.-8. (1. Bd. 688 S.) Berlin 891. Grote. à 2. — (1. Bd. cplt.: 12. —; geb. n. 15. —)

— allgemeine Geschichte der Litteratur von ihren Anfängen bis auf die Gegenwart. Mit Illustr. u. Porträts. 7.—18. (Schluß-)Abtlg. Lex.-8. (1. Bd. S. 689—750; 2. Bd. 875 S.) Berlin 891. G Grote. à 2. — (kplt.: 26. —; geb. in Halbfrz. n. 32. —)

— allgemeine Geschichte der Litteratur von ihren Anfängen bis auf die Gegenwart. Neue Ausg., fortgeführt bis Ende des 19. Jahrh. Authentisch illustr. m. 145 Taf., Farbendr. u. 558 Portr. u. Abbildgn. im Text. 2 Bde. in 3 Tln. gr. 8. (XVI, 760 u. VIII, VIII, 880 S.) Berlin 901. Histor. Verlag Baumgärtel.
Geb. in Leinw. 20.—; erhöht. Pr. 32.—; in Halbfrz. 35.—

Karpeles, Gust., Geschichte der jüdischen Literatur. gr. 8. (VIII, 1172 S.) Berlin 886, Oppenheim. * 18 50
geb. * 21 —

Karpeles, Gust., Geschichte der jüdischen Literatur. 2 Bde. 2. Aufl. (VII, 492 u. V, 496 S.) gr. 8. Berlin 909. M. Poppelauer. 12.50; geb. in Leinw. 15.—; in Halbfrz. 17. —

—— Goethe in Polen. Ein Beitrag z. allg. Litteraturgeschichte. gr. 8. (X, 220 S. m. 1 Portr. in Lichtdr.) Berl. 890, Fontane u. Co. * 3 50

— s.: Halevi, Jehuda, Diwan.

—— Heinrich Heine. Biographische Skizzen. br. 8. (IV, 120 S.) Berlin 869, Hausfreund-Expedition. * 1 50

— **Heinrich Heine. Aus seinem Leben u. aus seiner Zeit. 4. (VI, 347 S. m. Abbildgn., 16 Taf. u. 6 fksm. Beilagen.) Leipzig 899. A. Titze. n. 7.50; geb. n. 9.50**

—— Heinrich Heine und das Judenthum. 8. (31 S.) Breslau 868, Heidenfeld. * — 50

Heinrich Heine und Der Rabbi von Bacharach. Von Gustav **Karpeles**. Wien: Verl. d. 'Freien Blattes' 1895. (64 S.) 8° [F.]
(Collection d. 'Freien Blattes'. Bd 3.) [07. 9878 11

—— Heinrich Heine und seine Zeitgenossen. 8. (III, 347 S.) Berlin 888, F. und P. Lehmann. * 4 —
geb. * 5 —

— s.: Heine's, Heinr., Memoiren.

— s.: Heine-Reliquien.

— Über Juden u. Judentum, s.a. Steinthal, H.

Über Juden und Judentum. Vorträge u. Aufsätze von Prof. Dr. H[ajim] **Steinthal**. Hrsg. von Gustav Karpeles. 2. Aufl., hrsg. von N. M. Nathan. Berlin: Poppelauer 1910. XIII, 305 S. 8°
(Schriften d. Gesellschaft z. Förderung d. Wissenschaft d. Judentums. [9.]) [10. 10882

—— Nikolaus Lenau. Sein Leben und Dichten. gr. 16. (III, 44 S.) Berlin 873, Levit. * 1 —

—— das deutsche Nationalfest. Festgabe zum 2. Septbr. 16. (IX, 75 S.) Breslau 873, Lichtenberg. * 1 —

—— unter Palmen. Literaturbilder. br. 8. (VI, 173 S.) Berlin 871, Loewenstein. — Staude. [Leipzig, Richter's Verlags-Anstalt.] *M. 2,25.; geb. * 3 —

—— Friedrich Spielhagen. Ein literar. Essay. 8. (81 S. m. Stahlst.-Bild.) Lpz. 889, Staackmann. * 1 50

Karpeles, Gustav: Litterarisches Wanderbuch. Von –. 2. Aufl. Berlin: Allg. Ver. f. Deutsche Litt. 1898. (VI, 320 S.) 1 Bd. 8°
(Allg. Verein f. Deutsche Litteratur. Abt. 24. [No. 1.])

Karpeles, Gust., literarisches Wanderbuch. Neue Folge. Slavische Wandergn. (Umschlag: 2. Aufl.) (VIII, 316 S.) 8. Berlin 905. Allgemeiner Verein f. deutsche Literatur. n. 5.—; geb. in Leinw. od. Halbfrz. n. 6.50

—— Die Zionsharfe. Eine Anthologie der neuhebr. Dichtg. in deutschen Übertraggn. 8. (XXVII, 359 S.) Lpz. 889, Roßberg. * 4 —
geb. * 5 50

Karpeles, Heinrich [app. Arzt aus Bayreuth]: Ein Fall von Eventration ... München, Buchdr. v. M. Ernst, 1893; 15 S. 8.
München, Med. Fak., Inaug.-Diss. v. 1893

Karpeles, Sigmund, approb. Arzt aus Bayreuth: Ein Fall von Nebennierentuberkulose ohne Morbus Addisonii. *München 1902: C. Wolf & Sohn.* (31 S.) 8°
München, Med. Diss. v. 1902

Karpelles, Ludw., Beiträge zur Naturgeschichte der Milben. Inaugural-Dissertation. gr. 8. (38 S.) Berlin 883. (Jena, Deistung's Buchh.) *

—— über Gallmilben [Phytoptus Duj.]. Lex.-8. (10 S. mit 1 lithogr. Taf.) Wien 884, (Gerold's Sohn.) **
Aus: Sitzungsberichte der k. Akademie der Wissenschaften, besonders abgedruckt.

Karpf, A., die Literatur über die Polar-Regionen der Erde, s. Chavanne, J.

Karpf, A. T., einige Worte über die Vermittlung des leichteren Verständnisses der Lehrbücher an Mittelschulen. 8. (13 S.) Wien 877, (Gerold und Comp.) *

Karpf, Alois. Apparat f. die vier Grundrechnungsarten. Mit 1 Taf. 12. (16 S.) Wien 890, (Sallmeyer'sche Buchh.). * — 24

Karpf, Carl, Τὸ τί ἦν εἶναι. Die Idee Shakespeare's und deren Verwirklichung. Sonettenerklärung und Analyse des Dramas Hamlet [indirecter Beitrag zur Zeitfrage „Glauben und Wissenschaft"]. gr. 8. (XXII, 167 S.) Hamburg 869, Mauke Söhne. * 4 —

Karpf Leonhard: De fontibus Graecis, quos Ovidius in Metamorphosibus componendis adhibuerit.
H. 1907 PN 2307 Diss. Wien. Univ. 1623

Zur Karpfen-Zucht. 1877 München

Opf. Kr.-Fisch.-Ver., Zur Karpfenzucht. Teichwirthschaft und Karpfenbrütung.
Bayer. F.Z., 7, S. 85 u. 177.
1882 München

Karpfenzucht, Die. Anleitung zum praktischen Betriebe unter Berücksichtigung der neuesten wissenschaftlichen Erfahrungen. Hrsg. von K. Knauthe. Neudamm 1901

Karpff, Ant. Fr., Descriptio morbor. anno 1831 Jaurini epidemicor., cum adversariis patholog.-therapeut. 8 maj. (6¼ B.) Vindobonae 833, (Gerold.)

Karpiński: Schwingungsgesetze gespannter Saiten. 19 S. u. Fgt. – Bochnia, Progr. 1857.

Karpinski, s. Schriften des Vereins f. Socialpolitik, 119. Bd. I. Tl.

Karpinski, Verfassung u. Verwaltungsorganisation preußischer Städte im Gebiete des polnischen Nationalitätenkampfes, s.: Zitzlaff.

Karpinski, Adalbert: Haftung des malae fidei possessor als dolo malo desinens possidere mit der rei vindicatio bei Veräusserung und seine Haftung bei culposem Untergang der mala fide besessenen Sache. *Erlangen 1898: F. Junge.* (36 S.) 8°
Erlangen, Jur. Diss. v. 18. Febr. 1898

Karpiński, Franc., Dziela, v. Biblioteka Kieszonkowa Klassikow Polskich. Tom. XVII—XXI.

Karpinski, O., Studien über künstliche Glieder. Im Auftrage des königl. preuss. Kriegs-Ministeriums bearb. Hierzu 1 Atlas (von 50 Steintaf. in qu. gr. 4.). gr. 8. (XI, 231 u. Beilagen 88 S.) Berlin 881. Mittler & Sohn. n. 10. —

Karpinski, Otto Augustus Albert. (geb. Berlin 19. 9. 1838) De usu perspicillorum vitiisque eum postulantibus. Berolini (1862). (32 S.) 8°
Berlin, Med. Diss. v. 29. März 1862

Karpinski, Paul *August Albert* [aus Zoppot]: Casuistische Beiträge zur Erläuterung der Beziehungen zwischen Lupus und Carcinom.... Greifswald, Druck v. J. Abel, 1891; 29 S. 8°
Greifswald, Med. Fak., Inaug.-Diss. v. 26. Febr. 1891

KARPINSKI, VINCENZ JOSEPH VON. Zur Kenntnis der Acetacrylsäure. Bern, 1889.

Karpinsky, A. Ueber die Ammoneen der Artinsk-Stufe s.a. Mémoires de l'académie impériale des sciences de St. Pétersbourg.

Karpinsky (A.), Ueber die Ammoneen der Artinsk-Stufe und einige mit denselben verwandte carbonische Formen. (Mém. de l'Acad. impér. d. sc. de St.-Pétersbourg, VIIe sér., T. 37, Nr. 2.) St.-Pétersbourg 1889. 4. Mit 5 Tafeln.

Nachrichten, Bergstatistische Russlands. Von **Karpinsky.** Für 1882—83. Petersburg. 8.

Karpinsky, A., die fossilen Pteropoden am Ostabhange des Urals, s. Mémoires de l'Académie impériale des sciences de St.-Pétersbourg.

Karpinsky, A., die Trochilisken. (Russisch u. Deutsch.) (VIII, 166 S. m. 59 Abb., 3 Taf. u. 3 Bl. Erklärgn.) 34×25,5 cm. St.-Pétersbourg 906. (Leipzig, M. Weg.) nn 5. 83
Sonderabdruck aus: „Mémoires du comité géol."

Karplus, Arnold, neue Landhäuser u. Villen in Österreich. (III, 16 S. m. Abb. u. 113 [114] Taf.) 33×25,5 cm. Wien (910). A. Schroll & Co. Kart. 20. —

Karplus, Hans, a. Troppau: Beiträge zur Theorie der Löslichkeitsbeeinflussung. (Berlin 1907: A. W. Schade.) (48 S.) 8°
Berlin, Phil. Fak., Ref. Nernst, Diss. v. 9. März 1907
[Geb. 1. Sept. 84 Troppau (Österr.-Schlesien); Wohnort: Troppau; Staatsangeh.: Österreich; Vorbildung: K. K. Staatsgymn. Troppau Reife Juli 03; Studium: Zürich 4, Berlin 3 S.; Rig. 22. Nov. 06.]

Karplus, J. P., üb. Familienähnlichkeiten an den Gehirnfurchen des Menschen. (58 S. m. 20 Lichtdr.-Taf.) Lex.-8. Wien 905. F. Deuticke. n. 5. —
Sonderabdruck aus: „Arbeiten a. d. neurolog. Institute an der Wiener Universität".

Karplus, J. P., zur Kenntnis der Variabilität u. Vererbung am Zentralnervensystem des Menschen u. einiger Säugetiere. (162 S. m. 57 Abb. u. 6 Lichtdr.-Taf.) Lex. 8. Wien 907. F. Deuticke. 10. —

Karplus, S., ein Fall v. Keuchhusten m. ausgedehntem Hautemphysem. (7 S.) gr. 8. Berlin 904. J. Goldschmidt. n. 1. —
Sonderabdruck aus: „Deut. media. Presse".

Karplus, Sigmar, approb. Arzt aus Berlin: **Beitrag zur Lehre von den Gesichtsempfindungen.** *Berlin 1902: G. Winkler.* (37 S.) 8°
Berlin, Med. Diss. v. 2. Dez. 1902

[Russ.] **Karpovič i Balmašev** pered sudom. *Berlin: G. Štejnic. 1902.* (52 S.) 8°
[Auf d. Umschl.:] Karpowitz u. Balmaschew vor Gericht.
(Izvěstnějšaja russkaja biblioteka. Č. 34.) [03. 10461]

Karpow, Grigory, üb. die desinficirende Wirkung der 3 isomeren Chlorphenole, ihre Salicylsäureester u. ihr Verhalten im Organismus Diss. gr. 8. (31 S. m. 1 Tab.) Jurjew (Dorpat) 893. (E. J. Karow.) n. 1. --

Karpowicz, P., s.: Abschlachtung der russ. Jugend.

Karpowitz u. Balmaschew vor Gericht. (In russ. Sprache.) 8. (52 S.) Berlin 902. H. Steinitz. n. 1. —

Karpp, Heinr., Unters. zur Philosophie des Eudoxos von Knidos. Diss. 1933. 57 S. 2.50

Karppe, s.: Sammlung deutscher Lehrbücher.

Karr, A., die Familie Duchemin, s. Familie Duchemin, die.

Karr, Alfons, Fls. Roman. A. d. Franz. übers. v. † Theod. Hell. 8. (12¾ B.) Dresden u. Leipzig 835, Arnoldische Buchh.

— Ende der Mutter, s. Franzosen, die, d. neuesten Zeit.

— der Gartenbauer, s. Ebendas.

Karr, Alfons, la Penelope Normanna, s. Emporeo drammatico.

—— Roses noires et roses bleues. (Bibliothèque choisie. Vol. 291.) 16. (147 S.) Paris 859. [Naumburg, Paetz.]

Karr, Grant, aus Heyworth, Ill., U. S. A.: **Dr. W. T. Harris' Lehre von den Grundlagen des Lehrplans dargestellt und beurteilt.** *Jena 1900: B. Engau.* (V, 118 S.) 8°
Jena, Phil. Diss. v. (2. Aug.) 1899

Karras, Heinrich, aus Berlin, Referendar am kgl. Amtsgericht zu Charlottenburg: Scriptura und pictura im Römischen und Bürgerlichen Rechte. Ein Beitrag zur Lehre von der Akzession. Berlin 1905: W. Pilz. (VIII, 104 S.) 8°
Erlangen, Jur. Fak., Diss. v. 27. Jan. 1905
[Geb. Berlin; Wohnort Charlottenburg; Staatsangeh.: Preußen; Rig. 27 Jan. 05.]

Karrass, Johannes Ueber die Bestimmung der Intensität des Erdmagnetismus vermittelst eines nahezu astatischen Nadelpaares. Halle 1875. Hendel. 24 S. 8°
Halle-Wittenberg, Phil. Diss. v 26. Juli 1875
Geb. Trebnitz (Schlesien) 26. 4. 1851. V.

Karrass, Johannes [Oberl. Dr.]: Zur Stellung und Methode des physikalischen Unterrichts, insbesondere auf dem Gymnasium. Kattowitz, Druck v. L. Neumann, 1890; S. 8—17; 4°
Kattowitz, st. G, OP 1890

Karrass, Theodor

Karrass, Th., Geschichte d. Telegraphie, s.a. Telegraphen- u. Fernsprech-Technik in Einzeldarstellungen. IV.

Karrass, Theodor: Geschichte der Telegraphie Von — T. 1. Braunschweig: Vieweg 1909. 8°
(Telegraphen- u. Fernsprech-Technik. 4.)

Karrassek, J

— Der Infinitiv bei H. Pr. 1883. 28 S.

Karrassek, J., Ueb. die zusammengesetzten Nomina bei H. Pr 1880. 26 S.

Karrenberg, C., s. Karrenberg, Karl

Karrenberg, Karl

Karrenberg, C., der Mensch als Zeichenobjekt, s.a. Monographien, pädagogische. VII.

Karrenberg, Carl· Der Mensch als Zeichenobjekt. Ein Versuch z. Lösung d. Frage: Kann d. Mensch Gegenstand d Zeichenunterrichts in d. Volksschule sein? Von – Mit 3 Fig. im Text u. 46 Figurentaf. Leipzig. Nemnich 1910. IV, 74 S 8°
(Pädagogische Monographien. Bd 7)

Karrenstein, Eugen, aus Düsseldorf, Unterarzt im 3. Ob.-Elsäss. Inf.-Reg. No 172 Wie entstehen die Schussfracturen der Röhrenknochen-Diaphysen? *Berlin (1902): G. Schade.* (29 S.) 8°
Berlin, Med. Diss. v. 13. Febr. 1902

Karrer, Adolar, Volontär-Arzt an der Klinik, a. Berlin: Aus der Kgl. Chirurgischen Universitätsklinik zu Kiel. Beitrag zur Lehre von den Kahnbeinbrüchen der Handwurzel. Berlin 1905: Moritz & Kummer. (23 S.) 8°
Kiel, Med. Fak., Ref. Helferich, Diss. v. 9. Nov. 1905
[Geb. 15. Dez. 78 Karlsruhe, Baden; Wohnort: Berlin; Vorbildung: Gymn. Weimar Reife O. 00 Studium: Jena 2, Kiel 5, Berlin 1, Leipzig 1, Jena 1 S., Coll. 11. Aug 05, Approb. 22. April 05.]

Karrer, F., Geisteskrankheit und Charakter, s. Sammlung von Vorträgen.

—— Geologie der Kaiser Franz Josefs Hochquellen-Wasserleitung, s. Abhandlungen der k. k. Geologischen Reichsanstalt.

—— s. Hohentwiel.

Karrer, Fel., über das Auftreten der Foraminiferen in den brakischen Schichten [Tegel u. Sand] des Wiener Beckens. Mit 1 Übersichtstabelle. (Abdr. aus den Sitzungsber. der k. Akad. der Wissensch.) Wien 863. (Gerold.) gr. 8. (31 S.) n. 4 ngr.

Karrer, Fel., über das Auftreten der Foraminiferen in den Mergeln der marinen Uferbildungen (Leythakalk) des Wiener Beckens. Lex.-8. (31 S. mit 2 Stnt. und 1 Übersichtstab.) Wien 865, (Gerold's Sohn.) *

—— über das Auftreten von Foraminiferen in den älteren Schichten des Wiener Sandsteins. Lex.-8. (6 S. mit 1 Stnt.) Wien 866, (Gerold's Sohn.)

Karrer, Fel., u. Joh. **Sinzow,** üb. das Auftreten d. Foraminiferen-Genus Nubecularia im sarmatischen Sande v. Kischenew. [Mit 1 (lith.) Doppeltaf. (in qu. 4.) u. 1 (eingedr.) Holzschn.] [Aus: „Sitzungsber. d. k. Akad. d. Wiss."] Lex.-8. (13 S.) Wien 876. (Gerold's Sohn.) n. — 60

Karrer, Fel., der Boden der Hauptstädte Europa's. Geologische Studie. gr. 8. (68 S. mit 22 in den Text eingedr. geolog. Profilen und 1 Titelbilde in Holzschn.) Wien 881, Hölder. *

Karrer, F. v., über die Foraminiferen der tertiären Thone von Luzon, s. Drasche, R. v., Fragmente zu einer Geologie der Insel Luzon.

Karrer, Felix, die miocene Foraminiferenfauna von Kostej im Banat. Monographische Schilderung. Lex.-8. (73 S. mit 5 lithogr. Taf.) Wien 868, (Gerold's Sohn.) * 2 40
Aus: Sitzungsberichte der k. Akademie der Wissenschaften, besonders abgedruckt.

—— zur Foraminiferenfauna in Österreich. Gesammelte Beiträge. Lex.-8. (38 S. mit 3 Stnt. und 1 Uebersichtstab.) Wien 867, (Gerold's Sohn.) *
Vorstehende vier Schriften des Verf. wurden aus: Sitzungsberichte der k. Akademie der Wissenschaften, besonders abgedruckt.

Karrer, Fel. Führer durch die Baumaterial-Sammlung d. k. k. naturhistorischen Hofmuseums in Wien. Mit e. Vorworte d. Hrsgbrs. Aristides Brezina. 40 Phototyp. hervorrag. Bauwerke. 8. (VIII, 355 S.) Wien 892, (Lechner's Sort.). * 2 50

—— die untergegangene Thierwelt in den Baumaterialien Wien's. Ein Vortrag, gehalten im wissenschaftl. Club in Wien am 24. Jänner 1878. gr. 8. (32 S.) Wien 878, Hölder.

Karrer, Frz., Karlsruher G'schwätzgebabbel. Gedichte in heim. Mundart. 12. (VIII, 90 S. m. Abb.) Karlsruhe 895. Wiesbaden, O. Nemnich. n. 1. —; geb. n. 1. 50

Karrer, Frz., Karlsruher G'schwätzgebabbel. 2 Tle. 12. Wiesbaden, O. Nemnich. à n. 1. —; geb. in Leinw. à n. 1. 50
1. Gedichte in heimischer Mundart. Erneute, verb. Aufl. m. allerhand Zutaten. (VIII, 96 S.) 903.
2. Kuddel-Muddel. Gedichte in heim. u. hochdeutscher Mundart. (VII, 96 S.) 903.

Karrer, Franz: Kuddel-Muddel. Humorist.-Satyr. Gedichte zum Theil in Karlsruher Mundart von –. Wiesbaden. O. Nemnich 1900. (VIII, 111 S.) 8°

KARRER, Georg Carl (Kempten): De febri puerperali.- Campoduni: Dannheimer 1831. 32 S. 20.7.1829 - Urk; F 59
Diss. Ingolst.-Landsh.-Mchn.

Karrer, Heinrich [von Zürich]: Der Bauschwindel und der Schutz der Bauhandwerker und Lieferanten. 2 Bl. 127 S. 1 Bl. 8°
Zürich Jur. Diss. 1899/1900.

Karrer, Heinr., der Bauschwindel u. der Schutz der Bauhandwerker u. Lieferanten. gr. 8. (III, 127 S.) Zürich 900. C. Wettstein. n. 2. —

Karrer, J Bernheim-, s. Bernheim-Karrer.

Karrer, L., Das schweizerische Auswanderungswesen. Bericht im Auftrag des schweiz. Handels- u. Landwirthschafts-Departements. gr. 8°. Bern 1886.

Karrer, L., Predigt an der Jahresversammlung des kirchl. Reformvereins zu Lenzburg, am 8. Dez. 1872. 13 Stn. 8. Aarau, Druck v. H. R. Sauerlander.

Karrer, Ph. Jak., Abschiedspredigt von der Pfarrgemeinde Woringen, am 7n Sonnt. n. Trinit. 1818. 8. Kempten 818. Dannheimer. 2 K

— memmingisches Addreß- u. Taschenbuch. 12. Memming. 814. Müller. ...

— drei Amtsvorträge in d. Hauptkirche St. Thomy in Kempten gehalten, nebst Dek. Krauß Installationsrede. 8. Memming. 819.

— Anfangsgründe d. arithmet. Wissenschaften auf mathemat. Gründe u. Vernunftschlüsse gebaut. 8. Dünkelsbühl 792. Schmeißer. (Joachim in Leipz.) 8 K

— Anweis. des kaufm. Briefstyls f. Handlungszöglinge rc. 8. Augsb. Stage. 800.

— neueste Anweis. zum kaufmänn. Briefstyl, für Handlungszöglinge rc. 8. Augsb. 800. v. Jenisch u. St. 8 K

Karrer, Beiträge zu einer Topographie des I. Bezirkes Ostallgäu.
1858 Kempten

— Beschreib. u. Gesch. d. Stadt Memmingen. 8. Memming. 805.

Karrer, Phil. Jak., getreue u. vollständ. Beschreibung u. Geschichte d. Altstadt Kempten, seit ihrer Entsteh. bis auf d.

Tod d. Königs Maximilian I. M. 9 lith. Grundrissen u. Prospekten (Fol. u. 4.) 8. (33¼ B.) Kempten 828, (Dannheimer.) Thlr.

— Briefe über Schriften, Memmingen u. dessen Umgebungen betreffend. gr. 8. Memming. 814.

— s. Christ. d. wahre Weise.

— etwas für Frauenzimmerbildung. 8. Augsb. 793. v. Jenisch u. St. 7 ℊ

— d. wißbegierige Ferdinand, zur Unterhaltung für Kinder. 8. Memming. 812.

— Feste u. Gebräuche in d. kathol. u. protestant. Kirche, zur Belehrung für beide Confessionsverwandte. 8. Erlang. 828. Heyder. 6 ℊ Dass., als Anh. zu ... Seilers protest. u. Friedrichs kathol. Lesebuch. 3 ℊ

Karrer, Phil. Jak., Feste u. Gebräuche in d. kathol. u. protestant. Kirche. Zur Belehr. f. beide Confessionsverwandte. 8. (3 B.) Erlangen 829, Heyder.

—— ausführl. u. histor. Geographie, nebst Anzeige d. Fabrik- u. vornehmsten Handlungshäuser, f. Fabrikanten, Manufakturisten, Kaufleute, Pharmaceuten, Gewerbsmänner u. a. 3. Thl. 2. Abthl.: Baden, Hessen, Hessen-Darmstadt, Hessen-Homburg, d. 4 sächs. Herzogthümer, Braunschweig, Nassau, Mecklenburg-Schwerin u. Mecklenburg-Strelitz, Oldenburg, Anhalt u. Schwarzburg. 2., umgearb. stark verm. u. verb. Aufl. gr. 8. (12 B.) Augsburg 835, v. Jenisch u. Stage'sche Buchh.
1—3. Thl. 1. Abthl. Ebendas. 1831—33. 3 Thlr. 18 Gr.

—— ausführl. histor. Geographie f. Fabrikanten, Manufakturisten, Kaufleute, Pharmaceuten, Gewerbs-Männer u. a. 1—3. Thl. 1. Abthl. 2., ganz umgearb., stark verm. u. verb. Ausg. gr. 8. Augsburg, v. Jenisch u. Stage'sche Buchh.
Thl. 1. Einleitung u. k. k. österr. Staaten. (21 B.) 831. 1 Thlr 12 Gr.
„ 2. Der Preuß. Staat u. Bayern. (22 B.) 832. 1 Thlr 12 Gr.
„ 3. Abthl. 1. A. u. d. T.: Ausführl. Handels-Geographie d. Königreiche Sachsen u. Würtemberg. (11¼ B.) 833. 18 Gr.

— ausführl. Geographie der deutschen Zoll- u. Handels-Vereins-Staaten, mit vorzügl. Rücksicht auf Handel u. Gewerbe. Ein Handbuch für Fabrikanten u. Kaufleute. 10 Lfrgg. gr. 8. Augsburg 834, 35. v. Jenisch u. Stage. 1⅔ ₰

— Geographie f. Kaufleute, Manufakturisten u. Fabrikanten, enth. Asien, Afrika u. Südindien. 8. Ebend. 804.

— Geologie der Kaiser Franz Josefs Hochquellen-Wasserleitung. Eine Studie in den Tertiärbildungen am Westrande des alpinen Theiles der Niederung von Wien. Mit 20 (lith. u. color. u. chromolith.) Taf. u. zahlreichen (Holzschn.-)Abbildungen im Texte. Hrsg. von der k. k. geolog. Reichsanstalt. [Abhandlungen IX. Bd.] Imp.-4. (XIII, 420 S. m. Tab.) Wien 877. Hölder. n. 72. —

—— bibl. Geschichte nach Luthers Bibel-Uebersetzung. 2 Bdchn. 8. Kempten 829, Dannheimer.
Bdchn. 1. Altes Testament. (7 B.) 6 Gr.
„ 2. Neues Testament. (5 B.) 4 Gr.

Karrer, Ph. Jak. Getreue u. vollständ. Geschichte der Altstadt Kempten, seit ihrer Entstehung bis auf d. Tod Königs Maximilian I 8. M. 9 Plän. u. K. Kempten 1828. 7,50.

—— das geänderte u. ungeänd. Augsburg. Glaubensbekenntniß d. Evangel., mit Anmerkn.; nebst e. kurzen Lebensbeschreibung Ph. Melanchthons, u. dess. Bildn. 8. (8 B.) Kempten 830, Dannheimer.

— kleine Handbibel für d. Schuljugend, nach Luthers Uebersetzung, mit Anmerkl. 2 Bde. Altes u. Neues Testament. 8. Memmingen u. Dünkelsbühl 793, 98. Schmeißer. (Joachim in Lpz.) (à 12 ℊ) 1 ₰ N. A. 2 Thle. 8. Weißenb. 800.

—— ausführl. Handelsgeographie d. Königr. Preußen u. Bayern. 2., verb. Aufl. gr. 8. (22 B.) Augsburg 832, v. Jenisch u. Stage'sche Buchh.
Vgl. dess. „ausführl. histor. Geographie," 2. Thl.

—— ausführl. Handelsgeographie d. Königr. Sachsen u. Würtemberg. 2., verb. Aufl. gr. 8. (11¼ B.) Augsburg 833, v. Jenisch u. Stage'sche Buchh.
Vgl. dess. „ausführl. Geographie," 3. Thl. 1. Abthl.

—— ausführl. Handelsgeographie d. k. k. österr. Staaten. 2., verb. Aufl. gr. 8. (21 B.) Augsburg 832, v. Jenisch u. Stage'sche Buchh.
Vgl. dess. „ausführl. histor. Geographie," 1. Thl.

— Hauptlehren d. Religion f. die, welche zur Confirmation vorbereitet werden. 8. Dünkelsbühl, Schmeißer (Joachim in Lpz.) 792.

— Hauptlehren der Religion für die, welche zur Confirmation vorbereitet werden. Neue Aufl. 8. Halle am Kocher, Schmeißer. (Bartenstein, Firdorff u. K.) 812.

—— die Hauptunterscheidungs-Lehren d. drei christl. Glaubens-Konfessionen, dargest. 8. (2 B.) Kempten 828, Dannheimer.

– s.a. Hilmar, d. Rathgeber f. junge Kaufleute.

— Hilmar, der Rathgeber f. junge Kaufleute, oder moral. Taschenbuch f. Handlungszöglinge. 8. Ebend. 802.

— Jesus, d. Apostel u. Luther; eine Reformationspredigt. 8. Kempten 824. (Ulm, Stettin). 2 ℊ

— Jesus, die Apostel, u. Luther; eine Reformationspredigt. 8. Kempten 825. (Ulm, Stettin.)

— Jesus als Mensch, Gott u. Messias, oder was soll ich von Jesus zu meiner Beruhigung glauben? Memmingen 818. Verf. 8 ℊ

Karrer, Ph. J. Memminger Kronik, od. Topographie u. Geschichte der Kurpfalzbayer. Stadt Memmingen. 8. Memmingen 1805.

— d. Kuhpockenimpfung, moralisch betrachtet. 8. Augsb. 802.

— neuestes Lehrbuch für Volks-, besonders Landschulen; nebst e. prakt. Anweis. über d. vorzügl. Theile d. Landwirthschaft. 8. Nürnb. 804. (Bieling). 12 ℊ

— wissenschaftl. Lehr- u. Handbuch für Handlungszöglinge u. junge Kaufleute, m. 17 K. gr. 8. Ebend. 803.

— wissenschaftl. Lehr- u. Handbuch für Handlungszöglinge u. junge Kaufleute. Mit 17 Kpfr. gr. 8. Leipz. (u. Augsb.) (804.) v. Jenisch u. St. 3 ₰

Karrer, P. J.: „Leitfaden zum Unterricht in der Encyclopädie der Gewerbslehre und Landwirthschaft", Augsburg 1831.

—— Leitfaden z. Unterr. in d. Encyclopädie d. Gewerbslehre u. d. Landwirthschaft. 8. (7½ B.) Augsburg 835, v. Jenisch u. Stage'sche Buchh.

—— Lesebuch f. d. mittl. Klassen d. Volksschulen. 8. (25 B.) Kempten 828, Dannheimer.

— Lesebuch f. d. untern Klassen d. Volksschulen. 8. Kempten 826, Dannheimer.

— 6 geistl. Lieder. 8. Memmingen 818. Verfass. 2 K

— erste Fortsetzung d. geistl. Lieder. 8. Memmingen 818. Verfasser. 2 K

— auserles. Liederverse für d. Jugend, zum Gebrauch in Schulen. 7e Aufl. 8. Kempt. 828. (Dannheimer). 1 K

—— auserles. Liederverse f. d. Jugend, z. Gebr. in Schulen. 8. Aufl. 8. ... Kempten 832, Dannheimer.

— kl. Nachlese zu dem Tagebuche ꝛc. kl. 8. Frankf. u. Leipz. 793.

— vermischte Nachrichten, geograph., topograph., charakterist., kirchl., histor. u. literar. Betreffes, von d. protestant. Pfarrörtern im Königr. Baiern, besond. für d. protestant. Geistlichkeit. 16—36 Heft. 8. Kempt. 825, 26. (Erlang., Heyder). 15 K

Karrer, P. J. „Das Nothwendigste für den Unterricht in der Landwirthschaft an Real- und Gewerbeschulen", Kempten 1839 (Dannheimer).

—— Reformations-Geschichte d. Altstadt Kempten. 8. ... Kempten 822, Dannheimer.

— kurzer bibl. Religionsunterricht für meine Confirmanden auf d. Lande. 8. Memmingen 805.

—— neues vollständig-richtig-bibl. Spruchregister, in welchem eilftausend Sprüche enthalten sind, nach alphabet. Ordn., z. leichtern Auffinden d. Bibel-Sprüche, nebst einigen Worterklärn. 8. (16 B.) Kempten 833, Dannheimer.

— Stunden d. Andacht an Confirmations-, Beicht- u. Kommuniontagen. 8. Kempten 825, Dannheimer.

Karrer, Ph. J. Tagebuch der Hauptbegebenheiten in der Reichsstadt Memmingen u. dazu gehör. Landschaft, von der 2. Hälfte 1796 bis zur Wiederherstellung des Friedens. (136.) 8. M 1 Pl. Memmingen 1797.

— s. Tagebuch d. Kriegsbegebenheiten.

— s. Taschenbuch für d. Jugend.

— moral. Taschenbuch für Frauenzimmer. 8. Frankf. u. Leipz. 802. (Joachim).

— Theodor u. Friedrich, oder d. Pfarrer u. Schullehrer, wie jeder seyn sollte. 8. Erlang. 815. Palm. 6 K

— die untergegangene Thierwelt in den Baumaterialien Wien's. Ein Vortrag, gehalten im wissenschaftlichen Club in Wien am 24. Jänner 1878. gr. 8. (32 S.) Ebend. 878. n. — 80

— nützl. Unterricht über d. vorzügl. Theile d. Landwirthschaft u. Viehzucht, nebst den dienl. Rettungsmitteln in den Krankheiten d. Viehes. 8. Nürnb. 800. Bieling. 6 K

Karrer, Ph. Jak., nützl. Unterricht üb. d. vorzügl. Theile d. Landwirthschaft, als Feldbau, Obstcultur u. Viehzucht etc. 8. Nürnberg (1804.) Bieling. (Leipzig, Fleischer) — 10

— Versuch einer Handlungsgeschichte f. Kaufleute, Manufakturisten u. Fabrikanten ꝛc. m. K. 3 Thle. b. a. d. Titel: (Historische Geographie f. Kaufleute ꝛc.) gr. 8. Augsb. Stage. 799—804. (1r 3 Thlr. 2r 3 Thlr. 18 gr. 3r 1 Thlr. 12 gr.

— Versuch e. Handelsgeschichte für Kaufleute, Manufakturisten u. Fabrikanten. 3 Thle. (A. u. d. T.: ausführl. histor. Geographie für Kaufleute ꝛc. 3 Thle.) gr. 8. Augsb. 801—4. v. Jenisch u. St. 8 rß 6 K (3r Thl. A. u. d. T.: Geographie für Kaufleute ꝛc., enthalt. Asien, Afrika, Amerika u. Südindien. 804. 1 rß 12 K) 1r u. 2r Thl. 2e verb. Aufl. A. u. d. Titeln. 1) Ausführl. Handels-Geographie d. k. k. östr. Staaten. 1 rß 16 K 2) Ausführl. Handels-Geographie d. Königr. Preußen u. Baiern. 1 rß 16 K gr. 8. Ebd. 832. 3 rß 8 K (Vergl. Geographie f. Kaufleute.)

—— Winke z. prakt. Erklär. d. bibl. Geschichten. Ein Leitfaden f. Lehrer in Stadt- u. Landschulen. 8. (3 B.) Kempten 829, Dannheimer.

— Winke zur Selbstbelehrung für Landschullehrer. Mit Kpf. 8. Nürnb. 806. Bieling. 12 K

Karrer, Dr (pr. Arzt und Lehrer der Landwirthschaft) „Worte an die Landwirthe im Allgäu" pg. 10—15. 4° Tobias Dannheimer. Kempten, Progr. 1838/39

— Würdigung d. Bibelübersetzung Dr. M. Luthers. 8. Memmingen 818, Verfasser.

Karrer, Ulrich. Zur räumlichen Auffassung der Naphtalinformel. Diss. Phil. [II.] Univ. Zürich. 38 S. 8. Zürich, Gebr. Leemann & Co., 1907.

Karrer's illustr. Wegweiser durch Thüringen u. d. Kyffhäuser-Gebirge. (4. Aufl.) 12. (VIII, 123 S. m. 1 Karte.) Weimar 895. A. Karrer. Kart. 1.—

Karrer's Wegweiser durch Thüringen u. das Kyffhäuser-Gebirge. 12. (VIII, 115 S. m. Abbildgn. u. 1 Karte.) Weimar 894. A. Karrer. Kart. 1.—

Karriere, s. Carriere.

Karrieres, buchstäbl. Ausleg. d. heil. Schrift d. N. Testam. 2 Bde. gr. 8. Wien (Doll in Augsb.) 7:1.

Karrig, H. L., Andeutungen über d. Seidenbau in Preußen. 8. Berl. 827. (Laue). 6 K

Karrig, Ldw., Geist der deutschen Literatur, s. Geist.

Karrig, L. Offenes Sendschreiben an die heldenmüthigen Barrikaden Kämpfer vom 18 u. 19. März und an Alle, die mit mir für eine constitutionelle Monarchie stimmen und streiten. Druck von Fähndrich u. Comp. 2 Bl. 4 Flugblatt. Berlin, 6. Juli 1848.

Karrikatur, s.a. Karikatur

KARRIKATUR und Menschheit. (Roman.) Grätz, Joh. Andr. Kienreich, 1790. 8° (Ldpr 30 xr)

Karrikatur u. Menschheit. 16 Bdchen. 8. Wien 790. (Heubner). 8 fl.

Karrikatur u. Menschheit. 8. Wien, Sammer (a. Sommer in Lpz.) 790.

Karrikatur, die nordische, od. Leben u. Tod des nordischen Riesen Pauloaster; gezeichnet u. geschrieben fürs große Publicum. 3 Bdch. 8. Moskau. 802.

KARRIKATUR-ALLMANACH auf 1801. Aus Lichtenberg's Nachlaß. Mit 9 illum. Kpfrn., nach Hogarth. Hamburg, Gfr Vollmer. Kl. 8⁰. 132 S. (18 ggr) (19 Mk. Max Perl's Berliner Octob.-Auction 1907, no. 510:)
„Höchst seltener Almanach, den wir in keiner Bibliographie verzeichnet gefunden haben. Enthält 9 prächtige kolorierte Karikaturen mit satyrischem Text: Oberburgermeister, Geheimderath, Herr von Scheerbeutel, Oberkonsistorialrath, Oberhofprediger, Prophet, Doktor der heiligen Schrift, Beichtvater, Domherr."
Vollmer's Mich.-Mess-Verlag 1800.

Karrikaturen, (v. J. G. Marezoll) 8. Frkf. (Akad. Buchhandlung) 788.

KARRIKATUREN. Ein Beytrag zu Lichtenbergs Nachlaß. 2 Bde. Mit 22 illum. Kpfrn. Hamburg, Gfr. Vollmer, 1801. 8⁰. (1 Rthl. 18 gr.)
Vollmer's Mich.-Mess-Verlag 1800. — Sehr selten!

— nach Hogarth u. Lichtenberg, eine Beilage zu dem Journal London u. Paris. Mit 4 ill. Kpf. 8. Hamb., (Herold jun.) 20 fl.

— nach Hogarth u. Lichtenberg, eine Beylage zu dem Journal London u. Paris, m. 4 illum. K. 8. Hamb. Vollmer.

Karrikaturen zur Zeitgeschichte. Eine Bildergallerie f. Politiker. 2 Hfte. 4. Leipz. Joachim. 814.

Karrikaturen-Album, Sammlung der neuesten und besten in England und Frankreich erscheinenden Karrikaturen, so wie Originalzeichnungen ausgezeichneter deutscher Künstler. I. Jahrg. 1849. 52 Nrn. (½ Bog. mit eingedr. Abbildungen.) Aachen, La Ruelle.

Karrillon, Adam: O Domina mea. Roman von — Berlin: Grote 1909. 434 S. 8⁰
(Grote'sche Sammlung v Werken zeitgenöss. Schriftsteller Bd 96.)

Karrillon, Adam, Michael Hely. Roman. 4.—6. Tausd. (471 S.) 8. Berlin 904. 906. G. Grote. n. 4.—; geb. in Leinw. n. 5.—

Michael Hely. Roman von Adam **Karrillon.** 2., durchges. Aufl. Berlin: G. Grote 1904. (471 S.) 8° [F.]
— Sammlung, Grote'sche, von Werken zeitgenöss. Schriftsteller. Bd. 82.
[o6. 10406 11

Karrillon, Michael Hely, der Dorfteufel. gr. 8. (IV, 371 S.) Weinheim (900). A. Rothenberger. n. 3.—; geb. in Leinw. n. 4. 20

Karrillon, eine moderne Kreuzfahrt. Mit 5 Vollbild. u. 25 Textillustr. gr. 8. (VIII, 384 S.) Weinheim 898. F. Ackermann. n. 4. 60; geb. n. 5. 80; m. Goldschn. n. 6. 20

Die Mühle zu Husterloh. Roman von Adam **Karrillon.** 4. Taus. Berlin G. Grote 1906. (380 S.) 8° [F.]
— Sammlung, Grote'sche, von Werken zeitgenöss. Schriftsteller. Bd 87.
[07 3410 11

Karrillon, Hans, Med.-Prakt.: Aus d. pathol.-hyg. Inst. d. Stadt Chemnitz. Zur Statistik und Kasuistik der Gallensteinkrankheit. Leipzig 1909: Lehmann. 39 S. 8°
Leipzig, Med. Diss. v. 9. Aug. 1909, Ref. Marchand
[Geb. 13. Mai 83 Hockenhausen; Wohnort: Weinheim; Staatsangeh.: Baden; Vorbildung: Gymn. Bensheim Reife O. 03; Studium: Gießen 5, Berlin 1, Kiel 1, Würzburg 1, Heidelberg 2 S.; Coll. 28. Sept. 09, Approb. 28. Dez. 09.]
[U 10. 2996

Karrotom, Ado, auf den Knieen vor der Natur. Phantasien. 8. (III, 120 S.) Dresden 899. E. Pierson. n. 2.—

Karrotom, Ady. Traumnacht. Phantasien u. Märchen. 8. (V, 91 S.) Lpz. 890, Danz. * 2 —

Kärrström, E. J., 18 Jahre in Südafrika. Erlebn. u. Abenteuer e. Schweden im Goldlande. Autor. Übersetzg. v. Friedr. v. Känel. (In ca. 9 Lfgn.) 1.—8. Lfg. gr. 8. (S. 1—256 m. Abb. u. 10 Taf.) Leipzig 898. H. W. Th. Dieter. à n. — 60

Kärrström, E. J., 18 Jahre in Südafrika. Erlebnisse u. Abenteuer e. Schweden im Goldlande. Autoris. Übersetzg. aus dem Schwed. von Friedr. v. Känel. 9. u. 10. Lfg. gr. 8. (VIII u. S. 257—366 m. Abbildgn. u. 2 Taf.) Leipzig 899. Neu-Weißensee, H. W. Th. Dieter. à — 60; (kplt. n. 6. —; geb. n. 7. —)

Kars, s. Depeschen, illustrirte.

Kars, O., der einstige zweite Mond der Erde als Urheber aller irdischen Entwicklung. Ein Blatt vom Baume der Erkenntnis gepflückt u. der denk. Menschheit dargereicht. gr. 8. (61 S.) Berlin 900. M. Schildberger. n. 1. —

Karsai, Alexander [Dr.] Das deutsche Tabaksteuer-Gesetz vom 16. Juli 1879. Budapest, R. Lampel, *1892*; 4 Bl., 120 S., 9 Tab. 8.
Erlangen Staatswiss. Fak. Inaug.-Diss. v. 1892
Nur in beschränkter Zahl für den Austausch

Karsch, Grundzüge der praktischen Pastoralmedizin. Ein Handbuch für Seelsorger. 8. (VI, 167 S.) Paderborn 872, Schöningh. * 1 25

Karsch, Dr...., s. Steenstrup, J. J. Sm., Untersuchungen.

Karsch, Anna Luise, s. Karschin

Karsch, Anton

Karsch, A., über einige neue und minder bekannte Arthropoden des Bremer Museums, s. Abhandlungen, hrsg. vom naturwissenschaftl. Verein zu Bremen.

Karsch, Ant., de Corethrae plumicornis metamorphosi. Commentatio zoologica. 4maj. (16 S. mit 1 Stnt.) Monasterii 854, Regensberg. *

Karsch, die stigmatisirte Nonne Catharina Emmerich zu Dülmen. Eine Wundergeschichte aus dem 19. Jahrh. Auf Grundlage bisher noch nicht veröffentlichter amtl. Aktenstücke dargestellt. 8. (VII, 237 S.) Münster 878, Brunn's Verlag. *

—— Flora der Provinz Westfalen. Ein Taschenbuch zu botan. Excursionen für Schulen und zum Selbstbestimmen bearb. 12. (LVIII und 287 S.) Münster 856, Aschendorff'sche Buchh.

Karsch, A., Flora der Provinz Westfalen. Ein Taschenbuch zu botan. Excursionen für Schulen und zum Selbstbestimmen bearb. 2., verm. und verb. Aufl. gr. 16. (LXIII und 312 S.) Münster 867, Aschendorff'sche Buchh. *

Karsch, Flora der Provinz Westfalen. Ein Taschenbuch zu botanischen Excursionen für Schulen u. zum Selbstbestimmen. 4., verm. u. verb. Aufl. gr. 16. (LX, 334 S.) Münster 879. Brunn. n. 2. 40

Karsch, Flora der Prov. Westfalen. Ein Taschenbuch zu botan. Exkursionen f. Schulen u. z. Selbstbestimmen bearb. 5. verm. u. verb. Aufl. 12. (LXIV, 375 S.) Münster 889, Coppenrath. * 2 40

Flora der Provinz Westfalen. E. Taschenbuch zu botan. Exkursionen f. Schulen u. z. Selbstbestimmen v. Prof. Dr. [Anton] Karsch. 6. vielf. verm. u. verb. Aufl. bearb. v. Dr. Fr[itz] Westhoff. *Münster i. W.: Coppenrath 1895* (LXXII, 431 S.) 1 Bd 8. [97. 78

Karsch, Flora der Prov. Westfalen. Ein Taschenbuch zu botan. Exkursionen f. Schulen u. zum Selbstbestimmen. 7., vielfach verm. u. verb. Aufl., bearb. v. H. Brockhausen. 12. (LXXVI, 431 S.) Münster 902. Coppenrath. n. 2. 60; geb. in Leinw. n. 3. 40

Karsch, A., Gehirn u. Seele. Natur u. Offbrg 1861

—— Grundriß der Naturgeschichte für den ersten wissenschaftlichen Unterricht auf Gymnasien, Real- und höheren Bürgerschulen. 1. Thl.: Grundriß der Zoologie. gr. 8. (VIII und 292 S.) Münster 863, Brunn's Verlag.

—— die Insectenwelt. Ein Taschenbuch zu entomolog. Excursionen für Lehrer und Lernende. 16. (1. Hälfte XXIV und 224 S.) Münster 863, Brunn's Verlag.

Karsch, A., die Insektenwelt. Ein Taschenbuch zu entomologischen Exkursionen für Lehrer u. Lernende. 2., verm. u. verb., m. zahlreichen (eingedr.) Abbildgn. in Holzschn. bereich. Aufl. (In ca. 7 Lfgn.) 1—3. Lfg. 8. (S. 1—288.) Leipzig 882. Lenz. Subscr.-Pr. à n. 1. —

—— die Insektenwelt. Ein Taschenbuch zu entomolog. Exkursionen für Lehrer und Lernende. 2. verm. und verb., mit 389 (eingedr.) Abbild. in Holzschn. bereich. Aufl. 8. (CXLIV, 700 S.) Leipzig 883, Lenz. *
geb. **

—— Naturgeschichte der Krätze (Psora). gr. 8. (19 S. mit eingedr. Holzschn.) Münster 856, Aschendorff'sche Buchh.
Aus der Zeitschrift „Natur und Offenbarung", besonders abgedruckt.

— Naturgeschichte des Teufels. 1. Ursprung, Geburt, Kindheit u. Flegeljahre. Der Teufel im Heiden- u. Judenthum. 2. Mannesalter. Der Teufel im Ultramontanismus. 3. Greisenalter. Der Teufel u. die Wissenschaft. 8. (124 S.) Ebend. 877. n. 1. —

—— Naturgeschichte des Teufels. 1. Ursprung, Geburt, Kindheit und Flegeljahre. Der Teufel in Heiden- und Judenthum. 2. Mannesalter. Der Teufel im Ultramontanismus. 3. Greisenalter. Der Teufel und die Wissenschaft. Drei Vorträge. 4. neudurchgeseh. bill. Aufl. Volksausg. 8. (72 S.) Ebendas. 884. *

—— Phanerogamen-Flora der Provinz Westfalen mit Einschluß des Bentheimschen, Lingenschen, Meppenschen, Osnabrückschen, der Fürstenth. Lippe-Detmold und Waldeck und der Grafschaften Schaumburg und Itter mit beständ. Rücksicht auf Cryptogamie und Entomologie und einem Anhang der am meisten verbreiteten Zier- und Culturpflanzen. 8. (LXII und 812 S.) Münster 853, (Regensberg.) *

SMUELIADE. Ein groteskkomisches Heldengedicht (von *Anton Karsch*). Münster 1860.
Anon.-Lex. V p. 271 (nach Kehrein).

Karsch, der Teufel in Münster oder neueste Kapriolen Beelzebubs. Ergänzung zur „Naturgeschichte des Teufels". 8. (64 S.) Münster 878. Brunn. n. — 60

— der Teufel u. sein Schildknappe oder der hochwürdige Hr. Pfarrer von Obermörmter Dr. Heinrich Rütjes als Advocat Beelzebubs. Eine weitere Ergänzung zur Naturgeschichte des Teufels. 8. (IV, 109 S.) Ebend. 879. n. 1. —

Karsch, Anton, Der Ursprung der Organismen. A. a. O. 1858.

— Vademecum botanicum. Handbuch zum Bestimmen der in Deutschland wildwachs., sowie im Feld u. Garten, im Park, Zimmer u. Gewächshaus kultivierten Pflanzen. (In 16—18 Lfgn.) 1. u. 2. Lfg. gr. 8. (S. 1—128 m. 229 Illustr.) Ebend. 886. à n. 1. 20

— Vademecum botanicum. Handbuch zum Bestimmen der in Deutschland wildwachs., sowie in Feld u. Garten, im Park, Zimmer u. Gewächshaus kultivierten Pflanzen. 3.—11. Lfg. gr. 8. (S. 129—704 m. zahlr. Illustr.) Leipzig 887—890. Lenz.
Subscr.-Pr. à Lfg. n. 1. 20

Karsch, A., Vademecum botanicum. Handbuch zum Bestimmen der in Deutschland wildwachs., sowie in Feld u. Garten, im Park, Zimmer u. Gewächshaus kultivierten Pflanzen. 19 Lfgn. gr. 8. (LV, 1094 u. L S. m. Illustr.) Leipzig 886—894. O. Lenz. n. 26. —;
geb. n. 29. —

Karsch, Bruno, a. Berlin: Untersuchungen über das Handschriftenverhältnis und textkritische Bearbeitung des assonierenden Teiles der „Chanson de Gaydon". Greifswald 1907: H. Adler. (XVI, 67 S.) 8°
Greifswald, Phil. Fak., Ref. Stengel, Diss. v. 13. Mai 1907
[Geb. 13 Juni 83 Berlin, Wohnort: Greifswald; Staatsangeh.: Preußen; Vorbildung: Realgymn. Berlin Reife O 02, Studium: Berlin 2, Rostock 1, Genf 1, Berlin 3, Greifswald 2 S., Rig. 24 Nov 06.]

Karsch, Ferd., Dipteren von Pungo Andongo, gesammelt von Hrn. Major Alexander v. Homeyer. gr. 8. (37 S. mit 3 Holzschn.) Berlin 887, Friedländer und Sohn. * 1 60

—— die Erdlaus, Tychea Phaseoli, eine neue Gefahr für den Kartoffelbau. Nebst einer kurzen Uebersicht der Kartoffelfeinde aus der Classe der Insecten. gr. 8. (20 S. mit 5 Abbild.) Ebendas. 886. * — 60

Karsch, F., das neue Flächenmaaß in Taschenformat, zur Vergleichung des alten □Flächenmaaßes gegen das neue Quadratmetermaaß und umgekehrt. Von 1 Fuß bis 4000 Morgen und von 1 Meter bis 500 Hektare. Ferner eine Vergleichung des alten Scheffelsaatmaßes gegen das alte □Ruthen-, sowie das neue □Metermaaß. Unentbehrlich für Oekonomen, Taxatoren, Kommissionäre ꝛc., kurz für alle, welche in Quadratflächenmaaße Geschäfte machen. 16. (18 S.) Münster 874, Regensberg. *

Karsch, F., die Insecten der Berglandschaft Adeli im Hinterlande v. Togo (Westafrika), nach dem v. Eug. Kling (1888 u. 1889) u. Rich. Büttner (1890 u. 1891) gesammelten Materiale bearb., m. e. Vorworte v. Rich. Büttner u. 1 Uebersichtskarte d. Togogebietes. I. Abth.: Apterygota, Odonata, Orthoptera Saltatoria, Lepidoptera Rhopalocera. [Aus: „Berliner entomolog. Zeitschr."] gr. 8. (IV, 266 S. m. 35 Fig., 1 Karte u. 6 Taf.) Berlin 893 (R. Friedländer & Sohn.) n. 18. —
*

Karsch, Ferd., der faule Knecht, od. gemeinnütz. Handb. z. Schnell-Rechnen. 14 tabellar. Berechnn. aller im tägl. Leben vorkomm. Gegenstände nach preuß. Gelde, d. Thaler zu 30 Sgr. gr. 8. (3½ B.) Münster 836, (Deiters.)

—— der faule Knecht oder gemeinnütziger Schnellrechner nach Mark und Pfennigen. 5 Preis-Tabellen aller im tägl. Verkehr vorkommenden Gegenstände, als: Neupfund, Meter, Elle, Stück ꝛc., Flächeninhalts-Berechnung nach Hektar, Ar, Meter zur Abschätzung von Grundstücken, Vergleichung der seitherigen Thalerwährung gegen die neue Reichswährung, Ermittelung des Kubikinhalts runder Hölzer. Nach dem neuen Münz-, Maaß- und Gewichts-System bearb. 8. (IV, 224 S.) Ebendas. 875.

Karsch, Ferd., s.: Nachrichten, entomologische.

Karsch, Ferdinand:Odonaten, bearb. von Privatd. Dr. Ferdinand Karsch, Berlin. (Frankfurt a. M. M. Diesterweg in Komm. 1900.) S. 211-230)4°
— **Ergebnisse** e. zool. Forschungsreise in d. Molukken u. Borneo. T 2, Bd 3, H. 1, [6.]
— **Abhandlungen** hrsg. v. d. Senckenbergischen naturforschenden Gesellschaft. Bd 25, H. 1, [6.] [07. 5??]

— **Päderastie u. Tribadie bei den Tieren. Auf Grund der Literatur zusammengestellt. gr. 8. (40 S.) Leipzig 900. M. Spohr. n. 1. —**
Sonderabdruck aus: „Jahrb. f. sexuelle Zwischenstufen".

Karsch, F[erdinand]. Der Putzmacher von Glarus Heinrich Hössli (1784—1864), ein Vorkämpfer der Männerliebe. Ein Lebensbild. Mit fünf Textbildern und einer Kupferradierung [Porträt-Tafel]. (Sonderabdruck aus dem »Jahrbuch für sexuelle Zwischenstufen,« Jahrg. 5, 1903: Quellenmaterial zur Beurteilung angeblicher und wirklicher Uranier. Zweite Reihe, [Nr.] 4.) 112 S. 8. Leipzig, Max Spohr, 1903. [M. 2. —]

Karsch, F[erdinand]. Quellenmaterial zur Beurteilung angeblicher und wirklicher Uranier. Zusammengestellt von F. Karsch.... ([Reihe I, Nr.] 1 *u.* 2 *und* Reihe II, [Nr.] 4 *u.* 5. [Ausschnitte aus:] Jahrbuch für sexuelle Zwischenstufen. Jahrg. 4, 1902 *und* 5, [1903].) 8. [Leipzig, Max Spohr.] [Jahrb. 4: M. 16. —, Jahrb. 5: M. 12. —]

([Reihe I: Nr.] 1. Theodor Beza, der Reformator, 1519—1605 ⟨mit Bildnis⟩; 2. Johannes von Müller, der Geschichtschreiber, 1752—1809 ⟨mit zwei Bildnissen⟩. [Aus] Jahrbuch 4.) S. 289—457.
(Reihe II: [Nr.] 4. Heinrich Hössli von Glarus, 1784—1864 ⟨mit 5 Textbildern und 1 Kupfertafel⟩; 5. Franz Desgouttes von Bern, 1785—1817 [Aus] Jahrbuch 5.) S. 445—614.

Karsch, Ferd. Anton Franz [illegible] Münster in Westf. [illegible]
Revision der Gallmücken. Münster i. W. [illegible]
Berlin Phil. Diss. v. 22. Dez. 18[illegible]

Karsch, Ferd., Revision der Gallmücken. gr. 8. (58 S. mit 1 lithogr. Taf.) Münster 878, Bruhn's Verlag.

—— Verzeichniss der im Laufe der J. 1884, 1885 und 1886 als neu beschriebenen recenten Insectenarten Europas. gr. 8. Ebendas. [1884. (44 S.) 885. *ℳ 2.—.; 1885. (32 S.) 886. *ℳ 1.20.; 1886. (21 S.) 887. *ℳ 1.—.] * 4 20

— Vorarbeiten zu einer Orthopterologie Ostafrika's. I. Gespenstheuschrecken, Phasmodea. [Aus: „Entomolog. Nachrichten".] gr. 8. (27 S. m. 12 Fig.) Berlin 898. R. Friedländer & Sohn. n. 1. 20

Karsch, Hans, Dur u. Moll. Gedichte. (IV, 99 S.) 8. Dresden 910. E. Pierson. 2.—; geb. n 3. —

Karsch, J. Geschichte der evangelischen Gemeinde Rellinghausen, s. Beiträge zur Geschichte v. Stadt u. Stift Essen.

Karsch, Johann Christian (Koenigsbrück / Ob.-Laus.), De aditione hereditatis a filio familias facta. Specim. cont. caput juris controv. Präs. D. Christian Heinr. Breuning. Lpz. (Langenheim) 4. I. 1768. 8 S. (4.50) 17509

Karsch, Wilhelm [aus Münster]: Beiträge zur Kenntnis des Dextrose und Lävulosegehaltes des Honigs, Stärkesyrups und Stärkezuckers, sowie vergärender Moste, Rohrzuckerlösungen und Süssweine. Münster, Buchdr. v. L. Espagne, 1894; 37 S., 1 Bl., 2 Tab. 8.
Jena, Phil. Fak. Inaug.-Diss. v. 1894

Karsch-Haack, F.

— **beruht gleichgeschlechtliche Liebe auf Soziabilität? Eine begründete Zurückweisg. (57 S.) gr. 8. Ebd. 905. n. 1. 50**

Karsch-Haack, F., Forschungen üb. gleichgeschlechtliche Liebe. 1. Das gleichgeschlechtl. Leben der Kulturvölker. (Umschlag: Das gleichgeschlechtl. Leben der Ostasiaten: Chinesen, Japaner, Koreer.) (IX, 134 S. m. 1 Abbildg.) gr. 8. München (906). Seitz & Schauer. n. 4. —

(B) **Karsch-Haack,** F., Forschungen üb. gleichgeschlechtl. Liebe. 906. — Beruht gleichgeschlechtl. Liebe auf Soziabilität? 905. (KBL 33.) Jetzt: München, E. Reinhardt.

Karschin, Anna Luise, Leben u. Wirken derselben, } s.: Kohut, A.
— Leben und Dichten,

Karschin, Anna Luise

Karsch, Anna Louise, geb. Dürbach, († d. 12. Oct. 1791.) poetische Einfälle. 8. Berl. 764. Winter. 6 gr.

Karschin, Anna Louise.
Auserlesene Gedichte. Berlin 1764. H: *Sulzer, Johann Georg.* (Ky) (BrMm) (Mn)

— auserlesene Gedichte, (herausg. v. J. G. Sulzer). 8. Berl. 764. Winter. 14 gr. Schrbp. 18 gr. Dass. gr. 12. Wien 769 Trattner. 9 gr.

— **neue Gedichte. 8. Mietau, Hinz. 772.**

— Gedichte, nach ihrem Tode, nebst Lebenslauf, herausg. von ihrer Tochter Karol. L. v. Klenke. 8. Berl. 792. Mit n. Tit. 796. Maurers B. 1 Rthlr 10 gr.

— **Gesänge bey Gelegenheit der Feyerlichkeiten Berlins. 4 Berlin, Winter. 763.**

— Kleinigkeiten. 8. Berl. 765. Winter. 6 gr.

Lied an die versammelten Freymäurer von A[nna] L[uise] **Karschin,** den 5ten Julii 1767. Berlin [1767]: Voltheim. 2 Bl. 4° [Umschlagtit.]
Abgedr. in: Muse maç. 1 (1773) S. 33—34.
Kl. 1722.

[Lied.] Zum Lobe der edlen Freymäurergesellschaft gesungen am Tage ihrer jährlichen Versammlung, den 5. Juli 1768, von A[nna] L[uise] **Karschin.** [Berlin: 1768.] 3 Bl. 8° [Umschlagtit.]
Ohne Noten: „Sei mir gegrüsst Du Brüderschaft . . ."

Loblied auf die Freymäurer von A[nna] L[uise] Karschin. Der Verf. zu Ehren. Auf Kosten d. Gesellschaft. Berlin 1765: Decker. 2 Bl. 4° [Umsculagtit.]
Kl. 1722.

Karschin, Anna Luisa, s.: National-Litteratur, deutsche.

— moralische Neujahrwünsche. 8. Berl. 764. Winter. 6 gl

— Oden üb. verschied. hohe Gegenstände. 4. Ebend. 764.

— zwei Oden auf den großen Brand in Glogau. 4. Glogau 758. Fr. Günther. 3 gl

- ein mütterl. Traum. 8. Berl. 771.

Zuruf an den Fremdling beym Marmorsarge Friedrichs des Grossen am 18. August 1786 von A. L. Karschin. Berlin, gedruckt bey G. J. Decker, Königl. Hofbuchdrucker. 8.

Karschny, Bernhard: Die Personal-, Bürgschafts- u. Cautions- Credit-Institute f prakt. Gebr. im tägl. Geschäfts- u Erwerbsleben nebst Anh., enth. hervorragend gemeinnützige Stiftungen. Bearb von –
Stettin: Selbstverl. 1900. (72 S.) 8°
[Umschlagt.] Finanzieller Ratgeber

Karschny, Erich, Kammergerichtsrefer.: Die Sacheigenschaft der Elektrizität im geltenden Straf- und Zivilrecht. Greifswald 1910: Abel. 53 S. 8°
Greifswald, Jur. Diss. v. 3. Mai 1910, Ref. Walsmann
[Geb. 22. Juli 83 Stettin; Wohnort Charlottenburg; Staatsangeh.: Preußen; Vorbildung. Stadtgymn. Stettin Reife O. 02; Studium: Berlin 3, Heidelberg 1, Berlin 1, Tübingen 1, Greifswald 3 S.; Rig. 7. März 10.] [U 10. 1523

Karschulin Georg: Stadtrömische Begebenheiten.
1882 PN 263 Diss. Wien, Univ. 676

Karschulin, Geo., Leitfaden der Handels- u. Verkehrs-Geographie, s.: Zehden, Karl.

Karsdorp, Gerrit, († d. 11. Oct. 1811.), s. K. Nis, Glaubenslehre.

Karsen, Arthur, Referendar in Freystadt ⟨Niederschlesien⟩ Das Vorbehaltsgut. Borna-Leipzig 1905: R. Noske. (X, 70 S.) 8° [F.]
Breslau, Jur. Fak., Ref. Beyerle, Diss. v. 10. Aug. 1905
[Geb. 30. Aug. 81 Breslau, Heimatsort: Breslau; Staatsangeh.: Preußen; Vorbildung: Maria-Magdalenen-Gymn. Breslau, Gymn. Ohlau Reife M. 01; Studium: Breslau 7 S.; Rig. 7. Dez. 04.]

Karsen, Fritz, Henrik Steffens Romane, s.a. Beiträge. Breslauer, zur Literaturgeschichte. N. F. 6.

Karsen, Fritz: Henrik Steffens Romane. Ein Beitrag zur Geschichte d. hist. Romans. Einleitung. Leipzig: Quelle & Meyer 1908. (37 S.) 8° ¶ (Erscheint vollst. als „Breslauer Beiträge zur Literaturgeschichte", hrsg. v. M. Koch u. G. Sarrazin, Bd 16.)
Breslau, Phil. Fak., Ref. Koch, Diss. v. 24. Juli 1908
[Geb. 11 Nov. 85 Breslau; Wohnort: Breslau; Staatsangeh.: Preußen; Vorbildung: Johannes-Gymn. Breslau Reife O. 04; Studium: Breslau 8 S.; Rig. 27. Nov. 07.]

Karsen, Fritz: Henrik Steffens Romane. Ein Beitrag z. Geschichte d. hist. Romans von Dr. – Leipzig: Quelle & Meyer 1908. (170 S.) 8°
[Ein T. erschien auch als Inaug.-Diss. Breslau 1908.]
= Beiträge, Breslauer, z. Literaturgeschichte. 16.

Karski, J., die Brandschatzung des Volkes durch indirekte Steuern in Deutschland. (90 S.) 8. Leipzig 909. Leipziger Buchdruckerei. — 25; bessere Ausg. (IV, 90 S.) — 50

Karson, Bill, der Trapper, s.: Volks- u. Jugend-Erzählungen.

Karst [Sachliches OW]

Karst Hanns. O. O. [1520?]
V: *Hutten, Ulrich von* [?]. (BrMm) (vgl. ADB XIV, 433); (Hutten, Opera ed. Böcking, IV, 616)

Karst [Schlagwort]

Karst, s.: Alpen. Ravenstein, Ludw.

Karst [Verfasser]

Karst, A., s.: Delbrück, R., Denkschrift v. 1848, üb. die Regelung der Verhältnisse der deutschen Wasserstraßen.

Karst, A.: Der praktische Versammlungs-Leiter E. Hülfsb. f Ver.-Vorst. u. Vorstands-Mitgl. Von A. Karst, Lehrer .. Minden i. W.: W. Köhler [1898]. (2 Bl., 63 S.) 1 Bd. 8°

Karst, A., wie leite ich e. Versammlung? E. Hülfsbuch f. Vereinsvorstände u. Vorstands-Mitglieder. 12. (III, 63 S.) Minden 897. W. Köhler. n. -- 80

Karst, Aug., die optischen Fehler des Auges, s. Laurence, J. Z.

Karst, August *Joseph Andreas* [aus Kreuznach]: Geschichte Manfreds vom Tode Friedrichs II. bis zu seiner Krönung '(1250—1258)'. I. Kap. Manfreds Anfänge v. Tode Friedrichs II. bis zu d. Vertrag m. d. Kurie v. 27. Sept. 1254 ... [Erschien vollst. als Heft VI von: Histor. Stud. veröffentl. v. E. Ebering.] Berlin, C. Vogts Buchdr., *1896*; 2 Bl., 29 S., 1 Bl. 8.
Berlin, Phil. Fak., Inaug.-Diss. v. 30. Jan. 1896 [vielm. 1897]

Karst, Aug., Geschichte Manfreds v. Tode Friedrichs II. bis zu s. Krönung (1250—1258), s.a Studien, histor.

Karst, August: Geschichte Manfreds vom Tode Friedrich II. bis zu seiner Krönung '(1250–1258)' Von August Karst, Dr. phil. Berlin: E. Ebering 1897. [S. 1–29 erschien als Berl. Diss. 1897] (XIV S., 1 Bl., 184 S.) 1 Bd. 8°
= Studien, Historische. H. VI.

Karst, Avgvstvs ⟨geb. am 2 Mai 1836 in Kreuznach⟩: Qvaedam de motibvs intestini tennis [!] peristalticis ... Bonnae, form. H. B. Koenig 1860. 27 S., 2 Bl. 8.
Bonn, Med. Fak., Diss. v. 16 Aug. 1860

Karst, Ernst, Gedichte. (IV, 55 S.) 8. Berlin 905. M. Lilienthal. n. 2. —

Karst, Fr. v. (Hrsg.), s. Armeeblatt.

Karst, Fr [Red.], s. Sport

Karst, Frz. v., s.: Flemming, F.

Karst, Geo., die verhängnisvollen Kleckse, — das lustige Kleeblatt, } s.: Dilettantenbühne, kathol.

Karst, Josef: Aussprache und Vokalismus des Kilikisch-Armenischen. Erster Teil einer historisch-grammat. Darstellung d. Kilikisch-Armenischen. *Strassburg: K. J. Trübner 1899.* (74 S.) 8° ¶ (Erscheint vollst. im gleichen Verlage u. d. T: Histor. Grammatik d. Kilikisch-Armenischen.)
Strassburg, Phil. Diss. v. 1899

Karst, Jos., historische Grammatik des Kilikisch-Armenischen. gr. 8. (XXIII, 444 S. m. 2 Tab.) Strassburg 901. K. J. Trübner. n. 15. —

Karst, Josef: G r u n d r i ß der Geschichte des armenischen Rechtes. Von – 1. 2. Stuttgart 1906–07: Union. 8°
Aus: Zeitschrift f vergl. Rechtswissenschaft. Bd 19. 20.

Sempadscher Kodex aus dem 13. Jahrhundert in Verbindung mit d. Großarmen. Rechtsbuch des Mechithar Gosch (aus d. 12 Jh.). Unter Berücks. der jüngeren, abgeleiteten Gesetzbücher erl. von Josef **Karst**. (Mit Unterstütz d. Kgl. Akad. d. Wiss. zu Berlin.) Straßburg K J Trübner 1905. (VII, 424 S.) 4°
= **Rechtsbuch**, Armenisches, ed. u. komm. von J. Karst. Bd 2. 05. 1105

Karst, Jos., Kommentar zu dem Dekrete üb. die Form der Verlöbnisse u. der Eheschließung v. 2. VIII. 1907. (49 S.) 8. Limburg 908. Limburger Vereinsdruckerei. — 80

Karst, Ludwig: Lineare Funktionen und Gleichungen. (Lichtenberg) 1909. 44 S. 4°
Lichtenberg b. Berlin, RPG i. E. u. R i. E. OP 1909 (127) [S 09. 241

Karst, Rudolf Otto

Karst, R. O., Schreiben. Praktische Anleitg. zur Aneigng. e. guten Handschrift, m. besond. Berücksicht. der Taktschreibmethode. (V, 56 S.) gr. 8. Langensalza 904. H. Beyer & Söhne. n. — 80

Karst, Ryno (geb. Spandau 24. 1. 1855) Ein Beitrag zur Geschichte und Casuistik des Milzbrandes. Berlin (1880) (31 S.) 8°
Berlin, Med. Diss. v. 28. Juli 1880

Kaerst, Jul., Beiträge zur Quellenkritik des Qu. Curtius Rufus. Historische Inauguraldissertation. gr. 8. (59 S.) Gotha 878, F. A. Perthes.

Kaerst, Jul., Forschungen zur Geschichte Alexanders des Großen. 8. (VII, 144 S.) Stuttgart 887, Kohlhammer. * 1 80

Kaerst, Jul., Geschichte des hellenistischen Zeitalters. 1. Bd.: Die Grundlegg. des Hellenismus. gr. 8. (X, 433 S.) Leipzig 901. B. G. Teubner. n. 12.—; geb. n. 14.—

Kaerst, Jul., Geschichte des hellenischen Zeitalters. II. Bd. 1. Hälfte. Das Wesen des Hellenismus. (XII, 430 S.) gr. 8. Leipzig 909. B. G. Teubner. 12. —; geb. n 14. —

Kaerst, J., Jahresbericht über griechische Historiker (ausser Herodot, Thukydides, Xenophon) von 1885—1889. S.-A. 1889. 73 S. 1.—

Kaerst, J., die antike Idee der Oekumene in ihrer politischen u. kulturellen Bedeutung. Akademische Antrittsvorlesg. (III, 34 S.) gr. 8. Leipzig 903. B. G. Teubner. n. 1. 20

Kaerst, Julius: Studien zur Entwickelung und theoretischen Begründung der Monarchie im Altertum. *München 1898: R. Oldenbourg.* (109 S.) 8° [F.]
Leipzig, Phil. Hab.-Schr. v. [6. Mai] 1898

Kaerst, Julius: S t u d i e n zur Entwickelung und theoretische Begründung d. Monarchie im Altertum,
s.a. B i b l i o t h e k , Historische

[F.] Studien zur Entwickelung und theoretischen Begründung der Monarchie im Altertum. Von Julius **Kaerst**. *München & Leipzig: R. Oldenbourg 1898.* (4 Bl., 109 S.) 1 Bd 8.
= **Bibliothek, Historische**. Bd 6. 98. 6049

Kaerst, J., kritische Untersuchungen zur Geschichte des zweiten Samniterkrieges. gr. 8. (47 S.) Leipzig 884, Teubner. *
Aus: Jahrbücher für classische Philologie, besonders abgedruckt.

Karstädt, wie sich d. Christ bei d. Herannahen e. gefährl. Seuche zu verhalten habe? Pred. n. Matth. 6, V. 24—34. 8. (1 B.) Breslau, Graß, Barth u. Comp.

Karstädt, O H e l d e n m ä d c h e n und -Frauen aus großer Zeit, s. A l s Deutschland erwachte

Karstädt, Otto

— **Plattdütsch Blomengarden,** s.a. **B ü c h e r fürs deutsche Heim. 1. Bd**

Plattdutsch Blomengarden. Gedichte in niederdeutscher Mundart gesammelt u. im Auftr. d. Magdeburger Prüfungsausschusses f. Jugendschriften hrsg von O[tto] **Karstädt**. Mit Zeichn. deutscher Künstler Berlin Fischer & Franke [1907]. (XIII, 156 S.) 8° [F.]
= **Bücher** für's deutsche Heim. Bd 1 08. 15300

Karstädt, (Otto), die allgemeine Mädchenfortbildungsschule. (23 S.) gr. 8. Wittenberg 910. R. Herrosé. — 60
Sonderabdruck aus: „Die deutsche Fortbildungsschule".

— **Mundart u. Schule.** s.a. **M a g a z i n**, pädagogisches.

Karstädt, Otto: M u n d a r t und Schule Von – Langensalza: Beyer 1908. 38 S. 8°
(Pädagogisches Magazin. H. 346.)

— **Spoß mütt sind. Drollige Kultur- un ändre plattdütsche Geschichten un Gedichten. (93 S. m. Abb.) 8. Magdeburg-N. (907). R. Zacharias.** 1 —

Karstädt, Siegfr., Hilfsbuch zur Geschichte der Pädagogik. 8. (48 S.) Potsdam 880. Rentel's Verl. n. — 50

Karstädt, Siegfr., Hilfsbuch zur Geschichte der Pädagogik. Für Seminaristen und Lehrer bearb. 2. verm. und verb. Aufl. 8. (62 S.) Potsdam 887, Rentel's Verlag. * — 60

Karstädt, Siegfr., Hilfsbuch zur Geschichte der Pädagogik. Für Seminaristen u. Lehrer bearb. 2. verm. u. verb. Aufl. 8. (62 S.) Potsdam (899). Berlin, J. Rentel. n. — 60

Die *Karstaufforstung* in Krain nach dem Stande mit Ende d. Jahres 1906. Dargestellt v. der Aufforstungskommission f. das Karstgebiet . . . Wien 1907. 36 S. P.

Karstedt [Schlagwort]

Karstedt, s.: Geologische Karten. Preussen 126.

Karstedt [Verfasser]

Karstedt, Franz Oskar: Die südfinnische Skärenküste von Wiborg bis Hangö. Ein Beitrag zur Geographie der Ostseeküsten. Lübeck (1907): M. Schmidt. (46 S.) 8°
Leipzig, Phil. Fak., Ref. Partsch-Credner, Diss. v. 15. Juni 1907
[Geb. 10. März 84 Lübeck; Wohnort: Lübeck; Staatsangeh.: Lübeck; Vorbildung: Realgymn. Lübeck Reife O. 02; Studium: Leipzig 6 S.; Rig. 22. Dez. 05.]

Karstedt, Fritz, im Anfang. Dramatisches Gedicht in 3 Aufzügen. 8. (46 S.) Dresden 900. E. Pierson. n. 1.—

Karstedt, Fritz. Lieder. 16. (144 S.) [Aschersleben 889.] Braunschw., Graff. geb. ** 3 —

Karstedt, Fritz, Lieder. 16. (144 S.) Aschersleben 889. (Schnock.) geb. n.n. 3 —

Karstedt, Rud. v., immer fidel. Militärhumoresken. (128 S.) 8. Berlin (909). Zehlendorf, R. Eckstein Nachf. 1. —

Karsten

— s. a. **Carstens.**

Karsten, Dr. ..., s. Ansichten u. Lehren d. Pfandrechts

Karsten, Ueber die Agusterde, eine Vorlesung in der Philomatischen Gesellschaft zu Berlin am 6. October 1803 gehalten.

Karsten, ..., s.a. Beiträge, romantische.

BEITRÄGE, Romantische, zur angenehmen Lektüre (zieml. zahme Erzählungen von *Karsten*). Bdchn. 1. (einz.). Mit Titelkpf. Leipzig, Voß & Co., 1794. 8°.
3 Bll., 264 S. Lat. Lettern. Enth.: Numan u. Zeineb. — Giaffar u. Abassah. — Das Schicksal. — Olivier Salvary. — Julie Herzogin von Cenami. — Zeila. — Der Mann aus Orient.
(Kayser, Romane, 1836, nennt S. 15 kurz den Verfasser.)

— Das Bluten des Rebstocks unter den Tropen. 1818.

Karsten, s. Darstellung, Kurze, d. Wichtigsten unter den Lehrern d röm. kath. Kirche

— Zur Geschichte der Befruchtung der Algen 1857

Karsten, d. röm. Lehre v d. Stipulation. Rostock 878.

Karsten Ueber d. Steinkohlenflötze bei Hultschin in Oberschlesien. Berlin 1795. 4

Karsten, Aug., neues, vortheilhaftes Brennereiverfahren mit kalter Destillation, ohne Feuer, wodurch die größte Menge eines zugleich fuselfreien Fabrikats auf die wohlfeilste Weise gewonnen wird. Nach den hierüber angestellten Versuchen und Erfahrungen mitgetheilt. 8. (24 S. und 4 Stnt.) Quedlinburg 847, Basse.

Karsten, B. Grundriss des Deutschen Bergrechts. Berlin. 1828 2 Ex

Karsten, B. [aus Kiel] Ueber die Lage des neutralen Punktes in einem Induktionskreise. Kiel, Druck v. L. Handorff, 1889; 34 S. + 1 Bl. u 1 Taf. 8°
Kiel, Phil. Fak., Inaug.-Diss. v 21. Dez. 1889

Karsten. B., Lehrbuch der Physik, s.: Kleiber, Joh.

Karston, Barta J[acoba]. Über das gegenseitige Verhältnis der Halogene, speciell der Systeme Chlor-Brom und Chlor-Jod. Diss. Phil. [II.] Univ. Zürich. [Mit Figuren.] 42 S. 8. Leipzig, Metzger & Wittig, 1907.

Karsten, Bernhard: Stammtafeln der Familie Karsten. [Nebst] Berichtigung u. Zusätze. (Dat. Bremen 1905–08.) 4°[Kopft.]

Karsten, C., s.a. Karsten, Karl Johann Bernhard

Karsten, C., die Bedeutung der Form im Obligationenrecht. 1. Abthl.: Die römische Lehre von der Stipulation. gr. 8. (XII, 250 S.) Rostock 878, Werther. *

Karsten, C., die fingirte Cession. Eine civilist. Studie. gr. 8. (IV, 151 S.) Rostock 874, Kuhn. [Werther's Verlag.] *

Karsten, C., die Lehre vom Vertrage bei den italienischen Juristen des Mittelalters. Ein Beitrag zur inneren Geschichte der Reception des röm. Rechtes in Deutschland. gr. 8. (XXIV, 242 S.) Rostock 882, Werther's Verlag. *

—— die sixtinische Madonna. Vortrag, gehalten in Rostock am 5. Febr. 1870. 16. (53 S.) Rostock 870, Stiller'sche Hofbuchh. *
Mit Photographie der Madonna di San Sisto *

Karsten, C. J B., s. Karsten, Karl Johann Bernhard

Karsten, Carl Johann Bernhard, s. Karsten, Karl Johann Bernhard

Karsten, D L., s. Karsten, Dietrich Ludwig Gustav

Karsten, D. L. G., unsere Armenversorgung wie sie war u. ist. Eine Darstellung. gr. 8. (3¼ B.) Rostock 835, [Oeberg.]

Karsten, Dietrich Ludwig Gustav

Karsten, D L. G. Mineralogische Bemerkungen über das arseniksaure, salzsaure und phosphorsaure Kupfer mit der chemischen Untersuchung derselben von Professor Klaproth. (Aus den neuen Schriften der Gesellsch. naturforschender Freunde.) Berlin 1801 4

D L. G. Mineralogische Beschreibung der Gegenden um Bennstedt, Beidersee und Morl, mit Vermuthungen über die Entstehung der dasigen Thon- und Braunkohlenerde-Lager. (Aus den Schriften der Gesellsch. naturforschender Freunde.) Berlin 1795. 4.

— s. Dolomieu Tagebuch.

— s. Hauy, Lehrbuch d. Mineralogie.

Karsten (Dietrich Ludwig Gustaf), Des Herrn Nathanael Gottfried Leske hinterlassenes Mineralienkabinet, systematisch geordnet und beschrieben. 2 Theile (die Kupfer fehlen). Leipzig 1789. 8. — Desgl. ein 2. Exemplar.

— s.a. Museum Leskeanum.

Karsten (D. L. G.), Museum Leskeanum. Regnum animale. Vol. 1. Lipsiae 1789. 8.

Karsten. D. L. G Museum Leskeanum, Regnum minerale. Auch unter dem Titel Des Herrn N. G. Leske hinterlassenes Mineralien Kabinet. 2 Vol. Leipzig 1789. 8

— s. La Peirouse, über Eisenbergwerke.

— s. J. P. Ries, Beobacht.

Dietrich Ludwig Gustav Karsten

Mineralogische Tabellen mit Rücksicht auf die neuesten Entdekkungen, ausgearb. u. m. erl. Anm. vers. von Dietrich Ludwig Gustav Karsten. Berlin: Verf. Rottmann in Komm. 1800. VIII, 79 S. 2°

— mineralog. Tabellen, mit Rücksicht auf d. neuesten Entdeckungen. Fol. Berl. 808. 2e A. 810. Rottmann. 2 ₰ 16 ℊ

Karsten, Dietr. Ldw. Gust., († d. 20. Mai 1810.) tabellar. Uebersicht d. mineralog. einfachen Fossilien, zum Behuf seiner Vorlesungen. Fol. Berl. 791. 2e Aufl. 792. Rottmann. 16 ℊ

Untersuchungen über die kohligen Substanzen des Mineralreichs überhaupt, und über die Zusammensetzung der in der preussischen Monarchie vorkommenden Steinkohlen insbesondere. (Aus dem Archiv für Bergbau und Hüttenwesen.) Berlin. 1826. 8.

Karsten, Dietrich Ludwig G.: „Ueber Herrn Werner's Verbesserungen in der Mineralogie, auf Veranlassung der freimüthigen Gedanken . . . . des Herrn Abbé Estner", Berlin 1793. — Vorh.: Preuß. Oberbergamt Dortmund — M. d. 7.

— über Werners Verbesserungen in d. Mineralogie. 8. Berl. 793. Haude u. Sp. 5 Gr.

— über Werners Verbess. in der Mineralogie. 8. Berlin, Haude. 794.

Karsten, F. Fr., Versuch einiger arithmet. Berechnungen in Fällen, die den antichretischen Vertrag betreffen. 4. Rostock 810.

Karsten, Franz Christian Lorenz: „Abhandlung über den Zustand der gegenwärtigen Aufklärung in der Oekonomie und deren Nutzen für den praktischen Landwirth", Rostock 1785.

Karsten, Franz Christ. Lorenz und H. L. J. Karsten, landwirthschaftliche Annalen ꝛc., s. Annalen.

Karsten, Frz. Christ. Lor., u. H. L. Karsten, neue Annalen, s. Annalen.

— s. neue Annalen d. Mecklenburg. Landwirthschaft.

Karsten, Frz. C. Lor., die Peßlersche Dreschmaschine nach Theorie u. Erfahrungen beurtheilt, mit 1 K. gr. 8. Celle, Schulze. 799.

— Geschichte der auf den Dünen zu Warnemünde seit d. J. 1797 unternommenen Anpflanzungsversuche, nebst anderweit. Vorschlägen, dies Unternehmen zu fördern. 4. Rostock 801.

Karsten, Franz Christian Lorenz: „Die ersten Gründe der Landwirthschaft, sofern sie in Deutschland anwendbar sind, zum Gebrauch akademischer Vorlesungen", Berlin und Leipzig 1795 (Carl Aug. Nicolai), 2. Aufl. Leipzig 1805. — 1. Aufl. vorh.: Preußische Staatsbibliothek Berlin. — Oec. 2490.

— d. ersten Gründe d. Landwirthschaft, sofern sie in Deutschland anwendbar sind. gr. 8. Berl. 795. Leipz. 805. Hinrichs. 18 Gr.

— — dasselbe. gr. 8. Lpz. Joachim.

— Europens Handel mit beiden Indien, ein Auszug aus Raynal. gr. 8. Rost. Koppe. 780.

— Europens Handel mit beiden Indien, ein Auszug aus Raynal. gr. 8. Rostock 780. Stiller. 1 Thlr.

— s. J. H. Hundt, Beschreib.

— s. Lunquist, Anleitung.

— Prüfung der gegen d. Rinderpest bisher empfohlenen u. in Anwendung gebrachten Schutzmittel. 8. Götting. 814. Vandenhöck u. R. 8 Gr.

Karsten, J. C. L., Prüfung der gegen die Rinderpest bisher empfohlenen u. in Anwendung gebrachten Schutzmittel. 8. Göttingen, Vandenhöck u. R. 815.

— d. Rechenkunst, neu bearb. v. s. Sohne J. C. G. Karsten. 8. Berl. Realsch. 805.

— d. Rechenkunst. 8. Bützow u. Wism. 775. N. A. 786. Neu bearb. von seinem Sohne J. C. G. Karsten. 8. Berl 805. Reimer. 1 Thlr. 18 Gr.

— s. Th. Nugent, Reisen.

* **SCHILDERUNG**, Offenherzige, der Müssiggänger u. Taugenichts (sic!) in London, zur Warnung für deutsche Müssiggänger u. Taugenichts (von *Franz Christian Lorenz Karsten*). 3 Thle. Mit (unsign., figurenreichen) TKpfrn. (bei 1 u. 3). London, bey Wilh. Adlard. Nr. 10. in Salisbury-Square-Fleet-Street. (Berlin, Nicolai.) 1787, 88, 90. 8°. (5 Mk. W. H. Kühl, Berlin, c. 1883; 6 Mk. Rich. Bertling, Dresden, 1888; jetzt theurer!)
I: Tit., 4 Bll. Einl., 1 Bl. Inh., u. 166 SS. II: 144 SS. (incl. Tit. u. 1 Bl. Vorr.).

Karsten, Frz. Chr. Lor., († d. 28. Febr. 1829.) sind Armen-Kolonien in Mecklenburg ausführbar u. nützlich? gr. 8. Rostock 823.

Karsten, Franz Christian Lorenz: „Sind ökonomische Institute Akademien nützlich? Nebst der Geschichte einer seit 1793 hier errichteten ökonomischen Anlage", Rostock 1795 (Stiller).

Karsten, Franz Christian Lorenz: „Ueber das theoretische Studium der Oekonomie. Eine Abhandlung mit welcher auf der nunmehr wiederhergestellten Landesakademie zu Rostock seine Wintervorlesungen anzeigt . . . . .", Rostock 1789. — Vorh.: UB Rostock. — Signatur: U / 1015.

Karsten, Franz Christian Lorenz: Wie sichern wir uns gegen die wiederkehrende Rindviehpest? Rostock u. Schwerin 1814. 27 S.

— wie sichern wir uns gegen d. wiederkehrende Rindviehpest? 8. Rostock 814. Stiller. 4 Gr.

Karsten, Fritz, appr. Tierarzt: Aus d. hyg. Inst. d. Tierärztl. Hochsch. in Hannover. Dir.: Dammann. Über das Vorkommen von Mikroorganismen im Konjunktivalsacke des Pferdes und Rindes. Mit 3 Taf. Leipzig 1910: Gerhardt. 53 S. 8°
Gießen, Veterinär-Med. Diss. v. 6. April 1910, Ref. Olt
[Geb 29 Jan. 84 Watenstedt; Wohnort: Leipzig; Staatsangeh.: Braunschweig; Vorbildung: Oberrealsch. Braunschweig Reife O. 05; Studium: Tierärztl. Hochschulen Hannover 2, Stuttgart 1, Hannover 1, München 1, Hannover 2 S.; Rig. 3. Dez. 09.] [U 10. 1115

Karsten, G. s.a. Adept, der zu Grunde gerichtete.

Der zu Grunde gerichtete Adept. Ein Schauspiel in vier Aufzügen. Von G* [d. i. G. **Karsten**]. Freyberg: Craz 1788. 92 S. 8°
Kl. 4036.

Karsten, G. [aus Rostock]: Über die Anlage seitlicher Organe bei den Pflanzen . . . . Leipzig, Wilhelm Engelmann, 1886; 32 S. u. 3 Taf. 8°.
Rostock. Phil. Fak., Inaug.-Diss. v. 22. Dez. 1886.

Karsten, G. H. J., die Bedeutung des Bundes evangelischer Christen aus allen Ländern. Predigt am 16. Sonntage nach Dreifaltigkeit 1857, gehalten. gr. 8. (12 S.) Züllichau 857. (Schwiebus, Wagner'sche Buchh.) **

Karsten, G. H. J., kurze Darstellung der wichtigsten unter d. Lehren der röm.-kathol. Kirche, welche nicht in der heil. Schrift begründet sind, so wie der vornehmsten Stellen d. heil. Schrift, aus welchen jene Lehren sich als unevangelisch erweisen. 2. Aufl. 8. (7/8 B.) Züllichau 845, Sporleder.

Karsten, *Georg* [Dr.]: Beitrag zur Entwickelungsgeschichte einiger Gnetum-Arten ... (Aus: Bot. Zeitg, Jg. L.) *Leipzig, Druck v. Breitkopf & Härtel, 1892*; 1 Bl., 14 S., 1 Bl., 2 Taf. 8. (4.)
Leipzig. Phil. Fak., Hab.-Schr. v. 15. Febr. 1892

— u. E. Stahl, mexikanische Kakteen-, Agaven- u. Bromeliaceen-Vegetation, s.: Vegetationsbilder. 8. Hft.

Karsten, George, Lehrbuch der Botanik, s.: Strasburger, Eduard.

— u. Frdr. **Oltmanns,** Lehrbuch der Pharmakognosie. 2. vollständig umgearb. Aufl. v. G. Karstens Lehrbuch der Pharmakognosie. (VI, 358 S. m. 512 z. Tl. farb. Abb.) Lex. 8. Jena 909. G. Fischer. 9.—; geb. 10.—

— **Lehrbuch der Pharmakognosie des Pflanzenreiches. Für Hochschulen u. zum Selbstunterricht m. Rücksicht auf das neue deutsche Arzneibuch bearb. (VIII, 320 S. m. 528 Abbildgn.) gr. 8. Jena 903. G. Fischer. n. 6.—; geb. n. 7.—**

— **die Mangrove-Vegetation, s.: Vegetationsbilder. II. 2.**

— Ueber die Mangrove-Vegetation im Malayischen Archipel, s. Bibliotheca botanica.

— **Monokotylenbäume, s.: Vegetationsbilder. 6. Hft.**

— Das indische Phytoplankton, s.a. Ergebnisse, wissenschaftliche, der deutschen Tiefsee-Expedition. II, 2.

Das Indische Phytoplankton. Nach d. Material d. Deutschen Tiefsee-Expedition 1898–1899. Bearb. von G[eorg] **Karsten**. Mit Taf. 35–54 (Taf. 1–20). (Jena: G. Fischer 1907.) (327 S.) 4°(2°)
— **Ergebnisse,** Wissenschaftliche, d. deutschen Tiefsee-Expedition. Bd 2, T. 2, Lfg 3.

— **das Phytoplankton des antarktischen Meeres nach dem Material der deutschen Tiefsee-Expedition 1898—1899, s.a. Ergebnisse, wissenschaftliche, der deutschen Tiefsee-Expedition. II. 2.**

Das Phytoplankton des Antarktischen Meeres nach dem Material der deutschen Tiefsee Expedition 1898–1899, bearb. von G[eorg] **Karsten.** Mit 19 Taf. Text. Taf. Jena: G. Fischer 1905. 2 Bde 4°
— **Ergebnisse,** Wissenschaftl., d. deutschen Tiefsee-Expedition auf d. Dampfer Valdivia 1898–1899. Bd 2, T. 2, Lfg 1

— **dasselbe des Atlantischen Oceans nach dem Material der deutschen Tiefsee-Expedition 1898—1899, s.a. Ergebnisse, wissenschaftliche, der deutschen Tiefsee-Expedition. II. 2.**

Das Phytoplankton des Atlantischen Oceans nach dem Material der deutschen Tiefsee-Expedition 1898–1899 bearb. von G[eorg] **Karsten.** Mit Taf. 20–34 (Taf. 1–15). (Jena: G. Fischer 1906.) (S. 139–219.) 4°
— **Ergebnisse,** Wissenschaftl., d. deutschen Tiefsee-Expedition auf d. Dampfer Valdivia 1898–1899. Bd 2, T. 2, Lfg 2.

— s.a. Vegetationsbilder.

Vegetationsbilder hrsg. von Dr. G[eorg] **Karsten**, Prof., Bonn, [&] Dr. H[einrich] Schenck, Prof., Darmstadt. H. 1. *Jena: G. Fischer 1903.* 4°

KARSTEN, Georg u. Heinrich SCHENK (Hrsg.): Vegetationsbilder XXVI Reihen in einz. H. - Jena 1903-1906. I-III. R. je H. 1-8; IV. R. H. 1-6. - ebd. 1907-1910: IV R. H. 7, 8; V-VII. R. je H. 1-8; VIII R. H. 1-7. - ebd. 1911-1914. VIII. R. H. 8; IX. -XI. R. je H. 1-8; XII. R. H. 1-6. - ebd. 1915-1920. XII. R. H 7, 8; XIII. R. H. 1-7 ebd. 1921-1925. XIII. R. H. 8; XIV, XV R. je H. 1-8; XVI. R. H. 1-4. - ebd. 1926-1930. XVI. R. H. 5-6; XVII. - XX. R. je H. 1-8; XXI. R. H. 1-5. - ebd. 1931-1935. hrsg. v. G. Karsten. XXI. R. H. 6-8; XXII-XXIV R je H. 1-8. - ebd. 1936-1940. hrsg. v Heinrich Walter XXV R. H. 1-8. - ebd. 1941-1950. XXVI. R. H. 1-3

— **Vegetationsbilder aus dem malayischen Archipel, s.: Vegetationsbilder. 2. Hft.**

— **mexikanischer Wald der Tropen u. Subtropen, s.a. Vegetationsbilder. 4. Hft.**

KARSTEN, Georg: Mexikanischer Wald der Tropen und Subtropen. - Jena 1903. Taf. 19-30. - (Vegetationsbilder 1, 4)

Karsten, Georg Gustav Friedrich Walter, s. Karsten, Walter

Karsten, Gustav

— G., Ueber elektrische Abbildungen. December 1842.

Karsten, Gust., schriftliche **Beigabe** zu der Sammlung der wichtigsten Gebirgsarten aus den Geröllen der Herzogth. Schleswig und Holstein. 8. (36 S.) Hamburg 872, Lehrmittel-Anstalt.

— **Beiträge zur Landeskunde der Herzogth. Schleswig und Holstein. 1. Reihe, mineralog. Inhaltes. 1. Heft. gr. 4. Kiel 869, Homann. [Berlin, Wiegandt, Hempel und Parey.]** *

Inhalt:

Heft 1. Die Versteinerungen des Uebergangsgebirges in den Geröllen der Herzogth. Schleswig und Holstein. (IV, 85 S. mit 25 autogr. Taf.)

— dass. — 2. Reihe, physikal. Inhaltes. 1. und 2. Heft. gr. 4. [Ebendas.] *

Inhalt:

Heft 1. Die Verbreitung der Wärme in den Herzogth. Schleswig und Holstein. (VI, 32 S. mit 2 autograph. Taf. in Fol.) 869. *M 4.

„ 2. Luftfeuchtigkeit, Niederschläge, Verdunstung in den Herzogth. Schleswig und Holstein. (48 S. mit 1 lithogr. Karte über die Verbreitung des Hagels.) 872. *M 4.

Karsten, G., gemeinfaßliche **Bemerkungen** über die Electricität des Gewitters u. die Wirkung der Blitzableiter, mit Berücksichtigung der in Schleswig-Holstein vorgekommenen Brandschäden durch den Blitz u. mit Vorschlägen für die Brandversicherungs-Gesellschaften. Mit 13 in den Text gedr. (Holzschn.-)Abbildungen. gr. 8. (48 S.) Kiel 879. (Universitäts-Buchhandlung.) n. 1. 35

Karsten, G., gemeinfaßliche Bemerkungen über die Elektricität des Gewitters und die Wirkung der Blitzableiter, mit Berücksicht. der im nordwestl. Deutschland und namentlich in Schleswig-Holstein vorgekommenen Brandschäden durch den Blitz und mit Vorschlägen für die Brandversicherungs-Gesellschaften. 2. verm. Aufl. mit Anhängen. „Normativ-Bestimmungen für die Anlage von Blitzableitern". „Fragebogen über Blitzschäden". gr. 8. (64 S. mit 13 in den Text gebr. Holzschn.-Abbild.) Kiel 880, (Lipsius und Tischer.)

Karsten, Gustav Die Beobachtungen über die physikalischen Eigenschaften des Wassers der Ostsee und Nordsee. (Jahresbericht der Commission zur wissenschaftlichen Untersuchung der deutschen Meere in Kiel. Jahrg. 4—6. No. VIII. S. 255—285.) Berlin 1878. 31 S. Fol.

Geognostische Beobachtungen auf einer Reise in Schlesien. (Aus den Schriften der Gesellsch. naturforschender Freunde.) Berlin. 1795. 4.

Karsten, Gustav: Die Beobachtungen an den Küstenstationen der Ost- und Nordsee für die Jahre 1884–86 v –. (Berlin. 1887.) Siehe in. 6. Bericht der Commission zur wissenschaftlichen Untersuchung der deutschen Meere in Kiel. Jg. 12–16. Fol
– für die Jahre 1887–9- (Berlin. 1893.) Siehe in: 6. Bericht der Commission etc. Jg. 17–21 Heft 3. Fol.

Karsten, Gustav: Die Beobachtungen an den Küstenstationen und Schiffsbeobachtungen v – (Mit 1 Stationskarte, 1 Isothermenkarte und 1 graph. Darstellung. Berlin. 1884.) Siehe in: 4 Ber. d. Commission u. wissenschaftl. Untersuchung d, deutschen Meere in Kiel. Jg. 7–11. Abth. 2. Fol.

Karsten, Gustav: Die physikalischen Beobachtungen an den Stationen (der Ost- und Nordsee.) Über die bisherigen Ergebnisse und über fernere Aufgaben zur Physik der deutschen Meere. Mit 3 in den Text gedruckten Abbildungen. Von –. (Kiel und Leipzig. 1896.) Siehe in: Wissenschaftl. Meeresuntersuchung. N. F., Bd. 1, Heft 2. 4°g.

— **die physikalischen Beobachtungen an den Stationen der deutschen Ostsee- und Nordsee-Küsten und Beobachtungen über Wassertemperaturen bei der Expedition im J. 1871. Fol. (21 S.) Berlin 874, Wiegandt, Hempel und Parey.** *

Aus: Jahresberichte der Kommission zur Untersuchung der deutschen Meere in Kiel, besonders abgedruckt.

Karsten, G., s.: Bericht, 6., der Kommission zur wissenschaftlichen Untersuchung der deutschen Meere.

— über Blitzableiter u. Blitzschläge in Gebäude, welche mit Blitzableitern versehen waren. [Besonderer mit Zusätzen verseh. Abdr. aus: „Schriften d. naturw. Ver. f. Schleswig-Holstein".] gr. 8. (20 S. m. 1 Steintaf.) Kiel 877. (Haeseler.) n. — 80

— über Blitzableiter und Blitzschläge in Gebäude, welche mit Blitzableitern versehen waren. gr. 8. (20 S. mit 1 Stnt.) Kiel 879, Haeseler. *
Besonderer mit Zusätzen versehener Abdr. aus: Schriften des naturwissenschaftlichen Vereins für Schleswig-Holstein.

— F. Harms und G. Weyer, Einleitung in die Physik. Lex.-8. (XII, 895 S. mit 87 in den Text eingedr. Holzschn.) Leipzig 870, Voss. *
Vgl.: Encyklopädie, allgem., der Physik.

Karsten, Gust., allgemeine Encyklopädie der Physik, s. Encyklopädie, allgemeine.

Zur Erinnerung an die vor 100 Jahren in Kiel gestiftete erste Freimaurerloge Louise zur gekrönten Freundschaft. Für die säkulare Erinnerungsfeierlichkeit am 2. Juli 1876 geschrieben von [Gust.] K[arsten]. Als Ms. f. Frmr. gedr. Mit d. Bildn. von Carl Leonh. Reinhold. Kiel 1876: Schmidt & Klaunig. 83 S. 8°
Festrede von G. Karsten: Geschichtl. Rückblick auf die Loge. Beigefügt sind: Arbeitskalender, Mitglverzeichn., Abhandlung üb. die Akten der Loge, 8 Punkte was ein Frmr. von der Frmrei denken soll, e. Rede von K. L. Reinhold bei Wiedereröffnung der Loge am 1. Mai 1820 u. e. Nekrolog v. Baggesen über K. L. Reinhold.

— periodische Erscheinungen des Pflanzen- und Thierreiches in Schleswig-Holstein. gr. 8. (16 S. mit 2 Tab.) Kiel 879, (Universitäts-Buchh.) *

Karsten, G., die Fortschritte der Physik etc., s. Fortschritte.

Karsten, G. Die internationale General-Konferenz f. Maass u. Gewicht in Paris 1889. Rede, geh. beim Antritt d. Rektorates der Universität Kiel am 5. März 1890. gr. 8. (23 S.) Kiel 890, Universitäts-Buchh. ** 1 —

Karsten, Gust., zur Geschichte der altfranzösischen Consonantenverbindungen. Inaugural-Dissertation. gr. 8. (73 S.) Freiburg i. Br. 884, (Ragoczy.) * 1 20

Karsten, G., das Gesetz, betreffend die Einführung des Pfundes zu 500 Grammen als Landesgewicht für das Herzogth. Holstein, s.a. Gesetz.

Karsten, G., das Gesetz, betreffend die Einführung des Pfundes zu 500 Grammen als Landesgewicht für das Herzogthum Holstein vom 6. Mai 1859. Mit 14 Tab. zur Reduction des früheren Gewichtes in das jetzige, zur Bestimmung des Werthes der Waaren in Reichsmünze u. Hamburger Courant nach beiden Gewichtssystemen etc. berechnet. Kiel 860. Akadem. Buchhdlg. 8. (2 Bl., 25 S.) n. 6 ngr.

Der große norddeutsche Kanal zwischen Ostsee und Nordsee. Verf Gustav Karsten. 1 | 2 Kiel 1864
[1 , Eine Zusammenstellung der verschiedenen Kanalprojecte Mit 1 Karte der cimbrischen Halbinsel, 1 Uebersichtskarte der Ost- und Nordsee, 2 Kanalprofilen u 1 Plane des Kieler Hafens. 4°
2 Bemerkungen zu dem Gutachten des Geheimrathes Lentze. Notizen über die Eckernförder und die Kieler Bucht Mit 1 Seekarte der Meerbusen v Eckernförde u Kiel 8°, geb. in 4°

Karsten, Gustav [Hrsg.], s. Lamont, Johann: Handbuch des Magnetismus

Karsten, Gustav: Lehrbuch der Krystallographie, s. Encyklopädie der Physik.

Karsten, G., Lehrgang der mechanischen Naturlehre für höhere Unterrichtsanstalten. 1. und 2. Abthl. Kiel 851, Akademische Buchh. *
Abthl. 1. Allgemeine Physik. Mit 6 Kpfrt. in Imp.-4. *1 Thlr. 15 Ngr.
2. Wärmelehre. Wellenlehre. Akustik. Optik. (XII und 424 S mit 4 Kpfrt. in Imp.-4.) * 2 Thlr. 12 Ngr.

Karsten, G., Lehrgang der mechanischen Naturlehre für höhere Unterrichtsanstalten. 3. (letzte) Abth.: Lehre von den elektrischen Kräften. Mit 2 Kpfrtaf. (in qu. Fol.). Kiel 853. Akadem. Buchhdlg. gr. 8. (VIII, 312 S.) n. 1 ₰. 18 ngr.

— Litteratur der chemischen Lichtstrahlen. (Fortschr. der Phys. I.)

Karsten, Gustav: Luftfeuchtigkeit, Niederschläge, Verdunstung in den Herzogthümern Schleswig und Holstein v. –. Mit 1 Karte über die Verbreitung das Hagels. Berlin. 1872. = desselben: Beiträge zur Landeskunde etc. 2 Reihe, Heft 2. 4°g.

— Maass und Gewicht in den Herzogthümern Schleswig und Holstein. (Besonders abgedruckt aus dem landwirthschaftl. Wochenbl.) Kiel 1857.

— Maaß und Gewicht, s.a. Sammlung gemeinverständl. wissenschaftl. Vorträge.

Karsten G. Mass und Gewicht in alten und neuen Systemen. (Sammlung gemeinverständlicher wissenschaftlicher Vorträge 126) Berlin 1871

Ueber die Maaß- und Gewichts-Ordnung für den Norddeutschen Bund v Gustav Karsten. (Abdruck aus den Nr 1434—1449 der Kieler Zeitung, mit Vergleichungstafeln) Kiel 1869 8°

— über die Maaß- und Gewichts-Ordnung für den norddeutschen Bund. [Mit Vergleichungstaf. der neuen und der sämmtl. alten schleswig-holstein. und hamburg. Maaße, nebst Berechnungsbeispielen.] gr. 8. (52 S.) Kiel 869, (Universitäts-Buchh.) *

Heinrich Adolph Meyer. Von Gustav Karsten. Mit Bildniss Berlin. 1893. (in 6 Bericht der Commission zur wissenschaftlichen Untersuchung der deutschen Meere in Kiel Jg. 17--21 Heft 3.) Fol.

Karsten, Gustav: Nachrichten über das physikalische Institut und das mineralogische Museum der Universität zu Kiel bei der Eröffnung des Museums zusamg. v – Anlage zur Chronik 1856. Kiel. 1857. (In: Schriften d. Univ. zu Kiel. Bd. 3. Kiel. 1857. 4°.)

Karsten. G. Mechanische Naturlehre. Kiel 1851—53. 3 Bde.

Karsten, G., allgemeine Physik, s. Encyklopädie, allgemeine, der Physik.

— Portraits v. 22 Professoren der Kieler Universität am Ende d. vorigen Jahrh. gr. 8. (8 S. m. 1 Portraittaf. in Lichtdr.) Kiel 892, (Eckardt). * — 40

Rede, in der National-Mutterloge zu den drei Weltkugeln [in Berlin] gesprochen am 24sten Juni 1798 von Gust. Karsten. Berlin [1798]: Decker. 15 S. 8⁰ [Umschlagtit.]
Üb. die Vorwürfe der Aufnahme unwürdiger Mitglieder, der Begünstigung der Frmr in der bürgerlichen Welt u. der Nutzlosigkeit der Mrei.

Karsten, Gustav [Hrsg.], s. Schmid, Ernst Erhard: Lehrbuch der Meteorologie

Karsten, G., Dr., Hygrometrische Tabellen zur Anwendung bei Gebläsen und Gradirwerken. 1846.

— Tafeln zur Berechnung der Beobachtungen an den Küsten-Stationen u. zur Verwandlg. der angewendeten Maasse in metr. Maass. Im Auftrage der Kommission zur Untersuchg. der deutschen Meere in Kiel. gr. 8. (25 Taf.) Kiel 874. Universitäts-Buchh. n. 1. 50

Thaulow, Gust. Ferd.: Gust. Ferd. Thaulow. Nekrolog. [Unterz.:] G[ust.] K[arsten]. o. O. [1883]. 2 Bl. 2⁰ [Kopftit.]
Abgedr. in: ML. 11 (1882—1883) S. 140—142; HL. 16 (1883) S. 1252, 1257—1258.
Üb. Thaulow s. Allgem. Deutsche Biographie Bd 37 1894 S. 659—660 (Carstens).

Karsten, Gust. (geb. Berlin Nov. 1820). Imponderabilium praesertim electricitatis theoria dynamica cum appendice de magnibus, quae luce, calore, electricitate procreantur. Berolini 1843. (47 S.) 4°.
Berlin, Phil. Diss. v. 9. Mai 1843.

Karsten, Gustav. Umrisse zu Carl Johann Bernhard Karsten's Leben und Wirken. Berlin, 1854. pp. 184, 8vo.
With portrait of C. J. B. K. Contains bibliographies of four members of the Karsten family. Published anonymously.

Karsten, Gustav. Ueber die wissenschaftliche Untersuchung der Ost- und Nordsee. ([S.-A.] Annalen der Physik und Chemie. 1873.) Leipzig 1873. 29 S. 8°.

—— Wissenschaftliche Untersuchung der Ost- und Nordsee. (Sep.-Abdr. a. d. Ann. d. Physik u. Chem.) Leipzig 1874. 8. . . . .

Karsten, G., Die physikalisch-chemischen Untersuchungen der Ostsee. Aus dem Bericht über die Expedition zur physikalisch-chemischen und biologischen Untersuchung der Ostsee im Sommer 1871 auf S. M. Avisodampfer Pommerania. Berlin 1873. Fol.

— Untersuchungen über die kohligen Substanzen des Mineralreiches überhaupt und über die Zusammensetzung der in der Preussischen Monarchie vorkommenden Steinkohlen insbesondere. Berlin 1826.

—— Untersuchungen üb. das Verhalten d. Auflösungen des reinen Kochsalzes in Wasser. gr. 8. (16 B. u. 2 Kpfrt.) Berlin 846, G. Reimer.
Aus: Archiv f. Mineralogie, Geognosie, Bergbau etc., Bd. XX. besond. abgedruckt.

— Die Verbreitung der Wärme in den Herzogthümern Schleswig und Holstein. Mit 2 autograph. Taf. (A. m. d. T.: Beitr. zur Landesk. der Herzogth. Schlesw. u. Holst. II. Reihe physik. Inh. H. 1.) Kiel 1869.

Karsten, Gustav: Die Versteinerungen des Übergangsgebirges in den Geröllen der Herzogthümer Schleswig und Holstein. Von —. Mit 25 autographirten Tafeln. Kiel. 1869. = desselben: Beiträge zur Landeskunde etc. 1. Reihe, Heft 1. 4⁰g.

Karsten, G., Vorschläge zur allgemeinen deutschen Maass-, Gewichts- und Münz-Regulirung. Lex.-8. (32 S.) Berlin 848, Deckersche geheime Ober-Hofbuchdr. Thlr.

Karsten, G., Die Witterung der Jahre 1863, 64, 65 in Holstein.

Karsten, Gustav Karl Wilhelm Hermann, s. Karsten, Hermann

Karsten, H., s.a. Karsten, H. J. G. — Karsten, Hermann

——, Kliefoth u. Krabbe, Abhandlungen u. Kritiken, s. Abhandlungen.

Karsten, H., Beleuchtung u. Würdigung der in d. krit. Prediger-Bibliothek Bd. 15. 6. Hft. v. Dr. Röhr verfaßten Beurtheil. d. Reden üb. Religion v. Friedr. Schleiermacher. gr. 8. (8½ B.) Rostock 835, [Oeberg.]

Karsten, H., die letzten Dinge. Zehn Vorlesungen an die Gebildeten in der Gemeinde. 1—8. Aufl. 12. (XII und 804 S.) Hamburg 857—61, Agentur des Rauhen Hauses.

Karsten, H., die letzten Dinge. Zehn Vorlesungen an die Gebildeten in der Gemeinde. 4. Aufl. 8. (IV, 230 S.) Hamburg 885, Agentur des Rauhen Hauses. * 2 40
geb. * 3 —

Karsten, H. (I.), Gebet bei der Beisetzung der hochsel. Frau Großherzogin Auguste. 4. (4 S.) Schwerin 862. [Halle, Schwabe.] *

Karsten, H., Grundlehren d. populären protestant. Dogmatik für gebildete Protestanten z. Verständniß d. kirchl. Fragen d. Gegenwart. A. u. d. T.: Vorlesungen üb. Protestantismus u. Kirche f. d. Gebildeten d. Gemeinde. gr. 8. (17 B.) Rostock 846, (47,) Stiller'sche Hofbuchh.

Karsten, H., die protestantische Kirche und deren zeitgemäße Reorganisation. Andeutungen zur Selbstentwicklung der Kirche aus ihrem Lebensprincip. Lex.-8. (72 S.) Leipzig 850, Dörffling und Franke. *

—— die Kirche u. das Symbol in ihrem innern Zusammenhange so wie in ihrem Verhältnisse zu Staat u. Wissenschaft. Grundzüge zur Lehre von d. Kirche. Ein theolog. Versuch. gr. 8. (12½ B.) Hamburg 842, Meißner.

Karsten, H. (Hrsg.), s. Kirchenblatt für Mecklenburg.

– s. Kirchen- u. Schulblatt f. Mecklenb.-Schwerin etc.

— das christl. Kirchen-Jahr in seiner Bedeutung u. seiner Eigenthümlichkeit. Ein Wort der Liebe an die Gebildeten in der Gemeinde. 8. Rostock 836. Oeberg. n. 1/6 ß

—— das christl. Kirchen-Jahr in seiner Bedeut. u. sein. Eigenthümlichkeit. Ein Wort d. Liebe an d. Gebildeten in d. Gemeinde. Eine Weihnachtsgabe. 8. (2¾ B.) Rostock 836. (Wismar, Schmidt u. v. Cossel's Rathsbuchh.) *

— Lehrbuch der christl. Religion, für d. obern Klassen höherer Bildungsanstalten. 8. Rostock u. Schwerin 838. Stiller. (Eberstein u. Otto.) 2/3 ß

—— Predigt über Römer 14, V. 7—9, gehalten zur Feier des Gedächtnisses der hochsel. Frau Großherzogin Auguste von Mecklenburg-Schwerin. (Nach stenograph. Aufzeichnung.) gr. 8. (15 S.) Schwerin 862. [Halle, Schwabe.] *

Karsten, H. (II.), und Th. Kliefoth, Rede und Predigt bei Einweihung der St. Paulskirche zu Schwerin am 29. Juni 1869. gr. 8. (24 S.) Schwerin 869, Stiller'sche Hofbuchh. *

— populäre Symbolik zur Orientirung über den Unterschied der christlichen Sonderkirchen. Nördlingen 860, 63. Beck. gr. 8.
1. Heft: Darstellung des Wesens u. der Eigenthümlichkeit der römisch-katholischen Kirche. (VIII, 175 S.) n. 18 ngr.
2. Heft: Darstellung des Wesens u. der Eigenthümlichkeit der lutherischen Kirche. (VII, 215 S.) n. 28 ngr.

Chronologisches Verzeichnis der Zöglinge des Herzogl. Lehrer-Seminars zu Wolfenbüttel von d. Gründung desselben im J. 1753 an bis auf die Gegenwart. Eine Festgabe z. Einweihung d. neuen Seminargebäudes am 9. Okt. 1879 (Verf.: H. Karsten) u. mit den Ergänzungen bis 1903 (von Herm. Breuer), e. Festgabe z. 150jähr. Bestehen d. Seminars. *Wolfenbüttel: J. Zwißler 1903.* (144 S.) 8° [F.] [illegible]

Karsten, H. J. G., s.a. Karsten, H.

Karsten, H. J. G., Gedanken Luthers über d. vornehmsten Lebensverhältnisse. Ein Wochenblatt zum Gedächtniß d. 300jahr. Kirchenverbesserungs-Jubelfeier in Züllichau, u. zur Stiftung des Stipendiums für unbemittelte Studirende herausg. 4. Züllichau 827, 28. (Landsberg, Ende). 21 gl.

Karsten, H. J. G., Gedanken Luther's üb. d. vornehmsten Lebensverhältnisse. Ein Wochenblatt, z. Gedächtniß d. 300jähr. Kirchenverbesserungsjubelfeier in Züllichau, u. z. Stiftung e. Stipendiums f. unbemitt. Studirende hrsg. 4. (24 B.) Züllichau 827, 28. (Landsberg, Wilmsen.)

Karsten, H. J. G., Gespräch üb. d. Bewegungen in d. Kirche d. Herrn in Schlesien u. d. Neumark. (Contra Scheibel.) 8. (1⅓ B.) Züllichau 834, Darnmann. Thlr.

—— Kirchen- u. Schulblatt f. Mecklenburg, s. Kirchen- u. Schulblatt.

— Nachrichten von den Liederdichtern des Züllichauschen Gesangbuches. 8. Berl. 824. (Landsb., Ende). 6 gl.

—— Nachrichten von d. Liederdichtern d. Züllichauischen Gesangbuches. 8. (4½ B.) Berlin 824, [Reimer.]

Karsten, H. L. J., s. Annalen, landwirthschaftliche, des Mecklenburg. patr. Vereins.

Karsten, H. T., Commentatio critica de Platonis quae feruntur epistolis, praecipue tertia, septima et octava. gr. 8. (VI und 248 S.) Utrecht 864, Kemink und Sohn.

Karsten, H. T., de P. C. Taciti fide in sex prioribus annalium libris. gr. 8. (VIII, 98 S.) Utrecht 868, Kemink und Sohn. *

Karsten, H. T., de commenti Donatiani ad Terenti fabulas origine et compositione. (VII, 192 S.) gr. 8. Leiden 907. Buchh. u. Druckerei vorm. E. J. Brill. nn 3.75

Karsten, H. T., Terentiani prologi quot qualesque fuerint et quibus fabularum actionibus destinati a poeta. [Aus: „Mnemosyne".] gr. 8. (50 S.) Leiden 894. E. J Brill. n.n. 1.25

Karsten, Hermann

Karsten, H. Abbildungen zur deutschen Flora, nebst den ausland. medicin. Pflanzen u. Ergänzgn., f. das Studium der Morphologie u. Systemkunde. Hrsg. v. R. Friedländer u. Sohn. 4. (VIII, 210 S. m. Holzschn.) Berl. 891, Friedländer u. Sohn. * 8 —; geb. * 8 80

Karsten, Hermann [Hrsg.], s.a. Almanach, Kleiner astronomischer

Karsten, Hermann, Kleiner astronomischer Almanach. Vorzüglich zum Gebrauch der Seelente herausgegeben. Auf die Jahre 1840, 41, 48 und 49. Rostock und Leipzig [1839—48.]

Karsten, Prof. Dr. H., kleiner astronom. Almanach auf d. J. 1840 u. 1841. 1r u. 2r Jahrg. Rostock ... Oeberg. (à n. ½ rthl) 1 rthl

Karsten, Herm., Auswahl neuer und schön blühender Gewächse Venezuelas. Mit Abbildungen von C. F. Schmidt. 1. und 2. Heft. Imp.-4. (S. 1—40 und 12 ill. Stnt.) Berlin 848—49, Deckersche geheime Ober-Hofbuchdr. à Heft *

Karsten, H(erm.), über den Bau der Cecropia peltata Linn. (Für die k. Leopold.-Carol. Akademie der Naturforscher.) gr. 4. (24 S. mit 2 Stnt.) Bonn 854, Weber. *

Karsten H.: Zur Befruchtung d. Pilze. U A. [Rostr. Saml.].

Karsten, H., Beitrag zur Berichtigung der Sterblichkeits = Tafeln. Rectorats = Programm. Rostock (Adler's Erben) 1845. 11 S. u. 3 Tab. (4.50) 17510

—— Beitrag zur Entwickelungsgeschichte der Loranthaceen. gr. 8. (25 S. mit 2 Stnt. in qu. gr. 4.) Berlin. [Leipzig] 852, Förstner'sche Buchh. *
Aus: Botanische Zeitung, 10. Jahrg., besonders abgedruckt.

Karsten, H. Beitrag zur Kenntniss der Gesteine des nördlichen Venezuela (Aus d. Zeitschr. d. deutsch. geol. Gesellsch.) Berlin. 1850. 8.

Karsten, H. (II.), gesammelte Beiträge zur Anatomie und Physiologie der Pflanzen. 1. Bd. 1843—1863. gr. 4. (VIII und 459 S. mit 25 Stnt.) Berlin 865, Dümmler's Verlag. *

Karsten, H., gesammelte Beiträge zur Anatomie u. Physiologie der Pflanzen. 2. Bd. gr. 4. (VI, 312 S. m. Abbildgn. u. 4 Taf.) Berlin 890. Friedländer & Sohn. n. 12.— (1. 2.: n. 24.—)

Karsten, Herm., organographische Betrachtung der Zamia muricata Willd. Ein Beitrag zur Kenntniss der Organisations-Verhältnisse der Cycadeen und deren Stellung im natürlichen Systeme. gr. 4. (29 S. mit 3 Stnt.) Berlin 857, (Dümmler's Verlagsh.) *
Aus: Abhandlungen der k. Akad. der Wissenschaften zu Berlin, Jahrg. 1856, besonders abgedruckt.

Karsten, (Gust. Carol. Guil.) Herm. (geb. Stralsund 4. 11. 1817) De cella vitali. Berolini (1843). (30 S.) 8°
Berlin, Phil. Diss. v. 19. Aug. 1843

Karsten, H., de cella vitali. 8 maj. (4⅝ B. u. 2 Kpfrt.) Berolini 843, libr. Schroeder. *

KARSTEN, H.
Chemismus der Pflanzenzelle. Eine morphologisch chemische Untersuchung der Hefe mit Berücksichtigung der Natur des Ursprunges und der Verbreitung der Contagien. Wien, 1869. 8vo.

Karsten, H. (I.), Chemismus der Pflanzenzelle. Eine morphologisch-chem. Untersuchung der Hefe mit Berücksicht. der Natur, des Ursprungs und der Verbreitung der Contagien. gr. 8. (III, 90 S. mit 9 eingedr. Holzschn.) Wien 870, Braumüller. *

—— die medicinischen Chinarinden Neu-Granada's. gr. 8. (71 S. mit 2 Stnt.) Berlin 858, F. Schneider. *

Karsten, Dr. H., disquisitio microscopica et chemica hepatis et Crustaceorum et Molluscorum, s. Acta n. phys.-med. Acad. Caes. Leopold. Carol. XXI. Prs. I.

Karsten (H.) Die Einwirkung des Lichtes auf das Wachstum der Pflanzen . . Jena, 1870. 4°.

—— Entwickelungserscheinungen der organischen Zelle. gr. 8. (23 S. mit 1 Stnt.) Berlin 863. (Leipzig, Barth.)
Aus: Poggendorff's Annalen der Physik und Chemie, besonders abgedruckt.

—— plantarum familiae secundum ordines naturales dispositae. 1 Tab. in Imp.-Fol. Berlin 861, Dümmler's Verlagsh. *

—— die Fäulniss und Ansteckung. Im Anhang die Darstellung meiner Erlebnisse an der Wiener Universität in den J. 1869—1871. gr. 8. (95 S.) Schaffhausen 873, (Baader.) (*ℳ 1,50.) *

Karsten, H., deutsche Flora. Pharmaceutisch-medicin. Botanik. Ein Grundriss der systemat. Botanik zum Selbststudium für Aerzte, Apotheker u. Botaniker. Mit gegen 700 (eingedr.) Holzschn.-Abbildgn. 1—9. Lfg. gr. 8. (S. 1—912.) Berlin 880—82. Spaeth. à n. 1.50

Karsten, H., deutsche Flora. Pharmaceutisch-medicinische Botanik. Ein Grundriss der systemat. Botanik zum Selbststudium f. Aerzte, Apotheker u. Botaniker. Mit gegen 700 Holzschn.-Abbildgn. 10—12. (Schluss-)Lfg. gr. 8. (IV u. S. 913—1284.) Berlin 883. Spaeth. n. 6. 50; cplt. n. 20.—; geb. n. 23.—

— Flora von Deutschland, Deutsch-Oesterreich u. der Schweiz. Mit Einschluss der fremdländ. medicinisch u. technisch wicht. Pflanzen, Droguen u. deren chemisch-physiolog. Eigenschaften. Für alle Freunde der Pflanzenwelt. 2., verm. u. verb. Aufl. 1.—19. Lfg. Lex.-8. (1. Bd. 491 S. u. 2. Bd. IV, 736 S. m. Holzschn.) Gera 894. F. E. Köhler. à Lfg. n. 1.—

Karsten, Herm., Flora v. Deutschland, Deutsch-Oesterreich u. d. Schweiz. M. Einschl. d fremdländ. medicin. u. technisch wicht. Pflanzen, Droguen u. deren chemisch-physiolog. Eigenschaften. Für alle Freunde der Pflanzenwelt. 2., verm. u. verb. Aufl. 20.—22. (Schluss-) Lfg. Lex.-8. (1. Bd. VIII S. u. 2. Bd. S. 737—791, 1—27 u. Reg. 91 S. m. Holzschn.) Gera 895. F. v. Zezschwitz. à Lfg. n. 1.— (2 Bde. kplt.: n. 20.—; geb. in Halbfrz. n. 24.—)

—— florae Columbiae terrarumque adjacentium specimina selecta in peregrinatione duodecim annorum observata. Tom. I. 5 Fasce. gr. Fol. (100 Stnt. mit Text V und 200 S. in deutscher und latein. Sprache.) Berlin 859—61, Dümmler's Verlagsh. à Lfg. * * 15 Thlr. * *
Mit ill. Taf. à Lfg. * * 20 Thlr. * *

—— florae Columbiae terrarumque adjacentium specimina selecta in peregrinatione duodecim annorum observata. Tom. II. Fasc. 1—4. gr. Fol. (80 Stnt. mit Text S. 1—154 in deutscher und latein. Sprache.) Berlin 863—67, Dümmler's Verlag. à Lfg. * * 15 Thlr. * *
Mit ill. Taf. à Lfg. * * 20 Thlr. * *
Tom. I. Ebendas. 1859—61. * * 75 Thlr.; mit ill. Taf. * * 100 Thlr.

—— Florae Columbiae terrarumque adjacentium specimina selecta in peregrinatione duodecim annorum observata. Tom. II. Fasc. 5. gr. Fol. (20 Stnt. und Text S. 155—188 in deutscher und latein. Sprache.) Berlin 869, Dümmler's Verlag. **
Mit color. Taf. **
Tom. I, II, fasc. 1—4. Ebendas. 1859—67. **ℳ 405.; mit color. Taf. **ℳ 540.

Karsten, Herm., Bentham-Hooker's Genera plantarum und Florae Columbiae specimina selecta, revidirt. gr. 8. (40 S.) Leipzig 887, Engelmann. * 1 —
Aus Engler's botanische Jahrbücher, besonders abgedruckt.

—— géologie de l'ancienne Colombie Bolivarienne Vénézuela, Nouvelle-Grenade et Ecuador. Avec 8 planches et 1 carte géologique. gr. 4. (V, 62 S.) Berlin 886, Friedländer und Sohn. * 12 —

—— zur Geschichte der Botanik. hoch 4. (VII, 37 S.) Berlin 870, Friedländer und Sohn. *

Karsten, Herm., die Geschichte der evangelisch-lutherischen Mission in Leipzig, von ihrer Entstehg. bis auf die Gegenwart dargestellt. 2 Tle. gr 8. (VIII, 443; IV, 468 S.) Güstrow 893. 894. Opitz & Co à n. 5.—

—— das Geschlechtsleben der Pflanzen und die Parthenogenesis. gr. 4. (III und 52 S. mit 2 Kpfrt.) Berlin 860, Decker'sche geheime Ober-Hofbuchdruckerei. *

— Landschafts- u. Vegetations-Bilder aus den Tropen Süd-Amerika's, s.: Bellermann, F.

Karsten H.: Lehrbuch d. Krystallographie. Leipz. 1861. 169 S. (= Allgem. Encycl. d. Physik. Bd. 2). 25.

Karsten, H. Die Meteorite und ihre Organismen. Halle 1881.

Karsten, Hermann: Weitere Nachrichten über die Breitnadeltriebe oder Rosetten d. Kiefer, s. Ratzeburg

— Parthenogenesis u. Generations-Wechsel im Thier- u. Pflanzenreiche. Mit 9 Abbildgn. [Aus: „Die Natur".] gr. 8. (53 S.) Berlin 888. Friedländer & Sohn. n. 1.50

Karsten, Herrm (geb Breslau Sept 1809) De crystallographiae mathematicae problematibus nonnullis Berolini 1829 (30 S.) 4°
Berlin, Phil. Diss. v. 16. Apr 1829

Karsten Herm. D. Crystallographiae mathematicae problematibus nonnullis Rostock 1830. 4

— illustrirtes Repertorium der pharmaceutisch-medicinischen Botanik u. Pharmacognosie. Mit 477 Holzschn. gr. 8. (IV, 310 S.) Berlin 886. Springer. n. 4.—; geb. n.n. 5.—

Karsten H.: Das Rothwerden älterer Kiefern begleitet v. parasitischen Pilzen. 1865. [Rostr Saml.].

—— über die Stellung einiger Familien parasitischer Pflanzen im natürlichen System. gr. 4. (44 S. mit 5 Stnt.) (Berlin 858, F. Schneider.) * *
Aus: Verhandlungen der kaiserl. Leopold.-Carol. Akademie der Naturforscher, Vol. XXVI. P. II., besonders abgedruckt.

—— Studie der Urgeschichte des Menschen in einer Höhle des Schaffhauser Jura, s.a. Mittheilungen der antiquar. Gesellschaft in Zürich.

Karsten, H., Studie der Urgeschichte des Menschen in einer Höhle d. Schaffhauser Jura. Mit 4 Taf. 26 Stn. in-4. Zürich, H. Staub. 1874 3. 50
Mittheilungen d. antiqu. Gesellschaft. XVIII, 6.

—— botanische Untersuchungen aus dem physiologischen Laboratorium der landwirthschaftlichen Lehranstalt in Berlin. Mit Beiträgen deutscher Physiologen und Anatomen. 1.—6. Heft. gr. 8. (1. Bd. XII und 683 S. mit 35 Stnt., wovon 16 ill.) Berlin 865—67, Wiegandt und Hempel. [1.—3. Heft à * 1 Thlr. 10 Ngr., 4. Heft * 2 Thlr. 20 Ngr., 5. und 6. Heft * 4 Thlr. 15 Ngr.] *

—— histologische Untersuchungen. gr. 4. (IV und 78 S. mit 3 Stnt.) Berlin 862, Dümmler's Verlag. *

—— die Vegetationsorgane der Palmen. Ein Beitrag zur vergleichenden Anatomie und Physiologie. gr. 4. (VIII und 163 S. mit 9 Stnt.) Berlin 848, (Schneider und Comp.) *
Aus: Schriften der königl. Akademie der Wissenschaften. Jahrg. 1847, besonders abgedruckt.

—— die geognostischen Verhältnisse Neu-Granada's. gr. 4. (41 S. mit 2 lithogr. geognost. Karten, wovon 1 in Farbendr., in qu. gr. Fol. und qu. Imp.-Fol. und 6 Stnt. Abbild.) Berlin 858, F. Schneider. **
Aus: Verhandlungen der Versammlung deutscher Naturforscher in Wien 1856, besonders abgedruckt.

Karsten, H. Verzeichniss der im Rostocker akad. Museum befindlichen Versteinerungen aus dem Sternberger - Gestein. (Rectorats-Programm.) Rostock. 1849. 8.

—— über die Vulkane der Anden. Vortrag gehalten im Verein für wissenschaftl. Vorträge am 14. Febr. 1857. gr. 8. (26 S.) Berlin 857, Decker'sche geheime Ober-Hofbuchdruckerei.

Karsten, J., die Gesetzgebung betr. das Gesundheitswesen im Deutschen Reich, s. Goesch, C.

Karsten, J. B., s. Karsten, Karl Johann Bernhard

Karsten, J. C. B., s. Karsten, Karl Johann Bernhard

Karsten, J. C L.,
s.a. Karsten, Franz Christian Lorenz

(Karsten, J. C. L.): „Fortschritte des Mecklenburgischen patriotischen Vereins", als Manuskript für Freunde, Rostock 1819 (Adler).

Karsten, Jakob Chr. Gustav

— s. Abdulvaleb

Karsten, Jak. Chr. Gust., d. Anwendbarkeit u. Construktion des Bohlendaches, theoret. u. prakt. untersucht. Mit Kpf. 8. Berl. 805. Duncker u. H. 15 gl

Karsten, Jakob Chr. Gustav [Bearb.],
s. Karsten, Franz C. Lorenz. Die Rechenkunst.

Karsten, (Jac. Cp. Gst.): Ueb. d. Verhältnn. e. Pachtinteressenten z. d. Concursgläubigern d. and. Mitcontrahenten. *Hamb.*, Schmidt. 809. 8. (4 Gr.)

Karsten, Jh. Hnr., über d. Krätze u. deren bequemste, schnellwirkendste u. sicherste Heilart, durch Baden in schwefelsauren Dämpfen, u. dessen vortheilhafte Anwendung zur Behandl. chron. Krankheiten d. Haut. Mit 2 Kpft. 8. Hannov. 818. Helwing. 18 gl

— **Johann Heinrich** (Hannover), De respiratione foetus in utero et inter partum. Diss. med.-obstetr. Götting. (J. C. Bayer) 24. IX. 1813. 30 S. (6.—) 17511
Gew.: D. Ernst Friedrich Wilhelm Heine.

— Diss. de respiratione foetus in utero et inter partum. 4. Hannov 814 Helwing. 6 gl

Karsten, Johs., der verworfene Baustein. Schauspiel in 5 Aufzügen. 8. (VII, 135 S.) Stuttgart 882, Metzler'sche Buchh. *

Karsten, Joh., Oliver Goldsmith. Ein Gesammtbild seines Lebens und seiner Werke. 8. (IV, 216 S.) Straßburg 873, Trübner. *

—— der Prinzenraub. Schauspiel in 5 Aufzügen. 8. (VIII, 180 S.) Ebendas. 882. *

— der Zufall. Lustspiel in 1 Akt. Grundidee nach Antonio Barrili's Novelle: „una notte bizzarra". 8. (61 S.) Norden 879. Fischer' Nachfolger. n. 1. —

Karsten, Johs., der Zufall. Lustspiel in 1 Akt. Grundidee nach Antonio Barrili's Novelle „una notte bizzarra". 8. (61 S.) Bremen 879, [Kühtmann und Comp.] Fischer. *

Karsten, Johs., der Zufall. Lustspiel in 1 Akte. Grundidee nach Antonio Barrili's Novelle: „Una notte bizzarra". 2. (Titel-) Aufl. 8. (61 S.) Norden (879)886, Fischer Nachf. * 1 —

Karsten, K. W. G., s. Archiv für Chemie u. Meteorologie.

Karsten, Karl Johann Bernhard

Karsten, Carl Joh. Bernh., Archiv f. Bergbau u. Hüttenwesen, s. Archiv.

Karsten, Carl Joh. Bernh., Archiv für Mineralogie, s. Archiv.

— s. Baumé, Versuch.

Karsten, C. J. B. Ueber die gegenseitigen Beziehungen, in welchen Anhydrit, Steinsalz und Dolomit in ihrem natürlichen Vorkommen zu einander stehen, erläutert durch die Verhältnisse unter welchen die Gypsmassen zu Lüneburg, Segeberg und Lübtheen zu Tage kommen. (Aus Karsten's Archiv, Vol. XXII.) Berlin. 1848. 8.

Ueber die gegenseitigen Beziehungen, in welchen Anhydrit, Steinsalz und Dolomit in ihrem natürlichen Vorkommen zu einander stehen. (Aus den Abhandlungen der Akad. der Wissensch.) Berlin. 1848. 4.

Karsten C. J. B. Ueber Feuer-Meteore und über einen merkwürdigen Meteormassen-Fall, der sich b. Thorn ereignet hat. (Aus d. Abh. d. k. Akad.) Berlin. 1853. 4.

— s. J. W. Chr. Fischer, Handbuch.

— s. J. A. K. Gren, neues Journal, Register.

—— Grundriss d. deutschen Bergrechtslehre, mit Rücksicht auf d. französ. Bergwerksgesetzgebung. M. 1 Kpfrt. 8. (25½ B.) Berlin 828, Haude u. Spener.

— Grundriß d. Metallurgie u. d. metallurg. Hüttenkunde. gr. 8. Bresl. 818. W. G. Korn. 2 ℛ

— — Handbuch der Eisenhüttenkunde. 2 Thle. M. K. gr. 8. Halle, Curts Buchh. 816.

— Handbuch d. Eisenhüttenkunde. 4 Thle, mit 16 Kpf. gr. 8. Halle 816. 2e A. 827, 28. (Laue in Berl.) 11 ℛ 18 gl

—— Handbuch d. Eisenhüttenkunde. 5 Thle. 3., ganz umgearb. Ausg. gr. 8. (177½ B. u. 63 Kpfrt., Roy.-Fol.) Berlin 841, Reimer. *

Karsten (C. J. B.), Ueber das Erz führende Kalkstein-Gebirge in der Gegend von Tarnowitz. Berlin 1827. 4. (Abhandl. d. Kgl. Akad. d. Wissensch. zu Berlin.)
Desgl. ein zweites und drittes Exemplar.

—— das Erz führende Kalkstein-Gebirge v. Tarnowitz. M. 3 Kpfrt. gr. 4. ... Berlin 828.
Diese Abhandlung kam nicht in den Buchhandel.

Karsten, Carl Joh. Bernh., üb. Contact-Electricität. Schreiben an Alex. v. Humboldt. gr. 8. (10 B. u. 1 Taf.) Berlin 836, Haude u. Spenersche Buchh. Thlr.

Karsten, Carl Joh. Bernh., Lehrbuch d. Salinenkunde. 1. Thl. A. u. d. Ttl.: Ueber das Vorkommen u. die Gewinnung des Kochsalzes auf der Oberfläche d. Erde. gr. 8. (56½ B.) Berlin 846, G. Reimer.

—— Lehrbuch der Salinenkunde. 2. Thl. gr. 8. (XII und 700 S. mit 5 Kpfrt. in gr. Fol.) Berlin 847, G. Reimer.

—— Philosophie der Chemie. gr. 8. (21 B.) Berlin 843, G. Reimer.

— metallurg. Reise durch einen Theil von Baiern u. durch d. süddeutschen Provinzen Oesterreichs. gr. 8. Halle 821. (Laue in Berl.) 2 ₰ 12 gr

— Revision d. chem. Affinitätslehre, mit beständ. Rücksicht auf Berthollets neue Theorie. gr. 8. Leipz. 803. Reclam. 1 ₰

s. Zw Rinmann, Gesch. d. Eisens.

—— System d. Metallurgie geschichtl., statist., theoret. u. techn. 5 Bde. Nebst 1 Atlas m. 51 Kpfrt. (Roy.-Fol.) gr. 8. (183½ B. incl. 1 Tab.) Berlin 831, Reimer.

— Untersuchungen über d. kohligen Substanzen des Mineralreichs überhaupt u. über d. Zusammensetzung d. in d. preuß. Monarchie vorkommenden Steinkohlen insbesondere. (Aus dessen Archiv für Bergbau abgedr.) gr 8. Berl. 826. Reimer. 1 ₰ 20 gr

Karsten, C. J. B. Ueber den Ursprung des Berg-Regals in Deutschland. Vorgelesen in den Sitzungen der K. Akademie am 28. März und 18. April 1844. gr. 8°. Berlin, Reimer, 1844.

Karsten, C J B Über die Verbindung des Eisens mit Kohle 1825. 4.

Ueber die chemischen Verbindungen der Körper. Four parts. Berlin, 1824–41.

—— über d. merkwürd. Verhalten, welches d. Salze bei ihrer gemeinschaftl. Auflösung im Wasser befolgen. Eine in d. k. Akad. d. Wissensch. geles. Abhandl. gr. 4. (5½ B.) Berlin 841, Reimer. *

Karsten (C. J. B.), Ueber die Verhältnisse, unter welchen die Gipsmassen zu Lüneburg, zu Segeberg und zu Lübtheen zu Tage treten. (Abhandl. d. Berl. Akad.) Berlin 1848. 4.

— Versuch einer freimüth. Prüfung d. antiphlogist. Systems, in Rücksicht auf Gren's Theorie. 4. Schwerin 799.

— über den Werth des Bergbaues u. über d. Pflicht d. Staats, ihn aufrecht zu erhalten. 8. Bresl. 817. J. F. Korn. 8 gr

Karsten, Paula, „wer ist mein Nächster?" Negertypen aus Deutschwestafrika. (XLIV, 128 S. m. 11 Taf.) gr. 8. Berlin 908. Gose & Tetzlaff. n. 2. 50; geb. in Leinw. n. 3. —

Karsten, Rud., die Glocke im See. Einer röbelschen Sage nacherzählt. (X, 330 S.) 8. Wismar 910. H. Bartholdi. 4.—; geb. in Leinw. 5 —

Karsten, S., Oratio de antiq. liter. doctrina c. philosophia conjung. habita A. D. VII. Maji A. 1840 in Acad. Rheno-Traject. etc. 8 maj. Amsterdam 840, Müller.

Karsten, S., Quintus Horatius Flaccus. Ein Blick auf sein Leben, seine Studien und Dichtungen. Aus dem Holländ. übers. u. mit Zusätzen versehen von Mor. Schwach. Leipzig 863. C. F. Winter. 8. (VII, 132 S.) n. 18 ngr

Karsten, S., de historiae romanae antiquissimae indole et auctoritate, deque primis Romae regibus. gr. 8 (IV u. 65 S.) Trajecti ad Rh 849, Kemink & filius. n. ½ ₰

— Introductio in historiam universalem, praecipue antiquarum gentium, scholis academicis accommodata. gr. 8. (VIII u. 51 S.) Ebd 849. n. 12 ngr

***Karsten,* S., s. *Philosophorum* graecorum.**

—— de Tetralogia tragica et Didascalia Sophoclea lectio habita in instituti reg. belg. Classe tertia. 8 maj. Amsterdam 846, Müller.

— Verhandeling over Palingenesie en Metempsychosis. eene voorlezing gehouden in de derde Klasse van het Kon. Nederl. Instituut. 8 maj. Ebend. 846. n. 12 ngr

Karsten, V J. G, s. Karsten, Wenzeslaus Johann Gustav

Karsten, W., neuere Patente auf d. Gebiete d. Industrie d. künstl. org. Farbstoffe. [Aus: „Zeitschr. f. d. ges. Textil-Industrie".] gr. 4. (4 S.) Leipzig-Gohlis 898. L. A. Klepzig. n. — 50

Karsten, W J G., s. Karsten, Wenzeslaus Johann Gustav

Karsten, Walter

Karsten, Gualtherus De titulorum Ionicorum dialecto Halis Saxonum 1882 Ploetz. 33 S. 8°
Halle-Wittenberg. Phil. Diss. v [15. Sept.] 1882
Geb. Marienburg (Westpr.) 14. 1 1859. V

Karsten, *Georg Gustav Friedrich* Walter [diplom. techn. Chemiker, aus Berlin] Zur Kenntnis der Kondensationsprodukte der Zimmtsäure mit aromatischen Kohlenwasserstoffen Rostock, C. Hinstorffs Buchdr., 1893; 30 S., 1 Bl. 8.
Rostock, Phil. Fak., Inaug.-Diss. v [1 Juni] 1893

Karsten, Wenzeslaus Johann Gustav

* Abhandlungen über die vortheilhafte Anordnung der Feuerspritzen, welche den von der Königl. Dänischen Societät der Wissenschaften in Copenhagen auf das Jahr 1771 ausgesetzt gewesenen ersten Preis erhalten hat von *Wencesl. Johann Gustaf Karsten* d. Phil. D. d. Mathem. Prof. zu Bützow, der Churf. Bayersch. Akademie der Wissenschaften zu München, und der Holländischen Gesellschaft der Wissenschaften zu Harlem Mitglied. Nebst noch einer Abhandlung über die allgemeine Theorie von der Bewegung des Wassers in Gefäßen und Röhren; von demselben Verfasser. Greifswald, gedruckt und verlegt von A. T. Röse. 4. 215 S. u. 5 Kupft.
1773.

— Abhandl. über d. vortheilhafteste Anordnung d. Feuerspritzen, nebst e. andern über d. allgem. Theorie von d. Bewegung des Wassers in Gefäßen u. Röhren. 4. Greifsw. 773. (Knobloch in Leipz.) 1 ₰ 8 gr

— Abhandl. über d. Theorie d. Saugwerke. Mit 1 Kpf. Münch., (Franz). 10 gr

Wz. J. Gst. Karsten's mathematische Abhandlungen, theils durch eine Preisfrage der königl. Preuss. Akad. vom J. 1784. über das Mathematisch-Unendliche, theils durch andere neuere Untersuchungen veranlasst. Halle Rengersche Buchhandl. 432 S. mit 5 Kupft. gr. 8. (1thlr. 4 gr.)
1786.

Karsten, Wenzel J. Gust., († d. 17. April 1787.) mathemat. Abhandlungen d. königl. preuß. Academie, vom J. 1784. Mit Kpf. gr. 8. Halle 786. Renger. 1 Rthlr. 4 gr.

Karsten, Wenzel J. Gust., physisch-chemische Abhandlungen. 2 Hefte. (2s Heft von seinem Sohne D. L. G. Karsten.) 8. Halle 786. Renger. 20 gr.

— Abhandl. von d. Archimedischen Wasserschraube. Mit 1 Kpf. Münch., (Franz). 8 gr.

Karsten, Wenzel Johann Gustav. Anfangsgründe der Naturlehre. 2. Aufl. Halle 1790. H: *Gren, Friedrich Albert Carl.* (Ky)

— Anfangsgründe d. Naturlehre. 8. Halle 780. 2e verb. Ausg., mit Anmerkk. (von F. A. K. Gren). 8. Ebd. 790. Renger. 1 Rthlr. 16 gr.

— Anfangsgründe d. mathem. Wissenschaften. 3 Bde. 8. Greifsw. 778—80. (Knobloch in Leipz.) 5 Rthlr.

— Anfangsgründe der mathematischen Wissenschaft. 3 Thle. (od. Lehrbegriff d. gesammt. Math. 1r Curs.) Greifswalde, Röse. 778–80.

— Anleit. zur gemeinnützl. Kenntniß d. Natur, für Aerzte, Oekonomen etc. Mit Kpf. 8. Halle 783. Renger. 1 Rthlr. 8 gr.

— Anleitung zur Kenntniß d. Natur, f. Aerzte, Oekonomen. m. K. 8. Halle, Renger. 783.

— Auszug aus den Anfangsgründen u. den Lehrbegriff mathemat. Wissenschaften. 8. Greifsw. 781. 2e A. in 2 Bden. 8. Ebd. 785. N. A. 800. (Knobloch in Leipz.) 2 Rthlr.

— Auszug aus den Anfangsgr. und den Lehrbegr. der mathemat. Wissensch. 8. Lpz. Kuchler. 802.

— Auszug a. s. Lehrbegriff der Mathematik. 2 Theile. Greifsw. Röse. 785–90.

— Beitrr. zur Aufnahme d. theoret. Mathematik. 1s—4s Stck. 8. Greifsw. 758—61. (Leipz., Knobloch). 1 Rthlr.

— Beyträge zur Aufnahme der theoret. Mathematik. 4 Stck. gr. 8. Greifsw. Röse. 758–60.

Karsten's Beyträge zur Aufnahme der theoretischen Mathematik. 2s St. (Rostock 1759). p. 150.

— Beweis, daß d. Algorithmus speciosus keine widersinnige Rechnungsregel enthalte. 8. Rostock 757.

— Beweis für d. Wahrheit d. christl. Religion. 8. Rostock 759. (Knobloch in Leipz.) 1 Rthlr.

— Beweis für die Wahrheit der christlichen Religion. 8. Rostock. Röse. 759.

— elementa matheseos universalis in usum auditor. 8. Rostock 756. Koppe. 3 gr.

— kurzer Entwurf d. Naturwissenschaft, vorzügl. ihres chymisch-mineralog. Theils. Mit Kpf. 8. Halle 785. Renger. 1 Rthlr.

— s. Lambert, Pyrometrie.

Karsten, Wenzeslaus Johann Gustav, Dr. der Philosophie. Lehrbegriff der gesammten Mathematik. (Mit vielen Taf.) (8 Bde.) 8. Greifswald 1775—1795.

* Lehrbegriff der gesamten Mathematik, aufgesetzt von *Wencesl. Joh. Gustav. Karsten*, der Phil. Doct., der Math. Prof. etc. Der erste Theil, die Rechenkunst und Geometrie. Greifswald, gedruckt und verlegt von Ant. Fried. Röse. mit Fig. 484 S. 8. 1761.

— Der zweyte Theil. Weitere Ausführung der Rechenkunst. Die Buchstabenrechnung, die ebene und sphärische Trigonometrie, nebst weiterer Ausführung der Geometrie. Ebendas. mit Fig. 525 S. 8. 1768.
Gött. gel. Anz. 1781. B. 1. St. 5. p. 40.
Journ. des sçav. 1771. Avril.

* — 3ter Theil, die statischen Wissenschaften nebst den ersten Gründen der Mechanik. Ebendas. m. Fig. 485 S. 1769.

* — Der 4te Theil, die Mechanik der festen Körper. Ebendas. mit Fig. 8. 527 S. 1769.

* — Der 5te Theil, die Hydraulik. Ebendas. mit Fig. 8. 784 S. 1770

* — Der 6te Theil, Beschluss der Hydraulik und die Pneumatik. Ebendas. 8. m. Fig. 800 S. 1771.

* — Der 7te Theil, die Optik und Perspectiv. Ebendas. 8. m. Fig. 928 S. 1775

* Lehrbegrif der gesamten Mathematik. Aufgesetzt von *Wencesl. Joh. Gustav Karsten.* Der achte Theil. Die Photometrie. Greifswald, gedruckt und verlegt von Anton Ferdin. Röse. 8. 1 Bog. Vorrede und Inhaltsanz. 769 S. Text, dann noch 3 S. Zus. und Verbesserungen und 4 S. Verzeichniss von Druckfehlern (wovon dieser ganze Karstensche Lehrbegrif wimmelt), und XVIII. Kupfertafeln. 1777.

* Zweyte verbesserte Auflage. Der erste Theil, die Rechenkunst und Geometrie. Ebendas. m. Fig. 8. 490 S. 1782.

* Der 2te Theil, erste Abtheilung. Weitere Ausführung der Rechenkunst. Die Algebra mit den vornehmsten Anwendungen auf Zahlenrechnungen. Die ebene und sphärische Trigonometrie nebst weiterer Ausführung der Geometrie. Ebendas. m. Fig. 8. 631 S. 1786.

* Des zweyten Theils zweyte Abtheilung. Die mathematische Analysis und höhere Geometrie. Ebendas. 8. 1786.
Auch unter dem Titel:
Wencesl. Joh. Gustav Karstens, Hofraths und Professors der Mathematik und Naturlehre in Halle, Anfangsgründe der mathematischen Analysis und höhern Geometrie mit Rucksicht auf eine Preisfrage vom Mathematisch-Unendlichen. Des Lehrbegriffes der ges. Mathematik zweyten Theils 2te Abtheilung, m. Fig. 624 S.

* Der dritte Theil. Die statischen Wissenschaften nebst den ersten Gründen der Mechanik. Ebendas. 8. m. Fig. 494 S. 1790.

* Der vierte Theil. Die Mechanik der festen Körper. Ebendas. 8. m. Fig. 536 S. 1791.
(Die weitere Fortsetzung dieser zweyten Aufl. wurde durch des Verf. Tod gehindert.)

— Lehrbegriff d. gesammten Mathematik. 8 Bde. 8. Rostock 767—77. N. A. 782—95. (Knobloch in Leipz.) 16 gr (7r Thl. N. Aufl. A. u. d. T.: Lehrbegriff d. Optik u. Perspektive, verb. u. aufs Neue herausg. von K. B. Mollweide. 8. Leipz. 818. Knobloch. 3 gr)

— von den Logarithmen vermeinter Größen. 1e Abtheil. Mit 1 Kpf. Münch., (Franz). 5 gr

* Mathesis Theoretica elementaris atque sublimior. In usum Academicarum Praelectionum auctore *Wencesl. Jo. Gust. Karsten.* Phil. Doct. et Log. Prof. P. O. in Acad. Rost. Rostochii et Gryphiswaldiae. apud Anton. Ferdin. Roeseum. 998 S. 23 Kupf. 8. (3 Rthlr. 6 gr.) 1760.
Nov. Act. Erudit. Lips. 1760. p. 447.

— praelection matheseos theoreticae elementaris. 8. Rostock 758. (Bodner in Schwerin). 10 gr

* Regulas pro differentiandis Functionibus duarum variabilium universalius et evidentius demonstratas publice defendent M. *Wencesl. Jo. Gust. Karsten* Logices Prof. P. O. et *Jo. Matthias Martini* LL. Cultor. Rostochii Litteris Rösenianis. 4. 20 S. 1759.

— Theorie d. Projectionen d. Kugel, zum geograph. u. astronom. Gebrauch. Mit 3 Kpf. Münch., (Franz). 10 gr

* *Wenc. J. Gust Karsten's* Theorie der Wittwenkassen, ohne Gebrauch algebraischer Rechnungen. Halle in der Rengerischen Buchhandl. 268 Seit. nebst 15 berechneten Tafeln. 8. (20 gr.) 1784.

— Theorie v. Wittwenkassen, ohne algebr. Rechnung. gr. 8. Halle, Renger. 784.

— Untersuchungen über d. ersten Gründe d. Photometrie. Mit 1 Kpf. Münch., (Franz). 12 gr

— Versuch e. evidenten Beweises d. allgem. mechan. Grundsätze. Münch., (Franz). 5 gr

* Beym Antritt des von Seiner königlichen Majestät in Preussen allergnädigst ihm anvertrauten Amts eines öffentlichen Lehrers der Mathematik und Naturlehre auf der Königlichen Friedrichs-Universität in Halle ward der Anzeige seiner daselbst anzustellenden Vorlesungen dieser Versuch einer völlig berichtigten Theorie von den Parallellinien beygefüget von *Wenzesl. Joh. Gustav Karsten* der Philosophie Dr. und Herzogl. Mecklenb. Schwerinschem Hofrath, der Churfürstlichen Academie der Wissenschaften zu München, der Holländischen Gesellschaft der Wissenschaften zu Harlem, und der Königl. Dänischen Gesellsch. der Wissenschaften zu Kopenhagen Mitgliede. 4. 20 Seiten. 1778.

Karsten, Wenzeslaus Johann Gustav: V e r s u c h einer völlig berichtigten Theorie von den Parallellinien. Halle 1778. 20 S. 8°
Halle, Univ.-Schr.

— Progr. Versuch e. völlig berichtigten Theorie d. Parallellinien. 4. Greifsw. 780. (Leipz., Knobloch). 2 gr

— Zusatz zur Abhandl. von d. Projectionen d. Kugel. Mit 1 Kpf. Münch., (Franz). 6 gr

Kärsten, Walter [aus Langenweddingen]: Ueber das Sulfophosphazobenzolchlorid und dessen Homologe ... Rostock, Univ.-Buchdr. v. Adler's Erben, 1895; 36 S. 8.
Rostock, Phil. Fak., Inaug.-Diss. v [2. Aug.] 1895

Karstens, die Bleichsucht und die Menstruationsstörungen, deren wahres Wesen und verbürgte schnelle Heilung. 8. (31 S.) Quedlinburg 865, Ernst'sche Buchh.

— der Magenkrampf und die Kolik. Durch vieltausendfache Erfahrungen verbürgte Anleitung, beide in allen Fällen schnell, sicher und dauernd zu heilen. 8. (30 S.) Quedlinburg 865, Ernst'sche Buchh.

Karstens, Arth., über Febris recurrens. Nach Beobachtungen auf dem Kriegsschauplatze in Bulgarien in den J. 1878 u. 79. Inaugural-Dissertation. Mit 4 lith. Taf. gr. 8. (87 S.) Dorpat 880. (Karow.) n. 2.—

Karstens, H., Papier-Untersuchung, s.: Winkler, Otto.

Karstens, **Harald.** Ueber die aromatischen Diamide u. e. neue Darstellungsmethode der Anilide. Diss. gr. 8. (44 S.) Heidelb. 892, (Hörning). * 1 —

Karstens, Heinrich, aus Reval. Ueber gewisse asymptotische Lösungen der Differentialgleichungen der analytischen Mechanik. *Berlin: Mayer & Müller 1901.* (37 S.) 8°
Berlin, Phil. Diss. v. 13. März 1901

Karstens, J., De infinitivi usu Aeschyleo. Diss. 1877. 49 S. 4°. 1.60

Karstens, Johann [Dr.]: Rede zur ersten Luisenfeier unseres Luisen-Gymnasiums. Memel, gedr. bei F. W. Siebert, 1893; 3 11 S. 4.
Memel, k. Luisen-G., P 1893 (13)

Karstens, Johann [Dr.]: Die Stellung des altgermanischen Götterglaubens im Unterricht und die Verwertung der Edda. Memel gedr. bei F. W. Siebert, 1889; S. 3–28. 4°
Memel, k. G, OP 1889 (11)

KARSTENS, JOH. HENR., Diss. inaug. med. de scirrho ventriculi. Kiliae. 1809. (U. B.).

Karstens, Karl [aus Meldorf]: Eine neue Berechnung der mittleren Tiefen der Oceane nebst e. vergleich. Kritik d. verschiedenen Berechnungsmethoden ... Kiel & Leipzig, Lipsius & Tischer, 1894; 32 S., 10 Bl. 8.
Kiel, Phil. Fak., Inaug.-Diss. v [25. Aug.] 1894

Karstens, Karl, e. neue Berechnung der mittleren Tiefen der Oceane, nebst e. vergleich. Kritik der verschiedenen Berechnungsmethoden. Von der philosoph. Fakultät der Christian-Albrecht-Universität in Kiel m. dem neuchass. Preise gekrönte Schrift. gr. 8. (32 S. m. 5 Fig. u. 27 Tab.) Kiel 894. Lipsius & Tischer. n. 2.—

Karstens, Ludw., Wander- u. Scheidegrüße. Predigten auf das Kirchenjahr, gesammelt u. zum Druck bereitet v. Johs. Bestmann. (VIII, 551 S.) gr. 8. Wismar 908. H. Bartholdi. 4.—; geb. in Leinw. 5. -

Karstens, M., siehe: *Dudok.*

Karstens, M., siehe: *Mac Innes.*

Karstens, M., in Baracken, s.: Hausfreund, Hamburger.

— Herr Christoph, s.: Schillingsbücher.

Karstens, M., aus einem Fischerdorf, s. Schillingsbücher.

— eine Haideblume, s.: Hausfreund, Hamburger.

Karstens, M., s. J u n g e n , Unsere vier

—— Schneidermeister und Flickschneider, s. Hausfreund, Hamburger.

—— Zur rechten Stunde, s. Schillingsbücher.

—— Vergeltung, s. Schillingsbücher.

— harte Zucht, s.: Hausfreund, Hamburger.

Karstens, Mathilde

Karstens, M., s.a. Junge, ein lieber.

Karstens, M. Ein lieber Junge. Frei nach dem Engl. 2. Aufl. 8. (III, 196 S.) Basel 891, Geering. * 1 60; geb. * 2 40

Karstens, M[athilde]. Ein lieber Junge. Frei nach dem Englischen von M. K'. 3. Aufl. Mit 4 Bildern von Olga Burckhardt [Tafeln, und illustriertem Umschlag]. IV + 200 S. 8. Basel, Basler Buch- und Antiquariatsh., 1907. [geb. fr. 3. —]

Karstens, W., s.a. K a r s t e n s , M.

Karstens, W Sächsisch-hessische Beziehungen in den Jahren 1524-26. Jena 1885.

Karstens, Waldemar, alphabetisch geordnetes topographisch-statistisches Handbuch des Königr. Norwegen, enth.: sämmtl. Städte, Ortschaften, Höfe, Fabriken und Anlagen, sämmtl. Postanstalten, Dampfschifffahrts-Stationen, Fährstellen etc., nebst einer kurzen geograph. Beschreibung des Landes und einem Abriss der Verfassung und Verwaltung desselben, zum Gebrauch für Postanstalten, Justiz- und Polizei-Behörden, Handelscomtoire und Reisende. Aus den neuesten officiellen Quellen zusammengestellt und durch handschriftl. Mittheilungen vervollständigt. Lex.-8. (104 S.) Lübeck 854, [Dittmer'sche Buchh.]

Karstens, Wilhelm, Referendar in Hamburg: **Der Vergleichsbegriff und Vergleichsirrtum nach gemeinem Recht und dem Bürgerlichen Gesetzbuch.** *Altona-Ottensen 1903: Ch. Adolff.* (52 S.) 8° [J.]
Rostock, Jur. Diss. v. [10. Febr.] 1904

Karsteri, J. H., Diss. de respiratione foetus in utero et inter partum. 4. Hannov. Helwing. 814.

Karstgebiet, Das, Militär Croatiens und seine Rettung, dann die Karstfrage überhaupt. Herausgegeben vom k. k. General-Commando in Agram als Landes-Verwaltungsbehörde der croat.-slavon. Militärgrenze, verfasst von Joseph **Wessely,** General-Domänen-Inspector und Forstakademie-Director a. D. (Mit 1 Karte.)
8. Agram 1876.

Karsthans (1521), hrsg. v. Herb. Burckhardt, s.: Flugschriften aus den ersten Jahren der Reformation. IV, 1.

Karsthans, H., schwarze Kultur. Der kathol. Klerus von heute, e. Studie. gr. 8. (50 S.) München (900). A. Schupp. n. — 50

Karstländer [Schlagwort]

Karstländer. Rothaug, Joh. Geo., Schulwandkarte der Karstländer Küstenland, Dalmatien, Bosnien u. Hercegovina. (Volksschulausg.) 1 : 300,000. Physikalische Ausg. 6 Blatt je 83,5×65 cm. Farbdr. Wien (903). G. Freytag & Berndt. n. 12. —; politische Ausg. n. 12. —

-- — dasselbe. Für Mittelschulen bearb. 1 : 300,000. Physikalische Ausg. 6 Blatt je 83,5×65 cm. Farbdr. Ebd. (903). n. 12. —; politische Ausg. n. 12. —

Karstner, K. J. B., Lehrbuch der Salinenkunde 2 Bde. Berlin, 1846—1847. 1584 S. mit 5 Taf.

Form-Übersichtskarte von Teilen der Bezirke Windhuk und Karibib im Massst. 1 : 200,000. Bearb. u. gezeichnet im Bureau d. Kais. Landesvermessung durch d. Topogr. **Karsunke.** Okt. 1905. (Berlin: D. Reimer [1906].) (1 Kartenbl. 81×64 cm.) [lith.] [kol.] [illegible]

Karszniewicz, Adam, üb. d. Abstammg. u. Bedeutg. d. Wortes K m e t. Etymolog. u. rechtshistor. Untersuchg. gr. 8. (28 S.) Agram 895. (Wien, Bormann & Altmann.) n. — 70

FSC
www.fsc.org
MIX
Papier | Fördert gute Waldnutzung
FSC® C083411

Kolibri 360 GmbH
Ferdinand-Jühlke-Straße 7
99095 Erfurt, Deutschland
produktsicherheit@kolibri360.de